Handbuch
Dichtungspraxis

Alexander Riedl (Hrsg.)

Handbuch Dichtungspraxis

4. Auflage

Vulkan Verlag

Bibliografische Information der Deutschen Nationalbibliothek

Die Deutsche Nationalbibliothek verzeichnet diese Publikation in der Deutschen Nationalbibliografie; detaillierte bibliografische Daten sind im Internet über **www.dnb.de** abrufbar

Handbuch Dichtungspraxis
4. Auflage 2017

ISBN: 978-3-8027-2214-1 (Print)

ISBN: 978-3-8027-2223-3 (eBook)

Friedrich-Ebert-Straße 55, 45127 Essen, Deutschland
Telefon: +49 201 820 02-0, Internet: www.vulkan-verlag.de

Lektorat: Wolfgang Mönning, Vulkan-Verlag GmbH, Essen
Herstellung: Nilofar Mokhtarzada, Vulkan-Verlag GmbH, Essen
Satz: Schmidt Media Design, München
Druck: Druckerei Chmielorz GmbH, Wiesbaden

Vorwort

Unser „Handbuch Dichtungspraxis“, im Jahre 1998 erstmalig erschienen unter der Federführung seines Herausgebers Professor Wolfgang Tietze †, hat längst den Rang eines Standardwerkes zum Thema erlangt. Entsprechend hatten der Verlag und der neue Herausgeber bereits frühzeitig beschlossen, eine neue und damit vierte Auflage zu realisieren.

Leider deutlich länger als vorgesehen hat es dann gedauert, bis diese vierte Auflage unseres „Handbuch Dichtungspraxis“ nun hiermit erschienen ist. Aufgrund des relativ großen zeitlichen Abstands zur Vorauflage sind die meisten Abschnitte spürbar überarbeitet und aktualisiert oder gar neu erstellt worden, neue Vorschriften und Richtlinien sind eingeflossen. Das Kapitel 5 „Gleitringdichtungen“ wurde sogar vollständig neu verfasst. Obwohl das Buch insgesamt dabei um zwei Kapitel gestrafft wurde, hat sich der Umfang kaum geändert, da in die übrigen Kapitel zahlreiche Ergänzungen aufgenommen wurden.

Die grundsätzliche Struktur der ersten Auflage mit der Einteilung in statische und dynamische Dichtungen hat sich hervorragend bewährt und wurde beibehalten. Das Layout des Buches wurde modernisiert und mit durchgängigem Vierfarbdruck noch lesefreundlicher gestaltet.

Als Ergebnis liegt mit dem „Handbuch Dichtungspraxis“ nun das Grundlagenwerk in deutscher Sprache zum Thema „Dichtungstechnik“ in seiner vierten Auflage vor Ihnen.

Verlag und Herausgeber danken den langjährigen und den zahlreichen neu gewonnenen Autoren für ihre engagierte Mitarbeit bei der Entstehung des Buches und freuen sich, wenn es seinen Lesern bei der Lösung ihrer Abdichtprobleme von Nutzen ist.

Alexander Riedl

Autorenverzeichnis

Dipl.-Ing. (FH) Wolfgang Abt — Kap. 2.5, 3.2.1.1
KLINGER GmbH
65510 Idstein
Wolfgang.Abt@klinger-gmbh.de

Dipl.-Ing. (FH) Rainer Arndt — Kapitel 3.2.2, 3.3, 3.5
vorm. Kempchen Dichtungstechnik GmbH
46147 Oberhausen
jetzt: Leidel & Kracht Verpackungs-Technik GmbH
51063 Köln
email@arndtrainer.de

Dipl.-Ing. Gonzalo A. Barillas — Kapitel 7
Freudenberg Sealing Technologies GmbH & Co. KG
34613 Schwalmstadt
gonzalo.barillas@freudenberg-ds.com

Prof. Dr.-Ing. Eberhard Bock — Kapitel 6
Freudenberg Sealing Technologies GmbH & Co. KG
69465 Weinheim
eberhard.bock@freudenberg.de

Prof. Dr. rer. nat. Valentin Cepus — Kapitel 2.1, 2.2
Hochschule Merseburg
Fachbereich INW
06217 Merseburg
valentin.cepus@hs-merseburg.de

Johannes Degen — Kapitel 2.3, 3.2.2.3
Garlock GmbH
41468 Neuss
johannes.degen@garlock.com

Prof. Dr.-Ing. habil. Werner Haas — Kapitel 1, 8
Universität Stuttgart
Institut für Maschinenelemente
70569 Stuttgart
werner.haas@ima.uni-stuttgart.de

Dr. Tim Leichner — Kapitel 6
Freudenberg Sealing Technologies GmbH & Co. KG
69469 Weinheim
Tim.Leichner@fst.com

Ing. Stephan Piringer
Rich. Klinger Dichtungstechnik
GmbH & Co. KG
2352 Gumpoldskirchen, Österreich
Piringer@klinger.co.at

Kapitel 2.5, 3.2.1.1

Dipl.-Ing. Bernhard Richter
O-Ring Prüflabor Richter GmbH
71723 Großbottwar
bernhard.richter@o-ring-prueflabor.de

Kapitel 3.4

Prof. Dr. Alexander Riedl
FH Münster
Fachbereich Physikalische Technik
48565 Steinfurt
ariedl@fh-muenster.de

Kapitel 1, 1.1, 1.2, 2, 3, 3.1, 3.2.3 – 3.2.8

Dipl.-Ing. Marco Schildknecht
Frenzelit GmbH
95460 Bad Berneck
Marco.Schildknecht@frenzelit.com

Kap. 3.2.1.4

Dipl.-Ing. Jörg Skoda
IDT Industrie- und Dichtungstechnik GmbH
45307 Essen
j.skoda@idt-dichtungen.de

Kapitel 3.2.1.5 - 3.2.1.7

Prof. Dr.-Ing. Peter Waidner
Hochschule für angewandte Wissenschaften
80335 München
peter.waidner@hm.edu

Kapitel 2.8, 5

Florian Werner
Teadit Deutschland GmbH
51063 Köln
FWerner@teadit.eu

Kapitel 2.3, 3.2.1.3

Dipl.-Ing. (FH) Andreas Will
Frenzelit GmbH
95460 Bad Berneck
andreas.will@frenzelit.de

Kapitel 2.7, 3.2.1.4, 3.2.1.5

Dipl.-Ing. (FH) Rainer Zeuß
SGL Carbon Group
86405 Meitingen
rainer.zeuss@sglcarbon.de

Kapitel 2.6, 3.2.1.2

Inhaltsverzeichnis

1 Grundlagen

1 Grundlagen

Alexander Riedl, Werner Haas

Dichtungen dienen grundsätzlich dazu zwei Räume voneinander zu trennen, sodass ein unerwünschter Stofffluss auf ein erträgliches Maß reduziert wird. Unter einem „erträglichen Maß des Stoffflusses“ versteht man die sogenannte Leckage, die niemals und unter keinen Umständen absolut null sein kann, sondern eben „erträglich“ ist. Eine absolut dichte Dichtung gibt es nicht.

Die Grenzen der erträglichen Leckage sind außerordentlich unterschiedlich, wie den folgenden Abschnitten zu entnehmen ist. Hierbei gibt es gesetzliche Vorgaben, beispielsweise die TA Luft [1], normative Regeln, Vereinbarungen zwischen Kunden und Lieferanten bis hin zu oftmals keinerlei vorgegebenen Grenzen, außer einer vom Anwender einer Dichtung nicht mehr akzeptierten Leckage, im einfachsten Fall zum Beispiel die Leckage eines tropfenden Wasserhahns.

Prinzipiell können Dichtungsanwendungen in statisch und in dynamisch wirkende Dichtsysteme eingeteilt werden.

Bei statisch wirkenden Dichtsystemen tritt funktionsmäßig keine Relativbewegung zwischen den Dichtflächen und der Dichtung auf. Typische Anwendungsfälle sind Flanschdichtungen in Rohrleitungen oder O-Ringe als Deckeldichtungen.

Dynamisch wirkende Dichtsysteme dagegen haben immer die Aufgabe Relativbewegungen zweier Bauteile zueinander abzudichten. Typische Anwendungen hierfür sind Radialwellendichtringe, beispielsweise zum Abdichten von Wellen eines Getriebes oder Gleitringdichtungen zum Abdichten einer Pumpenwelle.

Kosten für Dichtungen bzw. Dichtsysteme sind in der Regel gemessen am Wert der sie umgebenden Maschinen- oder Anlagenteile gering, wobei aber auch Dichtungssysteme durchaus im sechsstelligen Eurobereich liegen können. Störungen des Abdichtprozesses oder -verhaltens können aber sehr schnell zum Stillstand ganzer Maschinen und Anlagen führen oder Rückrufe in der Automobilindustrie verursachen, um nur einige Beispiele zu nennen. Infolge des Produktionsausfalls und durch Reparaturen können dann Folgekosten entstehen, die in keinem Verhältnis zum Wert der Dichtung oder des Dichtsystems stehen. Schäden, bedingt durch unzulässige Leckagen von 10 Millionen Euro und mehr sind keine Seltenheit, wobei die Dichtungen hierfür oftmals weniger als 10 Euro pro Stück betragen.

Fälschlicherweise wird häufig vom Versagen der Dichtung gesprochen, meist handelt es sich jedoch beim Ausfall einer Dichtung lediglich um eine nicht anwendungsgerechte Lösung des vorliegenden Falles. Es ist daher unerlässlich, sich bei der konstruktiven Bearbeitung eines Abdichtproblems intensiv mit den auf die Dichtung wirkenden Betriebsparametern zu beschäftigen, die sich teilweise gegensätzlich beeinflussen und damit die Lösung der Aufgabe erschweren (**Bild 1.1**).

Hinzu kommen, bedingt durch den wissenschaftlich-technischen Fortschritt bzw. innovative technische Entwicklungen, ständig sich verschärfende Einflussfaktoren auf das Dichtverhalten, z. B. chemisch aggressive Medien, bzw. -kombinationen, höhere Temperaturen und Drücke, größere Drehzahlen oder Gleitgeschwindigkeiten usw., die die Anforderungen sowohl an das

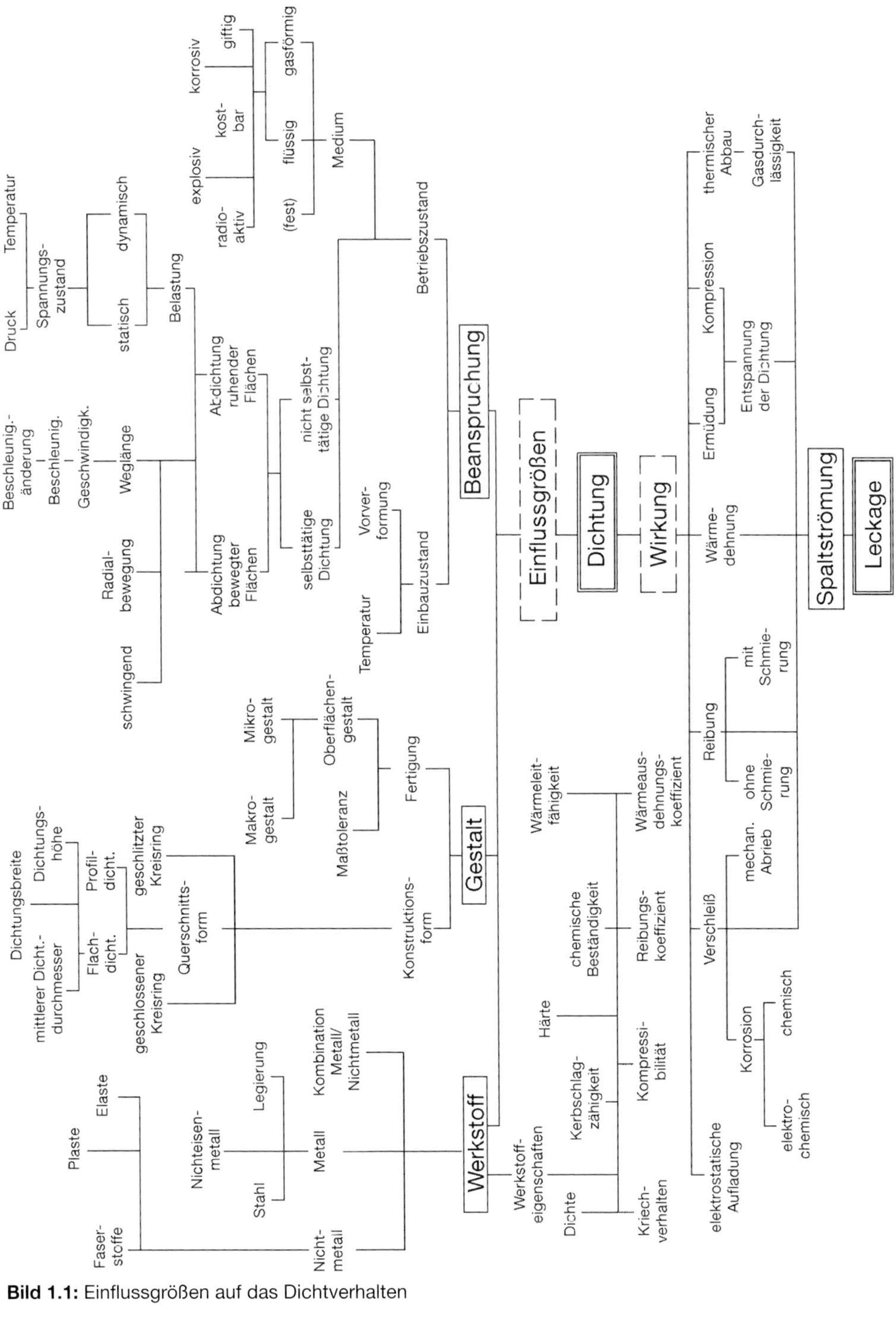

Bild 1.1: Einflussgrößen auf das Dichtverhalten

Wirkprinzip des Dichtvorganges als auch an den Dichtungswerkstoff selbst erhöhen und die Findung anwendungsgerechter Lösungen zusätzlich erschweren.

Aus diesem Grunde kann es daher zu schwerwiegenden Folgeschäden bis hin zum Produktionsausfall kommen, wenn dem Abdichtproblem in einer Maschine oder Anlage sowohl bei der Neukonstruktion als auch bei Instandhaltungsarbeiten nicht die notwendige Aufmerksamkeit geschenkt wird, um mit einer „anwendungsgerechten Dichtung" eine Lebensdauer und Zuverlässigkeit zu gewährleisten, die den übrigen Maschinen- und Anlagenteilen weitestgehend entspricht.

1.1 Statische wirkende Dichtungen

Sofern keine gewollte Bewegung zwischen dem Dichtelement und den abzudichtenden Bauteilen auftritt, spricht man allgemein von einer statischen Abdichtung. Dichtungen dieser Art findet man täglich, ohne sich dessen immer bewusst zu sein.

So ist jedes Handy abzudichten, sei es gegen Schmutz oder gegen Feuchtigkeit, jeder Wasserhahn, damit er nicht tropft. In PKWs finden sich viele Dichtungen, von den Türen, damit es nicht „zieht", bis zum Zylinderkopf, der bei Undichtigkeiten hohe Kosten nach sich zieht. Chemieanlagen, Kraftwerke usw. durchziehen eine Vielzahl von Rohrleitungen, die es abzudichten gilt, Apparate stehen unter hohem Druck und oftmals unter hoher zusätzlicher Temperaturbelastung mit teils äußerst gefährlichen Medien.

Ausfälle von statischen Dichtsystemen können katastrophale Folgen nach sich ziehen. So ist die „Challenger-Katastrophe", das größte Unglück der bisherigen Raumfahrtgeschichte, auf ein ausgefallenes Dichtsystem zurückzuführen. Gleiches gilt für eine Vielzahl von Unglücksfällen bei Industrieanlagen. Hierbei sei erwähnt, dass Technik niemals völlig risikolos sein kann. Es gilt aber die Risiken zu minimieren, wozu dieses Buch einen Beitrag leisten will. Auch sei erwähnt, dass das Dichtelement, alleine betrachtet, in den seltensten Fällen die Ursache für ein Versagen darstellt. Vielmehr ist es zumeist eine Verkettung mehrerer Ursachen, die letztlich zum Ausfall führen.

Allen statisch wirkenden Dichtsystemen ist gemein, dass sie eine bestimmte Vorverformung bei der Montage benötigen, um dauerhaft eine ausreichende Dichtheit zu erreichen. Im Betrieb muss dann diese Verformung ausreichend hoch sein, um den Betriebsbedingungen standhalten zu können. Dazu gehören Temperaturen, die nach oben und unten deutlich von der Raumtemperatur abweichen können, Drücke die über 1.000 bar oder im Bereich des Hochvakuums liegen, zusätzliche Betriebslasten, wie Biege- und Torsionsmomente, Querkräfte wie auch Zug- und zusätzliche Druckbelastungen. Nicht zuletzt stellt das abzudichtende Medium in vielen Fällen äußerst hohe Anforderungen an die dauerhafte Beständigkeit eines Dichtsystems.

Zur Erfüllung dieser Aufgaben muss die Dichtung zunächst ein entsprechend gutes Anpassungsverhalten an mikroskopische als auch makroskopische Ungleichheiten der Dichtflächen aufweisen. Gleichzeitig sind bei porösen Dichtungen die inneren Leckagekanäle weitestgehend zu schließen. Die Verformung der Dichtung erfolgt hierbei größtenteils elasto-plastisch. Mikroskopische Ungleichheiten sind beispielsweise Bearbeitungsriefen der Dichtflächen, makroskopische Ungleichheiten können z. B. Welligkeiten oder Verzüge einer Dichtfläche sein.

Im Betrieb sollte sich die Dichtung dann möglichst nicht weiter verformen, da dieses eine Reduzierung der Dichtkraft nach sich zieht. Weiterhin soll sie gute elastische Eigenschaften aufweisen, um beispielsweise Druckstöße ausgleichen zu können.

Teils widersprechen sich die obigen Anforderungen an eine Dichtung weshalb es unerlässlich ist, sich intensiv mit einer bestimmten Dichtaufgabe zu beschäftigen. Das gilt für alle Beteiligten, die sich mit einer Abdichtung auseinanderzusetzen haben, also Konstrukteure, Betreiber, Einkäufer usw. Es ist keinesfalls ausreichend eine beliebige Dichtung zu kaufen und darauf zu hoffen, dass diese ihre Aufgabe erfüllen wird.

1.2 Dynamisch wirkende Dichtungen

Dichtungen für bewegte Maschinenteile, oft als dynamische Dichtungen bezeichnet, sind äußerst häufig in der Technik. Sobald ein bewegtes Maschinenteil durch eine Gehäusewand tritt, beispielsweise die Hydraulikstange aus einem Hydraulikzylinder oder die Propellerwelle aus dem Schiffsrumpf, oder wenn zwei funktionsmäßig unterschiedliche Räume durch ein bewegtes Maschinenteil voneinander getrennt werden müssen, wie beispielsweise der Brennraum eines Dieselmotors mittels eines Kolbens vom Triebwerksraum, wird eine dynamische Dichtung notwendig. Es gibt keine Maschine und kein Fahrzeug ohne dynamische Dichtung. Entsprechend den sehr unterschiedlichen Anforderungen und Betriebsbedingungen – man denke an eine Fahrradluftpumpe oder an ein Flugzeugtriebwerk – sind dynamische Dichtungen und Dichtelemente auch äußerst vielgestaltig. Dies reicht vom einfachen Kolbenring im Kolbenverdichter bis hin zur komplexen Doppelgleitringdichtung mit Sperrsystem in Pumpen für gefährliche Stoffe der Verfahrenstechnik.

Wesentliche Unterscheidungsmerkmale sind, ob die Bewegung linear (Kolben-, Stangen-, Linearführungsdichtung) oder drehend (Wellendichtung) ist und ob die Dichtfunktion berührend oder berührungsfrei erreicht wird. Zumindest berührende Dichtungen sind immer tribologische Systeme. Sie bestehen stets aus den Systemkomponenten Dichtelement, Gegenlauffläche und abzudichtendes oder auch schmierendes Fluid. Alle Komponenten sind ähnlich wichtig und müssen gezielt aufeinander abgestimmt sein. Hinzu kommen die Umgebungs-, die Einbau- und die Betriebsbedingungen. Dieser Strauß an Komponenten und Bedingungen macht deutlich, dass gut funktionierende dynamische Dichtungen nicht einfach aus einem Katalog gekauft werden können, sondern stets anwendungsbezogen „entwickelt“ werden müssen.

Absolut dichte Dichtungen gibt es nicht. Absolut dichte dynamische Dichtungen schon gar nicht. Bei etwas höherer Gleitgeschwindigkeit oder Anpressung durch den abzudichtenden Druck muss der tribologische Kontakt, die Reibstelle zwischen Dichtelement und Gegenlauffläche, auf jeden Fall geschmiert werden. Dies mindert den Verschleiß und die Reibung, die dichtungstechnisch betrachtet zu der extrem schädlichen Erwärmung des Dichtkontaktes führt.

Der mikrometerdünne Schmierfilm hat natürlich auch Kontakt zur Umgebung. Man kann also nur über den Grad der zulässigen Undichtheit philosophieren; zählt man Moleküle pro Stunde bei einem heiklen Prozess in der Pharmaindustrie oder Liter pro Sekunde an der Wellenabdichtung einer Dampfturbine. Im Entwicklungsprozess ist also stets ein akzeptabler Kompromiss aus zulässiger Leckage, Lebensdauer, Zuverlässigkeit, Wartung, Bauraum, Fertigungsmöglichkeiten, Versagensfolgen, Kosten, usw. zu finden. Dieser Kompromiss wird je nach Anwendung sehr unterschiedlich ausfallen.

Schon kleinste Fehler im dynamischen Dichtkontakt zwischen Dichtelement und Gegenlauffläche können zum sofortigen Ausfall (unzulässige Leckage) der Dichtung führen. Beispielsweise eine Pore bzw. ein kleiner Riss in der Dichtkante eines Elastomer-Radial-Wellendichtrings oder ein Kratzer auf der Wellenoberfläche. Dies unterscheidet dynamische Dichtungen von allen anderen Maschinenteilen. Selbst die kleinste Fehlstelle führt zum sofortigen Versagen, während alle anderen Maschinenteile bei so kleinen Fehlstellen allenfalls etwas früher aber keinesfalls sofort ausfallen.

Fundiertes dichtungstechnisches Grundwissen über dynamische Dichtungen ist also für alle am Prozess Beteiligte unerlässlich – für Entwickler und Konstrukteure genauso wie für Fertiger, Monteure, Betreiber und Instandhalter wie auch für Einkäufer und Qualitätssicherer.

Literatur

[1] TA Luft; Erste Allgemeine Verwaltungsvorschrift zum Bundesimmissionsschutzgesetz (Technische Anleitung zur Reinhaltung der Luft – TA Luft), Beuth Verlag, Berlin, 07-2002

2 Werkstoffe der Dichtungstechnik

2 Werkstoffe der Dichtungstechnik

Wolfgang Abt, Alexander Riedl, Valentin Cepus, Stephan Piringer, Peter Waidner, Florian Werner, Andreas Will, Rainer Zeuß

Dichtwerkstoffe bestehen aus nahezu der gesamten Bandbreite der zur Verfügung stehenden Werkstoffe. So können sie sehr weich und anpassungsfähig sein, beispielsweise geschäumter Gummi oder auch extrem hart und verschleißfest, wie Siliciumcarbid für Gleitringdichtungen.

Hierbei haben die Werkstoffe immer die Aufgabe eine anforderungsgerechte Abdichtung zu gewährleisten. Die wichtigsten Anforderungen aus werkstofftechnischer Sicht sind hierbei für statisch beanspruchte Dichtungen:

- Gute Anpassungsfähigkeit an Mikro- und Makrounebenheiten der Dichtflächen und gleichzeitiges Schließen etwaiger innerer Leckagekanäle zur Erzielung einer ausreichenden Dichtheit.
- Temperaturbeständigkeit gegen hohe als auch niedrige Temperaturen.
- Chemische Beständigkeit gegen das Betriebsmedium und die Umgebungsbedingungen.
- Geringe Verformung und Alterung des Dichtwerkstoffs bei Betriebslasten, um die bei Montage aufgebrachte Flächenpressung aufrecht zu erhalten.

Zusätzlich zu den obigen Punkten sind bei dynamisch beanspruchten Dichtungen folgende Anforderungen hervorzuheben:

- Möglichst geringer Abrieb der Dichtung und der Gegenlaufflächen
- Geringe Reibbeiwerte und Sicherstellung einer hinreichenden Schmierung

Im Folgenden wird eine Vielzahl unterschiedlicher Dichtwerkstoffe und ihre Eigenschaften beschrieben. Oftmals werden diese Werkstoffe in Kombination miteinander verwendet. Ein Beispiel hierfür sind FEP-ummantelte O-Ringe aus Gummi, wobei die Hülle aus FEP die chemische Beständigkeit, der Gummi-O-Ring die elastischen Eigenschaften liefert. Die unterschiedlichen positiven Eigenschaften werden also miteinander kombiniert.

Weiterhin finden sich in einem Dichtsystem oftmals statisch als auch dynamisch wirkende Dichtungen. Beispiele hierfür sind Gleitringdichtungen, wobei die Gleitringe die dynamische Abdichtung übernehmen, O-Ringe aus Gummi als sogenannte Nebendichtungen die statische Abdichtung.

2.1 Polyurethane und Silicone

Diese beiden chemischen Verbindungsklassen bilden die Basis für eine Reihe höchst verschiedener Werkstoffe, da der Spielraum bezüglich linearer, verzweigter und vernetzter Strukturen durch individuelle Wahl der Ausgangs-Monomere in einem weiten Bereich einzustellen ist. Zudem werden nicht zwingend für die Vernetzung zusätzliche, nicht zur Grundchemie der Verbindungsklasse gehörende Stoffe benötigt. Insbesondere beim Polyurethan ist es durch eine unendliche Zahl denkbarer Edukte möglich, die gesamte Bandbreite polymerer Werkstoffe von Ölen, Thermoplasten, Thermoplastischen Elastomeren, Elastomeren bis zu Duromeren herzustellen [1].

Dies macht diese Verbindungsklasse sehr komplex. Bei den Siliconen ist die Variationsbreite nicht so groß, aber die besonderen chemischen und physikalischen Eigenschaften der Werkstoffe sind in vielen Bereichen unverzichtbar.

2.1.1 Polyurethan-Kautschuk

Diese Verbindungsklasse enthält als namensgebendes Element eine Urethangruppe [-NH-CO-O-]. Der Name leitet sich ab vom Urethan, das aus Harnstoff (**Ur**ea) und **Ethan**ol gewonnen werden kann. Dies ist zwar nicht das Monomer der Polyurethane, enthält aber als Strukturelement ebenfalls die Urethangruppe. Die Urethangruppe stellt eine genauere Spezifizierung der Carbamatgruppe [-NR-CO-O-] dar, wobei R für einen organischen Substituenten oder Wasserstoff steht.

Von der Vielzahl der denkbaren Polymerisationsprodukte der Polyurethane werden nachstehend nur die Polyurethan-Kautschuke behandelt, die sich in drei Gruppen unterteilen: gießbare Kautschuke (casting rubbers), thermoplastische Elastomere und vulkanisierbare Kautschuke [2].

Polyurethane entstehen im einfachsten Fall in einer Polyadditionsreaktion aus einem zwei- oder höherwertigen Alkohol und einem Diisocyanat (**Bild 2.1**) und der Kurzname lautet PUR [3].

Die in dieser Reaktionsgleichung dargestellten Reste R können einen großen Bereich der molaren Masse überstreichen und sind in der Regel sauerstoffhaltige Grundkörper wie Ester und Polyester oder Ether und Polyether. Da diese Komponente A als Voraussetzung für die Reaktion mindestens ein zweiwertiger Alkohol sein muss, spricht man allgemein von Polyolen, wenn R ein Ester ist, entsprechend von Polyesterpolyol und wenn R ein Ether ist von Polyetherpolyol. Polyester-Urethan-Kautschuk wird als AU bezeichnet, während Polyether-Urethan-Kautschuk EU genannt wird [3].

Komponente B, Diisocyanat, enthält als Rest R‘ aromatische oder aliphatische Einheiten. Am wichtigsten sind dabei die aromatischen Isocyanate. Im Polyurethan erfüllen dabei die Polyole (P) die Funktion von Weichsegmenten mit niedriger Glasübergangstemperatur, und die Diisocyanate bzw. die durch Reaktion daraus entstehenden überwiegend aromatischen Diurethane (U) stellen die Hartsegmente oder harte Domänen dar. Als weitere Komponente bei der Polyurethanherstellung sind Kettenverlängerer (D) von Bedeutung. Es handelt sich um zweiwertige Alkohole oder Diamine, die in der Lage sind, zwei Isocyanat-Endgruppen von Präpolymeren, das sind im primären Schritt aus Polyol und Diisocyanat gebildete kurzkettige Polyurethane mit einer molaren Masse von ca. 1000 bis 5000 g/mol, die mit Hilfe der Kettenverlängerer aneinander gekoppelt werden können. Es entsteht unter Verwendung der in diesem Abschnitt definierten Abkürzungen (P, U, D) ein Aufbau nach dem Schema in **Bild 2.2**.

Über die Anteile und Zusammensetzung der Ausgangsstoffe kann gesteuert werden, ob sich überzählige Isocyanate bilden, die dann chemisch vernetzen, ob sich längere Urethan-Hartseg-

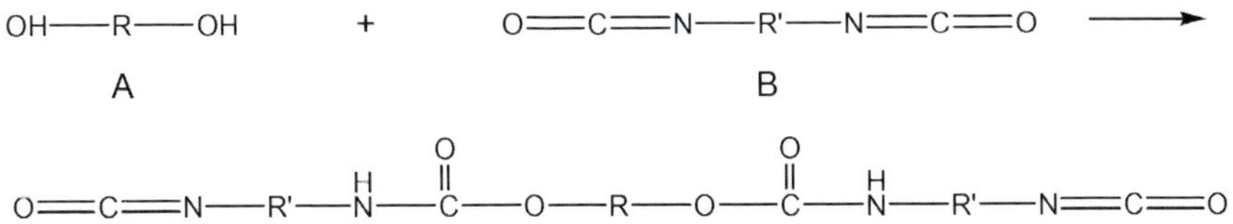

Bild 2.1: Grundgleichung zur Herstellung von PUR

$$-P-(U-D)_n-P-(U-D)_n-P-(U-D)_n-P-(U-D)_n-$$

Bild 2.2: Schematische Verknüpfung von Polyol (P), Diurethan (U) und Kettenverlängerern (D) [5])

mente bilden, die bei thermoplastischen Elastomeren physikalisch vernetzen können, oder ob doppelbindungshaltige Polyole eingebaut werden, die konventionell vulkanisiert werden können. Eine Liste der wichtigen Ausgangsstoffe für die Polyurethanherstellung zeigt **Tabelle 2.1**.

Bei der Herstellung wird zwischen einem Einstufenprozess (one-shot-process) unterschieden, bei dem die Ausgangsstoffe in einem einzigen Schritt gemischt und polymerisiert werden und einem Präpolymer-Prozess, bei dem in einem Vorprozess bereits hergestellte lineare Polyurethan-Präpolymere mit Isocyanat-Endgruppen.

Beim Einstufenprozess werden die flüssigen Rohstoffe unter Druck in das Werkzeug gefüllt und zur Reaktion gebracht (Gießprozess, RIM = reaction injection moulding). Das gewünschte Polymerisationsprodukt kann durch die Stöchiometrie der Edukte gesteuert werden. Eine 1:1-Stöchiometrie von Polyol und Isocyanat führt zu thermoplastischen Elastomeren, während man durch Überschuss von Isocyanaten einen chemisch vernetzten Polyurethan-Kautschuk erhält.

Demgegenüber werden beim Präpolymer-Prozess im ersten Schritt aus dem Polyol und einem Überschuss Diisocyanat lineare Präpolymere geringerer molarer Masse hergestellt, die dann im nachfolgenden Schritt mit Hilfe von Kettenverlängerern zu hochmolekularen Systemen erweitert werden. Auch hier entscheiden die Verhältnisse zwischen den eingesetzten Komponenten darüber, welcher Produkttyp, thermoplastisches Elastomer oder Festkautschuk, ent-

Tabelle 2.1: Ausgangsstoffe (Edukte) für die Polyurethanherstellung [nach 4]

Edukt-Typ	Name der chemischen Verbindung	Abkürzung
Diisocyanat (U)	Methylen-bis-(4-phenylisocyanat)	MDI
	Hexamethylen-diisocyanat	HDI
	2,4-Toluoldiisocyanat	TDI
	1,5-Naphthalin-diisocyanat	NDI
Polyether (P)	Poly(oxytetramethylen)glycol	PTMO
	Poly(1,2-oxypropylen)glycol	PPG
Polyester (P)	Poly(tetramethylenadipinsäure)glycol	PTAd
	Poly(ethylenadipinsäure)glycol	PEAd
	Poly(ω-caprolactam)glycol	PCL
	Poly(hexamethylencarbonat)glycol	PHC
Diole (D)	Ethylenglycol	EDO
	1,4-Butandiol	BDO
	1,6-Hexandiol	HDO
	1,4-Bis-(2-hydroxyethoxy)benzol	HQEE
Diamine (D)	4,4'-Methylen-bis-(2-chloranilin)	MOCA
	Diamin-diethyl-methylbenzol	

Tabelle 2.2: Mechanische Eigenschaften von Polyurethan-Kautschuken [nach 4]

Mechanische Eigenschaft	Gießpolyurethan	Festkautschuk	TPE-U
Härte [Shore]	65 A – 70 D	45 A – 95 A	80 A – 70 D
Reißfestigkeit [MPa]	30 – 50	15 – 40	30 – 55
Reißdehnung [%]	300 – 650	200 – 800	300 – 600
Spannungswert 100 % [MPa]	2 – 11 (AU) 5 – 25 (EU)	3 – 12	4 – 30
Druckverformungsrest 22h, [%]	10 – 25 (AU) 7 – 40 (EU)	20 – 35	5 – 35
Weiterreißwiderstand nach Graves [N/mm]	45 – 50	30 – 70	30 – 50
Rückprallelastizität [%]	40 – 50	30 – 70	30 – 50

steht. Das thermoplastische Elastomer (Kurzzeichen TPE-U, TPU oder TPUR) können mit dem Spritzgussprozess weiterverarbeitet werden, während der PUR-Festkautschuk mit Maschinen der Kautschuktechnologie prozessiert werden kann. Bei Einbau von doppelbindungshaltigen Funktionalitäten in das Polyol kann mit Schwefel oder Peroxiden vulkanisiert werden. Alternativ kann direkt mit einem Überschuss Diisocyanat vernetzt werden [4].

Polyurethan-Kautschuk zeichnet sich als verhältnismäßig polarer Werkstoff durch gute Beständigkeiten gegen Fette und Öle aus. Demgegenüber besteht eine etwas schlechtere Beständigkeit gegenüber polareren Lösungsmitteln, wie Alkoholen und Ketonen, sowie Säuren und Laugen, da Polyurethane eine gewisse Hydrolyseempfindlichkeit aufweisen. Ein Zusatz von Füll- und Verstärkungsstoffen ist in der Regel für die mechanischen Eigenschaften nicht nötig, während als Weichmacher aufgrund der Resistenz gegenüber den meisten Ölen nur Ester-basierte Weichmacher auf Basis von Phthalaten und Adipaten genutzt werden können.

Aufgrund der Hydrolyseempfindlichkeit müssen insbesondere bei den kommerziell geläufigeren Polyester-Urethanen (AU) hierauf ausgerichtete Stabilisatoren zugefügt werden. Ein Zusatz von UV-Stabilisatoren ist besonders bei Polyether-Polyurethanen (EU) nötig. Bei den mechanischen Eigenschaften sind eine vergleichbar große Werte für Härte und ein Reißfestigkeit zu erwähnen. Ein Überblick über die mechanischen Eigenschaften der Polyurethan-Kautschuke liefert **Tabelle 2.2**.

2.1.2 Silicon-Kautschuk

Die Besonderheit der Verbindungsklasse der Silicone ist eine ausschließlich aus alternierend angeordneten Silicium- und Sauerstoffatomen angeordnete Hauptkette (**Bild 2.3**) mit der Summenformel $(R_2SiO)_n$. Der Name ist dabei eine Zusammensetzung aus dem Element „**Silic**ium“ und der Endung „**-on**“, die in der organischen Chemie für ein Keton mit der allgemei-

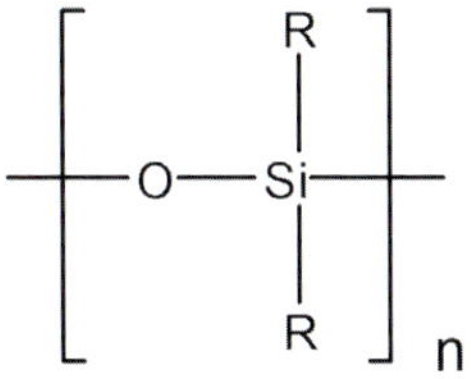

Bild 2.3: Siloxan-Struktur

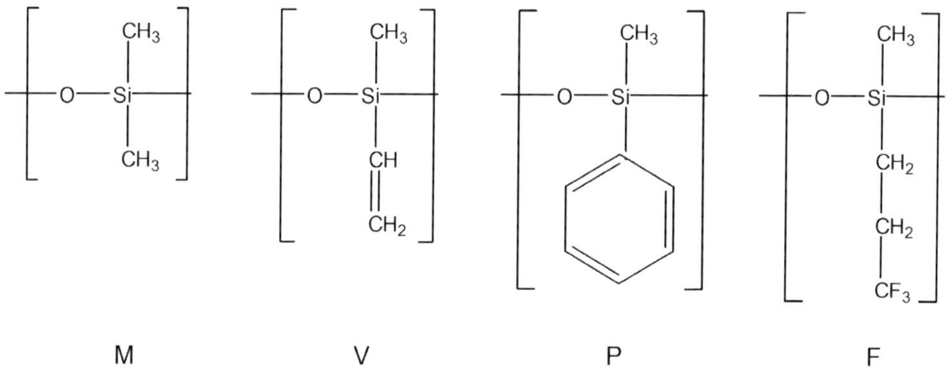

Bild 2.4: Typische Monomereinheiten von Silicon-Kautschuk

nen Summenformel R_2CO steht, obwohl im Silicon der Sauerstoff in anderer Form gebunden ist. Systematisch wird dieser Verbindungstyp als Polyorganosiloxan benannt, da aus dem Begriff Siloxan eine etherartige Verknüpfung aus Silicium und Sauerstoff hervorgeht und die freien Valenzen der Siliciumatome mit organischen Substituenten, in der Regel mit Methylgruppen, abgesättigt sind. Gegenüber organischen Kautschuken sind Polyorganosiloxane sehr temperaturbeständig und über einen weiten Temperaturbereich hinweg anwendbar und daher für Dichtungsanwendungen interessant.

Der Anwendung entsprechend ist eine Unterteilung in Öle, Harze und Kautschuke üblich. Silicon-Kautschuk wird systematisch mit dem Buchstaben Q klassifiziert [3]. Am häufigsten kommt als Siloxan-Monomer Dimethylsiloxan zur Anwendung, bei dem beide Reste R am Silicium-Atom durch Methylgruppen substituiert sind. Dieses Monomer wird laut DIN-Norm mit dem Buchstaben M gekennzeichnet. Außer Siloxaneinheiten mit Methylgruppen (M) gibt es noch solche mit einer Vinylgruppe (V), einer Phenylgruppe (P) und einer Trifluorpropylgruppe (F), deren Struktur in **Bild 2.4** gezeigt ist. Je nach Kombination der Monomereinheiten können Copolymere synthetisiert werden, die zu Silicon-Kautschuk-Typen mit besonderen Eigenschaftsprofilen führen.

Kommerziell erhältlich sind die in **Tabelle 2.3** genannten Typen und Zusammensetzungen [nach 4]

Durch den Einbau von vinylhaltigen Siloxan-Einheiten in VMQ werden Doppelbindungen in den Silicon-Kautschuk eingebaut, die für die Vernetzung mit Peroxiden genutzt werden können und bewirken eine höhere Vernetzungsdichte und damit bessere elastische Eigenschaften als MQ. Der Einbau von phenylhaltigen Gruppen verhindert eine Kristallisation von Dimethylsiloxan und beeinflusst Eigenschaften positiv wie Kälteflexibilität und Hydrolysebeständigkeit. Auch hier kann durch Einführung von Vinylgruppen die Vernetzbarkeit erhöht werden. Copolymere mit fluorhaltigen Seitengruppen erhöhen die Polarität des entstehenden Copolymeren und verbessern die Beständigkeit gegenüber Hydrolyse (FVMQ).

Da Silicon-Kautschuk in der Regel ein amorphes Elastomer darstellt, ist ein Zusatz von verstärkenden Füllstoffen notwendig. Dafür wird vorwiegend pyrogene Kieselsäure eingesetzt. Als weitere inaktive Füllstoffe kommen Kaolin, Kieselerde, Quarzmehl, Silicate, gefällte Kreide, Diatomeenerde und Aluminiumhydroxid zur Anwendung

Tabelle 2.3: Übersicht der handelsüblichen Silicontypen nach Monomerzusammensetzung [4, 2]

Bezeichnung nach DIN1629 [ASTM D 1418]	Zusammensetzung [Mol-%]	Monomere
MQ	100	Dimethylsiloxan
MVQ [VMQ]	99,5	Dimethylsiloxan
	0,5	Vinylmethylsiloxan
MPQ [PMQ]	85 … 95	Dimethylsiloxan
	5 … 15	Phenylmethylsiloxan
MPVQ [PVMQ]	85 … 95	Dimethylsiloxan
	5 … 15	Phenylmethylsiloxan
	0,5	Vinylmethylsiloxan
MFVQ [FVMQ]	10 … 60	Dimethylsiloxan
	40 … 90	Trifluorpropylmethylsiloxan
	0,5	Vinylmethylsiloxan

In Abhängigkeit von der Art der Verarbeitung können drei Typen Silicon-Kautschuk unterschieden werden:

1. **HTV HCR** (= high temperature vulcanizing high consistency rubber) wird als **fester heißvernetzender Siliconkautschuk** bezeichnet. Gelegentlich findet man für diesen Typ nur die Abkürzung HTV vor. Hierfür werden hochviskose Silicone mit molaren Massen oberhalb von 300.000 g/mol hergestellt, die üblicherweise durch Peroxide vernetzt werden und für mehrere Stunden zum Entfernen der Spaltprodukte getempert werden müssen. Fester Silicon-Kautschuk kann auf gebräuchlichen Maschinen der Gummi-verarbeitenden Industrie prozessiert werden.

2. **(HTV) LSR** (= high temperature vulcanizing liquid silicone rubber) ist ein **heißvernetzender Flüssig-Siliconkautschuk**. Meist wird hier nur von LSR gesprochen. Grundsätzlicher Unterschied ist, dass dieser in zwei Komponenten von niedrigviskosem Silicon einer molaren Masse von 5.000 bis 75.000 g/mol vorliegt, bevor er vulkanisiert wird. Eine weitere übliche Komponente ist der aktive Füllstoff pyrogene Kieselsäure. In einer der beiden Komponenten befindet sich als Vernetzungsreagenz ein aktives niedermolekulares Siloxan mit endständigen Silangruppen (endständige Wasserstoffatome, die am Silicium gebunden sind) und in der anderen befindet sich ein Katalysator. Diese Mischung wird in einem modifizierten Spritzgussverfahren nach gründlicher Durchmischung, eventuell auch mit anderen ferner benötigten Additiven in einem beheizten Spritzgusswerkzeug zur Reaktion gebracht. Es lassen sich auf diese Weise Produkte und Bauteile aus Silicon-Kautschuk mit komplexe Geometrien abformen und ohne Spaltprodukte und weitere Vernetzungsmittel prozessieren. Auch kleine Bauteile mit hoher Beanspruchung und anspruchsvoller Formgebung wie z. B. für Medizintechnik oder Elektronik sind damit realisierbar.

3. **RTV** (= room temperature vulcanizing) bezeichnet **kaltvulkanisierenden Siliconkautschuk**, der bei Kontakt mit Luftfeuchtigkeit hydrolyseempfindliche funktionelle Gruppen abspaltet und dadurch vernetzt. Handelsüblich sind Ein- und Zweikomponentensysteme. Bei Einkomponentensystemen (RTV-1) werden Polysiloxane einer molaren Masse zwischen 7.500 und 15.000 g/mol mit Füllstoffen und hydrolyseempfindliches Silan als Vernetzer, z. B. Methyl-triacetoxy-Silan gemischt. Bei Zutritt von Luftfeuchtigkeit spaltet Essigsäure ab und bildet Netzstellen. Zweikomponentensysteme (RTV-2) kommen vorwiegend für

Form- und Vergussmassen zur Anwendung und enthalten beispielsweise Silicatester und Zinn-organische Verbindungen als Vernetzer, wobei während der Vernetzungsreaktion unter Alkoholabspaltung eine Si–O–Si-Bindung geknüpft wird.

Zum Eigenschaftsprofil des Silicon-Kautschuk gehört eine gute Beständigkeit gegenüber Ozon und Bewitterung sowie eine Temperaturbeständigkeit bis 250 °C, kurzzeitig höher. Typisch ist eine Kältflexibilität bis –60 °C, bei phenylhaltigem Silicon-Kautschuk (PVMQ) bis –100 °C. Silicon-Kautschuk hat eine gute chemische Beständigkeit gegen heißes Wasser, natürliche Fette und Öle, Paraffinöle, Alkohole, während es unbeständig ist gegen Säuren und Laugen, Silicone, Ketone, Benzin, naphthenische und aromatische Mineralöle. Er besitzt eine gute elektrische Isolierfähigkeit und gute elektrische Leitfähigkeit (Ruß). Weitere positive Eigenschaften sind eine gewisse Flammwidrigkeit, niedrige Druckverformungsreste und inertes Verhalten gegenüber physiologischen Systemen und besitzt eine niedrige Oberflächenenergie. Unter Beaufschlagung mit heißem Wasserdampf ist ein Molmassenabbau (Silicone-Cracking, Depolymerisation) möglich. Besonders bemerkenswert ist die hohe Gas-Permeabilität, eine Eigenschaft, in der sich Silicon-Kautschuk deutlich von anderen Elastomermaterialien unterscheidet.

2.2 Gummiwerkstoffe

Unter Gummi oder Elastomer versteht man vulkanisierten Kautschuk, der entweder auf natürlichem Kautschuk (Naturkautschuk) oder synthetischem Kautschuk basiert. Kautschuk selbst sind unvernetzte, aber vernetzbare Polymere mit weich-elastischen oder gummielastischen Eigenschaften bei ihren spezifizierten Gebrauchstemperaturen, die demnach bei höheren Temperaturen und unter Anwendung mechanischer Zwänge verformbar sind und bei niedrigen Temperaturen (je nach Kautschuktyp < –10 bis < –100 °C) glasartig erstarren.

Unterhalb der Glasübergangstemperatur (T_g) verhält sich der Werkstoff energieelastisch. Dieser Bereich ist die typische Bereich der Gebrauchstemperatur bzw. der Anwendungsbereich von Thermoplasten. Im Bereich von T_g werden die Polymermoleküle beweglicher und gehen oberhalb dieser Temperatur in den entropieelastischen Zustand über. Der günstigste Zustand ist das statistische Knäuel. Wird der Werkstoff gestreckt oder gestaucht, bilden sich Bereiche höherer Ordnung heraus mit geringerer Entropie und damit höherem und ungünstigerem Energiezustand. Die Polymermoleküle relaxieren wieder in den Zustand höherer Entropie und damit geringerer Gesamtenergie. Zusätzlich werden Kautschuke zu Elastomeren vulkanisiert, d. h. ungefähr an jeder 100. Monomereinheit wird eine kovalente chemische Bindung zu einem geometrisch benachbarten, aber in der Regel nicht in der Nähe der Kettensequenz sich befindenden Einheit geknüpft. Dies fixiert die Knäuelstruktur, so dass die Moleküle nicht fließen können und eine grundsätzliche Formstabilität gewährleistet ist.

Die Vernetzbarkeit eines Kautschuks wird dabei in der Regel durch entsprechende reaktive funktionelle Gruppen, z. B. Doppelbindungen, bedingt. Die Unterscheidung zwischen Kautschuk und Gummi kennt der englische Begriff „rubber" nicht. Dort wird sowohl der Kautschuk, das unvernetzte Polymer, als auch der vernetzte Elastomer-Werkstoff mit „rubber" bezeichnet. Elastomer als Kategorie der Polymerwerkstoffe zeichnet sich durch gummielastische Eigenschaften bei einer weitmaschigen chemischen Vernetzung aus. Damit setzt sich der Begriff vom thermoplastischen Elastomer ab, bei dem das gummielastische Polymer physikalisch reversibel vernetzt ist.

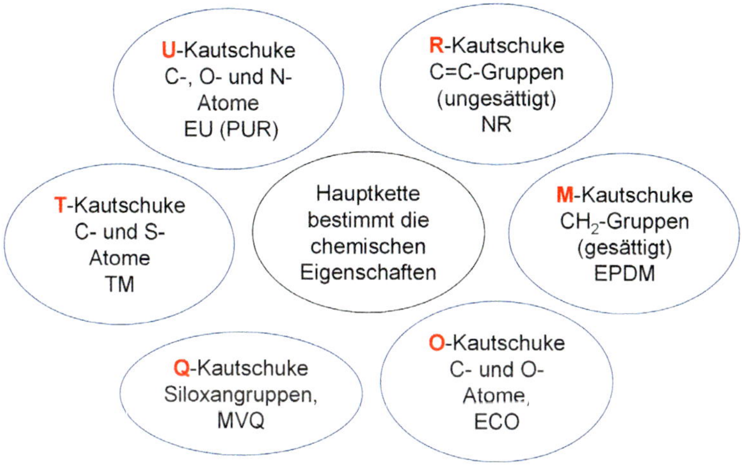

Bild 2.5: Einteilung der Kautschuk-Typen nach DIN-Norm DIN ISO 1629 [3]

Für die systematische Einteilung ist die in der DIN-Norm DIN ISO 1629 [3] beschriebene Klassifizierung bindend. Dabei ist der letzte Buchstabe der Kautschukbezeichnung abhängig von der chemischen Struktur der Hauptkette des namensgebenden Polymers (**Bild 2.5**).

Beim Naturkautschuk (natural rubber), das ein Polymerprodukt des Monomers Isopren darstellt, sind ungesättigte C=C-Gruppen in der Hauptkette des Moleküls vorhanden. Deshalb gehört es zum Typ R, und das Kurzzeichen für diesen Kautschuk ist NR. Der Kennbuchstabe für einen gesättigten Kautschuk in der Hauptkette ist M. Ein Beispiel für diesen Kautschuktyp ist EPDM, das ein Polymerprodukt aus den Monomeren Ethylen, Propylen und einem Dien, z. B. Hexadien, ist. Demnach beschreiben die Buchstaben E, P und D die eingesetzten Ausgangsstoffe für die Synthese dieses synthetischen Kautschuks, während M für den Typ der gesättigten Kautschukmaterialien steht.

In analoger Weise werden Kautschuktypen, die Urethangruppen in der Hauptkette enthalten (siehe Kapitel 2.1) mit dem Kennbuchstaben U bezeichnet und Kautschuk mit C und S in der Hauptkette mit dem Buchstaben T. Q steht für Siloxan-Typen und O für esterhaltige Kautschuke.

In **Tabelle 2.4** sind einige handelsübliche Elastomertypen mit einigen Handelsnamen dargestellt. Außer dieser Kombination aus Monomerabkürzungen und Elastomertyp sind noch weitere Buchstaben üblich, die gegebenenfalls dem Kurzzeichen vorangestellt werden, wenn der Kautschuk zusätzlich chemisch modifiziert worden ist. Ein vorangestelltes C bezeichnet die Chlorierung des Gummimaterials, d. h. CIIR bedeutet, dass es sich um einen chlorierten Butylkautschuk handelt. X steht für ein Vorhandensein carboxylgruppenhaltiger Gruppen eines Kautschuks vom Typ R, während H kennzeichnet, dass der Kautschuk hydriert worden ist und demnach nahezu keine verbleibenden Doppelbindungen mehr enthält. Außerdem kann dem Kurzzeichen noch die Art des Herstellungsverfahrens mit Bindestrich vorangestellt werden, z. B. S- für ein Lösungspolymer und E- für ein Emulsionspolymer und OE- für einen ölverstreckten Kautschuk.

Grundsätzlich gehen aus dem Elastomertyp, der die Hauptkette des Polymeren klassifiziert, einige grundlegende Eigenschaften des Gummiwerkstoffs hervor, die in **Tabelle 2.5** grob umris-

Tabelle 2.4: Ausgewählte handelsübliche Elastomertypen und Handelsnamen (unvollständig) [nach 6]

Kurz-zeichen	Typ	Name der chemischen Verbindung	Handelsname	Trivialname
NR	R	Poly(1,4-cis-isopren), [natürlich]	SMR, Crepe	Naturkautschuk
CR	R	Poly(1,4-trans-chloropren)		Chloropren-Kautschuk
IIR	R	Poly(isobuten-co-isopren)	Enjay-Butyl, Hycar-Butyl	Butylkautschuk
NBR	R	Poly(acrylnitril-co-butadien)	Perbunan N, Hycar	Nitril-Butadien-Kautschuk
IR	R	Poly(1,4-cis-isopren), [synthetisch]		Isopren-Kautschuk
SBR	R	Poly(styrol-co-butadien)	Polysar S, Buna EM, SIR	Styrol-Butadien-Kautschuk
EPDM	M	z. B. Poly(ethylen-co-propylen-co-hexadien)	Vistalon, Keltan	Ethylen-Propylen-Dien-Kautschuk/ Terpolymer
EPM	M	Poly(ethylen-co-propylen)	Buna AP, Eastoflex	Ethylen-Propylen-Kautschuk/ Copolymer
FKM	M	Poly(vinylidendifluorid-co-hexafluorpropylen)	Viton,	Fluorkautschuk
ECO	O	Poly(oxyethylen-co-epichlorhydrin)	Epichlomer	Ethylen-Epichlorhyd-rin-Kautschuk
MVQ	Q	Poly(oxodimethylsilan-co-oxovinylmethylsilan)	Elastosil	Dimethyl-Siloxan, LSR,
MFQ	Q	Poly(oxodimethylsilan-co-oxotrifluorpropylsilan)	Silopren, Silastic	Methyl-Fluor-Siloxan
TM	T	Poly(dithioethylen)	Thiokol	Polysulfid-Kautschuk
AU	U	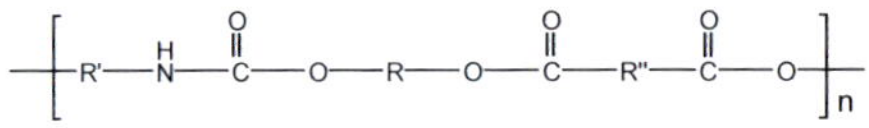	Adipren, Urepan	Polyesterurethan-Kautschuk
EU	U	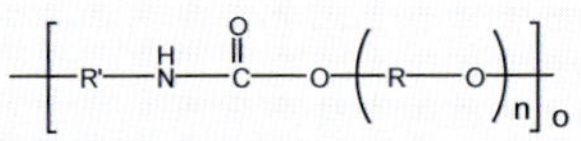	Adipren, Urepan	Polyetherurethan-Kautschuk

sen sind. Neben diesen positiven Eigenschaften, die hier erwähnt sind, bestehen aufgrund der chemischen Struktur auch Nachteile. So sind z. B. die Doppelbindungen der ungesättigten Elastomere (Typ R) zwar sehr gut vernetzbar, Die überzähligen Doppelbindungen sind aber recht reaktionsfreudig und neigen bei höheren Temperaturen zur Oxidation. Daher sind die R-Elastomere sämtlich nicht für Anwendungen bei höheren Temperaturen geeignet.

Nachteile bestehen bei Gummimaterialien mit besonderen Merkmalen beim Preis. Deshalb sind bei technischen Elastomeren vielfach Verschnittqualitäten üblich. So weisen handelsübliche NBR-Materialien oft einen NBR-Gehalt von 30 % des Polymergehalts auf, während 70 % beispielsweise Naturkautschuk sind. Solch ein Blend aus NBR und NR zeigt Mischeigenschaften zwischen den erwarteten Eigenschaften der reinen Werkstoffe[1].

Grundsätzlich sind Elastomerwerkstoffe komplexe Vielstoffgemische. Ein technischer Gummiwerkstoff enthält eine Reihe von Ingredientien, die der Verarbeitung und der Einstellung von spezifizierten Produkteigenschaften dienen. In der Elastomer-verarbeitenden Industrie ist es üblich, die Gehalte der Inhaltsstoffe auf die Gesamtmasse des Polymers, des Elastomerbasismaterials, zu beziehen. Dafür wurde die Einheit „phr" (= parts per hundred parts rubber) eingeführt. In einem Elastomerwerkstoff ist es je nach Rezeptur möglich, dass der Polymeranteil insgesamt nur etwa 30 % des Materials beträgt. Eine grobe Einordnung möglicher Anteile der Inhaltsstoffe ist in **Tabelle 2.6** gegeben.

Ein Großteil alles Elastomerwerkstoffe wird für die Reifenproduktion verwendet. Weitere wichtige Artikel sind Schläuche, Profile, Plattenwaren, Gurte, Keilriemen und Verbundmaterialien.

Eine detaillierte Übersicht über wichtige Elastomerwerkstoffe geben die **Tabellen 2.7 und 2.8**.

Tabelle 2.5: Struktur der Hauptkette des Elastomeren und Basiseigenschaften [nach 4]

Struktur der Hauptkette	Basiseigenschaften
gesättigte Hauptkette	Witterungs- und Ozonbeständigkeit, Hitzebeständigkeit
chlorhaltiges Monomer	Flammwidrigkeit, Witterungsbeständigkeit
ungesättigte Hauptkette	Kältebeständigkeit
Siloxan	Kältebeständigkeit, Witterungsbeständigkeit, Hitzebeständigkeit, Ölbeständigkeit, Flammwidrigkeit
Fluorkautschuke	Witterungsbeständigkeit, Hitzebeständigkeit, Ölbeständigkeit

Tabelle 2.6: Ausgewählte Inhaltsstoffe schwefelvernetzter Elastomere [4]

Inhaltsstoffe	Gehalt in phr (bezogen auf den Gesamtgehalt der Polymere)
Polymer (Kautschuk)	100
Füllstoffe	0–100
Weichmacher	0–100
Verarbeitungshilfsstoffe	0–5
Additive (Antioxidantien, Ozonschutz…)	1–8
Vernetzungschemie (Schwefel, Zinkoxid, Aktivator, Beschleuniger…)	5–15

Tabelle 2.7: Übersicht ausgewählter mechanischer und thermischer Eigenschaften einiger Elastomerwerkstoffe [nach [7]

Kurzname	Kautschukbezeichnung	T_g [°C]	T_R [°C]	Zugfestigkeit	Weiterreißwiderstand	Abrieb
ACM	Acrylat-Kautschuk	–22 … –40	–10 … –20	o	O	o
AU	Polyester-Urethan-Kautschuk	–35	–22	+	+	+

Tabelle 2.7: Übersicht ausgewählter mechanischer und thermischer Eigenschaften einiger Elastomerwerkstoffe [nach [7]

Kurzname	Kautschukbezeichnung	T_g [°C]	T_R [°C]	Zugfestigkeit	Weiterreißwiderstand	Abrieb
BIIR	bromierter Butylkautschuk	–66	–38	o	o/+	o
BR	Polybutadien	–112	–72	o	-/o	+
CIIR	chlorierter Butylkautschuk	–66	–38	o	o/+	o
CM	chloriertes Polyethylen	–25	–12	o/+	O	o
CO	Polyepichlorhydrin	–26	–10	o	O	o
CR	Polychloropren	–45	–25	+	+	o/+
CSM	chlorsulfoniertes Polyethylen	–25	–10	o/+	o/+	o
EAM	Ethylen-Acrylat-Elastomere	–40	–20	o	O	o
ECO	Epichlorhydrin (Copolymere)	–45	–25	o	O	o
EPDM, S	Ethylen-Propylen-Terpolymere, Schwefel-vernetzt	–55	–35	o	O	o
EP(D)M, P	Ethylen-Propylen-Copolymere, peroxidisch vernetzt	–55	–35	–/o	–	–
EU	Polyether-Urethan-Kautschuk	–55	–35	+	+	+
EVA	Ethylen-Vinylacetat-Copolymere	–30	–18	o/+	O	o
FKM	Fluorkautschuk	–18 … –50	–10 bis –35	o/+	O	o
FVMQ	Fluorsilicon-Kautschuk	–70	–45	–	–	–
H-NBR	hydrierter Nitrilkautschuk	–30	–18	o/+	O	+
IIR	Butylkautschuk	–66	–38	o	o/+	o
MVQ	Dimethylpolysiloxan, Vinylhaltig	–120	–85	–	–	–
NBR	Nitrilkautschuk (geringer Acrylnitril-Gehalt)	–45	–28	o/+	O	+
	Nitrilkautschuk (mittlerer Acrylnitril-Gehalt)	–34	–20	o/+	O	+
	Nitrilkautschuk (hoher Acrylnitril-Gehalt)	–20	–10	o/+	O	+
NR/IR	Naturkautschuk/ synthetisches Polyisopren	–72	–45	++	++	o/+
OT	Thioplaste	–50	–30	–	–	–
PNF	Polyfluorphosphazene	–66	–42	o	–	–
PNR	Polynorbornen-Kautschuk	+25		o	O	o
SBR	Styrol-Butadien-Kautschuk	–50	–28	+	+	+
X-NBR	Carboxy-Gruppen-haltiger Nitrilkautschuk	–30	–18	+	O	++

Legende: T_g=Glasübergangstemperatur, T_R=Kälterichtwert, „–“ = gering, „o“ = mittel, „+“ = hoch, „++“ = sehr hoch

Tabelle 2.8: Übersicht der Beständigkeit einiger Elastomerwerkstoffe [nach 7]

Kurzname	Kautschukbezeichnung	Wärmebeständigkeit nach 5 h [°C]	70 h [°C]	1000 h [°C]	Betriebstemperatur [°C]	Quellung, 70 h in ASTM-Öl 3 [%] (°C)	in Kraftstoff [%] (20 °C)
ACM	Acrylat-Kautschuk	240	180	150	170	25 (150)	65
AU	Polyester-Urethan-Kautschuk	170	100	70	75	40 (100)	
BIIR	bromierter Butylkautschuk	200	160	130	150	>140 (70)	
BR	Polybutadien	170	100	75	90	>140 (70)	
CIIR	chlorierter Butylkautschuk	200	160	130	150	>140 (70)	
CM	chloriertes Polyethylen	180	160	140	150	80 (150)	75
CO	Polyepichlorhydrin	240	170	140	150	5 (150)	10
CR	Polychloropren	180	130	100	125	80 (100)	
CSM	chlorsulfoniertes Polyethylen	200	140	130	150	80 (150)	
EAM	Ethylen-Acrylat-Elastomere	240			175	50 (150)	
ECO	Epichlorhydrin (Copolymere)	220	150	130	135	10 (150)	30
EPDM, S	Ethylen-Propylen-Terpolymere, Schwefel-vernetzt	200	170	130	140	>140 (70)	
EP(D)M, P	Ethylen-Propylen-Copolymere, peroxidisch vernetzt	220	180	140	150	>140 (70)	
EU	Polyether-Urethan-Kautschuk	170	100	70	75	40 (100)	
EVA	Ethylen-Vinylacetat-Copolymere	200	160	140	160	80 (150)	
FKM	Fluorkautschuk	>300	280	220	250	20 (150)	5
FVMQ	Fluorsilicon-Kautschuk	>300	220	200	215	20 (150)	20
H-NBR	hydrierter Nitrilkautschuk	230	180	150	160	15 (150)	65
IIR	Butylkautschuk	200	160	130	150	>140 (70)	
MVQ	Dimethylpolysiloxan, Vinyl-haltig	>300	275	180	225	50 (150)	
NBR	Nitrilkautschuk (geringer ACN-Gehalt)	170	140	110	125	25 (100)	45
	Nitrilkautschuk (mittlerer ACN-Gehalt)	180	145	115	125	10 (100)	35
	Nitrilkautschuk (hoher ACN-Gehalt)	190	150	120	125	5 (100)	25
NR/IR	Naturkautschuk/synthetisches Polyisopren	150	120	90	100	>140 (70)	
OT	Thioplaste	170	120	60	100	10 (70)	
PNF	Polyfluorphosphazene				175	10 (150)	15
PNR	Polynorbornen				100	>140 (70)	
SBR	Styrol-Butadien-Kautschuk	195	130	100	110	>140 (70)	
X-NBR	Carboxy-Gruppen-haltiger NBR	170	140	110	120	5 (100)	20

2.2.1 Naturkautschuk (NR = natural rubber)

Beim Anschneiden der Rinde des Kautschukbaums (Hevea Brasiliensis), aus dem zu mehr als 90 % Naturkautschuk gewonnen wird, tritt ein Milchsaft aus, der zu etwa 35 % aus Kautschuk besteht. Der Anbau ist nur in tropischen Regionen um den 30. Breitengrad herum üblich und möglich und findet heute überwiegend in asiatischen Ländern statt. Zu kautschukproduzierenden Ländern gehören z. B. Indien, Indonesien, Malaysia, Papua-Neuginea, Sri Lanka, Singapur, Thailand und Vietnam. Der Ertrag liegt bei ca. 1000 bis 3000 kg je Hektar Anbaufläche. Die Ernte ist nach ca. 6 Jahren möglich bei einer durchschnittlichen Nutzungsdauer von 25 Jahren und 5 kg Kautschuk-Ertrag pro Baum und Jahr bei einer Erntefrequenz von höchstens drei Ernten je Woche.

Der gewonnene Milchsaft ist eine wässrige Dispersion, aus dem der Naturkautschuk beispielsweise durch Ausfällen mit Essigsäure in Aluminiumkästen mit Zwischenwänden gewonnen werden kann. Die durch Kautschuktropfen (**Bild 2.6**), die durch Öl und Tenside als Emulgatoren und umgebende wässrige Proteinlösung als Öl-in-Wasser-Emulsion in Form von Vesikeln stabilisiert sind, koagulieren im sauren pH-Bereich und bilden sogenannte Felle, dünne Kautschukschichten, die durch Walzen entwässert und weiterverarbeitet werden. Für die Stabilisierung und zwecks Transport werden Chemikalien wie Ammoniak und Thiuram hinzugegeben [2].

Naturkautschuk besteht fast vollständig aus poly(1,4-cis-isopren), dessen Struktur in **Bild 2.7** dargestellt ist.

Der unvernetzte Naturkautschuk wird je nach Verarbeitung und Stabilisierung in sehr unterschiedlicher Form und unterschiedlichen Qualitäten angeboten. Die nachfolgende Reihung zeigt die Benennung von verschiedenen Qualitätsstufen in abfallender Reihenfolge. Mitunter werden punktuelle Fehlfärbungen zur Wahrung der Stufe aus dem Fell herausgetrennt:

„White and pale crepe“ > „brown crepe“ > „remill“

Die Glasumwandlungstemperatur liegt bei Naturkautschuk typischerweise im Bereich von –62 bis –73 °C (für die Bestimmung mit DSC), der regelmäßige Aufbau der Polymerkette begünstigt eine mögliche Kristallisation, die zwar oberhalb von 0 °C inhibiert ist, aber als Dehnungskristallisation auftritt. Dieses Phänomen ist die hauptsächliche Erklärung für die exzellenten mechanischen Eigenschaften von Naturkautschuk, die bisher noch nicht durch Synthesekautschuk erreicht oder übertroffen werden konnten.

Unerwünschtes Kristallisieren wird im technischen Gummiprodukt durch die im Material enthaltenen Weichmacher und das Verblenden mit amorphen Polymeren verhindert. Die

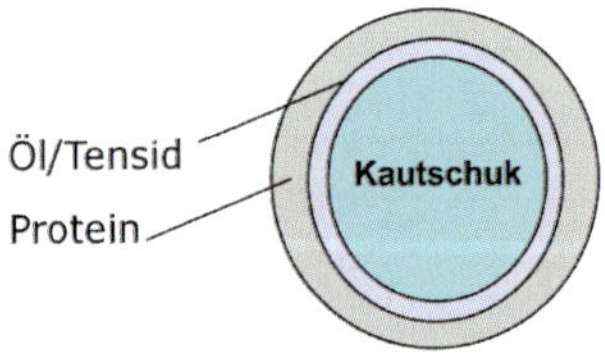

Bild 2.6: Struktur der stabilisierten Kautschuktropfen in der Emulsion

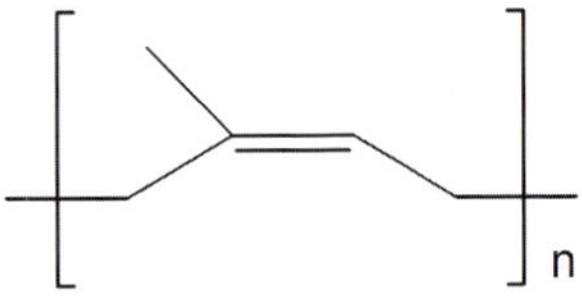

Bild 2.7: Chemische Strukturformel von poly(1,4-cis-isopren)

molare Masse von Naturkautschuk liegt durchschnittlich bei ca. $M_n = 3–5 \cdot 10^5$ g/mol bzw. $M_w = 1–3 \cdot 10^6$ g/mol. Da eine zu hohe molare Masse aufgrund schwierigerer Verarbeitungsbedingungen nicht erwünscht ist, wird im Prozess der Mastikation mechanisch, thermisch-oxidativ oder mit chemischen Abbaumitteln die Polymerkette kontrolliert etwas abgebaut.

Blends von Naturkautschuk mit anderen Kautschuktypen (Synthesekautschuk) sind meist unverträglich. Dies bedeutet, dass sich ein Mehrphasensystem ausbildet, da keine ideale Mischung eingenommen werden kann. Trotz der Unverträglichkeit ist es möglich, Eigenschaftsprofile aus den zu mischenden Elastomertypen zu erzeugen, die mit einem reinen Kautschuktyp nicht zu erzielen gewesen wären. Grundsätzlich ist für die Blendherstellung erforderlich, dass die zu mischenden Kautschuktypen eine ähnliche Viskosität besitzen. Zusätzlich werden Verträglichmacher eingesetzt, die einen gewissen amphiphilen Charakter haben können und einer Entmischung entgegenwirken. Aufgrund der Ausbildung abgegrenzten Phasen zwischen den Elastomerwerkstoffen wird auch beobachtet, dass sich die Weichmacher und Vernetzungschemikalien bevorzugt in einer der beiden Phasen anreichern können und damit zu Qualitätseinbußen führen können.

Ein Verschnitt mit SBR, CR und BR sowie eine schwefelbasierte Co-Vulkanisierung sind in der Regel möglich. Während ein Blend mit SBR vorwiegend der Verbilligung des Werkstoffs dient, bewirkt ein Verschnitt mit BR eine Verbesserung des Kälteverhaltens und des Abriebwiderstands.

Wenn Naturkautschuk mit Kautschuk verschnitten wird, der (überwiegend) gesättigte Kohlenwasserstoffketten enthält, wie z. B. EPDM und IIR, erhält man ein Blend, das unverträglich und nicht schwefel-vulkanisierbar ist. Es muss mit Peroxid vernetzt werden. Der positive Effekt einer Mischung von Naturkautschuk mit EPDM ist jedoch eine deutliche Verbesserung der Ozonbeständigkeit.

Zu Gummiwerkstoffen werden in vielen Fällen Füllstoffe zugesetzt, die in aktive bzw. verstärkende und inaktive Füllstoffe unterschieden werden. Aktive Füllstoffe basieren meist auf kleinteiligem Ruß und führen zu schwarz gefärbten Werkstoffen oder pyrogener Kieselsäure, die für nicht schwarz gefärbte Produkte verwendet wird. Entscheidend ist für die Füllstoffe, dass die Dimensionen der Partikel im sub-µm-Bereich liegen. Die große Oberfläche solcher Füllstoffe führt zu starken Wechselwirkungen zwischen Füllstoff und Matrix und die entstehenden Netzwerke der Verstärkungsstoffe verbessern die mechanischen Eigenschaften der Elastomermaterialien in starkem Umfang. Sie führen zur Erhöhung von Härte, Modul, Verlustfaktor und Reißfestigkeit, während jedoch die Dehnung und Elastizität abnimmt. Für Naturkautschuk ist die Verstärkung weniger erforderlich als für Synthesekautschuke, die in ihren mechanischen Eigenschaften dem Naturkautschuk unterlegen sind. Als inaktive Füllstoffe kommen vielfach Carbonate und Silicate zum Einsatz, z. B. Kreide, Talkum und China Clay. Deren Partikelgrößen liegen im µm-Bereich und die Zielsetzung ihres Zusatzes ist die Verbilligung und Härteeinstellung, während die mechanischen Eigenschaften nicht verbessert werden.

Als Weichmacher werden bei Naturkautschuk und anderen unpolaren Synthesekautschuken Mineralöle eingesetzt, die in paraffinische, naphthenische und aromatische Mineralöle unterschieden werden. Bevorzugt ist der Einsatz von paraffinischen und naphthenischen Mineralölen bei NR. Weitere Öle, die in geringerem Umfang verwendet werden können, sind polare Syntheseweichmacher, die das Kälteverhalten begünstigen, Phosphorsäureester als Flammschutzmittel und Stearinsäure und deren Salze zur Verbesserung der Füllstoffverteilung und Verarbeitbarkeit.

Bei Naturkautschuk und allen anderen ungesättigten Elastomeren mit ungesättigter Hauptkette besteht aufgrund der systematisch vorhandenen Doppelbindungen eine erhöhte Oxidationsempfindlichkeit, die eine Verwendung von Stabilisatoren erforderlich macht. Ein typisches Antioxidans zu diesem Zweck sind Phenylendiamine, die sowohl die Hitzebeständigkeit verbessern als auch zum Alterungsschutz dienen.

Zum Schutz gegen Ozon werden Paraffinwachse verwendet, die als gesättigte Kohlenwasserstoffe resistenter gegen Oxidation sind als Naturkautschuk und andere Elastomere vom R-Typ. Mechanistisch bildet sich eine oberflächliche Schicht auf dem Werkstoff und verhindert als Diffusionsbarriere den Zutritt des Ozons. Langkettige Paraffine lösen sich schlecht in Kautschuk und entfalten auf diese Weise eine Depotwirkung, da verbrauchtes Wachs an der Oberfläche durch Migration vom Innern des Gummimaterials nach außen wieder nachgeliefert. Auch das Verblenden mit EPDM (mindestens 25 phr) hat eine positive Wirkung auf die Ozonbeständigkeit, allerdings bei Verschlechterung von einigen anderen Eigenschaften

Die Vernetzung oder Vulkanisation wird am häufigsten als Schwefelvernetzung durchgeführt, bei der primär polysulfidische Netzstrukturen benachbart zu Doppelbindungen geknüpft werden. Bei der Verwendung von 1–4 phr Schwefel werden Weichgummis erhalten und bei mehr als 20 phr Schwefel entstehen Hartgummis mit höherer Vernetzungsdichte. Eine Alternative ist die Vernetzung mit Peroxiden, die zwar zu einer Verbesserung der Wärmebeständigkeit, aber zu schlechteren mechanischen Kenndaten führt. Außerdem sind einige Alterungsschutzmittel nicht mit einer Peroxidvernetzung vereinbar.

Weitere Inhaltsstoffe sind Pigmente, organische Farbstoffe oder anorganische Pigmente wie Titandioxid und Eisenoxide, die verwendet werden können um rußfreie Elastomere einzufärben, Antistatika und Trennmittel sowie Haftmittel, die insbesondere für die Verarbeitung des Kautschuks wichtig sind [4].

2.2.2 Synthesekautschuk

Aufgrund von Verfügbarkeiten und Unzulänglichkeiten bei der chemischen Beständigkeit von Naturkautschuk sind zahlreiche Homo-, Co- und Terpolymere entwickelt worden, die spezielle Eigenschaftsprofile besitzen und im Abschnitt 2.2 bezogen auf ihre Nomenklatur und einige Eigenschaften bereits vorgestellt worden sind. Im Folgenden werden einige spezifische Eigenschaften und Anwendungsgebiete näher dargestellt.

2.2.2.1 Styrol-Butadien-Kautschuk (SBR)

SBR ist ein Copolymer aus Styrol und Butadien, dessen Styrolgehalt typischerweise zwischen 15 und 50 % und schwerpunktmäßig bei 23,5 % liegt. In der Strukturformel, die in **Bild 2.8** dargestellt ist das molare Verhältnis von Butadien (n) und Styrol (m) demnach ca. bei n:m = 5, d. h. auf ca. 4 bis 5 Butadien-Einheiten kommt eine Styrol-Einheit.

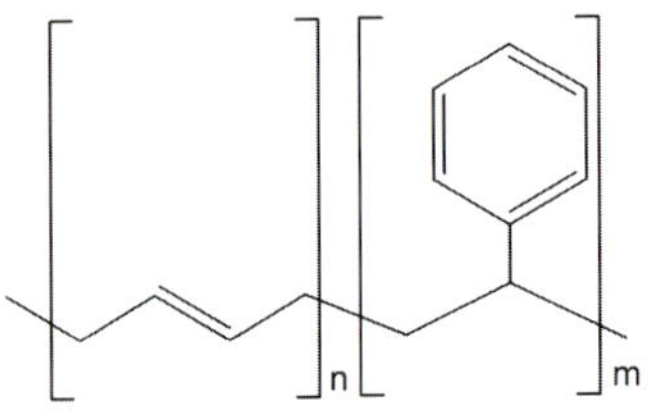

Bild 2.8: Strukturformel von SBR

Tabelle 2.9: Zusammensetzung ausgewählter SBR-Typen und von BR und dazugehöriger T_g [4]

Typ	Styrol (Gew.-%)	cis-1,4-Anteil (%)	trans-1,4-Anteil (%)	1,2-Anteil (%)	Tg (°C)
BR	–	10	69	21	–80
SBR (15%) Styrol	15	10	69	21	–65
SBR 1500	23,5	14	67	19	–50
SBR 1516	40	10	70	20	–30
SBR (50%) Styrol	50	10	70	20	–20

Weiterhin wird SBR nach seiner Herstellungsmethode unterschieden. E-SBR wird durch Emulsionspolymerisation hergestellt und hat etwa einen Marktanteil von ca. 80 % und S-SBR wird durch Lösungspolymerisation synthetisiert. Butadien kann dabei außer in der in Bild 2.8 dargestellten trans-1-4-Verknüpfung auch in cis-1,4-Verknüpfung und in 1,2-Verknüpfung eingebaut werden. Dies wird durch die gewählten Reaktionsbedingungen gesteuert und ist wichtig für das Eigenschaftsprofil des Elastomerprodukts. In **Tabelle 2.9** sind die Zusammensetzungen einiger typischer SBR-Materialien und die damit einhergehende Glasübergangstemperatur (T_g) gezeigt.

SBR hat meist eine molare Masse M_n zwischen 80.000 und 150.000 g/mol (Mw = 250.000 bis 800.000 g/mol) und ist leicht verzweigt. Es sind Serien von standardisierten Typen erhältlich, die einer festen Systematik folgen:

1000: Warmkautschuk

1500: Kaltkautschuk

1600: Kaltkautschuk – Ruß-Masterbatch <14 phr Öl,

1700 Kaltkautschuk-Öl-Masterbatch

1800: Kaltkautschuk – Ruß-Masterbatch > 14 phr Öl,

1900: Emulsions-Harz-Kautschuk-Masterbatch

Beim SBR sind verstärkende Füllstoffe unbedingt nötig für die mechanischen Eigenschaften, z. B. aktive Ruße (N110, N220). Der Anteil der aktiven Ruße liegt typischerweise bei 45 phr für N110 und 75 phr für N770. Bei hellen Produkten werden Kieselsäure und Silicate als Füllstoffe verwendet. Weichmacher sind in hohen Anteilen möglich

Die Vernetzung geschieht wie bei allen Dien-Kautschuken typischerweise durch Schwefelvernetzung. Es sind jedoch mehr Beschleuniger und weniger Schwefel notwendig. Eine Vernetzung mit Peroxid ist weniger üblich.

SBR ist ein sehr günstiges Elastomer wegen der preiswerten Rohstoffbasis. Es kann allein oder im Verschnitt mit anderen Dien-Kautschuken für viele Produkte eingesetzt werden, z. B. Reifen, PKW-Laufflächen (Hälfte des produzierten SBR), Förderbänder, Elastomerplatten,

Schläuche, Kfz-Artikel, Bauprofile, Schuhsohlen und Fußbodenbeläge. Weitere Anwendungen sind Papierbeschichtung, Teppichrückenbeschichtungen und Schaumstoffe.

2.2.2.2 Butadien-Kautschuk (BR)

Im Vergleich zu den anderen Elastomeren ist dies ein sehr einfach aufgebautes Molekül aus Butadien, dem einfachsten denkbaren Dien. Die Strukturformeln von Poly(trans-1,4-butadien) und Poly(cis-1,4-butadien) sind in **Bild 2.9** dargestellt.

Mengenmäßig liegt BR an dritter Stelle der Elastomere und wird zu 70 % in der Reifenindustrie und zu 10 % für Förderbänder und Schläuche verwendet. BR-Kautschuk als Poly(cis-1,4-butadien) ist wegen seiner geringen Neigung zur Kristallisation ein sehr gutes Kautschukmaterial mit einer hohen Kältefestigkeit. Wenn BR mit Nd-Katalysator (Ziegler-Natta) hergestellt wird, ergibt sich ein Gehalt von 97 % cis-Produkt. Da BR durch geringe Klebrigkeit schlecht zu verarbeiten ist, wird es häufig mit ca. 10 phr SBR oder NR verschnitten. Generell wird es sehr selten allein eingesetzt. Im Vergleich zu NR sind Anpassungen bei Vernetzung und Füllstoffen nötig. Im Gegensatz zu reinem NR und SBR führt ein Zusatz von BR zu einer Verbesserung des Abriebwiderstands, der Kälteflexibilität, der Elastizität, des dynamisches Rissverhaltens und der Wärmeentwicklung. Der Anteil an BR beträgt typischerweise zwischen 20 und 60 phr. BR ist mit den meisten Kautschuken nicht verträglich, aber covulkanisierbar.

BR ist nicht selbstverstärkend, deshalb sind verstärkende Füllstoffe wichtig, wie aktive Ruße, z. B. N220, N330. Es ist verstreckbar mit naphthenischen und aromatischen Mineralölen. Die Vulkanisierung geschieht üblicherweise mit einem Schwefel-System, das gegenüber Naturkautschuk mehr Beschleuniger und weniger Schwefel enthält. Eine Vernetzung von BR mit Peroxid ist unüblich. Die Alterungs- und Ozonschutzmittel werden in ähnlicher Weise wie bei Naturkautschuk und SBR eingesetzt. BR ist unbeständig gegen unpolare Stoffe wie organische Lösungsmittel, aber beständig gegenüber polaren Stoffen.

2.2.2.3 Nitril-Butadien-Kautschuk (NBR)

NBR ist ein Copolymer aus Butadien und Acrylnitril. Die entsprechende schematische Strukturformel des Polymerprodukts ist in **Bild 2.10** gezeigt. Im Unterschied zu den zuvor vorgestellten Kautschuktypen, die sämtlich Kohlenwasserstoffe waren, d. h. neben C und H kein weiteres Element enthielten und deshalb weitgehend unpolar waren, handelt es sich hier beim Acrylnitril um ein Monomer mit einer deutlich ausgeprägten Polarität. Dementsprechend ist das resultierende Gummimaterial insgesamt etwas polarer und wird durch Öle nicht in dem Maße angequollen und ist dadurch chemisch resistenter gegen Öle und Kraftstoffe.

Der Anteil von Acrylnitril (AN) kann zwischen 15 % und 50 % liegen. Bei Standard-Qualitäten treten vorwiegend AN-Gehalte von 28 bis 28 % auf. Je höher der AN-Gehalt ist, desto besser

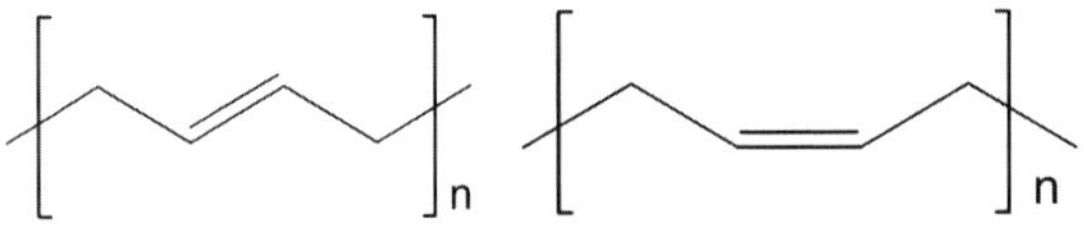

Bild 2.9: Strukturformel von Poly(trans-1,4-butadien) und Poly(cis-1,4-butadien)

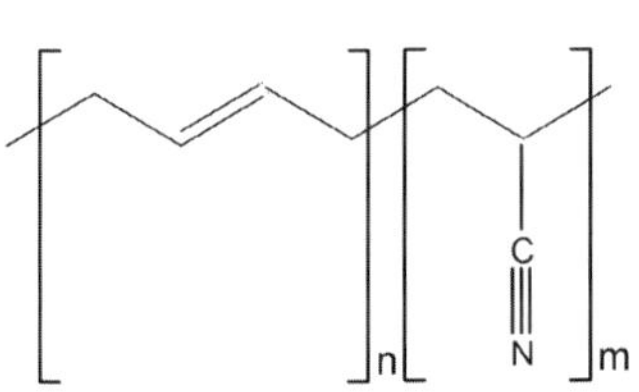

Bild 2.10: Strukturformel von Nitril-Butadien-Kautschuk

Tabelle 2.10: Übersicht von AN-Gehalt, Kälteverhalten und Beständigkeit von NBR [nach 4]

AN-Gehalt (Gew.-%)		Kälteverhalten		Beständigkeit gegen		
Bereich	Standard	T_g (°C)	T_R (°C)	aliphatische KW	aromatische KW	Motoröl
15 ... 21	18	–38	–40	–	–	–
25 ... 32	28	–29	–30	–	–	o
33 ... 37	33	–22	–20	o	–	+
38 ... 41	38	–17	–15	+	o	+
45 ... 50	48	–2	0	++	+	++

Legende: „–“: schlecht, „o“: mäßig, „+“: gut, „++“: sehr gut

ist die Ölbeständigkeit. Allerdings ist ein wesentlicher Nachteil eines NBR mit hohem AN-Gehalt eine hohe Glasübergangstemperatur und damit geringe Kältefestigkeit. Der T_g variiert zwischen –2 °C bei NBR mit 50 % AN bis –38 °C für ein NBR mit 15 % AN. Es handelt sich wie BR um einen amorphen Kautschuk bei einer typischen molaren Masse von 80.000 bis 110.000 g/mol. Einen Überblick über die Zusammenhänge von AN-Gehalt, Kälteverhalten und Beständigkeit gibt **Tabelle 2.10**.

In Blends von NBR mit anderen Dien-Kautschuken (Typ R) wird die Verträglichkeit negativ durch die Polarität beeinflusst. Mit unpolaren Kautschuken (Typ R) ist NBR unverträglich aber covulkanisierbar, mit polaren Kautschuken (Typ R) ist es sogar teilweise verträglich: NBR mit 18 % AN (NBR-18) und CR.

Auch Blends unterschiedlicher Typen NBR sind wegen ihrer deutlich verschiedenen Polarität oft unverträglich, z. B. ein Blend aus 50 phr NBR-28 und 50 phr NBR-38. Dies ist sogar messtechnisch erkennbar, dass solch ein Gummimaterial zwei Glasübergangstemperaturen zeigen kann. Allerdings geht man bei Verschnitten von NBR mit NR oder SBR Eigenschaftskompromisse ein. Reines NBR-33 hat eine höhere Kraftstoffbeständigkeit als ein Verschnitt.

Bei NBR müssen ähnlich wie bei SBR verstärkende Füllstoffe verwendet werden. Aktive Füllstoffe wie Ruße verbessern den Druckverformungsrest, helle aktive Füllstoffe verbessern die Heißluftalterung und Kieselsäure den Weiterreißwiderstand. Bei der Weichmacherauswahl für NBR ist wichtig, das NBR mit hohem AN-Gehalt polar ist und deshalb nicht mit unpolaren Weichmachern verträglich ist, die aus dem Gummi ausschwitzen können. Es müssen polare Weichmacher eingesetzt werden.

Der Alterungsschutz ist bei NBR wichtig, da es empfindlicher gegen Oxidation als NR und SBR ist. Ein Ozonschutz kann auch durch Verschnitt mit EPDM oder PVC erreicht werden. Die Vernetzung kann mit Schwefel-Beschleuniger-Systemen oder mit Peroxid erfolgen. Dabei ist Schwefel gängiger, birgt aber bei hohem AN-Gehalt Gefahr von Ausblühungen.

Eine besondere Type ist carboxylierter Nitrilkautschuk (XNBR), das als Terpolymer aus Butadien, Acrylnitril und Methacryl- oder Acrylsäure aufgefasst werden kann. Der Säuregehalt liegt bei ca. 1 bis 7 %. Dieses Elastomer findet Anwendung für Produkte, die neben Ölbeständigkeit auch eine hohe Festigkeit erfordern wie Dichtungen, Beschichtungen oder ölbeständige Tauchartikel (Membrane, Handschuhe).

Durch eine teilweise oder vollständige Hydrierung der Doppelbindung wird als weitere Abwandlung von NBR hydrierter Nitrilkautschuk (HNBR)erhalten. Wenn die Hydrierung teilweise erfolgte, dann kann schwefelvernetzt werden, sonst ist eine Vernetzung mit Peroxid erforderlich. Die Reduktion der Doppelbindungen führt zu einer höheren (thermischen) Beständigkeit und prädestiniert solche Gummiwerkstoffe für den Einsatz im Kfz-Bereich für Keilriemen, Schläuche und Produkte für die petrochemische Industrie sowie für den Maschinenbau.

2.2.2.4 Chloropren-Kautschuk (CR)

CR ist ein Polymer des Monomers Chloropren, das im Unterschied zum Butadien ein Chloratom an Position 2 enthält (**Bild 2.11**). Prinzipiell ist die Polymerisation in fünf verschiedenen Varianten möglich, aber die dargestellte Variante der trans-1,4-Verknüpfung ist typischerweise mit ca. 80 % des Anteils hauptsächlich vertreten. Andere Strukturen können zur Begrenzung der Lagerstabilität führen. Aufgrund der Polarität neigt CR zur Kristallisation. Es sind Glasübergangstemperaturen von –35 bis –45 °C und Schmelztemperaturen von 105 °C tabelliert [4].

Es sind Verschnitte mit NR und SBR bis zu 50 phr zur Verbilligung üblich, mit BR kann nur bis zu 20 phr verschnitten werden. Ein Verschnitt mit IIR und EPDM ist nicht möglich. In der Praxis kann CR mit NBR-18 in jedem Verhältnis und CR mit NBR-28 bis zum Verhältnis von 1:1 verschnitten werden [4].

Durch die selbstverstärkenden Eigenschaften (Dehnungskristallisation) werden hohe Reißfestigkeiten und Weiterreißfestigkeiten auch im unverstärkten Zustand erreicht. Ruße und Kieselsäure erhöhen Modul, Härte und Reißfestigkeit. Mittelaktive Ruße und gefällte Kieselsäuren ergeben hohe Reißfestigkeiten. Für Weichmacher hat CR nur eine begrenzte Löslichkeit. Zur Erhöhung der Flammwidrigkeit können Chlorparaffine oder Phosphatester zugegeben werden. CR ist selbst durch das eingebaute Chloratom recht gut gegen Alterung geschützt. Dies kann aber verstärkt werden durch p-Phenylendiamin oder Ozonschutzwachse wie bei anderen Dien-Elastomererivaten. Die Vernetzung erfolgt bei CR über Zinkoxid als Vernetzungsreagenz und folgt einer besonderen Vernetzungschemie.

CR besitzt eine gute Temperaturbeständigkeit, kurzzeitig bis 125 °C, langfristig bis 100 °C, eine gute Witterungs- und Ozonbeständigkeit, ist schwer brennbar und selbstverlöschend. Es ist beständig gegen unpolare Kohlenwasserstoffe, hat eine mittlere Fett- und Ölbeständigkeit und eine geringe Gasdurchlässigkeit.

2.2.2.5 Butylkautschuk (IIR)

Butylkautschuk nimmt eine besondere Stellung unter den R-Typ-Elastomeren ein, da es nur sehr wenige Doppelbindungen in der Hauptverbindungskette enthält. Es handelt sich um ein Copolymer aus hauptsächlich Isobuten mit geringen Mengen (0,5 bis 2,5 %) Isopren (**Bild 2.12**). Das Isopren ist statistisch verteilt und wird als 1,4-trans-Konfiguration eingebaut, so dass nur vereinzelt Doppelbindungen im Reaktionsprodukt vorhanden sind.

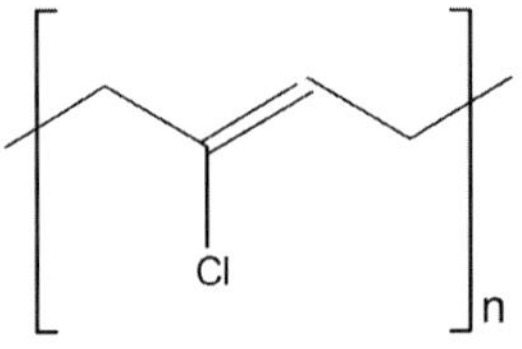

Bild 2.11: Strukturformel von Chloropren-Kautschuk (CR)

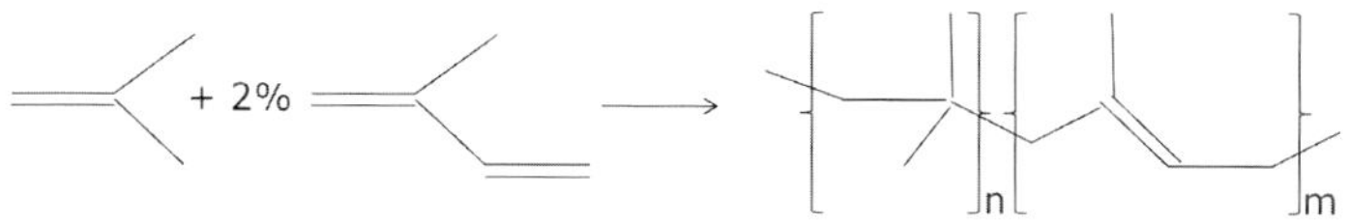

Bild 2.12: Reaktionsschema und Strukturformel von Butylkautschuk

IIR hat einen T_g von ca. –70 °C. Es hat eine niedrige Elastizität und hohe Dämpfung und weist eine geringe Gasdurchlässigkeit auf. Die molare Masse liegt üblicherweise bei einem M_w von 150.000 bis 500.000 g/mol. Blends mit Dienkautschuk sind nicht möglich, aber mit 25 bis 35 phr EPDM. Es sind verstärkende Füllstoffe wie bei Dienkautschuk erforderlich. Aufgrund der überwiegend gesättigten Kohlenwasserstoff-Struktur sind Stabilisatoren in der Regel nicht erforderlich und die Vernetzung erfolgt mit Schwefelbeschleuniger-, Phenolharz- und Chinondioxim-Systemen. Peroxide sind nicht geeignet. Typische Anwendungen aufgrund der geringen Gasdurchlässigkeit sind Luftschläuche (Rad, Kfz), Heizbälge, Kaugummi.

2.2.2.6 Ethylen-Propylen-Dien-Terpolymer (EPDM)

An der vierten Stelle des Welt-Kautschukverbrauchs steht EPDM. Es ist ein Terpolymer, d. h. es wird aus drei Monomeren synthetisiert. E steht dabei für Ethylen, P für Propylen und D für eine Dien-Komponente. Für das Dien gibt es verschiedene Möglichkeiten, aber das gängigste Dien-Monomer ist Ethyliden-Norbornen.

Eine der beiden Doppelbindungen wird verwendet, um die gesättigte Hauptverbindungskette zu knüpfen und die andere Doppelbindung ist an der Seitenkette positioniert und erleichtert die Vulkanisation. Der Buchstabe M schließlich zeigt an, dass es sich um einen M-Typ-Kautschuk, eben um einen gesättigten Kohlenwasserstoff in der Hauptverbindungskette handelt. Eine schematische Strukturformel der Monomere im polymerisierten Zustand für EPDM ist in **Bild 2.13** dargestellt.

Der Anteil von Ethyliden-Norbornen beträgt normalerweise zwischen 0 und 12 %. Selbst wenn die nach der Polymerisation noch vorhandene Doppelbindung oxidiert wird, wird die Polymerkette nicht gespalten, das Polymer demnach nicht abgebaut. Dies erklärt die deutlich höhere Stabilität von EPDM gegenüber den R-Typ-Dien-Elastomeren, die in den Abschnitten 2.2.2.1 bis 2.2.2.2.5 diskutiert wurden.

Typische Gehalte an Ethylen sind 45 bis 75 %. Dieser Kautschuk hat eine geringere Dichte als NR und SBR und keinen völlig statistischen Aufbau. Längere Ethylen-Sequenzen neigen zur Kristallisation. Reines EPM, das ist ein EPDM bei einem Dien-Gehalt von 0 %, kann nur mit Peroxiden vernetzt werden. Die molare Masse variiert von M_w = 100.000 bis 600.000 g/mol.

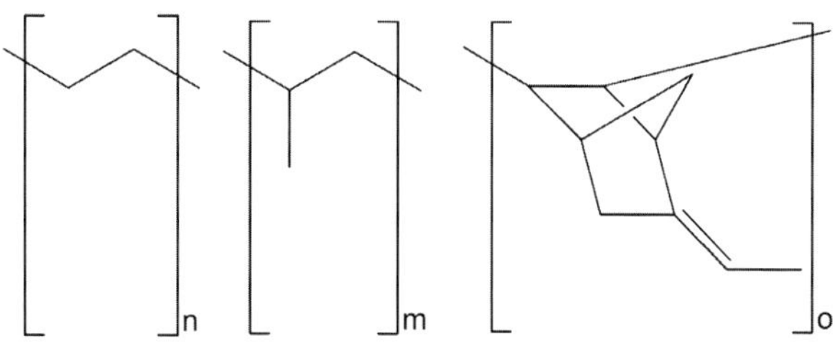

Bild 2.13: Schematische Struktur der Monomere im EDPM-Terpolymer

Langkettige, hochviskose Typen haben hohe Festigkeiten und werden stark gefüllt und verstreckt, z. B. mit 30-100 phr Paraffinöl, um den hohen Preis des EPDM zu reduzieren. Es ist unverträglich mit allen Dien-Kautschuken. Deshalb findet üblicherweise kein Verschnitt mit NR und SBR statt außer als Zusatz von bis zu 30 phr EPDM zu Dien-Kautschuk, um die Ozon- und Witterungsbeständigkeit von Dien-Kautschuken wie NR und SBR zu verbessern. Es ist eine Verstärkung z. B. durch Ruße erforderlich und als Weichmacher kann paraffinisches Mineralöl verwendet werden.

EPDM ist ein wichtiges Elastomer für technische Gummiprodukte aufgrund seiner guten Beständigkeit und dem hohen elektrischen Widerstand. Bezüglich der chemischen Beständigkeit findet man eine gute Widerstandskraft gegen polare Substanzen (Wasser, Laugen, verd. Säuren, Alkohole, Ketone, Glykole) vor und erwartungsgemäß eine schlechte Beständigkeit gegenüber unpolaren Substanzen (Fette, Öle, Kraftstoffe etc...). EPDM ist füllbar bis zu 350 phr; um preiswerte Produkte zu gewinnen.

2.2.2.7 Fluorkautschuk (FKM)

FKM sind Fluor-haltige Elastomere, die durch Copolymerisation von Vinylidenfluorid mit anderen Perfluor-Monomeren hergestellt werden. Die denkbaren Monomere sind in **Bild 2.14** dargestellt. Die Einführung des Fluor-Atoms erhöht sehr stark die Oxidationsbeständigkeit und verringert die Reibungskoeffizienten wie es auch für PTFE (Polytetrafluorethylen, Teflon) bekannt ist. Die beispielhafte Struktur eines FKM-Kautschuks bestehend aus VF2 (Vinylidendifluorid) und HFP (Hexafluorpropylen) zeigt **Bild 2.15**.

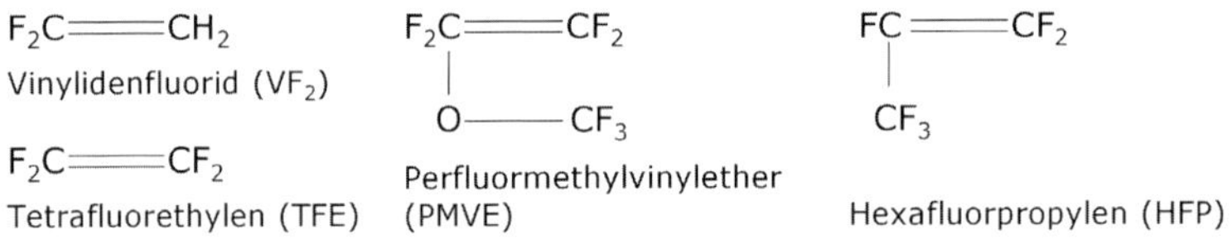

Bild 2.14: Monomere von FKM und FFKM

In **Tabelle 2.11** sind typische Zusammensetzungen von kommerziell erhältlichen FKM-Elastomeren zusammengestellt. Grundsätzlich gilt, dass je höher der F-Gehalt ist, desto ist besser die chemische und thermische Beständigkeit. Bei der Polymerisation von Fluorverbindungen entstehen teilkristalline Polymere mit hohen Schmelzpunkten. Die molaren Massen liegen bei ca. 10^5 g/mol. Niedermolekulare Fluor-haltige Polymere sind dabei als Weichmacher einsetzbar.

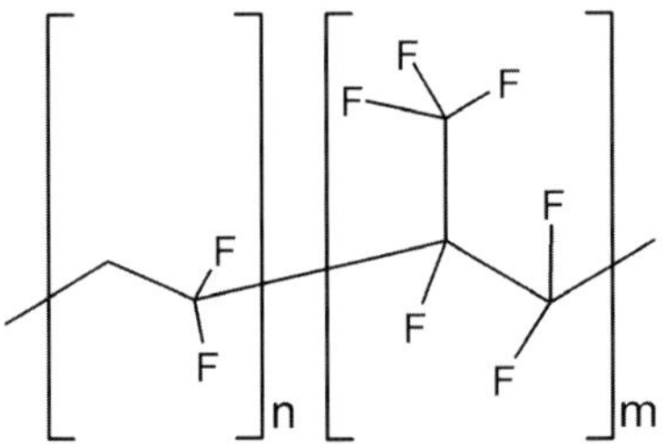

Bild 2.15: Beispiel-Strukturformel eines Copolymeren auf VF_2 und HFP

Tabelle 2.11: Übersicht der Zusammensetzungen von kommerziellen FKM-Kautschuken [nach 4]

Typ	Monomere	Fluorgehalt (%)	T_g (°C)	Eigenschaften
Copolymer	VF_2/HFP (75/25)	65 … 67	–20	Allzweckelastomer, beständig
Terpolymer	VF_2/HFP/TFE	66 … 71	–20 … -5	T- und Chemie-Beständigkeit besser
Tetrapolymer	VF_2/HFP/TFE/CS	66 … 71		Vernetzbar mit Peroxiden
Terpolymer	VF_2/PMVE/TFE	69	–37	Besseres Kälteverhalten

Fluorkautschuke enthalten Füllstoffe, Säureakzeptoren, Verarbeitungshilfsmittel und das Vernetzungssystem. Oft werden inaktive Füllstoffe mit 10 bis 50 phr zur Verbilligung und Erhöhung der Härte eingesetzt sowie verstärkende Füllstoffe (Ruß) zur Verbesserung der mechanischen Eigenschaften. Da bei Fluor-haltigen Elastomeren die Abspaltung von Fluorwasserstoff (Flusssäure) möglich ist, werden Säureakzeptoren wie Magnesiumoxid oder Calciumoxid zugesetzt, da Halogenwasserstoffe nicht an die Umgebung abgegeben werden dürfen.

Eine Vernetzung kann mit Diaminen, Bisphenolen und Peroxiden durchgeführt werden. Für eine gute Elastizität ist eine Temperung erforderlich, bei der Wasser u. Leichtsieder entfernt werden. Die Dauereinsatztemperatur beträgt bis 210 °C, 1000 h bis 260°C und kurzzeitig können FKM bis 300 °C thermisch belastet werden. Es wird eine Quellung teilweise in polaren Lösungsmitteln beobachtet.

Neben FKM tritt auch der Begriff FFKM auf. Dabei handelt es sich um Copolymere aus TFE und PMVE (siehe Bild 2.14), die kein Wasserstoffatom mehr enthalten und demnach noch chemisch stabiler sind. Die Eigenschaften ähneln dem PTFE mit einer Dauereinsatztemperatur von 230 °C und einer kurzzeitigen Belastbarkeit bis 300 °C. Es besteht keine Beständigkeit gegen Alkalimetalle und perfluorierte Kohlenwasserstoffe. Nachteile sind ein schlechter Verformungsrest unter 150 °C und der hohe Preis. Diese Kautschuke kommen zum Einsatz bei Spezialanwendungen wie Erdölgewinnung, analytische Instrumente und chemikalienbeständige Produkte.

2.3 Polytetrafluorethylen (PTFE)

2.3.1 Entdeckung des Werkstoffes PTFE

Das PTFE wurde mehr oder weniger durch Zufall entdeckt. Eigentlich wurde mit fluorierten Kältemitteln geforscht. Während man versuchte ein Kältemittel aus Tetrafluorethylen (TFE) herzustellen entstand das weiße Pulver PTFE. Dadurch hat Dr. Roy Plunkett (DuPont) das wichtigste Fluorpolymer 1938 entdeckt. Bis heute wurde das PTFE noch weiter modifiziert. Nun gibt es mittlerweile etliche verschiedene Pulvertypen für unterschiedliche Anwendungen und Verarbeitungsmethoden.

2.3.2 Herstellung des Werkstoffes PTFE

Als Ausgangsmaterial wird Flussspat (Fluorit, Gestein) verwendet, der durch Bergbau abgetragen wird. Flussspat enthält das notwendige Element Fluor, um das Monomer Tetrafluorethylen (TFE) zu erzeugen. Das Monomer TFE $[C_2F_4]$ wird durch radikalische Polymerisation zum langkettigen Polymer PTFE $[C_2F_4]_n$. Die chemische Struktur von TFE und PTFE ist **Bild 2.16** dargestellt.

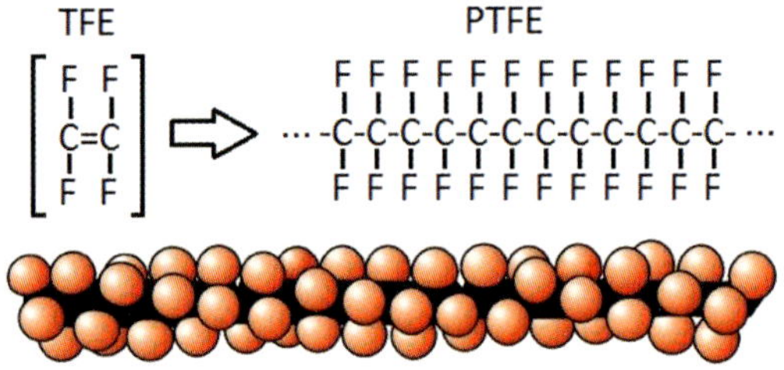

Bild 2.16: Chemische Struktur TFE und PTFE
(C – Kohlenstoff, F – Fluor)

PTFE findet man unter verschiedensten Namen. Die bekanntesten Handelsnamen sind:

Teflon™	von Chemours	USA
Dyneon™ PTFE	von Dyneon	Deutschland
Fluon®	von AGC Chemicals	England
Algoflon®	von Solvay	Italien
Polyflon™	von Daikin	Japan

Grundsätzlich gibt es zwei unterschiedliche Polymerisatstypen: das Emulsions- und das Suspensions-Polymerisat. Emulsions-PTFE (oder auch Pasten-PTFE) wird mit Hilfe von Emulgatoren erzeugt und Suspensions-PTFE ohne. Das Emulsions-PTFE (E-PTFE) weist somit eine feinere Kornstruktur, eine gleichmäßigere Korngrößenverteilung und Rieselfähigkeit im Gegensatz zu Suspensions-PTFE (S-PTFE) auf. Diese beiden PTFE Arten sind unterschiedlich zu verarbeiten.

2.3.3 Eigenschaften von PTFE

Die Eigenschaften beider PTFE Typen können mit Hilfe von Additiven (Füllstoffe) für bestimmte Anwendungsbereiche angepasst werden. Die grundlegenden Eigenschaften des PTFE sind:

- hohes Molekulargewicht und hoher Schmelzpunkt,
- sehr großer Temperatureinsatzbereich von -250 bis +260 °C,
- nahezu universelle Chemikalienbeständigkeit sowie chemische Unlöslichkeit,
- antiadhäsive Oberfläche und extrem niedriger Reibungskoeffizient,
- exzellente (di)elektrische Eigenschaften,
- keine Wasseraufnahme,
- hohe UV- und Witterungsbeständigkeit,
- hohe Flammbeständigkeit,
- physiologische Unbedenklichkeit,

Allerdings auch:

- Kaltfluss, d. h. die Kriechneigung des Materials unter Last,
- schlechte Wärmeleitfähigkeit,
- hoher Ausdehnungskoeffizient,
- niedrige Widerstandsfähigkeit gegen abrasiven Verschleiß.

2.3.3.1 Thermische Eigenschaften
PTFE gehört zur Gruppe der teilkristallinen Thermoplaste. Das Rohstoff PTFE weist eine fast vollständige Kristallinität auf, mit einem Schmelzpunkt um 345 °C. Nach erstmaligem Verarbeiten über 345 °C fällt die Schmelztemperatur auf 327 °C und auch die Kristallinität auf bis zu 50 bis 70 % ab. Zusätzlich hat PTFE einen wichtigen Kristallitumwandlungspunkt bei 19 °C. Oberhalb dieser Temperatur ist das PTFE scherempfindlich und das Pulver verklumpt. Hier wandelt sich das PTFE von einer triklinen zu einer hexagonalen Kristallitform um, mit einer Volumenszunahme von ca. 1 %.

PTFE besitzt nicht nur bei Raumtemperatur, sondern auch bei tiefen Temperaturen eine gute Flexibilität und Dehnfähigkeit. Für die meisten Anwendungsfälle ist es selbst bei der Siedetemperatur von Stickstoff (–196 °C) noch voll gebrauchstüchtig. Von zahlreichen untersuchten Stoffen erwies sich PTFE als das einzige Material, das in flüssigem Helium (–269 °C) nicht versprödete. Bei Erwärmung auf 327 °C behalten PTFE-Teile aufgrund der hohen Schmelzviskosität ihre Form bei gleichzeitig stark verringerter Festigkeit bei.

2.3.3.2 Chemische Beständigkeit
Die lineare helixförmige Molekularstruktur des PTFE gibt dem Werkstoff die wichtigsten Eigenschaften. Die PTFE Kette besteht aus Kohlenstoff-Kohlenstoff-Verbindungen die durch das Fluor (Fluor-Kohlenstoff-Verbindung) abgeschirmt wird. Beide Verbindungen gehören zu den stärkst möglichen Bindungen. Dies führt zu einer einzigartigen chemischen Beständigkeit des PTFE. Eine Einschränkung besteht nur bei elementarem Fluor bei höheren Temperaturen und Drücken sowie bei geschmolzenen Alkalimetallen.

Auch bei hohen Temperaturen ist PTFE beständig gegen rauchende Schwefelsäure, Salpetersäure, Königswasser (Mischung aus Salpeter- und Schwefelsäure), Flusssäure, Wasserstoffperoxid und alkalische Lösungen.

2.3.3.3 Mechanische Eigenschaften
Die Dichte vom porenfreien PTFE liegt bei ca. 2,2 g/cm^3.

Gesinterte Teile aus PTFE sind zäh und flexibel, jedoch nicht gummielastisch. Die meisten mechanischen Eigenschaften hängen von den Verarbeitungsbedingungen ab. Eine wichtige Rolle spielt dabei die Tatsache, dass das Polymerisat beim Sintern nicht in eine niedrigviskose Schmelze übergeht, sondern die einzelnen Partikel ihre beim Formen einmal eingenommene Lage beibehalten und mehr oder weniger fest zusammenhalten.

Verschiedene Eigenschaften von PTFE können durch die Wahl der Verarbeitungsbedingungen in weiten Grenzen variiert werden.

2.3.3.4 Strahlenbeständigkeit
PTFE-Werkstoffe können nicht in strahlungsgefährdeten Räumen eingesetzt werden. Eine hohe Strahlendosis kann PTFE zersetzen und gasförmiges Tetrafluorethylen freisetzen. Ab einer Strahlendosis von 102 J/kg verändern sich die Polymereigenschaften. Bruchdehnung und Zugfestigkeit nehmen ab.

2.3.3.5 Adhäsionsverhalten
Bei PTFE sind die zwischenmolekularen Kräfte infolge der hohen Bindungsenergie zwischen Kohlenstoff und Fluor und wegen der geringen Polarisierbarkeit der Fluoratome wesentlich kleiner als bei anderen Kunststoffen. Die Folge hiervon ist, dass andere Stoffe an PTFE nicht

oder nur sehr wenig haften. Diesem antiadhäsiven Verhalten liegen zahlreiche Anwendungen zugrunde.

2.3.3.6 Gleitverhalten

Die sehr niedrigen zwischenmolekularen Kräfte führen unter anderem dazu, dass PTFE von allen festen Werkstoffen die niedrigsten Reibungszahlen besitzt.

Die jeweils gemessene Reibungszahl hängt von einer Vielzahl von Faktoren ab, wie zum Beispiel von Druck und Gleitgeschwindigkeit, vom Gegenlaufpartner, von der Zusammensetzung der Atmosphäre sowie von eventuell vorhandener Zusatzschmierung.

Für viele Anwendungen ist es wichtig, dass die günstigen Gleiteigenschaften auch unterhalb von 0 °C erhalten bleiben.

Die Reibungszahlen der verschiedenen PTFE-Compounds unterscheiden sich nicht wesentlich voneinander und liegen im Allgemeinen im Bereich von ungefülltem PTFE.

Im günstigsten Fall (PTFE gegen Stahl, Rautiefe unter 2 µm, Belastung 30 bis 50 N/mm², Gleitgeschwindigkeit unter 100 mm/min., Schmierung mit Silikonöl) kann die Reibungszahl µ unter 0,01 liegen. Im Allgemeinen kann mit Reibwerten um 0,1 bis 0,25 bei Trockenlauf und 0,04 bis 0,08 bei Schmierung gerechnet werden.

2.3.3.7 Verschleißverhalten

Hinsichtlich der Abriebfestigkeit wird reines PTFE von einigen anderen Kunststoffen übertroffen. Diese Erscheinung ist einerseits die Folge der niedrigen zwischenmolekularen Kräfte und andererseits dadurch bedingt, dass die einzelnen Polymerteilchen beim Verarbeiten keine echte Schmelze bilden, sondern nur mehr oder weniger fest zusammensintern.

Das Verschleiß- wie auch das Extrusionsverhalten des PTFE werden maßgeblich durch die Füllstoffe und die Sintertechnologie beeinflusst. Dabei sind nicht nur der Füllstoffgehalt, sondern

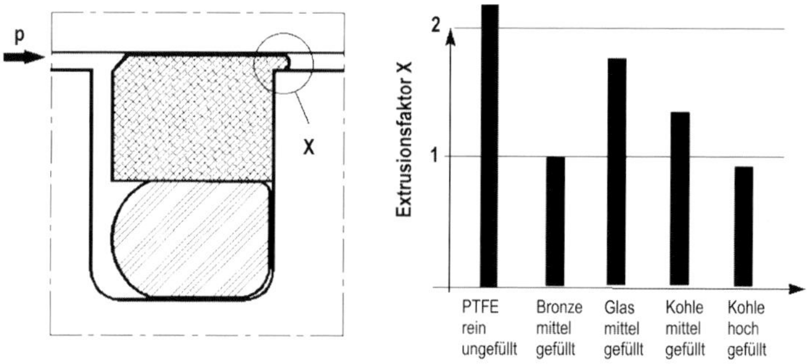

Extrusionstest
Druck: 20 MPa
Geschwindigkeit: 0,12 m/s
Radialspalt: 1,5 mm
Temperatur: 80 °C
Testdauer: 4000 Zyklen

Bild 2.17: Extrusionsverhalten von gefülltem und ungefülltem PTFE auch die Partikelgröße und die Verteilung der Füllstoffe im Werkstoff entscheidend. **Bild 2.17** zeigt den Extrusionswiderstand von ungefüllten und gefüllten PTFE-Werkstoffen.

Für das Verschleißverhalten ist es wichtig, das gesamte Tribosystem, d. h. den Gegenlaufwerkstoff, die Oberflächenhärte und -struktur, das Fluid sowie die übrigen Betriebsbedingungen in die Gesamtbetrachtung mit einzubeziehen. Ist das Gesamtsystem optimal ausgelegt, können mit modernen PTFE-Compounds hervorragende Standzeiten erzielt werden, die die garantierten Lebensdauererwartungen von Geräten und Anlagen erfüllen.

2.3.3.8 Quenchen

Sehr häufig wird im Zusammenhang mit PTFE-O-Ringen der Begriff des Quenchens verwendet. Unter diesem Begriff versteht man eine Beeinflussung oder Veränderung des Kristallgitters im Werkstoff mit dem Ziel einer besseren Montagemöglichkeit. Die Materialeigenschaftsänderungen, die durch das sogenannte Quenchen erzielt werden, können über die Kristallinität beschrieben werden.

Die Länge der Makromoleküle bestimmt die Anteile an kristallinen und amorphen Phasen, die auch im gesinterten PTFE anzutreffen sind. Der Anteil zwischen kristallin und amorph ist hauptsächlich abhängig vom Prozess, bei dem das Pulver in ein Sinterprodukt überführt wird.

Es können verschieden Methoden angewendet werden, um den Grad der Kristallinität in dem verarbeiteten Material zu bestimmen. Die bekannteste Methode ist die Festlegung des spezifischen Gewichtes. Das spezifische Gewicht steht in einem direkten Verhältnis zum Grad der Kristallinität. Von der Kristallinität sind Eigenschaften abhängig, wie die Zugfestigkeit, Dehnung und der E-Modul. Während mit steigender Kristallinität die Zugfestigkeit und Dehnung abnehmen, nimmt gleichzeitig der E-Modul zu.

Um ein solches Material mit niedriger Kristallinität herzustellen, muss von der Sintertemperatur schockartig z. B. in kaltem Wasser abgeschreckt werden. Das Material wird dann teilweise in seinem amorphen Zustand „eingefroren“. Es hat also keine Zeit für den Kristallisationsübergang bei der Übergangstemperatur von 327 °C. Dieser Effekt ist nur zu erzielen bei Querschnitten unter 6 mm. Bei größeren Querschnitten reicht die niedrige Wärmeleitfähigkeit des Materials nicht aus, um eine schnelle Abkühlung über den gesamten Querschnitt zu ermöglichen (**Tabelle 2.12**).

Bei den Daten handelt es sich um gemittelte Richtwerte verschiedener Hersteller.

2.3.3.9 Physiologisches Verhalten

PTFE ist physiologisch unbedenklich. Erst bei Erhitzung über 300 °C werden durch die beginnende Zersetzung von PTFE Spaltprodukte frei, die gesundheitlich nicht unbedenklich sind. Gegen eine Verwendung dieser Werkstoffe bestehen keine Bedenken im Sinne des Lebensmittelgesetzes.

Bereits seit Jahrzehnten wird PTFE zur Beschichtung von Küchengeschirr (Bratpfanne) eingesetzt. Das hat zu keiner gesundheitlichen Beeinträchtigung geführt. Hieraus lässt sich auch die Anwendung von Dichtungen in der Pharmazie und in der Lebensmitteltechnik ableiten.

Der Werkstoff erfüllt in der Regel die Anforderungen der Lebensmittel- und Pharma-Verordnungen im US (FDA 21.CFR 177.1550 perfluorcarbon resin) und EU (EG 1935/2004 inkl. VO 10/2011) Markt und kann demnach gemäß diesen Verordnungen mit Lebensmitteln in Berührung kommen. Hersteller sichern sich mit bekannten Zertifikaten zusätzlich ab.

Tabelle 2.12: Einfluss der Kristallinität auf einige mechanische Eigenschaften für gesintertes ungefülltes PTFE bei verschiedenen Temperaturen

Mechanische Eigenschaften	Einheit	Temperatur °C	Kristallinität %		
			49	52,5	66,2
Zugfestigkeit	MPa	25	31	29	28
		−196	126	105	84
		−253	137	133	105
Bruchdehnung	%	25	300	270	215
		−196	5	4	3
		−253	2	1	1
Kerbschlagzähigkeit	N/cm²	25	–	0,06	0,15
		−196	–	0,06	0,08
		−253	–	0,06	0,09
E-Modul (Zug)	MPa	25	422	492	703
		−196	3500	3650	3020
		−253	4220	4570	4430
E-Modul (Druck)	MPa	25	492	770	980
		−196	5270	5620	5900
		−253	5770	6330	

2.3.4 Verarbeitung von PTFE

Polytetrafluorethylen ist ein sehr langkettiges Molekül (>10^7 Monomere), was zu einer hohen Schmelzviskosität bei der Verarbeitung führt. Dies wiederum sorgt dafür, dass eine Verarbeitung mit Standard-Schraubenextrudern mittels PTFE nicht ohne weiteres möglich ist. Es gibt nur wenige PTFE-Arten wie z. B. das Moldflon®, das sich mit einem Schneckenextruder verarbeiten lässt.

Je nach PTFE-Polymerisat muss der Werkstoff unterschiedlich verarbeitet bzw. extrudiert werden. Üblicherweise wird PTFE mit einem Kolbenextruder verarbeitet (**Bild 2.18**).

Beim **Suspensions-PTFE** wird das Polytetrafluorethylen hauptsächlich zu Blöcken und Stäben verpresst. Hierzu werden Drücke über 100 bar verwendet (Füllstoffe erhöhen die Drücke erheblich). Die Luft soll beim Verpressen aus dem sogenannten Pellet (oder Vorform) entweichen und die PTFE Partikel sollen sich über dem Kristallitumwandlungspunkt von 19 °C miteinander zu einer Einheit verbinden. Das verpresste Pulver hat nach diesem Prozess eine feste aber sehr

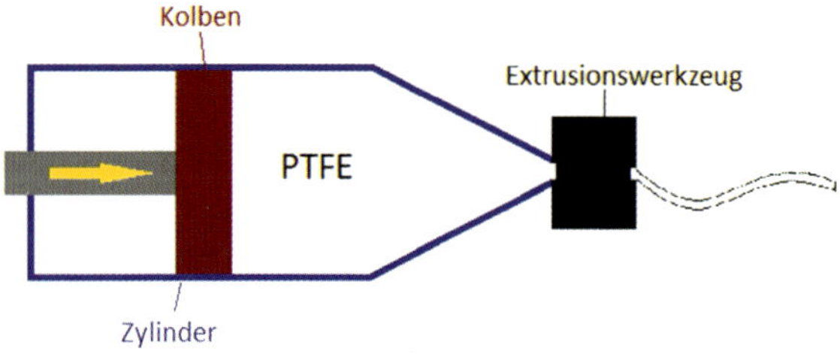

Bild 2.18: Extrusion von PTFE mit einem Kolbenextruder

spröde Form. Um eine dauerhaft stabile Form zu erhalten wird das Halbzeug „gesintert". Beim Sintern wird die Form über Schmelztemperatur erhitzt wobei die kompaktierten Pulverteilchen zu einem gleichmäßigen Gefüge verschmelzen.

Das Halbzeug steht anschließend nach dem Abkühlen zur letzten Formgebung bereit. Das PTFE kann nun durch Schälen, Bohren, Fräsen oder Drehen weiterverarbeitet werden. Aus Suspensions-PTFE entstehen z. B. Skived PTFE (geschälte Folien), Envelop Dichtungen, Gleitringdichtungen, einfache Flachdichtungen und verschiedenste Funktionsteile.

Beim **Emulsions-PTFE** (Pasten-PTFE) muss das Pulver erst vor dem Extrudieren in eine Pastenform übergeführt werden. Dazu wird das PTFE, aufgrund der Scherempfindlichkeit unterhalb von 19 °C, mit einem Gleitmittel vermischt. Nach Sicherstellung einer homogenen Mischung wird auch dieses PTFE zu einem Pellet verpresst. Das Gleitmittel dient beim Pelletieren den Druck gleichmäßig zu verteilen. Zum Verständnis kann man sich eine Sandburg vorstellen die nur mit der idealen Wassermenge ihre Form behält. Zusätzlich senkt das Gleitmittel den Druck beim Extrudieren, damit dieser nicht unendlich in die Höhe schießt. Der Pellet wird, wie beim Suspensions-PTFE, bei Temperaturen über 19 °C extrudiert, um eine Verbindung der Pulverpartikel zu erreichen. Das PTFE wird beim Extrudieren mit einem Kolbenextruder durch eine Form gepresst und somit zu einem langen Band, Schlauch oder Rohr mit den gewünschten Dimensionen geformt.

Rohre (z. B. Liner) und Schläuche (z. B. Kabelisolierung) haben nun die endgültige Form und es wird nur noch das Gleitmittel entfernt und das PTFE gesintert.

Bei Bändern wird, in der Regel zur Kalibrierung der Dicke, das Material mittels Walzen kalandriert. Anschließend wird das Gleitmittel aus dem Halbzeug durch verdampfen entfernt.

Zur Herstellung von **ePTFE** (expandierten Polytetrafluorethylen) wird das trockene Band gereckt. Für monoaxiale Bänder nur in Längsrichtung und für multidirektionale Produkte in Längs- und Querrichtung. Beim Recken wird das PTFE höchst porös. Das poröse Material hat nun eine niedrige Dichte aber auch eine hohe Festigkeit in Reckrichtung. Das Recken ist ein künstliches Fließen, das den Kaltfluss am fertigen Produkt extrem verringert. Durch ein abschließendes Sintern des gereckten Produktes im verspannten Zustand wird die Verarbeitung beendet. Aus ePTFE werden z. B. Dichtungsbänder und -platten und Membrane (bekannt als atmungsaktive Membranen) erzeugt.

Grundsätzlich unterscheidet man folgende PTFE Arten:

- Gesintertes PTFE,
- Modifiziertes PTFE,
- Skived PTFE,
- Gefülltes PTFE,
- Strukturiertes PTFE,
- Monoaxiale ePTFE (expandiertes Polytetrafluorethylen) Bänder,
- Multidirektionale ePTFE als Bänder oder Platten,

Gesintertes PTFE ist das zu einer Form (Zylinder oder Block) gepresste PTFE Pulver, das nach dem Sintern durch Zerspanung zur weiteren Bearbeitung bereit steht. In reiner Form weist dieses PTFE das schlechteste Kaltflussverhalten.

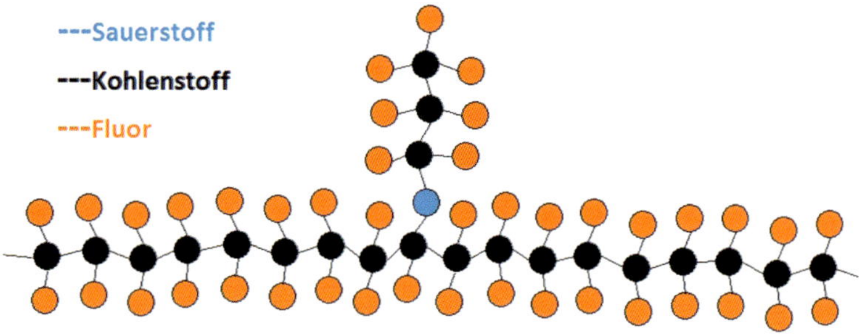

Bild 2.19: Schematische Darstellung der chemischen Struktur von TFM-PTFE

Modifiziertes PTFE ist ein Copolymer, das sogenannte „TFM-PTFE" (**Bild 2.19**). Die Molekülkette ist verzweigt und dadurch verbessern sich einige mechanische Eigenschaften des PTFE. Durch die Verzweigung rutschen die Ketten nicht so einfach aneinander und ergeben somit einen geringen Kaltfluss. Modifiziertes PTFE weist ebenfalls eine exzellente chemische Beständigkeit auf, wie das Standard PTFE.

Skived PTFE ist geschältes PTFE. Die gepresste und gesinterte Zylinderform wird mit einem Messer geschält (**Bild 2.20**). Daraus entstandene Folie kann z. B. für Dichtungsummantelungen oder Pumpenmembranen verwendet werden.

Strukturiertes PTFE (Orientiertes PTFE) ist ein über einen Kalandrierprozess verarbeitetes PTFE. In der Regel wird das in der Dichtungsbranche verwendete strukturierte PTFE mit entweder Glashohlkugel, Bariumsulfat oder Silicat vermischt. Beim Kalandrieren wird das PTFE in alle Richtung orientiert bzw. fibrilliert (**Bild 2.21**). Die chemische Beständigkeit wird eigentlich nur vom Füllstoff begrenzt.

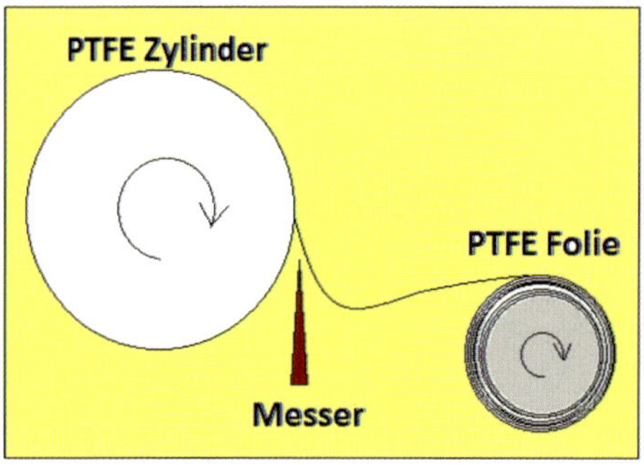

Bild 2.20: Schematische Darstellung von geschälten PTFE Folien

Bild 2.21: REM-Aufnahme eines strukturierten PTFE

Gefülltes PTFE wird verwendet, wenn die Eigenschaften von PTFE für eine bestimmte Anwendung nicht ausreichen, allerdings limitiert ein Füllstoff in der Regel die chemische Beständigkeit. Bei der Auswahl des Füllstoffes ist es wichtig darauf zu achten, dass der ausgewählte Füllstoff die Sintertemperatur während der Verarbeitung von PTFE übersteht. Auch sollte man bedenken, dass etliche Füllstoffe den Verschleiß der Verarbeitenden Anlagen zum Teil stark erhöhen. Verschiedenste Füllstoffe finden bei PTFE Anwendung.

Glas kann in unterschiedlichen Formen verwendet werden (z. B. Glasfaser oder Glashohlkugeln). Glasfaser erhöht die Festigkeit in Faserausrichtung. Glashohlkugeln erhöhen die Festigkeit nur geringfügig, allerdings wird die Dichte des PTFE herabgesenkt, was zu einer Erhöhung der Kompressibilität bei Flachdichtungen führt (Anpassung an Flanschoberflächen).

Mineralstoffe, wie z. B. Silicat und Bariumsulfat sind gängige Füllstoffe in der Dichtungsbrache. Sie sind relativ günstig, weisen eine gute chemische Beständigkeit auf und verbessern den Kaltfluss des reinen PTFE.

Kohle ist einer der chemisch beständigsten Füllstoffe. Kohle hat seinen Nachteil in Oxidierende Umgebung. Kohle verbessert die thermische und elektrische Leitfähigkeit. Kohle als Faser verändert ähnlich wie Glas die Eigenschaften von PTFE. Es erhöht die Druckfestigkeit, E-Modul und Härte.

Graphit ist die kristalline Form hochreinen Kohlenstoffes. Es wird hauptsächlich eingesetzt, um den Reibungskoeffizienten zu senken und die Leitfähigkeit zu verbessern.

Andere Füllstoffe wie Bronze (90/10 Cu/Sn), Molybdänsulfid (MoS_2), Organische Füllstoffe und Pigmente finden auch in Zusammenhang mit PTFE ihre Anwendung.

Monoaxiales ePTFE ist ein in Längsrichtung gerecktes PTFE Produkt (**Bild 2.22**). Das Produkt erhält somit eine vielfach höhere Festigkeit in die gereckte Richtung als das Standard-PTFE.

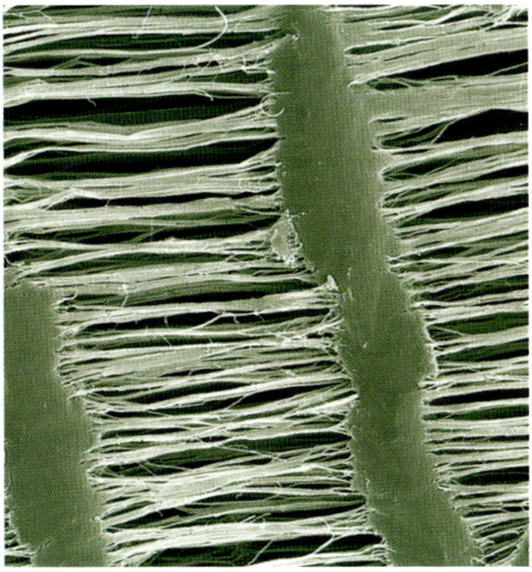

Bild 2.22: REM-Aufnahme eines monoaxialen PTFE

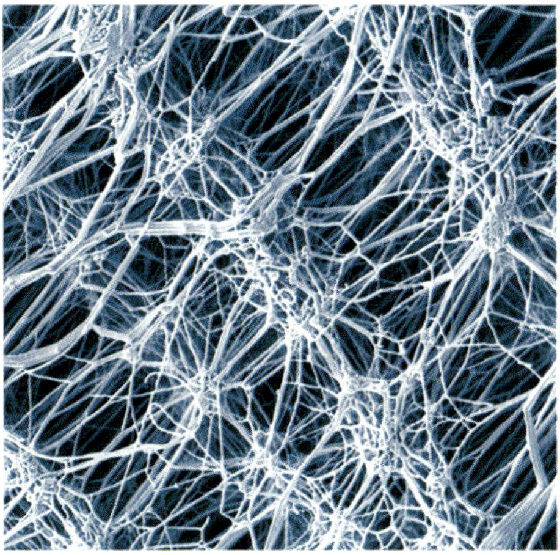

Bild 2.23: REM-Aufnahme eines Multidirektionalen PTFE

Längsgereckte Bänder können auch für sehr große Dichtverbindungen verwendet werden. Es entsteht kein Ausschuss und benötigt kaum Lagerplatz.

Multidirektionales ePTFE ist ein in Längs- und Querrichtung gerecktes PTFE (**Bild 2.23**). Dies kann sequentiell oder simultan durchgeführt werden. Ziel ist es die mechanische Festigkeit zu erhöhen und die Dichte des PTFE herab zu senken. Durch das Verstrecken wird das PTFE porös und weicher. Das multidirektionale PTFE passt sich somit im Dichtungsfall einer Flanschoberfläche leichter an. Um allerdings eine sehr hohe Dichtheitsklasse zu erreichen muss die Dichtung soweit verpresst werden bis diese nicht mehr porös ist und benötigt somit eine Mindestflächenpressung (Herstellerangabe beachten). Nicht poröse Dichtungen benötigen eine Mindestflächenpressung um sich an die Flanschoberfläche anzupassen.

2.4 Weitere Dichtwerkstoffe

2.4.1 Hochpolymere Dichtungswerkstoffe

Der Begriff Polymer leitet sich von dem griechischen polus merus ab und bedeutet viele Teile. Das bezieht sich auf die langkettigen Moleküle im Polymer, die aus vielen kovalent gebundenen Monomereinheiten aufgebaut sind. Diese Werkstoffgruppe hat zwar keine große Bedeutung für die Dichtungstechnik, dennoch erfordern spezielle Anwendungen deren Einsatz. So z. B., wenn harte oder hochtemperaturbeständige Werkstoffe verlangt werden oder Widerstand gegen radioaktive Strahlung gefordert wird, für die PTFE-Werkstoffe nicht in Frage kommen. Auch bei Anwendungen in der Wasserhydraulik oder für Lagerungen und Führungen sind Werkstoffe aus dieser Gruppe von Interesse.

Nachfolgend werden daher aus dieser Werkstoffgruppe nur einige für die Dichtungstechnik relevante Werkstoffe beschrieben.

2.4.1.1 Perfluor-Alkoxypolymer (PFA)

PFA hat ähnliche chemische Eigenschaften wie PTFE und niedrige Reibwerte. Es besitzt gute mechanische Eigenschaften und eine höhere Formbeständigkeit in der Wärme als PTFE. Es kann durch Extrudieren oder Spritzgießen verarbeitet werden. Typische Eigenschaften:

- hohe Wärmestabilität
- formbeständig in der Wärme
- niedrige Reibwerte
- gute mechanische Eigenschaften auch im hohen Temperaturbereich
- hohe Kriechfestigkeit
- gute elektrische Eigenschaften
- Temperaturbeständigkeit: –200 °C bis +260 °C.

Formteile aus PFA erfüllen die Forderungen des Lebensmittelgesetzes und sind physiologisch unbedenklich. Der Einsatz erfolgt in der Chemie und Petrochemie als Dichtungen, Lager, Buchsen, Scheiben, Folien usw. für Pumpen, Ventile, Kompressoren u. a.

2.4.1.2 Polytetrafluorethylen (TFM)
TFM ist ebenso wie PFA ein Co-Polymer aus PTFE und Perfluor-Propylen-Vinylether (PPVE). Hierdurch wird eine gleichmäßige Kristallinität in der amorphen Werkstoffmatrix erreicht, die zu folgenden Eigenschaften führt:

- reduzierte Permeation
- geringe Deformation unter Last
- glatte Oberflächenstruktur
- Verbindung durch Schweißen möglich, ähnlich FEP.

Die chemischen und thermischen Eigenschaften wie auch die Verarbeitung entsprechen denen von PTFE.

2.4.1.3 Ethylen-Tetrafluorethylen (ETFE)
ETFE ist ein Copolymer aus Ethylen und Tetrafluorethylen mit vergleichbaren physikalischen und chemischen Eigenschaften zu PTFE. Der PTFE-Anteil beträgt 75 %. Das Reibungs- und Verschleißverhalten wird maßgebend durch die Füllstoffe beeinflusst. Die kennzeichnenden Eigenschaften sind:

- hohe Chemikalienbeständigkeit
- gute Wärmebeständigkeit
- gute Beständigkeit gegen Elektronen- und Gammastrahlen
- hohe Alterungsbeständigkeit
- ETFE lässt sich durch Extrusion und Spritzgießen verarbeiten
- Temperaturbeständigkeit: –100 °C bis +150 °C.

Der Einsatz erfolgt in der chemischen und petrochemischen Industrie und in Atomkraftanlagen für Kabelisolierungen, Lager und Dichtungen.

2.4.1.4 Polychlortrifluorethylen (PCTFE)
PCTFE hat gegenüber PTFE eine wesentlich höhere Festigkeit und Formstabilität. Es ist hart, schlagfest und thermoplastisch zu verarbeiten. Die chemische Resistenz und die Wärmebeständigkeit sind geringer als bei PTFE.

Temperatureinsatzbereich: –40 °C bis +150 °C

Als Stützring oder Flanschdichtung ist ein Einsatz auch unterhalb von –40 °C zulässig.

Die chemische Beständigkeit ist geringer als für PTFE, aber ausreichend gut gegen viele Chemikalien.

PCTFE hat die geringste Gasdurchlässigkeitsrate und ist undurchlässig gegen Wasser und Dampf. Aufgrund der guten mechanischen Eigenschaften (sehr hohe Druckfestigkeit) wird PCTFE für höchstbeanspruchte Dichtelemente und Stützringe verwendet.

2.4.1.5 Polyacetal (POM)
Polyacetal (POM) zählt zu den Standard-Thermoplasten. Es zeichnet sich aus durch:

- hohe Zähigkeit, auch bei Tieftemperatur
- Formstabilität in der Wärme

- geringe Wasseraufnahme
- günstiges Gleit- und Verschleißverhalten
- Unempfindlichkeit gegen Bildung von Spannungsrissen.

Es lassen sich wie bei PTFE funktionsverbessernde Eigenschaften – insbesondere das Gleit- und Verschleißverhalten – durch Füllstoffe wie Glasfaser, PTFE, Grafit, Silikonöl, MoS2 u. a. verbessern.

Temperatureinsatzbereich: –40 °C bis +100 °C

POM hat eine gute chemische Resistenz gegen viele Medien, wie z. B. Mineralöle, Fette, Wasser, Treibstoffe usw. Es ist nicht beständig gegen Säuren und Basen.

Die Wasseraufnahme ist sehr gering (ca. 0,3 %). Teile aus POM weisen deshalb kleinere Fertigungstoleranzen als Polyamid-Teile auf.

Der Werkstoff hat eine niedrige Reibung und wird besonders in der Wasserhydraulik als Abstreifer, Stütz- und Führungsring eingesetzt.

2.4.1.6 Polyamid (PA)

Während bei vielen teilkristallinen Thermoplasten wie z. B. POM oder PCTFE die Kristallinität durch die Verarbeitung nur geringfügig beeinflusst werden kann, kann sie bei PA in großen Bereichen variieren. Hieraus erklärt sich die Vielzahl der Varianten, von denen in der Dichtungstechnik die Typen PA 4.6, PA 6, PA 6.6 oder PA 12 am häufigsten vorkommen.

PA-Werkstoffe zeichnen sich durch folgende allgemeine Eigenschaften aus, die durch die Füllstoffe beeinflusst werden:

- hohe mechanische Festigkeitswerte
- hohe Verschleißfestigkeit und Formstabilität
- gute Gleit- und Notlaufeigenschaften
- hohes Dämpfungsvermögen
- wirtschaftliche Verarbeitbarkeit

Polyamid nimmt Wasser auf. Mit steigender Kristallinität nimmt die Wasseraufnahme ab. Die Höhe der Wasseraufnahme bestimmt die Fertigungs- und Teiletoleranz.

Temperatureinsatzbereich: von –40 °C bis +110 °C

Die Temperaturbeständigkeit hängt vom PA-Typ und vom Füllstoff ab.

Der Werkstoff ist gut beständig gegen Schmierstoffe, Kraftstoffe und Lösemittel.

Polyamid ist vielseitig einsetzbar, z. B. als Gleitlager, Führungsleisten, Stützringe, Führungsringe für Kolben und Kolbenstangen.

2.4.1.7 Ultra-hochmolekulares Polyethylen (UHMW-PE)

Aus der Vielzahl der Polyethylentypen ist das ultra-hochmolekulare Polyethylen aufgrund seiner hohen molaren Masse gegenüber den normalen PE-Werkstoffen für die Dichtungstechnik durch eine Reihe wichtiger technischer Eigenschaften interessant, so z. B. durch:

- ein sehr günstiges Reibungsverhalten (ähnlich PTFE)
- hohe Verschleißfestigkeit
- große Kerbschlagzähigkeit
- hohen Widerstand gegen Spannungsrissbildung
- sehr geringe Wasseraufnahme
- gute elektrische und dielektrische Eigenschaften.

Temperatureinsatzbereich: –200 °C bis +90 °C

PE-UHMW hat eine hohe Beständigkeit gegenüber Säuren, Basen, aggressiven Gasen und radioaktiver Strahlung. Es kommt z. B. in der Lebensmitteltechnik, Pneumatik und Wasserhydraulik zum Einsatz. Es besitzt gute Verschleißfestigkeit auf keramischen Oberflächen mit guter Oberflächenqualität.

2.4.1.8 Polyetheretherketone (PEEK)

Polyetheretherketone (PEEK) zählt zu den teilkristallinen, aromatischen Thermoplasten, die durch Modifikationen mit Füllstoffen wie PTFE, Grafit oder Kohlefasern ein sehr günstiges Reibungs- und Verschleißverhalten vor allem im Vergleich gegenüber PA oder POM zeigen. Als weitere positive Eigenschaften sind hervorzuheben:

- hohe Zug- und Biegefestigkeit
- hohe Schlagzähigkeit
- hohe Formbeständigkeit in der Wärme
- hohe Strahlenbeständigkeit
- hohe Hydrolysebeständigkeit
- hohe Chemikalienbeständigkeit.

Temperatureinsatzbereich: abhängig vom Werkstofftyp bis +260 °C.

Aufgrund der guten Festigkeitswerte bei hoher Temperatur und der hohen Druckstabilität wird das Material in der Dichtungstechnik im Hochdruckbereich für Stützringe, Abstreif- und Führungselemente eingesetzt.

2.4.2 Duroplaste

Duroplastische Kunststoffe sind in Aufbau, Polymerisation und Verarbeitung den Elastomeren ähnlich. Grundbaustein ist das Monomer, das beim Polymerisieren zum Makromolekül wächst und sich über chemische Bindungen mit anderen Makromolekülen vereint. Wegen der chemischen Bindung weisen Duroplaste eine ähnlich hohe thermische Belastbarkeit wie Elastomere auf. Ihre physikalischen Kennwerte sind jedoch nicht zu vergleichen.

Man unterscheidet bei duroplastischen Kunststoffen zwischen:

- Epoxidharzen
- ungesättigten Polyestern
- Phenolharzen
- Melaminharzen
- Harnstoffmassen.

Diese Grundwerkstoffe werden in einer Vielzahl von Modifikationen durch Füllstoffe variiert. Das Füllen hat die Aufgabe des Streckens, d. h. der Kostenreduzierung des Werkstoffes, aber auch des Verstärkens, d. h. der gezielten Veränderung physikalischer Werkstoffkennwerte. Die Werkstoffe werden meist für Konstruktionsteile im allgemeinen Maschinenbau, aber auch in der chemischen Industrie eingesetzt. In der Dichtungstechnik werden Duroplaste vorwiegend als hochbelastbare Führungsringe verwendet.

2.4.3 Gewebeverbundwerkstoffe

Eine besondere Bedeutung in der Dichtungstechnik haben Gewebeverbundwerkstoffe als Lager- und Führungen z. B. in hochbeanspruchten Hydraulikzylindern, die in der Mobilhydraulik, im Pressenbau u. a. eingesetzt werden. Die hohe Druckfestigkeit, das gute Gleitverhalten und die außergewöhnlichen Verschleißeigenschaften sichern eine lange Lebensdauer.

Gewebeverbundwerkstoffe sind Verbundmaterialien aus hochwertigen Polyester- und Nomex Kunststoff-Feingeweben oder Baumwolle, die mit warmhärtenden Harzen imprägniert werden. Sie sind aufgrund ihrer besseren Medienbeständigkeit, hohen Belastbarkeit und guten Gleiteigenschaften universeller einsetzbar als metallische Führungswerkstoffe. Je nach der Verwendung werden zur Verbesserung der physikalischen Eigenschaften Füllstoffe wie PTFE, Grafit, MoS2 u. a. beigefügt. Diese verleihen den Materialien besondere Merkmale, wie Seewasserbeständigkeit, elektrische Durchschlagfestigkeit, Strahlenbeständigkeit oder Feuerhemmung. Außerdem bieten sie Korrosionsbeständigkeit.

Gewebeverbundwerkstoffe sind im Preis-/Leistungsverhältnis eine Alternative zu herkömmlichen metallischen Führungs- und Lagerwerkstoffen.

Wesentliche Vorteile sind:

- hoch belastbar, unempfindlich bei Kantenpressung
- Anpassung der Tragfläche an die Belastung
- weniger Verschleiß verglichen mit metallischen Werkstoffen
- niedrige Reibungswerte
- keine Oxidation, ideal geeignet in Wasser und Seewasser
- geringe Quellung in Wasser (< 0,1 %)
- lange Lebensdauer
- keine umweltschädlichen oder toxischen Bestandteile
- gute chemische Beständigkeit
- gut spanabhebend bearbeitbar
- minimaler Schmierstoffbedarf, Trockenlauf möglich
- Gewichtsersparnis bei großen Bauteilen.

2.5 Faserwerkstoffe

2.5.1 Einführung

Fasern werden in der Dichtungstechnik vorwiegend in Weichstoffdichtungen und in Stopfbuchspackungen verwendet. Bis in die 80er Jahre war Asbest der dominierende Faserwerkstoff. Als Naturprodukt ist Asbest in ausreichenden Mengen verfügbar und entsprechend billig. Gleichzeitig ist er aufgrund hervorragender thermischer, chemischer und mechanischer Eigenschaften nahezu universell in Dichtungen unter allen Betriebsbedingungen einsetzbar. Die Vorteile der chemischen Beständigkeit und Fibrillation des Asbests sind aber auch die Ursache für seine

Gesundheitsschädlichkeit: Asbest bildet lungengängige Faserpartikel, die im Lungengewebe nicht oder nur sehr langsam abgebaut werden und deshalb krebserzeugend wirken können.

Seit dem 1. Januar 2005 besteht gemäß EU-Direktive 76/769/EEC in der gesamten EU inklusive neu beigetretener Mitgliedsstaaten ein einheitliches Asbestverbot. Auch durch die Anpassung an globale Standards wird die Verwendung von Asbest immer stärker zurückgedrängt. Das seit 2005 geltende Verbot in der EU wird diesen Trend weltweit beschleunigen.

Da keiner der als Asbestersatz in Frage kommenden Faserstoffe den Anwendungsbereich des Asbests vollständig abdeckt, werden in der Dichtungstechnik verschiedene Chemie- und Naturfasern verwendet.

Chemiefasern [8] sind in einem chemisch-technischen Verfahren hergestellte Faserstoffe aus natürlichen oder synthetischen Rohstoffen, die organischer oder anorganischer Natur sein können.

Zu den Chemiefasern aus natürlichem organischem Rohstoff gehören z. B. die Cellulosefasern Viscose und Cuprophan. Fasern aus synthetisch hergestellten organischen Polymeren sind z. B. Aramid, Polyacrylnitril und Polyester.

Zu den anorganischen Chemiefasern gehören z. B. Kohlenstoffasern, Metallfasern und Glasfasern.

Naturfasern sind natürlich vorkommende Faserstoffe pflanzlichen, tierischen oder mineralischen Ursprungs. Tierfasern sind z. B. Schafwolle und Seide. Zu den Pflanzenfasern gehören Baumwolle, Flachs, Hanf, Jute und Ramie. Die bedeutendste mineralische Naturfaser ist der Asbest.

2.5.2 Chemiefasern

Die meisten Chemiefasern werden als Filament gesponnen. Ein Filament ist ein Faden von praktisch unendlicher Länge. Einzelfilamente werden zu einem Filamentgarn zusammengefasst, wobei die Anzahl der Filamente der Anzahl der Löcher der Spinndüse entspricht. Filamentgarne können zu Spinnfasern mit begrenzter Länge zerschnitten werden. Spinnfasern können wiederum zu Spinnfasergarnen versponnen werden. Gegenüber Filamentgarn hat Spinnfasergarn eine geringere Festigkeit, kann aber kostengünstiger hergestellt werden.

Mineralische Fasern werden auch als Wolle gesponnen, d. h. es werden direkt Spinnfasern mit uneinheitlichen Längen und Durchmessern hergestellt.

In Weichstoffdichtungen werden Spinnfasern in Form von Kurzschnitt oder Pulpe (fibrillierter Kurzschnitt) als Verstärkungsmaterial verwendet. In Stopfbuchspackungen werden Spinnfasergarne und Filamentgarne als Dichtungsmaterialien verwendet.

Spinnverfahren zur Herstellung von Chemiefasern

Organische Chemiefasern werden aus einer polymeren Spinnmasse hergestellt, die zu Filamenten ausgeformt wird. Ein Polymer ist eine aus identischen Untereinheiten (Monomeren) aufgebaute Molekülkette. Organische Chemiefasern bestehen meist aus unverzweigten, langkettigen Polymeren, die aus rund hundert bis tausend Monomeren aufgebaut sind.

Das Polymer wird durch Schmelzen oder Lösen in einen fließfähigen, viskosen Zustand überführt und durch die Kanäle der Spinndüsen extrudiert. Die Spinnmasse wird abgezogen und zum Filament verfestigt.

Im Schmelzspinnverfahren wird das Polymer durch Aufschmelzen verflüssigt und versponnen. Die Verfestigung des Fadens erfolgt dann durch Abkühlung. Die Spinngeschwindigkeit des Garns beträgt bis zu 10.000 m/min.

Im Lösungsspinnverfahren wird das Polymer in einem Lösungsmittel gelöst. Der Faden wird durch Koagulation in einem Fällbad (Nassspinnverfahren) oder durch Verdampfen des Lösungsmittels (Trockenspinnverfahren) verfestigt. Die Spinngeschwindigkeit des Garns liegt bei 50 bis 1000 m/min.

Lösungsspinnverfahren werden verwendet, wenn sich das Polymer unterhalb seines Schmelzpunktes bereits zersetzt, wie es z. B. für p-Aramid der Fall ist. Das Schmelzspinnverfahren ist das wirtschaftlichere Verfahren. Es wird verwendet, wenn die Polymerschmelze eine ausreichende Thermostabilität aufweist, wie z. B. bei Polyamid und Polyester. Schmelzgesponnene organische Fasern finden in Dichtungen wegen ihrer thermoplastischen Eigenschaften jedoch kaum Anwendungen.

Nachfolgend wird der Lösungsspinnprozess allgemein beschrieben. Schmelzspinnprozesse zur Herstellung anorganischer Fasern werden im jeweiligen Unterkapitel beschrieben.

Lösevorgang

Die Voraussetzung für eine störungsfreie Fadenbildung im Nassspinnprozess ist eine homogene und von Verunreinigungen freie Spinnlösung. Das Polymer muss daher in einem guten Lösungsmittel gelöst werden, welches die einzelnen Polymerketten 'umhüllt' und voneinander separiert. Tatsächlich sind die Polymermoleküle in der Spinnlösung jedoch über physikalische Wechselwirkungen und Verschlaufungen der Ketten temporär verknüpft. Zudem bilden permanente Verknüpfungspunkte zwischen Polymerketten „Gelteilchen", die zu Fehlstellen und Brüchen im Filament führen können.

Die Spinnlösung wird vom Ansatzkessel mit einem Extruder und durch Zahnradpumpen zu den Spinndüsen transportiert. Zur Entfernung von Gelteilchen und Verunreinigungen wird die Spinnlösung durch Filterkerzen gepumpt, bevor sie durch die Spinndüse gedrückt und über angetriebene Rollen, sogenannte Galetten abgezogen wird. Sie tritt dann entweder direkt in das Fällbad ein oder durchquert zunächst einen Luftspalt. Das Lösungsmittel ist mit dem Fällmittel – oftmals Wasser oder wässrige Gemische – mischbar und diffundiert im Fällbad aus der Spinnlösung heraus. Die Konzentration des Polymeren in der Spinnlösung bzw. in dem sich bildenden Faden nimmt zu und führt zur Koagulation des Fadens. Gleichzeitig diffundiert auch das Fällmittel in den sich bildenden Faden und trägt ebenfalls zur Koagulation des Polymeren bei.

Die Spinnbedingungen, wie Abzugsgeschwindigkeit des Fadens und Temperatur des Fällbades beeinflussen in hohem Maße die Garneigenschaften und die Spinnstabilität, d. h. die störungsfreie Produktion von Filamentgarn. Sie müssen daher sehr sorgfältig angepasst werden.

Im Trockenspinnprozess wird das Polymer in einem leicht verdampfbaren Lösungsmittel, wie z. B. Aceton gelöst und die Fadenbildung durch Verdampfen des Lösungsmittels verursacht.

Verstreckung und Nachbehandlung

Der ausgefällte Faden weist noch eine hohe Elastizität auf, da die Kettenmoleküle im Faden noch in ungeordnetem amorphem Zustand vorliegen. Um den Orientierungsgrad der Kettenmoleküle bzw. den Kristallinitätsgrad zu erhöhen, wird der Faden verstreckt. Das Garn wird auf ein Mehrfaches seiner ursprünglichen Länge verzogen, indem es über zwei aufeinanderfolgende,

Galetten genannte, angetriebene Rollen geführt wird, deren Differenz der Umfangsgeschwindigkeit dem Verstreckungsverhältnis angepasst ist. Durch die Verstreckung verringert sich der Filamentdurchmesser. Festigkeit und Elastizitätsmodul nehmen zu.

Der Kristallinitätsgrad des Garns hängt vom Verstreckungsgrad und der Steifigkeit der Polymerketten ab. Knäuelbildende, flexible Polymere wie Polyester und Polyamid haben auch nach der Verstreckung einen hohen Anteil amorpher Bereiche mit ungeordneten, verschlauften Polymerketten. In diesen amorphen Bereichen sind die Wechselwirkungen zwischen den Ketten schwächer als in kristallinen Bereichen, was sich negativ auf die Festigkeit auswirkt. Steifkettige Polymere, wie z. B. p-Aramid erreichen einen Kristallinitätsgrad von bis zu 95 %.

Der verstreckte Faden wird durch Bäder mit Waschflüssigkeit geleitet, in denen das restliche Lösungsmittel entfernt wird. Danach wird der Faden getrocknet.

Zur Verbesserung des Reibverhaltens und zur Reduktion der elektrostatischen Aufladung bei der Weiterverarbeitung wird das Garn mit einer Ölemulsion, der sogenannten Präparation (engl. Spin-Finish) beschichtet. Hierzu wird der Faden z. B. über eine mit Präparation benetzte Galette gezogen, deren untere Seite in ein Bad eintaucht, aus dem kontinuierlich neue Präparation aufgenommen wird.

Die Präparation verbleibt üblicherweise auf dem Garn. Die Menge der aufgebrachten Avivage liegt im Bereich von ca. 0,5 bis 2 Gew.-% des Garns. Sie muss in engen Grenzen konstant gehalten werden, um eine störungsfreie Weiterverarbeitung des Garns zu gewährleisten.

Spezielle Präparationen dienen als Haftvermittler zur Verbesserung der Faser-Matrix-Wechselwirkungen in Verbundwerkstoffen.

Insbesondere für Anwendungen in Bekleidungsartikeln erfolgt eine Nachbehandlung der Fasern durch Texturierung. Die Texturierung ist eine physikalische und/oder chemische Behandlung der Filamentgarne, bei der das Volumen und/oder die Elastizität durch Kräuselung des Garnes erhöht werden.

Faserfeinheit und tex-System

Die Faserfeinheit bzw. der Titer wird als längenbezogene Masse angegeben. Die Grundeinheit ist das tex. Ein tex entspricht einem Fasergewicht von einem Gramm auf 1000 m Faserlänge. Für Textilfasern ist die Angabe in dtex (dezitex) üblich, bei der das Fasergewicht auf 10.000 m bezogen wird.

Häufig wird neben dem Titer des Garnes auch die Filamentzahl angegeben. Zum Beispiel bedeutet 1680f1000 dtex einen Gesamttiter von 1680 dtex bei 1000 Einzelfilamenten. Der Einzelfilamenttiter beträgt somit 1,68 dtex.

Eine alte Einheit für die Feinheit, die gelegentlich noch verwendet wird, ist das Denier (den), bei der das Gewicht in g auf 9000 m Fadenlänge bezogen wird.

Mechanische Eigenschaften von Fasern

– Kraft-Dehnungs-Charakteristik

Kraft-Dehnungs-Diagramme ermöglichen die Beurteilung und den Vergleich der mechanischen Eigenschaften von verschiedenen Fasertypen.

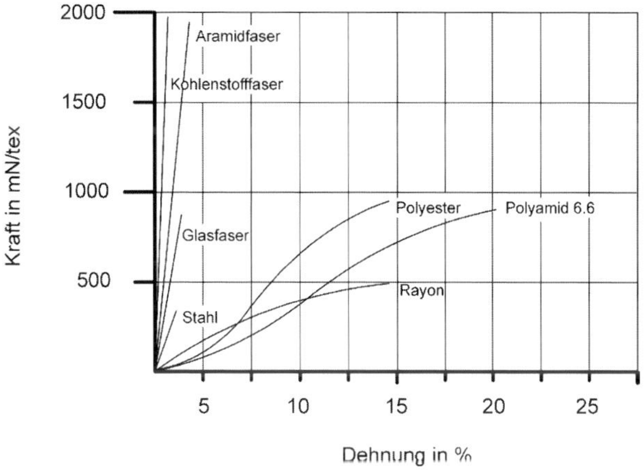

Bild 2.24: Kraft-Dehnungs-Kurven verschiedener Fasertypen

Die Kraft-Dehnungs-Charakteristik wird in einem Zugversuch ermittelt. Der Faden wird in Längsrichtung, beginnend mit einer genormten Vorspannkraft und mit konstanter Geschwindigkeit gedehnt und die hierfür notwendige Kraft gemessen. Die Verformungsgeschwindigkeit beträgt im allgemeinen 100 % Dehnung pro Minute.

Die Zugkraft ist die während des Versuches momentan wirksame Kraft. Als Zugspannung wird die auf den anfänglichen Fadenquerschnitt bezogene Zugkraft bezeichnet. Weitere Größen, die aus der Messung ermittelt werden, sind die Höchstzugkraft oder maximale Zugkraft sowie die unmittelbar vor dem Zerreißen der Probe gemessene Bruchkraft.

Aus der Kraft-Dehnungs-Kurve kann der Elastizitätsmodul der Faser abgeleitet werden. Er beschreibt den anfänglichen, bei geringer Faserdehnung wirkenden, elastischen Widerstand gegen Deformation.

Der Verlauf von Kraft-Dehnungs-Kurven einiger Fasern ist **Bild 2.24** dargestellt.

Der Einfluss der Molekülorientierung in Richtung der Faserachse und der Kristallinität auf die Zugfestigkeiten von Fasern wurde bei der Beschreibung der Verstreckung schon kurz erwähnt. Der Kurvenlauf der kristallinen p-Aramid – und Kohlenstoffasern zeigt deutlich eine sehr geringe Dehnung bei hoher Krafteinwirkung, während Polyester und Polyamid 6.6 schon bei geringer Krafteinwirkung weit über die Bruchdehnung von Aramidgarn hinaus gestreckt werden.

– Druckbeanspruchung
Aufgrund der Richtungsabhängigkeit (Anisotropie) ihrer Struktur reagieren Fasern unterschiedlich auf Druckbeanspruchungen in Faserrichtung und quer dazu. Von praktischer Bedeutung ist insbesondere die Querkomprimierbarkeit von Verstärkungsfasern in Flachdichtungen sowie in geflochtenen Packungen.

Der dem Druck entgegengebrachte Widerstand wird im Wesentlichen durch die intermolekularen Kräfte der Polymerketten bestimmt und ist daher kleiner als der Dehnwiderstand.

2.5.2.1 P-Aramidfasern

Die Aramidfaser gehört zur Gruppe der organischen Hochleistungsfasern [9, 10]. Mit dem Begriff Hochleistungsfaser werden solche Fasern bezeichnet, die über bessere physikalisch-chemische Eigenschaften, verglichen mit herkömmlichen Textilfasern wie Polyamid, Polyester oder Acryl, verfügen [10] und sich somit neue Anwendungsgebiete erschlossen haben.

Die Bezeichnung „Aramid" ist der Oberbegriff für eine Substanzklasse von synthetischen, linearen Makromolekülen, die aus aromatischen Einheiten aufgebaut sind, die durch Amidbindungen verknüpft sind. Die Definition besagt, dass mindestens 85 % der Amideinheiten an zwei aromatische Ringe gebunden sein müssen. Kommerziell sind Aramidfasern mit unterschiedlichen chemischen Strukturen verfügbar. Die im Folgenden diskutierten Aramidfasern bestehen aus Paraphenylenterephthalamid, kurz p-Aramid. Die Polymerkette hat die in **Bild 2.25** gezeigte chemische Struktur.

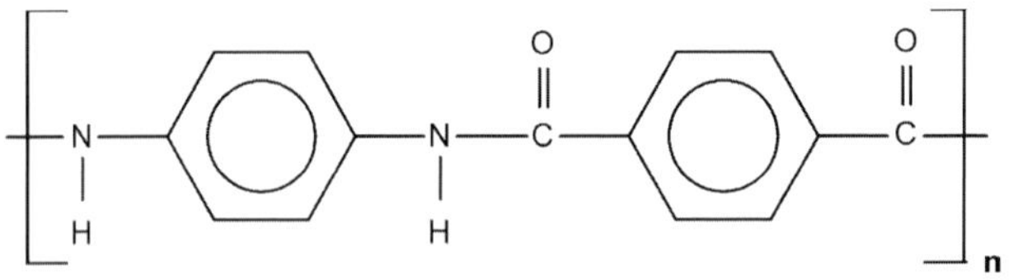

Bild 2.25: Chemische Struktur von p-Aramid

Im Gegensatz zu anderen Aramidfasern können p-Aramidfasern gezielt fibrilliert werden. Die Fibrillierung bewirkt eine Verbesserung der mechanischen Haftung der Fasern in einer Werkstoffmatrix, in der sie eingebettet sind. Aufgrund dieser Verstärkungswirkung und den besonderen physikalisch-chemischen Eigenschaften werden p-Aramidfasern als Ersatz für Asbestfasern in Flachdichtungen eingesetzt.

P-Aramidfasern wurden 1965 erstmals synthetisiert und sind seit 1972 kommerziell erhältlich.

P-Aramidfasern werden unter den Markennamen Twaron® (Teijin Twaron, Arnhem, NL) und Kevlar® (DuPont de Neymours) angeboten.

Eigenschaften und Anwendungen von Aramidfasern

Die Eigenschaften von p-Aramid (nachfolgend einfach Aramid genannt) werden auf molekularer Ebene von zwei Effekten geprägt:

- die Steifheit der Polymerketten, die durch die fehlende Drehbarkeit der Amidbindung um die N-C-Achse und durch die räumliche Hinderung der Drehbarkeit der Benzolringe bedingt ist.
- die Ausbildung von Wasserstoffbrückenbindungen zwischen benachbarten Polymerketten, die einen guten Zusammenhalt der Ketten und eine hohe Orientierung bewirkt.

Bild 2.26 zeigt einen Ausschnitt aus der Kristallstruktur von Aramid. Die gestrichelten Linien, die benachbarte Ketten verknüpfen, symbolisieren die Wasserstoffbrückenwechselwirkungen.

Einen Überblick der physikalischen Eigenschaften von Aramid im Vergleich zu anderen Fasern bietet **Tabelle 2.13**.

Bild 2.26: Ausschnitt aus der Kristallstruktur von p-Aramid

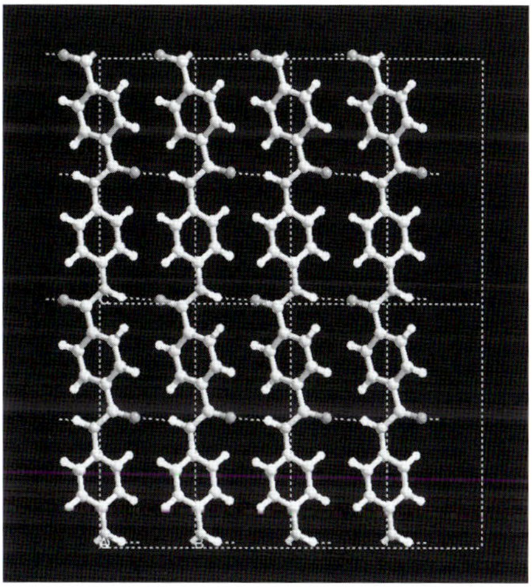

Im Vergleich zu herkömmlichen organischen Fasern sowie Stahl- und Glasfasern zeigt Aramid eine einzigartige Eigenschaftskombination:

- hohe Festigkeit
- hoher Modul
- niedrige Dichte
- hohe Schlagzähigkeit
- gute Temperaturbeständigkeit
- gute chemische Beständigkeit, Korrosionsbeständigkeit
- gute Flexibilität, keine Brüchigkeit.

Tabelle 2.13: Charakteristische Eigenschaften von Aramid-Garn im Vergleich zu anderen technischen Garnen

	Aramid	Rayon	Polyamid	Polyester	Stahlkord	C-Faser	E-Glas
Dichte [g/cm³]	1,44	1,53	1,14	1,38	7,85	1,78	2,58
Zersetzungstemp [CC] Schmelztemp. [°C]	450	200	255	260	1600	3700*	825
Festigkeit [N/mm2]	2800	790	950	1160	2550	3400	2000
E-Modul [kN/mm2] **	80	18	6	14	160	238	73
Bruchdehnung [%]	3,3	13	20	13,5	1,9	1,4	2,0
Feuchteaufnahme [%]	4,5	12,5	4,5	0,5	0	0	0,3
Temp.beständigkeit Reiß-festigkeit [%] (48 h, 200 °C)	90	20	45	55	100	100	95
Heißschrumpf [%] (Luft, 4 min,160 °C)	0,1	0,2	4	5,5	0	0	0

* Sublimationstemperatur
** Der Elastizitätsmodul beschreibt das Verhältnis von Zugkraft zu Dehnung

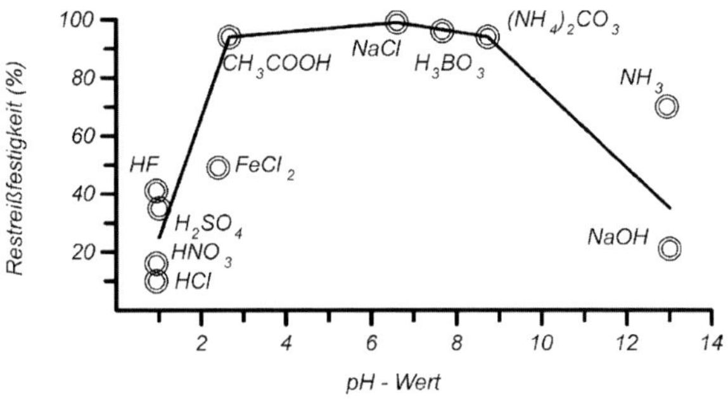

Bild 2.27: Chemische Beständigkeit von p-Aramid

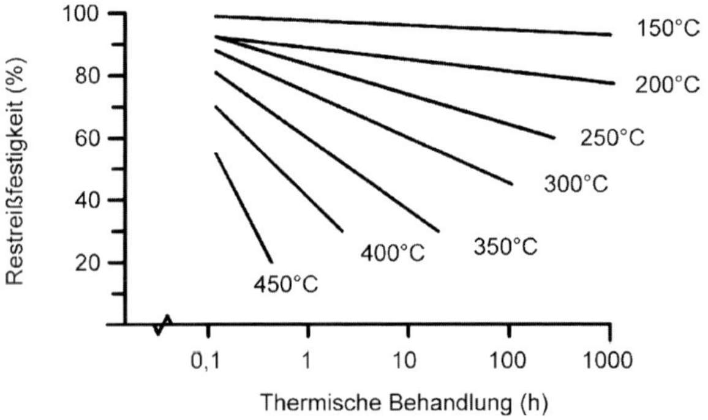

Bild 2.28: Thermische Beständigkeit von p-Aramid

Die chemische und thermische Beständigkeit von Aramid-Garn, quantifiziert als verbliebene Reißfestigkeit sind in **Bild 2.27 und 2.28** dargestellt. Ein Nachteil von Aramid ist die geringe Hydrolysebeständigkeit und die eingeschränkte chemische Beständigkeit gegen starke Säuren und Laugen.

Aufgrund der außergewöhnlichen Eigenschaftskombination kommen Aramidfasern in einer Vielzahl von Anwendungen zum Einsatz, wie z. B.

- Gewebe für schusssichere Westen und Helme, Fahrzeugpanzerungen
- Verstärkungsgewebe in Riemen und Schläuchen von Bremsanlage, Klimaanlage, Heizung usw. in Fahrzeugen
- Schutz und Zugentlastung von Telekommunikationskabeln
- Schiffstaue, Befestigungstaue für Ölplattformen
- Verstärkungsfaser in Kompositmaterialien für
  – die Freizeitindustrie (Segelschiffrümpfe, Tennisschläger, Golfschläger),
  – die Transportindustrie (Container),
  – den Anlagenbau (Rohre, Tanks)
- Cord in Hochleistungsreifen z. B. für LKWs und Rennfahrzeuge
- Arbeitskleidung für Hitze- oder Schnittschutz
- Asbestersatz in Reibbelag- und Dichtungsmaterialien.

Der Herstellungsprozess von Aramid

– Herstellung von Aramid-Garn

Aramid-Fasern werden in hochintegrierten Prozessen hergestellt, die bei der Synthese der Monomere beginnen und bis zur Nachbehandlung der Faser bzw. Pulpeherstellung reichen.

Die Monomere Terephthaloyldichlorid und p-Phenylendiamin werden aus p-Xylol, Chlor und Terephthalsäure bzw. Anilin, $NaNO_2$/HCl und Wasserstoff synthetisiert. Die Polymerisation der Monomere zum Aramid erfolgt in einer exothermen Polykondensationsreaktion unter Bildung von Chlorwasserstoff (HCl) in N-Methylpyrrolidon (NMP) als Lösungsmittel. Diesem wird zur Verbesserung der Lösungskraft Calciumchlorid ($CaCl_2$) zugesetzt. Bei Erreichen eines mittleren Molekulargewichtes M_w von ca. 40.000 g/mol kristallisiert das Polymer aus der Lösung aus, wird gewaschen und getrocknet und liegt dann als Granulat vor. Das Lösungsmittel wird aufgearbeitet und wiederverwendet.

Da Aramid ein nichtschmelzbares Polymer ist, muss das Granulat gelöst und im Nassspinnverfahren verarbeitet werden.

Aus dem Granulat und konzentrierter Schwefelsäure wird eine 20 %ige Spinnlösung hergestellt. Diese Spinnlösung ist flüssigkristallin, d. h. einzelne Polymerketten lagern sich zu orientierten Domänen zusammen. Die erhitzte Spinnlösung wird durch Spinndüsen extrudiert, in einem Luftspalt verstreckt und anschließend koaguliert. Im wässrigen Koagulations- bzw. Fällbad wird die Schwefelsäure ausgewaschen und die Orientierung der Polymerketten durch die Verfestigung des Filamentgarns fixiert. Der Faden wird in weiteren Waschbädern neutralisiert, die Präparation aufgebracht, getrocknet und auf Spulen aufgewickelt.

– Garntypen, Imprägnierungen

Das Einzelfilament hat einen Durchmesser von 12 µm. Standardgarntypen enthalten 1000 Einzelfilamente. Durch kurzzeitiges Aufheizen auf 400 °C und gleichzeitiges Nachverstrecken kann Hochmodulgarn hergestellt werden, das z. B. zur Verstärkung von Glasfaserkabeln verwendet wird. Das Garn kann zusätzlich mit einer wassersperrenden, superabsorbierendes Polymer enthaltenden Präparation imprägniert werden. Garne, die als Verstärkung von Gummimatrices (Reifen, Schläuche usw.) dienen, können mit Harzen ummantelt („gedippt") werden, die eine gute Adhäsion zum Gummi gewährleisten.

Garntypen, die in geflochtenen Packungen eingesetzt werden, haben 5000 Filamente und können mit PTFE-Siliconöl-, PTFE-Paraffinöl- oder Graphitdispersionen imprägniert werden.

– Herstellung von AramidPulpe

In Flachdichtungen wird Aramid-Pulpe als Verstärkungsfaser verwendet. **Bild 2.29** zeigt eine ca. 1,2 mm lange Pulpefaser des Typs Twaron®1091.

Zur Herstellung von Pulpe wird das Garn in kurze Faserstücke zerschnitten und diese in Wasser suspendiert. Die Suspension wird in einer Refinermühle gemahlen, wie sie auch zur Zellstoffherstellung verwendet wird. Im Refiner ist eine profilierte rotierende Scheibe (Rotor) gegen eine ebenfalls profilierte, ruhende Scheibe (Stator) deckungsgleich angeordnet. Die Rotorscheibe dreht sich mit über 1000 U/min, während die Fasersuspension kontinuierlich in Nähe der Achse in den Scheibenzwischenraum zugeführt und nach außen abgeführt wird. Auf dem Weg zum Außenrand werden die Fasern weiter zerschnitten, wobei wegen des undefinierten Schneidprozesses eine statistische Faserlängenverteilung entsteht. Aus den äußeren Bereichen des Faserstammes werden kristalline Domänen teilweise abgelöst. Hierbei bilden sich die in Bild 2.29

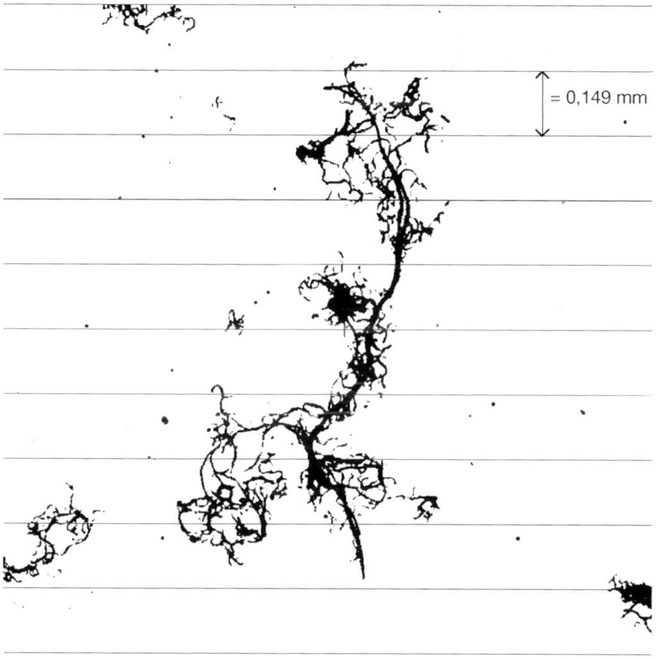

Bild 2.29: Aramidpulpe (125-fach vergrößert)

dargestellten Fibrillen. Die Fibrillation der Pulpe wird u. a. durch die Konzentration der Suspension, die Verweilzeit zwischen den Refinerscheiben und die spezifische Energieaufnahme der Fasern bestimmt. Nach Verlassen des Refiners wird die Pulpe entwässert. Die Pulpe wird bis zu einem Restfeuchtegehalt von 4 bis 8 % getrocknet und dann verpackt.

– Pulpecharakterisierung
Die Faserlänge und die Fibrillierung sind zwei wichtige Größen, die die Eigenschaften der Pulpe bestimmen. Sie müssen für Aramid-Pulpe in spezifizierbarer Form angegeben werden.

Bild 2.30 zeigt eine REM-Aufnahme der Pulpe bei 4500-facher Vergrößerung. Neben Faserstamm und Fibrillen sind auch sehr feine Mikrofibrillen zu erkennen. Die Aufnahme verdeutlicht, wie komplex die fibrilläre Struktur wegen der vielen Verästelungen, der unterschiedlichen Dicke und Länge der Fibrillen ist.

Eine zuverlässige und schnelle Methode zur Messung des Fibrillierungsgrades von Aramid-Pulpe ist die Bestimmung der spezifischen Oberfläche (SO) nach der BET-Methode (Adsorptionsisotherme nach Brunauer, Emmett und Teller). Zur Bestimmung der SO wird die Menge Stickstoff ermittelt, die auf der Pulpeprobe eine monomolekular adsorbierte, deckende Schicht ausbildet. Aus der adsorbierten Stickstoffmenge kann die Oberfläche berechnet werden. Durch die Fibrillierung steigt die in m^2/g gemessene spezifische Oberfläche (SO) an. Die spezifische Oberfläche von unfibrilliertem Garn beträgt weniger als 1 m^2/g. Eine typische Dichtungspulpe hat eine spezifische Oberfläche zwischen 10 und 15 m^2/g.

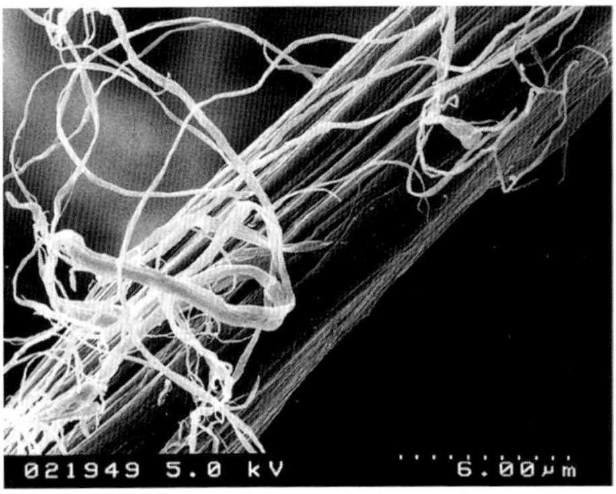

Bild 2.30: REM-Aufnahme von Aramidpulpe (4500-fache Vergrößerung) (Quelle: Acordis Research)

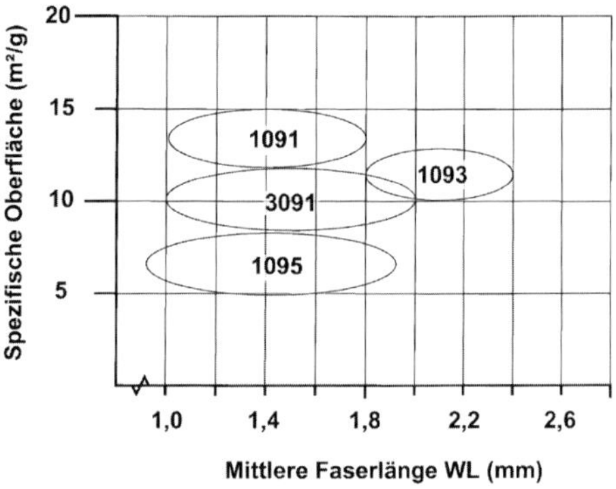

Bild 2.31: Spezifische Oberfläche SO und Faserlänge WL von verschiedenen Aramidpulpen

Die Faserlängenverteilung und die mittlere Faserlänge der Pulpe können mit einem Faserlängenmessgerät gemessen werden. Die aus mehreren tausend Einzelpartikeln bestehende Pulpeprobe wird in Wasser suspendiert und durchströmt eine gläserne Messkapillare. Die Zelle wird von einem Laserstrahl durchleuchtet und der durch die Pulpefaser verursachte Schatten von Photozellen detektiert. Es werden Anzahl und Länge der einzelnen Faserpartikel erfasst. Aus der Faserlängenverteilung werden gewichtete Mittelwerte berechnet. Aramid-Pulpen für Flachdichtungen haben mittlere Faserlängen WL zwischen 1,3 bis 2,4 mm.

SO und WL sind zwei wichtige, die Pulpe definierende Parameter, die im Produktionsprozess gezielt angesteuert werden. In **Bild 2.31** sind SO- und WL-Wertebereiche verschiedener Pulpetypen von Teijin Twaron dargestellt. Die Ovale beschreiben die Bereiche, in den die Werte variieren. Die Typen Twaron® 3091, 1091 und 1093 sind hoch fibrillierte Dichtungspulpen. Twaron® 1095 ist eine niedrig fibrillierte Pulpetype.

Weitere Charakterisierungsmöglichkeiten sind die aus der Zellstoff- und Papierindustrie entlehnten Methoden nach Schopper-Riegler bzw. die Canadian Standard Freeness, die aus dem Entwässerungsverhalten der Pulpe den Mahlgrad ableiten. Die in Wasser fein verteilte Pulpe wird mit definierter Geschwindigkeit auf ein genormtes Filtersieb gegossen. Das durch das Sieb fließende Wasser wird in einem Trichter aufgefangen, in dem eine Trennung von schnell und langsam abfließendem Wasser erfolgt. Der Mahlgrad ist mit der Menge des schnell abfließenden Wassers korreliert.

HSE-Aspekte

P-Aramid wird in großem Umfang als Ersatzstoff für Asbest in Dichtungen eingesetzt [11]. Die kanzerogene Wirkung lungengängiger faserförmiger Partikel (RFP= respirable fiber shaped particle) aus Asbest ist bekannt. RFPs haben nach WHO-Definition eine Länge größer als 5 μm, einen Durchmesser kleiner als 3 μm und ein Länge-zu-Durchmesser-Verhältnis größer 3:1.

Der Hersteller und Vertreiber eines Asbestersatzstoffes ist dafür verantwortlich, den maximalen Beitrag zur Ergründung eines eventuellen Gesundheitsrisikos seines Produktes zu leisten. Für p-Aramid konnte in aufwendigen Tierversuchen keine kanzerogene Wirkung festgestellt werden. Da p-Aramid im Körpergewebe abgebaut wird und somit nicht biopersistent ist, ist eine dauerhafte, zur Entartung führende Reizung von Gewebe auszuschließen.

P-Aramid zeigt außerdem nur eine beschränkte Neigung, RFPs zu bilden. Werden die in einer Arbeitsumgebung mit Faserstaubexposition üblichen Sicherheitsvorkehrungen eingehalten, bleibt die gemessene RFP-Konzentration unter dem MAK-Wert von 1 RFP/1 ml Luft.

Auch von Seiten der Anwender, die Aramidpulpe seit fast 20 Jahren einsetzen, gibt es keine konkreten Anhaltspunkte für eine irreversible, gesundheitsschädliche Wirkung.

Es gibt keine Hinweise dafür, dass ein ernsthaftes Gesundheitsrisiko von p-Aramidfasern ausgeht, wenn die Herstellerempfehlungen bei der Verarbeitung eingehalten werden.

2.5.2.2 Kohlenstofffasern

Die erste Kohlenstofffaser stellte T.A. Edison 1879 durch Verkohlen von Cellulose Fäden her. Diese Kohlenstofffäden wurden ausschließlich als Glühfäden für elektrische Lampen benutzt. Wegen ihrer geringen mechanischen Beanspruchbarkeit wurden sie bald durch Wolframdraht ersetzt. Es wurden zunächst keine anderen Anwendungsgebiete für Kohlenstoffasern erschlossen.

Um 1950 wurde im Rahmen von Luft- und Raumfahrtforschungsprogrammen mit der Entwicklung von hochfesten Verstärkungsfasern aus Kohlenstoff begonnen.

Seit etwa 1960 werden Kohlenstoffasern nach den heute üblichen Verfahren aus Polyacrylnitril (PAN) oder Pech hergestellt. In den 70er Jahren waren die Anwendungsgebiete der Kohlenstoffaser noch auf Verbundwerkstoffe für Luftfahrt und exklusive Sportartikel beschränkt. In den 80er Jahren stieg die Produktionskapazität stark an, da zusätzliche Anwendungsgebiete in Maschinenbau und Automobilindustrie erwartet wurden.

Von 1971 bis 1988 stieg der weltweite Verbrauch von PAN-basierte C-Fasern von 2 auf 5500 t [12]. 1995 betrug der Weltjahresverbrauch 8700 t [13]. Die internationale militärische Entspannung und die damit verbundene Abnahme an militärischem Verteidigungsaufwand führten zu erheblichen Überkapazitäten. Das resultierte in Preisreduktionen [14], um preissensitive Absatzmärkte zu erobern.

Durch weiter steigende Überkapazitäten ausgelöster Preisverfall und die Verfügbarkeit von „kommerziellen“ Qualitäten (siehe „Kohlenstoffasern aus PAN“), sind Kohlenstoffasern auch für Anwendungen in Dichtungen interessant.

Nomenklatur

Kohlenstoffasern sind Fasern, die aus mindestens 92 Gew.-% Kohlenstoff bestehen, der in einer Struktur vorliegt, die nicht mit der des Graphites identisch ist. Der Kohlenstoff besitzt eine Fernordnung planar-hexagonal angeordneter Kohlenstoffatome, jedoch keine messbare kristallographische Ordnung senkrecht zu dieser Fläche, wie sie Graphit zeigt (zur Struktur des Graphits s. Kap. 2.6.1).

HM-Kohlenstoffasern (High Modulus) sind Hochmodulfasern mit einem Elastizitätsmodul zwischen 350 bis 500 kN/mm^2 und einer Festigkeit von 3000 N/mm^2.

HT-Kohlenstoffasern (High Tenacity) verfügen über hohe Festigkeiten von über 4000 N/mm^2 und einen Elastizitätsmodul von 240 kN/mm^2.

IM-Kohlenstoffasern (Intermediate Modulus) gehören zu den HT-Typen, haben aber einen verbesserten Elasitizitätsmodul von 290 kN/mm^2 bei einer Festigkeit von 4000 N/mm^2.

Kohlenstoffasern werden im deutschen Sprachraum auch mit den nicht korrekten Begriffen Kohlefasern und Graphitfasern (für HM-Kohlenstoffasern) bezeichnet.

Herstellung
Die zwei wichtigsten Verfahren zur Herstellung von Kohlenstoffasern basieren auf dem pyrolytischen Abbau von Pech und Polyacrylnitrilfasern (PAN-Fasern).

– *Kohlenstoffasern aus PAN*
Als Ausgangsmaterial wird meistens lösungsgesponnenes PAN verwendet, das unter Dampfbehandlung hochverstreckt wird, um die Kristallinität der Polymerketten zu erhöhen.

Wird textiles PAN verwendet, das ca. 10 Gew.-% Weichmacher und Hilfsstoffe enthält, beträgt das Verstreckungsverhältnis bis zu 1:10. Die resultierende Kohlenstofffaser ist dann eine kommerzielle Qualität. Für Kohlenstofffasern mit optimalen Leistungseigenschaften hergestelltes PAN enthält weniger als 3 Gew.-% Additive und hat ein Verstreckungsverhältnis von 1:12 und mehr.

Das verstreckte PAN-Garn wird in einer Abfolge von Öfen thermisch behandelt, bis die gewünschte Kohlenstofffasermodifikation entstanden ist. Zunächst werden die Fasern bei 200 bis 300 °C unter Sauerstoffatmosphäre behandelt. Das Polymer wird hierbei für die weitere thermische Behandlung stabilisiert, indem es in eine nichtbrennbare und nichtschmelzende Modifikation umgewandelt wird. Die Nitrilgruppen der gestreckten PAN-Ketten addieren im Idealfall intramolekular zu Polyimineinheiten mit Leiterstruktur, wobei hauptsächlich Einheiten von fünf Ringen gebildet werden. In der Literatur werden aber auch intermolekulare Additionsreaktionen diskutiert. Weiterhin erfolgt Dehydrogenierung und Oxidation des Polymeren. Abfolge und Mechanismen dieser Reaktionen sind noch weitgehend ungeklärt [15].

Die stabilisierten PAN-Fasern werden auch Preox-Fasern genannt. Sie haben einen Kohlenstoffgehalt von 60 bis 65 %.

Im nachfolgenden Carbonisierungsschritt werden die stabilisierten Fasern bei 1200 bis 1800 °C in Schutzgasatmosphäre und unter leichter Spannung pyrolytisch weiter umgewandelt. Ein Teil der Heteroatome (d. h. Nichtkohlenstoffatome wie Stickstoff (N) und Sauerstoff (O)) wird abgespalten. Gleichzeitig bilden sich Schichten von hexagonal verknüpften Kohlenstoffatomen mit wenigen Stickstoffatomen aus. Die Carbonisierung muss schnell erfolgen, um einen Teil der Stickstoffatome im molekularen System zu erhalten, da der Stickstoffgehalt mit der Zugfestigkeit der Fasern korreliert ist [16]. Die teilcarbonisierten Fasern haben einen Kohlenstoffgehalt von ca. 70 %. Es handelt sich um HT-Kohlenstoffasern.

Eine Temperaturbehandlung bei 2000 bis 3000 °C führt durch Stickstoffeliminierung zu einer nahezu vollständigen Carbonisierung mit C-Gehalten > 95 %. Die Schichten wachsen unter gleichzeitiger Beseitigung von Fehlstellen zu einem polyaromatischen Kohlenstoffringsystem weiter.

Die Fasern werden nochmals verstreckt, wobei der Modul weiter ansteigt. Es entstehen HM-Kohlenstoffasern.

Um die Haftung von Kohlenstoffasern zu einer Polymermatrix zu verbessern, kann die Faseroberfläche nasschemisch in Salpetersäure, thermisch bei 400 bis 1000 °C oder elektrolytisch

Bild 2.32: Preoxfaser (270-fache Vergrößerung) (Quelle: Acordis Research)

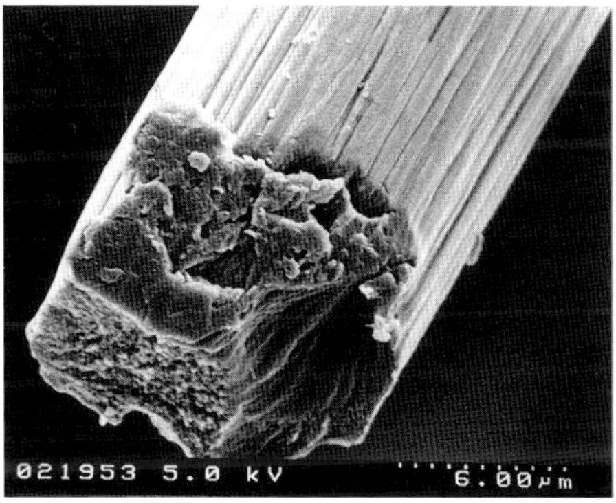

Bild 2.33: Preoxfaser (4500-fache Vergrößerung) (Quelle: Acordis Research)

oxidiert werden. Die oxidierte Oberfläche verfügt über reaktive Gruppen, die mit einem Harz kovalente Bindungen eingehen kann. Die Faser wird mit dem Harz beschichtet, das sich dann mit der Matrix verbindet. Zur Verbesserung der Verarbeitbarkeit wird auf die Fasern noch eine Präparation aufgebracht.

Filamentgarn aus Kohlenstoffasern besteht aus 1000 bis über 50.000 Einzelfilamenten, Taue aus bis zu 500.000 Einzelfilamenten. Die Einzelfilamente haben einen Durchmesser von 5 bis10 µm. **Bild 2.32** zeigt ein Bündel Preox-Fasern mit Schnittenden in 270facher Vergrößerung. **Bild 2.33** zeigt die Oberflächenmorpholgie und Bruchfläche einer einzelnen Preox-Faser bei 4500facher Vergrößerung.

– *Kohlenstoffasern aus Pech*
Pech, das als Abfallprodukt der Erdölaufbereitung anfällt, hat einen hohen Kohlenstoffgehalt und ist zu einem günstigen Preis reichlich verfügbar. Zur Herstellung von Kohlenstofffasern muss es gereinigt werden und vor dem Verspinnen in eine flüssigkristalline Phase (Mesophase) überführt werden. Die Pechfaser wird dann in dem PAN-Prozess vergleichbaren Schritten thermisch behandelt.

Eigenschaften
Kohlenstofffasern verdanken ihre herausragende Rolle als Verstärkungsfaser in Hochleistungsverbundwerkstoffen unter anderem ihrer hohen Festigkeit bei geringer Dichte. Sie sind chemisch gegen die meisten aggressiven Medien beständig. Aufgrund ihrer thermischen Stabilität bis 3600 °C, dem niedrigen thermischen Ausdehnungskoeffizienten und der guten Wärmeleitfähigkeit sind Kohlenstofffasern ideal für Hochtemperaturanwendungen geeignet. Weiterhin zeigen Kohlenstofffasern eine gute elektrische Leitfähigkeit.

Die hohe mechanische Festigkeit der Kohlenstofffasern beruht

a) auf den starken Bindungen zwischen den hexagonal angeordneten C-Atomen und

b) auf Gitterdefekten, wie Schichtfehlern, Stapelfehlern und Disklinationen, die eine dem Graphit analoge Verschiebbarkeit der Schichten gegeneinander verhindern.

Ein Nachteil der Kohlenstofffasern ist ihre Brüchigkeit.

2.5.2.3 PTFE-Fasern

PTFE-Garne werden in Packungen verwendet. Zu Struktur und Eigenschaften von PTFE siehe Kap. 2.3.

Da noch kein geeignetes Lösungsmittel für PTFE gefunden wurde und sich die Schmelze vor Erreichen der für das Spinnen notwendigen Temperatur zersetzt, kann PTFE-Garn nicht nach den herkömmlichen Lösungs- oder Schmelzspinnprozessen produziert werden.

PTFE-Fäden werden nach den speziellen Verfahren Pastenextrusion, Matrixspinnen und Spalt-Schäl-Prozess hergestellt (zu Pastenextrusion und Matrixspinnen [17].)

Im Spalt-Schäl-Prozess wird PTFE-Polymerisat, das zur Herstellung von Formteilen dient, zu einem zylindrischen Körper verpresst und verdichtet. Dann wird der Block druckfrei gesintert und in einem Temperaturprogramm wieder abgekühlt. Das PTFE wird durch diese Behandlung homogen, poren- und spannungsfrei im Block verteilt.

Durch Rotation des Blockes entlang von Stahlklingen werden die Filamente gleichmäßig herausgeschält. Anschließend werden sie bei Temperaturen über 300 °C um ein Vielfaches ihrer Länge heißverstreckt, zu Multifilamentgarnen zusammengefasst, mit Präparation beschichtet, getrocknet und aufgespult.

2.5.2.4 Mineralfasern

Mineralfasern sind aus Glas oder Stein hergestellte Fasern. Diese unterscheiden sich durch den Silicium- und Aluminiumoxidgehalt sowie Menge und Art der Zuschlagstoffe. Typische Zusammensetzungen von Glasfasern (E-Glas) und Steinfasern (Mineralwolle) sind in **Tabelle 2.14** dargestellt.

Mineralfasern werden aus Schmelzen nach dem Zieh-, Blas- oder Schleuderverfahren gesponnen.

Textile Mineralfasern liegen als Endlosfäden oder Spinnfaser vor und bestehen grundsätzlich aus Glas. Sogenannte Isolierfasern fallen als Wolle an und bestehen aus Glas oder Gesteinen. Sie wurden früher ausschließlich für Isolierzwecke hergestellt, finden mittlerweile aber auch als Verstärkungsfasern in Verbundwerkstoffen Verwendung.

Im Folgenden werden textile Glasfasern und Mineralwolle betrachtet.

Tabelle 2.14: Typische Zusammensetzung von E-Glas und Steinfaser (Mineralwolle) [64]

	E-Glas	Mineralwolle
SiO_2	54,5	47,5
$Al2O_2$	14,5	13
FeO		7
Fe_2O_3	0,5	0,5
B_2O_3	7,5	
CaO	17	16
MgO	4,5	10,5
K_2O, Na_2O	0,8	3,5
andere	0,7	2

Glasfasern

– Allgemeines

Ein Glas ist eine ohne Kristallisation erstarrte unterkühlte Schmelze. Das Material ist amorph, d. h. in diesem Zustand haben die Atome eine Nahordnung, jedoch keine Fernordnung.

Ein anorganisches Glas in engerem Sinne besteht aus Siliciumdioxid („Quarz“, Sand), Bortrioxid, Aluminiumtrioxid sowie basischen Metalloxiden, wie z. B. den Alkalimetaloxiden Natrium- und Kaliumoxid. Das Siliciumoxid bildet ein dreidimensionales Netzwerk eckenverknüpfter Tetraeder, dessen Regelmäßigkeit durch den Einbau der Metalloxide gestört wird. Die basischen Metalloxide werden als Trennstellenbildner bezeichnet. Mit steigender Anzahl von Trennstellen sinken Erweichungs- und Schmelzpunkt des Glases [18].

Glasfasern werden seit 1939 industriell produziert und als Verstärkungsfaser in Werkstoffverbunden, zur Elektro- und Wärmeisolation und für Filtrationszwecke eingesetzt (Glasfaserkabel als Lichtleiter gehören einer gesonderten Produktkategorie an).

Es werden unter anderen folgende Glasfasersorten unterschieden:

E-Glas: Aluminiumboratsilicatglas mit einem Massenanteil Alkalimetall von weniger als 1 %. E-Glas hat eine geringe elektrische Leitfähigkeit und wurde ursprünglich für elektrotechnische Anwendungen entwickelt (E = elektrisch). Es wird heute überwiegend in Verbundwerkstoffen eingesetzt. Ca. 90 % der gesamten Textilglasfilamentproduktion entfällt auf E-Glas. Das Verfahren wird im Vergleich zu anderen Glassorten am besten beherrscht, und es liegt die größte Anwendererfahrung vor [19].

S-Glas: Aluminiumsilicatglas ohne Calciumoxid, aber mit ca. 10 % Massenanteil Magnesiumoxid. S-Glas besitzt eine hohe Zugfestigkeit (S = Strength, Festigkeit).

C-Glas: Alkali – Kalk – Glas mit hohem Bortrioxidgehalt. C-Glas besitzt eine gute chemische Beständigkeit (C = chemisch).

– Herstellungsprozess

97 % des E-Glases (d. h. 90 % der gesamten Textilglasproduktion [20]) werden nach dem Düsenziehverfahren hergestellt. Die Rohmaterialien werden zunächst gut vermischt und in einen Wannenofen gefördert. In der öl- oder gasbeheizten Schmelzzone wird die Mischung bei 1300 °C bis 1400 °C aufgeschmolzen. Die Schmelze fließt dann in die Konditionierzone. Die Masse wird hier weiter homogenisiert und auf eine einheitliche und konstante Temperatur gebracht, um die für das Ziehen notwendige Viskosität zu erreichen. Die Schmelze fließt dann weiter in die Arbeitszone, in deren Boden sich die Ziehdüsen (bushings) befinden. Die Düsenplatte besteht aus einer Platin-Rhodium-Legierung und ist auf 1200 °C beheizt. Die Düsenbohrungen haben einen Durchmesser von 1 bis 2 mm. Die Anzahl der Bohrungen pro Düse liegt zwischen 400 und mehreren tausend.

Die Schmelze fließt durch die Bohrungen, wird verzogen und auf schnellrotierende Spulen aufgewickelt. Durch den Verzug verjüngt sich der Filamentdurchmesser auf 5 bis 25 µm (**Bild 2.34**). Die Abzugsgeschwindigkeit beträgt 1200 bis 3600 m/min.

Die Filamente werden mit einer Schlichte (Sizing) beschichtet, bevor eine definierte Anzahl Filamente zu einem Faden zusammengefasst auf die Spule als Endlosgarn aufgewickelt wird.

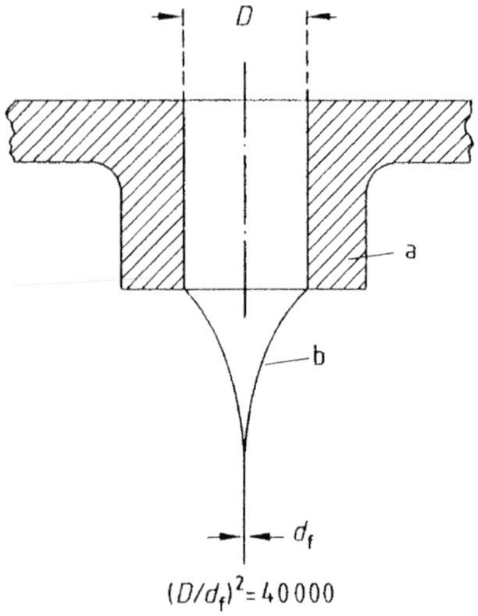

Bild 2.34: Verstreckung an der Düse beim Spinnen von Glasfasern

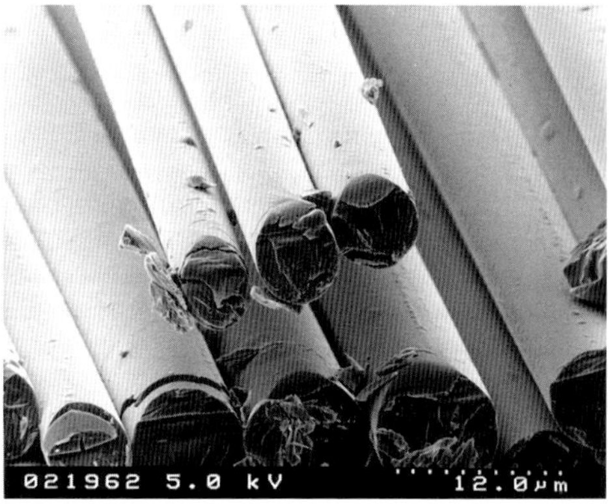

Bild 2.35: Glasfasern (2250-fache Vergrößerung) (Quelle: Acordis Research)

Glasfaserkurzschnitt wird aus Endlosfäden hergestellt oder direkt nach Schlichteauftrag und Fadensammler ohne vorhergehende Aufspulung geschnitten.

Die beschichtete Glasfaser wird in einem Ofen zur Aushärtung nachbehandelt.

– *Eigenschaften*
Glasfasern verfügen über gute Wärmebeständigkeit und hohe Zugfestigkeit bis ca. 300 °C. Die chemische Beständigkeit gegen Säuren (außer Flusssäure, HF) und organische Lösungsmittel ist sehr gut, gegen Laugen – abhängig von der Glasfasersorte (siehe oben) – mäßig bis gut. In Dampf tritt ab ca. 160 °C Hydrolyse auf. Glasfasern sind spröde und daher nur bedingt gegen Druckbelastungen stabil.

Bild 2.35 zeigt die REM-Aufnahme eines Glasfaserbündels mit Bruchflächen. Die Glasfasern zeigen eine glatte, unstrukturierte Oberfläche. Messungen der spezifischen Oberfläche von Glasfasern zeigen, dass diese auch keine Mikroporosität aufweisen [20].

Zur Verbesserung der Wechselwirkung mit einer Matrix wird die Oberfläche mit organofunktionellen Silanen als Haftvermittler beschichtet. Diese gehen mit den an der Glasfaseroberfläche befindlichen Silanolgruppen chemische Bindungen ein und verbinden die Fasern mit der Harz- oder Gummimatrix.

Mineralwolle
– *Allgemeines*
Mineralwolle wird aus geschmolzenem Basalt (siehe Tabelle 2.14), nach dem Blas- oder Schleuderverfahren hergestellt.

Im Gegensatz zu den oben beschriebenen Glasfasern wird Mineralwolle als Stapelfaser produziert und liegt mit einer Faserlängen- und durchmesserverteilung vor. Die Faserlänge variiert

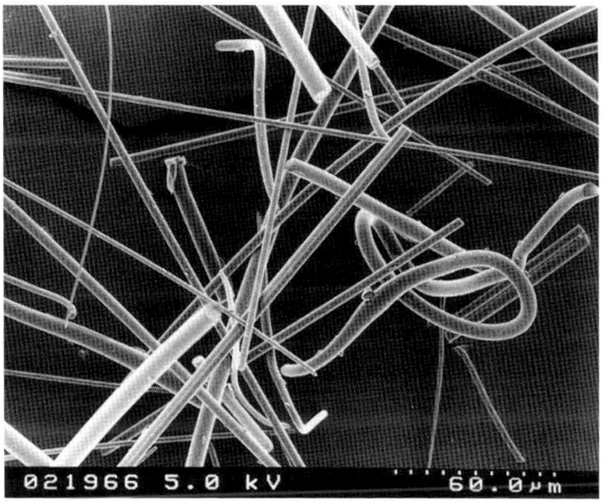

Bild 2.36: Mineralwolle (450-fache Vergrößerung) (Quelle: Acordis Research)

von ca. 0,1 bis 10 mm, der Faserdurchmesser von ca. 1 bis 15 µm, wie die Rasterelektronenmikroskop-Aufnahme **Bild 2.36** veranschaulicht. Mineralwolle hat ebenso wie Glasfaser eine glatte, strukturlose Oberfläche. Mineralwolle wird daher auch oberflächenmodifiziert, um die Haftung zur Matrix zu verbessern.

Im Vergleich zu Glasfasern hat Mineralwolle eine noch bessere Temperaturbeständigkeit von bis zu 1000 °C [21] und höhere Hydrolysebeständigkeit.

– *Herstellungsprozess*
Die mineralischen Rohstoffe werden in Wannenöfen oder Kupolöfen aufgeschmolzen. In Kupolöfen herrschen stark reduzierende Bedingungen, da die Rohstoffe abwechselnd mit Koks aufgeschichtet werden. Eisen liegt daher fast ausschließlich zweiwertig als FeO vor (s. Tabelle 2.14).

a) Blasverfahren: Die Schmelze fließt, ähnlich wie im Ziehverfahren für Glasfasern, als Strang durch die 1 bis 2 mm große Bohrung der Düsenplatte. Unterhalb der Düsenplatte wird die Schmelze durch eine Spaltdüse in einen Gasstrom (Dampf oder Luft) geleitet. Das Gas, das mit hoher Geschwindigkeit nach unten gerichtet austritt, schleppt die Schmelze mit, die hierbei verstreckt und zerfasert wird (**Bild 2.37**).

b) Schleuderverfahren: Im Kaskadenschleuderverfahren fließt die Schmelze auf die Umlauffläche einer schnell rotierenden Scheibe mit waagerechter Achse. Von dieser wird sie beschleunigt und auf eine oder mehrere nachfolgende Scheiben geschleudert und zu Fasern verzogen. In einem Luftstrom werden die Fasern von unverstreckten, erstarrten Schmelzentropfen getrennt (**Bild 2.38**).

Weitere Schleuderverfahren sowie Kombinationen von Schleuder- und Blasverfahren werden in [17] beschrieben.

– *HSE-Aspekte*
Die Faserdimensionen von Mineralwolle können gemäß WHO-Definition im lungengängigen Bereich liegen (siehe Kap. 2.5.2.1). Die International Agency for Research on Cancer (IARC) der WHO stuft Mineralwollfaser als „possibly carcinogenic" in Kategorie 2B ein. Das entspricht ungefähr der Einstufung Kategorie 2 gemäß MAK-Kriterien und nach den Kriterien der EU-Stoff-

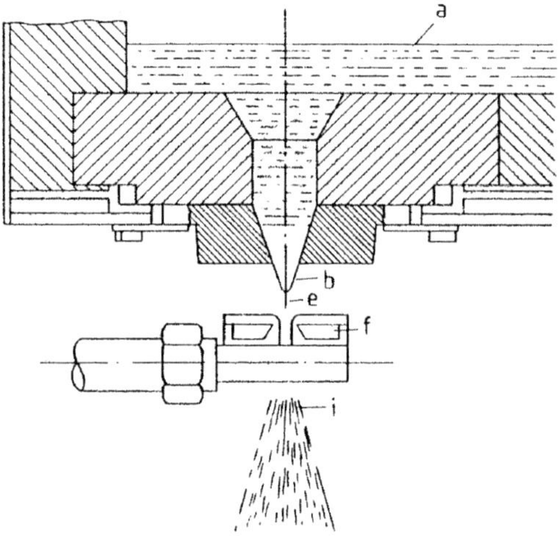

Bild 2.37: Schleuderverfahren zur Herstellung von Mineralwolle
a Schmelze, b Rohr, c Schmelzestrom, d Fasern

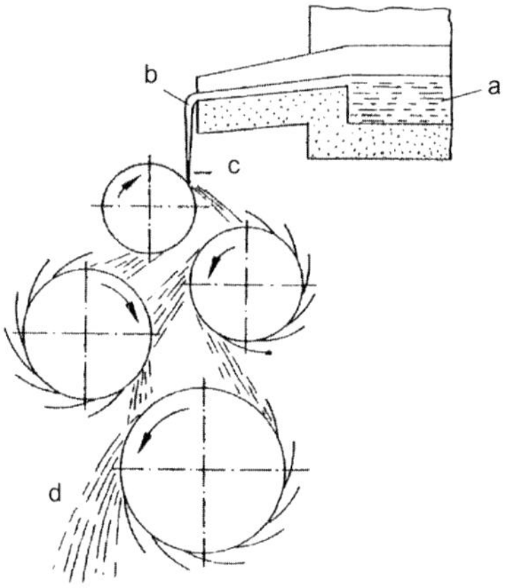

Bild 2.38: Blasverfahren zur Herstellung von Mineralwolle

richtlinie (CLP-Verordnung). Andere EU-Länder kamen zu anderen Bewertungen: Die britische HSE (Health and Safety Executive) und die niederländische DECOS (Dutch Expert Committee on Occupational Standards) haben Mineralwolle als nicht krebserzeugend eingestuft [22].

Bei der Bewertung des gesundheitsgefährdenden Potentials einer Faser muss neben der Geometrie auch die Biopersistenz, d. h. Beständigkeit der Faser im menschlichen Gewebe berücksichtigt werden (siehe auch „HSE-Aspekte"). In den technischen Regeln für Gefahrstoffe (TRGS 905) ist daher ein Kanzerogenitätsindex für die Einstufung von Mineralfasern definiert, der den Einfluss der chemischen Zusammensetzung der Faser auf die Biopersistenz und somit auf das Kanzerogenitätspotential berücksichtigt.

Der Kanzerogenitätsindex Ki wird mit einer halbempirischen Formel berechnet. KI ist definiert als die Summe der Massenanteile der Oxide von Natrium, Kalium, Bor, Magnesium und Barium abzüglich des zweifachen Massenanteils der Aluminiumoxide.

Die Einstufung nach TRGS 905 ist:

$K_i \geq 40$: kein Krebsverdacht
$K_i > 30$ und < 40: Kategorie 2
$K_i \leq 30$: Kategorie 1B

Die Einstufung kann durch praktische Ergebnisse aus Tierversuchen oder anderen Experimenten korrigiert werden.

Mineralwolle mit einem $K_i \geq 40$ erfüllt das Ausstiegskriterium der EU-Richtlinie und wird als nicht krebserzeugend eingestuft. Die Hersteller von Mineralfasern bieten daher zunehmend entsprechende Produkte an.

2.5.2.5 Cellulosefasern

Cellulose ist die chemische Bezeichnung für ein aus linear verknüpften Cellobiosemolekülen aufgebautes Polymer. Cellulosefasern bilden als Gerüstsubstanz den Hauptbestandteil der pflanzlichen Zellwände. Die Zellwände sind aus morphologischen Untereinheiten aufgebaut: parallel angeordnete Cellulosemoleküle bilden Mikrokristalle, sogenannte Kristallite, die sich in Verbänden zu höheren Einheiten, den Mikrofibrillen zusammenlagern. Verbände von parallel orientierten Mikrofibrillen aggregieren zu Fibrillen, und durch die parallele Anordnung der Fibrillen werden die Zellwände gebildet.

Zellstoff ist ein technisches Produkt, das vorwiegend aus Cellulose besteht. Zellstoff wird aus Hölzern oder Einjahrespflanzen, wie z. B. Stroh, durch chemische oder mechanische Aufschlussverfahren oder deren Kombinationen hergestellt. Holz besteht überwiegend aus Cellulose sowie Lignin, das die Zellen verbindet und dem Holz Festigkeit verleiht, und Hemicellulosen. Hemicellulosen sind nichtcellulosische, gerüstbildende Kohlenhydrate.

Zur Zellstoffherstellung wird das Rohmaterial zuerst zerkleinert. Dann wird die Cellulose in sauren und basischen Aufschlussverfahren von Lignin und Hemicellulosen weitgehend befreit. Cellulosische Chemiefasern werden aus Zellstoff mit einem Cellulosegehalt von über 95 % hergestellt, sogenanntem Chemiezellstoff.

Die Fasern des Zellstoffes haben mittlere Faserlängen von 0,5 bis 4 mm. Zellstoffasern müssen daher gelöst und in einem Lösungsspinnprozess verarbeitet werden. Da Zellstoff (bzw. die Cellulose) in Wasser unlöslich ist, wird er zunächst chemisch derivatisiert und in eine lösliche Form überführt (z. B. Celluloseacetat, Viskose) oder mit Hilfe eines Metallkomplexes in Lösung gebracht (Cuproverfahren). In einem umweltschonenden Verfahren wird der Zellstoff in einem Gemisch aus N-Methylmorpholin-N-oxid und Wasser bei ca. 120 °C physikalisch gelöst und der gesponnene Faden in Wasser ausgefällt (Newcell bzw. Lyocell-Prozess). Das Lösungsmittel wird zurückgewonnen. In diesem Prozess fallen keine Schadstoffemissionen an.

Cellulosegarne werden überwiegend in der Bekleidungsindustrie verwendet. Technische Anwendungen sind z. B. Reifencord und Filtergewebe. Endlos- und Spinnfasergarne werden für geflochtene Packungen verwendet.

Die maximale Einsatztemperatur für Cellulosefasern beträgt ca. 120 °C.

2.5.3 Naturfasern

Natürliche Cellulosefasern, wie z. B das Samenhaar der Baumwolle, die Stengelbastfasern von Flachs, Hanf und Jute und die Blattfasern des Sisal sind zwischen 10 und 500 mm lang und können direkt zu Fasergarnen versponnen werden.

Baumwolle ist einer der preisgünstigsten Faserstoffe. Ihre geringe chemische Beständigkeit und die Verrottung in Wasser sind jedoch nachteilig.

Jute- und Hanffasern verrotten aufgrund ihres Ligningehaltes ebenfalls in Wasser.

Flachs und Ramie sind gegen Wasser gut beständig. Ramie hat die höchste Festigkeit aller natürlichen Cellulosefasern.

Verpulpte Cellulosefasern, die meist aus recycliertem Gewebe oder Zellstoff hergestellt sind, werden in Dichtungspapieren und kalandrierten Dichtungen für moderate Einsatzbe-

Bild 2.39: Cellulosefasern (60-fache Vergrößerung) (Quelle: Acordis Research)

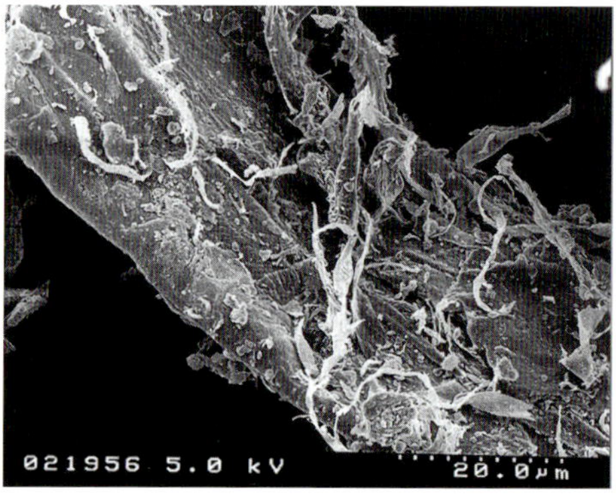

Bild 2.40: Cellulosefasern (1350-fache Vergrößerung) (Quelle: Acordis Research)

dingungen verarbeitet. Die Faserlängen betragen ca. 0,2 bis 1 mm, der Faserdurchmesser ca. 20 µm.

Bild 2.39 zeigt Cellulosefasern in 60facher Vergrößerung. **Bild 2.40** zeigt in 1350facher Vergrößerung die Oberfläche eines Faserstammes. Es sind einige abgelöste Fibrillen und teilweise abgelöste Bereiche zu erkennen.

2.6 Graphit

2.6.1 Struktur

Graphit ist die thermodynamisch stabilste Form des Kohlenstoffs, d. h. jede Modifikation des Kohlenstoffs (z. B. Diamant, amorpher Kohlenstoff) wandelt sich bei entsprechenden Randbedingungen (Temperatur, Druck, Zeit) in Graphit um.

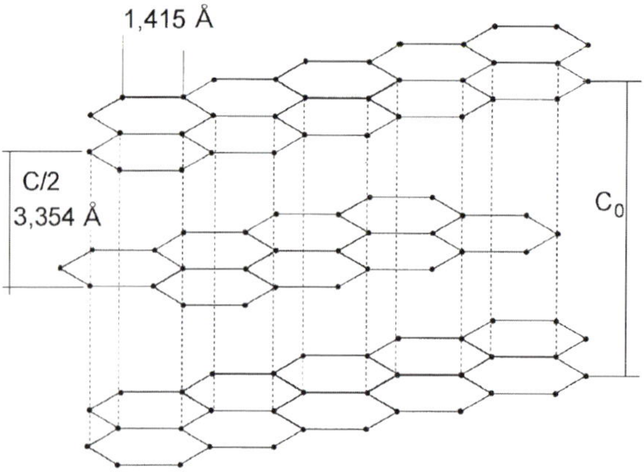

Bild 2.41: Kristallstruktur von Graphit

Graphit kristallisiert bevorzugt in einem hexagonalen Schichtgitter wie in **Bild 2.41** dargestellt. Innerhalb der Schichten ist jedes Kohlenstoffatom mit drei Nachbaratomen durch starke kovalente Bindungen verbunden, wobei der C-C Abstand 1,415 Å beträgt. Demgegenüber ist die p-Bindung zwischen den Schichten vergleichsweise schwach ausgeprägt. Der Schichtabstand beträgt 3,354 Å. Im Gegensatz zu synthetisch hergestelltem Elektrographit sind die einzelnen Einkristalle beim Naturgraphit sehr gut parallel ausgerichtet, wodurch spezifische richtungsabhängige Eigenschaften bedingt sind [23, 24].

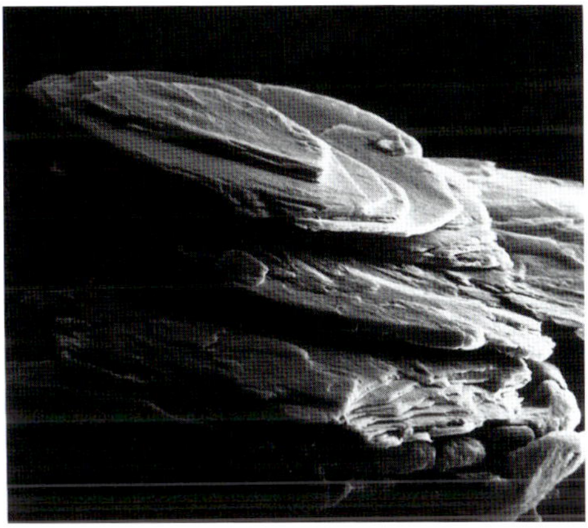

Bild 2.42: REM-Aufnahme einer Naturgraphitflocke

2.6.2 Herstellung

Als Ausgangsmaterial für die Herstellung von „flexiblem Graphit“, auch als „expandierter Graphit“ bezeichnet, werden gereinigte, sehr gut kristallisierte, großflockige Naturgraphite verwendet. Die angewendeten mechanischen, chemischen und thermischen Reinigungsverfahren bestimmen wesentlich die Eigenschaften der Endprodukte. **Bild 2.42** zeigt eine REM Aufnahme einer typischen Naturgraphitflocke.

Mit Hilfe von stark oxidierenden Säuregemischen, wie z. B. Nitriersäure, werden Graphiteinlagerungsverbindungen erzeugt. Dabei werden zwischen die Schichtebenen des Einkristalls Anionen wie z. B. HSO_4^- eingelagert. Diese Einlagerungsverbindungen lassen sich nun durch schockartige Erwärmung auf hohe Temperaturen expandieren, wobei der Schichtabstand der Graphitebenen auf das ca. 400fache des ursprünglichen Schichtabstandes aufgeweitet werden kann. Die eingelagerten Anionen verflüchtigen sich bei den üblichen hohen Temperaturen von über 1000 °C fast restlos. **Bild 2.43** zeigt eine REM Aufnahme eines solchen Graphitexpandatteilchens.

Das Expandat wird anschließend mit mechanischem Druck und thermischen Behandlungsschritten zu Formkörpern verpresst, wobei üblicherweise keinerlei Füllstoffe oder Bindemittel

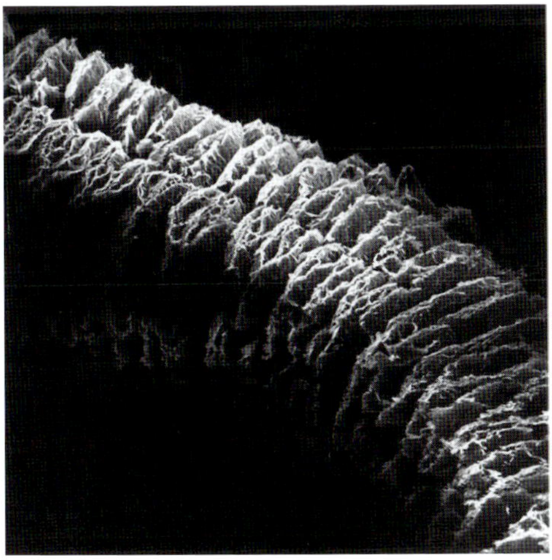

Bild 2.43: REM-Aufnahme eines Graphitexpandatteilchens

Bild 2.44: REM-Aufnahme einer gerissenen Zugprobe

verwendet werden [25]. Durch Walzen werden hierbei bevorzugt Folien und Platten mit einer Rohdichte von 0,7 bis 1,1 g/cm³ hergestellt, bei der die Graphitflocken nur mechanisch miteinander verhakt sind. Die dabei eintretende starke Ausrichtung der einzelnen Schichtebenenpakete senkrecht zur Druckeinleitung ergibt eine starke Richtungsabhängigkeit der Eigenschaften. Die Schichtstruktur einer Graphitfolie ist anhand einer gerissenen Zugprobe aus **Bild 2.44** ersichtlich. Durch die Wahl des Pressdruckes kann die Rohdichte und damit das Eigenschaftsprofil des so hergestellten „flexiblen Graphites" in einem weiten Bereich beeinflusst werden.

2.6.3 Allgemeine Eigenschaften

Flexibler Graphit zeichnet sich im Gegensatz zu allen anderen Graphitformen durch eine hohe Flexibilität aus und kann bis zu bestimmten Materialdicken in Form von biegsamen Folien hergestellt werden. Kennzeichnend sind eine weitgehend abriebfeste weiche Oberfläche mit einem silbrig glänzenden schwarzgrauen Aussehen [26].

Aufgrund der Bindungsanisotropie des Graphiteinkristalls zeigen Folien aus flexiblem Graphit eine ausgeprägte Richtungsabhängigkeit ihrer Eigenschaften (**Tabelle 2.15**). Die Anisotropie des spezifischen elektrischen Widerstandes ist sogar größer als beim Pyrographit. Die elektrische Leitfähigkeit ist parallel zur Oberfläche (a-Richtung) mit der von gut geordnetem Elektrographit vergleichbar, während senkrecht zur Oberfläche (c-Richtung) eine vergleichsweise niedrige elektrische Leitfähigkeit gemessen wird. Ähnlich verhält es sich mit der Wärmeleitfähigkeit.

Tabelle 2.15: Beispielhafte Werkstoffeigenschaften von Graphitfolie

Eigenschaft	Einheit	Wert
Rohdichte	g/cm³	1,0
Sublimationstemperatur	°C	> 3000
Spezifische Wärmekapazität (20 °C)	kJ/kg K	0,7
Wärmeausdehnungskoeffizient		
parallel zur Schichtung (20-1000 °C)	10^{-6}/K	ca. 1
senkrecht zur Schichtung (20-1000 °C)	10^{-6}/K	ca. 50
Wärmeleitfähigkeit bei 20 °C		
parallel zur Schichtung	W/mK	220
senkrecht zur Schichtung	W/mK	5
Spezifischer elektrischer Widerstand (20 °C)		
parallel zur Schichtung	µΩm	9
senkrecht zur Schichtung	µΩm	650
Aschewert nach DIN 51903	%	≤ 0,15
Chloridgehalt nach DIN 28090-2	ppm	≤ 10
Shorehärte (D)		ca. 30
Zugfestigkeit	N/mm²	≥ 4
Bruchdehnung	%	≥ 1
Druckstandfestigkeit nach DIN 52913	N/mm²	48
Permeabilitätskoeffizient für Luft senkrecht zur Schichtung (DIN 51935)	cm²/s	$2 \cdot 10^{-5}$
Reibungskoeffizient (Stahl, Rautiefe < 10 µm) bei 20 °C an Luft		ca. 0,1

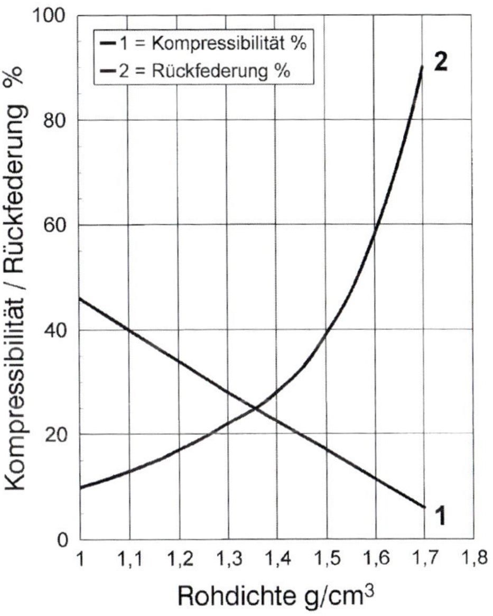

Bild 2.45: Kompressibilität/Rückfederung in Abhängigkeit von der Rohdichte

Graphit zeigt bis zu extrem hohen Temperaturen keine Gefügeveränderungen, versprödet nicht und spaltet keinerlei Bestandteile ab. Die Sublimationstemperatur liegt bei über 3000 °C. Zu beachten ist jedoch, dass bei Anwesenheit von Sauerstoff und hohen Temperaturen eine Oxidation zu Kohlenoxiden erfolgt. Diese Reaktion ist stark temperaturabhängig. An Luft tritt ab ca. 350 °C ein geringer messbarer Gewichtsverlust auf, der mit steigender Einsatztemperatur zunimmt.

Eine gute chemische und thermische Beständigkeit bis zu hohen Temperaturen in den meisten Medien prädestinieren deshalb Dichtungen aus expandiertem Graphit für viele Anwendungen.

Je nach erzeugter Rohdichte ist der Werkstoff mehr oder weniger plastisch/elastisch verformbar, wobei mit zunehmender Ausgangsdichte der plastische Verformungsanteil abnimmt und der elastische Anteil zunimmt. Aus **Bild 2.45** kann in Abhängigkeit von der Rohdichte das Kompressibilitäts- und Rückfederungsverhalten entnommen werden.

2.7 Glimmer

Glimmer ist ein natürliches, gesteinsbildendes Mineral, das zu den Schichtsilikaten gezählt wird (**Bild 2.46**). Aufgrund einiger herausragender Eigenschaften hat sich der Werkstoff bereits für eine Vielzahl von technischen Anwendungen qualifiziert. Auch im Dichtungsbereich hat Glimmer seit dem Verbot von Asbest durch seine extrem hohe thermische und chemische Beständigkeit zunehmend an Bedeutung gewonnen.

Bild 2.46: Glimmer

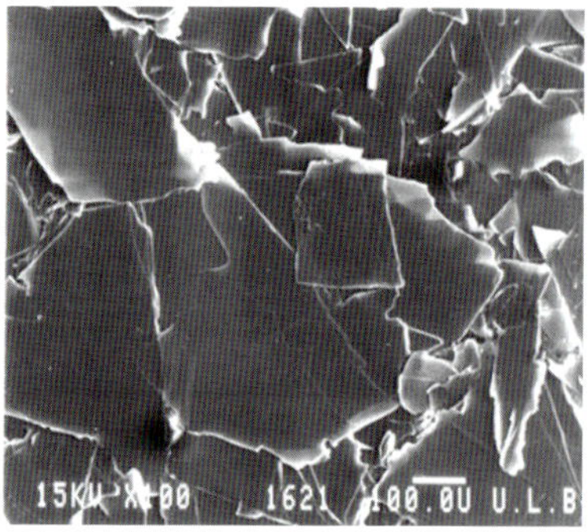

Bild 2.47: REM-Aufnahme von Glimmerplättchen

2.7.1 Struktur

Glimmer setzt sich aus vielen einzelnen Schichten zusammen, die untereinander nur sehr schwach ionisch miteinander verbunden sind. Ein Schichtpaket besteht dabei aus zwei Tetraeder- und einer Oktaederschicht. Die verschiedenen Glimmer unterscheiden sich hauptsächlich in der chemischen Zusammensetzung der Oktaederschicht.

Die schwache ionische Anziehungskraft zwischen den Schichtebenen begründet die sehr gute Spaltbarkeit zu sehr dünnen, biegsamen, elastischen und transparenten Scheiben. Durch diese blättrige Struktur liegt Glimmer meist in flächiger Form als sogenannte Glimmerplättchen vor (**Bild 2.47**)

Naturglimmer hat einen Schmelzpunkt zwischen 1200 °C und 1350 °C. Dies ist jedoch nicht das entscheidende Kriterium für die Temperaturbeständigkeit und damit dessen Einsatzbereich. Glimmer enthält stets auch einen gewissen Anteil an kristallin gebundenem Wasser, so genannte Hydrosilikate. Je nach seinem chemischen Kristallaufbau setzt bei bestimmten Temperaturen Kalzination ein, d. h. der Kristallverbund wird gesprengt und Wasser tritt aus. Viele der vorliegenden Glimmereigenschaften werden ab diesem Temperatureinsatzbereich geändert, meist mit negativen Auswirkungen auf die Dichtungseigenschaften. Entscheidend für die maximale Einsatztemperatur ist demnach nicht der Schmelzpunkt, sondern vielmehr die Kalzinationstemperatur. Für die Höhe der Kalzinationstemperatur ist der chemische Aufbau des Glimmers, also der Glimmertyp, verantwortlich.

2.7.2 Glimmertypen

Es gibt eine Vielzahl unterschiedlicher Glimmertypen, die sich alle in Details ihrer chemischen Zusammensetzung, Reinheit, Farbe und Kristallstruktur unterscheiden (**Tabelle 2.16**.). Die zwei bekanntesten Vertreter der Glimmergruppe sind Muskovit und Phlogopit.

Muskovit ist sehr leicht zu verarbeiten. Seine Kalzinationstemperatur liegt jedoch mit ca. 600 bis 700 °C relativ niedrig. Schon bei 500 °C kann erstes Entweichen von Kristallwasser festgestellt werden. Aufgrund dieser Eigenschaften und hervorragenden elektrischen Isolationseigenschaften wird Muskovit sehr stark für die elektrische Isolation eingesetzt.

Tabelle 2.16: Vergleich verschiedener Glimmertypen

Glimmer	Muskovit	Phlogopit	Vermiculit
chemische Zusammensetzung	$KAl_2[(OH,F)_2\|AlSi_3O_{10}]$	$KMg_3[(OH,F)_2\|AlSi_3O_{10}]$	$(Mg_{0,5},Ca_{0,5},Na,K)_{0,7}(Mg,Fe,Al)_3$ $[(OH)_2\|(Al,Si)_2Si_2O_{10}] \cdot 4H_2O$
Mohshärte	2 … 2,5	2 … 3	1,5 … 2
Dichte	2,8 [g/cm³]	2,8 [g/cm³]	2,3 … 2,7 [g/cm³]
Schmelzbereich	1250°C … 1350°C		
Strichfarbe	weiß	weiß	grünlich
Kalzination	ab 600°C	ab 1000°C	ab 100°C

Die Kalzinationstemperatur von Phlogopit liegt nur knapp unter dem Schmelzpunkt, d. h. sowohl unerwünschte als auch werkstoffverändernde Effekte in einer Dichtungsanwendung bis 1000 °C treten nicht auf.

Ein Werkstoff, der häufig im Zusammenhang mit Glimmerprodukten genannt wird, ist Vermiculit. Genau genommen handelt es sich bei Vermiculit nicht um einen Glimmer, sondern um ein Schichtsilikat, das dem Glimmer strukturell ähnelt. Ein Unterschied ist jedoch, dass sich entgegen dem Glimmerwerkstoff große Wassermengen in den Zwischenschichten des Vermiculit einlagern, die dann bereits ab 100 °C entweichen. Wird das Entweichen des Zwischenschichtwassers bei Temperaturen von 200 bis 300 °C schlagartig herbeigeführt, so kommt es zu einer thermischen Expansion des Vermiculits. Eine weitere Kristallwassermenge wird beim Kalzinieren im Temperaturbereich 700 bis 1000 °C freigesetzt.

2.7.3 Vorkommen/Aufbereitung

Glimmer entstehen primär beim Erkalten glutflüssiger Gesteinsschmelze und der dabei ablaufenden Kristallisation. Sie sind häufige Bestandteile in magmatischen und metamorphen Gesteinen, z. B. Glimmerschiefer oder Granit, wie auch in Sedimentgesteinen wie Sandsteinen. Die größten Glimmerlagerstätten befinden sich in Indien, Kanada, Argentinien, Brasilien, Madagaskar, Afrika, Russland und den USA.

Glimmer werden bergmännisch meist im Tagebau gewonnen. Die üblichen Methoden des Bergbaus können nur selten angewendet werden, da es schwierig ist, große Stücke mithilfe von Maschinen unbeschädigt zu gewinnen. Meist erfolgt der Abbau von Hand mithilfe von Messern oder Sicheln.

Die groben Brocken werden zunächst zu dünnen, biegsamen Blättchen zermahlen und anschließend nach unterschiedlichen Korngrößen und Mahlfeinheiten klassifiziert. Je nach gewünschter Feinheit wird der Mahlprozess nass in Trommelmühlen oder als Trockenprozess in Dampfstrahlmühlen durchgeführt.

2.7.4 Allgemeine Eigenschaften

Die wichtigsten Eigenschaften von Glimmer sind:

- gute elektrische Isolation
- extrem temperaturbeständig
- niedriger Wärmeausdehnungskoeffizient
- nicht brennbar

- gute dielektrische Eigenschaften
- hohe Durchschlagfestigkeit
- kriechstromfest
- glimmbeständig
- strahlungsbeständig
- gute Beständigkeit gegen Säuren, Laugen und oxidierenden Medien

2.7.5 Verwendung/Einsatzgebiete

Glimmer wird in zahlreichen Anwendungen eingesetzt:

- Lacke
- Pigmente
- Kosmetik
- Plexiglasindustrie
- Mattierungsmittel
- Papierbeschichtungen
- Kunststoffe (PS, PVC, Polycarbonat, Polyamide….)
- Keramik- und Glasherstellung
- als Zusatz für Korrosionsschutz-Anstrichstoffe
- Dichtungsmaterial
- Isolationsmaterial

2.8 Werkstoffe für Gleitringdichtungen

Gleitringdichtungen selbst bestehen aus Gleit- und Gegenring, Federn und Nebendichtungen. Montagefertige Einheiten (Cartridge Dichtungen) haben darüber hinaus noch Gehäuseteile und Wellenhülsen. Unter werkstofftechnischen Gesichtspunkten kommen daher Kohle, Keramik, Elastomere und teilkristalline Thermoplaste (Teflon) und Metalle in Frage.

2.8.1 Gleitwerkstoffe allgemein

Gleitringdichtungen laufen in den seltensten Fällen unter konstanten Betriebsbedingungen. Mit Druck- und Temperaturschwankungen ist immer zu rechnen. Insbesondere unter dem Gesichtspunkt der Energieeinsparung nimmt die Anzahl drehzahlgeregelter Antriebe immer mehr zu. Moderne Gleitwerkstoffe müssen aber auch der Tatsache Rechnung tragen, dass beim Einsatz der Dichtungen immer näher an den zulässigen Einsatzgrenzen gefahren werden. Der Abstand zur Siedebedingung von leicht flüchtigen Kohlenwasserstoffen oder bei Heißwasser wird z. B. immer kleiner. Die Werkstoffe müssen daher immer schlechtere Schmierbedingungen überstehen. Ungünstige Schmierverhältnisse oder Verformungen führen zu so genannten Kantenläufern mit hoher Flächenpressung. Dieser für die Werkstoffe kritische Zustand muss durch Anpassung durch Feinverschleiß schnell abgebaut werden. Im Normalfall sollen die Werkstoffe folgende Eigenschaften aufweisen:

- Hohe Härte: Verschleißfestigkeit bei gegebener Feinverschleißfähigkeit zum Einlauf und unter schlechten Schmierbedingungen
- Hoher E-Modul: geringe druckbedingte Verformung des Dichtspalts wegen des Einflusses auf die Leckage und den tragenden Bereich im Dichtspalt
- Niedriger thermischer Ausdehnungskoeffizient: geringe thermisch bedingte Verformung des Dichtspalts wegen des Einflusses auf die Leckage und den tragenden Bereich im Dichtspalt

- Hohe Wärmeleitfähigkeit: gleichmäßige Ausdehnung von Dichtfläche und Rückenfläche der Gleit- und Gegenringe bei höheren Temperaturen, geringe Verwerfung
- Kombination aus hoher Wärmeleitfähigkeit und geringer thermischer Ausdehnungskoeffizient für eine gute Thermoschock Beständigkeit
- Hoher Spannungsintensitätsfaktor: geringe Rissempfindlichkeit des Werkstoffs gegen überkritisches Risswachstum bei Zugbelastung
- Für geschrumpfte Konstruktionen sollte der thermische Ausdehnungskoeffizient der verwendeten Werkstoffe möglichst ähnlich sein, um einen Rückgang der Schrumpfüberdeckung zu minimieren
- Gute chemische Beständigkeit

2.8.2 Struktur und Gefüge keramischer Werkstoffe

In einem Festkörper, in dem die Teilchen durch stabile Bindungen miteinander verbunden sind, können zwei Zustände unterschieden werden:

1. Sind die Teilchen räumlich und über größere Bereiche nach bestimmten Mustern zueinander angeordnet (Fernordnung), spricht man von einem kristallinen Zustand.

2. Liegt nur eine strukturelle Nahordnung im Bereich der nächsten Nachbaratome vor und tritt keine Fernordnung auf, so spricht man von einer amorphen Struktur.

Beide Strukturen können bei Keramik vorkommen. Die Teilchenanordnung amorpher Strukturen (z. B. im Glas) ähnelt der von Schmelzen bzw. Flüssigkeiten und wird daher auch als unterkühlte Schmelzen bzw. eingefrorene Flüssigkeiten bezeichnet. Solche Strukturen neigen über lange Zeit zum plastischen Fließen.

Die kristalline Struktur stellt die stabile Teilchenanordnung dar. Amorphe Strukturen bilden sich nur, wenn bei der Abkühlung einer Schmelze die Beweglichkeit der Teilchen zur Einstellung des Ordnungszustands eingeschränkt ist oder bereits in der Schmelze einzelne Bindungen bevorzugt werden und dadurch größere atomare Komplexe wie z. B. beim Glas gebildet werden.

Kristalle keramischer Werkstoffe bilden sich in den bekannten Strukturen der Elementarzellen. Bei keramischen Werkstoffen liegen zunächst einzelne Kristalle vor, die durch den Sinterprozess verändert werden (Reduzierung der Oberfläche) und zu einem Kornverband zusammenwachsen. In diesen Fällen werden die Korngrenzen wesentlich durch den Sintervorgang gebildet und beeinflusst. Keramische Werkstoffe bestehen fast immer aus vielen oft auch verschiedenen Kristallen bzw. Körner. Häufig findet man daneben noch Glasphasen und Poren. Die Art und Menge dieser Phasen bestimmt wesentlich die Eigenschaften keramischer Werkstoffe. So können Werkstoffe mit identischer chemischer Struktur dennoch stark unterschiedliche Eigenschaften aufweisen, was auf Unterschiede in der Gefügestruktur zurückzuführen ist.

Poren sind häufige meist unerwünschte Gefügebestandteile, die durch unvollständige Sinterprozesse oder Gasentwicklung auftreten oder erwünschte gezielt eingestellte Bestandteile sind. Größere Poren wirken aber grundsätzlich bruchbeeinflussend und spannungsüberhöhend. Die Korrosionsbeständigkeit, Rohdichte, Festigkeit, Wärmeleitfähigkeit und E-Modul sinken mit zunehmender Porosität. Die Wechselwirkung zwischen Porosität und Temperaturwechselbeständigkeit ist komplex. Die Temperaturwechselfestigkeit wird hauptsächlich geprägt durch die Kombination aus guter Wärmeleitung und geringem Wärmeausdehungskoeffizient.

Tabelle 2.17: Elastizitätsmodul verschiedener Werkstoffe im Vergleich

Werkstoff	Zusammensetzung	E-Modul in MPa
Diamant	C	1.035.000
Graphit	C	10.000 – 27.000
Siliciumcarbid rein	SiC	430.000
Siliciumnitrid	Si_3N_4	300.000
Aluminiumoxid	Al_2O_3	340.000 – 400.000
Zirconiumoxid	ZrO_2	210.000
Aluminiumnitrid	AlN	310.000
Borcarbid	B_4C	460.000
Bornitrid (kubisch)	BN	680.000
Bornitrid (hexagonal)	BN	90.000
Aluminiumtitanat	Al_2TiO_5	5.000 – 30.000
Carbonfaser	C	400.000 – 600.000
Hartmetall	WC – Co	640.000
Borsilicatglas		63.000
Stahl	Fe	180.000 – 210.000
Aluminium	Al	69.000
Beton		14.000
Gummi		3 – 3.500*

* Verformungsgeschwindigkeits- und temperaturabhängig

Keramische Werkstoffe werden häufig wegen ihrer herausragenden mechanischen Eigenschaften eingesetzt, insbesondere wegen ihrer hohen Härte und der daraus abzuleitenden hohen Verschleißbeständigkeit. Die Sprödigkeit und geringe Belastbarkeit hinsichtlich Zug- und Biegebelastung wurde in den letzten Jahrzehnten durch Werkstoffweiterentwicklung verbessert. Technische keramische Werkstoffe bestehen in der Regel aus einer Verbindung eines Metalls mit einem Nichtmetall mit einer Mischung aus kovalenter (hauptsächlich bei Nichtoxiden) und ionischer (hauptsächlich bei Oxidkeramik) Bindung. Die Bindungskräfte sind höher als bei Metallen, so dass sie in der Regel einen höheren E-Modul (siehe dazu **Tabelle 2.17**) und höhere Härten aufweisen. Die Querkontraktionszahl liegt bei 0,2 bis 0,25. Die Ermittlung der Kennwerte zur Bestimmung der Verformungssteifigkeit genormter Probekörper erfolgt in der Regel im Vierpunkt-Biegeversuch unter Ermittlung der Dehnungen unter Last.

2.8.3 Herstellungsverfahren [27]

Grundsätzlich ist die Herstellung keramischer Bauteile den in der Pulvermetallurgie üblichen Verfahren sehr ähnlich. Aus den Unterschieden resultieren gewisse Beschränkungen in der Formenvielfalt sowie bei den Form- und Maßtoleranzen. Wesentliche Verfahrensschritte zeigen die **Bilder 2.48 und 2.49**.

2.8.3.1 Rohstoffe

Rohstoffe für keramische Werkstoffe sind Naturprodukte. Die notwendigen Pulver (vgl. beispielhaft für Al_2O_3 **Bild 2.50**) müssen synthetisch hergestellt werden, da Naturprodukte die Anforderungen bezüglich chemischer Reinheit, Homogenität und Konstanz nicht erfüllen. In

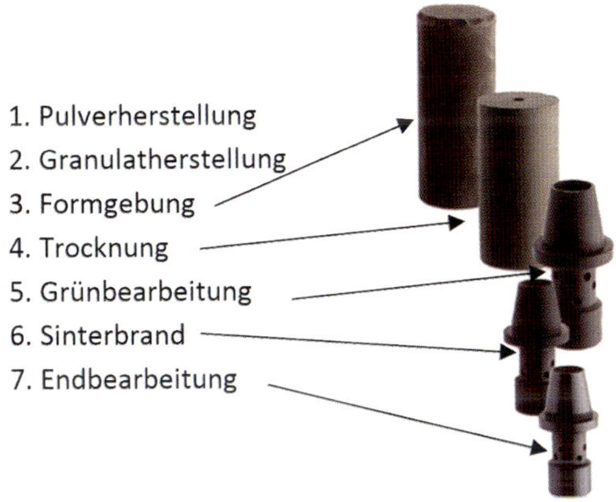

Bild 2.48: Wesentliche Verfahrensschritte bei der Herstellung von Keramikteilen

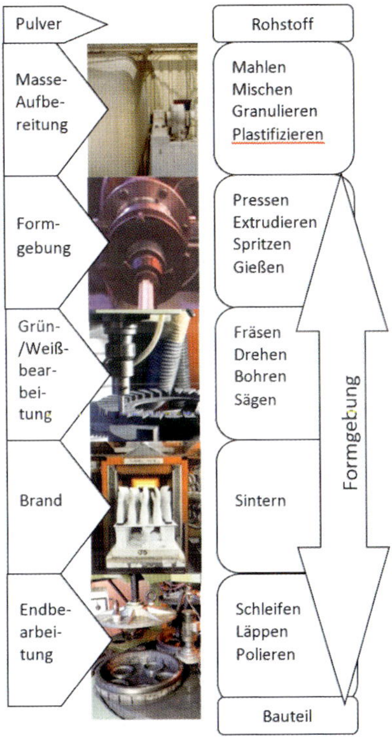

Bild 2.49: Wesentliche Verfahrensschritte vom Rohstoff zum Fertigteil

den letzten Jahren hat sich der Trend hin zu immer feinerem (bis zu Nanometerbereich) und reinerem Pulver verstärkt. Die aufbereiteten Pulver bestehen aus folgenden Ausgangskomponenten, die im fertigen Produkt mindestens teilweise wiederzufinden sind:

- Rohstoffe
- Sinterhilfsmittel
- Verflüssigungsmittel
- Plastifizierungsmittel
- Verfestigungsmittel

Bild 2.50: Aluminiumoxid (verschiedene Rohmaterialien)

Tabelle 2.18: Schwindung unterschiedlicher Werkstoffe

Werkstoff	Schwindung S in %
SiSiC oder RSiC	Ca. 0
SSiC	18 – 20
Poröser Cordierit	Ca. 3
Tonerdeporzellan	13 – 16
Al_2O_3	Ca. 18
ZrO_2	Ca. 25

2.8.3.2 Formgebung

Durch den Formgebungsprozess soll eine vorbereitete Masse in eine gewünschte Form gebracht werden, die aus Kostengründen der Bauteilform bereits möglichst nahe kommen sollte, um eine meist teure Nachbearbeitung zu minimieren. Die wirtschaftlichste Art der Formgebung für eine Serienfertigung ergibt sich im Wesentlichen aus der Bauteilgeometrie und den geforderten Maßtoleranzen. In jedem Falle ist zu beachten, dass die Werkstücke stets größer ausgeführt werden müssen, da sich die Teile beim nachgeschalteten Brand (Sintern) gemäß **Tabelle 2.18** verkleinern („Schwindung").

Eine Einteilung der Formgebungsarten kann nach dem Feuchtigkeitsgehalt in der Masse erfolgen:

- Pressen: Verdichten von pulverförmigen Massen (Granulat) mit ca. 5 % Wassergehalt für Gleitringe
  - Uniaxiales Pressen (ein- oder zweiseitig) nach **Bild 2.51** für einfache Formen von Gleitringen insbesondere rechteckiger Querschnitte
  - Isostatisches Pressen nach **Bild 2.52** für Rohteile zur mechanischen Nachbearbeitung
- Beschichten (trocken) z. B. für Wellen- oder Wellenhülsenbeschichtungen als Verschleißschutz
  - Flammspritzen
  - Plasmaspritzen

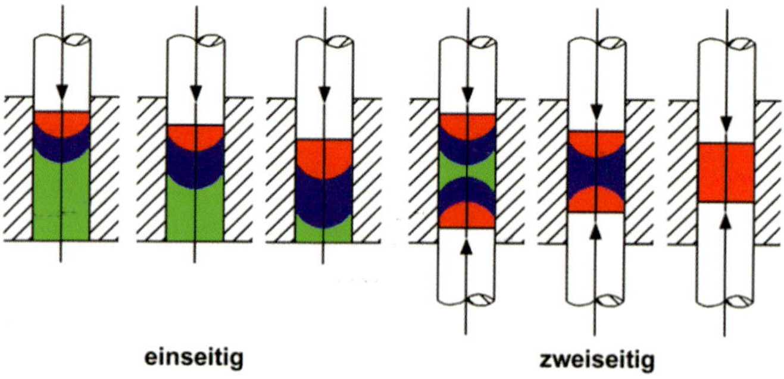

Bild 2.51: Uniaxiales Pressen für fertige Formteile (pts-Qualität – pressed to size)

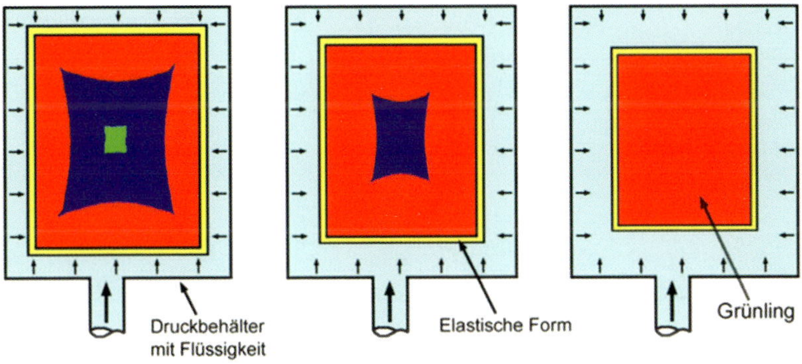

Bild 2.52: Isostatisches Pressen

2.8.3.3 Grün-/Weißbearbeitung

Unter Grün- oder Weißbearbeitung versteht man die konturnahe Bearbeitung eines Teiles durch Drehen, Fräsen, Bohren etc. nach **Bild 2.53** vor dem Brand (z. B. aus einem über isostatisches Pressen hergestellten Rohling). Die Formgebung durch Grünbearbeitung ist vor allem für Einzelteilefertigung oder Kleinserien geeignet.

2.8.3.4 Sinterbrand

Der Sinterbrand erfolgt unter Schwindung im Ofen bei hohen Temperaturen nach **Bild 2.54**.

Das Sintern umfasst den sehr komplexen Vorgang nach **Bild 2.55** des Plastifizierens, Diffundierens und der Verdichtung eines pulverförmigen Materials unter Temperatureinwirkung. Da beim Sintern eine Verdichtung (Auflösung der Räume zwischen den Körnern) eintritt, muss ein Materialtransport stattfinden. Die treibende Kraft für diesen Vorgang ist das Bestreben jedes Pulverkörpers, die Oberflächenenergie durch Reduzierung der freien Oberflächen zu vermindern. Der Verdichtungsvorgang ist mit einem Schrumpfungsprozess unter Beibehaltung der groben Form des Bauteils verbunden. Erst nach der Verfestigung durch den Brand entsteht die Keramik mit ihren gewünschten Eigenschaften. Die in der technischen Keramik üblichen Sintertempera-

Bild 2.53: „Spanende“ Bearbeitung von Grünlingen

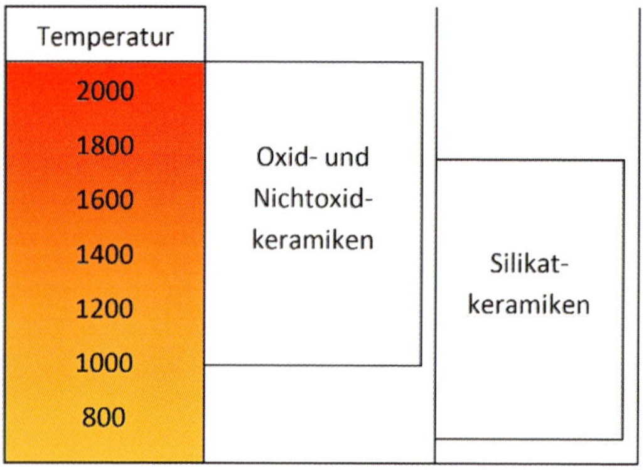

Bild 2.54: Brenntemperaturbereiche keramischer Werkstoffe

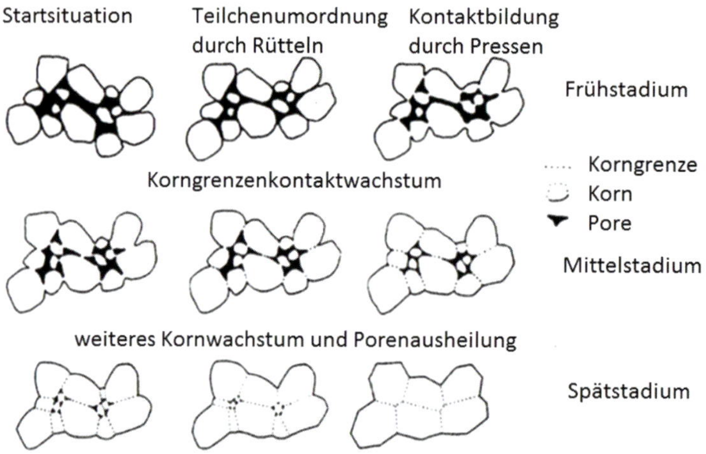

Bild 2.55: Sinterprozess und Vorgänge beim Sintern

turen liegen je nach Werkstoff im Bereich von 800 °C bis ca. 2.200 °C. Der Sintervorgang kann durch geeignete Atmosphäre (Luft, Schutzgas etc.) wesentlich beeinflusst werden. Zusätzlich ergänzt bei einigen Werkstoffvarianten eine Druckunterstützung (z. T. bis 2.000 bar) den Prozess der Verdichtung (Heißpressen, heißisostatisches Pressen, Gasdrucksintern). Nach dem Sintern liegt ein homogenes mehr oder weniger geschlossenes Gefüge mit kleinen Restporen vor. Der Porenanteil und die Porengröße sind qualitätsabhängig von der Dauer des Sintervorgangs.

2.8.3.5 End- und Hartbearbeitung

Die spanende Endbearbeitung hochfester keramischer Bauteile ist aufgrund der Härte- und Verschleißfestigkeit sowie der notwendigen teuren Werkzeuge und Hilfsmittel kostenintensiv. Aufgrund der hohen Werkstoffhärte kommen nur abtragende Verfahren nach **Bild 2.56** wie Schleifen, Honen, Läppen sowie Sonderverfahren wie Ultraschall- und Laserbearbeitung in Frage. Wie bei der Bearbeitung von metallischen Werkstoffen sind auch bei keramischen Werkstoffen die erreichbaren Toleranzen und Oberflächengüten stark vom angewendeten Fertigungsverfahren abhängig.

Bild 2.56: Endbearbeitung durch Schleifen und Läppen

2.8.3.6 Prüfverfahren

Das Gefüge keramischer Werkstoffe wird durch den Herstellprozess (die Art und Form der Rohstoffe, ihre Aufbereitung, Formgebung und thermische Behandlung) bestimmt. Eigenschaften werden durch ihre stoffliche Zusammensetzung und ihr Gefüge festgelegt. Daher gehören Gefügeanalysen zu den gängigen Untersuchungen:

- Betrachtung eines vergrößerten Objektes im Mikroskop
  - Korn- und Porengröße und deren Verteilung
  - Volumenanteile einzelner Phasenbestandteile
  - Kornformenanalyse
  - Homogenität
- Messung physikalischer Eigenschaften am Objekt

Durch thermische Analyse können (linke Spalte) ermittelt werden mit Aussagen (rechte Spalte) über:

Wärmekapazität	Phasenumwandlung
Schmelzenthalpie	Kristallisationsvorgänge
Umwandlungstemperaturen	Schmelzvorgänge (Sintern)
Spezifische Wärmen	Rekristallisation

2.8.4 Bruchmechanik [28]

Die Bruchmechanik ist ein eigenständiger Zweig der technischen Mechanik, der sich mit dem Werkstoffverhalten unter Berücksichtigung von Rissen beschäftigt. Keramische Werkstoffe verhalten sich grundsätzlich immer nach der linear-elastischen Bruchmechanik.

Die starken atomaren ionischen oder kovalenten Wechselwirkungen bei der Bindung keramischer Werkstoffe lassen eine hohe Bruchfestigkeit vermuten. In der Realität liegen die Werte aber zwei Größenordnungen unter den errechenbaren Werten. Grund dafür ist die besondere Empfindlichkeit gegen unvermeidliche Defekte und Inhomogenität (Einschlüsse, Poren, Mikrorisse) im Gefüge. Im Bereich der Fehlstellen kommt es zur Spannungsüberhöhung wegen der fehlenden Möglichkeit der plastischen Verformung zur Begegnung solcher Spannungsspitzen.

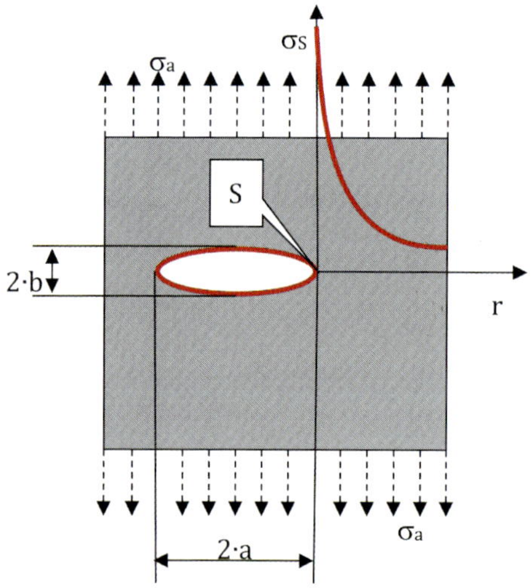

Bild 2.57: Spannungsüberhöhung σ_S an elliptischer Pore in Modellplatte

Die lokalen Spannungen um eine Pore liegen dann um ein Vielfaches höher als die Nennspannung. Der Werkstoff reagiert bei Zugbelastung mit der gefürchteten Sprödbruchempfindlichkeit. Das Phänomen der Spannungsüberhöhung kann nach **Bild 2.57** an dem Modell der elliptischen Pore in einer Platte veranschaulicht werden.

Die Spannungsverteilung in der Umgebung der Pore kann analytisch berechnet werden. Die Hauptabmessungen der modellhaften Ellipse sind *a* und *b* als Hauptachsen. Der Krümmungsradius am Scheitelpunkt beträgt $\rho = b^2/a$. An dieser Stelle erreicht die Spannung σ_S in Richtung der angelegten Spannung σ_a ein Maximum mit einer Überhöhung von:

$$\frac{\sigma_S}{\sigma_a} = 1 + 2 \cdot \sqrt{\frac{a}{\rho}} = 1 + 2 \cdot \frac{a}{b}$$

Für den einfachsten Fall einer kreisförmigen Pore ($a = b$), liefert die Gleichung beispielsweise bereits einen Überhöhungsfaktor von 3, mit den in Bild 2.57 dargestellten Verhältnissen mit a/b = 3 bereits einen Faktor von 7. Die Spannungen werden umso größer je scharfkantiger der Krümmungsradius im Scheitel oder je länger die Risslänge ist. Im Grenzfall entartet scheinbar die Ellipse zu einem Riss mit dem Krümmungsradius $\rho = 0$. Die Spannung würde in diesem Fall theoretisch unendlich groß. Ein mathematischer Sonderfall, der in der Realität nie auftritt, da der Nebenscheitel b minimal dem Atomradius der beteiligten Elemente entspricht. Tatsächlich treten aber in unmittelbarer Nähe der Rissspitzen extrem hohe Spannungsspitzen auf, die der theoretischen Festigkeit sehr nahe kommen.

Setzt man z. B. einen Defekt eines Kohlenstoffatoms mit einem Atomradius von 77 pm im Diamantgitter von SiC an und eine Risslänge von 1 µm = 10^6 pm an, so ergibt sich eine Überhöhung der anliegenden Spannung σ_a an der Rissspitze um den Faktor ca. 650.

Bei den betrachteten Mikrorissen in keramischen Werkstoffen wird der Krümmungsradius ρ an der Spitze sehr klein und damit der Term $\sqrt{\frac{a}{\rho}}$ sehr groß. Der Summand 1 kann vernachlässigt werden. Die Spannungsüberhöhung wird dann nahezu proportional zur äußeren anliegenden

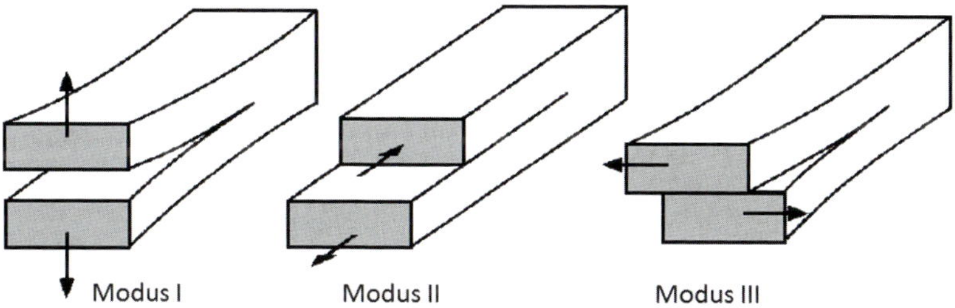

Bild 2.58: Rissmoden für das überkritische Risswachstum in Keramik

Spannung σ_a im äußeren Spannungsfernfeld sowie der Wurzel der Risslänge *a*. Die Formel führt nach einer Ableitung aus der obigen Formel zur Definition des Spannungsintensitätsfaktors K_{Ic} als Maß für die Beanspruchung des Rissspitzenbereichs.

$$K_{Ic} = \sigma_a \cdot \sqrt{a} \cdot Y \leq K_{Ic}$$

Der Geometriefaktor *Y* bildet die charakteristischen Abmessungen des rissbehafteten Bauteils und die Spannungsverteilung ab. Er kennzeichnet den Belastungsmodus des Risses und wird über numerische Verfahren gewonnen. Der gefährlichste Zustand nach **Bild 2.58** ist Zug mit Modus I. Demgegenüber kennzeichnet Modus II die Scherung, Modus III die Torsion. Technische Bedeutung für keramische Werkstoffe hat ausschließlich Modus I.

Für viele Werkstoffe existiert ein spezifischer kritischer Spannungsintensitätsfaktor, bei dem eine Rissausbreitung mit Bauteilversagen stattfindet. Dieser Faktor wird auch als Risszähigkeit K_{Ic} bezeichnet. Der Index $_c$ bedeutet aus dem Englischen „critical“. Typische Werte zeigt **Tabelle 2.19**. Kritisch sind kleine Werte.

Tabelle 2.19: Risszähigkeit unterschiedlicher Werkstoffe

Werkstoff	Zusammensetzung	K_{Ic} [$MPa \cdot \sqrt{m}$]
Diamant	C	4
Siliciumcarbid	SiC	3 … 7
Siliciumnitrid	Si_3N_4	4 … 10
Aluminiumoxid	Al_2O_3	2 … 8
Zirconiumoxid	$ZrO_2 + Y_2O_3/CeO$	3 … 20
Magnesiumoxid	MgO	0,9
Keramischer Langfaserverbund		10 … 40
Borsilicatglas		1
Eis	H_2O	0,1
Silicium	Si	0,7
Stahl	Fe	20 … 100
Hartmetall	WC - Co	10 … 25
Beton		1 … 1,5

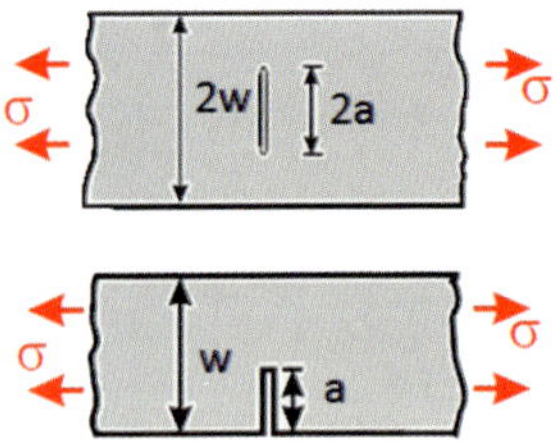

a/w =	Y (a/w) =
0	1,0
0,2	1,02
0,4	1,11
0	1,12
0,2	1,37
0,4	2,11

Bild 2.59: Geometriefaktoren für innere und oberflächliche Mikrorisse (w = Bauteilstärke)

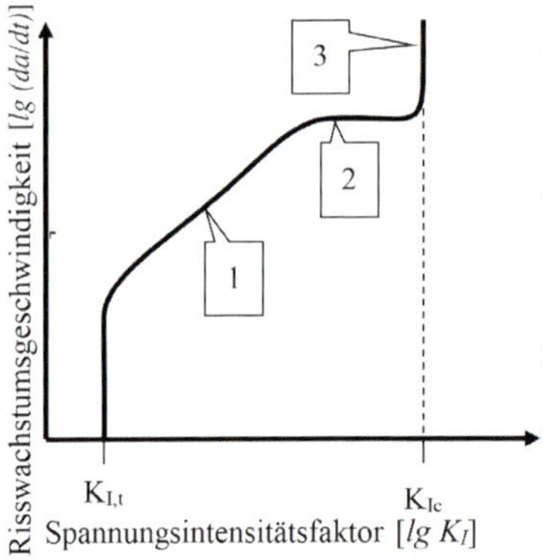

1 Unterkritisches Risswachstum - beeinflusst durch Diffusion des abzudichtenden Mediums und die anliegende Spannung
2 Kein weiteres Anwachsen der Risswachstumsgeschwindigkeit (stabiles Risswachstum)
3 Nach Erreichung der Risszähigkeit verläuft das Risswachstum sehr schnell (im Bereich der Schallgeschwindigkeit) und führt unmittelbar zum Bauteilversagen

$K_{I,th}$ – Unterhalb des Schwellwerts (th: threshold) findet kein nennenswertes Risswachstum statt

Bild 2.60: Typischer Verlauf der Risswachstumsgeschwindigkeit

Das Bruchverhalten von keramischen Werkstoffen wird durch die Umgebungsbedingungen stark beeinflusst. Die thermische und chemische Beständigkeit ist zwar im Vergleich zu Metallen und Kunststoffen in der Regel wesentlich höher, aber dennoch müssen selbst bei Raumtemperatur und unter normalen klimatischen Verhältnissen Effekte in Betracht gezogen werden, die die Lebensdauer beeinträchtigen können. Technisch bedeutend ist insbesondere die Spannungsrisskorrosion unter dem Einfluss von Luftfeuchtigkeit. Bereits geringe Anteile von Glasphasen können wirksam werden. Das atomare amorphe Netzwerk der Glasphase wird in Gegenwart von Wassermolekülen durch die Anlagerung von Hydroxidionen geschwächt. Bereits kleine Kräfte reichen aus, um Bindungskräfte des Netzwerks zu dehnen und aufzubrechen. Infolge der Umgebungsatmosphäre und der vorhandenen Spannung wird das Risswachstum begünstigt. Besonders gefährdet sind oberflächennahe Risse durch die Zugänglichkeit von Feuchtigkeit und das Vordringen von OH-Ionen bis in die Rissspitze. Zur Beschreibung des unterkritischen Risswachstums betrachtet man die Risswachstumsgeschwindigkeit, die nach **Bild 2.60** einen durch typischen Verlauf beschrieben wird.

2.8.5 Siliciumcarbid

Siliciumcarbid (SiC) (**Bild 2.61**) ist aus technischer Sicht sicherlich hinsichtlich der Anwendung in der Gleitringdichtungstechnik die bedeutendste nichtoxidische Keramik. Es zeichnet sich generell durch eine sehr hohe Härte und gute Verschleißbeständigkeit, hohe Festigkeit auch bei hohen Temperaturen und gute Temperaturwechselbeständigkeit mit geringer Wärmedehnung aber hoher Wärmeleitfähigkeit aus. Der dafür mit verantwortliche hohe kovalente

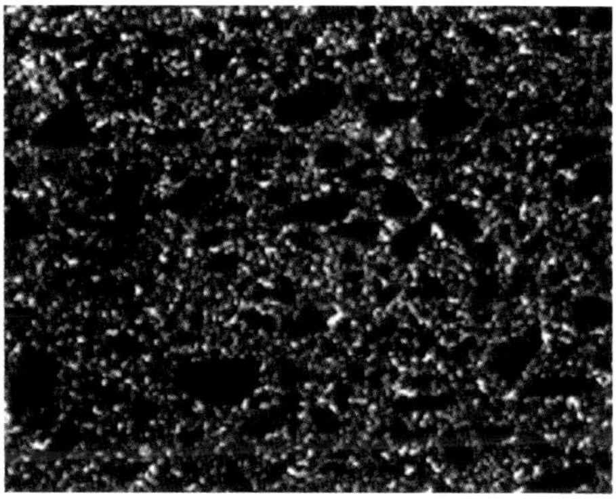

Bild 2.61: Mikroskopaufnahme von reinem Siliciumcarbid

Bindungsanteil erschwert allerdings auch die Herstellung von SiC, da die Sinterneigung – im Vergleich zu Oxidkeramiken – deutlich geringer ist. Dies führt dazu, dass zur Herstellung von SiC-Keramiken eine Vielzahl an unterschiedlichen Techniken eingesetzt wird, die sich nicht nur in der Verfahrensführung, sondern auch hinsichtlich der Eigenschaften des erzeugten SiC unterscheiden. Die Formgebung kann dabei über alle bekannten keramischen Verfahren erfolgen; zum Einsatz kommen Schlicker- und Druckguss, axiales und isostatisches Pressen, Spritzguss, Strangpressen, Folienguss und andere. Der große Unterschied besteht in der abschließenden Verdichtung, die auf ganz unterschiedlichem Wege erreicht wird. Danach unterscheidet man:

- Dichte Siliciumcarbidkeramiken
  - gesintertes Siliciumcarbid (SSiC)
  - reaktionsgebundenes, silicium-infiltriertes Siliciumcarbid (SiSiC)
  - heiß (isostatisch) gepresstes Siliciumcarbid (HPSiC, HIPSiC)
  - flüssigphasengesintertes Siliciumcarbid (LPSSiC)

- Offenporige Siliciumcarbidkeramiken
  - silicatisch gebundenes Siliciumcarbid (in der Dichtungstechnik nicht übliche Werkstoffe)
  - rekristallisiertes Siliciumcarbid (RSiC)
  - nitrid- bzw. oxynitridgebundenes Siliciumcarbid (NSiC) (in der Dichtungstechnik nicht übliche Werkstoffe)

2.8.5.1 Drucklos gesintertes Siliciumcarbid (SSiC)

Die Verdichtung erfolgt beim SSiC durch druckloses Festphasensintern bei hohen Temperaturen zwischen 1.900 und 2.300 °C in Vakuum oder unter Argon-, Stickstoff- oder ähnlicher Atmosphäre. Da die Sinteraktivität von SiC vergleichsweise gering ist, werden zur Verdichtung stets feine Pulver mit Korngrößen von typischerweise weniger als 1 µm bis ca. 20 µm verwendet. Zusätzlich müssen als Additive geringe Mengen an freiem Kohlenstoff und geringe Mengen einer Borverbindungen (meist Borcarbid) zugegeben werden. SSiC-Keramiken weisen eine Dichte von maximal ca. 97 % auf. Die hohe Festigkeit des SSiC bleibt bis ca. 1.600 °C nahezu unverändert erhalten. Auch die Korrosionsbeständigkeit ist sehr gut, variiert allerdings mit der Korngröße.

2.8.5.2 Reaktionsgebundenes Silicium-infiltriertes Siliciumcarbid (SiSiC)

Beim SiSiC erfolgt die Verdichtung nicht durch eine Sinterung eines SiC-Grünlings, sondern durch die Imprägnierung eines porösen Gerüstes aus SiC und freiem Kohlenstoff mit schmelzflüssigem Silicium. Dabei wird der Kohlenstoff mit einem Teil des Siliciums zu SiC umgesetzt und liefert so eine Bindungsmatrix, der Rest des Siliciums verbleibt in ungebundener Form. SiSiC enthält dementsprechend im Endzustand ca. 5 bis 15% an freiem metallischem Silicium. Als Matrix können auch natürliche Rohstoffe wie Hölzer oder Papier verwendet werden, die zunächst zu Kohlenstoff pyrolisiert und dann mit dem schmelzflüssigen Silicium umgesetzt werden. Ein großer Vorteil des SiSiC ist die fehlende Schwindung bei der Verdichtung. Dadurch kann eine hohe Maßhaltigkeit gewährleistet werden und die Herstellung großer Bauteile und komplexer Geometrien ist möglich. Zudem ist das Material vollständig dicht und somit auch gut gegen korrosiven Angriff beständig. Die Thermoschockbeständigkeit ist auch auf Grund der sehr hohen Wärmeleitfähigkeit hervorragend. Allerdings ist die Einsatztemperatur durch das freie Silicium (Schmelztemperatur 1.414 °C) auf ca. 1.300 °C beschränkt. Infolge der duktilen Si-Phase ist die Bruchanfälligkeit geringer gegenüber SSiC.

2.8.5.3 Heißgepresstes Siliciumcarbid (HPSiC)/heißisostatisch gepresstes SiC (HIPSiC)

Dabei erfolgt die Verdichtung durch axiales (HPSiC) oder isostatisches (HIPSiC) Pressen des SiC-Pulvers bei gleichzeitiger Zufuhr thermischer Energie. Die Verdichtungsrate ist hier bei identischer Temperatur größer als beim drucklosen Sintern, so dass insgesamt höhere Dichten erreicht werden können. Bei optimierter Verfahrensführung wird eine vollständige Verdichtung erzielt. Dadurch sind die mechanischen Eigenschaften nochmals besser als beim SSiC, auch die Beständigkeit ist nochmals gesteigert. Allerdings ist das Verfahren auf relativ einfache Geometrien beschränkt und zudem sehr kostenintensiv, so dass HPSiC und HIPSiC nur für den Einsatz unter Extrembedingungen gewählt werden.

2.8.5.4 Flüssigphasengesintertes Siliciumcarbid (LPSiC)

LPSiC wird aus einer Mischung von SiC und einem oder mehreren oxidischen Pulvern hergestellt. Beim Drucksintern bildet sich eine flüssige Mischphase, die die Partikel benetzt und für eine Verdichtung sorgt. LPSiC ist im Allgemeinen porenfrei und zeigt neben einer hohen Festigkeit auch eine gute Risszähigkeit. Die Herstellung ist allerdings verfahrensbedingt aufwendig und teuer.

2.8.5.5 Rekristallisiertes Siliciumcarbid (RSiC)

Im Gegensatz zu den zuvor genannten Arten des SiC wird hier nicht versucht, eine hohe Enddichte zu erzielen. Die Porosität des gesinterten RSiC liegt typischerweise bei 10 bis 20 %. Zur Herstellung wird ein Grünling mit bimodaler Korngrößenverteilung verwendet, bei dem SiC-Partikel von ca. 100 µm Größe mit feinen Teilchen mit Durchmessern von einigen Mikrometern homogen gemischt vorliegen. Bei der Sinterung zwischen 2.200 und 2.500 °C kommt es zu einem Kornwachstum der groben auf Kosten der feinen Partikel und dadurch zu einer Verfestigung des Werkstoffes. Eine Sinterschwindung tritt dabei nicht auf, so dass auch aus RSiC große und komplexe Geometrien erzeugt werden können. Allerdings sind die Festigkeiten im Vergleich zu den dichten Varianten erheblich kleiner. Vorteilhaft ist hingegen die hervorragende Temperaturwechselbeständigkeit.

Daneben existieren noch weitere Varianten, bei denen die Bindung in der Keramik ebenfalls nicht über das SiC erfolgt, sondern über eine zusätzliche Phase, wie bei nitrid- oder beim silicatgebundenen SiC. Typische Anwendungen von SiC-Keramiken sind insbesondere tribologisch stark belastete Bauteile wie Gleitlager, Pumpen, Ringe oder Zahnräder und thermisch stark beaufschlagte Komponenten wie Brennhilfsmittel und Brennerbauteile oder in der Halbleitertechnik, um nur einige der wichtigsten Anwendungsgebiete neben der dichtungstechnischen Anwendung für Gleitringdichtungen zu nennen.

2.8.6 Kohlegraphit

In verschiedenen Zusammensetzungen gehört Kohlegraphit zu den wichtigsten Gleitwerkstoffen für Gleitringdichtungen. Kohlewerkstoffe stellen eine ganze Materialfamilie aus Verbundwerkstoffen aus Elektrographit und Imprägniermittel dar. Folgende grundlegende Eigenschaften der Kohlewerkstoffe werden dabei eingesetzt:

- Gute Gleit- und Trockenlaufeigenschaften mit geringem Reibungskoeffizienten (Restfeuchtigkeit erforderlich!)
- Verschleißfestigkeit bei hohen Umfangsgeschwindigkeiten unter Berücksichtigung des abzudichtenden Fluids als Schmiermedium
- Gute chemische und Temperatur-Beständigkeit (abhängig vom Imprägniermittel)
- Gute Wärmeleitfähigkeit und Thermoschockbeständigkeit

Grundsätzlich werden Kohlewerkstoffe folgendermaßen hergestellt:

1. Kohlenstoffgraphit
   a. Erste Stufe des Herstellprozesses durch Verkokung von kohlenstoffhaltigen Ausgangswerkstoffen – Petrolkoks, Pechkoks, Russ, Graphit
   b. Werkstoffzusammenhalt nur über Bindemittel – Pech, Steinkohleteer, Petroleum
   c. Gute tribologische Eigenschaften

Tabelle 2.20: Materialien in der Dichtungstechnik und Eigenschaften (Zusammenfassung)

Material	E-Modul [N/mm²]	Härte [HV]	Wärmeleitfähigkeit λ [W/m · K]	Wärmeausdehnungskoeffizient α [1/K]	Spannungs-Intensitäts-Faktor K_{1c} [$MPa \cdot \sqrt{m}$]
Rostfreier Stahl	205.000	bis 500	18	$16 \cdot 10^{-6}$	20 ... 100
SSiC	350.000 ... 420.000	2.400 ... 2.500	90 ... 145	3,2 ... $4{,}5 \cdot 10^{-6}$	3 ... 4,8
SiSiC	280.000 ... 350.000	2.400 ... 2.500	110 ... 120	3,5 ... $4{,}3 \cdot 10^{-6}$	3 ... 5
WC	540.000 ... 640.000	1.300 ... 2.000	35 ... 110	4,0 ... $6{,}6 \cdot 10^{-6}$	10 ... 25
Al_2O_3	340.000 ... 400.000	1.600 ... 2.300	18 ... 30	6,6 ... $8{,}5 \cdot 10^{-6}$	2 ... 8
Graphit *	10.000 ... 27.000	5 ... 10	110 ... 165	2 ... $5 \cdot 10^{-6}$	
Kohle (Antimon)	24.000 ... 33.000	100 ... 120	9 ... 22	3,7 ... $5{,}2 \cdot 10^{-6}$	
Antimon **	78.500		24	$10{,}8 \cdot 10^{-6}$	
Kohle (Kunstharz)	17.500 ... 24.000	80 ... 100	7 ... 18	4,0 ... $6{,}1 \cdot 10^{-6}$	
Kunstharz	200 ... 3.000		0,15	$100 \cdot 10^{-6}$	
Elastomer	2 ... 20		0,15 ... 0,25	$200 \cdot 10^{-6}$	

* Löslich in starken Säuren.

** Hauptvorkommen: Bolivien, Mexiko, Südafrika, China, Russland. Erzabbau belastet die Umwelt stark, wenn die Gesetze zum Schutz der Umwelt nicht eingehalten werden. Die Verwendung wird künftig kritischer betrachtet werden müssen. Gemäß dem globalen harmonisierten System zur Einführung und Kennzeichnung von Chemikalien (EU-Gefahrstoffkennzeichnung) ist Antimon als reizend, gesundheitsschädlich und umweltgefährdend zu kennzeichnen. Antimon wird sehr schnell von den roten Blutkörperchen aufgenommen und in stark durchbluteten Organen angereichert. Von einer Anwendung im Lebensmittel- und Pharmabereich ist daher dringend abzuraten! Antimon ist in Salpetersäure löslich und verhält sich hydrophil.

2. Elektrographit
   d. Zweite Stufe des Herstellprozesses durch Graphitierung des Kohlestoffgraphits
   e. Struktur ändert sich mit zunehmender Temperatur, Reinheit, Dichte nimmt zu, Härte, E-Modul, Festigkeit, thermische Ausdehnung nehmen ab, Steigerung der Kristallinität

3. Anschließende Imprägnierung mit verschiedenen Mitteln (Kunststoffe, Metalle, Salze, Kohlenstoff) zur Füllung der Poren zur Steuerung der mechanischen Eigenschaften, Verschleißfestigkeit, Wärmeleitfähigkeit und Oxidationsbeständigkeit
   a. Antimonimprägnierung (Ausschmelztemperatur bei 632 °C) bei Nasslauf zur Verbesserung der Blisteringbeständigkeit bei hohen Gleitgeschwindigkeiten, Drücken und Mangelschmierung z. B. im Öl- und Gaseinsatz – Wasserempfindlich!
   b. Kunstharzimprägnierung (Phenol-Formaldehyd-Harz oder Polyesterharz) für Einsatz im Lebensmittel, Pharma-, Trinkwasserbereich und andere hohe chemische Anforderungen
   c. Sonderimprägnierung z. B. Salz zur Überwindung von extremer Mangelschmierung

Eine Mittelstellung zwischen Kohlewerkstoffe und Keramik nimmt der verschleißoptimierte moderne C-SiC-Compond mit jeweils ca. 50 % Elektrographit und Siliciumcarbid ein. Die Beschaffungskosten sind allerdings wesentlich höher.

Tabelle 2.20 zeigt eine Zusammenfassung von Materialien in der Dichtungstechnik und ihren Eigenschaften.

2.8.7 Nebendichtungswerkstoffe (weich)

Als weiche Nebendichtungswerkstoffe kommen vorwiegend Elastomere in Frage. Die chemische Beständigkeit sowie die mechanischen Eigenschaften der Elastomere werden in erster Linie geprägt durch die Zusammensetzung und die Molekülstruktur der Basismonomere. Elastomere sind gummielastische Kunststoffe und haben amorphe Struktur aus Kohlenwasserstoff- oder Silikonketten. Die Fadenmoleküle sind weitmaschig vernetzt. Die Vernetzung erfolgt über Peroxid oder Schwefel. Der Vernetzungsgrad ergibt die Härte. Sie haben aufgrund ihrer leicht vernetzten Struktur ein hohes elastisches Rückstellvermögen. Unter Dehnung werden sie gestreckt, können aber nur begrenzt im Rahmen ihrer Plastizität durch Lösung und Wiederherstellung ihrer Primärbindungen aneinander abgleiten. Nach Entlastung gehen sie weitgehend in ihren Ausgangszustand zurück.

Rohware ist der weiche und plastisch formbare Naturkautschuk (Latex) mit ca. 10.000 Monomeren (Isopren) mit einer Doppelbindung. Nach der Mischung mit Schwefel werden die Doppelbindungen bei Temperaturen von 140 bis 180 °C gelöst und weitmaschig vernetzt (vulkanisiert). Der Stoff wird unschmelzbar zum elastischen Gummi. Peroxid vernetzte Elastomere gelten im Allgemeinen als „reiner" und werden daher in der Lebensmittel- und Pharmaindustrie sowie der Wasserversorgung bevorzugt. Als Nebendichtungswerkstoffe kommen in erster Linie Natur-und Synthesekautschuke und Silikon in Frage. Bei unpolaren Elastomeren kann es erforderlich sein, dass für eine bessere Benetzung (Schmierung) an der Oberfläche eine polare Schicht erzeugt werden muss. Dies kann z. B. durch Oxidieren der Oberfläche, über Beflammen oder mit O_2-Niederdruck-Plasma erfolgen.

Teflon® nimmt eine Sonderstellung ein. Es ist ein teilkristalliner Thermoplast. Die grundsätzlichen Eigenschaften der Nebendichtungswerkstoffe gelten für ihn aber ebenfalls. Thermoplastische Elastomere (TPE) haben gummiähnliche Eigenschaften, sind aber thermoplastisch zu verarbeiten. Sie haben keine unauflöslichen Vernetzungen sondern ausschließlich mechanische Verschlaufungen und physikalische Bindungen z. B. über Wasserstoffbrücken oder Dipole von härteren Molekülketten.

Frei erstarrte Kunststoffschmelzen sind weitgehend isotrop, d. h. die Molekülketten sind gleichmäßig verteilt und die Materialeigenschaften sind nicht richtungsabhängig. Bestimmte teilkristalline und auch amorphe Thermoplaste können unter bestimmten Bedingungen verstreckt werden. Dabei kommt es zur Ausrichtung der Makromoleküle. Erfolgt die Verstreckung bei höheren Temperaturen, so bleiben diese Ausrichtungen erhalten. Teilkristalline Kunststoffe werden nach dem Verstrecken im kalten Zustand im gestreckten Zustand getempert (fixiert). Dabei relaxieren die amorphen Bereiche, die kristallinen Bereiche behalten ihre Ausrichtung bei. Die Verstreckung bewirkt eine Anisotropie verschiedener Eigenschaften wie z. B. Wärmeausdehnung, Wärmeleitfähigkeit und Festigkeit. Die Festigkeit und der E-Modul werden in Streckungsrichtung stark erhöht. Quer zur Streckungsrichtung sind diese Kennwerte viel niedriger. Bei teilkristallinen Thermoplasten lässt sich durch Nachtempern unter Umständen auch der Kristallinitätsgrad beeinflussen.

Energiereiche Strahlen können Kettenmoleküle (Doppelbindungen in der Hauptkette) aufbrechen oder bei höheren Energien H-Atome oder Seitengruppen abspalten. Das Aufbrechen der Hauptkette oder Abspalten von Seitengruppen hat zur Folge, dass freie Valenzen entstehen. Der Kunststoff wird selbst zum Radikal und die Vernetzung mit benachbarten Ketten wird möglich. Auf diese Weise lassen sich z. B. thermoplastische Kunststoffe nachträglich vernetzen. Die Kunststoffe verspröden.

2.8.7.1 Verformungsverhalten und E-Modul

Kunststoffe haben einen weiten Bereich des Dehnungsverhaltens mit unterschiedlichen Verläufen. Typische Spannungs-Dehnungs-Diagramme von Kunststoffen zeigt **Bild 2.62**. Bei Kunststoffen auftretende Spannungs-Dehnungskurven für drei unterschiedliche Werkstoffa-

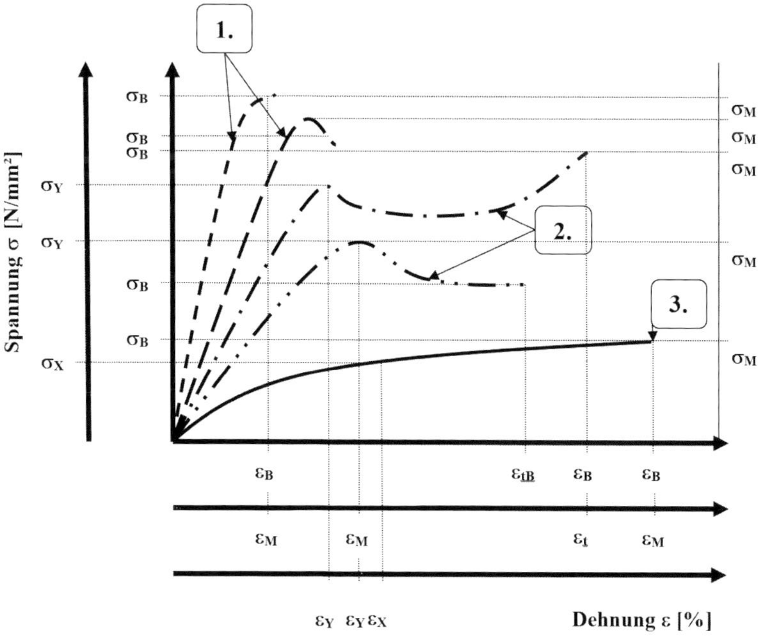

Bild 2.62: Typische Spannungs-Dehnungs-Diagramme von Kunststoffen

milien (1., 2. und 3.) mit den entsprechenden Festigkeits- und Verformungskennwerten mit drei unterschiedlichen Ordinaten sind qualitativ dargestellt:

1. Spröde bzw. relativ spröde Kunststoffe, bei denen keine nennenswerte plastische Verformung auftritt (insbesondere Duroplaste)
2. Zähe Kunststoffe mit zum Teil hoher Dehnung und teilweise plastischer Verfestigung durch Verstreckung
3. Sehr weiche Kunststoffe mit niedrigem Elastizitätsmodul und ausgeprägtem Fließverhalten (insbesondere Thermoplaste)

Gummielastische Werkstoffe vereinen die Eigenschaften der zweiten und dritten Gruppe. Eine „Verfestigung" findet bei Elastomeren insofern statt, dass die Beweglichkeit der freien Kettensegmente durch die Vernetzungspunkte eingeschränkt ist. Dadurch findet während der Streckung teilweise eine irreversible (plastische) Umlagerung/Ausrichtung statt. Die Spannung nimmt bei zunehmender Streckung dann vergleichbar zur oberen Linie der zweiten Gruppe stark zu und endet dann schließlich bei Riss des Werkstoffs.

Tabelle 2.21: Festigkeits- und Verformungskennwerte von Kunststoffen

Kennwert	Definition	Bemerkung
Zugfestigkeit	$\sigma_M = F_m/S_0$	Maximalspannung, die der Probekörper während des Zugversuchs aushält
Streckspannung	$\sigma_y = F_y/S_0$	Der erste Spannungswert, bei dem ein Zuwachs der Dehnung ohne Anstieg der Spannung auftritt (kann kleiner als die maximal erreichbare Spannung sein)
Reißfestigkeit	$\sigma_B = F_B/S_0$	Spannung beim Bruch des Probekörpers
Spannung	$\sigma_X = F_X/S_0$	Spannung, bei der die Dehnung den festgelegten Wert X in % der entsprechenden Norm für die Formmasse zu entnehmen oder zwischen den interessierten Parteien zu vereinbaren (Bei zähen Kunststoffen wurde früher als Ersatzgröße für die Streckspannung, wenn eine solche nicht vorhanden war, z. B. meist die Spannung angesehen, die nach Entlastung z. B. 1% bleibende Dehnung hinterlässt)
Bruchdehnung	ε_B [%]	($\Delta L/L_0$ unter Last gemessen) wenn diese ohne Streckpunkt oder im Streckpunkt auftritt
Dehnung bei Maximalspannung	ε_M [%]	
Dehnung bei Streckspannung	ε_y [%]	
Nominelle Dehnung	ε_T [%]	Die auf die ursprüngliche Länge bezogene Änderung der Einspannlänge zwischen den Klemmen (Klemmlänge). Sie wird verwendet für Dehnungen jenseits eines Streckpunktes. Sie stellt die totale relative Verlängerung dar, die in der freien Einspannlänge des Probekörpers auftritt
Entsprechend:	ε_{tB} [%]	Nominelle Bruchdehnung, wenn die Probe jenseits eines Streckpunktes bricht.
	ε_{tM} [%]	Nominelle Dehnung bei der Zugfestigkeit, wenn diese jenseits eines Streckpunktes auftritt

Die allgemeinen Bezeichnungen sowie Zusammenhänge sind **Tabelle 2.21** zu entnehmen. Einige Hinweise zum Verhalten von Kunststoffen bei mechanischer Beanspruchung:

- Die Festigkeit (wenn nicht verstärkt) und auch der E-Modul sind wesentlich geringer als bei üblichen metallischen Konstruktionswerkstoffen (Festigkeit etwa eine bis drei, E-Modul eine bis fünf Größenordnungen niedriger)
- Bei den meisten Kunststoffen (ausgenommen Duroplaste) ist die Steigung (der E-Modul) der Spannungs-Dehnungskurve nur in einem kleinen Anfangsbereich konstant und nimmt mit zunehmender Spannung ab (Unterschied zwischen Ursprungs- und Sekantenmodul nach **Bild 2.63**). Die Werkstoffe (auch die Elastomere) folgen nicht dem Hookeschen Gesetz
- Die Rückfederung folgt ebenfalls nicht dem Hookeschen Gesetz sondern unter der Ausbildung einer ausgeprägte Hysterese (Die Fläche der Hystereseschleife im Kraft-Verlängerungsdiagramm entspricht der Dämpfung)
- Nach der Rückfederung verbleibt eine mehr oder weniger ausgeprägte Restverformung (der Druckverformungsrest/Compression Set)
- Der Verlauf der Spannungs-Dehnungs-Kurve hängt stark von der Beanspruchungsgeschwindigkeit (Abzugsgeschwindigkeit im Versuch) und von der Temperatur ab
- Die Spannung (abnehmend) oder die Dehnung (zunehmend) ändern sich zeitabhängig. Die entsprechenden Werte werden über Zeitstandsrelaxationsversuche ermittelt und in Isochronen dargestellt

Mit guter Genauigkeit kann für überschlägige Abschätzungen in für dichtungstechnische Belange üblichen kleinen Verformungen von 5 bis 10 % ein E-Modul für üblicherweise stark gefüllte Elastomere von ca. 2 bis 20 N/mm² angenommen werden. Die Elastizität und die Deformierbarkeit sind sowohl von der Temperatur als auch vom zeitlichen Verlauf des Deformationsvorgangs abhängig. Typische schematische Verläufe zeigt **Bild 2.64**. Der Elastizitätsmodul als Widerstand gegen Verformung entspricht der Steigung der Diagramme. Hohe Verformungsgeschwindigkeiten „verhärten" den Werkstoff. Die mechanische Dämpfung wird aus der dynamisch-mechanischen Analyse (DMA) ermittelt. Ein Körper ist elastisch, wenn er

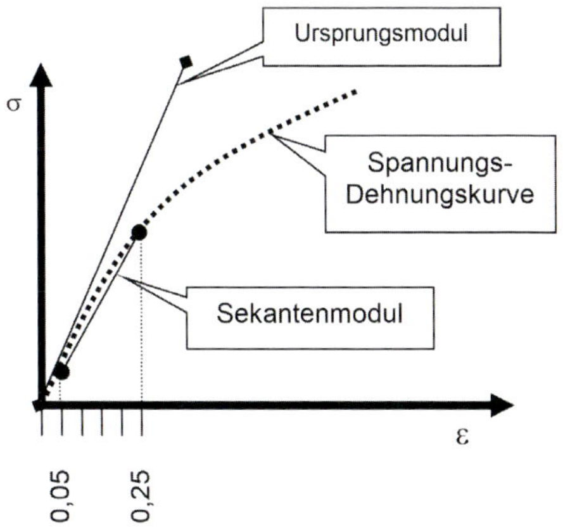

Bild 2.63: E-Modul von Kunststoffen

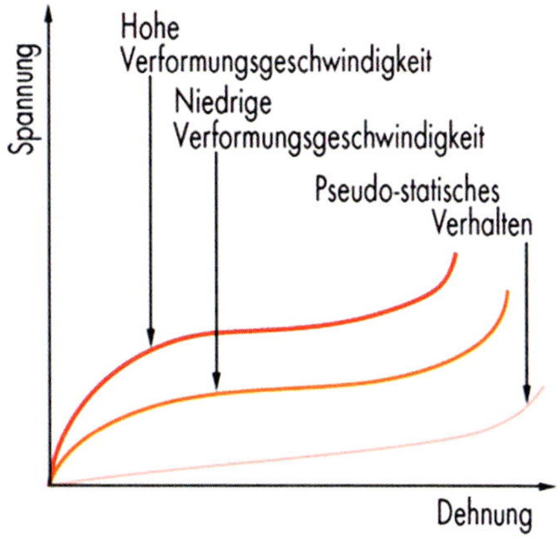

Bild 2.64: Verhalten von Elastomeren bei unterschiedlicher Verformungsgeschwindigkeit (Werkbild Freudenberg)

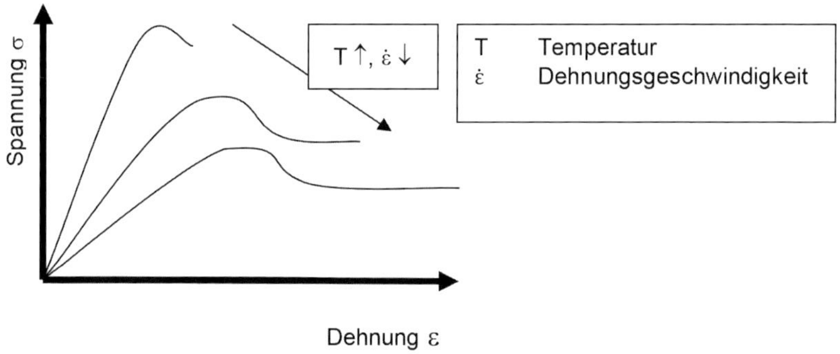

Bild 2.65: Einfluss von Verformungsgeschwindigkeit und Temperatur

nach einer erzwungenen Verformung spontan nach Rücknahme der Last seine ursprüngliche Form annimmt – Rückfederverhalten nach Ausbau eines O-Rings.

Makromoleküle von Polymeren reagieren auf eine Beanspruchung nicht spontan sondern verzögert und haben daher eine hohe Dämpfung. Sie sind bestrebt die aufgebrachten Spannungen durch Umlagerungen auf einen Gleichgewichtswert abzubauen. Die Geschwindigkeit dieser Umlagerung hängt von der Kettenbeweglichkeit und von der Temperatur ab (**Bild 2.65**).

- Ist die Beanspruchungsgeschwindigkeit hoch gegenüber der Umlagerungsgeschwindigkeit und die Temperatur niedrig → sprödes Verhalten mit niedriger Dämpfung
- Ist die Beanspruchungsgeschwindigkeit niedrig gegenüber der Umlagerungsgeschwindigkeit und die Temperatur hoch → zähes Verhalten mit hoher Dämpfung

Neben materialspezifischen Parametern, wie relative Molekülmasse, Verzweigungs- und Vernetzungsgrad, Kettenbeweglichkeit und den Beanspruchungsbedingungen wie Temperatur, Belastungsgeschwindigkeit, Belastungshöhe, Feuchte- und Chemikalieneinfluss hat auch die thermisch-mechanische Vorgeschichte (Eigenspannungen, Orientierungen, Kristallisationsgrad) einen Einfluss auf das Spannungs-Dehnungsverhalten.

2.8.7.2 Thermische Zustandsbereiche

Je nach Struktur und Temperatur können Kunststoffe

1. hartelastisch-spröde oder hartelastisch-zäh
2. weichelastisch (gummielastisch, d. h. entropieelastisch)
3. plastisch-fließend

sein

- Bei Thermoplasten sind alle drei Zustände möglich
- Duroplaste sind aufgrund ihrer starken Vernetzung nur hartelastisch-spröde
- Elastomere gehen von hartelastisch-spröde (Glaszustand) bis gummielastisch (weich-, entropieelastisch)

Der Übergang zwischen den verschiedenen Zuständen ist abhängig von der Temperatur und erfolgt nicht gleichmäßig. Abhängig von der Struktur (amorph, teilkristallin) oder den

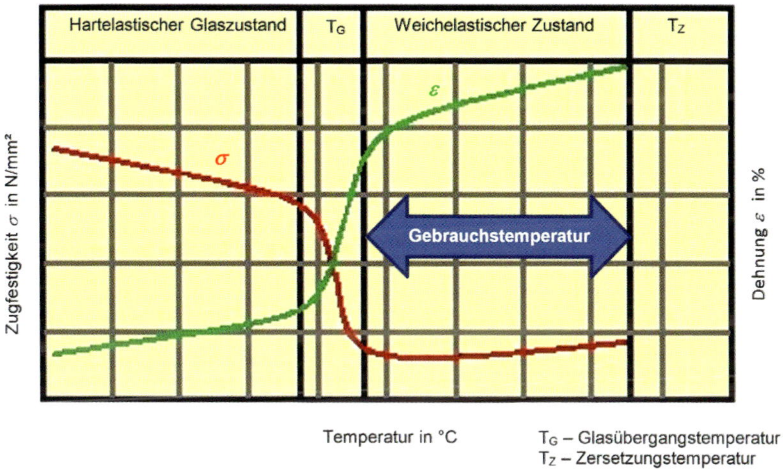

Bild 2.66: Zustandsbereichen von Elastomeren (qualitativ)

Bindungsverhältnissen (vernetzt, nicht vernetzt) liegen Temperaturbereiche vor, in denen sich die mechanischen Eigenschaften (z. B. E-Modul, Zugfestigkeit, Schubmodul) relativ wenig ändern (Zustandsbereiche) und solche, in denen sich in einem schmalen Temperaturbereich die Eigenschaften sehr stark reversibel ändern (Übergangsbereiche). Der Bereich der Gebrauchstemperatur von Elastomeren ist im weichelastischen Zustand. Er wird nach unten durch den Glasübergang begrenzt. Er liegt bei den meisten Elastomeren im niedrigen Minusbereich (0 °C bis –30 °C). Belastungen unterhalb führen zu sprödem Bruch. Trotzdem können Elastomere ohne äußere Belastungsänderung auch diesen niedrigen Temperaturen ausgesetzt werden. Die obere Grenze legt die nicht reversible Zersetzung mit dauerhafter Schädigung fest.

2.8.7.3 Gough-Joule-Effekt

Unter dem Gough-Joule-Effekt versteht man das Phänomen, dass wie in **Bild 2.66** gezeigt bei erhöhter Temperatur im Gebrauchsbereich der E-Modul zunimmt und unter Spannung stehende Elastomere sich bei Erwärmung dadurch zusammenziehen, statt sich wie andere Körper auszudehnen. Der Effekt ist nach John Gough, der ihn 1802 erstmals beobachtete, und James Prescott Joule, der ihn in den 1850er Jahren systematisch untersuchte, benannt. Wenn der Kautschuk nicht unter Spannung steht, tritt der Effekt nicht auf, sondern der Elastomer dehnt sich seinem Ausdehnungskoeffizient entsprechend aus. Unter Vorspannung stehende Elastomerdichtungen (z. B. O-Ringnebendichtungen unter Aufweitung bei der Montage) können sich bei erhöhter Temperatur zusammenziehen und dadurch Reibkräfte bei Verschiebung erhöhen.

2.8.7.4 Druckverformungsrest oder Compression Set

Ein Körper, der seine Verformung nach der Rücknahme einer äußeren Kraft ganz beibehält, ist plastisch oder viskos. Ein viskoelastischer Körper zeigt gleichzeitig Anteile elastischer und plastischer Verhaltensweisen. Im Fall von Elastomeren ist der elastische Anteil aber überwiegend. Kennzeichnend für das Verhalten von Elastomeren ist, dass bei der Rücknahme der Belastung in den Ausgangszustand nicht spontan eine Rückverformung stattfindet sondern infolge der hohen Dämpfung erst allmählich und dann auch nicht vollständig - man kennt dieses Verhalten als Basis für den Druckverformungsrest nach **Bild 2.67** bei O-Ringen.

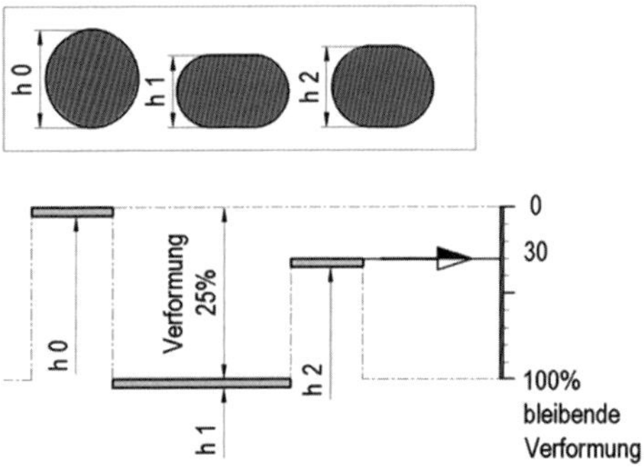

Bild 2.67: Darstellung des Druckverformungsrests an einem O-Ring (Fachverband Fluidtechnik, 2005)

2.8.7.5 Burger-Modell und Dynamisch Mechanische Analyse (DMA)

Im Unterschied zu Metallen sind die Untersuchungsergebnisse bei Elastomeren relativ stark abhängig von Temperaturen, Belastungsgeschwindigkeiten und -dauern. Rein elastisches

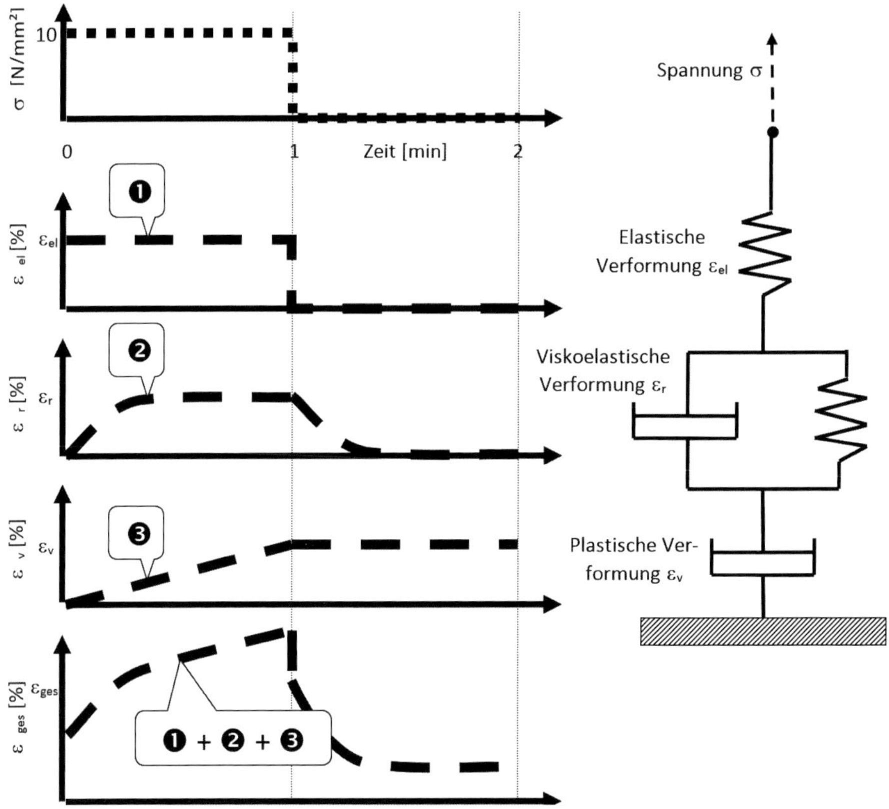

Bild 2.68: Burger-Modell zum Verhalten von Kunststoffen mit elastischem, plastischem und viskosem Verhalten

Bild 2.69: Zeitabhängiger Spannungsverlust von Elastomeren in Bezug zur Ausgangsspannung (qualitativ)

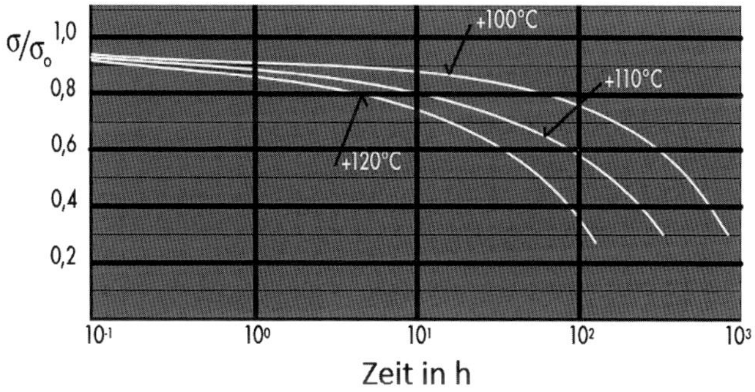

Verhalten tritt nur bei sehr geringer Belastung auf. Das Verhalten von Kunststoffen kann durch das Ersatzmodell nach **Bild 2.68** von Burger, dem sogenannten Feder, Feder-Dämpfer, Dämpfer Modell dargestellt werden.

Der viskose Anteil ist bei Elastomeren und stark vernetzten Duroplasten zwar klein aber vorhanden. Bringt man bei Elastomeren eine konstante Dehnung (z. B. Vorpressung von Dichtungen) auf, so lässt die Spannung mit der Zeit durch Kriechen nach. **Bild 2.69** zeigt den qualitativen zeitabhängigen Verlust der Spannung infolge plastischer Dehnung. Die zeitliche Verzögerung unter einer äußeren Last ist gekennzeichnet durch den viskoelastischen Anteil.

Die Dynamisch-Mechanische Analyse (DMA) liefert Informationen über den Verlauf mechanischer Eigenschaften unter geringer, meist sinusförmiger dynamischer Belastung als Funktion der Temperatur, Zeit und/oder Frequenz. Eine aufgebrachte mechanische Beanspruchung (Spannung oder Deformation) hat nach **Bild 2.70** ein entsprechendes Antwortsignal, Deformation oder Spannung zur Folge, die hinsichtlich Amplitude und Phasenverschiebung ausgewertet werden. Sie dient zur Messung von viskosen und elastischen Eigenschaften.

Der komplexe Modul E* wird als Quotient zwischen Spannungs- und Verformungsamplitude bestimmt und kennzeichnet die Materialsteifigkeit der Probe. Der Betrag des komplexen Moduls ist $|E^*| = \sigma_A/\varepsilon_A$. Der komplexe Modul wird in den Speichermodul E′ (Realteil) und den Verlustmodul E″ (Imaginärteil) aufgeteilt. Dabei handelt es sich um dynamisch-elastische Kenngrößen,

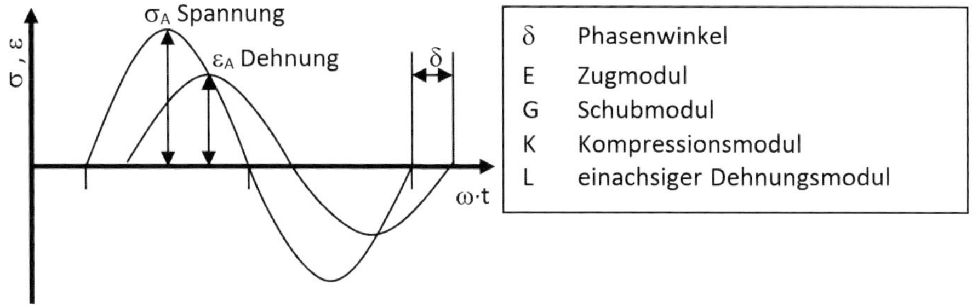

Bild 2.70: Sinusförmige Schwingungsanregung und Antwortsignal eines linear-viskoelastischen Materials

die als werkstoffspezifische Funktionen neben den Messbedingungen und der Vorgeschichte vor allem von der Frequenz abhängen. tan δ stellt den Verlustfaktor dar. Für rein elastisches dämpfungsloses Verhalten ist E'' und damit tan δ gleich null.

$$|E^*| = \sqrt{[E'(\omega)]^2 + [E''(\omega)]^2 1}$$

$$E'(\omega) = |E^*| \cdot cos\delta$$

$$E''(\omega) = |E^*| \cdot sin\delta$$

$$tan\delta = E''(\omega)/E'(\omega)$$

Der Speichermodul E' stellt die Steifigkeit eines viskoelastischen Werkstoffs dar und ist proportional zur maximal während einer Belastungsperiode elastisch gespeicherten Arbeit. Er entspricht etwa dem E-Modul bei einmaliger zügiger Beanspruchung bei niedriger Belastung und reversibler Verformung. Er wird zur Beurteilung der elastischen Eigenschaften herangezogen (elastischer, erster Anteil im Burgermodell).

Der Verlustmodul E'' ist proportional zur Arbeit, die während einer Belastungsperiode im Material dissipiert wird. Er kennzeichnet die in Wärme umgewandelte Energie und ist ein Maß für die bei einer Schwingung nicht wiedergewinnbare Schwingungsenergie. Er spiegelt die viskosen Eigenschaften – die Dämpfung wider (plastischer, dritter Anteil im Burgermodell).

Der Phasenwinkel δ kennzeichnet die Phasenverschiebung zwischen der dynamischen Spannung und der dynamischen Verformung eines viskoelastischen Materials (zweiter Anteil im Burgermodell), das einer sinusförmigen Schwingung ausgesetzt wird.

Der Verlustfaktor tan δ kennzeichnet das Verhältnis zwischen Verlust- und Speichermodul. Er wird üblicherweise als ein Maß für die Energieverluste bei Schwingungen bezogen auf die wiedergewinnbare Energie benutzt. Er kennzeichnet die mechanische Dämpfung oder innere Reibung.

2.8.8 Metallische Teile

Absichtlich zugesetzte Legierungselemente und zufällig vorhandene Restbegleiter verändern die Eigenschaften des Basismetalls Eisen teilweise nachhaltig. Nicht nur die Gleichgewichtstemperaturen in den entsprechenden Phasendiagrammen und dadurch das Umwandlungsverhalten, sondern auch die Gebrauchs- und Beständigkeitseigenschaften können in weiten Bereichen beeinflusst werden wie z. B. mechanische Eigenschaften wie Festigkeit, Härte, Zähigkeit, thermische und chemische Beständigkeit (Materialabtrag). Der Thermische Ausdehnungskoeffizient sowie die Duktilität (kein Steilabfalls der Kerbschlagzähigkeit ist insbesondere bei kryogenen Anwendungen erforderlich) werden nahezu ausschließlich über die Gitterstruktur (kubisch flächenzentriert bei Austeniten oder kubisch raumzentriert bei Ferriten) beeinflusst. Metallische Werkstoffe werden für Gehäuseteile, Wellenhülsen, Schrauben, Keile, Mitnehmerringe und Federn verwendet.

„Edelstahl Rostfrei" ist ein Sammelbegriff für über 120 verschiedene Sorten nichtrostender Stähle mit mindestens 10,5 % Chromgehalt als Hauptlegierungselement. Höherer Chromgehalt sowie ein Zulegieren von Nickel und Molybdän erhöhen die Korrosionsbeständigkeit. Titan und Niob verbessern durch Stabilisierung die Beständigkeit gegen interkristalline Korrosion. Sie bilden zusammen mit dem allgegenwärtigen Kohlenstoff Sonderkarbide und verhindern

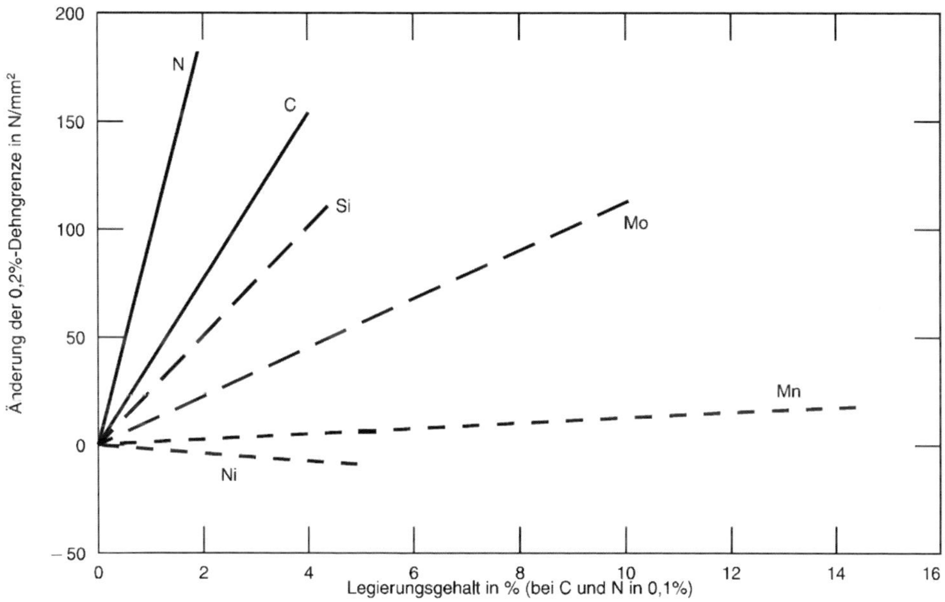

Bild 2.71: Einfluss einiger Legierungselemente auf die 0,2%-Dehngrenze von austenitischem Stahl (nach V.J. Mc Neely und D.T. Llewellyn)

dadurch die Chromverarmung an den Kristallitgrenzen oder in Korngrenzen nahen Bereichen. Stickstoff steigert die Festigkeit und erhöht ebenfalls die Korrosionsbeständigkeit. Schwefel und Phosphor verbessern die Zerspanbarkeit. Mangan und Silicium binden Sauerstoff wirken daher desoxidierend und Mangan bindet wiederum Schwefel und verhindert dadurch die ungünstige Bildung von Eisen-Sulfid. Phosphor wirkt stahlschädigend infolge von Seigerungen verbunden mit Versprödung. Hochwertige Stähle (Edelstähle) haben unter 0,03 bis 0,05 % Phosphor.

Über Jahrzehnte wurde eine Vielzahl von verschiedenen Legierungen entwickelt, welche für die unterschiedlichsten Anwendungen die jeweils beste Eigenschaft bieten. Diese Legierungen haben alle ein gemeinsames Merkmal: Sie benötigen durch das in der Legierung enthaltene Chrom keinen zusätzlichen Oberflächenschutz. Dieser Chromanteil bildet auf der Oberfläche eine farblose, transparente, fest haftende und diffusionsdichte Oxidschicht (die Passivierungsschicht), die sich nach Beschädigung der Oberfläche mit Hilfe des in der Luft oder Wasser enthaltenen Sauerstoffs selbsttätig wieder regeneriert.

Nichtrostende Stähle sind in der DIN 17440 und der DIN EN ISO 3506 sowie EN 10088 zusammengefasst.

Grundsätzlich werden Edelstahllegierungen nach ihrem kristallinen Gefüge in vier verschiedene Hauptgruppen mit unterschiedlichen Mischgefügen eingeteilt. Die Zuordnung kann nach dem Schaeffler-Diagramm (**Bild 2.72**) erfolgen.

Beispiele von Werkstoffnummern nach DIN EN 10027-2 zeigt **Tabelle 2.22**.

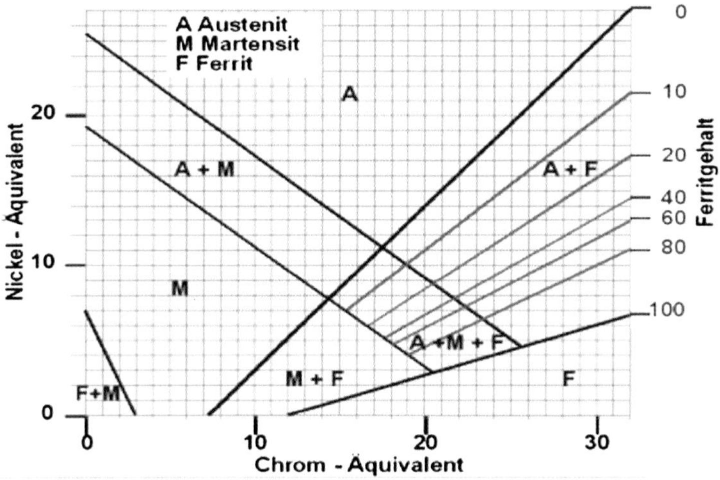

Bild 2.72: Schaeffler-Diagramm mit Berechnung des Chrom- und Nickel-Äquivalents

Kennwerte für rost- und säurebeständige Stähle zur Bestimmung der Gefügezusammensetzung nach dem Schaeffler Diagramm

1. Perlitisch-martensitische Edelstähle
   Cr = 10,5 … 15, C = 0,15 … 1,2
2. Halbferritische/ferritische Edelstähle (Chrom-Stähle)
   Cr = 12 … 18/15 …30, C < 0,2
3. Austenitische Edelstähle (Chrom – Nickel – Stähle) → mit Molybdän
   Cr = 15 … 26, Ni = 5 … 25, (Mo = 2 …6), C < 0,1
4. Austenitisch-ferritische Edelstähle → mehr Chrom, weniger Molybdän
   a. DUPLEX-Stähle
      Cr = 18 …25, Ni = 4 … 7, Mo = … 4, C < 0,2
   b. Super DUPLEX-Stähle
      Cr = 16,5 … 25, Ni = 6 … 8, Mo = …5, C < 0,1

Cr-Äquivalent:

$Cr_{Äquivalent} = \%Cr + \%Mo + 1{,}5 \cdot \%Si + 0{,}5 \cdot \%\,Nb + 2 \cdot \%Ti$

Ni-Äquivalent:

$Ni_{Äquivalent} = \%Ni + 3{,}3 \cdot \%Mo + 0{,}5 \cdot \%Mn$

Kohlenstoff

Kohlenstoff ist Ferritbildner. Festigkeitssteigerung und Härtemöglichkeit durch Umwandlungshärtung (Martensitbildung) stellen die wichtigsten Eigenschaften von Kohlenstoff als Legierungselement dar. Die kritische Abkühlgeschwindigkeit wird bereits durch niedrigen Gehalt an Kohlenstoff stark abgesenkt, was einer Erhöhung der Härtbarkeit gleichkommt.

Stickstoff

Stickstoff wirkt festigkeitssteigernd aber als Austenitbildner und damit ähnlich wie Kohlenstoff aber mit veränderter Gitterstruktur, was für Kaltzähigkeit sorgt. Die maximale Löslichkeit (0,1 %

Tabelle 2.22: Nummernklassen nach DIN EN 10027-2

Werkstoffnummern	Cr- und Ni-Anteil	Zulegierungen
1.40..	Cr-Stähle mit < 2,5 % Ni	ohne Mo, Nb, Ti
1.41..	Cr-Stähle mit < 2,5 % Ni	mit Mo, ohne Nb, Ti
1.43..	Cr-Stähle mit ≥ 2,5 % Ni	ohne Mo, Nb, Ti
1.44..	Cr-Stähle mit ≥ 2,5 % Ni	mit Mo, ohne Nb, Ti
1.45.. / 1.46..	Cr-, CrNi- oder CrNiMo-Stähle	mit Sonderzusätzen Cu, Nb, W, Ti

bei 594 °C) ist jedoch deutlich größer als bei Kohlenstoff (0,02 % bei 723 °C). Ein Teil des Nickels in austenitischen Stählen ersetzt die Wirkung des Kohlenstoffs. Stickstoff mit bis zu 0,25 % erhöht insbesondere in Verbindung mit Molybdän die Korrosionsbeständigkeit (Lochfraßbeständigkeit durch verminderte Sekundärzementitausscheidung) und Warmfestigkeit.

- 1.4311/304LN/X2CrNiN 18-10 (L – Low Carbon Quality, N – Stickstofflegiert)
- 1.4406/316LN/X2CrNiMoN 17-11-2
- 1.4429/316LN/X2CrNiMoN 17-13-3
- 1.4439/317LMN/X2CrNiMoN 17-13-5
- 1.4460/329/X3CrNiMoN 27-5-2
- 1.4462/329J3L/X2CrNiMoN 22-5-3

Schwefel

Schwefel ist wie Phosphor ein typischer Eisenbegleiter und neigt durch die geringe Löslichkeit von 0,05 % bei 1.356 °C zu verstärkten Seigerungen. Geringste Mengen an Schwefel bildet bereits FeS als intermediären Einschluss. In Kombination mit gelöstem Sauerstoff tritt das FeO-FeS-Eutektikum mit niedrigem Schmelzpunkt bei 865 °C auf, was zur „Rotbrüchigkeit" mit mangelnder Duktilität aufgrund von Ausscheidungen an den Korngrenzen führt. Mangan bildet mit Schwefel das bei 1.610 °C schmelzende MnS oder MnFeS. Edelstähle haben einen garantierten Grenzschwefelgehalt von maximal 0,02 bis 0,035 %.

Phosphor

Phosphor hat extrem niedrige Diffusionsgeschwindigkeit im Eisen und erzeugt daher ein großes Erstarrungsintervall, was zu ausgeprägten Seigerungen führt. Phosphorgehalte bereits ab 0,01 % bewirken Anlassversprödung und Kaltversprödung. Kaltzähe austenitische Stähle sollen daher einen geringen Gehalt an Phosphor aufweisen.

Chrom

Chrom gehört zu den wichtigsten Legierungselementen für Stahl. Die Zugfestigkeit wird deutlich erhöht, wobei die Reißdehnung nur geringfügig reduziert wird. Chrom hat aufgrund seines unedleren Charakters höhere carbidbildende Wirkung gegenüber Eisen. 12,5 % gilt als Mindestmaß zur Bildung einer stabilen Passivierungsschicht und ist typisch für rost- und säurebeständige Stähle in der Dichtungstechnik. Neben den bereits oben genannten Stählen sind typisch:

- 1.4001/429/X7Cr 14
- 1.4006/410/X12Cr 13

Nickel

Nickel ist ab einem Gehalt von 8 % Austenitbildner und wirkt kornfeinend, erhöht insbesondere die Streckgrenze und gleichzeitig die Zähigkeit und begünstigt dadurch den Einsatz bei tiefen Temperaturen und senkt die Überhitzungsempfindlichkeit.

- 1.4301/304/X5CrNi 18-10
- 1.4303/305/X4CrNi 18-12
- 1.4306/304L/X2CrNi 19-11

Molybdän

Molybdän ist Ferritbildner und erhöht die Warmfestigkeit. Aus seiner Eigenschaft stabile Carbide zu bilden ergibt sich die höhere Beständigkeit gegen interkristalline Korrosion (Zusatz von 2 bis 5 %) auch bei höherem Kohlenstoffgehalt sowie erhöhte Verschleißfestigkeit z. B. gegen Spülverschleiß. Die Lochfraßbeständigkeit wird deutlich erhöht. Molybdän kann in seiner Wirkung weitgehend Wolfram ersetzen. Ähnlich wie Chrom und Nickel wirkt Molybdän passivierend.

- 1.4401/316/X5CrNiMo 17-12-2
- 1.4404/316L/X2CrNiMo 17-12-2
- 1.4435/316L/X2CrNiMo 18-14-3
- 1.4436/316/X3CrNiMo 17-13-3
- 1.4438/317L/X2CrNiMo 18-15-4
- 1.4449/317/X3CrNiMo 18-12-3
- 1.4460/329/X3CrNiMoN 27-5-2

Titan

Titan ist Ferritbildner und wird zur Kornfeinung und damit Korngrenzenhärtung eingesetzt. Es verhindert die Rekristallisation und erhöht dadurch die thermische Zeitstandfestigkeit der Stähle. Titancarbide wirken ausscheidungshärtend (Steigerung der Festigkeit) und durch die Verhinderung von Sekundärzementit verbessernd gegen interkristalline Korrosion und Lochfraßbeständigkeit. Es dient mit dem 5-fachen prozentualen Gehalt des Kohlenstoffs (doch nicht mehr als 0,8%) zur Stabilisierung von Cr-Ni-Stählen.

Stabilisierte ferritische Chromstähle

- 1.4510/430Ti/X3CrTi 17
- 1.4512/409/X2CrTi 12
- 1.4521/444/X2CrMoTi 18-2 (Bandstahl, Bleche)

Stabilisierte austenitische Chromstähle

- 1.4541/321/X6CrNiTi 18-10
- 1.4571/316Ti/X6CrNiMoTi 17-12-2
- 1.4878/321H/X8CrNiTi 18-10 (H – High Carbon Quality)

Niob/Tantal

Niob/Tantal sind Ferritbildner und kommen fast nur gemeinsam vor, da sie sehr schwer voneinander lösbar sind. Beide sind sehr starke Carbidbildner und daher Stabilisatoren in rost- und säurebeständigen Stählen. Sie erhöhen die thermische Zeitstandfestigkeit und werden daher bei austenitischen hochwarmfesten Kesselstählen zulegiert.

- 1.4546/348/X5CrNiNb 18-10
- 1.4550/347/X6CrNiNb 18-10

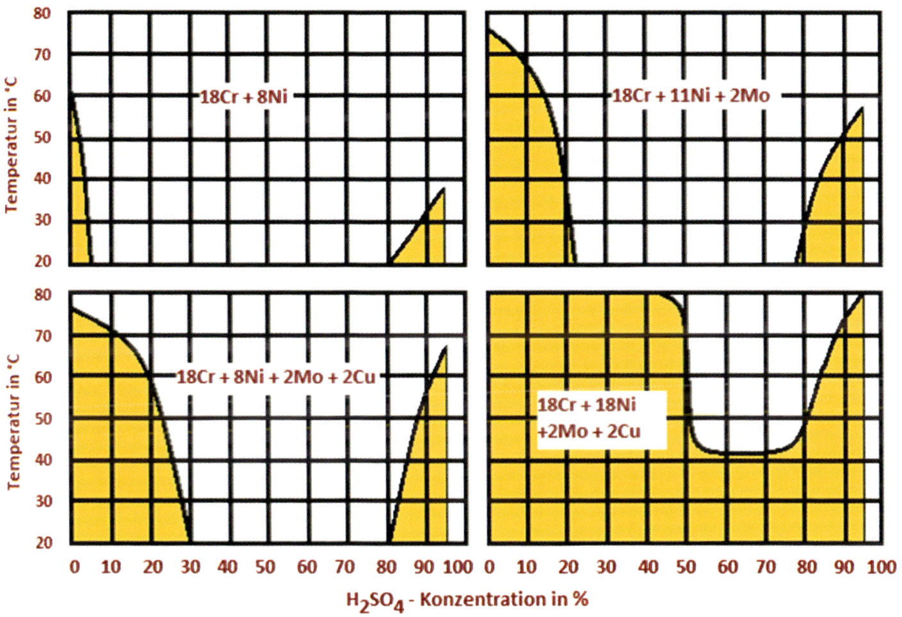

Bild 2.73: Beständigkeitsfenster für unterschiedliche Legierungszusammensetzungen gegen Schwefelsäure. Der weiße Bereich kennzeichnet eine Abtragsrate von über 0,1 mm/Jahr

Kupfer

Kupfer ist Austenitbildner und ermöglicht den Einsatz von Austeniten in reduzierenden Säuren (Schwefel- oder Phosphorsäure) in Verbindung mit niedrigem C-Gehalt unter 0,02 %. Kupfer steigert die Streckgrenze und bei einem Zusatz von bis zu 3 % besonders in Verbindung mit Molybdän die Korrosionsbeständigkeit (**Bild 2.73**).

- 1.4529/-/X1NiCrMoCuN 25-20-7
- 1.4539/-/X1NiCrMoCuN 25-20-5
- 1.4542/630/X5CrNiCuNb 16-4
- 1.4567/304Cu/X3CrNiCu 18-9-4

Mangan

Mangan erhöht bis 10 % durch bedingte Aushärtbarkeit die Zugfestigkeit und Streckgrenze sowie die Kerbschlagzähigkeit und wirkt desoxidierend (bindet O und S).

- 1.4565-/X2CrNiMnMoNbN 25-18-5-4 (Bandstahl oder Blech mit außergewöhnlicher Beständigkeit gegen chloridinduzierte Lochfrass- und Spaltkorrosion)

2.8.9 Das Korrosionsverhalten

Besondere Aufmerksamkeit erfordert die chemische Beständigkeit der Baumaterialien

In der praktischen Anwendung ergibt sich oft die Notwendigkeit nichtrostende Stähle mit unterschiedlichen metallischen Werkstoffen in einer Anwendung zu kombinieren. Bei elektrisch leitender Verbindung dieser Werkstoffe miteinander kommt es in Gegenwart eines leitenden Mediums (Elektrolyt) zu Korrosionsreaktionen, die zu Schäden durch Kontaktkorrosion führen können. Nach DIN 50 900 Teil 1 ist die Kontaktkorrosion eine „beschleunigte Korrosion eines metallischen Bereichs, die auf ein Korrosionselement, bestehend aus einer Paarung Metall/Metall oder Metall/elektronenleitender Festkörper mit unterschiedlichen freien Korrosionspotentialen zurückzuführen ist. Hierbei ist der beschleunigt korrodierende metallische Bereich die Anode des Korrosionselementes“.

Die bei der Kontaktkorrosion auftretende Korrosionserscheinung ist häufig gleichmäßiger oder ungleichmäßiger Flächenabtrag. Der Flächenabtrag oder Massenverlust des „unedleren“ Partners in der Kombination hängt von der Größe des fließenden Elementstroms („Potentialdifferenzstrom“) und der Höhe der Eigenkorrosion beim sich einstellenden Mischpotential der Metallkombination ab. Der Elementstrom ist eine komplexe Größe, der von der geometrischen Anordnung, der Größe der Medium berührten Elektrodenflachen, den Ruhepotentialen und den Polarisationswiderständen der Partner sowie von dem Elektrolytwiderstand des Mediums abhängt. Für die Beurteilung der Korrosionsgefährdung des unedleren Partners in einer Werkstoffkombination ist nicht die Höhe der Potentialdifferenz (Spannungsunterschied) zwischen den miteinander verbundenen Werkstoffen, sondern die Charakteristik der Teilstromdichte-Potential-Kurven beider Werkstoffe im angreifenden Medium verantwortlich [29].

Die Korrosionsstromdichte (Elementstrom) und damit der Kontaktkorrosionsangriff kann sich bei gleicher Potentialdifferenz je nach Charakteristik der anodischen und kathodischen Teilstromdichte-Potential-Kurven um mehrere Größenordnungen ändern. Ausschlaggebend ist, ob die anodischen oder die kathodischen Teilreaktionen ungehindert oder behindert, z. B. durch sich bildende passivierende Deckschichten, ablaufen können. Liegen bei guter Leitfähigkeit des korrosiven Mediums ungünstige Flächenverhältnisse (große Kathode/kleine Anode) vor, kann die Kontaktkorrosion zu Korrosionsschäden führen. Demnach ist das Zugrundelegen der theoretischen Spannungsreihe aber auch der praktischen Spannungsreihen zur Abschätzung der Gefährdung von Werkstoffen bei leitendem Kontakt miteinander in der Praxis ungeeignet. Zur exakten Beurteilung der Gefährdung einer Werkstoffkombination sind Korrosionsuntersuchungen nach DIN 50 919 erforderlich.

Korrosion nichtrostender Stähle
Korrosion ist die Herabsetzung oder Verringerung des Wertes oder der Eigenschaften eines Werkstoffs oder eines Bauteils durch Zersetzung – eine physiochemische Reaktion mit der Umgebung hin zum natürlichen Zustand (**Bild 2.74**). Sie wird begünstigt durch äußere energetische Einflüsse wie Temperatur oder Strahlung. Sie kann nicht verhindert aber im Rahmen des Gebrauchs beherrscht werden.

Flächenkorrosion
Flächenkorrosion ist durch einen gleichmäßigen oder annähernd gleichmäßigen Werkstoffabtrag gekennzeichnet. In der Regel wird eine Abtragung unter 0,1 mm/a als ausreichende Beständigkeit gegen Flächenkorrosion zugelassen. Wenn anstelle der Abtragungsrate die Massenverlustrate pro Flächeneinheit als Maßgröße benutzt wird, so gilt bei nichtrostendem Stahl für die Umrechnung die Beziehung 1 g/h · m^2 = 1,1 mm/a. Ungleichmäßige Flächenkorrosion wird als Muldenkorrosion bezeichnet. Nichtrostende Stähle können erfahrungsgemäß nur in sauren wässrigen Medien durch mehr oder weniger gleichmäßige Flächenkorrosion angegriffen werden. Für die atmosphärische Korrosion ist von Bedeutung, dass bei ansteigendem pH-Wert (>4) die Korrosionsgeschwindigkeit im aktiven Zustand stark abnimmt.

Grundsätzliche Voraussetzung für die Erzielung der optimalen Korrosionsbeständigkeit ist eine metallisch absolut saubere Oberfläche. Nichtrostende Stähle zeichnen sich durch besondere Beständigkeit gegen chemisch angreifende, wässrige Medien aus. Sie haben im Allgemeinen

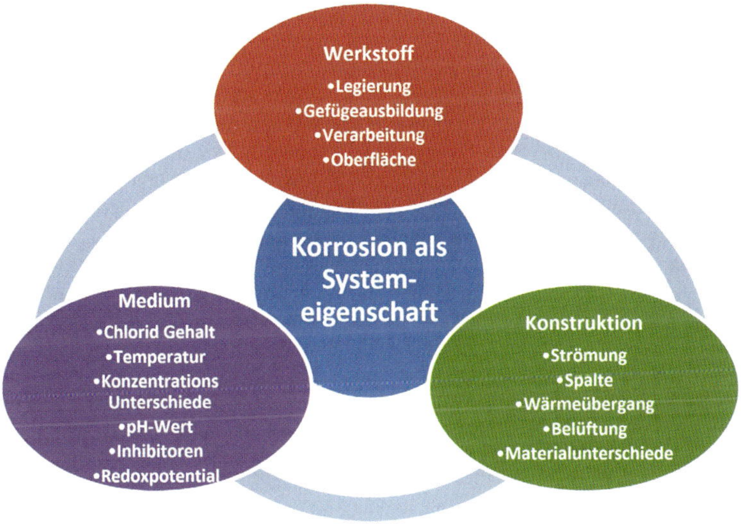

Bild 2.74: Korrosion systemisch gedacht

einen Masseanteil des Elements Chrom (Cr) von mindestens 12,5 % und einen Masseanteil des Elements Kohlenstoff (C) von höchstens 1,2 %.

Die hohe Korrosionsbeständigkeit nichtrostender Stähle beruht auf ihrer Fähigkeit an der Oberfläche eine so genannte Passivschicht zu bilden. Dabei handelt es sich um eine nur wenige Ångström (1Å = 0,1 nm) dünne, chromreiche Metalloxid bzw. Metalloxidhydratschicht, die das Metall von dem angreifenden Medium trennt. Die Passivschicht eines nichtrostenden Stahles ist nicht etwas Unveränderliches, sondern stellt sich in ihrer Zusammensetzung und ihrem Aufbau im Zeitablauf mit dem umgebenden Medium ins Gleichgewicht. Nach einer mechanischen Verletzung der Metalloberfläche erfolgt die Bildung einer neuen Passivschicht im Allgemeinen selbstständig.

Kann sich in einem Medium keine ausreichende Passivschicht bilden oder wird die vorhandene Passivschicht auf chemischem Wege durchbrochen (z. B. durch Chloridionen) oder ganz zerstört, können Korrosionsschäden auftreten.

Das für die Fähigkeit der Passivschichtbildung entscheidende Legierungselement ist Chrom. Durch Erhöhung des Chromanteils sowie Zulegieren von Molybdän und auch anderen Legierungselementen lässt sich die Beständigkeit auf wesentlich aggressivere Einsatzbedingungen erhöhen. Wirksam für die Passivierung ist nur der im Metall gelöste Gehalt an Legierungselementen. Die jeweils höchste Korrosionsbeständigkeit weist daher eine seigerungsfreie Matrix auf, die nicht durch Ausscheidungen oder Bildung intermetallischer Phasen aus Chrom und Molybdän oder intermediärer Phasen z. B. an Korngrenzen aus Carbiden verarmt ist.

Nichtrostende Stähle können abtragende Flächenkorrosion und verschiedene Formen örtlicher Korrosion erleiden. Mit abtragender Flächenkorrosion ist primär beim Kontakt mit Säuren und starken Laugen zu rechnen.

Interkristalline Korrosion, Loch- und Spaltkorrosion

Für die Praxis wichtiger sind jedoch meist die verschiedenen Formen örtlicher Korrosion (**Bild 2.75**). Interkristalline Korrosion ist ein Angriff entlang der so genannten Korngrenzen, während die Körner selbst nicht oder kaum abgetragen werden. Der Angriff der Korngrenzen kann so weit gehen, dass einzelne Körner aus dem Kornverband herausgelöst werden, wodurch das Gefüge seinen Zusammenhalt verliert. Ursache der Interkristallinen Korrosion bei nichtrostenden Stählen sind Ausscheidungen von chromreichen Carbiden an den Korngrenzen, die eine Chromverarmung in den korngrenznahen Bereichen zur Folge haben. Die so gebildeten chromarmen Zonen sind gegen die meisten angreifenden Medien nicht korrosionsbeständig genug und können daher schnell in Lösung gehen.

Die Chromcarbidausscheidungen setzen einen bestimmten Kohlenstoffgehalt voraus und finden im Temperaturbereich zwischen etwa 500 °C und 800 °C statt, wie z. B. bei Wärmebehandlungen oder Schweißvorgängen. Zur Vermeidung einer Chromcarbidausscheidung kann man in nichtrostenden Stählen den Kohlenstoffgehalt auf unter 0,03 % absenken oder aber den vorhandenen Kohlenstoff durch so genannte Stabilisierungselemente wie Titan oder Niob, die eine größere Kohlenstoffaffinität als Chrom haben, anbinden.

Bei der selektiven Korrosion werden bestimmte Gefügebestandteile in Korngrenzen nahen Bereichen oder Legierungselemente bevorzugt aufgelöst. Man unterscheidet nach dem Bereich des zerstörten Gefüges:

- Interkristalline oder intergranulare Korrosion,
  wenn die Zerstörung entlang der Korngrenzen verläuft
- Transkristalline Korrosion,
  wenn sie durch die Körner läuft oder in Verbindung damit kommt

Da die selektive Korrosion im Korngrenzenbereich auftritt, ist sie mit bloßem Auge nicht erkennbar und deshalb besonders gefährlich. Die interkristalline Korrosion kann in sauren Medien auftreten, wenn sich durch Wärmeeinwirkung (zwischen 450 °C und 850 °C bei den austenitischen Stählen, oberhalb 900 °C bei den ferritischen Stählen) Chromcarbide an den Korngrenzen ausscheiden. Solche Wärmeeinwirkung tritt z. B. beim Schweißen in der Nähe der Schweißnaht auf (Wärmeeinflusszonen) oder bei Hochtemperaturanwendungen z. B. im Wärmeträgerbereich oder Raffinerieanwendungen. Sie bewirkt örtliche Chromverarmung in der Umgebung der ausgeschiedenen Chromcarbide (Sigmaphase). In der Praxis muss man daher bei den austenitischen Stählen den Kohlenstoffgehalt durch Zugabe von Titan oder Niob abbinden. Diese Stabilisierung kennen wir bei den Werkstoffen 1.4571 oder 1.4541. Werkstoffe wie 1.4404 oder 1.4307 können aufgrund des weiter abgesenkten Kohlenstoffgehaltes darauf verzichten.

Bild 2.75: Interkristalline, selektive und selektive + Lochkorrosion

Bild 2.76: Lochkorrosion (Pitting)

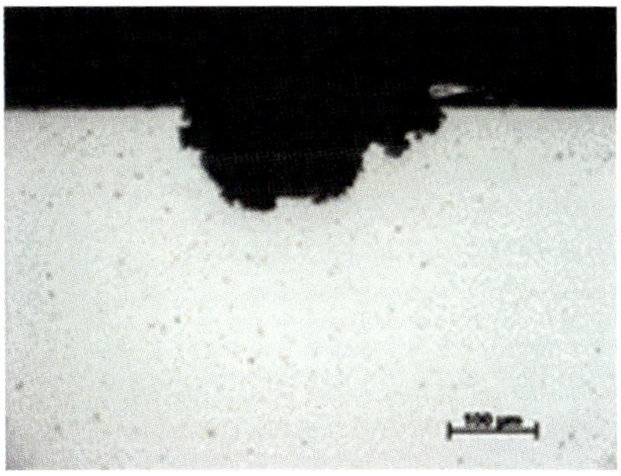

Sind Chromcarbidausscheidungen aufgetreten, so können diese bei Lösungsglühtemperaturen oberhalb 1.050 °C wieder aufgelöst werden. Bei unstabilisierten ferritischen Stählen kann eine bestehende Anfälligkeit gegen interkristalline Korrosion durch Glühen bei 800 °C bis 885 °C beseitigt werden. Hierbei werden durch Nachdiffusion von Chrom aus dem Korninneren die Chromverarmungen in den korngrenznahen Bereichen aufgehoben bzw. abgemildert.

Loch- und Spaltkorrosion werden in der Praxis meistens durch Chloridionen aus Meerwasser oder Aerosolen verursacht. Besonders kritisch sind chloridangereicherte saure Medien. Daneben können auch die seltener auftretenden Halogenide Bromid und Jodid Auslöser sein.

Lochkorrosion wird eingeleitet durch eine Wechselwirkung zwischen den Halogenidionen und der Passivschicht, wobei die Passivschicht lokal durchbrochen wird. Es bilden sich nadelstichartige Vertiefungen und durch deren Erweiterung Lochfraßstellen, die eine unterschiedliche Ausprägung haben können (**Bild 2.76**). Die Lochkorrosionsgefahr nimmt mit steigernder Konzentration der Halogenidionen, steigender Temperatur und Erhöhung des elektrochemischen Potenzials des Stahls zu. Durch Ablagerungen, Fremdrost, Schlackenreste und Anlauffarben auf der Oberfläche wird die Gefahr einer Lochkorrosion verstärkt. Durch weitere Erhöhung des Chromgehalts, insbesondere durch Zusatz von Molybdän und z. T. von Stickstoff, wird die Beständigkeit der nichtrostenden Stähle gegenüber Lochkorrosion erhöht. Die Korrosionsbeständigkeit in lochkorrosionserzeugenden Medien hängt in erheblichem Maß von der Oberflächengüte (Oberflächenrauheit) ab.

Spaltkorrosion tritt in Spalten auf, in denen der Flüssigkeitsaustausch mit der Umgebung eingeschränkt ist. Solche Spalten sind konstruktions- oder betriebsbedingt und liegen z. B. bei Flanschen, an Passungen, unter Dichtungen, Schraubenköpfen oder auch unter Ankrustungen vor (**Biid 2.77**). Der Korrosionsmechanismus entspricht im Wesentlichen dem der Lochkorrosion. Als zusätzliche Einflussfaktoren treten noch die Spaltgeometrie und die Art der spaltbildenden Materialien in Erscheinung.

Bild 2.77: Spaltkorrosion im Bereich der Schraubenbefestigung zwischen Schraubenkopf und Bohrungsrand

Da Spaltkorrosion schon bei bedeutend schwächerer Korrosionsbeanspruchung auftritt als Lockkorrosion, sollte in chloridhaltigen Medien durch konstruktive Maßnahmen das Auftreten von Spalten möglichst vermieden werden. Als Abhilfemaßnahme kann ein dauernder, kontinuierlicher Austausch der Flüssigkeit sein. Besonders empfindlich reagieren die ferritischen nichtrostenden Stähle bei Spaltkorrosion, deren Passivschicht empfindlicher ist als bei den Austeniten und nichtrostenden Duplexstählen. Das führt in diesen kritischen Oberflächenbereichen dann schneller zum Fortschreiten einer einmal initiierten Korrosion.

Bei homogener Legierungselementverteilung kann die relative Loch- und Spaltkorrosionsbeständigkeit eines nichtrostenden Stahles in etwa über die Wirksumme W (den sog. PREN – Pitting Resistant Equivalent Number) abgeschätzt werden:

Meerwasserbeständigkeit (PREN $\geq$ 32):

$$\mathbf{PREN = 1 \cdot (\%Cr) + 3{,}3 \cdot (\%Mo) + 16 \cdot (\%N)}$$

Einsatz in schwefelwasserstoffhaltiger Umgebung bei der Öl- und Gasgewinnung (PREN $\geq$ 40 für SS-Duplex oder PREN $\geq$ 30 für Molybdänstahl mit Mo > 1,5 %):

$$\mathbf{PREN = 1 \cdot (\%Cr) + 3{,}3 \cdot (\%Mo + 0{,}5 \cdot (\%W)) + 16 \cdot (\%N)}$$

Der Einfluss des Legierungselementes Stickstoff ist allerdings komplexer als diese Beziehung ausdrückt. Die im Faktor 16 zum Ausdruck kommende hohe Wirksamkeit dürfte nur bei hochlegierten Stählen mit erhöhten Molybdängehalten voll zum Tragen kommen. Nichtmetallische Verunreinigungen, vor allem sulfidische Ausscheidungen, fördern Loch- und Spaltkorrosion, wenn sie an die Oberfläche treten. Von Vorteil kann eine möglichst glatte Oberfläche sein, die ein Anhaften von Ablagerungen die zur Spaltkorrosion führen können erschweren. Eine hohe Loch- und Spaltkorrosionsbeständigkeit wird nur bei einwandfreier Oberflächenbeschaffenheit d. h. metallisch blanker Oberfläche, erreicht. Deshalb sind Anlauffarben und Zunderreste nach dem Schweißen, Fremdmetallabrieb, Fremdrost, Schleifmittelrückstände etc. gründlich eventuell durch Beizen oder elektrochemisches Polieren zu entfernen.

Unter Fremdrost versteht man Ablagerungen von Rostteilchen, die nicht an der betreffenden Stelle entstanden, sondern von irgendwo her hinzu getragen wurden. Fremdrost tritt bevorzugt bei nicht getrennter Lagerung und Verarbeitung von „schwarzem“ und „weißem“ Stahl auf. Aber auch Werkzeugabrieb kann zu Fremdrost führen. Durch Ablagerung von Fremdrost können die Bedingungen für Spaltkorrosion erfüllt sein.

Spannungsrisskorrosion
Medien mit spezifisch wirkenden Komponenten – besonders Chloridionen – können bei gleichzeitiger Einwirkung von Zugspannungen zu einem Korrosionsangriff unter Rissbildung bei nichtrostenden Stählen führen, auch wenn der Stahl ohne mechanische Beanspruchung in dem Medium ausreichend beständig ist. Diese als Spannungsrisskorrosion bezeichnete Erscheinung kann nicht nur durch von außen aufgebrachte betriebsbedingte Zugspannungen ausgelöst werden. Häufig liegt die Ursache vielmehr auch in Eigenspannungen, die bei der Verarbeitung eingebracht werden, wie z. B. beim Schweißen, Schleifen, Zerspanen mit stupfen Werkzeugen oder Kaltumformen. Bei dieser Korrosionsart entstehen feine Risse, die bei nichtrostenden Stählen im Allgemeinen transkristallin verlaufen (**Bild 2.78**). Die dadurch häufig schlecht optisch wahrnehmbare Bauteilschwächung ist gefährlich.

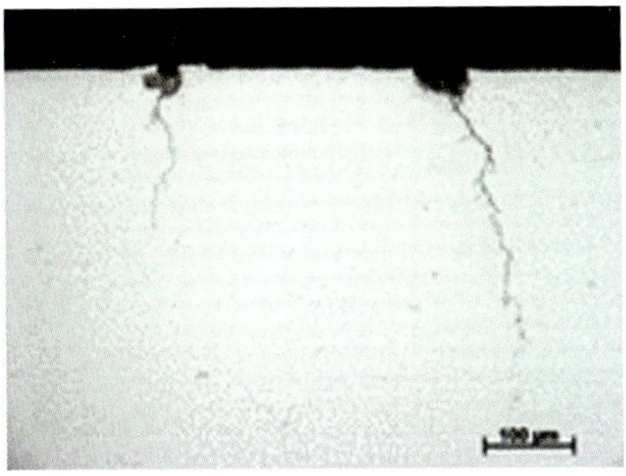

Bild 2.78: Spannungsrisskorrosion

Bild 2.79: Bimetallkorrosion durch Kontakt zweier unterschiedlicher Metalle

Die Gefahr von chloridinduzierter Spannungsrisskorrosion nimmt wie bei der Loch- und Spaltkorrosion mit steigender Temperatur und Chloridkonzentration sowie fallendem pH-Wert zu. Austenitische Stähle des Typs 18/10 – CrNi und 18/10/2 – CrNiMo sind bei Temperaturen oberhalb von etwa 50 °C durch chlorinduzierte Spannungsrisskorrosion besonders gefährdet. Durch Erhöhen des Molybdän- und besonders des Nickelgehaltes lässt sich die Beständigkeit aber erheblich steigern. Auch ferritische-austenitische, nichtrostende Stähle (Duplex) sind vergleichsweise wenig empfindlich. Die Beständigkeit der nichtrostendem Stähle gegenüber chloridinduzierter Spannungsrisskorrosion nimmt in der Reihenfolge ferritische Chromstähle, ferritisch-austenitische Stähle, austenitische Chrom-Nickel-(Molybdän)-Stähle ab. Bis 50 °C, so zeigen Versuche, sind die Werkstoffe 1.4301/1.4307, 1.4401/1.4404 oder 1.4571 spannungsrissgefährdet, während die Duplex-Stähle bis zu dieser Temperatur praktisch keine Spannungsrisskorrosion zeigen.

Schwingungskorrosion
Bei reiner Schwingungsbeanspruchung (ohne Korrosionsbelastung) gibt es eine untere Wechselspannung, unterhalb der kein Bruch beobachtet wird, die sogenannte Dauerschwingfestigkeit. Demgegenüber fehlt bei Schwingungsrisskorrosion meist eine Dauerschwingfestigkeit und der Stahl kann auch unterhalb dieser Grenze brechen. Im Unterschied zur Spannungsrisskorrosion, die nur in spezifisch wirkenden Medien auftritt, kann Schwingungsrisskorrosion grundsätzlich in allen korrosiv wirkenden Medien in Verbindung mit Wechselbelastungen auftreten, häufig dann in Form von transkristalliner Korrosion. Die Schwingungsfestigkeit aller nichtrostenden Stähle wird durch zusätzlichen chemischen Angriff mehr oder weniger stark herabgesetzt. Die Abnahme der Schwingungsfestigkeit hängt vom Angriffsmittel und von der Mehrachsigkeit der auftretenden Wechselbelastungen ab.

Kontakt- oder Bimetallkorrosion (galvanische Korrosion)
Die Möglichkeit von Kontaktkorrosion besteht dann, wenn in einem Korrosionsmedium zwei Metalle mit unterschiedlichem freiem Korrosionspotenzial leitend miteinander verbunden sind unter Einwirkung eines Elektrolyten (**Bild 2.79**). Das Metall mit dem niedrigeren freien Korrosionspotenzial (die Anode) kann zumindest zu höheren Potenzialen hin polarisiert und dadurch verstärkt angegriffen werden. Auch bei großen Unterschieden zwischen den freien Korrosionspotenzialen der beteiligten Metalle tritt Kontaktkorrosion aber nicht notwendigerweise auf. Dies hängt von dem elektrochemischen Verhalten der beiden Metalle ab.

Von Bedeutung sind auch die Leitfähigkeit des Mediums und das Oberflächenverhalten der beteiligten Metalle. Wenn das „unedlere“ Metall eine sehr viel größere Fläche aufweist als das

„edlere“, und das Korrosionsmedium eine hohe Leitfähigkeit aufweist, ist die Gefahr eines Korrosionsschadens geringer. Zu vermeiden ist jedoch die Verbindung zwischen einem „unedlen“ Metall mit kleiner Oberfläche und einem „edleren“ Metall mit großer Oberfläche. Nichtrostende Stähle nehmen im Allgemeinen hohe freie Korrosionspotenziale ein und unterliegen daher kaum der Gefahr, durch Kontaktkorrosion verstärkt angegriffen zu werden. Wesentlich häufiger ist der Fall, dass bei anderen Metallen mit niedrigem freiem Korrosionspotenzial durch die Verbindung mit einem nichtrostenden Stahl Kontaktkorrosion auftritt.

Qualitätssicherung

Anforderungen an die Gebrauchswerteigenschaften von rost- und säurebeständigem Edelstahl, wie Festigkeit, Oberflächengestaltung, Verarbeitbarkeit, Beständigkeit gegen Umwelteinflüsse und andere Medien sowie Qualität und Preis ermöglichen eine optimale Materialauswahl, die den Anforderungen an die zu fertigende Produkte genügt. In der Regel werden Bauteile aus rostfreien „Edelstählen“ wie Chromstahl mit einem Chromgehalt von ca. 17 % und einem Kohlenstoffgehalt von unter 0,2 % (1.4016/X6Cr 17) allein, in Verbindung mit einem Duplexedelstahl oder vollständig aus Duplexedelstahl hergestellt. Letzterer Fall erleichtert die Fertigung beim Produzenten, kann aber nicht so preiswert hergestellt werden. Weiterhin wird für Edelstahlanwendungen an der See, in Frei- und Hallenbädern 1.4401/X5CrNiMo 17-12-2 verwendet, da Chloridionen zu Loch- und Spaltkorrosion führt. Die Zulegierung von Mo führt zu einer wesentlich verbesserten Beständigkeit gegen Loch- und Spaltfraß.

Grundsätzlich ist bei der Edelstahlverarbeitung jede Schweißnaht oder Biegekante eine Schwachstelle in Bezug auf Korrosion. Das Passivieren kann durch Kugelstrahlen verbessert werden. Damit werden Schweißspannungen abgebaut und durch die Verdichtung der Oberfläche die Korrosionsgefährdung weitgehend abgebaut.

Literaturverzeichnis

[1] Elias, H. G.: An introduction to polymer science. Verlag VCH, Weinheim, 1997

[2] Falbe, J.; Regnitz, M. (Hrsg.): Römpp Chemie Lexikon. CD, Georg Thieme-Verlag, Stuttgart, 2006

[3] Kautschuk und Latices - Einteilung, Kurzzeichen, DIN ISO 1629:2015-03. Beuth-Verlag, 2015

[4] Röthemeyer, F.; Sommer, F.:, Kautschuktechnologie – Werkstoffe, Verarbeitung, Produkte. 2. überarbeitete Auflage, Carl Hanser-Verlag, München, 2006

[5] Kaiser, W.: Kunststoffchemie für Ingenieure, Carl Hanser Verlag, München, 2011

[6] Elsner, P.; Eyerer, P.; Hirth, T. (Ed.): Kunststoff, Eigenschaften und Anwendung. Berlin, Heidelberg Springer-Verlag, 2008

[7] Kunststoffe 77, 1058 (1987)

[8] Bauer, R., Koslowski, H. J., Chemiefaserlexikon 10. Aufl.,Frankfurt a.M. 1993

[9] Hahn, C.: Die Aramidfaser Twaron® in Flachdichtungen, Dichtungstechnik, 1, 37(1999)

[10] Hahn, C.: Characteristics of p-Aramid Fibers in Friction and Sealing Materials. Journal of Industrial Textiles, Vol. 30, 2, 2000

[11] Sicherheits- und Gesundheitsaspekte von Twaron®, Twaron Products GmbH, Wuppertal 1997

[12] Matsui, J.: Surface Properties of Carbon Fibers, Crit.Rev.Surf.Chem., 1, 71(1990)

[13] Blumberg, H.: Fibres for Composites: Status quo and Trends, 35th Int.Man-Made Fibres Congress, Dornbirn, 1996

[14] Dry, A.: The Development of the Carbon Fiber Industry, Int. SAMPE Symp. Exhib. 42, 979(1997)

[15] Peebles, L. H.: Carbon Fibers: Formation, Structure, and Properties, Boca Raton, 1995

[16] Deurbergue, A., Oberlin, A., Stabilization and carbonation of PAN-based carbon fibers as related to mechanical properties, Carbon, 29, 621(1991)

[17] Falkai, B. von (Ed.): Synthesefasern: Grundlagen, Technologie, Verarbeitung und Anwendung, Weinheim 1981
[18] Hollemann-Wiberg: Lehrbuch der Anorganischen Chemie, 91. -100. Auflage Berlin, 1985
[19] Hörsting, K. et al.: Einführung in die Werkstoff- und Verarbeitungseigenschaften von Glasfasern, Aachen 1993
[20] Bunsell, A.R. (Ed.): Fibre Reinforcements for Composite Materials, Amsterdam 1988
[21] Lombardero, M. et al.: Synthetic Minerals: Product & Market Review, Industrial Minerals, 8, 45(1998)
[22] Draeger, U.: Einstufung von Mineralwolle nach der EU-Richtlinie 97/69/EG, Gefahrstoffe-Reinhaltung der Luft 58, 93(1998)
[23] Vohler, O.; Ernst, H.; Hochegger, G.: Flexibler Graphit in Wärmeanlagen. VII. intern. Elektrowärmekongreß, Warschau 1972, N. 424
[24] Dönges, E.; Vohler, O.: Chemie-Ing.-Technik. 42. Jahrg. Nr. 19 (1970)
[25] Vohler, O.; Reiser, P.L.; Martina, R.; Overhoff, D.: Angewandte Chemie. 82. Jahrg., Nr. 11 (1970)
[26] Engelmann, A.; Hochegger, G.; Eicher, H.: SIGRALEX – Produkte aus flexibler Graphitfolie. chemie-anlagen+verfahren, 2/1973
[27] Verband der Keramischen Industrie e.V. (2003, November). *Brevier, Technische Keramik.* (I. T. (IZTK), Hrsg.) Selb: Fahner Verlag, Lauf.

[28] Diverse. (2004). Technische Keramik, Grundlagen Werkstoffe Verfahrenstechnik. (W. Kollenberg, Hrsg.) Essen: Vulkan-Verlag GmbH.

[29] Wendler-Kalsch, E.; Gräfen, H.: Korrosionsschadenkunde. Berlin Heidelberg: Springer Verlag, (1998, XII).

[30] Weißbach, W. (2007): Werkstoffkunde (16. überarbeitete Auflage). Wiesbaden: Friedrich Vieweg & Sohn Verlag

[31] Streit, G.; Hahn, Chr.; Hirschvogel, A; Thiele, W.; Weiss, H.: Kap.3 „Angewandte Werkstoffe der Dichtungstechnik“. Handbuch Dichtungspraxis, 3. Aufl., Vulkan-Verlag GmbH, 2003

3 Statische Dichtungen

3 Statische Dichtungen

Wolfgang Abt, Rainer Arndt, Stephan Piringer, Bernhard Richter, Alexander Riedl, Jörg Skoda, Florian Werner, Andreas Will, Rainer Zeuß

3.1 Einführung

Statische Dichtungen werden in erster Linie in der chemischen Industrie, der Kraftwerkstechnik, in vielen Bereichen der Ver- und Entsorgungstechnik sowie in der Sanitär- und Heizungstechnik zum Abdichten von Verbindungselementen im Behälter- und Rohrleitungsbau eingesetzt. Dabei sind Flansche die vorherrschende Verbindungsform von

- Rohrleitungsabschnitten,
- Behälterteilen wie zylindrischer Mantel, Deckel, Boden oder Rohrleitungsstutzen,
- Armaturen in Rohrleitungen u. ä.

Darüber hinaus werden statisch wirkende Dichtungen natürlich auch in anderen Bereichen der Wirtschaft verwendet, z. B. im allgemeinen Maschinenbau oder im Kraftfahrzeugbau zum Abdichten von Ölleitungen, Druckluftleitungen, in Verbrennungsmotoren, Kompressoren usw.

Die dabei vorliegenden Betriebsparameter können sehr unterschiedlich sein und sich unter Umständen gegensätzlich beeinflussen, was den Abdichtprozess zusätzlich erschwert.

In besonderem Maße beeinflussen Druck- und Temperaturunterschiede die Wahl sowie die Lebensdauer von Flanschdichtungen, wobei darüber hinaus vor allen Dingen in der chemischen Industrie die Verarbeitung korrosiver Medien erhöhte Anforderungen an das Werkstoffverhalten der Dichtung stellt.

Dichtungen für den statischen bzw. ruhenden Einsatz können in den unterschiedlichsten Einbauverhältnissen zur Anwendung kommen.

Die in den folgenden Ausführungen dieses Kapitels behandelten Dichtungstypen werden in erster Linie als Dichtelemente in Behälter- und Rohrleitungsflanschen eingesetzt, wobei je nach Beanspruchungsfall der Dichtung in

- Krafthauptschlussverhalten (KHS) und
- Kraftnebenschlussverhalten (KNS)

unterschieden werden muss.

Für die Gestaltung von Flanschverbindungen ist die Festlegung von entscheidender Bedeutung, ob die verwendeten Dichtungen im Krafthaupt- oder -nebenschluss eingesetzt werden sollen. Davon ist auch die Auslegung der Flanschverbindung wesentlich abhängig.

Bild 3.1 zeigt den Unterschied der konstruktiven Ausführung einer Krafthauptschluss- und einer Kraftnebenschlussverbindung in Bezug auf die Dichtung. Beim Kraftnebenschluss befindet sich die Dichtung (oftmals ein O-Ring aber auch Spiralringdichtungen) innerhalb einer Nut, und die Flanschteller sind miteinander im Kontakt. Die Schraubenkraft wird dabei lediglich zum Teil von der Dichtung aufgenommen. Dieser Kraftanteil muss in jedem Fall eine ausreichende Dichtheit gewährleisten, da beispielsweise ein Nachziehen, das die Dichtung weiter verformt, nicht möglich ist. Hierbei sind auch Relaxationsvorgänge der Dichtung selbst während der Einsatzdauer zu berücksichtigen. Der andere Teil der Schraubenkraft wirkt direkt auf die Flanschtellerflächen und ist dafür verantwortlich die Betriebskräfte aufzunehmen, sodass in jedem Fall ein Aufklaffen der Dichtflächen der Flanschteller vermieden wird.

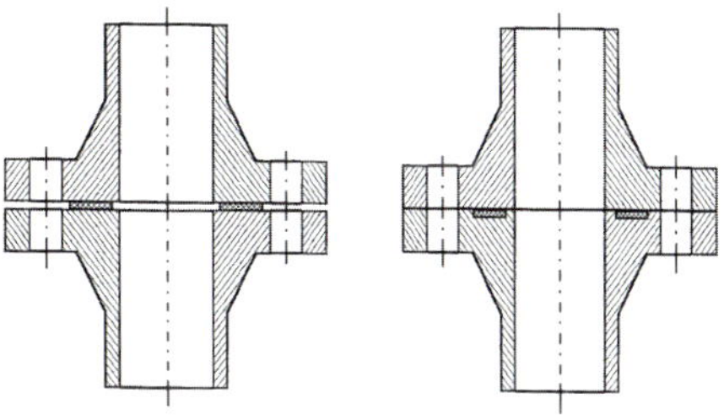

Bild 3.1: Flachdichtungen im Krafthauptschluss (links) und Kraftnebenschluss (rechts)

Bei Dichtungen im Krafthauptschluss wird die gesamte Schraubenkraft von der Dichtung aufgenommen. Die Dichtung muss entsprechend neben der Abdichtfunktion auch noch zusätzlich die Übertragung von Kräften und Momenten übernehmen, wodurch die Auslegung und Gestaltung der Dichtverbindung weiter verkompliziert wird. Die zu verbindenden Bauteile, bei denen es sich in der Regel um Behälter- oder Rohrleitungsflansche handelt, werden streng durch die Dichtung getrennt. Typische Anwendungsfälle hierfür sind z. B. Flachdichtungen gemäß der Normenreihe DIN EN 1514 [1].

Dichtverbindungen im Krafthauptschluss, sofern sie aus Stahl bzw. anderen Metallen bestehen, können nach DIN EN 1591-1 [2] berechnet werden. Hierbei ist sowohl ein Dichtheits- als auch ein Festigkeitsnachweis möglich, sofern Dichtungskennwerte nach DIN EN 13555 [3] vorliegen. Derzeit liegt für alle weiteren Verbindungsarten, beispielsweise für Stahl-Email-Flansche oder Kunststoffflansche, noch keine ähnlich geschlossene analytische Berechnungsmöglichkeit vor, die sowohl einen Dichtheits- als auch einen Festigkeitsnachweis erlauben würde.

Zwar können die Flansche oder andere angrenzende metallische Bauteile ebenso wie die Schrauben in einer Dichtverbindung mit Hilfe gesicherter und allgemein anerkannter technischer Regeln auf der Grundlage von Festigkeitshypothesen berechnet werden, der Einfluss der Dichtung als dem eigentlichen funktionsbestimmenden Element einer derartigen Verbindung kann aber gegenwärtig auch für den Fall des Krafthauptschlusses nur über experimentell ermittelte Kennwerte und empirische Zusammenhänge berücksichtigt werden.

Für Flanschverbindungen mit Dichtungen im Kraftnebenschluss gibt es derzeit noch keine allgemeinverbindlichen Berechnungsgrundlagen.

3.2 Dichtungen im Krafthauptschluss

Auf Flanschverbindungen im Krafthauptschluss wirkt eine Vielzahl von Einflussgrößen ein, wobei ohne größeren Aufwand nicht alle hiervon durch eine Flanschberechnung erfasst werden können. Nachstehend sind die wichtigsten erfassbaren Einflussgrößen aufgelistet:

- Innendruck
- Dichtflächenpressung

- Temperatur
- äußere Kräfte und Momente
- Medium
- Dichtungsgeometrie

Dynamische Lasten, beispielsweise hervorgerufen durch Schwingungen des abzudichtenden Mediums oder durch Vibrationen benachbarter Pumpen etc. sind mit einfachen Berechnungsmethoden dagegen schwer oder nicht erfassbar, weshalb bei der Berechnung gegebenenfalls Sicherheiten zugrunde gelegt werden sollten. Zudem kann bei Berechnungen der Einfluss des abzudichtenden Mediums nur schwer mit einbezogen werden.

Hinsichtlich Dichtheit und Sicherheit können die oben genannten Einflussgrößen in beeinflussbare und nicht beeinflussbare Größen eingeteilt werden.

Nicht beeinflussbar und aus diesem Grund nachstehend nicht weiter im Detail betrachtet, sind beispielsweise der Innendruck, die Temperatur, äußere Kräfte und Momente oder das Medium, die alle betriebs- oder prozessbedingt vorgegeben sind. Hierbei ist es vielmehr die Aufgabe, unter den gegebenen Randbedingungen sicher abzudichten, was bedeutet, dass der Dichtheits- und Festigkeitsnachweis zu erfüllen ist.

Dagegen können bei der Auslegung die Dichtflächenpressung (in Abhängigkeit der Schraubenqualität und der zulässigen Flanschauslastung) aber auch die Dichtgeometrie in weiten Bereichen variiert werden. Unter „Dichtgeometrie" sind vor allem die Dichtungsbreite, die je nach Dichtungstype deutlich unterschiedlich sein kann, und die Dichtungsdicke zu verstehen.

Betrachtet man vereinfacht eine Dichtung bestehend aus einer Ansammlung paralleler Kapillare [4], durch die Leckage auftreten kann, lässt sich das in **Bild 3.2** dargestellte, vereinfachte Modell einer Dichtung skizzieren.

Durch die Kapillare, in Bild 3.2 rot dargestellt, tritt, vereinfacht betrachtet, das Betriebsmedium, gegeben durch die Temperatur T, die Molmasse M und die Viskosität μ, als ungewollte Leckage von der Innenseite der Dichtung nach außen aus (= diffuse Emission). Liegt kein Druckunterschied zwischen Innendruck p_i und Außendruck p_a vor, tritt Diffusion (= Ausgleich von Konzentrationsunterschieden) durch die Dichtung auf. Liegt dagegen ein Druckunterschied vor, was meist der Fall ist, überwiegt oftmals die durch den Innendruck hervorgerufene Strömung, vor allem bei höheren Druckdifferenzen, die Leckage durch Diffusion. Die Länge der Kapillare l kann in erster Näherung mit der Dichtungsbreite b gleichgesetzt werden. Mit steigender Dichtungshöhe h nimmt die Anzahl der Kapillaren n und damit die Leckage linear zu. Zudem verringert sich der Durchmesser 2r der Kapillare mit steigender Flächenpressung Q.

Bathen und Hummelt [4] sowie vorangegangene Studien zeigten, dass die real auftretende Leckage durch Flanschdichtungen sich zwischen der sogenannten Knudsenströmung (Gleichung 1) und der laminaren Strömung (Gleichung 2) befindet.

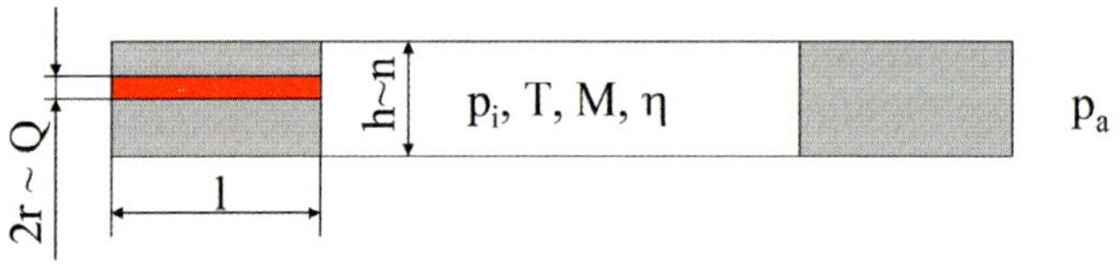

Bild 3.2: Modell einer Dichtung mit einer Leckage-Kapillare (Durchmesser 2r)

$$\dot{m} = \frac{4r^3}{3}\sqrt{2\pi\frac{M}{RT}}\,\frac{p_i - p_a}{l}$$ Gleichung 1

$$\dot{m} = \frac{M}{RT}\,\frac{p\,r^4}{8\eta}\,\frac{(p_i - p_a)^2}{l}$$ Gleichung 2

R entspricht der allgemeinen Gaskonstante, $\dot{m}$ dem Massenstrom (Leckage).

Aus beiden obigen Gleichungen wird deutlich, dass der Durchmesser der Kapillare, der wiederum durch die Flächenpressung bei Montage maßgeblich beeinflusst wird, in dritter bzw. vierter Potenz in die Gleichungen eingeht. Alle anderen Einflussgrößen, außer dem Innendruck, der bei laminarer Strömung quadratisch in die Gleichung 2 eingeht, verändern sich in erster Potenz.

Das bedeutet, dass das größte Potenzial hinsichtlich reduzierter Emissionen bei der bei Montage aufgebrachten Flächenpressung Q_A liegt.

Die VDI 2290 [5] berücksichtigt diese Tatsache mit der eindeutigen Forderung, die Flächenpressung bei Montage QA bei der Berechnung möglichst hoch anzusetzen (da hierdurch die Durchmesser der Kapillaren aus Bild 3.2 möglichst klein werden), wobei diese Flächenpressung bei der nachfolgenden Montage auch sicher erreicht werden muss. Das ist unter anderem die Begründung, warum die VDI 2290 der Montage einen entsprechend hohen Stellenwert zubilligt.

Da in der Praxis nur begrenzt Schraubenkräfte zur Verfügung stehen, könnte man nun annehmen, dass eine reduzierte Dichtungsbreite (vgl. Kammprofil- z. B. mit gestanzten Flachdichtungen) in jedem Fall eine geringere Leckage bei konstanten Schraubenkräften nach sich zieht. In vielen Fällen trifft dieses zu, jedoch verlieren die Dichtungen, insbesondere dann, wenn die entsprechend dünn sind (was grundsätzlich anzustreben ist), ihre Anpassungsfähigkeit an Unebenheiten und Rauigkeiten der Dichtflächen, was wiederum zu höheren Leckagen führt.

Hierbei darf die *Anpassungsfähigkeit* einer Dichtung an Mikro- und Makrounebenheiten nicht mit deren *Verpressung* (bei Montage) verwechselt werden. Die Verpressung einer Dichtung ist immer höher als ihre Anpassungsfähigkeit an Unebenheiten der Dichtflächen. Das trifft grundsätzlich für alle Dichtungstypen zu, aber insbesondere für sehr verformungsfähige Dichtungen, wie beispielsweise expandierter Graphit oder expandiertes PTFE (ePTFE).

Die Verpressung einer Dichtung beginnt, sobald sie mit Flächenpressung beaufschlagt wird. Die maximale Verpressung liegt dementsprechend bei der maximal vorliegenden bzw. zulässigen Dichtflächenpressung vor. Am Beispiel von **Bild 3.3** wird hergeleitet, worin der Unterschied besteht.

Bild 3.3 zeigt oben einen typischen Verlauf der zu erwartenden Leckage als Funktion der Dichtflächenpressung, unter der Annahme, dass eine Flächenpressung von maximal 60 MPa aufgebracht werden kann. Nimmt man nun weiterhin an, dass die geforderte Dichtheit 0,01 mg/s/m sein muss, wäre hierfür eine Flächenpressung von 20 MPa erforderlich. Das bedeutet wiederum, die Dichtung muss zunächst mit 20 MPa verpresst werden, bevor die eigentliche Abdichtung

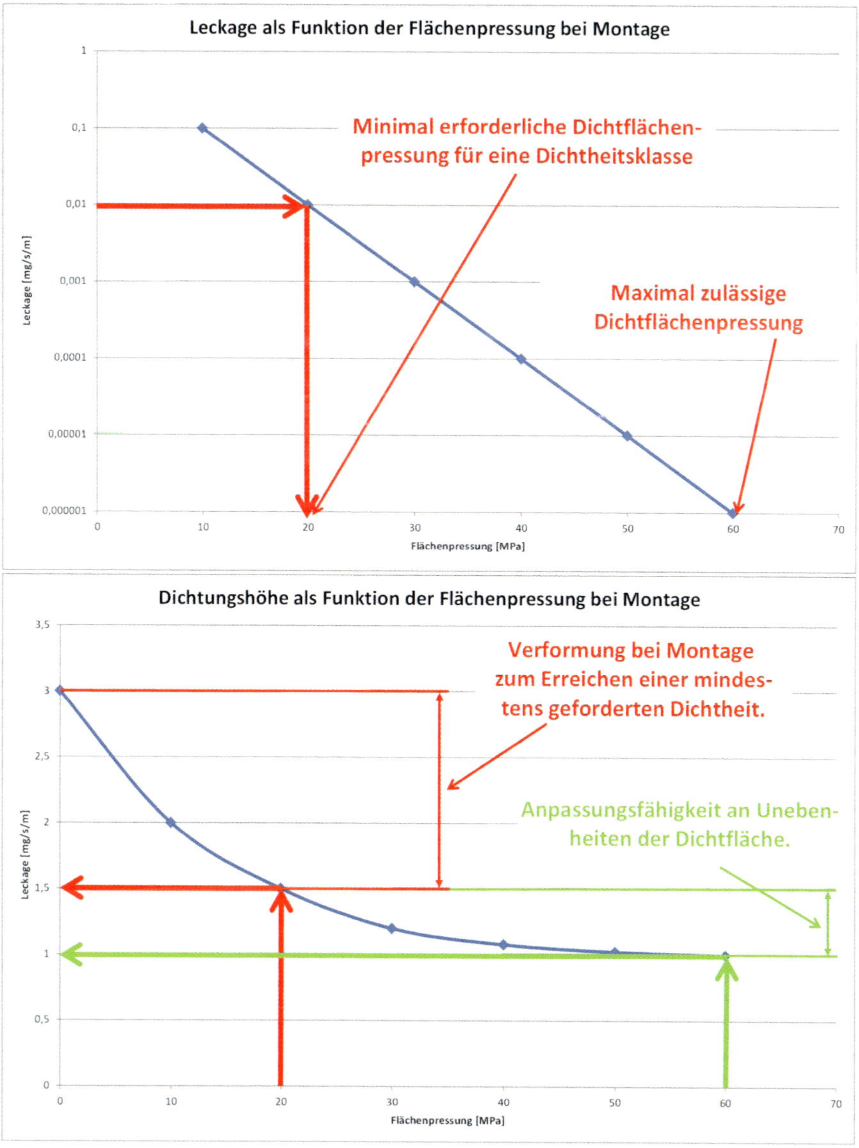

Bild 3.3: Darstellung der Verformung im Vergleich zur Anpassungsfähigkeit einer Dichtung

beginnt. Bei geringeren Flächenpressungen wäre sie per Definition oder faktisch undicht, je nachdem welches Leckagekriterium angewendet wird.

Bild 3.3 unten gibt die Dichtungshöhe als Funktion der Flächenpressung wieder, also die Verformungskurve. Hierbei wird deutlich, dass sich die einstmals 3,0 mm dicke Dichtung auf 1,5 mm verformt hat, bis sie eine ausreichende Dichtheit bei 20 MPa erreicht hat. Solch große Verformungen sind typisch für die oben genannten weichen Dichtungstypen. Härtere Dichtungstypen unterscheiden sich lediglich dadurch, dass die Verformung bis zum Erreichen eines bestimmten Leckagekriteriums geringer ist als die in Bild 3.3 dargestellte.

Da die Leckage- und Verformungskurven mit nahezu ideal ebene Dichtflächen geprüft werden, vgl. hierzu DIN EN 13555, ist davon auszugehen, dass erst nach Erreichen der Vorpressung (hier 20 MPa) das Anpassungsverhalten an real vorliegende Unebenheiten der Dichtflächen beginnt. Im hier betrachteten Beispiel beginnt die Anpassungsfähigkeit an Unebenheiten der Dichtflächen entsprechend ab einer verpressten Dichtungshöhe von 1,5 mm.

Um nunmehr die Anpassungsfähigkeit einer bestimmten Dichtung bestimmen zu können, muss die maximal mögliche bzw. zulässige Dichtflächenpressung bekannt sein. Unter der Annahme, diese sei 60 MPa, würde sich die hier betrachtete Dichtung von 1,5 mm (entspricht 20 MPa Flächenpressung) weiter auf eine Dichtungshöhe von 1,0 mm verformen.

Die Anpassungsfähigkeit ist dementsprechend die Differenz aus der Dichtungshöhe bei Erreichen eines vorgegebenen Leckagekriteriums und der Dichtungshöhe bei Erreichen der Dichtflächenpressung bei Montage. Im Beispiel nach Bild 3.3 beträgt die Anpassungsfähigkeit 0,5 mm, entsprechend der Differenz aus 1,5 mm (Höhe bei Erreichen der geforderten Dichtheit bei 20 MPa) und 1,0 mm (Dichtungshöhe bei 60 MPa).

Gleichzeitig wird deutlich, dass eine möglichst hohe Flächenpressung bei Montage anzustreben ist, da sich hierdurch eine signifikant höhere Dichtheit einer Verbindung ergibt.

Leckagen (diffuse Emissionen) sind unerwünscht und bestmöglich zu reduzieren. Sehr hohe Leckagen und einem plötzlichen Ausfall einer Dichtverbindung („Ausblasen“) lässt sich nur mittels einer möglichst hohen Flächenpressung im Betrieb entgegenwirken. Hohe Flächenpressungen bei Montage haben immer eine hohe Flächenpressung im Betriebszustand zur Folge und lassen damit auf eine möglichst hohe Betriebssicherheit schließen.

Grundsätzlich bleibt festzuhalten, dass bei der Montage und der vorangegangenen Auslegung die Basis für die nachfolgende Dichtheit einer Flanschverbindung gelegt wird. Hinsichtlich Emissionen ist aber die Montage und gegebenenfalls die Druckprobe nicht zu betrachten, insbesondere dadurch begründet, dass letztere nur sehr kurzzeitig ist und zumeist nicht mit dem Betriebsmedium durchgeführt wird. Der Dichtheitsnachweis ist demgemäß ausschließlich für den (kritischen) Betriebszustand zu führen, nicht für die Montage oder den Prüfzustand (Druckprobe). Für Letztere ist der Festigkeitsnachweis ausreichend.

Die minimal erforderliche Flächenpressung für den Dichtheitsnachweis im Betrieb $Q_{Smin/L}$ liegt in den allermeisten Fällen deutlich unter der Flächenpressung Q_A die bei Montage gewählt wurde. Dieses liegt daran, dass die Dichtungen während der Montage zum hohen Maße plastisch verformt werden und nur eine relativ geringe spontan-elastische und eine darauf folgende entropieelastische Rückfederung aufweisen. Dieses lässt sich einfach an den Leckagekurven nach EN 13555 ablesen (**Bild 3.4**).

Bild 3.4 zeigt einen idealisiert dargestellten Leckageverlauf, der aber sehr ähnlich zu z. B. Graphitdichtungen ist. Die blau gestrichelte Linie zeigt das Verhalten einer Dichtung, wenn diese während der Montage druckbeaufschlagt gewesen wäre. Man erkennt, dass die Leckage um einige Zehnerpotenzen bei steigender Flächenpressung abnimmt. Die Gründe hierfür (engere

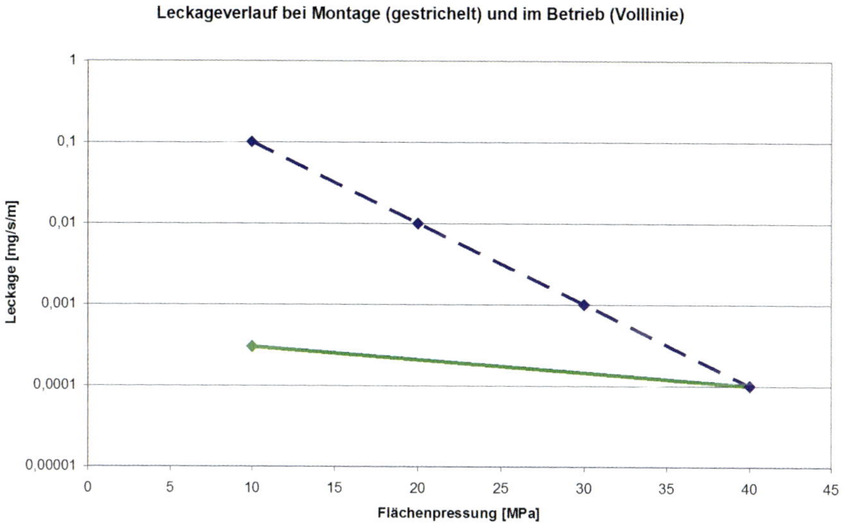

Bild 3.4: Idealisierter Leckageverlauf im Betrieb

Leckagekanäle) sind oben erläutert und unterstreichen die Forderung nach einer möglichst hohen Flächenpressung bei Montage.

Gesetzt dem Fall, die Dichtung aus Bild 3.4 wäre mit 40 MPa bei Montage verpresst worden, würde durch die Dichtung und/oder zwischen Dichtung und Dichtfläche bei Entlastung auf geringere Flächenpressungen eine etwas höhere Leckage auftreten (Verlauf der grünen Volllinie). Der deutliche Unterschied der Leckage von mehr als zwei Zehnerpotenzen der beiden Kurven bei einer Flächenpressung von 10 MPa ist vor allem auf die plastische Verformung der Dichtung während der Montage zurückzuführen. Der Anstieg der Leckage bei Entlastung ist durch die elastischen Eigenschaften der Dichtung begründet, wobei man sich vereinfacht vorstellen kann, dass die „Kapillaren" etwas größer werden, was eine erhöhte Leckage nach sich zieht.

Der Leckageverlauf nach Bild 3.4 basiert auf sehr kurzzeitigen Versuchen nach DIN EN 13555, die bei Raumtemperatur durchgeführt werden. Die meisten Anlagen werden langzeitig betrieben, bei Temperaturen, die meist deutlich über Raumtemperatur liegen. Alle Dichtungen „verlieren" hierbei an Flächenpressung, hervorgerufen durch die sogenannte „Kriech-Relaxation" (es gibt darüber hinaus „reines Kriechen" und „reine Relaxation", ohne an dieser Stelle näher darauf eingehen zu wollen). Das bedeutet, die Schraubenkraft nimmt ab, durch ein Setzen der Bauteile (Schrauben/Flansch und Dichtung), was bei der Dichtung dazu führt, dass sie dünner wird. Dünner bedeutet wiederum, dass die „Kapillare" enger werden, was teils zu deutlich geringeren Leckagen führt (was durchaus einige Zehnerpotenzen betragen kann). Nun mag dieses auf den ersten Blick positiv erscheinen, wenn die Leckage im Betrieb, bedingt durch Kriech-Relaxation geringer wird. Diesen Effekt „erkauft" man sich aber zumeist durch einen entsprechend großen Abfall an Schraubenkraft, der je nach Dichtungstype, Einbauflächenpressung etc. sehr hoch sein und bis zum „Ausblasen" einer Dichtung führen kann. Für viele Dichtungstypen bedeutet dieses vereinfacht gesagt, dass man „einen Tod sterben muss". Das heißt, man erzielt vermeintlich geringe Leckagen im Betrieb (und auch im

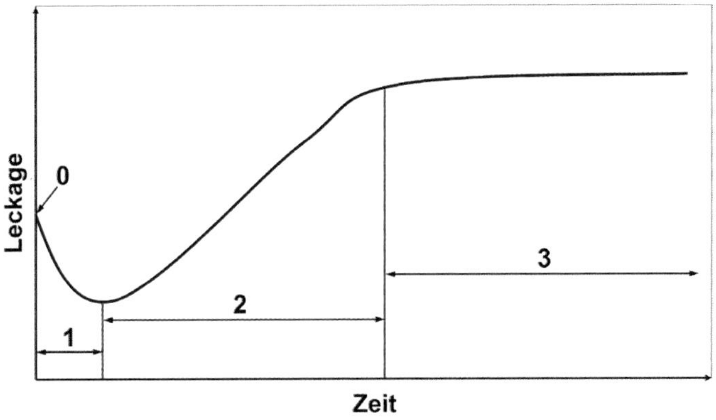

Bild 3.5: Qualitativer Leckageverlauf als Funktion der Zeit

Leckageversuch nach EN 13555) oftmals nur mit hohen Flächenpressungsverlusten und umgekehrt. Dieses relativiert etwas die alleinige Forderung nach einer bestimmten zu erfüllenden Dichtheitsklasse, wie beispielsweise in der VDI 2290 gefordert.

Das Dichtsystem muss vielmehr im Zusammenspiel der einzelnen Komponenten betrachtet werden und darf in der Praxis keinesfalls auf die einfache Forderung einer bestimmten Dichtheitsklasse reduziert werden.

Bild 3.5 zeigt einen (von vielen) möglichen Verläufen der Leckage eines Dichtsystems, der sich durch Kriech-Relaxation und Alterung ganz allgemein betrachtet ergeben kann, wobei sich der zeitliche Ablauf grundsätzlich in vier Alterungsabschnitte unterteilen lässt. Diese sind:

„0“ Leckage direkt nach dem Einbau
„1“ fallende Leckage
„2“ ansteigende Leckage
„3“ konstante Leckage

Alterungsabschnitt 0: Der Alterungsabschnitt“0“ stellt die Leckage direkt nach der Montage dar. Diese ist in erster Linie von der Dichtflächenpressung abhängig, die während des Montagevorganges maximal aufgebracht wurde. Je höher diese Flächenpressung ist, desto geringer ist die Leckage. Hierbei ist eine exponentielle Abhängigkeit zu erwarten, vgl. oben.

Zeitraum für Stufe „0“: Bis wenige Stunden nach Montage.

Alterungsabschnitt 1: Durch beispielsweise die Temperaturbelastung versucht sich die Dichtung auszudehnen, wird aber durch die sie umgebenden Bauteile hierdurch behindert (Wärmeausdehnungskoeffizient für die Dichtung ist oftmals größer als der der umgebenden metallischen Bauteile). Das bedeutet, die Dichtung erfährt kurzfristig eine größere Flächenpressung, wodurch sich die Leckagekanäle verengen und eine deutlich geringere Leckage entsteht.

Begleitet ist dieser Vorgang durch ein Kriechen der Dichtung, was nach Rückkühlung auf Raumtemperatur im Gegensatz zum obigen Absatz zu einer geringeren Flächenpressung führt (hier wirkt sich der Wärmeausdehnungskoeffizient in umgekehrter Richtung aus). Die Leckagekanäle werden aber durch das Kriechen noch weiter verengt, was die Leckage weiter reduziert.

Fasst man die beiden obigen Abschnitte zusammen, ergibt sich eine deutlich reduzierte Leckage, die im Vergleich zur Leckage direkt nach Montage (Alterungsabschnitt „0") um einige Zehnerpotenzen geringer sein kann.

Zeitraum für Alterungsabschnitt „1": wenige Stunden nach Montage bis einige Tage, auch Wochen, Monate und gegebenenfalls Jahre (je nach Temperaturbelastung).

Alterungsabschnitt 2: Nachdem ein Minimum der Leckage erreicht ist, steigt die Leckage an, da das Dichtmaterial keine weiteren „Überpressungen" durch die Temperaturbelastung mehr erfährt und kein weiteres Kriechen mehr stattfindet. Würden keine weiteren Alterungserscheinungen auftreten, bedingt durch beispielsweise elastomere Binder, verbliebe das Dichtsystem auf dem erreichten Leckageniveau.

Nach momentanem Kenntnisstand bei beispielsweise NBR-gebundenen Faserdichtungen kann man davon ausgehen, dass die weitere Alterung – die letztlich zu einer erhöhten Leckage führt – z. B. durch eine thermo-oxidative Alterung des elastomeren Binders aus NBR hervorgerufen wird.

Die Alterung führt durch den thermischen und/oder chemischen Abbau des Dichtmaterials zu einer ansteigenden Leckage, die solange ansteigt, bis diese Alterung wiederum abgeschlossen ist. Dieses kann einige Jahre dauern, je nach Zugabe von entsprechenden Langzeitstabilisatoren etc. Grundsätzlich kann, zumindest qualitativ, ein ähnliches Verhalten auch bei Graphit- oder PTFE-basierten Dichtungen auftreten.

Alterungsabschnitt 3: Nachdem die Alterung des Alterungsabschnittes „2" abgeschlossen ist, wird sich eine konstante Leckage einstellen, die sich nicht mehr verändert, wenn mechanisch (Schrauben nachziehen etc.) und/oder pneumatisch/hydraulisch (abweichende Drücke) am Dichtsystem nichts mehr verändert wird oder keine zusätzlichen äußeren Kräfte auftreten.

Sobald die Alterung also abgeschlossen ist, verändert sich die Dichtung nachfolgend weder chemisch noch mechanisch, was zur Folge hat, dass eine konstante Leckage (bei gleichen Drücken) vorliegt, die sich weiterhin nicht mehr verändert.

Wichtig ist es an dieser Stelle zu bemerken, dass nahezu alle Tests, die Dichtungskennwerte ergeben, in kurzzeitigen Versuchen ermittelt werden. Bislang existieren nur sehr geringe Kenntnisse darüber, wie sich die Dichtheit von Dichtsystemen im Laufe der Zeit entwickelt. Neue Forschungsinitiativen werden aber diesbezüglich in absehbarer Zeit neue Erkenntnisse liefern.

3.2.1 Flachdichtungen

Nachstehend werden wichtige Dichtungstypen der chemischen und petrochemischen Industrie zunächst kurz und in den darauf folgenden Abschnitten detailliert beschrieben. Bedeutend sind vor allem:

1. Faserdichtungen mit zumeist NBR als Bindemittel
2. Dichtungen aus expandiertem Graphit
3. PTFE-basierte Dichtungen
4. Metall-Weichstoffdichtungen mit zumeist Graphit oder PTFE als weichen Dichtwerkstoff

5. Kombinationsdichtungen aus 1. bis 4.
6. Metallische Dichtungen

Die nachstehenden Einsatzgrenzen stellen allgemeine Aussagen dar. Je nach Konstellation können diese deutlich über- aber auch unterschritten werden.

Faserdichtungen sind zumeist kostengünstig, haben je nach den Bestandteilen eine unterschiedliche chemische Beständigkeit und werden bis etwa PN 40 und 150 °C eingesetzt. Verwendet werden diese Dichtungstypen in reiner Form vor allem bei Stahlflanschen, teils auch als Einlagen in PTFE-Hüllringdichtungen.

Graphitdichtungen weisen eine sehr gute chemische Beständigkeit auf, in Verbindung mit einem weiten Temperatureinsatzbereich. Die Anpassungsfähigkeit an Flanschunebenheiten ist als sehr gut zu beurteilen. Die Dichtungen werden zumeist in reiner Form bei Stahlflanschen eingesetzt. Als Einlage bei PTFE-Hüllringdichtungen sollen Sie bei Stahl-Emailflanschen das ansonsten starke Kriechen des PTFE-Anteils kompensieren. Die Dichtungen werden bis etwa PN 40 und 400 °C eingesetzt. Höhere Temperaturen sind möglich, jedoch ist hierbei die Oxidationsneigung von Graphit zu beachten, was zum Abbau des Graphits führt.

PTFE-basierte Dichtungen haben eine außerordentlich hohe chemische Beständigkeit, je nachdem, ob Füllstoffe zur Verbesserung der Kriecheigenschaften zugesetzt sind oder nicht. Nachteilig ist die meist relativ hohe Kriech-Relaxation beim Einsatz dieser Dichtungstypen. Einsatz finden diese in Stahlflanschen, weichere Ausführungen auch auf Stahl-Emailflanschen und teils bei Kunststoffflanschen. Sie werden bis etwa PN 40 und 200 °C eingesetzt.

Metall-Weichstoffdichtungen sind zumeist Kammprofil-, Spiral- und Wellringdichtungen mit in der Regel Graphit aber auch PTFE als dichtende Ein- bzw. Auflage. Vorteile der Dichtungen sind eine relativ schmale Dichtbreite (Spiral- und Kammprofildichtung), die bei konstanter Schraubenkraft zu höheren Dichtflächenpressungen und entsprechend geringeren Leckagen führen. Wellringdichtungen weisen dagegen zumeist Dichtungsbreiten auf, die Flachdichtungen entsprechen. Eine höhere Dichtheit wird erreicht, da die „Wellen" des metallischen Trägers partiell eine sehr hohe Flächenpressung erzeugen. Wellringdichtungen vereinen in sich eine hohe Dichtheit mit sehr guter Anpassungsfähigkeit. Die Anpassungsfähigkeit ist insbesondere bei Kammprofildichtungen eingeschränkt, was eine exaktere Montage erfordert. Der Druckbereich liegt für Wellringdichtungen bis einschließlich PN 40, für die beiden andern Dichtungstypen auch über PN 40, der Temperatureinsatzbereich orientiert sich am Dichtmaterial, vgl. oben. Die Dichtungen werden ausschließlich bei Stahlflanschen eingesetzt.

Kombinationsdichtungen sind vorrangig PTFE-Hüllringdichtungen. Einlagen zwischen den Hüllen können alle oben genannten Dichtungen sein, wobei vorrangig Graphit- aber auch Faserdichtungen benutzt wird. Für Stahlflansche werden oftmals ausschließlich Wellringe eingelegt. Bei Stahl-Email-Flanschen gibt es auch mehrere Lagen aus Graphit oder Faser in Kombination mit einem Wellring. Die Dichtungen werden bis etwa PN 40 und 200 °C eingesetzt.

Metalldichtungen, beispielsweise Linsen- oder RTJ-Dichtungen erfordern sehr hohe Flächenpressungen. Die Druck- und Temperaturbeständigkeit ist dagegen sehr hoch. Prinzipiell muss die Metalldichtung aus einem weicheren Werkstoff hergestellt werden, als der Werkstoff der Flansche, um eine Schädigung der Flansche zu vermeiden.

Mehr wissen!
Vulkan Verlag
Industriearmaturen & Dichtungstechnik
Schwerpunkt Dichtungstechnik in jeder 2. Ausgabe
Im Abo:
Print.
Digital.
Heftarchiv.
stellen Sie Ihr Probeheft:
vw.industriearmaturen.de
Industriearmaturen & Dichtungstechnik

3.2.1.1 Faserverstärkte Dichtungen

Dichtungswerkstoffe auf Basis von Fasern (umgangssprachlich auch „Faser-Dichtungen" genannt) bestehen aus einem oder mehreren elastomeren Bindemitteln, Fasern als Verstärkung und Füllstoffen [11].

Charakteristisch und namensgebend sind die enthaltenen Fasern, die zusammen mit den Füllstoffen in einer Kautschukmatrix (Bindemittel) verteilt sind. Im Vergleich zu klassischen Elastomerdichtungen ist der Bindemittelanteil wesentlich geringer, d. h. der Kautschuk ist höher „gefüllt". Für die faserverstärkten Dichtungen hat sich im deutschsprachigen Raum das Kurzzeichen „FA" (für Fasern) etabliert [11]; im Gegensatz zu „it" (von Gummi-Asbest) für die früher verwendeten asbesthaltigen Dichtungen [12].

Werkstoffbestandteile

– Fasern

Früher wurden fast ausschließlich Asbestfasern für faserverstärkte Dichtungswerkstoffe eingesetzt. Asbest ist ein krebserzeugender Arbeitsstoff und als solcher seit langem in der Gefahrstoffverordnung enthalten [13]. Der Einsatz von Asbest wurde 1990 in Österreich und in der Schweiz, 1993 auch in Deutschland verboten. Seit 2005 gilt ein EU-weites Verwendungsverbot für Asbest (Verordnung EG Nr. 1907/2006). Das darf aber nicht darüber hinwegtäuschen, dass ein weltweites Asbestverbot nicht existiert. In vielen Industrie-, Entwicklungs- und Schwellenländern wird Asbest als billiger, natürlich vorkommender Rohstoff verwendet und unter anderem auch zu Dichtungsprodukten verarbeitet. Zu diesen Ländern gehören z. B. Russland, China, Indien, Vietnam, Indonesien, Kasachstan und Brasilien. Weiterführende Informationen zum Thema Asbest finden sich z. B. auf der Internetseite des Umweltbundesamtes [14].

Alle heute eingesetzten Fasern haben daher ihren Einsatz dem Zwang zur Asbestsubstitution zu verdanken. Stand der Technik sind heute:

- Aramidfasern (allein oder in Mischung mit anderen Fasern)
- Glasfasern (meist in Mischung mit Aramidfasern)
- Mineralfasern (meist in Mischung mit Aramidfasern)
- Kohlenstoffasern (meist in Mischung mit Aramidfasern)

Tabelle 3.1 enthält eine Übersicht über die wichtigsten Fasern, die heute kommerziell in größerem Umfang eingesetzt werden im Vergleich zu Asbest. Näheres zu den einzelnen Fasern siehe Kapitel 2.5.

Die wichtigste, weil am meisten verwendete Faser, ist die Aramidfaser. Sie kommt in Form von „Pulpe" (gemahlene Faser) zum Einsatz (s. a. Kap. 2.5). Durch Flexibilität, Festigkeit und ihre Fibrillierung ergibt sich eine gute Verstärkungswirkung für die Dichtung. Sie ist chemisch und thermisch für viele Anwendungen ausreichend beständig. Außerdem verfügt sie über hervorragende Prozess- und Verarbeitungseigenschaften, was letztlich zu ihrer großen Verbreitung beigetragen hat. Von Nachteil ist der relativ hohe Preis.

Mineral-, Glas-, und Kohlenstoffaser haben ihre Vorteile bei höheren Temperaturen und in ihrer besseren chemischen Beständigkeit. Ihre Sprödigkeit und die fehlende Fibrillierung machen die Verarbeitung schwieriger, weshalb sie in der Regel in Abmischung mit Aramidfasern eingesetzt werden. Durch ihren Einsatz lassen sich jedoch größere Faseranteile erzielen, was besonders temperaturstandfeste Rezepturen ermöglicht.

Tabelle 3.1: Eingesetzte Verstärkungsfasern in Dichtungswerkstoffen auf Basis von Fasern

Allgemeine Bezeichnung	Faserart		chemische Zusammensetzung	maximale Einsatztemperatur [1]	chemisch beständig gegen [2] [3]			gesundheitsgefährdendes Potential (HSE-Aspekte)	typische Faserdurchmesser der Einzelfaser	Einsatz im	
					Säuren	Laugen	organ. Lösungsmittel			Kalanderverfahren	Beaterverfahren
Zellstofffaser (Cellulosefaser)	organisch	Naturfaser	$(C_6H_{10}O_5)n$ n = 500…5000 Cellulose	150 °C	o	–	+	nein	ca. 20 µm	selten	ja
Aramidfaser	organisch	Chemiefaser	Polypara-Phenylenterephtalamid (PPTA)	250 °C	o	o	+	keine konkreten Hinweise	12 µm [6] < 3 µm [7]	ja	ja
Kohlenstofffaser	anorganisch	Chemiefaser	C ≥ 92 Gew.-% (kein Graphitgitter)	300 °C	o	+	+	nein	5…10 µm	selten	selten
Glasfaser (E-Glas)	anorganisch	Chemiefaser	SiO_2, Al_2O_3, CaO, B_2O_3, u. a.	600 °C	+	o	+	nein	5…25 µm	ja	selten
Mineralfaser	anorganisch	Chemiefaser	SiO_2, Al_2O_3, CaO, MgO, u. a.	800 °C	o	o	+	nein [5]	1…15 µm	ja	ja
zum Vergleich Asbest:											
Chrysotilasbest (Weißasbest)	anorganisch	Naturfaser	Magnesiumsilicat $Mg_6[Si_2O_5(OH)_4]_2$	450 °C [4]	o	o	+	ja, krebserzeugend	0,02…0,04 µm (Hohlfaser)	ja	ja
Krokydolithasbest (Blauasbest)	anorganisch	Naturfaser	Natrium-Eisen-Silicat $Na_2Fe^{2+}{}_3Fe^{3+}{}_2[(OH)_2\|Si_8O_{22}]$	450 °C [4]	+	+	+	ja, krebserzeugend	0,1…0,2 µm (Massivfaser)	ja	ja

[1] Temperatur, bis zu der die mechanischen Eigenschaften der Fasern im Wesentlichen erhalten bleiben (zeitabhängig)
[2] abhängig von der Konzentration
[3] + = beständig, o = bedingt beständig, - = unbeständig (nur zur Orientierung)
[4] darüber Abspaltung von Kristallwasser
[5] gilt nur für Fasern mit einem Kanzerogenitätsindex Ki ≥ 40
[6] Einzelfilament
[7] fibrillierte Anteile der Pulpe (unsichere Angabe)

Für untergeordnete mechanische und thermische Anforderungen können auch Zellulosefasern zum Einsatz kommen, sie haben jedoch keine große Bedeutung. Insgesamt zeigt die große am Markt verfügbare Palette an faserverstärkte Dichtungen, dass die Charakteristik der Dichtung durch Mischungen verschiedener Fasern dem jeweiligen Einsatzzweck möglichst anwendungsgerecht angepasst werden kann.

– *Kautschuk (Bindemittel)*
Faserverstärkte Dichtungen enthalten Elastomere als Bindemittel, in welchem die Fasern und Füllstoffe möglichst homogen verteilt sind. Der Kautschuk wird während oder anschließend an das Herstellverfahren vernetzt (vulkanisiert). Die zur Verfügung stehende Palette an Elastomeren hängt vom Herstellverfahren ab (siehe auch Unterpunkt „Herstellverfahren“): Im Kalanderverfahren können praktisch alle Fest-Kautschuke eingesetzt werden, sofern ein geeignetes Lösungsmittel zur Verfügung steht und eine Vernetzung unter den gegebenen Prozessbedingungen möglich ist. Im Beaterverfahren können nur Kautschuke eingesetzt werden, die in Form von Latices (kolloidale Dispersionen von Polymeren in wässrigen Systemen) verfügbar sind, was die Palette erheblich einschränkt. Der Anteil des Kautschuks in der Rezeptur bestimmt auch zum großen Teil die Leckagerate der Dichtung. Bei hohem Kautschukanteil wird die Dichtung sehr gasdicht, im Gegenzug nimmt die Standfestigkeit unter Temperatur ab.

Tabelle 3.2 enthält die wichtigsten elastomeren Bindemittel, die in faserverstärkten Dichtungen zum Einsatz kommen können. Die einzelnen Elastomergruppen werden durch internationale Kurzzeichen benannt.

Das weitaus am häufigsten eingesetzte Bindemittel ist NBR (in ca. 80 bis 90 % aller Anwendungen). Auch neuere, leistungsfähigere Elastomere konnten bisher daran nichts ändern. Grund dafür sind neben der großen verfügbaren Produktpalette und der guten Verarbeitbarkeit folgende Eigenschaften:

- gute Öl- und Kraftstoffbeständigkeit (neben Wasser und Dampf die häufigsten Medien)
- preisgünstig
- verhärtet bei Temperaturen über 125 °C (zeit- und temperaturabhängig)

Die Verhärtung bei höheren Temperaturen erscheint auf den ersten Blick als Nachteil, da sie ja mit einer Versprödung des Dichtungswerkstoffes einhergeht. Durch die Verhärtungsreaktion wird jedoch ein stabiles Netzwerk aufgebaut, wodurch die Dichtung den einwirkenden Schraubenkräften auch unter Temperatur standhalten kann. Voraussetzung dafür sind ausreichend biegesteife Flanschverbindungen. Leistungsfähigere und temperaturbeständigere Elastomere weisen demgegenüber oft einen Erweichungspunkt oder eine Abbaureaktion auf. Das hat ein ungünstiges Warmverformungsverhalten zur Folge und führt bei der eingebauten Dichtung unter Umständen zu einem unzulässigen Abfall der Schraubenkräfte (Spannungs-Relaxation) im Betriebszustand. Seit einiger Zeit sind auch faserverstärkte Dichtungswerkstoffe mit HNBR als Bindemittel verfügbar [15], [16]. Ziel war die Entwicklung einer Faser-Dichtung mit erhöhter Dauertemperaturbeständigkeit, bei gleichzeitig verbesserter Alterungsbeständigkeit.

Für Dichtungen, die in Kontakt mit Ölen und Kraftstoffen gezielt quellen sollen, werden als Bindemittel SBR und NR eingesetzt, häufig auch im Verschnitt mit NBR. Diese selbstdichtende Funktion wird vor allem bei Automobil- und Aggregatdichtungen, wie z. B. Ölwannen-, Getriebe-, Ventildeckel- und Transformatorendichtungen angewandt. Das trifft insbesondere auch auf leichte, nicht biegesteife Konstruktionen bei niedrigen Flächenpressungen zu.

Tabelle 3.2: Elastomere Bindemittel in Dichtungswerkstoffen auf Basis von Fasern

Internationales Kurzzeichen [1])	chemische Bezeichnung der Basis-Polymere	umgangssprachliche Bezeichnung	öl- und kraftstoff beständig	thermische Eigenschaften		Einsatz im	
				thermo-oxidativer Abbau [2])	thermischer Abbau [3])	Kalanderverfahren	Beaterverfahren
NR	Cis-1,4-Polyisopren	Naturkautschuk	nein	80°C	323°C	ja	ja
SBR	Styrol-Butadien-Copolymer	Styrolkautschuk	nein	100°C	375°C	ja	ja
NBR	Acrylnitril-Butadien-Mischpolymer	Nitrilkautschuk	ja	120°C	360°C	ja	ja
HNBR	Hydriertes Acrylnitril-Butadien-Mischpolymer	-	ja	160°C	k. A.	selten	nein [4])
IIR	Isobutylen-Isopren-Mischpolymer	Butylkautschuk	nein	130°C	k. A.	nein	nein [4])
EPDM	Ethylen-Propylen-Dien-Terpolymer	-	nein	140°C	388°C	selten	nein [4])
CR	Polychloropren	Chloropren-kaut-schuk	bedingt	120°C	380°C	selten	ja
CSM	Chlorsulfoniertes Polyethylen	-	bedingt	150°C	380°C	selten	nein [4])
MVQ	Methyl-Vinyl-Poly-Siloxan	Siliconkautschuk	bedingt	225°C	560°C	nein	nein [4])
FPM	Mischpolymere aus hochfluo-rierten Kohlenwasserstoffen	Fluorkautschuk	ja	250°C	k. A.	nein	selten

k. A. = keine Angaben vorhanden
[1]) nach ISO 1629
[2]) bei Anwesenheit von Sauerstoff
[3]) bei Abwesenheit von Sauerstoff (50 % Masseverlust TGA)
[4]) kein Latex verfügbar

Für eine Reihe von Sonderanwendungen werden gelegentlich auch folgende Elastomere eingesetzt:

- CR für spezielle Kältemittel
- CSM für Säuren
- EDPM für Säuren, Laugen, Dampf, polare Lösungsmittel

Das elastomere Bindemittel stellt die Komponente mit der geringsten Temperaturbeständigkeit dar. Das darf jedoch nicht dazu führen, die Temperaturbeständigkeit des Dichtungswerkstoffes ausschließlich nach einem einzelnen Rezepturbestandteil zu beurteilen (siehe auch Unterpunkt. „Eigenschaften"), analog gilt das auch für die Fasern. Der Elastomeranteil ist bei einer faserverstärkten Dichtung deutlich geringer (ca. 15 %) als bei den klassischen Elastomerdichtungen (ca. 50 bis 60 %).

– Füllstoffe
Die Füllstoffe dienen dazu, die durch das Netzwerk der Fasern gebildeten Hohlräume so zu füllen, dass möglichst kleine Poren zurückbleiben und sich eine optimale Gasdichtheit bei möglichst geringem Kautschukanteil ergibt. Die Füllstoffe müssen also in der Korngröße auf die Menge und die Verteilung der Fasern abgestimmt sein. Weitere Anforderungen sind eine möglichst große chemische und thermische Beständigkeit; zum Teil haben die Füllstoffe auch eine verstärkende Wirkung ähnlich den Fasern.

Während alle Hersteller von faserverstärkten Dichtungen bei Fasern und Bindemitteln mehr oder weniger die gleichen Rohstoffe einsetzen, unterscheiden sich die verschieden Dichtungswerkstoffe deutlicher bei den eingesetzten anorganischen Füllstoffen. Diese stammen meist aus natürlichen Vorkommen, werden zum Teil aber auch synthetisch hergestellt. Praktisch die gesamte Füllstoffpalette aus der Kunststoff- und Elastomerverarbeitung steht zur Verfügung, wobei Ruß so gut wie keine Verwendung findet. Häufig werden Mineralien wie z. B. Kaolin, Talkum, Kreide, Schwerspat, Schiefermehl, Kieselsäure, Quarzmehl etc. eingesetzt und Farbstoffe zur Unterscheidung der verschiedenen Qualitäten zugegeben.

Im Zuge der Asbestsubstitution ist die Bedeutung der Füllstoffe stark gestiegen, da sie verschiedene Funktionen im Materialmix übernehmen mussten. Bei den Füllstoffen handelt es sich daher keineswegs nur um „Billigmacher", vielmehr stehen sie z. T. gleichberechtigt neben den eingesetzten Fasern und übernehmen im Materialverbund eine ähnliche Funktion wie die Fasern. Hochwertige synthetisch hergestellte Füllstoffe kosten z. B. etwa das Dreifache von preiswerten Mineralfasern. **Tabelle 3.3** zeigt, ohne Anspruch auf Vollständigkeit, die wichtigsten eingesetzten Füllstoffe.

Wichtige Kenngrößen zur Beurteilung von Füllstoffen sind u. a.:

- spezifische Oberfläche (BET) [m^2/g]
- Korngrößenverteilung
- Struktur der Partikel

Anhand der spezifischen Oberfläche (BET) lassen sich die Füllstoffe grob einteilen [17]:

BET	$< 10\ m^2/g$	inaktiv
BET	$10 – 60\ m^2/g$	halbaktiv
BET	$> 60\ m^2/g$	aktiv
BET	$> 100\ m^2/g$	hochaktiv

Generell beeinflussen aktive Füllstoffe das Eigenschaftsbild des Dichtungswerkstoffs stärker als inaktive. Mit der Aktivität steigt meist auch der Preis.

– Hilfsmittel
Unter Hilfsmitteln sind die in der Kautschukindustrie zur Verarbeitung erforderlichen Chemikalien zu verstehen. Die meisten faserverstärkten Dichtungswerkstoffe sind schwefelvernetzt (vulkanisiert). Neben dem Schwefel enthalten die Dichtungswerkstoffe Aktivatoren (Zinkoxid, Magnesiumoxid) und Vulkanisationsbeschleuniger, häufig auch Alterungsschutzmittel (z. B. Antioxidanten), Weichmacher und Pigmente. Bei Werkstoffen, die in Kontakt mit Trinkwasser

Tabelle 3.3: Eingesetzte anorganische Füllstoffe in Dichtungswerkstoffen auf Basis von Fasern

allgemeine Bezeichnung		chemische Zusammensetzung	typische Werte			Bemerkung
			Dichte [g/cm³]	Korngröße [µm]	spezifische Oberfläche (BET) [1] [m²/g]	
Glimmer (Mica)	natürlich	Tonerdesilikate SiO_2, MgO, Al_20_3, K_2SiF_6	2,75	2 ... 20	1 ... 20	Plättchenstruktur
Graphit	natürlich u. synthetisch	Kohlenstoff C	2,2	3 ...200	1 ... 10	große Spannbreite verschiedener Typen
Kaolin	natürlich	Aluminiumsilikat $Al_4(OH)_8[Si_40_{10}]$	2,7	1 ...10	10 ... 40	Plättchenstruktur
Kieselgur (Diatomenerde)	natürlich	Siliciumdioxid SiO_2 (> 85 %)	2,25	10 ... 20	2...7	Kieselsäuregerüste abgestorbener Algen
Kieselsäure, gefällte und pyrogene	synthetisch	Siliciumdioxid SiO_2	2,0	0,005 ... 0,05 [2]	50 ... 300	große Spannbreite verschiedener Typen
Kreide (Kalkstein)	natürlich	Calciumcarbonat $CaCO_3$	2,7	2 ... 40	2 ... 20	
Neuburger Kieselerde	natürlich	Quarz-Kaolinit-Gemisch	2,6	1 ... 5	10 ... 15	spezielles deutsches Vorkommen
Quarzmehl	natürlich	Siliciumdioxid SiO_2	2,65	5 ... 90	< 5	
Ruß	synthetisch	Kohlenstoff C	1,9	0,005 ... 0,5 [2]	10 ... 200	große Spannbreite verschiedener Typen
Schwerspat	natürlich	Bariumsulfat $BaSO_4$	4,5	2 ... 10	< 5	
Silikate, gefällte	synthetisch	Siliciumdioxid SiO_2	2,2	1 ... 10	15 ... 75	
Talkum	natürlich	Magnesiumsilikat $Mg_6(OH)_4[Si_8O_{20}]$	2,85	2 ... 20	2 ... 20	Plättchenstruktur
Wollastonit	natürlich	Calciumsilikat $CaSiO_3$	2,9	4 ... 10	< 5	nadelförmig

[1]) BET = Brunauer, Emmett und Teller; Stickstoffadsorptionsmethode
[2]) Primärteilchen

oder Lebensmitteln kommen, ist die Palette der einsetzbaren Substanzen stark eingeschränkt. Sie müssen den Anforderungen der jeweiligen Vorschriften genügen, dazu enthalten diese Positivlisten zugelassener Substanzen. Dadurch soll sichergestellt werden, dass keine gesundheitsgefährdenden Substanzen auf die Medien übergehen. So haben sich z. B. durch die

Tabelle 3.4: Metallische Einlagen in Dichtungswerkstoffen auf Basis von Fasern

Einlage	Struktur	Beispiel, Bezeichnung
Gewebe	gitterförmig	„Fliegengittergewebe“
	strukturdicht	„Spitzköpergewebe“
Blech	glatt	„Glattblech“
	perforiert	„Spießblech“
	verstreckt	„Streckgitter“

Werkstoff	Werkstoff-Nr.	Bemerkung
Eisen	1.0330 (St 12)	verzinkt
	1.0338 (St 14)	verzinkt
Chrom-Nickel-Stahl	1.4301	
	1.4401	
	1.4539	

neue Elastomerleitlinie des Umweltbundesamtes [18] die für den Einsatz im Trinkwasser zur Verfügung stehenden Hilfsstoffe stark reduziert. Zum möglichen Einsatz von Faserdichtungen im Lebensmittelkontakt siehe [19].

– *Metallische Einlagen*
Faserverstärkte Dichtungswerkstoffe werden häufig mit metallischen Einlagen, wie z. B. Geweben, Blechen usw. kombiniert. **Tabelle 3.4** zeigt die wichtigsten verwendeten Einlagen und Werkstoffe.

Mit metallischen Einlagen kann man Forderungen nach Berst- und Ausblassicherheit begegnen. Sie verbessern in der Regel die thermische und mechanische Standfestigkeit des Dichtungswerkstoffs, verschlechtern aber unter Umständen die Gasdichtheit. Druck-, Zug und Scherfestigkeit sind gegenüber einem unverstärkten Dichtungswerkstoff erhöht. Auch die Stanzbarkeit kann durch metallische Einlagen erschwert werden. In der Praxis haben sich besonders Einlagen aus Streckmetall („Streckgitter“) bewährt und finden am häufigsten Verwendung.

Metallische Einlagen können im Kalanderverfahren direkt während des Herstellprozesses eingebracht werden. Bei Dichtungswerkstoffen, die nach dem Beaterverfahren hergestellt werden, werden die metallverstärkten Varianten in einem separaten Arbeitsgang, dem Laminierverfahren, erzeugt.

Häufig werden faserverstärkte Dichtungen auch mit einer metallischen Innenrandeinfassung, einem sogenannten „Innenbördel“ kombiniert (**Bild 3.6**). Der Innenbördel wird nach dem Ausstanzen des Dichtungsringes mit einem separaten Werkzeug eingebracht. Der Innenbördel besteht aus einem ca. 0,10 bis 0,15 mm dünnem Blech und ist im Normalfall aus Edelstahl (häufig 1.4571).

Vorteile eines Innenbördel:

- Schutz des Dichtungswerkstoffs vor aggressiven Medien
- Schutz des Mediums vor Verunreinigungen durch herausgelöste Dichtungsbestandteile
- Die Dichtung kann im Lebensmittelkontakt eingesetzt werden und eignet sich für die üblichen Reinigungsprozesse in der Lebensmittelindustrie (CIP- und SIP-reinigbar)
- Schutz die Dichtung vor dem Herausdrücken, z. B. bei Druckstößen
- Verbesserung der Gasdichtheit bei porösen Dichtungswerkstoffen

Nachteile eines Innenbördel:

- Die Anpassung des Innenbördels an die Flanschoberflächen erfordert eine bestimmte Mindestflächenpressung; als grober Richtwert kann eine erforderliche Einbauflächenpressung von mindestens 30 MPa angenommen werden

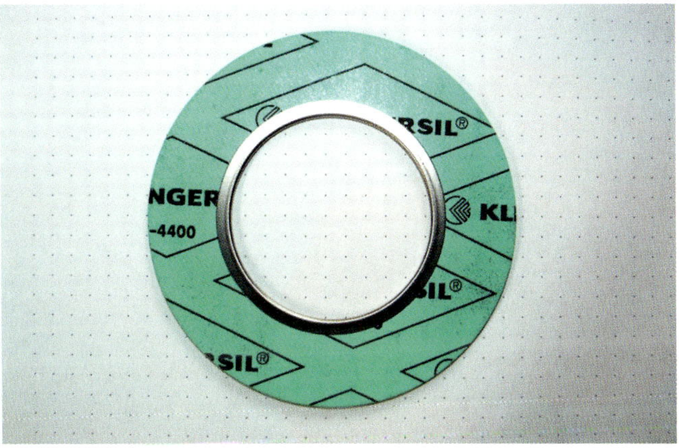

Bild 3.6: Dichtring mit Innenbördel

- Qualität und Ausführung des Innenbördels können je nach Hersteller unterschiedlich sein

Herstellverfahren

– Kalanderverfahren

Das Kalanderverfahren ist das klassische Herstellverfahren für faserverstärkte Dichtungen und in der Industrie weit verbreitet. Es besteht im Wesentlichen aus zwei Verfahrensschritten: dem Herstellen der Mischung und dem eigentlichen Kalandrieren, d. h. dem Auswalzen der Mischung zu Platten. **Bild 3.7** zeigt das Verfahrensschema des Kalanderverfahrens.

Die vorgesehenen Bindemittel (Kautschuk) werden zunächst in einem organischem Lösungsmittel, meist Toluol, gelöst. Anschließend werden die restlichen Rezepturbestandteile schrittweise zugegeben. Eingesetzt werden sowohl schnell laufende als auch langsam laufende Mischer (Kneter). Es handelt sich also um ein diskontinuierliches Verfahren, dessen Chargengröße von der Größe der eingesetzten Mischaggregate abhängt. Die üblichen Chargengrößen bewegen sich zwischen 50 und 500 kg. In **Bild 3.8** ist der schematische Ablauf des Kalanderverfahrens dargestellt.

Bei den eingesetzten „Dichtungskalandern" handelt es sich um eine spezielle Bauart des Zweiwalzenkalanders. Er besteht aus einer kleineren, gekühlten Walze und einer größeren, beheizten Walze. Die Walzen sind senkrecht aufeinander (ältere Bauart) oder schräg zueinander (neuere Bauart) angeordnet. Die gekühlte Walze wird mit variabel gesteuertem Anpressdruck (Anpresskraft ca. 10 bis 300 kN) gegen die beheizte Walze gefahren. In den geschlossenen Walzenspalt wird die Mischung aufgegeben. Das geschieht von Hand oder automatisiert, z. B. durch Pumpen. Durch die Drehung der Walzen wird die Mischung in den Walzenspalt eingezogen und legt sich um die beheizte Walze. Dabei orientieren sich die in der Mischung enthaltenen Fasern in Längsrichtung (Walzenumfangsrichtung). Mit jeder Umdrehung wird dabei schrittweise die Dichtungsplatte kontinuierlich bis zur gewünschten Dicke aufgebaut. Abhängig von Maschinenparameter und Rezeptur nimmt die Schichtdicke ca. 10 bis 50 µm je Umdrehung zu. Auf diese Weise lassen sich Dichtungsplatten von 0,2 mm bis 5,0 mm Dicke herstellen.

Während des Kalandrierens wird das Lösungsmittel verdampft, durch Absaugungen aufgefangen und in der Regel durch eine Rückgewinnungsanlage dem Prozess wieder zuge-

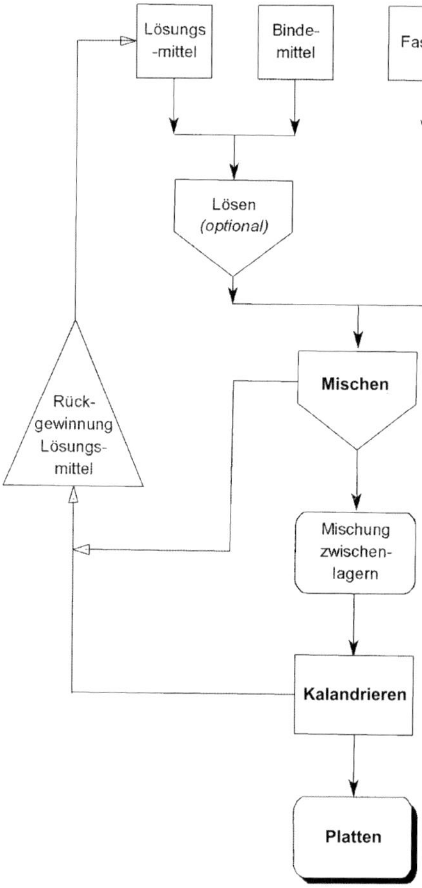

Bild 3.7: Verfahrensschema Kalanderverfahren

führt. In einigen Fällen wird das Lösungsmittel auch thermisch oder katalytisch verbrannt. Parallel zum Abdampfen des Lösungsmittels vulkanisiert die Mischung auf der Heißwalze. Nach Erreichen der gewünschten Dicke wird der Kalander angehalten, die Platte quer zur Walzrichtung aufgeschnitten und von Hand abgezogen. Der Vorgang des Kalandrierens und Abziehens zeigt **Bild 3.9**. Anschließend führt der Werker eine kurze Qualitätskontrolle durch (Dickenmessung und visuelle Inspektion) und kennzeichnet die Platte mit der zugehörigen Chargennummer.

Im Kalanderverfahren wird also jede Platte einzeln in einem eigenen Arbeitsgang erzeugt. Die Formate sind dabei durch die Walzenabmessungen vorbestimmt. Üblich sind eine Walzenbreite von 1500 mm und ein Walzenumfang von 3000 mm bis 4500 mm. Aufgeschnitten ergibt sich daraus das gängige Kalanderplattenformat von 1500 mm x 1500 mm bzw. 1500 mm x 2000 mm. Das Formatschneiden, Besäumen der Ränder und das Bedrucken erfolgen anschließend in einem separaten Arbeitsgang.

Bild 3.8: Darstellung des Kalanderprinzips

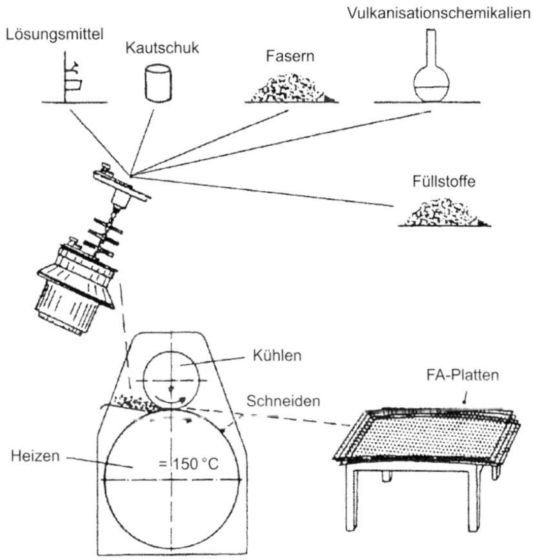

Eine Besonderheit im Kalanderverfahren ist die Möglichkeit, eine Dichtungsplatte aus verschiedenen Mischungen (Rezepturen) aufzubauen. Üblich sind z. B. unterschiedlich Grund- und Deckschichten, um bestimmte Eigenschaften gezielt zu beeinflussen:

- Antihaftbeschichtungen, um ein Ankleben an die Flansche zu verhindern (meist Serienausrüstung)
- Graphitierungen, besonders bei Torsionsbeanspruchung (z. B. für Verschraubungsdichtungen)
- Weichstoffauflagen (Gummierungen), bei besonderen Dichtheitsanforderungen
- Weiche und Grund- und Deckschichten, die in Kontakt mit Mineralöl aufquellen und so eine verbesserte Abdichtung von Oberflächenfehlern ermöglichen, in Verbindung mit einer harten (standfesten) Kernschicht [20]

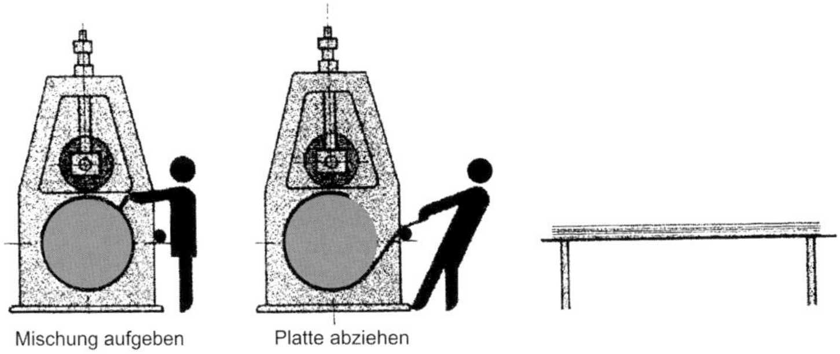

Bild 3.9: Prinzip des Kalanderverfahrens

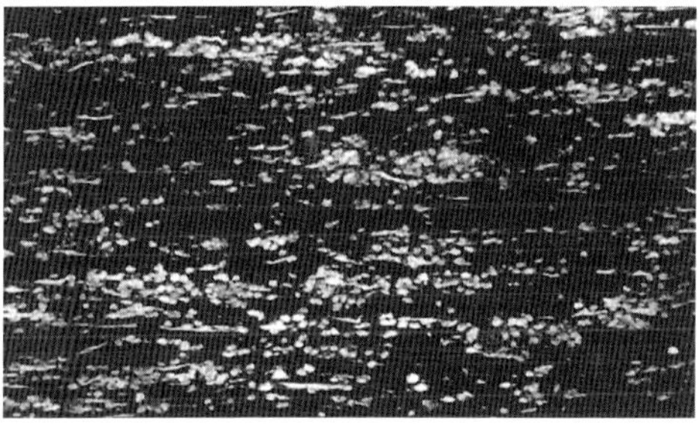

Bild 3.10: Querschnitt einer faserverstärkten Dichtung hergestellt im Kalanderverfahren

Metallische Einlagen, wie z. B. aus Streckmetall (siehe Tabelle 3.4), können ebenfalls während des Walzprozesses mittig in die in die Kalanderplatte eingebracht werden.

Bild 3.10 zeigt den Querschnitt einer im Kalanderverfahren hergestellten aramidfaserverstärkten Dichtung. Die Fasern wurden mit fluoreszierendem Licht sichtbar gemacht. Der schichtweise, quasihomogene Aufbau ist deutlich zu erkennen.

– *Beaterverfahren*
Unter dem Beaterverfahren versteht man die Herstellung von faserverstärkten Dichtungen auf Papiermaschinen. Der Begriff ist abgeleitet von der englischen Bezeichnung „beater" für Stoffmühle bzw. „beater process" für das Verfahren der Papiererzeugung. Das weitgehend automatisierte Beaterverfahren kann in die Verfahrensschritte Stoffaufbereitung, Papiermaschine und Veredelung grob unterteilt werden (Verfahrensschema siehe **Bild 3.11**).

Die wesentlichen Unterschiede zum Kalanderverfahren bestehen darin, dass es sich um ein kontinuierliches Verfahren handelt. Materialdicke bzw. Flächengewicht werden durch Mengendosierung und Variation der Siebgeschwindigkeit gesteuert.

Das Beaterverfahren ist auf die Erzeugung großer Mengen ausgelegt und verwendet als Lösungsmittel Wasser (**Bild 3.12**). Die Fasern werden zusammen mit den anderen Rezepturbestandteilen im Pulper (Stoffauflöser) in Wasser zu einem pumpfähigen Brei suspendiert. Diese Suspension wird im Stoffauflauf auf ein umlaufendes Sieb aufgegeben. Anschließend wird die aufgegebene Stoffsuspension entwässert. Die dabei entstehende Faserstoffbahn wird anschließend abgenommen, in der Pressenpartie verdichtet und weiter entwässert, danach getrocknet und geglättet. Zum Einsatz kommen sowohl Langsiebmaschinen für Dicken bis ca. 1,0 mm (ergibt Rollenware) als auch Rundsiebmaschinen für Dicken ab ca. 1,0 mm (ergibt Formatware). **Bild 3.13** zeigt das Beaterverfahren in einer Prinzipdarstellung am Beispiel einer Langsiebmaschine.

Die auf diese Weise hergestellten Dichtungswerkstoffe weisen eine Dichte von ca. 1,0 bis 1,2 g/cm³ auf, d. h. sie haben ein relativ großes Restporenvolumen. Für viele Anwendungen sind jedoch höhere Dichten (ca. 1,5 bis 1,8 g/cm³ wie im Kalanderverfahren) erforderlich, um die jeweils angestrebte Dichtheitsklasse zu erreichen. Dazu sind nachfolgende Veredelungsschritte notwendig. Eine Erhöhung der Dichte wird durch Verdichten auf Kalandern erzielt. Diese Kalander weisen einen definiert einstellbaren Spalt auf. Anschließend kann noch eine zusätzliche Vulkanisation erfolgen.

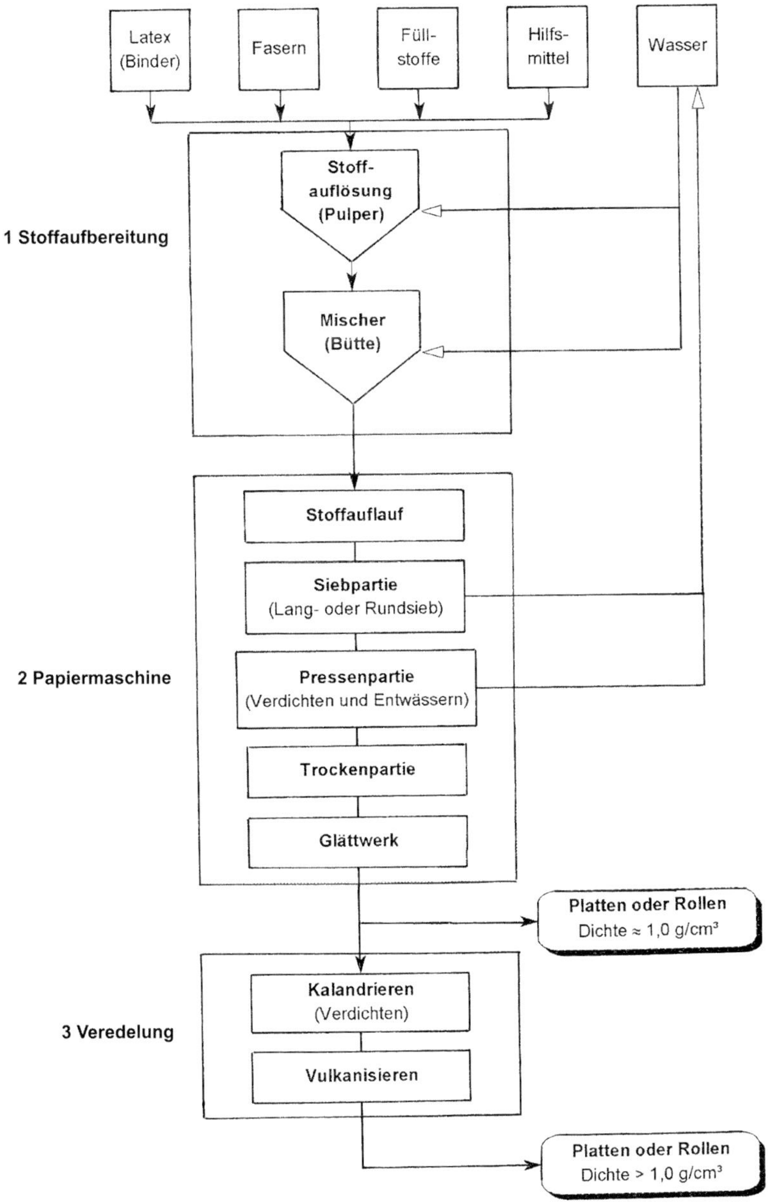

Bild 3.11: Verfahrensschema Beaterverfahren

– *Laminierverfahren*

Das Laminierverfahren ist im Zusammenhang mit faserverstärkten Dichtungen ein Weiterverarbeitungsprozess, der sich an das Beaterverfahren anschließen kann. Es entspricht dem Graphit-Laminat-Verfahren, nach dem Laminate aus expandiertem Graphit hergestellt werden.

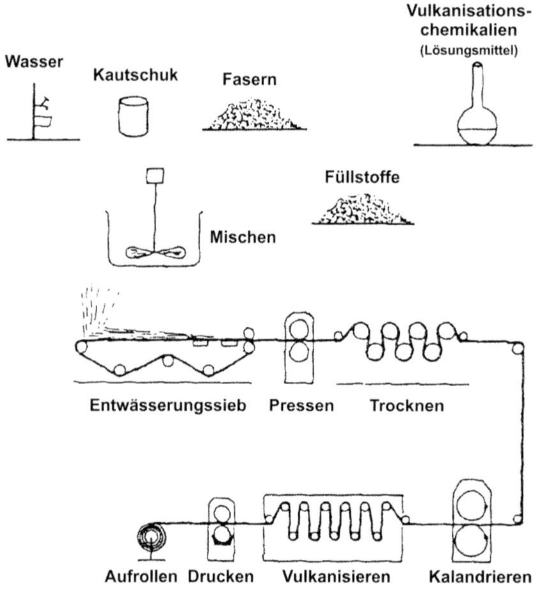

Bild 3.12: Darstellung des Papierprinzips

Im Laminierverfahren werden Dichtungswerkstoffe aus dem Beaterverfahren (meist Rollenware) auf metallische Träger (Tabelle 3.4) aufgebracht. Als Trägerwerkstoff werden bevorzugt glatte, gelochte oder gespießte Bleche eingesetzt. Das Verfahrensprinzip ist in **Bild 3.14** dargestellt. Die Verbindung zwischen Trägerblech und Faserwerkstoff kann rein mechanischer Art sein (Spießblech) oder durch einen geeigneten Klebstoff erfolgen.

Nach diesem Verfahren hergestellte Werkstoffe wurden in der Vergangenheit hauptsächlich als Zylinderkopfdichtung im Automobil eingesetzt. Für eine funktionsfähige Zylinderkopfdichtung waren nach dem Laminieren noch weitere Verarbeitungsschritte erforderlich:

- Imprägnieren (Mit Silicon- oder Polyölen)
- Stanzen
- Bördeln (Einfassung der Brennräume)
- Siebbedruckung (optional, für bestimmte Funktionen)
- Oberflächen Coating (optional, für bestimmte Funktionen)

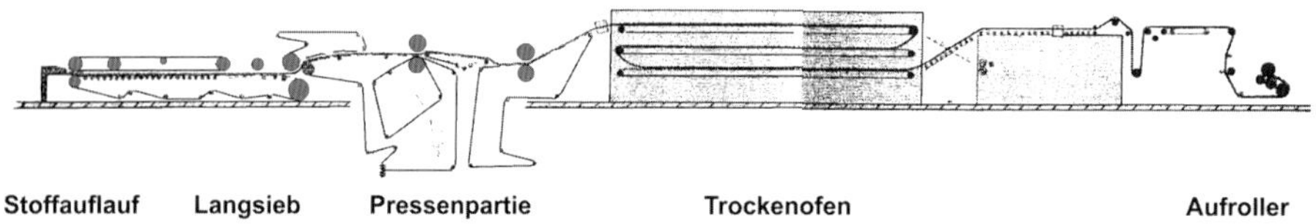

Bild 3.13: Prinzip des Beaterverfahrens (Langsiebmaschine)

Bild 3.14: Prinzip des Laminierverfahrens

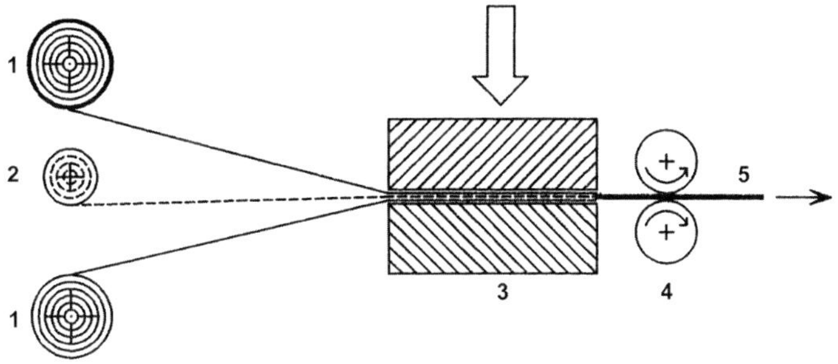

1 Dichtungswerkstoff, hergestellt im Beaterverfahren
2 metallischer Träger/Einlagewerkstoff
3 hydraulische Presse
4 Glättwerk
5 Laminat: Dichtungswerkstoff mit metallischer Einlage

Die Zylinderkopfdichtung bei Verbrennungsmotoren stellt einen konstruktiven Sonderfall innerhalb der Flachdichtungen dar. Inzwischen ist diese Art von Zylinderkopfdichtung in der Erstausrüstung durch solche aus elastomerbeschichtetem, gesicktem Stahlblech ersetzt worden.

– Andere Verfahren

Im Laufe der Jahre gab es immer wieder Versuche, neuere Verfahren zur Herstellung von faserverstärkten Dichtungen zu entwickeln, welche jedoch den Laborstatus nie verlassen konnten und keine Bedeutung erlangten. So z. B. das VFD-Verfahren (vliesverstärkte Flachdichtungen), wo im Trocken- oder Nassvliesverfahren zunächst Fasergelege erzeugt werden, die anschließend mit einer auf Wasser basierenden Mischung aus Füllstoffdispersion und Latex imprägniert werden. In einem weiteren Verfahrensschritt werden dann mehrere Lagen des so entstandenen Prepregs durch Kalandrieren verpresst und zu einem homogenen Werkstoff vulkanisiert.

Auch der Einsatz von speziellen Flüssigkautschuken im Kalanderverfahren, zur Vermeidung des üblicherweise notwendigen organischen Lösungsmittels, hat bisher keine Anwendung gefunden [21].

Besondere Eigenschaften

Faserverstärkte Dichtungen bestehen, wie bereits dargestellt, aus den charakteristischen Bestandteilen Fasern, Bindemitteln und Füllstoffen. Diese Einzelkomponenten beeinflussen einzelne Eigenschaften der Dichtung mehr oder weniger stark. Nachfolgend sollen daher einige gemeinsame Eigenschaften erläutert werden, die aus den Besonderheiten aufgrund ihrer Zusammensetzung resultieren.

– Temperaturbeständigkeit

Bei der Frage nach der Temperaturbeständigkeit eines Faser-Dichtungswerkstoffes wird häufig die Angabe einer maximal zulässigen Temperatur erwartet. Das ist jedoch nicht möglich, da es bisher kein allgemein anerkanntes Prüfverfahren gibt, mit der eine solche Temperatureinsatzgrenze eindeutig ermittelt werden könnte. Der Temperatureinsatzbereich ist vielmehr in Abhängigkeit von den an die Dichtung gestellten Anforderungen zu bewerten. Dabei spielen verschiedene Gesichtspunkte, wie z. B.:

- Einbausituation (z. B. glatte Dichtleiste/Nut- und Feder)
- erzielte Einbauflächenpressung
- tatsächliche Flächenpressung im Betrieb
- auf die Dichtverbindung einwirkende Zusatzkräfte
- Betriebsbedingungen (konstant/wechselnd)
- Medium (oxidierend – ja/nein)
- geforderte Lebensdauer (Inspektionsintervalle)
- Sicherheitsaspekte (toxische Medien)

eine entscheidende Rolle.

Eine konservative Vorgehensweise wäre nun, die Temperaturbeständigkeit nach dem schwächsten Bestandteil festzulegen, dem Kautschuk (Bindemittel). Wie bereits in Kap. „Werkstoffbestandteile“ ausgeführt, wird eine solche Betrachtungsweise dem Werkstoff jedoch nicht gerecht. Zudem müssen auch die tatsächlichen Massenanteile des Bindemittels bei der Beurteilung der Temperaturbeständigkeit in Betracht gezogen werden, die bei faserverstärkten Dichtungen (typisch 10 bis 20 %) deutlich niedriger liegt als z. B. bei O-Ringen (in der Regel mindestens 60 %).

Die an klassischen Gummiartikeln ermittelten Einsatzgrenzen lassen sich nicht ohne weiteres auf faserverstärkte Dichtungen übertragen, wo der Kautschuk nur die Rolle der Matrix im Werkstoffverbund übernimmt. Die bei Gummiartikeln üblichen Tests, wie z. B. Änderung der mechanischen Eigenschaften (Zugfestigkeit, Härte etc.) nach Wärmebehandlung im Ofen sind für faserverstärkte Dichtungen nicht repräsentativ. Solchen Tests liegen meist Anforderungen für dynamisch beanspruchte Elastomerdichtungen aus der Automobilindustrie zugrunde.

Beim Alterungsverhalten ist zwischen dem thermischen Abbau und thermo-oxidativen Abbau zu unterscheiden (**Tabelle 3.5**). Bei einer im Krafthauptschluss im Flansch verbauten Faser-Dichtung kommen beide Mechanismen vor. **Bild 3.15** zeigt den Querschnitt durch eine ausgebaute faserverstärkte Dichtung mit NBR als Bindemittel. Im unverpressten Randbereich der Dichtung ist eine deutliche Braunfärbung durch thermo-oxidativen Abbau des Luft-Sauerstoffs erkennbar. Im verpressten Bereich der Dichtung ist dagegen keine Verfärbung sichtbar, da das abzudichtende Betriebsmedium keinen Sauerstoff enthält. Im verpressten Bereich findet daher nur ein thermischer Abbau statt. Dieses Beispiel verdeutlicht nebenbei auch den großen Einfluss der Flächenpressung im Betriebszustand.

Schließlich sollten auch die seit vielen Jahren vorliegenden Anwendungserfahrungen mit faserverstärkten Dichtungen in die Beurteilung des Temperatureinsatzbereiches mit einfließen. **Bild 3.16** zeigt exemplarisch in einem p,T-Diagramm dokumentierte Anwendungen einer faserverstärkten Dichtungen mit HNBR als Bindemittel für verschiedene Medien. Es wird deutlich sichtbar, dass der Haupteinsatzbereich zwischen 150 °C und 250 °C bei Drücken bis PN25 liegt, aber auch einige Anwendungen darüber hinausgehen.

Eine weitere Möglichkeit ist es, eine anwendungsbezogene Temperatureinsatzgrenze anhand vorher zu bestimmter Anforderungen und Prüfverfahren abzuleiten. Indirekte Aussagen zur möglichen Einsatztemperatur liefern z. B. folgende Prüfungen:

(1) Maximal zulässige Flächenpressung Q_{Smax} nach DIN EN 13555 [22]

Die maximal zulässige Flächenpressung Q_{Smax} wird für verschiedene Temperaturen wird in einem Druckstauchversuch mit zyklischen Be- und Entlastungen und ansteigender Flächenpressung

Tabelle 3.5: Abbaumechanismen von Elastomeren unter Temperatur

	Abbaumechanismus	
	thermo-oxidativer Abbau	**thermischer Abbau**
tritt auf bei	bei Anwesenheit von Sauerstoff (> 1%)	bei Abwesenheit von Sauerstoff
typischer Temperaturbereich	100 °C … 250 °C	300 °C … 600 °C
messbar durch	Änderung der mechanischen Eigenschaften	Änderung der Masse
kommt bei faserverstärkten Dichtungen vor	im unverpressten Randbereich	im verpressten Bereich der Dichtfläche
	im verpressten Bereich der Dichtfläche bei oxidierenden Medien, abhängig von der Flächenpressung	

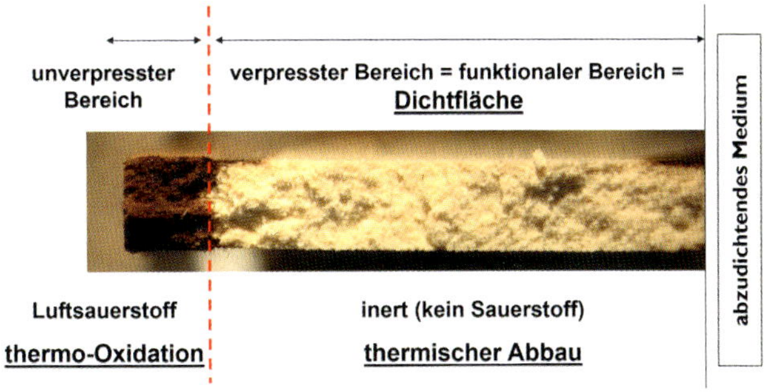

Bild 3.15: Thermischer und thermo-oxidativen Abbau an einer ausgebauten faserverstärkten Dichtung im Querschnitt

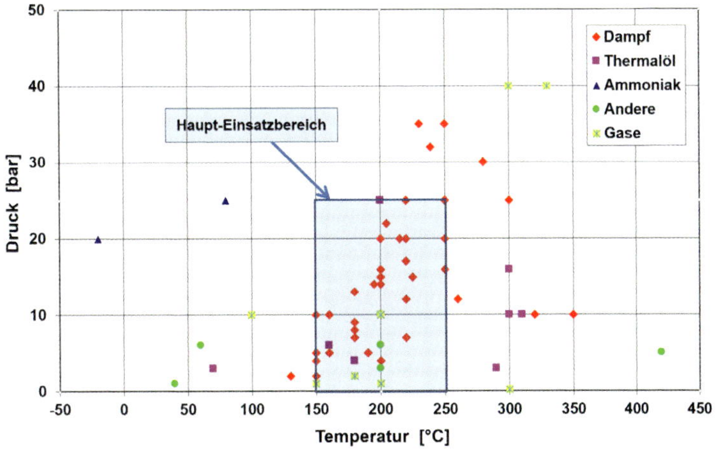

Bild 3.16: Dokumentierte Anwendungen einer faserverstärkten Dichtung mit HNBR als Bindemittel

ermittelt, Versagenskriterien dazu sind in [22] definiert. Bei faserverstärkten Dichtungen tritt normalerweise kein plötzliches Versagen (sog. „Crash“) auf, im Normalfall wird eine signifikante Dickenänderung zwischen zwei Flächenpressungsstufen im Druckstauchversuch als Versagenskriterium gewählt. Mit zunehmender Prüftemperatur erhält man, je nach Rezeptur, immer niedrigere Werte für Q_{Smax}. Werden diese so klein, dass sie keine Flanschberechnung nach EN 1591-1 [13] mehr ermöglichen, bzw. sehr nahe an der erforderlichen Mindestflächenpressung $Q_{min/L}$ liegen, gibt dies einen Hinweis auf die maximale Einsatztemperatur. Es bleibt dem jeweiligen Anwender überlassen, einen praxisgerechten Mindestwert für Q_{Smax} festzulegen.

(2) Kriech-Relaxationsfaktor PQR nach DIN EN 13555 [22]

Der Kriech-Relaxationsfaktor PQR beschreibt das Verhältnis zwischen der Restflächenpressung und der ursprünglich aufgebrachten Flächenpressung unter Temperaturbelastung. Er wird in einem Kriechrelaxationsversuch ermittelt und hat Werte zwischen 0 und 1. Analog zu Bestimmung der maximalen Flächenpressung Q_{Smax} ergeben sich mit steigender Temperatur immer ungünstigere Werte. Auch hier kann der Anwender eine Mindestanforderung festlegen, die wiederum bei jedem Dichtungswerkstoff mit einer bestimmten Prüftemperatur korreliert. Im Leitfaden zur Montage von Flanschverbindungen in verfahrenstechnischen Anlagen, Anhang C [24], wird beispielsweise ein PQR-Wert von mindestens 0,45 bei Betriebstemperatur gefordert.

(3) Charakteristische Leckageänderung unter Temperatur

Die Dichtungskennwerte $Q_{min(L)}$ und $Q_{Smin(L)}$ nach DIN EN 13555 [22], die das Abdichtverhalten beschreiben, werden nur bei Raumtemperatur ermittelt. Interessant wären jedoch Leckagemessungen bei Betriebstemperaturen, da diese auch Rückschlüsse auf Alterungsvorgänge im Dichtungswerkstoff erlauben würden. In DIN EN 13555 [22], Anhang F, ist ein entsprechendes Prüfverfahren beschrieben. Dabei misst man die Leckrate über solange, bis eine vorher definierte Dichtheitsklasse überschritten wird. Führt man diese Versuche bei verschiedenen Temperaturen durch, erhält man „Lebensdauerkurven“, welche eine Aussage zur Einsatztemperatur, abhängig von Dichtkeitsklasse und Einsatzzeit ermöglichen [25].

Man erkennt, dass die Temperaturbeständigkeit von faserverstärkten Dichtungen anwendungsbezogen betrachtet werden muss und von eine Vielzahl möglicher Einflussfaktoren und Anforderungen abhängt, so dass eine pauschale Zahlenangabe nicht möglich ist. Üblicherweise werden faserverstärkten Dichtungen im Temperaturbereich bis 250 °C eingesetzt, wobei die Mehrzahl der Anwendungen im Bereich bis 150 °C liegen.

– Leckrate

Dichtungen aus faserverstärkten Werkstoffen weisen herstellungsbedingt durch das Verdampfen des Lösungsmittels eine gewisse Mikroporosität auf. Diese Mikroporen werden bei der Montage, abhängig von den Schraubenkräften, mehr oder weniger geschlossen und bestimmen so die jeweilige Leckagerate unter den gegebenen Bedingungen. Dabei kann grob in „weiche“ und „harte“ Dichtungswerkstoffe unterschieden werden. Weiche Werkstoffe haben meist einen höheren Bindemittelanteil und eine bessere Anpassungsfähigkeit an die Dichtflächen. Sie weisen daher eine steilere Dichtungskennlinie auf, d. h. für die Abdichtung eines bestimmten Innendruckes ist bei gleicher Dichtheitsklasse eine geringere Flächenpressung erforderlich als bei harten Werkstoffen.

Eine weitere Besonderheit von faserverstärkten Dichtungen, die bisher noch zu wenig Beachtung findet, ist die Eigenschaft, dass die Leckagerate unter Temperatur (d. h. im Betriebszustand) deutlich niedriger ist als bei Raumtemperatur. Die Ursache hierfür ist hauptsächlich im Verdichten des Gefüges und weiterem Schließen der Mikroporen unter Temperatureinwirkung zu suchen. Das gilt zumindest im Temperaturbereich bis ca. 300 °C, darüber kann sich der Effekt auch umkehren.

– *Verformungsverhalten*
Das Verformungsverhalten von faserverstärkten Dichtungen ist ebenfalls charakteristisch und kann in Kaltsetzen (Anpassung an die Dichtflächen) und Warmsetzen (Kriechen) aufgeteilt werden. Während im Sinne einer guten Anpassung bereits bei niedrigen Flächenpressungen eine gewisse Kaltverformung durchaus erwünscht ist, kann Warmverformung zu einem Spannungsabfall („Relaxation") der Schrauben der Dichtverbindung führen und soll daher so gering wie möglich sein.

Das Verformungsverhalten kann in einem kombinierten Kaltstauch-Warmsetz-Versuch, z. B. in einem Kurzzeitversuch nach DIN 208090-2 [26], dargestellt werden (**Bild 3.17**). Auch hier kann grundsätzlich zwischen „weichen" und „harten" Dichtungswerkstoffen unterschieden werden. Weiche Werkstoffe weisen grundsätzlich höhere Verformungsraten auf. Hinsichtlich des Warmverformungsverhaltens, bei Einsatz unter höheren Temperaturen, sind dagegen härtere („standfestere") Werkstoffe vorteilhaft.

Letztlich besteht bei der Entwicklung ein Zielkonflikt zwischen einem möglichst günstigen Abdichtverhalten (dicht bei niedrigen Flächenpressungen) und einem möglichst günstigen Verformungsverhalten (geringe Warmverformung). Aus beiden Anforderungen ergeben sich gegenläufige Bedingungen für die Rezeptur. In der Fähigkeit, ein Optimum für die jeweilige

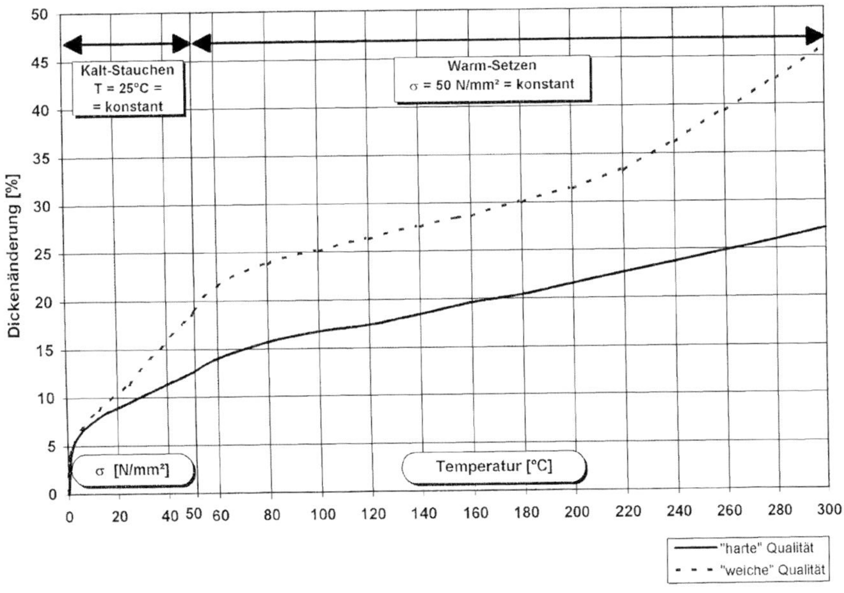

Bild 3.17: Typisches Verformungsverhalten von Dichtungswerkstoffen auf Basis von Fasern (FA) im kombinierten Kaltstauch-Warmsetz-Versuch

Tabelle 3.6: Prüfverfahren zur Medienbeständigkeit von Dichtungswerkstoffen

Versuchsprinzip	Einlagerungsprüfungen ASTM F 146	Prüfung in verspanntem Zustand DIN 28 090-3
Prüfgerät	keines (Behälter)	Blindflansch DN 40 PN 40 Vorschweißflansch DN 40 PN 40
Flächenpressung	keine (Proben frei hängend)	30 N/mm^2
Abmessung	Stäbe 152,4 x 12,7 (und andere)	92 x 49 x 2
	Trocknen 1 h 100°C	Trocknen 1 h 100 °C
Zeitdauer	5 h	1000 h
Standard- prüfmedien/ Prüftemperaturen	ASTM Öl-Nr. 3 [1]) 150 °C ASTM Fuel 13 [2])/23 °C *auf beliebige Medien erweiterbar*	Natronlauge 30%/100 °C Schwefelsäure 50% /40 °C Salpetersäure 65%/40 °C Aceton/40 °C Toluol/100 °C Trichlorethylen/40 °C vollentsalztes Wasser/230 °C Luft/40 °C, 100 °C, 230 °C *auf beliebige Medien erweiterbar*
ermittelte Kennwerte	Dickenänderung [%] Gewichtsänderung [%] Zusammendrückung (ASTM F36) Zugfestigkeit(-änderung) *Prinzip auf andere* *Kennwerte erweiterbar*	Verlust an Prüfmedium [g] Restflächenpressung [N/mm‘]
Sollwerte	keine Vorgaben; können individuell spezifiziert werden	Medienverlust < 2,0 g [3])
		Restflächenpressung _>_ 50% [3]) (bei Luft 100 °C)
		Restflächenpressung 90 % [3]) (bei Medium bezogen auf Luft 100 °C)
Anwendung	Automobildichtungen	chemische Industrie
Bemerkung	scharfe Prüfung praxisfern	weniger scharfe Prüfung praxisnah

[1]) Mineralöl mit ca. 47 Gew.-% Aromatenanteil
[2]) 70 Vol.-% Isooktan und 30 Vol.-% Toluol
[3]) Sollwerte nach DIN 28 091-2

Anwendung zu finden, liegt die Kunst der Rezepturentwicklung bei den faserverstärkten Dichtungen.

– *Medienbeständigkeit*
Die Medienbeständigkeit wird in erster Linie von den eingesetzten Bindemitteln, in zweiter Linie auch von den Fasern und zuletzt von den Füllstoffen beeinflusst. Bei starken Säuren und Laugen, bei einigen organischen Lösungsmitteln und bei stark oxidierenden Medien ist der Einsatz von faserverstärkten Dichtungen nur eingeschränkt möglich. Die Beurteilung der

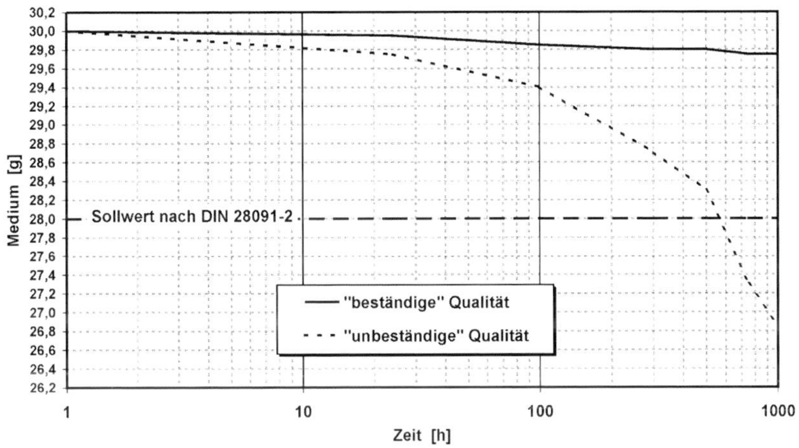

Bild 3.18: Prüfung der chemischen Beständigkeit – Verlust an Prüfmedium, Flanschversuch nach DIN 28090-3 – Beispiel für NaOH 10 % - 100 °C - 30 MPa

Medienbeständigkeit erfolgt nicht nach einheitlichen Kriterien und ist letztendlich vom Einsatzfall abhängig. Man kann grob unterscheiden in Prüfungen frei hängend im Medium, sogenannte Einlagerungsversuche (scharfe Prüfung, praxisfern) und in Prüfungen im verspannten Zustand, z. B. im Flansch (weniger scharfe Prüfung, praxisnah), siehe hierzu **Tabelle 3.6**. Der Faktor Zeit spielt bei der Beurteilung der Medienbeständigkeit eine besondere Rolle.

Bild 3.18 zeigt typische Prüfergebnisse aus einer Prüfung im verspannten Zustand nach DIN 28090-3 [27]. Dabei wird die Medienbeständigkeit indirekt über die Bestimmung des Verlustes an Prüfmedium ermittelt, d. h. letztlich über die Messung einer Flüssigkeitsleckage. Das macht deutlich, dass eine einfache, direkte Bestimmung der Medienbeständigkeit nicht ohne weiteres möglich ist.

Für eine umfassende Beurteilung der Medienbeständigkeit müssen in der Regel verschiedene Versuchsergebnisse herangezogen werden (Einlagerungsversuche sowie Prüfungen im verspannten Zustand einschließlich der visuellen Beurteilung der Prüfkörper) und mit Hilfe einer Auswertematrix individuell gewichtet werden, Näheres hierzu findet sich in [28].

In einigen Fällen wird eine Quellung im Medium; d. h. eigentlich eine „Unbeständigkeit", gezielt zur Abdichtung eingesetzt. Das betrifft vor allem die Abdichtung von Ölen bei bestimmten, nicht biegesteifen Konstruktionen (siehe hierzu auch Kap. „Werkstoffbestandteile – Kautschuk, Einsatz von NR und SBR").

Zusammenfassung

Faserverstärkte Dichtungen sind seit vielen Jahren in der Praxis bewährt und haben, vor allem aufgrund ihrer unkomplizierten Handhabung, einen weiten Einsatzbereich in der Dichtungstechnik. Faserverstärkte Dichtungen sind, obwohl sie ein Elastomer als Bindemittel enthalten, keine reinen Gummiprodukte. In der Elastomertechnik üblich Prüfverfahren können daher nicht angewandt werden. Faserverstärkte Dichtungen sind charakterisiert durch die Hauptbestandteile Fasern, Bindemittel und Füllstoffe. Zum Einsatz kommt eine breite Palette von

Rohstoffen, wobei die einzelnen Rezepturbestandteile große Spannweiten aufweisen können und die Eigenschaften der Dichtungen beeinflussen. Trotz der unterschiedlichen Ausprägung je nach Rezepturzusammensetzung weisen die faserverstärkten Dichtungen einige gemeinsame kennzeichnende Eigenschaften auf.

3.2.1.2 Flexibler Graphit

Vorbemerkungen

Bei den im Flansch üblichen Flächenpressungen passen sich Graphitdichtungen leicht an, werden dabei stark verdichtet und widerstehen dann auch hohen Flächenpressungen.

Reine Graphitdichtungen sind bruch- und kratzempfindlich, was die Handhabung bei der Montage erschwert. Sie neigen außerdem zum Ankleben, was einen hohen Aufwand für die Demontage bedeutet. Um hier Abhilfe zu schaffen, und zur Verbesserung der mechanischen Eigenschaften, wurden deshalb verschiedene Methoden entwickelt.

- geeignete Imprägnierung der Oberfläche
- glatte Blecheinlagen, geklebt oder kleberfrei
- mechanisch verankerte Spießblecheinlagen
- partiell vorverdichtete Dichtungen

Verformungsverhalten

Flexibler Graphit zeichnet sich unter anderem bereits bei niedrigen Flächenpressungen durch seine gute Anpassungsfähigkeit an Oberflächen aus [29]. **Bild 3.19** zeigt für eine unverstärkte Dichtungsplatte aus hochreinem flexiblem Graphit in Abhängigkeit von der Flächenpressung das plastische und elastische Verformungsverhalten.

Festigkeit

Graphitfolien in unverstärkter Form haben eine vergleichsweise niedrige Zugfestigkeit von etwa 2,5 bis 10 N/mm² bei den in der Dichtungstechnik üblichen Rohdichten von 0,7 bis 1,2 g/cm³.

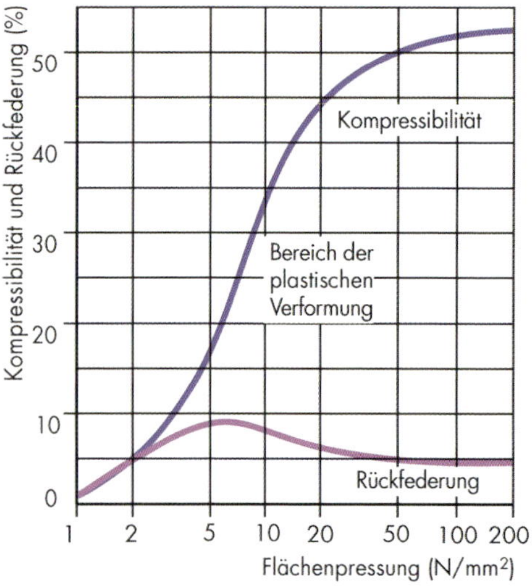

Bild 3.19: Elastisch-plastische Verformung in Abhängigkeit von der Flächenpressung

Je höher die Rohdichte, desto höher die Zugfestigkeit, die jedoch auch vom Rohstoff und dem Herstellungsprozess abhängt. Auch eine Reihe anderer Eigenschaften werden hierdurch beeinflusst. Um das Handhabungsverhalten sowie das Verhalten bei Zug- und Biegebeanspruchung zu verbessern, wird der Werkstoff für Anwendungen im Flachdichtungsbereich häufig mit dünnen Metallträgern verstärkt. Aufgrund der ausgeprägten Schichtstruktur zeigt flexibler Graphit eine im Vergleich zur Zugfestigkeit sehr hohe Druckfestigkeit. Dabei ist die maximal zulässige Flächenpressung σVO und σBO bzw. Qsmax, definiert in DIN 28090-1 bzw. EN 13555, vom Breiten-/Höhenverhältnis abhängig, **Bild 3.20** zeigt diese Abhängigkeit für einige marktübliche Materialien.

Die maximal zulässigen Druckfestigkeiten sind darüber hinaus stark von Art, Ausführung und Anzahl der Metallverstärkungen und teilweise verwendeten Zusätzen wie beispielsweise Innenimprägnierungen abhängig. Ergänzend sei erwähnt, dass auch verschiedene Oberflächenbehandlungen – zumeist Oberflächenimprägnierungen – eine Veränderung unter anderem der Dichtheit, Kratzfestigkeit und Anklebeneigung und somit der Handhabung bewirken.

Temperaturverhalten
Das mechanische Verhalten von reinem flexiblen Graphit wird nur gering von der Temperatur beeinflusst. Tieftemperaturversprödung ist bei Graphit nicht bekannt. Die hervorragende Temperaturbeständigkeit aufgrund fehlender Bindemittel oder Füllstoffe äußert sich in einem sehr guten Druckstandverhalten selbst über lange Beanspruchungszeiträume. Der Werkstoff zeigt praktisch kein Kriechen oder Fließen, wodurch Dichtverbindungen mit flexiblem Graphit kaum relaxieren. Aus **Bild 3.21** ist das Relaxationsverhalten einer füllstofffreien Graphitdichtung im Vergleich zu anderen Dichtungsmaterialien ersichtlich.

Die in der Praxis bei Dichtungsanwendungen erzielbaren Standzeiten bei höheren Temperaturen an Luft hängen stark von den Einsatz- und Betriebsbedingungen sowie von den konstruktiven Gegebenheiten ab und können nicht pauschal angegeben werden. Entscheidend ist hier letztlich neben der tatsächlichen Temperatur der Dichtung, die häufig tiefer als die Medientemperatur ist, der Sauerstoffzutritt zum Graphit. In der Praxis haben sich Maßnahmen wie z. B. metalli-

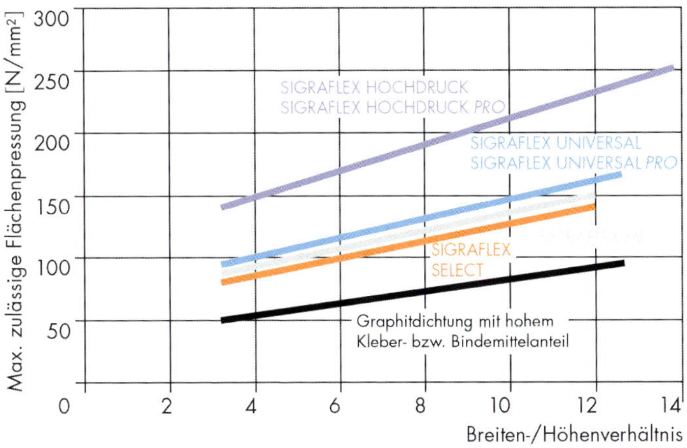

Bild 3.20: Maximal zulässige Flächenpressungen verschiedener Dichtungen, 2 mm Dicke, gemessen bei 300 °C

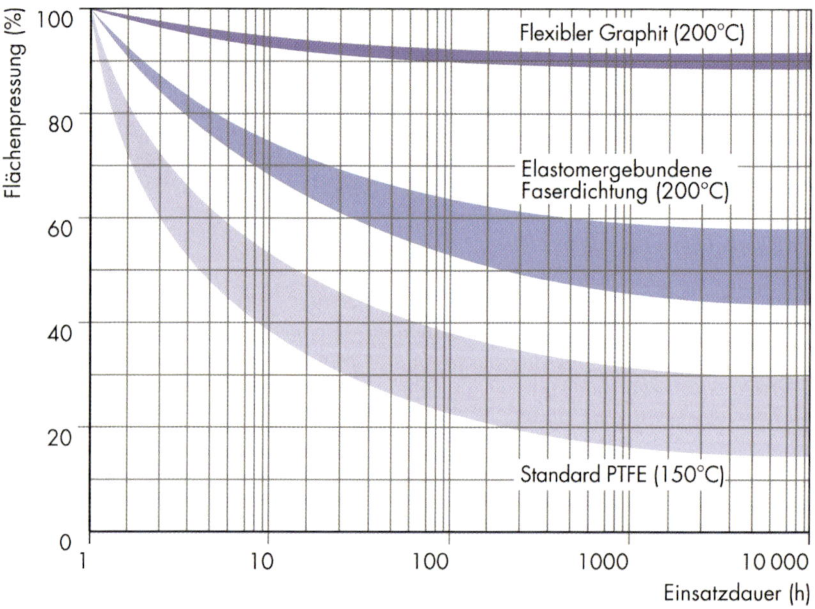

Bild 3.21: Relaxation von flexiblem Graphit im Vergleich zu anderen Dichtungswerkstoffen, gemessen nach DIN 28090-1

sche Innen- und Außeneinfassungen bewährt, aber auch mit bestimmten Kammprofil- oder Spiraldichtungskonstruktionen kann eine Standzeiterhöhung erzielt werden.

Einen großen Einfluss auf die Standzeit bzw. die Betriebssicherheit hat die Qualität des verwendeten Graphitdichtungsmaterials. Abhängig hiervon setzt ab 300 °C bis 450 °C mit steigenden Temperaturen ein technisch relevanter oxidativer Angriff des Graphits durch anwesenden Luftsauerstoff ein. Dieser macht sich durch einen kaum messbaren Gewichtsverlust bemerkbar, der mit steigender Temperatur zunimmt. Dabei bindet der Sauerstoff (O bzw. O_2) ein Kohlenstoffatom (C) aus dem hexagonalen Graphitgitter und entweicht als Kohlenmonoxid (CO) oder Kohlendioxid (CO_2) in die Umgebung. Die Masse der Dichtung nimmt somit stetig von außen beginnend – wenn der Luftsauerstoff von außen anliegt – ab. Dadurch sinkt die Flächenpressung über die Zeit schlimmstenfalls bis hin zum Ausfall [30].

Zu beachten ist, dass die bezüglich Temperaturbeständigkeit, maximal zulässiger Flächenpressung und Standverhalten getroffenen Aussagen deutlich eingeschränkt werden müssen, wenn geklebte Typen verwendet werden, oder wenn beispielsweise zur Verbesserung der Dichtheit Füllstoffe wie z. B. Imprägnierungen eingebracht werden. Kleber oder Füllstoffe können wie ein Schmierfilm innerhalb des Dichtungsmaterials wirken und die mechanische Belastbarkeit vor allem unter Temperatur deutlich herabsetzen.

Korrosion
Die wichtigsten im Zusammenhang mit Dichtungswerkstoffen auftretenden Korrosionstypen sind Kontaktkorrosion, Spaltkorrosion und elektrochemische Korrosion. Durch die Auswahl

geeigneter Dichtwerkstoffe sowie durch konstruktive Maßnahmen kann Korrosion in Dichtverbindungen deutlich reduziert werden.

Bei der Montage von Dichtungen ist einerseits auf ausreichende und gleichmäßig verteilte Flächenpressung zu achten, andererseits ist bei der Auswahl geeigneter Hilfsstoffe, wie z. B. Klebern, Trenn- oder Schmiermitteln, sorgfältig darauf zu achten, dass unter Betriebsbedingungen keine korrosionsfördernden Nebenreaktionen auftreten.

Des Weiteren kann Korrosion durch das Vermeiden von ungünstigen Metallpaarungen oder das Verwenden von höherwertigen Cr/Ni-Stählen mit besserer Beständigkeit gegen Lochkorrosion vermieden werden.

Im Dichtungswerkstoff selbst stellen häufig Verunreinigungen und Beimengungen eine Ursache für das Auftreten von Korrosion dar. Flexibler Graphit kann in hohen Reinheitsgraden hergestellt werden. Ein Maß für die Reinheit ist der sogenannte Aschegehalt, definiert in DIN 51903. Außerdem sind vor allem niedrige Gehalte an weiteren kritischen Verunreinigungen wie Chlorid, Fluorid oder Schwefel zu beachten. Bei entsprechend behandelten Rohstoffen und entsprechender Prozessführung bei der Herstellung lassen sich Werte für Aschegehalt $\leq$ 0,15 %, Chloridgehalt $\leq$ 10 ppm, Fluoridgehalt $\leq$ 10 ppm und Schwefelgehalt $\leq$ 200 ppm gut einhalten.

Für Anwendungen, in denen Lochkorrosion z. B. an Ventilspindeln zuverlässig vermieden werden soll, haben sich schwefelarme Typen (< 200 ppm S) mit zusätzlichen Korrosionsschutz-Inhibitoren auf Basis von Bariummolybdat bewährt [31].

Dichtheit
Flexibler Graphit weist bereits bei niedrigen Flächenpressungen ein gutes Abdichtungsverhalten auf. Dabei wird eine gute Anpassung an die Dichtflächen erreicht, so dass im Gegensatz zu relativ hart eingestellten Faserdichtungen nur wenig Oberflächenleckage auftritt.

Grundsätzlich besteht bei flexiblem Graphit eine ausgeprägte Abhängigkeit der Leckage von der Flächenpressung. Exemplarisch ist in **Bild 3.22** das Leckageverhalten einer markt-

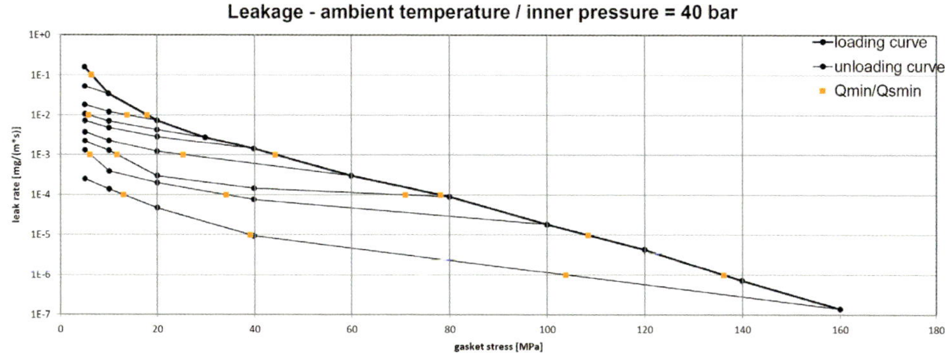

Note: the content of darkened cells was not determined respectively is unnecessary	Rev - No: 2	Creation date of this sheet: 20.12.2012

Bild 3.22: Leckageverhalten einer marktüblichen Graphitdichtung, siehe auch www.gasketdata.org

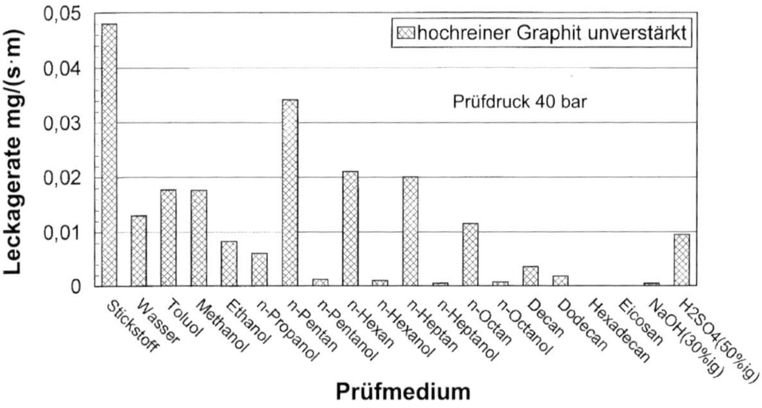

Bild 3.23: Leckagewerte von flexiblem Graphit bei verschiedenen Medien

üblichen Graphitdichtung in Abhängigkeit von der Flächenpressung dargestellt. Die Leckage ist hier logarithmisch aufgetragen. Durch eine Erhöhung der Flächenpressung von 6 N/mm^2 auf 18 N/mm^2 bzw. von 18 N/mm^2 auf 44 N/mm^2 wird die Leckage jeweils um den Faktor 10 reduziert! Dies zeigt wie wichtig korrekte Auslegung und Montage sind, um die Möglichkeiten der Materialien optimal auszunutzen, wie beispielsweise auch in der VDI 2290 näher erläutert. Diese Leckagekurven und weitere Dichtungskennwerte sind beispielsweise unter www.gasketdata.org verfügbar.

Die Dichtheit kann durch entsprechende Rohstoffauswahl beim Naturgraphit, das Herstellverfahren nebst Veredelungsschritten und das Konstruktionsprinzip der Dichtung entscheidend verbessert werden.

Wegen des überragenden Langzeitverhaltens von flexiblem Graphit selbst bei hohen Temperaturen erhöht sich die Leckage im Laufe der Zeit kaum, ganz im Gegensatz zu solchen Dichtungswerkstoffen, die alternde bzw. versprödende Stoffe wie beispielsweise Kleber oder Elastomere enthalten.

Aufgrund der Porenstruktur des flexiblen Graphits ergibt sich eine deutliche Abhängigkeit der Leckagerate vom jeweils abzudichtenden Medium. In **Bild 3.23** sind Messreihen an Dichtungen aus flexiblem Graphit dargestellt, in denen der Einfluss der Molekülgröße und Struktur von linearen Kohlenwasserstoffen auf das Leckageverhalten untersucht wurde. Zum Vergleich sind Messwerte mit Stickstoff und Wasser dargestellt.

Fire Safe

Wegen des überragenden Temperaturverhaltens eignet sich flexibler Graphit besonders auch für sogenannte „Fire Safe"-Anwendungen, d. h. wenn das Betriebsmedium im Falle eines Anlagenbrandes nicht nach außen dringen darf. Dabei müssen allerdings die spezifischen Beanspruchungen einer Flanschverbindung im Brandfalle, z. B. erhöhte äußere Kräfte, einseitige Temperatureinwirkung, starker Schraubenkraftabfall u. ä. berücksichtigt werden. Metallarmierte Ausführungen - bevorzugt mit Inneneinfassung – bieten hier Vorteile.

Ausführungsarten
Flexibler Graphit wird in den verschiedensten Formen, meistens in Verbindung mit metallischen Werkstoffen eingesetzt. **Bild 3.24** zeigt einen Überblick über die gebräuchlichsten Ausführungsformen.

a) unverstärkt als gestanzte Flachdichtung

b) mit geklebter Metalleinlage z. B. dünne Edelstahlfolien, Nickelfolien oder Streckmetall

c) mit mechanisch verankerter Spießblecheinlage

d) mit kleberfreien mehrlagigen Metallverstärkungen:
als gestanzte Flachdichtung
mit Edelstahl-Inneneinfassung, genannt Innenbördel
mit Edelstahl-Innenbördel und teilverdichteter Dichtfläche
mit Doppelbördel

e) als geklebte Auflage auf glatte Trägerbleche

f) als geklebte Auflage auf Kammprofildichtungen

g) als Weichstoffeinlage in Spiraldichtungen

h) als Einlage in Kraftnebenschlussdichtungen

i) mit PTFE-Hülle, mit und ohne Wellringeinlage

k) als gepresster Profilring z. B. für Spindelabdichtungen

a)
b)
c)
d)
e)
f)
g)
h)
i)
k)

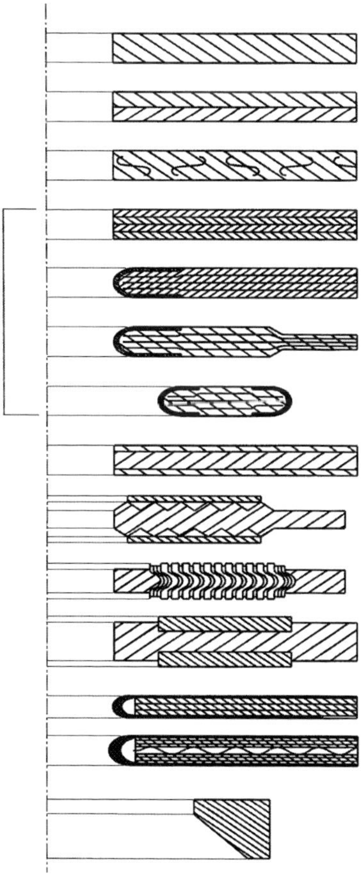

Bild 3.24: Überblick über gebräuchliche Ausführungsarten von Graphitdichtungen

Anwendungsempfehlungen
Jede der oben aufgeführten Ausführungsarten hat spezifische Vor- und Nachteile sowie bestimmte Einsatzgrenzen. So müssen neben den reinen dichtungstechnischen Eigenschaften auch betriebliche Gegebenheiten und Anforderungen aus der Praxis mit berücksichtigt werden, z. B. Montagefreundlichkeit, Handhabbarkeit, Verarbeitbarkeit, Kostengesichtspunkte, Bevorratung, Verfügbarkeit, Flanschbeschaffenheit von Altanlagen usw. Für eine Reihe von Einsatzfällen gibt es Überlappungen zwischen den verschiedenen Typen. In **Tabelle 3.7** wird versucht, für eine Reihe von verbreiteten Dichtungsplattentypen Empfehlungen über bevorzugte Einsatzgebiete zu geben. Da es jedoch deutliche qualitative Unterschiede innerhalb einer Konstruktionsform gibt, ist nicht jede Dichtung einer bestimmten Ausführungsform für den genannten Einsatzbereich geeignet.

Verarbeitung
Unverstärkter flexibler Graphit lässt sich leicht durch Schneiden oder Stanzen bearbeiten. Das Verkleben ist mit einer Vielzahl von handelsüblichen Klebern möglich. Zu beachten ist

Tab. 3.7: Empfehlungen für bevorzugte Einsatzgebiete verschiedener Graphitdichtungen

Industrie-Segment	Einsatzbereich	Ausführungsform
Chemie Petrochemie	Rohrleitung: Standardflansche Nut-/Federflansche	c) , d), d)
	Behälter/Apparate	i)
	emaillierte Flansche	a), i)
	Glas-/Kunststoff-Flansche	a), i)
	Fire-Safe Anforderungen	d)
	Stoffe TA Luft, Klasse I	*d), f), g), i)*
	hochkorrosive Medien	d), i)
	Schaugläser	d), i)
	niedrige Flächenpressungen	i)
	hohe Flächenpressungen	d)
	hohe äußere Lasten	d), f), h)
	Pharma-/Farben Bereich	d), i)
Kraftwerke	Rohrleitungen	c), d)
	Behälter/Apparate	d)
	Schaugläser	d)
Gasversorgung	Rohrleitungen, Armaturen	b), c), d)
Nahrungsmittel		a), ik)
Trinkwasser		a), e), i)
Maschinenbau		e), b)

hierbei, dass chlorid- und schwefelarme Typen verwendet werden, und dass die Klebstoffe in dünnstmöglicher Schichtdicke angewandt werden.

Die thermische und chemische Beständigkeit führt zu Einschränkungen der Einsatzgrenzen.

Die überwiegende Anzahl an Flachdichtungen mit Metalleinlagen können mit üblichen Stanzwerkzeugen (Bandstahl-Messerschnitt, Massiv-Messerschnitt, Komplettschnitt) verarbeitet werden. Zu beachten sind hier auf den Werkstoff abgestimmte Auswerferhärten sowie geeignete harte Stanzunterlagen. Vor allem bei kleinen Stückzahlen oder komplizierten Geometrien werden häufig Schneidplotter oder Wasserstrahlschneidanlagen verwendet.

3.2.1.3 Fluorpolymere

Grundsätzliches zum Werkstoff PTFE

Perfluorierte Polymere eignen sich durch ihr Eigenschaftsbild besonders für die Dichtungstechnik und eroberten sich nach dem Verbot von Asbest in den meisten industrialisierten Ländern einen Spitzenplatz speziell in der chemischen und pharmazeutischen Industrie, aber auch in der Kraftwerkstechnik und der Biotechnologie. Die besonderen Eigenschaften von Polytetrafluorethylen (PTFE) sind:

- eine nahezu universelle Chemikalienbeständigkeit,
- die Unlöslichkeit in allen bekannten Lösemitteln unterhalb 300 °C

Bild 3.25: Makromolekül von PTFE

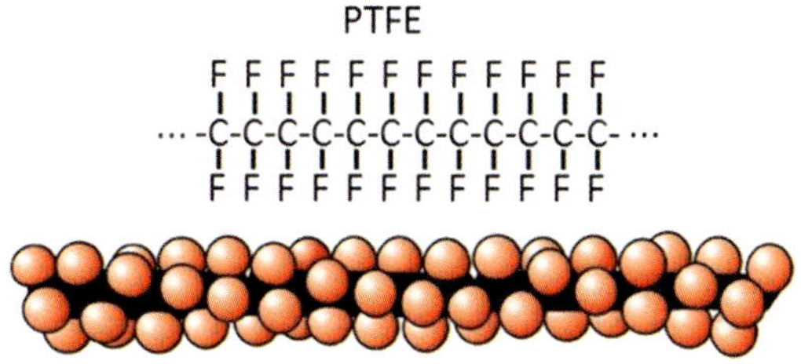

- eine hohe Temperaturbeständigkeit, in einem dauerhaften Temperaturbereich von 270 bis +260 °C, kurzzeitig bis 315 °C,
- Biokompatibilität,
- Unbrennbarkeit (UL 94-V0),
- ein geringes Adhäsionsvermögen und hervorragende dielektrische Eigenschaften,
- eine hohe Beständigkeit gegen Spannungsrissbildung und Witterungseinflüsse (siehe auch Kap. 2).

Für die Dichtungstechnik sind die drei zuerst genannten Punkte am wichtigsten. Grund für diese von anderen Polymeren nicht erreichte Kombination außergewöhnlicher Eigenschaften von hoher Chemikalien- und Temperaturbeständigkeit ist der kompakte Aufbau des PTFE-Makromoleküls (**Bild 3.25**). Im Vergleich zum Polyethylen-Makromolekül CH_2-CH_2 behindern sich die Fluoratome so, dass sie nur in wendelförmiger Anordnung (Helixstruktur) entlang dem C-C-Rückgrat Platz finden können. Die sehr starke Fluor-Kohlenstoff-Bindung von 504 kJ/mol ist mit der hohen Kristallinität von bis zu 94 % und den geringen intermolekularen Kräften für die hohe Lösemittelbeständigkeit verantwortlich.

Dichtungen aus PTFE sind somit gegen fast alle Medien beständig, mit Ausnahme von elementarem Fluor und geschmolzenen Alkalimetallen bei höheren Temperaturen. Der Umstand der chemischen Zerstörung des Makromoleküls durch Alkalimetalle wird technisch ausgenutzt, um z. B. vor dem sonst nicht möglichen Verkleben von PTFE die Oberfläche zu aktivieren (Beizen). Erreicht wird eine Klebbarkeit der PTFE-Oberfläche auch durch Bestrahlung. Eine Ausnahme ist hier das ePTFE, das aufgrund der porösen Struktur (im unverpressten Zustand) eine mechanische Verankerung mit dem Kleber eingeht.

Der einzige Nachteil von PTFE für die Dichtungstechnik, die geringe mechanische Festigkeit, ist dadurch bedingt, dass die Moleküle nicht zueinander vernetzt oder durch Seitenketten ineinander verhakt sind, sondern als lineare Makromoleküle mit sehr geringen zwischenmolekularen Kräften vorliegen. Das hat zur Folge, dass PTFE eine hohe Kriechneigung zeigt, die sich ungünstig auf die Druckstandfestigkeit auswirkt. Das Kriechen von PTFE wird allgemein als ziemlich die einzige negative Eigenschaft von PTFE in der Dichtungstechnik eingeschätzt.

Um diesen Nachteil zu verringern, gibt es verschiedene Einflussmöglichkeiten bei der Verarbeitung von PTFE zu Dichtungen. So kann z. B. durch den Einsatz von PTFE mit Faserstruktur oder PTFE-Compounds (PTFE mit Einlagerungen) die Druckstandfestigkeit verbessert werden. Zur Unterscheidung der derzeit verwendeten PTFE-Werkstoffe ist deshalb folgende Einteilung zweckmäßig:

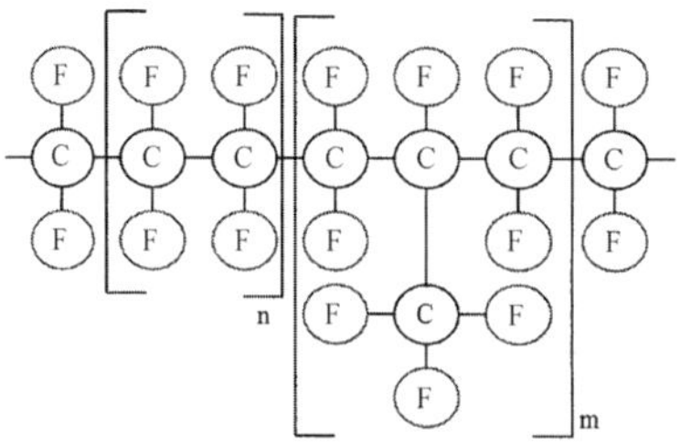

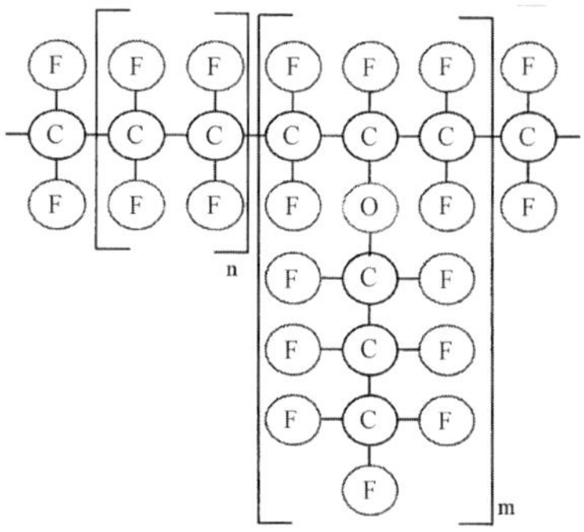

Bild 3.26: Molekülstruktur von FEP (a) und von PFA (b)

- reines PTFE (100 % PTFE)
- modifiziertes PTFE (99,9999 % PTFE)
- gefülltes PTFE (30-90 % PTFE)
- monodirektional gerecktes PTFE (ePTFE)
- multidirektional gerecktes PTFE (ePTFE)

PTFE in reiner Form kann nicht thermoplastisch verarbeitet werden. Durch seine extrem langen Moleküle kann PTFE nicht in einen typischen Schmelze-Zustand überführt werden. Durch eine gewöhnliche thermoplastische Verarbeitung würde der Extrusionsdruck ins Unermessliche steigen. Es lässt sich durch Sintern zu Halbzeugen verarbeiten, die dann durch Zerspanungs- und/oder Umformverfahren weiterberarbeitet werden können. Außerdem werden Verfahren wie Ramextrusion und Pastenextrusion verwendet, um Profile und Folien herzustellen.

Übersicht über weitere fluorierte Thermoplaste
Andere fluorierte Polymere mit geringerer Bedeutung in der Dichtungstechnik sind FEP (Tetrafluorethylen-Perfluorpropylen-Copolymerisat) sowie PFA (Perfluoralkylvinylether). Diese Fluorpolymere können thermoplastisch verarbeitet und als Hilfsstoffe zum Schweißen von PTFE eingesetzt werden (**Bild 3.26**).

Des Weiteren hat PVDF (Polyvinylidenfluorid) seinen Platz vorwiegend in der Beschichtung von Stahl oder als sogenannter Inliner in GFK (glasfaserverstärkter Kunststoff) und zwar beim Einsatz in korrosiven Medien. Bei Beschichtung der Dichtflächen an den Flanschen dichtet es oft ohne weitere Dichtung gleichzeitig ab. Auch dieser Werkstoff kann im Gegensatz zu PTFE dank seiner Struktur mit der Vinylgruppe (CH_2) thermoplastisch verarbeitet werden (**Bild 3.27**).

PTFE als Werkstoff für statische Dichtungen
Zur Abdichtung von Flanschverbindungen, Wellendurchführungen bei Pumpen und Rührbehältern sowie bei Spindelabdichtungen von Ventilen finden Produkte aus und auf der Basis von PTFE breite Anwendung. Grundsätzliche Argumente für die Verwendung sind die bereits erwähnte universelle chemische Beständigkeit sowie die gute Temperaturbeständigkeit.

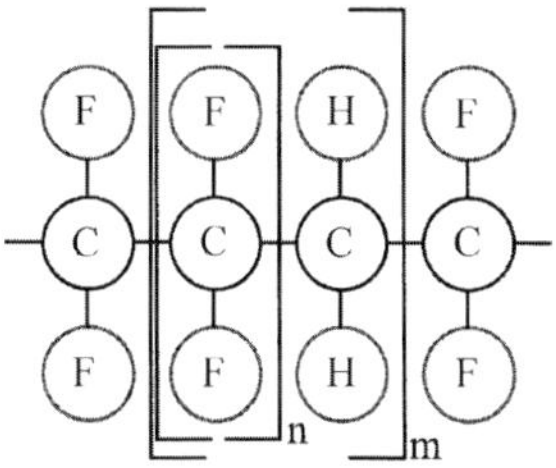

Bild 3.27: Molekularstruktur PVDF

Durch das Asbestverbot hat PTFE speziell als Flanschdichtung mit Anforderungen an geringste Leckraten hohe Bedeutung erlangt. Kein anderer Dichtungswerkstoff erreicht derartig nied-

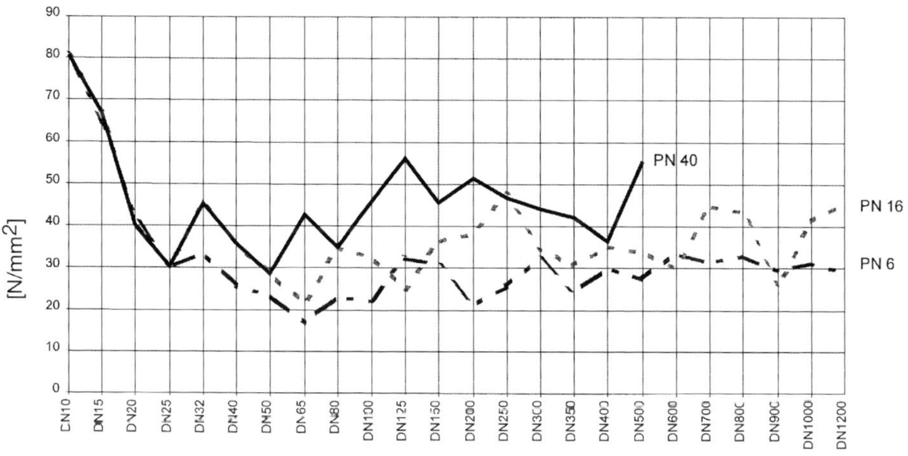

Bild 3.28: Erreichbare Flächenpressung mit 5.6 Schrauben in Abhängigkeit der Flanschgröße

rige Leckraten bei vergleichbarer Flächenpressung. Nur damit ist in üblichen DIN-Flanschen eine Leckrate von 0,01 mg/(m · s) und weniger möglich (Voraussetzung nach VDI 2290:2011).

Wie in **Bild 3.28** zu erkennen ist, liegt die maximal erreichbare Flächenpressung mit der in der Chemie gängigen Schraubenqualität 5.6 oft nur bei 30 N/mm^2 oder darunter. Dadurch ergibt sich ein Bedarf für einen Dichtungswerkstoff mit niedrigen erforderlichen Anfangsflächenpressungen, um auch während des Betriebes die geforderte Leckagerate nicht zu überschreiten. Diese Bedingung erfüllt PTFE am besten. Andere Dichtungen liegen mit den minimal erforderlichen Flächenpressungen oft über den erreichbaren Werten in DIN-Flanschen. Eine mögliche Lösung ist die Verwendung von Schrauben höherer Qualität, wie z. B. der Schraubenqualität 8.8, 25CrMo4 oder warmfesten Qualitäten. Die BASF stellt z. B. heute schon auf 25CrMo4 Schrauben um. Dabei ist jedoch die zulässige Flanschtellerneigung zu berücksichtigen, damit die Flansche nicht unzulässig deformiert werden. Bei ANSI-Flanschen ist dieses Problem nicht so groß, da die Konstruktionen steifer ausgelegt sind und eine höhere Schraubenkraft bei gleichzeitig geringerer Flanschverformung zur Verfügung steht. Zu beachten ist jedoch bei massiven, steifen Flanschen oder Flanschen mit kleiner Dichtfläche (z. B. Nut-Federverbindungen) die maximal zulässige Flächenpressung, die zu einer Zerstörung der Dichtung führen könnte.

Um neben dem eben genannten Vorteil den vorher beschriebenen Nachteil des Kaltflusses von PTFE zu minimieren, der der kritische Punkt dieses Dichtungswerkstoffes ist, sind Fremdstoffanteile von 10 % und mehr bei Flachdichtungen auf der Basis von PTFE durchaus üblich. Eine klare Angabe oder Kennzeichnung fehlt jedoch im Allgemeinen. Abhilfe kann hier die Kennzeichnungspflicht von Dichtungsplatten nach DIN 28091 schaffen.

Ein weiterer, nicht zu übersehender Vorteil von Dichtungen aus 100 % PTFE liegt darin, dass es sich um eine „weiße" Dichtung handelt. Diese beinhaltet keine Kontaminationsgefahr. Das gilt jedoch nur für ungefüllte und nicht eingefärbte Produkte, d. h. Dichtungen aus 100 % PTFE. Füllstoffe wie Graphit, Borsilicat, Siliciumdioxid usw. können ausgewaschen werden, die Prozessmedien verschmutzen, unbeständig gegen das Prozessmedium sein oder sogar katalytische Wirkung bei Prozessen haben. All diese Faktoren sollten bei der Dichtungsauswahl

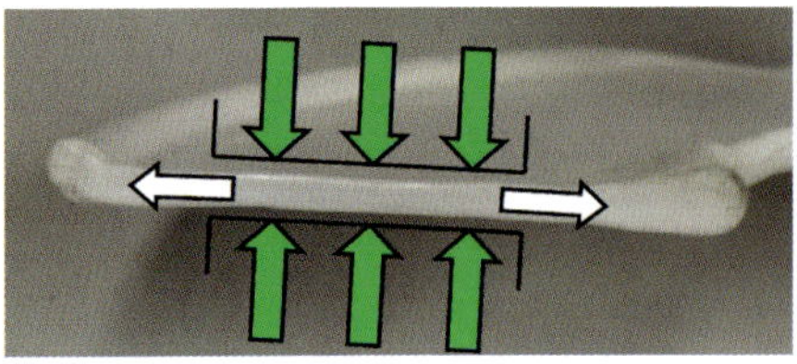

Bild 3.29: Darstellung des Kaltflusses durch eine Flanschverbindung mit Dichtleiste

berücksichtigt werden, um sicher zu gehen, dass von vornherein negative Überraschungen vermieden werden.

Darüber hinaus ist die Verarbeitung, die Handhabung bei der Montage und Demontage von PTFE-Dichtungen unproblematisch. Insbesondere bei der Demontage von Dichtungen ist es für den Anwender wichtig, möglichst schnell und ohne große Vorbereitungen die alte Dichtung zu entfernen und eine neue Dichtung aufzubringen. Die Antiadhäsivität von PTFE auf Oberflächen kommt dieser Forderung im Gegensatz z. B. zu Graphitdichtungen sehr entgegen.

Der dadurch bedingte Nachteil des Kaltflusses wird durch höhere Temperaturen noch verstärkt. Das bedeutet, dass die Dichtung den aufgebrachten Spannungen ausweicht und sie damit abbaut. Das Resultat kann eine dauerhafte Verformung sein, wobei die Dichtung radial aus den Flanschen fließt und ihre Dicke dadurch reduziert (**Bild 3.29**).

Die Reduzierung der Dichtungshöhe, bedingt durch eine bleibende Verformung bei Normaltemperatur (Kaltfluss) oder bei höheren Temperaturen (Erweichung), führt zum Abfall und bei zusätzlich auf das Dichtsystem wirkenden äußeren Kräften gegebenenfalls zum signifikanten Verlust der Schraubenvorspannung und damit zur Undichtheit oder zur Überschreitung einer zulässigen Leckageklasse. Die Konsequenz daraus wäre, dass bei Produkten mit besonders hohem Kaltfluss die Schrauben regelmäßig nachgezogen werden müssten, um die Spannungsrelaxation der Schraubenverbindung zu kompensieren. Das ist jedoch in der Praxis meist nicht möglich.

Die hohe Deformationsneigung speziell von gesintertem PTFE der ersten Generation und der daraus resultierenden Relaxation der Flanschvorspannkraft muss unbedingt vermindert werden, wenn die anderen positiven Eigenschaften von PTFE im Abdichtprozess Anwendung finden sollen. Dieses Problem ist einerseits anwendungstechnisch und andererseits durch die Auswahl von geeigneten Produkten für viele Einsatzfälle lösbar. Es wurden von verschiedenen Herstellern Produkte aus und auf der Basis von PTFE entwickelt, welche diesbezüglich deutlich verbesserten Eigenschaften aufweisen.

Platten und Formdichtungen auf der Grundlage von PTFE
Dichtungen aus bzw. auf der Basis von PTFE werden auf verschiedene Arten hergestellt und angeboten und unterscheiden sich dadurch erheblich in ihren Eigenschaften voneinander. Die Annahme wäre falsch, dass alle Dichtungen aus PTFE gleich und untereinander austauschbar sind. Um die Unterschiede zu verstehen, ist es notwendig, die einzelnen Herstellungsverfahren und sich daraus ergebende Lieferformen der Produkte zu betrachten.

- **Erste Generation: reines PTFE/gesintertes PTFE**

Bei gesintertem PTFE der ersten und gefüllten PTFE der zweiten Generation wird der Rohstoff als Granulat oder Pulver verwendet und zum Sintern in Formen gefüllt. **Bild 3.30** zeigt deutlich

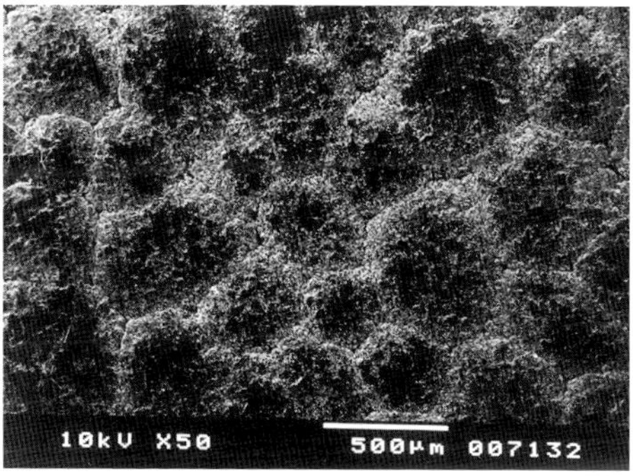

Bild 3.30: Gesintertes PTFE der ersten Generation im unverpressten Zustand

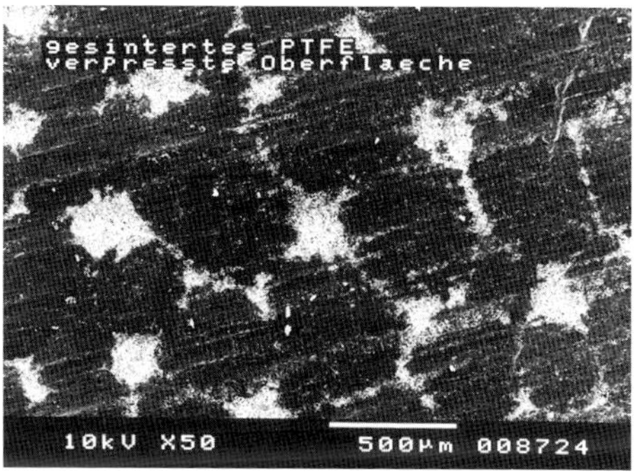

Bild 3.31: Gesintertes PTFE der ersten Generation nach Flächenpressungsbeaufschlagung

das Granulat, das in diesem Fall zum Sintern verwendet wird. An den Grenzflächen haften die Körner nach dem Sinterprozess aneinander. Diese Produkte bestehen zu 100 % aus PTFE, haben jedoch den Nachteil des ausgeprägten Kaltflusses. Der Einsatzbereich liegt bei geringen Flächenpressungen im Temperaturbereich bis 100 °C (**Bild 3.31**).

Die Struktur des Werkstoffs ändert sich nicht. Die Kornstruktur ist nach wie vor erkennbar. Da die Dichtung bereits während des Sinterprozesses verpresst wurde, ist eine weitere Verdichtung in der Regel nicht möglich.

- **Zweite Generation: gefülltes PTFE**

Die Füllstoffe werden entweder von den Verarbeitern zugemischt oder sind bereits als Standardmischung vom Rohstoffhersteller erhältlich. Während des Sinterprozesses werden aus Pulver/Granulat unter Druck und Temperatureinfluss Halbzeuge wie Blöcke, Stangen, Zylinder, Platten oder Formteile. Diese werden anschließend weiterbearbeitet, z. B. werden aus Zylindern Folien geschält, aus dickwandigen Rohren Dichtungen hergestellt, Formteile bzw. Hüllen für Dichtungen gedreht und aus Platten Dichtungsringe gestanzt.
Vergleicht man die Eigenschaften von gesinterten Dichtungen aus 100 % PTFE mit denen von gefülltem PTFE, so lässt sich erkennen, dass die Druckstandfestigkeit mit zunehmendem Füllstoffgehalt besser wird, die Produkte aber an Zugfestigkeit verlieren und immer härter werden. Das hat die Konsequenz, dass die Anpassungsfähigkeit an Mikro- und Makrounebenheiten der Dichtflächen zunehmend schwieriger wird und höherer Kräfte bedarf um gleiche Dichtheitsklassen zu erreichen.

Hier sei ein exemplarisches Beispiel einer Dichtungsplatte aus glasfasergefülltem PTFE aufgeführt (**Bild 3.32**). Der Füllstoffanteil beträgt ca. 30 %. Es ist deutlich zu erkennen, dass die Füllstoffe lose in der PTFE-Matrix liegen. Der Grund besteht in den antiadhäsiven Eigenschaften von PTFE. Bei konstruktiven Faserverbundwerkstoffen tritt eine Bindung zwischen dem Harz und der Faser ein, die die Festigkeitseigenschaften bedingt. Die geringere Festigkeit von gefülltem PTFE ist auf diese nicht vorhandene Bindung mit PTFE zurückzuführen. Die höhere Druckstandfestigkeit ist auf mechanische Abstützeffekte zurückzuführen. Bei einer bestimmten Flächenpressung und Temperatur und einer dadurch bedingten Verformung tritt Kontakt zwischen den Partikeln auf. Diese stützen sich somit gegenseitig ab und bilden sogenannte „Brücken“ zwischen den Dichtflächen. Die Aufgabe von PTFE besteht nur noch im Ausfüllen der Zwischenräume.

Bild 3.32: Gefülltes PTFE der zweiten Generation im unverpressten Zustand

Bild 3.33: Eingefärbte PTFE Compounds (hellbraun mit Siliciumoxid, beige mit Bariumsulfat und blau mit Glas)

Auch nach dem Verpressen zeigen sich die nicht vorhandene Bindung sowie eine gewisse Restporosität verursacht durch Inhomogenität. Es können Füllstoffe ins Medium gelangen und dieses verschmutzen. Da für verschiedene Anwendungen unterschiedliche Füllstoffgehalte verwendet werden, müssen die Produkte wegen der Verwechslungsgefahr gekennzeichnet werden. Das geschieht oft durch Zugabe von verschiedenen Farbpigmenten. Hier werden z. B. PTFE-Compounds mit Siliciumoxid hellbraun, mit Bariumsulfat beige und mit Glas hellblau eingefärbt (**Bild 3.33**).

Für die Anwendung in Stahlbauteilen mit höherem Innendruck werden Produkte mit ca. 50 % Füllstoffanteil verwendet, da nur diese eine ausreichende Standfestigkeit haben. In Flanschen mit unebenen Dichtflächen wie z. B. Email können die Produkte mit hohem Füllstoffgehalt nicht verwendet werden, da eine Anpassung an die makroskopische Oberfläche der Dichtflächen nicht mehr möglich wäre. Dafür können Dichtungen mit maximal 30 % Füllstoffgehalt eingesetzt werden, da sich diese leichter verformen. Natürlich haben Produkte mit geringerem Füllstoffgehalt auch eine deutlich geringere Druckstandfestigkeit und einen geringeren Temperatureinsatzbereich. Prozesse wie z. B. das HS10-Verfahren von DuPont verbessern in der Regel die Eigenschaften der gefüllten PTFE Dichtungen noch weiter.

- **Dritte Generation: expandiertes PTFE (ePTFE)**

Die modernste und erfolgreichste Variante, die Standfestigkeit von PTFE zu verbessern, ist das „Expandieren“. Als Ausgangsform dazu dient pastenextrudiertes PTFE in Form von Profilen, Folien oder Bänder. Dieses wird unter einer spezifischen Temperaturführung expandiert. Dadurch entsteht eine Orientierung, die dem Produkt eine einzigartige Faserstruktur verleiht. Aus dieser resultiert eine deutlich höhere mechanische Festigkeit sowie eine hervorragende Anpassungsfähigkeit an mikroskopische und makroskopische Abweichungen zur Idealform der Dichtflächen. Diese dritte Generation von PTFE hat den Vorteil, dass es keiner Füllstoffe bedarf, um die Nachteile des Fließens von gesintertem und gefülltem PTFE zu eliminieren.

Bild 3.34 zeigt deutlich die Faserstruktur, die dem Produkt die ausgezeichnete Druckstandfestigkeit verleiht. Es handelt sich hier um eine Dichtung aus 100 % PTFE, die in den anwendungstechnischen Eigenschaften bezüglich Temperatureinsatzbereich und Spannungsrelaxation gefülltem PTFE sogar in den meisten Fällen überlegen ist. Es kann sowohl in Flanschen mit hohen Flächenpressungen als auch bei großen Unebenheiten bedenkenlos eingesetzt werden, da sich die Dichtung während der Montage nahezu ideal an die vorhandene Flanschoberfläche

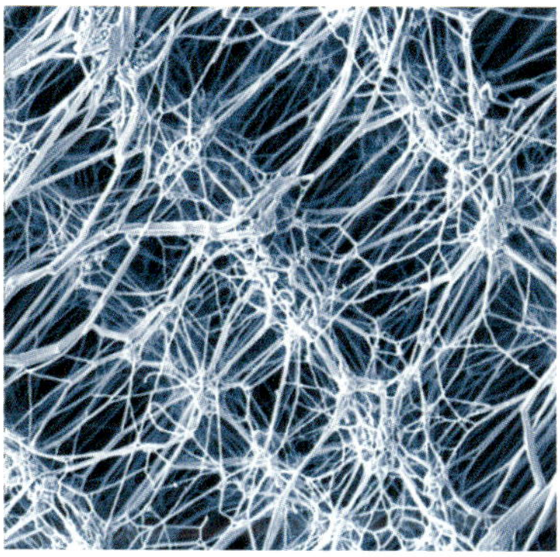

Bild 3.34: Rasterelektronenmikroskop-Aufnahme eines multidirektionalen PTFE (Teadit 24SH)

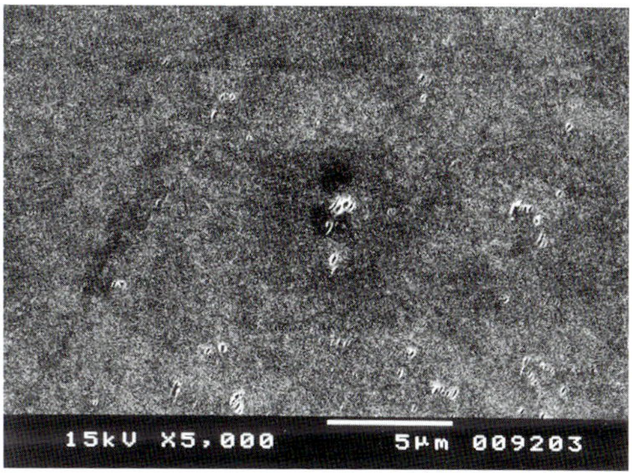

Bild 3.35: Multidirektional orientiertes PTFE der dritten Generation im verpressten Zustand

anpasst. Es ist lediglich darauf zu achten, dass die Dichtung mit ausreichender Flächenpressung während der Montage beaufschlagt wird, um die Leckagekanäle der anfänglich porösen Dichtung zu schließen.

Wie zu erkennen ist, ergibt sich bei diesem Produkt durch Beaufschlagung mit Flächenpressung eine Erhöhung der Dichte und eine querschnittsdichte Struktur (**Bild 3.35**). Wie beispielsweise auch bei Graphitdichtungen, wird der Werkstoff erst im Flansch durch das Aufbringen der Montagevorspannkraft zu einer Dichtung geformt. Diese eignet sich hervorragend für Anwendungen in der Chemie, Feinchemie und Pharmazie, da sie im Vergleich zu gefülltem PTFE keine Fremdstoffe und damit die uneingeschränkte chemische Beständigkeit von PTFE, sowie sämtliche Pharma- und Lebensmittelskonformitäten aufweist. Vor allem besteht keine Kontaminationsgefahr des Mediums durch Farben oder Füllstoffe.

Die hohe Druckstandfestigkeit dieses Werkstoffes lässt sich im Wesentlichen auf zwei Faktoren zurückführen: erstens hat ePTFE eine hohe Festigkeit, die eine Gegenkraft zum Fließen im Flansch darstellt, und zweitens hat die Dichtung durch ihre Deformation während der Montagephase eine wesentlich bessere Anpassung an die Oberflächen und kann damit dünner ausgewählt werden (**Bild 3.36**). Wie auch von anderen asbestfreien Dichtungswerkstoffen her bekannt, sollte eine Dichtung immer möglichst dünn (abhängig vom Flansch) ausgewählt werden, damit maximale Ergebnisse hinsichtlich Ausblassicherheit, Relaxation und Leckage erzielt werden können.

Durch die unterschiedliche Struktur gleicht sich expandiertes PTFE während der Montagephase ideal an die Flanschoberfläche an (**Bild 3.37**). Unter Temperatureinfluss im Betrieb tritt zwar eine weitere Verformung auf, die allerdings aus den genannten Gründen meist deutlich geringer ausfällt als bei anderen Dichtungen auf der Basis von PTFE. Durch deren oft hohen Warmsetzwert bis 50 % (DIN 28091-3) wäre ein Nachziehen der Schrauben im Betrieb unvermeidlich. Das entfällt bei ePTFE, da die Schraubendehnung bei der Vorspannung ausreicht, um das Warmsetzen zu kompensieren und eine ausreichende Flächenpressung aufrechtzuerhalten, die auf Dauer Dichtheit gewährleistet.

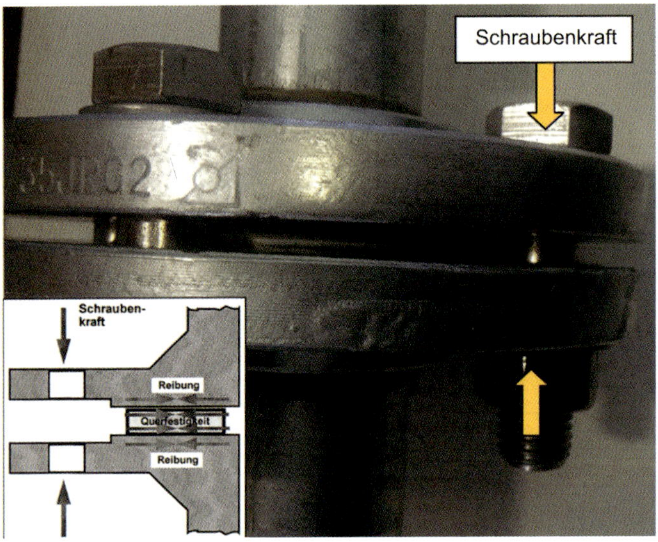

Bild 3.36: Anpassung einer Dichtung an die Flanschoberflächen durch Deformation während der Montagephase

Profildichtungen aus expandiertem PTFE

Schnurdichtungen aus expandiertem PTFE sind seit Jahrzehnten eine im Dichtungsmarkt gängige Alternative zu gestanzten oder anderen Fertigdichtungen (**Bild 3.38**). Diese flanschformunabhängigen Dichtungen bieten speziell bei größeren Flanschen und in der allgemeinen Betriebsinstandhaltung eine Reihe von Vorteilen. Durch Einsparung der Stanzverluste und damit weniger Materialverbrauch ist die Wirtschaftlichkeit oft schon bei Nennweiten ab DN 300 gegeben. Des Weiteren sind diese Dichtungen auch für spezielle Flanschformen wie Wärmeüberträger mit Umlenkkammern sofort verfügbar und einsatzbereit. Bei großen und komplizierten Dichtungen ergibt sich oft ein Herstellungs-, Transport-, Logistik-, Montage-

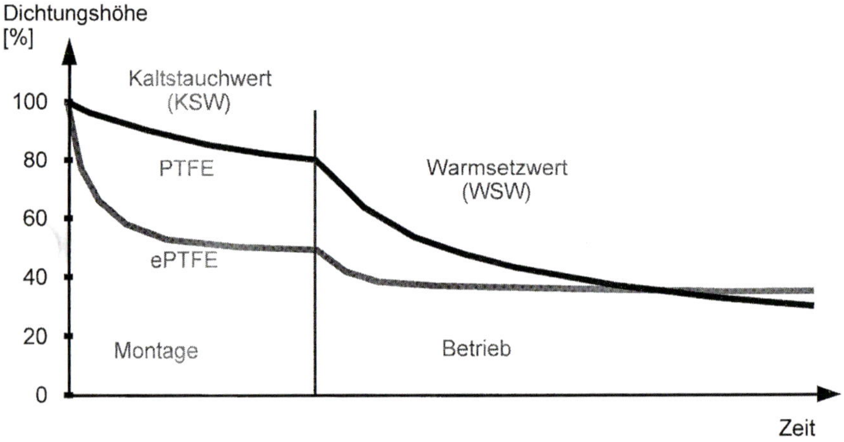

Bild 3.37: Stauch- und Setzverhalten von ePTFE

Bild 3.38: DN 400/PN10 PVC-Flansch mit monoaxialem ePTFE

oder Lagerungsproblem, welches durch eine universell einsetzbare Dichtung von der Rolle umgangen wird.

Bedingt durch das Herstellverfahren und die geringe Querfestigkeit haben diese anpassungsfähigen Dichtungen eine Tendenz der Verbreiterung und Höhenabnahme während der Montage. Das ist bei der Auswahl und dem Einsatz dieser Produkte zu beachten. Eine Besonderheit ist ebenfalls die Ausführung der Dichtungsbandenden. Die üblichen Varianten sind die Überlappung und der Schrägschnitt. Untersuchungen haben gezeigt, dass die hochwertigen Typen dieser Schnurdichtungen durch die fachgerechte Ausführung der Endstelle keine Einschränkungen bzgl. Dichtheit und Betriebssicherheit zeigen (**Bild 3.39**).

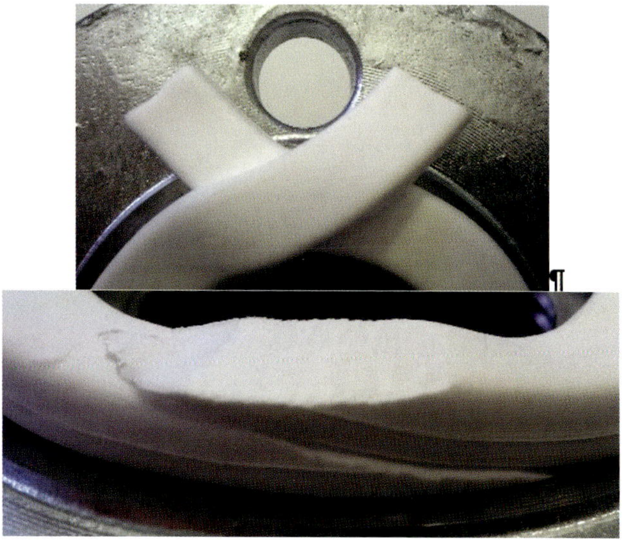

Bild 3.39: Bild oben mit überlappenden Dichtungsbandenden (üblich bei monoaxialen Bändern) und Bild unten mit geschäfteten Dichtungsbandenden (üblich bei Multidirektionalem Dichtungsbändern)

Eine Weiterentwicklung ist ein multidirektional gerecktes Dichtungsband, das dieselbe Struktur wie die bereits beschriebene multidirektional gereckte Dichtungsplatte der 3. Generation aus ePTFE hat. Dieses Band unterscheidet sich wesentlich von den marktüblichen Schnurdichtungen. Bedingt durch seine Struktur zeigt es zwar eine Höhenabnahme bei der Montage, jedoch keine Verbreiterung. Dieses Verhalten resultiert aus einer hohen Querfestigkeit. Durch dieses Eigenschaftsprofil zeigt multidirektional gerecktes ePTFE Band einen deutlich verringerten Kaltfluss und eignet sich hervorragend zur Abdichtung von Emailbauteilen.

Multidirektional gerecktes Band aus ePTFE mit gleichen Eigenschaften zur Platte eröffnet ebenso eine neue Dimension zur Abdichtung von großen Flanschen. Bisher wurden (oft aus Kostengründen) größere Dichtungen meist aus Segmenten zusammengesetzt. Bei Durchmessern über dem Plattenmaß war keine andere Möglichkeit mehr denkbar. Hier eröffnet sich nun ein ganzheitliches Konzept, in dem Dichtungen aus 100 % ePTFE mit gleichem Eigenschaftsbild als Platte, Fertigdichtung und als Band zur Verfügung stehen. Je nach Situation kann die montagetechnisch günstigere Variante gewählt werden.

Dichtungen aus Werkstoffkombinationen mit PTFE

- **Metallverstärkte Dichtungen**

Zu dieser Gruppe zählen im Wesentlichen:

- Dichtungen mit Einlagen
- Spiraldichtungen mit PTFE
- Kammprofildichtungen mit PTFE-Auflage

Die Aufgabe der meist metallischen Einlagen ist prinzipiell die Verbesserung des bereits beschriebenen Nachteils der geringen Festigkeit von PTFE. Speziell durch Verwendung von

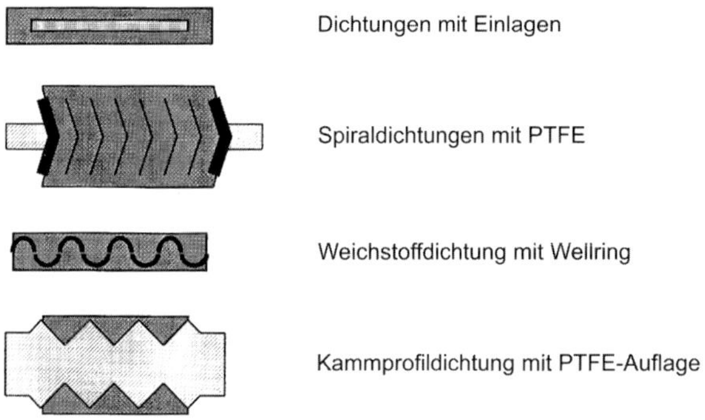

Bild 3.40: Metallverstärkte Dichtungen mit PTFE als Weichstoffauf- bzw. -einlage

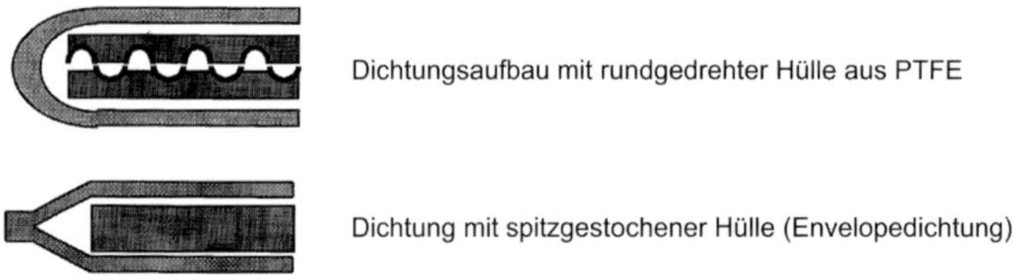

Bild 3.41: PTFE-ummantelte Dichtungen

Wellringen, Kammprofilen und durch Spiralwicklung wird der Weichstoff PTFE, der letztlich die Abdichtung übernimmt, gekammert. Dadurch wird das Fließen weitgehend verhindert. In den **Bilder 3.40** und **3.41** sind die grundsätzlichen Prinzipien der Kombination von PTFE mit metallischen Werkstoffen dargestellt.

- **Ummantelte Dichtungen**

Ein weiteres Anwendungsfeld für PTFE liegt in der Ummantelung von Dichtungen. Dazu werden prinzipiell zwei Varianten der Ummantelung gewählt: rundgedrehte Hüllen für hochwertige Dichtungen und spitzgestochene Hüllen als preisgünstige Variante, die unter dem Begriff Envelopedichtungen weit verbreitet sind.

Die Variante mit Wellring und doppelter Einlage findet oft im Emailbereich bei größeren Flanschen ihre Anwendung. Dabei ist es meist erforderlich, zusätzliche Ausgleichssegmente einzufügen (als „Schäften" bekannt). Zu beachten ist hier, dass die Hülle aus PTFE nie 100 % diffusionsdicht ist und dadurch die chemisch nicht beständigen Einlagen frühzeitig zerstört werden können. Dieses Thema ist sehr aktuell, seitdem die Einlagen von Asbest auf thermisch und chemisch nicht so beständige Faserdichtungen umgestellt wurden.

Einsatzbereiche von PTFE-Dichtungen

Ein vom „Netherlands Institute of Welding (NIL)" im Januar 1999 veröffentlichtes Projekt, an dem Anwender, Dichtungshersteller und staatliche Stellen beteiligt waren, gibt den momentan aktuellsten Stand über den Einsatzbereich von PTFE-Dichtungen wieder. Ein Auszug ist in den **Bildern 3.42** und **3.43** dargestellt. Die Temperatur- und Druckbereiche sind hier als konservativ anzusehen und können, insbesondere im Druckbereich für expandiertes und gefülltes PTFE bei metallischen Rohrflanschen, nach Rückfrage bei dem jeweiligen Hersteller nach oben korrigiert werden. Außerdem ist bei Dichtungen, die nicht aus 100 % PTFE bestehen, die chemische Beständigkeit des Dichtungsmaterials zu prüfen.

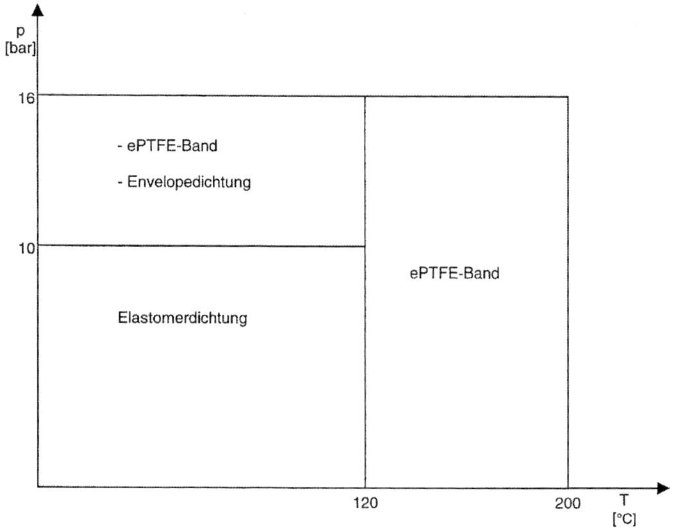

Bild 3.42: Verwendungsbereiche von PTFE-Dichtungen bei email- und kunststoffüberzogenen Flansche

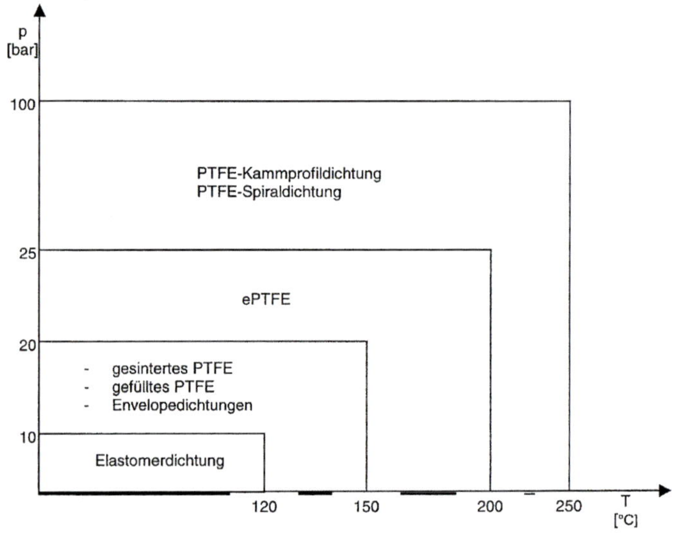

Bild 3.43: Verwendungsbereiche von PTFE-Dichtungen bei metallischen Rohrflanschen für aggressive Medien

3.2.1.4 Hochtemperaturdichtungen

Vorbemerkungen

Was ist eine Hochtemperaturdichtung? Ab wann spricht man von hohen Temperaturen? Es gibt darauf keine eindeutige Antwort. Kaum etwas wird als so relativ angesehen wie eine Temperaturangabe. In diesem Werk sind bereits verschiedene Flachdichtungs-Gattungen besprochen worden. Kautschukgebundene Faserwerkstoffe weisen ebenso wie PTFE-Materialien eine durch die verwendeten Werkstoffe festgelegte maximale Einsatztemperatur auf. Selbst Dichtungen aus flexiblem (expandiertem) Graphit, die man landläufig mit erhöhten Einsatztemperaturen in Verbindung bringt, haben eine maximale Temperaturgrenze. Diese sollte nicht dauerhaft überschritten werden, wenn man die Langzeitstabilität des Dichtsystems nicht gefährden will.

Man kann sich also darauf verständigen, dass Hochtemperaturdichtungen oberhalb der genannten Werkstoffgattungen zum Einsatz kommen sollen. **Tabelle 3.8** gibt eine Übersicht der üblichen oberen Temperaturgrenzen.

Tabelle 3.8: Übliche Temperaturgrenzen verschiedener Dichtungsgattungen

Werkstoffgattung	max. Einsatztemperatur	Limitierung (u. a.)
FA – Faserstoffdichtungen	120 … 250 °C	Zerstörung des Bindemittels
TF – PTFE-Dichtungen	260 °C	beginnende Zersetzung des Materials
GR – Graphitdichtungen	400 … 550 °C	Oxidation des Graphits in Abhängigkeit der Oxidationseigenschaft
„Hochtemperaturdichtungen“	> 500 °C	

Werkstoffe für Hochtemperaturdichtungen
Wie in Kapitel 2 dieses Buches zu erkennen ist, kennt man hauptsächlich die Werkstoffgruppe „Glimmer" für den Einsatz in derart hohen Temperaturen. In Kapitel 2.7 ist beschrieben, dass neben Muscovit und Phlogopit auch häufig Vermiculit in die mineralogisch nicht klar abgrenzbaren Glimmerwerkstoffe einsortiert wird, was aufgrund der Zusammensetzung nicht zutreffend ist. Auch sind die Hochtemperatureigenschaften von Vermiculit nicht vergleichbar mit denen des Muscovits oder Phlogopits. Die manchmal als Phyllite oder Hydrosilikate bezeichneten Glimmerwerkstoffe vertragen extrem hohe Temperaturen bis es schließlich zur Kalzination kommt. Bei diesem Prozess wird das kristallin eingelagerte Wasser ausgetrieben und der Werkstoff ändert somit deutlich seine Eigenschaften. Eine derartige Eigenschaftsänderung ist in einer Dichtverbindung selbstverständlich absolut unerwünscht. Somit legt die beginnende Kalzination die maximale Temperatureignung eines Glimmerwerkstoffs fest.

Der Vollständigkeit halber seien auf Aluminiumsilicatfasern oder andere Hochtemperaturfasern als eine mögliche Komponente für Hochtemperaturdichtungen hingewiesen. Die extrem eingeschränkte Festigkeit dieser Fasern begrenzt die Eignung für die Herstellung von Dichtungswerkstoffen jedoch deutlich. Üblicherweise werden derartige Produkte zur Herstellung von Isolationsplatten verwendet.

Glimmer kann in diesem Zusammenhang mit seiner ausgeprägten Plättchenstruktur punkten, was – je nach Verfahren – die Herstellung von laminierbaren Glimmerfolien ermöglicht. Im fertigen Produkt können diese Laminate durchaus mit sehr hohen Flächenpressungen belastet werden, was einen Einsatz in üblichen Flanschverbindungen erlaubt.

Auf dem Markt befinden sich diverse für hohe Temperaturen ausgelobte Produkte, die Vermiculit als wichtigen Bestandteil verwenden. Hier ist per se mit einer eingeschränkten Performance zu rechnen.

Aus eben diesen Performancegründen basieren die leistungsstärksten Dichtungswerkstoffe auf Phlogopit-Glimmer, der erst oberhalb von 1000 °C zu kalzinieren beginnt.

Wie für Verbundwerkstoffe üblich, bedarf es stets eines Bindemittels. Bis heute ist die Herstellung eines „reinen" Phlogopit-Glimmer-Produktes nicht möglich. Die Art und vor allem die Menge des Bindemittels sind daher von entscheidender Bedeutung (**Tabelle 3.9**).

Verformungsverhalten und Festigkeit
Auf Phlogopit basierende Glimmerdichtungen (Typ A) verfügen über eine recht gute Zusammendrückung und somit auch ein gutes Anpassungsverhalten. Die Werte – beispielsweise nach dem üblichen Standard ASTM F 36 J ermittelt – liegen bei ca. 25 % und damit zwischen Faserstoff- und Graphitdichtungen.

Tabelle 3.9: Übersicht der marktüblichen Hochtemperaturdichtungen

Produktart	Typ
Phlogopitglimmer mit geeignetem und in geringen Mengen verwendeten Bindemittel	A
Glimmerprodukte mit Kautschukbinder	B
Glimmerähnliche Produkte mit Kautschukbinder	C

Die Eigenfestigkeit des Glimmers ist äußerst eingeschränkt, weshalb üblicherweise eine Verstärkungseinlage aus Edelstahl eingesetzt wird, um das Handling und die Verarbeitbarkeit zu verbessern.

Temperaturverhalten von Hochtemperaturdichtungen
Eine thermogravimetrische Analyse ist ein unbestechliches Prüfmittel, um die Produkteigenschaften unter hohen Temperaturen zu ermitteln. In diesem Prüfgerät werden kleine Mengen des Prüfwerkstoffs in einer gezielten Atmosphäre mit einer exakt definierten Aufheizrate erhitzt. Gleichzeitig prüft ein hochpräzises Wiegesystem (Genauigkeit 1 µg) den Massenverlust der Probe. Zunächst beginnt der Test unter „normaler“ Atmosphäre von 80 % Stickstoff und 20 % Sauerstoff, um oberhalb von 750 °C auf 100 % Sauerstoff umzuschalten. Spätestens in diesem Bereich müssen „schwächere“ Rezepturkomponenten weichen (**Bild 3.44**). Ziel ist selbstverständlich ein möglichst geringer Massenverlust, damit eine gute Langzeitstabilität der Dichtverbindung aufrechterhalten werden kann.

Dichtheit von Hochtemperaturdichtungen
Der Hochtemperaturdichtungswerkstoff soll in Verbindung mit den Dichtflächen und den Verspannelementen den Aufbau eines langzeitstabilen Dichtsystems ermöglichen. Mit anderen Worten, die Leckage ist ausschlaggebend. Es liegt in der Natur der Sache, dass für hohe Temperaturen geeignete Werkstoffe nicht die üblichen Leckageraten von Faser-, PTFE- oder Graphitdichtungen erreichen. Dies stellt in der Praxis oft kein Problem dar, da Hochtemperaturanwendungen meist mit nur geringen Drücken beaufschlagt sind. Selbstverständlich gibt es auch hier Ausnahmen nach oben.

Üblicherweise werden Leckagen bei Raumtemperatur ermittelt. Während bei PTFE- und Graphitdichtungen nur ein sehr geringer Temperatureinfluss vorhanden ist, beobachtet man bei

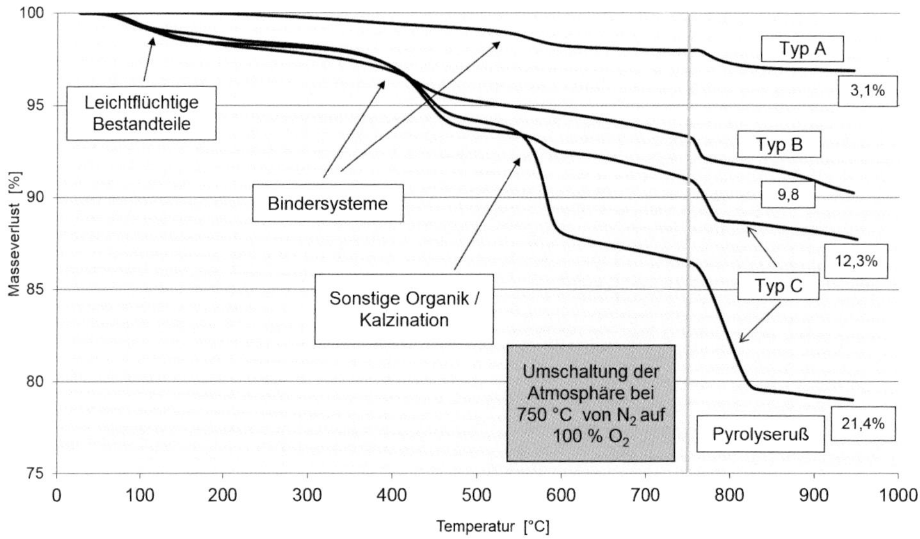

Bild 3.44: Thermogravimetrische Analyse bis 1000 °C

Faserstoffdichtungen sehr wohl eine deutliche Temperaturabhängigkeit. Dies ist für diverse Hochtemperaturdichtungen in noch stärkerer Ausprägung ebenso der Fall.

Die **Bilder 3.45** und **3.46** zeigen einen Vergleich verschiedener Hochtemperaturdichtungen bei Raumtemperatur und nach Temperaturauslagerung bei 300 °C bzw. bei 500 °C für den Zeitraum von einigen Wochen.

Es sind zwei gegenläufige Charakteristika zu beobachten: Vor allem die Typen B und C weisen bei Raumtemperatur niedrigere Leckagen auf, werden jedoch unter Temperatur deutlich undichter. Dies ist durch die Degeneration des Bindemittels logisch erklärbar, insbesondere, wenn sehr viel Binder im Einsatz ist. Die unter Temperatur dichtesten Werkstoffe weisen anfänglich ein etwas höheres Leckageniveau auf. Dies ist eine wichtige Information für die Überprüfung von neu abgedichteten Anlagen. Das Verhalten des jeweiligen Werkstoffs sollte bekannt sein und berücksichtigt werden.

Anwendungsempfehlungen
Aufgrund der Eigenschaften empfiehlt sich bei hohen Temperaturen grundsätzlich der Typ A (siehe Tabelle oben in „Werkstoffe für Hochtemperaturdichtungen"). Dichtheitsprüfungen bei Raumtemperatur sind nicht empfehlenswert bzw. sollten entsprechend interpretiert werden. Ausnahmsweise ist ein Nachziehen der Schraubverbindungen nach der ersten Temperaturbeaufschlagung durchaus sinnvoll, da hochwertige Glimmerdichtungen (Typ A) ein nur einmaliges Warmsetzen aufweisen.

Bei der Konstruktion der Dichtverbindung sollte unbedingt auf das Erzielen einer möglichst hohen Flächenpressung geachtet werden. Flächenpressungen oberhalb von ca. 50 MPa

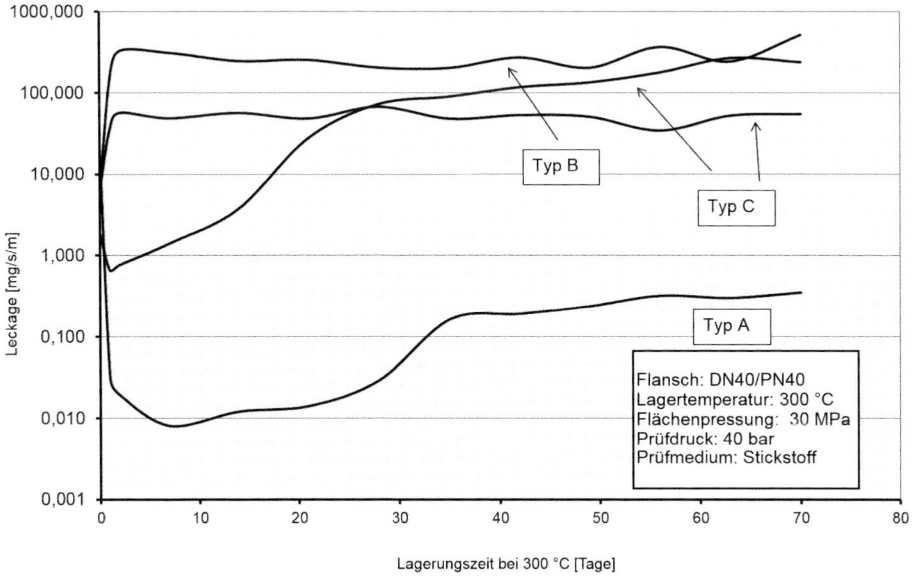

Bild 3.45: Leckagemessungen nach Temperaturauslagerung bei 300 °C

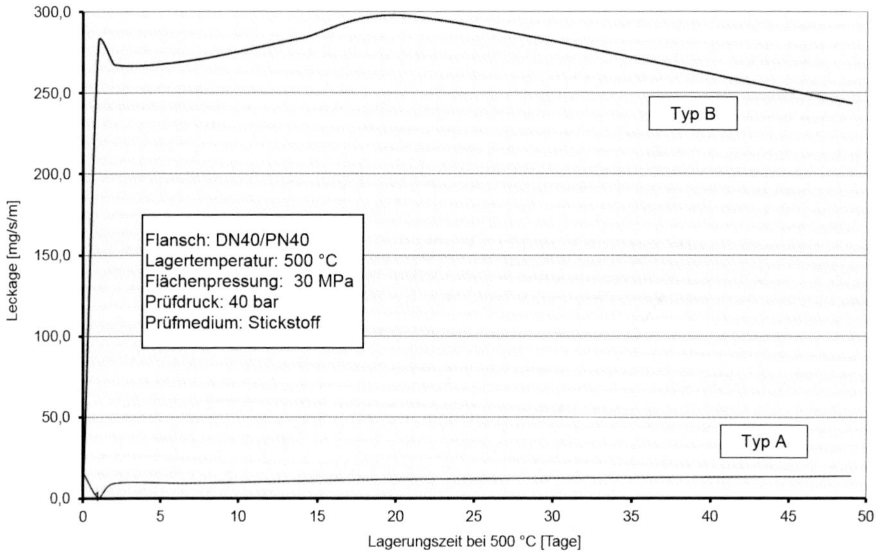

Bild 3.46: Leckagemessungen nach Temperaturauslagerung bei 500 °C

bewirken bei Phlogopit-Glimmerdichtungen eine überproportionale Steigerung der Dichtheit, da die Leckage über die Flächenpressung nicht linear verläuft.

Verarbeitung
Konstruktionsbedingt verfügen bindemittelarme Werkstoffe über eine nur eingeschränkte Eigenstabilität. Das Niveau der Verarbeitbarkeit von Glimmerdichtungen (Typ A) ist vergleichbar zu anderen, durch Einlagen verstärkte Werkstoffe wie Graphitdichtungen.

Einsatz in Semi-Metalldichtungen
Glimmer kommt nicht nur in Weichstoffdichtungen zum Einsatz, sondern wird ebenfalls als Einlage bzw. Auflage für Spiralringdichtungen bzw. Kammprofildichtungen eingesetzt. Hier ist bei der maximalen Temperatureignung selbstverständlich der verwendete Stahl ebenfalls zu berücksichtigen.

3.2.1.5 Wellringdichtungen
Wellringdichtungen gehören zur Gruppe der Metall-Weichstoffdichtungen oder metalloplastischen Dichtungen. Ursprünglich lag ihr Einsatzschwerpunktmäßig bei Apparate- und Behälterflanschverbindungen. Aufgrund der durch gesetzliche Vorgaben gestiegenen Anforderungen an die Dichtheit wird die Wellringdichtung inzwischen auch flächendeckend als Rohrleitungsdichtung eingesetzt.

Aufbau
Wellringdichtungen (**Bild 3.47**) bestehen aus einem metallischen Wellring (in der Regel Edelstahl) mit beidseitiger Weichstoffauflage.

Aufgrund langjähriger Untersuchungen und Praxiserfahrungen hat sich eine Teilung (T) von 3 bis 4 mm, eine Blechdicke von 0,5 mm und eine Auflagendicke des Weichstoffs von 0,8 mm

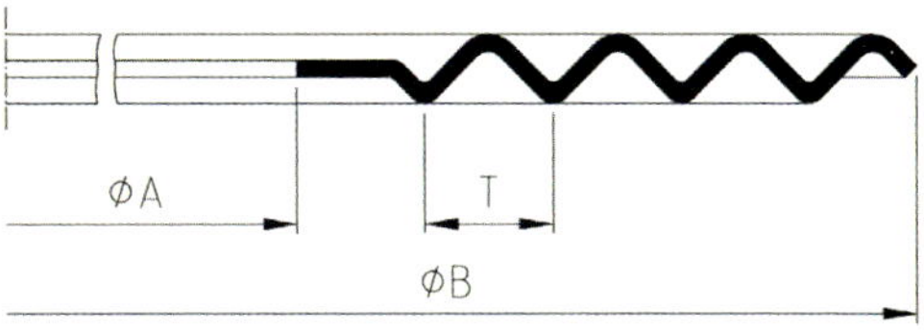

Bild 3.47: Querschnitt eines Wellringes (ohne Auflage)

pro Seite als konstruktiv optimale Systembeschreibung herausgestellt und als Standard bei namhaften Anlagenbetreibern etabliert. Bei größeren Teilungen wird die benötigte Festigkeit des metallischen Wellringes nicht mehr erreicht. Die genannte Teilung muss bei allen Nennweiten eingehalten werden.

Im Standard wird der Wellring aus Edelstahl 1.4571 hergestellt. Andere Materialien und Sonderwerkstoffe sind jedoch ebenso verfügbar. Hierbei ist zu beachten, dass der Wellring aus dem gleichen oder einem artverwandten Werkstoff wie die Rohrleitung hergestellt werden sollte, um Korrosion zu vermeiden.

Weitere Ausführungen
Optional können Wellringdichtungen mit Weichstoffauflage zusätzlich mit einer metallischen Inneneinfassung (Innenbördel) versehen werden (**Bild 3.48**). Dieser bietet eine zusätzliche mechanische Befestigung der Weichstoffauflage und verhindert, dass das Medium mit dem Produkt in Berührung kommt. Bei der Verwendung von Graphitauflagen wird so eine Verunreinigung des Mediums verhindert.

Eine Teilbelegung des Wellrings ist ebenfalls möglich. Dies führt zu einer zusätzlichen Reduzierung der effektiven Dichtfläche und somit zur Erhöhung der Dichtungsflächenpressung. Diese Ausführung ist bei mechanisch schwachen Konstruktionen zu wählen.

Abmessungen
Für den Einsatz in Rohrleitungsverbindungen werden Wellringdichtungen für Abmessungen nach DIN EN 1514-1 und DIN EN 1514-4 für den Einsatz in DIN-Flanschen gefertigt. Werden bei der Montage der Dichtung Zentrierdorne verwendet, so sind die Abmessungen nach DIN EN 1514-1 zu verwenden. Ausführungen nach DIN EN 1514-4 führen hier zu Problemen, da der Außendurchmesser in den Lochkreis der Flanschverbindung hineinragt und eine Montage mit Zentrierdornen unmöglich macht.

Für Flansche nach ASME B16.5 und DIN EN 1759 sind Wellringdichtungen gleichermaßen nach DIN EN 12560-1 bzw. DIN EN 12560-4 zu verwenden.

Bei Sonderabmessungen, zum Beispiel im Apparatebau, ist Folgendes zu beachten: Um eine einwandfreie Funktion zu gewährleisten, müssen mindestens drei tragende Wellen vorhanden sein. Bei einer Teilung von 3 mm wäre eine Dichtungsbreite von mindestens 15 mm zu wählen. Bei einer Teilung von 4 mm eine Dichtungsbreite von mindestens 20 mm.

Bild 3.48: Wellringdichtung mit Innenbördel

Auflage: Graphit, PTFE, Glimmer
Als Weichstoffauflage verwendet man je nach Anwendungsfall Graphit oder Glimmer. Die Dicken der Auflagen liegen zwischen 0,5 und 1 mm auf jeder Seite – dickere Auflagen sind möglich, aber in Abhängigkeit vom Einsatzgebiet zu wählen. Bei Rohrleitungsdichtungen ist die Weichstoffauflage auf beiden Seiten in der Regel 0,8 mm.

PTFE kann sowohl gesinterte als auch ungesinterte als Auflage verwendet werden. Die Auflagendicke variiert hier zwischen 0,35 und 1 mm je Seite. Die Kombination Wellring mit PTFE-Auflage wird in der Praxis selten verwendet, da sich die Hüllendichtung mit innenliegender Diffusionssperre und Wellringeinlage seit Jahren bewährt hat.

Auflagen aus Glimmer werden bei hohen Temperaturen und niedrigen Drücken verwendet. Typische Anwendungen sind Abgasleitungen. Der Wellring wird dann ebenfalls aus einem temperaturbeständigerem Werkstoff (z. B. 1.4828) gefertigt.

Sonderanwendungen

- Gewebebänder bei Hochtemperaturanwendungen
- Gewebeschnüre bei Hochtemperaturanwendungen

Hilfsmittel
Zum Befestigen der Weichstoffauflage wird ein Kontaktkleber verwendet. Der Kleber hat keinen Einfluss auf die Dichtheit des Elements. Er dient lediglich zur Fixierung der Weichstoffauflage auf dem metallischen Wellring. Es ist darauf zu achten, dass ein chloridarmer Kleber verwendet wird, um Korrosionsschäden zu vermeiden. Ebenso darf der Kleber die Täler des metallischen Wellrings nicht ausfüllen.

Funktionsweise
Im Vergleich zur Flachdichtung, wird bei einer Wellringdichtung nicht die gesamte Dichtungsfläche verpresst, sondern die Verpressung des Weichstoffes findet auf den Wellringbergen statt (**Bild 3.49**). Hierdurch wird die zu verpressende Fläche reduziert und die Weichstoffauflage höher verdichtet, was zu einer besseren Dichtheit führt. Die Medienbeständigkeit ist abhängig von dem verwendeten Auflagewerkstoff und dem metallischen Werkstoff des Wellrings.

Bild 3.49: Flächenpressung einer Wellringdichtung mit Graphitauflage unter Verwendung einer Fuji-Film Folie bei einer Flächenpressung von 30 MPa

Anwendungsgebiete
Die wichtigsten Anwendungsgebiete sind:

- Rohrleitungen
- Apparate- und Behälterflansche
- Mann-/Handlochdichtungen bei Dampfkesseln
- Rahmen (rechteckig)
- Flanschsysteme, die Aufgrund ihrer Konstruktion nur geringe Flächenpressungen realisieren
- Bereiche die eine hohe Dichtheit erfordern

3.2.1.6 Kammprofildichtungen

Kammprofildichtungen gehören zur Gruppe der Metall-Weichstoff- bzw. metalloplastischen Dichtungen. Sie werden in der Regel bei Anwendungen mit hohen physikalischen Belastungen und hohen Ansprüchen an die Dichtheit eingesetzt. Durch die zur Verfügung stehenden Bauformen mit und ohne Zentrierring sind Kammprofildichtungen in vielen verschiedenen Flanschverbindungen wie z. B. Behälter- und Apparateflanschen, Nut-Feder-Flanschen, Nut-Nut-Flanschen, Nut-Glatt-Flanschen, Gehäusedeckeln und Standard-Rohrleitungsflanschen einsetzbar.

Aufbau
Kammprofildichtungen bestehen aus einem massiven Metallkern mit beidseitiger Weichstoffauflage und können mit oder ohne Zentrierring ausgeführt werden (**Bild 3.50**).

Mit der Veröffentlichung der DIN EN 1514-6 wurde die bis dato existierende Norm DIN 2697 ersetzt. Beide Normen spezifizieren eine Ausführung des Metallkerns mit einer Dicke von 4 mm. Entgegen der DIN 2697 wurde im aktuellen Regelwerk aber auf ein Feinprofil mit einer Teilung von 1 mm zwischen den Kammspitzen und 0,5 mm dicken Weichstoffauflagen als Standard umgestellt. Grundsätzlich ist die Fertigung von Kammprofildichtungen mit einer Metallkerndicke ab 1 mm möglich, ohne dabei die Dichteigenschaften einzuschränken.

Als Standard wird der Metallkern häufig aus Edelstahl 1.4571 hergestellt. Andere Materialien und Sonderwerkstoffe sind jedoch ebenso verfügbar. Die Auswahl des geeigneten Materials sollte entsprechend des Einsatzgebiets erfolgen.

Weitere Ausführungen
Kammprofildichtungen können ebenso in der Ausführung mit „balligem Profil" hergestellt werden. Hier bilden die Kammspitzen zwar noch immer eine gerade Auflagefläche für den

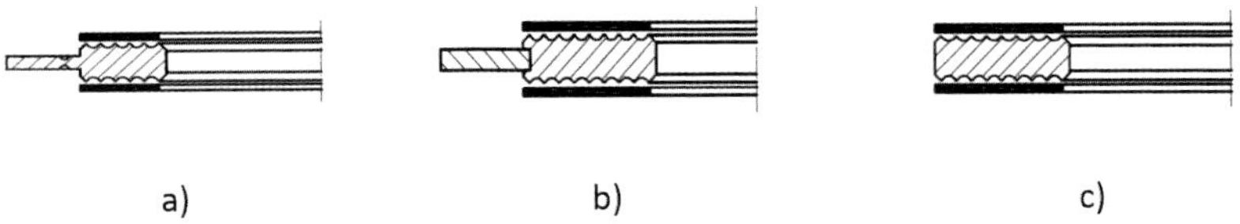

Bild 3.50: Querschnitt einer Kammprofildichtung:
a) mit angedrehtem Zentrierring und Sollbruchstelle sowie beidseitiger Weichstoffauflage,
b) mit losem Zentrierrand sowie beidseitiger Weichstoffauflage
c) ohne Zentrierrand sowie beidseitiger Weichstoffauflage.

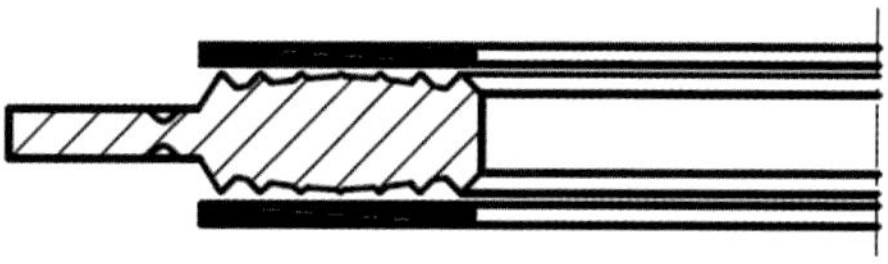

Bild 3.51: Balliges Profil einer Kammprofildichtung

Weichstoff, allerdings ist der Grundkörper ballig. Dadurch wird der Weichstoff in der Mitte der Dichtung stärker verpresst, was bei einigen Anwendungen vorteilhaft sein könnte.

Abmessungen

- Für den Einsatz in Rohrleitungen mit Flanschen nach DIN EN 1092 werden Kammprofildichtungen entsprechend der DIN EN 1514-6 verwendet.
- Für Flansche nach ASME B16.5 und DIN EN 1759 sind Kammprofildichtungen nach DIN EN 12560-6 zu verwenden.
- Kammprofildichtungen eignen sich aufgrund ihrer Konstruktion auch für sehr schmale Randbreiten.

Auflagen: Graphit, PTFE, Glimmer

Als Auflagenwerkstoffe stehen Weichstoffe wie Graphit, PTFE oder Glimmer zur Verfügung. Die Dicken der Auflagen variieren in der Regel zwischen 0,5 und 0,8 mm je Seite – dickere Auflagen sind möglich, sollten aber in Abhängigkeit des Einsatzes in einem optimalen Verhältnis zur Dicke des metallischen Trägers und der Konstruktion der Profilierung stehen. Bei Rohrleitungsdichtungen wird in der Regel beidseitig 0,5 mm Weichstoff aufgelegt. PTFE kann sowohl gesinterte als auch ungesinterte als Auflagewerkstoff verwendet werden. Die Auflagendicken variieren hier zwischen 0,35 und 0,5 mm. Anstelle von schwer zu fixierenden PTFE-Auflagen kann ebenso eine PTFE-Hülle verwendet werden, die den Metallträger zusätzlich noch vor einem möglichen chemischen Angriff durch das Medium schützt.

Glimmer wird bei hohen Temperaturen und niedrigen Drücken verwendet. Typische Anwendungen hier sind Abgasleitungen. Der Metallkern wird bei diesen Anwendungen aus einem temperaturbeständigerem Werkstoff, (z. B. 1.4828) gefertigt.

Für Sonderanwendungen werden folgende Auflagen eingesetzt:

- Aramidfaserauflage für die Gasversorgung
- Silberauflage bei hohen Temperaturen

Hilfsmittel

Zum Befestigen der Weichstoffauflage wird ein Kontaktkleber verwendet. Der Kleber hat keinen Einfluss auf die Dichtheit des Elements. Er dient lediglich zur Fixierung der Weichstoffauflage auf dem Metallkern. Es ist darauf zu achten, dass ein chloridarmer Kleber verwendet wird, um Korrosionsschäden zu vermeiden. Ebenso darf der Kleber die Täler des Kammprofiles nicht ausfüllen.

Funktionsweise

Der Weichstoff wird hauptsächlich auf den Kammspitzen verpresst (**Bild 3.52**). Durch diese extreme Reduzierung der Auflagefläche der Weichstoffauflage wird bei gleichbleibender Kraft eine höhere Verpressung erzielt. Das Profil im metallischem Träger kammert den verpressten Weichstoff zusätzlich. Die extrem hohe Verdichtung des Weichstoffes und die Reduzierung des Diffusionsquerschnittes ermöglicht so die Einhaltung sehr niedriger Leckageanforderungen

Bild 3.52: Flächenpressung einer Kammprofildichtung mit Graphitauflage unter Verwendung einer Fuji-Film Folie bei einer Flächenpressung von 30 MPa

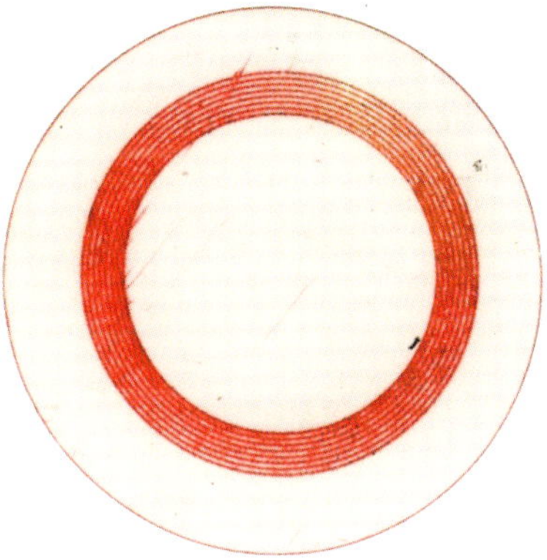

bei vergleichsweise geringer Vorspannung. Die Medienbeständigkeit ist abhängig von dem verwendeten Auflagewerkstoff und dem metallischen Werkstoff des profilierten Trägers.

Anwendungsgebiete
Wesentliche Anwendungsgebiete sind:

- Rohrleitungen
- Apparate- und Behälterflansche (auch mit Stegen)
- Rahmen (rechteckig)
- Flanschsysteme, welche Aufgrund ihrer Konstruktion nur geringe Flächenpressungen realisieren
- Bereiche die eine hohe Dichtheit erfordern
- Bei hohen Druck/Temperatur Kombinationen

3.2.1.7 Spiraldichtungen
Spiraldichtungen gehören zur Gruppe der Metall-Weichstoff- bzw. metalloplastischen Dichtungen.

Abhängig vom Aufbau, können Spiraldichtungen in Flanschverbindungen mit ebener Dichtleiste, Nut-Feder Flanschen, Apparateflanschverbindungen, Pumpen, Armaturen und Ventilen eingesetzt werden. Aufgrund ihrer spezifischen Eigenschaften eignen sich Spiraldichtung besonders für Hochdruckanwendungen oder kritische Einsatzbedingungen wie Wechsellasten.

In Abhängigkeit der gewählten metallischen Materialien sowie der Füllstoffe sind hohe Temperatur- und Druckeinsatzgrenzen bei gleichzeitiger Einhaltung niedriger Leckageraten möglich.

Angesichts ihrer Leistungsfähigkeit sind Spiraldichtungen ein bewährtes Dichtelement in der chemischen und petrochemischen Industrie ebenso wie in der Kraftwerkstechnik und im Apparatebau.

Aufbau
Spiraldichtungen bestehen aus einer spiralförmig gewickelten Kombination aus einem Weichstoff- und einem profiliertem Stahl- oder Edelstahlband, wobei das Weichstoffband beidseitig übersteht. Je nach konstruktiver Auslegung der Flanschverbindung kann die dichtende Spirale

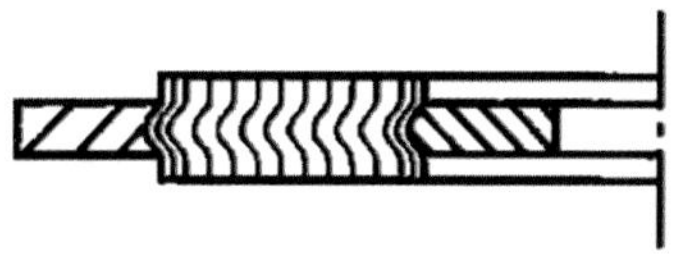

a)

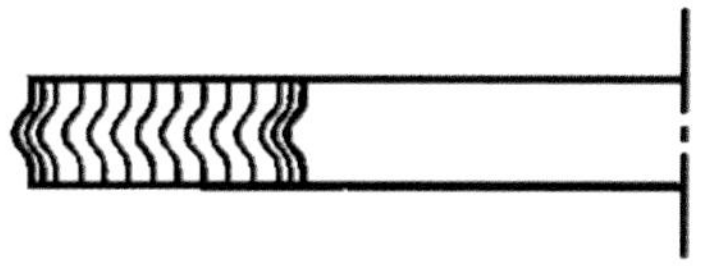

b)

Bild 3.53: Querschnitt einer Spiraldichtung:
a) mit innerem und äußeren Stützring, b) ohne Stützringe

mit einem Stützring am Innendurchmesser und/oder einem Zentrierring am Außendurchmesser versehen werden.

Während der sogenannte Innenring lediglich stützende Wirkung zeigt, dient der äußere Stützring zusätzlich zur Zentrierung der Dichtung an den Schraubenbolzen. Auf dem äußeren Stützring befindet sich außerdem die durch die Regelwerke geforderte Farbkennzeichnung.

Abmessungen

- Spiraldichtungen für metrische Flansche nach DIN EN 1092 werden konstruktiv und maßlich in der DIN EN 1514-2 beschrieben. Abweichend dazu werden die Abmessungen für Nut-Feder-Verbindungen in der DIN EN 1514-1 Form TG festgelegt.
- Für zöllige Flanschverbindungen nach ASME B16.5 oder DIN EN 1759 bilden die ASME B16.20 als auch die DIN EN 12560-2 die normativen Grundlagen der konstruktiven und maßlichen Festlegungen für Spiraldichtungen.
- Spiraldichtungen werden ohne Klebstoffe oder sonstige Hilfsmittel, die einen negativen Einfluss auf den jeweiligen Einsatzfall haben könnten, hergestellt.

Dichtspirale und Stützringe

Aufgrund der gewünschten chemischen Beständigkeit und dem Schutz vor Korrosionseinflüssen werden die Spirale und der innere Stützring standardmäßig aus Edelstahl (z. B. 1.4541/ ASTM S321, 1.4404/ASTM S316L) gefertigt. Für besondere Einsatzfälle können aber auch die verschiedensten Sonderwerkstoffe wie Monel, Titan, Hastelloy und Inconel verwendet werden.

Es wird empfohlen, die Dichtspirale und den inneren Stützring aus dem gleichen Werkstoff herzustellen. Da der äußere Stützring keinerlei Dichtwirkung hat, kann er sowohl aus Edelstahl als auch aus korrosionsgeschütztem (pulverbeschichtetem) Kohlenstoffstahl sein.

Füllstoffe

Als Füll- oder Einlagewerkstoff in der Dichtspirale stehen je nach Anwendung Graphit oder PTFE in unterschiedlichen Qualitäten zur Verfügung.

Bei Temperaturbelastungen > 550 °C wird der Einsatz vom Glimmer empfohlen. Die Dichtspirale sowie der innere Stützring sollten dabei aus einem höher temperaturbeständigen Stahl (z. B. 1.4828) hergestellt werden.

Funktionsweise
Bei der Montage einer Spiraldichtung verursacht die aufgebrachte Schraubenkraft und die dadurch entstehende Flächenpressung auf der Spirale eine Stauchung des spiralförmig gewickelten Dichtbereiches. Die verpresste Dichtspirale wird dabei durch die Stützringe bzw. durch die Flanschdichtfläche (z. B. bei Nut-Feder oder Vor-Rücksprung) gekammert und der dazwischen liegende Weichstoff verdichtet. Dies erzeugt eine sehr geringe Querschnittsdiffusion und niedrige Leckageraten.

Der beidseitig überstehende Weichstoff ist darüber hinaus für die Abdichtung zur Flanschdichtfläche verantwortlich und reduziert die Oberflächenleckage. Aus diesem Grund wird eine Rauigkeit der Flanschdichtflächen von RZ ≤ 80 µm empfohlen.

Die verpresste Dichtspirale erzeugt zudem eine federnde Wirkung, die höhere Rückstellkräfte erzeugt und ebenfalls zur Dichtwirkung positiv beiträgt.

Spiraldichtungen erfordern eine hohe Flächenpressung, die vom Gesamtsystem Flansch-Schraube-Dichtung in jedem Betriebszustand aufrechterhalten werden muss.

Anwendungsgebiete
Wesentliche Anwendungsbereiche sind:

- Rohrleitungen
- Apparate- und Behälterflansche
- Bereiche, die eine hohe Dichtheit erfordern
- bei hohen Druck/Temperatur-Kombinationen und Wechsellasten

3.2.2 Schmiegungsdichtungen
Zur Familie der statischen Dichtung gehören auch die sogenannten Schmiegungsdichtungen. Der Dichtkörper wird durch die Montagekraft an die Dichtfläche der beteiligten Bauteile, in der Regel die Dichtfläche am Rohrleitungsflansch angeschmiegt.

Weichstoffbasierte Dichtungen zum Beispiel aus PTFE werden nicht nur an die rauen Oberflächen Rz 6,3 µm bis Rz 50 µm angeformt, die Materialien fließen unter dem partiell hohen Druck auch in die Ritzen der Gegenfläche.

Die Oberflächen der Schmiegungsdichtungen werden dagegen hauptsächlich nur abgeplattet. Der Anteil eines möglichen Fleißvorgangs ist nicht vergleichbar mit dem eines Weichstoffes. Das bedingt wesentlich höhere Güten bzgl. der Oberflächenrauheit und der Passform des Dichtkörpers zum Dichtpartner.

Zu den Schmiegungsdichtungen gehören unter anderem die RTJ, die Linsendichtung und die Doppelkonusdichtung.

Zur Berechnung der benötigten Schraubenkräfte benötigt man entsprechende Kennwerte: Q_{min}, Q_{smin} Q_{max}, P_{qr} und E-Modul.

Die zur Zeit gültige Prüfnorm für Dichtungskennwerte EN13555 liefert zunächst nur Vorgaben für Weichstoffdichtungen und Metall-Weichstoffdichtungen.

In der Praxis haben sich für metallische Dichtungen (aus Stahl/Eisenwerkstoffen) folgende Kennwerte bewährt:

Q_{min} = Rp 0,2(RT)-Werte x 1,2

Q_{smin} = Rp 0,2(BT)-Wert x 1,2

P_{qr} (RT) = 0,99

P_{qr} (500) =0,9

Q_{max} (RT) = R_m(RT)

Q_{max} (BT) = R_m(BT)

Für den E-Modul können die bekannten Tabellenwerte der Werkstoffe verwendet werden.

Eine Ausnahme ist die Linsendichtung. Der E-Modul liegt deutlich darunter. Da die Linsendichtung bei der Montage nicht nur axial gedrückt, sondern auch radial zusammengedrückt wird, kommt es zu einer Reduzierung des axial wirkenden E-Moduls. Als Richtwert kann man von einem Viertel des Materialkennwertes ausgehen.

Für eine belastbare Berechnung sollte der Wert jedoch experimentell ermittelt werden.

3.2.2.1 Ring-Joint-Dichtungen

RTJ (**Bild 3.54**) findet Anwendung hauptsächlich in ASME-Flanschen, selten in Sonderkonstruktionen. Die beteiligten Bauteile, also die Flansche und der Dichtkörper, sind genormt und werden in amerikanischen Normen detailliert beschrieben. Abmessungen nach ASME B 16.20, API Std 6 A für Flansche nach ASME B16.5 und ASME B16.47 Serie A und nach EN 12560.

Darüber hinaus gibt es besondere Anforderungen durch die API 6 (American Petrol Institut). Hier wird im Detail beschrieben, welche Fertigungsverfahren zugelassen sind und auch welche Härten die Ringe haben. Die Ringgrößen sind durch eindeutige Nummern den jeweiligen Flanschgrößen und Druckstufen zugeordnet.

Ring-Joint-Dichtungen nach API- und ASME-Normen werden hauptsächlich in der petrochemischen Industrie und in Raffinerien als zuverlässige Dichtung für Produktionsleitungen eingesetzt.

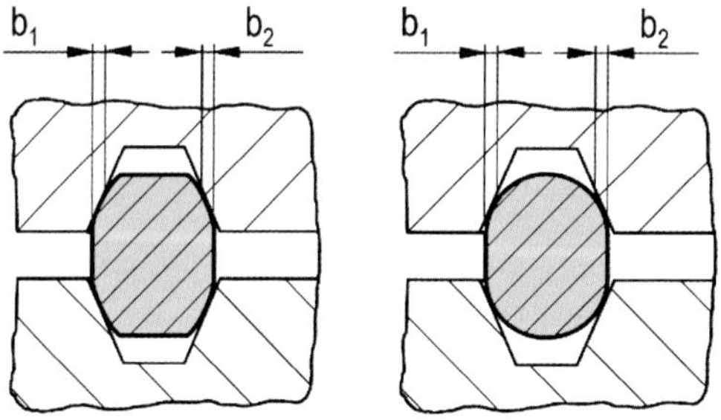

Bild 3.54: RTJ Typ R in den Ausführungen oval-oktagonal (links) und oval (rechts)

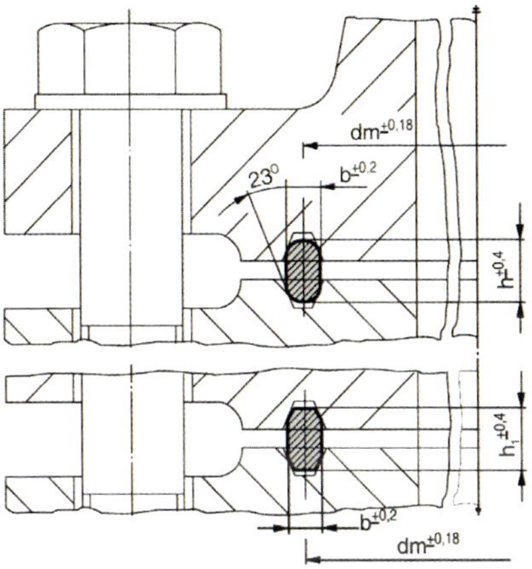

Bild 3.55: Ring-Joint-Dichtungen, Type R in oval (oben) und oktagonal (unten) in ASME-Flanschen mit Nut

NPS	class	Ring-Nr.	Ringabmessungen dm	b	h	h_1
12	2500	R 60	406,40	31,75	39,69	38,10
14	300 bis 600	R 61	419,10	11 ,11	17,46	15,88
14	900	R 62	419,10	15,88	22,22	20,64
14	1500	*R 63	419,10	25,40	33,34	31,75
16	150	R 64	454,00	7,94	14,29	12,70
16	300 bis 600	*R 65	469,90	11,11	17,46	15,88
16	900	*R 66	469,90	15,88	22,23	20,64
16	1500	R 67	469,90	28,58	36,51	34,93
18	150	R 68	517,53	7,94	14,29	12,70
18	300 bis 600	*R 69	533,40	11 ,11	17,46	15,88
18	900	*R 70	533,40	19,05	25,40	23,81
18	1500	R 71	533,40	28,58	36,51	34,93
20	150	R 72	558,80	7,94	14,29	12,70
20	300 bis 600	*R 73	584,20	12,70	19,05	17,46
20	900	*R 74	584,20	19,05	25,40	23,81
20	1500	R 75	584,20	31,75	39,68	38,10
24	150	R 76	673,10	7,94	14,29	12,70
24	300 bis 600	R 77	692,15	15,88	22,23	20,64
24	900	R 78	692,15	25,40	33,34	31,75
24	1500	R 79	692,15	34,92	44,45	41,28
22	150	R 80	615,95	7,93	-	12,70
22	300 bis 600	R 81	635,00	14,28	-	19,05
1	10000	*R 82	57,15	11,11	-	15,87
1 1/2	10000	*R 84	63,50	11,11	-	15,87
2	10000	*R 85	79,37	12,70	-	17,46
2 1/2	10000	*R 86	90,49	15,87	-	20,63
3	10000	*R 87	100,01	15,87	-	20,63
4	10000	*R 88	123,83	19,05	-	23,81
3 1/2	10000	*R 89	114,30	19,05	-	23,81
5	10000	*R 90	155,58	22,22	-	26,98
10	10000	*R 91	260,35	31,75	-	38,10
		R 92	228,60	11,11	17,46	15,87
26	300, 400, 600	R 93[2)]	749,30	19,05	-	23,81

Bild 3.56: Maßtabelle für RTJ, h_1 für oktagonale RTJ

Außerdem existieren unterschiedliche Formen. Die R-, RX- und BX-Ringe sind genormt, es haben sich aber auch Sonderformen im Markt etabliert, die bekannt gewordene Schwächen beheben können. Dazu zählt bspw. der oval-oktagonale RTJ.

Die erforderliche Oberflächengüte hängt wesentlich von der Brinellhärte des Dichtungswerkstoffes ab. Die Beziehung Rt [µm] < 300/HB liefert einen brauchbaren Ansatz

Ring-Joint-Dichtungen, Typ R
Die beiden Formen der Ring-Joint-Dichtungen, Type R in oval und oktagonal (**Bild 3.55**) basieren auf einer Konstruktionsgrundlage. Mit der Ringnummer sind alle Maße festgelegt (**Bild 3.56**) und passen geometrisch in die Nuten der entsprechenden Flansche.

Warum nun gibt es die beiden Formen? Die Wahl basiert auf folgender Überlegung: Die ovale Ring-Joint-Dichtung, bei der die ringförmige Kreisfläche auf die Kegelmantelflächen der Nut wirkt, hat schon bei geringen Kräften eine Anschmiegung. Die Kontaktfläche vergrößert sich mit steigender Kraft bis ein Gleichgewicht in der Grenzschicht erreicht wird. Die Flächenpressung hat dann ungefähr den Betrag der Streckgrenze des metallischen Werkstoffes.

Diese Dichtungsform wird also eingesetzt bei niedrigen benötigen Schraubenkräften. Eine Faustregel besagt, dass diese Form bis ca. 175 bar einsetzbar ist. Der Einsatz muss immer rechnerisch nachgewiesen werden.

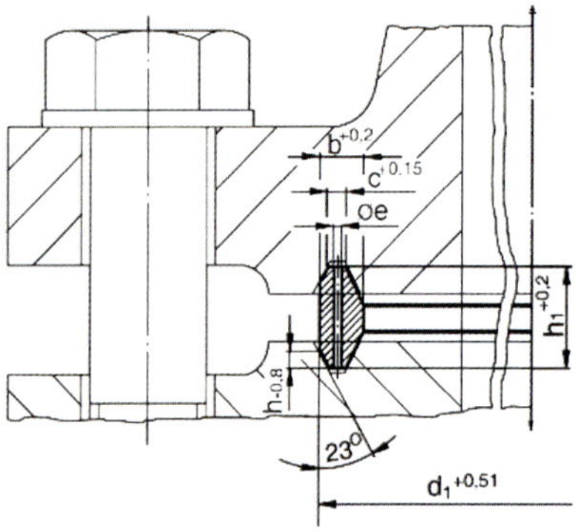

Bild 3.57: Ring-Joint-Dichtung vom Type RX

Ring-Joint-Dichtungen, Type RX

NPS	class	Ring-Nr.	d_1	b	c	h_1	h	Bohrung* e
1 1/2	2000, 3000,5000	RX 20	76,2	8,73	4,62	19,05	3,18	-
2	2000	RX 23	93,27	11,91	6,45	25,4	4,24	-
2	3000, 5000	RX 24	105,97	11,91	6,45	25,4	4,24	-
3 1/8	5000	RX 25	109,54	8,73	4,62	19,05	3,18	-
2 1/2	2000	RX 26	111,92	11,91	6,45	25,4	3,78	-
2 1/2	3000, 5000	RX 27	118,27	11,91	6,45	25,4	4,24	-
3	2000, 3000	RX 31	134,54	11,91	6,45	25,4	4,24	-
3	5000	RX 35	147,24	11,91	6,45	25,4	4,24	-
4	2000, 3000	RX 37	159,94	11,91	6,45	25,4	4,24	-
4	5000	RX 39	172,64	11,91	6,45	25,4	4,24	-
5	2000, 3000	RX 41	191,69	11,91	6,45	25,4	4,24	-
5	5000	RX 44	204,39	11,91	6,45	25,4	4,24	-
6	2000, 3000	RX 45	221,85	11,91	6,45	25,4	4,24	-
6	5000	RX 46	222,25	13,49	6,68	28,58	4,78	-
8	crossover flange	RX 47	245,3	19,84	10,34	41,28	6,88	-
8	2000, 3000	RX 49	280,59	11,91	6,45	25,4	4,24	-
8	5000	RX 50	283,37	16,67	8,51	31,75	5,28	-
10	2000, 3000	RX 53	334,57	11,91	6,45	25,4	4,24	-
10	5000	RX 54	337,34	16,67	8,51	31,75	5,28	-
12	2000, 3000	RX 57	391,72	11,91	6,45	25,4	4,24	-
14	5000	RX 63	441,72	26,99	14,78	50,8	8,46	-
16	2000	RX 65	480,62	11,91	6,45	25,4	4,24	-
16	3000	RX 66	483,39	16,67	8,51	31,75	5,28	-
18	2000	RX 69	544,1	11,91	6,45	25,4	4,24	-
18	3000	RX 70	550,1	19,84	10,34	41,28	6,88	-
20	2000	RX 73	596,1	13,49	6,68	31,75	5,28	-
20	3000	RX 74	600,87	19,84	10,34	41,28	6,88	-
1	10000	RX 82	67,87	11,91	6,45	25,4	4,24	1,6
1 1/2	10000	RX 84	74,22	11,91	6,45	25,4	4,24	1,6
2	10000	RX 85	90,09	13,49	6,68	25,4	4,24	1,6
2 1/2	10000	RX 86	103,58	15,08	8,51	28,58	4,78	2,4
3	10000	RX 87	113,11	15,08	8,51	28,58	4,78	2,4
4	10000	RX 88	139,3	17,46	10,34	31,75	5,28	3,2
3 1/2	10000	RX 89	129,78	18,26	10,34	31,75	5,28	3,2
5	10000	RX 90	174,62	19,84	12,17	44,45	7,42	3,2
10	10000	RX 91	286,94	30,16	19,81	45,24	7,54	3,2
8	2000, 3000	RX 99	245,67	11,91	6,45	25,4	4,24	-
1 1/4	5000	RX 201	51,46	5,74	3,2	11,3	1,45	-
1 3/4	5000	RX 205	62,31	5,56	3,05	11,1	1,83	-
2 1/2	5000	RX 210	97,63	9,53	5,41	19,05	3,18	-
4	5000	RX 215	140,89	11,91	5,33	25,4	4,24	-
4x 4 1/4	5000	RX 215	140,89	11,91	5,33	25,4	4,24	-

\- Flansche nach Norm nicht vorhanden

Maße in mm

Bild 3.58: Maßtabelle für RX-Ringe

Bei der oktagonalen RTJ-Dichtung bilden sich die Dichtflächen als zwei Kegelmantelflächen heraus. Als Dichtflächenbreite ist die Projektion in Richtung der Schraubenkraft $b_D = b_1 + b_2$ anzusetzen.

Innendrücke bis zu einem Wert von bis zu 700 bar können abgedichtet werden.

Da insbesondere bei hohem Druck mit einer Flanschblattneigung zu rechnen ist, die zu einer Kantenpressung zwischen Dichtkörper und Dichtfläche führt, wurde eine Zwischenform konstruiert. Denn die Kantenpressung führt zu einem unkontrollierten Zustand. Die dann dort sehr hohen partiellen Flächenpressungen führen zu Beschädigungen der Nuten. Über die Zeit kann es auch zu einem deutlichen Schraubenkraftverlust kommen da die Kante über die Zeit „wegfließt“. Um das zu vermeiden, wird ein großzügiger Radius auf die oktagonale Grundform der RTJ gelegt. Die Flanschdichtfläche kann sich jetzt regelrecht auf der Dichtfläche abrollen. Der Einsatzbereich liegt typischerweise bei 70 bar bis 350 bar.

Ring-Joint-Dichtungen, Typ RX

Ring-Joint-Dichtung vom Type RX (**Bild 3.57**) sind nach ASME B 16.20 bzw. API Std 6 A für API 6B-Flansche genormt. Die Flansche sind keine ASME-Standardflansche nach ASME B16.5. Im Bereich der Nut ist der Flansch nochmals zurückgesetzt. Für RX-Ringe gibt es ebenfalls eine Maßtabelle (**Bild 3.58**).

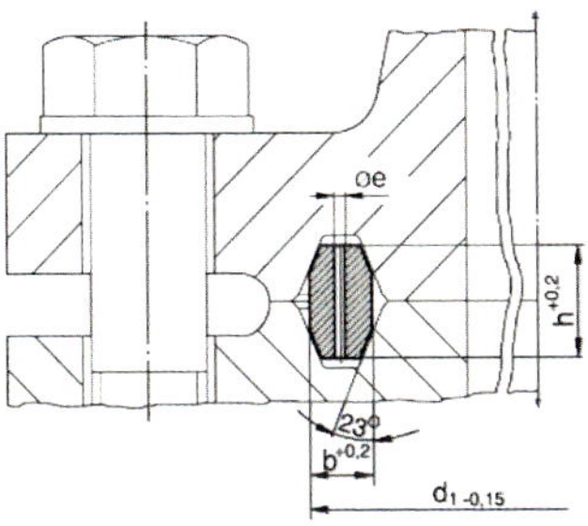

Bild 3.59: Ring-Joint-Dichtung vom Type BX

Bild 3.60: Maßtabelle für BX-Ringe

NPS	class	Ring-Nr.	d1	b	h	Bohrung* e
1 11/16	10000, 15000	BX 150	72,19	9,30	9,30	1,6
1 13/16	10000, 15000, 20000	BX 151	76,40	9,63	9,63	1,6
2 1/16	10000, 15000, 20000	BX 152	84,68	10,24	10,25	1,6
2 9/16	10000, 15000, 20000	BX 153	100,94	11,38	11,38	1,6
3 1/16	10000, 15000, 20000	BX 154	116,84	12,40	12,40	1,6
4 1/16	10000, 15000, 20000	BX 155	147,96	14,22	14,22	1,6
7 1/16	10000, 15000, 20000	BX 156	237,92	18,62	18,62	3,2
9	10000, 15000	BX 157	294,46	20,98	20,98	3,2
11	10000, 15000	BX 158	352,04	23,14	23,14	3,2
13 5/8	10000	BX 159	426,72	25,70	25,70	3,2
13 5/8	5000	BX 160	402,59	13,74	23,83	3,2
16 3/4		BX 161	491,41	16,20	28,07	3,2
16 3/4	5000, 10000	BX 162	475,49	14,22	14,22	1,6
18 3/4	5000	BX 163	556,16	17,37	30,10	3,2
18 3/4	10000	BX 164	570,56	24,59	30,10	3,2
21 1/4	5000	BX 165	624,71	18,49	32,03	3,2
21 1/4	10000	BX 166	640,03	26,14	32,03	3,2
26 3/4	2000	BX 167	759,36	13,11	35,86	1,6
26 3/4	3000	BX 168	765,25	16,05	35,86	1,6
5 1/8	10000	BX 169	173,52	12,93	15,84	1,6
9		BX 170	218,03	14,22	14,22	1,6
11		BX 171	267,44	14,22	14,22	1,6
13 5/8		BX 172	333,07	14,22	14,22	1,6
30	2000, 3000	BX 303	852,75	16,97	37,95	1,6

Maße in mm

Die konstruktive Idee des RX-Ring basiert auf der Annahme, dass der Innendruck eine zusätzliche Dichtkraft entwickelt. Die innere Fläche des Rings ist größer als die Kontaktfläche an den äußeren geneigten Dichtflächen. Deshalb ist der typische Einsatzfall dieser Verbindung in hohen Drücken zu finden. Die Einsatzhäufigkeit geht aber zurück, RX-Ringe werden nur noch selten für neue Anlagen eingeplant.

Ring-Joint-Dichtungen, Typ BX

Eine Dichtung vom Typ BX (**Bild 3.59**) nimmt eine Sonderstellung bei den metallischen Dichtungen ein. Der Dichtkörper soll bei der Montage soweit verformt werden, dass die Flansche letztlich in einen direkten Metall-Metall-Kontakt kommen. So liegt der BX-Ring dann im Kraft-Neben-Schluss (im weiteren KNS abgekürzt).

Diese Abdichtart benötigt besondere Voraussetzungen an die Bauteile. So müssen die Nutmaße und die Ringmaße in einem engen Toleranzfeld gefertigt werden. Abweichungen vom der optimalen Geometrie führen zu einem nicht kontrollierten Zustand.

Bei zu großem Körper und/oder zu kleiner Nut reicht die errechnete Schraubenkraft nicht um den KNS herzustellen. Die Verbindung liegt dann im Kraft-Hauptschluss und die Dichtkraft entspricht der in das System eingebrachten Schraubenkraft.

Ist der Dichtkörper zu klein und /oder die Nut zu groß wird zwar der KNS erreicht, aber gegebenenfalls reichte die Schraubenkraft nicht um die nötige An- und Umformung zu erreichen. Die aus der Rückfederkraft des Dichtkörpers resultierende Dichtkraft ist unbekannt, auf jeden Fall zu klein. Nur im Fall der „richtigen" Geometrie gewährleistet das System die benötigte Rücksprungkraft des Dichtkörpers bei funktionsgerechter Anschmiegung der Dichtflächen.

RTJ Typ BX sind genormt gemäß der API 6a (**Bild 3.60**). Für die Herstellungsverfahren gelten die gleichen Hinweise wir für ovale und oktagonale RTJ.

3.2.2.2 Linsendichtungen

Dieser Dichtungstyp findet Anwendung bspw. in Hochdruckanlagen. Die Dichtungsgeometrie ist genormt nach DIN 2696:1999-08 Reihe 1 für Dichtungen PN63 bis PN400 und DN200 und Reihe 2 für Dichtungen PN63 bis PN320 und DN150 (**Bild 3.61**). Zum Teil wurden eigene Werknormen geschaffen, da es mit den Normmaßen Probleme gab.

Die Konstruktion basiert auf einem Kugelmodell. Zwei Scheiben gleichem Durchmesser aus der Kugel rücken zusammen. Zwischen diese Kugelstücke legt sich ein zylindrisches Teil. Diese Konstruktion macht aus einer Flanschverbindung eine Art Kugelgelenk. Dadurch verkraftet die Flanschverbindung durchaus eine geringe axiale Winkelfehlstellung der Flansche zueinander.

Bei der Montage einer Linsendichtung kommt es zunächst zu einer Linienberührung. Dadurch ist die Flächenpressung unendlich groß. Die Dichtung formt sich zunächst plastisch an die Flanschoberfläche an. Mit steigender Schraubenkraft verformt sich die Fläche immer weiter und es entsteht eine plane Fläche. Die Größe der Fläche ergibt sich aus der sich einstellenden Flächenpressung die im Bereich von Rp c = 0,2 liegen wird.

Neben der axialen Verpressung der Dichtung wird der Dichtring auch nach innen gestaucht. Die schräg ansetzende Kraft aus der 20°-Schräge der Flanschdichtfläche produziert auch eine nach innen gerichtet Kraft, die den Dichtkörper zusammenschiebt. Dieses Zusammenschieben der Dichtung wird von der Reibung zwischen den Flächen behindert. Eine trockene Fläche verhält sich bekanntlich anders als eine geschmierte Fläche (**Bild 3.62**).

Montage einer Dichtung mit Schmiermittel

Herrscht an den Flächen zwischen Flansch und Linsen-Dichtung keine oder eine nur geringe Reibung gleitet der Dichtkörper in die Flansche. Der Außendurchmesser schrumpft kontinuierlich. Mit der Demontage entspannt sich die Linsen-Dichtung, der Durchmesser vergrößert sich wieder geringfügig und eine bleibende Verformung ist zu beobachten.

Montage ohne Schmiermittel

An den Flächen zwischen Flansch und Linsen-Dichtung stellt sich ein Reibungskoeffizient von 0,20 ein. Zunächst ein statischer Koeffizient von ca. 0,23, dann ein dynamischer Reibungskoeffizient von 0,18.

Die Linsen-Dichtung bleibt zuerst an dem Werkzeug „kleben“ und dehnt sich, bis die Reibung überwunden ist. Danach gleitet die Linsen-Dichtung im Flansch und schrumpft.

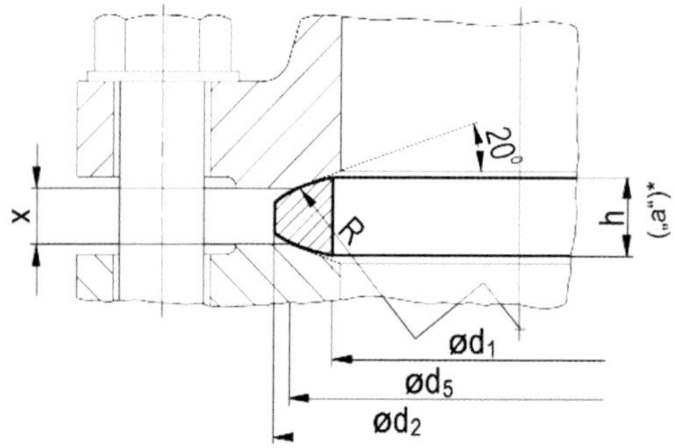

Bild 3.61: Linsendichtung

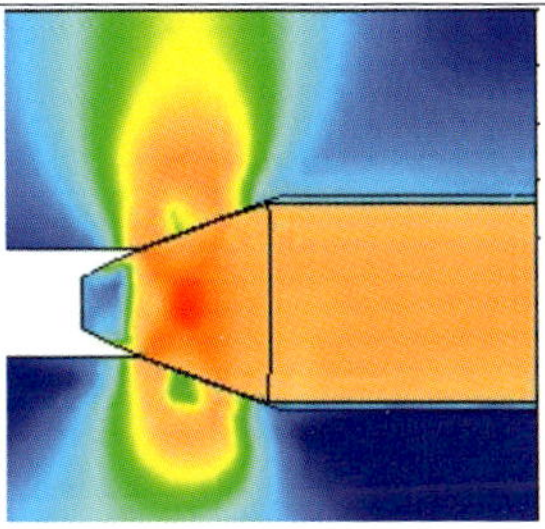	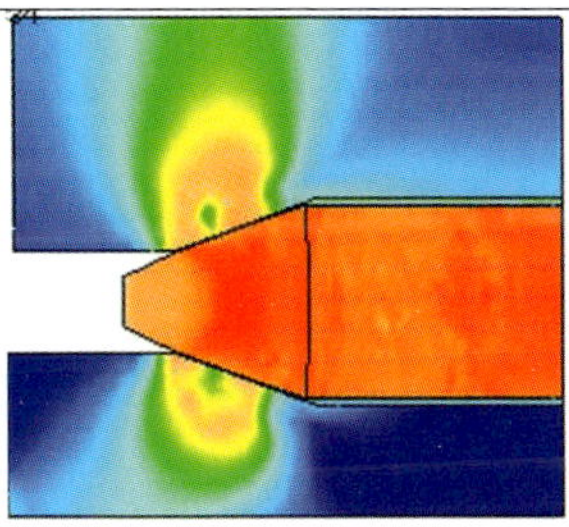	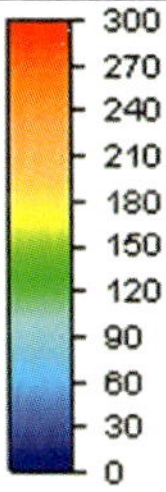
Spannungsverteilung bei hoher Reibung (μ=0,2]	Spannungsverteilung ohne Reibung	Von Misses-Spannung [N/mm²]

Bild 3.62: Reibung an der Dichtung mit und ohne Schmierung

Eine Bewertung, welche der beiden Verfahren die bessere sei, ist nicht möglich. Es liegen aus der Praxis für beide Varianten gute und schlechte Erfahrungen vor. Womöglich spielen andere überlagernde Faktoren eine größere Rolle, denn es liegt eine sehr komplexe mechanische Situation vor, die durch die Randbedingungen unterschiedlich beeinflusst wird. Dazu zählen die Oberflächenrauheit, der Reibfaktor, die Schräge, die Lage des Berührpunktes und der sich daraus ergebende Hebelarm, der seinerseits die Dichtflächenschiefstellung beeinflusst und nicht zuletzt die homogene umlaufende Anpassungsfähigkeit des Dichtkörperwerkstoffes. Aus der Tatsache, dass der Dichtkörper an seiner Oberfläche plastisch verformt wird, ergibt sich auch die Notwendigkeit die Dichtflächen vor erneutem Einbau zu überarbeiten oder besser die Dichtung auszutauschen.

3.2.2.3 Doppel-Konus-Dichtungen

Doppelkonus-Dichtungen (**Bild 3.63**) werden durch die Schraubenvorspannkraft wie eine Ringfeder radial gestaucht. Üblicherweise reicht eine Vorspannung von ca. 1/3 bis 1/5 des Probedruckes, um die erforderliche Anfangsdichtheit zu erreichen. Damit die Dichtung nicht überlastet wird ist zwischen Deckel und Dichtung nur ein begrenztes Spiel zulässig. Die Dichtung wird nach dem Vorspannen folglich zunächst innen am Deckel anliegen. Bei Druckaufgabe federt sie dann um den gestauchten Betrag zurück und wird bei genügend hohem Innendruck zusätzlich elastisch aufgeweitet, so dass sie bei konstruktiv optimaler Gestaltung in allen Betriebszuständen zuverlässig dichtet.

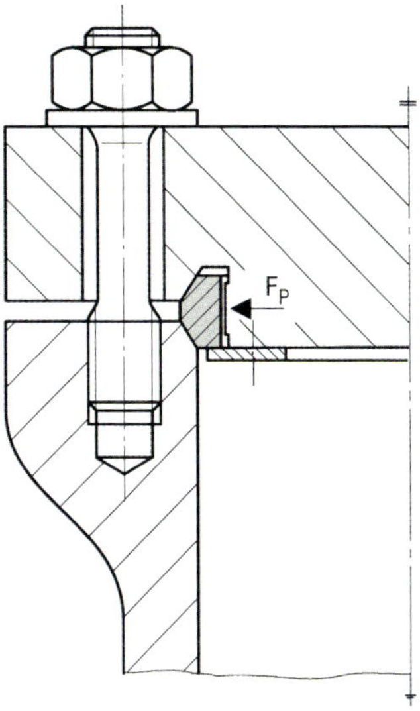

Bild 3.63: Doppelkonusdichtung

Die Abmessungen von Doppelkonus-Dichtungen sind nicht genormt. Dichtringe bis 3200 mm Durchmesser sind bekannt. Die Dichtflächen sind Kegelflächen mit dem Neigungswinkel von 30°.

Oft sind auf jeder Konusfläche zwei oder drei Rillen von einigen Millimetern Breite und einigen zehntel Millimetern Tiefe angeordnet. Die Rillen fixieren beigelegte Dichtfolien. Die Folien führen zu einem besseren Anfangsdichtverhalten. Insbesondere wenn aus Gründen der Medienbeständigkeit etwa gleich harte Werkstoffe verwendet werden müssen, ist eine Dichtfolie nahezu unverzichtbar.

Die ungünstige Konstellation gleicher Materialien führt insbesondere bei Edelstählen zur Reibung schon beim Einbau und oft zur Zerstörung der Dichtflächen.

In nicht vermeidbaren Sonderflächen kann der Einsatz eines Schmiermittels helfen die Dichtflächen gegeneinander anzuformen. Es muss aber damit gerechnet werden, dass die Dichtflächen der Flansche vor dem nächsten Einbau überarbeitet werden müssen.

Die Dichtfolien sollten nicht dicker als 1 mm sein. Bewährt haben sich Aluminium-, Kupfer-, Nickel- und Silberfolien in 0,5 mm bis 1 mm Dicke. Können die Dichtfolien nicht mehr in einem Stück aus dem Vormaterial gefertigt werden, so müssen sie geschweißt ausgeführt werden. Dann ist darauf zu achten das die Dicke der Schweißstelle um nicht mehr +0,1 mm bis –0,05 mm von der Foliendicke abweicht.

Bewährt haben sich DKD mit ballig ausgeführten Dichtflächen. Die ballige Ausführung hat sich besonders bei unterschiedlichen Dehnungen und Biegungen der Bauteile (Deckel und Flansch) bewährt und wenn keine Dichtfolien aus weichen Metallen zulässig sind.

Es gibt für Doppelkonus-Dichtungen keine Dichtungskennwerte. Ebenso wenig gibt es einen Berechnungsalgorithmus. Eine ingenieursmäßige Berechnung muss folgender Philosophie folgen.

1. Die gewählte Schraubenkraft muss den Dichtkörper an den Deckel pressen
2. Darüber hinaus muss die Dichtung mit der Schraubenkraft an die Flanschdichtflächen angeformt werden.
3. Die Innendruckkraft verschiebt den Deckel axial von der Dichtung weg, die Schrauben werden gelängt, damit steigt die Schraubenauslastung weiter an.
4. Der Dichtring, durch die Montage elastisch zusammengestaucht, springt zurück und folgt der Verschiebung. Außerdem drückt die Rücksprungkraft (aber abnehmend) gegen die Dichtflächen.
5. Die Innendruckkraft unterstützt das Zurückfedern. Mit abnehmender Rücksprungkraft gewinnt die Innendruckkraft an Bedeutung.
6. Sobald der Ring wieder auf seine Ursprungsgeometrie zurückgefedert ist wirkt nur noch die Innendruckkraft.
7. Der Ring kann darüber hinaus durch die Innendruckkraft aufgeweitet werden. Diesen Zustand sollte man möglichst vermeiden.
8. Die Schraubenauslastung muss für den größten Entlastungsweg der Dichtung berechnet werden und sollte übliche Auslastungsgrade nicht überschreiten.

Bild 3.64 zeigt die unterschiedlichen Zustände bei Montage und Entlastung durch den Innendruck. Die Doppel-Konus-Dichtung mit planer Dichtfläche neigt zu Kantenpressung. Das System befindet sich in einem unklaren Verspannungszustand. Die Kraftlinie läuft nicht kontrolliert durch den Dichtkörper sondern über die Kanten, die durch die zu hohen Spannungen plastifizieren.

Die ballige Dichtfläche zentriert durch die höchsten Punkte der Radien den Kraftein- und austrittspunkt. Der wirksame Dichtdurchmesser weicht nur wenig vom Ideal ab.

Bild 3.64: Zustände bei Montage und Entlastung durch den Innendruck

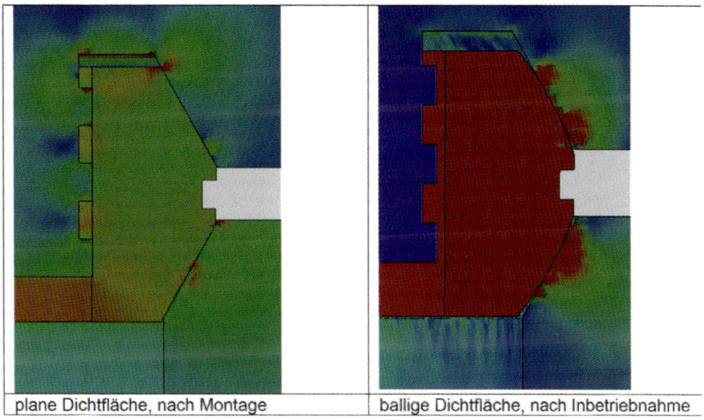

3.2.3 Ausblassicherheit

Beim Ausblasen einer Dichtung tritt innerhalb sehr kurzer Zeit aus einem plötzlich entstehenden Dichtspalt Betriebsmedium in nicht tolerierbarer Menge aus. Das Ausblasen einer Dichtung wird durch einen inneren Überdruck bewirkt, teils unterstützt durch vorhergehenden chemischen Angriff auf das Dichtungsmaterial, äußere Kräfte und Momente auf der Dichtverbindung usw.

Folgende Einflussgrößen wirken sich auf die Ausblassicherheit von Dichtungen aus [32]:

1. Druckunterschied zwischen Dichtungsinnen- und Dichtungsaußenseite
2. Festigkeit der Dichtung, gegebenenfalls bei einer bestimmten anfänglichen Dehnung
3. gepresste Dichtungsdicke
4. Innen- und Außendurchmesser der Dichtung (Dichtungsbreite)
5. Temperatur der Dichtung
6. Dichtflächenpressung
7. Reibkoeffizient zwischen Flansch- und Dichtungsmaterial
8. Formschluss zwischen Flanschoberfläche und Dichtung in radialer Richtung

Es ist nachvollziehbar, dass eine Dichtung ohne Druckunterschied bei rein axialer Belastung nicht aus der Dichtleiste gedrückt wird. Herrscht jedoch ein Druckgefälle von innen nach außen, setzt die Dichtung der radialen Kraft, bedingt durch den Innendruck, ihre Eigenfestigkeit entgegen. Der temperaturabhängige Betrag der Eigenfestigkeit ist gegeben durch die Dichtungsbreite und die gepresste Dichtungshöhe (= Angriffsfläche des Innendrucks) sowie die Zugkraft bei einer bestimmten Dehnung des Dichtungsmaterials.

Die axiale Flächenpressung kann teilweise oder komplett auf dem Dichtungsumfang wirken. Eine unterschiedlich verteilte Flächenpressung kann beispielsweise bei Flanschschrägstellungen oder äußeren Momenten auftreten. Bei vorhandener (Rest-) Flächenpressung (Normalkraft) hat die Reibung (Reibkoeffizient) zwischen Flansch und Dichtung eine entscheidende Bedeutung für die Ausblassicherheit.

Zudem hat beispielsweise bei emaillierten Flanschen mit radial stark gekrümmter Oberfläche der Formschluss zwischen Flansch und Dichtung einen nicht zu vernachlässigenden Einfluss auf die Ausblassicherheit.

Als erster Ansatz bietet sich für die Berechnung der Ausblassicherheit ohne axiale Flächenpressung auf der Dichtung die „Kesselgleichung“ an. Die Zugspannung σ_z innerhalb der Dichtung in tangentialer Richtung, hervorgerufen durch den Innendruck p_i, ergibt sich entsprechend mit dem Innendruck p_i, dem mittleren Dichtungsdurchmesser d_D und der Dichtungsbreite b_D wie folgt:

$$\sigma_z = \frac{p_i \times d_D}{2 \times b_D}$$

Mit der Gleichung für die Zugspannung im Querschnitt der Dichtung, gegeben durch die Zugkraft F_Z, der gepressten Dichtungshöhe h_D und der Dichtungsbreite b_D ergibt sich entsprechend

$$\sigma_z = \frac{F_Z}{h_D \times b_D}$$

Entsprechend muss die Zugkraft innerhalb der Dichtung größer als die Kraft hervorgerufen durch den Innendruck sein, um ein Ausblasen verhindern zu können.

$$F_z \geq p_i \times h_D \times \frac{d_D}{2}$$

Die obigen Gleichungen zeigen, dass bei steigender Dichtungshöhe, bei größerem Dichtungsdurchmesser sowie bei geringerer Dichtungsbreite die Ausblassicherheit linear abnimmt.

Um eine ausblassichere Dichtung, ohne Berücksichtigung der Reibung zwischen Dichtfläche und Dichtung, bei absolutem axialen Flächenpressungsverlust zu erhalten, muss die Dichtung mindestens die Widerstandskraft F_z besitzen. Dann kann sie nicht komplett aus dem Dichtsitz gedrückt werden. F_z kann einfach mittels eines Zugversuchs für eine bestimmte zulässige Dehnung (auch partielle Dehnung) bestimmt werden.

Betrachtet man eine bestimmte Restflächenpressung auf der Dichtung, wirkt neben der Eigenfestigkeit der Dichtung die Reibkraft an den Dichtflächen einem Ausblasen entgegen. Entsprechend muss die Kraft durch den Innendruck F_{pi}, ohne Berücksichtigung der Eigenfestigkeit, kleiner sein, als die durch die Schraubenkraft aufgebrachte doppelte Reibkraft (sie wirkt auf beiden Seiten der Dichtung), um ein Ausblasen zu verhindern.

$$2F_R \geq F_{pi} = p_i \times h_D \times p \times d_D$$

Für die Reibkraft gilt bekannterweise:

$$F_R = F_B \times \mu$$

F_B repräsentiert hierbei die resultierende Kraft auf der Dichtung. Wie bereits erwähnt wird die resultierende Schraubenkraft auf der Dichtung durch äußere Kräfte und Momente und/oder den Innendruck reduziert. Somit ergibt sich für die Mindestschraubenkraft gegen Ausblasen einer Flanschdichtung $F_{BU/A}$ mit Restflächenpressung:

$$F_{BU/A}(\mu) \geq \frac{p_i \times h_D \times \pi \times d_D}{2\mu}$$

Ein Ausblasen lässt sich somit durch Eigenfestigkeit des Dichtmaterials, Restflächenpressung und des hier nicht behandelten Formschlusses verhindern. Eine detaillierte theoretische Herleitung des Sachverhalts würde den Rahmen dieses Abschnittes überschreiten, weshalb auf [32] verwiesen wird.

Experimentell lässt die Ausblassicherheit nach VDI 2200 [10] bestimmen. Der Ablauf ist aber umstritten, da er keine allgemeinen Aussagen zur Ausblassicherheit zulässt. Vereinfacht gesagt wird bei diesem Versuch, nach vorangegangener Warmlagerung, mit steigendem Innendruck geprüft, wann ein Leckagekriterium überschritten wird. Auch die Flächenpressung wird dabei gezielt reduziert.

Ähnliche, wenn auch deutlich weitergehende Untersuchungen zu diesem Thema finden sich bei [33] und [34].

Keinesfalls, so hat die Erfahrung gezeigt, ist eine (unbestimmte) metallische Verstärkung, eine Vor-Rücksprung-Verbindung, eine Nut-Feder-Verbindung dazu geeignet in jedem Fall ein Ausblasen zu verhindern. Trotz dieser sehr pauschalen Aussage sind bestimmte Dichtsysteme besser als andere geeignet, ein Ausblasen unwahrscheinlicher zu machen. Hierbei sind vor allem Spiraldichtungen hervorzuheben, die auch unter dynamischen Lasten nicht zum Bruch neigen.

Entscheidend aber, um ein Ausblasen einer Dichtung zu vermeiden, ist letztlich, dass eine vorangegangene, sachgerechte Auslegung und Montage einer Dichtverbindung erfolgt. Solange eine Dichtung eine ausreichend hohe Flächenpressung erfährt, wird sie in ihrem Dichtsitz verbleiben und nicht ausblasen, wie auch im nachfolgenden Abschnitt deutlich gemacht wird.

3.2.4 Bedeutung der Montage von statischen Dichtungen

Eine auf Dauer dichte und sichere Flanschverbindung wird durch folgende Vorgehensweise erreicht (**Bild 3.65**):

1. Auswahl der Bauteile (Flansche, Schrauben, Unterlegscheiben, Dichtung) in Abhängigkeit der Randbedingungen wie Druck, Temperatur, Medium, normativen und internen Vorgaben (z. B. Rohrklassen).
2. Berechnung der Flanschverbindung mit Festigkeits- und Dichtheitsnachweis (Letzterer sofern möglich) unter Berücksichtigung der Montagemethode bzw. des Verspannwerkzeuges.
3. Kontrollierte Montage durch qualifiziertes Personal.
4. Qualitätskontrolle aller oben stehenden Punkte.

Ist nur einer der oben genannten Schritte unzureichend, wird die Gefahr des Ausfalles einer Dichtverbindung wahrscheinlich. Hieraus resultiert die Gefahr eines wirtschaftlichen Schadens (Produktionsausfall etc.), gegebenenfalls eines Imageschadens für die Firma und/oder Gefahr für Leib und Leben der Mitarbeiter oder der Umgebung.

Der Montage von Flanschverbindungen ist hierbei besondere Aufmerksamkeit zu schenken. Grund hierfür ist, dass bei Ausfällen von Flanschverbindungen Fehler bei der Montage nahezu immer mit beteiligt sind.

Weiterhin fordert die DIN EN 1591-4 [6] den Nachweis einer entsprechenden Qualifikation des Montagepersonals. Darüber hinaus wird im Rahmen der TA Luft [7] in Verbindung mit der VDI

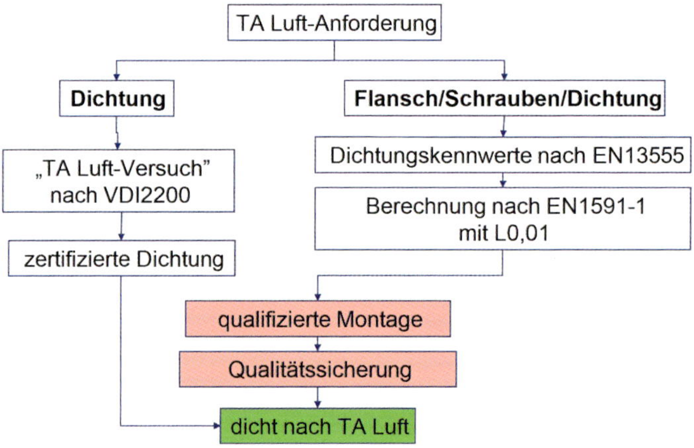

Bild 3.65: Ablaufdiagramm zur Erreichung einer TA Luft-konformen Flanschverbindung

2290 [5] eine entsprechende Qualifikation gefordert. Im Zuge dessen erarbeitete der VCI (Verband der chemischen Industrie e.V.) einen „Leitfaden zur Montage von Flanschverbindungen in verfahrenstechnischen Anlagen" [8].

Bild 3.65 zeigt beispielhaft, wie nach TA Luft bzw. VDI 2290 eine dichte Flanschverbindung erreicht werden kann. Hierbei ist zu beachten, dass neben dem oben beschriebenen Voraussetzungen auch ein sogenannten „TA Luft-Versuch" nach VDI 2200 [10] für die Dichtung zu erbringen ist.

Die Montage einer Flanschverbindung ist somit der letzte und nicht zuletzt entscheidende Schritt zur erfolgreichen Abdichtung. Voraussetzung hierfür ist in jedem Fall, dass für die Montage passende Vorgaben existieren (vgl. hierzu beispielsweise den VCI Leitfaden zur Montage von Flanschverbindungen [8]). Im einfachsten Fall sind das Drehmomentvorgaben für die Schrauben, aber auch Schraubenkräfte, Schraubendehnungen usw. können Vorgaben für die Montage sein. Weiterhin ist entscheidend zu wissen, dass nur ausgebildetes Montagepersonal dazu befähigt ist, eine auf Dauer dichte Verbindung zu erstellen.

Sofern alle oben genannten Voraussetzungen für eine fachgerechte Montage erfüllt sind, ist zu beachten, dass jede Anziehmethode eine mehr oder minder starke Streuung nach sich zieht.

Aus **Tabelle 3.10** wird deutlich, dass die Streuung der Schraubenkraft um einen vorgegebenen Wert relativ hoch sein kann, je nach Anziehmethode. Der sogenannte Anziehfaktor kA aus Tabelle 3.10 ergibt sich aus dem Quotienten der maximalen und der minimalen Schraubenkraft, respektive der maximalen und der minimalen Dichtflächenpressung.

Bild 3.66 zeigt als Beispiel eine Schraubenkraft, die wiederum eine Flächenpressung von beispielsweise 30 MPa (typischer Wert für eine Flachdichtung) erzeugen soll. Die Werte sind hierbei auf die gemittelte Streuung von Tabelle 3.10 bezogen. Beispielsweise ergibt sich bei einer Verspannung mittels eines Drehmomentschlüssels eine Mindestflächenpressung von 21 MPa und eine maximal auftretenden Flächenpressung von 39 MPa.

Tabelle 3.10: Anziehverfahren und deren Streuung (Auswahl) [9]

Anzugsmethode	Streuung [%]	Anziehfaktor kA
hydraulisches Anziehen	± 9% bis ± 23%	1,2 bis 1,6
drehmomentgesteuertes Anziehen mit Drehmomentschlüssel	± 17% bis ± 43%	1,4 bis 2,5
Anziehen mit Schlagschrauber oder weitere nicht kontrollierte Verfahren (Ringschlüssel etc.)	± 43% bis ± 60%	1,4 bis 2,5

Die relativ starke Streuung der Dichtflächenpressung in Abhängigkeit der Anzugsmethode ist bei der Auslegung zu berücksichtigen. Hierbei sind folgende Punkte maßgebend:

1. Die Dichtheit muss bei der geringsten auftretenden Flächenpressung gewährleistet sein.
2. Bei der maximal auftretenden Flächenpressung darf die Festigkeit der Flanschkomponenten (Schrauben, Flansche, Dichtung) nicht überschritten werden.
3. Der im Betriebszustand immer auftretende Flächenpressungsverlust durch Kriechen, Relaxation oder Kriech-Relaxation darf eine mindestens erforderliche Flächenpressung im Betriebszustand nicht unterschreiten.

Bild 3.67 zeigt grundsätzlich die oben genannten Punkte. Hierbei ist jeweils der Vorgabewert für die Schraubenvorspannung der Mittelwert, der nach oben und unten streuen kann. Da die Streuung der Schraubenkraft bzw. der Dichtflächenpressung prozentual angegeben wird, nimmt diese, von den Beträgen her betrachtet, mit zunehmenden Flächenpressungen entsprechend zu. Trotzdem ist es zielführend eine möglichst hohe Dichtflächenpressung bei Montage anzustreben, da sich hierdurch eine geringste mögliche Leckage als auch eine größtmögliche Flächenpressung im Betrieb einstellt, was letztlich dem „Minimierungsgebot" der VDI 2290 entspricht.

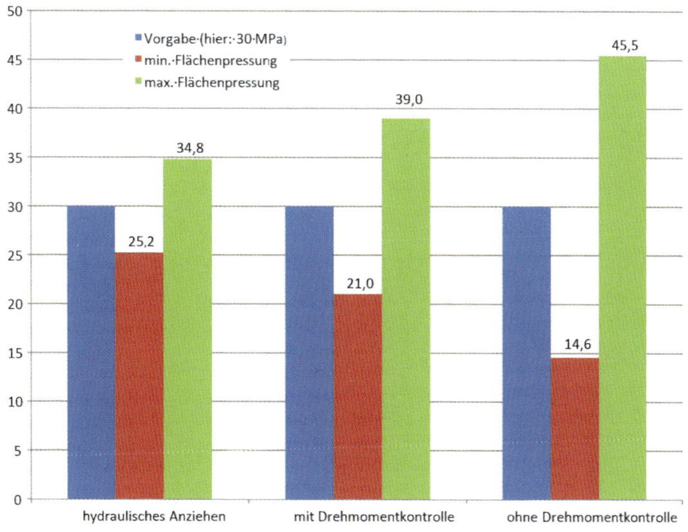

Bild 3.66: Streuung der Flächenpressung um einen Mittelwert von 30 MPa

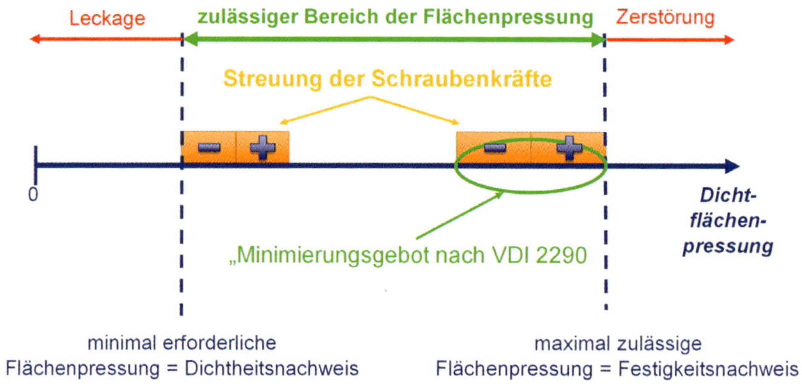

Bild 3.67: Streuung der Flächenpressung hinsichtlich Dichtheit und Festigkeit

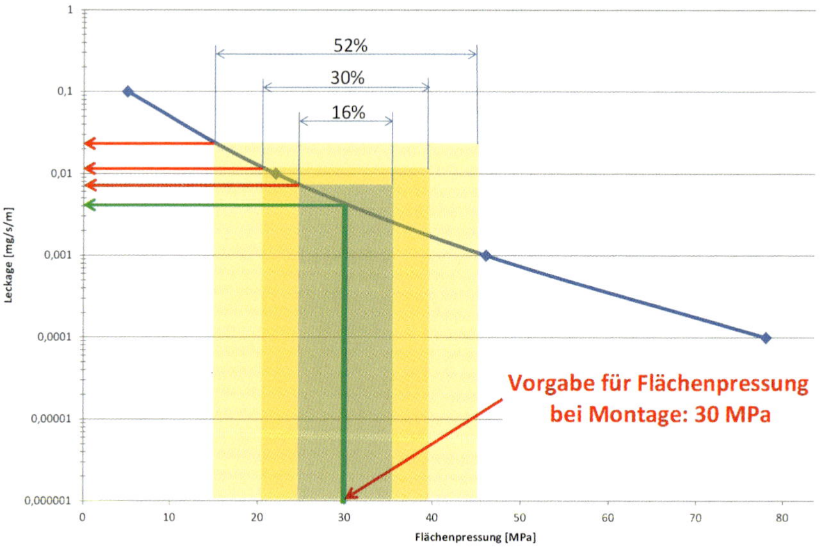

Bild 3.68: Auswirkung der Montagemethode auf die Dichtheit

Die Auswirkung der Qualität der Montage auf die Dichtheit einer Flanschverbindung zeigt **Bild 3.68**. Hierbei wird wieder beispielhaft davon ausgegangen, dass der Vorgabewert der Flächenpressung 30 MPa beträgt. Als Streuung wurden wiederum die mittleren Werte angesetzt (vgl. Bild 3.66).

Die blaue Linie in Bild 3.68 zeigt beispielhaft den Verlauf der Leckagekurve bei Belastung, wie sie typisch für beispielsweise Graphitdichtungen ist. 16 % Streuung entspricht einer Verspannung mittels hydraulischer Längung, 30 % der Streuung, wenn mit einem Drehmomentschlüssel verspannt wird und 52 % ergeben sich bei Verspannung ohne kontrollierende Verfahren (Ring- oder Gabelschlüssel).

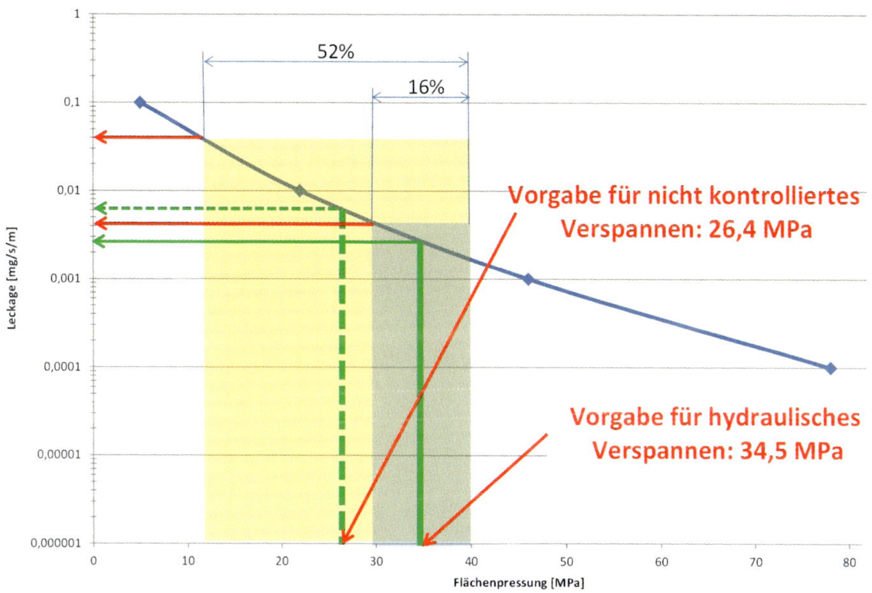

Bild 3.69: Auswirkung der Montagemethode auf die Dichtheit – maximal zulässige Spannung

Betrachtet man nunmehr die geringsten auftretenden Flächenpressungen zeigt sich, dass die jeweils zu erwartenden Dichtheit stark von dem nominell zu erreichenden Wert bei 30 MPa abweicht. So beträgt die Leckagerate bei 30 MPa etwa 0,004 mg/s/m, wogegen bei der Montage ohne kontrollierte Verfahren (Mindestwert 15 MPa) eine Leckage von etwa 0,02 mg/s/m vorliegt. Die Dichtheit ist entsprechend um den Faktor 5 höher. Je nach Dichtungstype kann dieser Wert signifikant zunehmen!

Betrachtet man nunmehr die Streuung nach oben, also zu den größeren Flächenpressungen hin, wird die Leckage immer geringer, was anzustreben ist. Jedoch kann es in vielen Fällen dazu kommen, dass sich Bauteile (Schrauben, Flansche oder die Dichtung) schon nahe an der Festigkeitsgrenze befinden. Nimmt man beispielsweise an, dass die maximal zulässige Belastung der Bauteile (nach Bild 3.68) 40 MPa wäre, wird deutlich, dass ein Anziehen mittels nicht kontrollierten Verfahren nicht mehr zulässig wäre, da die maximal auftretende Flächenpressung etwa 45 MPa betragen kann. Hierdurch würde eines der Flanschbauteile überlastet werden.

Die Konsequenz hieraus wäre die Vorgabe für die Montage entsprechend zu reduzieren. Im hier betrachteten Fall müsste die Vorgabe für die Montageflächenpressung auf 26,4 MPa reduziert werden, damit bei einer Streuung von 52 % keinesfalls die zulässige Spannung von 40 MPa überschritten wird (**Bild 3.69**).

Gleichzeitig könnte aber auch die Montagevorgabe bei Anwendung eines kontrollierten Montageverfahrens (hier: hydraulisches Verspannen) erhöht werden. Nach Bild 3.69 sind das 34,5 MPa bei einer Streuung um den Mittelwert von 16 %.

Hieraus ergeben sich wiederum deutliche Auswirkungen auf die zu erreichende Dichtheit. Diese ist beim kontrollierten Verfahren um etwa den Faktor 10 besser, wenn die ungünstigste Flächenpressung bei der Montage beim jeweiligen Verfahren erreicht wird (vgl. Bild 3.69).

Ein weiterer wichtiger Grund, eine möglichst hohe Flächenpressung bei Montage anzustreben ist der immer vorliegende Flächenpressungsverlust nach der Montage und unter Betriebsbedingungen, sofern die Dichtsysteme keine selbstverstärkende Wirkung durch den Innendruck aufweisen.

Der Flächenpressungsverlust kann je nach Dichtungstype sehr hoch sein. Dichtungen auf Basis von Graphit werden nahezu immer geringere Flächenpressungsverluste aufweisen, als Dichtungen auf Basis von PTFE (**Bild 3.70**)

Allen Dichtungstypen ist aber gemein, dass eine hohe Flächenpressung bei Montage auch eine entsprechend hohe Restflächenpressung im Betrieb nach sich zieht. Irreführend kann hierbei der sogenannte P_{QR}-Wert nach DIN EN 13555 sein [3]. Er ergibt sich als Quotient aus der Restflächenpressung Q_R und der Einbauflächenpressung Q_A.

$$P_{QR} = \frac{Q_R}{Q_A}$$

Multipliziert man den P_{QR}-Wert mit 100 % erhält man die Restflächenpressung in %, bezogen auf die jeweilige Einbauflächenpressung in Abhängigkeit der Temperatur und der Steifigkeit der Flanschverbindung. Ein P_{QR}-Wert von 100 % wäre ideal, da kein Flächenpressungsverlust zu erwarten wäre. Der in der neusten Ausgabe der DIN EN 13555 verwendete Wert Δ_{eGc} ist hierbei gleichbedeutend. Er entspricht dem Höhenverlust unter Kriech-Relaxation und kann aus dem P_{QR}-Wert berechnet werden. Bedingt durch das einfachere Verständnis des P_{QR}-Wertes wird dieser nachstehend verwendet.

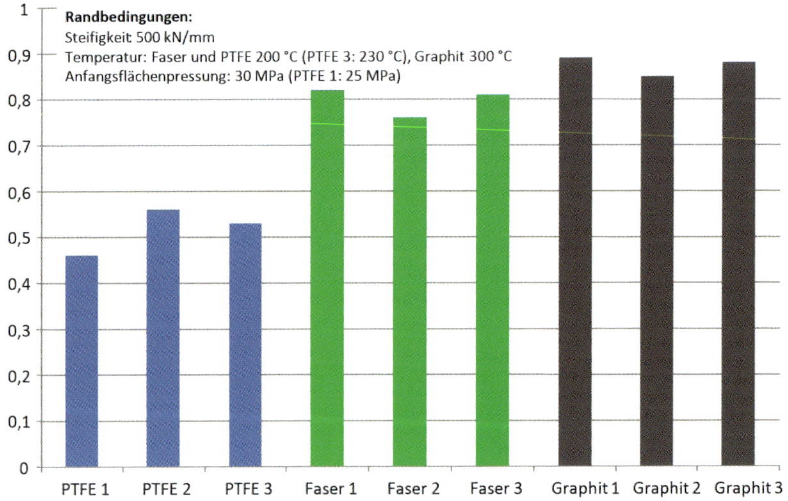

Bild 3.70: P_{QR}-Werte für Flachdichtungen nach DIN EN 1514-1; Quelle: www.gasketdata.org

Irreführend kann hierbei sein, wenn der P_{QR}-Wert für sich alleine betrachtet oder verglichen wird. So sind beispielsweise Werte von 50 % (vermeintlich schlechter) oder 60 % (vermeintlich besser) noch nicht aussagefähig. Bezogen auf den obigen Kontext wären beispielsweise 50 % Restflächenpressung bei Q_A = 30 MPa für die Montage und den Betrieb deutlich besser, als 60 % bei Q_A = 20 MPa. Im ersten Fall ergäbe sich eine Restflächenpressung von Q_R=15, im zweiten Fall ein Restflächenpressung von Q_R = 12 MPa. Die Restflächenpressung des ersten Falls wäre somit höher als die des zweiten, obwohl der P_{QR}-Wert des zweiten Falles nominell höher ist.

Auch wenn beide Montageflächenpressungen einen Dichtheitsnachweis erfüllen würden, ist die höhere Montageflächenpressung in aller Regel zu bevorzugen, da sie eine höhere Restflächenpressung ergibt, was sowohl die Wahrscheinlichkeit eines Ausfalles einer Dichtverbindung reduziert als auch die Dichtheit deutlich verbessert.

Die oben erläuterten Punkte führen letztlich zur Erkenntnis eine möglichst hohe Flächenpressung bzw. Schraubenkraft bei Montage anzustreben. Diese kann optimiert erreicht werden, wenn mit entsprechenden Verspannmethoden gearbeitet wird. Aber auch die Verspannmethoden selbst unterliegen einer deutlichen Streuung (vgl. Tabelle 3.10). Die Streuung ist auf folgende Punkte zurückzuführen, wobei an dieser Stelle beispielhaft das Verspannen mittels eines Drehmomentschlüssels betrachtet wird:

1. Erfahrung und Qualität des Montagepersonals
2. Schmierzustand der Reibpartner (Schrauben/Muttern)
3. Qualität der Verspannelemente (Schrauben, Muttern, Unterlegscheiben, Auflageflächen)

Insbesondere die Erfahrung des Montagepersonals wird in vielen Fällen mit Kenntnis gleichgesetzt. Erfahrung für sich alleine betrachtet stellt aber keinesfalls sicher, dass bei nicht ausreichendem Hintergrundwissen auch eine qualitativ hochwertige Verspannung von Schrauben gewährleistet wird. Das ist nur durch eine hinreichende Schulung mit anschließender Praxis gewährleistet. Wie vorgegangen werden kann, dieses Ziel zu erreichen, beschreiben beispielsweise der VCI Leitfaden [8] oder die DIN EN 1591-4 [6].

Auch der Schmierzustand der Schrauben hat eine große Auswirkung auf die zu erwartende Streuung. So darf keinesfalls angenommen werden, dass „Schmierfett gleich Schmierfett" ist. Untersuchungen zeigen, dass sich einzelne Schmiermittel für sich alleine betrachtet schon deutlich unterscheiden können und bei ansonsten gleichen Rahmenbedingungen deutlich unterschiedliche Vorspannungen bei gleichem Drehmoment erzeugen (**Bild 3.71**).

Aus Bild 3.71 wird deutlich, dass ein Drehmoment bei einer Schraube der Größe M16 von beispielsweise 125 Nm mit sehr guter Schmierung von $\mu = 0{,}1$ eine Schraubenkraft von etwa 60 kN erzeugt. Dagegen ergibt ein Reibbeiwert von $\mu = 0{,}25$ (kann sich bei ungeschmierten austenitischen Schrauben durchaus einstellen) eine Schraubenkraft von etwa 25 kN. Bei Nichtbeachtung dieses Effekts ergeben sich die oben aufgeführten ungünstigen Auswirkungen hinsichtlich Dichtheit und Flächenpressung im Betrieb.

Neben dem reinen Schmierzustand hat auch noch die Qualität der Schrauben, Muttern, Unterlegscheiben als auch der Auflageflächen eine große Auswirkung auf die zu erreichende Schraubenkraft und damit der Flächenpressung bei Montage, weshalb bevorzugt neue Bauteile zu verwenden sind, da es sehr schwierig ist durch eine rein optische Beurteilung festzustellen, ob die Bauteile eine noch ausreichende Qualität aufweisen.

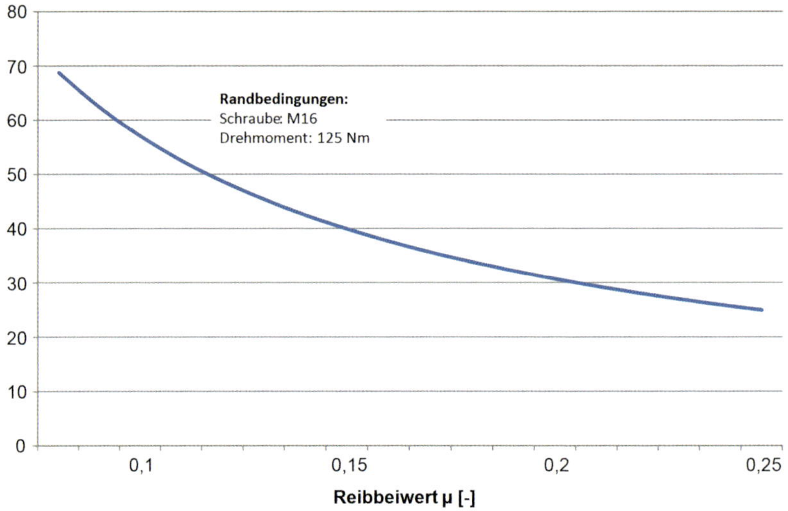

Bild 3.71: Abhängigkeit der Schraubenkraft vom Reibbeiwert (gleich für Gewinde und Kopfauflage)

3.2.5 Schadensfälle

Bei der Erfüllung ihrer Aufgabe wirken auf eine Dichtung ähnlich wie bei anderen Konstruktionselementen grundsätzlich vier Beanspruchungsarten ein:

- mechanische Beanspruchung
- thermische Beanspruchung
- chemische Beanspruchung und
- technologische Beanspruchung.

In Abhängigkeit vom Einsatz lassen sich demzufolge für den Idealfall folgende Forderungen an die Dichtung bzw. das Dichtsystem ableiten:

1. Möglichst vollkommene Anpassung an makroskopische und mikroskopische Unebenheiten der angrenzenden bzw. abzudichtenden Bauteile
2. Möglichst vollkommener Verschluss innerer Leckagewege
3. Gegen null gehende Verringerung des Dichtspaltes durch ideal plastische oder elastische Deformation des Dichtwerkstoffes
4. Keine andere Verformung des Dichtwerkstoffes außer der Anpassung an die Dichtflächen
5. Vermeidung von Werkstoff- und Formveränderungen unter Betriebsbedingungen
6. Elastischer Ausgleich von Form- und Lageabweichungen sowie von Schwingungen
7. Vermeidung einer nachteiligen Beeinflussung des statischen und Festigkeitsverhaltens angrenzender Bauteile
8. Hohe thermische Beständigkeit
9. Chemische Beständigkeit gegen abzudichtende Medien
10. Physiologische Unbedenklichkeit
11. Kein Verschleiß, keine Alterung
12. Einfacher Transport und Montage

13. Kein Wartungsaufwand
14. Niedriger Anschaffungspreis
15. Gegen null gehende Leckage u. a.

Aus den angeführten Anforderungen lässt sich unschwer die Schlussfolgerung ableiten, dass es die begehrte „ideale Dichtung" nicht gibt und aus diesem Grunde für jeden Anwendungsfall unter Berücksichtigung der Einsatzbedingungen und Betriebsparameter die entsprechende anwendungsgerechte Kompromisslösung gefunden werden muss.

Abdichtprobleme lassen sich dabei grundsätzlich in zwei Bereiche einteilen:

1. Nicht anerkannte Probleme, bei denen die Abdichtung leicht realisierbar ist und evtl. auftretende Leckage lediglich an den Kosten für den Stoffverlust gemessen wird, z. B. Kühlwasser, Pressluft, Dampf u. ä. sowie bei druckloser Medienführung, was konstruktionsmethodisch etwa dem Prinzip des beschränkten Versagens entspricht. Weiterhin sind hierunter Probleme zu verstehen, die seit Jahrzenten existieren und mit denen man sich sozusagen arrangiert hat. Beispielsweise bestehen bei Stahl-Email-Abdichtungen nach wie vor Probleme, die es zu lösen gilt.
2. Anerkannte Probleme, bei denen infolge von Schadstoffemissionen hohe Forderungen an die Dichtheit einer Dichtung oder eines Dichtsystems gestellt werden, z. B. bei gesundheitsschädigenden, giftigen, feuergefährlichen, explosiven bzw. radioaktiven Medien oder wenn die technische Lösung eines Abdichtproblems bereits durch die Notwendigkeit des Einsatzes von Dichtungen oder Dichtsystemen erschwert der sogar unmöglich wird, entspricht aus konstruktionsmethodischer Sicht etwa dem Prinzip des sicheren Bestehens.

Gleichgültig, welcher der beiden genannten Bereiche für den jeweiligen Anwendungsfall von Bedeutung ist, ist das eigentliche Kriterium für die Anwendung einer gewählten Dichtung oder eines Dichtsystems das „Dichtvermögen". Quantifizierbar ist dieses Dichtvermögen durch die Festlegung eines „Dichtheitskriteriums", das sich als mengenmäßige Begrenzung eines unvermeidbaren Stoffflusses zwischen den funktionsmäßig voneinander getrennten Räumen definieren lässt und bei dessen Überschreitung die Dichtverbindung als „undicht" gilt.

Zwangsläufig steigt die Bedeutung des Leckverhaltens mit der Gefährlichkeit des verarbeiteten, geförderten und/oder gelagerten Mediums für Bedienpersonal und Umwelt. Die mengenmäßige Begrenzung von Schadstoffemissionen durch quantitativ festgelegte Dichtheitskriterien wird deshalb unter Berücksichtigung der schon erwähnten Tatsache, dass es „absolute Dichtheit" im streng physikalischen Sinne nicht gibt, immer wichtiger und bildet in zunehmendem Maße die Grundlage dafür, ob eine Dichtung oder ein Dichtsystem für einen betrieblichen Einsatz unter den gegebenen Bedingungen geeignet ist.

Auch bei Beachtung aller oben genannten (idealen) Bedingungen kommt und wird es immer wieder zu unzulässigen Leckagen kommen. Diese lassen sich aber reduzieren.

Aus gutachterlicher Erfahrung heraus lässt sich festhalten dass es nur in äußerst wenigen Fällen einen singulären Grund für den Ausfall einer Dichtverbindung gibt. Vielmehr ist es in den allermeisten Fällen so, dass sich eine Kette von Fehlern zu einem Ausfall summiert. Aus diesem Grund ist es außerordentlich wichtig ein Dichtsystem umfänglich zu verstehen. Das erfordert grundlegendes Wissen der Dichtungstechnik.

Ursächlich für einen Ausfall können viele Gründe sein, wobei oftmals mehrere Probleme gleichzeitig auftreten. Typisch sind folgende Ausfallursachen:

1. Fehlerhafte Montage, die zu einer zu hohen oder zu niedrigen Flächenpressung bei Montage führt
2. Nicht berücksichtigter Flächenpressungsverlust, bedingt durch thermische, mechanische und/oder chemisch bedingte Alterung
3. Nicht berücksichtigte Randbedingungen wie statische oder dynamische Lasten (Biegemomente, Torsionsmomente, Querkräfte sowie Zug/-Druckkräfte). Diese sind oftmals aber nicht ausschließlich durch Temperaturwechsellasten begründet.
4. Nicht geeignete Werkstoffe und Bauteile (Flansche, Schrauben, Dichtung) hinsichtlich chemischen Eigenschaften, physikalischen Belastungen, Festigkeit und Alterung usw.

Sollte es wider Erwarten doch zum Ausfall bzw. zu einer zu hohen Leckage einer Dichtverbindung kommen, ist in jedem Fall eine ausführliche Analyse der Ursachen erforderlich. Hierzu ist wie folgt durch Fachpersonal vorzugehen, soweit das möglich ist. Sicherheitsvorkehrungen sind hierbei immer zu berücksichtigen!

1. Leckage weitgehend verhindern, ohne an der Dichtverbindung selbst zu arbeiten. Das kann beispielsweise durch ein Schließen von Ventilen geschehen oder ein Herabfahren des jeweiligen Aggregats.
2. „Ausbauen“ vor „Nachziehen“!
   Grundsätzlich sollte eine undichte Dichtverbindung nicht nachgezogen werden, da dieses zu wiederholter Leckage führen kann, ohne dass die Ursache derselben geklärt ist.
3. Gezieltes Demontieren, wobei beispielsweise das Lösemoment der Schrauben zu bestimmen ist. Mit dem Lösemoment kann auf die Schraubenkraft bei Montage zurückgeschlossen werden.
   a. Fotodokumentation im montierten Zustand
   b. Vermessung der Flanschverbindung, wobei besonders auf etwaige Versätze, ungleichmäßige Flanschabstände etc. zu achten ist
   c. Dichtung bei der Demontage soweit als möglich zur weiteren Analyse belassen, nicht zerstören
   d. Demontierte Flansche genau untersuchen und durch Fotos als auch Maßprotokolle beschreiben
4. Untersuchung der Dichtung
   a. Optische Beurteilung und Fotos
   b. Exakte Vermessung der demontierten Dichtung (Dicke und Durchmesser an mehreren Stellen), gegebenenfalls mit 3D-Scannern
   c. Gewichtsbestimmung
   d. Chemische Analyse, um sicherzustellen, dass die Dichtung den Vorgaben entsprach

Zur oben beschriebenen Vorgehensweise kann noch eine Vielzahl weiterer Analysemethoden hinzukommen, je nach vorliegendem Problemfall. Damit ist es Fachleuten mit Kenntnis der Rahmenbedingungen (Druck, Temperatur, weitere Lasten etc.) grundsätzlich möglich, eine fachgerechte Ursachenforschung zu betreiben und Abhilfemaßnahmen zu bestimmen.

Die Dichtverbindung sollte erst wieder in Betrieb genommen werden, wenn die Ursache eindeutig geklärt ist. Entsprechende Maßnahmen gegen das wiederholte Auftreten der Leckage sind in jedem Fall zu ergreifen.

3.2.6 Ausblick

Wie alle anderen Dichtungen auch unterliegen statische Dichtungen und deren Dichtsysteme einem ständigen Wandel. Neben den kontinuierlichen Verbesserungen hinsichtlich geringeren Leckraten, höherer Temperaturbeständigkeit und verbesserten chemischen Eigenschaften, um nur einige zu nennen, sind in den letzten Jahren zunehmend Dichtsysteme entstanden, die ein hohes Wachstumspotenzial aufweisen als auch technische Innovationen darstellen. Nachstehend werden einige Beispiele aufgeführt.

Es wird intensiv an „intelligenten" Dichtungen geforscht. Das bedeutet beispielsweise, dass Dichtungen zukünftig in situ die Dichtflächenpressung bestimmen und ohne faktische Zeitverzögerung ausgeben können.

Parallel dazu existieren Möglichkeiten zur Bestimmung der Schraubenkräfte, was aber im Vergleich zur erstgenannten Möglichkeit den Nachteil hat, dass die Schraubenkraft im Betrieb nicht zwingend der Dichtkraft entspricht. Kräfte der Rohrleitung und/oder Abhebekräfte durch den Innendruck werden hierbei mit erfasst und können irreführende Messungen ergeben.

Weiterhin wird stark an Dichtungssystemen geforscht, die Unebenheiten der Dichtflächen folgen. Hierbei wird zunächst die Unebenheit der Dichtflächen bestimmt und eine individuell passende Dichtung gefertigt, die am kompletten Umfang eine gleichmäßige Flächenpressung aufweist. Dieses ist insbesondere bei größeren Nennweiten und Flanschen aus beispielsweise Stahl-Email von Vorteil, die fertigungsbedingt größere Unebenheiten aufweisen.

Auch neue Fertigungsverfahren, insbesondere generierende Verfahren („3D-Druck") zeigen im Forschungsbereich vielversprechende erste Ergebnisse. Auch hierdurch lassen sich individuell gelagerte Abdichtprobleme lösen.

Neben dem Dichtheits- und Festigkeitsnachweis nach EN1591-1 sollten zukünftig auch Berechnungsalgorithmen entwickelt werden, die es erlauben, Flanschsysteme zu berechnen, die nicht unter die o. g. Norm fallen. Insbesondere sind hier Kunststoffflanschverbindungen, „Klemmverbindungen" oder Stahl-Email-Flanschverbindungen zu nennen.

Auch die Alterung von Dichtsystemen, das langfristige Leckageverhalten als auch eine medienabhängige Leckagevorhersage sind noch nicht ausreichend erforscht. Diesbezüglich laufen derzeit Forschungsprojekte, die vielversprechende erste Ergebnisse zeigen.

3.3 Kraftnebenschlussdichtungen

Dichtungen im Kraftnebenschluss (KNS) können statischen Dichtungen im Krafthauptschluss (KHS) nicht gleichgesetzt werden. Die Dichtheit bei KHS-Verbindungen wird im Wesentlichen von der Dichtkraft bestimmt. Dabei ist die Dichtkraft die tatsächlich ankommende Kraft auf dem Dichtkörper und nicht die Schraubenkraft. Die Dichtheit von KNS-Verbindungen wird, neben der Barrierewirkung des Dichtkörpers selber, von der Rücksprungkraft des Dichtkörpers bestimmt. Die beiden Fälle unterscheiden sich deutlich voneinander.

Als erklärender Einschub wird im Folgenden kurz vereinfacht das Dichtprinzip der KHS-Verbindung dargestellt.

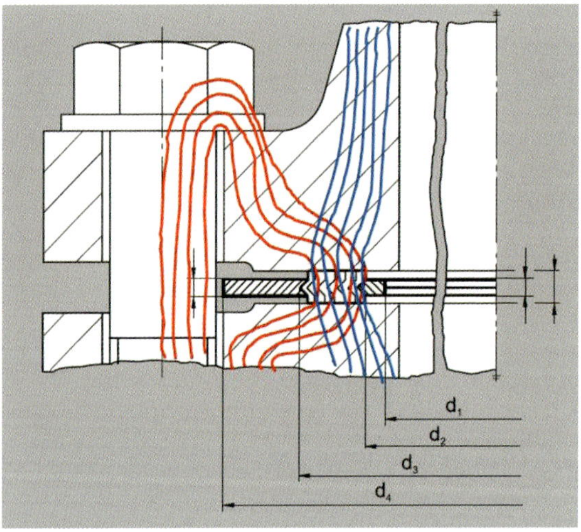

Bild 3.72: KHS: Schraubenkraft (rot) und Kräfte aus dem Rohrsystem (blau) wirken auf den Dichtkörper

Bei der KHS-Verbindung wird der Kraftkreis mit den Schrauben über den Dichtkörper geschlossen (**Bild 3.72**), er liegt also im Hauptschluss (rote Linien). Verändert sich die Schraubenkraft, verändert sich die Dichtkraft ebenfalls.

Zusätzlich wirken ziehende oder drückende Kräfte aus dem Rohrsystem auf dem Dichtkörper (blaue Linien). Das kann auch der Innendruck sein, der als ziehende Rohrkraft die Dichtung entlastet. Das bedeutet also, dass die Dichtung von außen mit Kräften aus unterschiedlichen Quellen versorgt wird. Damit entwickelt sie ihre Dichtfunktion nicht selbständig, sondern ist abhängig von außen einwirkenden Kräften.

Anders bei der KNS-Verbindung (**Bild 3.73**), wenn der Dichtkörper tatsächlich in den Kraftnebenschluss kommt. Zunächst liegt die Dichtung ebenfalls im KHS. Solange bis die beiden Flansche in Kontakt kommen. Es gelten also die entsprechenden Annahmen des KHS wie zuvor beschreiben.

Kommt es dazu, dass die Dichtung komplett in die Nut gepresst wird, verändert sich schlagartig der Kraftfluss. Die Kraft wird über die metallischen Kontaktpunkte übertragen und die Dichtung drückt nun von sich aus gegen die beidseitigen Flächen. Die Dichtkraft entsteht also aus der Rücksprungkraft der Dichtung selber (**Bild 3.74**).

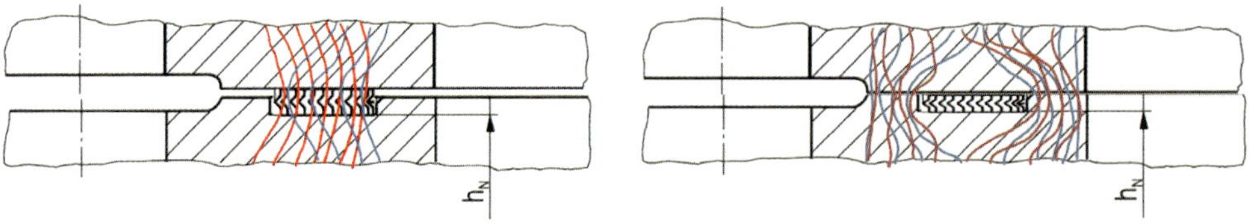

Bild 3.73: Kraftlinienverlauf einer KNS Dichtung: a) kurz vor dem Erreichen des Kraft-Nebenschlusses, b) nach dem Erreichen des Kraft-Nebenschlusses des Dichtkörpers (rote Linien: Schraubenkraft, blaue Linien: Kräfte aus dem Rohrsystem)

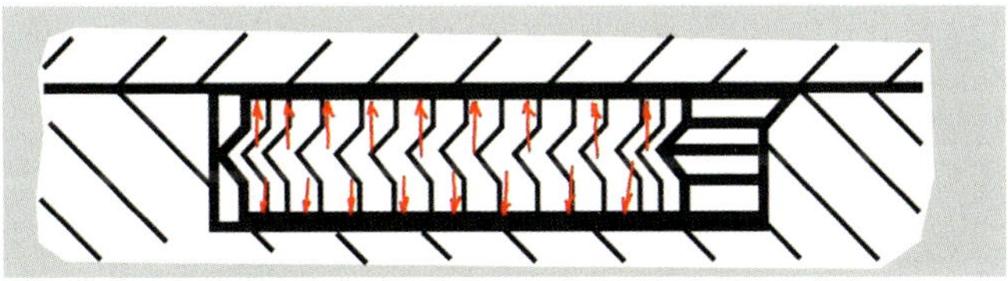

Bild 3.74: Dichtelement erzeugt aus der Rücksprungkraft die Dichtkraft

Das ist der grundlegende Unterschied zur Kraft-Hauptschluss-Dichtverbindung. Die Dichtung ist selber aktiv, in dem sie durch die Federkraft die Dichtkraft erzeugt.

Ein KHS-Dichtsystem kann auch eine Glatt/Glatt-, Nut/Feder- oder Nut/Glatt- (selten) Verbindung sein. Ein KNS-Dichtsystem kann nur eine Nut/Glatt-Verbindung sein.

Bekannte und bewährte Dichtelemente erzeugen eine aus der Rückfederkraft resultierende Flächenpressung von 50 MPa. Daraus ergibt sich auch die begrenzte Abdichtwirkung der Dichtung. Geht man von einem Sicherheitsfaktor von 1,5 aus, kann ein Innendruck von (50 MPa/1,5 ~ 33 MPa =) 330 bar gedichtet werden.

Eine maximal verspannte KHS-Dichtung wie z. B. eine Kammprofildichtung kann nach dem gleichen Ansatz rund 3330 bar abdichten (500 MPa/1,5 ~ 333 MPa).

Ein weiterer Aspekt im Vergleich der beiden Systeme ist zwingend zu beachten. Die zuvor beschriebene Mechanik der KNS-Verbindung gilt nur solange, wie der Dichtkörper tatsächlich im KNS liegt. Sobald der Kontakt der beiden Metallflächen neben der Dichtung aufgehoben wird, ist auch der KNS aufgehoben und der Dichtkörper überträgt wieder die Kraftlinien. Die dann vorliegende Dichtkraft aus dem Schrauben oder dem Rohrsystem ist aber null. Nur eine sehr kleine Restrückfederkraft aus der Dichtung drückt noch gegen die beidseitigen Flächen. Das Dichtsystem versagt und somit stellt sich eine Undichtigkeit ein.

Bild 3.75 zeigt die Funktionsweise der Dichtung. Die Dichtung wurde in eine Nut eingelegt, wie in den Bildern zuvor dargestellt, und gegen eine glatte Fläche gedrückt. Von innen wurden dann 40 bar Helium aufgebracht. In mehreren Schritten wurde die Dichtung be- und entlastet. Der blaue Graph deutet die Belastung, die roten Graphen die Entlastung an. Bei dieser Messung wurde die Dichtung bei rd. 50 MPa in die Nut vollständig eingepresst. Die Flächenpressung kann jetzt weiter gesteigert werden, jedoch hat das keinen Einfluss auf die Leckagerate. Auch eine Entlastung von bspw. 80 MPa auf 60 MPa hat keine Änderung zur Folge. Erst mit einer weiteren Absenkung auf 40 MPa, dann 20 MPa und dann 10 MPa steigt die Leckagerate an.

Das zeigt, dass

- das Dichtsystem unempfindlich auf Entlastungen reagiert, solange man die rund 50 MPa nicht unterschreitet.
- sobald der KNS verlassen wird, die Dichtung wie im KHS reagiert.

In **Bild 3.76** wird dann der Zusammenhang zwischen (der gefährlichen) Klaffung und dem Kraftverlauf aufgezeigt. Bei einer Stauchung von 1,932 mm liegt die Dichtung im KNS. Schon bei einer Öffnung der Verbindung, also einem Spalt von 0,08 mm sind nur noch 30 MPa Flächenpressung aus der Rückfederkraft (= Dichtkraft) übrig. Bei 1,86 mm sind es nur noch 10

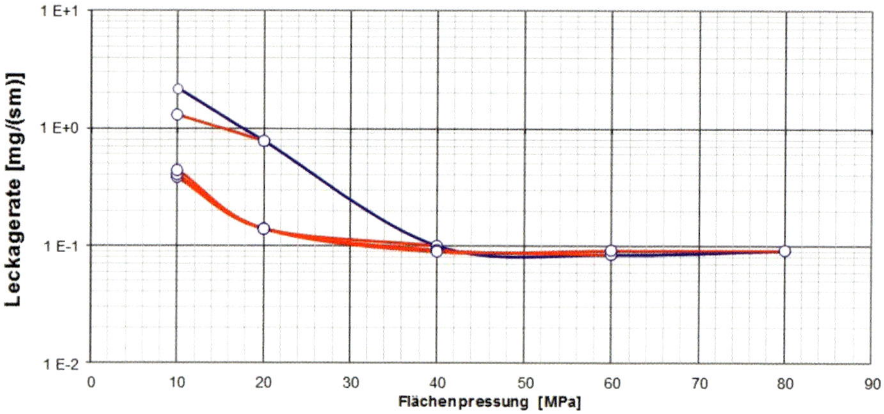

Bild 3.75: Leckage- und Stauchweg-Diagramme

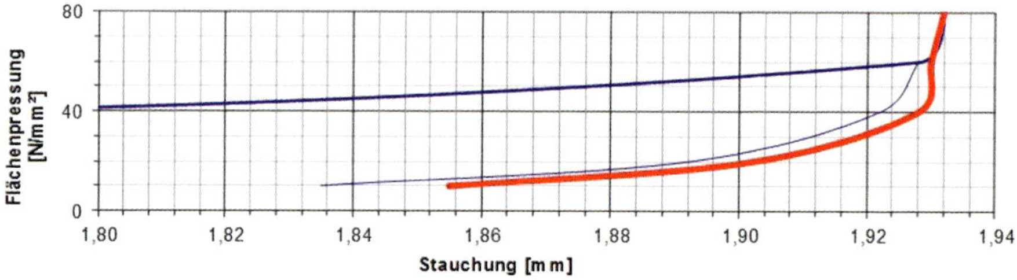

Bild 3.76: Zusammenhang zwischen Klaffung und Kraftverlauf

MPa. Bei 1,8 mm ist die Verbindung geöffnet. Schon Tückmantel hat in seinem Buch „Die Optimierung der statischen Dichtung" eine maximale Klaffung von 0,05 mm für die KNS-Verbindung angegeben.

Dieser Fall kann bei einer KHS-Verbindung so nicht passieren. Denn in einer KHS-Verbindung ist der Federweg jeweils in den Schrauben und den Flanschblättern gespeichert. Das Abheben der Flansche von der Dichtung kann zwar passieren – genügend undichte Verbindungen zeigen das – aber das System ist bezüglich dieser Mechanik gutmütiger.

Die Berechnung einer KNS-Verbindung ist mittels der KTA möglich. Die KTA-Berechnung selber gibt aber keinen Hinweis auf die geometrische Auslegung der Nutbreite, der Nuttiefe, der Dichtungsbreite und Dichtungsdicke. Hier ist es notwendig, den Dichtungshersteller mit der Auslegung zu beauftragen. In der Regel liegen dort übliche Maße fest, oder Labortests müssen die Geometrie festlegen. Die Dichtung soll beim Einpressen in die Nut in einen mehraxialen Zustand gebracht werden (**Bild 3.77**). Das bedeutet, dass die Dichtung nicht nur axial gestaucht wird, sondern dass der Dichtkörper auch nach innen und außen ausweicht und sich an die beiden Nutwände anlegt. Durch diese Verformung können Fertigungstoleranzen ausgeglichen werden.

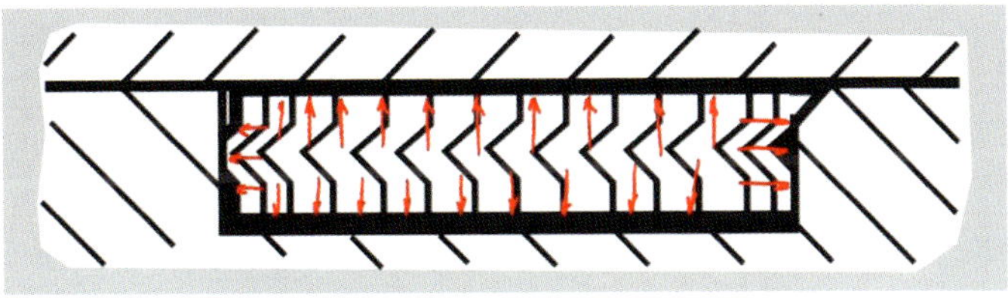

Bild 3.77: Gewünschter mehraxialer Verspannungszustand

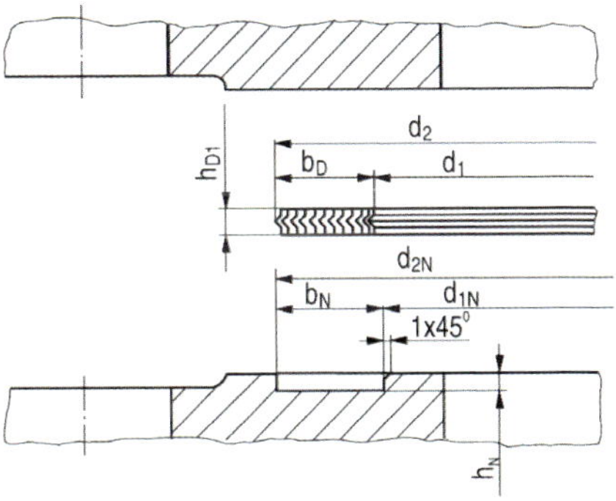

Bild 3.78: Maße einer KNS-Verbindung

Empfohlene Dichtungs- bzw. Nutbreite

Ø-Bereich	40 bis 400	80 bis 800	160 bis 1000	320 bis 1600
b_D	6,0 bis 8,5	8,6 bis 12	12,1 bis 17	17,1 bis 25
b_N	8,0 bis 10,0	10,5 bis 14,0	14,5 bis 19,0	19,5 bis 28,0

Empfohlener Anwendungsbereich

Bereich	$d_2 < 1200$	$d_2 < 1600$
Anzahl der Sicken	1	2
$h_{D1}^{+0,3}$	4,5**	5,5**
d_{1N}	nach Kundenangaben	
$d_{2N}^{+0,2}$		
$b_N^{+0,1}$		
Nuttiefe $h_N^{+0,1}$	3,3	3,6

Bild 3.79: Beispiele möglicher Abmessungen einer KNS Spiraldichtung
(** Höhe der Metallbänder; der Füllstoff steht vor)

Diese Verformung kann zum Zeitpunkt der Erstellung dieses Abschnitts nur eine Spiraldichtung leisten. Versuche, auch viele praktische (gescheiterte) Anwendungen haben gezeigt, dass Kammprofil-, Wellring- oder Flachdichtungen unterschiedlicher Materialien nicht geeignet sind.

Die Fertigung dieser Dichtung unterliegt strengeren Toleranzvorgaben als Spiraldichtungen für Nut/Feder-Flansche. Denn in diesem Fall ist sowohl die Dicke als auch der Innen- und Außendurchmesser nicht in dem Maße dichtheitsrelevant. Bei einer Spiraldichtung für eine KNS-Verbindung allerdings sehr wohl (**Bilder 3.78** und **3.79**), wie zuvor beschreiben. Üblicherweise wird parallel zur Herstellung einer Produktionseinheit ein Kraft-Weg-Diagramm erstellt, um die Funktion sicherzustellen.

3.4 O-Ringe und andere Gummidichtungen

3.4.1 Dichtungen im Kraftnebenschluss (KNS)

Harte Dichtungswerkstoffe wie zum Beispiel Metalle benötigen im Vergleich zu weicheren Dichtungswerkstoffen wie zum Beispiel Gummi zur Erzielung einer vergleichbaren Dichtheit höhere Flächenpressungen. Weiche Dichtungsmaterialien eignen sich daher bezüglich der Wahrnehmung von Dichtfunktionen in vielen Fällen besser im Vergleich zu härteren Werkstoffen, sie sind aber wegen des Relaxationsverhaltens und wegen der begrenzten Festigkeit nicht oder nur sehr begrenzt für den Krafthauptschluss geeignet und finden daher ihren überwiegenden

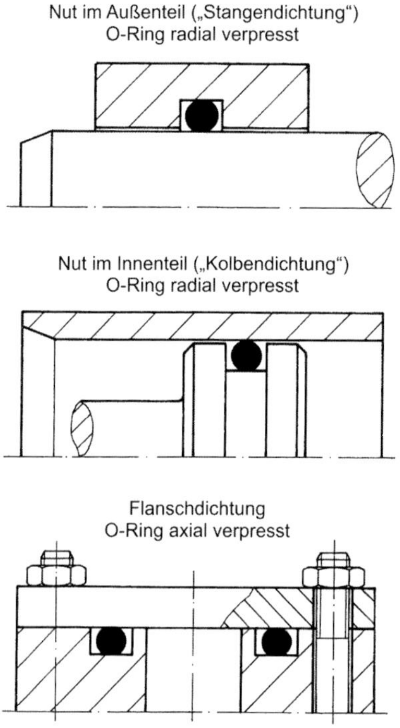

Bild 3.80: Verschiedene Einbausituationen von O-Ringen als Beispiel einer Dichtung im Kraftnebenschluss

Einsatz im Kraftnebenschluss (KNS). Der Kraftnebenschluss bietet darüber hinaus die Möglichkeit, den Dichtungswerkstoff sehr viel höher als im Krafthauptschluss zu beanspruchen, da sich hohe Innendrücke beim Kraftnebenschluss als Druckbeanspruchung auf den Dichtungswerkstoff auswirken, während diese beim Krafthauptschluss zu Zugbeanspruchungen führen. Da viele Dichtungswerkstoffe sehr viel höhere Belastungsgrenzen bei Druck- als bei Zugbeanspruchung zeigen, kann sich daraus ein deutlich höherer Druckeinsatzbereich für Dichtungen im Kraftnebenschluss ergeben.

Beim Kraftnebenschluss kommt es zu einem direkten Kontakt der abzudichtenden Bauteile, die Dichtung selbst befindet sich in einer Nut. Somit geht der Kraftfluss direkt über die abzudichtenden Bauteile und die Dichtung befindet sich im Kraftnebenschluss. **Bild 3.80** [35] zeigt typische Einbaumöglichkeiten einer O-Ring-Abdichtung als einen Vertreter von Dichtungen im Kraftnebenschluss.

3.4.1.1 Allgemeine Eigenschaften von Dichtungen im Kraftnebenschluss

Im Folgenden werden einige Eigenschaften von Dichtungen im Kraftnebenschluss zusammengefasst:

1. Alle Dichtungen im Kraftnebenschluss erfordern Nuten, denen eine wichtige funktionelle Bedeutung zukommt. Da die anfängliche Flächenpressung ausschließlich durch den Formschluss, das heißt durch die Querschnittsveränderung der Dichtung erzeugt wird, kommt der Nuttiefe eine besondere Bedeutung zu. Dies bedeutet einerseits einen bestimmten

Tabelle 3.11: Statische Dichtungen im Kraftnebenschluss, Einteilung nach Werkstoffen

Dichtungswerkstoffe, allgemein	Elastomere	Kunststoffe	Metalle	Verbundwerkstoffe
Werkstoff-Beispiele	NBR-,FPM-, EPDM-, und FFKM-Vulkanisate	PTFE PTFE +Füller	Nickel, Kupfer, Silber, Gold	Metall/Elastomer Metall/Graphit Metall/PTFE
Dichtungsformen Beispiele	O-Ringe Vierkant-Ringe	Lippenringe mit elastischer Stahlfeder	O-Ringe, C-Profil, V-Profil	Flachdichtungen

konstruktiven Aufwand bei der Auslegung der Nuten bezüglich Toleranzen und Oberflächengüten und andrerseits ein Mindestmaß an Aufwand bezüglich einer ausreichenden Überwachung der Serienausführungen der Nuten bezüglich Einhaltung der konstruktiven Vorgaben. Sonderausführungen von Verbunddichtungen bestehen neben dem weichen Dichtungswerkstoff aus einem harten Haltering und machen so eine Nutanfertigung überflüssig.

2. Durch den Formschluss der Dichtung in der Nut hat das Ausgangsmaß der Dichtung, insbesondere der Querschnitt, einen erheblichen Einfluss auf die Dichtwirkung. Im Vergleich einer Dichtung, die im Krafthauptschluss liegt, ist die Empfindlichkeit gegenüber Toleranzabweichungen erheblich größer.
3. Die meisten Dichtungen im Kraftnebenschluss, das heißt alle elastomeren Dichtungen und alle Lippendichtungen sind in einem weiten Maße unempfindlich gegen eine Spannungsrelaxation der verformten Dichtungen, da diese durch den Systemdruck in ihrer Wirkungsweise unterstützt werden. Sie stellen somit aktive Dichtelemente mit einer hohen Betriebssicherheit dar.
4. Die Montage von Dichtungen im Kraftnebenschluss ist insofern einfacher, dass keine bestimmten Anzugsmomente der Schrauben erforderlich sind, solange der direkte Formschluss der abzudichtenden Teile gewährleistet wird.

3.4.1.2 Einteilung der Dichtungen im Kraftnebenschluss nach Werkstoffen

Für die unterschiedlichen Einsatzbereiche gibt es eine Vielzahl von Dichtungsvariationen, die in **Tabelle 3.11** nach den Dichtungswerkstoffen gegliedert wurden.

Bezüglich des mengenmäßigen Anteiles aller Dichtungen im Kraftnebenschluss nimmt der O-Ring eine Ausnahmestellung ein. Daher wird diese Abdichtungsart ausführlicher erörtert.

3.4.2 O-Ringe

3.4.2.1 Allgemeine Zusammenhänge zur Wirkungsweise von O-Ringen

O-Ringe sind aus elastomeren Werkstoffen (= Gummi) hergestellt. Sie erzielen ihre Dichtwirkung dadurch, dass der runde Querschnitt in einer Nut verformt wird, das heißt, sie werden ausschließlich im Kraftnebenschluss (KNS) eingesetzt. Der Temperaturbereich, der von O-Ringen abgedeckt werden kann, geht von ca. –70 °C bis max. 300 °C, der Druckbereich geht von Ultrahochvakuum bis ca. 400 bar, in Ausnahmefällen werden auch Drücke über 1000 bar noch mit O-Ringen abgedeckt.

O-Ring Abmessungen werden angegeben mit dem Innendurchmesser und der Schnurstärke. Die handelsüblichen O-Ringe liegen zwischen 1,0 mm und 12 mm Schnurstärke, die Innendurchmesser sind praktisch nicht begrenzt, wenn man auch stoßvulkanisierte und geklebte O-Ringe miteinbezieht. Wegen der guten Verfügbarkeit sind die Abmessungen nach der amerikanischen

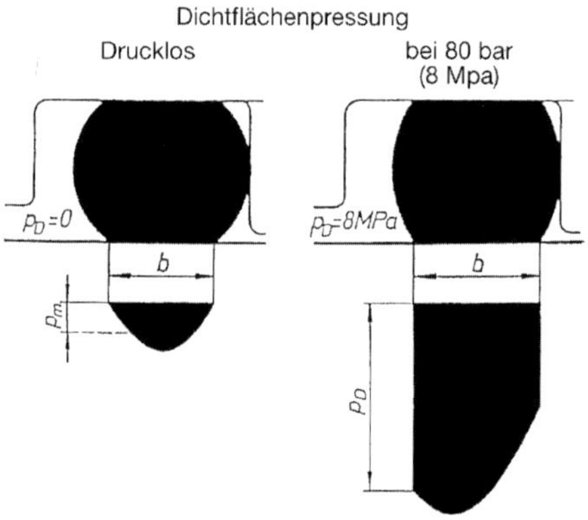

Bild 3.81: Maßstabsgerechter Verlauf der Dichtflächenpressung einer O-Ring Dichtung im drucklosen Zustand und bei einer Beaufschlagung mit 80 bar

O-Ring-Norm AS 568 B am verbreitetsten, diese sind bei vielen Lieferanten in verschiedenen Werkstoffen lagerhaltig. Daher stammen auch die ungewohnten Schnurstärken (1,78; 2,62; 3,53; 5,33; 6,99), die unverändert auch in die deutsche und internationale O-Ring-Normen übernommen wurden (DIN ISO 3601/1 bzw. ISO 3601/1).

O-Ringe können als statische Dichtungen einen breiten Leistungsbereich bezüglich der Dichtheit abdecken, für den dynamischen Einsatz ist der Anwendungsbereich eingeschränkt, am ehesten werden diese dort für kleine Innendurchmesser und für kurze Hub- oder Drehbewegungen eingesetzt. Daher sind die meisten Einsätze für O-Ringe für statische oder quasistatische Anwendungen, wo die abzudichtenden Bauteile zueinander fixiert sind und dadurch nur geringe Relativbewegungen zwischen den Bauteilen unter Betriebsbedingungen auftreten, zum Beispiel infolge hoher Drücke oder zyklischen Temperaturen.

Wie bereits oben erwähnt, benötigen O-Ringe zur Erzielung ihrer Dichtfunktion ein gewisses Maß an Querschnittsverformung. Ein um ca. 20 % verformter O-Ring aus einem Werkstoff mittlerer Härte (70-80 IRHD) erzeugt eine maximale Flächenpressung von ca. 1 bis 2 MPa (**Bild 3.81**) [36]. Dabei tritt das Maximum der Flächenpressung in der Mitte der Berührungsbreite b auf.

Je härter der Werkstoff ist, desto größer ist die erzeugte Flächenpressung, die bei größer werdenden Querschnittsverformungen progressiv zunimmt. Da Elastomere sich unter Druck annähernd inkompressibel verhalten, reagiert ein O-Ring unter der Einwirkung von Drücken wie eine Flüssigkeit und gibt den Systemdruck in Form einer erhöhten Dichtflächenpressung weiter, wie dies in Bild 3.81 „bei 80 bar" maßstabsgerecht dargestellt wurde. Das Maximum der Flächenpressung ergibt sich dann aus einer Überlagerung der durch die Verformung eingeleiteten Druckspannung an den Berührungsflächen und dem Systemdruck. Diese Eigenschaft macht O-Ring-Abdichtungen sehr sicher in Bezug auf unvorhergesehene Druckspitzen, man bezeichnet die O-Ring-Abdichtung daher als „aktive" Dichtung, wobei die aktivierende Wirkung vom Systemdruck ausgeht.

Die Vorteile von O-Ringen lassen sich wie folgt zusammenfassen:

- gutes Dichtverhalten bei geringen Flächenpressungen
- gutes Spaltüberbrückungsvermögen durch die Elastizität
- breiter Temperaturbereich

- großer Druckbereich
- gutes Montageverhalten
- gute Verfügbarkeit bei niedrigem Preis

Probleme beim Einsatz von O-Ringen gibt es in der Praxis vor allen Dingen, wenn entweder konstruktive Fehler bei der Nutauslegung gemacht werden, wenn werkstoffspezifische Einsatzgrenzen bezüglich Temperatur- und Medienbeständigkeit nicht beachtet werden oder wenn wichtige Qualitätseigenschaften von O-Ringen gar nicht oder unzureichend vom Anwender spezifiziert werden. Die folgenden Ausführungen können helfen, mit O-Ringen gute Dichtungslösungen zu erhalten.

3.4.2.2 Konstruktive Hinweise zur Nutgestaltung

Wie Bild 3.80 [35] zeigt, gibt es mehrere Möglichkeiten, wie O-Ringe eingebaut sein können. Man unterscheidet nach der Verformungsrichtung des O-Ring-Querschnittes nach radialer und axialer Verformung, bei der radialen Verformung unterscheidet man weiter nach „außendichtend“ (Nut im Innenteil, Kolbendichtung) und „innendichtend“ (Nut im Außenteil, Stangendichtung).

Die meisten O-Ringe werden als ruhende Abdichtungen eingesetzt, als bewegte Abdichtungen stellen diese nur in Ausnahmefällen, nämlich bei kleinen Durchmessern und kurzen Hüben auch eine voll befriedigende technische Lösung eines dynamischen Abdichtproblems dar. Die Begrenzungen ergeben sich bei bewegten O-Ring Abdichtungen in der Praxis

- durch eine von der Stillstandszeit abhängige Losbrechkraft, die bis zu einem Vielfachen der Gleitreibungskraft betragen kann,
- durch ein begrenztes Spaltüberbrückungsvermögen und
- durch einen im Vergleich zu Lippendichtungen höheren Abrieb.

Für die Festlegung der wichtigsten Konstruktionsvorgaben der Nut soll hier exemplarisch für alle anderen Einbausituationen der Einbauraum einer Kolbenabdichtung behandelt werden (**Bild 3.82**) [37].Die hier zitierte Norm DIN 3771 Teil 5 wurde inzwischen durch die DIN ISO 3601-2 abgelöst, die Durchmesserindizierung hat sich dabei nicht geändert.

Das wichtigste Maß zur Erzielung der Dichtheit ist in diesem Einbaufall, zentrische Lage der beiden abzudichtenden Bauteile vorausgesetzt, die Nuttiefe, die sich als halbe Differenz zwischen dem Bohrungsdurchmesser d_4 und dem Nutgrunddurchmesser der Kolbennut d_3 ergibt. Das Auslegungskriterium für die Festlegung dieser Nuttiefe mit den dazugehörigen Durchmessertoleranzen sollte sein, dass sich zumindest bei der zentrischen Lage der beiden Bauteile Verpressungen (= relative Querschnittsverformung des O-Rings im eingebauten Zustand) im Bereich der hierfür zulässigen Grenzen, Tabelle 2, ergeben. Wünschenswert ist es, dass dies auch noch der Fall ist unter Einbeziehung der maximal möglichen Exzentrizität. Das setzt allerdings ein sehr kleines Durchmesserspiel zwischen dem Kolbendurchmesser d_9 und dem Bohrungsdurchmesser d_4 voraus. Nach den Einbauempfehlungen der DIN 3771/5 und DIN ISO 3601/2 werden hier enge Toleranzpaarungen angegeben (H7/f7), die sich allerdings an gespritzten Kunststoffteilen nicht oder nur mit sehr großem Aufwand realisieren lassen. **Tabelle 3.12** [15] ist ein Vorschlag für Nuttiefen, Nutbreiten (ohne Stützringe) und für die erforderlichen Längen der Einführschräge von radial dichtenden, ruhenden O-Ring-Abdichtungen.

Weichen die Fertigungstoleranzen von den empfohlenen ISO-Toleranzen ab, so sollte eine rechnerische Überprüfung zeigen, inwiefern unter den gegebenen Toleranzen die empfohlenen

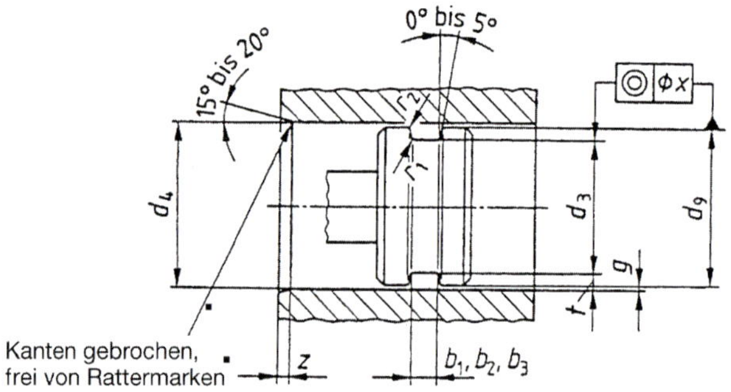

Bild 3.82: Konstruktive Vorgaben zur Festlegung eines O-Ring Einbauraumes nach DIN 3771 Teil 5 für eine außendichtende O-Ring Abdichtung

b_1	+0,25	Breite des O-Ring Einbauraumes
b_2	+0,25	Breite des O-Ring Einbauraumes mit einem Stützring
b_3	+0,25	Breite des O-Ring Einbauraumes mit zwei Stützringen
d_3	h9/h11	Innend. des Einbauraumes (Nutgrundd.)
d_4	H8	Bohrungsdurchmesser
d_9	f7	Kolbendurchmesser
g	H8/f7	halbes Durchmesserspiel
Z	$>d_2/2$	Länge der Einführschräge
r_1	>0,2	Radius am Boden des Einbauraumes
r_2	0,1-0,3	Radius der Kante des Einbauraumes

Tabelle 3.12: Nutmaße O-Ring in Rechtecknut, radiale Verformung, ruhender Einsatz

Schnurstärke d2	Nuttiefe T	Nutbreite b	Fase 15° Z	Schnurstärke d2	Nuttiefe T	Nutbreite b	Fase 15° Z
1,50	1,13	2,18	1,9	6,99	5,80	8,97	5,2
1,60	1,20	2,31	2,0	7,00	5,81	8,98	5,2
1,78	1,34	2,54	2,2	7,50	6,23	9,63	5,8
2,0	1,5	2,86	2,4	8,00	6,64	10,27	6,1
2,40	1,80	3,38	2,8	8,40	6,97	10,78	6,4
2,5	1,88	3,51	2,9	8,50	7,06	10,91	6,5
2,62	2,02	3,57	2,8	9,00	7,47	11,55	6,9
3,0	2,31	4,08	3,2	9,50	7,89	12,19	7,2
3,50	2,70	4,72	3,6	10,00	8,30	12,75	7,6
3,53	2,82	4,58	3,2	10,50	8,72	13,48	7,9
4,00	3,20	5,23	3,7	11,00	9,13	14,08	8,2
4,50	3,60	5,85	4,1	11,50	9,55	14,69	8,5
5,00	4,00	6,46	4,5	12,00	9,96	15,31	9,0
5,30	4,24	7,10	4,7	12,50	10,38	15,92	9,2
5,33	4,26	7,14	4,7	13,00	10,79	16,54	9,5
5,50	4,40	7,41	4,9	13,50	11,21	17,15	9,8
5,70	4,56	7,66	5,1	14,00	11,62	17,77	10,1
6,00	4,80	8,05	5,3	14,50	12,04	18,38	10,4
6,50	5,40	8,37	4,9	15,00	12,45	19,00	10,8

Bild 3.83: Empfohlene Werte für die O-Ring Verpressung für den statischen Einsatz und einer radialen Verformung, außendichtend nach DIN 3771 Teil 5

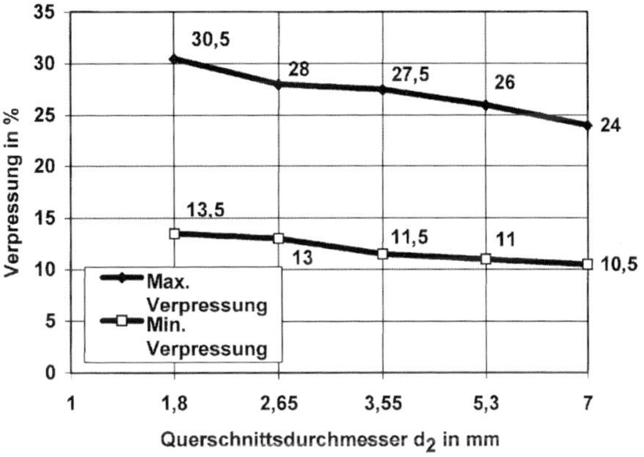

Grenzwerte für die Verpressung noch eingehalten werden, und zwar auch für die ungünstigste exzentrische Lage der Bauteile. Auf keinen Fall darf es möglich sein, dass die Verpressung des O-Ringes an einer Stelle am Umfang zu null werden kann, empfehlenswert sind auch im ungünstigsten (oft nur theoretisch möglichen) Fall mindestens 6 % Verpressung, zumindest bis ca. 5 mm Schnurstärke, darüber hinaus sollten 0,3 mm absolute Verformung nicht unterschritten werden.

Gummiwerkstoffe sind keine ideal elastischen Werkstoffe und verlieren bei kleinen Verformungen schon bei geringer Temperaturbeaufschlagung ihre Vorspannung. Für die Nutberechnung werden fast von allen O-Ring-Lieferanten bedienerfreundliche PC-Programme kostenlos angeboten, die den zeitlichen Aufwand für solche Überprüfungen recht gering halten.

Der Dichtspalt sollte also allein deshalb klein sein, damit bei Exzentrizität die O-Ring-Verpressung nicht aufgehoben wird. Ein weiteres wichtiges Kriterium für die maximal zulässige Spaltweite ergibt sich aus der Anforderung, dass der O-Ring nicht durch Spaltextrusion zerstört werden darf. Daraus lassen sich in Abhängigkeit der Werkstoffhärte und des Druckes maximal zulässige Spaltweiten aus den Empfehlungen der Dichtungslieferanten ableiten (**Bild 3.83**) [35].

Bei der Bemessung der Nutbreite ist das wichtigste Kriterium, eine Nutüberfüllung zu vermeiden. Üblicherweise sollte der O-Ring die Nut nicht mehr als bis zu 85 % volumetrisch füllen, damit noch eine Druckaktivierung des O-Ringes (siehe oben) möglich ist, und auch eine Volumenzunahme des O-Rings infolge Quellung oder temperaturbedingter Ausdehnung nicht zur Nutüberfüllung führt. Als noch vertretbar wird in Ausnahmefällen, wo diese hierzu erforderlichen Nutbreiten nicht realisiert werden können, ein maximaler, theoretisch volumetrisch gerechneter Nutfüllgrad bei „worst case" Toleranzen von 95 % angesehen.

Zur Vermeidung einer Spalteinwanderung des O-Ringes infolge hoher Drücke kann es sinnvoll sein, ein oder zwei Stützringe aus einem harten Werkstoff einzusetzen. In diesem Fall muss die Nut um das Volumen dieser Stützringe verbreitert werden. Stützringe gibt es sowohl aus harten Elastomerwerkstoffen (endlos) als auch aus spiralförmigen oder geschlitzten PTFE-Werkstoffen und werden jeweils auf der druckabgewandten Seite des O-Rings eingebaut. Die ISO 3601-Teil 4 bietet Anwendern hier Hilfe zur Auslegung dieser Stützringe an.

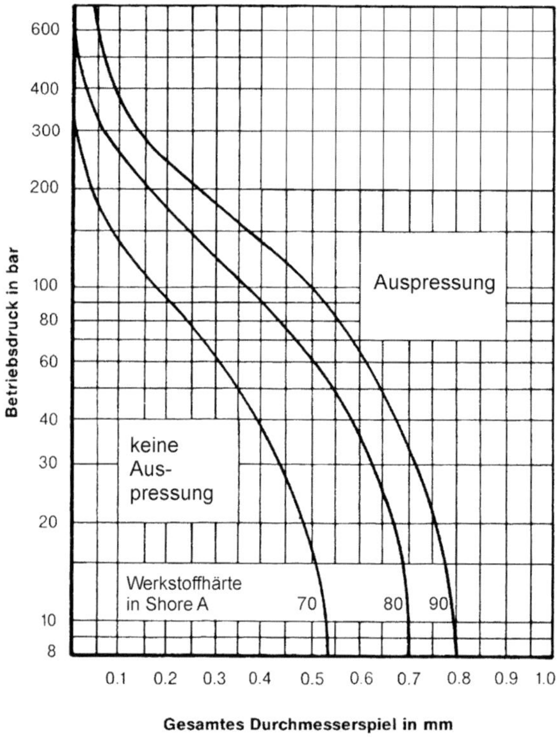

Bild 3.84: Diagramm zur Überprüfung der maximal zulässigen Spaltmaße von ruhenden O-Ring Dichtungen (gilt nicht für VMQ- und FVMQ-Werkstoffe)

Zur Vermeidung von Montagebeschädigungen sind Einführschrägen unbedingt erforderlich, diese dürfen nicht zu steil (maximal 20°) und nicht zu kurz sein (größer als die halbe Schnurstärke), um auch tatsächlich Montagebeschädigungen verhindern zu können. Die eingestochene Nut darf an der Kante des Einbauraumes nicht scharfkantig sein, der empfohlene Kantenradius beträgt 0,1 bis 0,3 mm, am Boden des Einbauraumes liegt der zulässige Radius je nach Schnurstärke einschließlich der Toleranzen zwischen 0,2 und 1,2 mm.

Durch die Verwendung von geänderten Nutmaßen oder anderen Nutgeometrien (**Bild 3.84**) [39] können für spezielle Anwendungen besondere Effekte bewirkt werden. Bei einer Vakuumnut erhöht man den Füllgrad der Nut, dadurch liegt der O-Ring an beiden Seiten der Nut an. Daraus ergibt sich eine erhöhte Dichtflächenpressung, gleichzeitig reduziert sich die für die Höhe der Diffusionsrate ausschlaggebende frei beaufschlagte Oberfläche des O-Ringes. Das Ergebnis ist eine gegenüber konventionellen Nuten deutlich reduzierte Leckrate. Noch besser lassen sich diese beiden beschriebenen Effekte durch eine Trapeznut realisieren, die allerdings bezüglich der Herstellung aufwendiger ist. Die Dreiecksnut sollte nur dort verwendet werden, wo konventionelle Rechtecknuten aus konstruktiven oder montagetechnischen Gründen ausscheiden. Die Praxis zeigt, dass diese öfters als andere Nuten zu Problemen bei den Anwendern führen, da letztlich die Nut schwieriger zu messen ist und ein kleinerer Toleranzbereich zwischen einer zu niedrigen Verpressung und einer Nutüberfüllung zur Verfügung steht.

Bezüglich der empfohlenen Oberflächenrauheiten empfiehlt die ISO 3601 Teil 2 für statische Anwendungen Rz-Werte von maximal 6,4 µm für radial liegende Dichtflächen und für axiale

Dichtflächen Rz-Werte von 4 µm. Diese Werte sind sehr konservativ und werden auch für Gas- und Hochdruckanwendungen ($p > 100$ bar) als sinnvoll eingestuft. Zu beachten ist dabei, dass die Struktur der Oberfläche (konzentrisch, ungerichtet oder radial) und damit das Endbearbeitungsverfahren ebenfalls einen erheblichen Einfluss auf das Dichtverhalten hat. Ein gedrehter radialer Nuteinstich erzeugt konzentrische, also dichtungstechnisch betrachtet sehr günstige Oberflächenstrukturen, während ein im Dichtbereich stirngefräster Deckel sehr ungünstige, quer zur Umfangsrichtung verlaufende Riefen erzeugt.

Wo lediglich Fluide bei eher niedrigen Drücken (< 100 bar) abgedichtet werden müssen oder keine besonderen Leckageanforderungen für Gasanwendungen definiert sind, kann bereits mit Rz-Werten von 16 bis 20 µm in vielen Fällen eine angemessene Dichtheit erzielt werden. In Zweifelsfällen sollte hierzu ein Leckagekriterium in Form einer Leckageprüfung definiert werden, nämlich die technische Dichtheit [40]. Technisch dicht bedeutet, dass unterhalb einer Grenzleckage der Anwender die Abdichtung als dicht wahrnimmt.

Der Begriff der technischen Dichtheit kann eine Spanne von 0,1 mbar · l/s bis 10^{-11} mbar · l/s umfassen [40], wobei O-Ring-Dichtungen bis zu einer Dichtheitsanforderung von maximal ca. 10^{-7} mbar · l/s eingesetzt werden können. Das Vermeiden einer Tröpfchenleckage stellt das relativ geringste Dichtheitskriterium für O-Ring-Abdichtungen dar, bei Ultrahochvakuum-Anwendungen dagegen will man die mögliche Leistungsgrenze einer O-Ring-Abdichtung erreichen. Sicherlich ist es nicht sinnvoll, in beiden O-Ring-Anwendungen die gleichen Oberflächen zu spezifizieren.

Da mit nur einer Kenngröße eine Oberfläche bezüglich ihres Abdichtverhaltens nur unzureichend genau beschrieben werden kann, ist es in Grenzfällen sinnvoll, neben dem Endbearbeitungsverfahren bzw. der Struktur der Oberfläche die Dichtflächen durch weitere Kenngrößen (z. B. Mittenrauheitswert R_a und Traganteil t_p) zu beschreiben.

3.4.2.3 Hinweise zur Montage von O-Ringen

O-Ringe sollen in Kolbennuten leicht vorgespannt sein, um eine problemlose Montage sicherzustellen, in keinem Fall sollte der Innendurchmesser der O-Ringe größer als der Nutgrunddurchmesser sein, um Abscherungen bei der Montage zu vermeiden. Die Aufdehnung führt allerdings zu einer Reduktion der Schnurstärke, die bei der Berechnung der Verpressungswerte mit berücksichtigt werden muss. Die Höhe der zulässigen Dehnungen beträgt nach DIN 3771 Teil 5 in Abhängigkeit des Innendurchmessers zwischen 4 und 16 % (**Bild 3.85**), nach DIN ISO 3601 Teil 2 werden 2 bis 8 % für statische Anwendungen empfohlen, wobei darauf hingewiesen wird, dass dies bei Innendurchmessern von kleiner als 25 mm nicht immer realisierbar ist, dass dort also auch mehr zugelassen wird.

Erfahrungsgemäß ist eine erhebliche Innendurchmesseraufweitung an Kolbeneinbauräumen aus montagetechnischer Sicht dann elementar wichtig für die Montagesicherheit, wenn beim Einführen des Kolbenteils ein schräges Eintauchen möglich ist, sodass der O-Ring nicht gleichförmig über den Umfang in die Bohrung eintaucht. Dies kann dazu führen, dass sich das O-Ring-Material verschiebt in den noch nicht eingetauchten Bereich des O-Rings und dieser damit aus der Nut abhebt und damit das Beschädigungsrisiko erheblich erhöht. In diesen Fällen kann es sinnvoll sein, deutlich über die oben empfohlenen Innendurchmesser-Aufdehnungen des O-Rings im eingebauten Zustand hinauszugehen (bis maximal 25 %). Wenn dabei die Schnurstärkenreduktionbei der Nutauslegung berücksichtigt wird, wird dies als der beste Kompromiss für einen sicheren Einbauraumes angesehen.

Vakuum-Nut

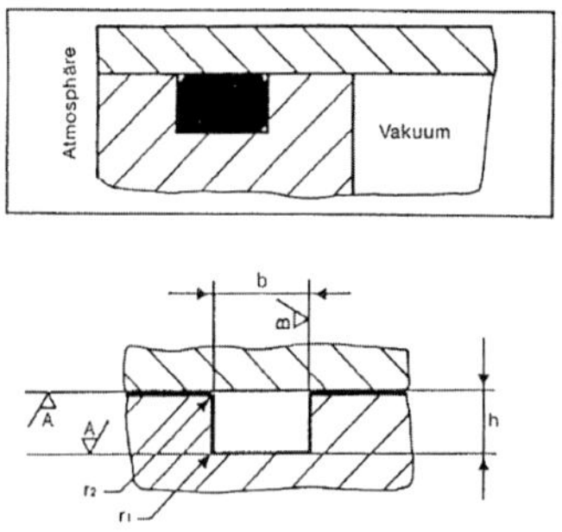

d_2	h-0,05	b±0,05	r_1/r_2
1,80	1,25	2,10	
2,65	1,85	3,10	0,2
3,55	2,50	4,15	bis
5,30	3,70	6,30	0,4
7,00	4,90	8,20	

Trapez-Nut

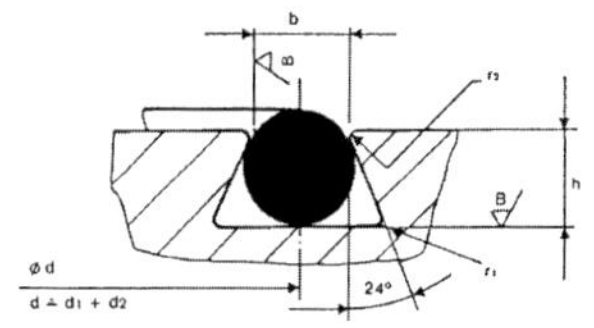

d_2	h	$b^{+0,10}$	r_2	r_1
1,80	1,25+0,05	1,40	0,10	0,40
2,65	2,05+0,05	2,10	I	I
3,55	2,80+0,05	2,85	bis	bis
5,30	4,55+0,08	4,35	I	I
7,00	5,85+0,08	5,85	0,30	1,60

Dreiecks-Nut

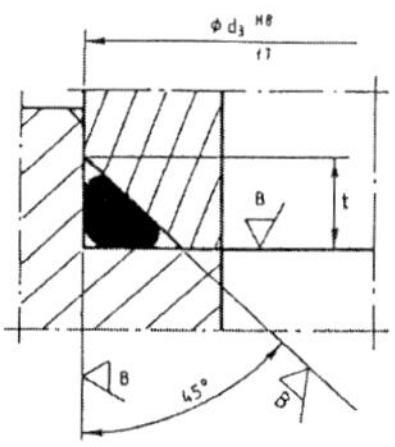

d_2 (mm)	t (mm)	Oberflächenrauheit in µm, Traganteil $t_p > 50\%$ B Nutseiten	
1,80	$2{,}38^{+0{,}08}$	Ra	R max
2,65	$3{,}55^{+0{,}12}$	1,6	6,3
3,55	$4{,}85^{+0{,}20}$		
5,30	$7{,}30^{+0{,}20}$		
7,00	$9{,}60^{+0{,}30}$		

Bild 3.85: Sonder-Nutformen für O-Ringe

Bei NBR O-Ringen ist wegen der Gefahr der Ozonrissbildung besonders darauf zu achten, dass das vormontierte Kolbenteil zeitnah nach dem Aufziehen des O-Rings in das Bohrungsteil eingesteckt wird oder dann die O-Ringe durch eine Befettung bzw. durch Abdeckkappen vor dem Einfluss des Ozons in der Umgebungsluft zu schützen.

Bei der Einbauart der Stangendichtungen lässt die DIN ISO 3601 Teil 2 ähnlich Stauchungen des Außendurchmessers je nach Innendurchmesser von maximal 3 bis 5 % zu, jedoch sind dem in der Praxis bedingt durch die Steifigkeit des O-Rings montagetechnischen Grenzen gesetzt, bei gänzlich biegeschlaffen O-Ringen darf nicht mehr als 1 % Stauchung auftreten. Bei axial verformten O-Ringen, also bei Flansch-Abdichtungen, sollte der O-Ring bei der Abdichtung gegen Innendrücke möglichst mit seinem Außendurchmesser anliegen, jedoch sollte die Stauchung 1 % des Außendurchmessers oder 0,8 mm (je nachdem, welcher Betrag kleiner ist) nicht überschreiten, da dies zu erheblichen Montageschwierigkeiten führen kann.

O-Ringe sind äußerst empfindlich bezüglich scharfer Kanten. Deshalb ist eine wesentliche Voraussetzung für eine sichere Montage das Entgraten beziehungsweise das Abrunden jeglicher Kanten, über die der O-Ring gezogen oder gegen die er gedrückt werden kann (**Bild 3.86**). Die zusätzliche Verwendung eines Montagefettes hilft, Beschädigungen der O-Ringe zu verhindern. Ist dies nicht möglich, können andere Verfahren wie Talkumieren, Graphitieren, Molykotieren oder Silikonisieren die Montagekräfte der O-Ringe und damit die Beschädigungsgefahr reduzieren. Stört den Anwender die daraus resultierende Einschleppung von Fetten und Ölen oder sonstigen Gleitmitteln an der Montagestation oder in das Enderzeugnis bieten sich zahlreiche Beschichtungsverfahren an mit unterschiedlichen Gleitlacken oder Plasmapolymerisationsverfahren. Diese werden sowohl von O-Ring-Lieferanten als auch von unabhängigen Beschichtungsspezialisten angeboten.

Weitere Maßnahmen zur Vermeidung von montagebedingten Fehlern sind:

- Bohrungen, die von einem bereits verpressten O-Ring überfahren werden, sollen möglichst in eine Entlastungsnut gelegt werden, zumindest müssen sie von innen entgratet werden,

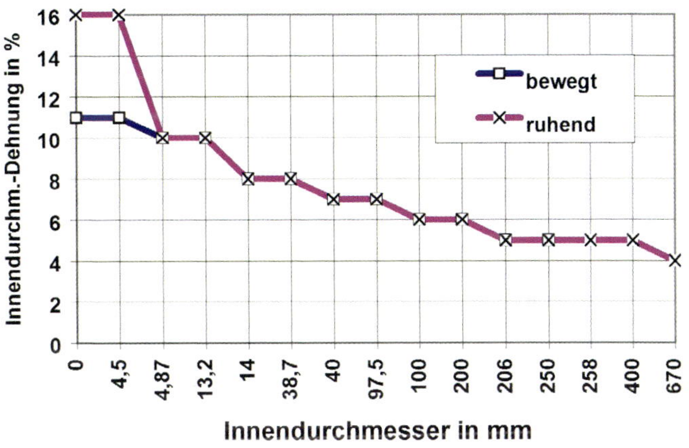

Bild 3.86: Maximal zulässige Dehnungswerte von O-Ringen im eingebauten Zustand nach DIN 3771 Teil 5, Einbauraum O-Ring außendichtend

sonst besteht die Gefahr, dass sich der O-Ring beim Überfahren der Bohrung teilweise entspannt und dann abgeschert wird.

- Rückstände in der Nut müssen vorher beseitigt werden, der Montageplatz muss frei von Staub und Schmutz sein.
- scharfkantige Gewindegänge oder Steuerkanten, über die der O-Ring gezogen werden muss, sind durch Montagehülsen abzudecken.
- die Verwendung von Klebstoffen an der Dichtfläche sollte vermieden werden, da die Kleber aushärten und dann zu Undichtheiten führen können.
- verwendete Montagefette sind auf ihre Verträglichkeit mit dem O-Ring-Werkstoff zu überprüfen.
- Verwechslungen von O-Ringen mit gleichen Abmessungen aber unterschiedlichen Werkstoffen oder sehr ähnlichen Abmessungen müssen durch geeignete Maßnahmen verhindert werden, siehe auch Kapitel „Schäden an O-Ringen“
- Beim Ausbau von O-Ringen muss ein geeignetes Montagewerkzeug verwendet werden, damit die Dichtflächen nicht verkratzt werden.
- Die kurzzeitige Aufdehnung der O-Ringe während der Montage sollte 50 % des Innendurchmessers nicht übersteigen, ist dies nicht möglich, wird empfohlen, 50 % der Reißdehnung der eingesetzten O-Ringe nicht zu überschreiten. Bei schneller Aufdehnung der O-Ringe führt eine hohe Aufdehnungsgeschwindigkeit zu einem erhöhten Rissrisiko, Fünfpunktgreifern sind Drei- oder Zweipunktgreifern in Grenzfällen vorzuziehen.
- Ein zu starkes Verdrehen des O-Ringes während des Montagevorganges sollte verhindert werden. Bis zu einer Verdrehung (360°/Umfangslänge) dürfte dies für die meisten Anwendungen noch unkritisch sein, zumindest bei gut entgrateten O-Ringen ohne unzulässige Form- und Oberflächenabweichungen (Ausführung nach DIN ISO 3601 Teil 3 Sortenmerkmal N oder höherwertig).

3.4.2.4 Beständigkeitskriterien

Technische Gummiwerkstoffe sind rezepturartig aufgebaut (siehe auch Kapitel 2 „Elastomere“), wobei das Polymer selbst bezüglich der chemischen Beständigkeit gegenüber den abzudichtenden Medien das schwächste Glied in der Kette der verschiedenen Mischungsbestandteile darstellt. Daher beschränkt sich die Auswahl des richtigen Dichtungswerkstoffes häufig ausschließlich auf die Wahl der Polymerbasis. Allerdings können in der Praxis dann noch andere

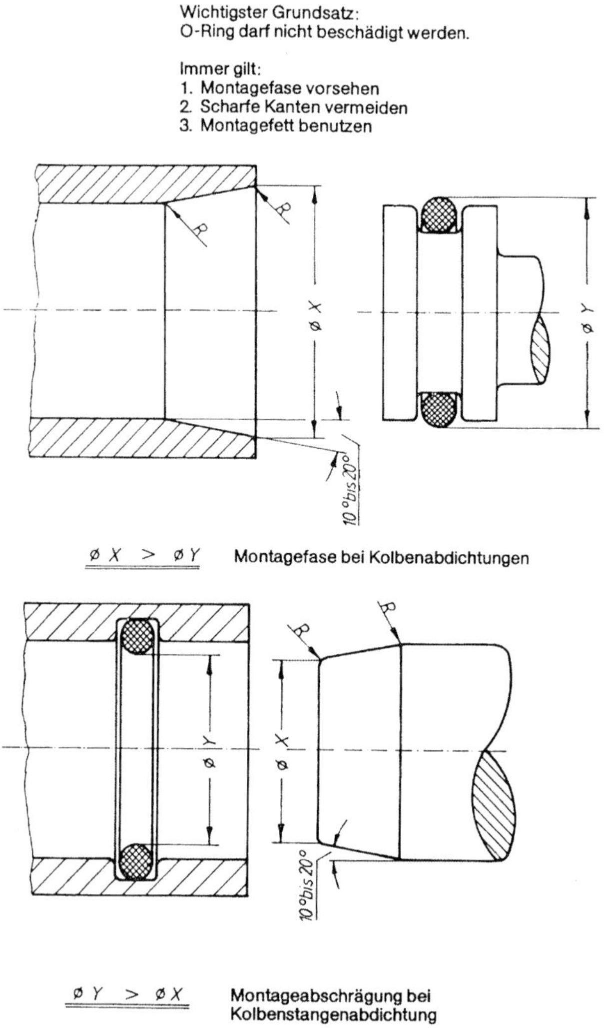

Bild 3.87: Montageschrägen

rezepturbedingte Einflüsse von entscheidender Bedeutung sein, wie z. B. die Art der Vernetzung, die Menge der eingesetzten Weichmacher und die Art der Füllstoffe. Die Polymerverträglichkeit allein ist also noch kein Garant für ein sicheres Dichten, aber sie eine wichtige Voraussetzung.

Die chemische Einwirkung auf ein Polymer verändert dessen Struktur, d. h. es kommt zu weiteren Vernetzungen und zur Segmentierung der langen Polymerketten in kürzere Abschnitte und damit zu einer signifikanten Veränderung der Netzwerkstruktur. Dabei ändern sich die physikalischen Eigenschaften wesentlich, d. h. der Werkstoff verliert seine Vorspannung, er versprödet und bekommt eventuell auch Risse, oder er wird kaugummiartig weich und klebrig. Chemische Einwirkungen sind irreversibel und sind daher durch eine sorgfältige Werkstoffauswahl weitgehend auszuschließen. Eine unzulässige chemische Einwirkung liegt dann vor, wenn sich die Lebensdauer des O-Rings gegenüber dem Einsatz in Luft bei gleicher Temperatur signifikant verkürzt.

Schließt man eine unzulässige chemische Veränderung der Polymer- oder Netzwerkstruktur aus, so bleiben noch die möglichen physikalischen Einwirkungen des Mediums auf den O-Ring zu betrachten. Dies sind das Anquellen des Kautschuks und das Extrahieren von löslichen Mischungsbestandteilen, wie zum Beispiel Weichmacher oder Verarbeitungshilfsmittel. In der Summe bleibt in der Regel eine Volumenzunahme, die in bestimmten Grenzen akzeptiert werden kann. Für typische ruhende O-Ring-Abdichtung liegen diese Grenzen bei ca. 25 bis 30 %, bezogen auf die maximale Volumenquellung in Labortests unter ungünstigsten Bedingungen. Bei dynamischen Anwendungen liegen diese Grenzwerte wesentlich niedriger, mehr als 10 % Volumenzunahme bedeuten bereits eine erhebliche Einschränkung der Einsetzbarkeit. Volumenabnahmen sind bei O-Ring-Anwendungen immer kritisch, weil diese zu einer Reduktion der Vorspannung führen. Deshalb ist beispielsweise der Anteil von extrahierbaren Bestandteilen in einem O-Ring-Werkstoff ein wichtiges Beurteilungskriterium für die Rezepturqualität.

Eine gründliche Werkstoffauswahl muss die Verträglichkeitsprüfung mit allen Medien, mit denen der O-Ring in Berührung kommen kann, einschließen. Dazu stehen von Dichtungs- oder Polymerherstellern verschiedene Beständigkeitstabellen zur Verfügung, hervorzuheben ist hier die Beständigkeitstabelle von DUPONT [41]. Zu beachten ist dabei, dass die Bewertungen der Dichtungslieferanten (beständig, eingeschränkt beständig oder nicht beständig) zum Teil nach unterschiedlichen Kriterien vorgenommen werden und daher nicht immer übereinstimmen. In Zweifelsfällen sollte nach Testergebnissen gefragt werden, um die verbleibende Unsicherheit besser abschätzen zu können. Auch ist zu beachten, dass sich viele Beständigkeitsbewertungen auf Raumtemperaturen beziehen und sich nicht immer auf höhere Temperaturen übertragen lassen. Nach [42] lassen sich Beständigkeitsprüfungen unterteilen in

- einfache Quelltests
- Kurzzeit-Orientierungstests
- Langzeit-Beständigkeitstests und in
- Lebensdauer-Verträglichkeitsnachweise

3.4.2.5 Temperaturbeständigkeit

Neben der möglichen chemischen oder physikalischen Einwirkung durch die abzudichtenden Medien ist auch die Temperaturbeständigkeit ein wichtiges Auswahlkriterium bei der Werkstoffauswahl. Geht man von einer guten Beständigkeit mit den umgebenden Medien aus, so wird die Lebensdauer des O-Ringes beziehungsweise die obere Temperatureinsatzgrenze von seiner Hitzebeständigkeit bestimmt, da der Sauerstoff in der Luft in der Regel zu einer stärkeren Alterung führt als die abzudichtenden Medien. Bei einer thermischen Einwirkung (Alterung durch die Anwesenheit des Luftsauerstoffs und durch Wärme) auf den O-Ring ergeben sich für das Dichtverhalten zwei wesentliche Auswirkungen:

1. Eine bleibende Verformung, d. h. die durch die Querschnittsverformung des O-Ringes erzeugte Flächenpressung lässt nach (Spannungsrelaxation).
2. Eine Versprödung, das heißt ein zunehmender Abbau der Gummielastizität, was sich in einer Härtezunahme und in einer Abnahme der Zugfestigkeit und der Reißdehnung äußert. In Ausnahmefällen kann dies auch zu einer Erweichung bis hin in einen kaugummiartigen Zustand führen.

Wie oben gezeigt (s. Bild 3.81), erzeugt ein O-Ring seine anfängliche Dichtflächenpressung allein aus der Verformung des Querschnitts. Durch eine Druckbeaufschlagung wird die Flä-

$$\text{DVR in \%} = \frac{h_0 - h_2}{h_0 - h_1} \times 100$$

Bild 3.88: Druckverformungsrest-Ermittlung an O-Ringen beziehungsweise an O-Ring Abschnitten

chenpressung wesentlich erhöht. Der kritische Betriebszustand von O-Ring-Dichtungen ist daher eher der Niederdruckbereich (< 10 bar), wenn die Dichtkraft fast ausschließlich durch die elastischen Eigenschaften des O-Ring-Werkstoffes erzeugt wird. Unter der Einwirkung von Hitze kann die Dichtwirkung des Werkstoffes sehr schnell nachlassen, ohne dass die polymertypische Temperaturgrenze überschritten werden muss. Unterschiede bezüglich dieser für O-Ringe wichtigen Funktionseigenschaft können durch Druckverformungsrestprüfungen [43] festgestellt werden (**Bild 3.88**).

Ein Druckverformungsrest (DVR) von 100 % heißt, dass keine Rückstellkraft mehr vorhanden ist, ein Wert von 0 % stellt den idealen Zustand dar. DVR-Werte beziehen sich immer auf bestimmte Prüfzeiten und Prüftemperaturen. Zu beachten ist, dass prinzipiell unterschieden werden muss zwischen den DVR-Werten, die auf technischen Datenblättern von Werkstoffen angegeben sind, und den effektiven DVR-Werten, die sich an den unter Serienbedingungen hergestellten O-Ringen ergeben. Datenblatt-Werte des Druckverformungsrestes werden im Allgemeinen an genormten Probekörpern ermittelt mit einem rechteckigen Probenquerschnitt, die unter idealen Vulkanisationsbedingungen hergestellt wurden. Die Vulkanisationsbedingungen von O-Ringen, die unter Serienbedingungen gefertigt werden, können davon erheblich abweichen, zudem haben auch die Form und die Dicke des Prüflings einen Einfluss auf die Höhe des gemessenen Druckverformungsrest-Wertes. Somit gibt es oft erhebliche Abweichungen innerhalb des gleichen Dichtungswerkstoffes, das heißt der gleichen Rezeptur, zwischen Datenblattwerten und den Ergebnissen, die an O-Ringen ermittelt werden.

Die Abhängigkeit des Druckverformungsrestes an O-Ringen, sozusagen die Lebensdauerqualität, lässt sich wie folgt darstellen:

Lebensdauerqualität (DVR) = Rezepturqualität x Verarbeitungsqualität

Die multiplikative Verknüpfung bedeutet, dass eine hohe Rezepturqualität viel von ihrem Vorteil für den Anwender verliert, wenn ein O-Ring bei der Herstellung nicht unter den richtigen Bedingungen vulkanisiert wird. Die Rezepturqualität eines Werkstoffes wird über Normprobekörper ermittelt, die teilweise bis zu 20 Minuten lang vulkanisiert werden, O-Ringe dagegen werden unter Serienbedingungen oft nur 30 Sekunden vulkanisiert. Daher haben Datenblatt-Angaben lediglich eine Aussagekraft über die Rezepturqualität.

Eine Verarbeitungsstudie, die an peroxidisch vernetzten HNBR-O-Ringen ermittelt wurde (**Bilder 3.89** und **3.90**), zeigt einerseits die hohe Empfindlichkeit des DVR-Wertes gegenüber zu niedrigen Werkzeugtemperaturen, andrerseits belegen diese Diagramme, dass eine starke Untervernetzung von O-Ringen (T = 170 °C) nicht gut über eine Härtemessung nachgewiesen werden kann. Bei allen drei Werkzeugtemperaturen liegen die Härtewerte nach 180 Sekun-

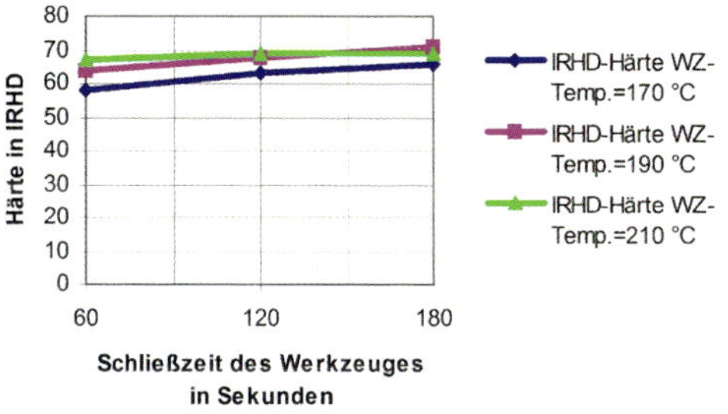

Bild 3.89: Einfluss der Fertigungsbedingungen auf die Härte von O-Ringen

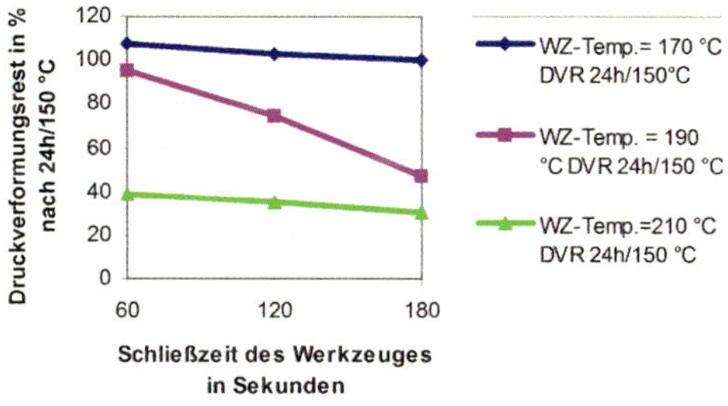

Bild 3.90: Einfluss der Fertigungsbedingungen auf den Druckverformungsrest von O-Ringen

den sehr eng beieinander, obwohl die bei 170 °C vulkanisierten O-Ringe einen DVR von 100 % zeigen und damit stark untervernetzt sind. Auf die Praxis übertragen heißt das, dass erst DVR-Messungen an den O-Ringen selbst Aufschluss über den Vernetzungszustand der O-Ringe erbringen, und dass die Härte der O-Ringe beziehungsweise die Formstabilität der O-Ringe eine Untervulkanisation zu ungenau anzeigen. Durch Vorgaben von maximal zulässigen Druckverformungsrest-Sollwerten an den Serien O-Ringen kann der Vulkanisationsgrad ausreichend genau spezifiziert werden.

Eine Versprödung bedeutet neben der Verhärtung den Verlust der Zugfestigkeit und der Reißdehnung und damit den Verlust der Gummielastizität infolge Alterung. Sie wirkt sich jedoch in den meisten Anwendungen erst im Endstadium deutlich funktionsmindernd auf statische O-Ring-Dichtungen aus, indem die Systemdrücke nicht mehr in Form von Verformungsenergie als erhöhte Dichtflächenpressungen weitergegeben werden können. So kommt dem Reaktionsmechanismus der bleibenden Verformung in Bezug auf die Lebensdauer bei typischen O-Ring Dichtungen die größere Bedeutung zu.

Vergleicht man das Angebot des Marktes bezüglich O-Ringen aus Standard-Werkstoffen bezüglich DVR-Werte (**Tabelle 3.13**), so zeigen sich innerhalb gleicher Polymerfamilien erhebliche Schwankungen als Folge stark unterschiedlicher Rezeptur- und Fertigungsqualitäten der getesteten O-Ringe. Daher empfiehlt es sich, Mindestanforderungen für O-Ringe zu definieren, die dann auch an den Serien O-Ringen überprüfbar sind und sowohl die Rezepturqualität als auch die Fertigungsqualität miteinbeziehen. **Tabelle 3.14** stellt ein Beispiel für solche Mindestanforderungen dar. Diese Unsicherheiten bezüglich der Rezepturqualität und dem Vulkanisationsgrad bei O-Ringen wurden durch die Werkstoff-Norm für O-Ringe, ISO 3601-Teil 5 weitgehend ausgeräumt, indem für 16 Werkstoffe Mindestanforderungen definiert wurden und zudem Härte- und Druckverformungsrestwerte an O-Ringen verbindlich definiert werden. Dies sichert einen guten Stand der Technik bei O-Ringen ab, ohne dass damit das volle Leistungspotential von O-Ringen bereits ausgeschöpft wäre. Hier haben nach wie vor die O-Ring Hersteller die Möglichkeit, sich positiv abzuheben.

3.4.2.6 Wichtige rezepturbedingte Unterschiede von NBR-, EPDM-, FPM- und FFKM-Werkstoffen

Sowohl bei NBR- wie auch bei EPDM-Werkstoffen enthalten die Rezepturen teilweise erhebliche Anteile von Weichmachern. Weichmacher in Gummiwerkstoffen verbessern die Tieftemperaturflexibilität und die Fließfähigkeit beim Spritzgießen, sie reduzieren den Mischungspreis und führen zu geringeren Volumenzunahmen bei Quelltests. Marktgängige O-Ringe enthalten

Tabelle 3.13: Oberflächenrauheiten von ruhenden Dichtflächen

Freudenberg, Standard-Empfehlungen, O-Ringe

Dichtflächen R_{max} < 16 µm
Nutflanken R_{max} < 25 µm

Parker Hannifin, Standard Empfehlungen, O-Ringe

nicht pulsierend, t_p > 50 %
Kontaktflächen R_{max} < 6,3 µm, R_a < 1,6 µm
Nutgrund und -Seiten R_{max} < 12,5 µm, R_a < 3,2 µm
pulsierend, t_p > 50 %
Kontaktflächen R_{max} < 3,2 µm, R_a < 0,8 µm
Nutgrund und -Seiten Rmax < 6,3 µm, R_a < 3,2 µm

Parker Hannifin, Anwendung Vakuum

Kontaktflächen, t_p > 50
Vakuum R_{max} < 3,2 µm, R_a < 0,8 µm
bis 10^{-8} mbar R_{max} < 1,6 µm, R_a < 0,4 µm
bis 10^{-11} mbar R_{max} < 0,4 µm, R_a < 0,1 µm
Nutflanken Rmax < 6,3 µm, R_a < 1,6 µm

Tabelle 3.14: Druckverformungsrestwerte von handelsüblichen O-Ringen

Zeit/Temperatur	Polymer/Härte	Schnurdicke in mm	Zahl der geprüften Positionen	DVR in % niedrigster Wert	DVR in % hölchster Wert
22 h/100 °C	NBR 70	1,78	11	10,4	44,7
22 h/100 °C	NBR 70	3,53	10	13,4	29,3
22 h/100 °C	NBR 70	6,99	6	9,0	24,6
22 h/100 °C	NBR 90	2,5/3,0	3	21,4	36,4
22 h/150 °C	EPDM 70/80	3,53/3,0	11	9,3	82,4
22 h/200 °C	FPM 70/80	3,53/3,0	7	11,3	19,2

bezogen auf das Volumen bis zu 20 % Weichmacher, in Ausnahmefällen auch noch mehr. Wenn diese nicht wegen extremer Kälteanforderungen benötigt werden, sollten diese bei O-Ring-Werkstoffen vermieden oder zumindest eingeschränkt werden, da sie durch Hitzeeinwirkung oder durch Auswaschungen zu Volumenabnahmen führen, die der Verpressung des O-Rings entgegenwirken. Diese Vorgänge laufen unter Anwendungsbedingungen relativ langsam ab, so dass der O-Ring bereits erheblich bleibend verformt ist, bis der Volumenschwund abgeschlossen ist, und damit steht ihm nur noch ein Teil seiner Elastizität zur Kompensation zur Verfügung. Daher können hohe Weichmacheranteile in O-Ringen die Betriebszeiten bis zur Leckage wesentlich verkürzen. Eine Mindestanforderung an die Rezepturqualität sollte daher sein, dass der durch eine Aceton- oder Prüfkraftstofflagerung und anschließender Rücktrocknung extrahierbare Volumenanteil bei O-Ringen unter 10 % liegen soll.

Bei NBR-Werkstoffen kommt dem Acrylnitril-Gehalt im Polymer eine wichtige Funktion bei den Werkstoffeigenschaften zu. Handelsübliche NBR-Polymere enthalten einen Acrylnitril-Gehalt zwischen 18 % und 50 %, Standard NBR-Rezepturen enthalten oftmals einen mittleren Acryl-

Bild 3.91: Einfluss des Acrylnitrilgehaltes auf NBR-Werkstoff Eigenschaften

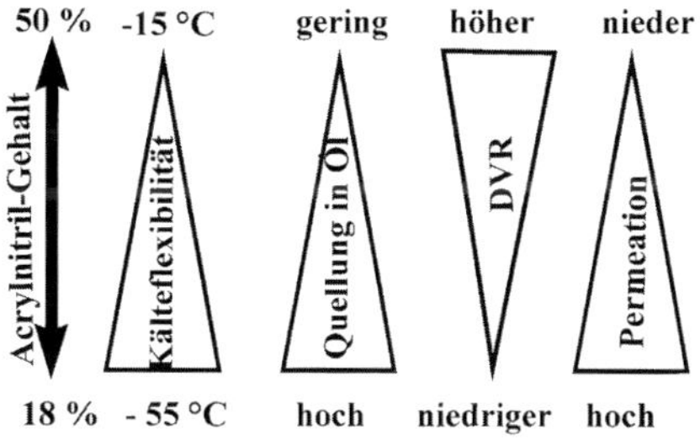

nitril-Gehalt zwischen 28 % und 38 %. Wie aus **Bild 3.91** zu erkennen ist, zeigen O-Ringe mit einem niedrigen Acrylnitril-Gehalt eine gute Kälteflexibilität, höhere Quellraten in Ölen, niedere Druckverformungsrest-Werte und hohe Permeationsraten. Wichtig ist als Anwender zu wissen, dass eine gute Quellbeständigkeit von NBR-Werkstoffen nicht mit einer guten Kälteflexibilität kombiniert werden kann.

Die **Bilder 3.92** und **3.93** [44] zeigen das Kälteverhalten eines Standard NBR-Werkstoffes und einer Tieftemperatur-NBR-Mischung. Während die gezeigte Standard NBR-Mischung

Bild 3.92: Verlauf der Härte, des Druckverformungsrestes und der Rückprallelastizität für einen Standard NBR-Werkstoff.

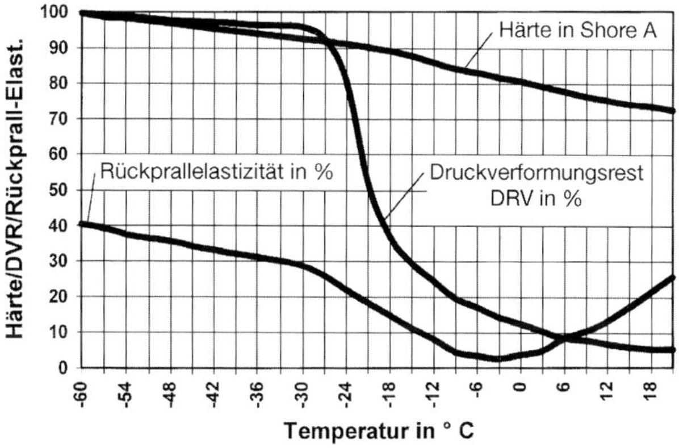

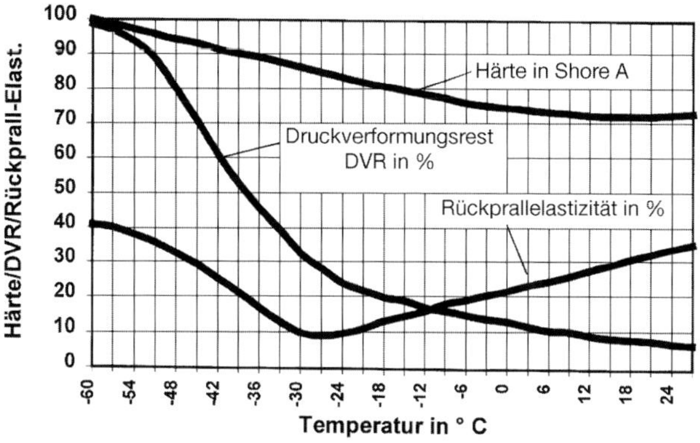

Bild 3.93: Verlauf der Härte, des Druckverformungsrestes und der Rückprallelastizität für einen Tieftemperatur NBR-Werkstoff.

Tabelle 3.15: O-Ring Bestellvorschrift -Vorschlag für Mindestanforderungen an die Werkstoffeigenschaften

	Härte, IRHD bez. auf Sollwert	DVR nach 24 h/T	Volumenänd. nach Extraktion	Änd. Härte 70 h/T IRHD
NBR	+ 5/–8	30 % max. T = 100 °C	– 10 % max.	+ 8 max. T = 100 °C
CR	+ 5/–8	25 % max. T = 100 °C	– 10 % max.	+ 8 max. T = 100 °C
EPDM	+ 5/–8	40 % max. T = 150 °C	– 10 % max.	+ 8 max. T = 150 °C
FPM	+ 5/–8	25 % max. T = 200 °C	– 3 % max.	+ 8 max. T = 250 °C
HNBR	+ 5/–8	50 % max. T = 150 °C	– 10 % max.	+ 10 max. T = 150 °C

Tabelle 3.16: Kälteverhalten verschiedener EPDM-Werkstoffe bei -30°C

	Druckverformungsrest DVR 24 h/– 30 °C in %	Probekörper
EPDM A	47	O-Ring d_2 = 1,78
EPDM B	63	O-Ring d_2 = 1,78
EPDM C	83	Scheibe h = 2,0 mm
EPDM D	95	O-Ring d_2 = 1,78
EPDM E	97	Scheibe h = 2,0 mm

bereits bei –30°C einen Druckverformungsrest weit über 90 % besitzt (Bild 3.92), zeigt die Tieftemperatur NBR-Mischung erst ab ca. –54 °C eine solch hohe bleibende Verformung (siehe Bild 3.93).

Innerhalb der Klasse der Ethylen-Propylen-Dien-Werkstoffe (EPDM) gibt es bezüglich des Temperaturbereiches erhebliche rezepturbedingte Unterschiede. Der Ethylengehalt beeinflusst besonders die elastischen Eigenschaften [45], was sich beispielsweise sehr stark auf den Druckverformungsrest bei tiefen Temperaturen auswirken kann (**Tabelle 3.15**). Bereits bei –10 °C können am Markt erhältliche EPDM O-Ringe eine bleibende Verformung von bis zu 90 % zeigen, obwohl technologisch 10 bis 15 % möglich sind. Die Hochtemperaturbeständigkeit wird wesentlich durch das Polymer (Diengehalt, mittleres Molekulargewicht), das Vernetzungssystem (Schwefel oder Peroxid) und durch den Weichmacheranteil bestimmt. **Tabelle 3.16** zeigt Messergebnisse von EPDM-Werkstoffen aus dem oberen Leistungsspektrum, **Tabelle 3.17** aus dem unteren Leistungsspektrum. Eine gute EPDM-Qualität lässt einen Einsatz in Heißwasser bis zu 200 °C und in Luft bis zu 150 °C zu, zumindest über einen Zeitraum von mindestens

Tabelle 3.17: Vergleich verschiedener EPDM-Werkstoffe – oberes Leistungsspektrum

	EPDM 1	EPDM 2	EPDM 3	EPDM 4	EPDM 6
Probekörper	O-Ring 20,22 x 3,53	O-Ring 20,22 x 3,53	O-Ring 20,22 x 3,53	Platten, Dicke 2 mm	Platten, Dicke 2mm
Druckverformungsrest 24 h/150 °C, %	9,3	13,2	12,0	13,2	10,6
Umluft 70 h/150 °C Änd. Härte, IRHD	+3	+2	+2	+5	+1
Aceton 24 h/23 °C + Rücktrocknung 22 h/100 °C					
Änd. Vol., %	-2	-0,4	-0,3	+0,3	+0,8
Änd. Härte, IRHD	0	-1	-1	+2	-2

1000 Betriebsstunden. Für stark basische Medien und Heißwasser- und Dampfanwendungen gibt es kaum sinnvolle Alternativen zu hochwertigen EPDM-Werkstoffen.

Der bekannteste Vertreter der Fluorkautschuk-Polymere (FKM) ist sicherlich Viton® von Dupont, weitere Anbieter sind die Firmen Solvay (Tecnoflon®), Daikin (DAI-EL®) und 3M (Dyneon®). Innerhalb dieser Klasse der FKM-Werkstoffe gibt es erhebliche Unterschiede bezüglich der chemischen Beständigkeit. Diese Unterschiede erklären sich aus den Unterschieden im Polymeraufbau und zum Teil in der unterschiedlichen Vernetzung (z. B. Peroxidvernetzung bei den Tetrapolymeren), auch die Art- und Menge der zugesetzten Metalloxide kann einen großen Einfluss haben. **Tabelle 3.18** [46] ermöglicht eine Klassifizierung der Polymere und damit eine herstellerunabhängige Vergleichbarkeit der verschiedenen Typen.

Bei O-Ringen findet man am häufigsten Copolymere. Diese haben den niedrigsten Druckverformungsrest und erhalten daher insbesondere auch bei zyklischen Temperaturwechseln am besten ihre Dichtkraft bei. Das lagermäßig verfügbare Angebot an FKM-O-Ringen der verschiedenen Lieferanten an FKM-O-Ringen beschränkt sich fast ausschließlich auf diese Gruppe.

Die relativ beste Quellbeständigkeit bieten die hochfluorierten FKM-Polymere, allerdings geht das auf Kosten der Kälteflexibilität. Für Heißwasser- und Dampfanwendungen von FKM-Werkstoffen werden bevorzugt hochfluorierte Tetrapolymere eingesetzt, die peroxidisch vernetzt sind und möglichst frei von Metalloxiden. Ist die Kälteflexibilität für die Anwendung sehr wichtig, kann sich der Einsatz der mit Perfluormethylvinylether modifizierten FKM-Polymeren bezahlt machen. Für ruhende O-Ring Abdichtungen lässt sich damit noch Dichtheit bei Temperaturen deutlich unterhalb von –40 °C erreichen, zumindest mit den nieder fluorierten Typen wie zum Beispiel Viton GLT [47]. Mit einer neueren Monomerentwicklung (MOVE-Technologie) ist es gelungen, den Tieftemperatureinsatz von FKM-Werkstoffen (und FFKM-Werkstoffen) nochmals um ca. 10 K zu erweitern [43].

Der bekannteste Vertreter aus der Klasse der FFKM-Werkstoffe ist sicherlich Kalrez® von der Firma Dupont, die diesen Kautschuktyp auch erfunden beziehungsweise entwickelt hat. Inzwischen hat sich das Marktangebot deutlich vergrößert, einige Beispiele für Markennamen zeigt **Tabelle 3.19**.

Tabelle 3.18: Gliederung der FKM-Polymere nach eingesetzten Monomeren und Fluorgehalt

Polymeraufbau	Beispiele für Handelsbezeichnungen	Fluorgehalt
Copolymer	Viton E 60 C	ca. 66 %
VF/HFP	Fluorel FC 2140	
	Tecnoflon FOR 421	
	Daiel G 701	
Terpolymer	Viton B 70	ca. 66 %
VF/HFP/TFE	Viton B 600	ca. 68 %
	Tecnoflon TN	
	Fluorel FC 2350	
	Viton VTR 6191	ca. 70 %
Tetrapolymer	Viton GBL 900	ca. 67 %
VF/HFP/TFE+X	Viton GF	ca. 70 %
	Daiel G 901	
Tetrapolymer	Viton GLT	ca. 65 %
	Viton GBLT	ca. 66 %
VF/PMVE/TFE+X	Viton GFLT	ca. 67 %
	Tecnoflon P 7	
VF = Vinylidenfluorid TFE = Tetrafluorethylen X = Vernetzungsmonomer HFP = Hexafluorpropylen PMVE = Perfluormethylvinyläther		

Tabelle 3.19: Hersteller für Dichtungen aus Perfluorkautschuk und Markenbezeichnungen

Hersteller	Markenbezeichnung
Dupont	Kalrez
Parker Hannifin	Parofluor
Greene Tweed	Chemraz
CFW Freudenberg	Simriz
Trelleborg Sealing Solution.	Isolast
Precision Polymer Engineering (PPE)	Perlast

Die Klasse der Werkstoffe der perfluorierten Elastomere besitzt aufgrund des hohen Anteiles von Tetrafluorethylen im Polymer eine ausgezeichnete chemische Beständigkeit. Letztlich bleibt nur noch eine kleine Anzahl von Medien übrig, die nicht mit diesen Werkstoffen abgedichtet werden können. Unterschiede bezüglich der Beständigkeit können sich insbesondere durch verschiedene Vernetzungssysteme ergeben[48]. So unterscheidet die technische Broschüre über Kalrez® Spectrum™ 6375 [49] in der Bewertung der chemischen Beständigkeit zwischen vier verschiedenen Rezepturen, **Tabelle 3.20** [49]. Insgesamt zeigt dabei der Werkstoff Kalrez® SpectrumTM 6375 die beste Beständigkeit, dieser Werkstoff kann auch nach Angaben von DuPont [50] in vielen Fällen die Werkstoffe Kalrez 4079 und 1050LF ersetzen. Trotz der guten chemischen Beständigkeit kommt er in der Wärmebeständigkeit einem Triazin vernetzten Typ sehr nahe. Dieses Triazin-Vernetzungssystem zeigt sich dafür bei hohen Dauertemperaturen

Tabelle 3.20: Medienbeständigkeit verschiedener FFKM-Rezepturen in ausgesucht kritischen Medien

Mischungsbez.	KLR-6375	4079	2035	1050F
Vernetzungssystem		Triazin-	Peroxid.	Bisphenol-
Aromat./aliphat. Öle	+++	+++	+++	+++
Säuren	+++	+++	+++	++
Alkalien	+++	+++	+++	+++
Alkohole	+++	+++	+++	+++
Aldehyde	+++	+++	+++	+++
Amine	++	-	-	+++
Ether	+++	+++	+++	+++
Ester	+++	+++	+++	+++
Ketone	+++	+++	+++	+++
Dampf/Heißwasser	+++	-	+++	++
starke Oxidationsmittel	+	+	+	+
Ethylenoxid	+++	--	+++	--
Hochtemperatur (Luft)	++	+++	+	++

+++ = hervorragend
++ = sehr gut
+ = gut
- = ausreichend
-- = nicht empfohlen

anderen Vernetzungssystemen überlegen (Bild 3.94) [48].Bei anderen marktgängigen Perfluorelastomeren wird häufig ein peroxidisches Vernetzungssystem eingesetzt. Für Hochtemperatur-Anwendungen (> 200 °C) gibt es zwischenzeitlich auch von anderen Lieferanten spezielle Rezepturen mit thermisch stabileren Vernetzungssystemen, zum Beispiel Parofluor V 8545-75 [51], Chemraz 615 oder Isolast J 8325.

Bei zyklischen Temperaturwechseln verhalten sich einige FFKM-Werkstoffe in ihrem Druckverformungsrestverhalten deutlich schlechter als konventionelle Werkstoffe, z. B. auf FKM-Basis. Dies lässt sich nicht mit den üblichen Druckverformungsrest-Tests aufzeigen, wo der O-Ring im heißen Zustand entspannt wird, das heißt, dass die DVR-Form im warmen Zustand geöffnet wird. Bedingt durch eine zum Teil sehr schlechte Kälteflexibilität einiger FFKM-Werkstoffe erstarren die O-Ringe bereits deutlich bei Raumtemperaturen und verlieren dadurch einen großen Teil ihrer Rückstellkraft. Dies ist zwar ein physikalischer reversibler Vorgang, das bedeutet, dass bei einer Erwärmung des O-Ringes auch das elastische Rückstellverhalten wieder besser wird, kann aber bei Umgebungstemperaturen oder etwas darunter unter ungünstigen Bedingungen bereits zu Undichtheiten führen. Bei einer Entspannung der O-Ringe im heißen Zustand nach einem DVR-Test kommt dieser Wirkungsmechanismus nicht zum Tragen, wohl aber in manchen Anwendungen.

Bei hohen Dauertemperaturen wird der Druckverformungsrest überwiegend von einem chemischen Reaktionsmechanismus bestimmt. Das elastische Verhalten bei Raumtemperaturen dagegen wird gerade bei FFKM-Werkstoffen in viel stärkerem Maße von physikalischen Effekten beeinflusst, als das bei anderen Elastomeren der Fall ist. Dies geht bei den klassischen Prüf-

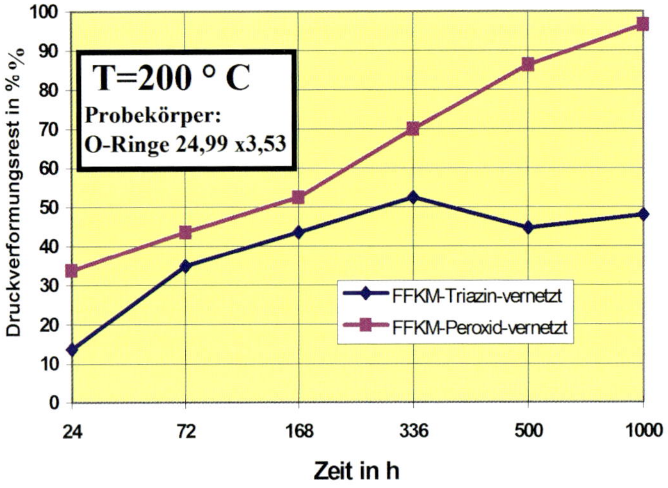

Bild 3.94: Druckverformungsrest-Langzeitverhalten verschiedener FFKM-Werkstoffe mit unterschiedlichen Vernetzungssystemen

methoden der Messung des Druckverformungsrestes nach DIN ISO 815 -1 Meth. A nicht mit ein. Daher sollte das elastische Verhalten von FFKM-Werkstoffen insbesondere bei häufigen Temperaturwechseln und bei Betriebstemperaturen unterhalb von Raumtemperaturen neben der chemischen Beständigkeit das Hauptauswahlkriterium bei der Werkstoffauswahl sein. Daher wird empfohlen, FFKM-O-Ringe bezüglich Druckverformungsrestverhalten auch nach ISO 815-1 Verf. B zu prüfen (Entspannung bei 23 °C).

Zum Teil werden für Anwendungen in der chemischen Industrie auch Werkstoffe mit gutem Erfolg eingesetzt, die vom Polymeraufbau nicht der Definition eines Perfluorkautschuks nach ASTM D 1418 entsprechen, aber eine ausreichende, zum Teil eine sehr gute Quellbeständigkeit auch in polaren Medien besitzen. Beispiele hierfür sind Viton Extreme ETP [52] von DuPont, Tecnoflon PFR 91 [53] von Solvay Solexis oder Hifluor [54] von Parker Hannifin.

3.4.2.7 Qualitätsrelevante Eigenschaften von O-Ringen

Damit O-Ringe über eine angemessen lange Zeit dichten können, sollten sie in ihren Eigenschaften hinsichtlich der folgenden drei Bereiche definiert sein:

1. Maße: O-Ringe erhalten ihre Dichtwirkung dadurch, dass diese in ihrem Querschnitt verformt werden (ca. 10 bis 30 %). Das wichtigste Funktionsmaß von O-Ringen ist die Schnurstärke. Der Innendurchmesser kann in bestimmten Bereichen variabel sein, solange die O-Ringe noch montierbar sind und durch Aufweitungen entstandene Querschnittsreduzierung berücksichtigt werden. Daher sollte vor allem die Schnurstärke ausreichend eng toleriert sein, die O-Ring-Norm DIN ISO 3601 gibt hierzu im Teil 1 praxiserprobte und fertigungsgerechte Richtwerte an. Grundvoraussetzung für eine sichere Funktion ist eine vernünftige konstruktive Auslegung der Nuten (siehe oben).
2. Oberflächenbeschaffenheit: Wo gedichtet wird, müssen die Oberflächen sowohl der Dichtflächen als auch der O-Ringe hohen Ansprüchen genügen. Die DIN ISO 3601 beschreibt im Teil 3 Grenzen für zulässige Form- und Oberflächenabweichungen von O-Ringen, dabei wird nach Sortenmerkmal N (normal), S und CS unterschieden. Zu beachten ist allerdings, dass ein mehr oder weniger geringer Anteil der für den normalen industriellen Gebrauch

Tabelle 3.21: Vorschlag für eine fertigteilbezogene Bestellvorschrift Werkstoffanforderungen) für NBR-O-Ringe

Werkstoff-Prüfung	NBR 70	NBR 80	NBR 90
Härte, DIN 53519,Teil 2, IRHD	70+/- 5	80+/- 5	90+/- 5
Spezifisches Gewicht, DIN 53 479, zulässige Abweichung vom rezepturbezogenen Mittelwert, g/cm^3	+/-0,02	+/-0,02	+/-0,02
Druckverformungsrest, DIN 53517, % 24h/100 °C	30 max.	30 max.	30 max.
Druckverformungsrest, DIN 53 517, % 24h/-25 °C, Messung 60 s nach Entspannung,	95 max.	95 max.	95 max.
Lagerung in Prüfkraftstoff FAM B (DIN 51604), 24h/23 °C			
Änderung des Volumens, %	95 max.	90 max.	85 max.
Anschließende Rücktrocknung 22h/100 °C			
Änderung des Volumens, %	-10 max.	-10 max.	-10 max.
Änderung der Härte, Shore A	+12 max.	+12 max.	+12 max.
Lagerung in ASTM-Öl Nr. 3, 70h/100°C	.		
Änderung des Volumens, %	+15 max..	+12 max.	+10 max.
Änderung der Härte, Shore A	-10 max.	-10 max.	-10 max.
Umluft, 70h/100 °C			
Änderung des Volumens, %	-3 max.	-3 max.	-3 max.
Änderung des Gewichts, %	-3 max.	-3 max.	-3 max.
Änderung der Härte, Shore A	+8 max.	+7 max.	+6 max.

gefertigten O- Ringe noch herstellungsbedingte Fehlermerkmale besitzen, die über die angegebenen Grenzen hinausgehen. Letztlich ist es eine Frage der Größe des Durchschlupfes und der Art der Fehler, ob dies auch in der Praxis zu Problemen führt. Folgende Vorgehensweisen werden zur Vermeidung beziehungsweise zur Reduzierung von Leckagen infolge von fertigungsbedingten Oberflächenfehlern angewendet:

- Vereinbarung eines zulässigen AQL(Annehmbare Qualitätslage)-Niveaus für Oberflächenfehler (0,65–2,5)
- Unterscheidung nach kritischen (AQL 0) und unkritischen Oberflächenabweichungen (AQL 0,65–2,5)
- 100 % Oberflächenprüfung mittels Bandkontrolle, Tischprüfung (manuell) oder durch eine automatische Prüfmaschine (Stand der Technik). Zu beachten ist, dass dort, wo jeglicher Durchschlupf zum Sicherheitsrisiko wird, letztlich nur ein erhöhter Aufwand bei der Fertigung zusammen mit einem besonderen Kontrollaufwand zum gewünschten Erfolg führt. Die meisten Probleme wie sie an O-Ring-Dichtungen in der Praxis auftreten und sich auf Oberflächenfehler zurückführen lassen, werden durch recht grobe Oberflächenfehler verursacht, zum Beispiel durch starke Fließfehler, zu breite Einkerbungen oder Risse. Solche Fehler lassen sich oftmals bereits bei einer konsequenten Stichprobenprüfung (20 bis 200 Stück/Los) im Rahmen einer Wareneingangskontrolle erkennen. Deshalb ist eine konsequent durchgeführte Sichtprüfung (Vergrößerung 2 bis 4-fach) als Wareneingangsprüfung empfehlenswert, auch wenn die Stichprobe im Verhältnis zum Lieferlos relativ gering ist. Darüber hinaus ist abzuwägen, ob lieferantenseitig nicht eine automatisierte Sichtprüfung im verformten Zustand vorgenommen werden soll, was natürlich die höchste Sicherheit gegen Risse bietet.

3. Werkstoffeigenschaften: Gummiwerkstoffe sind rezepturartig aufgebaut und erhalten ihre Gummielastizität erst bei der Verarbeitung durch die Vulkanisation. Mit einer allgemeinen Definition der Polymerbasis ist weder das Quellverhalten des Werkstoffes noch das elastische Rückverformungsvermögen unter Temperatureinwirkung noch die Kälteflexibilität ausreichend genau definiert. Diese großen möglichen Unterschiede in den Werkstoffeigenschaften bereiten auch beim Einsatz oftmals Schwierigkeiten. Schon durch einfache Teilebestellvorschriften, die sich auf Prüfungen an den Serien O-Ringen beziehen, können diese wesentlich eingeschränkt werden, **Tabelle 3.21** ist ein Beispiel für eine Bestellvorschrift für NBR O-Ringe bezüglich wichtiger Werkstoffeigenschaften. Allein schon die Anwendung der ISO 3601-5 (die bei Redaktionsschluss noch nicht formell als Norm bestätigt aber als Entwurf veröffentlicht ist wurde) kann hier bereits ein erhebliches Maß an Sicherheit gegen Qualitätsausreißer erbringen.

3.4.3 Schäden an O-Ringen, Ausfallursachen und Abhilfemaßnahmen

3.4.3.1 Medieneinfluss

Zu den häufigsten Ursachen, die zu O-Ring Schäden führen, gehören das umgebende Medium oder die Temperatur. Eine gute Werkstoffverträglichkeit mit dem Dichtungswerkstoff setzt eine ausreichende Quellbeständigkeit und chemische Beständigkeit voraus. Bei statischen O-Ring-Abdichtungen kann man bei normgerechter Nutauslegung (DIN ISO 3601 Teil 2) davon ausgehen, dass dem O-Ring auch bei ungünstigsten Toleranzlagen mindestens 15 % seines Volumens zur Quellung zur Verfügung stehen, selten gibt es bei statischen O-Ring-Abdichtungen Quellprobleme, solange die in Laborversuchen ermittelte Quellrate unter 30 % liegt. Erst bei höheren Quellraten besteht die Gefahr, dass der O-Ring infolge einer Nutüberfüllung in den Dichtspalt gedrückt und an den Enden zerstört wird. Dies muss nicht zwangsläufig zu einem Dichtungsausfall führen, allerdings stellt dies einen undefinierten Betriebszustand dar, der insbesondere auch durch die erzeugten losen Gummipartikel für ganze Anlagen und Prozesse zum Betriebsrisiko wird.

Besonders empfindlich auf Quellung reagieren dynamische O-Ring-Abdichtungen. Bereits bei Volumenzunahmen über 8 bis 10 % können die Reibkraft stark zu- und der Abriebwiderstand stark abnehmen. Dadurch kann sich die Laufzeit der Dichtung wesentlich verkürzen. Daher wird vor dem Einsatz von O-Ringen als dynamische Abdichtung die Durchführung von Quelltests empfohlen. Zu beachten ist dabei, dass sich das Quellverhalten von O-Ringen auch innerhalb gleicher Lieferanten rezepturbezogen ändern kann, das heißt, dass diejenigen Rezepturen getestet werden sollten, die dann auch tatsächlich zum Einsatz kommen. Ein exemplarischer Test einer einzigen Rezeptur, beispielsweise für alle NBR-Werkstoffe, ist nicht ausreichend, zumindest nicht bei dynamischen Anwendungen. **Bild 3.95** zeigt den Querschnitt eines dynamisch eingesetzten O-Ringes, der durch eine unzulässige starke Quellung schon nach kurzer Zeit ausgefallen ist.

Bei statischen Anwendungen ist die Empfindlichkeit gegenüber Quellung viel geringer, daher ist es dort meistens ausreichend, die Quellraten sinnvoll abschätzen zu können, ob diese den oben genannten Kriterien (maximal 30 %) entsprechen oder nicht. Ein Volumenschwund von mehr als 5 bis 10 %, beispielsweise infolge hoher Weichmacheranteile sollte vermieden werden, da dies zu einer wesentlichen Lebensdauerverkürzung führen kann.

Neben einer ausreichenden Quellbeständigkeit ist eine chemische Verträglichkeit der O-Ringe mit allen Kontaktmedien erforderlich. Unabhängig von der Größe der Quellung kann das vom Dichtungswerkstoff aufgenommene Medium unzulässige chemische Veränderungen in der Polymer- oder Netzwerkstruktur verursachen. Dies kann zu einer Erweichung der O-Ringe bis

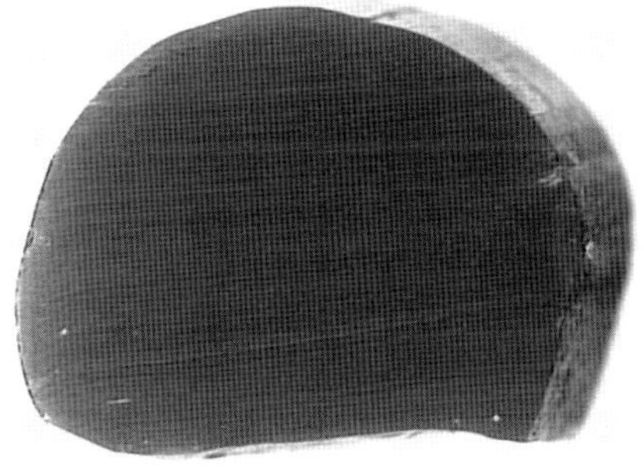

Bild 3.95: Profilschnitt eines durch Quellung ausgefallenen dynamisch beanspruchten O-Rings

Bild 3.96: Ausfallursache chemischer Angriff, klar lässt sich die produktseitige Zerstörung des O-Rings erkennen

hin zu einer klebrigen Oberfläche führen. Häufiger ist eine Versprödung, oftmals verbunden mit einer rissigen Oberfläche. Diese Art der Einwirkung muss weitgehend ausgeschlossen werden, da dies zu einem Verlust der gummielastischen Eigenschaften bis hin zur Zerstörung der O-Ringe führen kann. **Bild 3.96** zeigt ein Beispiel für einen chemischen Angriff, die Rissbildung hat auf der produktzugewandten Seite des O-Rings stattgefunden.

Findet man in den Medienbeständigkeitstabellen der Dichtungslieferanten den Hinweis auf eine Verträglichkeit, so lässt sich das meistens ausreichend genau auf die ganze Polymerfamilie übertragen, das heißt rezepturübergreifend, zumindest bezüglich der chemischen Einwirkung.

3.4.3.2 Temperatureinfluss

Die Temperaturbeständigkeit von O-Ringen wird bei den meisten Anwendungen durch einen chemischen Reaktionsmechanismus der Alterung durch Sauerstoff und Wärme begrenzt, nämlich der Nachvernetzung und der parallel verlaufenden Kettenspaltung des Polymers. Das bedeutet, dass die Höhe der zulässigen Temperaturobergrenze eines O-Ringes beziehungsweise einer bestimmten Rezeptur abhängig ist von der Beanspruchungsdauer. Langzeittests an NBR O-Ringen einer guten Standard Rezeptur (Schnurstärke 3,53 mm) haben bei 125 °C eine Betriebsdauer von ca. 1000 h ergeben, bei 100 °C ca. 4200 h und bei 80 °C ca. 17.000 h. Je höher für denselben O-Ring die Lebensdaueranforderung ist, desto niedriger ist die zulässige Dauertemperatur. Was für den O-Ring eine zu hohe Temperaturbelastung bedeutet, hängt also einerseits von dem Leistungsprofil des Werkstoffes und andrerseits von dem Temperaturkollektiv des Anwenders ab.

Auch die Schnurstärke kann eine wichtige Rolle spielen. Je dicker diese ist, desto mehr Sicherheitsreserven hat der O-Ring bezüglich der Hochtemperaturbeständigkeit. Ein starkes Überschreiten der Kurzzeit-Temperaturobergrenze führt bei NBR-O-Ringen zu Rissen und zu einer glänzenden Oberfläche. **Bild 3.97** zeigt Risse an einem O-Ring, wie sie durch eine kurzzeitige Überhitzung entstanden sind, der O-Ring selbst war noch nicht verhärtet. Sind die ausgefallenen

Bild 3.97: Rissbildung durch Überhitzung

O-Ringe dagegen komplett versprödet und bleibend verformt, ist das ein Hinweis auf eine Überschreitung der maximal zulässigen Betriebsdauer innerhalb des polymertypischen Temperaturbereiches. Zur Verbesserung der Lebensdauer sollten dann besser temperaturbeständigere Polymere eingesetzt werden, beispielsweise statt NBR-Werkstoffe HNBR- oder FKM-Elastomere.

3.4.3.3 Druckbeanspruchung

Die Widerstandsfähigkeit von O-Ringen gegenüber hohen Drücken wird maßgeblich von der Werkstoffhärte bestimmt. Ein härterer O-Ring erfordert bei gleichen Spaltweiten höhere Drücke, bis dieser durch das Einpressen in den Dichtspalt an der Nutkante aufplatzt. Bei ausreichenden Kantenradien (0,1 bis 0,3 mm) lassen sich mit normgerechten Einbauräumen nach DIN ISO 3601 Teil 2 für ruhende Abdichtungen mit harten O-Ringen (90 +/–5 IRHD) in der Regel Drücke bis 400 bar problemlos abdichten. Voraussetzung dafür ist die Begrenzung des Dichtspaltes auf möglichst unter 0,1 mm, bei geringeren Drücken können auch weichere Werkstoffe eingesetzt oder größere Dichtspalte zugelassen werden. Mithilfe von Grenzkurven (s. Bild 3.84), kann die Zulässigkeit des Spaltes in Abhängigkeit der verwendeten Werkstoffhärte und des maximalen Betriebsdruckes überprüft werden.

Durch Spaltextrusion zerstörte O-Ringe zeigen an der druckabgewandten Seite deutliche Beschädigungen, das können dünne, zum Teil recht lange Extrusionsfahnen sein (**Bild 3.98**), oder kleine Materialausbrüche, was den O-Ring an dieser Stelle wie angeknabbert aussehen lässt. Oftmals findet man dieses Schadensbild nur an einer Stelle des Umfangs, nämlich an der Stelle der größten Exzentrizität und damit des größten Dichtspaltes. Im Vergleich zu einer chemischen Einwirkung hat der Werkstoff noch seine gummielastischen Eigenschaften, er bricht also nicht beim starken Ziehen oder Biegen und hat auch keine Risse an der Oberfläche.

Erhöhte Temperaturen führen bei Gummiwerkstoffen zu einer Verminderung der Zugfestigkeit und der Reißdehnung, das heißt, dass die Anfälligkeit für Spaltextrusion mit steigenden Temperaturen infolge der Abnahme der physikalischen Eigenschaften zunimmt. Auch Reibkräfte bei dynamisch eingesetzten O-Ringen können zu einer erhöhten Anfälligkeit für Spaltextrusion führen, sofern Reib- und Druckkräfte gleichgerichtet sind. Deshalb gelten für dynamisch eingesetzte O-Ringe deutlich geringere zulässige Spaltweiten beziehungsweise Drücke.

Um O-Ringe effektiv gegen unzulässige Spalteinwanderung zu schützen, bietet der Markt Stützringe an, die aus deutlich härteren Werkstoffen als die O-Ringe gefertigt sind. Im einfachsten

Bild 3.98: Zerstörung des O-Rings durch Spalteinwanderung

Fall sind das ungefüllte PTFE-Werkstoffe, besseren Schutz bieten dann mit Kohlenstoff oder Bronze gefüllte PTFE-Werkstoffe, Stützringe aus PEEK werden ebenfalls häufig bei besonders hohen Drücken eingesetzt. Aber auch Stützringe aus NBR 90-Werkstoffen oder thermoplastischen Polyurethan oder Polyesterwerkstoffen, welche wegen der hohen Elastizität sehr montagefreundlich sind, können für viele O-Ring Anwendungen bereits ausreichend Schutz bieten. PTFE- oder PEEK-Stützringe müssen dagegen geschlitzt werden, um sie in die Nuten einzubringen. Hinweise zur Auslegung von Stützringen bietet die DIN ISO 3601 Teil 4 [55].

3.4.3.4 Risse durch Ozoneinwirkung

Die für viele Anwendungen in der Hydraulik und Pneumatik eingesetzten NBR-Elastomere können im gedehnten Zustand bereits nach wenigen Tagen Risse erhalten, wenn diese beispielsweise im vormontierten Zustand einer ozonhaltigen Luft ausgesetzt sind. Dazu reichen die in der Umwelt befindlichen Ozonkonzentration aus, in Innenräumen erzeugen beispielsweise die meisten Lichtquellen UV-Licht, das wiederum den Ozongehalt der Luft ansteigen lässt. Die Rissbildung kann letztlich bis zum Durchriss der Ringe führen. Insbesondere in den Sommermonaten bei erhöhten Ozonbelastungen ist dieses Schadensbild immer wieder anzufinden, beispielsweise an Verschraubungen, wenn diese bis zu mehreren Monate im vormontierten Zustand bis zur Endmontage zwischengelagert werden.

Bild 3.99 zeigt einen NBR O-Ring mit den typischen Rissen (Ursache: Ozon) und einer sogenannten Elefantenhaut (Ursache UV-Licht), entstanden im vormontierten Zustand durch eine Freiluftbewitterung.

Als Abhilfemaßnahme kann im einfachsten Fall bereits das Einölen der O-Ringe ausreichend Schutz bieten, zumindest für eine begrenzte Zeit. Darüber hinaus gibt es auch ozongeschützte NBR-Werkstoffe. Durch den Zusatz von Ozonschutzmittel wird der chemische Angriff des Ozons auf das Polymer zumindest für eine begrenzte Zeit verhindert. Zu beachten ist dabei, dass dies in der Regel zu einer Verschlechterung des Druckverformungsrest-Verhaltens führt. Den besten Schutz bieten ozonbeständige Polymere, wie zum Beispiel EPDM – VMQ- oder FKM-Kautschuk (Fluor-Kautschuk).

Probleme gibt es normalerweise nicht, wenn O-Ringe spannungsfrei gelagert sind oder komplett verbaut werden und damit lichtgeschützt sind und nur ein sehr begrenzter Luftaustausch mit der Umgebung stattfinden kann.

3.4.3.5 Montagefehler

Damit O-Ringe dichten können, muss der kreisrunde Querschnitt je nach Schnurstärke und Anwendung zwischen 10 und 30 % verpresst werden. Dazu sind erhebliche Verformungs-

Bild 3.99: Ausfallursache Ozonrisse an NBR O-Ringen

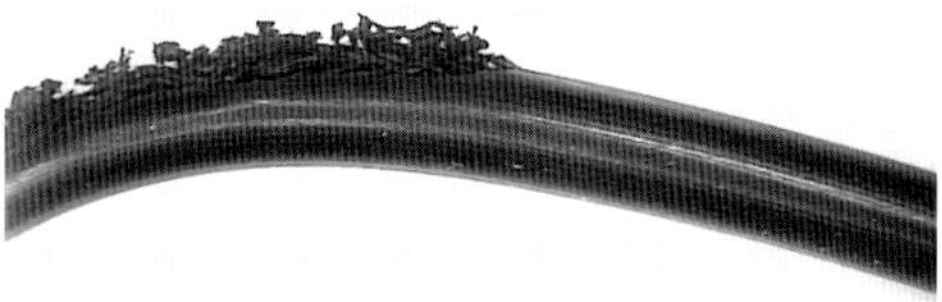

Bild 3.100: Zerstörung des O-Rings durch eine schlechte Positionierung in einer Flanschabdichtung

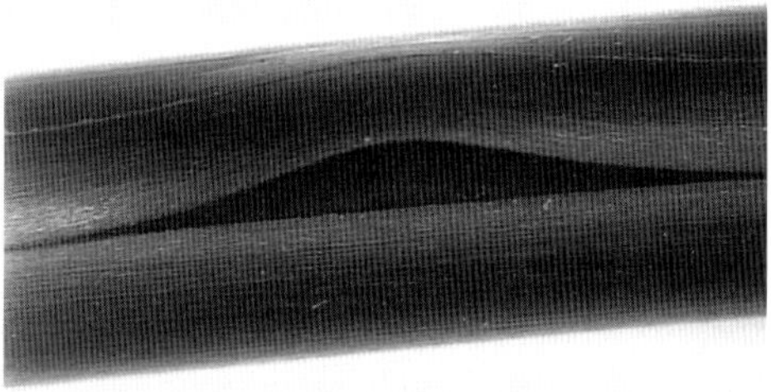

Bild 3.101: Scharfe Nutkanten haben diesen O-Ring richtiggehend aufgeschlitzt

kräfte bei der Montage erforderlich. Deshalb ist der O-Ring einer Beschädigungsgefahr ausgesetzt, wenn dieser bei der Montage gegen scharfe Kanten gedrückt wird. Dies ist beispielsweise der Fall bei radial dichtenden O-Ringen, die ohne Einführschräge oder mit einer zu steilen Einführschräge montiert werden. Einführschrägen sollten nicht steiler als 15 bis 20° sein, zudem sollte die Länge größer als die halbe Schnurstärke des O-Rings sein. Zusätzlich empfiehlt sich die Verwendung von Montagefetten, weil dadurch die Montagekräfte wesentlich herabgesetzt werden. Ist dies nicht möglich, kann bereits ein Talkumieren oder Molykotieren der O-Ringe oder eine Gleitlackbeschichtung das Beschädigungsrisiko deutlich reduzieren.

Bei axial dichtenden O-Ringen (Flansch-Abdichtungen) besteht dann eine Beschädigungsgefahr des Abzwickens, wenn der O-Ring nicht stabil im vormontierten Zustand positioniert werden kann, und dieser dann möglicherweise bei der Deckelmontage an einer Stelle am Umfang wieder aus der Nut springt. **Bild 3.100** zeigt ein Beispiel dafür. Dieser O-Ring wurde in einer Formnut eingesetzt. Das Herausspringen des O-Rings kann beispielsweise durch kleine Haltenoppen in der Nut verhindert werden, die bei der Verwendung von Sonderformteilen statt O-Ringen auch bereits an der Dichtung selbst angebracht werden können.

Montagebeschädigungen an O-Ringen können auch entstehen, wenn radial dichtende O-Ringe bereits im verpressten Zustand bei der Montage Bohrungen überfahren müssen. Ist diese Bohrung nicht in eine Entlastungsnut hineingelegt, oder zumindest von innen entgratet und etwas angeschrägt, so ist der O-Ring bei der Montage einer großen Gefahr der Abscherung im Bereich der Bohrung ausgesetzt.

Eine weitere Gefahr der Beschädigung besteht, wenn die O-Ring-Nuten scharfkantig ausgeführt sind. Nicht gebrochene Kanten können schon bei der Montage den O-Ring beschädigen, hohe Drücke oder Relativbewegungen der abzudichtenden Bauteile können die entstandenen Montagebeschädigungen noch erheblich verstärken, bis es schließlich zum Dichtungsausfall kommen kann. Zu erkennen sind solche Ursachen anhand des ausgefallenen O-Rings meist an einem geradlinigen Beginn der Beschädigung, das heißt, die scharfe Kante als Ausgangspunkt der Zerstörung bildet sich auf dem O-Ring ab. **Bild 3.101** zeigt ein Beispiel für eine so entstandene Zerstörung eines O-Ringes.

Auch zu hohe Aufweitungen des Innendurchmessers bei der Montage können zu Beschädigungen der O-Ringe führen. Aufdehnungen unter 50 % des Innendurchmessers gelten als unkritisch, solange der O-Ring genügend Zeit zur Rückverformung vor der Endmontage erhält. Bei stärkeren Aufweitungen bleibt je nach den physikalischen Eigenschaften der O-Ringe ein Restrisiko für Anrisse bestehen, härtere Werkstoffe haben eine höhere Anfälligkeit dafür als weichere. Bei gleichförmiger Aufdehnung der O-Ringe können Dehnungswerte bis 50 % der rezepturbezogenen Reißdehnung durchaus noch realisiert werden. Bei besonders kritischen Abdichtungen, wo dieses montagebedingte Risiko nicht ganz ausgeschlossen werden kann, hilft eine doppelte O-Ring Dichtung, das Leckagerisiko infolge von Anrissen zu minimieren.

3.4.3.6 Verwechslungsgefahr

Da O-Ringe wegen der Verwendung von Rußen als bevorzugten Füllstoff meistens schwarz sind, lassen sich unterschiedliche Werkstoffe äußerlich nicht auseinanderhalten. Deshalb sollten überall dort, wo parallel verschiedene Werkstoffgruppen eingesetzt werden, zum Beispiel NBR- und FKM-Kautschuk, besondere Vorkehrungen getroffen werden:

- Lagerung nicht nach Abmessungen, sondern nach Werkstoffgruppen
- Farbliche Unterscheidung der Werkstoffgruppen: Bezüglich des Einsatzes von farbigen O-Ringen bietet der Markt derzeit vor allem FKM- und HNBR- und zum Teil auch EPDM-O-Ringe mit zu den schwarzen Werkstoffen vergleichbaren Werkstoffeigenschaften, bei den farbigen verfügbaren NBR-O-Ringen bedeutet der Einsatz dieser Werkstoffe oft eine Einbuße bezüglich der Hitzebeständigkeit. Prinzipiell kann nicht davon ausgegangen werden, dass farbige Werkstoffe immer so gut wie die schwarzen sind, auch wenn das meistens technisch machbar wäre. Daher sollten diese nur nach sorgfältiger Prüfung ausgewählt werden. Im einfachsten Fall kann schon eine nachträglich aufgebrachte Farbmarkierung oder eine farbige Gleitlackbeschichtung die Verwechslungsgefahr wesentlich einschränken.
- Eine einfache Überprüfungsmöglichkeit der Werkstoffbasis besteht über die Rückprallelastizität (Elastomertester), wodurch eine sekundenschnelle, zerstörungsfreie und einfach durchzuführende Möglichkeit der Elastomererkennung gegeben ist. Auch wenn dieses Verfahren keine wissenschaftlich exakte Methode der Polymererkennung darstellt, lassen sich damit die am häufigsten eingesetzten FKM-, NBR-, und EPDM-O-Ringe mit einer erstaunlich hohen Trefferquote unterscheiden. Daher gehört ein solch einfaches Prüfinstrument an einen Montagearbeitsplatz, wo O-Ringe aus unterschiedlichen Polymeren verbaut werden.
- Wo ähnliche Abmessungen im gleichen Erzeugnis verwendet werden, sollten auch die Möglichkeiten einer farblichen Kennzeichnung ausgeschöpft werden. Noch effektiver ist es, bereits bei der konstruktiven Auslegung darauf zu achten, entweder gleiche oder gut zu unterscheidende O-Ring Abmessungen auszuwählen.

3.5 Sonderdichtungen

3.5.1 Schweißlippendichtungen

Schweißlippendichtungen sind bewährte Bauteile, die eine sichere Abdichtung gewährleisten, wenn die Vorgaben des Dichtungsherstellers und die des Schweißfachingenieurs eingehalten werden. Schweißlippendichtungen werden als „dicht im Sinne der TA Luft“ angesehen. Ist die Schweißnaht fachgerecht ausgeführt, so wird mit üblichen Messverfahren keine Leckage feststellbar sein.

Die unterschiedlichen Profiltypen ermöglichen einen zielgerichteten Einsatz, z. B. kompensiert die Torus-Schweißlippendichtung bei verschweißtem Torus relative Bewegungen der Flansche aufgrund unterschiedlicher Wärmeausdehnungen.

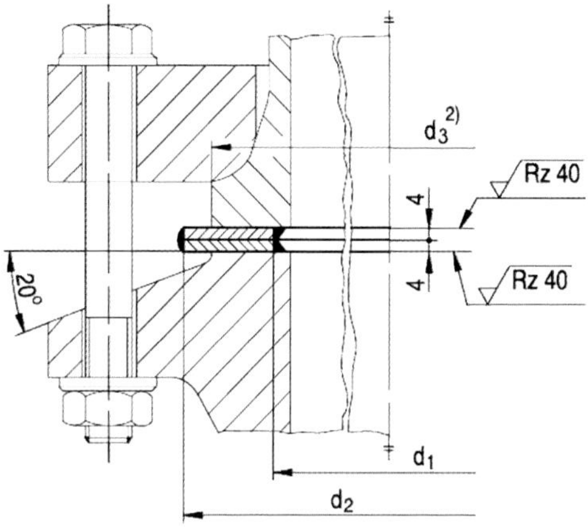

Bild 3.102: Einfachste Form der Schweißlippenverbindung, Membran-Schweißdichtung

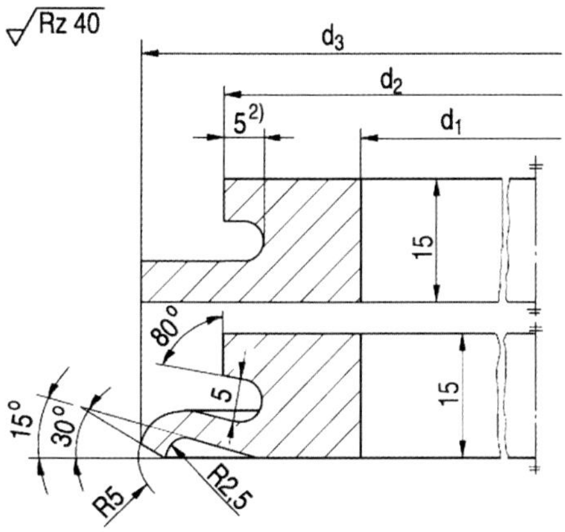

Bild 3.103: Schweißlippendichtungen nach DIN 2695:2002

Überall dort, wo es darauf ankommt, einerseits wegen der Gefährlichkeit des Mediums oder der Gefahr einer Betriebsunterbrechung eine verschweißte Verbindung herzustellen, anderseits aber eine bedingte Lösbarkeit der Verbindung zu erhalten, wird der den Einsatz von Schweißdichtungen nötig. Es ist eine bedingt lösbare Verbindung, denn es reicht nicht, die Schrauben zu lösen. Die vorhandene Dichtschweißnaht muss aufgeschnitten werden.

Die einfachste Form der Schweißlippendichtverbindung ist der Einsatz von in der Regel 5 mm dicken Scheiben. **Bild 3.102** zeigt das Prinzip und auch die notwendige Flanschkonfiguration. Die Flansche müssen so konstruiert sein, dass der Schweißer die Naht sicher herstellen kann. Übliche Flansche bieten in der Regel einen zu kleinen Spalt für die Schweißwerkzeuge.

Die DIN bietet eine Flanschform M für die sogenannten Membranschweißlippendichtung nach an DIN 2695 an. Hier ermöglicht die Kegelfläche den Zugang.

Häufig werden Schweißlippendichtungen erst nachträglich, nach dem sich andere Dichtsysteme als ungeeignet heraus gestellt haben, in das Flanschkonzept integriert. Dann ist ein anderer Typ der Schweißdichtung nötig. Nach DIN 2695-2002 sind zwei unterschiedliche Formen genormt (**Bild 3.103**).

Die Ausführungen können in Flansche ohne und mit Dichtleiste eingebaut werden. Bei den jeweils 30 mm dicken Typen werden an den äußeren Lippen an die Flansche geschweißt. Anschließend, nach dem Verspannen der Schrauben, erfolgt das Verschweißen der beiden Hälften untereinander.

Der Typ im **Bild 3.104** links wird vorwiegend dort eingesetzt wo die Sicherheitsanforderungen an die Dichtheit hoch sind, es aber z. B. keine besonderen Affekte durch temperaturbedingte Einflüsse gibt. Sollte es beispielsweise zu Verschiebungen der Flansche zueinander und/oder zu Verformungen der Flansche kommen, wird die Schweißnaht durch eine Scherkraft belastet. Dafür ist die kleine Naht nicht ausgelegt. Dieses Phänomen ist zwischen Mantelflansch und Rohrbodenflansch bei Wärmetauschern bekannt.

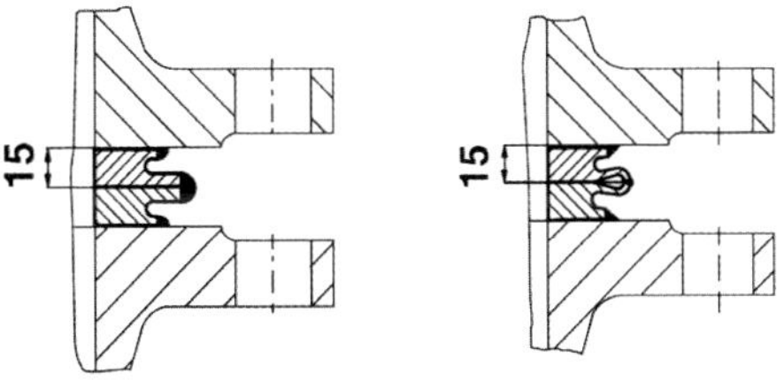

Bild 3.104: Genormte Schweißlippendichtungen in Flanschen ohne Dichtleiste

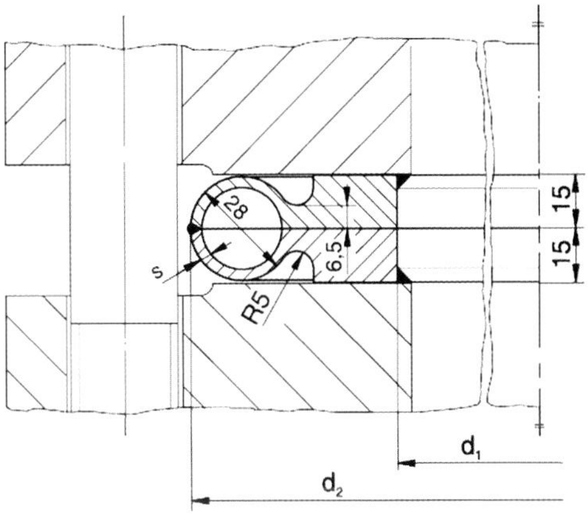

Bild 3.105: Schweißlippendichtung mit Torus (www.kempchen.de)

Wärmetauscher weisen aufgrund ihres technischen Prinzips partiell unterschiedliche Wärmezonen auf, auch in der Dichtungsfuge. Übliche statische Dichtungen sind hier z. B. Kammprofildichtungen, metallummantelte Dichtungen oder Graphitweichstoffdichtungen. Allen Dichtungstypen ist gemein, dass jegliche relative Bewegung zwischen Dichtfläche und Dichtung nicht kompensiert werden kann, Dichtungen sind keine Kompensatoren.

Es kommt zwangsläufig zu Abtragungen in der Grenzschicht zwischen Flansch und Dichtung. Statische Dichtungen sind jedoch nicht für diese Art der Belastung ausgelegt. Die Dichtungsart ist nur für statische Dichtverbindungen ausgelegt. Hier funktionieren sie sehr gut.

Es wird klar, dass eine Dichtung hier nicht nur dichten muss, sie muss auch kompensieren. Das kann der Typ nach Bild 3.104 links nicht. Für kleine Kompensationswege ist der Typ nach Bild 3.104 rechts konzipiert. Radiale Verschiebungen bis zu 0,5 mm können aufgenommen werden. Das reicht in der Regel für kleine Flanschverbindungen (bis DN 500) und nicht einem Delta T von 200 K. Größere Flansche und/oder Temperaturunterschiede und/oder unterschiedliche thermische Expansionsfaktoren erzeugen schnell größere radiale Wege. Dann reicht der genormte Torus nicht aus.

Seit vielen Jahren wird daher eine bisher ungenormte Form verwendet: Die Torus- oder Omegaschweißlippendichtung (**Bild 3.105**).

Der Torus hat die Aufgabe mögliche scherende Kräfte von der kleinen Dichtnaht wegzuhalten. Das gelingt der kreisförmigen Konstruktion wie die Simulation in der FEM zeigt (**Bild 3.106**). Die größten Spannungen treten danach am Innendurchmesser des Torus auf, denn hier ist er in einem eingespannten Zustand. Am Außendurchmesser, wo die Schweißdichtnaht liegt, treten nur kleine vertretbare Spannungen auf.

Durch das Schieben nach außen kippt der Torus zusätzlich ein wenig ab und drückt so regelrecht die Schweißnaht zusammen. Ein Lastfall, der zu keinem relevanten Schaden an der Schweißnaht führt.

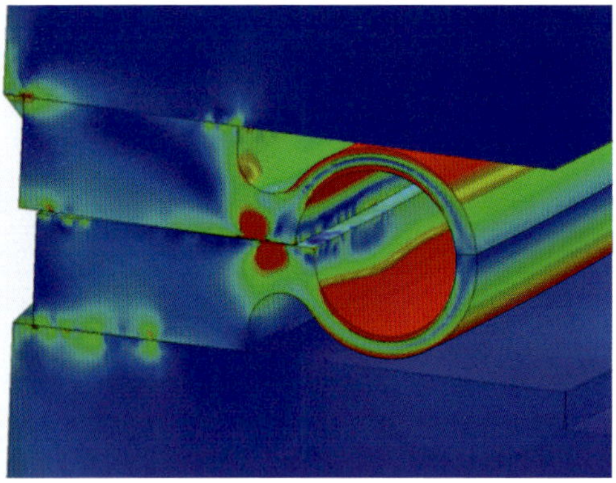

Bild 3.106: Reaktion der Schweißlippendichtung auf eine Verschiebung der Flansche um 5 mm

Schweißringdichtungen werden auch mit Hilfsdichtung versehen (**Bild 3.107**). Diese Dichtungen bieten die Möglichkeit, erst nach abgeschlossenem Probebetrieb oder zu einem späteren Zeitpunkt die beiden Hälften miteinander dicht zu verschweißen. Die Hilfsdichtung kann eine eingelegte Kammprofildichtung sein oder eine Dichtungshälfte ist mit einer Kammprofilierung ausgestattet.

Bei den kammprofilierten Schweißlippentypen muss das Profil vor erneuter Belegung mit Graphit gereinigt und gegebenenfalls vermessen werden. Wenn ein häufiger Wechsel der Hilfsdichtung vorgesehen ist findet der Typ mit Nut Verwendung, denn eine Nut ist einfacher zu reinigen.

Flanschverbindungen, die mit solchen Schweißringdichtungen ausgerüstet sind, müssen so verspannt werden, dass die Hilfsdichtung die notwendige Verformung erhält und die erforderliche Betriebsflächenpressung in allen möglichen Betriebszuständen aufrechterhalten bleibt. Das bedeutet, dass für den Dichtigkeitsnachweis die Hilfsdichtung maßgeblich ist.

Beim Verspannen der Flanschverbindung muss darauf geachtet werden, dass die Hilfsdichtungen in der vorgesehenen Lage bleiben.

Die Hilfsdichtung muss in der verschraubten Flanschverbindung im Krafthauptschluss liegen. Die Schweißringhälften sind nicht „auf Block“ zu ziehen. Zwischen den Hälften bleibt ein Luftspalt von ca. 0,3 mm.

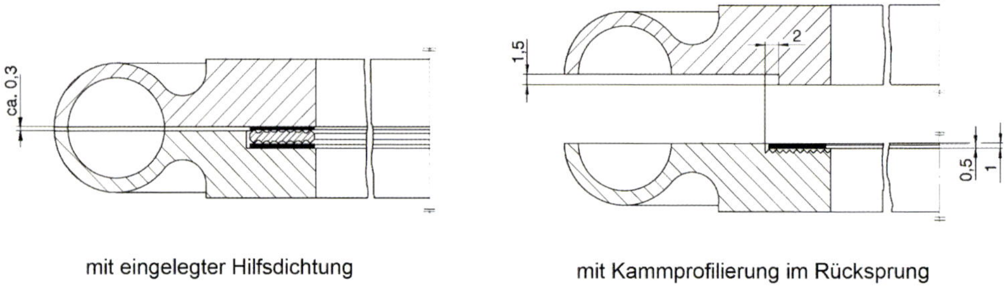

Bild 3.107: Schweißlippendichtung mit Hilfsdichtung

Schweißdichtungen sind grundsätzlich wiederverwendbar. Die Häufigkeit der Wiederverwendbarkeit hängt maßgeblich davon ab, wie sorgfältig die Dichtung bei der Montage bzw. bei Auftrennen der Schweißnaht behandelt wird.

Beim Schweißen sind die geltenden Vorschriften einzuhalten. Die Wahl des geeigneten Schweißverfahrens, Schweißguts und der Schweißnahtstärken, sowie die sichernden Maßnahmen, erforderlichen Nachbehandlungen und Prüfungen liegen in der Verantwortung des Anlagen-Konstrukteurs und des zuständigen Schweißfach-Ingenieurs.

Entsprechende Gefährdungsanalysen sind für den jeweiligen Einzelfall vom Anwender zu erstellen.

3.5.2 Trennblechdichtungen

Während die Abdichtung nach Außen auf Basis üblicher Regeln mit standardisierten Dichtungen hergestellt wird, muss man innen in der Regel nach abgestimmten Sonderlösungen suchen. Das ist z. B. bei Wärmetauschern der Fall.

Wärmetauscher folgen einem einfachen Prinzip. Ein warmes Medium umspült ein kaltes Medium mit dem Ziel, möglichst viel Wärmeenergie zu übertragen. Diese Übertragung findet in einem Raum statt, der von vielen Rohren durchzogen wird (**Bild 3.108**).

Die Schnittzeichnung veranschaulicht die Funktion.

Damit das kalte Medium möglichst lange Kontakt zu den warmen Rohren hat, werden Umlenkbleche und Trennblech eingesetzt. Dieses Prinzip wird seit langer Zeit sehr erfolgreich eingesetzt. Optimierungen in Wärmetauschern haben immer das Ziel, den Wirkungsgrad zu erhöhen. Eine Möglichkeit der Optimierung ist der Einsatz sogenannter Trennblechdichtungen. Diese Dichtungen verhindern den direkten Durchtritt des Medium durch den Spalt zwischen Trennblech und Rohrwand.

Die Spalte können beim Längstrennblech je nach Zustand des Wärmetauschers bis zu 10 mm betragen. Beim Quertrennblech findet man Spalte bis zu 20 mm (**Bild 3.109**). Je enger der Spalt ist, desto schwieriger ist jedoch die Montage des Rohrbündels.

Dazu kommt, dass das Mantelrohr von Wärmetauschern oft nach einigen Betriebsjahren nicht mehr kreisrund ist, korrosive Abtragungen an der Innenseite des Mantelrohrs führen ebenfalls

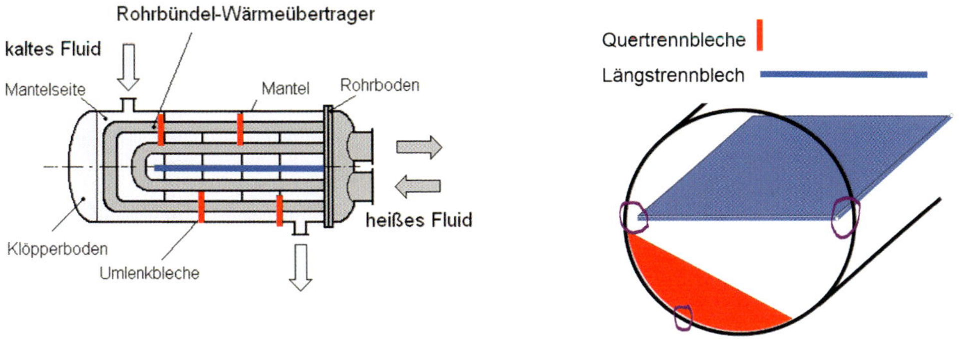

Bild 3.108: Prinzip eines Wärmetauschers mit Trennblechen (Quelle: wikipedia.org)

Durchtritt Längstrennblech

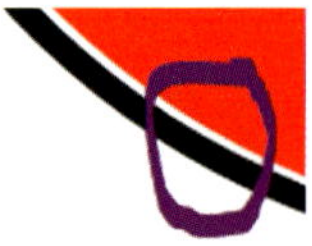

Durchtritt Quertrennblech

Bild 3.109: Spalte bei Trennblechen

zu Imperfektionen. Alle diese Effekte führen zu Spalten, die den Wirkungsgrad von Wärmetauschern durch den Leckstrom deutlich verschlechtern.

Eine überschlägliche Rechnung macht den Verlust deutlich:

Beispiel 1

Gesamtvolumenstrom	V'g	5314,67 m³/h	88577,8 l/min
Druckdifferenz – Gesamt	Δpg	1,000 bara	
Anzahl der Umlenkbleche/je Zug (nur gerade)	z	2,0	
Länge des Trennbleches	L	5000,0 mm	
Spaltbreite (auf Radius bezogen)	s	10,0 mm	
mittlere Dichte	ρ	1877,0 kg/m³	
Verlust – Volumenstrom	V'	1220,75 m³/h	20345,9 l/min
Wirkungsgrad	η	77,03%	23,0%

Beispiel 2

Gesamtvolumenstrom	V'g	5314,67 m³/h	88577,8 l/min
Druckdifferenz – Gesamt	Δpg	1,000 bara	
Anzahl der Umlenkbleche/je Zug (nur gerade)	z	2,0	
Länge des Trennbleches	L	5000,0 mm	
Spaltbreite (auf Radius bezogen)	s	5,0 mm	
mittlere Dichte	ρ	1877,0 kg/m³	
Verlust – Volumenstrom	V'	610,38 m³/h	10172,9 l/min
Wirkungsgrad	η	88,52 %	11,5 %

Beispiel 3

Gesamtvolumenstrom	V'g	5314,67 m³/h	88577,8 l/min
Druckdifferenz – Gesamt	Δpg	1,000 bara	
Anzahl der Umlenkbleche/je Zug (nur gerade)	z	2,0	
Länge des Trennbleches	L	5000,0 mm	
Spaltbreite (auf Radius bezogen)	s	0,5 mm	
mittlere Dichte	ρ	1877,0 kg/m³	
Verlust – Volumenstrom	V'	61,04 m³/h	1017,3 l/min
Wirkungsgrad	η	98,85%	1,1%

Bild 3.110: Einbausituation Längstrennblechdichtung

Ein üblicher Spalt von 10 mm wird reduziert auf 0,5 mm. Der Wirkungsgrad des Wärmetauschers steigt von 77,03 % auf 98,95 %, bezogen auf den reduzierten Leckagestrom. Bekannte Bauteile reduzieren den ursprünglichen Spalt. So genannte Trennblechdichtungen werden seit Jahren erfolgreich eingesetzt.

3.5.2.1 Die Längstrennblechdichtung

Die Trennblech-Dichtung ist eine Ganzmetalldichtung. Sie besteht in der Regel aus dem Werkstoff 1.4571 für die Lamellenträger. Die Lamellen können auch aus anderen federelastischen Stählen oder Nichteisenmetallen hergestellt werden.

Die Dichtung wird auf einfache Art und Weise direkt auf das Längstrennblech montiert (**Bild 3.110**). Zur Befestigung werden keinerlei Schrauben benötigt. Es entfallen deshalb bei der Montage auch das Bohren von Löchern sowie alle üblichen Verschraubungsarbeiten. Die Lamellen der Trennblech-Dichtung sind mit dem Lamellenträger zu einer Lamelleneinheit punktverschweißt und in der Regel in beliebigen Längen lieferbar. Die Trennblech-Dichtung ist insbesondere bei gasförmigen Medien nicht absolut dicht. Deshalb wurde in der Betrachtung oben ein verbleibender Spalt von 0,5 mm angenommen. Mit dieser einfachen Methode wird jedoch eine weitaus bessere Abdichtung erzielt, als dies bisher möglich war.

Durch die ganzmetallische Ausführung wird in einem weiten Temperaturbereich die sichere Funktion garantiert. Die Trennblech-Dichtung wird in zwei Lamellenbreiten ausgeführt. Üblicherweise findet man Lamellenbreiten von 20 mm und 30 mm und Einschubbreiten für das Trennblech von 4 bis 25 mm. Ausführungsbeispiele sind **Tabelle 3.22** zu entnehmen.

Tabelle 3.22: Spaltmaße in Abhängigkeit des Innendurchmessers des Mantelrohres (www.kempchen.de)

Durchmesser D in mm	T4.20	T 4.30
200	6	–
300	5,5	–
400	5	5,5
500	4,5	5
600	4	4,5
800	3,5	4
1000	3,5	4
1200	–	4
1600	–	3,5
2000	–	3,5

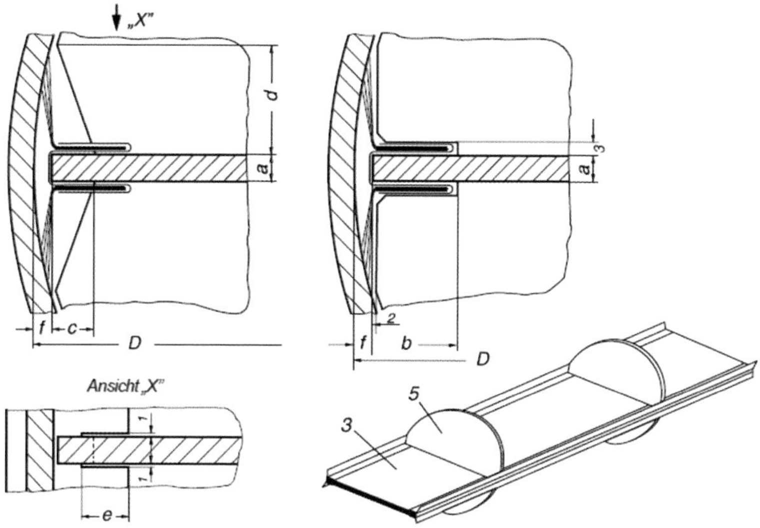

Bild 3.111: Bemaßung der Trennbleche [60]

In **Bild 3.111** kann man erkennen, dass das Spaltmaß nicht willkürlich gewählt werden kann. Berücksichtig werden muss die optimale Einbaustellung der Lamellen. Nur so ist eine langfristige Funktion und gegebenenfalls Wiederverwendung des Dichtkörpers sichergestellt.

Die optimale Einbaustellung der Lamelle ist dadurch gekennzeichnet (**Bild 3.112**), dass die äußere in einem Winkel von 90° zum Trennblech steht. Diese Bedingung schränkt die optimale Nutzung der Längstrennblechdichtung deutlich ein.

Bild 3.112: Lamellenstellung [60]

Insbesondere nach Überarbeitung des Mantelrohres oder Erneuerung des Rohrbündels kann es zu anderen Spaltmaßen kommen. Um auch in diesen Fällen eine optimale Lösung darstellen zu können, muss die Ausführung der Längstrennblechdichtung angepasst werden. Zwei Varianten sind nötig:

Variante 1: Spalt ist kleiner

Diese Situation (**Bild 3.113**) kommt vor, wenn

- man schon bei der Konstruktion von vorn herein einen kleinen Spalt vorsieht. Aber auch kleine Spalte können zu erheblichen Leckagemengen führen.
- der Mantelrohrdurchmesser klein ist (weniger als 400 mm).

Um die Bedingung 90° von Lamelle zu Trennblech zu erfüllen, muss die Konstruktion der Lamelle zum Trennblechhalter abgepasst werden. So ist sichergestellt, dass die äußere Lamelle nicht überstreckt wird und mit der vollen Rückfederkraft an das Mantelrohr innen gepresst wird.

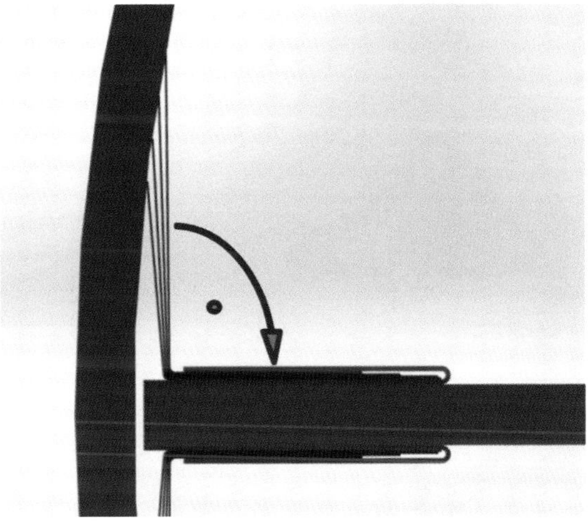

Bild 3.113: Spalt kleiner als Standard [60]

Die weiteren drei Lamellen schützen als dahinter liegende Dichtlippen zusätzlich vor Leckage.

Die Konstruktion bietet dann auch im Falle einer Imperfektion am Innendurchmesser, sei es eine Durchmesservergrößerung oder Verkleinerung, genügend Sicherheit um den zusätzlich nötigen Federweg zu Verfügung zu stellen.

Variante 2: Spalt ist größer

Diese Situation (**Bild 3.114**) kommt vor, wenn

- das Mantelrohr innen überarbeitet werden muss. Das Trennblech müsste dann eigentlich in der Breite vergrößert werden.
- das Trennblech schmaler ausgeführt werden muss, da das Mantelrohr durch den Betrieb eine Bananenform angenommen hat. Beim Einschieben würde es dann zum Verklemmen kommen.

Namhafte Dichtungshersteller verfügen über entsprechende Auslegungsprogramme und fertigen individuelle und damit optimierte Dichtkörper.

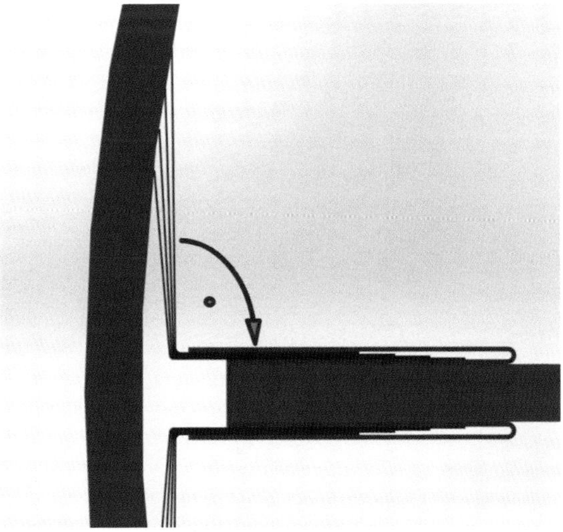

Bild 3.114: Spalt größer als Standard [60]

Bild 3.115: Quertrennblech [60]

Trifft eine Längstrennblechdichtung auf ein Quertrennblech, kommt es ohne konstruktive Lösungen zu einem Leckagestrom im Eckbereich. Das Quertrennblech selber sollte ebenfalls mit einer Barriere im rund umlaufenden Spalt versehen sein. Hier hat sich ein Dichtkörper bewährt, der im Zusammenspiel mit der Längstrennblechdichtung, zu einer optimalen Abdichtung führt.

3.5.2.2 Die Quertrennblechdichtung

Der Dichtkörper besteht aus einem eckig-wellenförmigen Grundkörper, der mit einer Packungsschnur versehen wird (**Bild 3.115**). Die Packung kann entsprechend gewählt werden. In der Regel hängt die Materialauswahl von der Prozesstemperatur und dem Medium ab.

Bild 3.116: Knotenpunkt Längs- und Quertrennblech [60]

Die Dichtung hat eine gute Barrierewirkung. Sie hindert das Medium daran, an der Innenwand des Mantels und dem Quertrennblech vorbei zu fließen.

Auch für den Knotenpunkt gibt es eine Lösung (**Bild 3.116**).

Das Quertrennblech wird in diesem Bereich ausgeklinkt und mit einem Blech verschweißt. Die Blechkontur hat nahezu den gleichen Radius wie der Innendurchmesser des Mantelrohrs. Das Trennblech wird nun bei der Montage bis an das Blech herangeschoben. Die kritische Ecke ist geschlossen.

Literaturverzeichnis

[1] DIN EN 1514 (Teile 1 bis 8); Flansche und ihre Verbindungen - Maße für Dichtungen für Flansche mit PN-Bezeichnung, Beuth Verlag, Berlin

[2] DIN EN 1591-1; Flansche und ihre Verbindungen - Regeln für die Auslegung von Flanschverbindungen mit runden Flanschen und Dichtung - Teil 1: Berechnung, Beuth Verlag, Berlin 01-2013

[3] DIN EN 13555 (Teile 1 bis 8); Flansche und ihre Verbindungen - Dichtungskennwerte und Prüfverfahren für die Anwendung der Regeln für die Auslegung von Flanschverbindungen mit runden Flanschen und Dichtungen, Beuth Verlag, Berlin 07-2014

[4] Bathen, D.; Hummelt, C.: Diffuse Emissionen an Flanschverbindungen: Einfluss der Flächenpressung, Chemie Ingenieur Technik 72, Weinheim, 2000

[5] VDI2290; Emissionsminderung - Kennwerte für dichte Flanschverbindungen, Beuth Verlag, Berlin 06-2012

[6] DIN EN 1591-4; Flansche und ihre Verbindungen - Teil 4: Qualifizierung der Befähigung von Personal zur Montage von Schraubverbindungen in druckbeaufschlagten Systemen im kritischen Einsatz, Beuth Verlag, Berlin 12-2013

[7] TA Luft; Erste Allgemeine Verwaltungsvorschrift zum Bundes-Immissionsschutzgesetz (Technische Anleitung zur Reinhaltung der Luft - TA Luft), Beuth Verlag, Berlin 07-2002

[8] LEITFADEN zur Montage von Flanschverbindungen in verfahrenstechnischen Anlagen, Verband der chemischen Industrie e.V. (VCI), 05/2014; kostenloser Download unter https://www.vci.de/services/leitfaeden/2014-08-14-leitfaden-zur-montage-von-flanschverbindungen-in-verfahrenstechnischen-anlagen-vci-1.jsp

[9] VDI 2230: Systematische Berechnung hochbeanspruchter Schraubenverbindungen, Beuth Verlag, Berlin, 11-2015 (Teil 1), 12-2014 (Teil 2)

[10] VDI 2200: Dichte Flanschverbindungen – Auswahl, Auslegung, Gestaltung und Montage von verschraubten Flanschverbindungen, Beuth Verlag, Berlin, 06-2007

[11] DIN 28091-2 (Ausgabe 2014-11), Technische Lieferbedingungen für Dichtungsplatten, Dichtungswerkstoffe auf Basis von Fasern, Beuth Verlag GmbH, 10772 Berlin

[12] DIN 3754-1 (Ausgabe 1984-05), Dichtungsplatten, it-Platten, Beuth Verlag GmbH, 10772 Berlin

[13] Verordnung zum Schutz vor Gefahrstoffen (Gefahrstoffverordnung - GefStoffV) aktuelle Fassung vom 26. November 2010

[14] Internetseite des Umweltbundesamtes: http://www.umweltbundesamt.de/themen/gesundheit/umwelteinfluesse-auf-den-menschen/chemische-stoffe/asbest

[15] Piringer, S.; Rustemeyer: Die Multilayer-Flachdichtung – eine alterungsbeständige, faserverstärkte Flachdichtung, Fachbeitrag Zeitschrift Dichtungstechnik, Vulkan Verlag, Heft 1 2004 S. 17 – 22

[16] Alterungsschutz – Therban für hitze- und medienbeständige Flachdichtungen, Zeitschrift CITplus, 09-2011, S. 41-42

[17] Mushack R.; Lüttich R.; Bachmann W.: Helle Füllstoffe in Polymeren - Eine Übersicht, GAK Gummi Fasern Kunststoffe, 42. Jahrgang, November 1989, S. 584 - 592, Genter Verlag, Stuttgart

[18] Leitlinie zur hygienischen Beurteilung von Elastomeren im Kontakt mit Trinkwasser (Elastomerleitlinie), Umweltbundesamt, vom 22. Dezember 2011

[19] Abt, W.: Weichstoffdichtungen im Lebensmitteleinsatz, Fachbeitrag Zeitschrift Dichtungstechnik, Vulkan Verlag, Heft 2 2014 S. 23 – 27
[20] Schmiedel, A.: Dichtungsprobleme einfach vielschichtig lösen, Beitrag im Dichtungstechnik Jahrbuch 2012, S. 137 – 142, Isgatec GmbH, Mannheim
[21] Becker, Concord, Lorenz, Sueck, Tietze, Wiemeler und Rothe: Lösungsmittelfreie Flachdichtungen für den Kalanderprozess, Fachbeitrag Zeitschrift Dichtungstechnik, Vulkan Verlag, Heft 2 2004 S. 66 – 69
[22] DIN EN 13555 (Ausgabe 2014-07), Flansche und ihre Verbindungen - Dichtungskennwerte und Prüfverfahren für die Anwendung der Regeln für die Auslegung von Flanschverbindungen mit runden Flanschen und Dichtungen, Beuth Verlag GmbH, 10772 Berlin
[23] DIN EN 1591-1 (Ausgabe 2014-04), Flansche und ihre Verbindungen - Regeln für die Auslegung von Flanschverbindungen mit runden Flanschen und Dichtung - Teil 1: Berechnung, Beuth Verlag GmbH, 10772 Berlin
[24] Leitfaden zur Montage von Flanschverbindungen in verfahrenstechnischen Anlagen, Verband der Chemischen Industrie e.V. (2014-05)
[25] Piringer, S.: Methoden und Verfahren zur Beurteilung der Lebensdauer von FA-Materialien, XVI. Dichtungskolloquium 2009 in Steinfurt
[26] DIN 28090-2 (Ausgabe 2014-11), Statische Dichtungen für Flanschverbindungen - Dichtungen aus Dichtungsplatten - Teil 2: Spezielle Prüfverfahren zur Qualitätssicherung, Beuth Verlag GmbH, 10772 Berlin
[27] DIN 28090-3 (Ausgabe 2014-11), Statische Dichtungen für Flanschverbindungen - Dichtungen aus Dichtungsplatten - Teil 3: Prüfverfahren zur Ermittlung der chemischen Beständigkeit, Beuth Verlag GmbH, 10772 Berlin
[28] Abt, W.; Wittmann: Ein Konzept zur Beurteilung der Medienbeständigkeit von Flachdichtungswerkstoffen auf Faserbasis, Fachbeitrag Zeitschrift Dichtungstechnik, Vulkan Verlag, Heft 1 1998 S. 32–38
[29] SGL CARBON SE: „SIGRAFLEX®-Produkte aus flexibler Graphitfolie"
[30] SGL CARBON SE: „SIGRAFLEX®-Temperaturbeständigkeit"
[31] SGL CARBON SE: „SIGRAFLEX®-Korrosionsvorgänge an Dichtverbindungen"
[32] Becker, M.; Hofmann, S.; Riedl, A.; Tietze, W.: Beitrag zur Berechnung der Ausblassicherheit unverstärkter Flachdichtungen, VDI Bericht 1579, Zuverlässig Abdichten, Baden-Baden, 2000
[33] Kockelmann, H.: Ausblassichere Dichtungen für Flanschverbindungen mit emaillierten und glasfaserverstärkten Kunststoffflanschen in der chemischen Industrie, Abschlussbericht, MPA Stuttgart, Stuttgart, 06-2007
[34] Kockelmann, H.: Ausblassichere Dichtungen für Flanschverbindungen mit emaillierten und glasfaserverstärkten Kunststoffflanschen in der chemischen Industrie, Abschlussbericht, MPA Stuttgart, Stuttgart, 04-2012
[35] Präzisions - O-Ringe Handbuch, Parker Hannifin ODE 5705 DE-GB 07/2010, Seite 14
[36] Weidner, P.: Dichtverhalten von O-Ring-Nebendichtungen unter hohem Absolutdruck bei niedrigen abzudichtenden Druckdifferenzen. Sonderdruck der Firma Burgmann
[37] DIN 3771 Teil 5, O-Ringe, Berechnungsverfahren und Maße der Einbauräume
[38] Simrit-Katalog, Technische Grundlagen, Freudenberg Schwingungs- und Dichtungstechnik, 5.Auflage
[39] Ebertshäuser, H.: Dichtungen in der Fluidtechnik, Resch-Verlag
[40] Deutsche Gesellschaft für zerstörungsfreie Prüfung-Richtlinie DP 1(Juni 2005)
[41] http://www.dupontelastomers.com/tech_info/chemical.asp
[42] Richter, B.: Bewertung von Beständigkeitstests von elastomeren Werkstoffen mit Getriebe- und Motorölen bezüglich des Funktionsverhaltens von Radialwellendichtringen, VII. Hamburger Dichtungstechnisches Kolloquium 9/ 2009
[43] DIN ISO 815-1 Bestimmung des Druckverformungsrestes nach konstanter Verformung
[44] Nagdi, K.: Correlation between Laboratory Tests and Service Performance of Elastomeric Seals at low Temperature, Kautschuk+Gummi, 7/88
[45] Heinisch, K. F.: Kautschuk-Lexikon, Gentner Verlag Stuttgart
[46] Richter, B.: Dichtungswerkstoffe im Vergleich, Chemie Technik, 25.Jahrgang, 10/96
[47] Franssen, O.: Dichtungsaufgaben in Gegenwart von Kraftstoffen und Ölen, für Hitze und Kälte. Vortragsunterlagen zum Seminar „O-Ringe in Kraftfahrzeugen" im Haus der Technik vom 7.10.1997
[48] Robert J.Weston, Perfluorelastomers in Extreme Environments, Dupont
[49] Kalrez Spektrum KLR-6375, Technische Information 04/99 D-10534-2, DuPont Dow Elastomers
[50] DuPont Kalrez Spectrum 6375, Technische Information-Rev. 4, Mai 2013

[51] Parofluor Seals, Compounds for Chemical, Petrochemical, Aerospace, 9703.2, Parker Hannifin
[52] Stevens, R. D.; Moore, A. L.: A new Unique Fluorelastomer with expanded Fluid -Resistance, Presented at the Meeting of the Rubber Division, American Chemical Society, Oct. 97
[53] Tecnoflon PFR 91, Technische Information, Solvay Solexis Rev.04/2003
[54] Hifluor Dichtungen, Hochleistungs-Fluorelastomere beständig gegen polare Medien, 9803.1, Parker Hannifin
[55] DIN ISO 3601 Teil 4 Fluidtechnik- O-Ringe- Teil 4: Stützringe (ISO 3601-4:2008)
[56] Farrow, P.; Merli, F.; Comino, G.: New Low Temperature Fluoroelastomers with Novel Monomer Compositions, Oilfield Engineering with Polymers 2008, London UK
[56] Nagdi, K.: Gummi-Werkstoffe, ein Ratgeber für Anwender
[57] Parker O-Ring Handbook, ORD 5700, Figure A2-4, Parker Hannifin
[58] Scherer, K.: Dichtheit von Kunststoff-Dichtelementen, Kunststoffe 80 (1990)
[59] DIN ISO 815-1 Bestimmung des Druckverformungsrestes nach konstanter Verformung
[60] www.kempchen.de

Weitere wichtige Literaturstellen, auf die im Text nicht direkt verwiesen wurde:
[61] DIN-Taschenbuch 479, Kautschuk und Elastomere 1, physikalische Prüfverfahren, Beuth-Verlag
[62] Peter Krumeich, Polymere Dichtungswerkstoffe, Resch Verlag
[63] Chemical Resistance, Volume II-Thermoplastic Elastomers, Thermosets And Rubbers, Plastic Design Library
[64] Elastomere Werkstoffe und Dichtungen, Seminar-Unterlagen, O-Ring Prüflabor Richter GmBH
[65] O-Ring Dichtungen, Seminar-Unterlagen, O-Ring Prüflabor Richter GmbH

4 Stopfbuchspackungen

4 Stopfbuchspackungen

Ralf Vogel

4.1 Einführung

Stopfbuchspackungen sind historisch gesehen eines der ältesten Dichtelemente. Schon im Altertum wurden Abdichtungen erwähnt, die heutigen Stopfbuchsabdichtungen ähnlich waren. Der bis heute gebräuchliche Name der „Stopfbuchse" resultiert aus den Anfängen des Dampfschiffbaus, als man die Wellendurchführungen durch den Schiffsrumpf abdichten musste und das mit fettgetränkten Lappen tat, die zwischen Stevenrohr und Gehäuse in eine Buchse „gestopft" wurden.

Die rapide technische Entwicklung nach der industriellen Revolution hatte einen entscheidenden Einfluss auf die verwendeten Packungsmaterialien und Produktionsprozesse. Die Entwicklung von Flechtmaschinen zur Herstellung des Packungsstranges verbesserte die Funktionsbeständigkeit erheblich. In der heutigen Zeit kommen auch Anforderungen an die gesundheitliche Unbedenklichkeit und Umweltverträglichkeit der verwendeten Werkstoffe hinzu. Ebenfalls werden die Grenzwerte für zulässige Emissionen immer enger gesteckt. Das hatte auf die Packungsentwicklung und die verwendeten Materialien in den letzten beiden Jahrzehnten einen großen Einfluss. Viele neue Fasermaterialien bilden die Grundlage der Packungsfertigung. Auch die Fertigungstechniken wurden kontinuierlich verbessert und weiterentwickelt.

Trotz der Konkurrenz durch Gleitringdichtungen und andere Dichtelemente ist die Stopfbuchspackung durch ihre universelle Verwendbarkeit manchmal die einzig einsetzbare Dichtungskonstruktion. Die nutzbaren Vorteile jeweiliger Stopfbuchspackungen sind ihre hohe Temperatur- und Druckbeständigkeit sowie die gute chemische und/oder physikalische Resistenz, auch gegen abrasive Medien. Packungen können je nach erforderlicher Leckagemenge während des Betriebes nachgestellt werden und fallen meist nicht ganz plötzlich aus. Montage und Wartung von Packungen sind relativ einfach, weil man bei der Montage von Packungsringen auf bevorratete Meterware zurückgreifen kann, wenn keine vorgefertigten Ringe zur Verfügung stehen.

4.2 Packungsmaterialien

Der größte Teil der verwendeten Stopfbuchspackungen besteht aus einem Gerüst aus miteinander verflochtenen Garnen und einer eingebrachten Imprägnierung. Für dynamische Anwendungen werden Packungen zusätzlich mit einem Einlaufgleitmittel versehen. Aus Fasern gesponnene Garne bilden die Grundlage der technischen Eigenschaften der Packung.

4.2.1 Faserwerkstoffe

Die für die Packungsgarnfertigung verwendeten Faserwerkstoffe lassen sich nach ihrer Herkunft in zwei Gruppen einteilen: die natürlichen und die synthetischen Fasern. Die natürlichen Fasern werden aus Materialien gewonnen, die in der Natur vorkommen, und die synthetischen Fasern werden in den verschiedensten Herstellprozessen der Synthesechemie erzeugt. Die Fasern werden in zwei Untergruppen unterschieden: die organischen und anorganischen Fasern (**Tabelle 4.1,** siehe auch Kap. 2.5).

Tabelle 4.1: Packungsfaserwerkstoffe

natürliche organische Fasern	natürliche anorganische Fasern	synthetische organische Fasern	synthetische anorganische Fasern
Baumwolle	Blauasbest	Aramid	Aramid
Hanf	Weißasbest	PFTE	PFTE
Jute		Acryl	Acryl
Flachs		Viscose	Viscose
Ramie		Novoloid (Kynol)	Novoloid (Kynol)
		PI	PI
		PBI	PBI
		PPS	PPS

4.2.1.1 Natürliche organische Fasern

Zu den natürlichen organischen Fasern gehören Baumwolle und die aus Pflanzenteilen gewonnen Fasern, wie Jute, Hanf, Flachs und Ramie. Baumwolle ist eines der preisgünstigsten Fasermaterialien. Von Nachteil sind aber die stark eingeschränkte chemische Beständigkeit und das Verrotten der Faser in Wasseranwendungen. Das gleiche gilt für Jute- und Flachsfasern. Besonders die gut wasserbeständigen Fasern, wie Hanf und Ramie haben in der Packungsgarnproduktion breite Anwendung gefunden. Die Anwendungstemperaturen für diese Fasern liegen bei maximal 120 °C (**Tabelle 4.2**). Die Ramiefasern haben dazu die höchsten Festigkeitswerte der natürlichen organischen Fasern.

4.2.1.2 Natürliche anorganische Fasern

Zu den natürlichen anorganischen Fasern gehören die Asbestfasern. Diese Fasern werden aus kristallisierten silicatischen Mineralien gewonnen. Die Asbestfasern waren bis vor drei Jahrzehnten das Universalmaterial für die Packungsgarnproduktion. Besonders wegen der hervorragenden Allroundeigenschaften, wie gute chemische und sehr gute thermische Beständigkeit (bis zu 650 °C), bei einem sehr günstigen Materialpreis. Der große Vor- und Nachteil des Asbests ist seine Faserstruktur.

Der bei der Verarbeitung oder Verwendung des Materials freigesetzte Asbestfeinstaub kann durch die Atmung in die Lunge gelangen. Dort lagern sich diese Feinstfasern ab und können krebserregend wirken. Aus diesem Grund sind die Verarbeitung und Verwendung von Asbestfasern in vielen Ländern gesetzlich eingeschränkt oder untersagt worden.

4.2.1.3 Synthetische organische Fasern

Für Anwendungstemperaturen bis zu 300 °C wurden Asbestfasern überwiegend durch synthetische organische Fasern ersetzt. Dafür existiert eine Vielzahl von Fasern, die überwiegend aus der Textilbranche stammen. Die breiteste Anwendung in technischen Garnen für Packungen haben die Aramid- und PTFE-Fasern gefunden.

Aramid ist die Bezeichnung für aromatische Polyamide. Es handelt sich dabei um synthetische, lineare Makromoleküle aus aromatischen Gruppen, die durch Amidbrücken miteinander verknüpft sind. Grundsätzlich sind zwei Typen zu unterscheiden, die Meta-Aramide (z. B. unter dem DuPont Handelsnamen Nomex bekannt) und die Para-Aramide (Handelsnamen Kevlar und Twaron). Für Packungen werden überwiegend Garne aus Para-Aramidfasern verwendet (siehe auch Kap. 2.3.2.1). Sie sind durch ihre hohe Zugfestigkeit, geringe Wärmedehnung und

Tabelle 4.2: Parameter der in Packungen verwendeten Faserwerkstoffe

Fasertyp	Farbe	Faserdurch-messer (µm)	Temperatur in Luft (°C)	Zugfestigkeit (N/mm^2)	chemische Beständigkeit
Baumwolle	weiß	12	20 120	350 700	schlecht
Ramie	weiß	15 ... 20	120	800	schlecht
Blauasbest	grau	0,75 ... 1,5	400	3000 4000	gut
Weißasbest	weiß	0,75...1,5	600	2000 6000	gut
m-Aramid	gelb	12	280	600...750	gut
p-Aramid	gelb	12	280	2000 2900	gut
PTFE	weiß	10	280	160 380	sehr gut
PI	gold	20	260	395	sehr gut
Kynol	rotbraun	14 ...33	250	1200 1500	sehr gut
PBI	gold	12	280	380	gut
Acryl	weiß	12	150	200...450	mäßig
oxid. PAN	schwarz	10 12	240	1200	mäßig
Kohle	schwarz	7...8	400	1700 2400	sehr gut
Graphit	schwarz	7 ... 8	450	2500 3200	sehr gut
Glas	weiß	6 ... 9	400 ... 800	1750 3000	mäßig
Keramik	weiß	0,5...7	900	400 1500	gut
Siliciumdioxid	weiß	10 ... 12	1100	1000	gut

gute thermische Beständigkeit charakterisiert. Die chemische Beständigkeit ist ebenfalls gut. Bei den Para-Aramiden ist auf die Hydrolyse in Dampfanwendungen über 180 °C zu achten, die die Festigkeit der Fasern stark reduziert. Die hohe Zug- und Druckfestigkeit der Aramidfasern macht sie vor allen Dingen für Packungen zum Dichten gegen abrasive Medien geeignet.

Aramidgarne werden aus zwei unterschiedlichen Fasertypen hergestellt. Aus Multifilament- oder aus Stapelfasern. Die Multifilamentfasern werden in einem kontinuierlichen Herstellungsprozess erzeugt. Das daraus hergestellte Garn ist ein Bündel aus vielen feinen Filamenten mit unendlicher Faserlänge. Diese Fasern haben eine sehr hohe Festigkeit. Deshalb kann es zu möglichen Wellenbeschädigungen kommen, wenn Packungen aus diesem Fasertyp mit zu großer Brillenspannung beaufschlagt werden. Stapelfasern sind Monofilamentfasern, die zu Fasern endlicher Länge (Stapel) zerkleinert und dann zu einem Garn versponnen werden. Dieses Garn hat eine geringere Festigkeit, aber die Elastizität und das Rückfederungsvermögen sind höher. Deshalb sind diese Garne wellenschonender. Für statische Gehäuse- und Deckelabdichtungen verwendet man gerne Packungen aus diesen Garnen wegen des besseren elastischen Verhaltens.

PTFE ist die Abkürzung für Polytetrafluorethylen. Diese Polymerfaser ist chemisch universell beständig und deshalb für alle Anwendungen in der chemischen Industrie geeignet. Einzige Ausnahmen sind Fluor und Fluorverbindungen bzw. geschmolzene Alkalimetalle, die PTFE angreifen können. Detailliertere Werkstoffinformationen sind in Kapitel 2.3 zu finden.

PTFE hat eine gute Temperaturbeständigkeit bis zu 280 °C und einen sehr niedrigen Reibungskoeffizient. Von Nachteil sind die schlechte Wärmeleitfähigkeit der Fasern und ihre geringe

Elastizität. Die Zug- und Druckfestigkeit des Materials ist niedrig, und es neigt zur Extrusion. Deshalb muss bei Packungsanwendungen auf die Spaltmaße geachtet werden.

Die meisten PTFE-Multifilamentfasern für die Packungsfertigung werden im Spalt-Schäl-Prozess hergestellt. Aus einem PTFE-Block werden Filamente herausgeschält und dann verstreckt und getempert. Eine Variante des PTFE-Garns ist die PTFE/Graphit-Compoundfolie. In einem speziellen Herstellverfahren werden bis zu 50 % Graphitpartikel in die PTFE-Folie eingebracht. Diese Folie kann auch mit einem zusätzlichen Gleitmittel versehen werden, wenn sie für Rotationsanwendungen verarbeitet werden soll. Der Vorteil dieses Materials ist eine stark verbesserte Wärmeleitfähigkeit, die besonders bei hohen Gleitgeschwindigkeiten für eine gute Wärmeabfuhr sorgt. Außerdem reduziert der hohe Graphitanteil das bei PTFE-Materialien übliche Anwachsen des Packungsvolumens unter hohen Temperaturen. Für Armaturenanwendungen wird üblicherweise auf den Gleitmittelzusatz verzichtet.

Als Alternative zu Aramidfasern werden Polyimid-Fasern (PI) und Novoloidfasern eingesetzt. Diese Fasern haben eine ähnlich gute Temperaturbeständigkeit und Elastizität. Ihre Festigkeit ist gut, aber nicht so hoch wie die der Aramidfasern. Ähnliche Eigenschaften haben die Polybenzimidazol- (PBI) und Polyphenylensulfidfasern (PPS). Wegen der höheren Preise, im Vergleich zu den vorgenannten Fasern haben diese Materialen für den Packungsbereich aber seltener Anwendung gefunden.

Eine preisgünstige Alternative sind die aus der Bekleidungsbranche stammenden Acryl- und Viskosefasern. Diese Fasern haben geringe Zugfestigkeitswerte und eine geringe chemische Beständigkeit. Sie können bis 200 °C eingesetzt werden, allerdings kann schon bei Temperaturen von 170 °C starker Schrumpf auftreten.

4.2.1.4 Synthetische anorganische Fasern

Die Gruppe der synthetischen anorganischen Fasern ist durch ihre Hochtemperaturbeständigkeit charakterisiert. Die weiteste Verwendung im Packungsbereich haben hier die Kohle- und Graphitfasern gefunden (siehe auch Kap. 2.5 und 2.6). Diese Fasern unterscheiden sich aufgrund ihres Kohlenstoffgehalts. Kohlefasern haben einen maximalen Kohlenstoffanteil von 96 %, während die Graphitfasern aus mindestens 99 % Kohlenstoff bestehen. Die Fasern werden durch Karbonisieren von unterschiedlichen Ausgangswerkstoffen gewonnen. Die gebräuchlichsten sind Zellulose-, Pech- sowie Polyacryilnitrilfasern, die unterschiedlichen Wärmebehandlungen unterzogen werden, um einen definierten Kohlenstoffanteil zu erhalten.

Breite Anwendung finden die oxydierten PAN-Fasern, die einen Kohlenstoffanteil von etwa 65 bis 68 % haben. Weil diese Fasern nur einen Teilprozess der Karbonisierung durchlaufen, sind sie relativ preisgünstig. Die maximale Anwendungstemperatur für diese Fasern beträgt aber nur 300 °C. Die thermische Einsatzgrenze für voll karbonisierte Kohlefasern liegt bei etwa 450 °C für die meisten Medien und Luft, während Graphitfasern hier bis Temperaturen von 500 °C eingesetzt werden können. Bei Dampfanwendungen sind bis zu 550 °C zulässig.

Die Kohle- und Graphitfasern haben eine sehr gute chemische Beständigkeit und einen niedrigen Reibungskoeffizienten. Sie sind relativ elastisch, und ihre Wärmeleitfähigkeit ist gut. Obwohl die Zugfestigkeit der Fasern hoch ist, ist die Druck- bzw. Scherbelastbarkeit relativ niedrig.

Für diverse statische Anwendungen verwendet man Glasfaser-Packungen. Glasfasern sind durch ihre sehr gute Wärmebeständigkeit und Zugfestigkeit gekennzeichnet (siehe auch Kap. 2.3.2.4). Es sind drei verschiedene Varianten zu unterscheiden:

- E-Glas mit einer guten elektrischen Widerstandsfähigkeit,
- C-Glas mit einer verbesserten chemischen Beständigkeit und
- S-Glas mit höchster Zugfestigkeit (siehe Kap. 2.3.2.4).

Zu beachten ist eine starke Abnahme der Zugfestigkeit der Glasfasern ab 300 °C. Für Dampfanwendungen sollte man Glasfaser-Packungen wegen der Hydrolyse ab 160 °C nicht verwenden. Ein weiterer Nachteil der Glasfasern ist ihre Sprödigkeit, die nur sehr geringe Druckbelastungen zulässt.

Für statische Anwendungen mit Einsatztemperaturen bis zu 1100 °C werden Packungen aus keramischen Fasern und Siliciumdioxidfasern eingesetzt (z. B. Abdichtung von Ofentüren). Die Beständigkeit dieser Fasern gegen Säuren ist gut, die Laugenbeständigkeit aber mäßig. Die Fasern sind sehr spröde, und die mögliche Druckbelastbarkeit ist ebenfalls gering.

4.2.1.5 Verbundgarne

Neben den beschriebenen Werkstoffen gibt es ein weites Anwendungsfeld von Verbundfasergarnen, in denen verschiedene Faserwerkstoffe miteinander kombiniert werden, um die Vorteile der Einzelfasern möglichst im vollen Umfang zu nutzen. Das kann während des Spinnprozesses geschehen, oder Garne unterschiedlicher Materialen können miteinander verzwirnt werden. In einem neueren Spinnverfahren wird z. B. ein Faserkern mit einem zweiten unterschiedlichen Fasermaterial konzentrisch umsponnen. Ein Beispiel hierfür ist das Umspinnen eines Glasfaserkerns mit Acrylfasern. Der Kern gibt dem Verbundgarn eine höhere Zugfestigkeit als eine 100 %ige Acryilfaser mit einer niedrigen Festigkeit.

Eine weitere Möglichkeit der Festigkeitserhöhung von Garnen ist das Verzwirnen mit Metalldrähten. Besonders für Hochdruckanwendungen werden hier rostfreier Stahl, Inconel- oder Messingdraht in Durchmessern von 0,1 bis 0,15 mm verwendet. Diese Garne sollten möglichst nur für statische oder quasistatische Anwendungen eingesetzt werden, da bei dynamischen Anwendungen eine Wellenschädigung durch den Kontakt mit dem Metalldraht nicht ausgeschlossen werden kann.

Theoretisch kann man sich eine große Vielfalt dieser Verbundfasergarne vorstellen, wobei je nach Einsatzfall zu beachten ist, dass die möglichen Einsatzgrenzen immer vom jeweils schwächeren Fasermaterial bestimmt werden. In der Praxis haben sich diese Garne nur in Teilbereichen durchgesetzt, da die aufwendigen Fertigungsprozesse die Garne erheblich verteuern.

4.2.2 Imprägnierungen

Das Imprägnieren von Packungen und Packungsgarnen hat verschiedene Funktionen. Die Hauptfunktion ist das Ausfüllen der Hohlräume im Packungsgeflecht, um der Packung eine gute Dichte zu geben und die Leckagewege durch die Packung zu schließen. Des Weiteren gewährleistet eine gute Imprägnierung einen Schutz der Garne gegen Medienangriff. Andere Vorteile können je nach Imprägnierung ein verbessertes Reibverhalten und/oder eine erhöhte Wärmeabfuhr sein. Zum Teil werden Packungsgarne vor dem Flechten imprägniert, um die Verarbeitbarkeit zu gewährleisten oder zu verbessern und, falls erforderlich, um die chemische Beständigkeit zu erhöhen.

Je nach Fasermaterial, Garntyp, Herstellprozess und Imprägnierung können unterschiedliche Mengen an Imprägniermittel in die Packung eingebracht werden. Üblich sind ca. 20 bis 30 % Imprägnierungsanteil am Gesamtgewicht der Packung. Die Spannbreite beträgt 10 bis 50 %. In **Tabelle 4.3** sind die bei Packungen gebräuchlichsten Imprägnierungsmaterialien aufgeführt.

Tabelle 4.3: Gebräuchliche Imprägnierungsmaterialien für Packungen

- PFTE
- Graphit
- Glimmer
- Talkum
- Bornitrid
- Bariumsulfat
- Molybdändisulfid
- Fett
- Wachs

Eines der am häufigsten verwendeten Imprägnierungsmittel ist die PTFE-Dispersion. Das PTFE liegt in einer wässrigen Lösung vor, mit der Packungen oder Einzelgarne relativ einfach in einem Bad oder auf dem Maschinenbett getränkt werden. In einem nachgeschalteten Trockenprozess verdunstet das Wasser und das PTFE bleibt zurück. Durch die hohe Querschnittsdichte und die gute plastische Verformbarkeit gewährleistet die PTFE-Imprägnierung ein sehr gutes Dichtverhalten. Sie schützt die verwendeten Garne gegen Medienangriff, und das Reibungsverhalten der Packung wird stark verbessert. Von Nachteil sind die geringe Abriebfestigkeit und die hohe Wärmeausdehnung des PTFE.

Die im Folgenden beschriebenen Feststoffe werden überwiegend in Pulverform mit geeigneten Bindemitteln in wässrigen Dispersionen in die Packung eingebracht. Der wichtigste Festschmierstoff ist Graphit wegen seiner hohen Temperaturbeständigkeit, der geringen Wärmeausdehnung und eines ausgezeichneten Reibwertes. Ähnliche Eigenschaften hat Molybdändisulfid, das aber aus korrosionstechnischen und preislichen Gründen seltener eingesetzt wird. Für Anwendungen, bei denen eine schwarze Imprägnierung wegen möglicher Kontaminierung des Mediums, z. B. in der Lebensmittelindustrie, nicht eingesetzt werden kann, werden Glimmer, Talkum, Bariumsulfat oder Bornitrid als Hauptimprägnierungsbestandteil eingesetzt. Diese Feststoffe haben einen guten Reibwert und sind hochtemperaturbeständig.

Die preisgünstigsten Imprägniermittel sind Wachse und Fette auf pflanzlicher, tierischer, mineralischer oder synthetischer Basis. Die Fette können mit einem Festschmierstoff bzw. Füllstoff gemischt werden. Durch Erhitzen über den Schmelzpunkt wird das Fett verflüssigt und in die Packung eingebracht. Nach dem Erkalten erstarrt das Fett und haftet gut am Packungsgarn. Der Nachteil der Fettimprägnierungen ist ihre geringe Temperaturbeständigkeit bis maximal 160 °C und die mögliche Gefahr des Ausblutens der Imprägnierung, d. h. bei Überhitzen der Packung kann die Imprägnierung ausgewaschen werden.

4.2.3 Einlaufgleitmittel

Alle Packungen, die für den dynamischen Einsatz in Pumpen, Mischern und Rührwerken verwendet werden, sind mit einem zusätzlichen Einlaufgleitmittel versehen. Das Einlaufgleitmittel hat zwei Funktionen: Zum einen gewährleistet es einen ersten Schmierfilm zwischen Packung und Welle beim Einfahren des Aggregates. Andererseits kompensiert der Volumenverlust durch das Auswaschen des Schmiermittels die mögliche Volumenausdehnung der Packung bei erhöhter Reibungswärme. Der Anteil des Einlaufgleitmittels am Gesamtgewicht der Packung beträgt in der Regel etwa 10 bis 25 %.

Als Einlaufgleitmittel werden überwiegend Fette und Mineralöle verwendet. Um das Schmiermittel länger in der Packung zu halten, werden auch Gemische aus Mineralöl und Paraffin eingesetzt. Weite Verbreitung finden auch Silikonöle wegen der guten Hitzestabilität bis 250 °C. Silikonöle dürfen nicht in der Automobil- und Farbenindustrie eingesetzt werden, weil sie als Trennmittel schon in geringen Mengen die Lackierbarkeit von Oberflächen beeinträchtigen.

4.3 Packungsarten

Je nach Anwendung und Fertigungsverfahren lassen sich verschiedene Packungsarten unterscheiden. In **Bild 4.1** sind die unterschiedlichen Strukturen dargestellt. Den größten Anteil an den Packungsanwendungen haben hierbei die Geflechtpackungen.

4.3.1 Geflechtpackungen

In **Bild 4.2** ist der Herstellungsprozess einer geflochtenen Packung dargestellt. Die benötigten Garne können direkt verwendet werden, oder sie werden vorher mit einer Imprägnierung versehen, um das Verarbeitungsverhalten zu verbessern oder die chemische Beständigkeit zu erhöhen. Danach werden die Garne auf die in der Maschine umlaufenden Flechtklöppel gespult, die die Geflechtstruktur der Packung bestimmen. Auf der Flechtmaschine werden die so präparierten Garne zu einem Packungsstrang geflochten (**Bild 4.3**). Je nach Anwendung und Fertigungsverfahren lassen sich verschiedene Flechtarten unterscheiden.

Zopfgeflecht

Das Zopfgeflecht wird üblicherweise für quadratische Packungen bis zu einem Querschnitt von 5 oder 6 mm verwendet. Die Struktur der Packung ist in **Bild 4.4** dargestellt. Acht Flechtfäden werden hier um vier Eckfäden zu einer zweibahnigen Zopfstruktur geflochten. Die Flechtfäden laufen diagonal durch die Packung, so dass auch bei Beschädigung eines Fadens das Geflecht nicht zerfällt. Die Eckfäden geben der Packung Stabilität. Das Zopfgeflecht ist sehr elastisch und einfach zu fertigen. Für größere Packungsquerschnitte hätte dieses Geflecht eine zu grobe Oberflächenstruktur, deshalb verwendet man es nur für kleinere Abmessungen.

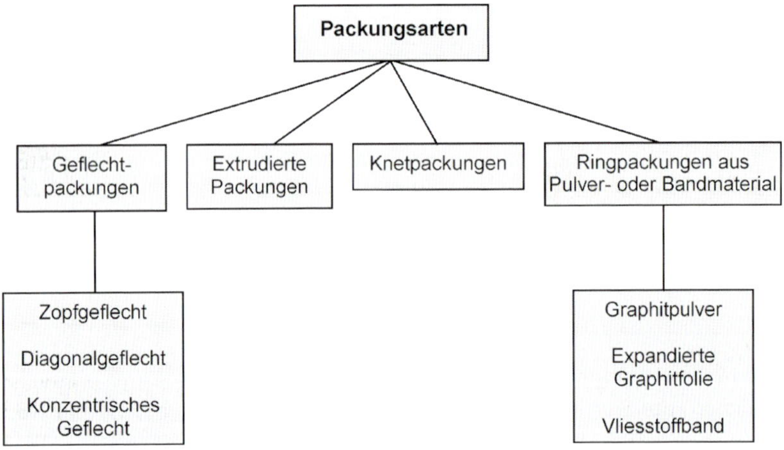

Bild 4.1: Packungsarten

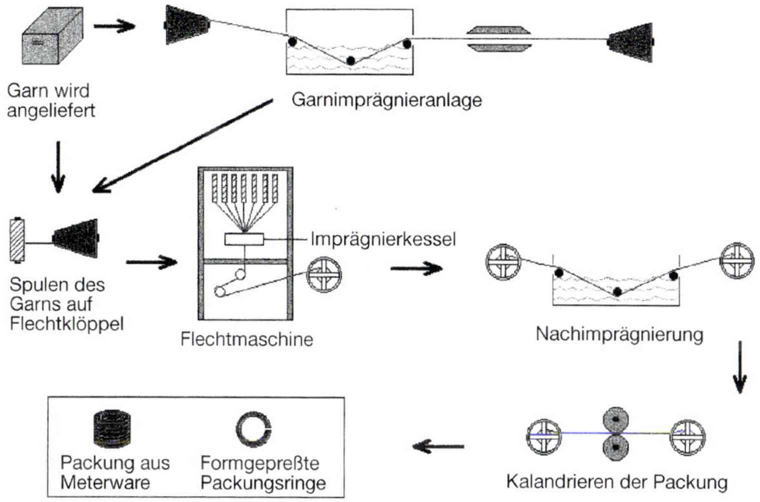

Bild 4.2: Fertigungsprozess von Geflechtpackungen

Bild 4.3: Flechtmaschine
(Quelle: Herzog GmbH, Oldenburg)

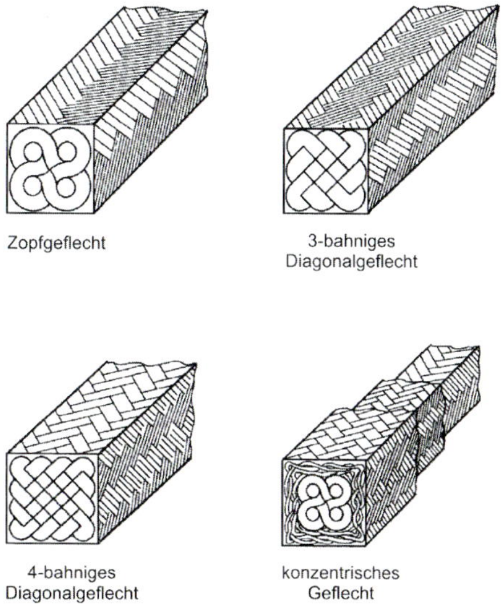

Bild 4.4: Flechtarten

Diagonalgeflecht

Für die größeren Packungsquerschnitte werden drei- oder vierbahnige Diagonalgeflechte verwendet. Für ein dreibahniges Geflecht werden Flechtmaschinen mit 12 oder 18 Klöppeln verwendet, für ein vierbahniges Maschinen mit 20, 24, 32, 36 oder auch mehr Klöppeln. Durch die Verwendung einer größeren Anzahl von Flechtklöppeln können so auch bei großen

Packungsabmessungen feine Oberflächenstrukturen erzeugt werden, die eine größere Kontaktfläche zwischen Welle und Packung gewährleisten. Durch die Verwendung von dünneren Garnen kann hier auch ein dichteres Geflecht realisiert werden, was die Leckagewege minimiert.

Eine Abwandlung des Diagonalgeflechts ist das sogenannte Trapez- oder AK-Profilgeflecht (in Englisch auch „Anti-Keystone" genannt). Hier wird durch eine Vergrößerung der Eckfäden auf der Packungsoberseite und ein Weglassen von Einlauffäden auf der Unterseite ein trapezförmiges Diagonalgeflecht erzeugt. Das soll bei der Montage der Packung das trapezförmige Aufdicken der Packung an der Wellenseite ausgleichen (siehe Bild 4.17). Durch das Trapezgeflecht lassen sich die Packungsringe einfacher verdichten. Die resultierenden Radialkräfte auf die Welle sind dadurch niedriger, wodurch sich geringere Reibkräfte und damit längere Standzeiten ergeben. Ein deutlich besseres Laufverhalten gegenüber dem Standardgeflecht zeigt sich aber nur bei schlecht ausgelegten Stopfbuchsdimensionen mit einer großen Packungsbreite und einem kleinen Wellenquerschnitt.

Konzentrisches Geflecht

Beim konzentrischen Geflecht, auch Schlauchgeflecht genannt, wird um einen größeren Kern ein dünnes Geflecht, ähnlich wie ein Schlauch, geflochten. Das Geflecht hat eine feine und dichte Oberfläche, die aber mechanisch weniger verschleißfest als das Diagonalgeflecht ist. Um die Querschnittsdichte zu erhöhen, kann der Kern auch mehrfach umflochten werden. Je nach Abmessung der Packung wird auf Flechtmaschinen mit 16 bis zu 48 Klöppeln gearbeitet.

Als Kern werden parallel in einem Strang angeordnete gedrehte oder verzwirnte Garne verwendet, die der Packung eine gute Verformbarkeit und Elastizität verleihen. Alternativ werden auch extrudierte Gummi- oder Elastomerkerne verwendet, die die Form der Packung bestimmen. So können nicht nur quadratische, sondern auch rechteckige und runde Querschnitte erzeugt werden. Diese Packungen mit einer sehr hohen elastischen Verformbarkeit werden überwiegend in statischen Anwendungen als Gehäuse- oder Deckeldichtungen verwendet. Mittels spezieller Flechtmaschinen, deren Klöppelführungskopf teilbar ist, werden auch endlose Packungsringe für diese Anwendungen hergestellt.

Bei allen beschriebenen Flechtarten kann das Geflecht schon während des Flechtvorganges in der Maschine mit einer Imprägnierung versehen werden, so dass eine durchgängige Imprägnierung des gesamten Packungsquerschnitts erzielt wird. Das hat einen entscheidenden Qualitätsvorteil gegenüber Packungen, die trocken geflochten werden und dann in einem nachfolgenden Prozess in einem Imprägnierbad getränkt werden. Besonders höherviskose Imprägnierungen benetzen hierbei nur die Oberfläche der Packungen. Sie füllen aber nicht die im Inneren der Packung vorhandenen Hohlräume, was zu einer erhöhten Leckage des Mediums durch die Packung führen kann. Deshalb sind derart getränkte Packungen gegenüber gasförmigen Medien meist nicht ausreichend dicht.

Nach dem Flechten und Trocknen der Imprägnierung werden die meisten Packungen kalandriert, d. h. sie werden durch eine allseitige Druckverformung in einem Walzprozess weiter verdichtet und auf ein gleichmäßiges Maß gebracht. Das hier eingestellte Maß weicht von der quadratischen Struktur ab. Durch ein Kalandrieren des Packungsprofils von 0,2 bis 0,5 mm unter Nennmaß bei einem entsprechenden Plusmaß der Packungshöhe wird der Einbau der Packung in die auf Nennmaß ausgelegte Stopfbuchse erheblich erleichtert. Packungen für die Verwendung in Ventilen oder Armaturen werden härter kalandriert und somit besser verdichtet. Für dynamische Anwendungen werden Packungen nach dem Kalandrieren in einem Imprägnierbad noch mit einem Einlaufgleitmittel versehen.

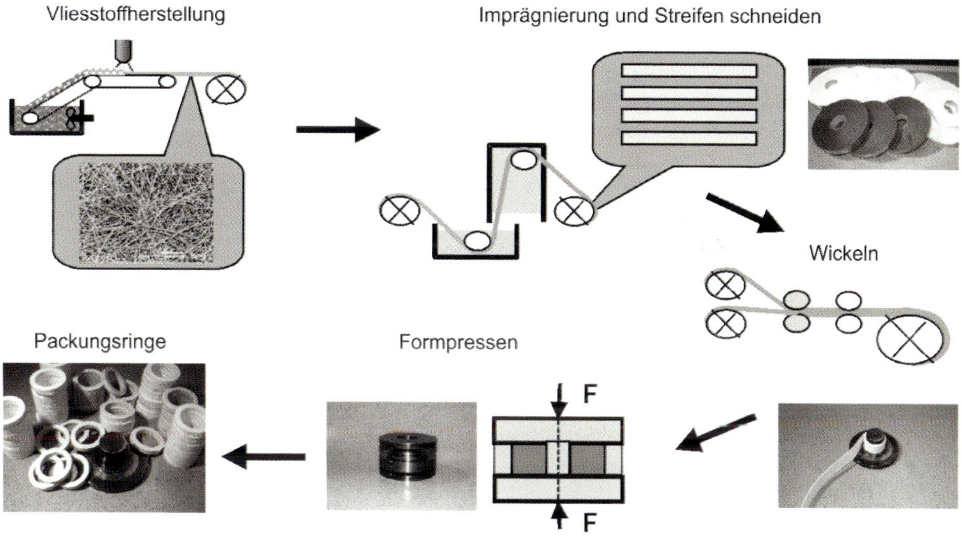

Bild 4.5: Fertigung von Vliesstoffpackungen

Die Geflechtpackungen werden üblicherweise als endlicher Packungsstrang hergestellt und entweder nach Länge oder nach Gewicht verkauft. In einem weiteren Verarbeitungsschritt können formgepresste, einbaufertige Packungsringe hergestellt werden. Dafür wird ein Packungsstrang auf definierte Länge geschnitten und in einem Formwerkzeug zu einem Ring mit den gewünschten Stopfbuchsabmessungen verdichtet. Der so hergestellte Ring lässt sich erheblich besser montieren als ein Packungsabschnitt vom Strang. Die Axialkräfte zum Verpressen der Packung in der Stopfbuchse sind niedriger, wenn die Ringe bereits vorverpresst sind. Daraus resultieren auch niedrigere Radialkräfte auf die Packung, was die Lebensdauer verlängert. Des Weiteren vermeidet man Abfall durch Zuschnittfehler oder Reststücke. Nachteilig sind der höhere Preis der Packungsringe und die aufwendigere Lagerhaltung.

4.3.2 Vliesstoffpackungen

Eine neu entwickelte Alternative zu aus Garnen geflochtenen Packungen sind Packungen aus Vliesstoffmaterial. Vliesstoffe werden aus Fasern hergestellt, die chemisch, thermisch oder mechanisch miteinander zu einem Bahnmaterial verbunden werden. Es gibt technische Vliesstoffe für die verschiedensten Anwendungsbereiche. Für Packungsvliese werden dieselben Fasern wie in der Packungsgarnproduktion verwendet.

Die Vliesstoffbahn wird in einem speziellen Tauch- und Walzprozess mit einer Imprägnierung versehen (**Bild 4.5**). Nach dem Imprägnieren wird die Bahn in Streifen geschnitten. Diese Streifen werden dann konzentrisch in ein Formwerkzeug gerollt und zu endlosen Ringen verpresst.

Der Vorteil der Vliesstoffpackungen ist eine bessere und homogenere Querschnittsdichte, da die Fasern vollkommen in der Imprägnierung eingebettet sind. Hieraus ergibt sich vor allen Dingen bei gasförmigen Medien eine niedrigere Leckagerate. Des Weiteren sind, je nach Materialkombination, Abrieb und Extrusion geringer als bei geflochtenen Packungen.

4.3.3 Knetpackungen

Für die Herstellung von Knetpackungen verwendet man vornehmlich PTFE, Graphit, Fett und Faserstoffe, die in einem Mischer zu einem plastischen Granulat vermengt werden. Dieses formlose Granulat lässt sich dann leicht in eine Stopfbuchse einbringen und über die Brille verdichten. Mit einer Knetpackung ist man nahezu unabhängig von bestimmten Stopfbuchsquerschnitten und -geometrien. Die Knetpackung ist kostengünstig herzustellen und sehr vielfältig sowohl in Armaturen als auch in Pumpen einzusetzen, muss aber immer mit Kammerungsringen aus geflochtenen Packungen eingebaut werden, um ein Extrudieren des Knetpackungsgemisches durch die Stopfbuchsenspalte zu vermeiden.

Nachteilig ist die schwierigere Handhabung bei der Montage und insbesondere beim Ausbau der Knetpackungen. Es kann keine definierte Verdichtung eingestellt werden. Besonders in Pumpenanwendungen werden Knetpackungen mit hohem Fettanteil verwendet, um ein gutes Reibungsverhalten und eine gleichmäßige Schmierung zu gewährleisten. In Verbindung mit einer Laterne in der Stopfbuchse kann bei Volumenverlust der Packung weiteres Knetpackungsmaterial über eine Druckpumpe in den Packungsraum eingebracht werden, ohne die Brille zu öffnen. Das hat den Vorteil einer einfachen und schnellen Wartung, allerdings bei zusätzlichen Kosten für die Druckpumpe.

4.3.4 Extrudierte Packungen

Eine Abart der Knetpackungen sind die extrudierten Packungen. Hier werden ähnliche Gemische und Stoffgemenge wie für Knetpackungen in einer Extrudiermaschine mit einem beheizten Druckzylinder durch ein Formwerkzeug gepresst und zu einem Packungsstrang extrudiert. Die so erzeugten Packungen haben eine sehr hohe Querschnittsdichte und sind damit besonders zum Abdichten von gasförmigen Medien geeignet. Aber auch Medien, die abrasive Materialien enthalten, können mit extrudierten Packungen abgedichtet werden. Sollten diese Partikel in die Packung gelangen, so werden sie in das weiche Packungsmaterial eingebettet, und Beschädigungen der Welle können vermieden werden.

Ein Nachteil der extrudierten Packungen sind ihre geringe Festigkeit und leichte plastische Verformbarkeit. Deshalb müssen sie immer mit einer geflochtenen Packung oder anderen Endringen gekammert werden, um Spaltextrusion zu vermeiden.

Eine weitere Anwendung finden extrudierte Packungsmaterialen als Kern- oder Rückenmaterial in Verbindung mit geflochtenen Packungen. Ein extrudierter Kern kann konzentrisch umflochten werden. Das Flechtgarn gewährleistet hierbei den Schutz gegen Spaltextrusion, während der Kern eine hohe Querschnittsdichte bietet. So lassen sich relativ kostengünstige Packungen erzeugen, bei denen die Vorteile eines teuren Garnmaterials und eines günstig herzustellenden Kernmaterials miteinander kombiniert werden.

4.3.5 Graphitexpandatpackungen

Eine weitere Variante sind die aus expandierter Graphitfolie hergestellten Reingraphitringe. Der Rohstoff für diese Packung ist reiner Naturgraphit, der nach einem mehrfachen Reinigungsprozess einer speziellen thermisch-chemischen Behandlung unterzogen wird (zur Herstellung und Eigenschaften von flexiblem Graphit siehe auch Kapitel 3.2.2.2). Die Graphitpartikel werden miteinander gemischt und in einem mehrfachen Walzprozess zu einer dünnen Folie mit einer Dicke von 0,25 bis 0,5 mm verarbeitet. Die Graphitteilchen in dieser Folie haften aufgrund ihrer Adhäsionskräfte ohne ein zusätzliches Bindemittel zusammen. Die Graphitfolie weist ein anisotropes Verhalten auf, d. h. die spezifischen Eigenschaften wie Wärmeleitfähigkeit, Elastizität und elektrischer Widerstand sind in der Foliendicke unterschiedlich in Folienlängs- bzw.

Bild 4.6: Querschnitt eines verpressten Graphitringes

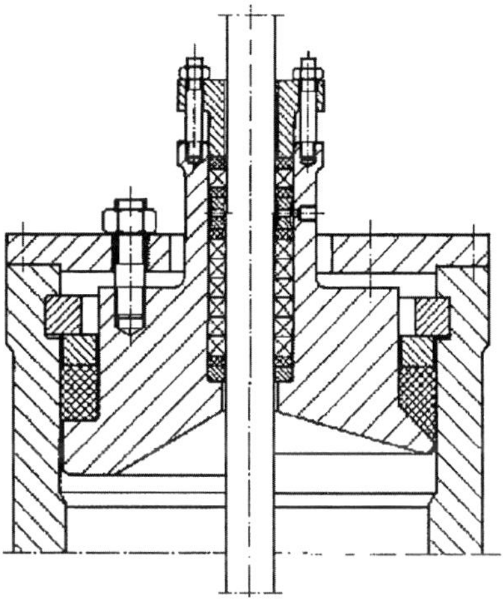

Bild 4.7: Bredtschneider/Uhde-Verschluss

-querrichtung und senkrecht dazu. Aus der Folie mit üblichen Dichten von 0,7 bis 1,0 g/cm^3 werden Bänder mit einer bestimmten Breite geschnitten. Diese können zusätzlich mit einer Prägevorrichtung profiliert werden, um Zonen unterschiedlicher Dichte zu schaffen.

Diese Bänder können für Reparaturzwecke in Armaturen direkt eingesetzt werden. Sie werden spiralförmig um die Spindel gewickelt und dann durch Anziehen der Brille zu einem Packungsring verdichtet. Das ist zu wiederholen bis der Stopfbuchsraum gefüllt ist. Dieses Vorgehen ist aber aufwendig und langwierig und nur im Reparaturbetrieb sinnvoll. Der Großteil der Graphitfolie wird von den Packungsherstellern zu formgepressten Ringen verarbeitet. Dazu wird das Graphitband spiralförmig in ein Presswerkzeug gewickelt. Beim nachfolgenden vertikalen Verdichten in dieser Form faltet sich das Graphitband aufgrund der Prägung in mehreren Ebenen. **Bild 4.6** zeigt einen senkrechten Schnitt durch einen verpressten Graphitring. Deutlich ist die unterschiedliche Faltstruktur der Folie zu erkennen. Der Verbund der Graphitfolie ist gut, und der fertige Ring zeigt ein homogenes Verhalten in Bezug auf seine mechanischen Eigenschaften.

Die so erzeugten hochreinen endlosen Graphitringe mit einem Kohlenstoffgehalt von 98–99,85 % haben eine Dichte von 1,2–1,85 g/cm^3 je nach Pressdruck. Viel seltener werden Ringe direkt aus expandiertem Graphitpulver in einer Pressform hergestellt. Der Fertigungsprozess ist zeitaufwendiger, und aufgrund der hohen Schütthöhen ist die Verdichtung und Adhäsion des Graphits schlechter im Vergleich zur Folie.

Reingraphitringe werden überwiegend in Armaturen eingesetzt, insbesondere für Hochtemperaturanwendungen in Kraftwerken. Sie zeichnen sich durch ein sehr gutes Dichtverhalten aufgrund der homogenen Querschnittsdichte und einer guten Elastizität aus. Der Graphit ist chemisch sehr gut beständig, und die Ringe können für Drücke bis 1000 bar eingesetzt werden. Wobei sie aber bei höheren Drücken oder größeren Stopfbuchsenspalten durch geflochtene Kohle- oder Graphitfaserpackungen gekammert werden sollten, da die Graphitpartikel nur durch ihre Adhäsionskräfte zusammengehalten werden. Auch bei häufig bewegten Armaturenspindeln sollten die Ringe gekammert werden, da so ein Volumenverlust durch Austragen von Graphitpartikeln aufgrund erhöhter Adhäsion von Spindelmaterial und Graphit minimiert werden kann.

Selbstabdichtende Deckelverschlüsse, auch Bredtschneider/Udhe-Verschlüsse genannt, werden in Großarmaturen, Hochdruckvorwärmern, Wärmeübertragern und Reaktoren eingesetzt (**Bild 4.7**). Die hier verwendeten Graphitringe werden durch Schrauben vorgespannt und dann durch den Betriebsdruck statisch verspannt. Die Druckerhöhung an der Dichtung ist um das Verhältnis von Deckelfläche zu Dichtfläche größer als der Betriebsdruck. Unter Betriebsbedingungen können Flächenpressungen von bis zu 200 N/mm^2 auftreten. Die Graphitringe werden deshalb mit einer höheren Dichte von 1,6 g/cm^3 vorgepresst. Baubedingte Spaltmaße bis zu 0,3 mm werden sicher abgedichtet. Bei größeren Spaltbreiten werden Graphitringe mit integrierten Federsystemen in den Ringecken oder mit Metallkappen gegen Extrusion gesichert. Hierbei hat sich die Federlösung als vorteilhaft erwiesen, da sie kostengünstig ist. Außerdem wird die Demontage der Ringe dadurch erheblich erleichtert.

Nachteilig für die Armaturenwartung und Lagerhaltung ist, dass die formgepressten Graphitringe nur in festgelegten Abmessungen erhältlich sind. Deshalb haben sich Geflechtpackungen auf dem Markt durchgesetzt, die aus expandiertem Graphit bestehen. Hierbei werden Graphitpartikel mittels eines Binders mit einem Trägerfaden verklebt. Übliche Garnmaterialen für Trägerfäden sind Baumwolle, Glas, Aramid oder Kohlenstoff. Dieses Graphitverbundgarn wird dann auf Flechtmaschinen zu Packungen verflochten. Somit erhält man Packungsstränge mit einer Dichte von etwa 0,9 bis 1,2 g/cm^3, die dann in den verschiedenen Packungsdimensionen bevorratet werden können.

4.4 Einsatzbedingungen und Betriebsparameter

Verschiedene Einflussfaktoren bestimmen die richtige Auswahl einer Packung für den jeweiligen Einsatzfall. Wichtig sind die folgenden Auswahlkriterien:

- Um welche Anwendung handelt es sich?
- Gegen welches Medium muss gedichtet werden?
- Wie groß sind der Druck an der Stopfbuchse und der maximale Mediendruck?
- Wie hoch sind die Betriebstemperatur und die maximale Anwendungstemperatur?
- Wie groß ist die Wellen- bzw. Plungergeschwindigkeit bei dynamischen Anwendungen?
- Wie groß sind die Wellen- und Gehäuseabmessungen? Welche Wellen- und Gehäusematerialien werden eingesetzt mit den entsprechenden Oberflächengüten? Wie groß sind die Spalte zwischen Welle bzw. Gehäuse und Stopfbuchsbrille?

Bei genauer Kenntnis der oben angegebenen Parameter kann die Auswahl einer geeigneten Stopfbuchspackung erfolgen. Es ist darauf zu achten, dass die in den Katalogen der Packungshersteller angegeben Parameter immer Maximalwerte darstellen. Sie stehen für die Einsatzgrenzen der verwendeten Garnmaterialien und Imprägnierungen. Die einzelnen Parameter sind voneinander abhängig. Die Temperatureinsatzgrenze kann von der jeweiligen Druckhöhe beeinflusst werden. Bei gemeinsam auftretenden Maximalbelastungen müssen unter Umständen zusätzliche entlastende Maßnahmen getroffen werden. Im Zweifelsfall sollte sich der Anwender immer an die technischen Beratungsingenieure der Packungshersteller wenden, die eine auf den jeweiligen Anwendungsfall bezogene Dichtungslösung empfehlen können.

4.4.1 Packungen für Rotationsanwendungen und Plungerpumpen

Bedingt durch die Kombination aus Faser- bzw. Garnmaterial der Packung und der Art der Imprägnierung ergeben sich bestimmte Einsatzparameter für die gängigen Standardpackungen bei Rotationsanwendungen und Plungerpumpen (**Tabelle 4.4**).

Tabelle 4.4: Packungen für Kreiselpumpen, Plungerpumpen und Rührwerke

Packungsaufbau	maximaler Druck (bar)	Temperaturbereich (°C)	Geschwindigkeit (m/s)	pH-Wert	Anwendungen
Baumwollgarn mit Mineralfett-imprägnierung	16	–10 … +100	6	6 ... 9	Kreiselpumpen für Wasser, Seewasser, leicht saure und alkalische Abwässer
Ramiegarn mit PTFE- Imprägnierung, Einlaufgleitmittel Mineralöl	40 Kreiselp. 1000 Plungerp. (gekammert)	–30 … +120	12 Kreiselp. 2 Plungerp.	5 ... 11	Kreisel- und Plungerpumpen für Kalt-, Warm-, Trink, See- und Abwasser, Lebensmittel
Aramidgarn mit PTFE-Imprägnierung, Einlaufgleitmittel Mineralöl	25	–50 … +280	26	1 ... 13	Kreiselpumpen für abrasive Medien, Öle, Fette, verdünnte Säuren und Laugen
PTFE-Fasergarn, Einlaufgleitmittel Silikonöl	15	–100 … +250	8	0 ... 14	Kreiselpumpen für fast alle Chemikalien, konzentrierte heiße Säuren und Laugen
PTFE/Graphit-Compoundgarn, Einlaufgleitmittel Silikonöl	25	–100 … +280	20	0 ... 14	Kreiselpumpen für nahezu alle Säuren, Laugen, Lösungsmittel, Bitumen, Lebensmittel
Graphitgarn, PTFE- Imprägnierung, Einlaufgleitmittel Mineralöl	25	–60 ... +300	25	0 ... 14	Kreiselpumpen für Säuren, Laugen, Gase, Dampf, Kesselspeisewasser
PTFE/Graphit-Extrudat mit Fettschmierstoff	25 (gekammert)	–30 … +250	6	0 ... 14	Kreiselpumpen und Mischer für kristalline und abrasive Medien, Gase, Dampf, Lacke
PTFE/Graphit-Compound- und Aramid- Garn, Einlaufgleitmittel Mineralöl	25 Kreiselp. 250 Plungerp. (gekammert)	–50 ... +280	25 Kreiselp. 2 Plungerp.	1 ... 13	Kreisel- und Plungerpumpen für Heißwasser, mittelkonzentrierte Säuren, Laugen, Lösungsmittel
Kohle- und PTFE-Garn, PTFE-Imprägnierung, Einlaufgleitmittel Mineralöl	25	–100 … 280	20	0 ... 14	Rührwerke, Mischer und Kreiselpumpen für Alkalien, Öle, Säuren, Lösungsmittel

Die preisgünstigste Möglichkeit zum Dichten von Pumpen bieten die fettimprägnierten Naturgarnpackungen. Für höhere Drücke und längere Standzeiten sind die mit PTFE imprägnierten Naturgarnpackungen, insbesondere mit den Materialien Ramie und Flachs, einzusetzen. Diese Packungen haben sich für alle Anwendungen gegen Wasser und wässrige Lösungen sowie gegen Lösungsmittel bis 120 °C sehr gut bewährt.

Bild 4.8: PTFE/Graphit-Compoundgarn mit Aramidgarn als Eckenverstärkung

Bild 4.9: Kohle- und PTFE-Faserpackung eines verpressten Graphitringes

Muss bei höheren Temperaturen als 120 °C gedichtet werden, so werden mit PTFE imprägnierte Aramidgarnpackungen verwendet. Durch die hohe Festigkeit des Aramids können diese Packungen auch recht gut zur Abdichtung abrasiver Medien eingesetzt werden, z. B. in der Zuckerverarbeitung und bei der Papierherstellung.

PTFE-Garnpackungen werden überwiegend in der chemischen Industrie verwendet, wo eine universelle chemische Beständigkeit der Packung gefragt ist. Für schneller laufende Kreiselpumpen ist aber der hohe thermische Ausdehnungskoeffizient von Nachteil. Deshalb werden in diesen Anwendungen häufig die PTFE/Graphit-Compoundpackungen eingesetzt, die einen Graphitanteil von bis zu 50 % haben können und damit die Wärmeableitung der Packung entscheidend verbessern. Für Pumpen mit sehr hohen Umfangsgeschwindigkeiten und großer Wärmeentwicklung werden Packungen aus Kohle- oder Graphitgarnen verwendet.

Für spezielle Anwendungen werden Packungen aus verschiedenen Garnkombinationen erfolgreich eingesetzt. Ein Beispiel hierfür ist die Kombination von PTFE/Graphit-Compoundgarn mit Aramidgarn (**Bild 4.8**). Die äußeren Flechtbahnen der Packung, auch Ecken genannt, bestehen hierbei aus Aramidmultifilamentgarnen, um die Packung extrusionsfest zu machen und gegen abrasive Medien zu schützen. Die Flechtbahnen, welche die Lauffläche der Packung ausmachen, bestehen aus PTFE/Graphit-Compoundgarn, das ein reibungsarmes Laufverhalten an der Welle garantiert. Dieser Packungstyp wird auch erfolgreich bei höheren Drücken in Plungerpumpen eingesetzt.

Eine weitere Kombinationspackung wird aus Kohle- und PTFE-Garnen geflochten. Ein aus Kohlegarnen bestehender Kern wird mit einer speziellen Struktur aus PTFE- und Kohlegarnen umflochten (**Bild 4.9**). Der Kohlegarnkern gibt der Packung ein sehr gutes Elastizitäts- und Rückfederungsvermögen. Das macht die Packung für Einsatzfälle in Rührwerken und Mischern überlegen, die einen gewissen Wellenschlag aufweisen können. Reine PTFE-Garnpackungen versagen hier, da sie durch die nicht konzentrische Wellenbewegung bleibend plastisch verformt werden. Daraus resultiert eine übermäßige Wellenleckage, die nicht mehr durch Nachstellen behoben werden kann.

4.4.2 Packungen für Armaturen, Spindel-, Deckel- und Gehäuseabdichtungen

Gängige Packungen für Armaturen- und Gehäuseabdichtungen sind in **Tabelle 4.5** dargestellt. Für die statische Abdichtung von Gehäusen der Einsatztemperaturen bis zu 280 °C haben sich Packungen aus Aramidstapelfaser-Garnen mit einer PTFE-Imprägnierung gut bewährt. Die Fasern sind relativ elastisch und geben der Packung ein gutes Rückfederungsvermögen.

Tabelle 4.5: Packungen für Armaturen, Deckel- und Gehäusedichtungen

Packungsaufbau	maximaler Druck (bar)	Temperaturbereich (°C)	pH-Wert	Anwendungen
Acrylfasergarn mit PTFE- Imprägnierung	50	-50 ... +150	1 ... 13	Armaturen und Deckeldichtungen für fast alle Medien außer konzentrierten Säuren und Laugen
Aramid-Stapelfasergarn mit PTFE-Imprägnierung	200	-50 … +250	1 … 13	Armaturen, Gehäuse- und Deckeldichtungen für Kalt- und Heißwasser, Öle, Fette, verdünnte Säuren und Laugen
PTFE-Fasergarn mit PTFE- Dispersionsimprägnierung	250	-200 ... +280	0 ... 14	Armaturen für alle Chemikalien außer Fluor und geschmolzene Alkalimetalle. Auch für Plunger-pumpen geeignet.
PTFE/Graphit-Compoundgarn	250	-200 ... +280	0 … 14	Armaturen für fast alle Säuren und Laugen, Lösungsmittel, Dampf. Auch für Plungerpumpen geeignet.
PTFE/Graphit-Extrudat mit Fettschmierstoff	160 (gekammert)	30 ... +250	0 ... 14	Armaturen für abrasive Medien, Dampf, Gase, Lösungsmittel, Säuren und Laugen
Kohlegarn mit Graphitimprägnierung	300	-30 ... +400 Dampf +550	0 … 14	Armaturen für Heißwasser, Heißluft, Dampf, Säuren und Laugen mit Ausnahme von stark oxidierenden Säuren
expandiertes Graphitgarn mit Inconeldrahtverstärkung	450	-200 ... +450 Dampf +550	0 ... 14	Armaturen für Heißwasser, Dampf, Gase, Öl, Säuren und Laugen mit Ausnahme von stark oxidierenden Säuren
gepresste Ringe aus expandiertem Reingraphit	1000	-200 ... +550 Dampf +700 Inertgas +2500	0 14	Armaturen für fast alle Medien, besonders Heiß-, Speisewasser und Dampf mit Ausnahme von stark oxidierenden Medien
Silicatfasergarn	10	-50 … +1100	2 12	Gehäuse- und Ofentürdichtungen für Rauchgase, Inertgase, Säuren und verdünnte Laugen

Packungen aus PTFE-Garnen mit zusätzlicher PTFE-Dispersionsimprägnierung werden überwiegend in Armaturen der Chemie- und Lebensmittelindustrie eingesetzt. Aufgrund ihrer hohen Querschnittsdichte werden mit diesen Packungen die günstigsten Dichtwerte aller geflochtenen Packungen erzielt. Für Einsatzfälle, bei denen eine bessere Druckstandfestigkeit und Wärmeleitfähigkeit gefragt ist, werden wiederum PTFE/Graphit-Compoundgarn-packungen verwendet. Diese Packungen haben sich auch, in Kombination mit Kammerungsringen, in Plungerpumpenanwendungen gut bewährt. Die Temperaturgrenze liegt bei 280 °C.

Eine weitere Alternative zu den geflochtenen Packungen sind Packungen aus PTFE/Graphit-Extrudat. Schon bei niedrigen Drücken müssen diese aber aufgrund ihrer Extrusionsneigung mit geeigneten Geflechtpackungen oder anderen Endringen gekammert werden. Aufgrund der guten Volumenstabilität und sehr guter Gasdichtheit sind diese Packungen besonders zum Dichten von gasförmigen Medien geeignet.

Für Temperaturen bis 550 °C in Dampfarmaturen von Kraftwerken werden Packungen aus Kohle- bzw. Graphitfasern mit speziellen Hochtemperaturimprägnierungen eingesetzt. Von Nachteil ist die niedrige Querschnittsdichte dieser Packungen. Deshalb werden sie oft in Kombination mit formgepressten Reingraphitringen eingesetzt. Die Kohle- bzw. Graphitgarnpackungen werden als Endringe verwendet und haben dort eine Doppelfunktion. Zum einen werden die Reingraphitringe bei höheren Drücken vor Spaltextrusion geschützt, zum anderen dient die Geflechtpackung als Abstreifer für den Graphitabrieb, der so in der Stopfbuchse gehalten und nicht über die Spindel ausgetragen wird.

Diese Ringe aus Graphitexpandat sind üblicherweise in verschiedenen Verdichtungsstufen zwischen 1,2 und 1,85 g/cm^3 erhältlich. Dadurch lässt sich eine sehr gute Dichtwirkung erzielen. Auch bei Temperaturzyklen bleiben die Graphitringe dauerelastisch. Drücke von bis zu 1000 bar werden bei richtiger Stopfbuchsauslegung sicher beherrscht. Eine Alternative für den Reparaturbetrieb bieten hier die geflochtenen Packungen aus Graphitexpandat.

Eine aktuelle Entwicklung sind verschärfte Emissionsbestimmungen für Industrieanlagen. In Deutschland ist die „Technische Anleitung zur Reinhaltung der Luft“ (TA-Luft) seit 1986 in Kraft. Für Armaturen mit flüssigen organischen Medien, die einen definierten Massegehalt an giftigen oder krebserzeugenden Stoffen enthalten, werden hier Emissionsgrenzen vorgegeben. Neuere Vorgaben macht die VDI-Richtlinie 2440 „Emissionsminderung Mineralölraffinerien“, in der ähnliche Grenzwerte wie in der TA Luft für alle Absperr- und Regelorgane vorgeschrieben werden. Für die Mitgliedsländer der europäischen Union gilt seit 1999 die IPPC (Integrated Pressure and Pollution Control) Direktive 96/61/EC für die organische Chemieindustrie sowie Raffinerien.

Zur Erfüllung dieser Bestimmungen sind für Armaturenanwendungen Packungssätze entwickelt worden, die sich aus speziellen Kombinationen von formgepressten Packungsringen zusammensetzen. Als Packungsmaterialien werden hier überwiegend PTFE-, PTFE/Graphit-Compound- und Reingraphitringe eingesetzt. Um höchsten Ansprüchen zu genügen, werden zusätzliche PTFE-Scheiben als Diffusionssperren vorgesehen und die Stopfbuchsbrille federverspannt (siehe auch Bild 4.25). Hiermit wird sichergestellt, dass gasförmige Leckagen auch nach Temperaturzyklen und längeren Betriebszeiten die vorgegebenen Grenzwerte nicht überschreiten. Weitere Informationen über Art und Anwendungsparameter der Dichtsätze geben die jeweiligen Packungshersteller.

Für die statische Abdichtung von Ofentüren und Abgasrohren werden auch bei Temperaturen größer als 550 °C Packungen eingesetzt. Bei diesen hohen Betriebstemperaturen werden Packungen aus Glasfaser- oder Silicatfasergarn verwendet, die je nach Material Temperaturen bis 1100 °C widerstehen.

4.5 Die Wirkungsweise von Stopfbuchspackungen

4.5.1 Typische Leckagewege von Packungen

Der in **Bild 4.10** gezeigte Leckageweg 1 wird in den meisten Packungsstopfbuchsen nicht auftreten, wenn bei der Montage eine ausreichend hohe Brillenspannung aufgebracht wurde, die zum „Fließen“ des Packungsmaterials führt. Eine Ausnahme hierzu stellen Stopfbuchsen für Wellenabdichtungen mit relativ geringem Betriebsdruck dar, bei denen man sich in der Praxis nicht die Mühe macht, mit formgepressten Ringen oder exakter Brillenspannung die

Bild 4.10: Die typischen Leckagewege der Stopfbuchsabdichtung

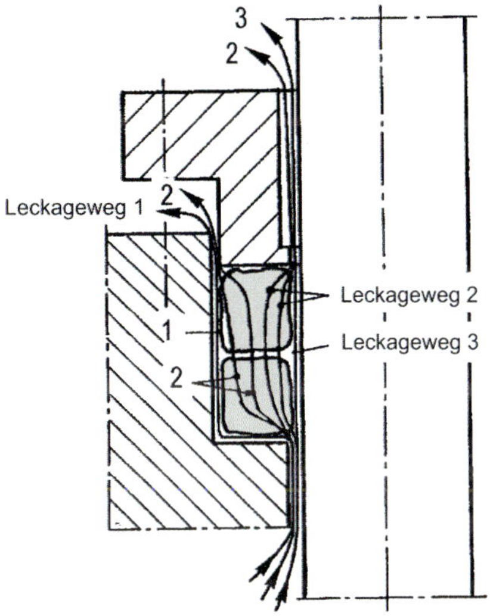

vollständige Ausformung der Packung sicherzustellen. In diesem Fall sind häufig Leckagen zu beobachten, die hauptsächlich über den Leckageweg 1 entstehen. Manchmal führen solche Abdichtungen sogar zum Ausfall der Packung infolge Überhitzung, obwohl eine ausreichende Leckage vorhanden ist.

Der Leckageweg 2 tritt bei jeder Stopfbuchspackung auf, jedoch sind die hierbei auftretenden Leckagen verschwindend gering. Diese Leckagemöglichkeit ist jedoch unbedingt bei Armaturen im Auge zu behalten, die für hochtoxische oder radioaktive Medien eingesetzt werden sollen.

Der Leckageweg 3 ist bei statischen sowie quasistatischen Abdichtungen mit Packungen verschlossen. Bei dynamischer Abdichtung von Wellen oder Plungern wird aber bewusst eine Leckage an dieser Stelle zugelassen, um die Reibenergie und damit die Erwärmung der Packung zu minimieren.

4.5.2 Mechanisches Druckverhalten der Packungen

Die in die Stopfbuchse eingeführten Packungsringe werden mit Hilfe der Brille und der Schrauben zusammengedrückt. Durch Querverformung der Packungsprofile legt sich das Packungsmaterial an die Wandungen, innen an die Welle und außen an die Stopfbuchsbohrung. Bei fortschreitender Verformung bilden sich im Packungsmaterial entsprechende Kontaktdrücke innen und außen sowie in axialer Richtung aus.

Durch Messungen am Einzelring, sowohl innen als auch außen, konnte nachgewiesen werden, dass sich die Packungsringe nicht wie eine vergleichsweise dicke Flüssigkeit verhalten, sondern ein Dehnungs- und Spannungsverhalten besitzen, das in seinen drei möglichen Hauptrichtungen unterschiedlich ist.

Für die Beschreibung der Vorgänge in der Stopfbuchse sind nur die beiden verhältnismäßig leicht zu messenden Hauptrichtungen, axial und radial, von Bedeutung. Die dritte Hauptrichtung in Umfangsrichtung ist bisher nicht an einem verformten Ring messbar gewesen. Beim Messen der Innen- und Außendrücke zeigen die Ergebnisse aber, dass die dritte Spannungsebene ebenfalls reagiert. Besonders beim Verformen stark gekrümmter Packungsringe beobachtet man an der Innenseite wesentlich höhere Kontaktspannungen als an der Außenseite.

Das höher verdichtete Material an der Innenseite versucht nach außen zu drängen und erzeugt dabei in radialer Richtung eine zusätzliche Druckspannung. Ähnliche Ergebnisse konnten interessanterweise an verpressten Gummiringen gemessen werden. Um die Betrachtung des Spannungs- und Verformungsverhaltens an der Packung zu vereinfachen, soll im Folgenden nur von einem zweiachsigen Modell ausgegangen werden.

4.5.3 Der Querverformungsfaktor k und der Reibfaktor μ

Der Querverformungsfaktor k, auch Kraftumlenkungsfaktor genannt, drückt das Verhältnis der radial auftretenden Spannungen an Welle bzw. Spindel und Stopfbuchsbohrung zur axial auftretenden Spannung aus. Dieser in **Bild 4.11** dargestellte Faktor hat eine große Bedeutung für den Spannungsverlauf in der Stopfbuchse.

Der Reibfaktor μ drückt das Verhältnis der Reibkraft zu einer quer dazu auftretenden Normalkraft aus. Man kann diesen Faktor auch als Verhältnis der spezifischen Reibspannung zur senkrecht dazu auftretenden Kontaktspannung verstehen. Der Reibfaktor μ hat für die Stopfbuchse eine doppelte Bedeutung, einerseits beeinflusst er wie der Querverformungsfaktor k den Verlauf der Spannungsverteilung in der Stopfbuchse, andererseits nimmt er Einfluss auf die Reibkraft an der Welle bzw. Spindel.

Die Axialkraft an der Brille und damit an der Oberseite des ersten Ringes ist um einen bestimmten Betrag größer als an der Unterseite des ersten Ringes. Der Kraft an der Unterseite fehlen die Reibkräfte, die sich an der inneren und äußeren Seite des Packungsringes bei einer Relativbewegung, d. h. beim Hineinbewegen des Packungsringes ergeben. Dieses Verhältnis des Kraftverlustes von Oberseite zur Unterseite der Packungsringe setzt sich von Ring zu Ring fort, am Ende der Stopfbuchse kommt bei einer sehr tiefen Stopfbuchse nur noch ein kleiner Teil der ursprünglichen Brillenkraft an. Für den Anwender ist entscheidend, dass der letzte Packungsring eine für den Dichtvorgang ausreichende Querspannung aufweist, die allgemein etwas größer als der zu erwartende Betriebsdruck sein soll.

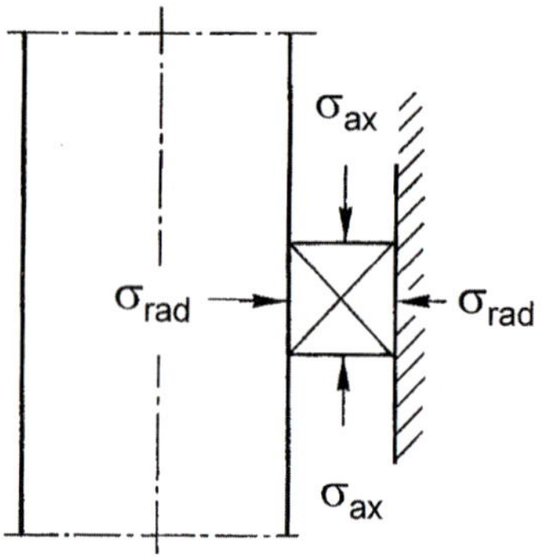

$$k = \frac{\sigma_{rad}}{\sigma_{ax}}$$

Bild 4.11: Der Querverformungsfaktor k

Die Größe des Kraftverlustes beim Anziehen einer Stopfbuchspackung ist abhängig von zwei Faktoren. Erstens vom Querverformungsfaktor k und zweitens vom Reibfaktor μ. Beide Faktoren werden durch spezielle Eigenarten der Packung bestimmt, das sind maßgeblich

- die Flechtart,
- das Garn und
- die Imprägnierung,
- teilweise aber auch das Zusatzschmiermittel.

Auch die Herstellungsart der eingebauten Packungsringe, formgepresst oder von der Schnur ab gelängt und zum Ring geformt, hat einen Einfluss auf die Spannungsverteilung in der Stopfbuchse.

Der Querverformungsfaktor k sollte möglichst klein sein, um einen kleinen Spannungsabfall entlang der Stopfbuchse zu gewährleisten. Auch für den Betreiber ist ein kleiner k-Wert vorteilhaft, weil sich die Stopfbuchse feinfühliger einstellen lässt. Der kleine k-Wert wirkt wie ein Untersetzer der axial aufgebrachten Brillenkraft.

Der Hersteller kann bei einzelnen Fertigungsvorgängen den k-Wert durch Flechtart, Fadenspannung und gezieltes Querverformen beim Kalandrieren der Packungsschnur beeinflussen. Auch beim Formpressen kann der k-Wert noch verbessert werden. Insgesamt werden Packungsringe mit k-Werten von 0,2 bis 1,0 hergestellt, z. B. ist bei Packungsmaterialien aus einem plastischen homogenen Werkstoff ein k-Wert von 1,0 nicht zu unterschreiten.

Für den Reibfaktor μ gelten entsprechende Überlegungen wie für den k-Wert, er sollte möglichst klein sein, um für eine günstige Spannungsverteilung in dem verpackten Stopfbuchsraum zu sorgen.

4.5.4 Berechnung von Spannungen und Reibkräften an formgepressten Ringen

Um für den Anwender die Spannungsverteilung berechenbar und damit überschaubar zu machen, sollte von der in älterer Literatur üblichen Längenbezeichnung mittels der Ringanzahl n abgewichen werden und durch die tatsächliche Packungslänge L ersetzt werden.

$$\sigma_{axe} = \sigma_{axa} \cdot e^{-(\mu 1+\mu 2) \cdot k \cdot L/B} \qquad (1)$$

σ_{axe} = Axialspannung am Grundring
σ_{axa} = Axialspannung an der Brille
e = Natürlicher Logarithmus
μ1 = Reibfaktor an der Welle
μ2 = Reibfaktor an der Stopfbuchsbohrung
k = Querverformungsfaktor
L = Länge der Stopfbuchse
B = Packungsbreite
x

Die Axialspannung fällt entsprechend dem genannten Gesetz exponentiell über der Packungslänge ab. **Bild 4.12** zeigt den Verlauf der Axialspannung für verschiedene Werte von k und μ. Der Verlauf der Radialspannung, das ist die Spannung an der Welle bzw. an der Stopfbuchsbohrung, ist ähnlich dem der Axialspannung, nur um den Querverformungsfaktor k verkleinert.

$$\sigma_{rad} = k \cdot \sigma_{ax} \cdot e^{-(\mu 1+\mu 2) \cdot k \cdot L/B} \qquad (2)$$

σ_{rad} = Radialspannungsverlauf
σ_{rad} = Radialspannung
σ_{ax} = Axialspannung an der Brille
e = Natürlicher Logarithmus
μ1 = Reibfaktor an der Welle
μ2 = Reibfaktor an der Stopfbuchsbohrung
k = Querverformungsfaktor
L = Länge der Stopfbuchse
B = Packungsbreite

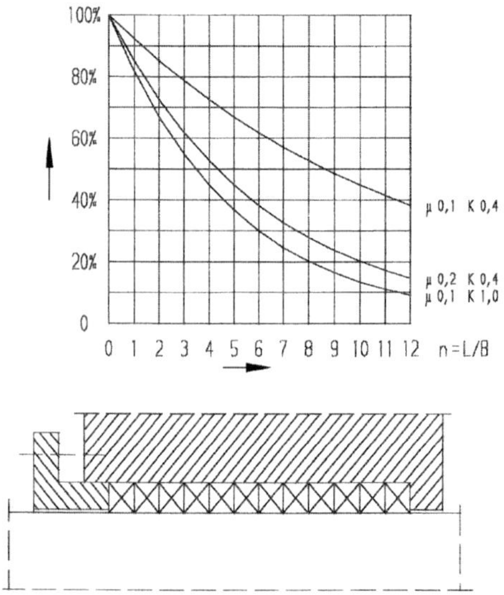

Bild 4.12: Verlauf der Axialspannung

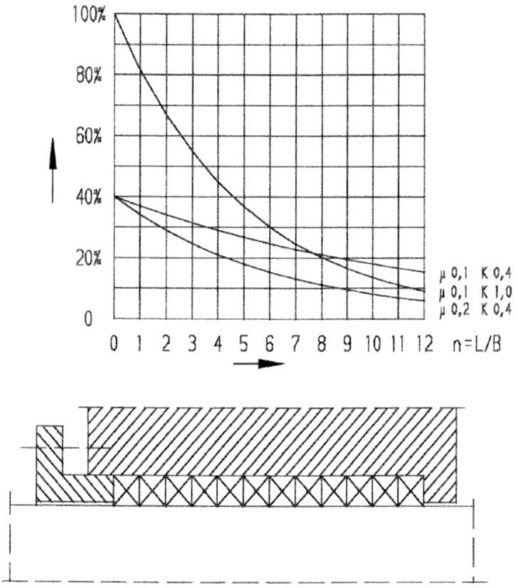

Bild 4.13: Verlauf der Radialspannung

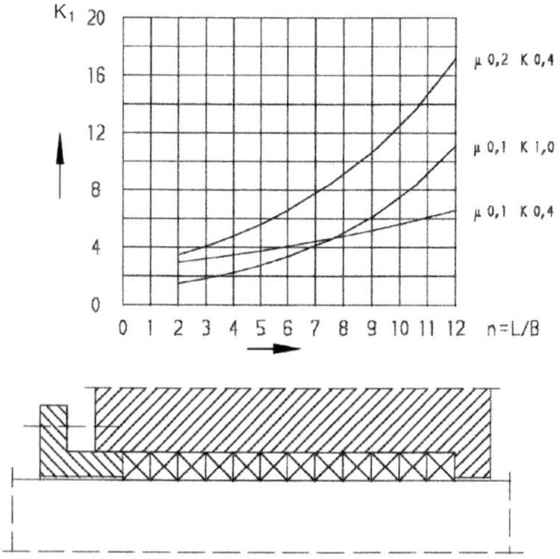

Bild 4.14: Verlauf des Vergrößerungsfaktors k1

In **Bild 13** ist der Verlauf der Radialspannung zu sehen. Wie bereits erwähnt, muss auch am letzten Ring eine etwas höhere Spannung als der Betriebsdruck vorliegen, um eine Abdichtung zu bewirken. Über die jeweils notwendige Länge der Packung wird an anderer Stelle berichtet, siehe auch Pkt. 4.5.7.

In **Bild 4.14** ist der Faktor k_1 dargestellt. Aus dem Kurvenverlauf ist zu entnehmen, um wieviel die Brillenspannung größer als der Betriebsdruck eingestellt werden muss, um am letzten Ring eine ausreichend große Radialspannung zu erzeugen, siehe vorn.

Für die Praxis ist es natürlich wichtig, die Gesamtreibungskraft an der Welle bzw. an der Spindel zu ermitteln.

$$F_r = d \cdot \pi \cdot B/2 \cdot \sigma_{axa} \cdot e^{-(\mu 1+\mu 2) \cdot k \cdot L/B} - 1/k \qquad (3)$$

F_r = Reibkraft an der Packung
d = Wellendurchmesser
B = Packungsbreite

$$M_r = F_r \cdot d/2 \qquad (4)$$

M_r = Reibmoment an der Packung

Das Reibmoment M_r an der Welle gilt nur für die Anlaufphase, während des Dauerbetriebes verringert es sich. In dieser Phase bleibt es nahezu konstant und ist von Bedeutung für weiterführende Berechnungen (siehe auch Pkt. 4.7.2).

Unter der Voraussetzung, dass die Radialspannung des letzten Ringes größer als der Betriebsdruck ist, ändert sich bei Aufgabe des Betriebsdruckes weder die Reibkraft noch das Reibmoment. Andererseits ist eine in der vorher beschriebenen Weise ausreichend vorgespannte Stopfbuchsabdichtung besonders sicher und wird deshalb bei einfachen Armaturenabdichtungen ausschließlich eingesetzt.

Um die Reibkraft bzw. das Reibmoment an der Welle oder der Spindel abzusenken, bedarf es besonderer Maßnahmen. Dabei ist die Brille wiederholt zu lösen, dann die Brillenkraft jeweils kleiner als vorher wieder aufzubringen und die Welle bzw. Spindel etwas zu bewegen. Der Vorgang muss zügig durchgeführt werden, da sich eine Restspannung in den letzten Ringen nicht abbauen soll. Ziel ist eine gleichmäßige Spannungsverteilung über der Packungslänge. Die zuletzt aufgebrachte Brillenspannung braucht dann nur noch Betriebsdruck durch k mal Sicherheitsfaktor S = 1,05 bis 2,0 zu betragen.

$$\sigma_{bre} = \Delta p/k \cdot S \qquad (5)$$

s_{bre} = reduz. Brillenspannung für Armaturen
Δp = Betriebsdruck
S = Sicherheitsfaktor

$$Fr_1 = d \cdot p \cdot B/2 \cdot k_1 \cdot \Delta p \cdot S \qquad (6)$$

$$k_1 = \cdot (1 - e^{-((\mu 1 + \mu 2) \cdot k \cdot L/B)})$$

$$Fr_2 = d \cdot p \cdot L \cdot \Delta p \cdot S \cdot \mu_1 \qquad (7)$$

Für ein Beispiel mit d = 32 mm, B = 8 mm, L = 64 mm, k = 0,4, $\mu_1 = \mu_2 = 0,2$ sowie Δp = 400 bar und S = 1,3 ergibt sich nach der klassischen Methode eine Reibkraft von 135,7 kN, nach der zweiten Methode eine solche von 66,9 kN. Die Reibkraft ist also etwa um den Faktor 2,0 reduziert worden. Auch bei Anwendung der reduzierten Brillenspannung gilt, dass bei Aufgabe des Betriebsdruckes die Reibkraft konstant bleibt. Eine Nachverformung der Packung erfolgt nicht.

Der Reibfaktor von Packungswerkstoffen ist aus verschiedenen Gründen nicht konstant, sondern ist von der Kontaktspannung abhängig. In der Regel fällt der Reibfaktor mit dem Anstieg der Spannung. Auch der Querverformungsfaktor k fällt bei Packungen mit sehr zugfesten Garnen beim Anstieg der Spannung. Um also eine exakte Berechnung der Spannungsverteilung und der Reibkräfte vornehmen zu können, braucht man eine Reihe von Messergebnissen. Die **Bilder 4.15 und 4.16** zeigen den Verlauf von Reib- und Querverformungsfaktor für einige ausgewählte Packungen.

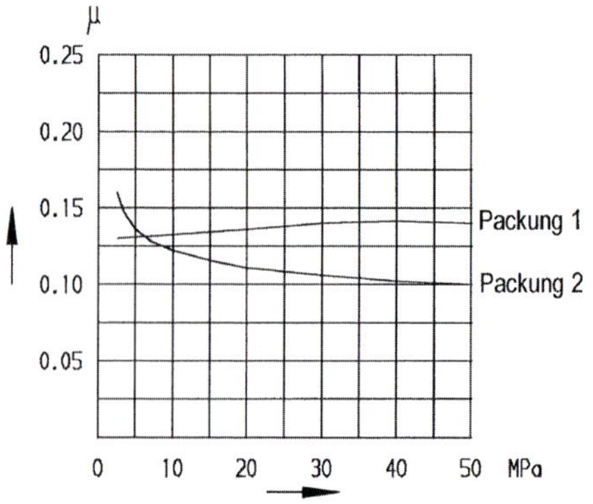

Bild 4.15: Verlauf des Reibungsfaktors μ

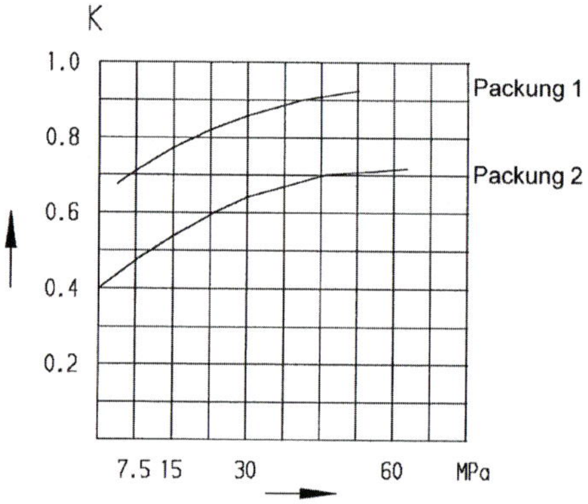

Bild 4.16: Verlauf des Querverformungsfaktors k

4.5.5 Die Spannungssituation bei zugeschnittenen Packungsringen

Durch die Krümmung des vorher geraden Packungsabschnittes bei der Verformung zu einem Ring entsteht ein trapezförmiger Querschnitt. Bei der Montage solcher Ringe verbleiben an der Außenfläche die in **Bild 4.17** zu sehenden dreieckförmigen Hohlräume. Beim Anziehen der Stopfbuchse müssen die Ringe zunächst in einen nahezu rechteckförmigen Querschnitt verformt werden. Die Spannungen sind dabei innen deutlich höher als außen. Eine exakte Berechnung dieser Spannungsverteilung ist nicht möglich.

In der Praxis behilft man sich, indem man entweder die Brillenspannung durch Drehmomentanzug der Schrauben kontrolliert oder vielfach, besonders bei Wellenabdichtungen, das Leckageverhalten beobachtet und die Brille nach Gefühl anzieht. **Bild 4.18** zeigt das Aussehen der dann fertigmontierten Stopfbuchse im Schnitt. Man kann diese schlechte Verteilung des Packungsmaterials und der Spannung vermeiden, indem die Stopfbuchse zunächst mit dem in der Regel sehr viel größeren Fließdruck verspannt wird und nach Lösen der Brille auf Betriebsdruck einstellt wird. Der Fließdruck ist keine Konstante, sondern ist auch vom Krüm-

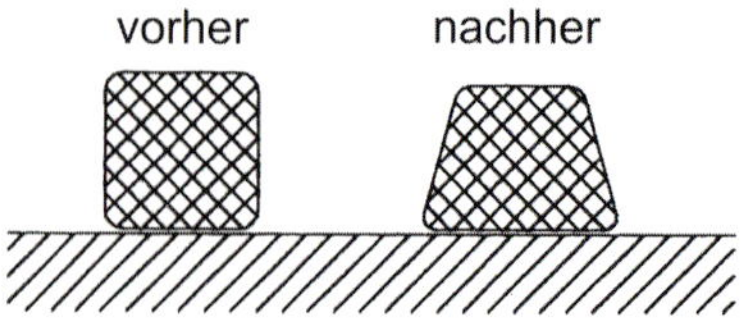

Bild 4.17: Veränderung des Querschnitts durch Krümmung

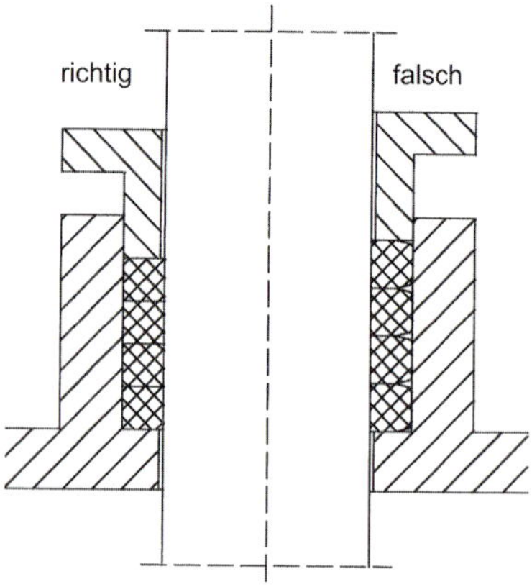

Bild 4.18: Unvollkommene Verformung der Packung

mungsverhältnis der Packungsringe abhängig und muss für den praktischen Einsatz durch Versuch ermittelt werden. Eine wünschenswerte gleich hohe Spannung, innen wie außen, lässt sich aber bei Verwendung von zugeschnittenen Ringen nicht erreichen.

4.5.6 Innendruckverhalten von Packungen

Armaturenpackungen sind allgemein derart hoch vorgespannt, dass bei Aufgabe des Betriebsdruckes keine Änderung des Spannungsverlaufs und der Reibkraft zu erwarten ist.

Anders verhält es sich bei Änderung der Temperatur an der Stopfbuchse. Da das Packungsmaterial und besonders die Imprägnierung einen deutlich höheren Temperaturausdehnungswert als die umgebenden Metallteile aufweisen, ist mit dem Anstieg der Spannung und der Reibkraft zu rechnen. Aus Sicherheitsgründen ist eine vorherige Berechnung des zu erwartenden Spannungsanstiegs durchzuführen, um zum Beispiel das Abreißen von Schrauben zu vermeiden. Eine Ausnahme hierzu bilden Packungen aus expandiertem Graphit, da dessen Wärmeausdehnungswert kleiner als der der Metallteile ist. Auf eine Berechnung der Spannungsänderung kann man in diesem Falle verzichten.

Die Spannungserhöhung lässt sich mit den folgenden Gleichungen ermitteln:

$$L_0 = L_p \cdot (1 + \sigma_m / K_p) \tag{8}$$

$$L_t = L_0 (1 + 3 \cdot \Delta\alpha_p \cdot \Delta t) \tag{9}$$

$$\sigma_t = (L_t - L_p) / L_p \cdot K_p \tag{10}$$

σ_m = Mittlere Axialspannung
L_0 = Packungslänge ungespannt
L_p = Packungslänge Einbau
L_t = Packungsläge ausgedehnt
α_p = Ausdehnwert Packung
$\Delta\alpha_p$ = Differenz Ausdehnwert (Packung - Metall)
Δt = Temperaturdifferenz
K_p = Kompressionsmodul Packung

Für ein Beispiel mit d = 32 mm, D = 48 mm, L_p = 48 mm, σ_m = 60 N/mm², Δt = 450 K, $\Delta\alpha_p$ = $88 \cdot 10^{-6}$ K^{-1} und K_p = 1500 N/mm² ergibt sich eine Spannungserhöhung auf 245 N/mm². Das ist die 4fache Ausgangsspannung. In diesem Falle wäre die in **Bild 4.19** gezeigte Verspannung der Brille durch Federn sinnvoll.

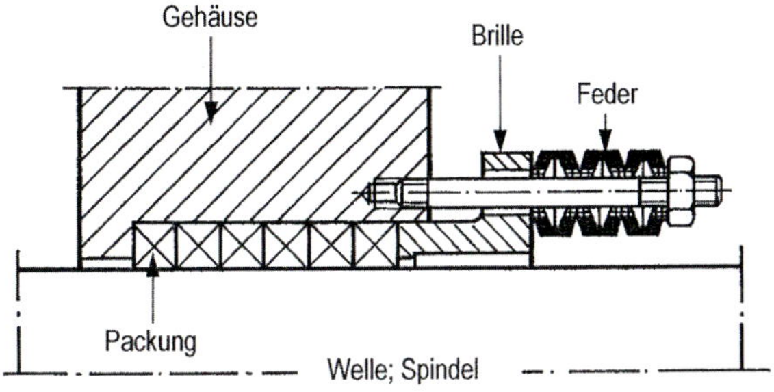

Bild 4.19: Stopfbuchse mit Federvorspannung

Packungen für dynamische Abdichtungen werden nur so fest verspannt wie zur Abdichtung gerade erforderlich. Zwecks Einlaufhilfe sind die Packungen mit Fetten, Ölen oder anderen wasserlöslichen Stoffen imprägniert. Der k-Wert liegt nahe 1,0. Die Stopfbuchslängen sind knapp bemessen. Deshalb ist der Spannungsabfall relativ gering. Meist genügt schon eine Axialspannung von

$$\sigma_{ax} = (1{,}05 \ldots 2{,}0) \cdot \Delta p, \tag{11}$$

um eine ausreichende Abdichtung zu erreichen. Dynamische Packungsabdichtungen werden mit etwas Leckage betrieben, um die Erwärmung der Stopfbuchse in Grenzen zu halten.

Für Wellenabdichtungen wird der gesamte Packungssatz in der Stopfbuchse durch Anziehen der Brille verdichtet. Anschließend wird die Brille soweit gelöst, dass sich die Packung wieder entspannen kann. Für die Inbetriebnahme wird die Spannung an der Brille auf den 1,05 ... 2,0 fachen Betriebsdruck eingestellt.

Hochdruckplungerpumpen werden mit einer von innen durch Federn vorgespannten Packung abgedichtet. Die innere Axialvorspannung beträgt allgemein nur einen Teil des Betriebsdruckes, sie muss nur den Fließdruck der Packung überwinden. Beim Saughub ist die Packung nur durch die Feder leicht verspannt, während beim Druckhub der Betriebsdruck am inneren Ring wirkt und zur Brille hin leicht abfällt. Dadurch wird es möglich, Plungerpumpen mit mehreren 1000 bar zu betreiben. Wichtig ist hierbei, dass die Packungen vor der Inbetriebnahme ausreichend vorverdichtet sind und dass die einzelnen Packungsringe durch Backringe zusätzlich gegen Extrusion geschützt werden (siehe Bild 4.33).

4.5.7 Dimensionierung der Packungsstopfbuchse

Die wichtigsten Konstruktionsgrößen der Packungsstopfbuchse sind die Packungsbreite B und die Packungslänge L.

Die Packungsbreite B

In der DIN 3780 werden vier verschiedene Packungsbreiten vorgeschlagen. Eine begründete Empfehlung für die Auswahl fehlt, es kann aber aus den beigefügten Attributen eine gewisse Vorauswahl getroffen werden:

$B_1 = 1{,}00 \cdot \sqrt{d}$ sehr schmal

$B_2 = 1{,}25 \cdot \sqrt{d}$ schmal

$B_3 = 1{,}60 \cdot \sqrt{d}$ mittel

$B_4 = 2{,}00 \cdot \sqrt{d}$ breit

In der Armaturenindustrie hat sich daneben eine mittlere Packungsbreite durchgesetzt:

$B_5 = 1{,}41 \cdot \sqrt{d}$ Armatur

Die Auswahl der Packungsbreite B ist nicht beliebig, sondern sollte im Hinblick auf die speziellen Anforderungen im Betrieb getroffen werden. Eventuell vorhandene Querkräfte dürfen beispielsweise nicht zum Öffnen der Stopfbuchsabdichtung führen. Solche Querkräfte im Betrieb können zum Beispiel

- bei einseitiger Betätigung eines Handrades,
- durch Zahnkräfte bei maschineller Betätigung oder
- durch Eigengewichte bei horizontaler Anordnung der Welle oder Spindel

innerhalb des vorgesehenen Führungsspiels auftreten.

Da Packungen axial und radial verspannt sind, können sie in gewissen Grenzen Querbewegungen aufnehmen (1 bis 2 % · B), ohne dass die Radialspannung unter eine kritische Grenze gerät.

Bei Wellen mit Wälzlagerführung kann man Rundlaufabweichungen erwarten, die etwa mit dem Wert $\sqrt{d}$ eingehen. Für ein Beispiel von d = 50 mm sei die Rundlaufabweichung des Wälzlagers s = 25 µm. Unter Berücksichtigung von Lagerabstand, Entfernung bis zur Stopfbuchse, Mittenabweichung der Schonbuchse und Durchbiegung der Welle infolge Unwucht eines Pumpenläufers ergibt sich eine ungefähre Rundlaufabweichung der Welle von S_{max} = 50 µm, das entspricht in diesem Falle zufällig 1/1000 · d.

Allgemein kann man die zu erwartende Rundlaufabweichung mit folgender Formel berechnen:

$$S_{max} = 0{,}007 \cdot \sqrt{d} \qquad (12)$$

S_{max} = Rundlaufabweichung einer Welle

Bei Ausführung der Packungsbreite B nach B5 ergibt sich für die Packung eine maximale radiale Verformung von

$$\Delta B = 0{,}5\ \% \cdot B \qquad (13)$$

für alle Durchmesser. Die radiale Verformung liegt also immer unterhalb der Grenze von ≤ 1,0 % · B. Man könnte in Erwägung ziehen, die Packungsbreite zu verkleinern, sollte aber dabei berücksichtigen, dass damit die Stopfbuchsabdichtung besonders bei geringen Betriebsdrücken und damit geringer Verspannung sehr schnell ausfallen kann, weil kein ausreichendes Federungsvermögen mehr vorhanden ist, das sich aus der Volumenelastizität ergibt.

Für statische Abdichtungen ist die Wahl einer ähnlichen Dimensionierung wie für dynamische Anwendungen empfehlenswert, wenn auch aus anderem Grund. Die für dieses Anwendungsgebiet viel höheren Werte der Verspannung ergeben auch größere radiale Federraten. Da aber auch größere Drücke und häufig gas- oder dampfförmige Medien anstehen, ist bei auftretender Leckage schnell ein turbulenter Zustand der Strömung im Leckagekanal erreicht, der zu äußerst schnellem Versagen der Abdichtung führt. Dieser Sicherheitsaspekt sollte bei der Auslegung der Packungsbreite B für statische Abdichtungen im Vordergrund stehen.

Die Packungslänge L für statische Abdichtungen

Für statische Abdichtungen ohne Bewegung, Bredtschneider-Verschlüsse, axiale Deckelabdichtungen oder Gehäuseabdichtungen reicht allgemein eine Packungslänge von 1,0 · B aus.

Für statische Abdichtungen mit zeitweiliger Bewegung, typisch für die meisten Armaturen, können unterschiedliche Zweckbestimmungen der Ventile zu verschiedenen Packungslängen L führen. So muss aus thermischen Gründen die Führungsbuchse einer Armatur ein Spiel aufweisen, da bei Betriebstemperatur die Spindel etwa das Temperaturniveau des Mediums erreicht, die Führung aber etwa bei Raumtemperatur verharrt. Dadurch wird das relative Spiel kleiner. Damit das Ventil mit seinem Kegelsitz dicht bleibt, muss eine Achswinkelabweichung der Spindel vermieden werden. Diese Aufgabe übernimmt der verspannte Packungssatz. Je nach möglicherweise auftretender Querkraftgröße muss eine ausreichende Packungslänge gewählt werden. Die notwendige Länge der Packung wird hier fast ausschließlich aufgrund praktischer Erfahrungen festgelegt.

Als Anhaltswerte kann man folgende Packungslängen wählen:

$$L_4 = 5{,}6 \cdot \sqrt{d} \qquad (14)$$

$$L_6 = 8{,}4 \cdot \sqrt{d} \qquad (15)$$

$$L_8 = 11{,}2 \cdot \sqrt{d} \qquad (16)$$

L_4 = Länge bei p 100 bar, gasförmig oder flüssig $T \leq Td + 160$ K
L_6 = Länge bei p 250 bar, gasförmig oder flüssig $T \leq Td + 320$ K
L_8 = Länge bei p 400 bar, gasförmig oder flüssig $T \leq Td + 500$ K

Sollte die Vermeidung von Verschleiß an der Packung im Vordergrund stehen, ist es ratsam, die Stopfbuchslänge größer als den Hub auszulegen. Bei Schiebern mit ihren großen Stellwegen ist diese Regel aber nicht anwendbar. In diesem Falle ist eine Verspannung der Brille mit Federn zu empfehlen.

Bei der Abdichtung von hochtoxischen oder radioaktiven Medien kommt es auf geringste mögliche Leckraten an, hier interessiert der Leckageweg 2. Die Größe des Leckagestroms errechnet sich nach folgender Formel:

$$Q = k_f \cdot A \cdot \Delta p/(h \cdot L) \qquad (17)$$

Q = Leckagestrom der Packung
k_f = spezifisch Leckagewert der Packung (Messung)
A = Ringfläche der Packung
Δp = Betriebsüberdruck
h = dynamische Viskosität des Mediums
L = Packungslänge

Durch Umstellung der Gleichung für Q lässt sich die Packungslänge L ermitteln.

$$L = k_f \cdot A \cdot \Delta p/(h \cdot Q) \qquad (18)$$

L = Länge der Dichtung

Die hier ermittelte Packungslänge L bezieht sich auf die aktive Abdichtung. Aus Sicherheitsgründen wird die Abdichtung eines Ventils für ein Kernkraftwerk noch zusätzlich mit Laternenringen und weiteren Packungsringen versehen, um ein Sperrmedium oder eine Absaugung zusätzlich einsetzen zu können.

Die Festlegung der Packungslängen für Wellenabdichtungen wird im Pkt. 4.7.2 und für Hochdruckplungerpumpen im Pkt. 4.7.3 behandelt.

Für dynamische Abdichtungen, zum Beispiel Mischer, Reaktoren, Autoklaven usw., werden die Packungen im Mischreibungsgebiet gefahren. Für dieses Anwendungsgebiet sind hohe Betriebsdrücke typisch, meist liegt aber nur eine geringe Geschwindigkeit vor. Denkt man an die sehr unterschiedlichen Betriebsbedingungen, wird verständlich, dass eine Richtwertangabe sehr problematische wäre. Man stützt sich deshalb im Wesentlichen auf Betriebserfahrungen.

Ein besonderes Problem für dieses Gebiet sind die vielfach recht großen Durchmesser, die mit verhältnismäßig geringen Packungsbreiten gepaart sind. Da der Wellendurchmesser und der Stopfbuchsbohrungsdurchmesser nur geringe Unterschiede aufweisen, besteht bei diesen Abdichtungen die Gefahr des Mitrutschens der Packungsringe. Insbesondere dann, wenn die Stopfbuchsen sehr lang sind oder eine schlechte Lagerung mit großer Exzentrizität vorliegt. Die Packungsbreite B wird vielfach nach B5 ausgelegt, die Stopfbuchslänge L nach L4, L6 und L8, siehe vorn.

4.6 Konstruktive Gestaltungmöglichkeiten für Stopfbuchsräume

Abhängig von den Betriebsbedingungen des jeweiligen Anwendungsfalls und abgestimmt auf die eingesetzten Aggregate hat sich im Laufe der Zeit eine Vielzahl von konstruktiven Lösungen für den Einsatz von Stopfbuchspackungen herausgebildet. Dabei haben sich einige wenige Dichtungsanordnungen praktisch zu bewährten Standardlösungen entwickelt. Die wichtigsten dieser grundsätzlichen Packungsanordnungen sollen hier dargestellt und die Lösungen im Einzelnen erläutert werden. In diesem Zusammenhang wird auch auf einige bei der Konstruktion einzuhaltende Parameter hingewiesen.

An dieser Stelle sei noch erwähnt, dass es für den gesamten Bereich der Stopfbuchspackungsanwendungen im Gegensatz zu anderen Dichtungsanwendungen nur eine für die Konstruktion relevante Norm gibt. Das ist die DIN 3780 aus dem Jahre 1954, die die Stopfbuchsdurchmesser und die dazugehörigen Packungsbreiten regelt.

4.6.1 Toleranzen, Oberflächen und Spaltbreiten

Um eine einwandfreie Funktion und möglichst lange Standzeiten der Packungen zu gewährleisten, sind bei der konstruktiven Auslegung von Stopfbuchsräumen bezüglich der Toleranzen, Oberflächenrauheiten und Spaltbreiten am Stopfbuchsgrund und an der Brille bestimmte Vorgaben einzuhalten.

Die Oberflächenrauheit von Kreiselpumpenwellen, Plungern und Spindeln sollte einen Wert von $R_a \leq 0{,}25$ µm möglichst nicht überschreiten. Für die Gehäusebohrung kann eine größere Oberflächenrauheit von $R_a \leq 2{,}5$ µm akzeptiert werden.

Diese Werte gelten für Standardausführungen von Stopfbuchsräumen mit normalen Anforderungen an Dichtheit und Lebensdauer der Packung. Bei hohen Anforderungen ist der Ra-Wert für die Laufflächen von Wellen, Plungern und Spindeln auf Werte von $R_a \leq 0{,}1$ µm zu reduzieren.

Wellenschlag kann die Funktionsfähigkeit von Packungen an drehenden Wellen erheblich beeinflussen, deshalb sollte er bei Kreiselpumpen möglichst geringer als 1/1000 des Wellendurchmessers sein (siehe auch Pkt. 4.5.7). Sollen aufgrund besonderer Anforderungen sehr niedrige Leckagewerte erzielt werden, darf der Wellenschlag nicht größer als 1/100 der Packungsbreite sein.

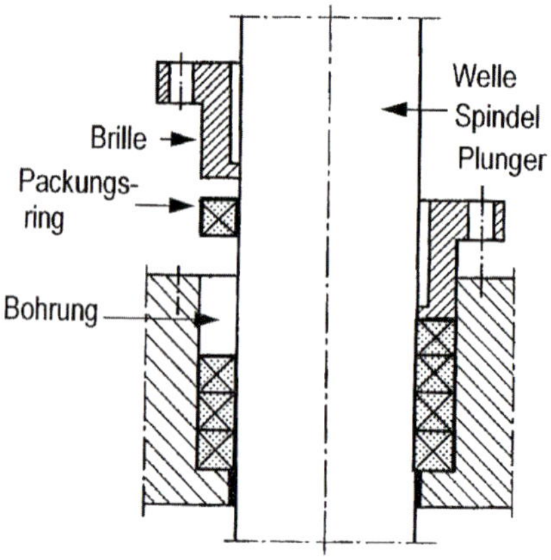

Bild 4.20: Die Standard-Stopfbuchse

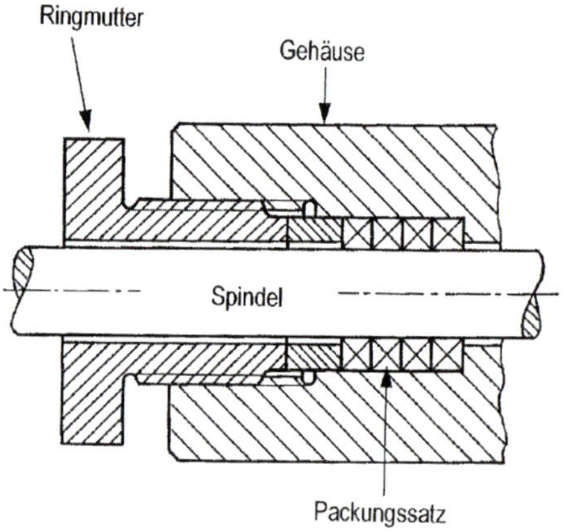

Bild 4.21: Stopfbuchsausführung für Kleinarmatur

Um das Extrudieren des Dichtungsmaterials in die Spalten zwischen Welle bzw. Plunger oder Spindel einerseits und Brillen- bzw. Grundbohrung andererseits zu verhindern, sind zulässige Spaltbreiten von 2/100 der Packungsbreite vorzusehen. Für die Fälle, in denen konstruktiv bereits größere Spaltbreiten festgelegt wurden oder ausgesprochen extrusionsfreudige Packungen zum Einsatz kommen sollen, müssen zur Spaltüberbrückung Kammerungsringe aus hochfesten Packungsgarnen oder auch aus Metall oder Kunststoff eingesetzt werden.

4.6.2 Grundausführung einer Stopfbuchse

Die sehr einfache und in der Herstellung kostengünstige Standard-Ausführung einer Stopfbuchse, die in **Bild 4.20** gezeigt wird, findet ganz allgemein bei Armaturen, Kreisel- und Plungerpumpen Anwendung. Die Anzahl der zu verwendenden Packungsringe bestimmt sich aus den Anforderungen an die Dichtheit, dem Druck und dem Einsatzgebiet. Sie kann zwischen 3 und 8 Ringen variieren. In der Regel reichen für die Aufbringung der Brillenspannung 2 Schrauben aus. Bei höheren Drücken und großen Ringflächen können auch mehr Schrauben zum Einsatz kommen.

Statt der Stopfbuchsbrille kann bei kleinen Armaturenstopfbuchsen auch eine Ring- oder Überwurfmutter zur Verpressung der Packung vorgesehen werden. Ein Schiefziehen durch ungleichmäßiges Anziehen der Muttern oder ungleichmäßige Materialverteilung in der Stopfbuchse kann hier nicht auftreten. Die möglichen Vorspannkräfte dieser Ausführung sind jedoch limitiert (**Bild 4.21**).

4.6.3 Stopfbuchse mit unterschiedlichen Packungstypen

Mit der in **Bild 4.22** dargestellten Dichtungsanordnung kann durch Einsatz von Kammerungsringen am Stopfbuchsgrund und an der Brille die Extrusion einer plastischen Packung in die Spalte vermieden werden. Es können außerdem zu große Spaltmaße überbrückt werden, die konstruktions- oder verschleißbedingt auftreten. Diese Anordnung wird auch gewählt, wenn hoch verdichtete Kammerungsringe metallische Führungen in Armaturen für den Hochtemperatureinsatz ersetzen sollen.

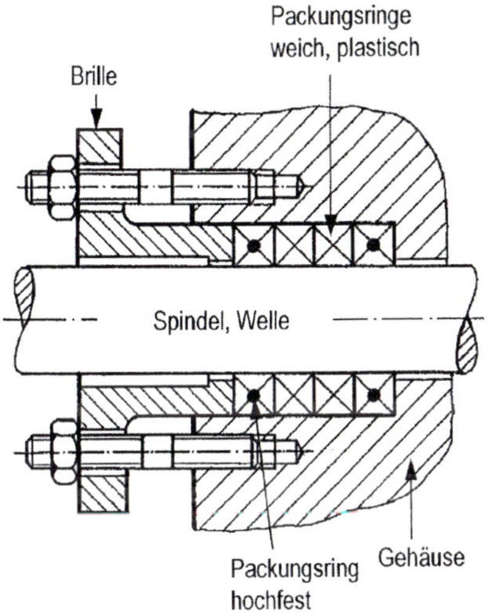

Bild 4.22: Stopfbuchse mit verschiedenartigen Packungen

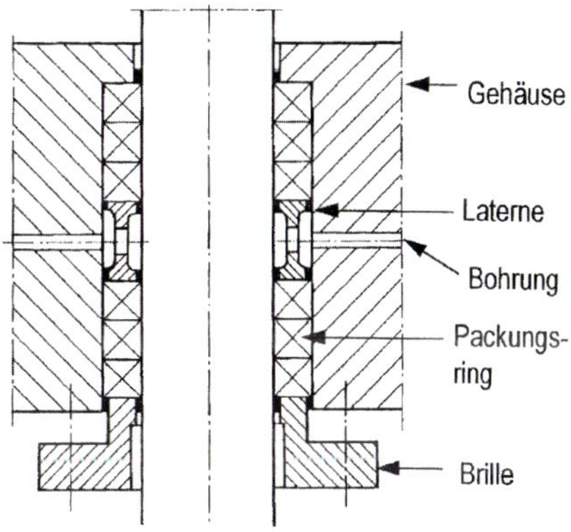

Bild 4.23: Stopfbuchse mit Laterne

4.6.4 Stopfbuchsen mit Laternenringen

Die in einer Stopfbuchsanordnung eingesetzten Laternenringe können verschiedene Funktionen erfüllen. Sie dienen generell zur Zu- oder Abfuhr von Medien unterschiedlicher Art in bzw. aus dem Stopfbuchsraum. Sie sind über Bohrungen an Leitungen angeschlossen, über die mit Leitungsdruck oder Pumpen Medien zu- oder abgeführt werden.

Die in **Bild 4.23** gezeigte Anordnung mit einem Laternenring dient der Zuführung von Zusatzschmiermitteln bei der Förderung schlecht schmierender Medien. Eine Vermischung von Schmierstoff und Medium kann stattfinden und muss in Grenzen zulässig sein. Eine gleichmäßige Förderung des Schmiermittels und die Regelung des Druckes sind für einen wartungsfreien Betrieb sehr aufwendig, deshalb wird meist nach Bedarf mit einer Handpumpe nachgefördert. Eine ähnliche Funktion wird bei der Verwendung von fettimprägnierten Packungen erfüllt, die bei Fettverlust zu stärkerer Leckage neigen. Die Zuführung kleiner Fettmengen über den Laternenring verbessert die Funktionsfähigkeit und gleicht den Volumenverlust aus.

Die gleiche Anordnung eines Laternenrings wird zur Abdichtung gefährlicher Stoffe verwendet. Die Einführung des Sperrmediums in den Laternenring erfolgt mit geringfügig über dem Betriebsdruck liegendem Druck. Die unbedingt notwendige zuverlässige Funktion dieser Ausführung ist mit erheblichem Aufwand verbunden.

Ein weiterer Einsatzfall ist die permanente Absaugung von gefährlichen Leckagen des Fördermediums über den Laternenring. Dabei ist sowohl eine Rückführung in den Druckraum als auch eine externe Aufbereitung der Leckage möglich. Auch hier führen die Sicherheitsanforderungen zu hohem Aufwand.

Die gezeigte Dichtungsanordnung kann weiterhin zur Zuführung eines Kühlmittels über den Laternenring eingesetzt werden, um die Temperatur des geförderten Mediums unter seiner Verdampfungstemperatur bei Normaldruck zu halten. Der Druck des Kühlmittels liegt bei dieser Anwendung unter dem Betriebsdruck.

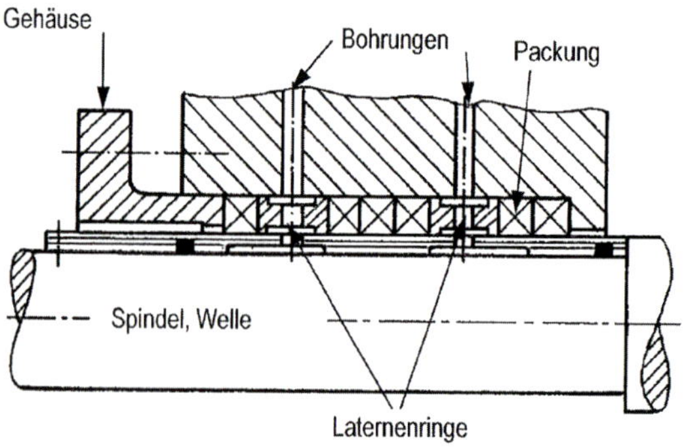

Bild 4.24: Stopfbuchse mit 2 Laternen und Kühlung der Schonbuchse

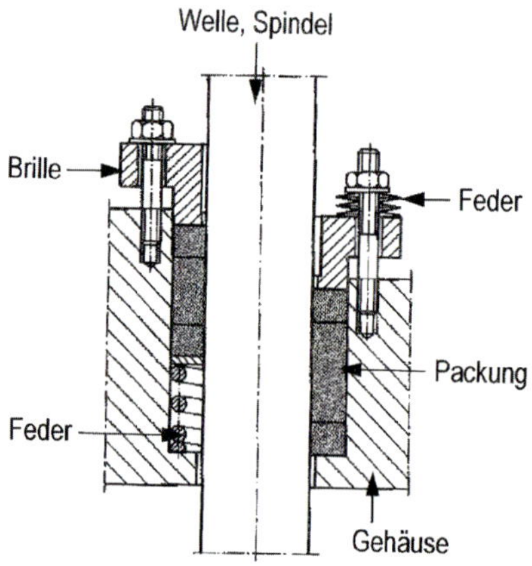

Bild 4.25: Stopfbuchse mit innen- und außenliegender Feder

Über den Laternenring kann bei Hochtemperaturanwendungen auch ein Inertgas unter sehr niedrigem Druck zugeführt werden, um das innen angeordnete Packungsmaterial vor Oxidation zu schützen. Außen muss mit einer hochtemperaturbeständigen Dichtung abgedichtet werden, an die nur mäßige Dichtheitsanforderungen zu stellen sind. Medientemperaturen von bis zu 1000 °C lassen sich hiermit sicher beherrschen.

Bild 4.24 stellt eine Dichtungsanordnung mit zwei Laternenringen dar, die insbesondere bei Hochdruckarmaturen in Kernkraftwerken anzutreffen ist. Hier wird über den druckseitigen Laternenring ein Sperrmedium zugeführt, das über den brillenseitigen Ring wieder abgesaugt wird.

Statt des Sperrmediums kann in dieser Anordnung auch über den ersten Ring eine Hochdruckschmierung vorgesehen werden, die über den zweiten Ring wieder abgeführt wird. Außerdem kann natürlich auf diese Weise, wie schon beschrieben, ein Kühlmittel zu- und abgeführt werden, um Wellen von Hochleistungspumpen zu kühlen, bei denen große Wärmemengen anfallen. In die Kühlung kann auch eine Wellenschonhülse integriert werden.

4.6.5 Stopfbuchse mit Federn

Es gibt im Wesentlichen zwei Varianten, die sich durch die Lage der Federn unterscheiden und in sehr unterschiedlichen Fällen angewendet werden.

Die Ausführung mit innenliegender Einzelfeder oder Gruppenfedern wird überwiegend in Hochdruckplungerpumpen verwendet (**Bild 4.25**). Diese Anordnung ermöglicht eine Minimierung der Reibkräfte dadurch, dass die gewählte Federkraft gerade ausreicht, um während des Saughubs der Pumpe eine Vorabdichtung zu erreichen. Die Packungsspannung ist beim Druckhub nur geringfügig höher als der Betriebsdruck der Pumpe. Mit dieser Anordnung wird es möglich, Reibung, Verschleiß und Wärmeentwicklung zu minimieren und damit eine erhebliche Verlängerung der Standzeiten gegenüber bisherigen Systemen mit gewebeverstärkten Lippendichtungen zu erreichen.

Die in Bild 4.25 gezeigte Dichtungsanordnung mit außenliegenden Federn findet hauptsächlich zur Spannungsminimierung in der Packung bei steigenden Temperaturen Anwendung. Die

Bild 4.26: Stopfbuchse mit Außenmantelkühlung

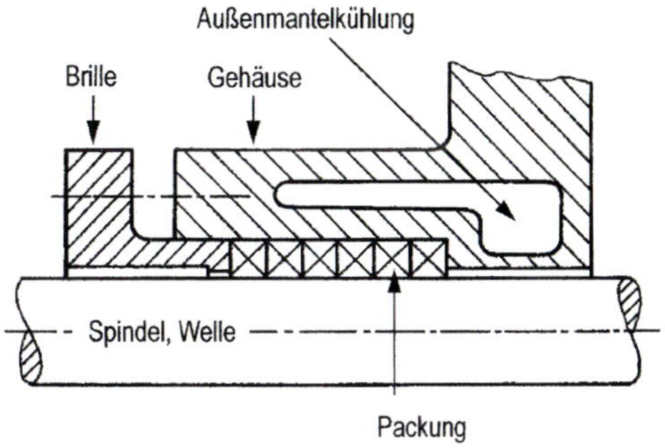

Feder kompensiert den durch Wärmedehnung entstehenden Anstieg der Packungsspannung. Es wird bei allen Betriebszuständen für eine annähernd gleiche Packungsspannung gesorgt, so dass eine Reduzierung der Spannung durch Abrieb bzw. Setzen des Materials oder Volumenveränderung infolge Temperaturrückgangs durch automatisches Nachstellen der Brille aufgefangen wird.

Damit sind weitgehend wartungsfreie Abdichtungen realisierbar. Voraussetzung ist, dass der Federdruck bezogen auf die Ringfläche der Brille größer als der Mediendruck ist.

4.6.6 Stopfbuchse mit Außenmantelkühlung

In **Bild 4.26** wird eine Konstruktion gezeigt, die dazu dient, die Temperatur der Leckage herunterzukühlen, um eine Verdampfung des Mediums in der Stopfbuchse zu unterbinden und damit den für die Funktion des Dichtsystems notwendigen hydrodynamischen Schmierfilm aufrecht zu erhalten. Diese Art der Kühlung hat nur geringe Wirkung, weil der Wärmetransport durch die nur schlecht wärmeleitende Packung erfolgt.

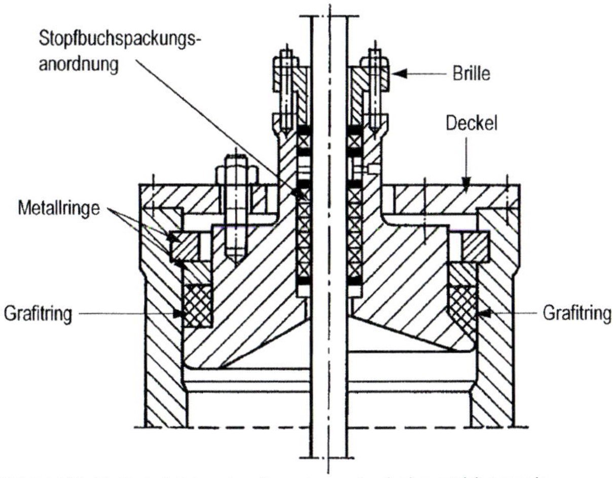

Bild 4.27: Selbstdichtender Armaturendeckelverschluss mit Graphitexpandatringen (alternative Ausführungen)

4.6.7 Selbstdichtender Deckelverschluss mit Graphitexpandatringen

Das Prinzip des selbstdichtenden Deckelverschlusses (**Bild 4.27**) kommt vor allem in den Bredtschneider/Uhde-Verschlüssen im großen Umfang für die Abdichtung von Deckeln gegenüber einem mit Druck beaufschlagten Behälter zur Anwendung. Es kann sich dabei beispielsweise um Ventile, Reaktoren und Wärmeübertrager handeln.

Die Packung wird zuerst durch die Schrauben am Deckel vorgespannt, um dann beim Anfahren mit einem Pressdruck beaufschlagt zu werden, der um ein Vielfaches über dem Betriebsdruck liegt. Dieser Effekt ergibt sich durch das große Verhältnis der Deckelfläche zur Ringfläche der Packung und führt zu einer sehr zuverlässigen Dichtwirkung.

4.7 Typische Anwendungsfälle für Stopfbuchspackungen

4.7.1 Armaturen

Für die Abdichtung von Armaturen werden überwiegend Packungsstopfbuchsen angewendet. Das Einsatzgebiet ist durch eine Vielfalt der abzudichtenden Medien, Drücke und Temperaturen gekennzeichnet. An die jeweiligen Betriebsbedingungen angepasst, kommen sehr viele unterschiedliche Packungswerkstoffe zum Einsatz.

Auf dem Gebiet der Kleinarmaturen wird statt der Brille meist eine Überwurfmutter mit einem Spannring zur Packungsverspannung verwendet, wobei der Spannring entsprechend **Bild 4.28** vielfach auch die Funktion der Führung übernimmt. Im geöffneten Zustand der Armatur werden Querkräfte nur durch die Packung und durch den Spannring aufgenommen, im geschlossenen Zustand werden zusätzlich Reibkräfte beim Aufsetzen des Ventilkegels wirksam.

Für den Anwender sind zwei Kräfte bzw. Momente wichtig. Erstens muss das Drehmoment an der Überwurfmutter bekannt sein, das die Abdichtung der Armatur bewirken soll. Zweitens muss die Betätigungskraft bzw. das -moment bekannt sein, wobei zwecks Leichtgängigkeit eine Minimierung dieser Werte angestrebt wird.

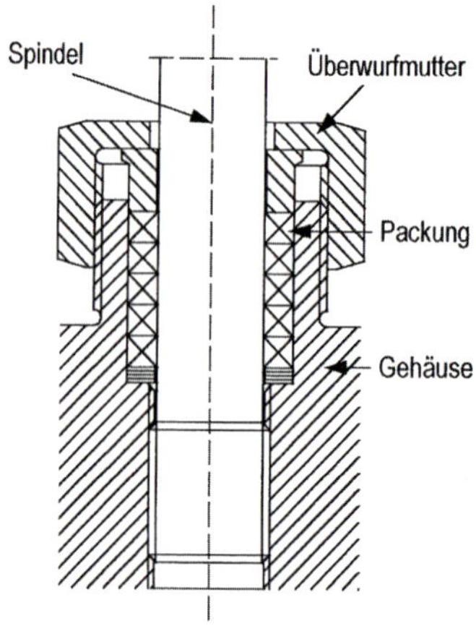

Bild 4.28: Stopfbuchse mit Überwurfmutter

Die überwiegend angewendete Stopfbuchskonstruktion bei Armaturen ist die klassische Stopfbuchsbohrung. Auch bei dieser Konstruktionsvariante sind die vorher erwähnten Kräfte und Momente zu ermitteln. Es interessieren erstens das Drehmoment an den Spannschrauben der Brille, um die erforderliche Brillenspannung zu erzeugen und zweitens die Betätigungskräfte bzw. -momente an der Spindel.

Für die folgende Berechnung muss im Falle der „normalen" Armatur, die mehrere Schrauben an der Brille hat, beachtet werden, dass die Brillenkraft F_{br} durch die Anzahl n der Schrauben zu teilen ist, ansonsten kann entsprechend der unten aufgeführten Formel gerechnet werden. Nach den im Abschnitt 4.5.4 vorliegenden Gleichungen sind zunächst die Brillenspannung und die Reibkraft bzw.

das -moment an der Spindel zu ermitteln. Aus Brillenspannung und Ringfläche der Packung ergibt sich die Brillenkraft F_{br}, die am mittleren Durchmesser von Spannring und Gewinde wirksam wird.

$$F_{br} = \sigma_{br} \cdot (D_a + D_i)/2 \cdot \pi \cdot B \tag{19}$$

F_{br} = Brillenkraft (durch n bei mehreren Schrauben)
σ_{br} = Erforderliche Brillenspannung
D_a = Außendurchmesser Packung
D_i = Innendurchmesser Packung
B = Packungsbreite

$$M_{br} = F_{br} \cdot (\mu_g \cdot D_{mg} + \mu_s \cdot D_{ms})/2 \tag{20}$$

M_{br} = Drehmoment an der (Überwurf)mutter
D_{mg} = Mittlerer Durchmesser Gewinde
D_{ms} = Mittlerer Durchmesser Spannring (oder Mutterauflage)

$$\mu_g = \tan (t/(D_{mg} \cdot \pi))/\cos \beta + \mu \tag{21}$$

μ_g = Ersatzreibwert Gewinde
μ_s = Reibwert Spannring (oder Mutterauflage)
μ = Reibwert Gewinde
t = Steigung Gewinde (Überwurf)mutter
β = Flankenwinkel Gewinde

Die zugehörigen Größen sind **Bild 4.29** zu entnehmen.

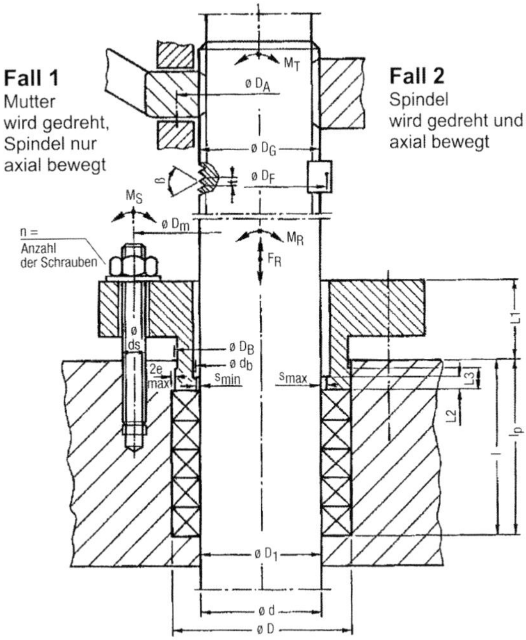

Bild 4.29: Berechnungsbeispiel

Aus der Reibkraft F_r an der Spindel und der hydraulisch bedingten Druckkraft F_{hyd} ergibt sich die Summe der Kräfte, die im Gewinde der Spindel auftreten. Ist die Armatur mit einer nichtdrehenden Spindel ausgeführt, wird das Betätigungsmoment noch um das Reibmoment der Auflage des Handrads vergrößert.

$$M_{bs} = F_{bs} \cdot (\mu_{gs} \cdot D_{gs} + \mu_a \cdot D_{ma})/2 \tag{22}$$

M_{bs} = Drehmoment an der Spindel
D_{gs} = Mittlerer Gewindedurchmesser Spindel
D_{ma} = Mittlerer Durchmesser Auflage
μ_a = Reibwert Auflage
μ_s = Reibwert Spindelgewinde
t_s = Steigung Gewinde Spindel
β_s = Flankenwinkel Spindelgewinde

$$F_{hyd} = \Delta p \cdot D_s^2 \cdot \pi/4 \tag{23}$$

F_{hyd} = Hydraulikkraft Spindel
Δp = Betriebsdruck
D_s = Spindeldurchmesser

$$F_{bs} = F_{hyd} \pm F_r \tag{24}$$

F_{bs} = Gesamtkraft an der Spindel

$$F_r = d \cdot \pi \cdot B/2 \cdot \sigma_{axa} \cdot (e^{-((\mu 1+\mu 2)\cdot k \cdot L/B)} - 1) / k$$

$$\mu_{gs} = \tan (t_s/(D_{gs} \cdot \pi))/\beta_s + \mu_s \tag{25}$$

μ_{gs} = Ersatzreibwert Spindelgewinde

Die Gesamtkraft F_{bs} und das Drehmoment M_{bs} sind abhängig von der Bewegungsrichtung. Beim Herausdrehen ergeben sich wegen der entgegen gerichteter Packungsreibung entsprechend kleinere Werte. Bei Erwärmung der Armatur und bei Verwendung einer Packung mit großem Ausdehnungswert steigen alle spannungsrelevanten Reibkräfte und damit auch die Betätigungskräfte, es sei denn, dass die Brille durch Federelemente ein Ausdehnen der Packung zulässt. Siehe dazu auch das vorher durchgeführte Rechenbeispiel.

Voraussetzung für die Berechnung der Betätigungskräfte im Betriebsfall ist, dass keine Substanzverluste beim Packungsmaterial auftreten. Ist wegen des Einsatzes zum Beispiel im Hochtemperaturbereich (> 500 °C) ein Substanzverlust unvermeidlich, weil die Imprägnierung thermisch umgewandelt wird, ist die Packung beim ersten Anfahren zu beobachten und eventuell nachzuziehen.

Die Materialauswahl für Gehäuse, Spindel oder Führung bei Armaturen erfolgt außer nach Festigkeitsmaßstäben auch nach den Erfordernissen einer möglichst geringen Korrosion. Besonders gefürchtet ist die sogenannte „Stillstandskorrosion" bei Armaturen. Sie wird von einer geringen Rückstandsmenge an elektrisch leitfähigem Wasser in der Packung hervorgerufen, die nach der Druckprüfung zurückgeblieben ist. Aber auch in einer betriebsmäßig belasteten Armatur kann diese Stillstandskorrosion bei sehr seltener Betätigung auftreten.

Tabelle 4.6: Normalspannungsreihe der Metalle [19]: elektronegative Metalle gelten als unedel, elektropositive Metalle gelten als edel

Werkstoff	Lösungspotential gegen Wasserstoff [V]
Mg	–2,40
Al	–1,69
Zu	–0,76
Cr	–0,51
Fe	–0,44
Cd	–0,40
Ni	–0,25
Su	–0,16
Pb	–0,13
H	±0
Cu	+0,35
Ag	+0,81
Au	+1,38

Das Erscheinungsbild der Stillstandskorrosion ist häufig durch „Lochfraß" an der Spindel geprägt, so dass eine in dieser Weise geschädigte Armatur nicht mehr zu betätigen ist, weil die unter Spannung stehende Packung in die entstehenden Löcher einwandert.

Der Mechanismus der Korrosion, besonders der Lochfraßbefall, ist an sich bekannt. Es handelt sich hierbei nicht um den gleichmäßigen Angriff einer aggressiven Flüssigkeit auf die Metalloberfläche, der im Allgemeinen durch eine flächenhafte Oxidation des Metalls z. B. beim Rosten gekennzeichnet ist. Der Lochfraß ist vielmehr ein lokaler Angriff mit hoher Abtragsgeschwindigkeit auf die relativ kleinen Bereiche der Korngrenzen im Metall.

Für die Erklärung der Lochfraßkorrosion bedient man sich eines elektro-chemischen Korrosionsmodells (galvanisches Element). Es geht von zwei als Elektroden bezeichneten, unterschiedlichen Metallen und einem elektrisch leitfähigem Elektrolyt aus.

Anode ist dabei die Elektrode mit dem geringeren Potential gegenüber der als Kathode bezeichneten Elektrode mit dem höheren Potential. Für die unterschiedlichen Medien weisen die metallischen Werkstoffe unterschiedliche Potential-Werte in der Spannungsreihe auf (**Tabelle 4.6**).

Bei entsprechenden Gegebenheiten findet an der Anode der schädliche Metallabtrag statt, während an der Kathode eine Metallabscheidung auftreten kann. Da das Korrosionssystem nach außen elektrisch neutral ist, muss die Gesamtstromstärke, d. h. das Produkt aus der spezifischen Stromdichte J und Oberfläche A an der Anode und an der Kathode gleich sein:

$$J_{Anode} \cdot A_{Anode} = J_{Kathode} \cdot A_{Kathode} \qquad (26)$$

Die Lochfraßkorrosion ist gekennzeichnet durch sehr kleine Anodenflächen und vergleichsweise dazu sehr große Kathodenflächen. Die zugehörigen Stromdichten verhalten sich umgekehrt zum Verhältnis der Flächen, es findet ein hochaktiver Metallabtrag an der Anode statt. Das Poten-

Tabelle 4.7: Eigenpotential wichtiger Spindel- und Gehäusewerkstoffe

Werkstoff	Eigenpotential [mV]
1.0402	800
1.4550	1030
1.7335	950
1.4021	1040
1.0052	820
1.4057	1050
1.4122	1050
1.4921	1040
MS 58	1080
AL 99.58	600

tial eines Metallkörpers ist in der Regel nicht gleichförmig, sondern durch elektro-chemische Spannungsunterschiede der verschiedenen Gefügebestandteile oder durch physikalische Spannungsunterschiede in der Oberfläche bestimmt. Das ist die Ursache für die Bildung von Lokalelementen. Sind die betroffenen Lokalanoden und -kathoden klein und gleichmäßig über die Oberfläche verteilt, findet ein nahezu flächiger Korrosionsangriff statt.

Es kann als sicher gelten, dass Halogenionen, d. h. Chlorid-, Bromid-, Jodid- und Hypochloridionen, die Lochfraßkorrosion erheblich fördern. Hydroxyde, Chromate, Phosphate, Nitrate und Silikate mildern oder verhindern die Lochfraßkorrosion, sie werden deshalb bevorzugt als sogenannte Inhibitoren entweder dem Packungsmaterial oder dem Prüfwasser bei der Druckprobe zugesetzt. Der Schutz vor Lochfraß mittels Inhibitoren ist zeitlich begrenzt, da die Inhibitoren im Betrieb allmählich aus der Packung herausgelöst werden.

Bei Versuchen hat man festgestellt, dass es für die Halogensalze eine Grenzkonzentration gibt, unter der eine Lochfraßkorrosion nicht mehr stattfindet. Für Chloridsalze beträgt dieser Grenzwert 10^{-4} mol/l. Für besonders kritische Anwendungsfälle, wie zum Beispiel im Kernkraftwerksbereich, werden nahezu chloridfreie Packungen eingesetzt. Um jede Verunreinigung auszuschließen, muss selbst die Montage unter Reinraumbedingungen durchgeführt werden.

Für den „durchschnittlichen" Anwendungsfall behilft man sich durch eine Metallauswahl von Spindel und Gehäuse mit sehr geringem Potentialunterschied zwischen den metallischen Werkstoffen. Die Potentialunterschiede werden in vollentsalztem Wasser mit einer Leitfähigkeit von ca. 1 mSiemens gemessen. Wenn die Festigkeit es zulässt, verwendet man als Spindelwerkstoff den elektro-chemisch positiveren Partner (**Tabelle 4.7**).

Der Versuch, das Korrosionsproblem durch Zugabe nichtleitender Werkstoffe wie Fett oder Mineralöle in der Packung zu lösen, kann aus zwei Gründen nicht empfohlen werden. Erstens ist dieser Schutz nur zeitweilig aufrechtzuerhalten, da das Schutzmittel bei Temperaturbeaufschlagung und/oder durch die Spindelbewegung ausgetragen und durch wässriges Medium ersetzt wird und zweitens geht sowohl die Axial- als auch die Radialspannung in der Packung verloren, so dass die Packung häufig nachgespannt werden muss.

4.7.2 Rotationspumpen

Schnelllaufende Wellen können mit Packungen abgedichtet werden und erreichen dabei erstaunlich lange Betriebszeiten. Die Voraussetzungen für einen problemlosen Einsatz sind nicht nur vom verwendeten Packungsmaterial abhängig, sondern auch von einer Reihe zusätzlicher Maßnahmen bei der Montage und bei der Inbetriebnahme der Packungsabdichtung. Diese zusätzlichen Maßnahmen sind unter Kostenaspekten nicht sehr aufwendig, sie stellen aber die angestrebte lange Lebensdauer sicher und sollten das Minimum des geforderten Anwendungswissens darstellen.

Im Gegensatz zu den Anleitungen für den problemlosen Betrieb ist die Erklärung der Funktion der Packung beim Einsatz an schnelllaufenden Wellen ungleich schwieriger. Die „Theorie“ der Funktion der Packungsstopfbuchse soll hier durch Grenzbetrachtungen und Versuchsergebnisse begründet werden. In einigen Fällen werden Berechnungen herangezogen, um den erwarteten Zustand negativ zu beweisen, also auszuschließen.

Für eine gut eingefahrene Wellenabdichtung gilt:

Die Leckageraten, die an Packungsstopfbuchsen von schnelllaufenden Wellen beobachtet werden, lassen darauf schließen, dass Spaltweiten von wenigen Mikrometern vorliegen. Die Packung läuft also im eingefahrenen Zustand nicht direkt auf der Welle, sondern ist durch einen Medienfilm getrennt. Es liegt also hydrodynamische Schmierung vor, dadurch ergibt sich ein sehr geringer spezifischer Reibwert. Diese Erklärung korrespondiert mit der Erfahrung, dass die Temperatur an der Stopfbuchse nur wenige Grad über der des Mediums liegt.

Für die weiteren Überlegungen ist es sinnvoll, ein konkretes Beispiel aus der Praxis heranzuziehen. Eine Welle d = 65 mm, B = 10 mm, 4 Ringe, L = 40 mm läuft mit n = 3000 min^{-1} gegen einen Druck Δp = 10 bar um, das Medium ist Wasser mit 20 °C. Der Wellenschlag beträgt etwa 56 µm, die Leckagerate Q = 252 cm^3/h und die Temperatur an der Brille t_{br} = 26 °C.

Für die Berechnung der durchschnittlich vorliegenden Spaltweite muss die folgende Formel umgestellt werden.

$$Q = \Delta p \cdot d \cdot \pi \cdot h^3/(12 \cdot \eta \cdot L) \qquad (27)$$

Q = Leckagerate (gleichmäßiger Spalt)
Δp = Betriebsdruck
d = Wellendurchmesser
h = Spaltweite
η = dynamische Viskosität Medium
L = Länge Packung

$$h = \sqrt{12 \cdot Q \cdot \eta \cdot L / (\Delta p \cdot d \cdot \pi)} \qquad (28)$$

h = Spaltweite

$$Ex = R_s/2 \qquad (29)$$

Ex = Exzentrizität Welle
R_s = Rundschlag Welle

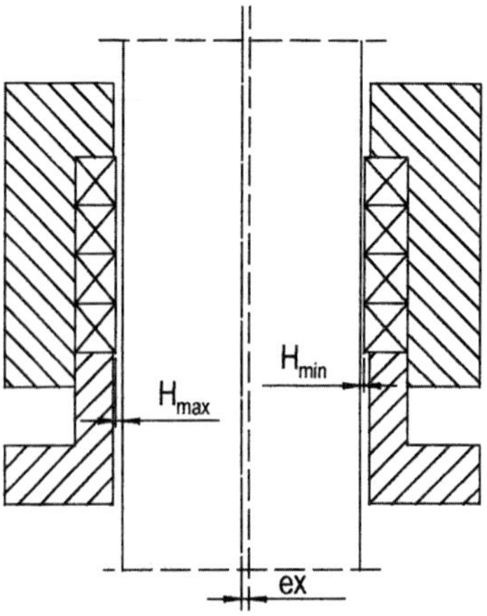

Bild 4.30: Einzelheit zum Wellenschlag

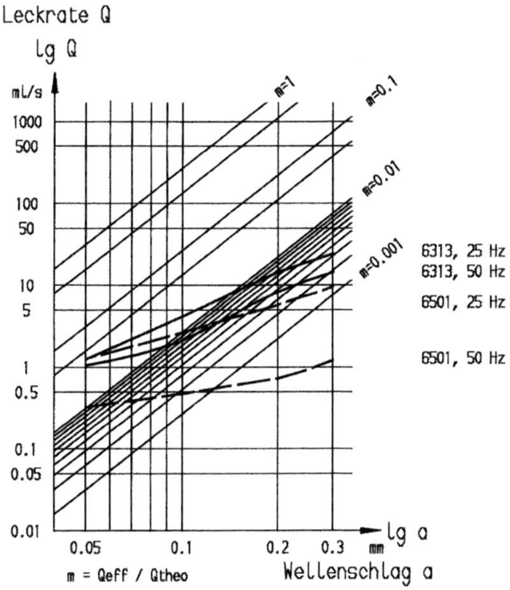

Bild 4.31: Wellenschlag- und Drehzahleinfluss

Die Berechnung ergibt eine Spaltweite h = 5,5 µm. Die Packungsbreite B muss bei einer Umdrehung der Welle um den Betrag R_s = 56 µm hin- und herschwingen, das ist etwa der 10-fache Wert der errechneten Spaltweite.

Das Federungsvermögen der Packung in radialer Richtung ist ungewöhnlich groß, da Packungen für Wellenabdichtungen durch das hinzugefügte Einlaufschmiermittel sehr plastisch sind. Dieses Federungsvermögen der Wellenpackung wird durch die Verspannung des Packungskörpers erreicht, wodurch die sogenannte „Volumenelastizität" entsteht.

Um bestehende Zweifel auszuräumen, soll noch die Berechnung der Leckage bei vollplastischem Verhalten der Packung folgen. Das Modell geht davon aus, dass die Welle infolge des Rundschlags eine Bohrung mit dem Durchmesser d' = d + R_s = 65,056 mm erzeugt hat (**Bild 4.30**). Die durchschnittliche Spaltweite beträgt dann h' = Ex = 28 mm. Die Leckagerate bei exzentrischer Lage der Welle ist damit um den Faktor 2,5 größer als bei zentrischer Lage.

Die Berechnung ergibt eine theoretische Leckrate Q' = 82000 cm³/h bei vollplastischem Verhalten der Packung, das ist der 325 fache Wert der effektiv gemessenen Leckage.

$$Q' = 2{,}5 \cdot \Delta p \cdot d \cdot \pi \cdot h^3/(12 \cdot \eta \cdot L) \quad (30)$$

Q' = Leckagerate (exzentrischer Spalt)
Q' = 2,5 · Q

$$m = Q_{eff}/Q_{theo} \quad (31)$$

m = Vergleichswert der Leckagen

Um den Einfluss des Wellenschlages auf die Leckage von Packungen zu ermitteln, hat man in umfangreichen Testreihen verschiedene Packungswerkstoffe bei unterschiedlichen Wellenschlägen und Drehzahlen laufen lassen. Die Ergebnisse zeigen, dass alle Packungen ein deutliches Federungsvermögen aufweisen. Ausgedrückt durch den m-Wert, kann man an den Werten im Diagramm gemäß **Bild 4.31** erkennen, dass das Leckageverhalten der Packungen einerseits durch ihre mehr oder weniger ausgeprägte Plastizität bestimmt wird, andererseits aber durch den Wellenschlag vergrößert wird und mit steigender Drehzahl fällt. Die Abhängigkeit von der Drehzahl und damit von der Frequenz der Querschnittsverformung deutet auf einen viskoelastischen Charakter der Packungswerkstoffe hin.

Für die Praxis ergab sich aus Versuchen, dass ein kleiner Wellenschlag sogar günstig für das Leckageverhalten ist. Der Wellenschlag sollte das Federungsvermögen der Packung nicht überfordern, als Grenzwert ist

$$R_s \leq 0{,}5\ \% \cdot B$$

anzustreben. Falls der Wert des Wellenschlages größere Werte für die Querschnittsverformung ergibt, sollte eine größere Packungsbreite B gewählt werden.

Die Wärmeabfuhr an der Stopfbuchse ist für den Dauerlauf besonders wichtig, es muss ein Gleichgewicht der zu- und abgeführten Wärme bei möglichst geringer Temperaturdifferenz erreicht werden. Während der Einlaufphase kann die anfallende Reibwärme nicht von der vorhandenen Kühlfläche an der Welle abgeführt werden, so dass die Temperatur an der Welle, in der Packung und im Medium steigt. Während der Einlaufzeit ist die Stopfbuchse ständig zu beobachten, um ein Verbrennen der Packung zu vermeiden. Außerdem ist es in dieser Zeit wichtig, die Geschwindigkeit des Temperaturanstiegs zu kennen, damit man im Voraus weiß, wann die Welle spätestens gestoppt werden muss, bevor die Packung verbrennt. Bei hoher Wellengeschwindigkeit ist ein mehrmaliges Anfahren sehr sinnvoll, da im ersten Anlauf nicht immer der angestrebte Endzustand der Packung erreicht wird, siehe auch Pkt. 4.8.3.

Auf der Grundlage der schon vorliegenden Werte soll für das bereits verwendete Beispiel nachfolgend auch die Temperaturanstiegsgeschwindigkeit berechnet werden:

Die Welle ist mit einem Wellenschoner ausgestattet, der die Abmessungen d_i = 55 mm und l_s = 120 mm besitzt. Der Wellenschoner ragt mit der Länge l_k = 50 mm in das Medium. Die Berechnung lehnt sich an die Vorgaben von **Bild 4.32** an. Für den Berechnungsgang sind weiterhin die Wärmedurchgangswerte k_1, k_2, k_3 wie unten beschrieben zu ermitteln. Zur Bestimmung der Temperaturanstiegsgeschwindigkeit werden nur die anfallende Reibwärme und die Masse des Wellenschoners benötigt, während die abgeführten Wärmebeträge für Vergleichszwecke von besonderem Interesse sind. Der Reibwert wird mit $\mu_r = 0{,}1$ (Mischreibung) angenommen.

$$v_r = d \cdot \pi \cdot n/60 \tag{32}$$

v_r = Umfangsgeschwindigkeit

$$Ar = d \cdot \pi \cdot L \tag{33}$$

A_r = Reibfläche

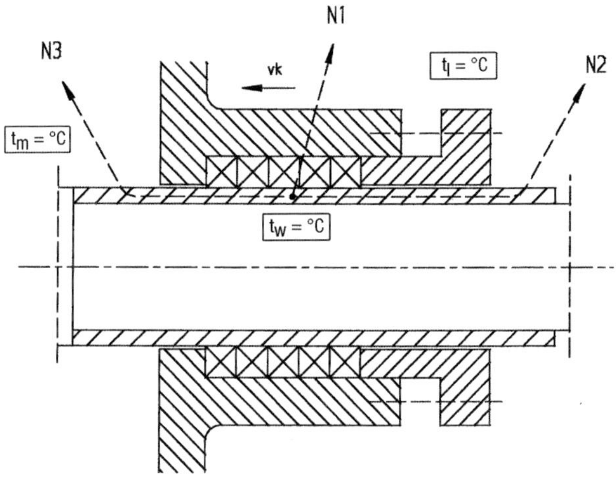

Bild 4.32: Wärmefluss an der Wellenstopfbuchse

$$N_a = \Delta p \cdot \mu_r \cdot A_r \cdot v_r \tag{34}$$

N_a = Reibwärme Anlauf
Δp = Druckspannung Kontaktfläche
m_r = Reibwert
A_r = $d \cdot \pi \cdot L$ = Kontaktfläche
v_r = Umfangsgeschwindigkeit

$$t^* = N_a / (G \cdot c) \tag{35}$$

t^* = Temperaturanstiegsgeschwindigkeit
N_a = Reibwärme Anlauf
G = Gewicht der Schonbuchse
c = spezifischer Wärmewert

$$A_k = d \cdot \pi \cdot L_k \tag{36}$$

A_k = Kühlfläche Mediumseite
L_k = Länge der Kühlfläche Mediumseite

$$A_l = d \cdot \pi \cdot L_l \tag{37}$$

A_l = Kühlfläche Luftseite
L_l = Länge der Kühlfläche Luftseite

$$A_m = d \cdot \pi \cdot L_m \tag{38}$$

A_m = Kühlfläche Außenmantel
L_m = Länge der Kühlfläche Außenmantel

Berechnung der Wärmeübergangszahl α_k am Außenmantel:

Luftgeschwindigkeit $v_k = 0$:

$$\alpha_k = C_s \cdot ((T_m/100)^4 - (T_l/100)^4)/(T_m - T_l) + 1{,}13 \cdot ((T_m - T_l)/d_4)^{0{,}25} \quad (39)$$

α_k = Wärmeübergangswert Außenmantel
C_s = Wärmestrahlungsbeiwert
T_m = Temperatur des Mediums (K)
T_l = Temperatur der Luft (K)
d_4 = Durchmesser Außenmantel

Luftgeschwindigkeit $v_k = < 5$ m/s:

$$\alpha_k = C_s \cdot ((T_m/100)^4 - (T_l/100)^4)/(T_m - T_l) + 5 + 3{,}4 \cdot v_k \quad (40)$$

v_k = Luftgeschwindigkeit am Außenmantel

Luftgeschwindigkeit $v_k = > 5$ m/s :

$$\alpha_k = C_s \cdot ((T_m/100)^4 - (T_l/100)^4)/(T_m - T_l) + 6{,}14 \cdot v_k^{0{,}78} \quad (41)$$

v_k = Luftgeschwindigkeit am Außenmantel

Berechnung des Wärmedurchgangswertes k_k am Außenmantel:

$$k_k = 1/(d_4 \cdot (1/(\alpha_k \cdot d_4) + 1/(2 \cdot \lambda_1) \cdot \ln(d_3/d_2) + 1/(2 \cdot \lambda_2) \cdot \ln(d_4/d_3))) \quad (42)$$

k_k = Wärmedurchgangswert Außenmantel
d_4 = Durchmesser Außenmantel
d_3 = Durchmesser Bohrung
d_2 = Durchmesser Welle

Berechnung der Wärmeübergangszahl α_l an der Welle/Luftseite:

Luftgeschwindigkeit $v_r = < 5$ m/s:

$$\alpha_l = C_s \cdot ((T_m/100)^4 - (T_l/100)^4)/(T_m - T_l) + 5 + 3{,}4 \cdot v_r \quad (43)$$

α_l = Wärmeübergangswert Welle/Luftseite < 5 m/s

Luftgeschwindigkeit $v_r = > 5$ m/s:

$$\alpha_l = C_s \cdot ((T_m/100)^4 - (T_l/100)^4)/(T_m - T_l) + 6{,}14 \cdot v_r^{0{,}78} \quad (44)$$

α_l = Wärmeübergangswert Welle/Luftseite >5 m/s

Berechnung des Wärmedurchgangswertes k_l an der Welle/Luftseite:

$$k_l = \lambda_3 \cdot A_r / (L_l \cdot A_l) \cdot (\ln(1/\lambda_l + L_l \cdot A_l / (l_3 \cdot Ar)) - \ln(1/\lambda_l)) \quad (45)$$

k_l = Wärmedurchgangswert Luftseite
λ_3 = Wärmeleitwert Welle/Wellenschoner
A_r = $A_2 - A_1$ Ringquerschnitt des Wellenschoners
A_2 = Querschnitt Durchmesser d_2
A_1 = Querschnitt Durchmesser d_1
A_l = Kühlfläche Welle Luft
L_l = Länge der Kühlfläche Luftseite

Berechnung der Wärmeübergangszahl am an der Welle/Mediumseite:

$$\alpha_m = 2900 \cdot v_r^{0,85} \cdot (1 + 0,014 \cdot t_m) \tag{46}$$

α_m = Wärmeübergangswert Welle/Mediumseite
v_r = Umfangsgeschwindigkeit der Welle
t_m = Temperatur des Mediums (C)

Berechnung des Wärmedurchgangswertes k_m an der Welle/Mediumseite:

$$k_m = \lambda_3 \cdot A_r/(L_m \cdot A_m) \cdot (\ln (1/\alpha_m + L_m \cdot A_m/(\lambda_3 \cdot A_r)) - \ln (1/\alpha_m)) \tag{47}$$

k_m = Wärmedurchgangswert Mediumseite
A_r = A2 - A1 Ringquerschnitt des Wellenschoners
A_2 = Querschnitt Durchmesser d_2
A_1 = Querschnitt Durchmesser d_1
L_m = Länge der Kühlfläche Außenmantel
A_m = Querschnitt Durchmesser d_4

$$N_k = A_k \cdot k_k \cdot \Delta t_k \tag{48}$$

N_k = Kühlbetrag Außenmantel

$$N_l = A_l \cdot k_l \cdot \Delta t_l \tag{49}$$

N_l = Kühlbetrag Luftseite

$$N_m = A_m \cdot k_m \cdot \Delta t_m \tag{50}$$

N_m = Kühlbetrag Mediumseite

Die Reibungswärme beim Einlaufvorgang beläuft sich auf 8168 Watt, die Kühlbeträge betragen $N_1^* = 6,1$, $N_2^* = 0,09$, $N_3^* = 0,09$ Watt/K. Aus der Summe der Kühlbeträge lässt sich eine theoretische Beharrungstemperatur von 1297 K über der des Mediums ableiten, erst dann wäre die Zufuhr und Abfuhr der Wärme im Gleichgewicht. Die Temperaturanstiegsgeschwindigkeit beträgt 5,3 K/s. Wenn man eine zulässige Temperaturdifferenz von 250 K ansetzt, darf der erste Anlauf nicht länger als 47 s dauern. Die Wartezeit bis zum nächsten Anlauf wird aber mehrere Minuten betragen, bis die Abkühlung auf eine erträgliche Temperatur erreicht ist. Während der Rückkühlzeit verliert die Packung ihre durch die Erwärmung erhöhte Spannung, so dass Tropfleckage auftreten kann. Wenn dieser Zustand eintritt, kann die Welle wieder angefahren werden. Meist ist nach dem ersten Zyklus von Lauf, Stopp und Wartezeit bereits der angestrebte

Dauerlaufzustand der Packung erreicht. Es hat sich dann ein stabiler Schmierfilm zwischen Welle und Packung eingestellt, wodurch sich die Reibwärme stark reduziert.

$$N_d = \eta \cdot A_r \cdot v_r^2/h \qquad (51)$$

N_d = Reibwärme Dauerlauf
η = Dynamische Viskosität des Mediums
A_r = Reibfläche Welle
v_r = Umfangsgeschwindigkeit der Welle
h = Spaltweite Packung zu Welle

Die Reibwärme erreicht jetzt nur noch N_d = 152 Watt, während die Temperaturdifferenz an der Packung etwa 24 K beträgt. Diese beiden Temperaturwerte lassen einen stabilen Dauerlauf zu.

Die Berechnung der Beharrungstemperatur an der einfachen Stopfbuchse zeigt, dass die beiden in die Umgebungsluft abgeführten Wärmebeträge zu vernachlässigen sind. Sollte die Temperatur jedoch unzulässig hohe Werte annehmen, kann bereits eine drucklos arbeitende Wasservorlage an der Außenseite des Wellenschoners erhebliche Wärmebeträge abführen und damit zum Beispiel die Abdichtung von Heißwasser bei Temperaturen ermöglichen, die über dem Siedepunkt liegen.

Es sind noch die technischen Zusammenhänge für die Schmierfilmbildung zwischen Packung und Welle zu beschreiben. Durch Praxisergebnisse ist dieser Zustand zwar vielfach nachgewiesen, jedoch ist es für den Anwender wichtig, die Einflussgrößen zu kennen, um zum Beispiel die Leckage minimieren oder die Beharrungstemperatur senken zu können.

Die erforderliche Spaltweite von wenigen Mikrometern lässt sich auch bei Verwendung von formgepressten Ringen nicht vorher einstellen. Durch entsprechende Formgebung der vorgepressten Ringe erreicht man aber, dass die Leckagewege 1 und 2 schon nach dem Einbau verschlossen sind. Am Innendurchmesser ist nach der Montage ein geringer Spalt vorhanden, der je nach Toleranzlage gegen null tendiert. Für das Dichtschließen des Leckagewegs 3 muss nur eine relativ geringe Spannung aufgewendet werden, nämlich der Fließdruck des Packungswerkstoffes. Anschließend wird die Brille gelöst und die Brillenspannung auf $\Delta p \cdot k_w$ eingestellt. Der Wert k_w liegt bei 1,05 ... 2. Um bei Temperaturänderungen das Ansteigen der Packungsspannung zu unterbinden, kann die Brille durch geeignete Federelemente nachgiebig vorgespannt werden.

Beim Einlaufen dreht sich die Welle auf einem Gemisch aus Einlaufschmiermittel und Packungsmaterial, das zunehmend abgetragen wird. Durch das Nachfließen des Mediums werden die losen Materialteilchen allmählich nach außen befördert und dann durch das Medium ersetzt. Die Welle drückt auf ihrer „Bergseite" das Medium gegen die Packung und erzeugt ähnlich wie beim Gleitlager einen Druckberg, welcher mit der Welle umläuft. Auf der „Talseite" der Welle kann die Packung nicht schnell genug zurückfedern, weil der Schmierfilm auch in diesem Bereich nicht schnell genug entweichen kann. Die Radialspannung der Packung nimmt im Dauerlaufzustand die der umlaufenden Flüssigkeit an. Zu jeder Zeit befindet sich an jeder Stelle der Packungskontaktfläche ein Schmierfilm, welcher mit der halben Umfangsgeschwindigkeit umläuft. Zugleich findet der Flüssigkeitstransport in axialer Richtung statt, angetrieben durch den Druck im Medium. Wegen nahezu gleicher Spaltweite in axialer Richtung fällt der Druck im Spalt annähernd dreieckförmig nach außen hin ab. Die geometrisch zu addierenden Geschwindigkeitsanteile der Flüssigkeit dürfen nicht zu turbulenter Strömung führen, da sonst eine schnell verlaufende Zerstörung der Packungskontaktfläche eintritt. Die kritische Reynolds-Zahl beträgt für diesen Fall Re = 1050.

$$Re = v_g \cdot h/\nu \qquad (52)$$

Re = Reynoldsche Zahl
v_g = Geschwindigkeit der Flüssigkeit
h = Spaltweite
ν = kinematische Viskosität der Flüssigkeit

Für das vorliegende Beispiel ergibt sich eine Reynolds-Zahl von Re = 28, also ist die Strömung laminar. Das Erscheinungsbild eingesetzter Packungen zeigt an der Kontaktseite typischerweise eine spiegelglatte, gleichmäßige Oberfläche.

4.7.3 Hochdruckpumpen, Plungerpumpen

Plungerpumpen werden im Hochdruckbereich mit Drücken von mehreren tausend bar eingesetzt. Die mittlere Hubgeschwindigkeit beträgt dabei bis zu 2 m/s. Der Einsatz von Packungen für den Hochdruckbereich dieser Plungerpumpen hat sich in neuerer Zeit wieder verstärkt durchgesetzt, weil mit Packungen im hydrodynamischen Reibzustand abgedichtet werden kann. Wenn man zum Beispiel eine Plungerpumpe mit Δp = 1000 bar bei einer mittleren Geschwindigkeit v = 2 m/s im Mischreibungszustand bei μ = 0,1 abdichten wollte, hätte man eine Reibleistung von N_r = 20 MW/m² an der Kontaktstelle zu erwarten. Die dabei entstehende Reibungswärme lässt sich mit normalen Mitteln nicht mehr abführen.

Durch die hin- und hergehende Bewegung des Plungers ist das Packungsmaterial an den Spalten von Grundring und Plunger der Extrusion ausgesetzt. Würde man die Reibung als Scherspannung des der Kontaktfläche benachbarten Materials betrachten, ergäbe sich bei Mischreibung eine Spannung von t_s = 10 N/mm² (μ = 0,1). Eine derartig hohe Scherspannung kann von keinem der bekannten Packungsmaterialien aufgenommen werden.

Die Reibwärmeabfuhr und die Beherrschung der Reibspannung sind deshalb die wichtigsten Aufgabenstellungen bei der Abdichtung der Hochdruckpumpen.

Man verwendet für diesen Einsatz fast ausschließlich formgepresste Packungsringe. Die einzelnen Packungsringe sind dabei durch vollflächig ausgebildete Backringe gekammert (**Bild 4.33**).

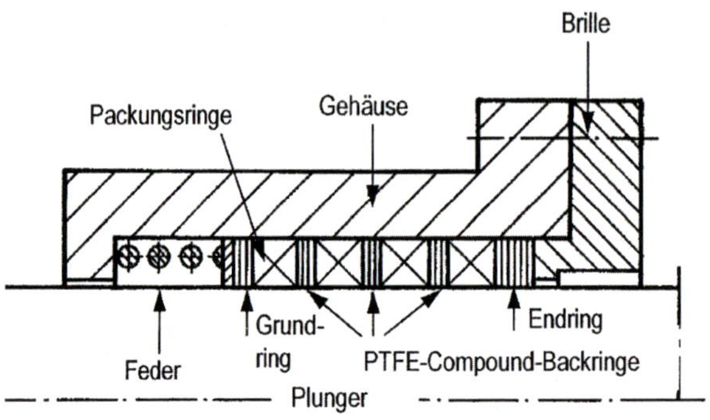

Bild 4.33: Abdichtung einer Hochdruckplungerpumpe

Durch die Anordnung der Feder erreicht man beim Einfahren des Plungers, dem Druckhub, ein sehr sanftes Anlegen des Packungsmaterials mit Spaltbildung zur hydrodynamischen Schmierung. Beim Ausfahren wird der Packungssatz entsprechend dem Druckabbau entspannt.

Beim Einlaufen des Packungssatzes wird zunächst durch die Rauheit des Plungers Packungsmaterial, Einlaufschmiermittel und Medium von der Kontaktfläche entfernt und allmählich durch Medium ersetzt. Bei ausreichender Länge des Packungssatzes kann sich ein hydrodynamischer Schmierfilmkeil zwischen Packung und Plunger ausbilden, so dass kein Abrieb mehr erfolgt. Beim drucklosen Ausfahren des Plungers wird ein kleiner Schmierfilm mit der Plungeroberfläche mitgezogen. Beim Einfahren dient dieser Schmierfilm zum Aufbau des „Schmierkissens", auf dem die Packung über die Oberfläche des Plungers läuft. Dabei werden die einzelnen Medienpartikel des Schmierfilms durch die Reibung entlang ihres Weges erwärmt, wodurch sich ein keilförmiger Spalt ausbildet. Die Randbedingungen entsprechen praktisch denen eines geschlossenen Axiallagers. Die Filmdicke beim Einfahren ist geringer als beim Ausfahren, die Differenz beider Filmdicken ergibt schließlich die Leckage.

4.7.4 Rührwerke, Mischer, Filter

Für dieses Anwendungsgebiet sind hohe Betriebsdrücke und geringe Geschwindigkeiten sowie große Wellendurchmesser typisch. Die Stopfbuchsen sind teilweise am Boden der Behälter angeordnet, so dass das Medium an der Packung ansteht. Soll das Medium im Rührbehälter während seiner Mischzeit zusätzlich reagieren, zum Beispiel bei einer Polymerisation, wird in der Regel eine auf dem Behälter angeordnete Stopfbuchsanordnung gewählt. In diesem Falle steht meist eine Gasphase an der Packung an. Es muss dann eine Laterne zur Schmierung der Packung vorgesehen werden. Bei sehr großen Behältern, zum Beispiel Filtern, sind die Welle bzw. die Wellenenden waagerecht angeordnet. Die dazugehörigen Stopfbuchsen sind in vielen Fällen nicht vom Medium umspült, so dass auch in diesen Fällen Laternen zur Schmierung der Packung eingesetzt werden müssen.

Wegen der sehr geringen Umfangsgeschwindigkeiten ist eine hydrodynamische Schmierung der Packung nicht möglich. Es wird also im Mischreibungszustand gefahren. Die Vorspannung der Packung dabei liegt im Bereich von

$$\sigma_{br} = 1{,}5 - 3 \cdot \Delta p \qquad (53)$$

σ_{br} = Brillenspannung
Δp = Betriebsdruck

Die sich einstellende Radialspannung an der Kontaktfläche der Packung belastet nicht nur die Wärmebilanz, sondern auch das Standvermögen der Packung an ihrem Sitz in der Stopfbuchsbohrung. Während bei kleinen Wellendurchmessern die relative Krümmung der Packung und das Verhältnis von äußerem zu innerem Reibradius groß ist, sind die Bedingungen bei Behälterabdichtungen umgekehrt, so dass die schon erwähnte Gefahr des Mitrutschens der Packungsringe gegeben ist. Ist die Welle schon exzentrisch gelagert, werden Partien der Packung mit höherer Packungsbreite zu Bereichen mit geringerer Breite verschoben und vergrößern hier die Kontaktspannung. Durch den Wellenschlag kommt es zusätzlich zu einer umlaufenden Walkverformung. Beim Anziehen der Brille ergibt sich nun bei exzentrischer Lage der Welle eine unterschiedlich hohe Spannung an der Packung, die Zone am „Wellenberg" wird stark verspannt, die Zone am „Wellental" gering verspannt. Beginnt die Packung in den Teilbereichen mit geringerer Spannung mitzurutschen, wird sie in den Bereichen mit höherer Spannung festgehalten und vergrößert dort die ohnehin schon höhere Spannung. Im ungünstigen Fall kann es zum Abreißen des Packungsstranges und zum gewaltsamen Öffnen der Stopfbuchse kommen.

Um diesen geschilderten Vorgang zu verhindern, muss der Wellenschlag begrenzt werden. Bei einem Wert von

$$a \leq 0{,}007 \cdot \sqrt{d} \tag{54}$$

a = maximaler Wellenschlag
d = Wellendurchmesser

und einer nach B_5 ausgelegten Packungsbreite ist ein Mitrutschen der Packung mit Sicherheit zu verhindern.

Bei waagerechter Anordnung großer langsam laufender Wellen werden häufig offene Halblager mit Fettschmierung angewendet. Bei diesen Lagern besteht durch Wartungsmangel die Gefahr des Auslaufens der Lager. Die sich damit vergrößernde Exzentrizität kann ebenfalls zu dem bereits beschriebenen Zustand des Mitrutschens führen.

Die Wärmebilanz wird mit den genannten Gleichungen für Rotationswellen berechnet. Die sich dabei ergebende Beharrungstemperatur an der Kontaktfläche der Packung muss niedriger als die Siedetemperatur des Kühlmediums sein, wenn nicht weitergehende Forderungen aus der Prozessführung vorliegen, zum Beispiel Brandgefahr.

Die Festlegung einer Packungslänge für das Gebiet der Behälterabdichtungen ist wegen der sehr verschiedenen Betriebsbedingungen nicht sinnvoll, meist wird die Länge aus früher gewonnenen Betriebserfahrungen bestimmt.

4.7.5 Sonstige Anwendungen

Packungen finden über die bereits erwähnten Bereiche hinaus in einer ganzen Reihe von anderen statischen und quasi-statischen Einsatzfällen Anwendung. Überwiegend handelt es sich dabei im weiteren Sinne um verschiedenste Arten von Deckel- bzw. Flanschabdichtungen wie Dichtungsanordnungen für Ofentüren, Trockner, Wärmeübertrager, Autoklaven, Tankdeckel, Chemiecontainerverschlüsse und Lampenabdeckungen für unterschiedliche industrielle Anwendungsgebiete. Meistens geht es um kundenbezogene Problemlösungen, für die es keine Standardisierung der Ausführung oder der Abmessungen gibt, sondern die in enger Zusammenarbeit mit der Anwendungstechnik der Packungshersteller zu erarbeiten sind.

Allen gemeinsam ist, dass es im Allgemeinen um eine Nut- und Federanordnung geht, in der nur ein Packungsring zum Einsatz kommt. Da die Deckel bzw. Verschlüsse oft geöffnet werden, verwendet man vielfach endlos hergestellte Packungsringe, um das Leckagerisiko auszuschalten, das sich bei einer offenen Stoßstelle ergibt. Zur Verbesserung der Elastizität werden Elastomerkerne eingesetzt, die mit einen Schlauchgeflecht umflochten werden. Die Umflechtung kann mehrere Funktionen haben. Sie kann den Elastomerring vor chemischem und thermischem Angriff schützen, die Spaltextrusion des Ringes vermeiden und das Anhaften der Dichtung an den Deckel verhindern. Wegen guter chemischer und thermischer Beständigkeit sowie geringer Adhäsionsneigung werden vorwiegend PTFE-haltige Ausgangsmaterialien für die Ummantelung verarbeitet. Wenn der Extrusionsschutz im Vordergrund steht, werden heute hochfeste Garne auf Aramidbasis bevorzugt.

Beim Einbau und im ständigen Einsatz ist zu beachten, dass Deckel und Flansche sehr genau und gleichmäßig angezogen werden müssen, um die für die Dichtwirkung ausschlaggebende gleichförmige Spannungsverteilung über den gesamten Umfang sicherzustellen. Bei niedrigen Drücken wird die Dichtungskraft direkt durch zentrale oder über den Umfang verteilte Deckelverschraubungen aufgebracht, während bei höheren Drücken die Packung im Inneren des Deckels mit Schrauben vorgespannt wird und die Dichtkraft indirekt über den Betriebsdruck erzeugt wird, wie es beispielsweise bei den bereits gezeigten Bredtschneider-/Uhde-Verschlüssen der Fall ist.

Es gibt eine ganze Reihe weiterer interessanter konstruktiver Lösungen mit Stopfbuchspackungen, wie zum Beispiel Rußbläser für Kraftwerke und Zylinderbuchsenabdichtungen für Dieselmotoren, deren Beschreibung jedoch im Rahmen dieses Kapitels zu weit führen würde.

4.8 Praktische Handhabung von Packungen

4.8.1 Montage und Einbauhinweise

Der korrekten Installation von Stopfbuchspackungen ist große Bedeutung beizumessen, da ein hoher Prozentsatz von Packungsausfällen auf Fehler zurückzuführen ist, die beim Einbau gemacht wurden. Im Allgemeinen werden von den Lieferanten Einbauanleitungen mitgeliefert. Sie beinhalten alle zu beachtenden Einzelschritte und gehen auch auf spezifische Besonderheiten einzelner Packungen ein. Auf allgemeingültige Regeln soll hier noch einmal hingewiesen werden.

Zur Vorbereitung des Einbaues ist die alte Packung zu entfernen und der Stopfbuchsraum einschließlich Spindel- bzw. Wellenoberfläche ist gründlich zu reinigen. Dazu werden nach Abschalten und Druckentlastung der Anlage die Stopfbuchsbrille oder die Überwurfmutter entfernt und alle alten Packungsringe bis zum Grund des Stopfbuchsraumes ausgebaut. Die Demontage kann durch Verwendung von Packungsziehern, die sich wie Korkenzieher in das zu entfernende Packungsmaterial hineindrehen lassen, erheblich erleichtert werden. Außerdem werden dadurch typische Beschädigungen an Welle und Gehäuse vermieden, wie sie durch Einsatz von Schraubendrehern und ähnlichen Instrumenten entstehen.

Anschließend ist der Zustand der Welle, Wellenschonhülse oder Spindel auf Einlaufriefen und Korrosionsschäden zu überprüfen. Gegebenenfalls sind Wellen und Schonhülsen zu erneuern. Einwandfreie Lagerung und Rundlauf der Welle sind sicherzustellen.

Als nächstes sind die Spalte zwischen Brille und Welle sowie zwischen Gehäuse und Welle am Stopfbuchsgrund auf Einhalten der zulässigen Spaltmaße zu untersuchen. Bei zu großen Spalten kann die Extrusion des Packungsmaterials in den Spalt durch Einlegen von Metall- oder Kunststoffscheiben oder auch einer Grundbuchse zur Verringerung der Spaltbreite verhindert werden. Aber auch vorverdichtete Ringe aus hochfestem Packungsmaterial werden vielfach als Extrusionsschutz eingesetzt.

In manchen älteren Konstruktionen findet man konisch ausgeführte Flächen am Stopfbuchsgrund und auf der Druckseite der Brille. Hier sollte insbesondere bei Pumpenanwendungen ein rechtwinkliges Nacharbeiten der Teile erfolgen, weil die Keilwirkung, die durch die konische Ausführung hervorgerufen wird, die Anpresskräfte auf die Wellenoberfläche erhöht und dabei

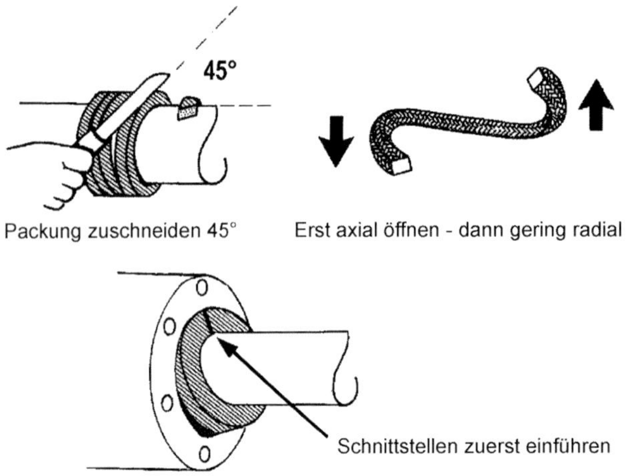

Bild 4.34: Zuschnitt von Packungen

verstärkter Materialverschleiß an der Packung und ein erhöhter Wellenverschleiß entstehen kann.

Vor dem Einbau der neuen Packungsringe sind Qualität und Abmessungen noch einmal auf Eignung für die vorliegenden Einsatzbedingungen zu überprüfen. Bei Armaturen sollten die Abmessungen des Packungsquerschnittes möglichst genau mit denen des Einbauraumes übereinstimmen. Die sicherste und am wenigsten zeitaufwendige Lösung ist die Verwendung von formgepressten Ringen (s. a. Pkt. 4.3.1). Bei der Verpackung von Pumpen wird für den verwendeten Packungsquerschnitt ein Untermaß von 0,3 bis 0,6 mm empfohlen, um die für Wärmeabfuhr und Schmierung notwendige Leckage beim Anlaufen sicherzustellen.

Das Zuschneiden von Ringen aus Meterware kann durch die Verwendung einer Packungsschneidlehre optimiert werden, die ohne umständliches Berechnen und Abmessen ein sehr genaues Ablängen des Materials ermöglicht. Über der Welle oder der Spindel wird dann der Packungsabschnitt zu einem Ring geformt. Steht eine Schneidlehre nicht zur Verfügung, sollte die Meterware möglichst um ein Rohr oder eine Welle gewickelt werden, deren Abmessungen mit dem Wellen- bzw. Spindeldurchmesser übereinstimmen. Hilfsweise kann der benötigte Durchmesser auch durch mehrfaches Umwickeln eines Dornes mit einem Klebestreifen hergestellt werden. Ein Schrägschnitt unter einem Winkel von 45°, wie in **Bild 4.34** gezeigt, ergibt bezüglich der Dichtungseigenschaften bessere Ergebnisse als ein Stumpfschnitt. Packungen ohne Bindemittel neigen beim Schneiden zum Aufspleißen. Das kann verhindert werden, indem die Schnittstelle vor dem Schneiden durch einen Klebestreifen umwickelt wird, durch den im Anschluss der Schnitt erfolgt.

Die zugeschnittenen bzw. vorgepressten Packungsringe werden möglichst mit um 90° versetzten Schnittstellen nacheinander in die Stopfbuchse eingeführt. Die Schnittenden sollten dabei stets zuerst mit der Brille oder einem speziellen Montagewerkzeug in Form eines Ringsegments, das auf den Packungszieher kraftschlüssig aufgesetzt werden kann, in die Stopfbuchse geschoben werden. Es sind so viele Ringe zu installieren, dass für die Führung der Stopfbuchsbrille ungefähr die Länge einer halben Packungsdicke übrigbleibt. Anschließend werden die Ringe mit der Stopfbuchsbrille einmal fest angezogen, um eine Anpassung der Packung an den

Stopfbuchsraum zu erreichen. Danach wird die Brille wieder gelöst und noch einmal mit der bereits genannten Brillenspannung festgezogen.

Beim Einbau formgepresster Ringe ist auf eine besonders schonende Behandlung des Materials zu achten. Die Ringe sollten erst axial und dann nur so weit radial geöffnet werden, dass sie gerade über die Welle geschoben werden können. Damit wird verhindert, dass durch unnötiges Aufbiegen des Querschnittes Beschädigungen des Ringes entstehen, die die Dichtwirkung negativ beeinflussen können. Auch hier sollte der einzelne Ring mit der Schnittstelle voran eingebaut werden. Die beschriebene Einbauweise erübrigt sich natürlich, wenn die Packung von vorn in einen offenen Stopfbuchsraum geschoben werden kann.

4.8.2 Vorspannen der Packung

Vor Inbetriebnahme sind Packungen in Abhängigkeit von dem zum Einsatz kommenden Packungstyp und der jeweiligen Anwendungsart mit einer definierten Vorspannung zu beaufschlagen. Für Pumpen- und Armaturenpackungen gelten unterschiedliche Richtwerte. Für die Einstellung der erforderlichen Brillenkräfte ist es zweckmäßig, möglichst einen Drehmomentschlüssel oder ähnliche Instrumente zur Kraftmessung zu verwenden.

Die Betriebsspannung an der Brille sollte bei Pumpenpackungen auf den 1,05- bis 2-fachen Mediendruck eingestellt werden. Dabei ist es notwendig, eine Mindestspannung von 0,5 bis 1,5 N/mm^2 vorzusehen.

Die Betriebsspannung an der Brille ist bei Armaturenpackungen möglichst auf den 2- bis 5-fachen Mediendruck zu orientieren. Als Mindestspannung gilt in diesem Fall 5 N/mm^2.

4.8.3 Einfahren von neu verpackten Wellenabdichtungen

Packungen haben beim Einsatz als Wellendichtung nicht die Aufgabe, die Leckage völlig zu verhindern, sondern lediglich zu sichern, dass der Austritt des Mediums auf ein tolerierbares Maß begrenzt wird. Es muss sowohl für einen Flüssigkeitsschmierfilm gesorgt werden, um Reibungswärme abzuleiten als auch den Verschleiß der Welle und der Packung so gering wie möglich zu halten. Während der Einlaufphase ist die Gefahr, die Packung durch thermische Einflüsse zu schädigen, besonders groß. Deshalb sollte die Stopfbuchse vor dem Anfahren nur leicht und gefühlvoll von Hand angezogen werden. Bei Inbetriebnahme ist die Wärmeentwicklung an der Welle genau zu beobachten. Bei zu hoher Erwärmung von mehr als 40 °C über der Medientemperatur muss die Pumpe wieder abgestellt werden. Nach kurzer Abkühlung wird sich allmählich eine Leckage einstellen. Die Pumpe kann nun wieder angefahren werden. Unter Umständen muss dieser Vorgang mehrfach durchgeführt werden, bis sich die betriebsnotwendige Leckage an der Welle einstellt. Als Faustregel für diese Mindestleckage gilt ein Wert von ca. 4 cm^3/min oder ca. 20 Tropfen je 25 mm Wellendurchmesser. Das Aggregat sollte während des gesamten Einlaufvorganges, der zwischen 15 und 30 Minuten dauern kann, genau beobachtet werden.

4.8.4 Wartung von Stopfbuchspackungen

Eine sachgemäß eingestellte Stopfbuchse für Wellenabdichtungen muss im Allgemeinen während des Betriebes nicht nachgestellt werden. Insbesondere, wenn mit Federn vorgespannte Brillen Verwendung finden, kann ein fast wartungsfreier Betrieb mit herkömmlichen geflochtenen Stopfbuchspackungen erreicht werden. Verändert sich die anfänglich eingestellte Mindestleckage zu häufig, ist das meistens ein Hinweis auf eine ungünstige konstruktive Auslegung der Stopfbuchse oder unsachgemäßen Umgang mit dem Dichtungsmaterial. Typische Ursachen für kurze Nachstellperioden sind zu kurze Stopfbuchsen und zu hohe Brillenspannungen. Aber auch das Setzverhalten der Packung und Verschleiß können zu erhöhter Leckage führen. Um eine möglichst gleichbleibende Dichtwirkung zu erzielen, muss die ursprüngliche Brillenspannung durch gleichmäßiges und vorsichtiges Nachziehen der Muttern wiederhergestellt werden. Nur wenn dieser Vorgang gewissenhaft durchgeführt wird, können angemessene Standzeiten der Packung erzielt werden. Voraussetzungen hierfür sind erfahrenes und geschultes Wartungspersonal und die Bereitstellung der notwendigen Spezialwerkzeuge.

Eine Standzeitverlängerung einer im Einsatz befindlichen Stopfbuchspackung kann durch sogenanntes „Nachpacken" erreicht werden. Dabei werden ein oder mehrere Ringe in den Stopfbuchsraum nachgelegt, um den durch Setzen und Verschleiß aufgetretenen Volumenschwund auszugleichen. Eine andere gängige Methode besteht darin, ein oder zwei Ringe aus der Stopfbuchse zu entfernen und durch neue Ringe zu ersetzen. Beide Vorgehensweisen haben sich in der Praxis bewährt und sind durchaus akzeptabel. Natürlich wird in der Regel eine Neuverpackung unter dem Gesichtspunkt der Standzeit dem „Nur-Nachpacken" überlegen sein. Vorteil des Nachpackens ist die Materialersparnis und gerade bei schwierigen Einbausituationen ein nicht unerheblich kürzerer Zeitaufwand für die Wartung.

Ein vielfach zu beobachtendes häufiges und unkontrolliertes Nachziehen der Brillenmuttern kann sowohl bei Pumpen- als auch bei Armaturendichtungen zu unerfreulichen Betriebsstörungen führen. So können beispielsweise Spindeln an Regelarmaturen durch zu starkes Nachziehen blockieren oder sich nur ruckartig drehen lassen, was zu unerwünschten Schwingungen im System führen kann. Pumpendichtungen reagieren auf zu starkes Anziehen wegen Eintretens von Mischreibung mit schneller Temperaturerhöhung im Stopfbuchsraum, was dazu führt, dass die Packung durch Verbrennen des Materials an der Lauffläche ausfällt.

4.8.5 Entsorgung von Packungen

Beim Packungswechsel fallen Abfälle an, bei deren Entsorgung je nach verwendetem Ausgangsmaterial bestimmte gesetzliche Regelungen beachtet werden müssen.

Allgemeine Hinweise zur Demontage und Entsorgung von Packungen werden in der VDI-Richtlinie VDI 3469 Blatt 7:2016-02 Entwurf Emissionsminderung; Herstellung und Verarbeitung von faserhaltigen Materialien; Packungen gegeben.

Der Einsatz asbesthaltiger Packungen ist durch die Gefahrstoffverordnung, die Asbest als besonders gefährlichen krebserregenden Gefahrenstoff einstuft, in Deutschland nicht mehr gestattet. Die Gesundheitsgefährdung geht dabei von eingeatmetem Asbestfeinstaub aus, der Asbestose verursachen und/oder kanzerogene Wirkung entfalten kann. Die gesetzlichen Regelungen schließen jedoch nicht aus, dass heute noch beim Packungswechsel insbesondere im Armaturenbereich aufgrund früheren Einsatzes von Asbestpackungen Abfälle anfallen können, für deren Entsorgung besondere Regelungen gelten. Die Bestimmungen, die hier nicht im Einzelnen wiedergegeben werden können, sehen ein besonderes Erfassen und Sammeln der Abfälle vor. Die Beseitigung hat in einer Sonderdeponie zu erfolgen. Nachzulesen ist die vorgeschriebene Vorgehensweise im LAGA-Merkblatt zur Entsorgung asbesthaltiger Abfälle, wobei Packungsabfälle als Produkte mit fester Faserbindung einzustufen sind.

Schon bei Ausbau von asbesthaltigen Packungen sollten Vorsichtsmaßnahmen ergriffen werden, da es vorkommen kann, dass Imprägnierung und Schmiermittel durch Druck- und Temperaturbeaufschlagung in der Packung nur noch geringfügig vorhanden sind. Wenn in diesem Fall keine Benetzung durch das abzudichtende Medium gegeben ist, sollte die Packung noch in der Stopfbuchse mit Wasser oder Öl befeuchtet werden, um von vornherein jede mögliche

Staubentstehung bei der Entfernung des Packungsmaterials zu vermeiden. Zusätzlich ist Atemschutz mit Partikelfilter P2 zu verwenden (siehe Merkblatt „Gefährliche Arbeitsstoffe A 135").

Auch bei kunststoffhaltigen Packungsabfällen sind gemäß Abfallgesetz besondere Maßnahmen zur Entsorgung zu treffen. Die Abfälle müssen gemäß LAGA entsorgt und auf einer Sonderdeponie beseitigt werden. Fluorhaltige Abfälle, z. B. PTFE, sind in die Hochtemperaturverbrennung zu geben. Das gilt auch für Abfälle von Packungen, die mit fluorhaltigen Imprägnierungen hergestellt wurden.

Alle Packungsabfälle, die nicht zu den bereits genannten Gruppen gehören, sind als feste öl- und fettverschmutzte Betriebsmittel zu behandeln und mit dieser Deklaration der Verbrennung zuzuführen. Eine Beseitigung als Hausmüll ist nicht zulässig.

Zu beachten ist, dass in den Mitgliedsstaaten trotz Regelung der Tatbestände in EU-Richtlinien bezüglich der Entsorgung sehr stark voneinander abweichende Festlegungen getroffen wurden.

4.9 Ausgewählte typische Schäden bei Verwendung von Stopfbuchspackungen

4.9.1 Schäden an schnelllaufenden Wellen

Sie werden in den meisten Fällen durch falsche Betriebsweise der Packungsstopfbuchse verursacht und deshalb allgemein vermeidbar.

Schadensbild 1: Die Oberfläche der Welle oder des Wellenschoners ist im Außenbereich durch Anlauffarben verfärbt, obwohl nur eine kurze Betriebszeit vorgelegen hat (**Bild 4.35**).

Schadensursache: Die erforderliche Anlaufzeit ist überschritten worden, die Packung konnte sich unter den geforderten Betriebsbedingungen nicht „selbst befreien".

Die Packung kann am äußeren Spalt stark extrudiert sein (**Bild 4.36)**.

Bild 4.35: Schadensbild 4.1/Anlauffarben

Bild 4.36: Schadensbild 4.1/Extrusion

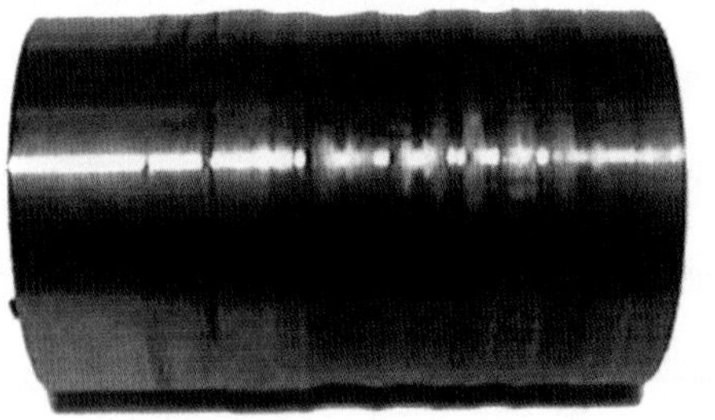

Bild 4.37: Schadensbild 4.2

Die erforderliche Brillenspannung ist überschritten worden.

Die Packungslänge ist zu kurz, ein hydrodynamischer Schmierzustand ist nicht erreichbar.

Schadensbild 2: Die Oberfläche der Welle oder des Wellenschoners ist im Kontaktbereich der Packung stark eingelaufen, die Fläche ist spiegelblank, **Bild 4.36 und 37**.

Schadensursache: Durch zu hohe Brillenspannung war die Welle längere Zeit ohne Schmierung durch das Medium in Betrieb. Durch die Temperaturerhöhung steigt die Spannung der Packung infolge verhinderter Ausdehnungsmöglichkeit. Die Imprägnierung der Packung ergibt wegen ihrer Temperaturstabilität eine gute Gleitfläche, die das Material der Welle verdichtet und verdrängt. Eine Abrasion des Wellenmaterials findet nicht statt. In extremen Fällen wurden die Wellenschoner im Bereich der Packungsmitte zerteilt.

Schadensbild 3: Die Oberfläche der Welle oder des Wellenschoners ist im Kontaktbereich der Packung stark eingelaufen, die Fläche ist rau.

Schadensursache: Das Medium enthält entsprechende Partikel, die sich in die relativ weiche Packung einbetten und die Abrasion an der Welle verursachen. Dieser Schaden lässt sich durch Anordnung einer effektiven Spülung mit Reinmedium vermeiden.

Schadensbild 4: Die Oberfläche der Welle oder des Wellenschoners ist im Kontaktbereich mit scharfkantigen Löchern übersät.

Schadensursache: Durch Korrosion während der Stillstandszeit infolge von Salzbildnern wie beispielweise Chloriden im Medium und durch falsche Materialauswahl kann diese Schadensform auftreten, ist aber in der Praxis relativ selten. **Bild 4.38** zeigt einen typischen Korrosionsschaden, der im Laborversuch erzeugt wurde.

Schadensbild 5: Die Leckage ist zu hoch, ein großer Teil der Leckage erfolgt über die Stopfbuchsbohrung.

Schadensursache: Die Packung ist nicht richtig ausgeformt, so dass an der Außenfläche der Packung Hohlräume verbleiben.

Schadensbild 6: Die Leckage ist zu hoch, die Leckage erfolgt durch den Spalt zwischen Welle und Packung.

Bild 4.38: Labortest: Metall-Packungen in vollentsalztem Wasser. Braune Ränder (Fe_2O_3) sind durch Belüftungseinfluss entstanden.

Schadensursache: Die Stopfbuchslänge ist zu groß und/oder die Brillenspannung ist zu klein, es bildet sich eine zu große Spaltweite aus.

Das Medium löst die Imprägnierung der Packung auf, die Leckage erfolgt zum großen Teil über Leckageweg 2.

Schadensbild 7: Die Welle ist durch Berührung mit der Brille beschädigt worden, die Packung ist stark verbrannt.

Schadensursache: Die Schadensursache ist nicht auf Fehler bei der Packungsinstallation zurückzuführen, sondern auf die metallische Berührung. Die Reibwärmebeträge steigern sich auf ein Mehrfaches der Packungsreibung und machen damit die errechnete Wärmebilanz restlos zunichte.

Schadensbild 8: Die demontierte Packung zeigt nicht die typische spiegelblanke Lauffläche, sondern ist schwarz und riecht verbrannt (**Bild 4.39**).

Schadensursachen:

- Durch zu lange oder nicht eingehaltene Einlaufzeit wurde zeitweilig eine zu große Beharrungstemperatur gefahren. Die Packung konnte sich danach aber „selbst befreien“. Die schwarze Verfärbung rührt von Verkokungsprodukten der Packungsimprägnierung her.
- Die Brillenspannung war zu hoch, die Packung konnte sich aber durch Verschleiß von Packungsmaterial „selbst befreien“.

Bild 4.39: Verbrannte Lauffläche

- Im Medium sind Bestandteile enthalten, welche im Packungsbereich durch Aufkonzentration ausfallen und zur zeitweiligen Temperaturerhöhung, Spannungserhöhung und Abrasion führen. Diese ausgefällten Stoffe können sich auch an der Wellenfläche ablagern.

Schadensbild 9: Die demontierte Packung ist durch und durch mit Kesselstein gefüllt und hart, die Leckage hat sich allmählich erhöht, die Brille ist nicht mehr nachzuziehen.

Schadensursache.

Das Medium enthält zu viele „Härtebildner". Diese Bestandteile normaler Wässer fallen bei der üblichen Temperaturerhöhung von über 45 °C an der Stopfbuchse aus. Diese Schadensform ist bei „harten" Wässern normal und unvermeidlich.

4.9.2 Schäden an Wellen für Behälter

An den Wellen der Behälter, Mischer und Filter verursachen die Packungen durch den ständigen Mischreibungsbetrieb eine unvermeidbare Abrasion, die sich durch entsprechende Härte und Verschleißfestigkeit des ausgewählten Wellenmaterials minimieren lässt. Bei der Aufstellung der Wärmebilanz sollte man nach der Möglichkeit suchen, die sich einstellende Beharrungstemperatur an der Kontaktfläche durch zusätzliche Kühlfläche so niedrig wie möglich zu halten.

Schadensbild 10: Die Packung ist durch Mitrutschen völlig zerstört, Packungsanteile sind durch den Spalt an der Brille/Welle ausgetreten.

Schadensursache: Die Welle war vor der Montage der Packung exzentrisch gelagert. Obwohl die Brille parallel zur Stirnfläche der Stopfbuchsbohrung angezogen worden war, konnte wegen der unterschiedlichen Geometrie des Einbauraumes keine gleichförmige Verspannung der Packung in Umfangsrichtung erreicht werden.

Schadensbild 11: Die Welle zeigt nach ihrem Einsatz eine leicht eingelaufene Oberfläche im Kontaktbereich mit blankem oder rauem Aussehen:

Schadensursache:

Diese Schadensform ist für diesen Einsatz völlig normal und muss hingenommen werden. Das blanke Aussehen kommt durch „Verdrängung" infolge der Packung zustande, das raue Aussehen durch harte Partikel aus dem Medium.

4.9.3 Schäden an Plungern

An den Plungern sind die Verschleißerscheinungen wegen der hin- und hergehenden Bewegung nicht auf den Packungsbereich beschränkt, sondern haben die Länge des Hubes plus Packungslänge. Wegen der Verteilung der möglichen Abrasionsvorgänge über der Hublänge sind die Beträge der Abrasion viel geringer als bei der Wellenabdichtung. Die Reibkräfte an der Packung sind wegen der Hubbewegung in axialer Richtung wirksam und verursachen dadurch eine relativ starke Extrusion des Packungsmaterials an den Grundringen bzw. Backringen des Packungssatzes.

Schadensbild 12: Der demontierte Packungssatz zeigt eine schwarz gefärbte Kontaktfläche, die Kanten am Innendurchmesser zeigen an der Medienseite und an der Außenseite starke Extrusionsfahnen an den jeweiligen Backringen. Eine Leckage trat nicht auf.

Schadensursache: Die Brillenspannung war zu hoch eingestellt, eine Spaltöffnung an der Kontaktfläche konnte nicht erfolgen, so dass die Packung im Mischreibungsgebiet gefahren wurde.

Schadensbild 13: Der Plunger zeigt auf dem Kontaktbereich Längsriefen, der demontierte Packungssatz hat eine spiegelglatte Kontaktfläche, die Enden der Bohrung zeigen an ihren jeweiligen Endseiten eine kaum wahrnehmbare Extrusionsfahne.

Schadensursache: Die Packungslänge und die Brillenspannung waren in Ordnung, die Riefen stammen von harten Partikeln aus dem Medium her, die sich beim Saughub in der Packung festsetzen. Abhilfe ist durch Anordnung einer Spüllaterne vor der Packung möglich, über welche während des Saughubes ein Teil der Fördermenge läuft. Diese Spülmedienzufuhr mit Reinmedium muss mittels Rückschlagventil abgesichert werden.

4.9.4 Schäden an Armaturenspindeln

Die Schäden, die bei der Armaturspindelabdichtung auftreten, sind in der Regel vermeidbar, wenn die schon beschriebenen Konstruktions- und Einbaurichtlinien eingehalten wurden und die richtige Materialauswahl von Packung, Spindel und Gehäuse erfolgt ist. Manche Schäden treten auf, weil bei Inbetriebnahme notwendige Wartungsaufgaben nicht erfolgt sind. Das gilt besonders bei Armaturen für den Heißdampfbetrieb.

Schadensbild 15: Die Armatur ist auch durch Nachziehen der Brille nicht abzudichten. Die ausgebaute Packung ist örtlich mit tiefen Kanälen versehen, die Packung wirkt wie ausgewaschen.

Schadensursache: Die Armatur wurde für Heißdampf eingesetzt. Während der Aufheizperiode wurde der Verlust der Packungsanteile nicht durch Nachziehen der Brille ausgeglichen, so dass Leckage eintrat. Mit zunehmendem Verlust wurden die Leckagekanäle so erweitert, dass turbulente Strömung und damit exzessiver Verlust an Packungsmaterial auftritt.

Die Packung wurde zur Verhinderung von Korrosion vor der Druckprobe in Öl getränkt und danach nicht ausgetauscht. Nach längerer Lagerung wurde die Armatur ohne Nachspannen der Brille im Hochdruckbereich eines gasförmigen Mediums eingesetzt. Die sofort einsetzende Leckage wurde nicht beseitigt, so dass die Packung durch turbulente Strömung zerstört wurde. Eine Tränkung von Packungsmaterial zur Korrosionsverhütung sollte immer unterbleiben, da solche Packungen durch das Austreten des Öls immer ihre Vorspannung einbüßen.

Schadensbild 16: Die Spindel lässt sich nach der Aufheizperiode auf mittlere Temperatur kaum noch bewegen.

Schadensursache: Die Packung ist in einer normalen Stopfbuchse eingebaut und hat gegenüber den Metallteilen einen großen Wärmeausdehnungskoeffizienten. Für die Ausdehnung wurde keine nachgiebige Brillenverspannung vorgesehen, so dass die Druckspannung in der Packung durch die Erwärmung kräftig stieg. Damit wuchsen in entsprechender Weise auch die Reibungskräfte an der Packung und im Spindelgewinde. Der Druckspannungsanstieg bei Erwärmung kann auch zum Abreißen der Brillenschrauben führen.

Schadensbild 17: Die Armatur überschreitet die vorgegebene Maximal-Leckage. Ein Nachziehen der Brille bringt keine Verbesserung.

Schadensursache: Es wurde eine ungeeignete Packung verwendet, der kf-Wert der Packung ist zu hoch. Bei geringer Überschreitung des Grenzwertes ist durch Verlängerung des Packungssatzes Abhilfe mit der schon verwendeten Packung möglich.

4.10 Vergleichende Betrachtung Packungen und Gleitringdichtungen

Seit einigen Jahrzehnten werden Packungen in Anwendungen mit rotierenden Wellen mehr und mehr durch den Einsatz von Gleitringdichtungen ersetzt. Der Stand der Substitution ist dabei sehr weitgehend von dem Grad der Industrialisierung in den einzelnen Regionen und Ländern abhängig. Trotz dieses eindeutigen Trends gibt es eine Vielzahl von Gründen, die auch heute noch für einen relativ weit verbreiteten Einsatz von Packungen ausschlaggebend sind.

Als technische Kriterien sprechen für den Einsatz von Packungen

- der einfache konstruktive Aufbau und
- die nicht zu komplizierte Funktionsweise,

die unter Serviceaspekten betrachtet

- eine einfache Montage,
- ein einfaches Neuverpacken ohne Demontage der Pumpe und
- durch die Nachstellbarkeit bei Leckage eine einfache Wartung

zur Folge haben. Weiterhin sind Packungen auch bei schwierigen Umfeldbedingungen und bei verschmutzten Medien relativ unempfindlich im Betrieb.

Unter Sicherheitsaspekten ist von Bedeutung, dass die Gefahr eines plötzlichen Ausfalles relativ gering ist. Durch den Einsatz moderner Packungswerkstoffe mit erheblich reduziertem Verschleiß, niedrigen Reibwerten und guten Notlaufeigenschaften konnten die Standzeiten in den zurückliegenden Jahren deutlich erhöht werden.

Unter wirtschaftlichen Gesichtspunkten müssen beim Vergleich mit Gleitringdichtungen die bei Standardanwendungen niedrigeren Einstandskosten und die Einsetzbarkeit in bestimmten Abmessungsbereichen unabhängig vom Wellendurchmesser mit der Folge einfacher und wenig kapitalbindender Lagerhaltung genannt werden.

Gleitringdichtungen dagegen weisen eindeutige Vorteile bei den meisten technischen Einsatzparametern auf. So können schnelllaufende Wellen mit über 40 m/s mit Packungen nicht mehr zuverlässig abgedichtet werden, während für Gleitringdichtungen mit Zusatzeinrichtungen für Rückkühlung Geschwindigkeiten bis zu 100 m/s erreichbar sind. Für die meisten Pumpenpackungen stellen 25 bar – in Ausnahmefällen 40 bar – die Obergrenze hinsichtlich des Druckes dar. Gleitringdichtungen können bei Drücken bis zu 50 bar und in Sonderfällen auch höher eingesetzt werden. Im dynamischen Einsatz liegt die Temperaturobergrenze für Packungen bei 300 °C. Gleitringdichtungen können jedoch in vergleichbaren Einsatzfällen bis 400 °C eingesetzt werden. Auch bezüglich der Leckagerate weisen Gleitringdichtungen mit wenigen ml/h deutlich bessere Ergebnisse als Packungen mit bis zu 300 ml/h auf. In Literaturangaben wird sogar von einem Verhältnis von 1:1000 bezüglich der Leckagerate von Gleitringdichtungen und Packungen berichtet. Aufgrund praktischer Erfahrungen müssen diese Angaben in Frage gestellt werden, weil bei Gleitringdichtungen der größte Teil der Leckage dampfförmig anfällt und in der Regel nicht bemerkt und erfasst wird. Ein unter Kostenaspekten wichtiger

Gesichtspunkt ist außerdem der bei Stopfbuchspackungen auftretende Verschleiß an Wellen oder Wellenschonhülsen, der bei Gleitringdichtungen konstruktionsbedingt nicht auftreten kann.

Ein oft zu hoch bewerteter Nachteil von Gleitringdichtungen ist, dass durch spontanes Versagen plötzlich eine sehr hohe Leckage entstehen kann, während Packungen, sofern sie fachgemäß installiert und eingefahren wurden, bei sich ankündigendem Ausfall besser unter Kontrolle gehalten werden können. Gleitringdichtungen sind außerdem hinsichtlich der radialen Beweglichkeit dazu in der Lage, größere Abweichungen zuzulassen als Packungen, die gegen Wellenschlag empfindlicher reagieren. Im Allgemeinen sind mit Gleitringdichtungen auch deutlich längere Standzeiten bei weitgehender Wartungsfreiheit zu erzielen.

Der Vergleich zeigt, dass eine ganze Reihe von Kriterien bei der Entscheidung zu berücksichtigen ist, ob Gleitringdichtungen oder Packungen zum Einsatz kommen. Es gibt klare Fälle, bei denen aufgrund technischer Gegebenheiten nur eine Gleitringdichtung zum Zuge kommen kann, aber es gibt auch einen relativ großen Bereich, der durch beide Produkte abgedeckt werden kann. Generelle Empfehlungen können für diesen Bereich nicht ausgesprochen werden, sondern es wird immer von den Umständen des einzelnen Einsatzfalles und den Präferenzen der Betreiber abhängen, für welches Dichtsystem man sich entscheidet (siehe dazu auch Kap. 5).

4.11 Richtlinien und Normen für Packungen und Anwendungen

DIN 3780:1954-09 Dichtungen; Stopfbuchsen-Durchmesser und zugehörige Packungsbreiten, Konstruktionsblatt

DIN EN 16752:2015-11 Kreiselpumpen – Abnahmeprüfung für Packungen

ISO 15848-1:2015 Industrial valves – Measurement, test and qualification procedures for fugitive emissions – Part 1: Classification system and qualification procedures for type testing of valves

BS 4371:1991-06-28 Specification for fibrous gland packings

VDI 3469 Blatt 7:2016-02 Entwurf Emissionsminderung – Herstellung und Verarbeitung von faserhaltigen Materialien – Packungen

API 589 Fire Test for Evaluation of Valve Stem Packing, 07/01/1998

API STD 607 Fire Test for Quarter-turn Valves and Valves Equipped with Nonmetallic Seats, 6th Edition, 09/01/2010

API STD 622 Type Testing of Process Valve Packing for Fugitive Emissions, Second Edition, 10/01/2011API STD 624 Type Testing of Rising Stem Valves Equipped with Graphite Packing for Fugitive Emissions, First Edition, 02/01/2014

ASTM F2168 - 13 Standard Specification for Packing Material, Graphitic, Corrugated Ribbon or Textured Tape, and Die-Formed Ring, 10/01/2013

ASTM F2191 / F2191M - 13 Standard Specification for Packing Material, Graphitic or Carbon Braided Yarn, 12/15/2013

Literaturverzeichnis

[1] Reuter, F.W.: Dichtungen in der Verfahrenstechnik, 1. Ausgabe, Resch Verlag KG, Gräfeling/München, 1987

[2] Schmid, E.: Handbuch der Dichtungstechnik, Expert Verlag, Grafenau/Württ., 1981

[3] Trutnovsky, K.: Berührungsdichtungen an ruhenden und bewegten Maschinenteilen, 2. Auflage, Springer Verlag, Berlin, Heidelberg, New York, 1975

[4] Seals and Sealing Handbook, Fourth Edition, Elsevier, 1995

[5] Müller, H.K.; Nau, B. S.: Fluid sealing technology – principles and applications, Verlag: Marcel Dekker, Inc., New York – Basel – Hong Kong, 1998

[6] Stopfbuchspackungen – Technisches Handbuch, 3. Auflage, Fluid Sealing Association und European Sealing Association, 2008

[7] Latty, C. X.: 1st Conference on Controlling Fugitive Emissions from Valves, Pumps and Flanges, BHR Group Limited, Cranfield, 1995

[8] Vogel, R.: 9th International Conference Seals and Sealing Technology in Machines and Devices, Valve Fugitive Emission Reduction with Modern Stuffing Box Packing Sets, Wroslaw, Poland, 2001

[9] Birembaut, Y. et al.: The use of ISO WD 15848-1 to qualify industrial valves and different packing types regarding fugitive emissions regulations. Valve World Conference, The Hague, November 2000, p. 111–121

[10] Peute, A.: Results of laboratory measurements on fugitive emissions with compression gland packings in globe valves, Valve World Conference, The Hague, November 2000, p. 92-98

[11] Denny, D. F.; Turnbull, D.E.: Sealing characteristics of stuffing-box seals for rotating shafts, Proc. Instn. Mech. Engrs., 174 (1960), No. 6, S. 271–284

[12] Thomson, J. L.: A theory of sealing with particular reference to the packed stuffing-box, 4th International Conference on Fluid Sealing, BHR Group Limited, Cranfield, 1961

[13] Ochonski, W.: Radial stress distribution and friction forces in a soft-packed stuffing-box seal, Tribology International, 21 (1988), No. 1, S. 31–38

[14] Kahle, O.: Leckrate Null – Wunsch und Wirklichkeit bei der Abdichtung von Armaturen, vt Verfahrenstechnik 14 (1980), Nr. 12, S. 836–837

[15] Girod, W.: Asbestersatz für Packungen und Dichtungen, VGB Kraftwerkstechnik 72 (1992), Nr. 11, S. 951–961

[16] Reincke, A.: Asbestsubstitution in Stopfbuchspackungen, Sonderdruck Nr. 75 aus Themenband Lothar Jentsch u. a. Gefahrstoff Asbest in der industriellen Anwendung, expert Verlag, Ehningen, 1990

[17] Merkel, H.: Substitution von Asbest in Stopfbuchspackungen, VDI-Berichte Nr. 475 (1993), S. 483–489

[18] Entsorgung asbesthaltiger Abfälle, LAGA-Merkblatt, Mitteilungen der Länder-Arbeitsgemeinschaft Abfall (LAGA), Stand September 1995, MBI.NW 1996 Nr. 3, S. 178

[19] Dubbel Taschenbuch für den Masch.-Bau, Springer-Verlag, 17. Auflage, S. E. 52

[20] VDI-Richtlinie VDI 3469 Blatt 7:2016-02 Entwurf Emissionsminderung; Herstellung und Verarbeitung von faserhaltigen Materialien; Packungen

[21] Merkel, H.; Kahle, O.; Vogel, R.: Kap.4 „Stopfbuchspackungen". Handbuch Dichtungspraxis, 3. Aufl., Vulkan-Verlag GmbH, 2003

5 Gleitringdichtungen

5 Gleitringdichtungen

Peter Waidner

Kein Industriezweig kommt heute in der mechanischen und chemischen Verfahrenstechnik ohne Gleitringdichtungen aus, egal ob Öl- und Gasindustrie, Chemie, Pharma, Getränke und Lebensmittel, Kraftwerke, Wasserver- und Wasserentsorgung, Papierherstellung und -verarbeitung und alle anderen. Einen Überblick über die weltweite Markt Zusammensetzung zeigt **Bild 5.1**. Ein Großteil der Anwendungen konzentriert sich dabei auf Pumpen unterschiedlichster Bauart.

Marktpreise von Dichtungen reichen von wenigen Euro bis jenseits 100.000 Euro pro Stück. Die meisten Gleitringdichtungen arbeiten langfristig und zuverlässig ohne Aufsehen und werden häufig in der Lebensperiode des Aggregats, der Anlage oder Maschine nicht auffällig. Häufigste Ausfallursachen von Maschinen oder Anlagenteilen einer verfahrenstechnischen Anlage sind nach übereinstimmenden Ermittlungen der Großbetreiber in der Öl- und Gasindustrie und Chemie dann Bedienerfehler oder Rückwirkungen aus der Anlage. Die Gleitringdichtungen

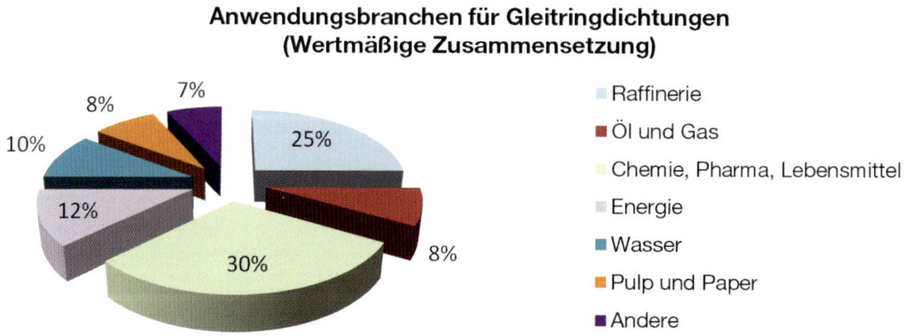

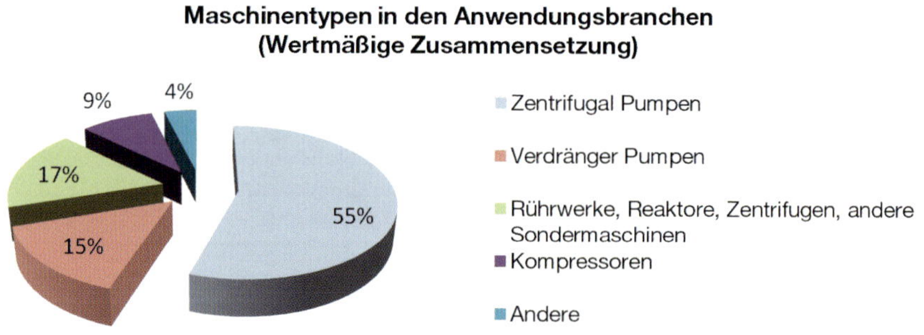

Bild 5.1: Marktüberblick in Euro für Gleitringdichtungen in industrieller Anwendung weltweit (Stand 2013; Einschätzung des Arbeitskreises der deutschen Gleitringdichtungshersteller im VDMA, Währungskurs-Schwankungen können die Verteilung beeinflussen)

stellen dabei trotz verbesserter Zuverlässigkeit immer noch einen Großteil der Protagonisten. Sie gelten bei den Einkäufern trotz dieser hohen Bedeutung bezüglich der Zuverlässigkeit der Gesamtanlage wegen des Gesamtwertes des Einkaufsvolumens immer noch als B oder sogar als C Teil.

Dichtungsbeschädigungen oder Dichtungsausfälle führen manchmal zu enormen Folgekosten oder sogar zu nicht wieder gutzumachenden Schäden oder Gefährdungen von Menschen und Umwelt. Reparatur- und Folgekosten übersteigen dabei häufig um ein Vielfaches den Wert der Dichtung – teilweise um den Faktor 100 oder 1000. Man stelle sich nur einmal einen gravierenden Dichtungsschaden in einem Kernkraftwerk oder einer Chemieanlage vor, bei dem stark umweltgefährdende Stoffe austreten. Entwicklungstendenzen in der Abdichtungstechnik gehen wie im Sport zu „schneller, höher, weiter". Prozessdrücke steigen immer weiter. Temperaturen werden immer höher. Maschinen laufen immer schneller. Die abzudichtenden Medien werden immer kritischer. Umweltschutzanforderungen steigen immer weiter an. Die Betreiber fordern daher zu Recht immer zuverlässigere Systeme.

Gleitringdichtungen werden wie andere Maschinenteile als Bestandteil der Maschine selbst angesehen. Bei der Auslegung der Maschinen werden häufig aber aus mangelnder Kenntnis der Zusammenhänge maximale Auslegungsbedingungen und Betriebsbedingungen für die Dichtungen nicht unterschieden. Letztendlich erfolgt aber die Konstruktion der Dichtungen immer aufgrund der gesamten Auslegungsbedingungen und ist damit in vielen Fällen völlig überdimensioniert, was nicht unbedingt zu einer erhöhten Zuverlässigkeit führt. Im Gegensatz zu weitläufiger Meinung stellen oftmals zum Beispiel nicht hohe sondern eher niedrige Drücke kritische Zustände dar. Die Verantwortung für die Auslegung der Dichtung liegt nicht nur beim Hersteller der Dichtung sondern auch beim Konstrukteur der Maschine als Gesamtverantwortlichem. Ein typisches Beispiel für den Einbau einer Gleitringdichtung zeigt **Bild 5.2**.

Gleitringdichtungen sind ein sehr komplexes tribologisches System bestehend aus den technischen verschleißbehafteten Oberflächen der Gleitringe, dem Fluid und den Bewegungen im Betrieb.

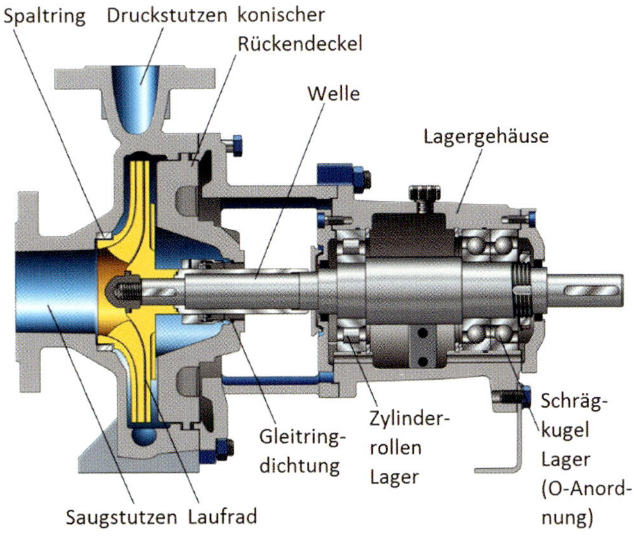

Bild 5.2: Schnittbild einer Chemienormpumpe von KSB der Bauart CPKN mit eingebauter Einzel-Gleitringdichtung und konischem Dichtungsdeckel

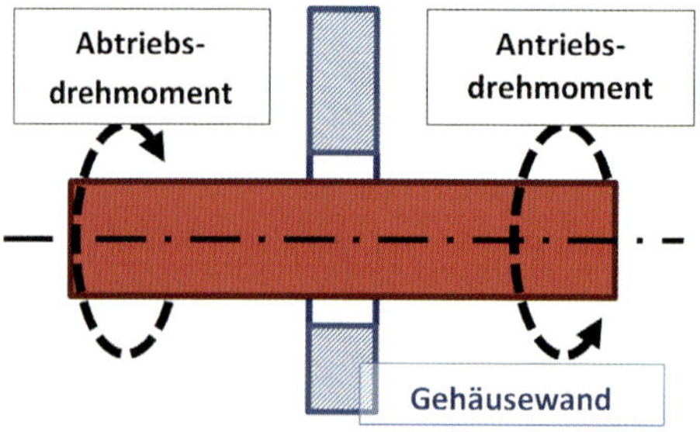

Bild 5.3: Wellendurchführung durch Gehäusewand

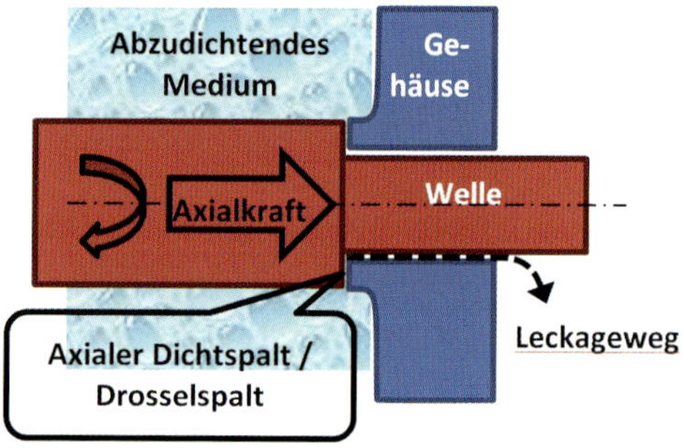

Bild 5.4: Grundprinzip einer Gleitringdichtung

Die Aufgabe eine drehende Welle druckdicht und leckagefrei durch ein stehendes Gehäuse nach **Bild 5.3** zu führen, stellt sich bei vielen Anwendungen. Von der zuverlässigen Abdichtung einer einzelnen Maschine kann die Verfügbarkeit einer ganzen Anlage abhängen. Bei zunehmender Leckage oder gar beim Ausfall wird dann die Bedeutung des Elements Wellendichtung erkennbar. Herkömmlich wird der Prozessraum einer drehenden Welle durch axiale oder radiale Drosseln abgedichtet, nämlich durch Packungen oder Gleitringdichtungen. Die Packungen haben dafür in den letzten Jahren immer mehr an Bedeutung verloren.

Die Gleitringdichtung besteht nach **Bild 5.4** im Wesentlichen aus zwei kreisringförmigen ebenen Stirnflächen, die aneinander gepresst werden. Eine dieser Flächen ist mit dem Maschinengehäuse verbunden, die andere rotiert mit der Welle mit. In den meisten Fällen steht das abzudichtende Prozessmedium am äußeren Durchmesser dieser Drosselringe an und dringt unter Bildung eines Schmierfilms in den Spalt zwischen den Gleitflächen ein. Die durch die radiale Druckdifferenz entstehende Leckage wird am Innendurchmesser kontrolliert abgeführt. In der einfachsten Ausführungsform kann man eine solche Gleitringdichtung sich als einfachen Wellenbund vorstellen, der axial gegen das Maschinengehäuse gedrückt wird.

5.1 Grundelemente und Auslegung

Nach dem Aggregatzustand des abzudichtenden Mediums werden flüssigkeits- und gasgeschmierte Dichtungen unterschieden. Letztlich ist aber ausschließlich die Viskosität für die Schmierfähigkeit des Mediums und damit für die Verschleißfestigkeit der Gleitwerkstoffe verantwortlich. Der Dichtspalt wird in der Realität von zwei senkrecht zur Welle stehenden kreisringförmigen Gleitflächen von separaten Verschleißteilen gebildet, die teilweise oder ganz durch einen tragfähigen Schmierfilm getrennt sind. Die Gleitflächen stellen Verschleißteile dar, bestehen aus einerseits verschleißfesten aber andererseits auch zur Anpassung feinverschleißfähigen Materialen und sind leicht austauschbar. Die Verschleißfestigkeit bietet die erwartete lange Lebensdauer. Die Feinverschleißfähigkeit stellt eine kontinuierliche optimale Einstellung der Oberflächen dar und bietet daher über lange Zeit die optimale Geometrie für eine hoch effektive Drossel. EN 12756 legt die Einbaumaße – den sogenannten Stopfbuchsraum – sowie den Werkstoffschlüssel für Gleitringdichtungen fest.

Die ursprüngliche Erfindung einer Gleitringdichtung ist alt und geht zurück auf die 1860er Jahre. Die wirtschaftliche Nutzung begann aber erst in den 20er Jahren des vorigen Jahrhunderts.

Bild 5.5: Die fünf Grundelemente einer Gleitringdichtung

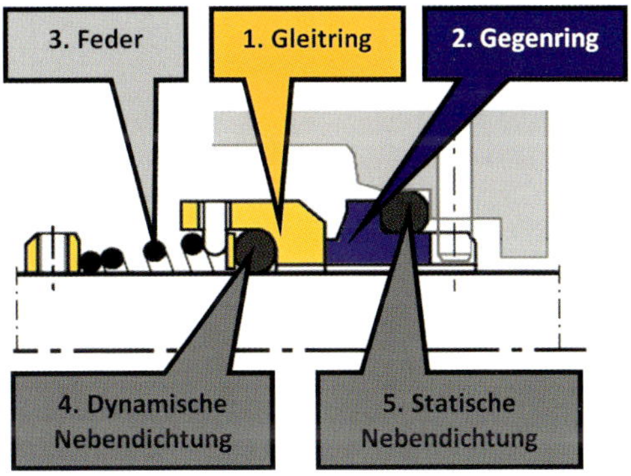

Erst 1962 wurde die erste Gleitringdichtung für industrielle Nutzung in Deutschland hergestellt. Die fünf geometrischen Grundelemente jeder Gleitringdichtung zeigt **Bild 5.5** anhand eines Beispiels einer rotierenden Einzeldichtung mit Kegelfeder. Die untere Hälfte der Dichtung liegt unterhalb der Symmetrieachse und ist nicht dargestellt.

Bild 5.6 zeigt ein Ausführungsbeispiel im Schnitt mit rotierendem, geschrumpftem Gleitring und Gruppenbefederung mit Federschutzhülse. Am Außendurchmesser des mit der Welle verbundenen Mitnehmers ist eine schraubenförmige Fördereinrichtung (Fördergewinde) erkennbar. Sie dient zur Umwälzung des Mediums zur Dissipation der Reibungswärme.

Pumpen sind neben den Armaturen in verfahrenstechnischen Anlagen mit geringem Abstand Leckageverursacher Nummer zwei. Schätzt man das Leckagevolumen über einen bestimmten Betrachtungszeitraum ab, so ergeben sich bei durchgängigem Flüssigkeitsstrahl bzw. bei Tropfen pro Sekunde (mit einem durchschnittlichen Tropfenvolumen von 0,035 ml) in **Bild 5.7** angegebenen Leckagevolumina in Litern.

VDI 2440[1] lässt für eine ordnungsgemäß laufende Gleitringdichtung üblicher Bauform (nicht entlastet) und Größe (Wellendurchmesser 33 mm) sowie Betriebsbedingungen (3000 1/min,

Bild 5.6: Ausführungsbeispiel einer entlasteten Gleitringdichtung mit geschrumpftem Gleitring und Gruppenfedern mit Federschutzhülsen (Schnittbild) (Werkbild EagleBurgmann Germany GmbH & Co. KG)

1 Voruntersuchungen zur VDI 2440 wurden von Deininger, Peis, Kauer, Strohmeier und Werner an der Technischen Universität München durchgeführt: „Auswahlkriterien für Wellendichtungen unter Berücksichtigung von flüssiger und gasförmiger Leckage“

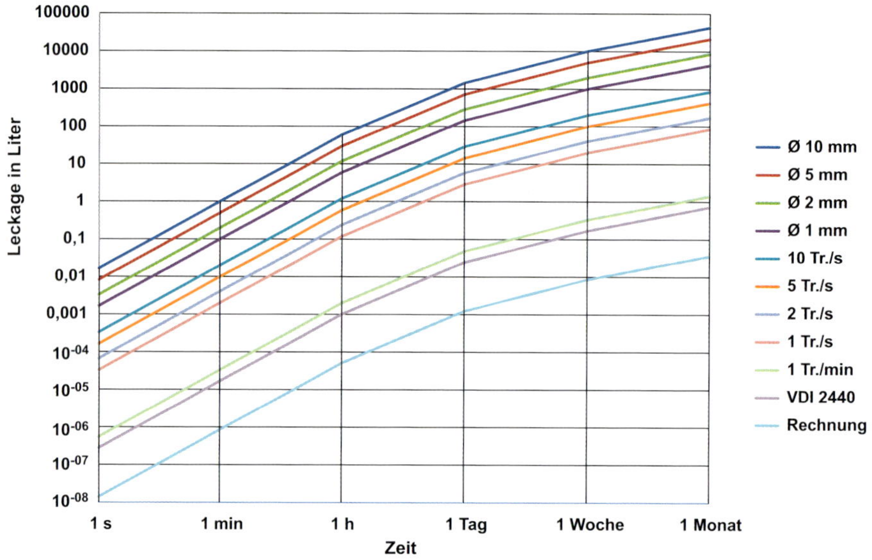

Bild 5.7: Leckageabschätzung

Wasser, Förderhöhe der Pumpe 32 m) in Relation z. B. 1 ml/h (0,001 l/h) zu. Sowohl die damaligen Herstellerangaben als auch die gemessenen Werte lagen weit unterhalb nämlich bei maximal 0,1 ml/h. Der in der VDI 2440 festgelegte Maximalwert entspricht etwa einem Tropfen alle zwei Minuten. Eine übliche Berechnung nach Herstellerverfahren ergibt allerdings für moderne Gleitringdichtungen mit den heute üblichen Gleitwerkstoffen eine weitaus geringere Leckage von unter 1 ‰ des Wertes nach VDI 2440. Innerhalb eines Monats sammelt sich die Leckage einer typischen Gleitringdichtung unter ungünstigen Betriebsbedingungen zu einem Volumen von unter 50 cm^3.

In vielen Fällen sind Leckagen durchaus in einem bestimmten Rahmen akzeptabel, wenn es sich um saubere Luft oder reines Wasser, teils auch wässrige Lösungen handelt. Häufig werden solche flüssigen Leckagen gar nicht wahrgenommen, da die Fluide in kurzer Zeit verdunsten. Umweltbelastende Medien müssen aber mit entsprechendem Aufwand eingedämmt, gesammelt und entsorgt und Dichtsysteme bestehend aus mehreren Dichtungen (Doppeldichtungen) überwacht werden. Wenn Leckagen für die Umwelt gefährdend sind, müssen durch entsprechende hydraulische Sperrsysteme Druckbarrieren zwischen Einzeldichtungen aufgebaut werden. Aber auch die Abdichtung von Gasen stellen besondere Aufgaben dar. Dann können Einzeldichtungen abgesehen von Sonderlösungen ihre Aufgabe nicht umfassend erfüllen und müssen als Mehrfachdichtungssysteme mit Sperrflüssigkeiten zur Schmierung und Wärmeabfuhr angeordnet und betrachtet werden. Moderne Gasdichtungstechnologie, bei der die niedrige Viskosität des Gases als „schmierfähiges" Medium eingesetzt wird, stellt eine interessante und zuverlässige Alternative dar.

5.1.1 Mechanismen der Leckage, Details zum Primärdichtspalt

Die Reaktionskinetik beschäftigt sich mit dem zeitlichen Ablauf physikalisch-chemischer Prozesse wie z. B. des Druckausgleichs oder der Diffusion mit dem Ziel des Konzentrationsausgleichs im Sinne der Makrokinetik nämlich makroskopischer Wärme- und Stofftransporte. Sie beschreibt z. B. die physikalischen und chemischen Vorgänge in Reaktoren. Sie dient aber auch der Vorhersage von Diffusionsvorgängen, deren treibende Kraft ein mikrokinetisches Konzentrationsgefälle darstellt.

Der Stofftransport der Diffusion ist umso größer je größer das treibende Gefälle ist. Die beschreibende Größe ist der Diffusionskoeffizient. Die Grundlage ist das Bestreben von thermodynamischen Systemen oder Teilsystemen nach Potentialausgleich gemäß dem zweiten Hauptsatz der Thermodynamik. Der Ausgleich beruht auf der thermischen Eigenbewegung (Brownsche Molekularbewegungen – ein Maß für die innere Energie) von Teilchen. Bei den Teilchen kann es sich um Atome oder Moleküle handeln. Bei ungleicher Verteilung bewegen sich statistisch gesehen durch gegenseitige Abstoßung mehr Teilchen aus Bereichen hoher in Bereiche geringer Konzentration bzw. Teilchendichte (z. B. durch Druck in Gasen) als umgekehrt. Dadurch wird ein makroskopischer Stofftransport bewirkt. In einem abgeschlossenen System bewirkt Diffusion den Abbau von Konzentrationsunterschieden bis hin zur vollständigen Durchmischung. Die Zeit, die dafür benötigt wird, wächst mit der Potenz des Abstands.

Unter Diffusion versteht man in der Regel einen solchen Netto-Transport. Der Begriff wird aber auch für den zugrundeliegenden mikroskopischen Prozess verwendet. Diffusion ist daher vor allem auf Nano- bis Millimeter-Skalen und damit wiederum in der Dichtungstechnik wirksam; auf größeren Skalen dominiert in Flüssigkeiten und Gasen in der Regel Stofftransport durch Strömung (Konvektion). Diffusion kann auch durch eine poröse Wand oder Membran hindurch erfolgen – dann nennen wir den Stofftransport Permeation. Und genau daher kennt der Praktiker solche Vorgänge z. B. beim Eindringen von Gasdruck in Elastomere und der Folge der explosiven Dekompression nach **Bild 5.8** bei schnellem Druckabbau in der Umgebung mit folglichem inneren Überdruck oder bei der Aufnahme von Öl in Kavitäten in zum Beispiel Kohlewerkstoffe und der Folge von Blistering nach **Bild 5.9** bei schnellen Temperaturwechseln (mit Überdruck in der Kavität durch Ausdehnung des Öls infolge erhöhter Temperatur) bei ungünstigen Reibverhältnissen zum Beispiel in Gleitringdichtungen. Eine weitere typische Anwendung dieser Überlegung ist die Leckageerzeugung durch Druckdifferenz in Verbindung mit Mischreibungszuständen oder Konzentrationsdifferenz zwischen zwei Flüssigkeitsräumen.

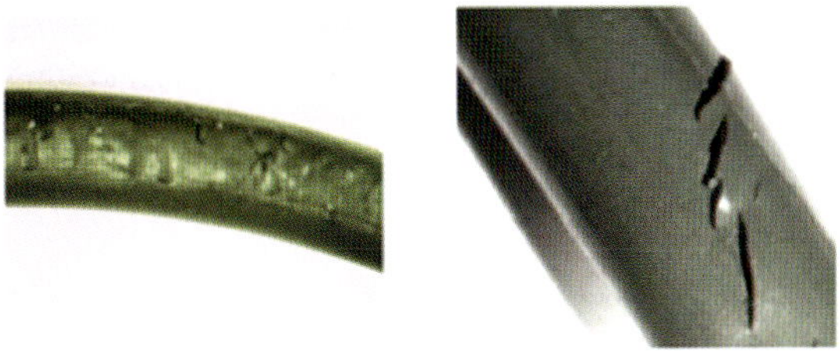

Bild 5.8: Explosive Dekompression an Elastomer O-Ringen einer Gas-Gleitringdichtung [1]

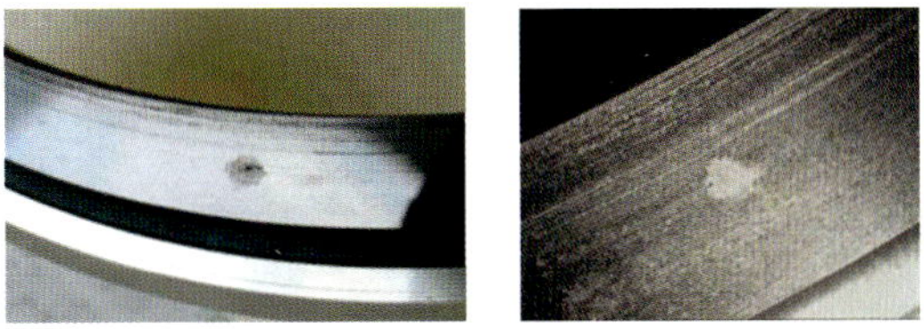

Bild 5.9: Blistering an Kohlegleitringen einer Gleitringdichtung für die Abdichtung von Öl (Werkbilder EagleBurgmann Germany GmbH & Co. KG)

5.1.1.1 Einige grundsätzliche Phänomene der Reaktionskinetik

- Wärme fließt von Warm nach Kalt, der Wärmefluss hört auf, wenn Temperaturgleichheit erreicht ist
  - Temperatur ist nichts anderes als Information über die Intensität der Teilchenschwingung
  - Teilchenschwingungen benachbarter Teilchen gleichen sich an
- Druckdifferenz gleicht sich in verbundenen Systemen durch Übertragung vom Bereich hohen Drucks zum niedrigen Druck aus und führt zum Ausgleich
  - Fluide in Rohrleitungen strömen von Bereichen hohen Drucks zu Bereichen niedrigen Drucks
  - Wasser fließt zum Potentialausgleich bergab bis das insgesamt niedrigste Energieniveau erreicht ist
- Konzentrationsunterschiede in verbundenen Teilsystemen gleichen sich aus bis Gleichheit hergestellt ist
  - Gleichmäßiges Lösen von Zucker in Wasser
  - Homogene Durchmischung von ineinander löslichen Flüssigkeiten (z. B. Essig in Wasser)
  - Gleichmäßige Verteilung von Teilchen in Trägerflüssigkeiten zum Beispiel Farbpigmente in Wasser (abgesehen von Sedimentationsprozessen)

All diese Prozesse finden unabhängig voneinander und trotzdem zeitgleich statt! Überträgt man diese Überlegungen in die Dichtungstechnik und insbesondere auf Dichtsysteme bestehend aus Doppeldichtungen, so können z. B. zwei Räume (an Doppeldichtungen zum Beispiel in der Maschine und in einem Sperrmedium) mit offenen Verbindungen (zum Beispiel einem Dichtspalt einer Gleitringdichtung) bezüglich eines Konzentrationsunterschieds auch durch Drucküberlagerung nur bedingt und insbesondere nicht dauerhaft getrennt werden, sofern die Ausgleichsbewegungen (hohe Konzentration zu niedriger Konzentration) nicht durch echte Strömung (also hohe Leckage) gestört wird. Im Sperrmedium wird daher über die Zeit eine Aufkonzentration des abzudichtenden Fluides feststellbar sein. Das Sperrmedium muss daher von Zeit zu Zeit ausgetauscht werden, wenn eine für die Umgebung kritische Konzentration (durch Leckage an der äußeren Dichtung an die Umgebung) erreicht ist.

Beispiele für solche Konzentrationsunterschiede mit Leckage Erscheinungen entgegen einer Druckdifferenz im Betrieb sind:

- Fruchtsaft oder Zuckerlösung zu Sperrwasser (eingesetzt zur Vermeidung von Auskristallisation der Leckage)
- Salzwasser zu Süßwasser (eingesetzt zur Verhinderung von Korrosionsvorgängen)
- Lösemittel mit Farbpigmenten zu Sperrwasser (eingesetzt zur Verhinderung der Farbablagerung im Außenbereich der Maschine)
- Säure oder Lauge zu neutralem Wasser (eingesetzt zum Schutz der Umwelt)

5.1.1.2 Strömungsvorgänge in engen Dichtspalten

Der folgende Abschnitt soll zur Erklärung der Strömungsvorgänge im Zusammenhang mit der Dichtungstechnik für Gleitringdichtungen alle grundlegenden notwendigen Informationen bereitstellen und aufbereiten. Er kann aber nicht umfassend alle Strömungsvorgänge erklären. Grundsätzlich können die verschiedenen Strömungsvorgänge (Umfangsschleppströmung und Strömung in radialer Leckagerichtung) unabhängig voneinander gesehen werden. Eine Wechselwirkung wird dann abschließend aufgezeigt.

In einer divergenzfreien streng gerichteten Strömung bilden alle Stromlinien durch ein Flächenstück eine Art „Schlauch“ mit homogener Geschwindigkeit. Ein Schwebeteilchen zeigt aber noch eine

Bild 5.10: Laminare Strömung zwischen ebenen, parallelen Platten [2]

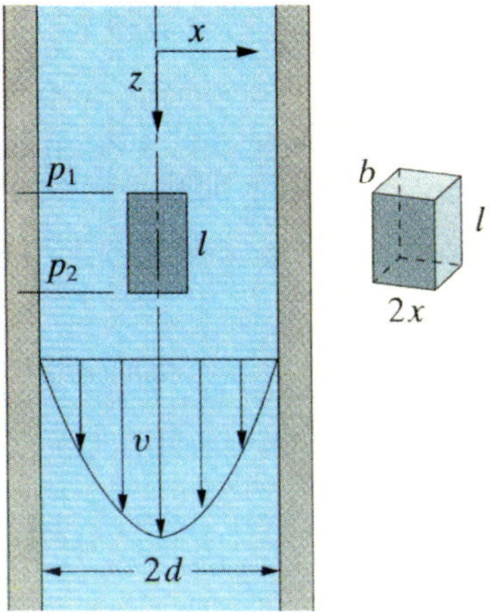

weitere Eigenschaft der Strömung an, die Rotation. Es gerät in Drehung, wenn die Strömungsgeschwindigkeit sich quer zur Strömungsrichtung ändert. Dies ist sogar in einem idealen Kanal mit völlig geradem Bett der Fall in dem das Wasser in der Mitte schneller fließt als am Rand. Auch ein völlig in das Wasser eingetauchtes Wasserrad wird sich um seine Achse drehen, da der Bach nahe am Grund langsamer fließt als an der Oberfläche. Ursache ist die freie Beweglichkeit der Wassermoleküle, die zufällig in ihrer gerichteten Strömung gestört werden. Sehr kleine und viele Querbewegungen von einzelnen Molekülen können sich „aufschaukeln“ und aufsummieren und ergeben Makroquerbewegungen, die die gerichtete Längsbewegung stören. Laminare Strömung schlägt um in turbulente Strömung. Raue Oberflächen unterstützen diese Querbewegungen.

Wenn eine Flüssigkeit zwischen ebenen ruhenden Platten fließen soll, muss sie zur Überwindung der Reibung durch eine Kraft angetrieben werden, also durch ein Druckgefälle in Strömungsrichtung. An der Wand links und rechts nach **Bild 5.10** selbst haftet die Flüssigkeit ($u = 0$), in der Mitte strömt sie am schnellsten ($u = u_{max}$). An den Seitenflächen der herausgeschnittenen Schicht symmetrisch zur Mittelebene, liegt beiderseits der Geschwindigkeitsgradient du/dx vor, also wirkt auf die Schicht eine innere Reibungskraft:

$$F_R = 2 \cdot l \cdot b \cdot \eta \cdot \frac{du}{dx} \qquad (5.1)$$

Der Faktor 2 entsteht aus der Symmetrie heraus und aus der Tatsache, dass die Reibung sowohl rechts als auch links der Mittelachse entsteht. Aus obiger Formel 5.1 kann auf die durch die Reibung entstehende Schubspannung τ in der Flüssigkeit geschlossen werden:

$$\tau = \frac{F}{A} = \frac{2 \cdot b \cdot l \cdot \eta}{2 \cdot b \cdot l} \cdot \frac{du}{dx} = \eta \cdot \frac{du}{dx} \qquad (5.2)$$

Die Fläche A ist ebenfalls doppelt zu betrachten, da die Reibung sowohl auf die linke als auch auf die rechte Platte wirkt. Daraus ergibt sich die Newtonsche Schubspannungshypothese: Die Schubspannung in einer auf Scherung belasteten Flüssigkeit ist proportional dem Geschwindigkeitsgradienten. Der Proportionalitätsfaktor η (eine Werkstoffkonstante) entspricht dem internen Verschiebewiderstand, nämlich der Zähigkeit oder Viskosität. Das Strömungsprofil u(x), dessen Ableitung proportional zu x ist, muss eine symmetrische Parabel mit dem Scheitel in der Mitte sein, wo die Flüssigkeit mit u_{max} am schnellsten strömt:

$$u(x) = u_{max} - \frac{p_1 - p_2}{2 \cdot \eta \cdot l} \cdot x^2 \tag{5.3}$$

Diese Überlegung kann auf den Leckagestrom im Dichtspalt einer Gleitringdichtung übertragen werden. Die rechte Platte ist dann beispielhaft der stationäre Gegenring, die linke Platte ist der rotierende Gleitring. Die Rotationsbewegung mit Umfangsschleppströmung ist von der Leckageströmung in radialer Richtung unabhängig und kann für die Betrachtung der radialen Leckageströmung vernachlässigt werden.

Offenbar zwingen ebene Begrenzungen Strömungen in eine streng gerichtete Form und dämpfen Querbewegungen der Flüssigkeitsteilchen. Dieser Zwang kann aber nur bis zu einer gewissen Wirkungstiefe in die Strömungsschicht wirken. Die hydrodynamische Grenzschicht (ein Sondergebiet der Strömungsmechanik) nach Prandtl ist der Bereich eines strömenden Fluides an einer Wand, in der die interne Reibung (Viskosität) einen Einfluss auf das Geschwindigkeitsprofil senkrecht zur Wand ausübt. Für hinreichend kleine Reynolds-Zahlen ist die Grenzschicht als laminar zu betrachten, d. h. alle Teilchen der Grenzschicht sind streng parallel gerichtet. An der Wand wird das Fluid durch adhäsive Reibung (Haftbedingung) zum Stillstand gebracht wohingegen Teilchen, die einen zunehmenden Abstand haben, eine zunehmende Geschwindigkeit haben. Je größer der Abstand umso größer ist die Geschwindigkeit und umso größer sind die durch Rotation hervorgerufenen Querbewegungen. Die Strömung wird dann turbulent. Das Geschwindigkeitsprofil kann auch dort näherungsweise parabolisch angenommen werden. Der Übergang von laminarer in turbulente Strömung wird durch das Reynolds-Kriterium mit der Spalthöhe h bestimmt.

$$Re = \frac{u \cdot h \cdot \rho}{\eta} = \frac{u \cdot h}{\upsilon} \tag{5.4}$$

In der allgemeinen Literatur findet man die Grenzbedingung bei Re = 2.300 (mit einer Streubreite 1.000 bis 10.000) für den Umschlag von laminarer in turbulente Strömung. Zerklüftete Oberflächen führen zu starker Wirbelbildung und reduzieren die Grenzbedingung auf 250 bis 400. Die „charakteristische Länge“ steht immer senkrecht auf dem Strömungsvektor. Somit gilt als charakteristische Länge für Dichtungen die Spalthöhe h. Betrachtet man nun die in der Dichtungstechnik üblichen Spalte von 1 µm und kleiner, wachsen die hydrodynamischen Grenzschichten der Oberflächen zusammen wobei die laminare Grenzschichtströmung trotz der Oberflächenrauheit voll ausgebildet wird und man kann immer selbst in Umfangsrichtung von laminarer Strömung ausgehen. Für die Entscheidung, ob laminare oder turbulente Strömung vorliegt, soll nun die vorherrschende Umfangsschleppströmung herangezogen werden. Eine Abschätzung für Wasser bei 20 °C und einer charakteristischen maximalen Umfangsgeschwindigkeit von u = 10 m/s ergibt sich damit zu

$$Re = \frac{10\frac{m}{s} \cdot 1 \cdot 10^{-6} m \cdot 1000\frac{kg}{m^3}}{100 \cdot 10^{-5}\frac{kg}{m \cdot s}} = 10$$

und damit weit von der Grenze von 2.300 (selbst von derjenigen rauer, zerklüfteter Oberflächen) entfernt. Die nun folgenden Überlegungen basieren also auf der Annahme vollkommen laminarer Strömung mit festen Spaltwänden. Inwieweit bei den vorliegenden Spaltverhältnissen in Gleitringdichtungen mit Spalthöhen im Mikrometer- und Submikrometerbereich mit überlagerten Rauheitshöhen derselben Größenordnung noch von Spaltströmungen in radialer Leckagerichtung zu sprechen ist oder ob eher der Vorgang der Diffusion herangezogen werden sollte, sei dahingestellt. Die Mechanismen sind allenfalls vergleichbar.

Strömungsabschätzungen aus der Praxis
Die Umfangsströmung durch Rotation einer Gleitringdichtung ist leckageneutral solange an Staukanten keine Umlenkung erfolgt oder durch hydrodynamische Effekte die mittlere Spalthöhe sich ändert. Diese hydrodynamischen Effekte werden beispielsweise angewandt zur Überbrückung ungünstiger Schmierverhältnisse infolge niedriger Viskosität oder partieller Verdampfung im Dichtspalt. Umfangsgeschwindigkeiten liegen für Wellendichtungen von Zentrifugalpumpen normalerweise bei Werten unter 10 m/s. Die Radialströmung für Gleitringdichtungen in Leckagerichtung ist weitaus geringer als die Umfangsströmung. Setzt man eine maximale Leckrate von 1 ml/h (nach VDI 2440) an, so ergibt sich eine mittlere Strömungsgeschwindigkeit für einen mittleren Leckagespalt von 1 µm Spalthöhe bei einem weit verbreiteten Durchmesser 43 mm:

- somit bei einem Durchflussquerschnitt von 0,135 mm^2
- und einem angenommenen Leckstrom von 1.000 mm^3/h
- eine Strömungs-Leckagegeschwindigkeit von 7,4 m/h (oder 0,12 m/min) in radialer Richtung.

Wie oben dargestellt sind die praxisrelevanten Leckraten viel kleiner und daher die „Strömungsgeschwindigkeit" in radialer Leckagerichtung liegt um mindestens eine Zehnerpotenz niedriger. Leckagegeschwindigkeiten können aber lokal dramatisch zunehmen sobald sich durch Risse oder Kratzer Kanäle bilden. Diese erhöhten Geschwindigkeiten können dann zu lokaler Erosion führen.

5.1.1.3 Druckbedingte Spaltströmung eines axialen Drosselspalts
Für die Anwendung wird aus der Reynoldsgleichung durch entsprechende mathematische Ableitung unter Berücksichtigung des Umfangs $\pi \cdot D$ als Spaltbreite in axialer Leckageströmungsrichtung mit genügender Genauigkeit für einen radialausgerichteten Parallelspalt einer Gleitringdichtung mit einer Dichtflächenbreite b als Drossellänge üblicherweise folgende näherungsweise Abschätzung nach der Drosselgleichung angesetzt:

$$\dot{Q} = \pi \cdot D \cdot \left(\frac{h^3 \cdot \Delta p}{12 \cdot \eta \cdot b} \right) \tag{5.5}$$

Eine Einschränkung der Genauigkeit für die Anwendung für Gleitringdichtungen kommt daher, dass bei der ursprünglichen Herleitung ein axialer paralleler Ringspalt zugrunde gelegt wird. Die Verhältnisse b/D (radiale Dichtspaltlänge / Nenndurchmesser zum Beispiel 3 mm/45 mm = 7 %) für Gleitringdichtungen sind so klein, dass für praktische Anwendungen die rechnerische Ungenauigkeit in der Abschätzung der Dichtspalthöhe und Dichtspaltform untergeht. Mit zunehmender Größe wird zudem die Ungenauigkeit immer kleiner. Die exakte Formulierung erfolgt im folgenden Unterkapitel.

Formel 5.5 wird für die Massebetrachtung (zum Beispiel zur Abschätzung von Gasleckagen) mit $\dot{Q} = \dot{m}/\rho$ und für die durchströmte kreisringförmige Spaltfläche $A = \pi \cdot D \cdot h$ sowie der kinematischen Viskosität $\nu = \frac{\eta}{\rho}$ zu

$$\dot{m} = \frac{dm}{dt} = A \cdot \frac{h^2 \cdot \Delta p}{12 \cdot \nu \cdot b} \tag{5.6}$$

5.1.1.4 Druckbedingte Spaltströmung eines radialen Drosselspalts
Eine exakte Abschätzung der Leckrate berücksichtigt die radiale Ausrichtung des Leckagespalts einer Gleitringdichtung unter Berücksichtigung der Eigenförderung infolge der Zentrifugalkräfte und des unterschiedlichen Umfangs am Innen- und Außendurchmesser der Dichtfläche. Basierend auf der Stromfadentheorie wurde durch den Autor für den Parallelspalt folgender Zusammenhang ermittelt:

$$\dot{Q} = \frac{\pi \cdot h^3}{6 \cdot \eta \cdot \ln\left[\frac{d_i}{d_a}\right]} \cdot \left\{\Delta p - \frac{3 \cdot \rho \cdot \omega^2}{80} \cdot \left[d_a^2 - d_i^2\right]\right\} \tag{5.7}$$

Der zweite Term in der geschweiften Klammer repräsentiert dabei die Wirkung des nach außen gerichteten Zentrifugaldrucks (vergleichbar zur Radseitenströmung in Kreiselpumpen), der je nach Druckdifferenz die Leckage Strömungswirkung verstärken oder abschwächen kann.

5.1.1.5 Leckage durch Diffusion (eine Analogie für Gleitringdichtungen unter Mischreibung)

Diffusionsvorgänge werden im Allgemeinen beschrieben durch das 1. Ficksche Gesetz. Von stationären Vorgängen kann in der Dichtungstechnik ausgegangen werden, da die zeitliche Änderung unerheblich ist. Die Kinetik der Diffusion beruht auf einem Massentransport zum Ausgleich von Konzentrationsunterschieden. Das 1. Ficksche Gesetz lautet allgemein:

$$\frac{dm}{dt} = -A \cdot D \cdot \frac{dc}{dx}. \tag{5.8}$$

D ist der Diffusionskoeffizient und folgt der Arrheniusgleichung. Er ist definiert als Massenfluss $\dot{m}$, der bei einem Konzentrationsgradienten dc/dx von 1 in der Zeiteinheit dt pro Einheitsquerschnitt A (entsprechend für einen Kreisring $A = \pi \cdot D \cdot h$) erfolgt. Er ist von der Temperatur, der Konzentration, der Struktur und dem Gefüge des Materials abhängig. Das Minuszeichen entsteht dadurch, dass der Konzentrationsgradient negativ ist. Der Diffusionskoeffizient als Maß für das treibende Potential kann in dem Fall einer Gleitringdichtung als Widerstandskennzahl verstanden werden und wird nach Formel 5.6 entsprechend $\frac{h^2}{12 \cdot \nu}$, da der Konzentrationsgradient $\frac{dc}{dx}$ als $\frac{\Delta p}{b}$ betrachtet werden kann. Die Volumendiffusion (Permeation oder Leckage durch Diffusion) ist bei amorphen Werkstoffen wie zum Beispiel Elastomeren ebenfalls anwendbar. Kunststoffe oder insbesondere Elastomere sind mehr oder weniger durchlässig für Gase und auch für manche niedermolekulare Flüssigkeiten (z. B. Lösemittel). Das Maß für die Durchlässigkeit ist ebenfalls abgeleitet vom Fickschen Gesetz – der Permeationskoeffizient P für Kunststoffe – mit:

$$P = \frac{\dot{m} \cdot x}{A \cdot \Delta p} \tag{5.9}$$

$\dot{m}$ – transportierte Masse pro Zeiteinheit
x – Diffusionsweglänge (analog die Dichtspaltbreite b einer Gleitringdichtung)
$A = \pi \cdot D \cdot h$ – Diffusionsquerschnitt
Δp – Druckdifferenz an einer Membran (oder an der Gleitringdichtung)

Permeationskoeffizienten für Dichtungswerkstoffe sind wegen der Komplexität der Vorgänge im Allgemeinen nicht verfügbar und müssen von Fall zu Fall experimentell ermittelt werden. Übertragen auf die Gleitringdichtung kann aber ebenfalls eine Widerstandkennzahl oder ein Permeations- oder Leckagekoeffizient $\Lambda = \frac{h^2}{12 \cdot \nu}$, eine Art Strömungswiderstand durch den „berührenden" Dichtspalt, hergeleitet werden, der einen vergleichbaren Kennwert zum Drosselwiderstand ζ für Ventile oder andere hydraulische Elemente darstellt. Diese Betrachtung kann insbesondere für Gleitringdichtungen, die im Mischreibungsbereich unter Kontaktbedingungen im Spalt betrieben werden, herangezogen werden. Eine „Spalthöhe" h existiert dort allerdings wegen des berührenden Betriebs nicht und muss durch einen experimentell zu ermittelnden Ersatzspalt (der Kontaktspalthöhe) unter Berücksichtigung der Oberflächentopographien (Rauheit, Struktur und Benetzung der Oberflächen) der Gleitwerkstoffe ersetzt werden. Sicherlich ist unter den genannten Bedingungen auch noch der Einfluss der starken Kapillarität von Dichtspalten zu berücksichtigen.

Bewertung
Für die Leckageabschätzung von Gleitringdichtungen für den Einsatz in Pumpen unter durchschnittlichen Betriebsbedingungen wird im Allgemeinen mit guter Genauigkeit der Ansatz der axialen Drosselströmung ohne Berücksichtigung der Zentrifugalwirkung und ohne Einfluss der Durchmesserdifferenzen nach Formel 5.5 gewählt. Für verbesserte Genauigkeit insbesondere bei höheren Drehzahlen und großen Durchmessern sollte die Zentrifugalwirkung im Dichtspalt unter Berücksichtigung des Ansatzes nach Formel 5.7 (zweiter Term in der geschweiften Klammer) verwendet werden.

5.1.2 Allgemeines zu Dichtungen

Alle Dichtungen enthalten folgende Grundelemente: Dichtkörper, Primärdichtung, Sekundär- oder Nebendichtung, Anlegekraft, Verdreh- oder Lagesicherung, Fluid.

- Der **Dichtkörper** verschließt den konstruktiv erforderlichen Dichtspalt zweier abzudichtender Bauteile (Gleit- und Gegenring).
- Unter dem **Primärdichtspalt** (Haupt- oder Primärdichtung) versteht man insbesondere bei bewegten Dichtungen den Ort an dem die Bewegung der abzudichtenden Bauteile stattfindet. Dies kann Rotation (zwischen Gleit- und Gegenring) oder axiale Bewegung sein.
- Unter dem **Sekundärdichtspalt** (Nebendichtungen zu benachbarten Bauteilen) versteht man denjenigen Dichtspalt innerhalb dem maximal kurzzeitig und in geringem Umfang Nachstellbewegungen bei thermischen oder anderweitig bedingten Nachstellungen zur Erhaltung der Dichtfunktion der Primärdichtung stattfinden.
- Die externe **Anlegekraft** (Feder) ist erforderlich für die Sicherstellung der Dichtfunktion der Haupt- und Nebendichtung insbesondere im drucklosen Zustand. Sobald ein abzudichtender Druck vorhanden ist muss für einen ordnungsgemäßen Betrieb die Wirkung des hydraulischen Drucks diese Schließkräfte sicherstellen.
- Die **Verdrehsicherung** (Drehmomentabstützungen z. B. durch Stifte am Gegenring) stellt sicher, dass die für die Funktionsfähigkeit des Dichtsystems erforderlichen Bewegungen ausschließlich im Primärdichtspalt erfolgen und nur erforderliche Nachstellbewegungen durch den Sekundärdichtspalt erfolgen. Nachstellbewegungen sollen leichtgängig sein.

Häufig wird der abzudichtende Druck selbst dazu verwendet die konstruktiv vorgegebene Vorpresskraft auf die Primärdichtung zu verstärken. Aus der Hydraulik ist bekannt, dass durch die Druckerhaltung in der Hydrostatik oder Kräfteerhaltung bei Übersetzungskolben über Flächenverhältnisse Drücke oder Kräfte verstärkt werden können. Betrachten wir daher eine konstruktive Verstärkung oder Abschwächung – eine Druckübersetzung. Das geometrische Flächenverhältnis k in der Dichtungstechnik ist als Druckübersetzungsfaktor nach **Bild 5.11** definiert als:

$$k = \frac{A_1}{A} \qquad (5.10)$$

Dabei ist A_1 die Wirkfläche des abzudichtenden Drucks p_1 und A die gegenüber liegende Spaltfläche der Primärdichtung. Man spricht von einer entlasteten Dichtung, wenn das Flächenverhältnis $k < 1$ ist, sowie von nicht entlastet bei $k > 1$. Die Wirkung des abzudichtenden Drucks wird dementsprechend durch den Dichtkörper im Sinne eines hydraulischen Kolbens auf den mittleren hydraulischen Druck p_h „übersetzt“ also erhöht ($k > 1$) oder abgesenkt ($k < 1$).

Die Frage ist nun: Woher kommt eigentlich der für ein axiales Kräftegleichgewicht am Gleitring nötige mittlere Spaltdruck? Wird der Einbauvorpressung aus der Federkraft F_f ein Betriebsdruck p_1 überlagert, so addieren sich die spaltschließenden Wirkungen. Der Gleitring gibt zunächst

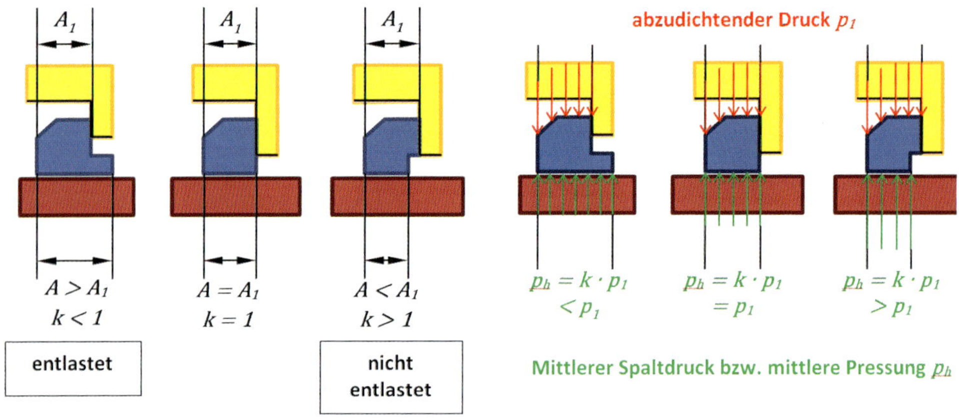

Bild 5.11: Flächenverhältnis in der Dichtungstechnik und zugehörige Druckübersetzung

auf Basis seiner Materialgesetzte (z. B. Inkompressibilität und Elastizität) diese Kraft an den Dichtspalt weiter. Der Dichtspalt wiederum reagiert unter Bildung des Gleichgewichts – bei berührenden Dichtungen im Betrieb unter Mischreibungsbedingung durch entsprechende mechanische Pressung p_g (dem Gleitdruck) und dem hydraulischen Druckprofil, bei berührungsfreiem Betrieb unter ausschließlicher Wirkung und Ausbildung des Spaltdruckprofils infolge des Strömungswiderstands der Drosselwirkung sowie hydrodynamischer Druckkräfte. Spalte mit parallelen Spaltwänden bilden zum Beispiel ein lineares hydrostatisches Druckprofil.

Der hydraulische Spaltdruck mit unabhängigem hydrostatischem und hydrodynamischem Anteil und sofern zum Kräfteausgleich am Dichtkörper (in diesem Fall der Gleitring) erforderlich eine mechanische Flächenpressung p_g überlagern sich damit im Dichtspalt.

5.1.2.1 Der allgemeine Dichtspalt und grundlegende Spaltdruckprofile

Grundsätzlich treten vergleichbare Spaltdruckprofile auf, egal ob der Spalt in axialer Richtung wie z. B. an Schwimmringdrosseln oder in radialer Richtung wie z. B. bei Gleitringdichtungen angeordnet ist. Die Herleitung erfolgt zur Vereinfachung daher am axialen Spalt. Man geht im Rahmen der Simulationen zunächst davon aus, dass die Spaltflächen in Umfangsrichtung keine Welligkeiten haben. Damit fällt der Druck über die Spaltbreite b vom abzudichtenden Druck auf den Gegendruck mathematisch stetig ab. Der Druckverlauf hängt von der Spaltform (||-, V- oder A-Form) ab.

Der Parallelspalt ohne Welligkeit

Bild 5.12 veranschaulicht einen axialen Ringspalt zwischen zwei koaxialen Zylinderflächen mit am Umfang (konzentrisch) und in axialer Richtung konstanter Spalthöhe h_0. Die Strömung wird für einen ebenen Spalt mit der Spaltbreite $b = \pi \cdot D$ und der axialen Länge L berechnet. Die Herleitung für eine Gleitringdichtung erfolgt wie oben beschrieben zur Vereinfachung für einen axialen Ringspalt.

Die Bedingungen für den axialen Parallelspalt einer Ringspaltdrossel (für den radialen Parallelspalt einer Gleitringdichtung gilt entsprechendes) sind:

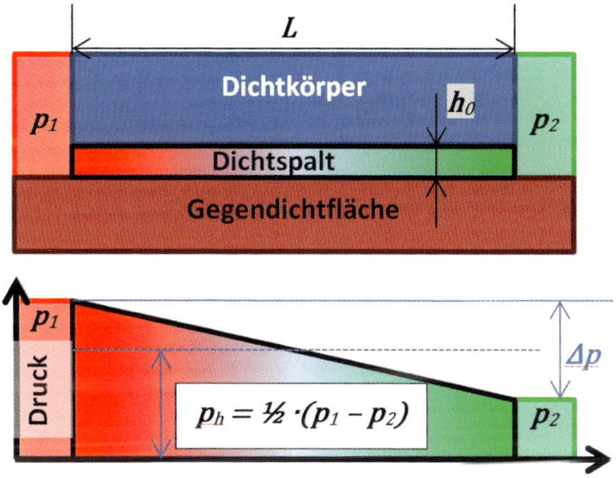

Bild 5.12: Lineares Druckprofil im Parallelspalt

- h_0 ist konstant über die Spaltlänge L (ein Parallelspalt)
- Der Durchmesser D ist groß gegenüber der kleinsten Spalthöhe h_0
- Die Strömungsberechnung erfolgt entlang der Spaltbreite (dem Umfang) $U = \pi \cdot D$ und in Strömungsrichtung der Spaltlänge $L = b$ (b ist die Dichtspaltbreite der Gleitringdichtung)
- Die Druckdifferenz ist $\Delta p = p_1 - p_2$
- Der Druckgradient $\frac{dp}{dx} = \left(\frac{p_1 - p_2}{L}\right) = \frac{\Delta p}{L}$ ist konstant (der Druck fällt linear ab)

Die allgemeine Leckagegleichung auf Basis der bekannten Drosselgleichung für axiale Ringspalte ergibt damit:

$$\dot{Q} = \pi \cdot D \cdot \left(\frac{\Delta p \cdot h_0^3}{12 \cdot \eta \cdot b}\right) \tag{5.11}$$

Diese Gleichung gilt nur bei Koaxialität der Welle mit der Bohrung der Ringspaltdrossel. Aufgrund der Selbsteinstellung der Gleitringdichtung kann dies aber herangezogen werden. Bei radialer Spaltdrossel wie zum Beispiel bei Gleitringdichtungen wird dabei analog die rechnerische Spaltlänge L ersetzt durch die Gleitflächenbreite $b = ½ \cdot (d_a - d_i)$ sowie der Durchmesser durch den mittleren Durchmesser $d_m = ½\,(d_a + d_i)$. d_a und d_i sind Außen- und Innendurchmesser der Gleitfläche.

– Bewertung

Obwohl der Parallelspalt in der Realität niemals auftreten kann (da kleinste Abweichungen von dieser Idealform sofort zu konvergenten oder divergenten Dichtspalten führen), spielt er für die allgemeine Betrachtung insbesondere für Leckage-Abschätzungen eine große Rolle. Er stellt Idealbedingungen dar.

Für die nun im Folgenden erklärten konvergenten oder divergenten Dichtspalte stellt der Parallelspalt ein Sonderfall (den Grenzfall) dar. Bei einer realen Schwimmringdrossel liegt zunächst im Stillstand die Bohrung aufgrund des Gewichts exzentrisch zur Wellenachse und wird bei Drehbewegungen durch Aufschwimmen durch hydrodynamische Mechanismen zentriert, vergleichbar mit einem umgekehrten radialen Gleitlager. Aufgrund des relativ geringen

Gewichts von Schwimmringdrosseln erfolgt die Zentrierung nahezu perfekt. Die Auswirkung auf die Leckage ist in der Praxis daher gering. Übertragen auf die Gleitringdichtung entspricht eine Exzentrizität dort einer Welligkeit am Umfang. Die Auswirkung der hydrodynamischen Druckbildung wird später gezeigt.

Der sich verengende konvergente bzw. sich erweiternde divergente Spalt ohne Welligkeit
Für den V-Spalt (konvergent) stellt sich bei einem Kantenabfall[2] im Betrieb von $e = h_1 - h_2$ rechnerisch eine selbsteinstellende Spalthöhe h_2 am Spaltaustritt ein:

$$h_2(e) = e \cdot \frac{1 - \kappa}{2 \cdot \kappa - 1} \qquad (5.12)$$

Das Ergebnis für h_2 ist scheinbar unabhängig von der Druckdifferenz – nicht ganz – da der Belastungsfaktor κ ja selbst von Δp abhängig ist! h_2 muss allerdings in jedem Fall größer sein als die Grenzspalthöhe (das ist eine Plausibilitätsprüfung), da sich sonst Kontakt mit entsprechender Mischreibung und Einlauf einstellt und kleiner als der Grenzspalt geht's eben nicht. Der Parallelspalt (e ist in diesem Fall gleich 0) ohne Hydrodynamik bildet immer den Grenzspalt.

Und nun noch ein Spezialfall – der divergente Spalt – dort ist der Wert für e negativ und das Ergebnis der obigen Gleichung für h_2 macht dann keinen Sinn mehr, der Spalt ist nicht mehr selbsteinstellend und kollabiert – also auch ein Fall für die Grenzspaltbetrachtung, allerdings dann am Spalteintritt. Wenn nun aber für eine nicht entlastete Dichtung mit $\kappa > 1$ der Zähler ebenfalls negativ würde, würden sich ja dann die beiden negativen Vorzeichen wieder aufheben. Das ist zwar rechnerisch möglich, aber das Ergebnis ergibt Spalthöhen h_2 am Spaltaustritt die in Verbindung mit dem Kantenabfall -e wieder eine berührende Spalthöhe am Spalteintritt ergeben würde – das macht im Sinne der Plausibilität keinen Sinn – also wieder Grenzspaltbedingung am Spalteintritt für h_1 und über die Spaltdivergenz e den entsprechenden Spalt h_2.

Die Spalthöhe h_1 am Spalteintritt für konvergente Spaltformen ergibt sich nun zu:

$$h_1(e) = e + h_2(e) \qquad (5.13)$$

Die mittlere hydrostatische Spalthöhe $h_{mhs}(e)$ ergibt sich für alle Spaltformen jeweils als Mittelwert aus h_1 und h_2:

$$h_{mhs}(e) = \frac{h_1(e) + h_2(e)}{2} \qquad (5.14)$$

Das Problem ist, dass man den Kantenabfall kennen bzw. durch Simulation abschätzen muss.[3] Das Spalthöhenverhältnis λ ist damit bekannt.

Ein in Strömungsrichtung sich verengender (konvergenter) Spalt stabilisiert sich durch strömungstechnisch aufschwimmende Wirkung selbsttätig. Der Spalthöhenverlauf lässt sich beschreiben mit dem in **Bild 5.13** definierten Spalthöhenverhältnis $\lambda = h_1/h_2$ durch:

$$h(x) = h_2 \cdot \left(1 + (\lambda - 1) \cdot \frac{x}{L}\right) \qquad (5.15)$$

2 Für konvergente Spalte ist der Kantenabfall e positiv für divergente Spalte ist e negativ.

3 Rechnerische natürliche Kantenabfälle können für Durchmesserbereiche praxisnah angenommen werden, sofern keine weiteren Abschätzungen aus Simulationen vorliegen:
Durchmesser bis 150 mm: $e \leq 1$ µm, bis 300 mm: $e \leq 2$ µm, darüber: 3 µm

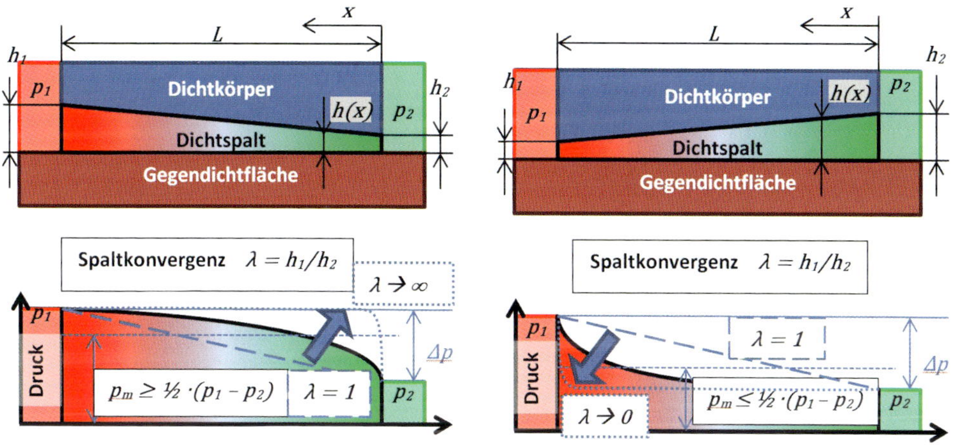

Bild 5.13: Druckprofile im konvergenten (links) bzw. divergenten (rechts) Dichtspalt

Für den entsprechenden parabelförmigen Druckverlauf ergibt sich dann:

$$p(x) = \frac{\lambda^2 \cdot \left(2 + (\lambda - 1) \cdot \frac{x}{L}\right) \cdot \frac{x}{L}}{(\lambda + 1) \cdot \left(1 + (\lambda - 1) \cdot \frac{x}{L}\right)^2} \cdot (p_1 - p_2) + p_2 \qquad (5.16)$$

Nicht entlasteten Gleitringdichtungen haben einen Belastungsfaktor von $\kappa > 1$. Die kleinste Spalthöhe h_2 wird dadurch nach Formel 5.14 negativ. Die Gleitflächen verschleißen im Betrieb fein und passen sich ständig an. Dafür ist dann die „Kontaktspalthöhe" als Summe der Oberflächen Rauheiten der Gleit- und Gegenringe und eventuell die Leckage Abschätzung über den Permeationsansatz[4] zu wählen. Der Durchfluss durch die konvergente entlastete Ringspaltdrossel (entsprechend für die Gleitringdichtung mit L = b) beträgt somit:

$$\dot{Q} = \frac{\pi \cdot D \cdot h_2^3}{12 \cdot \eta \cdot L} \cdot \Delta p \cdot \frac{2 \cdot \lambda^2}{\lambda + 1} \qquad (5.17)$$

Spaltprofil mit überlagerter Welligkeit

Ungleichförmigkeiten der Ringgeometrie von Gleitringen z. B. Bohrungen, Nuten, Schlitze oder fertigungsbedingte Abweichungen der Konzentrizität oder Ovalität von Durchmessern erzeugen Welligkeit der Gleitflächen in Umfangsrichtung mit konvergenten und divergenten Spaltbereichen, in die infolge von Schleppwirkung hydrodynamisch Fluid hineingeschleppt wird. In solchen sich verengenden Spaltzonen wird dadurch lokal jeweils ein tragfähiger Druckberg vergleichbar zu einem Axialgleitlager erzeugt. Ansätze zur rechnerischen Erfassung dieser Druckberge bieten die Elastohydrodynamik und sehr frühe Ansätze nach Reynolds (1886). Bei einer Annäherung einer Oberfläche an eine Gegenfläche tritt im Spalt nach Reynolds eine Verdrängungs- oder Quetschströmung (Poisseuille-Strömung) auf. Abhängig vom Druckgradient bilden sich parabelförmige Geschwindigkeitsprofile unter Massenerhaltung. Der sich bildende

---

4 In der Praxis sind allerdings die Permeationskoeffizienten nicht bekannt und daher wird auf die Drosselbetrachtung ausgewichen.

Überdruck im Zentrum ist proportional zur dynamischen Viskosität η und der Annäherungsgeschwindigkeit $\frac{dh}{dt}$ sowie umgekehrt proportional zur Entfernung (Spalthöhe h) der Oberflächen mit einem Exponenten von 3.

$$p = K \cdot \frac{\eta}{h^3} \cdot \frac{dh}{dt} \tag{5.18}$$

K stellt nach Reynolds eine Bauteilkonstante dar. Im Fall der betrachteten tangentialen und zur Gleitfläche senkrechten relativen Bewegung einer Gleitringdichtung entsteht ein Druckprofil. Die Geschwindigkeitsprofile in Umfangsrichtung (Schleppströmung) sowie Annäherungsgeschwindigkeitskomponente $\frac{dh}{dt}$ der Gleitflächen und das Profil aus der Druckströmung können durch Superposition überlagert werden. Reynolds und später nach weitergehender Überlegung Sommerfeld boten analytische Lösungen zur Berechnung von Gleitlagern. Eine geschlossene Lösung für den Effekt existiert bis heute nicht. Durch einen Optimierungsprozess können aber gute Näherungen gefunden werden. Müller und Nau[5] bieten mit folgender Gleichung einen Lösungsansatz für aufeinander zubewegte Flächen von Dichtungen.

$$p_{max} = 1{,}5 \cdot \eta \cdot u^* \cdot \frac{b^2}{h_m^3} \tag{5.19}$$

Betrachtet man die Annäherungsgeschwindigkeit $u^* = \tan\alpha \cdot u = \tan\alpha \cdot 2\pi \cdot n \cdot r_m$ mit einem mittleren Umfangskonvergenzwinkel α, so wird wie die Praxis zeigt für sehr kleine Welligkeiten mit dementsprechend genügender Genauigkeit:

$$u^* = \tan \frac{h_{Welligkeit}}{\frac{1}{2}\text{Umfang} \cdot \text{Anzahl der Wellen am Umfang}} \cdot 2\pi \cdot n \cdot r_m \qquad (5.20)^{6}$$

Setzt man nun noch den mittleren Spaltdruck nach diversen Überlegungen der Theorie zur Elastohydrodynamik mit ca. 50 % des maximalen Drucks an, so ergibt sich für eine praxisnahe handhabbare empirische grobe Abschätzung:

$$\overline{p_{hd}} \approx 5 \cdot \frac{h_w \cdot \eta \cdot n \cdot b^2}{h_{m(\omega)}^3} \tag{5.21}$$

Man erkennt die starke Abhängigkeit in der dritten Potenz von der mittleren Spalthöhe h_m (ω). Sie muss noch über die Hydrodynamik (Hydrodynamische Kennzahl) abgeschätzt werden. Die hydrodynamische Druckbildung kann wegen der starken Abhängigkeit von der mittleren Spalthöhe nur im Parallelspalt bzw. bei sehr kleiner Abweichung von wenigen µm zu konvergenten oder divergent Spaltformen davon effektiv sein, je größer die Abweichung umso geringer die Wirkung infolge von seitlichen Querströmungen. Betrachtet man nun die Druckbildung jeweils vor den Engstellen und eine entsprechende Druckabsenkung danach, so gleichen sich diese scheinbar aus. In der heutigen Elastohydrodynamik geht man aber in der Realität von nicht Newtonschem Verhalten und geringer Kompressibilität aller Fluide aus. Danach ist die Viskosität sowohl druck- als auch schergeschwindigkeitsabhängig, was in der Summe für scherverzähende Medien (dilatante Medien) zu einem Drucküberschuss führen kann. Bei scherentzähende Medien (strukturviskose Medien) verhalten sich umgekehrt und führen zu einem Drucküberschuss auf der Rückseite der Welligkeit. Der Effekt ist aber derselbe.

---

5 www.Fachwissen-Dichtungstechnik.de

6 In der Formel wird der halbe Umfang gewählt, da sich dort der Spalt druckbildend verengt und auf der zweiten Hälfte erweitert.

– Bewertung

Der hydrodynamische Spaltdruck bildet jeweils muschelförmige Druckpolster in sich in Umfangsrichtung vor den Wellen verengenden Spaltzonen. Die Druckverteilung ist räumlich parabelförmig anzusetzen. Das Druckmaximum liegt zentral im Dichtspalt (beim Parallelspalt in der Mitte zwischen Innen- und Außendurchmesser, bei Abweichungen vom Parallelspalt zum Innen- bzw. Außendurchmesser versetzt mit erleichterter seitlicher Abströmung) und hat gemäß dem oben gewählten Ansatz der Normalparabel den doppelten Wert des Mitteldrucks $\overline{p_{mhd}}$. Dieser räumliche Druckverlauf wird dem Druckabfall aus dem hydrostatischen Druckverlauf überlagert. Bei ungünstigen Bedingungen (kleiner Druckgradient aus Hydrostatik und große Druckerzeugung aus Hydrodynamik) können Spaltzonen entstehen, an denen der lokale Druck innerhalb des Dichtspalts höher als der abzudichtende Druck sein kann. Dadurch können z. B. in gesperrten Doppel-Gleitringdichtungen neben druckbedingter und konzentationsausgleichender Wirkung Leckage pumpende Strömungen entgegen der vorhandenen abzudichtenden äußeren Druckdifferenz entstehen. Solche Pumpwirkungen sind allegemein auch beim Effekt des „Up-Stream-Pumpings“[7] bekannt. Abhilfe bietet eine Erhöhung des Sperrdrucks und damit der Druckdifferenz und damit des Spaltmitteldrucks aus hydrostatischen Druckabfalls ($0{,}5 \cdot \Delta p$ für den Parallelspalt).

Praxisrelevante Leckage-Betrachtung

Sind die Spaltflächen wellig und der Spaltverlauf konvergent, so ändert sich am Umfang das Spalthöhenverhältnis λ von Ein- zu Austrittspalt und damit auch lokal das hydrostatische Druckprofil. Das Welligkeitsverhältnis wird $\varepsilon = w/h_2$ mit einer Welligkeitsamplitudenhöhe w und somit beträgt der Durchfluss für die übliche Vereinfachung der axialen Ringspaltdrossel rechnerisch:

$$\dot{Q} = \frac{\pi \cdot D \cdot h_2^3}{12 \cdot \eta \cdot b} \cdot \Delta p \cdot \left(\frac{2 \cdot \lambda^2}{\lambda + 1} + (1 + \lambda) \cdot \frac{3}{4} \cdot \varepsilon^2\right) \tag{5.22}$$

Die Druckverteilung für den radialen Dichtspalt einer Gleitringdichtung mit Spaltkonvergenz e verändert sich durch die Zentrifugalwirkung nachhaltig und wird mit der Laufkoordinate x (Start bei r_a) zu:

$$p(x)=p_1+\frac{3\cdot\rho\cdot\omega^2}{20}\cdot(x^2-r_a^2)+\frac{6\cdot\eta\cdot\dot{Q}}{\pi\cdot\left[h_2-{}^{e}/_{b}\cdot(x-r_i)\right]^3}\cdot \tag{5.23}$$

$$\left\{\ln\frac{h_2+{}^{e}/_{b}\cdot(x-r_i)}{x}+\frac{2\cdot e\cdot x}{b\cdot\left[h_2+{}^{e}/_{b}\cdot(x-r_i)\right]}-\frac{e^2\cdot x^2}{b^2\cdot 2\cdot\left[h_2+{}^{e}/_{b}\cdot(x-r_i)\right]^2}-\ln\frac{h_2+e}{r_a}-\frac{2\cdot e\cdot r_a}{b\cdot(h_2+e)}+\frac{e^2\cdot r_a^2}{b^2\cdot 2\cdot(h_2+e)^2}\right\}$$

Die Druckverteilung p(x) wird vom Durchfluss $\dot{Q}$ selbst abhängig. Der Parallelspalt ($e = 0$) ist als Sonderfall enthalten. Die Abschätzung für die Leckage erfolgt mit der Randbedingung $x = r_i$. Damit entfallen diverse Glieder der Gleichung. Die exakte Abschätzung der Leckage für radiale Ringspaltdrossel (ohne Welligkeit) wird damit:

$$\dot{Q}=\frac{\dfrac{\pi\cdot\left[h_2-{}^{e}/_{b}\cdot r_i\right]^3}{6\cdot\eta}\cdot\left\{\Delta p-\dfrac{3\cdot\rho\cdot\omega^2}{20}\cdot(r_a^2-r_i^2)\right\}}{\left\{\ln\dfrac{r_a\cdot h_2}{r_i\cdot h_1}+\dfrac{2\cdot e\cdot r_i}{b\cdot h_2}-\dfrac{2\cdot e\cdot r_a}{b\cdot h_1}-\dfrac{e^2\cdot r_i^2}{b^2\cdot 2\cdot h_2^2}+\dfrac{e^2\cdot r_a^2}{b^2\cdot 2\cdot h_1^2}\right\}} \tag{5.24}$$

7 Eine Pumpwirkung entgegen dem abzudichtenden Druck

Die Betrachtung einer überlagerten Welligkeit für die Leckage Abschätzungen ist geschlossen nicht möglich, da bereits für den konvergenten Spalt ohne Welligkeit die Druckverteilung vom Leckagestrom Q selbst abhängt. Im Fall der Welligkeit ist die Druckverteilung nach Formel 5.21 die Spalthöhe h_2 räumlich von einer Umfangskoordinate abhängig und es entstehen überlagerte Pumpeffekte. Die hydrodynamische Druckerzeugung ist bisher nicht abschließend erforscht. Bekannt ist aber, dass nach verschiedenen Theorien die Druckabsenkung nach der Welle die Druckerhöhung vor der Welle nicht vollständig ausgleicht. Eine geschlossene Lösung ist vergleichbar zu hydrodynamischen Radialgleitlagern nicht möglich[8] und eine weitere Betrachtung entfällt daher an dieser Stelle.

– *Bewertung*
Die nun hergeleiteten Betrachtungen entsprechen zwar weitgehend der Realität, aber Dichtspalte werden niemals ideale Spaltformen haben. Abweichungen müssen von einem erfahrenen Ingenieur abgeschätzt werden oder sind in den Berechungsprogrammen der Hersteller hinterlegt und können dabei mehrere 100 % der rechnerischen erwarteten Leckraten betragen. Als Basis für solche Berechnungen kann die einfachere Abschätzung (mit guter Genauigkeit) unter entsprechender Anpassung der Spalthöhe h_2 nach Formel 5.20 dienen.

Betrachtung für Phasenwechsel durch Verdampfung [9]
Phasenwechsel im Dichtspalt kann entstehen durch die strömungstechnisch bedingte Druckabsenkung eines überhitzten Fluides bei Unterschreitung des Dampfdrucks oder durch Wärmezufuhr aus der Reibung der Dichtung selbst. Die enorme Drosselwirkung in der Dampfphase wird durch die Vervielfachung des Volumens bei der Verdampfung verursacht. Bei reiner Flüssigkeitsströmung hängt der Druckverlauf wie oben gezeigt lediglich von der dynamischen Viskosität η ab, betrachtet man aber ein Fluid mit Phasenwechsel, so wird wie bei der reinen Gasabdichtung der Massenstrom betrachtet. Für den Druckverlauf gilt dann:

$$\frac{dp}{dx} = \frac{12 \cdot \dot{m}}{\pi \cdot D \cdot h^3} \cdot \nu \qquad (5.25)$$

Bei konstanter Spalthöhe ist im Verdampfungspunkt an der entsprechenden Stelle x der Druckgradient proportional zur kinematischen Viskosität $\nu = \eta/\rho$. Die weitere Veranschaulichung soll mit Wasser[9] als Fluid erfolgen. Wasser bei 100 °C hat beispielhaft folgende Stoffwerte:

$\nu_{\text{flüssig}} = 0{,}3 \cdot 10^{-6}\ \text{m}^2/\text{s}$

$\nu_{\text{dampfförmig}} = 21 \cdot 10^{-6}\ \text{m}^2/\text{s}$.

Der Druckgradient wird am Verdampfungspunkt also ca. 70-fach so groß in der Dampfphase gegenüber der flüssigen Phase sein. **Bild 5.14** verdeutlicht die Verhältnisse. Auf Basis des sich selbsttätig ergebenden mittleren Spaltdrucks[10] p_m ergibt sich daraus automatisch bei entlasteten Dichtungen ($\kappa < 1$) mit konvergenten Dichtspalten eine stabile Spalthöhe h_0. Divergente Spaltformen sind immer instabil. Die Stabilität eines Parallelspaltes ist zweifelhaft, wie aber bereits beschrieben, kommen in der Praxis Parallelspalte eigentlich nie vor.

8 Jeder Ingenieur weiß aber, dass sie nach der Sommerfeld-Theorie funktionieren

9 Für leicht flüchtige Kohlenwasserstoff gilt Vergleichbares

10 Ein berührungsfreier Betrieb wird vorausgesetzt

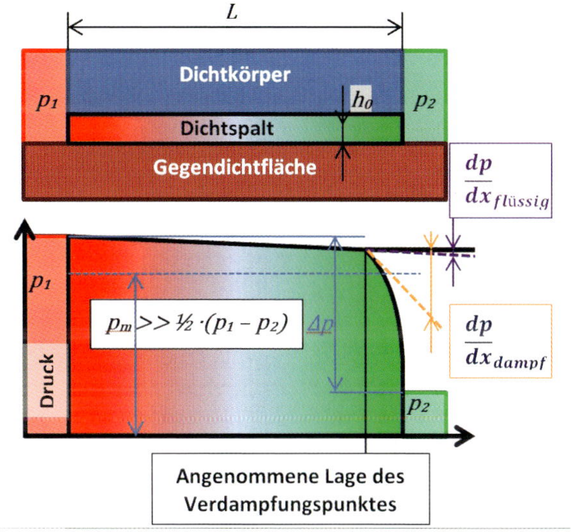

Bild 5.14: Hydrostatischer Spaltdruckverlauf in einer Ringspaltdrossel bei Phasenwechsel

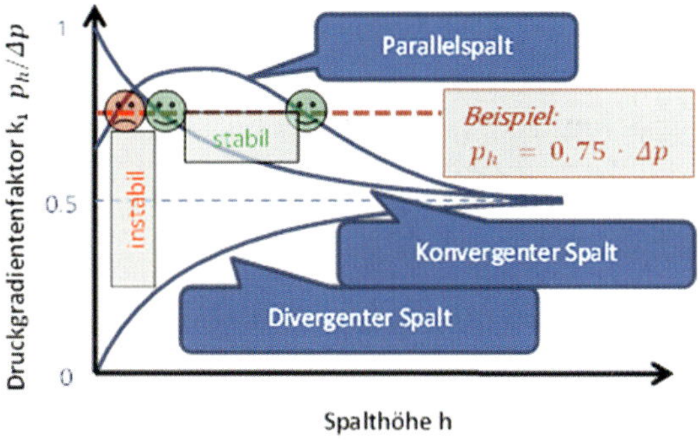

Bild 5.15: Mögliche Betriebspunkte einer Gleitringdichtung mit Verdampfung im Dichtspalt

Unter den genannten Bedingungen entsteht der Massenstrom:

$$\dot{M} = \rho_2 \cdot \frac{\pi \cdot D \cdot \Delta p \cdot h_2^3}{12 \cdot \eta \cdot L} \cdot \frac{1 + \frac{p_2}{p_1}}{2 \cdot \frac{p_2}{p_1}} \cdot \left(\frac{2 \cdot \lambda^2}{1 + \lambda} + \frac{3}{4} \cdot (1 + \lambda) \cdot \varepsilon^2 \right) \tag{5.26}$$

– Bewertung

Verdampfung im Dichtspalt muss nicht zwangsläufig zum Versagen der Dichtungen führen. Der Phasenwechsel steigert den mittleren Spaltdruck deutlich und entlastet den Dichtspalt zusätzlich zum normalen hydrostatischen Druckverlauf. Bezüglich der Schmierfähigkeit des Mediums (Gemisch aus flüssiger und dampfförmiger Phase) müssen allerdings deutliche Abstriche in Kauf genommen werden. Allerdings kann die schlechtere Schmierfähigkeit bis zu einem gewissen Bereich in Kauf genommen werden, da die Werkstoffbelastung[11] durch die erhöhte hydraulische Entlastung reduziert wird. Findet der Phasenwechsel im Parallelspalt nahe am Spaltaustritt statt und liegt im Betrieb ein konvergenter Dichtspalt vor, kann der Dichtspalt nach **Bild 5.15** stabil sein. Voraussetzung ist dabei, dass die rechnerische Spalthöhe größer als die Summe der Oberflächenrauheiten ist.

5.1.3 Übliche Gleitwerkstoffe

Folgende Eigenschaften werden von den Gleitwerkstoffen gefordert:

- Hohe Härte wegen hoher Verschleißbeständigkeit
- Gute Notlaufeigenschaften um Mangelschmierung, partiellen Trockenlauf oder totalen Trockenlauf zu überstehen
- Hoher Elastizitätsmodul wegen geringer Verformung unter Druckbelastung
- Hohe thermische Leitfähigkeit zur schnellen Ableitung der Reibungswärme (Dissipation)
- Geringer Wärmeausdehnungskoeffizient zur Begrenzung der thermischen Verformungen der Gleitflächen[12]

Eingesetzt werden folgende Werkstoffe

- Metalle (verlieren immer mehr an Bedeutung)
- Kunstkohle
- Carbide (zum Beispiel SiC und WC)
- Oxide (Keramik)

Die Verbundkonstruktion eines eingeschrumpften Gleitrings (s. a. Bild 5.17 rechts) führt aufgrund des unterschiedlichen Wärmeausdehnungskoeffizienten des Gleitrings und des Gleitringträgers sowie durch die unterschiedlichen Elastizitätsmodule zu einer Verkippung beim Einschrumpfen und damit zu einem konvergenten Dichtspalt. Während der Herstellung wird dies durch Planläppen ausgeglichen. Bei erhöhten homogenen Betriebstemperaturen stülpt sich der Gleitring dann zurück und bildet im Betrieb einen divergenten Dichtspalt, der durch Feinverschleiß wieder ausgeglichen werden muss oder der sich auf das Betriebsverhalten der Dichtung auswirkt. Die reduzierte Flächenpressung der Pressfuge unter Temperatur zum Erhalt der statischen Dichtbedingung zwischen Gleitring und metallischem Gleitringträger muss dabei immer größer als der abzudichtende Druck gehalten werden, da ansonsten Sekundärleckage durch diesen Spalt entsteht und die Drehmomentübertragung nicht gewährleistet ist. Werkstoffe mit hohem Elastizitätsmodul haben höheren Widerstand und verformen sich weniger. Druckbedingte Verformungen der Gleitringe überlagern sich und führen ebenfalls zu Veränderungen der Spaltgeometrie.

Die Reibleistungswärme der Gleitflächen muss durch Wärmeleitung und -übertragung an das abzudichtende Fluid oder die Umgebung abgegeben werden. Infolge des dadurch entstehenden Temperaturgradienten entsteht eine weitere Verstülpung Richtung Spaltkonvergenz der Gleitringe im Betrieb. Bevorzugt werden daher Materialien mit hoher Wärmeleitfähigkeit.

---

11 Bei berührungsfreiem Betrieb entfällt die Werkstoffbelastung komplett

12 Insbesondere die Kombination aus hoher Wärmeleitfähigkeit und geringer thermischer Ausdehnung sind wichtig für gute Thermoschockbeständigkeit.

Zuverlässige Werkstoffpaarungen zeichnen sich durch gute Kompromisse der vorgenannten Eigenschaften aus. Im Allgemeinen unterscheidet man in hart-hart und hart-weich Paarungen aus den oben genannten Werkstoffgruppen.

5.1.4 Nebendichtungen

Gleit- und Gegenring müssen jeweils in Richtung der benachbarten Bauteile (Gehäuse und Welle) sekundär abgedichtet werden. Die Abdichtung des Gegenrings wird als statisch bezeichnet, die Abdichtung des Gleitrings zur Welle als dynamisch, da dieses Dichtelement zum Ausgleich von axialen Wellenverschiebungen oder -schwingungen oder Verschleiß an den Gleitflächen nachsetzbar angeordnet ist.

Den Nebendichtungen für Gleit- und Gegenring gehört wegen ihrer hohen Beanspruchung besondere Aufmerksamkeit. Sie werden aus Kunststoffen (Thermoplasten, Elastomere) oder aus Metall in unterschiedlichsten Formen hergestellt. **Bild 5.16** zeigt typische Beispiele von O-Ring, Keilring, Formring und Balg. Für Hochtemperatur bzw. kryogene Anwendungen kann auch Reingrafit verwendet werden. Die fehlende Elastizität solcher Nebendichtelemente muss durch entsprechende Sonderkonstruktion mit Klemmelementen ausgeglichen werden.

Insbesondere die dynamischen Nebendichtungen werden durch Elastizität oder Reibung bei Axialbewegung zusätzlich belastet. Die Werkstoffe müssen auf das abzudichtende Medium und die Betriebsbedingungen abgestimmt werden. Das gesamte Lastkollektiv setzt daher voraus:

- Mechanische Beständigkeit (Extrusion, hoch dynamisch schwingende Bewegung)
- Temperaturbeständigkeit
- Chemische Beständigkeit

Beispiele von typischen Werkstoffen für Nebendichtungen (O-Ringe, Formringe, Keilringe) sind:

- Ethylen-Propylen-Dien-Kautschuk (EPDM – EP-Kautschuk, zum Beispiel Nordel®)
- Nitril-Kautschuk (NBR – zum Beispiel Perbunan®, HNBR)
- Fluor-Kautschuk (FPM – zum Beispiel Viton®)
- Perfluor-Kautschuk (FFKM – zum Beispiel Kalrez®, Chemraz®, Simriz®)
- Polytetrafluorethylen (PTFE – zum Beispiel Teflon®)
- Reingrafit (zum Beispiel Statotherm®)
- Silikon (MVQ – zum Beispiel Silopren®)

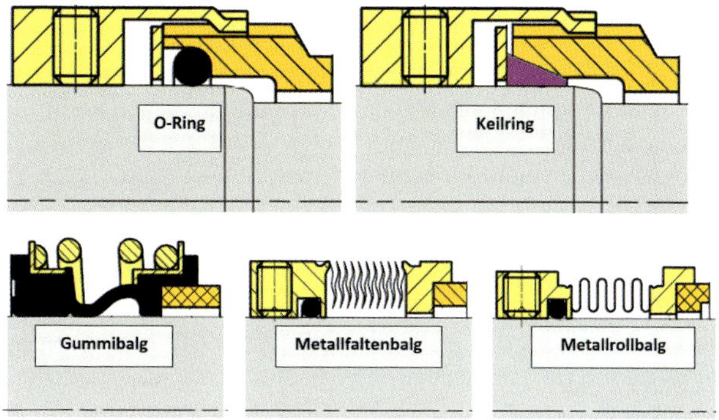

Bild 5.16: Dynamische Nebendichtungen für Gleitringdichtungen (Werkbilder EagleBurgmann Germany GmbH & Co. KG)

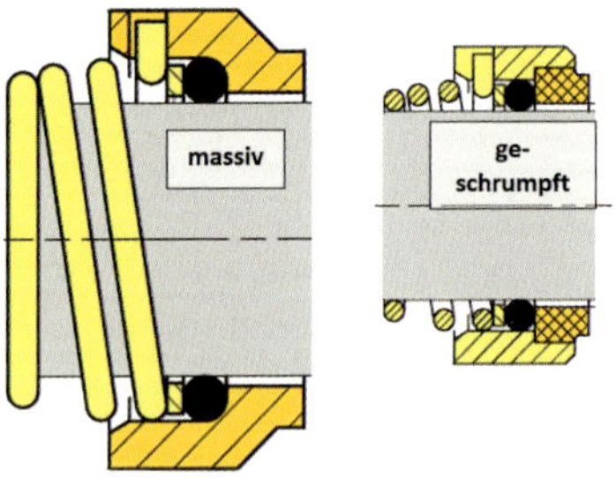

Bild 5.17: Gleitringe von Gleitringdichtungen in massiver und geschrumpfter Ausführung (Werkbilder EagleBurgmann Germany GmbH & Co. KG)

5.1.5 Gleitringdesign

Sowohl Gleit- als auch Gegenringe können nach **Bild 5.17** als massive oder geschrumpfte Ausführung ausgebildet sein. Beide Varianten haben wie in der Technik üblich Vor- und Nachteile.

Vorteile der geschrumpften Version:

- Keramikgerechte Konstruktion der Drehmomentübertragung durch reibschlüssigen Verbund zwischen Gleitringträger und Gleitring
- Keine Bohrungen oder Schlitze zur Einleitung des Drehmoments am Gleitring selbst/keine Spannungsspitzen
- Metallischer Schutz am Außendurchmesser vor schlagender Belastung für Keramik
- Materialeinsparung an keramischen Werkstoffen

Nachteile der geschrumpften Version:

- Zusätzliches Bauteil (Herstellung und Montage)
- Abkippen der Gleitfläche unter Temperatur durch unterschiedlichen thermischen Wärmeausdehnungskoeffizienten von Metall und Keramik

5.1.6 Drehmomentübertragung

Bei Rotation und unter Druck dringt das Medium in den Dichtspalt zwischen die Gleitflächen ein. Der abzudichtende Druck wird dadurch auf Umgebungsdruck abgebaut (gedrosselt). Zwischen den Dichtflächen bildet sich ein Schmierfilm. Der Druck im Dichtspalt wirkt gegen die schließenden Kräfte spaltöffnend und entlastet dadurch den Gleitring. In der Summe müssen aber die schließenden Kräfte etwas größer sein als die hydraulisch öffnenden Kräfte. Das entstehende Defizit wird durch die Werkstoffe durch Festkörperberührkräfte der Mischreibung aufgenommen. Durch die Umfangsreibung im Dichtspalt entstehen Drehmomente die jeweils vom Gegenring auf das Gehäuse sowie vom Gleitring auf die Welle bei rotierender Anordnung des Gleitrings übertragen werden müssen. Diese Drehmomentübertragung erfolgt durch Stifte, Nut und Feder oder Zungen, Sicken, Klemmschrauben, Klemmringe, Schrumpfscheiben und andere konventionelle Maschinenelemente oder durch Reibschluss über die Nebendichtungen. Taumelbewegungen oder axiale Schwingungen können diese mechanischen Elemente verschleißen oder sogar zerstören.

5.1.7 Befederung

Der Gleitring wird durch die hydraulische Wirkung des abzudichtenden Drucks im Betrieb axial gegen den Gegenring gepresst und minimiert dadurch den Leckagespalt. Damit aber der Dichtspalt bereits von Beginn an am Gegenring anliegt, erzeugt die Feder bzw. das Federpa-

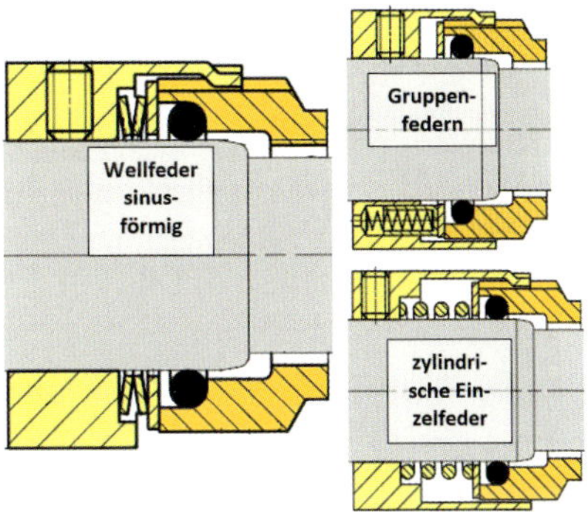

Bild 5.18: Befederung von Gleitringdichtungen (Werkbilder EagleBurgmann Germany GmbH & Co. KG)

cket nach **Bild 5.18** auch im drucklosen Zustand eine mechanische Kraft, die in erster Linie zur Überwindung der Reibung der Nebendichtung dient. In Summe werden diese den Spalt schließenden Kräfte als Schließkräfte bezeichnet. Die Feder kann eine Einzelfeder (zylindrisch, kegelig oder wellförmig) oder mehrfach am Umfang gleichmäßig verteilt als Gruppenfeder ausgebildet sein. Gruppenfedern sind häufig durch Federführungshülsen vor Verschleiß geschützt. Unter Zentrifugalkräften werden im Betrieb die Federn in den Bohrungen nach außen gedrückt. Eine Schrägstellung des Gegenrings führt zu Taumelbewegungen und damit zu axialen Schwingungen des Federpakets. Metallfaltenbälge bzw. Metallrollbälge stellen ebenfalls Federn dar.

5.2 Konstruktionsmerkmale einer Gleitringdichtung

Das Flächenverhältnis einer Gleitringdichtung stellt das erste Unterscheidungsmerkmal dar. Man unterscheidet umgangssprachlich generell nach

- nicht entlasteten Dichtungen mit einem Flächenverhältnis $k > 1$
- entlasteten Dichtungen mit einem Flächenverhältnis $k < 1$

Das Flächenverhältnis wird aus den geometrischen Verhältnissen am Gleitring nach **Bild 5.19** abgeleitet. Für die kreisringförmige Spaltfläche A gilt:

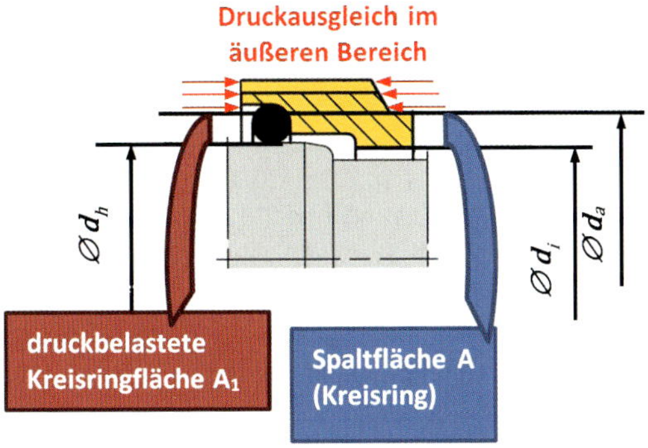

Bild 5.19: Das Flächenverhältnis einer Gleitringdichtung, im Beispiel eine entlastete Dichtung mit $k < 1$

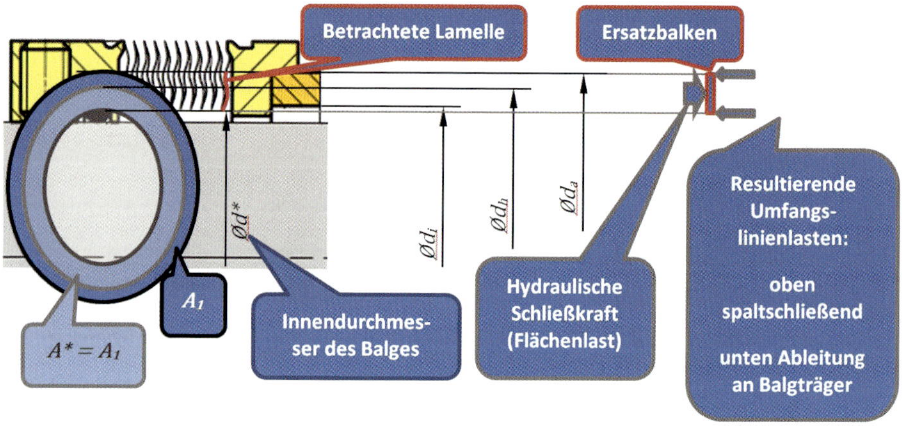

Bild 5.20: Ersatzmodell für die Berechnung des Flächenverhältnisses für Balgdichtungen

$$A = \frac{\pi}{4} \cdot \left(d_a^2 - d_i^2\right) \tag{5.27}$$

Für die vom abzudichtenden Druck p_1 belastete kreisringförmige druckbelastete Fläche A_1 gilt:

$$A_1 = \frac{\pi}{4} \cdot \left(d_a^2 - d_h^2\right) \tag{5.28}$$

mit
d_a der Außendurchmesser der Gleitfläche
d_i der Innendurchmesser der Gleitfläche
d_h der so genannte hydraulische Durchmesser, der Rutschdurchmesser der Nebendichtung

Außerhalb des Außendurchmessers der Dichtfläche kompensieren sich die hydraulischen Kräfte in axialer Richtung. Für das Flächenverhältnis k gilt wiederum:

$$k = \frac{A_1}{A} = \frac{\text{druckbelastete Fläche}}{\text{Spaltfläche}} = \frac{d_a^2 - d_h^2}{d_a^2 - d_i^2} \tag{5.29}$$

Wie wird nun das Flächenverhältnis für Balgdichtungen, also der Hydraulische Durchmesser d_h ermittelt? Dazu dient folgende vereinfachte Überlegung aus der technischen Mechanik nach **Bild 5.20**. Außerhalb des Außendurchmessers des Gleitrings wird wieder die Wirkung der axialen hydraulischen Kräfte kompensiert. Betrachtet wird die erste Lamelle am Gleitringträger und durch ein Balkenmodell ersetzt. In schließender Richtung greift die Flächenlast infolge des abzudichtenden Drucks p_1 an. Das axiale Kräftegleichgewicht ergeben die Umfangslinienlasten der unteren Balgschweißnaht, die rückwärts durch die Balglamellen und den Balgträger in die Welle abgeleitet wird, und die obere Umfangslinienlast, deren Kraft in den Gleitringträger eingeleitet wird und damit tatsächlich den Spalt schließt. Der hydraulische Durchmesser d_h berechnet sich dadurch, dass zwei flächengleiche Kreisringe A_1 und A^* betrachtet werden dessen Kraftwirkung jeweils durch die Umfangslinienlasten übernommen werden.

$$A^* = A_1 = \frac{\pi}{4} \cdot \left(d_h^2 - d^{*2}\right) = \frac{\pi}{4}\left(d_a^2 - d_h^2\right) \tag{5.30}$$

$$d_h = \sqrt{\frac{d_a^2 - d^{*2}}{2}} \tag{5.31}$$

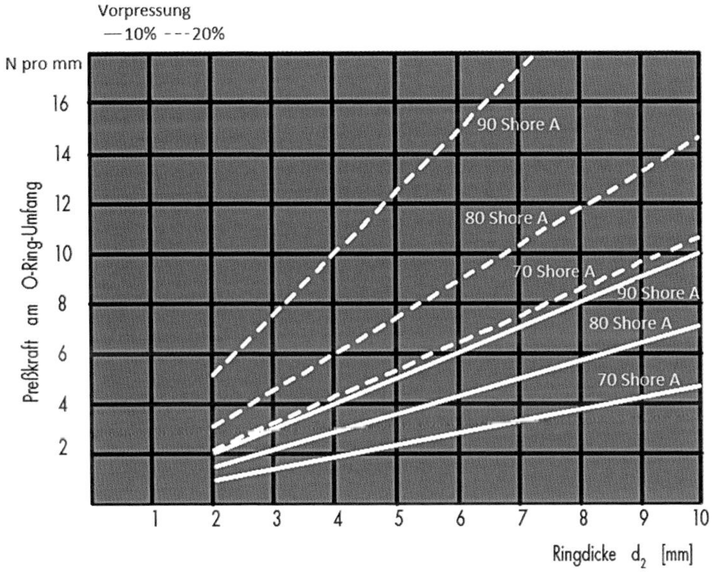

Bild 5.21: Presskraft von O-Ringen (Nebendichtungen) bezogen auf die Umfangslänge, dynamische O-Ringe von Gleitringdichtungen werden üblicherweise 10 % (durchgezogene Linien) vorgepresst

– Bewertung

Finite Elementrechnungen zeigen geringfügig abweichend, dass sich durch entsprechende Verformung der Lamelle der hydraulische Durchmesser druckabhängig ändert. Für allgemeine Berechnung ist allerdings der obige Ansatz ausreichend.

Als Federpressung p_f bezeichnet man die auf die Dichtfläche A bezogene Federkraft F_f. Die Federpressung ist ausschließlich zur Überwindung der Reibung an der Nebendichtung im Stillstand erforderlich. Im Betriebszustand soll die Dichtung über die hydraulische Druckübersetzung geschlossen werden. Mit **Bild 5.21** lässt sich die erforderliche Presskraft der O-Ringe für unterschiedliche Schnurstärken (Ringdicke) d_2 und Härten abschätzen. Die Reibzahl μ Elastomer-Metall kann mit guter Näherung mit 0,2 angenommen werden, da auch nach längerer Ruhe noch die erforderliche Federkraft zur Verschiebung vorhanden sein muss.

$$F_r = F_f = F_{Presskraft} \cdot \mu_{Elastomer\text{-}Metall} \qquad (5.32)$$

Die erforderliche Federpressung kann nun abgeschätzt werden mit:

$$p_f = \frac{F_f}{A} \qquad (5.33)$$

Normalerweise werden Gleitringdichtungen mit einer Federpressung von etwa p_f = 2 bar = 0,2 N/mm² ausgeführt. Die Federpressung spielt nur für kleine Druckdifferenzen eine Rolle. Bei größerem abzudichtenden Druck kann die Federpressung häufig für die Berechnung vernachlässigt werden.

5.2.1 Das axiale Kräftegleichgewicht am Gleitring

Das axiale Kräftegleichgewicht besteht aus:

- Spaltschließende Kräfte
  - Hydraulische Druckkraft $F_1 = p_1 \cdot A_1$
  - Federkraft $F_f = p_f \cdot A$
  - Reibkraft an der dynamische Nebendichtung (O-Ring) $F_r = p_r \cdot A$ (Praxisnah wird meist die Reibung an der Nebendichtung für die Berechnung vernachlässigt, da nicht von axialen Bewegungen im Betrieb ausgegangen wird. Für eine abschließende umfangreiche Betrachtung von ungünstigen Fällen kann daher angesetzt werden, dass p_f unter Berücksichtigung von p_r zwischen ±100 % je nach Bewegungsrichtung der Nachstellbewegung wirkt.)
- Spaltöffnende Kräfte (kompensierend)
  - Hydrostatischer Spaltmitteldruck p_{hs}
  - Hydrodynamischer Spaltmitteldruck p_{hd}
    Allgemein werden hydrostatischer und hydrodynamischer Spaltdruck zum mittleren hydraulischen Druck p_h zusammengefasst
  - Auf Basis von Mischreibungsvorgängen der mittlere Gleitdruck p_g

Somit ergibt sich:

$$p_1 \cdot A_1 + p_f \cdot A \pm p_r \cdot A = p_{hs} \cdot A + p_{hd} \cdot A + p_g \cdot A \qquad (5.34)$$

Für die weitere Betrachtung wird wie in der Praxis üblich der Reibeinfluss der Nebendichtung p_r vernachlässigt! Mit $p_{hs} + p_{hd} = p_h$ ergibt sich nach der Division durch A

$$p_1 \cdot \frac{A_1}{A} + p_f \cdot \frac{A}{A} = p_h \cdot \frac{A}{A} + p_g \cdot \frac{A}{A} \qquad (5.35)$$

oder

$$k \cdot p_1 + p_f = p_h + p_g \qquad (5.36)$$

5.2.2 Der Belastungsfaktor κ

Mit $\Delta p = p_1$ (ohne Gegendruck für Einzeldichtungen) ergibt sich dann für die obige Formel durch p_1 dividiert der Belastungsfaktor als dimensionslose Darstellung des axialen Kräftegleichgewichts

$$k + \frac{p_f}{\Delta p} = \kappa = \frac{p_h + p_g}{\Delta p} \qquad (5.37)$$

Der Belastungsfaktor κ ist nun berechenbar. Er spiegelt wider, ob eine Dichtung einschließlich der Federpressung wirklich entlastet ist oder nicht.

5.2.3 Die hydraulischen Spaltkräfte

Die rechte Seite der obigen Gleichung ergibt die tragende Spaltkraft. Sie besteht aus dem hydraulischen Anteil p_h und sofern dieser zur Kompensation der Schließkräfte nicht ausreicht aus der Flächenpressung p_g, also der Festkörperreibung aus dem Mischreibungsanteil, dem so genannten Gleitdruck. Zunächst soll nun untersucht werden, ob infolge von hydrostatischem Druckabfall und hydrodynamischen Vorgängen in Umfangsrichtung mit Druckbildung im Dichtspalt voraussichtlich die Dichtung berührungsfrei betrieben wird.

Die Bewertung der Hydrodynamik erfolgt später über die Hydrodynamische Kennzahl (die Gümbelzahl).

5.2.4 Hydrostatische Spaltkräfte infolge radialem Druckabfalls

Für die im Dichtspalt entstehende Druckverteilung spielt die unter Betriebsbedingung resultierende Spaltform eine entscheidende Rolle. Die grundsätzlichen Spaltformen (in radialer Richtung) sind **Bild 5.22** zu entnehmen.

Die Spaltformen haben direkten Einfluss auf die Druckverteilung und damit auf den entlastenden hydrostatischen Spaltmitteldruck p_{mhs} (**Bild 5.23**). Die lokalen Spalthöhe beträgt (die Laufkoordinate x startet am Spaltaustritt bei h_2):

$$h(x)= h_2\cdot\left(1+(\lambda-1)\cdot\frac{x}{b}\right) \tag{5.38}$$

Der Druckverlauf im Spalt kann nach folgender Formel errechnet werden:

$$p(x)=\frac{\lambda^2\cdot\left(2+(\lambda-1)\cdot\frac{x}{b}\right)\cdot\frac{x}{b}}{(\lambda+1)\cdot\left(1+(\lambda-1)\cdot\frac{x}{b}\right)^2}\cdot(p_1-p_0)+p_0 \tag{5.39}$$

Der Spaltmitteldruck p_{mhs} wird durch Integration ermittelt. Abschließend berechnet sich nun der hydrostatische Druckgradientenfaktor zu:

$$k_{11}=\frac{p_{hs}}{\Delta p} \tag{5.40}$$

k_{11} stellt mathematisch eine logistische Funktion dar. Der Kurvenverlauf ist in **Bild 5.24** dargestellt. Für Praxisberechnungen kann der Faktor dort entnommen werden und muss nicht im Einzelfall berechnet werden. Parallele Spaltformen ergeben als Idealfall einen linearen Druck-

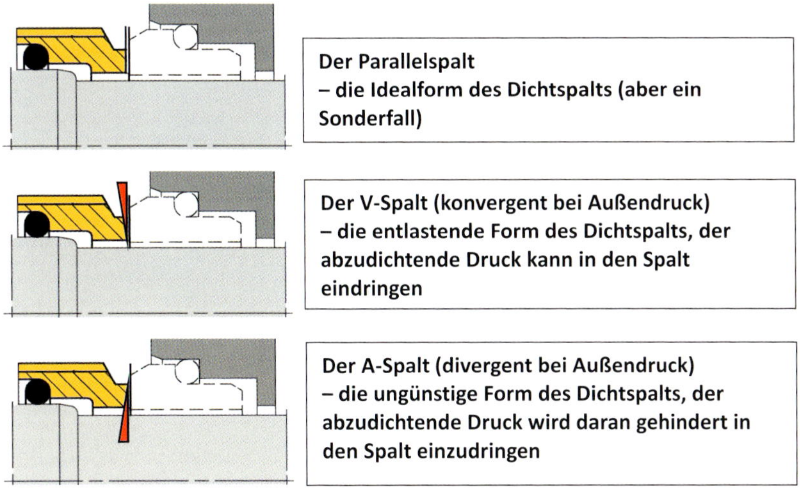

Bild 5.22: Dichtspaltformen bei Gleitringdichtungen

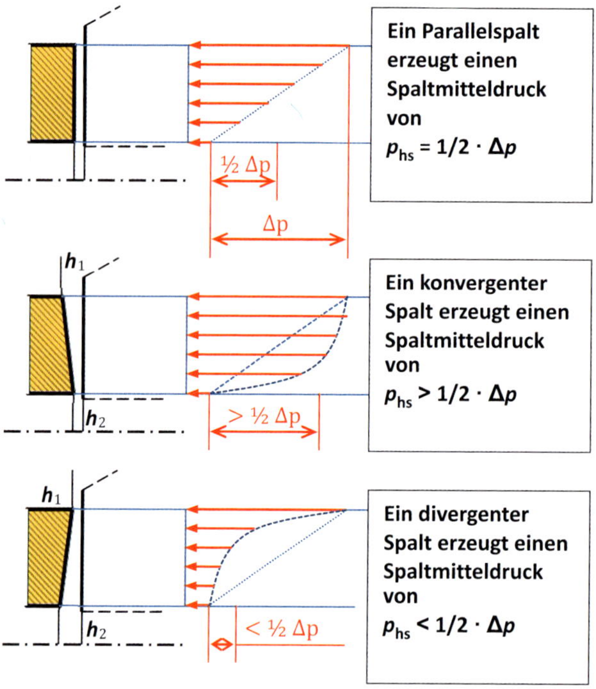

Bild 5.23: Spaltdruckverteilung und Spaltmitteldruck für unterschiedliche Spaltformen bei rein hydrostatischer Entlastung

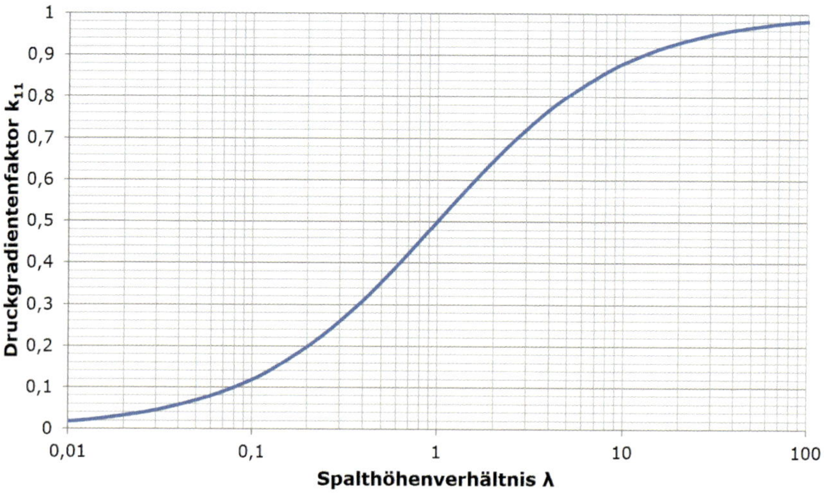

Bild 5.24: Hydrostatischer Druckgradientenfaktor k11

abfall und damit nach Integration des Druckverlaufs über die Spaltlänge b in radialer Richtung einen Spaltmitteldruck von $p_{hs} = 0{,}5 \cdot \Delta p$. Im Allgemeinen wird der Druckgradient über den Druckgradientenfaktor angegeben (**Tabelle 5.1**). Es gilt allgemein:

Tabelle 5.1: Praxisrelevante Werte (Beispiele) für Druckgradientenfaktoren k_{11}

Spaltform	Spalthöhenverhältnis $\lambda = h_1/h_2$	Druckgradientenfaktor k_{11} (Hydrostatik)
Konvergent (V-Spalt)	$1 < \lambda < \infty$	$0{,}5 < k_{11} < 1$
praxisnahe Werte	$h_1 = 1{,}5\ \mu m$ $h_2 = 0{,}5\ \mu m$ $\lambda = 3$	$k_{11} = 0{,}72$
Parallel	$\lambda = 1$	$k_{11} = 0{,}5$
Divergent (A-Spalt)	$0 < \lambda < 1$	$0 < k_{11} < 0{,}5$
praxisnahe Werte	$h_1 = 0{,}5\ \mu m$ $h_2 = 1{,}5\ \mu m$ $\lambda = 0{,}33$	$k_{11} = 0{,}28$

Bild 5.25: Spaltverhältnisse am realen Parallelspalt für Außendruck

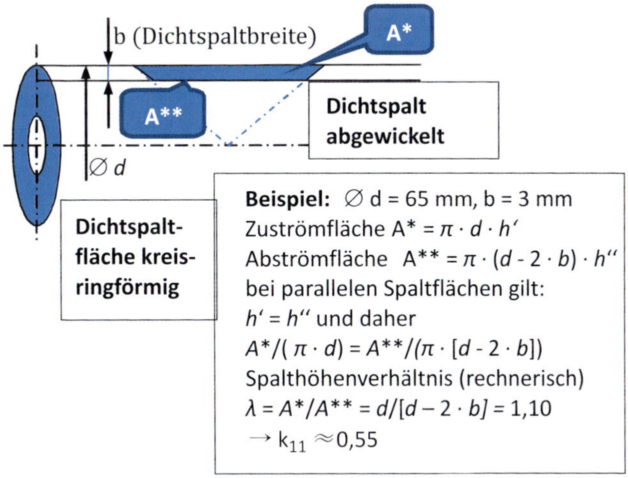

$$p_{hs} = k_{11} \cdot \Delta p \qquad 5.41)$$

Selbst bei parallel ausgerichteten Gleitflächen von realen Gleitringdichtungen ergeben sich nach **Bild 5.25** bereits die Verhältnisse für konvergente bzw. divergente Spaltformen, ein Grund dafür, dass durch Außendruck beaufschlagte Gleitringdichtungen tendenziell zuverlässiger laufen als durch Innendruck beaufschlagte.

5.2.5 Hydrodynamische Spaltkräfte infolge Umfangsschleppströmung und Tribologische Vorgänge

Die klassische Reibungstheorie trifft wegen der extremen Schmierspalte und Schmierrmedien für die Dichtungstechnik nur annähernd zu. Aufbauend auf der Newtonschen Schubspannungshypothese für die engen Spalte von Dichtungen wird trotzdem für den Ast der Flüssigkeitsreibung im Reibungsdiagramm (Gümbel Diagramm) angenommen:

$$\tau = \frac{F_r}{A} = \frac{\eta \cdot u}{h} \Rightarrow F_r = \frac{\eta \cdot u \cdot A}{h} \tag{5.42}$$

und für den berührungsfreien Betrieb (unter Berücksichtigung der Hydrodynamik)

$$p_h = \frac{F_n}{A} \Rightarrow F_n = p_h \cdot A \tag{5.43}$$

und daraus für den übliche Reibungsansatz

$$\mu = \frac{F_r}{F_n} = \frac{\eta \cdot u}{h \cdot p_h} = \frac{\eta \cdot \omega \cdot r}{\kappa \cdot \Delta p \cdot h(\omega)} = G \cdot \frac{r}{h(\omega)} \tag{5.44}$$

Die hydrodynamische Kennzahl G (Gümbelzahl) $G = \frac{\eta \cdot \omega}{\kappa \cdot \Delta p}$ kennzeichnet dabei den Betriebszustand einer Gleitringdichtung im vollständig flüssigen Reibungszustand der Hydrodynamik.

Der mittlere Reibradius r ist bekannt, die selbsteinstellende Spalthöhe $h(\omega)$ muss für eine Abschätzung angenommen oder aus den üblichen Formeln näherungsweise berechnet werden. Da die Spalthöhe aber aufgrund der freien Nachsetzbarkeit mit Selbsteinstellung nicht konstant sein kann sowie die Viskosität im Dichtspalt sich infolge der Reibung sowohl durch Erwärmung als auch in ihrem viskosen Verhalten ändert (Elastohydrodynamik) mit entsprechendem nicht Netwonschem Verhalten, liegt keine lineare Abhängigkeit vor und der Graph der Funktion ist nur im unteren Teilbereich annähernd eine Gerade mit einer Steigerung von 0,5 nicht aber im oberen Bereich. In **Bild 5.26** ist daher der Verlauf der grünen Linie entsprechend korrigiert und berücksichtigt bereits praxisnah diese Effekte bei höheren Hydrodynamischen Kennzahlen.

Die Betriebsbereiche werden erfahrungsgemäß folgendermaßen abgegrenzt:

- Bis $G = 2{,}5 \cdot 10^{-9}$ tritt Festkörperreibung auf. Es gelten die fundamentalen Reibungsgesetze. Die Spaltflächen passen sich kontinuierlich an. Dauerhaft ist mit Parallelspalt mit sehr komplexen verschleißenden Oberflächenstrukturen zu rechnen. Erfahrungsgemäß liegen infolge

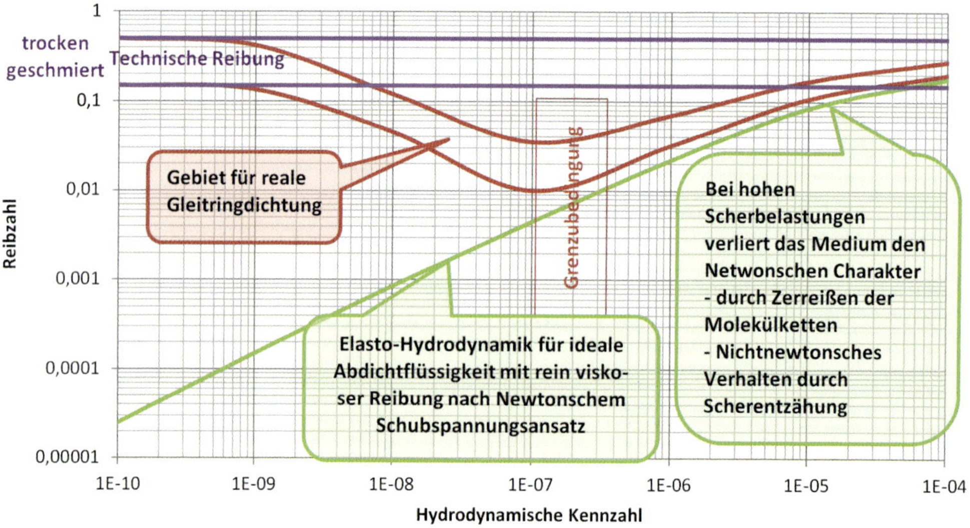

Bild 5.26: Hydrodynamische Kennzahl für Gleitringdichtungen

sehr stark variierender Reibverhältnisse ständige Änderungen der Oberflächentopographie vor und mit erhöhter Leckage und Verschleiß ist zu rechnen. Verschleißhochlage im klassischen Sinn der Tribologie liegt bei hohen Werten von $p_g \cdot u_g$ (Gleitdruck · Gleitgeschwindigkeit) vor, wenn der zulässige Werkstoffkennwert der Reibpaarung überschritten wird

- Bis $G = 3 \cdot 10^{-7}$ tritt Mischreibung auf. Der Schmierfilm ist teilweise unterbrochen. Die Gleitflächen gleichen sich feinverschleißend langsam (Verschleißtieflage) an und nehmen dann stabilisierend Parallelspaltform an. Dieser Einlaufvorgang kann mehrere tausend Stunden dauern. Die Leckage nimmt währenddessen kontinuierlich tendenziell ab [9]. Teilweise periodisch wechselnde Reibverhältnisse und schwankende Leckagen können auftreten. Dieser Betriebsbereich ist für durchschnittliche Pumpendichtungen mit wässrigen Medien typisch
- Bis $G = 3 \cdot 10^{-6}$ spricht man im Flüssigkeitsreibungsbereich von hoch belasteten Dichtungen. Hydrodynamisch berührungsfreier Betrieb herrscht bei Parallelspaltformen vor. Die Leckagen sind üblicherweise konstant auf niedrigem Niveau. Einlauf der Dichtungen findet nicht statt. Liegt Kantenabfall mit hydrostatischer Druckentlastung vor, so stellt sich keine oder nur sehr geringe hydrodynamische Spaltdruckbildung ein
- Bei $G = 5 \cdot 10^{-6}$ liegt erfahrungsgemäß die Grenzbedingung von ordnungsgemäßer Flüssigkeitsreibung
- Bis $G = 1 \cdot 10^{-5}$ besteht Blistering Gefahr der Werkstoffe durch extreme lokale Temperaturspitzen nach der Blitztemperaturhypothese [4] infolge des lokalen Zusammenbruchs des ununterbrochenen Schmierfilms (Abriss) durch Verdampfungsvorgänge und extreme Scherbelastung des Fluidfilms bei Ölabdichtung und hohen Umfangsgeschwindigkeiten ($u = \omega \cdot r$)
- Darüber hinaus besteht die Gefahr der Rheodestruktion (einer mechanischen Zerstörung der Moleküle infolge von Scherspannungen im Dichtspalt) mit der Folge einer Bildung von amorpher Ölkohle auf der Gleitfläche

5.2.6 Hydrodynamische Spaltdruckbildung

Zusätzlich zum hydrostatischen Spaltdruck entsteht durch Hydrodynamik eine entlastende Spaltkraft vergleichbar zum Aquaplaning oder beim Wasserski. An sich verengenden Spaltzonen entsteht wie in einem axialen Gleitlager ein Staudruck, der von verschiedenen Faktoren abhängt:

- Der Gleitgeschwindigkeit (zum Druckaufbau durch Schleppdruck)
  - Je schneller die Dichtung gleitet (je höher die Drehzahl und je größer der Durchmesser) desto effektiver ist die Druckerzeugung
- Der Viskosität des Mediums (zur Schleppwirkung und zur Behinderung der Seitenströmung)
  - Je höher die Viskosität desto effektiver ist die hydrodynamische Druckerzeugung da der Abströmwiderstand durch Querströmungen größer wird
- Der Gleitflächenbreite (als tragfähiger Gleitschuh)
  - Je breiter die Dichtflächen ist desto effektiver ist der Druckaufbau (wide face Konstruktionen haben Vorteile), da die Querströmung infolge größeren Strömungslängen vermindert wird
- Der Gleitflächenstrukturen – Welligkeit (Anzahl der Wellen, Wellenform und Wellentiefe), Korngröße und Kornformen der Gleitflächenmaterialien (als Anstellwinkel zum Druckaufbau)
  - Günstige Welligkeiten (abhängig von Amplitudenhöhe unter 1 µm und Wellenlänge)
  - Gröbere Werkstoffstrukturen (Grobkorn) erhöhen den Effekt

Eine geschlossene Aussage über die Höhe und Wirksamkeit dieses hydrodynamischen Anteils des Spaltdrucks kann nicht gemacht werden. Praxisrelevante Werte können aber im Allgemeinen abgeschätzt werden. Tatsache ist aber, dass nur bei nahezu parallelen Dichtflächen diese Druckerzeugung wirksam ist, da ansonsten bei seitlichem Abkippen (Verstülpen) der Gleitflächen durch Querströmungen der hydrodynamische Druck sehr leicht abgebaut werden kann und die mittlere aktive Spalthöhe $h_m(\omega)$ gegenüber der kleinsten Spalthöhe im Parallelspalt um jeweils die halbe Spaltkonvergenz bzw. -divergenz zunimmt. Die in der Praxis bei entlasteten Dichtungen angestrebten V-Spalte reduzieren die Wirksamkeit dieses Effektes. Für nicht entlastete Gleitringdichtungen bei niedrigen Druckdifferenzen können diese Effekte eine Rolle spielen, da sie zur Reduzierung der Werkstoffbelastungen durch Festkörperberührkräfte bei Mischreibung führt und damit zur Steigerung der Zuverlässigkeit beiträgt.

Wir schließen zunächst für eine Abschätzung auf eine angenommene natürliche Spaltwelligkeit

Eigene Überlegungen des Autors abgeleitet aus der Theorie (Popov, 2010) und auf Basis der gängigen Erkenntnisse der Elastohydrodynamik zeigen, dass eine „natürliche" Welligkeit für eine Standardberechnung über die Hydrodynamische Kennzahl G abschätzbar wird. Mit guter Näherung kann damit eine empirische Näherung der drehzahlabhängigen Mikrowelligkeit $h_w(\omega)$ nach folgender Gleichung angenommen werden:

$$h_w(\omega) \approx \text{const.} \cdot \sqrt[3]{G} \tag{5.45}$$

Die Konstante hängt weitgehend von dem elastischen Verformungsverhalten der Gleitflächen und damit vom E-Modul der Gleitwerkstoffe ab. Weiche Gleitringe werden dabei stärker plattgedrückt als harte Werkstoffe und verformungsbehindernd geschrumpfte Konstruktionen. Andere schwer abschätzbare Einflussgrößen sind

- Form oder Gestalt der Gleitringe (kurz/lang, dick/dünn, ...)
- Verformungen im Betrieb infolge des Drucks und der Temperatur
- Gefügedesign (Körnung) der Werkstoffe
- Zusammensetzung der Werkstoffe
- Und andere

An dieser Stelle dienen moderne Methoden der Simulation und die Hertzsche Theorie wieder der erweiterten Erkenntnis. Beispielhaft ist im Diagramm in **Bild 5.27** die Abschätzung für eine

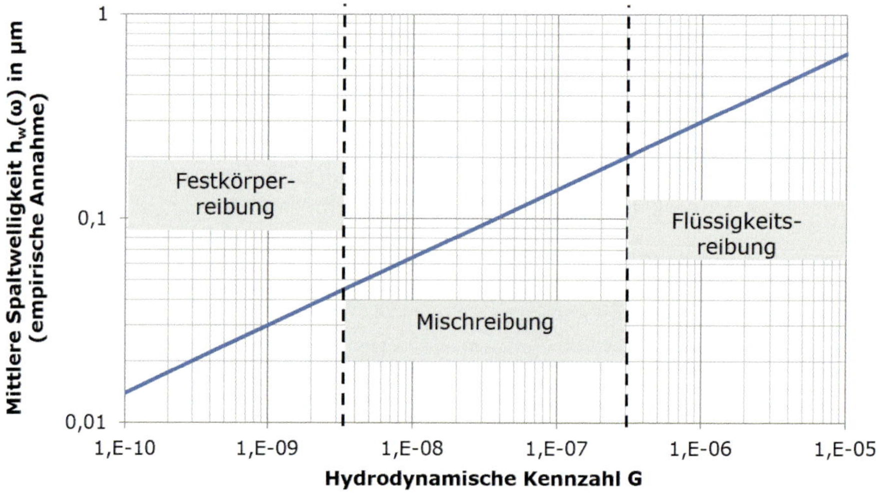

Bild 5.27: Empirische Abschätzung der Mikrospaltwelligkeit einer Gleitringdichtung

typische hart-weich Paarung einer ausgewählten Konstruktion gezeigt. Man erkennt die extrem kleinen und damit fast vernachlässigbaren Werte für den Festkörper- und Mischreibungsbereich. Eine Bewertung ergibt folgendes:

- Im Bereich der Festkörperreibung ist die empirisch festgelegte Welligkeit typischerweise unter 0,05 µm und damit unterhalb der Grenze zur Oberflächenrauheit der einzelnen Ringe also im Bereich des Grenzspalts. Sie wird geprägt von der Gefügestruktur der Werkstoffe und der Elastohydrodynamik. Der Mikrohydrodynamische Effekt wird geprägt von Kornstrukturen, Rauheit und Elastohydrodynamik
- Im Bereich der Mischreibung tritt bereits ein gewisser hydrodynamischer Effekt auf bei einer Welligkeitsamplitude von bis zu ca. 0,2 µm. Die Bedeutung der Kornstrukturen verliert an Bedeutung, Oberflächenglättung findet feinverschleißend statt. Elastohydrodynamik ist weiterhin zu berücksichtigen
- Bei einer Kennzahl von $3 \cdot 10^{-7}$ beginnt nach bisheriger Erkenntnis erfahrungsgemäß die Hydrodynamik mit verschleißfreiem Betrieb. Die angenommene Welligkeit beginnt dann bei 0,2 µm und wird vorzugsweise durch Mikrowelligkeiten durch mechanische Verformung der Gleitflächen gebildet
- Erst im Flüssigkeitsgebiet treten (makroaktive) Welligkeiten mit zunehmender Wirksamkeit auf und erreichen schließlich Werte von bis zu 1 µm und mehr

Für allgemeine Berechnungen sollte generell und durchgängig von den angenommenen „natürlichen" Welligkeiten ausgegangen werden. Mathematische Unstetigkeit treten wie in der klassischen Berechnung angenommen in der Realität aber nicht auf! In den verschleißbehafteten Bereichen treten bereits ständig wechselnde kleine aber nicht zu vernachlässigende mikrohydrodynamische Spaltkräfte auf.

Das Problem der mittleren hydrodynamisch selbsteinstellenden Spalthöhe $h_{mhd}(\omega)$ lässt sich indirekt lösen.

- Reine Hydrodynamik tritt lediglich bei nahezu Parallelspalt im berührungsfreien Zustand auf. Die Spalthöhe ist selbststabilisierend
- Der hydrostatische Anteil der Spaltkraft ist bekannt. Daher kennt man wertmäßig indirekt auch den hydrodynamischen Spaltmitteldruck, da die Summe der hydraulischen Entlastungen bei berührungsfreiem Betrieb dem gesamten Spaltmitteldruck entsprechen muss
- Gleitdruck kann im hydrodynamischen Betriebsbereich nicht auftreten

Diese Betrachtung extrapoliert man nun auch in den Bereich niedriger hydrodynamischer Kennzahlen nach links im Gümbeldiagramm und unterstellt, dass sich die Dichtung dort im Mischreibungsgebiet vergleichbar verhält wie unter reiner Hydrodynamik und sich der Effekt der Festkörperreibung und der hydrodynamischen Reibung einfach addieren. Dabei wird angenommen, dass sich im Sinne der Elastohydrodynamik diese Spalthöhe und Spaltwelligkeit ständig auch unter Verschleißbedingungen selbst wieder herstellt.

Die mittlere hydrodynamisch selbst einstellende Mikro-Spalthöhe lässt sich nach Überlegungen des Autors auf Basis hydrodynamischer Spaltdruckbildung abschätzen durch:

$$h_{mhd}(\omega)=\sqrt[3]{\frac{\eta \cdot n \cdot b^2 \cdot z \cdot h_w(\omega)}{(\kappa - k_{11}) \cdot \Delta p}} \quad (5.46)$$

Der hydrodynamische Spaltdruck und daraus der Druckgradientenfaktor k_{12} kann mit der natürlichen Dreipunkt Welligkeit folgendermaßen abgeschätzt werden:

$$p_{hd} = k_{12} \cdot \Delta p = 5 \cdot \frac{h_w \cdot \eta \cdot n \cdot b^2}{h_{m(\omega)}{}^3} = (\kappa - k_{11}) \cdot \Delta p \quad (5.47)$$

Es gilt zusammenfassend für den gesamten Druckgradientenfaktor $k_1 = k_{11} + k_{12}$. Betrachten wir nun abschließend das gesamte axiale Kräftegleichgewicht am Gleitring mit spaltschließenden Kräften sowie den spaltöffnenden bzw. tragenden Kräfte aus Hydraulik, so ergibt sich für die Berührpressung p_g bei Mischreibung:

$$p_g = \kappa \cdot \Delta p - p_h = \kappa \cdot \Delta p - k_1 \cdot \Delta p = (\kappa - k_1) \cdot \Delta p \quad (5.48)$$

- Der Druckgradientenfaktor k_1 hat direkte Auswirkung auf die mechanische Belastung p_g (der so genannte Gleitdruck) des Werkstoffs der Gleitflächen
- Die Werkstoffe müssen in der Lage sein im Rahmen seiner Abscherfestigkeit dieser Belastung zu widerstehen

Der Gleitdruck als Belastung und die resultierende Werkstoffbeanspruchung

Für den klassischen Fall der Festkörperreibung aus technischer Grenzreibung (geschmiert aber ohne Betrachtung der Hydrodynamik) und den Übergangsbereich zur Mischreibung gilt für Gleitringdichtungen:

$$\mu_g = \frac{F_g}{F_n} = \frac{p_g \cdot A}{\kappa \cdot \Delta p \cdot A} = \frac{(\kappa - k_1) \cdot \Delta p}{\kappa \cdot \Delta p} = \frac{\kappa - k_1}{\kappa} = 1 - \frac{k_1}{\kappa} \quad (5.49)$$

Der Gleitdruck p_g repräsentiert also den Mittelwert der belastenden mechanischen Pressung auf die beiden Gleitflächen. Die Reibzahl des Mischreibungsanteils kann nun ermittelt werden unter Berücksichtigung, dass die Mischreibungszahl μ_g natürlich nicht negativ werden kann. Der Belastungsfaktor κ hat immer einen endlichen Wert. k_1 könnte nun unter ungünstigsten Verhältnissen null werden. Damit würde die Reibzahl eins. Das geht aber nur bei absoluter Trockenschmierung ohne irgendwelche schmierenden hydrodynamischen Effekte also bei Geschwindigkeit null – wir kennen den Unterschied zwischen Haft- und Gleitreibung! – und ohne irgendwelche hydrostatischen Effekte also keine Druckunterschiede. Dies ist zwar mathematisch vorgesehen doch nicht relevant für die Praxis. Trotzdem kennen wir auch in der Praxis diesen Zustand – wir sprechen dann von Kälte- oder Vakuumreibung. Ein Schmierstoff als trennendes Medium (Tribologisch gesehen der „Zwischenstoff“ [4]) darf in diesem Fall nicht vorliegen. k_1 kann wegen der stabilisierenden Selbsteinstellung der Spalthöhe nur den Maximalwert von κ annehmen und der letzte Term ganz rechts wird „Eins“, dann wird μ_g gleich null und die Dichtung läuft berührungsfrei. Man erkennt indirekt den Einfluss der beiden entlastenden Anteile (Hydrostatik und Hydrodynamik) über den Druckgradientenfaktor k_1. Die beiden Effekte beeinflussen hier die Gesamtreibung direkt und die Mischreibung kann daher auch im Gümbeldiagramm dargestellt werden.

Innere Beanspruchung des Schmierfilms

Nun aber zur inneren Beanspruchung des geschlossenen ununterbrochenen Schmierfilms. Reine Flüssigkeitsreibung auf der Basis des Newtonschen Schubspannungsansatzes ergibt mit dem mittleren Reibradius r_m:

$$\mu_{hd} = \frac{F_r}{F_n} = \frac{\eta \cdot u}{h \cdot p_h} = \frac{\eta \cdot \omega \cdot r_m}{\kappa \cdot \Delta p \cdot h_m(\omega)} = G \cdot \frac{r_m}{h_m(e, \omega)} \quad (5.50)$$

Man erkennt nun die Abhängigkeit von der Gleitgeschwindigkeit $u_g = \omega \cdot r_m$ Für diese Betrachtung muss man jetzt insbesondere die Spalttemperatur und damit die Betriebsviskosität über Simulationen abschätzen. Berücksichtigt werden muss neben der nicht-newtonschen Eigenschaften der Scherverzähung oder Scherentzähung bei nichtnewtonschen Fluiden für eine kritische Bewertung der Schmierbedingungen, dass die Viskosität infolge von viskoser Reibung verbunden mit Erwärmung infolge der Scherspannung bei zunehmender Drehzahl abnimmt. Insbesondere Öle mit ihren hohen Viskositäten müssen in dieser Betrachtung herangezogen werden. Öle sind aber wegen ihrer Struktur der Kohlenwasserstoffketten teilweise mit funktionalen Endgruppen und Inhibitoren typische Beispiele für nichtnewtonsche Fluide mit Scherentzähung! Ab rechnerische Werten von ca. $\mu_h > 0{,}25$ bei hohen Gümbelzahlen von $1 \cdot 10^{-5}$ ist erfahrungsgemäß mit der Zerstörung des Fluides durch Rheodestruktion mit der Folge der Bildung natürlicher amorpher Kohlestrukturen auf der Gleitfläche zu rechnen.

Die hydrodynamische Kennzahl G wird in zweierlei Hinsicht von der Drehzahl abhängig über die Drehfrequenz und den temperaturabhängigen Viskositätseinfluss. Die mittlere Spalthöhe $h_m(e,\omega)$ stellt sich infolge hydrostatischer und -dynamischer Druckbildung selbsttätig ein. Sie nimmt bei Drehzahlsteigerung auf jeden Fall unter Zugrundelegung hydrodynamischer Spaltdruckbildung zu und damit nach obiger Gleichung die Reibzahl ab. Sinnvoll erscheint aber, dass niemals im Betrieb der Wert 1 der Reibzahl überschritten werden kann. All diese Umstände sind in den aus der Praxis gefundenen Abhängigkeiten auch schon bisher im üblichen Gümbeldiagramm zusammengefasst und zeigen sich aber auch in den folgenden Berechnungen.

Das Gesamtreibungsverhalten

Für die Gesamtbetrachtung der Reibung werden abschließend die beiden Komponenten (zwei Äste der Stribeckkurve oder des Gümbeldiagramms) unter Berücksichtigung der Übergangsbedingung einfach aufaddiert oder die beiden Bestandteile der Reibleistungsverluste getrennt berechnet und bewertet. Die folgende Gleichung weist zur Veranschaulichung jeweils in den Klammern die Abhängigkeiten aus:

$$\mu_{ges}=\mu_{trocken}\cdot\mu_g+\mu_{hd}=\mu_{trocken}\cdot\left(1-\frac{k_1(e,\omega)}{\kappa(\Delta p)}\right)+\left(G\left(\frac{\eta(T),\omega}{\kappa(\Delta p),\Delta p}\right)\cdot\frac{r_m}{h_m(e,\omega)}\right) \quad (5.51)$$

Zu beachten ist, dass beide Komponenten gegenseitig voneinander abhängig sind. Eine Gewichtung erfolgt automatisch über den Druckgradientenfaktor k_1. Berechnungen auf dieser Basis zeigen für den Parallelspalt und geringe Abweichungen zu A- oder V-Spaltformen von 0,5 µm oder 1 µm die typischen Verläufe des Gümbeldiagramms. Die grundsätzliche Erkenntnis liegt darin, dass größere Abweichungen vom Parallelspalt (hydrostatische Entlastung bei konvergenten Spaltformen oder Kantenläufer bei divergenten Spaltformen) sowohl bei niedrigen als auch hohen Gümbelzahlen deutliche Abweichungen von den üblichen Verläufen wie zu erwarten zeigen.

5.2.7 Leckageabschätzung

Auf Basis der vorliegenden Überlegungen kann nun die Leckageformel folgendermaßen angepasst werden:

$$\dot{Q}=\frac{\pi\cdot\left(\frac{d_a+d_i}{2}\right)\cdot h_2(e,\omega)^3}{12\cdot\eta\cdot\left(\frac{d_a-d_i}{2}\right)}\cdot\left\{\Delta p-\frac{3\cdot\rho\cdot\omega^2}{80}\cdot\left[d_a^{\,2}-d_i^{\,2}\right]\right\}\cdot\left(\frac{2\cdot\lambda^2}{\lambda+1}+\frac{3}{4}\cdot(\lambda+1)\cdot\varepsilon^2\right) \quad (5.52)$$

5.2.8 Reibleistung innerhalb der Dichtfläche

Die durch Reibungsvorgänge an der Gleitfläche verursachte Reibleistung kann anteilmäßig aus Festkörperreibung und hydrodynamischer Flüssigkeitsreibung abgeleitet werden. Eine Verlustleistung aus hydrostatischem Anteil existiert natürlich nicht an der Dichtung. Grundsätzlich gilt:

Arbeit: $W = F \cdot s$ (5.53)

Leistung: $P = \frac{W}{t}$ (5.54)

Verlustleistung an der Dichtung im Fluidreibungsanteil:

$$P_{hd} = 8\pi^3 \cdot \eta \cdot \frac{1}{h_{m(\omega)}} \cdot n^2 \cdot r_m^3 \cdot b \quad (5.55)$$

Verlustleistung an der Dichtung durch Mischreibungsanteil des Gleitdrucks:

$$P_g = 4\pi^2 \cdot \mu \cdot p_g \cdot n \cdot r_m^2 \cdot b \quad (5.56)$$

5.2.9 Der gesamte Wärmehaushalt einer Gleitringdichtung

Für einen ordnungsgemäßen zuverlässigen Betrieb von Gleitringdichtungen muss der gesamte Wärmehaushalt der Dichtung bestehend aus dem Wärmeeintrag aus Reibungswärme aber auch die Wärmeübertragung aus der abzudichtenden Maschine betrachtet werden. Die gesamte Dissipation setzt sich zusammen aus:

- Stirnflächenreibung im Dichtspalt
  - Reibzustände im Dichtspalt (wie oben beschrieben)
  - Wärmeleitung durch das Gleitringmaterial
  - Wärmeleitung durch eventuell Verbundkonstruktion bei geschrumpfter Ausführung
    - „Luftspalt“ zwischen Bauteilen beachten oder Berücksichtigung einer um 40 bis 50 % reduzierten Übertragungsfläche im Pressverband infolge des Materialanteils der technischen Oberflächen
    - Wärmeleitung durch mehrschichtige Wand (alternativ)
  - Wärmeübergang an das abzudichtende Medium
    - Strömungszustände beeinflussen den Wärmeübergang (möglichst turbulent)
    - Flächen möglichst groß gestalten zur Wärmeübertragung
- Viskose Reibung der rotierenden Einheit (erfahrungsgemäß relativ klein)
  - Alle rotierenden Teile verursachen viskose Reibung, Flächen so klein wie möglich halten
  - Zerklüftete Oberflächen erhöhen die Reibung stark
  - Enge Spalte vermeiden
- Spezifische Wärmekapazität und Volumen des Fluides beeinflussen den Wärmetransport
- Wärmeeintrag aus der Maschine
  - Übertragungsflächen klein halten
  - Wärmeleitung reduzieren
    - Wärmesperren (z. B. Luftspalte, Flachdichtungen) einbauen

API 682 sieht eine einfache Abschätzung des Wärmeintrags (Heat Soak) aus der abzudichtenden Pumpe nach den üblichen Ansätzen vor.

$$\dot{Q} = U \cdot A \cdot \Delta T \quad (5.57)$$

Mit
K – Wärmedurchgangskoeffizient,
A – Wärmeübertragungsfläche
ΔT – Temperaturdifferenz zwischen der Temperatur des gepumpten Mediums und der Temperatur im Dichtungsraum.

Der Wärmedurchgangskoeffizient U kann dementsprechend aus der folgenden Grundgleichung (α – Wärmüberganskoeffizient, δ – Schichtdicke, λ – spezifische Wärmeleitfähigkeit) ermittelt werden:

$$\frac{1}{K} = \sum \frac{1}{\alpha} + \sum \frac{\delta}{\lambda} \tag{5.58}$$

Für eine wesentliche Vereinfachung des Problems der Wärmeleitung bietet Buck und Chen [3] (mit d_a und d_i – mittlere Durchmesser und L – Länge des Gehäuses der Gleitringdichtungs Cartridge) folgenden Ansatz:

$$K = \sqrt{\frac{\alpha \cdot \lambda \cdot (d_a - d_i)}{2 \cdot L^2}} \tag{5.59}$$

Praxisnahe Untersuchungen von Buck und Chen zeigen, dass der Ansatz nach Formel 5.47 zu falschen Werten führte und schlugen daher folgende Korrektur vor:

$$\dot{Q} = m_1 \cdot m_2 \cdot m_3 \cdot m_4 \cdot m_5 \cdot m_6 \cdot K \cdot A \cdot \Delta T \tag{5.60}$$

Die Korrekturfaktoren haben dabei folgende Bedeutung und Werte:

1. Faktor für Geschwindigkeit (Wärmeübergang)
   Konvektive Wärmeübertragung hängt von der Fließgeschwindigkeit der Flüssigkeit ab. Für eine näherungsweise Abschätzung sind in den folgenden Bildern die Gleichungen der Trendlinie angegeben (**Bild 5.28**).

2. Faktor für spezifische Wärmeleitung des Gehäusematerials
   Die Wärmeleitfähigkeit hängt von der Legierungszusammensetzung der Gehäusematerialien ab (**Tabelle 5.2**).

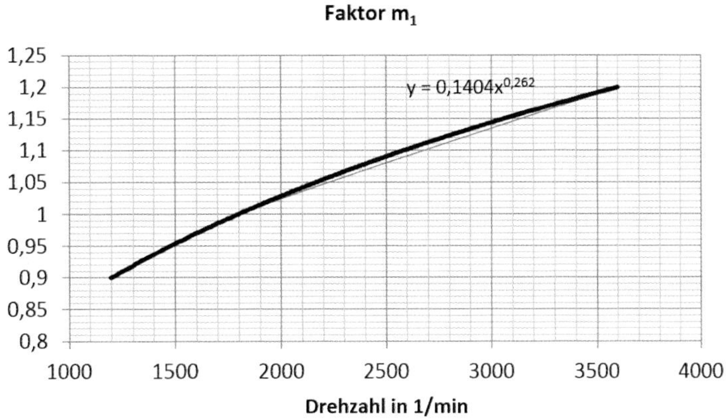

Bild 5.28: Faktor zur Wärmeübertragung infolge der Drehzahl

Tabelle 5.2: Faktor für die Wärmeleitung des Gehäusematerials

Material	Spezifische Wärmeleitfähigkeit λ	Faktor m_2
Austentische rost-und säurebeständige Stähle/ Duplex Stähle (Basis)	15 W/m · K	1,0
Ferritische rost- und säurebeständige Stähle	29 W/m · K	1,4
Nickel Basis Legierungen	9 W/m · K	0,8
Kohlenstoff Stähle	80 W/m·K	2,3

Tabelle 5.3: Faktor für die Berücksichtigung der Wandstärke des Pumpengehäuses

Wandstärke des Pumpengehäuses	Faktor m_3
0,5 inch	0,81
1,0 inch (Basis)	1,00
1,5 inch	1,13
2,0 inch	1,24

3. Faktor für die Wandstärke des Gehäuses
   Die Wandstärke des Pumpengehäuses liegt für API 610 Pumpen normalerweise bei 1 inch (25,4 mm) und beeinflusst die Wärmeübertragung. Für Vollcartridge-Einheiten ist der Faktor 1 zu wählen (**Tabelle 5.3**).

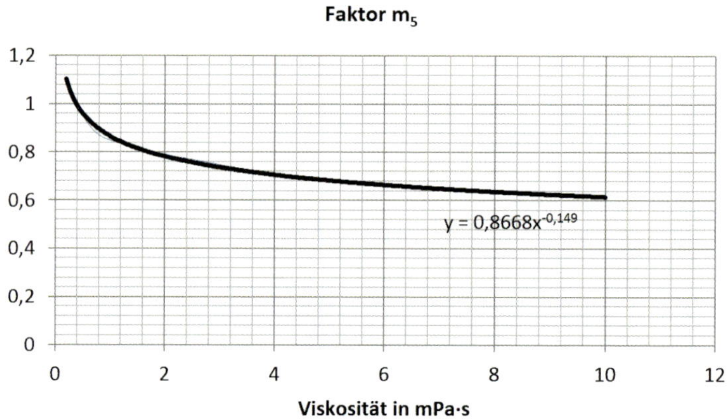

Bild 5.29: Faktor für die Berücksichtigung der Viskosität des Versorgungsfluids

Tabelle 5.4: Faktor für die Berücksichtigung anderer Stoffeigenschaften

Medium	Faktor m_6
Wasser	1
Synthetisches Öl	0,78
Schmieröl	0,72
Nicht flüchtige Kohlenwasserstoffe (niedermolekular)	0,65
Flüchtige Kohlenwasserstoffe	0,53

4. Faktor für Einbauraum der Dichtung im Gehäuse
   Der Dichtungsgehäuse Faktor berücksichtigt die unterschiedlichen Einbauräume der Dichtungen. Für die meisten API Pumpen ist der Bohrungsdurchmesser des Gehäuses 2 bis 3 inch größer als der Wellendurchmesser. Der minimale Abstand der rotierenden zu den stationären Einheiten beträgt ¼ inch. Der Wert für m_4 soll mindestens 1 oder bei größeren Bohrungsdurchmessern mehr betragen.

5. Faktor für abweichende Viskosität
   Die Viskosität der Versorgungsflüssigkeit der Dichtung hat einen erheblichen Einfluss auf den konvektiven Wärmeübergang (**Bild 5.29**).

6. Faktor für Fluideigenschaften außer Viskosität
   Neben der Viskosität werden alle anderen Stoffeigenschaften in den Stoff Faktor m_6 zusammengefasst (**Tabelle 5.4**).

5.3 Ausführungsbeispiele

Nachfolgend werden wichtige einfache Ausführungsbeispiele von Gleitringdichtungen gezeigt und in den Bildunterschriften jeweils beschrieben. Das Maschineninnere ist immer links dargestellt. Das abzudichtende Fluid ist grün, Sperrmedium ist orange, Leckage ist rosa. Gleitringdichtungen werden meist anwendungsorientiert konstruiert bzw. bei Katalogware anwendungsorientiert bezüglich der Ausführung und der Auswahl der Werkstoffe ausgelegt. Sonderausführungen sind üblich und werden häufig als Vollcartridgedichtungen also montagefertige Einheiten ausgeführt. Daher existieren eine Vielzahl von Sonderausführungen für Geometrie und Werkstoffvarianten.

5.3.1 Einzeldichtung

Das Einbauschema einer Einzeldichtung zeigt **Bild 5.30**. Typische Ausführungsbeispiele von Einzeldichtungen sind in **Bild 5.31** und **Bild 5.32** gezeigt.

Bild 5.30: Gleitringdichtung Anordnung als Einzeldichtung, rotierend

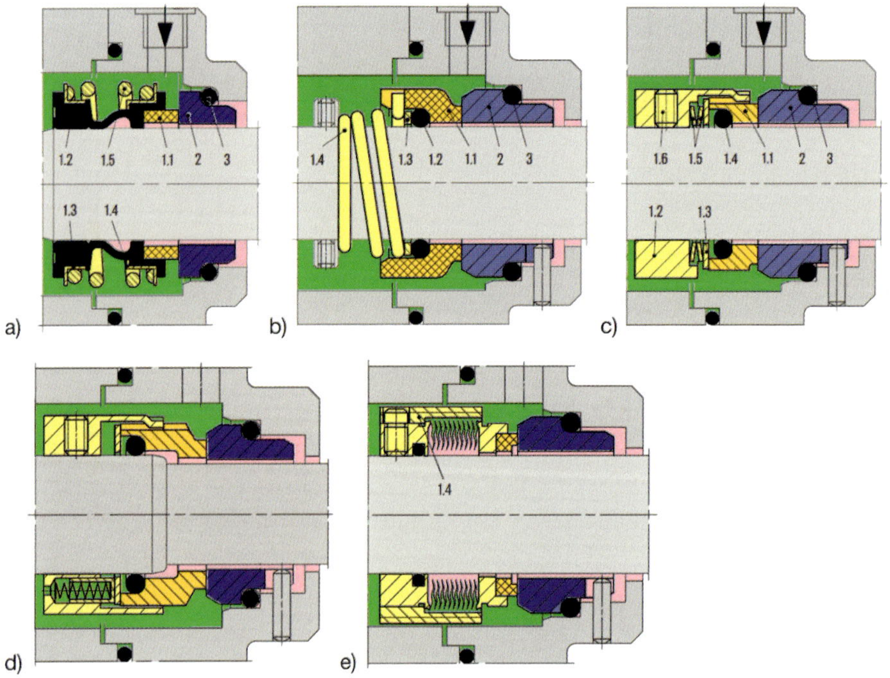

Bild 5.31: Typische Einzel Gleitringdichtungen in rotierender Anordnung (Werkbilder Eagle-Burgmann Germany GmbH & Co. KG)
a) Gummibalgnebendichtung mit zylindrischer Schraubenfeder
b) O-Ring Nebendichtung mit konischer Einzelfeder, nicht entlastet
c) O-Ring Nebendichtung mit sinusförmiger Wellfeder, nicht entlastet
d) O-Ring Nebendichtung mit Gruppenfedern mit Federschutzhülsen, entlastet
e) Metallfaltenbalg-Nebendichtung mit integriertem Fördergewinde, entlastet

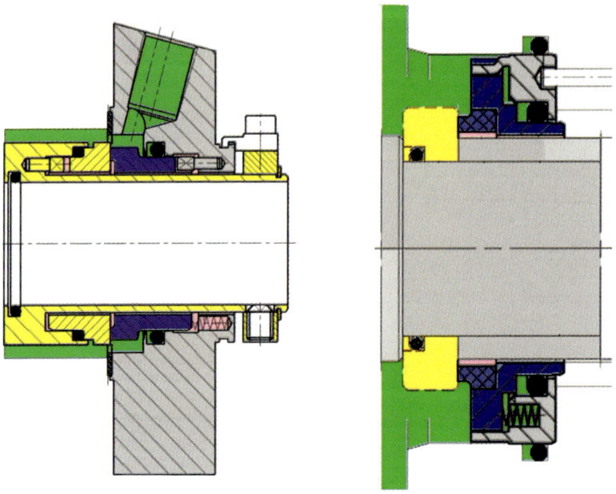

Bild 5.32: Typische Einzel Gleitringdichtung in stationärer Anordnung (Werkbilder EagleBurgmann Germany GmbH & Co. KG)
a) Vollcartridge Einheit (montagefertig) mit O-Ring Nebendichtung und Gruppenfedern, entlastet
b) Komponentendichtung mit O-Ring Nebendichtung mit Sonder-Gegenring, entlastet

5.3.2 Doppeldichtung

Das Einbauschema einer Doppeldichtung in Back-to-Back Anordnung zeigt **Bild 5.33**. Typische Ausführungsbeispiele dazu sind in **Bild 5.34** und **Bild 5.35** gezeigt.

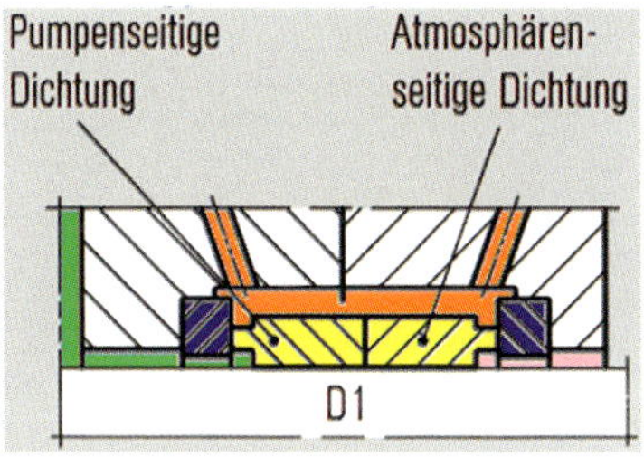

Bild 5.33: Gleitringdichtung Anordnung als Doppeldichtung back-to-back, rotierend

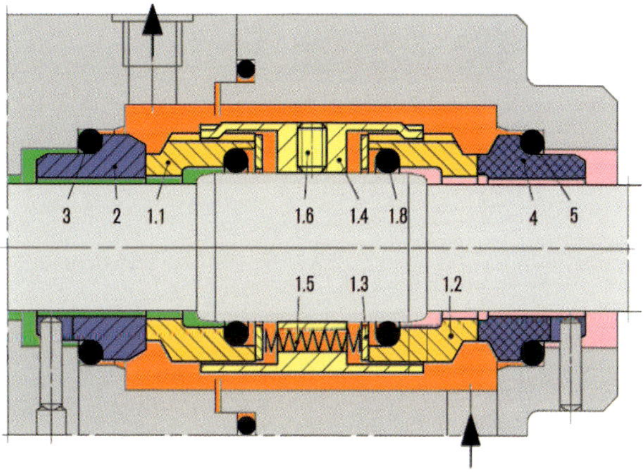

Bild 5.34: Typische Doppel Gleitringdichtung in rotierender Anordnung back-to-back, O-Ring Nebendichtung, Gruppenfedern mit durchgängigen Bohrungen (axiale Verschiebungen führt zu keiner Änderung der Federpressung), Drehmomenteinleitung in beide Gleitringe über gemeinsamen Mitnehmer, Drehmomentabstützung der Gegenringe über Stift, entlastet (Werkbild EagleBurgmann Germany GmbH & Co. KG, abgeändert)

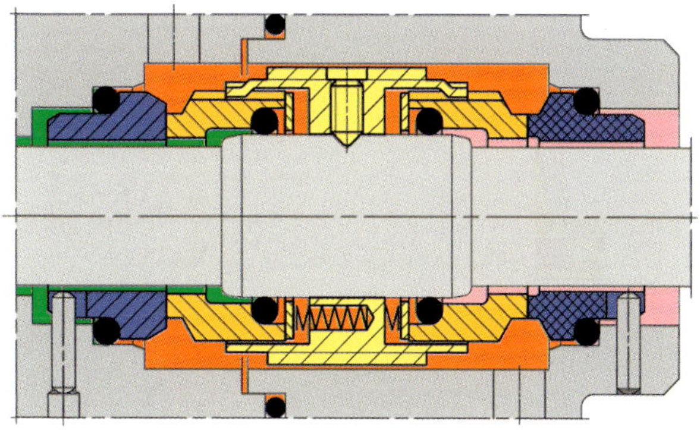

Bild 5.35: Typische Doppel Gleitringdichtung mit integriertem Fördergewinde zur Umwälzung der Sperrflüssigkeit, Gruppenfedern mit Sacklochbohrungen zur Vermeidung von hydraulischem Kurzschluss, Drehmomentstiftschraube mit Spitze zur axialen Fixierung (Werkbild EagleBurgmann Germany GmbH & Co. KG, abgeändert)

Das Einbauschema einer Doppeldichtung in Tandem Anordnung zeigt **Bild 5.36**. Ein typisches Ausführungsbeispiel dazu zeigt **Bild 5.37**.

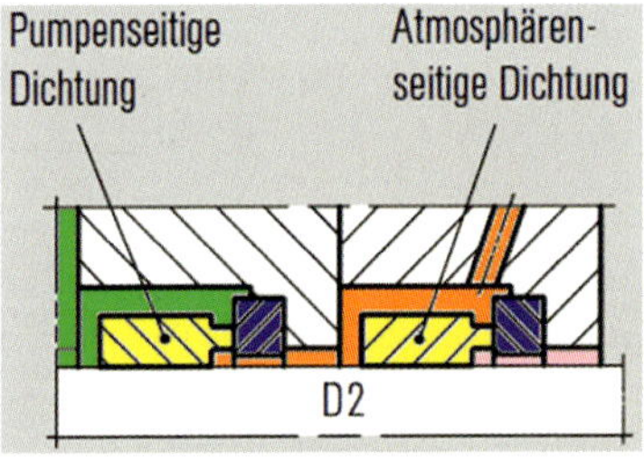

Bild 5.36: Gleitringdichtung Anordnung als Tandem Doppeldichtung, rotierend

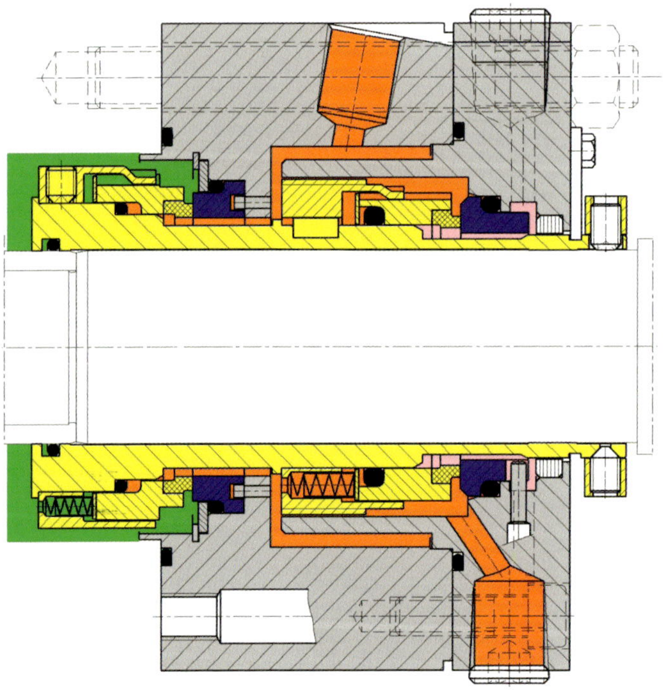

Bild 5.37: Typische Gleitringdichtung in rotierender Anordnung als Tandem Doppeldichtung, O-Ring Nebendichtung, Gruppenfedern mit Federschutzhülsen, Drehmomenteinleitung des atmosphärenseitigen Gleitrings über Passfeder, Drehmomentabstützung der Gegenringe über Stifte, beide Dichtungen entlastet, Produktseitige Dichtung für Druckumkehr geeignet (z. B. bei Sperrdruckausfall), atmosphärenseitige Dichtung mit Fördergewinde zur Umwälzung der Sperrflüssigkeit, nachgeschaltete atmosphärenseitige Sicherheitsdrossel (Werkbild EagleBurgmann Germany GmbH & Co. KG (abgeändert))

Das Einbauschema einer Doppeldichtung in Face-toFace Anordnung zeigt **Bild 5.38**. Ein typisches Ausführungsbeispiel dazu zeigt **Bild 5.39**.

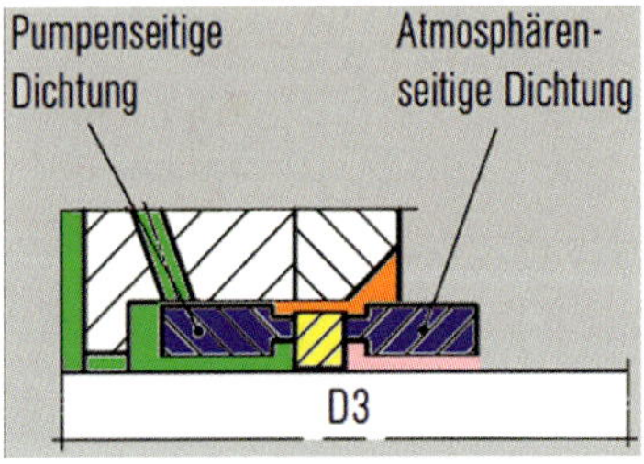

Bild 5.38: Gleitringdichtung Anordnung als Doppeldichtung face-to-face

Bild 5.39: Typische Gleitringdichtung in stationärer Anordnung als face-to-face Doppeldichtung, O-Ring Nebendichtung, Gruppenfedern, rotierender Gegenring axial vorgespannt, beide Dichtungen entlastet mit Stützringen zur Stabilisierung für hohe Differenzdrücke, Dichtungen für Druckumkehr geeignet, Fördergewinde auf dem rotierenden Gegenring, nachgeschaltete atmosphärenseitige Sicherheitsdrossel, Drehmomenteinleitung aus der Welle in die Wellenhülse reibschlüssig über Schrumpfscheibe (Teil 14) zur Schonung der Welle vor Kerbwirkung. Montagefertige Vollcartridge-Einheit mit Montagelehren (Teil 12) (Werkbild EagleBurgmann Germany GmbH & Co. KG (abgeändert)

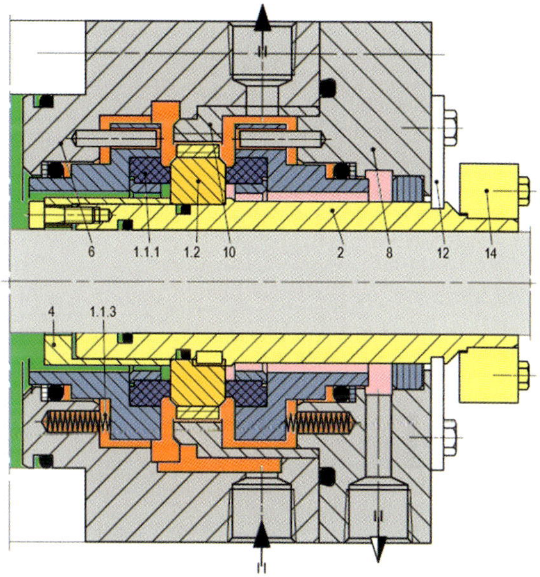

Bild 5.40 zeigt das Konstruktionsprinzip der Nebendichtung für Druckumkehr. Der O-Ring liegt bei Innendruck Belastung (oben dargestellt) an einer Wellenschulter an. Der hydraulische oder Rutschdurchmesser des O-Rings liegt an dessen Außendurchmesser. Die druckbelastete Kreisringfläche ist mit zwei dünnen Linien gekennzeichnet. Da die äußere blaue Linie

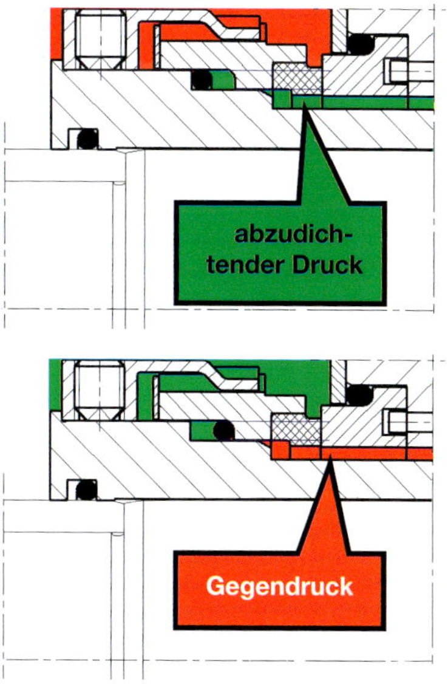

Bild 5.40: Entlastete Gleitringdichtungen für Druckumkehr (oben für Innendruck unten für Außendruck)

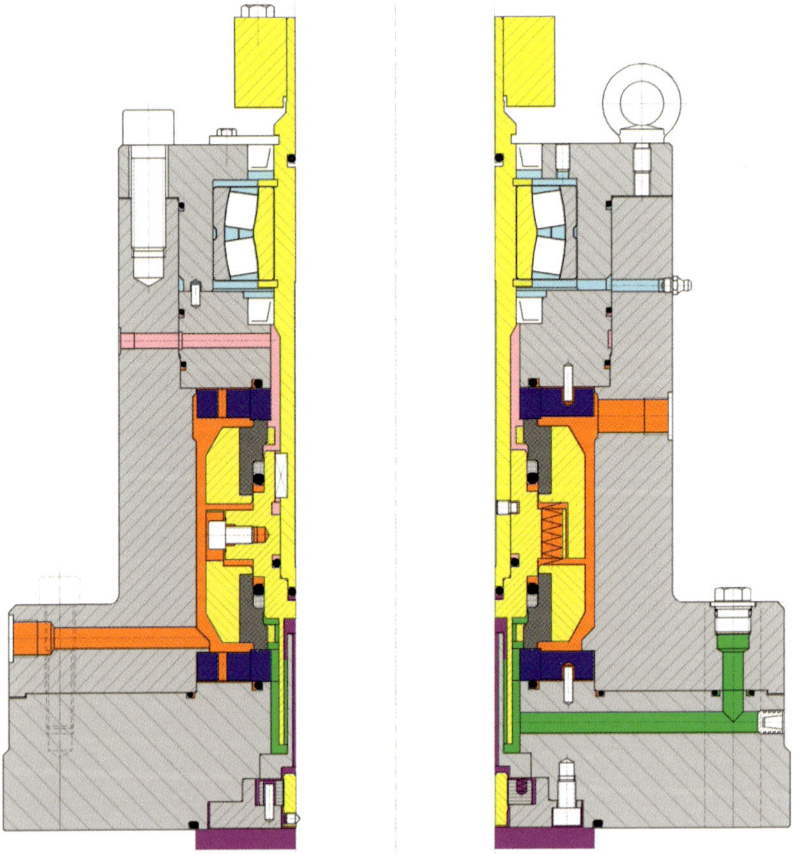

Bild 5.41: Extrembeispiel einer Doppel Gleitringdichtung mit druckausgeglichenem Gegenring für einen Reaktor, integriertes Pendelrollenlager mit Fettschmierung (hellblau), Leckage Abzug bzw. Polymerisationssperre (grün), produktseitige Sicherheitsdrossel (unten lila) (Werkbild EagleBurgmann Germany GmbH & Co. KG (abgeändert))

sich innerhalb der Dichtfläche befindet ist die Dichtung entlastet. Im unteren Bildbereich ist dieselbe Dichtung für Betrieb mit Außendruck gezeichnet. Der O-Ring liegt nun am Gleitring an. Dort liegt ebenfalls die Wirkfläche des abzudichtenden Drucks innerhalb der Dichtfläche. Die Dichtung ist ebenfalls entlastet.

Bild 5.41 zeigt ein Beispiel einer Hochdruck Reaktordichtung für einen Obenantrieb.

5.4 Betriebsverhalten

Gleitringdichtungen stehen nach **Bild 5.42** in ständiger Wechselwirkung mit dem abzudichtenden Fluid sowie mit der Maschine und auf der Leckageseite mit der Umwelt. in diesem Kapitel stehen die Fluide sowie das Fluidverhalten im Vordergrund.

Bild 5.42: Prinzip einer Kreiselpumpe mit Kennzeichnung des Einbauumfelds einer Gleitringdichtung

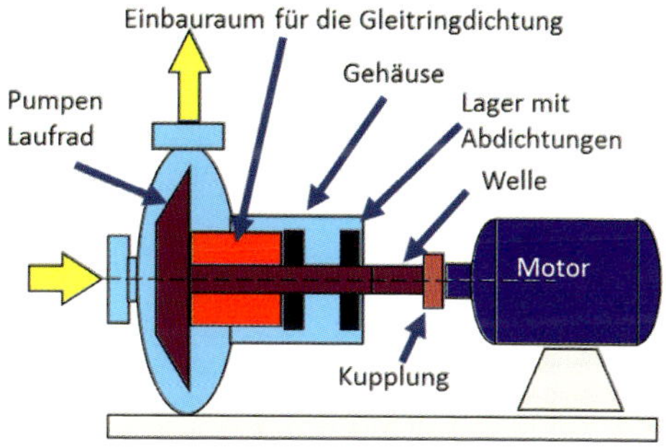

5.4.1 Fluide (abzudichtende Medien für Gleitringdichtungen) und deren Eigenschaften

Fluide haben insbesondere bei dynamischen Dichtungen auf die Funktionstüchtigkeit eines Dichtsystems einen großen Einfluss, da sie gleichzeitig Schmiermedium sind. In einer Vielzahl der Fälle handelt es sich um disperse Systeme oder es sind heterogene Mischungen. Lösungen bestehen aus mindestens zwei Stoffen ursprünglich gleicher oder unterschiedlicher Phasen, sind meist homogen und bilden nach der Lösung eine einheitliche Phase.

5.4.2 Fluide und Phasendiagramm, Phasenwechsel

Das Phasendiagramm nach **Bild 5.43** gliedert sich in die drei Aggregatzustände – fest, flüssig und gasförmig. Phasenwechsel beeinflussen die Zuverlässigkeit der Gleitringdichtungen nachhaltig und sind gekennzeichnet durch thermodynamische Vorgänge und Energieänderungen durch latente Energien

- Schmelz- oder Kristallisationsenthalpie
- Verdampfungs- oder Kondensationsenthalpie
- Sublimations- oder Resublimationsenthalpie

Bedeutung
Insbesondere die Verdampfung spielt in der Dichtungstechnik eine große Rolle, da infolge Reibleistung mit verbundenem Temperaturanstieg bzw. Druckabfall im Dichtspalt Ver-

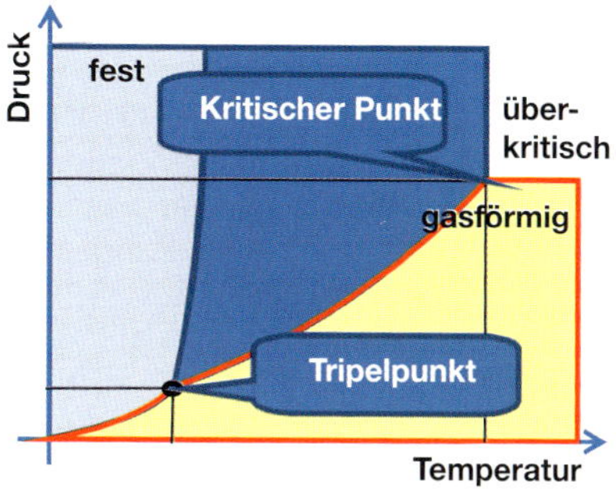

Bild 5.43: Phasendiagramm (Prinzip)

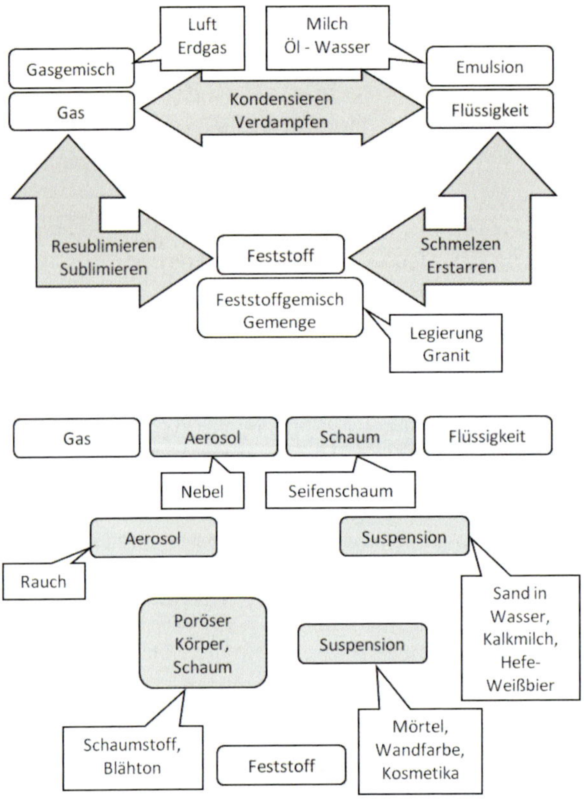

Bild 5.44: Disperse Systeme abzudichtender Fluide

4ampfung auftreten kann. Verdampfung benötigt Energie und führt dadurch zum Wärmeentzug. Die Verdampfungsenthalpie ist allerdings so gering, dass sie zu keiner signifikanten Temperaturabsenkung in der Dichtung führt. Je näher die Verdampfung am Kritischen Punkt stattfindet, umso kleiner ist die Verdampfungsenthalpie. Bei der Verdampfung ändert sich die Viskosität stark. Viele chemische Stoffe verhalten sich korrosiver bei erhöhten Temperaturen.

Stoffe treten in der Realität nie rein sondern meist als disperse System auf. Die Systematik der dispersen Systemen zeigt **Bild 5.44**.

5.4.3 Lösungen von Feststoffen in Flüssigkeiten

In der Chemie versteht man unter Lösung ein homogenes Gemisch aus mindestens zwei Stoffen (fest, flüssig oder gasförmig). Lösungen sind einphasig und von außen nicht erkennbar. Eine Filtration zur Trennung ist nicht möglich. Trennung erfolgt über Verdampfung und Kondensation. Die Verdampfung erfolgt fraktioniert unter Änderung der Konzentration der Restlösung. Bei partieller Verdampfung im Dichtspalt von Gleitringdichtungen ist daher mit einer Änderung der Konzentration mit Auswirkung auf Viskosität und chemischer Aggressivität zu rechnen. Feste Stoffe können sich in Flüssigkeiten bis zur temperaturabhängigen Löslichkeitsgrenze lösen.

Bedeutung
Verdampfung im Dichtspalt kann zur Kristallbildung führen. Unlösliche Feststoffe bilden eigenständige Körner und wirken als Suspensionen häufig abrasiv schleißend auf Oberflächen. Wird die Löslichkeitsgrenze erreicht, so bilden sich Kristalle in der flüssigen Phase oder auf Bauteiloberflächen. Ablagerungen auf Bauteiloberflächen verringern den Wärmeaustausch mit der Umgebung (zum Beispiel dem Sperrfluid bei Doppeldichtungen).

5.4.4 Lösungen und Mischungen von Flüssigkeiten
Mehrere Flüssigkeiten können Lösungen oder Mischungen bilden. Die Polaritäten der Flüssigkeiten bilden das Kriterium. Auch hier gilt: Gleiches löst Gleiches. Ungleiches bildet Mischungen z. B. durch Homogenisieren. Mischungen (auch homogenisiert) können sich allerdings wieder entmischen. Dabei sammelt sich der Mischungsanteil mit geringerer Dichte durch Separation an kleinen rotierenden Durchmessern, meist am Dichtspalt der Gleitringdichtung.

Bedeutung
Lösungen verdampfen fraktioniert. Jeder Teil der Lösung oder Mischung hat seinen speziellen Verdampfungspunkt. Temperaturen bleiben bei Reinstoffen jeweils an den Verdampfungspunkten stehen, es entstehen Haltepunkte. In der Realität geht bei Lösungen immer ein Teil des höher siedenden Lösungspartners mit in die Gasphase über. Innerhalb der Dichtung können sich dann Phasengemische bilden. Maßgeblich für den Verdampfungsbeginn in azeotropen Gemischen ist jeweils die Komponente mit dem niedrigsten Verdampfungspunkt, wobei der Verdampfungsbeginn des Gemisches höher oder tiefer als der der Einzelkomponente liegen kann. Fraktionierte Verdampfung führt aber auch zur Veränderung der Konzentration. Die chemische Aggressivität der verbleibenden flüssigen Phase kann sich dadurch erheblich ändern.

5.4.5 Lösungen von Gas in Flüssigkeit
Die Löslichkeit von Gas in Flüssigkeit ist temperatur- und druckabhängig. Erhitzung oder Druckabsenkung führt zum Ausgasen. Moleküle verlassen aufgrund ihrer kinetischen Energie die flüssige Phase und verdunstet auch schon vor Erreichung des Verdampfungspunktes. Dies führt zum Beispiel zur Luftfeuchtigkeit ohne Sieden. Andererseits lösen sich Gase in Flüssigkeiten abhängig vom Partialdruck. Diese Zusammenhänge müssen verstanden werden, um die Gaslöslichkeit sowie die Ausgasung zum Beispiel in Sperrsystemen von Gleitringdichtungen zu verstehen. Andererseits muss bei abzudichtenden Medien immer mit gelösten Gasen gerechnet werden.

Bedeutung
Bei der Druckabsenkung und Temperaturerhöhung im Dichtspalt kann es bei hoher Gaslöslichkeit insbesondere an der Sättigungsgrenze zum Ausgasen mit verschlechterten Schmierbedingungen kommen. Druckabsenkung oder Temperaturerhöhung können in geschlossenen Sperrsystemen zum Ausgasen mit der Folge von Trockenlauf an den Dichtungen führen.

5.4.6 Adhäsion und Kohäsion
Wechselwirkungen zwischen Dichtflächen und Fluid (Adhäsion, lateinisch adhaerere „hängen bleiben, haften“) sowie die inneren Zusammenhaltkräfte (Kohäsion, lateinisch cohaerere „zusammenhängen“) im Fluid spielen eine entscheidende Rolle. Tribologisch beeinflussen zusätzlich noch Mikroverklammerungen und Benetzung zwischen Fluiden und der technischen Oberfläche die Schmierung. Die Bedeutung der mechanischen Mikroverklammerung steigt mit der Rauheit, abnehmendem Materialanteil und der gröberen Mikrostuktur der technischen Oberfläche (Gleitfläche). Insbesondere bei porösen Materialien oder andersartig zerklüfteten

Oberflächen kann die Mikroverklammerung den überwiegenden Teil der adhäsiven Oberflächenkräfte bilden. Kohäsion bezeichnet in der Physik und Chemie die Zusammenhangskräfte zwischen den Atomen beziehungsweise Molekülen innerhalb eines Stoffes (zum Beispiel innerhalb von Flüssigkeiten oder Festkörpern) und innerhalb der Moleküle. Die Kräfte sorgen für seinen Zusammenhalt und führen an der Oberfläche zur Grenzflächenspannung (Härte bei Feststoffen) bzw. Oberflächenspannung. Sie sind teilweise mit verantwortlich für die chemische Beständigkeit zum Beispiel von Kunststoffen und anderem Material, da sie ein Maß darstellen für den Widerstand ein Atom oder Molekül aus dem Verband zu entfernen.

Die Kohäsion wird durch folgende Wechselwirkungen beschrieben:

- die chemischen Bindungen innerhalb von Molekülen
- die Anziehung benachbarter Atome oder Moleküle durch Ionenbindung, Metallbindung, Komplexbindung und zwischenmolekulare Kräfte
  - van-der-Waals-Wechselwirkung
  - Dispersionswechselwirkung
  - Wasserstoffbrückenbindung.
- die mechanische Verschlaufung fadenförmiger Makromoleküle oder Verfilzung faserförmiger Stoffe

Bei Klebstoffen bezeichnet beispielsweise Kohäsion die Kräfte, die den Zusammenhalt innerhalb des Klebstoffs bewirken. Diese Kohäsionskräfte sind zum einen für die Zähigkeit und das Fließverhalten (Rheologie) des unausgehärteten Klebstoffs bei der Verarbeitung und zum anderen für die Festigkeit des ausgehärteten Klebstoffs bei seiner Beanspruchung verantwortlich. Kohäsive zwischenmolekulare Kräfte sorgen bei thermoplastischen Kunststoffen für den Werkstoffverbund. Die Kohäsionskräfte in einem Kunststoff werden durch Kennwerte wie E-Modul, Reißdehnung, Temperaturfestigkeit oder Shore-Härte beschrieben. Kohäsion ist aber auch verantwortlich für die Viskosität und das Viskositätsverhalten von Fluiden in der Dichtungstechnik. Die Viskosität wie auch die Oberflächenspannung sind temperaturabhängig.

5.4.7 Viskositätsverhalten von Fluiden

Die Strömungsmechanik beschäftigt sich im Wesentlichen mit den physikalischen Eigenschaften und Bewegungen der Newtonschen Medien, wohingegen die Rheologie sich mit den Nicht-Newtonschen Medien beschäftigt. Randeinflüsse dürfen in der Dichtungstechnik aufgrund der engen Spalte nicht wie in der Strömungstechnik üblich vernachlässigt werden. Die Werkstoffkonstante η wird als dynamische Viskosität bezeichnet. Die Bewegungen der Fluide wird grundsätzlich durch die Gleichungen nach Navier-Stokes beschrieben auf die hier nicht näher eingegangen werden soll.

Der dichtungstechnisch relevante Bereich für die Viskosität abzudichtender Fluide für Gleitringdichtungen erstreckt sich nach **Tabelle 5.5** über etwa acht Größenordnungen. Eine immer wieder gestellte Frage, wie hoch die Viskosität eines abzudichtenden Fluides sein darf, kann nicht abschließend beurteilt werden, allerdings kann davon ausgegangen werden, dass für eine Viskosität von $\eta > 10^4$ mPas wegen hoher Scherkräfte nur noch langsam laufende Maschinen in Frage kommen. Die Scherbelastung innerhalb des Dichtspalts wird aber wie oben beschrieben erheblich und kann zur Rheodestruktion führen. Die Viskosität von Flüssigkeiten kann innerhalb des Temperaturintervals von 0 °C bis 100 °C um eine Größenordnung variieren. Die Abhängigkeit ist stark überproportional. Selbst ein einseitig logarithmischer Maßstab erzeugt noch keinen geraden Kurvenverlauf.

Tabelle 5.5: Beispiele für dynamische Viskosität

Stoffe (niedrig viskos)	η in mPa · s bei 20 °C	Stoffe (hoch viskos)	η in mPa · s bei 20 °C
Wasser	1,0	Glycerin	1480
Wasser (25 °C)	0,891	Farb Lack	~ 100
Petroleum	0,650	Paraffinöl	100 bis 106
Pentan (25 °C)	0,224	Polymerschmelze	1000 bis 1013
Hexan	0,410	Bitumen	1011
Oktan	0,538	Blut	4 bis 25
Nonan	0,711	Traubensaft	2 bis 5
Dekan	0,920	Olivenöl	~ 100
Chloroform	0,560	Honig	~ 104
Ethanol	1,19	Sirup	~ 105
Benzol (25 °C)	0,601	Kaffeesahne	~ 10
		Quecksilber	1,55

Die gewichtsmäßige Zusammensetzung von Flüssigkeitslösungen beeinflusst die Viskosität. Bei Lösungen darf der Wert der Viskosität keinesfalls linear interpoliert werden. Lösungen von kristallinen Feststoffen (beispielhaft Wasser/Saccharose [Zucker] zum Beispiel in der Fruchtsaftverarbeitung) haben ebenfalls einen Einfluss auf den Kurvenverlauf. An der Löslichkeitsgrenze ist mit Kristallisation zu rechnen. Temperaturänderungen beeinflussen die Löslichkeit und die Viskosität. Im Allgemeinen nimmt die Löslichkeit bei sinkender Temperatur ab.

Die Viskosität von Gasen ist ebenfalls abhängig von der Temperatur. Wasserstoff als kleinstes Molekül hat dabei eine vergleichsweise geringe Abhängigkeit. Mit zunehmender Temperatur steigt im Gegensatz zu den meisten Flüssigkeiten die Viskosität von Gasen an. Grund dafür ist in der kinetischen Gastheorie zu suchen, da die Teilchenbewegung bei steigender Temperatur zunimmt und damit die freie Beweglichkeit bei gleicher Teilchendichte abnimmt.

5.4.8 Tribologie, Rheologie, Reibung und Verschleiß

Tribologie (griechisch: Reibungslehre) ist die Wissenschaft von aufeinander einwirkenden bewegten Oberflächen, Grenzflächenwechselwirkungen zwischen verschiedenen Festkörpern und zwischen Festkörpern und Flüssigkeiten bzw. Gasen. Tribologie ist ein Teilgebiet des Maschinenbaus und wird zunehmend interdisziplinär von Maschinenbauern, Werkstoffwissenschaftlern und Physikern betrieben. Sie befasst sich mit der wissenschaftlichen Beschreibung von Reibung, Verschleiß, Schmierung und der Entwicklung von Technologien zur Optimierung. In der Praxis konzentrieren sich bislang die Wissenschaftler auf tribologische Vorgänge insbesondere für Gleitlager. Neben der Entwicklung geeigneter Schmierstoffe stehen Fragen der Werkstoffauswahl, der Oberflächenbeschichtung und der Oberflächentopografie im Vordergrund aktueller Entwicklungen.

Die Dichtungstechnik stellt auch in der Tribologie ein Extremgebiet hinsichtlich „Schmierstoffen“, Werkstoffen sowie Belastungen dar. Oberflächentopografien im Submikrometerbereich und damit im Bereich durchschnittlicher Spalthöhen verändern sich durch Anpassung und Verschleiß ständig. Grundsätzlich müssen das Verhalten von Flüssigkeiten und Gasen sowie die

Grundwerkstoffe der bewegten Oberflächen und deren jeweilige Wechselwirkungen bekannt und verstanden sein. Und genau da kommt man dann zur Rheologie und in die Dichtungstechnik von Gleitringdichtungen. Sie betrachtet nämlich die Abweichungen des viskosen Verhaltens der realen Stoffe gegenüber dem idealen Newtonschen Verhalten.

Reibung beruht auf der Beschaffenheit der Kontaktflächen von Körpern. Bei technisch rauen Flächen werden große Kräfte benötigt, um die Körper relativ zueinander zu bewegen. Im mikroskopischen Sinn sind beide Körper durch die Rauheitsspitzen mechanisch ineinander „verhakt". Bei glatten Flächen genügen geringere Kräfte. Ideal glatte Flächen sind technisch aber nicht möglich. Zusätzlich können adhäsive intermolekulare Kräfte über den Endmaßeffekte hinaus wirken. Ein Fluid zwischen den Kontaktflächen hat im Allgemeinen eine glättende Wirkung. Das Fluid dringt in die mikroskopisch kleinen Täler der Oberflächen ein, bildet adhäsive Kräfte und kann dann innerhalb seiner Molekülschichten leichter gleiten. Eine Trennschicht oder ein „Schmierfilm" entsteht. Ist die Bewegung einmal in Gang gekommen, so ist der Flächenkontakt nicht mehr so intensiv. Die erforderliche Verschiebekraft wird kleiner. Haftreibung geht in Gleitreibung über. Die zur Verschiebung aufgewendete Energie (Kraft · Weg), also eine gerichtete Bewegung, wird in Wärme, also ungeordnete Bewegung der Teilchen, umgewandelt. Durch Reibung entsteht aber auch Abrieb und damit Verschleiß. Dabei werden durch mechanische und physikalische, zwischenmolekulare Kräfte mikroskopische Teilchen aus dem Molekülverband der Werkstoffe oberflächig feinverschleißend herausgelöst. Im Idealfall gleichen sich die Oberflächen in einer Art Läpp- und Poliervorgang an.

Warum setzt Öl die Gleitreibung herab? Wenn der Ölfilm im hydrodynamischen Betrieb einer Gleitringdichtung nirgends verletzt wird, wird die Reibungskraft ausschließlich durch die innere Reibung im teilweise mitfließenden Öl bedingt. Voraussetzung ist allerdings die Haftbedingung zwischen Fluid und Oberfläche. Danach bewegt sich die Grenzschicht des Fluides mit derselben Geschwindigkeit wie die angrenzende Wand. Das Profil zwischen einer bewegten und einer ruhenden Wand wird recht kompliziert, wenn man eine Anpressung z. B. infolge von Druckkräften sowie die Zerklüftung rauer Oberflächen berücksichtigt. Neuere wissenschaftliche Untersuchungen zeigen auch einen gewissen Effekt der Abweichung der Haftbedingung über die so genannte Gleitlänge an der Phasengrenze zwischen fest und flüssig.

Das tribologische Beanspruchungskollektiv einer Gleitringdichtung setzt sich in erster Linie aus den Betriebsbedingungen für die Dichtungen zusammen:

- Verlauf und Dauer
  - Der Belastung (z. B. Druck, Feststoffe)
  - Der Geschwindigkeit
  - Der Temperatur
- Bewegungsart
  - Gleiten
- Bewegungsform
  - gleichmäßig, kontinuierlich
  - intermittierend (z. B. Start – Stopp oder drehzahlgeregelt)
  - oszillierend

Die beiden Grundkörper des tribotechnischen Systems sind die Dichtkörper (Gleitring und Gegenring) und der Zwischenstoff ist das abzudichtende Medium. Abhängig von den Reibbedingungen zwischen den Dichtkörpern entstehen Oberflächenveränderungen oder -anpassungen durch Verschleiß sowie Energiedissipation (Reibungswärme).

Nach der Festkörperphysik bilden Oberflächen kristalliner Stoffe (z. B. Metall oder Keramik) einen Abbruch eines mehr oder weniger periodischen Kristallgitters. Elektronen bzw. Ionen an der Begrenzung führen zu unabgesättigten Bindungen (dangling bonds) mit der Folge von Reaktionen durch Adsorption an der Oberfläche, die zur Benetzung und Haftbedingung führen. Je nach Reaktivität des Grundwerkstoffs kann

- Physisorption (physikalische Van-der-Waals-Bindungen) mit Adsorptionsenthalpien $J < 40...100$ kJ/mol oder
- Feste Chemisorption mit Adsorptionsenthalpien $J > 40...100$ kJ/mol mit kovalenten und ionischen Bindungsanteilen (je nach Elektronnegativitätsdifferenz) und einer chemischen Veränderung der Oberfläche (z. B. Oxidation)

erfolgen. Die Unterscheidung kann nicht nur auf Basis der Bindungsenergie erfolgen sondern berücksichtigt auch noch, ob eine chemische Veränderung des Adsorbens (der Bauteiloberfläche) vorliegt. Daher können Überschneidungen der Enthalpien im Bereich von 20...60 kJ/mol auftreten. Haftbedingung (Benetzung) im dichtungstechnischen Sinn beruht ausschließlich auf Physisorption und bedarf in der Regel keiner Aktivierungsenergie, ist dadurch reversibel und setzt aber häufig die vorherige Chemisorption (z. B. Passivierung durch Oxidschicht bei Metall oder Absättigung reaktiver Radikale bei Keramik) voraus, ein Problem bei der Vakuumreibung und technisch trockener Reibung bei sehr trockenem Gas oder bei Kältereibung bei denen keine Repassivierung nach Verschleiß der Oberfläche erfolgen kann. Chemisorption kann aufgrund der Veränderung der chemischen Struktur der Bauteiloberfläche zu nicht haftfähigen ungünstigen Schichten (z. B. Zunder oder Rost) führen. Monolithische Lagen wie z. B. die Passivierung einer Bauteiloberfläche sind im Allgemeinen stabil und Basis für gute Schmierfähigkeit, die dann wiederum auf Physisorption des Schmiermediums an der Oberfläche (Haftbedingung) beruht. Solche Chemisorptionen sind bei Kunststoffen nicht gängig, da sie zur einschneidenden chemischen Veränderung führen würden. Jeder kennt die schlechte Benetzbarkeit von Kunststoffen. O-Ringe und andere Dichtungswerkstoffe können aber in der modernen Dichtungstechnik an der Oberfläche molekular so verändert werden, dass eine verbesserte Haftfähigkeit von Schmierstoffen entsteht. Die üblichen Gleitwerkstoffe für Gleitringdichtungen (SiC, WC, Al_2O_3, Kunstkohlen) folgen aber diesen Gesetzmäßigkeiten. Die Gleitflächen stehen dabei in intensiver Wechselwirkung mit dem abzudichtenden Fluid. Die unter ungünstigen Betriebsbedingten auftretenden Ablagerungen auf den Gleitflächen sind typische Beispiele für solchen Chemisorption.

In der Regel haben technische Oberflächen keine ideal ebene Struktur sondern zahlreiche „Fehler". Defekte an denen das Absorbat (im Fall der Dichtungstechnik das abzudichtende Fluid) besonders fest gebunden wird. Die Leistungsfähigkeit des Adsorbens (unser Dichtungswerkstoff) steigt daher mit der Zahl dieser Defekte, ein Grund dafür, dass Flächen mit extrem niedriger Rauheit wegen der schlechten Haftung durch Benetzung schlecht geeignet sind für gute Schmierung, oder dass heutzutage versucht wird durch mechanische Bearbeitung oder poröse Werkstoffe der Gleitflächen „hydrodynamische" Effekte zu erzeugen. Auf der anderen Seite setzt man diese Möglichkeit zum Beispiel in der Lebensmittel- oder Pharmaindustrie ein, damit polierte Oberflächen weniger verschmutzen und leichter zu reinigen sind.

Oberflächen sind unter normalen Bedingungen immer durch Stoffe belegt. Auf Oberflächen in Kontakt mit Lösemitteln oder Ölen befinden sich dort Lösemittelmoleküle oder Ölmoleküle. Oberflächen im Kontakt mit Luft sind immer mit Wassermolekülen aus der Luftfeuchtigkeit belegt. Der Grund dafür, dass im Winter bei tieferen Temperaturen mit weniger Luftfeuchtigkeit „trockene" Reibung immer mit höherer Reibkraft verbunden ist, aber auch ein Grund dafür, dass Vakuumreibung (da keine Feuchtigkeit vorhanden ist), trocken Gase mit sehr niedrigem

Drucktaupunkt oder kryogene Anwendungen immer mit exzessivem Verschleiß der technischen Oberflächen in diesem Fall der Gleitflächen von Gleitringdichtungen verbunden sind.

5.4.9 Festkörperreibung – trocken

Berühren sich zwei Körper, so kann an der Berührstelle eine Druckkraft von einem auf den anderen Körper übertragen werden. Diese Druckkraft muss nicht senkrecht auf der Berührfläche stehen, sondern kann jeden beliebigen Winkel einnehmen. Die in der Berührebene liegende Kraftkomponente heißt Reibungskraft. Bewegen sich die beiden Berührflächen nicht relativ zueinander, so spricht man von Haft- oder Ruhreibung. Gleiten die beiden Berührkräfte relativ zueinander, so spricht man von Gleitreibung. Im Fall der Gleitringdichtungen entspricht dies dem Gleitdruck p_g. Versuche zeigen, dass der Betrag der Haftreibung einen bestimmten Maximalwert nicht überschreiten kann, da dann Gleiten der beiden Körper auftritt. Die Gleitreibungskraft nach Beginn der Bewegung ist immer kleiner als die Haftreibungskraft. Warum? Da der Aufbau der zwischenmolekularen Kräfte einfach Zeit braucht und der Abstand mikroskopisch bei Bewegung größer ist als im Ruhezustand (größerer Abstand – geringere anziehende Kräfte). Stillstandsleckage von Gleitringdichtungen ist daher auch immer kleiner als Leckage unter Bewegung. Beide Reibungskräfte sind abhängig sowohl von der Oberflächenbeschaffenheit oder Rauheit, sowie dem Schmierungszustand. Für technische Oberflächen spielt die Größe der belastenden Normalkraft sowie die Geschwindigkeit ebenfalls eine allerdings untergeordnete Rolle.

Das Gesetz von Leonardo da Vinci

- Die Reibung ist unabhängig von der Größe der Fläche.

Das Gesetz von Euler und Amontons

- Die Reibung ist proportional zur Normalkraft.

Die Reibungskraft F_R kann berechnet werden als Produkt der Normalkraft F_N auf die Berührfläche und dem Reibungsbeiwert μ.

$$F_R = \mu \cdot F_N \tag{5.61}$$

$$\mu = \tan\alpha \tag{5.62}$$

Das Gesetz von Coulomb

- Man unterscheidet bei trockener Reibung ohne Schmiermittel Haft- und Gleitreibung (**Tabelle 5.6**).

Einige Werte in Tabelle 5.6 sind erstaunlich aber erklärbar.

- Die Streuung bei Stahl zu Stahl kann erklärt werden mit dem Einfluss der Oberflächenrauheit und damit verbundener mechanischer Verhakungen. Bei zu glatter Oberfläche tritt zudem noch der Endmaßeffekt auf
  - In Dichtungen muss eine kleine Streuung der Oberflächenrauheiten bei hoher Oberflächengüte erreicht werden
- Bei Reinaluminium und Nickel treten kohäsive Kräfte aus der metallischen Verbindung auf – der Grund übrigens für die Fressneigung dieser Metalle oder Legierungen bei der Demontage von Passungen
- Kochsalz (NaCl) bildet aufgrund der ionischen Kristallstruktur in Ruhe hohe Bindungskräfte, die sich in Bewegung nicht in diesem Umfang bilden können

Tabelle 5.6: Beispiele für Haft- und Gleitreibung

Stoffpaarung	μ_H Haftreibung	μ_G Gleitreibung
Stahl zu Stahl	0,08 … 0,25	0,06 … 0,20
Aluminium zu Aluminium	1,05	1,04
Nickel zu Nickel	1,5	1,2
NaCl zu NaCl	4,5	0,9
Gummi zu Asphalt (trocken)	0,9	0,8
Holz zu Stein	0,7	0,3
Bremsbelag zu Stahl	0,8	0,6
Metall zu Kohle	0,14	0,12
SiC zu SiC	0,25	0,06
SiC zu Kohle	0,16	0,05
Diamant zu Diamant	0,12	0,02

- SiC, WC und Al_2O_3 haben ebenfalls ionisch/kovalente Kristallstrukturen. Zur Unterbindung bzw. Reduktion solcher Bindungskräfte im Stillstand von Dichtungen sollten unterschiedliche Materialen für Gleit- und Gegenring verwendet werden. Hohe Losbrechmomente an Gleitringdichtungen nach längerem Stillstand können sonst die Folge sein. Eine Abhilfemaßnahme kann auch die Aufrauhung einer Gleitfläche sein. Erhöhte Leckage ist allerdings die Folge.

Der Unterschied zwischen Haft- und Gleitreibung bildet den Grund für Stick-Slip-Verhalten (Ruck-Gleiten) in der Dichtungstechnik und für das unvermeidliche Quietschen oder Pfeifen von trockenlaufenden Gleitringdichtungen. Eine Abhilfemaßnahme ist in diesem Fall eine Verstimmung des schwingungsfähigen Systems der Gleitringdichtung.

5.4.10 Festkörperreibung – geschmiert

Durch Versuche hat man festgestellt, dass für jeden Werkstoff ein bestimmter Zusammenhang zwischen Spannungs- und Verformungsgrößen existiert. Von der Spiralfeder oder aus Zugversuchen ist bekannt, dass die doppelte Belastung eine doppelte Auslenkung bewirkt – das Hookesche Gesetz. Ein formal vergleichbares Gesetz gilt für eine Klasse zäher (viskoser) Flüssigkeiten (Newtonsche Flüssigkeiten wie zum Beispiel niedermolekulare Öle). Betrachtet man dabei eine in konstanter Entfernung zu einer festen Wand bewegte Platte, wobei der Zwischenraum zwischen Platte und Wand mit der viskosen Flüssigkeit gefüllt ist, so setzt die Flüssigkeit der Bewegung eine entgegengesetzte Bremswirkung entgegen. Diese Bremswirkung und die daraus resultierende Schubspannung sind umso größer je größer die Geschwindigkeit der Platte ist. Der proportionale Faktor der Abhängigkeit zwischen Geschwindigkeit und der resultierenden Spannung wird als dynamische Zähigkeit (Viskosität) bezeichnet. Das Prinzip ist in **Bild 5.45** dargestellt.

Die Beziehung wird als Newtonsches Stoffgesetz für zähe Fluide bezeichnet:

$$F_R = A \cdot \eta \cdot \frac{du}{dh} \tag{5.63}$$

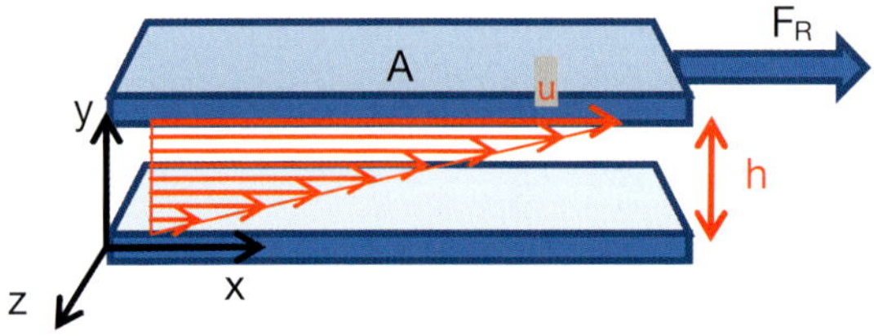

Bild 5.45: Grundlagen für das Newtonsche Schubspannungsgesetz

Die Stoffkonstante η ist die dynamische Viskosität. Der Geschwindigkeitsgradient du/dh ist für Newtonsche Medien linear. Daraus abgeleitet gilt der bekannte Schubspannungsansatz nach Newton für die Schubspannung in der Flüssigkeit:

$$\tau = \frac{F}{A} = \eta \cdot \frac{u}{h} \qquad (5.64)$$

Die Flüssigkeit kann man sich für laminare Strömungen aufgeteilt in einzelne extrem dünne Schichten vorstellen. In Gleitringdichtungen ist mir ca. 100...1000 Moleküllagen je nach Spalthöhe und Moleküldurchmesser zu rechnen. Ein Austausch wie bei turbulenter Strömung zwischen den Schichten bzw. eine gegenseitige Beeinflussung der Stoffkonstanten η findet im Rahmen des Newtonschen Schubspannungsansatzes nicht statt. In engen Spalten von Dichtungen kann näherungsweise immer von laminaren Strömungen ausgegangen werden. Der Newtonsche Schubspannungsansatz trifft daher für Dichtungen zunächst einmal immer zu. Die Schichten gleiten mit unterschiedlicher Geschwindigkeit aufeinander und erzeugen innere Reibungskräfte. Die Geschwindigkeitsunterschiede zwischen den einzelnen benachbarten Schichten sind jeweils von Schicht zu Schicht gleich groß. Das Geschwindigkeitsprofil innerhalb des Spaltes ist damit linear. Die Grenzschicht der Flüssigkeit haftet durch Physisorption an der Oberfläche der feststehenden Wand oder der bewegten Platte (an den Oberflächen von Gleit- und Gegenring). Für kurzkettige kleine Fluidmoleküle ohne sperrige Seitenäste trifft der Ansatz weitgehend zu. Moleküle mit nennenswerter räumlicher Erstreckung oder mit faserförmiger Nader- oder Plättchenstruktur führen aber zu einer schergeschwindigkeitsabhängigen Veränderung der Viskosität. Es kommt zur Scherverzähung (Strukturviskoses Verhalten) oder Scherentzähung (Dilatantes Fließen) und damit zum Rheologischen Ansatz.

Ein paar Beispiele für dieses Verhalten
Nahezu ideales Newtonsches Verhalten ist dichtungstechnisch unproblematisch:

- Wasser
- anorganische Säuren, Laugen
- allgemein kurzkettige Kohlenwasserstoffe – auch mit funktionalen Endgruppen
  - Niedermolekulare Alkohole, Glycerin, Glykol
  - Organische Säuren
  - Niedermolekulare Öle
- Paraffine

Pseudoplastisches Verhalten (Scherentzähung – Viskosität sinkt bei Scherbelastung im Dichtspalt) ist dichtungstechnisch beherrschbar bis zu bestimmten Scherraten, dann eventuell Mangelschmierung durch Zerstörung der Schmierschicht bis zur Rheodestruktion:

- Kolloidale Lösungen langkettiger Makromoleküle
  - Kunststoffschmelzen
- Fadenförmige Moleküle (mit Ausrichtung unter Schubbelastung)
  - Hochviskose Öle und Fette
- Suspensionen anisometrischer Teilchen (Plättchen, Nadeln)
  - Blut
  - Faserige Suspensionen zum Beispiel in Pulpe (Papier- oder Tissueherstellung)
  - Fruchtsaftverarbeitung

Dilatantes Fließen (Scherverzähung – Viskosität nimmt mit zunehmender Scherbelastung im Dichtspalt zu) → dichtungstechnische problematische und schwer beherrschbar durch interpartikulärer Filmabriss und Mangelschmierung

- Suspensionen mit hohem Feststoffanteil > 20 % zum Beispiel in der Rauchgasentschwefelung oder anderer Slurryförderung
- HD-Schmierstoffe, viele konditionierte Öle (zur Erhöhung der Tragfähigkeit)
- Fluide (Verdicker in der Lebensmittelindustrie) in der mechanischen Verfahrenstechnik (zum Beispiel Reaktionen durch Polymerisieren)

Plastische Fließen (Bingham-Körper) ist ein dichtungstechnisch schwer vorhersehbares Verhalten, zum Fließen müssen strukturbildende Haftkräfte überwunden werden

- Viele zähe Medien im Health Care Bereich
  - Cremes, Zahnpasta, und andere
- Bestimmte lösbare Haftmittel
  - Klebstoffe oder flüssige Dichtmittel

Plastisches Fließen (Casson-Körper) ist dichtungstechnisch beherrschbar, kann aber zur Verklebung im Stillstand führen (hohe Anfahrmomente mit Beschädigung der drehmomentübertragenden Elemente)

- Lebensmittel
  - Gelatinegele, Joghurt, Pudding
- Biomedizinische Produkte
- Sonderfall der Rheodestruktion mit bleibender Zerstörung der Gerüststrukturen → das kann Probleme bereiten!

Thixotropie ist dichtungstechnisch beherrschbar, Isotherme Gel-Sol-Gel Umwandlung (Verflüssigung)

- Health Care
  - Vaseline, Wachse, Lippenstift
- Lebensmittel
  - Ketchup
- Baustoffe, Automobil
  - Wandfarbe, Lacke

Rheopexie ist dichtungstechnisch weitgehend beherrschbar, Isotherme Sol-Gel-Sol Umwandung (Strukturverfestigung mit zeitlicher Rückbildung/Hystereseverhalten)

- Chemie
  - Polymetacrylsäure-Wasser Lösung
  - Keramikschlicker
  - Gips-Wasser Suspensionen
  - Betonit- und Seifensole

Bewegt sich die feste Platte nach Bild 5.45 mit konstanter Geschwindigkeit auf die oben beschriebene Wand in y-Richtung zu (ohne seitliche Bewegung), so wird die dazwischen befindliche viskose Flüssigkeit seitlich herausgequetscht. Aufgrund der Haftbedingung an der Oberfläche sind die Randschichten in Ruhe. Die seitwärtige Quetschströmung findet ausschließlich in den zentralen Flüssigkeitsschichten statt. Die Viskosität der Flüssigkeit setzt der Strömung hemmende viskose Reibungskräfte entgegen, so dass daraus resultierend innere strömungsbehindernde tragende Druckkräfte entstehen. Diese Druckkräfte werden umso größer je größer die Geschwindigkeit ist, mit der die Platte sich auf die feststehende Wand zu bewegt oder je höher viskos (zäher) die Flüssigkeit ist, der Ansatz für die Hydrodynamische Druckbildung in Gleitringdichtungen (Aquaplaning). Derselbe Effekt wird übrigens auch beim Aeroplaning genutzt (daher fällt ein Flugzeug nicht vom Himmel) und bei den modernen Gasdichtungen mit strukturierten Gleitflächen.

5.4.10.1 Der Aquaplaning Effekt – Hydrodynamik in Dichtungen

Bei der Ausbildung des Aquaplanings beim Auto übersteigt die Aufsetzgeschwindigkeit des Reifens auf den Straßenbelag die Geschwindigkeit bis zu der das Wasser durch Seitenströmung zwischen Reifen und Fahrbahn entweichen kann. Der Reifen verliert den Kontakt und schwimmt auf, das heißt unter dem Reifen entsteht ein Druckpolster, das in der Lage ist, das gesamte Gewicht des Fahrzeugs zu tragen. Setzt man ein mittleres Fahrzeuggewicht von 1.000 kg entsprechend 250 kg je Reifen an und eine Auflagefläche von 10.000 mm^2, so entsteht ein Mitteldruck von ca. 2,5 bar. Das Fahrzeug ist nicht mehr steuerbar und bremsbar, da keine Quer- und Längskräfte (Reibungskräfte) übertragen werden können. Man versucht durch Profilierung Abströmkanäle in die Oberfläche des Reifens einzubauen, um den Effekt zu verringern. Daher sind insbesondere abgefahrene Reifen mit geringer Profiltiefe aquaplaninggefährdet. Darüber hinaus sind neue Straßenbeläge mit glatter Oberfläche gegenüber abgefahrenen rauen Fahrbahnbelägen gefährlicher.

Bewertung

Über den oben beschriebenen Effekt des Aquaplanings entstehen in Gleitringdichtungen innerhalb sich verengender Spaltzonen (zum Beispiel bei welligen Oberflächen) Drücküberhöhungen durch Schleppdruckbildung. Die beschriebene Newtonsche Schleppströmung führt in sich verengenden Spaltzonen zu hydrodynamische Druckerhöhungen. Flüssigkeiten sind dabei als weitgehend (aber nicht komplett) inkompressibel anzusehen. Man kann sich vorstellen, dass die Volumina der Flüssigkeitsschichten bei Verengungen versuchen durch seitliches Abströmen dem inneren Druck auszuweichen. Die Viskosität setzt aber strömungsbehindernde Kräfte entgegen. Damit entstehen innere Spaltkräfte, die hohe Tragfähigkeiten wie beim Aquaplaning entwickeln können. Insbesondere Gleitringdichtungen mit breiten Gleitflächen in Verbindung mit Welligkeit am Umfang können hydrodynamischen Spaltdruck aufbauen, da das seitliche Abfließen besonders effektiv behindert wird. Das seitliche Abfließen führt aber auch zu Austauschströmungen die selbst gegen abzudichtende Druckdifferenzen zusätzlich zum beschriebenen Konzentrationsausgleich „Leckage“ durch eigenständige Pumpwirkung entgegen der Druckdifferenz erzeugen können. Die oben beschriebenen Effekte der Flüssigkeiten mit nichtnewtonschem Verhalten müssen aber beachtet werden.

5.4.10.2 Technische Oberflächen und Schmierfilmbildung

Die technischen Oberflächen des Dichtspalts bilden makroskopisch zusammen mit dem Fluid das Dichtsystems, wobei beide über Physisorption in Wechselwirkung stehen. Werkstoffe und die Bearbeitung bei der Herstellung stellen neben dem abzudichtenden Medium einen weiteren Partner des Tribosystems. Die üblichen Rauheitsangaben von Mittenauwert R_a, gemittelte Rautiefe R_z oder die maximale Rautiefe R_{max} sind zwar hilfreich für die Beurteilung der Oberfläche, reichen aber für eine abschließende Bewertung in der Dichtungstechnik nicht aus. Vielmehr können Feinststrukturen z. B. durch Schleifriefen aufgrund ihrer Ausrichtung bzw. Kornstrukturen der polykristallinen Werkstoffe aktive Förderstrukturen im Dichtspalt im Sinne der Mikrohydrodynamik bilden und die Dichtwirkung beeinflussen. Neuere Untersuchungen zeigten, dass diese Strukturen und insbesondere die Absättigungen der Oberflächen durch Chemisorption das Reibungsverhalten beeinflussen können. Form- und Gestaltabweichungen der Dichtflächen beeinflussen auf Grund deren Randeinfluss die Dichtwirkung:

- Makroskopisch geometrisch
  - Welligkeit in Umfangsrichtung
  - Unrundheit und Ovalität
  - Exzentrizität
- Mikroskopisch geometrisch
  - Rauheit
  - Struktureller Aufbau der Oberfläche (Schleif- bzw. Läppriefen)
- Werkstofftechnisch
  - Bindungssysteme
  - Kornbildung (Form und Größe)
  - Bindemittel der Polykristallinen Werkstoffe (Keramik)

Werkstoffe können bei entsprechender Konstruktion teilweise die makroskopischen Abweichungen durch ihre Elastizität ausgleichen. Neben der Elastizität sind noch weitere physikalische und chemische Eigenschaften der Werkstoffe wirksam:

- Makro- und Mikroverformung der Bauteile unter Betriebsbedingungen
- Reibungs- und Verschleißverhalten (Härte und Abscherfestigkeit)
- Plastifizierung unter hohen lokalen Temperaturen (Feinverschleißfähigkeit in Verbindung mit der Blitztemperaturhypothese)
- Oxidations- und Korrosionsverhalten (Passivierung und Chemisorption)

Werkstoffentwicklungen tragen diesen Randbedingungen Rechnung. Ein Entwicklungshighlight stellt derzeit die Einführung von DiamodFace® der Firma EagleBurgmann Germany GmbH & Co. KG dar.

5.4.11 Reibung und Verschleiß von Dichtungen

Die im Betrieb aufgewendete Verlustleistung wird in Wärme umgewandelt und muss ständig abgeführt werden, um Überhitzung zu vermeiden.

Unter einer äußeren Last F_N entsteht bei Bewegung zwischen den berührenden Flächen durch Reibung die Reibkraft F_R, das kennt man schon. Die Reibkraft (äußere Belastung) wiederum führt am Werkstoff zu einer Beanspruchung nach **Bild 5.46 links** durch

- Adhäsion und daraus resultierender Scherbeanspruchung
- Plastischer Deformation

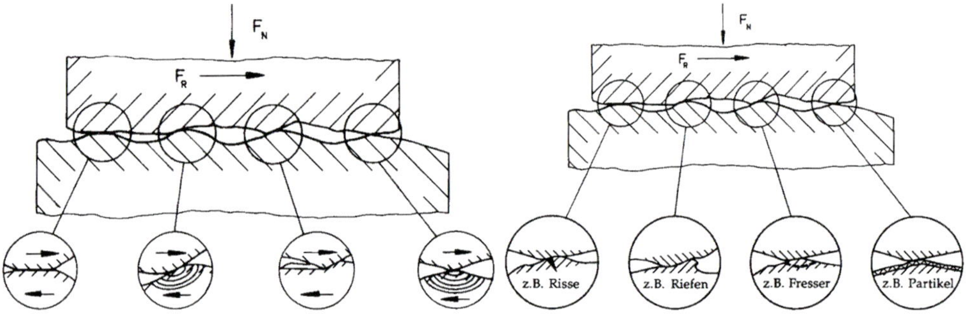

Bild 5.46: Reibungs- und Verschleißmechanismen, Ursache (links) und Wirkung (rechts) [4]

- Furchung
- Elastische Hysterese und Dämpfung

Werkstoffe reagieren dementsprechend sobald die Festigkeit und damit die entsprechenden Werkstoffkennwerte der Abscherfestigkeit bzw. Risswachstum überschritten werden nach **Bild 46 rechts** mit folgenden Schadensbildern:

- Risse von der Werkstückoberfläche in die Tiefe oder Risswachstum (bei keramischen Werkstoffen) in der Tiefe
- Riefenbildung insbesondere durch Furchung
- Fresser mit Ausriss von Materialbestandteilen
- Tribochemische Reaktion mit Partikelbildung an der Oberfläche

Mechanischer Verschleiß wird durch Feststoffanteile (Kristalle) im Schmiermedium begünstigt.

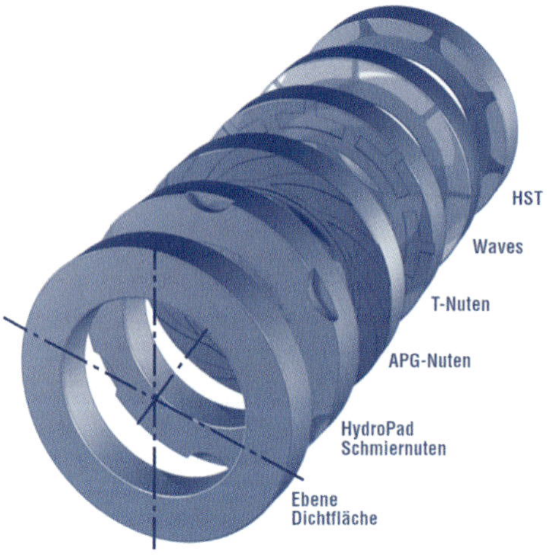

Bild 5.47: Beispiele unterschiedlicher ausgeführter Hydrodynamischer und Aerodynamischer Schmierhilfen (Werkbild Flowserve)

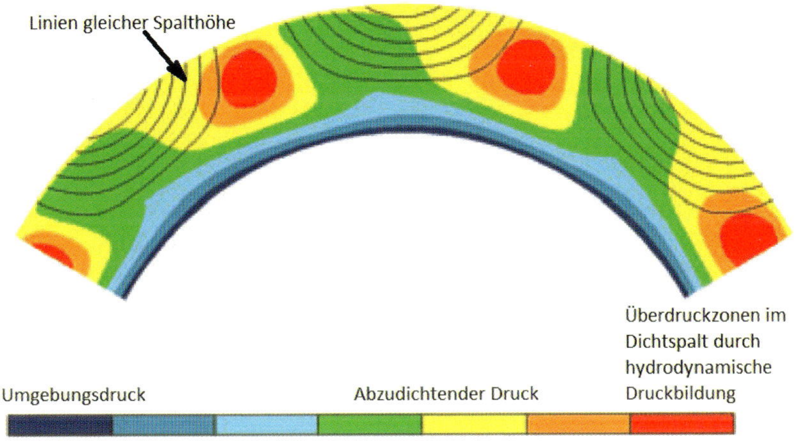

Bild 5.48: Finite Elementrechnung der Spaltdruckverteilung durch Hydrodynamik unter der Annahme einer vorgegebenen Dichtflächen Verformung (Werkbild Flowserve, abgeändert)

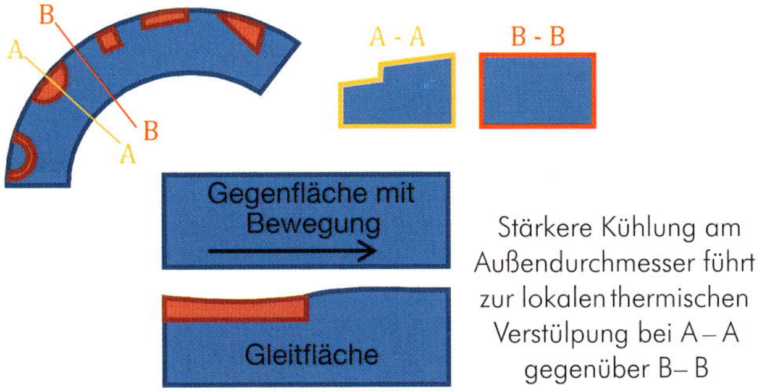

Bild 5.49: Wirkungsweise von hydrodynamischen Schmiernuten

Bei einem Betrieb nahe dem Verdampfungspunkt kommt es im Dichtspalt meist zur stabilen Verdampfung. Wenn nun aber der Betriebspunkt der abzudichtenden Maschine zu nahe am Siedepunkt liegt, kommt es zu früh bei der Druckabsenkung im Spalt zum Phasenwechsel. Die Dichtung läuft dann Gefahr trocken zu laufen. Hydrodynamische Schmierhilfen oder hydrodynamische Entlastungen im Dichtspalt können dann Abhilfe leisten. Bewusst eingebrachte Welligkeiten im Dichtspalt erzeugen dabei in sich verengenden Spaltzonen entlastend hydrodynamische Auftriebskräfte. Sie entstehen aus lokalen Kühlzonen, die eine Welligkeitsverstülpung am Umfang erzeugen. Alternativen sind bereits konstruktiv eingebrachte Welligkeiten am Umfang mit einer Welligkeitsamplitude von wenigen Mikrometern. Beispiele zeigt **Bild 5.47**.

Bild 5.48 zeigt die aus der Hydrodynamik bereits bekannten Druckberge nach einer FE-Berechnung und **Bild 5.49** die Wirkungsweise von hydrodynamischen Schmiernuten.

5.4.12 Betriebsverhalten von Dichtungen

Eine Schrägstellung der Anlagefläche für Gleitringdichtungen nach **Bild 5.50** führt bei Komponentendichtungen in rotierender Anordnung zu Taumelbewegungen des Gleitrings bei jeder Umdrehung und damit zu Axialbewegungen an der dynamischen Nebendichtung des Gleitrings. Man geht davon aus, dass O-Ringe bei langsamen Bewegungen ca. 1/10 ihres Schnurdurchmessers alleine durch Walken aufnehmen können, daher die Begrenzung bei im Mittel 0,2 mm für einen O-Ring von 2,62 mm Schnurdurchmesser. Bei größeren Bewegungen beginnt der O-Ring zu rutschen mit den Folgen:

- Verschleiß des O-Rings
- Verschleiß der Wellenoberfläche bzw. Wellenhülse
- Erhöhte Belastung von Federn und Federführungen

Höhere Drehzahlen (erfahrungsgemäß ab ca. 800 1/min) führen zu dynamischen Belastungen des Werkstoffs mit der Folge:

- Reversible Verhärtung des O-Rings durch viskoplastisches Verhalten des Werkstoffs

Die Grenzlinie in Bild 5.50 der zulässigen Planlaufabweichung ist für zunehmende Drehzahlen daher reduziert.

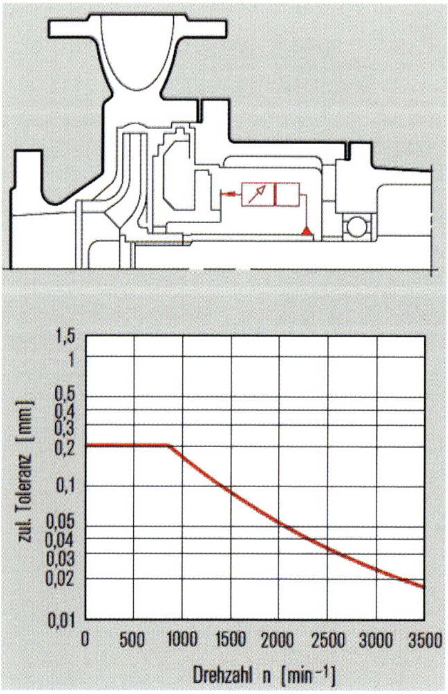

Bild 5.50: Zulässige Planlaufabweichung der Anlagefläche für Dichtungsaufnahmen (Werkbild EagleBurgmann Germany GmbH & Co. KG)

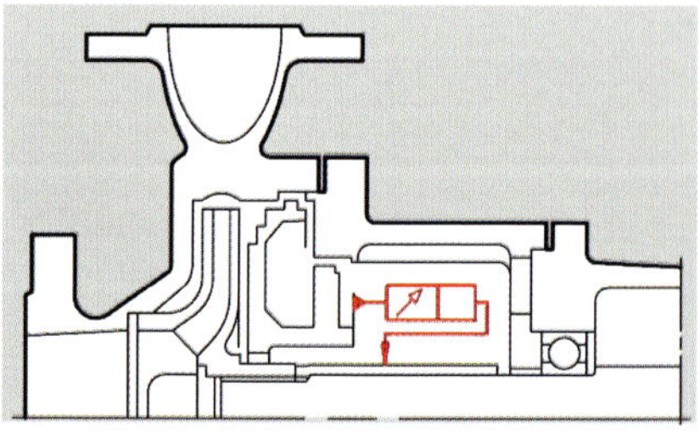

Bild 5.51: Zulässige Rundlaufabweichung der Wellen (Werkbild EagleBurgmann Germany GmbH & Co. KG)

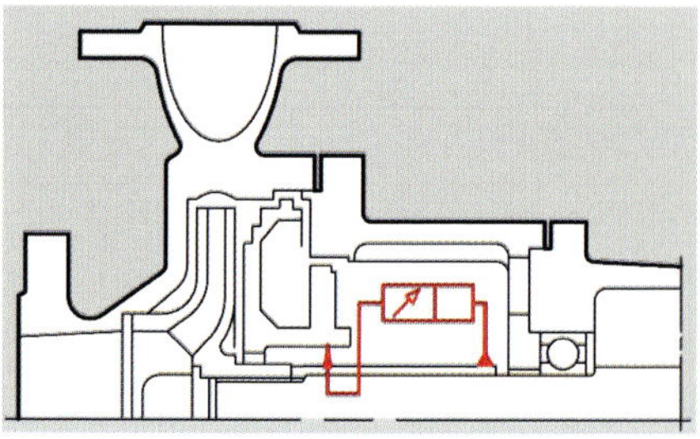

Bild 5.52: Zulässiger Mittenversatz (Werkbild EagleBurgmann Germany GmbH & Co. KG)

Abhilfe: Einbau von stationären Dichtungen zum Beispiel in Vollcartridge Bauweise.

Rundlaufabweichungen nach **Bild 5.51** und **Bild 5.52** müssen vermieden werden, damit die engen Spalte zwischen rotierenden und stationären Dichtungsbauteilen (teilweise lediglich 0,5 mm) nicht aufgebraucht werden und es zum Anlaufen der Bauteile kommt. Exzentrizität von rotierendem zum stationären Gleit- und Gegenring führt außerdem zu Leckage erhöhenden radialen Wischbewegungen während des Umlaufs. Dieser Effekt wird bei schlecht schmierenden Medien z. B. Wärmeträgeröle bei extrem hohen Temperaturen und hohen Umfangsgeschwindigkeiten durch exzentrischen Einbau bewusst eingesetzt.

5.4.13 Mehrfachdichtungen mit Sperrsystemen

Zur Verbesserung der Betriebsbedingungen (Kühlung und Reinigung) einer Einzel- oder Doppeldichtung kann gegenüber einem dead end Betrieb (ohne Flüssigkeitsaustausch im Dichtungsraum) eine interne Zirkulation (Produktseitige Spülung – Flush) in der Pumpe vom Druckstutzen zum Dichtungsraum eingebaut werden. Die Verbindung kann durch eine einfache Bohrung im Rückendeckel oder durch eine externe Verrohrung erfolgen. Der Durchfluss wird über eine Drossel eingestellt. Alternativ kann ein Fremdmedium eingespült werden. Alternativ stehen Quench (atmosphärenseitige drucklose Spülung) nach **Bild 5.53** und Sperrung (bei Doppeldichtungen mit Drucküberlagerung) nach **Bild 5.54** zur Verfügung und verbessern die Betriebsbedingungen von Gleitringdichtungen nachhaltig und steigern die Lebensdauererwartung. Ein sicherer Umgang mit umweltbelastenden Medien ist vor allem durch drucküberlagerte Sperrsysteme gewährleistet.

- Spülung (Flush) wird direkt oder mit zwischengeschalteten Filter oder Zyklon Abscheider auch mit Zwischenkühler zur Wärmeabfuhr oder bei feststoffbeladenen Medien zur Reinhaltung des Dichtungsraums eingespeist. Zur gleichmäßigen Verteilung des Spülstromes

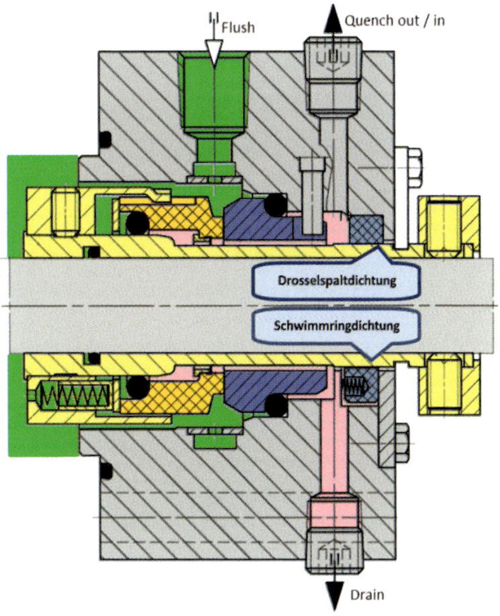

Bild 5.53: Gleitringdichtung mit atmosphärenseitiger Drossel (oben feststehend unten schwimmend) (Werkbild EagleBurgmann Germany GmbH & Co. KG)

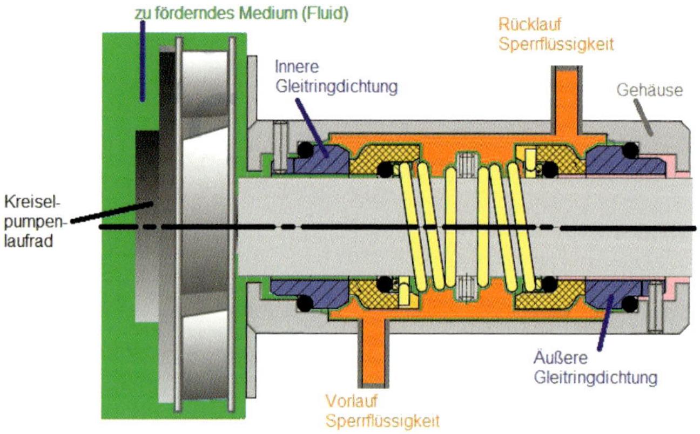

Bild 5.54: Doppelgleitringdichtung (Prinzipbild) mit Sperrflüssigkeitsanschlüssen

kann ein Verteilkanale mit einer Vielzahl von Bohrungen am Umfang (Multi Point Injection) angebracht sein.

- Quench wird zur atmosphärenseitigen drucklosen Spülung durch Flüssigkeit, Dampf oder Gas zum Beispiel bei kristallisierenden oder polymerisierenden Medien, zur Kühlung, zur Beheizung bei Unterschreitung des Stockpunktes, zur gezielten Leckageabfuhr eingesetzt. Der Quench kann geschlossen im Kreislauf oder offen zur Drainage ausgeführt sein. Die Quenchabdichtung an die Umgebung kann durch eine zweite Gleitringdichtung, durch eine Packung, nach Bild 5.53 durch feststehende oder schwimmende Drossel oder durch einen Radialwellendichtring erfolgen.
- Sperrung wird zur Drucküberlagerung von Doppel Gleitringdichtungen nach Bild 5.55, externen Wärmeabfuhr an Wärmetauscher und Leckage Aufnahme und Leckage Nachspeisung (Barrier mit Druck höher als abzudichtender Druck, Buffer mit Druck zwischen abzudichtendem Druck und Umgebung) eingesetzt.

Gleitringdichtungen erfordern je nach Art der abzudichtenden Maschine und Anwendung ein Versorgungssystem (Spül-, Sperr- oder Quenchsystem) mit folgenden Aufgaben:

- Medium bevorraten
  - Leckage ausgleichen
  - Überwachung der Leckage
  - Wärmeausdehnung des Fluides ermöglichen
  - Nachfüllen unter Druck
- Schmierung der Dichtung sicherstellen und Zirkulation ermöglichen
  - Viskosität für Thermosiphon Systeme ohne Zwangsumlauf (z. B. Fördergewinde) $\nu < 10\,\frac{mm^2}{s}$, für Systeme mit Zwangszirkulation (Unterstützung durch Pumpvorrichtung) ist eine höhere Viskosität möglich
  - Eigenförderung z. B. durch Radseitenströmungen der Dichtung berücksichtigen
- Entlüftung sicherstellen
  - Rückflussleitung von der Dichtung zum Behälter an der höchsten Stelle der Dichtung anbringen, Leitungen dabei konstant steigend verlegen (Gasblasen und Luftsäcke führen zu schlechter bis garkeiner Zirkulation)
  - Entlüftung vor Inbetriebnahme

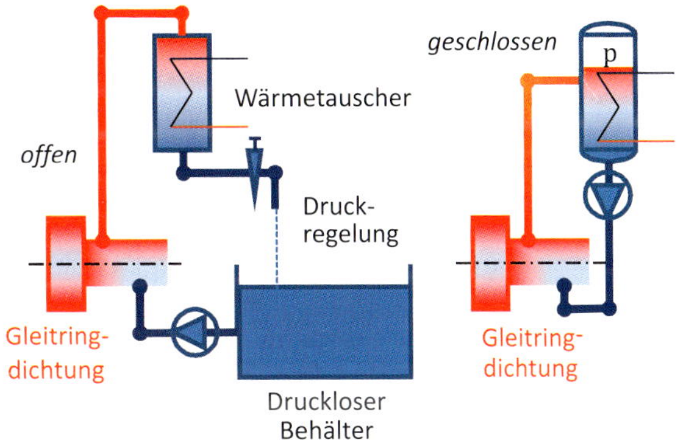

Bild 5.55: Die beiden Grundtypen von Versorgungssystemen (offen und geschlossen)

  - Ungenügende Entlüftung (Gasblasen im Dichtungsraum) führt zu Trockenlauf der Dichtung
- Druck bereitstellen und überwachen für gesperrte Systeme
  - 10 % über dem abzudichtenden Druck, mindestens 2 bar Überdruck zum abzudichtenden Druck
  - Keine zu großen Druckschwankungen, Vorsicht bei Druckbeaufschlagung durch Inert Gas, Druckabsenkung führt zum Ausgasen mit eventuellem Trockenlauf der Dichtungen
- Temperatur überwachen und Wärme abführen
  - normalerweise aus Sicherheitsgründen max. 60 °C am Auslass aus der Dichtung, andernfalls ist ein Griffschutz an der Rohrleitung und am Gehäuse erforderlich
  - Temperaturdifferenz zwischen Vor- und Rücklauf sollte erfahrungsgemäß max. 15 K betragen
  - Wärmeabfuhr an die Umgebung über Luftkühler oder an Kühlwasser über Wärmetauscher
  - Konvektion über Gehäuse und Rohrleitungen berücksichtigen

Man unterscheidet Sperrsysteme nach **Bild 5.55** in:

- Offene Kreisläufe
  - Umwälzung und Druckbeaufschlagung erfolgt durch Umwälzpumpe
  - Bevorratung erfolgt im drucklosen Behälter
  - Wärmetauscher (meist Gegenstrom) entweder im Behälter oder außerhalb angebracht
- Geschlossene Kreisläufe
  - Umwälzung durch Thermosiphon Effekt und/oder Pumpe
  - Gesamtes System ist druckbeaufschlagt
  - Wärmetauscher (meist Gegenstrom) im TS-Behälter oder außerhalb

Bei der Druckbeaufschlagung mit Gas in geschlossenen Systemen muss die Gaslöslichkeit berücksichtigt werden. Bei einer bestimmten Temperatur ist die Menge eines Stoffes, die sich in einem anderen Stoff löst begrenzt. Die Lösung ist gesättigt. Die Löslichkeit von Gasen folgt dem Henry Gesetz und nimmt in den meisten Fällen mit steigender Temperatur ab. Druckabfall z. B. an Druckregelventilen oder Drosselstellen kann zum Ausgasen und nach Ansammlung der Gasblasen damit zu Trockenlauf an den Dichtungen führen (**Bild 5.56**).

Der Thermosiphoneffekt in Sperrsystemen wirkt immer, da der Rücklauf von der Dichtung zu Vorratsbehältern immer wärmer sein soll als der Vorlauf. Der Mengentransport

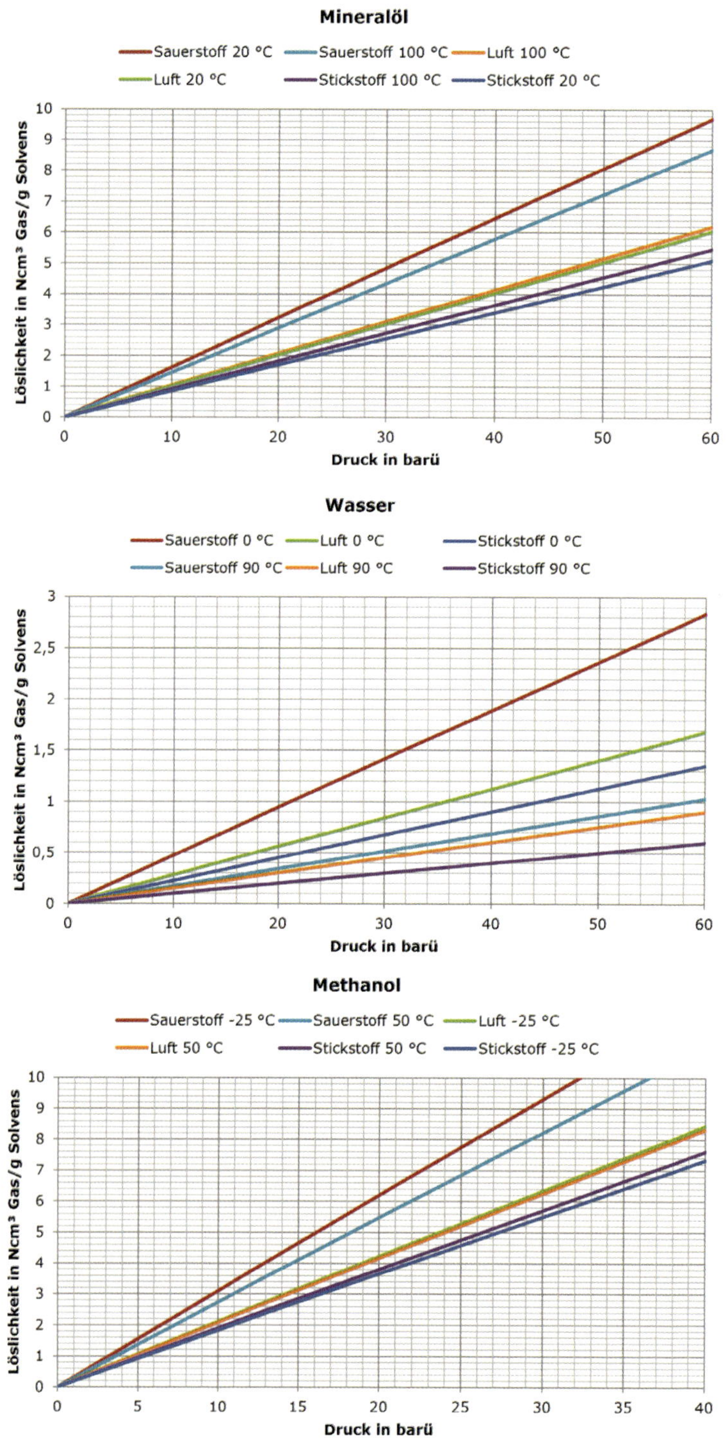

Bild 5.56: Gaslöslichkeit von Sauerstoff, Stickstoff bzw. Luft in typischen Sperrmedien

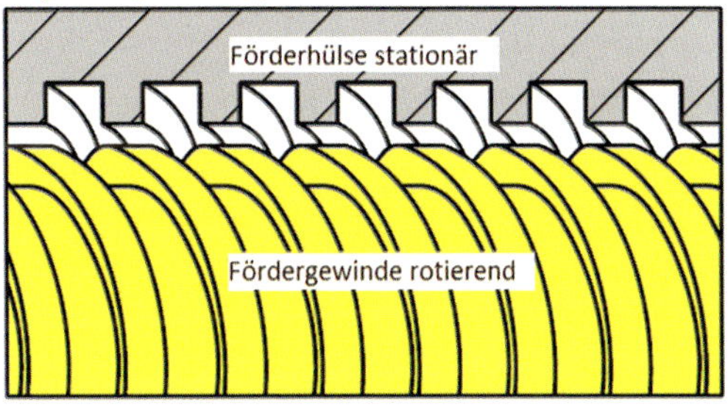

Bild 5.57: Prinzip Bild eines Fördergewindes (Werkbild EagleBurgmann Germany GmbH & Co. KG (angepasst))

ist allerdings aufgrund der sehr geringen Förderhöhe stark begrenzt. Geht man für eine Abschätzung von Flüssigkeitssäulen mit einer üblichen Höhe von ca. 2 m aus, so beträgt die rechnerische Förderhöhe bei adiabaten Verhältnissen (isolierte Leitungen gegen die Umgebung) lediglich wenige Millimeter. Sollte der Effekt zu gering sein, kann durch Isolation der Rücklaufleitung oder sogar durch eine Rohrbegleitheizung während der Startphase der Maschine der Effekt unterstützt werden. Trotz allem ist aufgrund der sehr langsamen Strömungsgeschwindigkeiten eine Umwälzung möglich. Zur Umwälzung und zur Unterstützung des Thermosiphoneffekts wird in vielen Fällen eine integrierte Pumpvorrichtung verwendet. Beispiele sind

- Fördergewinde (**Bild 5.57**)
- Pumpringe
- Radseitenströmungen von rotierenden gegenüber stationären Stirnflächen z. B. an Mitnehmerringen

Die Gesamtkennlinie ergibt sich als hintereinandergeschaltete Pumpeinrichtungen (gleiches Fördervolumen und Addition der Förderhöhen).

Die maximale Förderhöhe eines Fördergewindes lässt sich praxisnah abschätzen mit

$$\Delta p_{max} = \frac{\eta \cdot \omega \cdot L \cdot D}{4 \cdot s^2} \qquad (5.65)$$

Wobei üblicherweise folgende Maße herangezogen werden:

- Gewindewinkel ca. 15°
- Schöpfquerschnitt: Nut Tiefe im Gang 2 bis 3 mm, Gangbreite 5 mm
- Rückflusswiderstand: Spalthöhe s = 0,5 bis 1 mm, Dammbreite 3 mm

Um den Strömungswiderstand des Versorgungssystems klein zu halten, sollte der Rohrdurchmesser so groß wie möglich gehalten werden. Nenndurchmesser von 0,500“ oder R1/2 für normale Installationen oder mit 0,750“ bzw. R3/4 für API Anwendungen in der Öl- und Gasindustrie und Raffinerien haben sich bewährt. Die Anlagenkennlinie (der Strömungswiderstand) eines Versorgungssystems setzt sich zusammen aus hintereinander geschalteten hydraulischen Widerständen (λ- bzw. ζ-Werte) aus:

- Interner Widerstand der Dichtungs-Cartridge (ζ-Werte schwanken stark zwischen 3 und 20 abhängig von der Konstruktion; weniger stark zerklüftet bis stark zerklüftet)

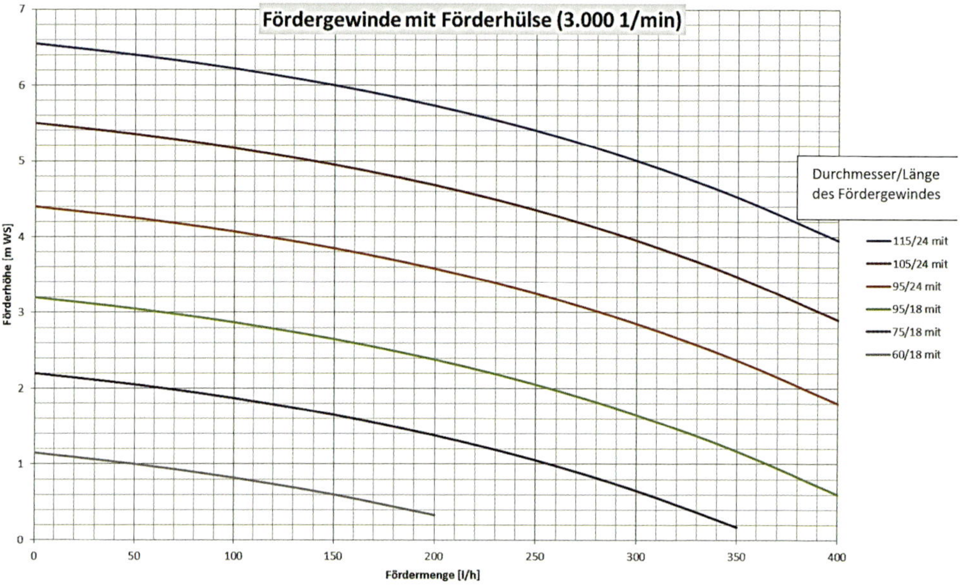

Bild 5.58: Förderkennlinien von exemplarischen Fördergewinden mit Förderhülse (Werkbild EagleBurgmann Germany GmbH & Co. KG (angepasst)

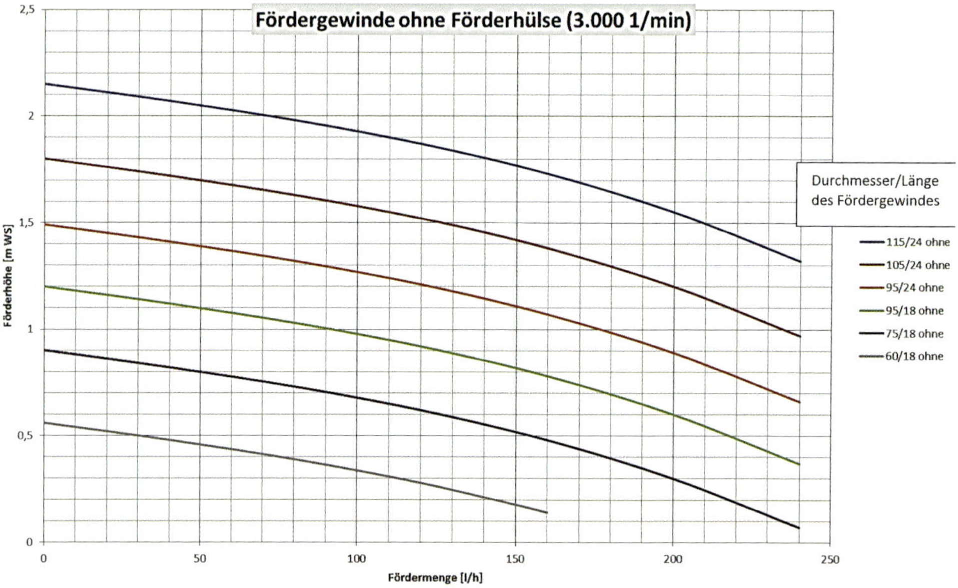

Bild 5.59: Förderkennlinien von exemplarischen Fördergewinden ohne Förderhülse ((Werkbild Eagle-Burgmann Germany GmbH & Co. KG (angepasst)

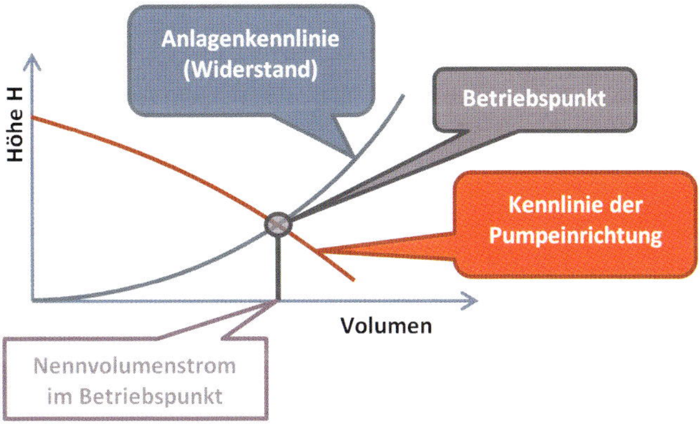

Bild 5.60: Anlagenkennlinie und Pumpenkennlinie mit Betriebspunkt und Nennvolumenstrom

- Rohrleitungswiderstand, Wärmetauschers (λ) abhängig von laminarer oder turbulenter Strömung)
- Widerstand der Fittings
  - Winkelverschraubungen (ζ = 1,0 – 2,0)
  - Einschraubverschraubungen (ζ = 1,0 – 3,0 je nach Durchmesser)
  - Rohrbögen (mit r/D = 1,5; $\zeta \approx 0{,}3$)
- Widerstand der Mess- und Regeleinrichtungen
  - Temperaturmessung
  - Druckmessung
  - Durchflussmessung
  - Ventile
    - Kugelhahn (ζ = 0,1)
    - Absperrventil mit 90° Sitz (ζ = 2,5 – 4,0)
    - Absperrventil mit Schrägsitz (ζ = 1,5 – 2,0)

Der Betriebspunkt ergibt sich dann als Schnittpunkt der Pumpenkennlinie mit der Anlagenkennlinie.

Aus dem Nennvolumenstrom (Massenstrom) im Betriebspunkt des Versorgungssystems kann entweder bei vorgegebener Temperaturdifferenz die abführbare Wärmemenge der Dichtung ermittelt werden oder eher praxisrelevant bei abgeschätzter Verlustleistung (Reibung der Dichtung und Wärmeeintrag/Heat Saok aus der Pumpe) die Temperaturdifferenz berechnet werden.

$$\dot{Q} = \dot{m} \cdot c_p \cdot \Delta T \qquad (5.66)$$

mit
$\dot{m}$ – Massenstrom,
c_p – spezifische Wärmekapazität des Sperrmediums,
T – Temperaturdifferenz.

Je nach Art des Wärmetauschers kann daraus dann die erforderliche Kühlwassermenge bzw. der Arbeitspunkt bei Luftwärmetauscher ermittelt werden. Auf die Auslegung der Einzelkomponenten soll hier nicht näher eingegangen werden.

5.5 Sonderfall Gasdichtung

Gasgeschmierte Gleitringdichtungen stellen eine moderne technologisch ausgereifte Möglichkeit dar, Gase direkt ohne den Einsatz von Hilfseinrichtungen oder flüssigen Sperrmedien abzudichten. Das abzudichtende Gas ist dabei „Schmiermedium" für die Dichtflächen, die unter Zuhilfenahme von Auftriebshilfen (Gasnuten) nach **Bild 5.61**, berührungsfrei arbeiten. Nutstrukturen sind dabei so angeordnet, dass am Ende der Nuten durch Schleppwirkung und Gaskompression nach **Bild 5.62** tragfähige aerodynamische Gaspolster aufgebaut werden. Die Wirkungsweise ist aber prinzipiell mit den hydrodynamischen Schmierhilfen vergleichbar. Die Gleitflächen werden im Allgemeinen breiter als bei Flüssigkeitsdichtungen ausgeführt, um in radialer Richtung einen längeren Drosselspalt bilden zu können und um die aerodynamischen Auftriebshilfen wirkungsvoller zu gestalten. Die Gasfilmsteifigkeit und damit die Zuverlässigkeit der Gasdichtungen nehmen damit deutlich zu.

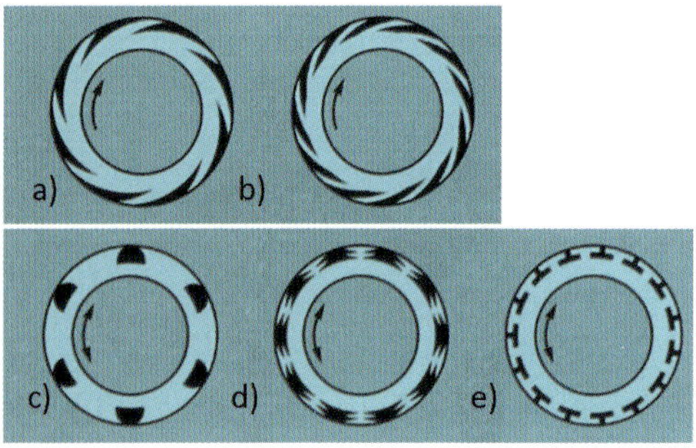

Bild 5.61: Typische Gasdichtungsnuten in der Draufsicht auf einen der Gleitringe; a), b): drehrichtungsabhängig, c), d), e) drehrichtungsunabhängig

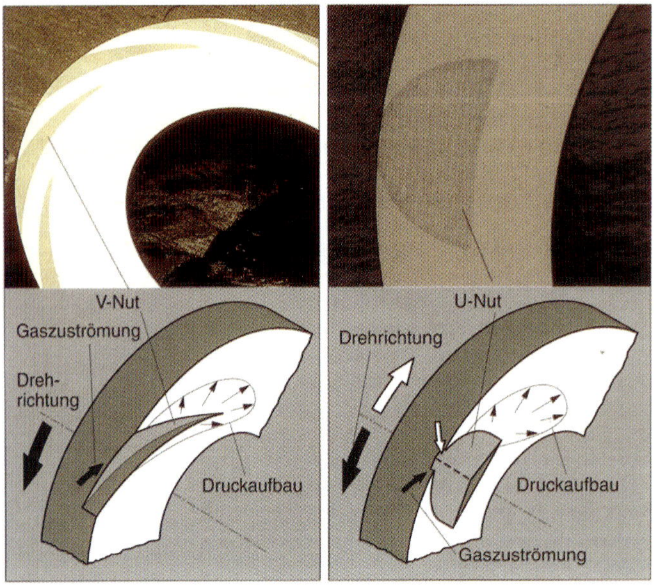

Bild 5.62: Prinzip des Druckaufbaus in Gasdichtungsnuten für drehrichtungsabhängiges und drehrichtungsunabhängiges Design (Werkbild EagleBurgmann Germany GmbH & Co. KG)

Bild 5.63: Pumpendichtung mit nachgeschalteter Pumpengasdichtung nach API 682, 3rd Edition, Konfiguration 2CW-CS; Plan 72, 75, 76 für Medien mit gasförmiger Leckage (z. B. leicht siedende Kohlenwasserstoffe) (Werkbild EagleBurgmann Germany GmbH & Co. KG (verändert))

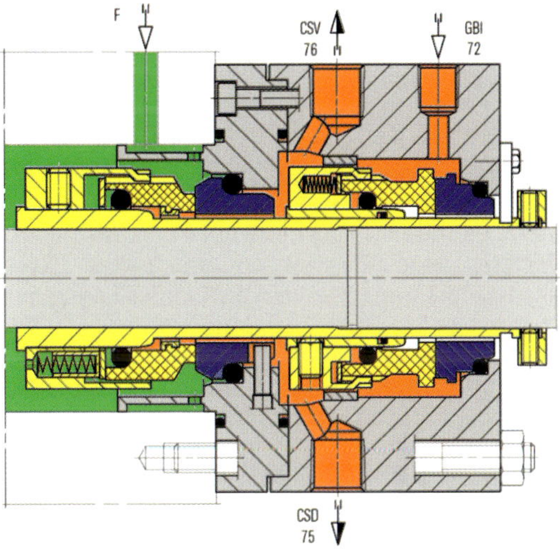

1. Produktseitiger Gleitring
2. Produktseitiger Gegenring
3. Druckring
4. Feder
5. Wellenhülse
6. Zwischenhülse
7. Gehäuse 1
8. Gehäuse 2
9. Drosselring
10. Produktseitiges Drossellabyrinth
11. Zwischenlabyrinth

A. Zirkulationsgas (Flush)
B. Sperrgasrückfluss (Entsorgung zur Fackel)
C. Sperrgaszufluss (Barriergas)
S. Leckage Abfuhr zur Fackel (Drain)
D. Inertgas Zufuhr zur Lagersperrung (Quench)

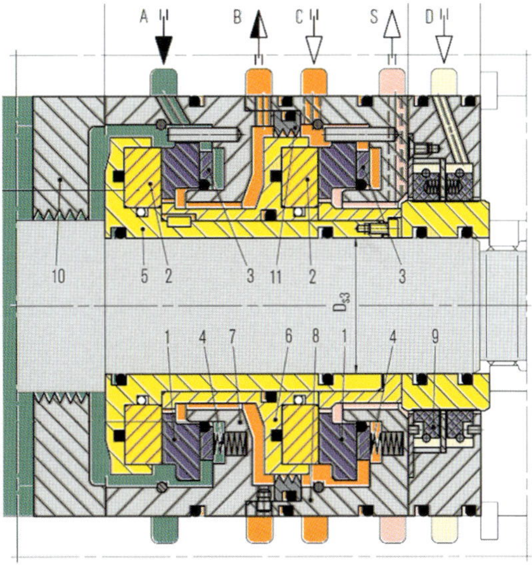

Bild 5.64: Typische Kompressoren Gasdichtung zur Abdichtung gefährlicher Gase (z. B. Prozessgas), Tandemanordnung mit Zwischenlabyrinth mit nachgeschalteter Lagerabdichtung durch segmentierte Schwimmringdrosseln (Werkbild EagleBurgmann Germany GmbH & Co. KG (verändert))

Bild 5.63 zeigt ein typisches Beispiel moderner Dichtungstechnologie für Pumpenabdichtungen bestehend aus einer produktseitigen Flüssigkeitsdichtung und atmosphärenseitigen Gasdichtung, bei der keine Sperrflüssigkeit sondern inertes Gas (Stickstoff) als Sperrmedium verwendet wird. Die Leckage an die Umgebung besteht damit lediglich aus ungefährlichem Stickstoff.

Bild 5.64 zeigt eine Kompressoren-Gasdichtung mit Zwischenlabyrinth, die am häufigsten ausgeführte Variante der modernen Kompressoren Dichtungen. Wenn Produkt-Leckage zur Atmosphäre und Sperrgas-Leckage zum Produkt nicht zulässig sind, z. B. bei Ethylen-, Propylen oder H_2-Kompressoren, wird ein gereinigte Prozessgas eventuell mit Zwischendrucküberhöhung am Anschluss A zugeführt und über das maschinenseitige Labyrinth abgedrosselt. Der Produktdruck wird an der produktseitigen Dichtung abgedrosselt. Das inerte Sperrgas wird am Anschluss C zugeführt, über das Zwischenlabyrinth abgedrosselt und gemeinsam mit dem gedrosselten Sperrgas über den Anschluss B an die Fackel geführt und dort verbrannt. Weiteres inertes Gas wird am Anschluss D zugeführt strömt nach rechts in den Lagerbereich des Kompressors und wird dort in der Lagerölanlage separiert. Der Leckagestrom nach links über die zweite Schwimmringdrossel wird an anderer Stelle S (getrennt von Anschluss B) zu einer anderen Fackelleitung geführt. Für typische Erdgasanwendungen entfallen das Zwischenlabyrinth sowie die Sperrgaszufuhr. Die Separation erfolgt dann ausschließlich über die inerte Versorgung des Sperrbereiches der Lager (Anschluss D).

Moderne Kompressoren Gasdichtungen können heute Drücke bis 600 bar einstufig abdichten.

5.6 Materialverhalten

Gleitringdichtungen selbst bestehen aus unterschiedlichen Komponenten. Montagefertige Einheiten (Cartridge-Dichtungen) haben darüber hinaus noch Gehäuseteile und Wellenhülsen. Die Konstruktion und der Einsatzfall bestimmen dabei die Auswahl der jeweiligen Materialien.

Für die Gleitwerkstoffe stehen folgende Eigenschaften im Vordergrund:

- Hohe Härte: Bedingt Verschleißfestigkeit bei gegebener Feinverschleißfähigkeit zum Einlauf und unter schlechten Schmierbedingungen
- Hoher E-Modul: Bedingt geringe druckbedingte Verformung des Dichtspalts wegen des Einflusses auf die Leckage und den tragenden Bereich im Dichtspalt (geringer Gleitdruck p_g)
- Niedriger thermischer Ausdehnungskoeffizient: Bedingt geringe thermisch bedingte Verformung des Dichtspalt wegen des Einflusses auf die Leckage und den tragenden Bereich im Dichtspalt (geringer Gleitdruck p_g)
- Hohe Wärmeleitfähigkeit: Bedingt gleichmäßige Ausdehnung von Dichtfläche und Rückenfläche der Gleit- und Gegenringe bei höheren Temperaturen, geringe Verwerfung
- Kombination aus hoher Wärmeleitfähigkeit und geringer thermischer Ausdehnungskoeffizient für eine gute Thermoschock Beständigkeit
- Für geschrumpfte Konstruktionen sollte der thermische Ausdehnungskoeffizient der verwendeten Werkstoffe möglichst ähnlich sein, um einen Rückgang der Schrumpfüberdeckung zu minimieren
- Gute chemische Beständigkeit

Eine Übersicht dazu zeigt **Tabelle 5.7**.

5.6.1 Gleitwerkstoffe

Gleitring und Gegenring gleiten unter Betriebsbedingungen aufeinander und bilden den hoch effizienten Drosselspalt zur Minimierung der Leckage aber auch zur Beherrschung der entstehenden Reibleistung. Bezüglich des Verschleißes steht einerseits die Oberflächenhärte im Vordergrund anderseits aber die Feinverschleißfähigkeit zur Anpassung der Gleitflächen im

Tabelle 5.7: Materialien in der Dichtungstechnik und Eigenschaften

Material	E-Modul [N/mm²]	Härte [HV]	Wärmeleitfähigkeit λ [W/m · K]	Wärmeausdehnungskoeffizient α [1/K]	Spannungs-Intensitäts-Faktor K_{Ic} [MPa · $\sqrt{m}$]
Rostfreier Stahl	205.000	bis 500	18	$16 \cdot 10^{-6}$	20 ... 100
SSiC	350.000 ... 420.000	2.400 ... 2.500	90 ... 145	3,2 ... $4{,}5 \cdot 10^{-6}$	3 ... 4,8
SiSiC	280.000 ... 350.000	2.400 ... 2.500	110 ... 120	3,5 ... $4{,}3 \cdot 10^{-6}$	3 ... 5
WC	540.000 ... 640.000	1.300 ... 2.000	35 ... 110	4,0 ... $6{,}6 \cdot 10^{-6}$	10 - 25
Al_2O_3	340.000 ... 400.000	1.600 ... 2.300	18 ... 30	6,6 ... $8{,}5 \cdot 10^{-6}$	2 ... 8
Grafit *	27.000	10	110 ... 165	2 ... $5 \cdot 10^{-6}$	
Kohle (Antimon)	24.000 ... 33.000	100 ... 120	9 ... 22	3,7 ... $5{,}2 \cdot 10^{-6}$	6 ... 10
Antimon **	78.500		24	$10{,}8 \cdot 10^{-6}$	
Kohle (Kunstharz)	17.500 ... 24.000	100	7 ... 18	4,0 ... $6{,}1 \cdot 10^{-6}$	8 ... 12
Kunstharz	200 ... 3.000		0,15	$100 \cdot 10^{-6}$	
Elastomer	20 ... 100		0,15 ... 0,25	$200 \cdot 10^{-6}$	

* Löslich in starken Säuren.

** Hauptvorkommen: Bolivien, Mexiko, Südafrika, China, Russland. Erzabbau belastet die Umwelt stark, wenn die Gesetze zum Schutz der Umwelt nicht eingehalten werden. Die Verwendung wird künftig kritischer betrachtet werden müssen. Gemäß dem globalen harmonisierten System zur Einführung und Kennzeichnung von Chemikalien (EU-Gefahrstoffkennzeichnung) ist Antimon als reizend, gesundheitsschädlich und umweltgefährdend zu kennzeichnen. Antimon wird sehr schnell von den roten Blutkörperchen aufgenommen und in stark durchbluteten Organen angereichert. Von einer Anwendung im Lebensmittel- und Pharmabereich ist daher dringend abzuraten! Antimon ist in Salpetersäure löslich und verhält sich hydrophil.

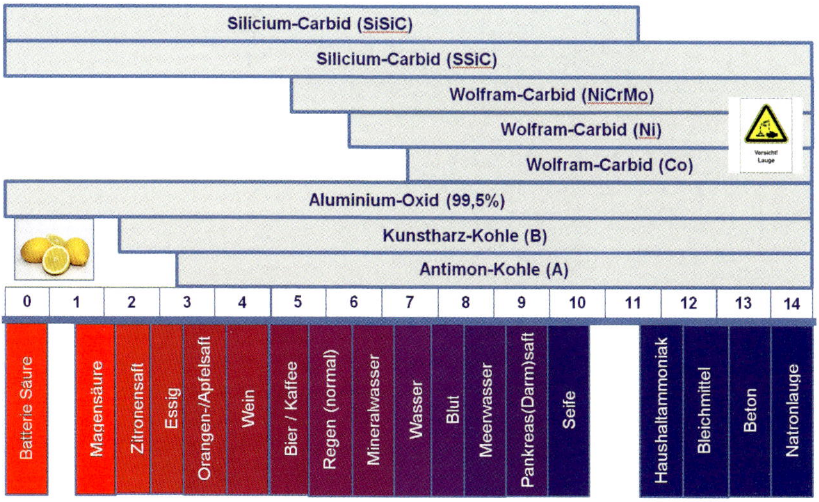

Bild 5.65: Zuordnung der chemischen Beständigkeit von Gleitwerkstoffen und eine Auswahl typischer abzudichtender Fluiden.

Tabelle 5.8: Typische Gleitwerkstoffe und Eigenschaften

Materialtyp	Eigenschaften
Direkt gesintertes Siliciumcarbid (SSiC)	Harter Gleitwerkstoff mit optimaler chemischer Beständigkeit, hervorragende physikalische Eigenschaften
Reaktionsgebundenes Siliciumcarbid (SiSiC)	Harter Gleitwerkstoff mit gute chemischer Beständigkeit (kann nicht für Laugen und nur eingeschränkt für sehr aggressive Säuren eingesetzt werden), hervorragende physikalische Eigenschaften
Wolframcarbid (Cobald Binder, Nickel Binder, Nickel Chrom Molybdän Binder)	Harter Gleitwerkstoff mit je nach Bindertyp eingeschränkter chemischer Beständigkeit, sehr gute physikalische Eigenschaften, schlagfest, Thermoschock gefährdet
Aluminiumoxid	Harter Gleitwerkstoff mit hervorragender chemischer Beständigkeit (bei hoher Reinheit von 99,5 %), Thermoschock gefährdet
Kohle Kunstharz Imprägnierung	Weicher Gleitwerkstoff mit sehr guter chemischer Beständigkeit mit Einschränkung bei pH Werten unter 2
Kohle Antimon Imprägnierung	Weicher Gleitwerkstoff mit guter chemischer Beständigkeit mit Einschränkung bei pH unter 3 für hohe Belastungen, gute physikalische Eigenschaften, wegen der metallischen Imprägnierung eingeschränkte Temperaturanwendungen (unter Berücksichtigung der Erwärmung infolge der Reibleistung) bis ca. 500 °C, erhöhte Blisteringbeständigkeit

Tabelle 5.9: Gleitwerkstoffkombinationen und deren Eigenschaften

Werkstoff-kombination	Eigenschaften
hart – hart	• Erhöhte Verschleißbeständigkeit gegen abrasiv schleißende Partikel wie z. B. Kristalle oder Fasern • Höhere Steifigkeit gegen druckbedingte Verformungen • Gute Wärmeleitfähigkeit beider Gleitpartner, geringe Verformung • Langer Einlaufvorgang mit möglicher erhöhter Leckage • Eingeschränkte Notlaufeigenschaften • Gleichbleibende Spaltform über lange Betriebszeit
hart – weich	• Guter Widerstand gegen Mangelschmierung – Bei Betrieb nahe dem Verdampfungspunkt – Bei partieller Gasbeladung – Bei Schmierfilmabriss durch Überlastung durch starke Scherbewegung im Dichtspalt • Betrieb unter Mischreibung über lange Zeit unter hohem Gleitdruck möglich • Gute Einlauffähigkeiten mit Anpassung der Gleitflächen nach Wechsel der Betriebsbedingungen – Geschwindigkeit durch Drehzahlregelung oder im Start-Stopp Betrieb – Druckwechsel – Temperaturveränderungen

Betrieb. Moderne Gleitringdichtungen verwenden standardmäßig die in **Tabelle 5.8** gelisteten Werkstoffe. Eine Zuordnung der chemischen Beständigkeit von Gleitwerkstoffen und eine Auswahl typischer abzudichtender Fluiden zeigt **Bild 5.65**.

Als Kombination für Gleitring und Gegenring kommen die in **Tabelle 5.9** genannten Paarungen vor. Eigenschaften werden gegenüber gestellt.

5.6.2 Nebendichtungswerkstoffe

Als Nebendichtungswerkstoffe kommen vorwiegend Elastomere in Frage. Die chemische Beständigkeit der Elastomere wird in erster Linie geprägt durch die Zusammensetzung und die Molekülstruktur der Basismonomere. Elastomere haben amorphe Struktur aus Kohlenwasserstoff- oder Silikonketten. Der mittlere Polymerisationsgrad liegt meist über 10.000. Die Vernetzung erfolgt über Peroxid oder Schwefel. Der Vernetzungsgrad ergibt die Härte. Peroxid vernetzte Elastomere gelten im Allgemeinen als „reiner" und werden daher in der Lebensmittel- und Pharmaindustrie sowie der Wasserversorgung bevorzugt.

Fremdstoffe (abzudichtende Fluide) können den Werkstoff durch Permeation durchdringen und sich lösen. Dabei gilt die Grundregel der Chemie „Gleiches löst Gleiches" bzw. „Ähnliches löst Ähnliches". Löslichkeit bezieht sich diesbezüglich auf die Polarität der Moleküle. Als Lösemittel oder Solvens wird ein Stoff bezeichnet, der Gase, Flüssigkeiten oder Feststoffe lösen oder verdünnen kann, ohne dass eine chemische Reaktion stattfindet. Der Vorgang ist reversibel, eine erneute Trennung ist möglich. Die Quellung von Elastomeren ist daher meist reversibel. Eine schlüssige Vorhersage der Lösungseigenschaften ist schwierig. Man unterscheidet

- Aprotische Lösemittel
  - Aprotisch unpolar mit geringem Unterschied der Elektronegativität
    - Ineinander leicht löslich, sehr lipophil, sehr hydrophob, andere starke polare Stoffe sind unlöslich (z. B. kurzkettige Kohlenwasserstoffe, Alkohole, Chlorkohlenwasserstoffe, Salze in Lösung)
  - Aprotisch polar mit starken polaren funktionellen Seitengruppen (Carbonyl-, Nitro-, Nitrilgruppen)
    - Schlechte Mischbarkeit mit unpolaren Lösemitteln, verbesserte Löslichkeit in polaren Stoffen
- Protische Lösemittel
  - Abspaltung eines Wasserstoffatoms aus einer funktionalen Gruppe (Dissoziation)
    - Lösen von Salzen und polaren Verbindungen, Löslichkeit von unpolaren Verbindungen ist gering

Polarität sowohl der Werkstoffe als auch der Fluide wird in erster Linie durch Asymmetrie der Moleküle unter Ladungsverschiebungen infolge unterschiedlicher Elektronegativität der Bindungspartner nach **Tabelle 5.10** erzeugt.

Ungesättigte Bindungen (Doppelbindungen in der Kette) machen die Werkstoffe empfindlich für energetischen Angriff (Wärme, UV-Licht, Strahlung). Infolge der Energie können die Doppelbindungen teilweise gelöst werden. Es entstehen freie Radikale die nachvernetzen (Verhärtung, Versprödung des Werkstoffs) können. Beispiel für Elastomere mit ungesättigten Bindungen (Gruppe R) zeigt **Tabelle 5.11**.

Beispielhaft soll an den wichtigsten Elastomer-Typen für Nebendichtungen in Gleitringdichtungen die Struktur aufgezeigt werden.

Tabelle 5.10: Elektronegativität und Attribute

Δ Elektro-negativität	Bindungstyp	Attribute der Valenzelektronen
0	non polar/kovalent	Elektronenpaar wird zwischen beiden Partnern geteilt Keine Ungleichverteilung der Ladungsträger
0,1 … 0,4	leicht polar	Eines der Atome beansprucht das Elektronenpaar stärker → leichte Ladungsverschiebung
0,4 … 1,7	stark polar	Eines der Atome beansprucht fast ausschließlich das Elektronenpaar
> 1,7	ionische Bindung	Austausch/Abgabe der Bindungselektronen

Tabelle 5.11: Gruppenbezeichnungen, Kennzeichen und Beispiele für Nebendichtungswerkstoffe

Gruppe	Kennzeichen	Beispiel	
R*	Ungesättigte C=C Bindung in der Hauptkette	B N P X4	Butyl-Kautschuk (IIR) Chloropren-Kautschuk (CR) Nitril-Butadien-Kautschuk (NBR) Hydrierter Nitril-Kautschuk (HNBR)
M**	Gesättigte C-C Bindungen in der Hauptgruppe	E K V X5	Ethylen-Propylen-Dien Kautschuk (EPDM) Perfluor-Kautschuk (FFKM) Fluor-Kautschuk (FKM) Tetrafluorethylen-Propylen-Kautschuk (FEPM)
Q	Silikon in der Hauptkette	S	Silikon-Kautschuk (MVQ)
U	C,O und N in der Hauptkette	AU EU	Polyester-Urethan Polyether-Urethan
O	O in der Hauptkette	CO	Epichlorhydrin

* R = Rubber (Gummi)
** M = Mastikation ist ein Herstellprozess (ähnlich dem Kauen), bei dem durch Quetschbewegungen Carbohydrate hergestellt werden

- P – Nitril Butadien Kautschuk 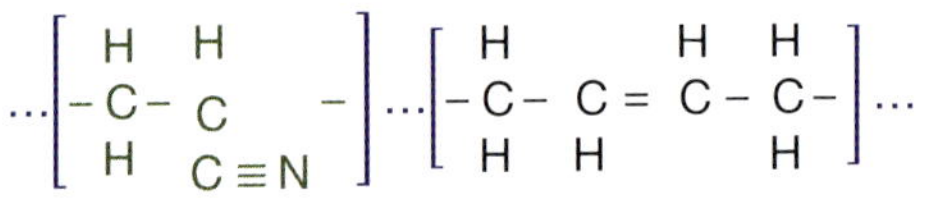

  aprotisch polar wegen Nitril-Seitengruppe

  – Beständigkeit: Reiner Treibstoff, leichtes Mineralöl, Fett, Alkohol, leichte Säuren, Basen, Salzlösungen

- X4 – Hydrierter Nitril Butadien Kautschuk 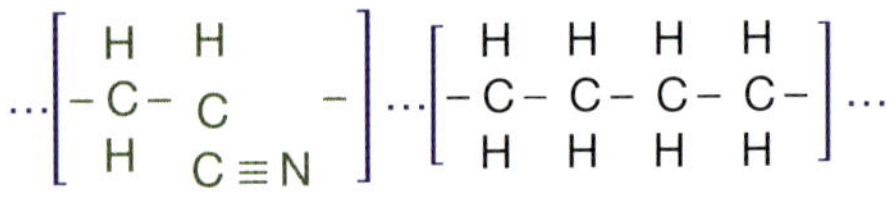

  aprotisch polar wegen Nitril-Seitengruppe

Bild 5.66: Struktur von Perfluor-Kautschuk (Kalrez®)

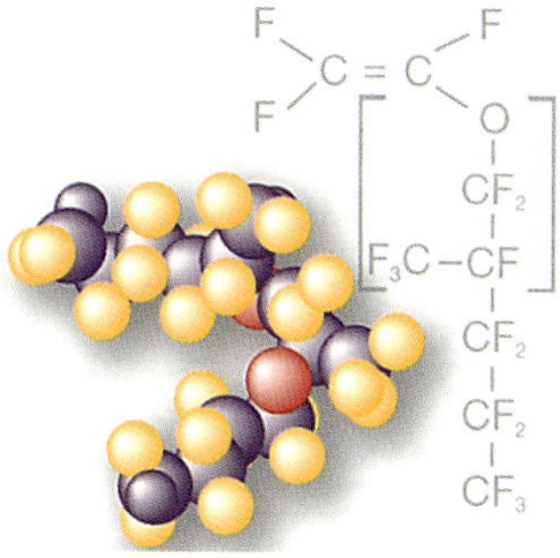

– Beständigkeit: Erhöhte Beständigkeit gegen Heißwasser, Dampf, Strahlung, Ozon, Bewitterung (Verbesserte Beständigkeit durch die Auflösung der Doppelbindung)

- E – Ethylen Propylen Dien Kautschuk 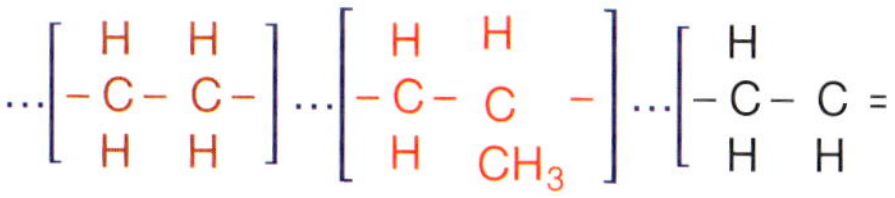

  aprotisch unpolar - hydrophob

  – Beständigkeit: Wasser, Heißwasser, Dampf, Glykol, leichte Säuren, Aceton, Basen, Alkohol, Ketone, Hydraulikflüssigkeiten

- K – Perflour Kohlenstoff Elastomer (**Bild 5.66**)
  inaktiv durch Flourabdeckung der Kohlenstoffkette vergleichbar mit PTFE 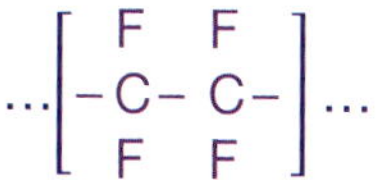

  – Beständigkeit: Exzellente chemische Beständigkeit basierend auf den sehr starken C-F-Bindungen

- V – Fluor Kohlenstoff Elastomer FKM 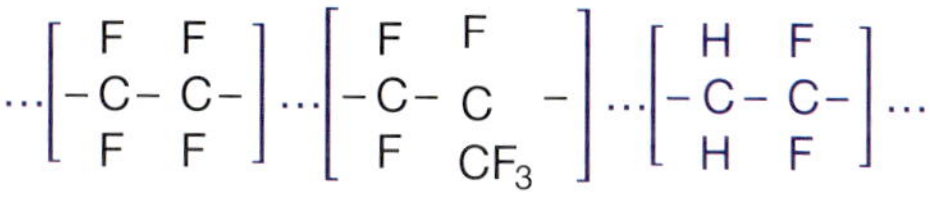

  nach der Vernetzung werden H durch F ersetzt (Flourierung) FFKM (voll gepackt mit F)

  – Beständigkeit: Gute chemische Beständigkeit wegen ähnlicher Struktur wie inaktives PTFE

- X5 – Tetra Fluor Ethylen Propylen Kautschuk 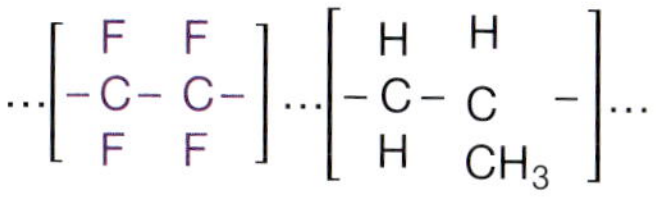

  – Beständigkeit: Vergleichbar mit PTFE höchst inaktiv

- S – Silikon Gummi (MVQ) 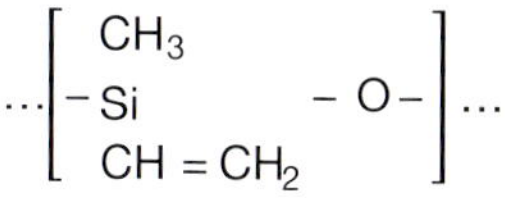

  aprotisch unpolar - hydrophob

  – Beständigkeit: Wasser, Alkohol, Glykol, polare Lösemittel, Phenole, Basen, leichte Säuren

Tabelle 5.12: Verträglichkeit von Elastomeren und Abdichtfluide

Basis Elastomer			
Polare Typen		Unpolare Typen	
Gesättigt (ohne C=C Bindungen)	Ungesättigt* (mit C=C Bindungen)	Gesättigt (ohne C=C Bindungen)	Ungesättigt* (mit C=C Bindungen)
AU, EU, ACM, AEM, FKM	NBR, HNBR, CR	EPM, EPDM	NR, IR, BR, SBR, IIR
		Medien	
Unpolare Typen		Polare Typen	
Kohlenwasserstoffe		Wasser, Dampf	
Mineral Öl Produkte		Alkohol, Glykol (Brems Flüssigkeiten)	
		Säuren, Basen	
		Ester, Ketone	

* Energiegefährdet durch Aufspaltung der Doppelbindung und Nachvernetzung

Eine generelle Aussage über die Beständigkeit von Elastomeren kann nicht gemacht werden. Elastomerhersteller bieten Beständigkeitslisten bei Raumtemperatur. Bei erhöhten Temperaturen oder bei Mischungen bzw. Lösungen von Fluiden muss im Zweifelsfall ein Quellversuch durchgeführt werden. **Tabelle 5.12** bietet aber einen groben Überblick über die Verträglichkeit.

5.6.3 Metallische Teile

Metallische Werkstoffe für Gehäuseteile, Wellenhülsen und Federn werden nach physikalischen (Festigkeit, Härte, Kerbschlagzähigkeit) und chemischen (Korrosionsbeständigkeit) Anforderungen festgelegt. Weltweit stehen etwa 120 unterschiedliche rost- und säurebeständige Stähle zur Verfügung. Die Minimalanforderung bezüglich des Chromanteils an den Legierungen liegt üblicherweise bei 12,5 %. Die chemische Beständigkeit wird durch Carbidbildung erheblich eingeschränkt. Korngrenzenzementit und andere Carbide an den Korngrenzen führen zu selektiver interkristalliner Korrosion mit Zerstörung des Gefüges und Auflösung des Materials.

5.6.3.1 Legierungspartner in rost- und säurebeständigen Stählen

- Ferritbildner
  - C reduziert generell die chemische Beständigkeit durch Segregation und Bildung von Sekundärzementit an den Korngrenzen
  - Cr prägt die Resistenzgrenze von 10,5 % und erhöht die Lochfraßbeständigkeit (verringerte Chlorid Anfälligkeit)
  - Ti (Stabilisierung) bindet vorhandenen Kohlenstoff zu TiC (bindet mehr als Cr) und vermeidet dadurch interkristalline Korrosion und bindet darüber hinaus eingelagerten S zu TiS und erhöht dadurch die Lochfraßbeständigkeit
  - Mo erhöht die Härtbarkeit und Warmfestigkeit und insbesondere die Lochfraßbeständigkeit gegenüber Chlorid haltigen Medien, muss wegen der Bildung intermetallischer Phasen durch erhöhten Nickel Gehalt kompensiert werden

- Austenitbildner
  - Mn erhöht bis 10 % durch bedingte Aushärtbarkeit die Zugfestigkeit und Streckgrenze sowie die Kerbschlagzähigkeit und wirkt desoxidierend (bindet O und S)
  - Ni senkt die Passivierungsstromdichte und erhöht dadurch die Lochfraßbeständigkeit, wirkt in schwach passivierenden, in Chlorid haltigen und in stark oxidierenden Medien gegen Spannungsrisskorrosion. Ab 40 bis 50 % tritt durch Steigerung der Zähigkeit besonders im Tieftemperaturgebiet gar keine Spannungsrisskorrosion mehr auf. Ni-Gehalt über 8 % trägt zur Mischkristallbildung bei. Durch Kornfeinung erhöht Nickel die Überhitzungsempfindlichkeit. Bei 36% Ni-Gehalt hat der Stahl den geringsten thermischen Ausdehnungskoeffizienten
  - N behindert die Bildung intermediärer Phasen wie z. B. CrC, erhöht damit die Lochfraßbeständigkeit, verschlechtert aber die Schweißbarkeit durch Porenbildung
  - Cu ermöglicht den Einsatz von Austeniten in reduzierenden Säuren (Schwefel- oder Phosphorsäure) in Verbindung mit niedrigem C-Gehalt unter 0,02 %

5.6.3.2 Gefügesysteme von rost- und säurebeständigen Stählen für den Einsatz in Dichtungen

- Ferritische Chrom-Stähle mit perlitisch-martensitischer Struktur (Cr-Gehalt 10,5 – 15%, C-Gehalt 0,15 – 1,2%)
  - Hohe Festigkeit (Dehngrenze) von 500 – 600 N/mm², niedrige Kerbschlagarbeit 20 J, schlechte Schweißbarkeit wegen hohem Kohlenstoffgehalt
- Austenite Chrom-Nickel-Stähle mit geringem Anteil an Ferrit (Cr-Gehalt 15 – 26 %, C-Gehalt unter 0,1 %, Ni-Gehalt 5 – 25 %)
  - Eingeschränkte Festigkeit (Dehngrenze) von 180 – 200 N/mm², hohe Kerbschlagarbeit 100 J auch bei niedrigen Temperaturen (Kryogene Anwendungen), gute Beständigkeit gegen wässrige Medien in der Chemie und Dampf, gute Schweißbarkeit
  - Mit Titanstabilisierung kann die Einsatztemperatur der Werkstoffe (Öl- und Gasindustrie, Raffinerie Anwendungen) erhöht werden.
- Duplex Stähle mit austenitisch-ferritischem Mischgefüge (Cr-Gehalt 18 – 25 %, C-Gehalt unter 0,2 %, Ni-Gehalt 4 – 7 %, Mo-Gehalt unter 4 %, geringer Stickstoffgehalt)
  - Haben weniger Ni-Gehalt als Austenite und kombinieren durch das Mischgefüge die Eigenschaften der Ferrite (hohe Festigkeit (Dehngrenze) von 450 – 500 N/mm²) und Austenite (hohe Zähigkeit mit Kerbschlagarbeit 100 J ohne Steilabfall im Niedrigtemperaturbereich)
  - Chemische Beständigkeit ist im Allgemeinen vergleichbar zu Austeniten mit erhöhter Lochfraßbeständigkeit
- Super-Duplex Stähle mit austenitisch-ferritischem Mischgefüge (Cr-Gehalt 16,5 – 25 %, C-Gehalt unter 0,1 %, Ni-Gehalt 6 – 8 %, Mo-Gehalt unter 5 %, geringer Stickstoffgehalt)
  - Haben gegenüber Duplex Stählen höheren Mo-Gehalt der durch höheren Ni-Gehalt kompensiert werden muss. Festigkeit ist weiter erhöht (Dehngrenze von 530 N/mm² bei Kerbschlagarbeit 100 J). Beständigkeit gegen Lochfraß ist extrem gut für Anwendungen in Seewasser, Entsalzungsanlagen, Abwasser, aggressive Chlorid-haltige Medien, Offshore-Industrie.

Maßgebliche Kenngröße für die chemische Beständigkeit von rost- und säurebeständigen Edelstählen ist das Lochfraß-Widerstandsäquivalent (Wirksumme) die PREN (Pitting Resistance Equivalent Number). Unterschieden wird in Seewasserbeständigkeit

$$\text{PREN} = 1 \cdot (\%\,\text{Cr}) + 3{,}3 \cdot (\%\,\text{Mo}) + 16 \cdot (\%\,\text{N}) \geq 32 \qquad (5.67)$$

und nach NACE (National Association of Corrosion Engineers) für den Einsatz in schwefelwasserstoffhaltigen Medien in der Öl- und Gasgewinnung unter der Berücksichtigung von Wolfram

$$PREN = 1 \cdot (\%\ Cr) + 3{,}3 \cdot (\%\ Mo + 0{,}5 \cdot (\%\ W)) + 16 \cdot (\%\ N) \quad (5.68)$$

≥ 40 für rost- und säurebeständige Stähle (SS-Stähle)

≥ 30 für Molybdän Stähle ($Mo > 1{,}5\,\%$)

Darüber hinaus stehen noch eine Vielzahl von Sonderlegierungen z. B. Nickel-Basis Legierungen, Titan oder Zirkonium zur Verfügung.

5.7 Die häufigsten Schäden

Typische Schäden an Gleitringdichtungen sind den folgenden Abbildungen zu entnehmen[13] .

- Chemischer Angriff durch Korrosion der metallischen und keramischen Bauteile
- Überlastung der Gleitflächen
  - mit Ausplatzungen durch Blistering
  - Wärmespannungsrisse
  - Antimonaustritt (Schmelzen) bei Kohleringen durch Überhitzung
- Mechanische Schäden
  - Überlastung der Gleitflächen mit Riefenbildung
  - Kantenabplatzer keramischer Bauteilen (Montagefehler oder durch Bauteilberührungen während des Betriebs)
  - Schwingungsschäden
- Thermische Überlastung der Nebendichtungen
- Ablagerungen

Bild 5.89: Korrosion an metallischen Bauteilen aus rost- und säurebeständigem Stahl

Bild 5.90: Elektrochemische Korrosion an SiSiC

Bild 5.91: Selektive Korrosion an SiSiC

13 Alle Abbildungen über Schäden: Werksbilder EagleBurgmann Germany GmbH & Co. KG

Bild 5.92: Schäden durch Blistering an der Kohle – großflächig

Bild 5.93: Schäden durch Blistering am Kohlering – einzelne Ausbrüche

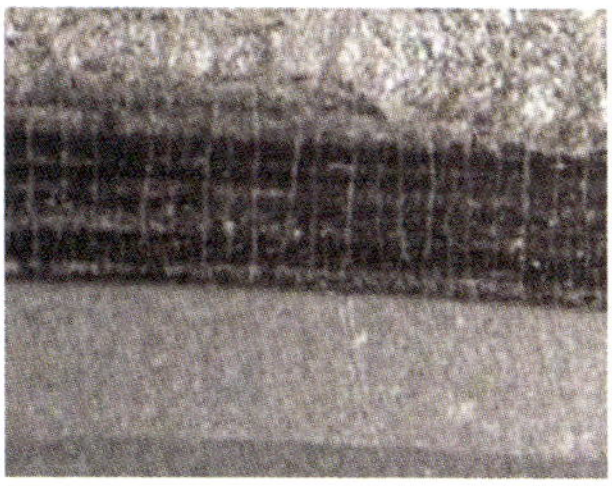

Bild 5.94: Wärmespannungsrisse an der Kohle

Bild 5.95: Antimonaustritt in der Gleitfläche durch Temperaturen über 904 K (Schmelztemperatur von Antimon)

Bild 5.96: Riefenbildung in Umfangsrichtung infolge schlechter Schmierung

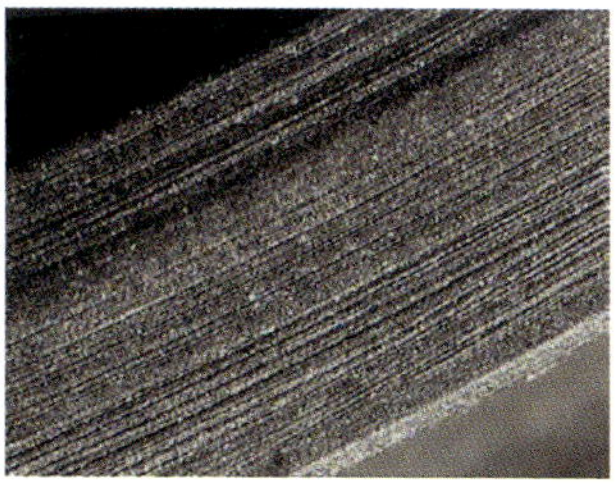

Bild 5.97: Starke Reifenbildung in Umfangsrichtung durch Mangelschmierung

Bild 5.98: Kantenabplatzer durch mechanische Überlastung

Bild 5.99: Schwingungsschaden am metallischen Bauteil

Bild 5.100: Dauerschwingungsschaden an einem Metallfaltenbalg

Bild 5.101: Thermische Überlastung der Nebendichtung (O-Ring)

Bild 5.102: Ablagerungen

Bild 5.103: Starke Ablagerungen

Bild 5.104: Starke Ablagerungen

5.8 Ausblick

Die Entwicklung der Gleitringdichtungen geht trotz des hohen Alters des Maschinenelementes von über 150 Jahren unaufhaltsam weiter. Innovationen gehen Richtung neuer Anwendungen und höherer Einsatzbedingungen und insbesondere in die Entwicklung neuer Werkstoffe. Durchmesser sind heute bis jenseits 1 m Wellendurchmesser möglich. Die Gleitringe sind dabei allerdings nicht mehr einteilig herstellbar. Segmentierte Ringe aus Kohle werden in metallische Trägerringe eingeschrumpft und die gemeinsame Gleitfläche der Segmente bearbeitet. Die Stoßspalte sind dabei nahezu nicht mehr sichtbar. Als Gegenlaufwerkstoff wird dafür meist Metall (Gusswerkstoff Messing) eingesetzt.

Neueste Anwendungen im Hochdruckbereich z. B. bei der weiteren Ausbeutung von Tiefsee Ölvorkommen stellen neue Herausforderungen für statischen Druck bis über 1.000 bar dar. Der Druck bei Erdgasreinjektionen zur Speicherung in Kavernen liegt mittlerweile jenseits 600 bar. Wasserinjektion zur Verbesserung der Ausbeute von zur Neige gehenden Erdöllagerstätten stellt hohe Ansprüche. Extremdrücke liegen bei jenseits 500 bar. Dabei kann jeweils über FE Rechnung insbesondere die Verformung der Bauteile mit hoher Genauigkeit im Vorfeld simuliert werden. Temperaturen können heute in der Praxis bis über 450 °C beherrscht werden. Kryogene Anwendungen z. B. bei Flüssiggas gehen bis unter –250 °C. Auch dazu stehen für Simulationen heute gute Berechnungsmethoden (Optimierung und Berechnungsroboter) und hohe Rechnerleistung für die Berechnung instationärer Vorgänge zur Verfügung.

Drehzahlen bei Kompressoren Anwendungen gehen heute weit über 40.000 1/min hinaus. Die Gleitgeschwindigkeiten und die Belastungen dieser Dichtungen liegen daher um ein Vielfaches höher als in der Vergangenheit. Insbesondere die heute zur Verfügung stehenden Berechnungsmethoden (FEM und CFD) erweitern die Möglichkeiten nicht nur für Gasdichtungen. Dabei stehen Berechnungen im Finiten Elemente Bereich für Verformungen im Submikrometerbereich und Belastungen durch Temperaturverteilung und Druck sowie in der Fluiddynamik im Vordergrund.

Insbesondere instationäre Vorgänge infolge Veränderungen der Betriebsbedingungen z. B. durch Drehzahlregelungen zur Energieeinsparung stellen neue Aufgaben. Und damit sind wir am Kern der Innovationen in der Dichtungstechnik. Noch vor Jahren stand die Mechatronik, die Überwachung der Dichtungen, die Schadensfrüherkennung im Fokus der Entwicklungen. Die Erwartung war dabei, dass zwar unmittelbar nach Eintritt der Störung der Schaden eintritt aber sie im Vorfeld zur Vermeidung erkannt werden kann. Im nächsten Schritt konzentrierten sich die Entwicklungen daher auf die Störungsfrüherkennung aus den Betriebsbedingungen der Maschinen. Der Aufwand war aber meist um ein Vielfaches höher als die Kosten für die Dichtung. Diese Entwicklungsrichtung endete daher ebenfalls in einer Sackgasse der Evolution. Druck- und Temperaturmessungen direkt im Dichtspalt sind mit Dünnschichtsensoren heute möglich. Der Schutz der Sensoren vor Verschleiß erfolgt durch eine extrem dünne und harte Verschleißschutzschicht. Die Lebensdauer der Sensoren und die Zuverlässigkeit sind aber immer noch stark begrenzt.

Neueste Entwicklungstendenzen konzentrieren sich auf die Weiterentwicklung von Gleitwerkstoffen und gehen wieder zurück Richtung robuster, verzeihender, verformungsarmer oder teilweise genau gegenläufig extrem elastisch anpassungsfähige Konstruktionen. Dazu sind aktuelle Berechnungsmethoden bezüglich der Verformung und des Wärmehaushalts hilfreich. Anpassungsfähige Gleitwerkstoffe auf Basis von Silicium Carbid mit erhöhtem Kohlenstoffanteil zur Verbesserung der „Notlaufeigenschaft“, Werkstoffe mit künstlich eingebrachten Poren zur

Bevorratung von „Schmierstoff“, DLC (Diamond like Carbon) Beschichtungen oder kristalline Diamantschichten von wenigen µm Dicke erhöhen die Verschleißbeständigkeit der Dichtungen um ein Vielfaches. Wunder kann man allerdings auch davon nicht erwarten. Insbesondere technischer Trockenlauf ohne minimale benetzende Feuchtigkeit können auch diese Werkstoffe nicht überleben. Reibungsreduzierungen mit Reibzahlen von unter 0,01 sind damit aber realistisch. Die Vision der grünen Dichtungstechnik mit stark reduzierter Energieumsetzung in Wärme ist im Bereich der Realisierbarkeit.

Grundsätzliche Literatur

[1] VDMA, Fachverband Fluidtechnik. Dichtsysteme für dichtungstechnische Anwendungen, Schadensatlas, Frankfurt 2005
[2] Meschede, D.: Gerthsen Physik, 23. Auflage, Springer 2005, ISBN-10 3-540-25421-8, (Abb. 3.45) Seite 111
[3] Buck, G. S.; Chen, Tsu Yen (John Crane Inc.): An Improved Heat Soak Calculation for Mechanical Seals, Proceedings of the Twenty-Sixth international Pump Users Symposium, 2010
[4] Czichos, H.; Habig, K.-H.: Tribologie-Handbuch. Wiesbaden: Friedrich Vieweg & Sohn, 2003. ISBN 978-3-528-16354-9
[5] Dubbel, Taschenbuch für den Maschinenbau. [Hrsg.] K.-H. Grote und J. Feldhusen. 22. Auflage, Springer Verlag, Berlin, Heidelberg, New York, 2007. ISBN 978-3-540-49714-1
[6] Wisniewski, M.: Handbuch der Tribologie Band 9, Elastohydrodynamische Schmierung, Expert Verlag, Renningen, 2000. ISBN 3-8169-1745-3
[7] Müller, H. K.; Nau, B. S.: Fluid Sealing Technology, Verlag Marcel Dekker Inc., New York, 1998. ISBN 0-8247-9969-0
[8] Müller, H. K.; Nau, B. S.: www.fachwissen-dichtungstechnik.de (online)
[9] Waidner, P.: Vorgänge im Dichtspalt wasserabdichtender Gleitringdichtungen, Inst. für Maschinenelemente und Gestaltungslehre, Dissertation,Stuttgart, 1987
[10] Weißbach, W.: Werkstoffkunde. 16. überarbeitete Auflage. Wiesbaden: Friedrich Vieweg & Sohn Verlag, 2007. ISBN 978-3-8348-0295-8.

6 Radialwellendichtringe

6 Radialwellendichtringe

Eberhard Bock, Tim Leichner

6.1 Anfänge des Radialwellendichtrings

Die Notwendigkeit der Abdichtung von Wellen im Fahrzeug- und Maschinenbau bestand schon sehr früh, aber die Mittel dazu waren entsprechend des Standes der Technik bescheiden. Das Temperatur- und Drehzahlniveau im Maschinen- und Fahrzeugbau war niedrig, reichliche Schmierung mit hochviskosen Schmierstoffen oder Fett war üblich und Verluste durch Tropfleckage wurden in Kauf genommen. Erst um 1930 entstanden spezielle Wellenabdichtungen als Einbauelement für Gehäusedurchgänge, um die Dichtungen aus textilen Stoffen, vor allem Filz, abzulösen. Diese ersten Radialwellendichtringe (RWDR) hatten eine Dichtlippe aus Leder, das mit Chromsulfat gegerbt wurde, dem sogenannten Chromleder. Das Leder wurde zur Befestigung in ein dreiteiliges Metallgehäuse eingespannt. Die zur Abdichtung notwendige Radialkraft wurde zum größten Teil von einer aufgelegten Wurmfeder aufgebracht. Der Vorteil lag primär in der besseren Dichtwirkung. Die zulässige Dauertemperatur der Dichtlippe aus Leder war aber noch auf maximal 90 °C beschränkt.

Mit dem Aufkommen niedrigviskoser Schmierstoffe, die zu schnellerer Durchölung des abzudichtenden Aggregates in der Kaltstartphase und zu niedrigeren Reibungsverlusten in den Lagern benötigt wurden, genügten diese Dichtungen nicht mehr.

Sobald der synthetische Kautschuk industriell herstellbar wurde, begann um 1937 die Entwicklung von RWDR auf einer ganz neuen Basis. Das neue Dichtelement hatte eine Dichtlippe, die aus einem Elastomer in einem geschlossenen Werkzeug durch Verdrängung und anschließender Vulkanisation des Kautschukrohlings (Formpressverfahren = Compression Molding) geformt wurde. Der Erfinder dieses Dichtungstyps war Walter Simmer, nach dem dieses neuartige Maschinenelement Simmerring® benannt wurde. Diese neuartige Dichtlippe wurde zunächst noch analog zur Lederdichtung in ein dreiteiliges Gehäuse gepresst, bis später durch Fortschritte in der Elastomer- und Bindungstechnologie die Dichtlippe an das sogenannte Versteifungsblech anvulkanisiert werden konnte.

Der Vorteil dieses Simmerring®-Radialwellendichtrings war die mit einer Dichtkante und einer Federnut versehene Dichtlippe, die die Dichtfähigkeit durch die Eigenschaften des Elastomers entscheidend verbesserte. Schon in der Patentschrift von 1938 wurde eine Dichtlippenform gezeigt, wie sie in leicht veränderter Form noch heute eingesetzt wird (**Bild 6.1**). Die dort schon vorgeschlagenen Gitter- und Rautennetze auf der bodenseitigen Kontaktfläche hinter der Dichtkante sind als Vorläufer heutiger Rückförderstrukturen (vgl. Kapitel 6.2.3), für extreme Abdichtverhältnisse erkennbar.

Die Bedeutung der Entwicklung des Simmerring®-RWDRs sollte sich erst in den folgenden Jahren herausstellen, in denen sowohl die Dichtungsprofile und -werkstoffe als auch die Kühl- und Schmierstoffe eine enorme Weiterentwicklung erfahren haben. Zunächst waren niedrigviskose Schmierstoffe, wie z. B. Motorenöle, bis 100 °C Spitzentemperatur sicher abzudichten. Mit dem Aufkommen von leistungsfähigen Elastomeren stieg die zulässige Maximaltemperatur deutlich an. Parallel dazu wurden die Schmierstoffe hinsichtlich ihrer Leistungsgrenzen weiterentwickelt. Das wiederum erlaubte den Motorenbauern, den Bauraum und das Gewicht durch höhere Leistungsausbeute zu vermindern und gleichzeitig das umlaufende Ölvolumen zu reduzieren. Diese gegenseitige Abhängigkeit führte zu einer engen Zusammenarbeit zwischen den Dichtungs- und Schmierstoffherstellern und den Motorenbauern und bestimmt bis heute die technische Entwicklung.

Die moderne Dichtringentwicklung erreichte in den 1980er Jahren mit der Erfindung des Polytetrafluorethylens (PTFE)-RWDRs einen Höhepunkt. PTFE ist wesentlich weniger elastisch als Elastomer, hat aber den Vorteil der höheren chemischen und thermischen Robustheit. Es widersteht auch aggressiven Medien bei Temperaturen bis 200 °C, kurzzeitig bis 300 °C. RWDR aus PTFE-Mischungen werden für unterschiedliche Industrieanwendungen, aber auch im Verbrennungsmotor als Kurbel- und Nockenwellendichtung eingesetzt. Aktuell geht die Entwicklung wieder in die Richtung hochwertiger Elastomere, die mit modernen Mischungen ebenfalls in der Lage sind, Temperaturen von über 200 °C und Säuren bis pH1 dauerhaft Stand zu halten.

An das Maschinenelement Radialwellendichtring werden prinzipiell hohe Anforderungen gestellt, die sowohl von der technischen und umwelttechnischen als auch von der betriebswirtschaftlichen Seite geprägt sind. Das sind:

- statische und dynamische Dichtheit
- Zuverlässigkeit und geringer Verschleiß bei langer Lebensdauer
- kleine und kompakte Baugröße
- geringe Kosten
- niedrige Verlustleistung im Betrieb
- gute Ersatzteilversorgung

Deshalb geht der Trend insbesondere in der Automobilindustrie dahin, möglichst reibungsarme Dichtringe zu entwickeln, um dadurch die Verlustleistung und den Verschleiß im Kontakt

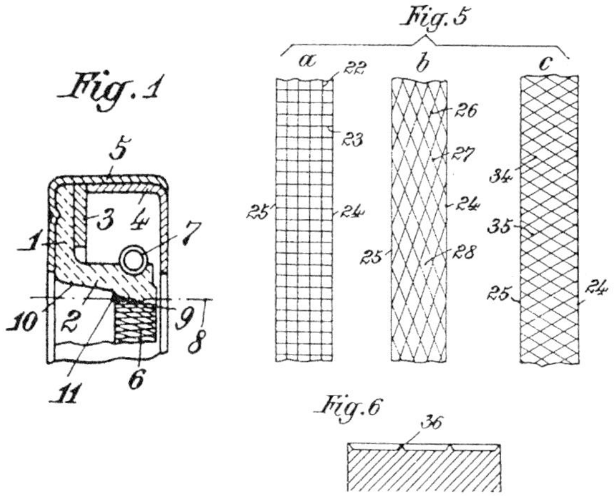

Bild 6.1: Auszug aus der Patentanmeldung der ersten Elastomer-RWDR – 1938

zur rotierenden Welle niedrig zu halten und die Lebensdauer zu steigern. Um möglichst große Stückzahlen eines Dichtrings produzieren und so die Kosten niedrig halten zu können, sollte der Konstrukteur bereits in der Konzeptionsphase den hohen Stellenwert des RWDR berücksichtigen und möglichst genormte Größen nach DIN 3760 vorsehen [1]. Die konstruktiv anders gestalteten RWDR mit PTFE-Dichtlippen (siehe Bilder 50 b) und d)) sind nach internen Werksnormen der Dichtungshersteller definiert. Die äußeren Abmessungen beider RWDR-Typen sind nach Norm identisch. Damit sind die Dichtelemente austauschbar.

6.2 Dichtungstechnische Begriffe und Grundlagen

Das Kapitel beschränkt sich auf die wichtigsten dichtungstechnischen Grundlagen und Begriffe. Für weitere Informationen wird auf vorhandene Literatur der Dichtungstechnik und auf eine Vielzahl von Dissertationen verwiesen, vgl. [3 bis 16; 21; 22; 49; 55; 56; 60, 69-71, 73]. Die Dichtungshersteller erläutern in ihren Katalogen und Schriften zwar Begriffe, gehen mit wenigen Ausnahmen [z. B. 17 bis 19; 53] aber nicht auf die tribologischen Grundlagen ein.

Neben der einschlägigen Literatur bietet auch das Internet heutzutage eine Vielzahl an aktuellen Informationsquellen und guten Ausarbeitungen In diesem Kapitel werden allerdings ausschließlich die Beiträge bekannter Autoren, Institute und Hersteller genannt.

Für die Elastomer-RWDR wurden in der DIN 3761 [2] zur eindeutigen Verständigung über die konstruktive Gestaltung oder Fehler und Schäden einheitliche Bezeichnungen für alle funktionswichtigen Stellen geschaffen (**Bild 6.2**).

Das einfache RWDR-System besteht aus vier Hauptkomponenten: dem Radialwellendichtring oder auch Dichtelement genannt, der Welle oder auch Gegenlauffläche genannt, dem Gehäuse, das oft auch als Dichtringaufnahme bezeichnet wird und dem abzudichtenden

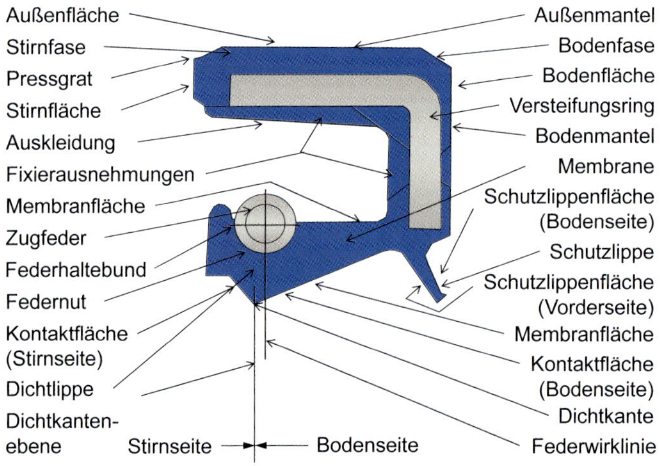

Bild 6.2: Bezeichnungen nach DIN3761

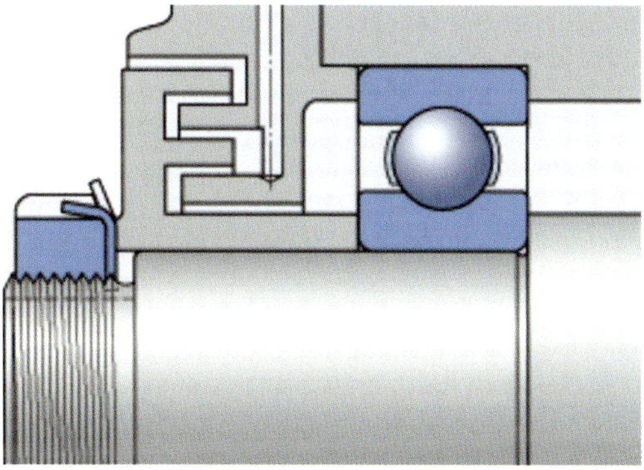

Bild 6.3: Externe Labyrinthdichtung: mit axial verlaufenden Spalten [72]

Medium, dem Schmier- und Kühlstoff bei Öldichtungen. Schmutzschutzdichtungen müssen ohne kühlendes Flüssigschmiermittel auskommen und werden, wenn möglich, mit Fett geschmiert [55].

Das Innere des Aggregats wird bezüglich des Dichtsystems als Öl- oder auch Stirnseite, der Außenbereich als Luft- oder Bodenseite bezeichnet (**Bild 6.3**). Die Spiralfeder liegt in der Federnut, ist umlaufend und erzeugt neben der Elastomerspannung rund die Hälfte der benötigten Radialkraft als Voraussetzung für die Dichtfunktion. Die weiche Elastomerstruktur des Dichtelements wird durch den Versteifungsring gestützt, der es auch ermöglicht, dass der RWDR über die Gehäuseabdichtung (Nebenabdichtung am Außenmantel) in das Gehäuse eingepresst werden kann. Beim Zusammenbau des Dichtsystems wird der Radialwellendichtring über die Montageschräge der Welle bis auf die Gegenlauffläche aufgezogen und gleichzeitig in das Gehäuse montiert. Die genaue Position des Dichtelements wird über die Position der Laufspur vorgegeben, die sich als Verschleißspur im Dichtlippen-Welle-Kontakt einstellt. Ohne Gehäuseanschlag als Einpressbegrenzung kann die Position der Laufspur um mehrere zehntel Millimeter entlang der Welle variieren (s. Bild 55). Die für RWDR aus Elastomer und PTFE eingesetzten Werkstoffe werden in den Kapiteln 2, 6.4.2.1 und 6.4.5 eingehend beschrieben.

6.2.1 Statische und dynamische Abdichtung

Von statischer Abdichtung spricht man, wenn zwei relativ zueinander unbewegte Flächen oder Körper gegeneinander abgedichtet werden. Die Dichtung legt sich an beide Körper an und verschließt im Idealfall den potentiellen Leckageweg vollständig (vgl. Kapitel 6.4.3). Bewegen sich die beiden gegeneinander abzudichtenden Körper relativ zueinander, so spricht man von dynamischer Abdichtung. Dabei müssen die Körper durch einen Spalt, auch als Dichtspalt bezeichnet, voneinander getrennt sein, siehe auch Kapitel 1, 3 und 6.2.4.

Der Außenmantel des Radialwellendichtrings dichtet gegen das Gehäuse, in das er eingepresst ist, statisch ab, während die Dichtkante des Radialwellendichtrings gegen die rotierende Welle dynamisch abdichtet. Beide Dichtungstypen haben gemeinsam, dass die Kontaktpressung im Dichtkontakt mittels der sogenannten Überdeckung erreicht wird. Die Überdeckung ist das Übermaß der Dichtelementkontaktfläche zur Gegenlauffläche im freien nicht montiertem Zustand (vgl. Kapitel 6.4).

6.2.2 Starrer und dynamischer Dichtspalt und hydrodynamische Spaltbildung

Sind die beiden relativ zueinander bewegten Körper, zwischen denen sich der Dichtspalt ausbildet, unelastisch, so liegt ein starrer Dichtspalt vor. Ein einfaches Beispiel hierfür ist eine durch eine Gehäusebohrung hindurchgeführte Welle, die zusammen mit der Gehäusebohrung einen starren Ringspalt bildet, der als Strömungsdrossel wirkt (**Bild 6.4a**).

Kompliziertere Dichtsysteme mit starren Dichtspalten sind beispielsweise Drosselspaltdichtungen mit radial beweglichem Schwimmring. Solche Dichtungen kommen in Turboverdichtern zum Einsatz. Berührungslose Fanglabyrinthdichtungen, wie sie aufgrund der geringen Wärmeentwicklung hauptsächlich zur Abdichtung von schnelllaufenden Werkzeugmaschinenspindeln eingesetzt werden, enthalten in der Regel eine Reihe von hintereinander angeordneten starren Dichtspalten (vgl. Kapitel 8).

Die Spalthöhe starrer Dichtspalte liegt je nach Anwendung zwischen einigen hundertstel und einigen zehntel Millimeter und bleibt auch bei ruhenden Dichtflächen erhalten.

Wird der Dichtspalt wie beim klassischen RWDR durch den Kontakt eines starren Körpers (Welle) und eines elastischen Dichtkörpers (Dichtlippe mit Dichtkante) gebildet, so verschließt der Dichtkörper den Spalt im ruhenden Zustand vollständig (Festkörperkontakt) (**Bilder 6.4c und d**). Erst durch die Relativbewegung der Dichtflächen entsteht durch hydrodynamische Vorgänge ein mit dem abzudichtenden Medium gefüllter Dichtspalt, dessen Höhe meist weniger als 1 µm beträgt.

Die unelastische Dichtfläche, die meist als Gegenlauffläche bezeichnet wird, schleppt durch ihre Bewegung die Flüssigkeit mit, die durch Kapillarkräfte und Schleppvorgänge unter den Dichtkörper vordringt. Durch die Oberflächenrauheiten und die Welligkeit der Dichtflächen entstehen konvergente Mikrospalte im Dichtspalt, in denen sich durch Schleppströmung ein hydrodynamischer Spaltdruck aufbaut (**Bild 6.5**). Dieser Vorgang ist vergleichbar mit der Funktionsweise

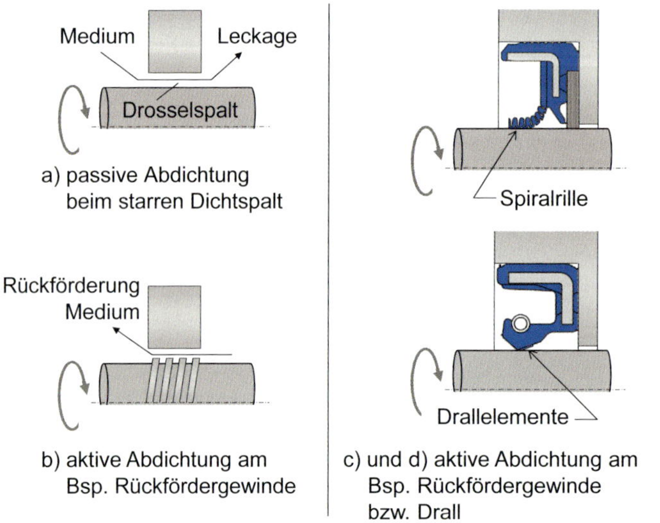

Bild 6.4: Passive und aktive Abdichtung

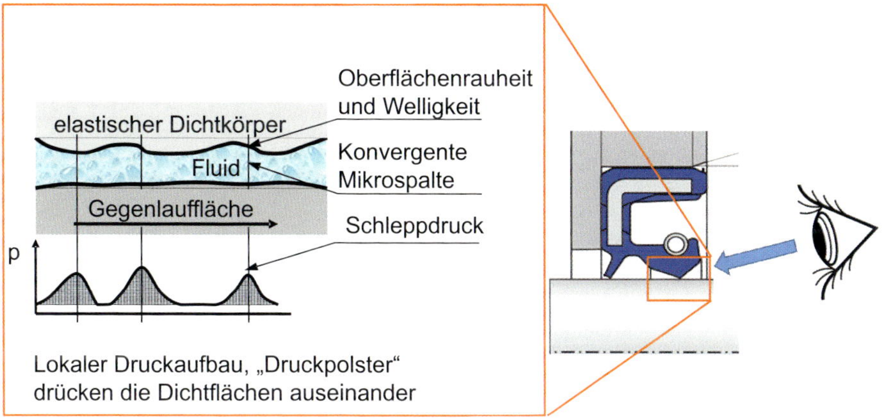

Bild 6.5: Schmierfilmaufbau durch hydrodynamisch wirksame Strukturen [65]

eines hydrodynamischen Gleitlagers und tritt bei allen dynamischen Berührungsdichtungen auf. Der Schmierfilm trennt die Dichtflächen im Idealfall vollständig voneinander, so dass bei permanenter Rotation der Welle nur noch die Flüssigkeitsreibung überwunden werden muss und der Verschleiß vernachlässigbar gering ist.

Spaltdruck und Dichtspalthöhe hängen unter anderem von der Viskosität der abzudichtenden Flüssigkeit (oder auch des abzudichtenden Gases) und von der Oberflächenbeschaffenheit sowie der Relativgeschwindigkeit der Dichtflächen ab. Bei Radialwellendichtringen ergeben sich beim Abdichten von Schmierölen Spalthöhen im Bereich von 0,1 µm bis 1 µm. Generell gilt: je höherviskos das abzudichtende Medium, desto besser trennen sich die Kontaktflächen im Dichtsystem und desto größer ist die Spalthöhe des sich ausbildenden Schmierfilms.

6.2.3 Passive und aktive Abdichtung

Von passiver Abdichtung spricht man, wenn der Dichtspalt den Flüssigkeitsstrom lediglich drosselt (s. Bild 6.4a). Die Drosselung setzt aber einen Durchfluss voraus, so dass bei passiven Dichtsystemen immer Leckage auftritt. Handelt es sich bei der Leckage um toxikologisch und ökologisch unbedenkliche Flüssigkeit und tritt durch die Leckage keine Funktionsstörung auf, so wird häufig kein größerer Aufwand betrieben, um die Leckage zu reduzieren. In manchen Fällen wird die Leckage aufgefangen und zurückgeführt. Obwohl aus vielen Dichtsystemen prinzipbedingt Leckage austritt, werden sie als technisch dicht bezeichnet, solange die Leckage die zulässige Menge nicht übersteigt. Prinzipiell weisen dynamische Dichtsysteme mit erlaubter Leckage einen geringeren Verschleiß als dichte Systeme auf. Im Dichtkontakt von Systemen mit zulässiger Leckage tritt zumeist keine Mangelschmierung auf, so dass der Mischreibungsanteil über die Kontaktbreite gegen null geht, und so Reibung und Verschleiß minimal ist.

Bei der aktiven Abdichtung wird die Relativbewegung zwischen dem Dichtkörper und der Gegenlauffläche ausgenutzt, um die in den Dichtspalt eingedrungene Flüssigkeit in den abzudichtenden Raum zurück zu fördern. Der Dichtspalt enthält eine „Rückförderpumpe“. Bei dynamischen Dichtungen mit starrem Dichtspalt kann diese Pumpe beispielsweise durch eine Förderstruktur (z. B. ein Gewinde oder gerichtete Schleifriefen) auf der Welle realisiert werden, die allerdings die Flüssigkeit bei nur einer Drehrichtung in den abzudichtenden Raum zurückfördert (s. Bild 6.4b). Bei entgegengesetzter Drehrichtung würde das System aktiv nach außen pumpen.

Bei Radialwellendichtringen aus Elastomeren werden auf der Bodenseite häufig erhabene Strukturen – Drallelemente oder auch Rückförderdrall genannt, eingearbeitet. Diese sind so angeordnet, dass sie mit der Dichtkante in Drehrichtung konvergente Keilspalte bilden, in die Flüssigkeit hineingeschleppt und auf die Stirnseite gefördert wird, siehe Abbildung 6a. Dadurch wird das Fördervermögen erhöht und somit die Dichtsicherheit gesteigert. Drallelemente werden „unidirektional“ (in eine Drehrichtung wirksam, „Einfachdrall“) oder auch „bidirektional“ (in beide Drehrichtungen wirksam, „Wechseldrall“) ausgeführt, wobei das Fördervermögen und die Dichtsicherheit unidirektional wirksamer Drallelemente um ein Vielfaches höher sind (**Bild 6.6**).

Dichtringe mit Einfachdrall werden beispielsweise zur Abdichtung der Kurbelwelle im Verbrennungsmotor eingesetzt. Dichtringe mit Wechseldrall finden in der Radnabe eines KFZ Anwendung. Durch den Wechseldrall ist die Dichtheit auch bei Rückwärtsfahrt gewährleistet und der gleiche Dichtring kann auf beiden Seiten des KFZ trotz unterschiedlicher Drehrichtung, ohne Verwechslungsgefahr durch den Monteur, eingesetzt werden.

Bei Radialwellendichtringen aus PTFE wird der Ölfördermechanismus erzeugt, indem in die PTFE-Manschette eine Spiralrille, der sogenannten Förderhelix, eingeschnitten oder eingeprägt wird (vgl. Bild 4c). Legt sich die PTFE-Manschette an die Welle an, so bildet die Spiralrille ein Rückfördergewinde. Die rotierende Welle fördert die an ihr haftende Flüssigkeit in die Spiralrille hinein, in ihr entlang und somit in den abzudichtenden Raum zurück. Prinzip bedingt dichtet auch dieser Rückfördermechanismus in nur einer Drehrichtung der Welle das Aggregat ab. Dieser Fördermechanismus ist unabhängig von der Einbauorientierung des PTFE-Dichtelements (Gewindeprinzip).

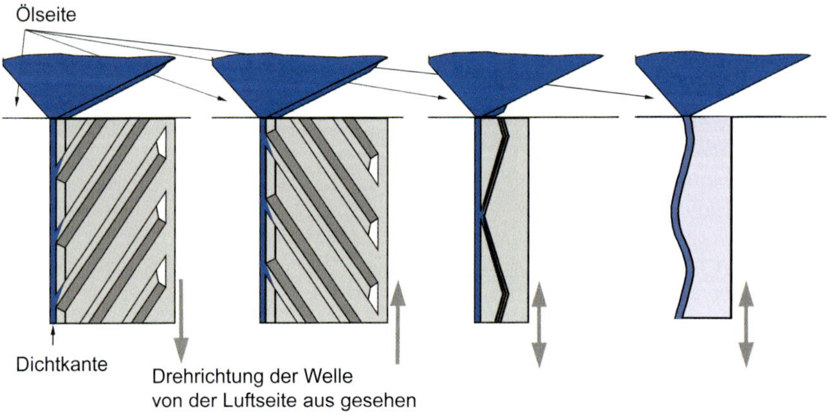

a) Rechtsdrall, fördert bei Drehrichtung im Uhrzeigersinn zur Ölseite hin
b) Linksdrall, fördert bei Drehr. gegen den Uhrzeigersinn zur Ölseite hin
c) Wechseldrall, fördert bei beiden Drehrichtungen zur Ölseite hin
d) Ondulierte Dichtkante, fördert bei beiden Drehrichtungen zur Ölseite

Bild 6.6: Verschiedene Ausführungen des Dralls

6.2.4 Natürlicher Dichtmechanismus

Radialwellendichtringe aus Elastomer verfügen über einen sogenannten „natürlichen“ oder „dynamischen“ Dichtmechanismus, der jedoch nur in Verbindung mit unterschiedlich großen Kontaktflächenwinkeln zwischen Dichtkante und Welle funktioniert: der Kontaktflächenwinkel α auf der Flüssigkeitsseite (Stirnseite) des Radialwellendichtrings muss größer sein als der Kontaktflächenwinkel β auf der Luftseite (Bodenseite) (**Bild 6.7**).

Mehrere Hypothesen versuchen das Phänomen der axialen Flüssigkeitsförderung im Dichtspalt zu erklären. [3, 10, 12, 15, 20, 21, 22, 69-71] Sie beruhen ausnahmslos auf dem durch die unterschiedlichen Kontaktflächenwinkel erzeugten asymmetrischen Pressungsprofil im Dichtspalt, das auf der Flüssigkeitsseite steiler ist als auf der Bodenseite. Nach Kammüller lässt sich die Pumpwirkung wie folgt erklären (vgl. Bild 6.7,)[10]):

Die Oberfläche der Dichtlippe aus Elastomer ist nie ideal glatt. Oberflächenrauheiten entstehen schon bei der Herstellung und können durch Verschleiß noch verstärkt werden. Die Dichtkante legt sich an die Welle an und wird abgeplattet. Die höchste Anpressung tritt an der Stelle auf, an der die Dichtkante am stärksten verformt wird. Diese Stelle liegt aufgrund der asymmetrischen Kontaktflächenwinkel und der Positionierung der Spiralfeder nicht in der Mitte der Berührbreite, sondern ist zur Flüssigkeitsseite hin verlagert. Die Welle verzerrt bei Rotation aufgrund von Mischreibungskontakten und der Flüssigkeitsreibung im abzudichtenden Medium die Oberfläche der Dichtkante tangential und erzeugt dadurch eine gerichtete Deformationsstruktur. Das Maß dieser elastischen Verzerrung hängt von der lokalen Anpressung und den viskoelastischen Eigenschaften des Elastomers ab. Sie ist daher an der Stelle des Pressungsmaximums am größten und klingt nach beiden Seiten zu den Berandungen der Kontaktbreite hin ab.

Die entstandene Verzerrungsstruktur lässt sich prinzipiell mit zwei gegeneinander arbeitenden Gewinden unterschiedlicher Länge und Steigung vergleichen, die zu gegeneinander gerichteten Schleppströmungen führen. Prinzipiell wird also Flüssigkeit in beide Richtungen gefördert. Das bodenseitige Fördergewinde ist jedoch länger und hat deshalb ein größeres Fördervermögen als das stirnseitige. Beginnt die Welle zu rotieren, so wird zunächst Flüssigkeit in Richtung Bodenseite gepumpt. Die Flüssigkeit überschreitet den Punkt höchster Pressung. Danach erreicht

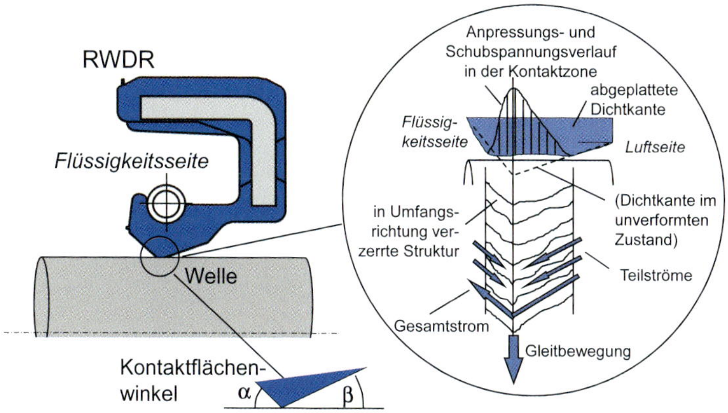

Bild 6.7: Natürlicher Dichtmechanismus (Verzerrungshypothese nach Kammüller [10])

sie die in entgegengesetzter Richtung pumpenden Strukturen und wird zurück gepumpt. Es entsteht ein Gleichgewicht. Das bedeutet, dass im Dichtspalt auf der Bodenseite, solange es nicht zum Ölaustritt kommt, Mangelschmierung herrscht, die zu Verschleiß führen kann. Dies trifft vor allem zu, wenn die Pumpwirkung auf der Bodenseite zu stark ausgeführt wird (Winkelunterschiede zu groß oder die Platzierung der Spiralfeder zu weit zur Bodenseite hin orientiert).

Ein Dichtsystem, das lange Zeit nur in eine Richtung betrieben wird, kann bei plötzlicher Drehrichtungsumkehr der Welle zu Leckage neigen. In diesem Fall hat sich die eigentlich reversible Verzerrung der Dichtkante aufgrund von Alterungsprozessen (Relaxation und Materialverhärtung) zu einer bleibenden Struktur ausgebildet, die im Fall der gewechselten Drehrichtung nicht mehr als Rückförderstruktur arbeitet. Mit zunehmendem Verschleiß und Rückverzerrung der Struktur kann sich eine erneute Dichtheit des Systems einstellen.

Die **Wischkantenhypothese** [3, 69, 71] geht davon aus, dass - analog der Funktionsweise von Hydraulikstangendichtungen – durch die asymmetrische Pressungsverteilung in der Kontaktzone bei axialer Relativbewegung von Dichtkante zu Wellenoberfläche weniger Flüssigkeit von der Stirnseite mit dem steilen Pressungsgradienten in den Dichtkontakt gelangt (= „Ausfahren“ der Welle/Stange), als von der Bodenseite mit dem flacheren Pressungsgradienten (= „Einfahren“ der Welle/Stange). Bei einer sich ständig wiederholenden, hochfrequenten axialen Bewegung, wie sie im Dichtkontakt auftritt, entsteht so eine Pumpwirkung in Richtung Stirnseite. Dichtsysteme mit ausgeprägtem Wischkanteneffekt weisen aufgrund des sehr gut geschmierten Dichtkontakts eine geringere Verlustleistung und Verschleißrate auf, da im Mittel mehr Schmiermedium im Dichtkontakt verweilt. Die Reibungsreduzierung wird jedoch mit einer verminderten Funktionsreserve (= höheres Leckagerisiko) erkauft.

Die lokale axiale Relativbewegung kommt zum einen dadurch zustande, dass die Dichtkantenebene durch die Montage quasi nie senkrecht zur Wellenachse steht (**Bild 6.8**). Zum anderen führt eine exzentrische Lage des Dichtrings ebenfalls dazu, dass sich die Dichtkantenebene

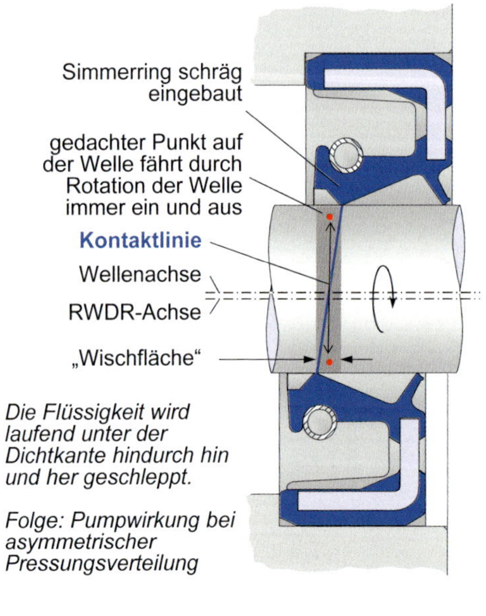

Bild 6.8: Wischkanteneffekt durch Wellenversatz oder Schrägstellung des RWDR

relativ zur Wellenachse neigt. Unregelmäßigkeiten an der umlaufenden Dichtkante (zumeist verursacht durch den Fertigungsprozess) führen ebenfalls zu einer nicht ideal anliegenden Dichtkante auf der Wellenoberfläche. Weiter führt auch die Inhomogenität der Federsteifigkeit der Spiralfeder über den Umfang aufgrund des Federschlosses dazu, dass die Dichtlippe auf der Höhe des Schlosses stärker an die Welle angepresst wird. Damit weicht die Kontaktfläche von der idealen umlaufenden Linie zwangläufig ab. Eine von der vermeintlichen „Ideallinie" abweichende Kontaktlinie führt zu einer „Wischfläche", die breiter ist, als die Kontaktbreite. Dies führt zu einer besseren Wärmeableitung aus dem Dichtkontakt. Übersteigt die Abweichung des Dichtkontakts von der Ideallinie einen Winkel von 0,5° steigt das Risiko von Leckage stark an.

Eine weitere Möglichkeit, eine axiale Relativbewegung zu erzeugen, ist die Ondulierung der Dichtkante in tangentialer Richtung (s. Bild 6.6d).

Der dynamische Dichtmechanismus eines Radialwellendichtrings ist von der Drehrichtung der Welle unabhängig. Durch diese Erklärung wird deutlich, warum ein Radialwellendichtring zwei flüssigkeitsgefüllte Räume nicht trennen kann und beispielsweise auch Spritzwasser und eventuell sogar Schmutz in den abzudichtenden Raum hinein fördert. Ferner wird verständlich, warum ein RWDR bei Flüssigkeitsabdichtung, der mit seiner Bodenseite zum abzudichtenden Raum hin eingebaut wird, undicht sein muss.

Durch die geschilderten Effekte, eventuell unterstützt durch aktive Dichthilfen wie Rückfördergewinde oder Drallelemente, können Radialwellendichtringe Flüssigkeit von außen in das abzudichtende Aggregat transportieren. In erster Linie wird Flüssigkeit, die unter der Dichtlippe hindurch nach außen gedrungen ist, zurückgefördert. Steht jedoch von außen Flüssigkeit wie z. B. Spritzwasser an, so wird auch dieses je nach Betriebsbedingungen in das abzudichtende Aggregat reingefördert.

Je mehr Flüssigkeit ein RWDR fördern kann, desto größer ist seine „Funktionsreserve" und desto mehr ist er in der Lage, den negativen Einfluss von Störgrößen zu verkraften wie beispielsweise:

- Unregelmäßigkeiten in der Wellenoberfläche
- förderaktive Strukturen in der Wellenoberfläche
- Wellenexzentrizität
- Wellenversatz
- schiefer Einbau in das Gehäuse
- Schwingungen

Kapitel 6.3 befasst sich näher mit dem Einfluss dieser Störgrößen.

6.2.5 Radialkraft, Reibung und Verlustleistung

Reibung und Verlustleistung eines RWDR stehen in engem Zusammenhang mit der Radialkraft F_R. Als Radialkraft wird die Gesamtkraft bezeichnet, mit der die Dichtlippe auf der Welle aufliegt. Sie ist das Integral der radialen Linienpressung über den Wellenumfang und tritt deshalb nicht als Kraftvektor auf, sondern ist eine fiktive Größe. **Bild 6.9** zeigt physikalische Größen, die mit der Reibung und der Verlustleistung in Zusammenhang stehen.

Die Radialkraft entsteht durch Aufweiten der Dichtlippe, deren Durchmesser im freien Zustand kleiner ist als der Wellendurchmesser. Der Unterschied zwischen Wellendurchmesser und Ruhedurchmesser wird als Überdeckung bezeichnet. Bei Elastomer-RWDR wird die leicht vorgespannte Zugfeder bei der Montage gedehnt und erzeugt einen Teil der Radialkraft. Die

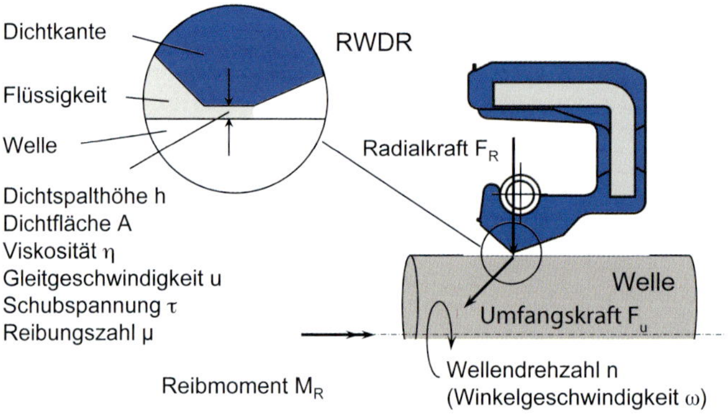

Bild 6.9: Physikalische Größen beim Betrieb des RWDR

Relaxation der Zugfeder ist relativ zur Relaxation von Elastomeren vernachlässigbar gering. Deshalb geht der Trend dahin, den Anteil der Zugfeder an der Radialkraft zu steigern. Bei modernen Elastomer-RWDR werden über 50 % der Radialkraft von der Zugfeder aufgebracht.

Um die Verlustleistung so gering wie möglich zu halten, wird eine möglichst kleine Radialkraft angestrebt. Bei zu kleiner Radialkraft vermag die Dichtlippe jedoch vor allem bei hoher Wellendrehzahl den Rundlaufabweichungen der Welle nicht mehr zu folgen und hebt partiell von der Welle ab. Ferner muss der Radialkraftverlust durch Fertigungstoleranzen, Verschleiß und Werkstoffrelaxation bereits bei der Auslegung des RWDR berücksichtigt werden, so dass ein gewisses Radialkraftniveau nicht unterschritten werden darf.

Die Messung der Radialkraft erfolgt standardmäßig durch die Verwendung eines Radialkraftmessgeräts nach DIN 3761 Teil 9. Dabei wird der Radialwellendichtring, wie in **Bild 6.10** zu erkennen, auf einen zweiteiligen Messbacken (2) aufgespannt. Die Messbacken können aus Aluminium, Stahl oder formstabilem Kunststoff gefertigt sein. Die Messbacken sind radial, axial und rotatorisch gegen eine Aufnahme (3) fixiert, so dass eine gute Positionierungsgenauigkeit bei der Montage der Messbacken erreicht wird.

Beim manuellen Aufziehen des Dichtrings auf die Messbacken wird ein Messbacken (2) über eine Parallelführung (5) auf den ortsfesten anderen Messbacken (1) zu bewegt. Durch die Parallelführung (5) ist ein Verkippen der Grundplatte (4) ausgeschlossen. Die Bewegung des Messbackens (2) wird über einen Kraftaufnehmer (6) detektiert und über die Messelektronik (7) über ein digitales Display als Radialkraft ausgegeben.

Die Messung der Radialkraft erfolgt in mehreren Schritten:

1. Montage der zum Dichtring passenden Messbacken: das Radialkraftmessgerät wird auf die Seite gelegt und die Messbacken von unten mittels jeweils einer gerändelten Schraube an die Messmechanik befestigt.

2. Einstellen der Messzeit: die Messzeit beträgt standardmäßig 10 Sekunden. Sie ist die Zeitspanne, nach der die Radialkraftmessung nach Überschreitung der Messschwelle (siehe Punkt 3) erfolgt. Damit sind alle Radialkräfte die mit einem Radiameter nach DIN 3761

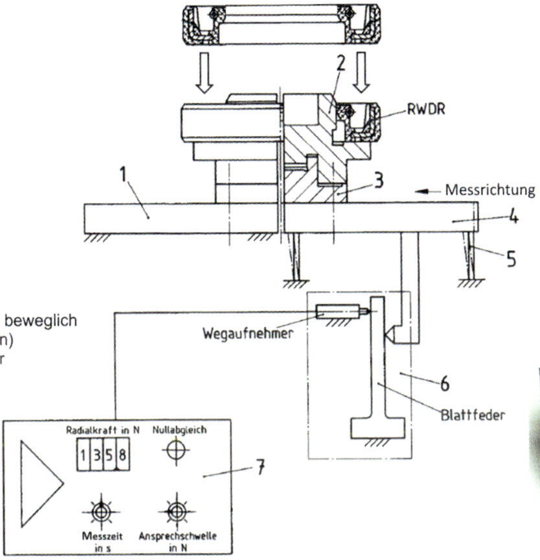

1 Grundplatte starr
2 Messbacken
3 Aufnahme
4 Grundplatte in Messrichtung beweglich
5 Parallelführung (4 Blattfedern)
6 Kraftaufnehmer (geeignet für statische Messungen)
7 Messelektronik

Bild 6.10: Radialkraftmessung nach DIN 3761 Teil 9

Teil 9 gemessen werden, nur ein Vergleichswert nach 10 Sekunden Montagezeit. Durch das viskoelastische Elastomerverhalten, befindet sich der Radialwellendichtring mit der vorgegeben Messzeit von 10 Sekunden in einem sehr ausgeprägten Relaxationsprozess. Eine Abweichung von nur einer Sekunde Messzeit verändert die gemessene Radialkraft deutlich. Bei Forschungsaktivitäten ist es oft zweckmäßig, die Messzeit zu erhöhen.

3. Einstellen der Messschwelle: die Messschwelle ist die Radialkraft, die bei Aufziehen des RWDR auf die Messbacken überwunden werden muss, damit die Radialkraftmessung und damit die Messzeit aktiviert wird. Die Messschwelle ist ein Erfahrungswert und muss oft vor einer Messung mehrmals korrigiert werden. Die Messschwelle sollte bei über der Hälfte der zu erwartenden Radialkraft eingestellte werden, so dass die Radialkraftmessung nicht unbeabsichtigt durch Berühren der Messbacken ausgelöst wird.

4. Betätigen des Nullabgleichs: Das Radiameter muss vor jeder Messung tariert werden, damit die Radialkraft nicht durch einen Offsetwert verfälscht wird.

5. Aufziehen des Radialwellendichtrings: Der Radialwellendichtring wird mit der Bodenseite voraus in einer zügigen Bewegung auf den Messdorn aufgeschoben, bis der Dichtring vollständig auf der Schulter der Messbacken aufliegt. Es bedarf einiger Übung, um Radialkräfte reproduzierbar messen zu können. Nach Abwarten der Messzeit, wird die Radialkraft als Zahlenwert am Radiameter ausgegeben.

6. Demontage des Dichtelements: nachdem das Messergebnis protokolliert ist, wird der Radialwellendichtring in einer langsamen Bewegung vom Messdorn abgezogen. Um den Dichtring nicht zu beschädigen, muss der RWDR möglichst ausgerichtet zum Messdorn demontiert werden.

Hinweise:

- Für eine Wiederholmessung muss sich das RWDR-Elastomer mindestens 15 Minuten (Richtwert, Zeitspanne kann abhängig vom Elastomertyp auch länger sein) entspannen.
- Bei der Radialkraftmessung von mehreren Dichtelementen nacheinander ist darauf zu achten, dass durch Demontage der Dichtringe nicht eine erneute Messung gestartet wird, die die Messzeit verfälscht.
- Bei Radialwellendichtringen mit Zusatzlippen (Staublippen, Vorschaltlippen etc.) ist darauf zu achten, dass Dichtlippen, die nicht in das Messergebnis mit eingehen sollen, durch eine Aussparung am Messdorn freigesetzt werden.
- Bei Reibpartnern mit hohem Reibkoeffizienten (z.B. Aluminium- oder Stahlmessdorn mit gereinigtem Elastomer) muss das Dichtelement im Bereich des Kontakts geölt oder gefettet werden. Eine leichte Rotationsbewegung (ca. 30°) des RWDR bei der Montage auf den Messdorn verhindert, dass die Radialkraft durch reibungsbedingte Elastomerverzerrungen, verfälscht wird.

In der Erforschung von Dichtungssystemen ist die Messung der Radialkraft mit einem konventionellen Radialraftmessgerät nach DIN 3761 Teil 9 nicht mehr ausreichend. Heute kommen Radialkraftmessgeräte zum Einsatz, die den Einfluss der Temperatur und der Relativbewegung zwischen Dichtelement und Welle berücksichtigen [55, 56]. Damit sind deutlich genauere Radialkraftmessungen möglich.

Beispiele für Radialkräfte unterschiedlicher Dichtringe zeigt **Bild 6.11**.

Zur Bewertung des Reibzustands im Dichtkontakt kann das Gümbeldiagramm verwendet werden. Im Gümbeldiagramm wird die Reibungszahl f über der hydrodynamischen Kennzahl G, der Gümbelzahl, aufgetragen (**Bild 6.12**). Die Gümbelzahl ergibt sich aus dem Produkt aus dynamischer Ölviskosität und Winkelgeschwindigkeit der Welle bezogen auf die mittlere Flächenpressung im Dichtkontakt.

Mit dem Gümbeldiagramm, das ursprünglich für die Auslegung von Gleitlagern entwickelt wurde, steht dem Dichtsystementwickler ein Werkzeug zur Verfügung, das die Auslegung des Systems auf den Übergang von Mischreibung zu Flüssigkeitsreibung erlaubt und damit auf minimale Reibung und Verschleiß.

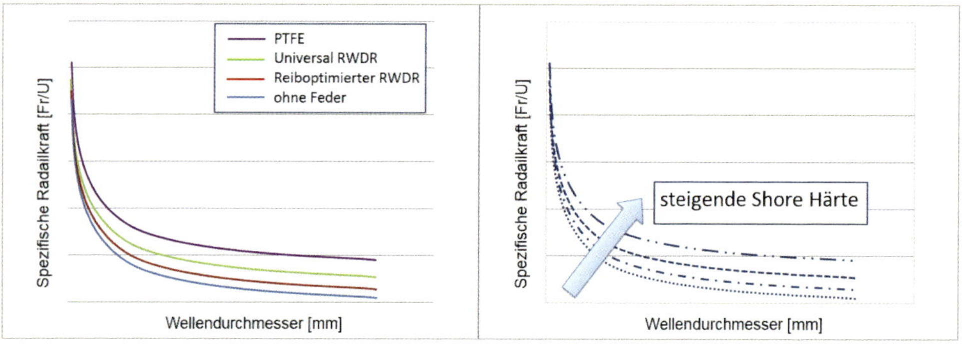

Bild 6.11: Spezifische Radialkräfte unterschiedlicher Dichtringe

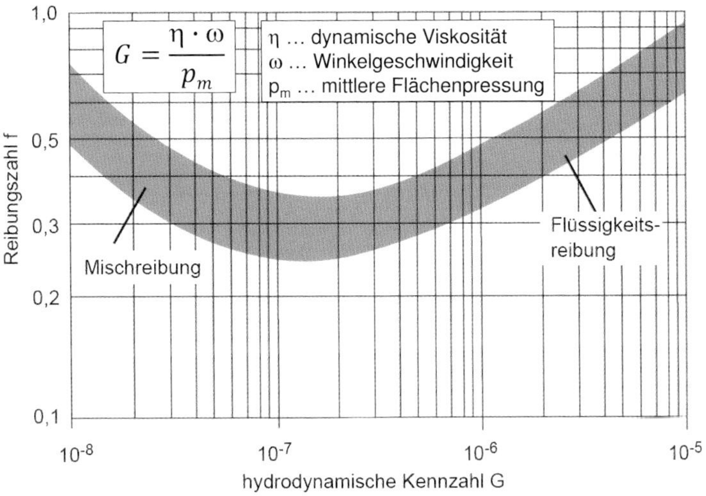

Bild 6.12: Gümbeldiagramm [62]

Die Verlustleistung P eines RWDR ergibt sich aus dem Reibmoment M_R und der Winkelgeschwindigkeit ω zu

$$P = M_R \cdot \omega \tag{1}$$

Für überschlägige Berechnungen kann

$$\omega = 2 \cdot \pi \cdot n/60 \tag{2}$$

mit der Wellendrehzahl n vereinfachend als

$$\omega = n/10 \tag{3}$$

angenommen werden.

Bei Trockenreibung ergibt sich das Reibmoment M_R aus der Radialkraft F_R, der Reibungszahl μ und dem Wellendurchmesser d:

$$M_R = F_R \cdot \mu \cdot d/2 \tag{4}$$

Bei der Abdichtung von schmierenden Flüssigkeiten bildet sich in der Regel bereits bei einer Gleitgeschwindigkeit u von nur wenigen cm/s ein Schmierfilm, so dass Flüssigreibung auftritt und die auf die Dichtlippe wirkende Umfangskraft F_U über Schubspannungen im Schmierfilm übertragen wird. Bei der geringen Dichtspalthöhe h, die der Schmierfilmdicke entspricht, ist die Strömung immer laminar und die Schubspannung τ beträgt

$$\tau = \eta \cdot u/h \tag{5}$$

Dabei ist η die dynamische Viskosität der Flüssigkeit, die mit steigender Temperatur im Dichtspalt stark abnimmt. Mit abnehmender Viskosität wird jedoch auch die Dichtspalthöhe kleiner, so dass sich die Temperatureinflüsse in erster Näherung ausgleichen.

Mit der oben genannten Beziehung ergibt sich die Umfangskraft in Zusammenhang mit der Berührungsfläche A zu

$$F_U = \tau \cdot A \qquad (6)$$

und das Reibmoment bei Flüssigreibung zu

$$M_R = F_U \cdot d/2 = \tau \cdot A \cdot d/2. \qquad (7)$$

Die Verlustleistung P beträgt demzufolge

$$P = \tau \cdot A \cdot d/2 \cdot \omega. \qquad (8)$$

Diese Beziehung vermittelt den Eindruck einer linear mit dem Wellendurchmesser ansteigenden Reibleistung. Da jedoch auch die Berührfläche A linear vom Wellendurchmesser abhängt, ergibt sich für die Verlustleistung ein quadratischer Zusammenhang. Dem Anwender von RWDR stehen die für die Berechnung der Verlustleistung erforderlichen Daten selten zur Verfügung. Nach [3, 69, 71] lässt sich für Elastomer-RWDR die Verlustleistung P in Watt nach folgender Formel abschätzen, wenn der Abdichtdurchmesser d in cm und die Wellendrehzahl n in min^{-1} eingesetzt werden:

$$P = \lambda \cdot d^2 \cdot n / 1000 \qquad (9)$$

Der Proportionalitätsfaktor λ liegt im Bereich $\lambda = 0{,}5$ (gealterte Dichtringe, dünnflüssiges Öl, z. B. SAE 10) bis $\lambda = 1$ (Dichtringe im Neuzustand, dickflüssiges Öl, z. B. SAE 50).

Bild 6.13 zeigt exemplarisch für Elastomer-RWDR den Zusammenhang zwischen Reibungsverlust, Umfangsgeschwindigkeit ($v_u = \omega \cdot r$), Drehzahl und Wellendurchmesser. Aufgrund der zahlreichen Einflussgrößen auf die Reibung kann dieses Diagramm ebenfalls nur eine Größenordnung der zu erwartenden Reibungsverluste vermitteln.

Aus den oben dargestellten Beziehungen ist ersichtlich, dass die Verlustleistung von der Berührfläche abhängt. Deshalb ist man bestrebt, die Berührbreite (s. Bild 9) möglichst klein zu halten. Sie beträgt bei Elastomer-RWDR im Neuzustand 0,1 bis 0,15 mm und nimmt durch Verschleiß durchschnittlich auf 0,2 bis 0,25 mm nach 500 Stunden zu. Enthält das Schmiermittel abrasive Partikel, so können sich Berührbreiten von bis zu 0,7 mm und größer einstellen.

Da die Radialkraft mit zunehmendem Verschleiß sinkt und der natürliche Dichtmechanismus beeinträchtigt wird, sind Elastomer-RWDR mit verschleißbedingten Berührbreiten > 0,7 mm oft undicht.

Bei PTFE-RWDR liegt die Berührbreite im Neuzustand bereits bei 1 bis 2,5 mm, damit die Spiralrille in Verbindung mit der Welle ein Rückfördergewinde bilden kann. Die Verlustleistung kann deshalb trotz der günstigen Gleiteigenschaften im trockenen Zustand und der – verglichen mit dem Elastomer-RWDR – geringeren Flächenpressung beim Abdichten schmierender Medien größer sein als die Verlustleistung von Elastomer-RWDR.

Bild 6.13: Reibverlust von Elastomer-RWDR in Abhängigkeit von der Umfangsgeschwindigkeit bei versch. Wellendurchmesser für die Abdichtung von Motoröl SAE 20 bei 100°C

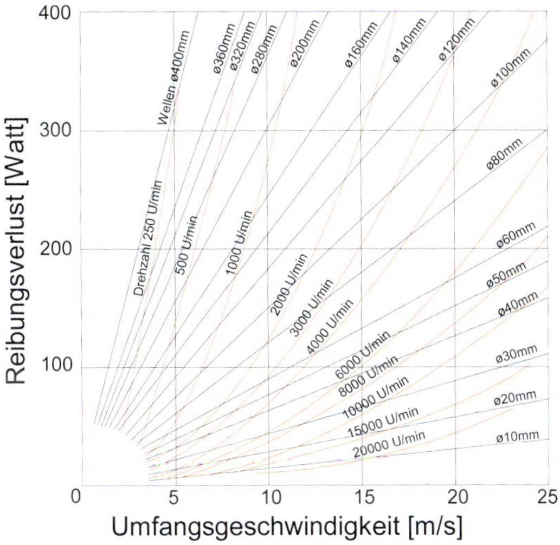

Die Verlustleistung führt in Verbindung mit der relativ kleinen Berührbreite zu einer sehr hohen, auf die Fläche bezogenen Reibleistung P/A und damit zu enormer thermischer Belastung der Dichtlippe. Aus Bild 6.13 lässt sich beispielsweise entnehmen, dass ein Elastomer-RWDR (d = 80 mm, Öltemperatur ϑ = 100 °C, Motorenöl SAE 20) bei einer Wellendrehzahl von $n = 4000\ min^{-1}$ eine Verlustleistung von etwa 210 Watt erzeugt. Daraus ergibt sich bei einer Berührbreite von 0,15 mm eine bezogene Reibleistung von ca. 550 W/cm^2. Eine Herdplatte hat eine Wärmeleistung von 6 bis 8 W/cm^2. Moderne RWDR für KFZ-Kurbelwellenabdichtungen kommen heute auf bezogene Reibleistungen, die ca. 60 % tiefer liegen, was jedoch immer noch das ca. 20fache einer Herdplatte ist.

Bei RWDR mit PTFE-Dichtlippe liegt die Verlustleistung meistens etwas höher. Da die Berührbreite der Dichtlippe auf der Welle jedoch bis zu 10-mal so groß ist wie die der Elastomer-Lippe, ist die bezogene Reibleistung und somit die lokale thermische Belastung insgesamt geringer.

6.3 Einflussfaktoren auf die Funktion des RWDR

Auf das Dichtverhalten und die Funktionssicherheit des RWDR wirken zahlreiche Einflussfaktoren ein, die bei der konstruktiven Gestaltung der Dichtstelle berücksichtigt werden müssen. Die wichtigsten sind in **Bild 6.14** aufgelistet. Bestimmend für die Lebensdauer eines RWDR sind die Betriebsbedingungen wie Drehzahl (Gleitgeschwindigkeit), Temperatur, Druck, Schmierstoff und Verschmutzung von innen und außen. Wenn sich diese während der Betriebsdauer ändern, ändern sich auch alle direkt an der Dichtkante wirkenden Einflüsse, zum Beispiel:

- Anpressung oder Vorspannung der Dichtlippe
- Flächenpressung
- Reibmoment

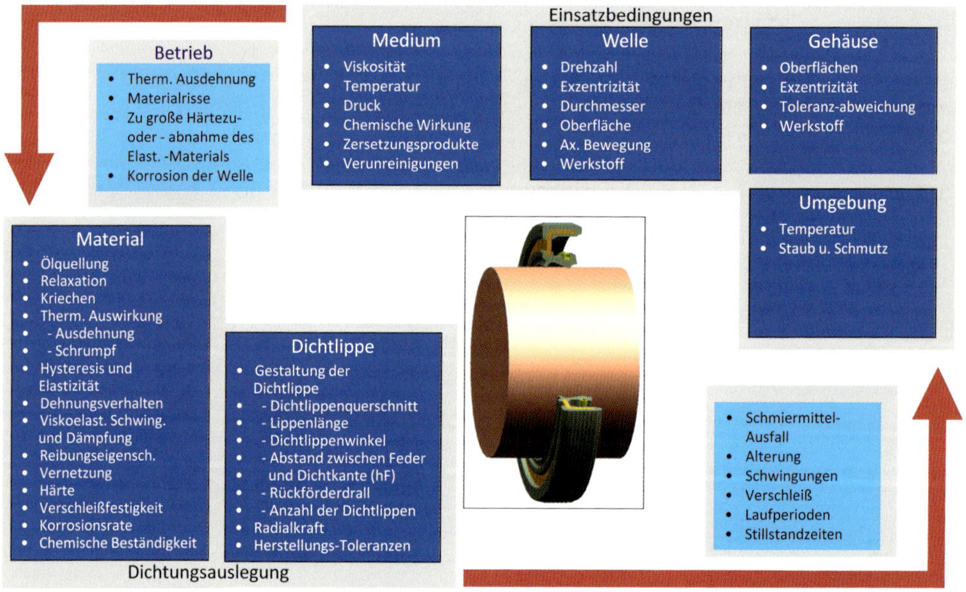

Bild 6.14: Einflussfaktoren auf den RWDR

- Temperatur im Dichtkontakt
- Mischreibungsanteil im Kontakt und damit die Verschleißraten der Kontaktkörper
- Oberflächenstruktur der Welle im Bereich der Laufspur
- Härte des Elastomers und der Struktur im Bereich der Dichtkante
- Schmierstoffeigenschaften und Schmierungszustand

Die aufgeführten Faktoren beeinflussen sich gegenseitig und damit die Lebensdauer der Dichtung. Wie oben erwähnt, kann diese daher nicht vorausberechnet werden, selbst wenn konstante Betriebsparameter über die gesamte Einsatzzeit bestehen (vgl. Kapitel 6.3.1). Da das Ende der Lebensdauer oder die Größe der eintretenden Leckage physikalisch nicht exakt definierbar sind, ist der Zeitpunkt zum Auswechseln der Dichtung auch vom Standpunkt des Anwenders abhängig.

Der Anwendungsbereich verschiedener Profile und Dichtungswerkstoffe ist in DIN 3761 sowie in den Katalogen der Dichtungshersteller angegeben.

Außer den genannten Einflüssen treten kaum reproduzierbare andere Einflüsse in Form stochastischer Schwingungen, Einwirkung von Schmutz und Wasser, gelegentliche oder häufige Spitzentemperaturen oder Schmiermittelmangel auf. Um die mitunter dominanten Randbedingungen beherrschen zu können, gibt es Sonderbauformen, bei denen einzelne konstruktive Merkmale – meist auf Kosten anderer – verstärkt ausgebildet sind. Beispiele sind Abdichtungen am Achsgetriebe von Kraftfahrzeugen oder im Antrieb von Landmaschinen mit zwei oder drei Schutzlippen gegen Verschmutzung von außen. Dieser Schmutzschutz wird jedoch mit einem erhöhten Reibmoment erkauft.

6.3.1 Betriebsbedingungen

Bei der Verwendung von dynamischen Dichtsystemen mit Radialwellendichtringen bestehen komplexe Zusammenhänge zwischen Betriebsparametern und den sich einstellenden Betriebsgrößen. Dabei gibt es Parameter, die vom Anwender für das Dichtsystem vorgeben werden können. Dazu zählen: die Relativgeschwindigkeit zwischen Dichtelement und Gegenlauffläche, die Geometrie des Dichtelements, das Elastomer (Materialeigenschaften), die Beschaffenheit und Dynamik der Gegenlauffläche (Rauheit, Wellenschlag und Ausrichtfehler), die Ölsumpftemperatur sowie Typ und Viskosität des abzudichtenden Mediums.

Durch die Festlegung der Vorgabeparameter ergibt sich eine Reihe von abhängigen Parametern. Beispiel hierfür sind unter anderen: die Kontakttemperatur im Dichtspalt, die Radialkraft, die Schmierspalthöhe, die Kontaktbreite und Deformationen von kontaktnahem Elastomer.

All diese Betriebsgrößen (Vorgabe und abhängige Parameter) wirken sich wiederum auf die Kontaktreibung zwischen Dichtelement und Gegenlauffläche aus. Sie ist der wichtigste Indikator zur Beschreibung des Dichtsystems. Eine sich nach Überwindung der Einlaufphase nur sehr gering verändernde Kontaktreibung deutet auf eine gute Auslegung hin, so dass die Anforderungen an das Dichtsystem von Beginn an erfüllt werden können.

Bild 6.15 zeigt eine sehr vereinfachte aber dennoch sehr komplexe mögliche Darstellung der gegenseitigen Abhängigkeiten der Betriebsparameter.

Selbst in einem sehr robusten Dichtsystem, bei dem die Vorgabeparameter von außen nicht geändert werden, unterliegen die abhängigen Parameter einer ständigen Veränderung. Durch

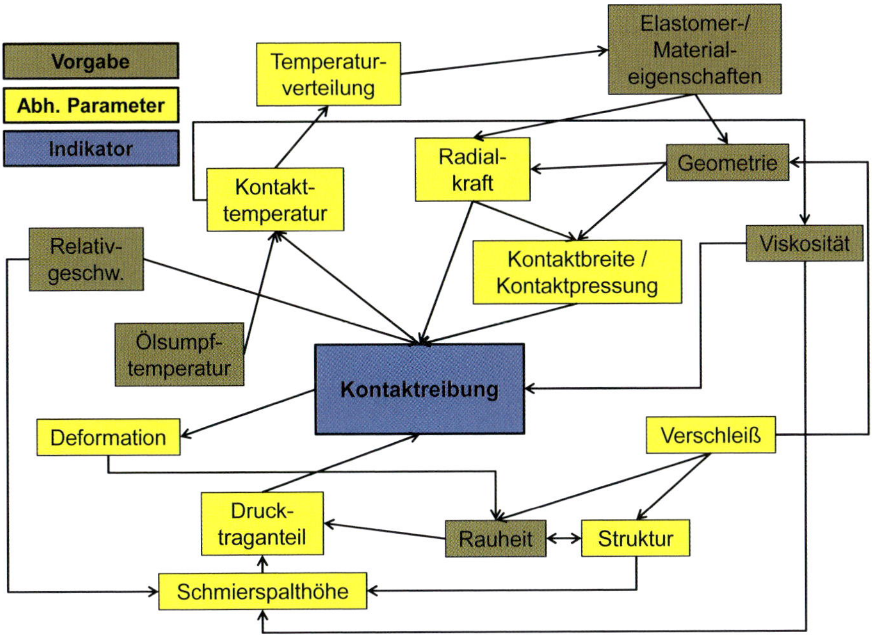

Bild 6.15: Gegenseitige Abhängigkeiten der Betriebsparameter

Verschleiß der elastomeren Dichtkante und der zumeist metallischen Gegenlauffläche sowie durch Alterungsprozesse im Elastomer und dem abzudichtenden Medium werden die Bedingungen im Dichtkontakt permanent verändert. Das hat zur Folge, dass sich auch die Kontaktreibung permanent ändert.

Ein Beispiel ist der Verschleiß der Gegenlauffläche, der sich in der Veränderung der Rauheit und Struktur der Wellenoberfläche bemerkbar macht. Die Veränderung der Gegenlauffläche verändert die tribologischen Eigenschaften des Systems und hat damit massiven Einfluss auf die Temperatur im Dichtkontakt und der Ausprägung der Schmierspalthöhe. Dadurch wird wiederum der Energieeintrag in das abzudichtende Medium (Schmier- und Kühlmedium), die Gegenlauffläche und den Elastomerkörper verändert. Die Randbedingungen, auf die das System ursprünglich ausgelegt wurde, ändern sich dadurch erneut. Es ist also bei der Auslegung eines Dichtsystems immer zu berücksichtigen, wie sich die Dichtungsumgebung und deren Veränderung aufgrund von Alterungs- und Verschleißprozessen auf die Funktion des Dichtsystems auswirken.

6.3.1.1 Temperatur

Elastomere reagieren auf eine Variation der Temperatur mit einer deutlichen Änderung ihrer mechanischen Eigenschaften. **Bild 6.16** zeigt die charakteristische Änderung des Schubmoduls über der Temperatur. Bei sehr hohen Temperaturen nehmen die Rückstellkräfte des Elastomers stark ab und somit ist es nicht mehr in der Lage, äußere Kräfte aufzunehmen. Dichtsysteme dürfen nur sehr kurz und bei guten Schmierbedingungen mit diesen hohen Temperaturen beaufschlagt werden. Für den problemlosen Betrieb ist sicherzustellen, dass die Elastomerbauteile immer innerhalb des dafür vorhergesehenen Betriebstemperaturbereiches (Einsatzbereich, s. Bild 6.16) bleiben. Bei deutlichem Überschreiten des oberen Einsatztemperaturbereiches, droht das Elastomer sich thermisch zu zersetzen.

Im Anwendungstemperaturbereich, dem entropieelastischen Bereich, weist der Werkstoff einen geringen Schubmodul auf. Das Elastomer kann äußere Kräfte über längere Zeit aufnehmen und zeigt ein ausgeprägtes viskoelastisches Verhalten. Wird die Temperatur weiter gesenkt, steigt der Schubmodul schnell um zwei bis drei Zehnerpotenzen an. Der Werkstoff friert gewissermaßen ein und verliert schließlich mit Unterschreitung des Glasübergangsbereichs vollkommen seine viskoelastischen Eigenschaften: der Werkstoff weist keinerlei Rückstellkräfte mehr auf.

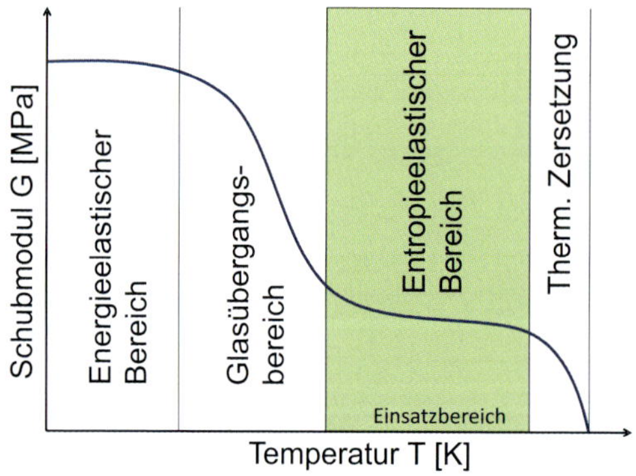

Bild 6.16: Schubmodul von Elastomerwerkstoffen über der Temperatur [55]

Bei Temperaturen unterhalb der Glasübergangstemperatur verhärtet der Elastomerwerkstoff mit einer glasähnlichen Struktur [55].

Die Glasübergangstemperatur variiert stark bei den unterschiedlichen Elastomertypen aufgrund des Grundpolymers, aber auch durch die Zugabe von Zusatzwerkstoffen (Compoundierung). So können zwei Elastomere des gleichen Grundpolymertyps unterschiedliche Erstarrungstemperaturen mit Differenzen bis zu 30 K aufweisen.

Auch die Ausprägung des Glasübergangsbereichs ist bei den unterschiedlichen Elastomeren unterschiedlich. Flour-Kautschuk-Monomere (FKM) stellen zum Beispiel bezüglich des Glasübergangbereichs eine Besonderheit dar. Sie besitzen zwar einen typischen Elastomerschubmodulverlauf (s. Bild 6.16) jedoch erstarren sie nur langsam. Während des Einfrierens verhält sich FKM über einen weiten Temperaturbereich lederartig, weshalb FKM-Dichtelemente viel weniger zur Kaltbrüchigkeit, wie zum Beispiel ein Standard-RWDR aus einem Polyacryl-Kautschuk (ACM), neigen.

Aufgrund der Standardspezifikation in der Automobilindustrie, sind heute alle gängigen Elastomere für Kraftfahrzeuganwendungen (ACM, AEM, NBR, HNBR, FKM, FVMQ oder VMQ – vgl. Kapitel 2.2, 6.4.2.1 und 6.4.5) für den Einsatz bei -40 °C geeignet (Voraussetzung: geringe dynamische Wellenexzentrizität < 0,1 mm TIR (s. Bild 6.32).

Das ausgeprägt nichtlineare Verhalten des Elastomers in Abhängigkeit der Temperatur leitet sich aus dessen molekularem Aufbau ab. Elastomere bestehen aus langen ungeordneten Molekülketten, die im unbelasteten Zustand in verschleifter Form als Knäuel vorliegen. Die Ketten sind untereinander verknüpft und können durch Bauteildeformation gestreckt werden. Da die Verknüpfungen bei der Streckung erhalten bleiben und die Molekülketten zu ihrem ursprünglichen Zustand als Knäuel zurückstreben, entsteht durch die Bauteildeformation eine Rückstellkraft. Bei Verringerung der Temperatur wird den Molekülketten die Beweglichkeit (Verschiebung und Rotation) an den Verknüpfungspunkten genommen, so dass mit abnehmender Temperatur das Material immer mehr versteift.

Der Übergang eines Elastomerwerkstoffs von elastisch zu starr befindet sich typischerweise in einem relativ schmalen Temperaturbereich von 10 bis 20 K [60]. Die genaue Lage des Glasübergangsbereichs ist abhängig vom Werkstoff und wird durch die Eigenbeweglichkeit der Molekülketten bestimmt, die wiederum durch die Art der Seitengruppen und Kettenlängen bestimmt wird [59]. Der Anstieg des Schubmoduls definiert also die Grenztemperatur, ab der ein Elastomer unter dynamischer Belastung (hohe Wellenverlagerung und -schlag) nicht mehr zum Abdichten von und gegen ein Fluid eingesetzt werden darf [55].

Zu hohe Temperatur über eine längere Zeit (bevor die thermische Zersetzung einsetzt) führt zusätzlich zur Schädigung durch Verhärtung des Elastomers und zur Rissbildung in der Kontaktzone der Dichtlippe (vgl. Kapitel 6.6). Ferner kann der Temperatureinfluss unerwünschte Reaktionen des Schmierstoffs mit dem Elastomer, der eingeschlossenen Luft oder dem Wellenmaterial hervorrufen. Durch Ablagerungen von Zerfallsprodukten aus dem Schmierstoff oder Ablagerung aus dessen Additiven an der Dichtlippe wird der Dichtmechanismus auch bei Dichtungen aus chemisch resistentem Werkstoff gestört. Höherer Verschleiß und Leckage sind die Folge.

In jedem Aggregat stellt sich bei stationärem oder instationärem Betrieb ein bestimmtes Temperaturniveau ein. Der Schmierstoff spielt hierbei eine entscheidende Rolle. An der Dichtstelle tritt im Bereich der Kontaktzone eine Übertemperatur durch Reibung auf, die jeweils mit großer Streuung vom Schmierstoff und der Fähigkeit der Dichtungsumgebung, Wärme abzuleiten, abhängt. Diese Temperatur unter der Dichtkante kann im Betrieb nur in Ausnahmefällen [23, 24] gemessen werden, weshalb die Temperatur des Schmierstoffs im Sumpf als Grenztemperatur für die verwendeten Elastomere herangezogen wird. Die tatsächliche Grenztemperatur für das Elastomer ist also die Summe der Medientemperatur und der Übertemperatur am Dichtkontakt. Die Übertemperatur eines Dichtungssystems hängt bei identischen Betriebsparametern und Verwendung desselben Schmierstoffs von der Umfangsgeschwindigkeit der Welle und deren Wärmeleitfähigkeit ab. Bei konstanter Umfangsgeschwindigkeit ergeben sich bei kleinen Wellendurchmessern wegen der geringeren Wärmekapazität und eingeschränkten Wärmeableitung höhere Übertemperaturen. Bei RWDR mit PTFE-Dichtlippe ist die Übertemperatur wegen der geringeren flächenbezogenen Reibleistung niedriger.

Für die Wärmeabfuhr aus dem Dichtkontakt spielt der Werkstoff und Durchmesser der Welle wegen seiner Wärmeleitfähigkeit ebenso eine Rolle, wie der Füllstand und Öltyp im Aggregat. Ein umspülter RWDR ist thermisch weniger belastet als ein nur bespritzter. **Bild 6.17** zeigt als Beispiel die Übertemperatur an der Dichtkante eines Elastomer-RWDR auf einer Stahlwelle mit kubisch raumzentrierter Gitterstruktur bei der Abdichtung unterschiedlicher Medien (Einfluss der Wellengestaltung, vgl. Kapitel 6.4.1.8). Die Werte der unteren Grenzkurve wurden bei vollständig umspülter Welle, die der oberen Grenzkurve bei nur 25 % umspülter Welle ermittelt. Der Bereich zwischen der oberen und unteren Grenzkurve zeigt die möglichen Übertemperaturen an der Dichtkante, wie sie sich bei unterschiedlicher Wärmeabfuhr einstellen. Das Diagramm kann keine genauen, einem spezifischen Betriebszustand zuordenbare Werte angeben, sondern soll lediglich die Größenordnung der zu erwartenden Übertemperatur vermitteln. Heute ist die Übertemperatur mit Kenntnis der Betriebsparameter gut durch Berechnungen abschätzbar.

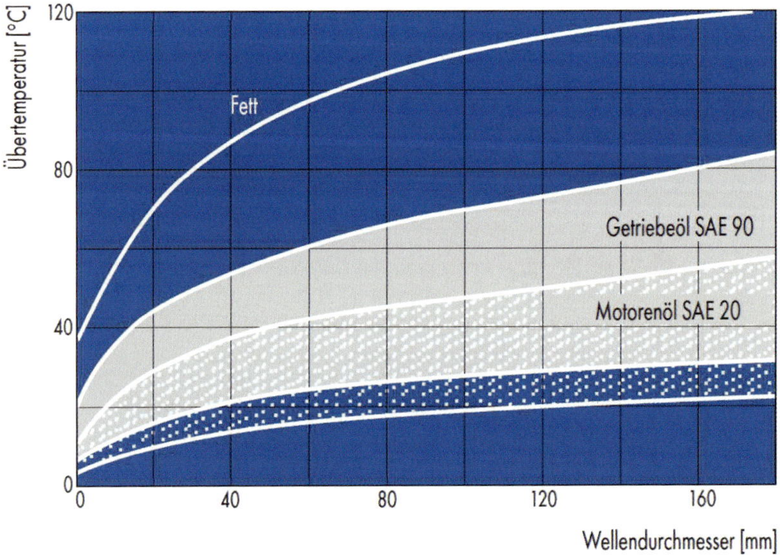

Bild 6.17: Übertemperatur im RWDR-Dichtkontakt bei Abdichtung unterschiedlicher Medien (100°C Systemtemperatur, 3000rpm Rotationsgeschwindigkeit).

Die Wärmeleitfähigkeit des Wellenmaterials (**Bild 6.18**), spielt nicht nur wegen der Wärmeabfuhr eine große Rolle, sondern auch wegen des Temperaturgradienten an der Wellenoberfläche im Bereich der Kontaktzone [63]. Je höher der Temperaturgradient, desto größer die Verdrängung des Ölfilms in diesem Bereich. Praktisch bedeutet das, dass eine geringere Wärmeleitfähigkeit nicht nur zu einer höheren Temperatur im Dichtspalt führt, sondern zusätzlich auch durch diesen sogenannten Thermokapillareffekt zur Gefahr der Mangelschmierung durch die Verdrängung des Öls aus der Dichtzone. Bild 18 zeigt exemplarisch die Wärmeleitfähigkeit verschiedener Materialien.

Unter dem Gesichtspunkt der Wärmeleitfähigkeit müsste für eine thermisch hochbeanspruchte Welle eigentlich Aluminium oder Kupfer verwendet werden. Diese Werkstoffe sind aber weder mechanisch (Festigkeit), noch tribologisch (Reibungskoeffizienten), noch von ihrer chemischen Verträglichkeit (Kupferunverträglichkeit) für den längeren Einsatz mit Elastomerdichtungen geeignet. Besteht jedoch die Möglichkeit, zwischen einem ferritischen und einem austenitischen Stahl zu wählen, ist in den meisten Fällen der ferritische Stahl vorzuziehen.

Die maximal zulässige Gleitgeschwindigkeit nimmt mit größer werdendem Wellendurchmesser, aufgrund der damit verbundenen besserer Wärmeableitung zu. Die Übertemperatur lässt sich im Prüfstand beispielsweise mit einem in die Welle integrierten Thermoelement erfassen. Bei PTFE-RWDR mit Rückfördergewinde lassen sich für Forschungs- und Entwicklungszwecke alternativ winzige Thermoelemente in das Fördergewinde einbringen, so dass auch Messungen im abzudichtenden Aggregat möglich sind [23, 24].

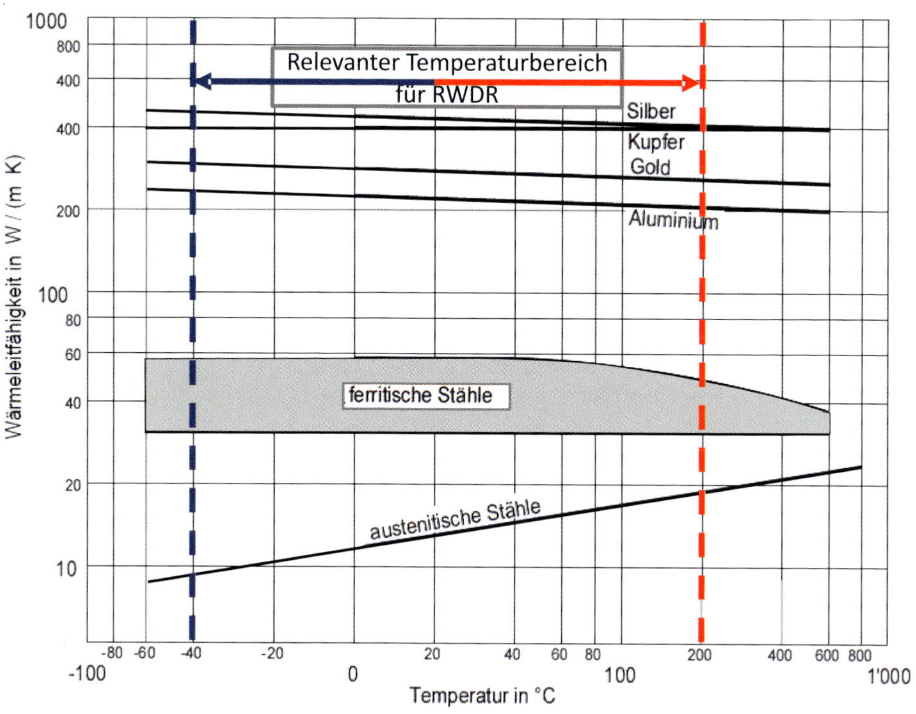

Bild 6.18: Wärmeleitfähigkeit unterschiedlicher Metalle [58]

6.3.1.2 Drehzahl

RWDR werden in einem weiten Drehzahlbereich entsprechend der unterschiedlichen Anwendungsgebiete eingesetzt. Die zulässige Grenze wird durch die sich aus Drehzahl und Wellendurchmesser ergebende Umfangsgeschwindigkeit der Welle und der Art der Schmierung und Kühlung des Dichtkontakts vorgegeben. Hohe Umfangsgeschwindigkeiten können mit RWDR nur drucklos und mit einem Dichtungsdesign mit geringer Radialkraft zuverlässig abgedichtet werden. Markante Drehzahlen einiger typischer Abdichtstellen betragen:

- 20 min^{-1} Klappensteller in Rohrleitungssystemen
- 100 min^{-1} an der Hinterachsabdichtung eines Traktors
- 600 min^{-1} an der Lkw-Radnabe
- 1500 min^{-1} am seitlichen Getriebeausgang eines Pkw
- 1700 min^{-1} bis 2500 min^{-1} am Getriebeein- und -ausgang eines Lkw
- 3000 min^{-1} und mehr bei Drehstromantrieben in Werkstätten
- bis 12.000 min^{-1} an der Kurbelwelle eines Zweitaktmotors
- bis 15.000 min^{-1} in CVT-Getrieben
- bis 18.000 min^{-1} an der Kurbelwelle von Rennmotoren
- 25.000 min^{-1} bei Geradschleifer
- bis 30.000 min^{-1} bei E-Mobility-Antrieben

Oberhalb von 30000 min^{-1} werden in der Regel keine RWDR mehr eingesetzt!

- bis 60.000 min^{-1} Kinetic energy recovery systems (Kers)
- 80.000 bis 120.000 min^{-1} elektrisch getriebene Verdichter

Trotz dieser großen Unterschiede bewegt sich die Umfangsgeschwindigkeit in kleinerem Rahmen, da langsamer drehende Wellen in diesen Fällen größere und die besonders schnell drehenden Wellen geringe Drehmomente zu übertragen haben und kleinere Durchmesser aufweisen. Die Umfangsgeschwindigkeit bestimmt den Schmierzustand und die Übertemperatur in der Kontaktzone der Dichtlippe und somit die Auswahl des einzusetzenden Elastomers. Über die Einsatzgrenzen geben die Bilder 6.17 und 6.33 Aufschluss.

6.4 Auslegung des Dichtsystems

Dichtsysteme mit Radialwellendichtring bestehen im einfachsten Fall aus den drei Bauteilen: Gehäuse, Dichtelement und Welle. Zusätzlich kommen meist das abzudichtende Medium, Fett (zumeist zur Initialschmierung notwendig) und die Umwelteinflüsse hinzu. Damit existieren mindestens sechs auslegbare Größen für das Dichtsystem. Davon kann der Dichtungshersteller lediglich Einfluss auf das Dichtelement und das Fett zur Initialschmierung nehmen. Weitere Randbedingungen kann der Anwender beeinflussen: Welle, Gehäuse und evtl. das Schmiermittel. Die Umwelteinflüsse können naturgemäß nicht beeinflusst werden.

Es gilt, sowohl die richtigen Materialien, als auch das richtige Design für das Dichtsystem und dessen Bauteile zu bestimmen. Die Herausforderung bei der Auslegung eines RWDR-Dichtsystems besteht insbesondere darin, vorauszusagen, wie sich das Dichtsystem über die Lebenszeit durch Elastomeralterung, Verschleiß, chemischen Angriff und Missbrauchsanwendungen verändert, so dass auch bis zum Ende der Einsatzzeit noch eine robuste Abdichtung erreicht werden kann.

Die oben genannten Randbedingungen definieren das Lastenheft für das Dichtsystem. Erfolgt die Auslegung nicht entsprechend, so kann in der Regel keine robuste Abdichtung garantiert werden.

Aktuelle Dichtsysteme werden nur in seltenen Fällen (z. B. bei direkter Personengefährdung) mit großen Sicherheitsreserven ausgelegt. Die Überdimensionierung eines Dichtsystems bedeutet immer, dass die Verlustleistung im Dichtkontakt und der Anschaffungspreis, aufgrund von höherwertigen Materialien und komplexen Konstruktionen, steigen. Hinzu kommt, dass die Erhöhung der Betriebssicherheit oft mit einer Verringerung der Lebensdauer erkauft werden muss. Der Anwender ist meist nicht bereit die Mehrkosten zu tragen.

Bei der Auslegung von Dichtsystemen kommen heutzutage immer mehr moderne Simulationsmethoden zum Einsatz. Bei richtiger Verwendung können damit mögliche Probleme mit dem Produkt frühzeitig erkannt und Fehlauslegungen deutlich reduziert werden. Mit der Unterstützung der Finite-Element-Berechnung kann die Auslegung von Dichtsystemen mit RWDR hinsichtlich des Designs (Geometrie, Verschleiß, Deformationen – siehe **Bild 6.19b**), des Materialverhaltens (Relaxation, Quellung, Kriechen) der Kontaktspannungen (Montage des Haftsitzes und der Hauptlippe) und des Fertigungsprozesses (Formfüllung, Schwindung, Abkühlverhalten – siehe **Bild 19a**) erleichtert werden.

Dabei ist die genaue Beschreibung des Materialverhaltens von Elastomerbauteilen keineswegs trivial. Elastomere zeigen in dynamisch angeregten Bauteilen, komplexe Phänomene, die erst seit kurzen durch Rechner-Simulationen abgebildet werden können. Zu diesen Phänomenen zählt man beispielsweise das Auftreten von bleibenden Dehnungen, den Mullins-Effekt („Spannungserweichung") und eine Spannungs-Dehnungs-Hysterese auch bei langsamer, quasi-statischer aber zyklischer Belastung. Je nach Anwendungsfall haben diese Eigenschaften unterschiedliche, aber meist negative Auswirkungen auf das Gesamtverhalten eines Bauteils und können bei der Auslegung nur schwer vorhergesagt werden. Von Vorteil ist es also, wenn dieses Verhalten schon im Vorfeld während des Entwicklungsprozesses beschrieben werden kann, um daraus Optimierungen für das Bauteil ableiten zu können.

Heute stehen spezielle Plastizitätsmodelle zur Beschreibung technischer Gummiteile mittels FE-Simulation zur Verfügung (**Bild 6.20**), um das quasi-statische Verhalten von Elastomeren besser zu beschreiben [39, 40]. Dazu müssen die viskoelastischen Werkstoffeigenschaften in verschiedenen Prüfverfahren (Spannungs-Dehnungs-Analysen mit Variation von Temperatur und Geschwindigkeit) bestimmt werden.

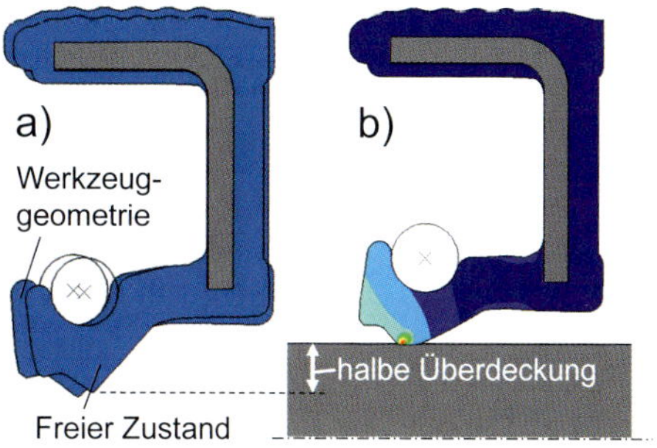

Bild 6.19: FEM-Simulation: a) Geometrie von Werkzeugkavität und RWDR nach Schwund und b) RWDR Montage auf Welle und resultierende Spannungen

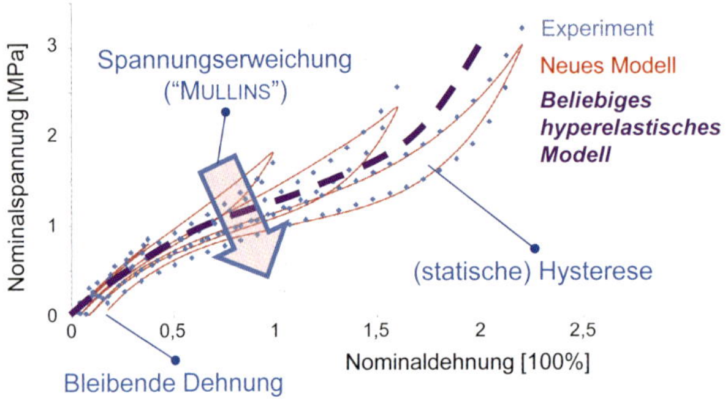

Bild 6.20: Spannungs-Dehnungsverhalten von Elastomerwerkstoffen

Dem Konstrukteur stehen heute automatisierte Berechnungsoberflächen zur Verfügung, die auf die gängigen kommerziellen FEM-Programme aufsetzten. Damit hat er die Möglichkeit, ohne vertiefte Kenntnisse der nichtlinearen FEM selbst Simulationen verschiedener RWDR-Varianten durch zu führen und den Vorteil komplexer, leistungsstarker Programme zu nutzen [39]. Die gesamte Berechnungsprozedur lässt sich direkt vom CAD-Arbeitsplatz aus starten.

6.4.1 Auslegung der Welle als RWDR-Gegenlauffläche

Die Welle mit der Gegenlauffläche ist neben dem Dichtelement (und dem Schmierstoff) das wichtigste Bauteil im Dichtsystem. Ihre Oberfläche steht im direkten Kontakt mit der Dichtlippe des Dichtelements und muss so ausgeführt sein, dass sowohl die statische Dichtheit im Stillstand, als auch die dynamische Dichtheit im Betrieb dauerhaft gewährleistet ist. Die Gegenlauffläche sollte eine axiale Länge von mindestens 5 mm besitzen, damit auch bei fehlerhaftem Sitz (Rückfedern oder Schrägeinbau (vgl. Bilder 6.8 und 6.59)) des Dichtelements im Gehäuse immer noch gewährleistet ist, dass die Dichtkante vollumfänglich Kontakt auf der für das Dichtsystem vorgesehenen Gegenlauffläche hat. Bei der axialen Länge der Gegenlauffläche muss weiterhin beachtet werden, dass Verschleiß und Alterungseffekte die axiale Kontaktlänge von anfänglich ca. 0,1 mm auf bis zu 0,7 mm (Standard-RWDR bis 100 mm Wellendurchmesser) vergrößern kann und durch die damit einhergehende Biegung der Dichtlippe in Richtung der Gegenlauffläche eine axiale Verschiebung der Laufspur erfolgt. Auch dann darf der Dichtkontakt nicht über den Bereich der Gegenlauffläche hinausragen. Bei PTFE- und Elastomer-Manschetten-RWDR muss berücksichtigt werden, dass die Kontaktbreite im Neuzustand schon bis zu 3 mm beträgt. Die axiale Länge der Gegenlauffläche muss dann auf mindesten 10 mm vergrößert werden.

Eine breite Gegenlauffläche erlaubt außerdem, nach Verschleiß (Welleneinlauf) einen neuen RWDR so einzusetzen, dass seine Dichtkante axial versetzt, also neben der alten Laufspur, zu liegen kommt. Eine Reparatur oder Austausch der Gegenlauffläche ist dann nicht erforderlich.

Weiter spielt die Welle eine wichtige Rolle bei der Montage des Dichtsystems. Da der RWDR im Bereich der Dichtkante bei der Montage auf die Welle um ca. 3 bis 6 % gedehnt wird, darf die Wellenoberfläche keinerlei scharfe Kanten oder Grate aus dem Fertigungsprozess aufweisen. Die Kontaktoberfläche der Dichtkannte kann dadurch irreversibel beschädigt werden. Zur Vermeidung der Beschädigung sollte bei der Wellenauslegung der Übergang der Gegenlauffläche zu einem kleineren Durchmesser eine flache Fase mit gerundeten Kanten aufweisen, die oft als „Montage- oder Einfahrschräge“ bezeichnet wird (**Bild 6.21**).

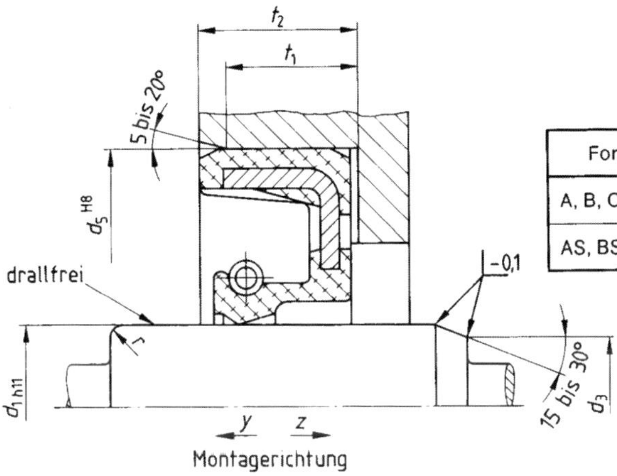

Form	r_{min}
A, B, C	0,6
AS, BS, CS	1

Bild 6.21: Richtlinien für die Gestaltung des Dichtungsumfeldes nach DIN 3760

Die angegebenen Größen aus Bild 6.21 sind Richtwerte für die Durchmesser abhängige Größe der Fase nach DIN 3760. Falls ein Radius anstelle der Fase angebracht wird, sollte dieser nicht kleiner sein als die Durchmesserdifferenz $d_1 - d_3$ (Ø Welle - Ø Beginn Einfahrschräge). Kann aus konstruktiven Gründen keine Einfahrschräge vorgesehen werden, so muss der Dichtring mit einer Einbauhülse (**Bild 6.22**), die die RWDR-Dichtlippe weitet oder einer Montagehülse (s. Bild 6.58), montiert werden. Hierbei ist jedoch zu bedenken, dass vor allem im Falle einer Reparatur die Gefahr besteht, dass keine Einbauhülse zur Verfügung steht und der Monteur den neuen Dichtring bereits beim Einbau beschädigt.

Weist die Welle vor der Dichtstelle eine Passfedernut auf (s. Bild 6.22), so muss diese auf einem kleineren als dem Abdichtdurchmesser, besser sogar dem freien Durchmesser (Dichtkantendurchmesser im demontierten Zustand) liegen. Dasselbe gilt für Gewinde auf der Welle und Querbohrungen in der Welle, wie sie beispielsweise bei Drehmomentübertragern üblich sind. Ist das Überfahren der Querbohrung mit der Dichtlippe bei der Montage unumgäng-

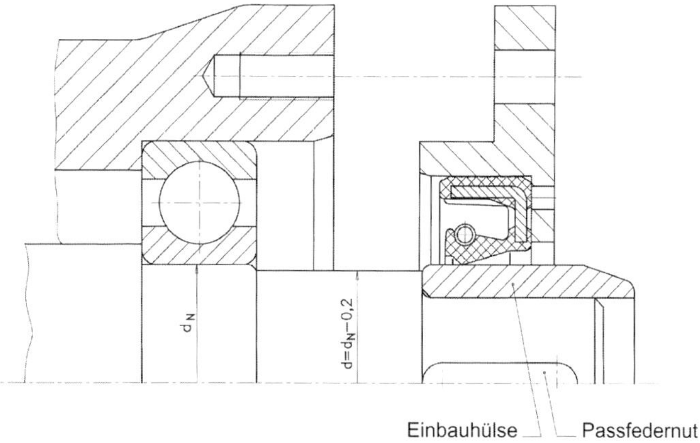

Bild 6.22: Montage eines RWDR mittels Einbauhülse

lich, so muss die Bohrung „zurückgenommen" werden, das heißt in einem Bereich kleineren Durchmessers liegen, der beidseitig durch schräge Fasen begrenzt ist. Die Kanten der Fasen müssen abgerundet sein. Eine scheinbare Alternative dazu besteht im Ansenken der Bohrung. Die Ausführung einer solchen Senkung gestaltet sich auf der gekrümmten Wellenoberfläche meist schwierig und wird oft nicht sauber ausgeführt.

Eine weitere Beschädigungsgefahr der Dichtlippe besteht, wenn der Lagersitz denselben Durchmesser hat wie die Dichtstelle und somit zuerst das Lager und danach der Dichtring montiert wird. Durch das Aufpressen des Lagers können an der Dichtstelle axiale Riefen entstehen, die im Dichtkontakt als Leckagekanäle funktionieren oder die Dichtlippe mechanisch zerstören können. Um die Gefahr zu verringern, genügt bereits eine Verkleinerung des Wellendurchmessers im Laufbereich um 0,2 mm, so dass das Lager ohne Klemmen über die Gegenlauffläche hinweg montiert werden kann, siehe Abbildung 22. Der für den Nenndurchmesser der Welle ausgelegte RWDR kann in der Regel ohne nachteilige Auswirkung auf die Dichtfunktion auch mit einem um 0,2 mm reduzierten Wellendurchmesser verwendet werden. Lediglich bei sehr kleinen Durchmessern muss darauf geachtet werden, dass die für die Anpressung der Dichtlippe erforderliche Überdeckung groß genug bleibt (**Bild 6.23**).

Im Zweifelsfall sollte die Modifikation immer mit dem Dichtungshersteller abgesprochen werden. An die Gegenlaufflächen (Kontaktfläche zur Dichtkante auf der Welle) des RWDR auf der Welle werden nach DIN hohe Anforderungen gestellt, die im Folgenden allgemein beschrieben werden:

Bei der Herstellung der Gegenlaufoberfläche sollten folgende Rauheitswerte eingehalten werden:

- R_a = 0,2–0,8 µm
- R_z = 1–5 µm
- R_{max} < 6,3 µm

Diese Rauheitswerte gewährleisten in den meisten Fällen unabhängig vom Bearbeitungsverfahren und in der Regel unabhängig von den Betriebsbedingungen einen geringen Dichtkanten- und Wellenverschleiß und günstige Kontaktreibwerte im RWDR-Welle-Kontakt [64].

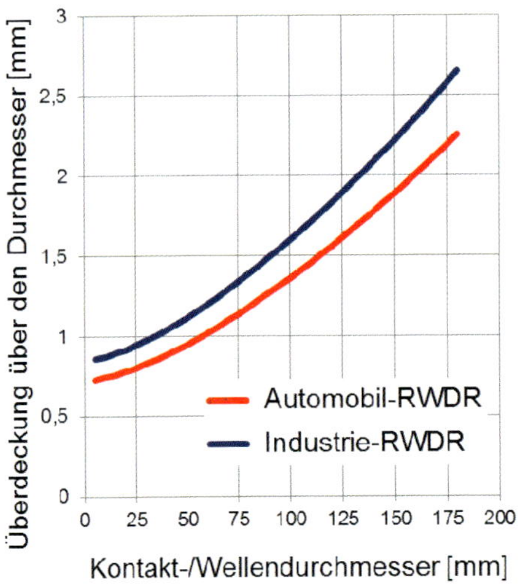

Bild 6.23: Typische Werte für Überdeckungen im Dichtsystem

Eine Unterschreitung der empfohlenen Rauheitsparameter kann bei höheren Gleitgeschwindigkeiten zu ungenügender Schmiermittelzufuhr in den Dichtkontakt führen. Der Aufbau eines ausreichenden Schmierfilms auf der Welle wird verhindert und es treten Mangelschmierungserscheinungen in Form von Elastomerverhärtungen, Rissen, Ölkohleablagerungen, umlaufenden Verschleißrillen, Hohlkehlen- und Blasenbildung an der Elastomeroberfläche an der Dichtkante auf. Zu große Rautiefen > 4 µm führen zu erhöhtem Mischreibungsanteil (Teilweise direkter Kontakt zw. Elastomer und Wellenwerkstoff ohne Schmierfilm als Trennschicht) im Dichtkontakt und damit zu erhöhtem Dichtkantenverschleiß.

Die oben genannte Charakterisierung geeigneter Gegenlaufflächen mit Hilfe der Rauheitskennwerte R_z, R_a und R_{max} ist im Grunde genommen nicht ausreichend, da sie die Oberflächenstruktur nicht eindeutig beschreibt (**Bild 6.24**). Oberflächen mit denselben Rauheitskenngrößen R_a und R_z können eine völlig unterschiedliche tribologisch aktive Topgraphie aufweisen. Zwei vermeintlich gleiche Gegenlaufflächen mit gleichen Rauheitskennwerten können einerseits viele Rauhigkeitsspitzen haben, die abrasiv auf die Dichtkante wirken und die Schmierung beeinträchtigen. Andererseits können sie einen eher welligen Charakter haben, dadurch weniger verschleißend wirken und durch flache Vertiefungen die Schmierung begünstigen.

Daher können die für die Gegenlauffläche vorgegebenen Rauheitswerte lediglich als Kontrollmaß dienen, das im Zusammenwirken um das Wissen der Herstellung der Wellenoberfläche ein Urteil über die Dichtungstauglichkeit ermöglicht. Mit den Vorgaben der Rauheitswerte weiß der Werker an der Dreh- und Schleifmaschine, wie er seine Prozessparameter wählen muss, damit er die Oberflächenspezifikationen einhält.

Vor allem bei gedrehten Wellenoberflächen unterscheiden sich die in Umfangsrichtung gemessenen Rauheitskennwerte sehr stark von den in axialer Richtung gemessenen (s. Bild 6.28). Dies wird in der DIN nicht berücksichtigt. Alle 2D-Rauheitsangaben zur Beschreibung der RWDR-Gegenlauffläche beziehen sich jedoch auf die Messung in axialer Richtung der Welle, ohne dass es dazu eine offizielle Konvention gibt. Weiter gelten die genannten Kennwerte hauptsächlich

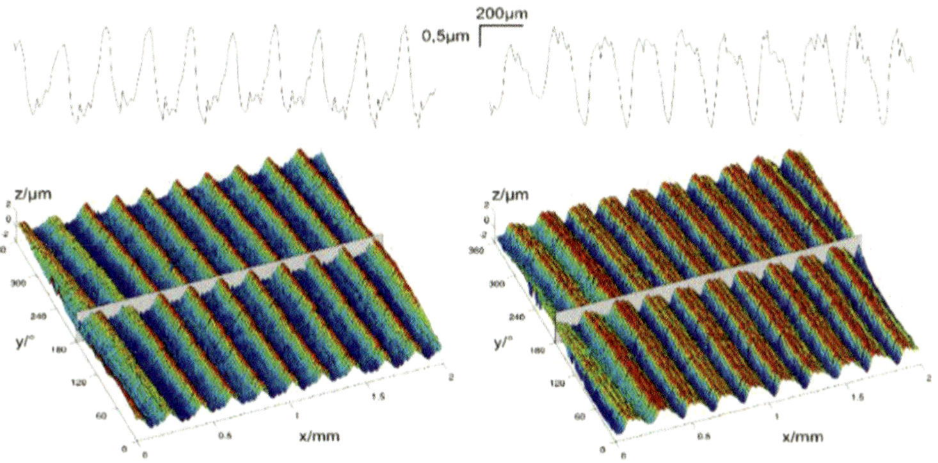

Bild 6.24: Gegenüberstellung von „spitzkämmigen (l.)“ und „rundkämmigen (r.)“ Wellenoberfläche bei gleichen Rauheitskennwerten R_a und R_z

für drallfrei geschliffenen Stahlwellen und können für alternativ hergestellte Wellenoberflächen nur ein Anhaltspunkt sein.

Oft hilft die Angabe des Materialtraganteils aus der Abbott-Kurve zur Beschreibung der Oberflächenbeschaffenheit. Diese Kenngrößen können Anhaltspunkte über den Einlaufverschleiß einer Oberfläche und die Fähigkeit Schmierstoff in Depots aufzunehmen geben. Jedoch ist auch dieser nicht ausreichend, um eine zuverlässige Aussage über die Dichtsystemtauglichkeit zu treffen. Dann ist häufig der materialabhängige Einfluss der Benetzbarkeit und der Thermokapillareffekt (vgl. Kapitel 6.3.1.1), viel entscheidender als die exakte Rauheit der Oberfläche, damit ausreichend Schmiermittel in den Dichtkontakt gelangt. Im Zweifelsfall muss Rücksprache mit dem Dichtungshersteller gehalten und es müssen zusätzliche Versuche durchgeführt werden.

Die Härte der Wellenoberfläche sollte mindestens 45 HRC betragen. Wenn mit starker Verschmutzung von außen durch Partikel mit abrasiver Wirkung zu rechnen ist, soll die Härte möglichst auf 60 HRC angehoben werden. Als Werkstoff für die Welle eignen sich die im Maschinenbau üblichen Stähle, zum Beispiel C35 und C45. Gusswerkstoffe, insbesondere Kugelgraphit und Temperguss sind ebenfalls als Wellenmaterial geeignet. Voraussetzung für die Anwendung sind Lunkerfreiheit und eine Porengröße < 0,05 mm. Thermische Spritzschichten stellen für viele Anwendungen hinsichtlich Reibung und Verschleiß eine Alternative dar (vgl. Kapitel 6.4.1.7).

Eine wichtige Anforderung an die Gegenlauffläche für RWDR ist die Drallfreiheit. Drallfreiheit bedeutet, dass die Welle keine gerichtete Struktur aufweist, die zu einer Förderwirkung und damit zum Transport des abzudichtenden Mediums unter der Dichtlippe hindurch nach außen und damit zu Leckage führt. Leckage aufgrund Wellendrall ist auf folgenden Zusammenhang zurückzuführen: die zur Bodenseite gerichtete Pumpwirkung der Drallstruktur auf der Welle übersteigt die Pumpwirkung des RWDR aus dem natürlichen Dichtmechanismus und den aktiven Dichthilfen (vgl. Kapitel 6.2.3).

Ist die Förderwirkung auf das Schmiermittel aufgrund des Wellendralls geringfügig schwächer als die der Dichtmechanismen, so kann dies sogar in einen Vorteil für die Schmierfilmbildung im Dichtkontakt resultieren, da dadurch mehr Flüssigkeit im Dichtspalt verweilt. Unterstützt der Wellendrall die Dichtwirkung, fördert also wie der Dichtring selbst in das abzudichtende Aggregat zurück, so verschlechtern sich dadurch die tribologischen Randbedingungen und die reduzierte Flüssigkeitsmenge im Dichtspalt führt zu Mangelschmierung und erhöhtem Verschleiß, höheren Kontakttemperaturen und höherer Kontaktreibung.

Drallstrukturen können auf verschiedene Art und Weise detektiert werden. Eine bereits sehr alte Methode ist die Fadenmethode. Hierbei wird eine durch ein Gewicht belastete Fadenschleife über die leicht mit Öl benetzte Welle gelegt. Weist die Welle eine Drallstruktur auf, so wandert der Faden bei langsam rotierender Welle in axialer Richtung. Wandert der Faden bei Drehrichtungswechsel in die entgegengesetzte Richtung wie zuvor, liegt mit hoher Wahrscheinlichkeit ein förderaktiver Drall auf der Wellenoberfläche vor. Eine quantitative Bestimmung der Wirksamkeit des Dralls ist mit der Fadenmethode nicht möglich. **Bild 6.25** zeigt das prinzipielle Vorgehen bei der Verwendung der Fadenmethode zur Drallmessung auf der Gegenlauffläche.

Die Fadenmethode reagiert nicht auf jeden Drall. Wandert der Faden nicht, so kann Drall dennoch nicht ausgeschlossen werden. Neueren Erkenntnissen zufolge können sehr feine, so genannte Mikrodrallstrukturen förderaktiver für Schmierstoffe sein als gröbere [47].

Bild 6.25: Drallmessung nach der Fadenmethode [64]

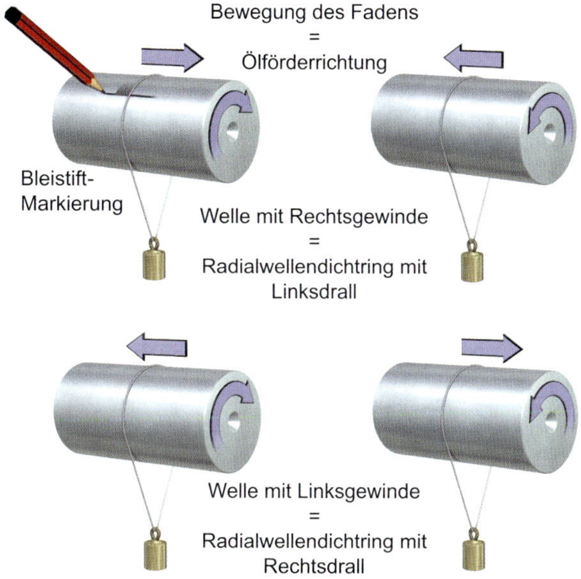

Seit einigen Jahren wird intensiv an Methoden zur Bewertung der Wellenoberfläche hinsichtlich der Dichtungstauglichkeit gearbeitet. Zwar ist es heute möglich, die Wellenoberfläche sehr genau zu vermessen, makroskopische und mikroskopische Strukturen hinsichtlich ihrer Ausrichtung auszuwerten (CARMEN-Methode [29, 67] und Mikrostrukturanalyse [67]) und die Topografie über größere Flächenanteile zu beschreiben, vgl. DIN EN ISO 25178. Jedoch existiert noch keine Möglichkeit auf Grundlage der gewonnen Oberflächendaten eine Vorhersage zu den tribologischen Eigenschaften des Dichtkontakts zu machen.

Als dritte Methode zur Beurteilung, ob sich förderaktive Strukturen auf der Gegenlauffläche befinden, kann die Förderwertmessung unterstützten. Hierbei wird die Menge an Fluid gemessen, die in einem definierten Zeitraum durch den Dichtkontakt hindurch gefördert wird. Dabei wird davon ausgegangen, dass sich die Förderwerte von Welle und RWDR überlagern und der Förderwert des RWDR drehrichtungsunabhängig ist. Um den Einfluss des Förderwerts des RWDR zu eliminieren, wird bei beiden Drehrichtungen der Welle gemessen und die Differenz der gemessenen Förderwerte bestimmt, die dem doppelten Wert des Förderwerts der Welle entspricht. Bisher konnte kein gesicherter Zusammenhang zwischen Strukturausprägung und Förderwert ermittelt werden.

Fast alle Förderwertmessmethoden haben den Nachteil, dass Sie nicht die Betriebsbedingungen einer RWDR-Anwendung im realen Aggregat widerspiegeln. So wird z. B. häufig der RWDR auf der Boden- und Stirnseite vollständig mit Schmiermittel geflutet, um den Einfluss des Ölpegels zu eliminieren. Dabei wird dem Dichtsystem jedoch so viel Schmierstoff am Dichtkontakt angeboten, dass sich verglichen zur Realität vollkommen unterschiedliche tribologische Bedingungen (Schmierstoffangebot, Schmierfilmhöhe, Kontaktkühlung) einstellen.

Die aktuelle Forschung und Entwicklung befassen sich vielerorts mit der Verbesserung und Optimierung der Werkstoffpaarungen von Dichtkante und Gegenlauffläche sowie der Untersuchung individuell geeigneter Nachbearbeitungsverfahren (Beschichtungen und Mikrostrukturierungen) mit dem Ziel, den Verschleiß beider Kontaktpartner und die Reibungsverluste zu minimieren. Der dichtungstechnisch orientierten Charakterisierung der Oberflächenstruktur von Gegenlaufflächen wird ebenfalls große Bedeutung beigemessen. Moderne, optische Oberflächen-Messverfahren in Verbindung mit einer leistungsstarken Datenverarbeitung und -analyse erweitern die Möglichkeiten enorm und könnten eine Möglichkeit für die Zukunft darstellen, Gegenlaufflächen für Radialwellendichtringe zielführend zu charakterisieren. Beispiele hierfür sind Weißlichtinterferometrie, Fokusvariation, Streifenprojektion, Konfokalmikroskopie und Laserabtastverfahren. Mit den genannten Verfahren können teilweise Auflösungen im Nanometer-Bereich erreichen. Derzeit wird daran geforscht, den Zusammenhang zwischen den mittels Mikroskopie erfassbaren Größen und den Funktionseigenschaften des Dichtsystems zu verstehen, um so exakte Angaben zu den erforderlichen Oberflächenkennwerten und tribologisch günstige Werte machen zu können.

Die geforderte Drallfreiheit einer nach DIN 3760-Vorgabe im Einstich geschliffenen Stahloberfläche führte lange Zeit dazu, dass anderen Bearbeitungsverfahren weniger Beachtung geschenkt wurde. Erst durch den zunehmenden Kostendruck wurden auch Alternativen, wie z. B. die Eignung des Glattwalzens oder Drehens der Oberflächen als Finishing untersucht. Heute hat es der Konstrukteur in der Hand, durch die Vorgabe alternativer Bearbeitungsverfahren Kosteneinsparungen zu ermöglichen. In den folgenden Abschnitten wird gezeigt, dass aufgrund neuerer Untersuchungen und Erkenntnisse aus der Tribologie außer der geschliffenen Lauffläche auch gedrehte, glattgewalzte, gestrahlte oder geschmirgelte Oberflächen unter Beachtung der speziellen Erfordernisse als Gegenlauffläche nicht nur möglich sind, sondern sogar vorteilhaft sein können [64].

Bei der Verwendung von Stahlwellen ist besonders darauf zu achten, dass diese vor Kratzern, Druckstellen, Rost oder andere Beschädigungen der Wellenoberfläche im Bereich der Gegenlauffläche geschützt werden müssen, da diese zu einer Störung der Dichtfunktion führen, die sich in Form von Leckage äußern kann (vgl. Kap. 6.6). Für den Transport der Wellen wird daher die Verwendung von Schutzhüllen, Korrosionsschutz und geeigneten Transportvorrichtungen dringend empfohlen.

6.4.1.1 Geschliffene Lauffläche

Wellenoberflächen für Dichtungen werden meist geschliffen. Die jahrzehntelange Erfahrung hat gezeigt, dass das Einstechschleifen ein sicheres und bewährtes Verfahren ist, um für einen Radialwellendichtring eine funktionsfähige Oberfläche zu erzeugen. Dennoch gibt es immer wieder Frühausfälle von Radialwellendichtringen, welche auf unsachgemäß bearbeitete Wellen zurückgeführt werden können. Eine der Hauptanforderungen an eine geschliffene Oberfläche ist die Drallfreiheit. Beim Einstechschleifen stellt sich in der Praxis die Forderung nach „drallfreien“ Wellenoberflächen als nahezu unerfüllbar heraus. Zwar wird entsprechend den Vorgaben im Einstich geschliffen, eine förderneutrale Oberfläche damit aber noch lange nicht erzeugt (vgl. Kapitel 6.4.1).

Der durch falsches Abrichten der Schleifscheibe auf deren Oberfläche gebildete Drall kann sich auf der Welle abbilden. Wesentliche Prozessparameter wie konstante und vor allem definierte Drehzahlverhältnisse werden oftmals nicht eingehalten oder überprüft, die Abrichtvorgaben für die Schleifscheibe (Vorschub, Schnitttiefe, Zyklus) nicht exakt eingehalten und die Ausfeuerungszeit oftmals viel zu knapp bemessen. Auch können sich äußere Einflüsse, wie z.B. Maschinenschwingungen, Lagerspiele etc., negativ auf die Oberflächenstrukturen auswirken. Das Hauptproblem jedoch ist, dass sich die Auswirkungen dieser Prozessparameterveränderungen oder Prozessschwankungen messtechnisch nicht exakt erfassen lassen.

Bild 6.26: Oberfläche einer im Einstich geschliffenen Welle (Ausfunkzeit 3 Minuten)

Die Ausfeuerungszeit ist ein wesentlicher Faktor beim Schleifen von Oberflächen als Laufstelle für RWDR. Da sich eine Gewindestruktur unabhängig von den Prozessparametern nie ganz vermeiden lässt, muss die Ausfeuerungszeit entsprechend hoch sein, um diese möglichst zu beseitigen. Ausfeuerungszeiten von 30 Sekunden sollten sicherheitshalber nicht unterschritten werden. **Bild 6.26** zeigt, dass auch bei nahezu perfekter Fertigung und entsprechender

Tabelle 6.1: Relevante Bearbeitungsrichtlinien für geschliffene Oberflächen von Stahlwellen

Prozessparameter	Auswirkung	anstreben	beachten
Drehzahlverhältnis Schleifscheibe/ Werkstück	kann einen Drall erzeugen	nicht ganzzahlig z. B. 10,5:1	während des Prozesses überprüfen
Drehzahl Werkstück Drehzahl Schleifscheibe	kann einen Drall erzeugen	30 … 300 U/min 1500 …1700 U/min	Werkzeug und Werkstück müssen gegenläufig rotieren
Abrichtvorschub	Beeinflusst die Steigung des Fördergewindes	< 0,1 mm/Umdrehung	Abrichtung sollte nur in einer Richtung erfolgen
Abrichtwerkzeug	kann Drallstruktur erzeugen	Vielkorndiamant, Einkorndiamant	
Abrichtzustellung	beeinflusst Rauheitswerte	ca. 0,02 mm	
Ausfeuerungszeit	beeinflusst Querschnitt des Fördergewindes	vollständiges Ausfeuern, mind. 30 Sekunden	häufigste Ursache für drallbehaftete Oberflächen
Zustelltiefe	kann Leckage hervorrufen	>> als R_{max} vom vorherigen Bearbeitungsprozess	
Schleifscheibe/ Körnung	beeinflusst die Rauheitsparameter R_a; R_z; R_{max}	Beispiel: 60 … 100; Edelkorund 60KL8V25 (weiß) Abmessung 400 x 50 x 127	
Koaxialität der Werkzeug- und Werkstückachse	erzeugt Drallstruktur auf der Oberfläche	Koaxialität so klein wie möglich	

Ausfeuerungszeit die Oberfläche nicht homogen ist. Die Schleifkörner drücken die Spitzen der Oberfläche zum Teil zur Seite oder reißen ganze Bereiche aus ihr heraus. Je mehr solcher Beschädigungen in axialer Richtung der Welle auftreten, desto größer ist die Gefahr der Leckage.

Eine weitere Anforderung an die Qualität der Gegenlauffläche ist die Rundheit. Eine Unrundheit überlagert sich im Betrieb mit der dynamischen Exzentrizität der Welle mit Einfluss auf das Dichtverhalten (vgl. Kapitel 6.4.1.9). Die Unrundheit entsteht vor allem durch:

- schlecht ausgewuchtete Scheiben
- zu große Spantiefe, was zu Schwingungen der Welle führt
- ungenügende Kühlung.

Aber auch nach dem Schleifen kann die Welle unrund werden, beispielsweise durch

- Verzug bei den dem Schleifvorgang folgenden Arbeitsgängen
- Verspannung und Deformationen durch Verschrauben einer Schwungmasse mit der Welle (z. B. am schwungradseitigen Ende einer Kurbelwelle)

Werden die vorgegebenen Prozessparameter eingehalten, ist das Schleifen ein sicherer Fertigungsprozess. Kleine Inhomogenitäten in der Oberflächentextur müssen und können von Radialwellendichtringen kompensiert werden. Die wichtigsten Prozessparameter und ihr Einfluss auf die Dichtheit eines Radialwellendichtrings sind in **Tabelle 6.1** nochmals explizit zusammengefasst.

6.4.1.2 Gedrehte Wellen

Hartdrehen ist im Vergleich zu anderen Verfahren sehr wirtschaftlich und bietet noch Potentiale zur Kostenreduzierung. Vorteilhaft ist auch, dass die Oberflächentextur gedrehter Wellen exakt definiert und ausgesprochen homogen ist (**Bild 6.27**).

Die Technologie des Hartdrehens von Wellen wurde in den letzten Jahren weiter verbessert und ist heute bei vielen Unternehmen aus wirtschaftlichen Gründen in den Fertigungsprozess integriert. So können z.B. im Vergleich zum Schleifen die Rüstkosten um bis zu 95 %, die Prozesszeiten um bis zu 40 % und die Maschinenanschaffungskosten um bis zu 50 % verringert werden. Von noch wenigen Ausnahmen abgesehen, werden die Wellen im Bereich der Dichtstelle aber nach wie vor geschliffen.

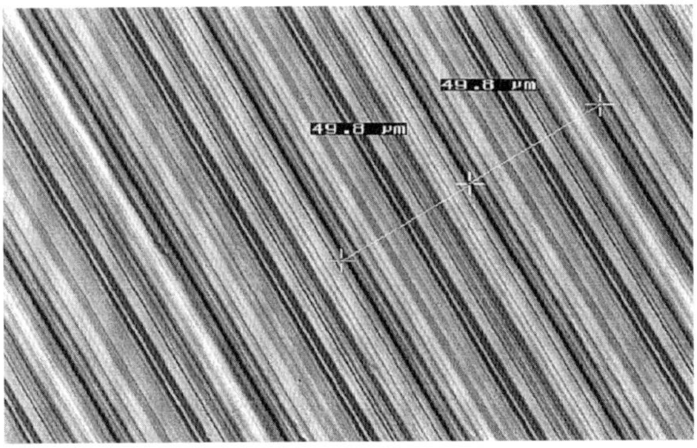

Bild 6.27: Oberfläche einer gedrehten Gegenlauffläche

Da beim Drehen zwangsläufig ein gerichteter Drall in Form eines Gewindes auf die Welle aufgebracht wird, sollte die Welle nur für Aggregate verwendet werden, die vorwiegend in einer Drehrichtung betrieben werden. Das ist beispielsweise der Fall beim Verbrennungsmotor, am Getriebeeingang von Kfz. Ausnahmen sind: Getriebeausgang und am Eingang/Ausgang des Achsgetriebes.

Das „Fördergewinde“ (siehe Bild 6.27), auf der Welle kann die Dichtwirkung des RWDR durch Rückfördern des Schmierstoffs unterstützen. Die Bearbeitung der Welle sollte allerdings bei entsprechender Drehrichtung der Welle durchgeführt werden, um nicht die gegenteilige Wirkung zu erzielen. Es ist erwiesen, dass ein RWDR auf gedrehter Welle bei entsprechender Drehrichtung problemlos arbeitet.

Wenn die Drehrichtung eines Aggregates wechseln kann, so muss das Fördervermögen des RWDR aufgrund seiner aktiven Dichthilfen sowie des Dralls größer sein als das durch die Drehbearbeitung erzeugte entgegengesetzte Fördervermögen der Welle. Versuche ergaben, dass ein RWDR bei geeigneter Bearbeitung der Wellenoberfläche auch bei „kritischer“ Drehrichtung der Welle noch zuverlässig abdichtet, wenn nicht nur die Drehparameter:

- Schnittgeschwindigkeit
- Vorschub
- Schneidkantenradius und
- Schneidwerkstoff,

sondern auch die Betriebsbedingungen:

- Umfangsgeschwindigkeit
- Schmierstofftemperatur
- Schmierstoffart
- Druck
- Axialbewegung
- Drehrichtung
- Wellendurchmesser

richtig gewählt werden.

In die Dichtheitsversuche wurden RWDR mit verschiedenen Profilen und Drallarten aus unterschiedlichen Werkstoffen einbezogen.

Die heute vorliegenden Erkenntnisse und Erfahrungen zeigen:

- Der RWDR ist in der Lage, auf gedrehten Oberflächen sicher abzudichten.
- Je nach Drehrichtung der Welle kann die Oberflächenstruktur die Dichtwirkung unterstützen oder ihr entgegen wirken.
- Sind die Dichtungen entsprechend konstruiert, können sie auch in beiden Richtungen zuverlässig abdichten.
- Das Reibmomentverhalten eines RWDR auf gedrehten Wellen ist qualitativ und quantitativ mit dem von geschliffenen Wellen vergleichbar.

Die guten Erfahrungen mit gedrehten Wellen und damit verbundenem Drall beim bidirektionalen Betrieb wurden oft mit Skepsis zur Kenntnis genommen. Macht man sich jedoch klar, dass beim Drehen ein nur eingängiges Fördergewinde mit sehr kleiner Steigung entsteht, so wird verständlich, dass ein vielgängiges und damit auch feineres Fördergewinde wie es beim Einstechschleifen entsteht, deutlich förderaktiver und damit gefährlicher für eine Fehlanwendung im RWDR-Dichtsystem sein kann.

Radialwellendichtringe funktionieren auch auf weichgedrehten Wellenoberflächen. Die Erfahrung zeigt jedoch, dass sich das Drehen von weichen Wellen oftmals schwieriger gestaltet als die Hartbearbeitung. Deshalb müssen je nach Wellenwerkstoff unterschiedliche Schneidstoffe eingesetzt werden. Weiterhin können die o. g. Fertigungsparameter nicht unbedingt übertragen werden.

Zur Klärung der Detailfragen ist eine Rücksprache mit dem Dichtungshersteller notwendig.

6.4.1.3 Tangential gedrehte Wellen

Das Tangentialdrehen ist eine mittlerweile anerkannte und hochwirtschaftliche Alternative zu den konventionellen Fertigungsverfahren für Laufflächen von Radialwellendichtringen (vgl. Kapitel 6.4.1.1 und 6.4.1.2). Das Verfahren basiert auf der Kinematik des Drehräumens mit einem linearen Vorschub und zeichnet sich aus durch:

- kürzere Hauptzeiten als beim konventionellen Drehen
- hohe Werkzeugstandzeiten
- mögliche Integration in CNC-Maschinen
- Vermeidung der Nachteile des Einstechdrehens (Rattermarken etc.)
- nahezu vollständige Drallfreiheit
- Möglichkeit der Bearbeitung von harten und weichen Oberflächen

Bild 6.28c zeigt die sehr homogene Oberfläche einer tangentialgedrehten weichen Welle im Vergleich zur geschliffenen (**Bild 6.28a**), einer einstichgedrehten Gegenlauffläche (**Bild 6.28d**)

Meßrichtung	Ra_q	Rz_q	$Rmax_q$
Axial	0,33	2,8	3,17
Umfang	0,36	2,97	3,26
DIN3760 axial	0,2-0,8	1-5	<6,3

Ra_q	Rz_q	$Rmax_q$
0,76	3,56	3,72
0,42	2,32	2,71

Ra_q	Rz_q	$Rmax_q$
0,3	1,87	2,05
0,3	0,71	1,91

Ra_q	Rz_q	$Rmax_q$
0,14	0,97	1,04
0,29	0,72	1,11

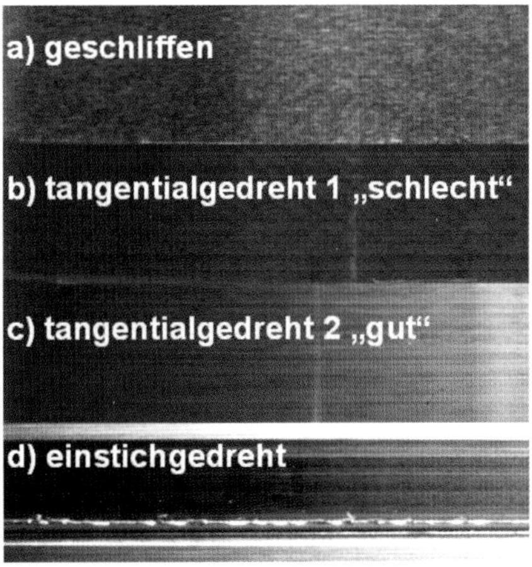

Bild 6.28: Vergleich verschiedener Wellenoberflächen nach Fertigungsprozess [61]

und einer schlechten tangentialgedrehten Oberfläche mit Rattermarken aufgrund falscher Fertigungsparameter (**Bild 6.28b**).

Die maximal bearbeitbare Breite beträgt – auch für harte Wellen – 28 mm. Mit zunehmender Breite steigen die Kräfte auf den Drehmeißel deutlich an. Im Resultat können schädliche Rattermarken beim Ein- und Ausfahren in die Wellenoberfläche entstehen.

Typische, reproduzierbar erzielbare Oberflächengüten liegen zwischen R_a 0,2 – 0,6 µm und R_z 1 – 3 µm.

Grundsatzuntersuchungen haben die prinzipielle Eignung von tangentialgedrehten Wellenoberflächen für Radialwellendichtringe bestätigt [68].

6.4.1.4 Glattgewalzte Wellen

Durch Glattwalzen wird eine Verfestigung der Wellenoberfläche erreicht. Da dieser Fertigungsschritt oftmals zur Erhöhung der Kerbspannungsfestigkeit bei schwingender Beanspruchung, vor allem bei Wellenabsatzübergängen notwendig ist, bietet sich an, die Gegenlaufstelle der Radialwellendichtringe im gleichen Arbeitsgang mit zu bearbeiten. Neben der reinen Oberflächenverfestigung hat dieser Bearbeitungsprozess den Vorteil, dass die überwiegend gedrehte Grundstruktur in ihrer Förderwirkung neutralisiert wird.

Aufgrund des hohen spezifischen Drucks auf die Oberfläche werden die „Bergspitzen" in die Täler gedrückt. Im Normalfall wird dadurch vor allem der R_{a}-Wert zum Teil drastisch reduziert und der Traganteil des Profils entsprechend erhöht. Ist die gewalzte Oberfläche zu glatt, wirkt sich das wiederum negativ auf die Dichtungseignung aus. Zu glatte Oberflächen werden von Flüssigkeiten schlechter benetzt, weshalb sich gerade bei ungünstiger Kontaktpressung im Dichtkontakt nur schlecht ein Schmierfilm aufbauen bzw. halten kann (Sollwerte vgl. Kapitel 6.4.1). Dies kann in Abhängigkeit von den Betriebsbedingungen zu thermischer Überbeanspruchung an der Dichtkante des Radialwellendichtrings führen. Grundlagenversuche haben gezeigt, dass sich gewalzte Oberflächen als Gegenlaufstelle für Radialwellendichtringe prinzipiell eignen, die Funktion muss jedoch für jeden Anwendungsfall verifiziert werden muss.

Wichtig ist, dass die Wellenoberfläche vor dem Glattwalzprozess unter definierten Bedingungen vorgedreht wurde und dabei die vorgegebenen Fertigungsparameter genau eingehalten werden. Beispiel: Vordrehen der Welle mit Vorschub: 0,1 bis 0,15 mm; Schnittgeschwindigkeit: 200 m/min; Schneidenradius: 0,8 mm.

Der anschließende Glattwalzprozess muss ebenfalls mit exakt eingestellten Parametern erfolgen. Kann man sicherstellen, dass der Bearbeitungsprozess reproduzierbar ist und die vorgegebenen Parameter eingehalten werden, gilt:

- Radialwellendichtringe funktionieren auf glattgewalzten Oberflächen einwandfrei
- die Funktion ist unabhängig von der Drehrichtung
- das Reibmomentniveau bzw. die Verlustleistung ist vergleichbar mit geschliffenen Oberflächen
- der Welleneinlauf durch den Dichtkontakt wird durch die verfestigte Oberfläche verringert
- die zulässigen Grenzen hinsichtlich der Betriebsbedingungen sind vergleichbar mit geschliffenen Oberflächen

Die Umstellung auf glattgewalzte Oberflächen sollte mit dem Dichtungshersteller abgesprochen werden, um die Eignung des Dichtelements zu prüfen. Die RWDR-Systemfreigabe sollte dann mit gewalzter Wellenoberfläche erfolgen.

6.4.1.5 Gestrahlte Wellen

Das Strahlen der Wellenoberfläche durch „Beschießen" mit Glas- oder Keramikkugeln dient ebenfalls primär der Verfestigung der Oberfläche. Ein weiterer Effekt dieses Verfahrens ist die ausgezeichnete Benetzung der entstehenden kraterförmigen Oberflächenstruktur durch Schmierstoff. Solche Oberflächen sind hydrodynamisch wirksam und begünstigen einen Schmierfilmaufbau. Unter der Dichtkante kann so ein permanenter Schmierstoffaustausch erfolgen. Das Reibmoment und damit die Verlustleistung sinken auf gestrahlten Dichtungsgegenlaufflächen in Abhängigkeit von den Betriebsbedingungen um 10 % bis 30 % gegenüber geschliffenen Wellen. Folglich sinkt auch die Dichtkantentemperatur, und die Dichtkantenschädigung wird deutlich reduziert.

Zum Erzeugen der günstigsten Oberflächentextur (**Bild 6.29**) müssen die Prozessparameter definiert und eingehalten werden

- Art des Strahlguts (Korund und kantige Stahlkörner eignen sich nicht, da sie zu einer undefinierten Struktur führen
- Durchmesser der Strahlkugeln
- Strahldruck und Strahldauer
- Strahlrichtung.

Nach dem Strahlprozess muss die Oberfläche vom Staub des Strahlguts gereinigt werden. Falls Axialbewegungen im Dichtkontakt auftreten können, empfiehlt es sich, die Oberfläche zu polieren, um die Spitzen der Krater leicht zu glätten. Auch hier gilt: die Rückförderleistung der Dichtung muss ausreichend groß sein, da der RWDR aufgrund des ausgeprägten Schmierfilms mehr Flüssigkeit zurückfördern muss als auf geschliffenen Wellen.

Der Strahlprozess ist einfach und vor allem kostengünstig. Kleinere Oberflächenbeschädigungen (bis ca. 50 µm) werden durch das Strahlen problemlos überdeckt. Die zu strahlende Oberfläche darf keine Grundstruktur aufweisen, die vom Strahlgut nicht überdeckt werden kann.

Weitere, kaum verbreitete Verfahren der Oberflächenbearbeitung wie Honen, Superfinishen und Schmirgeln werden in [64] beschrieben. Sie sind bedingt geeignet um als Dichtringgegenlauffläche eingesetzt zu werden. Auch hier gilt, die Verwendung sollte unbedingt mit dem Dichtungshersteller abgestimmt werden.

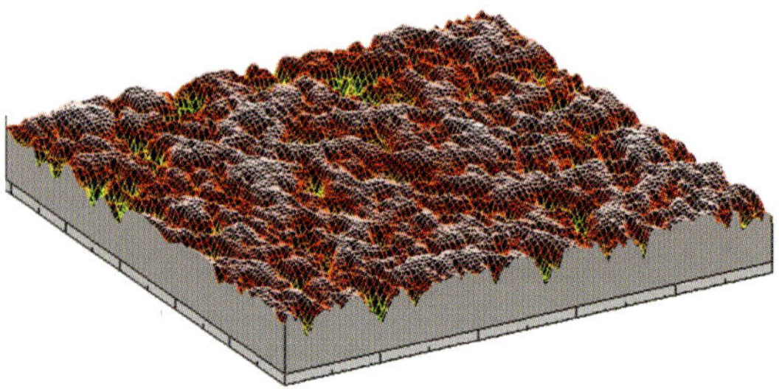

Bild 6.29: Hochaufgelöste 3D-Aufnahme einer gestrahlten RWDR-Gegenlauffläche [62]

6.4.1.6 Tiefgezogenes Blech als Gegenlauffläche

Häufig werden tiefgezogene Bleche als RWDR-Gegenlauffläche eingesetzt, wenn die Wellenoberfläche nicht als Gegenlauffläche geeignet ist. Bei besonders hochwertigen Dichtsystemen wir die tiefgezogenen Oberflächen überschliffen oder im Einstich überdreht und als Gegenlauffläche komplett mit der Dichtung vom Hersteller geliefert. Weniger anspruchsvolle oder günstigere Dichtungen werden direkt mit der Tiefziehoberfläche in Kontakt gebracht. Die Herstellung des Blechs als Gegenlauffläche (oft auch Sleeve genannt) obliegt dann dem Aggregatehersteller. Auf solchen Oberflächen kann in Abhängigkeit von den Betriebsbedingungen nahezu so zuverlässig abgedichtet werden wie auf geschliffenen. Voraussetzung ist, dass die Blechoberfläche nicht zu glatt ist und keine Poren oder Lunker, keine Kratzer oder Riefen (**Bild 6.30a**) und keine Inhomogenität des Materials aufweist. Weiter besteht bei tiefgezogenen Blechen die Gefahr der zu großen Formabweichung vom idealen Zylinder (**Bild 6.30b**). Im Extremfall variiert der Kontaktdurchmesser dann so stark, dass die Qualität der Dichtfunktion abhängig von der axialen Position auf dem Blech unterschiedlich ist.

Ein weiteres Anwendungsfeld für tiefgezogene Bleche als Gegenlauffläche besteht in der Verwendung von Reparaturhülsen, die zum Aufziehen auf irreparabel geschädigten Wellenoberflächen (starker Kontaktverschleiß) angeboten werden. Diese Hülsen sind jedoch standardmäßig überschliffen und werden vom Dichtungshersteller geliefert. Der RWDR aus dem Reparaturkit muss dann auf den entsprechenden größeren Nenndurchmesser angepasst sein.

6.4.1.7 Thermische Spritzschichten als verschleiß- und korrosionsgeschützte Gegenlaufflächen

Thermische Spritzschichten haben sich seit Jahrzehnten als verschleiß- und korrosionsfeste Beschichtung von Maschinenbauteilen im Bereich der berührenden Abdichtung von drehenden und linearen Bewegungen bewährt. Mit dieser Technologie lassen sich auch anders nicht zu bearbeitende Werkstoffe lokal schützen und instand setzen.

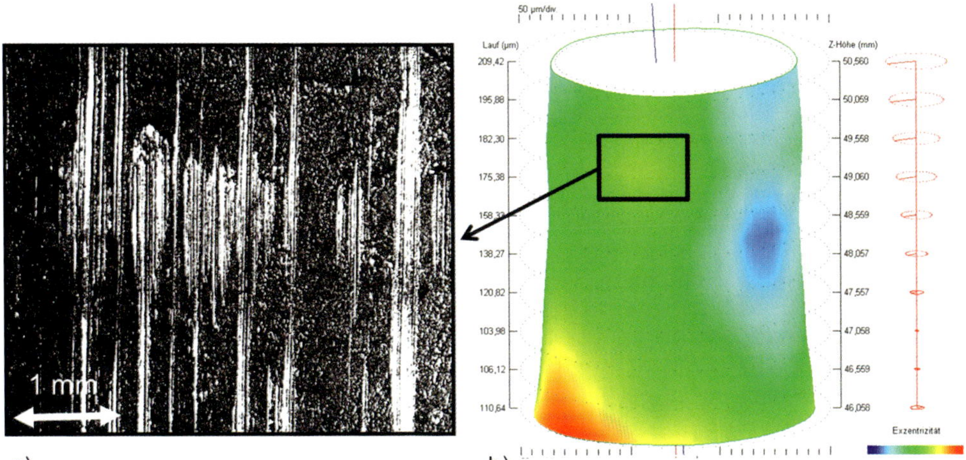

a) b)

Bild 6.30: a) Bearbeitungsriefen, b) Formabweichung

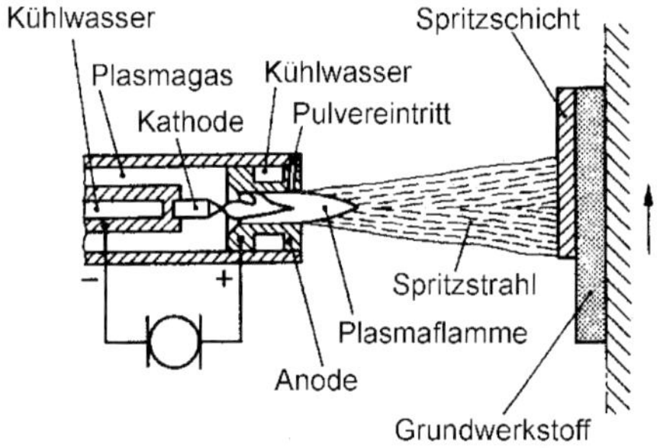

Bild 6.31: Schema des atmosphärischen Plasmaspritzens nach EN 657

Unter dem Begriff „Thermisches Spritzen“ werden verschiedene genormte Verfahren zusammengefasst, denen gemeinsam ist, dass sie den Beschichtungswerkstoff über einen hochenergetischen Gasstrahl auf die Werkstückoberfläche transportieren, wo dieser aus den einzelnen Partikeln des Beschichtungswerkstoffs eine dichte und festhaftende Schicht mit einer Dicke von ca. 0,1 mm bis zu mehreren Millimetern erzeugt. Die einzelnen Verfahren, z.B. atmosphärisches Plasmaspritzen (APS – **Bild 6.31**), Hochgeschwindigkeitsflammspritzen (HVOF) und Kaltgasspritzen (CGS), unterscheiden sich durch die thermische und kinetische Energie des Gasstrahls.

Durch die enge Fokussierung des Gasstrahls ist eine partielle Beschichtung von Bauteilen möglich, so dass die Beschichtung nur dort aufgetragen wird, wo sie erforderlich ist. Die Auswahl des Verfahrens richtet sich nach dem in der jeweiligen Applikation verwendeten Beschichtungswerkstoff.

Beschichtungswerkstoffe

Berührende Dichtungen wie Radialwellendichtringe, Kolbenstangendichtungen oder auch die Quenchabdichtung von Gleitringdichtungen verschleißen ihre jeweilige Gegenlauffläche. Dieser Verschleiß tritt häufig in Verbindung mit Korrosion durch das abzudichtende Medium auf. Wirkt sich der Verschleiß innerhalb der Betriebsdauer negativ auf die Dichtfunktion aus, kann das Verschleißverhalten durch Beschichtungen verbessert werden.

Als geeignete Beschichtungswerkstoffe haben sich auf der einen Seite oxidkeramische Werkstoffe wie z. B. Aluminiumoxid/Titanoxidlegierungen oder chemisch reines Chromoxid bewährt, die mit dem APS oder HVOF Verfahren aufgetragen werden. Auf der anderen Seite kommen Hartmetalle auf Basis Wolframkarbid und Chromkarbid zum Einsatz, die durch die Verfahren HVOF oder CGS aufgetragen werden.

Bearbeitung der Beschichtungen

Nach dem Beschichten ist die Oberfläche feinrau und muss für den Einsatz in Dichtungssystemen fertigbearbeitet werden. Bei zylindrischen Bauteilen wie Welle, Wellenschutzhülsen und Kolbenstangen erfolgt das durch Schleifen und Polieren mit Diamantwerkzeugen. Bei anderen Geometrien, wie sie z.B. bei Rotoren von Dickstoffpumpen oder Mud Motors vorkommen, werden diese mit CNC gesteuerten Mehrachs-Bearbeitungszentren fertigbearbeitet. Häufig werden keramische aber auch einige Hartmetallbeschichtungen durch geeignete Imprägnierungsmittel versiegelt, um die eventuell noch vorhandene Schichtporosität zu schließen und die Oberfläche der Beschichtung dichtungsfreundlicher zu gestalten.

Eigenschaften der Beschichtungen
Alle genannten Beschichtungssysteme weisen eine hohe Verschleißbeständigkeit auf. Die Härte der Schicht beträgt je nach Messverfahren zwischen ca. 900 und 2.200 HV 0,1 oder HV 0,3. Eine Härtemessung nach Verfahren mit hoher Prüflast (z.B. HRC) empfiehlt sich nicht, da die relativ dünne und im Vergleich zum Substrat harte Schicht beschädigt werden kann.

In Abhängigkeit von Beschichtungswerkstoff und Verfahren weisen die Beschichtungen eine Porosität zwischen ca. 0,1 % und 10 % auf. Während Beschichtungen auf Basis von Wolframkarbiden und Chromkarbiden eine nahezu nicht mehr messbare Porosität aufweisen, haben oxidkeramische Schichten eine eher höhere Porosität in ihrem lamellaren Schichtaufbau. Dies liegt an der niedrigeren kinetischen Energie des verwendeten Beschichtungsverfahrens. Die höhere Porosität der keramischen Schichten hat allerdings den Vorteil, dass Spannungen aufgrund unterschiedlicher Wärmeausdehnungskoeffizienten von Schicht und Substrat niedriger sind und der Einsatz auch bei höheren Temperaturen möglich ist.

Die durch die Bearbeitung erzielbaren Oberflächenrauheitswerte liegen typischerweise bei zwischen R_z 1,0–2,5 µm für den Einsatz bei Radialwellendichtringen und deutlich unter R_z 1,0 µm für den Einsatz auf Kolbenstangen. Zu beachten ist, dass die beschriebene Porosität dazu führt, dass die Messwerte der Beschichtungen von Messwerten homogener Wellenwerkstoffe deutlich abweichen können, so dass die Anforderungen an den Einsatzfall im Einzelnen überprüft werden sollten.

Die Korrosionsbeständigkeit der oxidkeramischen Beschichtungswerkstoffe ist hoch. In den vergangenen Jahren wurden aber gerade im Bereich der Wolframkarbidbeschichtungen Innovationen umgesetzt, die früher beobachtete Einschränkungen in der Korrosionsbeständigkeit überwinden konnten. Gerade im Bereich der thermisch hochbelasteten RWDR, sowie im Bereich der Hartchromersatzschichten auf Kolbenstangen im korrosiven Bereich haben sich damit neue Einsatzgebiete ergeben.

Mehrere Beschichtungen sind für den Einsatz in lebensmittelverarbeitenden Maschinen geeignet. Der Hersteller der Beschichtungen kann nach der Überprüfung durch ein entsprechendes Labor die Konformität nach FDA (Food & Drug Administration) und der EN 1935:2004 nachweisen.

Die Beschichtungen stellen nicht nur einen Verschleißschutz der Dichtungsgegenlauffläche dar. Bei entsprechender Werkstoffauswahl und Abstimmung der Konstruktion des Dichtungselements konnten deutliche Verlängerungen der Lebensdauer des Dichtungssystems erzielt werden.

6.4.1.8 Hohlwellen im Dichtsystem
Hohlwellen (z. B. in Doppelkupplungsgetrieben oder Getriebe mit einseitigem An- und Abtrieb) stellen eine Besonderheit bei der Auslegung von RWDR-Gegenlaufflächen dar. Sind sie zu dünnwandig, kann die Wärme aus dem Dichtkontakt nur ungenügend von der Dichtlippe wegtransportiert werden. Die Folge ist eine Überhitzung des Dichtkontakts und eine Schädigung der Dichtkante, des Öls und nicht selten der Gegenlauffläche. Daher ist es gerade bei der Verwendung von Hohlwellen von großer Bedeutung, dass ein Werkstoff mit guter Wärmeleitfähigkeit ausgewählt wird (s. Bild 6.18, vgl. Kapitel 6.3.1.1).

6.4.1.9 Koaxialitätsabweichungen und Rundlauftoleranz der Welle
Koaxialitäts- oder Mittigkeitsabweichungen zwischen Welle und Aufnahmebohrung oder zu großes Lagerspiel führen zu ungleicher Verteilung der radial wirkenden Anpresskraft der Dichtlippe über den Umfang. Einseitig stärkere Beanspruchung führt in diesem Bereich zu größerer

Laufspurbreite, und der Radialkraftverlust auf der gegenüberliegenden Seite beeinträchtigt die Dichtfunktion aufgrund fehlender Kontaktpressung (vgl. Kapitel 6.2.4). Der Koaxialitätsabweichung sind daher Grenzen gesetzt, die mit der Überdeckung, dem Wellendurchmesser, der Wellendrehzahl und der Elastomertemperatur zusammenhängt (**Bild 6.32**).

Ungenauigkeiten in der Koaxialität und Rundlaufabweichungen im Dichtsystem sind nur wenig von anderen Betriebsparametern abhängig, beeinflussen diese aber stark. Da sich Koaxialitäts- und Rundlaufabweichung aufgrund von ungleicher Bauteilerwärmung (Materialausdehnung) und Geometrieveränderungen aufgrund von Verschleiß (Welleneinlauf, Dichtlippenverschleiß, Lagerverschleiß) verändern können, müssen die Größen regelmäßig überprüft werden. Nur so kann die Funktion des Dichtsystems garantiert werden kann.

Bild 6.32 zeigt einen qualitativen Verlauf, welche Werte für die Koaxialitätsabweichung zulässig sind. Die zulässigen Werte variieren je nach Dichtungsdesign, Elastomermaterial, Schmierungszustand, Druckverhältnisse und Temperatur am Dichtelement sehr stark. Bei sehr kleinen Wellendrehzahlen < 1min^{-1} sind die zulässige statische und dynamische Koaxialität gleich und hängen sehr stark von der Überdeckung im Dichtsystem (Ø Welle – Ø Dichtlippe) ab. Oft können dann Abweichungen kompensiert werden, die wenig kleiner als die Überdeckung sind.

Mit steigender Drehzahl, nehmen die zulässigen Koaxialitätsabweichungen stark ab. Der Verlauf ist wiederrum abhängig vom Dichtungsdesign, Elastomermaterial, Schmierungszustand, Druckverhältnissen und Temperatur. Bei hohen Drehzahlen spielen diese Parameter nur noch eine untergeordnete Rolle. Die meisten RWDR-Systeme tolerieren dann nur noch sehr kleine statische und dynamische Wellenverlagerungen. Bei hohen Drehzahlen kann die Dichtlippe der Wellenbewegung nicht mehr vollständig folgen, so dass die Gefahr des Dichtkontaktverlustes und damit auftretender Leckage stark ansteigt.

Eine Rundlaufabweichung oder dynamische Exzentrizität entsteht durch Biegeschwingungen der Welle, unrunde Gegenlauffläche und Koaxialitätsabweichungen zwischen Lagersitz und

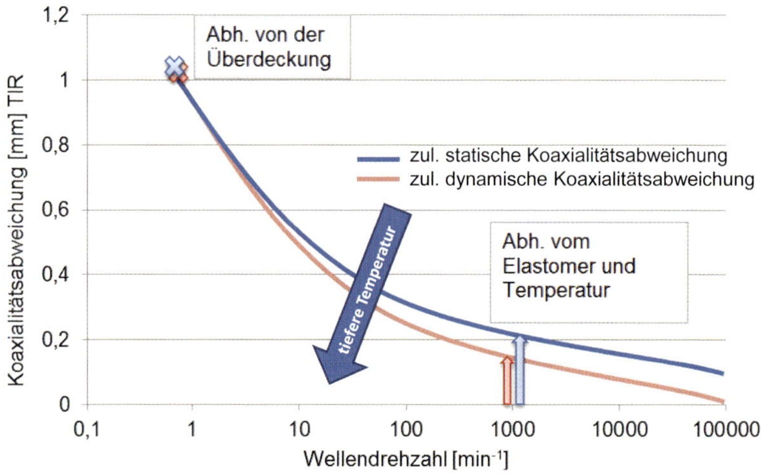

Bild 6.32: Statisch und dynamisch zulässige Koaxialitätsabweichungen eines RWDR - Beispiel

Gegenlauffläche auf der Welle. Der RWDR muss aufgrund seiner Anordnung außerhalb des Lagers flexibel auf die Taumelbewegung reagieren. Um dynamischen Rundlaufabweichungen vorzubeugen, sollte der Dichtring grundsätzlich möglichst nahe am Lager verbaut werden. Bei hohen Drehzahlen kann die Wellenbewegung dazu führen, dass die Dichtlippe infolge ihrer Trägheit der Welle nicht mehr folgen kann. Die dabei zwangsläufig entstehende Dichtspaltvergrößerung führt ab einer bestimmten Größenordnung – abhängig vom Fördervermögen des RWDR – zu Leckage. Eine Anordnung des RWDR in direkter Nähe des Lagers wirkt diesem Effekt entgegen, wenn die dynamische Exzentrizität durch Biegeschwingungen verursacht wird.

6.4.2 Auslegung des Radialwellendichtrings

RWDR werden zum Abdichten sehr unterschiedlicher Medien unter den verschiedensten Betriebsbedingungen eingesetzt. Der Markt bietet daher eine Vielzahl von Dichtungsbauformen an, die teilweise ein sehr großes Anwendungsgebiet abdecken, teilweise aber auch für ganz spezifische Anwendungen entwickelt wurden. Der vorzugsweise Einsatz der jeweiligen Ausführung wird in der Regel von den Dichtungsherstellern in deren Katalogen angegeben. Bei Spezifikationen, die nicht von der Katalogware abgedeckt werden oder z. B. sehr reibungsarmen Dichtungslösungen, muss der Kunde direkt Kontakt zum Dichtungshersteller aufnehmen und eine gemeinsame Dichtungsentwicklung durchführen. In der Automobilindustrie ist es aufgrund von Qualitätssicherungsprozessen üblich, kundenspezifische Auslegungen zu machen, so dass nahezu keine Katalogware verwendet wird.

6.4.2.1 Auswahl eines geeigneten Werkstoffs für RWDR

Hauptkriterien für die allgemeine Auswahl eines RWDR (Design und Werkstoffe) sind die abzudichtenden Medien (polar, unpolar, basisch, sauer, abrasiv usw.), die Druckdifferenz zwischen der Außen- und Innenseite des Dichtelements, die auftretenden maximalen und minimalen Temperaturen, das Kontaktgeschwindigkeitsprofil und die Art der Abdichtbewegung (unidirektional, bidirektional, axial). Zusammen mit den mechanischen Störgrößen wie der Wellenverlagerung und der dynamischen Exzentrizität, ergeben sich die Einsatzgrenzen des Dichtsystems.

Bei der richtigen Wahl des Dichtringwerkstoffs, unterstützt die DIN 3760 mit einem Diagramm, in dem verschiedene Elastomerwerkstoffe hinsichtlich der zulässigen Umfanggeschwindigkeiten aufgelistet sind. Ein entsprechendes Diagramm – erweitert um den Einsatzbereich der Werkstoffe VMQ und ACM – ist in **Bild 6.33** wiedergegeben und erlaubt, aus dem Wellendurchmesser und der Drehzahl direkt die Umfangsgeschwindigkeit abzulesen. Die Grenzlinien für NBR und FKM (FPM) berücksichtigen die durchschnittlich an der Dichtkante auftretende Übertemperatur. Zusätzlich müssen jedoch die in den Herstellerkatalogen genannten Grenzwerte für die zulässige Umfangsgeschwindigkeit für die verwendeten Werkstoffe und Schmiermittel beachtet werden (siehe Bild 6.17), da die von den einzelnen Herstellern angegebenen Einsatzgrenzen für NBR und FKM geringfügige Unterschiede aufweisen. Für die Praxis müssen ferner der Werkstoff der Welle wegen der Wärmeleitfähigkeit beachtet werden (vgl. Kapitel 6.4.1.8), sowie der Füllstand des Öls im Aggregat. Ein vom Öl umspülter Dichtring wird gegenüber einem nur bespritzten Dichtring geringer thermisch belastet sein (vgl. Kapitel 6.3.1.1).

Zur Erleichterung der Auswahl sowohl für Anwender als auch für Hersteller wird in DIN 3760 ferner ein Formblatt vorgeschlagen, das die für die Auswahl wichtigsten Informationen enthält:

- zur Welle (Abmessungen, Werkstoff, Oberfläche, Wellenbewegung, usw.)
- zum Gehäuse (Abmessungen, Werkstoff, Oberfläche, usw.)
- zur verwendeten Flüssigkeit (Art, Temperatur und Druck während der Betriebszeit, usw.)
- zu Form- und Lagetoleranzen

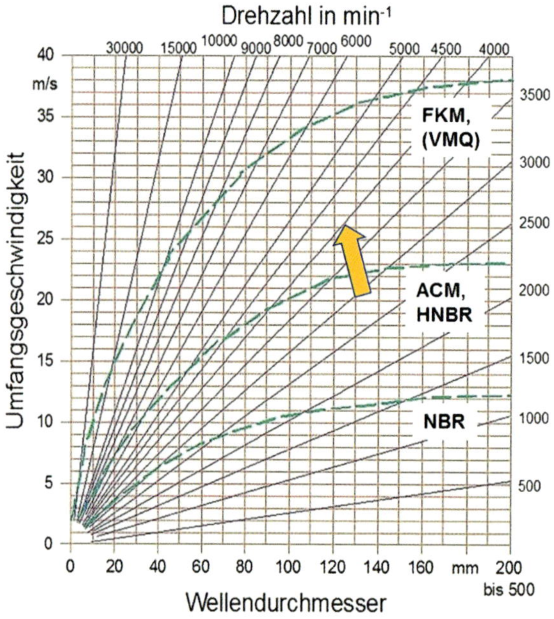

Bild 6.33: Zulässige Höchstdrehzahl bei drucklosem Betrieb entsprechend DIN 3760

- zu äußeren Bedingungen (Außendruck, umgebende Medien) und
- zur Montagerichtung (Stirnseite oder Bodenseite voraus)

Bewusst nicht angefragt wird die geforderte Betriebsdauer für das Dichtsystem. Da der Dichtungshersteller nicht kontrollieren kann, welche Missbrauchs- und Überbelastungen das RWDR-System erfährt, kann er keine pauschale Zusage zur minimalen Laufzeit geben.

Einige Dichtungshersteller haben in Anlehnung an die DIN 3760 ähnliche Formblätter erarbeitet, die die Auswahl von RWDR, die häufig zusammen mit dem Hersteller erfolgt, erleichtert. Für die schnelle und unkomplizierte Auswahl stehen PC-Programme zur Verfügung, die die Einsatzbedingungen für den Dichtring interaktiv abfragen und Bauformen des jeweiligen Herstellers vorschlagen. Zusätzlich stehen bereits Kataloge mit Hinweisen zur Auswahl als digitaler Datensatz auf CD oder im Internet [18] zur Verfügung.

6.4.2.2 Dichtlippe

Das Dichtlippenprofil wird je nach Anwendungsgebiet, Art des abzudichtenden Mediums, des verwendeten Elastomers und nach dem zur Verfügung stehenden Einbauraum unterschiedlich gestaltet. Unabhängig davon weist jede Dichtlippenausführung bestimmte Konstruktionsgrößen auf (**Bild 6.34**). Die Abstimmung von Lippenlänge h_D zu Lippendicke sm beeinflusst die Dichtlippenflexibilität und die Lagestabilität der Dichtlippe zur Welle (Wellenfolgefähigkeit).

Neben der allgemein üblichen Gestaltung eines Standard-RWDRs (**Bilder 6.35a und b**), bei der die sogenannte Membran am Versteifungsblech anvulkanisiert ist, existieren die unterschiedlichsten Varianten. **Bild 6.35d** zeigt zum Beispiel eine Modifikation in der Gestaltung der Dichtlippe und zusätzlich des Haftsitzes. Es wurde speziell auf die hohen Anforderungen

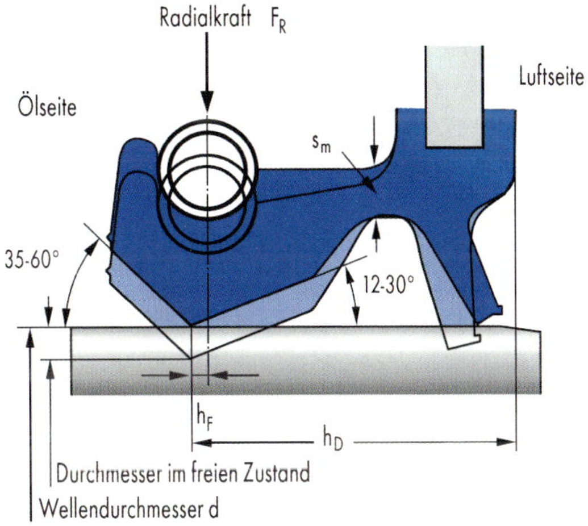

Bild 6.34: Charakteristische Größen an der Dichtlippe

an die Folgefähigkeit zur dynamisch ausgelenkten Welle im Dichtsystem von Verbrennungsmotoren abgestimmt [17, 18]. Je nach Anforderung, ist das Design nach Bild 6.35d auch mit Außengummierung und ohne das zusätzlich montierte Versteifungsblech erhältlich.

Für Einbaustellen mit erhöhter Rundlaufabweichung der Welle ist es wichtig, RWDR mit flexiblen und langen Dichtlippen zu haben, die der Wellenauslenkung besser folgen können. Verstärkt gilt das auch für den Betrieb im Tieftemperaturbereich, da aufgrund der höheren Materialsteifigkeit nur kleine Auslenkungen zulässig sind.

Die stirn- und bodenseitigen Kontaktflächenwinkel α und β unterscheiden sich stark. Der stirnseitige Winkel beträgt $\alpha = 40° - 60°$, der bodenseitige Winkel ist flach zur Wellenachse mit $\beta = 12° - 30°$ ausgeführt. Die Begründung dafür ist im Dichtmechanismus zu suchen (vgl. Kapitel 6.2.4). Dieser setzt für die notwendigen Anpressverhältnisse bestimmte, nicht symmetrische Kontaktflächenwinkel voraus. Gleichzeitig wird jedoch auch die Lagestabilität der Dichtlippe zur Welle beeinflusst. Ein zu kleiner luftseitiger Kontaktflächenwinkel führt zu breiter Anlagefläche der Dichtlippe und damit zu großer Laufspurbreite, was ungünstig hinsichtlich Reibung und Verschleiß ist. Ein zu großer luftseitiger Kontaktflächenwinkel führt dagegen zu einer weniger stabilen Lage der Dichtlippe relativ zur Welle und zu einem geringeren Rückfördervermögen des RWDR.

Ist jedoch die Rückförderung zu groß, so kann im Dichtspalt zur Bodenseite hin Trockenlauf und damit die Gefahr erhöhten Verschleißes auftreten (vgl. Kapitel 6.2.3).

Neben der Gestaltung der Kontaktwinkel, spielt die Lage der Spiralfeder in der Federnut in Bezug auf den Kontakt eine wichtige Rolle. Der Abstand von der Federwirkebene zur Dichtkantenebene des RWDR wird als Federhebelarm hf bezeichnet. In der Regel ist der Federhebelarm positiv, d. h. die Federrille ist von der Dichtkantenebene zur Bodenseite um wenige Zehntel Millimeter verschoben, was die Asymmetrie in der Kontaktpressung und damit den Rückfördereffekt verstärkt.

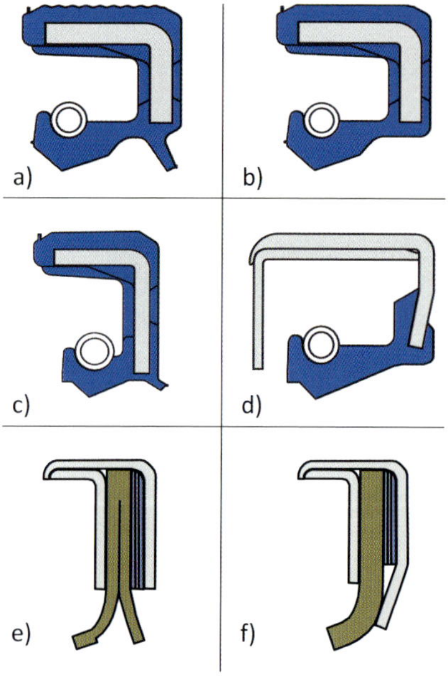

Bild 6.35: Typische Bauformen von RWDR

Der Innendurchmesser der Dichtlippe ist im freien Zustand kleiner als der Wellendurchmesser. Aus der Differenz der beiden Durchmesser ergibt sich die Überdeckung (s. Bild 6.19). Beim Aufschieben des RWDR auf die Welle wird die Dichtlippe gedehnt, wodurch Reaktionskräfte, die die Dichtkante radial auf die Welle pressen, erzeugt werden:

- tangentiale und von der Profilgröße der Dichtlippe abhängige Zugkräfte im Elastomer
- tangentiale Zugkräfte in der Feder, abhängig von der Profilgröße
- Zug-, Druckkräfte im Elastomer, die durch Aufweiten der Dichtlippe entstehen und wiederum von der Profilgestaltung abhängig sind.

Die Radialkraft F_R im dynamischen Dichtkontakt setzt sich aus der Verformung des Elastomers und Aufdehnung der Spiralfeder zusammen. Der Elastomer- zu Federanteil an der spezifischen Anpressung des RWDR im Neuzustand veränderte sich während der Betriebsdauer von ursprünglich ca. 60:40 über 50:50 bis hin zu ca. 40:60. Aufgrund der Relaxation des Elastomers geht der Trend zu einem größeren Anteil der Spiralfederkraft an der Radialkraft F_R, um diese über die Einsatzdauer des RWDR möglichst konstant zu halten.

Die auf den Umfang bezogene Radialkraft wird als Linienkraft oder Linienpressung bezeichnet. Sie beträgt bei RWDR für drucklose Anwendung im Neuzustand 0,08 bis 0,15 N/mm. Bei kurzlippigen RWDR für Druckanwendung wird sie höher ausgelegt.

6.4.2.3 Bauformen

Die Bauformen der RWDR orientieren sich stark an den von der DIN 3760 vorgegebenen Bauformen A bzw. AS, die mit gummiertem Außenmantel und mit oder ohne Schutzlippe (S) angeboten werden.

Typische Bauformen

Bild 6.35a zeigt beispielhaft einen RWDR aus NBR mit rilliertem Elastomer-Außenmantel und Schutzlippe. Die nach neuesten Erkenntnissen gestaltete Dichtlippe ist wie bei den meisten RWDR aus Elastomer und federunterstützt. Ähnliche Bauformen werden aus unterschiedlichen Werkstoffen angeboten (vgl. Kapitel 2). Die Einsatzgrenzen sind entsprechend der Werkstoffe anzunehmen (vgl. Kapitel 6.4.5). Als Einsatzgrenzen für einen RWDR aus NBR nennt der Hersteller eine Medientemperatur von -40 °C bis +100 °C [17, 18]. Die maximale Umfangsgeschwindigkeit der Welle an der Dichtstelle wird mit 14 m/s angegeben, der maximale Überdruck mit 0,02 MPa. Die Maximalwerte dürfen nicht gleichzeitig auftreten

Bild 6.35b zeigt einen RWDR mit ähnlich ausgeführter Dichtlippe ohne Schmutzschutzlippe. In FKM-Ausführung liegt sein Einsatzgebiet zwischen -35 °C und +200 °C, bis 40 m/s Umfangsgeschwindigkeit und einem Überdruck von maximal 0,05 MPa. Die höhere Druckbeständigkeit ist durch die stärkere Ausführung der Dichtlippe und den temperaturbeständigeren Werkstoff bedingt.

Bild 6.35c zeigt einen Dichtring mit verkürzter Dichtlippe und damit reduzierter druckwirksamer Fläche. Deshalb wird die Dichtlippe vergleichsweise wenig vom Überdruck an die Welle angepresst. Als maximaler Überdruck wird ca. 1,0 MPa bei kleiner Umfangsgeschwindigkeit angegeben. Die von den Dichtungsherstellern angegebenen Grenzwerte für maximale Umfangsgeschwindigkeit und maximalen Überdruck dürfen nicht gleichzeitig auftreten. Ein Überdruck-Drehzahldiagramm für den dargestellten RWDR ist in Kapitel 6.4.2.5 enthalten (s. a. Bild 6.44).

Weitere Bauformen unterscheiden sich von den genannten lediglich durch den Außenmantel, der nach DIN 3761 (RWDR für Kfz) auch metallisch oder mit Dichtlack beschichtet sein kann (Bauformen B, BS). Die Bauformen der verschiedenen Hersteller sind ähnlich, dementsprechend auch ihre Einsatzgrenzen. Dem Vorteil der größeren radialen Steifigkeit stehen Nachteile wie größere Rundheitsabweichungen, höhere Montagekräfte und damit verbunden stärkere Sitzbeschädigungen sowie ein größerer Herstellungsaufwand gegenüber. Die erforderliche Menge an Elastomer ist jedoch erheblich geringer, so dass sich daraus vor allem bei größeren Stückzahlen ein preislicher Vorteil ergibt.

Der in **Bild 6.35d** dargestellte Dichtring ist zusätzlich durch eine Metallkappe nach DIN 3761 Bauform C ausgestattet, die vor allem bei größeren Abmessungen für Stabilität und Abschirmung der Dichtlippe sorgt. Die Einsatzgrenzen sind wiederum durch den Werkstoff vorgegeben und entsprechen denen der oben genannten RWDR.

Bild 6.35e zeigt eine Standardbauform eines RWDR mit PTFE-Dicht- und Schutzlippe für nahezu drucklose Anwendungen. Sie zeichnet sich dadurch aus, dass Dicht- und Schutzlippe aus einem Teil bestehen und die Dichtlippe eine definierte Laufspurbreite aufweist. Als Einsatzgrenzen nennt der Hersteller einen Temperaturbereich von -60 °C bis +220 °C, 30 m/s Umfangsgeschwindigkeit, 0,05 MPa Druckdifferenz, einen Mittenversatz von < 0,2 mm und eine Rundlauftoleranz von < 0,3 mm [54].

Die in **Bild 6.35f** gezeigte Ausführung mit verstärkter PTFE-Dichtlippe ohne Schutzlippe ist zum Abdichten unter Überdruck stehender Flüssigkeiten konzipiert. Als maximaler Überdruck wird 1 MPa angegeben. Die maximale Umfangsgeschwindigkeit beträgt 20 m/s, wird jedoch nur bei geringerem Überdruck erreicht. Durch die geringere Flexibilität sind die maximal zulässige Rundlauftoleranz und der Mittenversatz geringer. Leckagefreiheit ist nur bei anliegendem Überdruck (Druck auf Ölseite) gewährleistet.

In Bild 6.35 sind nur die wichtigsten der auf dem Markt erhältlichen Standard-Bauformen dargestellt. Im direkten Kontakt mit dem Dichtungshersteller sind alle Variationen aus den Bauformen a) bis f) erhältlich.

Typische Anwendung

Bild 6.36 zeigt eine Lagerabdichtung mit einem RWDR aus Elastomer mit Schutzlippe. Der Raum zwischen Dicht- und Schutzlippe (Fettreservoir) wird vor der Montage mit Fett gefüllt (je nach Anwendung 30 bis 60 % Volumenfüllung). Die auswechselbare Laufbuchse hat eine Einfahrschräge und ist am Innendurchmesser mit einem O-Ring gegen die Welle abgedichtet. Um den O-Ring gegen Beschädigung bei der Montage zu schützen, sollte die Passfedernut entweder ausreichend angefast sein oder auf einem kleineren als dem Abdichtdurchmesser des O-Rings sitzen.

Bild 6.37 zeigt die Abdichtung der Kurbelwelle eines Zweitaktmotors durch einen Elastomer-RWDR mit Schutzlippe. Aufgrund des pulsierenden Drucks im Kurbelgehäuse wird hier ein druckbelastbarer RWDR eingesetzt. Die Anordnung des Dichtrings in der Lagerabdeckung erleichtert die Montage sowie den Austausch im Reparaturfall und verhindert das druckbedingte Herauswandern des Dichtrings aus dem Gehäuse. Die Lagerabdichtung muss gegenüber dem Gehäuse zentriert und abgedichtet werden. Die Passfedernut auf der Welle ist gegenüber dem Abdichtdurchmesser zurückgesetzt.

Alternativ werden für den beschriebenen Anwendungsfall auch PTFE-RWDR eingesetzt.

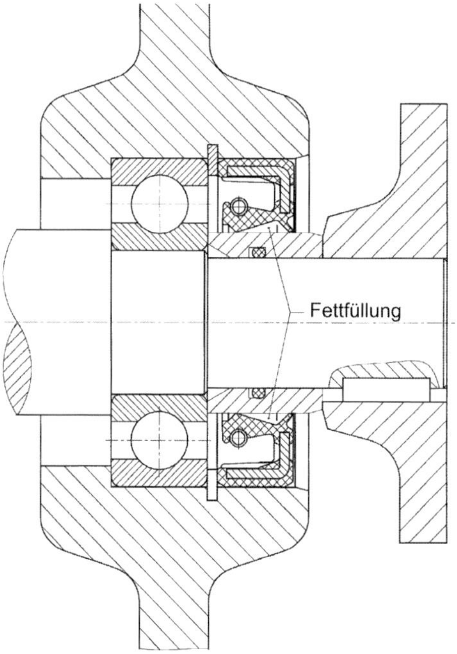

Bild 6.36: Einbaubeispiel für einen RWDR nach DIN 3760 Bauform AS

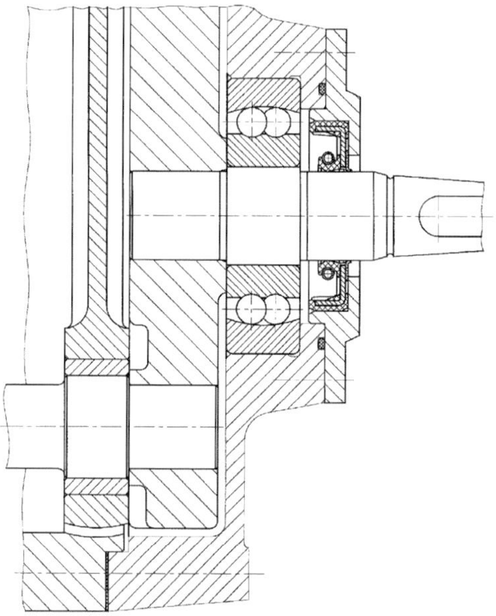

Bild 6.37: Einbaubeispiel für einen druckbelastbaren RWDR

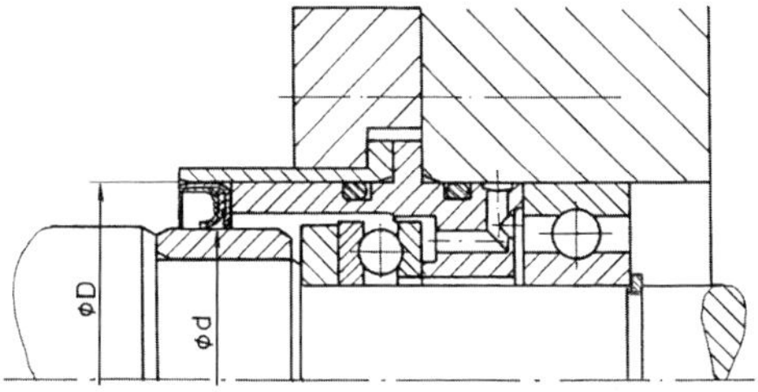

Bild 6.38: Einsatz eines PTFE-RWDR in einem Spindelbohrkopf

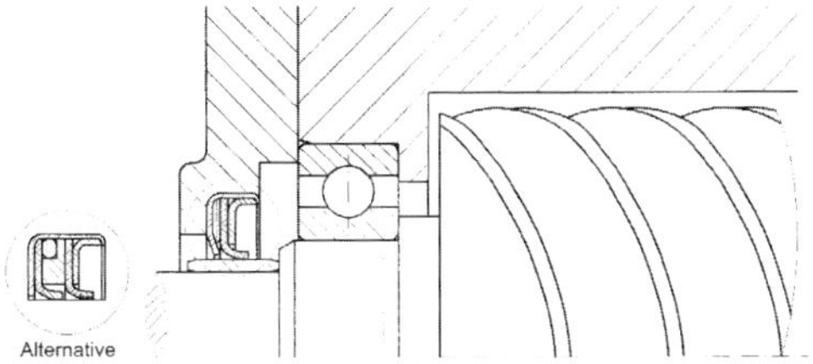

Bild 6.39: Einsatz eines druckbelastbaren PTFE in einem Schraubenkompressor

Bild 6.38 zeigt eine Wellenabdichtung an einem Spindelbohrkopf, der mit einem RWDR mit PTFE-Lippe abgedichtet ist. Der hier eingesetzte, sehr kleine Dichtring dichtet gegen Kühlschmierstoff ab und muss den Betrieb bei hohen Anforderungen hinsichtlich Reibung, Schmutzbeaufschlagung von außen und Mangelschmierung bei hoher Umfangsgeschwindigkeit gewährleisten. Die Laufhülse auf der Welle ist entweder mit einem O-Ring gegenüber der Welle abzudichten, oder – wie in Bild 6.38 dargestellt – auf die Welle aufzukleben.

Bild 6.39 zeigt die Abdichtung der Welle eines Schraubenkompressors mit einem druckbelastbaren RWDR mit PTFE-Lippe. Generell können RWDR mit PTFE-Dichtlippe bei höheren Anforderungen wie zum Beispiel Trockenlauf oder Abdichtung aggressiver Medien angewendet werden. Außerdem können sie bei höherer Drehzahl höhere Drücke als druckbelastbare RWDR mit Elastomer-Dichtlippe abdichten. PTFE-RWDR ohne aktive Dichthilfen dichten generell weniger zuverlässig als Elastomer-RWDR. Zuverlässige bidirektionale Dichthilfen sind bei Manschettendichtungen bislang nicht bekannt. Besondere Maßnahmen, wie z. B. eine in Bild 39 dargestellte Doppelabdichtung sind erforderlich, um Leckage zuverlässig zu unterbinden.

6.4.2.4 Sonderbauformen und ihre Einsatzgrenzen

Für spezielle Abdichtaufgaben gibt es von den verschiedenen Dichtungsherstellern viele Sonderbauformen, von denen hier lediglich die wichtigsten Grundtypen vorgestellt werden. Spricht man von Sonderbauformen, so stellt sich angesichts der breiten Angebote der Dichtungshersteller an „Standardbauformen" die Frage, welche Arten oder Ausführungen von RWDR als Sonderbauformen zu bezeichnen sind. Im Folgenden werden einige Dichtringe vorgestellt, deren Ausführung von den in den DIN-Normen 3760 und 3761 dargestellten Ausführungen beträchtlich abweicht und speziell nach dem Kundenanforderungen entwickelt werden.

Bild 6.40a zeigt einen federlosen Dichtring mit Elastomer-Dichtlippe. Dieses einfache Dichtelement wird für untergeordnete Dichtungsaufgaben eingesetzt, beispielsweise als Zusatz- oder Vorschaltdichtung bei mäßigem Staub- und Schmutzanfall oder als Lager-Schutzdichtung. Oft werden federlose Dichtringe vom Kunden aus preislichen Gründen bevorzugt, da bei diesem Dichtelement die Feder und deren Montage in den Dichtring eingespart wird.

Der Einbauraum ist kleiner als bei den bisher beschriebenen Bauformen [17, 18] und kann im Extremfall axial auf 1 bis 2 mm reduziert werden.

RWDR mit Feder haben den Nachteil, dass Schmutz die Feder zusetzen und nahezu vollständig blockieren kann, so dass ihr Beitrag zur Radialkraft reduziert wird. Dies kann bei federlosen Dichtringen nicht passieren. Bei diesen resultiert die Radialkraft ausschließlich aus der Aufwei-

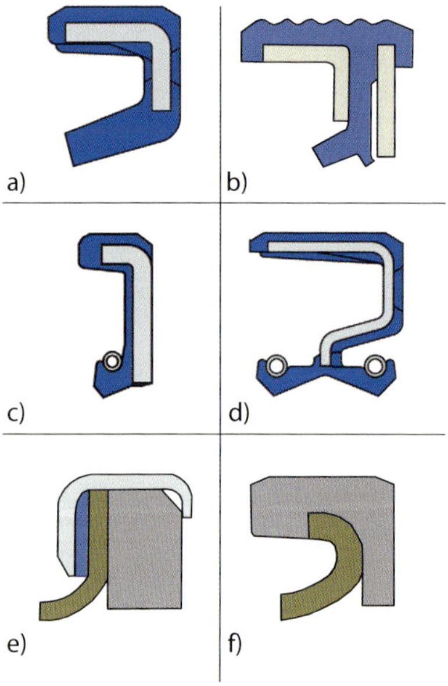

Bild 6.40: Sonderbauformen von RWDR
a) bis d): RWDR aus Elastomer e) und f): RWDR aus PTFE

tung und Biegung des Lippenrings aus Elastomer, die durch das Aufspannen des Dichtrings auf die Welle entsteht. Dieser Umstand bedeutet aber, dass die Materialauswahl bei federlosen Dichtringen umso wichtiger ist, da eine Schädigung des Elastomers durch Überhitzung schnell zu einem Radialkraftverlust von über 90 % führen kann und damit die Dichtfunktion des RWDR verloren geht. Der vermeintliche Preisvorteil durch Weglassen der Feder wird nicht selten durch die höherwertigen Materialien, die zur Robustheit des Dichtsystems benötigt werden, wieder egalisiert.

Federlose Elastomer-RWDR können sehr einfach auf Druckbelastung durch Reduzierung der druckaktiven Fläche auf der Stirnseite und durch Variation der Dichtlippendicke konstruktiv angepasst werden. Diese Freiheit ergibt sich, da keine Federhaltenut vorgesehen werden muss, der Dichtmechanismus nicht durch den Federhebelarm h_f beeinflusst wird und somit bei Modifikationen der Dichtlippe nicht berücksichtigt werden muss. RWDR ohne Feder dürfen nicht als vollwertige Öldichtung eingesetzt werden, dazu muss ein federgestützter oder ein RWDR mit Rückförderhelix verwendet werden. Die in **Bild 6.40b** dargestellte Variante eines Elastomer-Lippenrings unterscheidet sich vom klassischen Radialwellendichtring dadurch, dass das Elastomerteil nicht am Versteifungsring anvulkanisiert, sondern aufgespannt ist. So entsteht eine Federwirkung des radial und tangential vorgespannten Membrankörpers zur Dichtlippe. Der Bohrungsdurchmesser der integrierten Druckscheibe ist nur 0,5 mm größer als der Wellendurchmesser, und die verkürzte Dichtlippe liegt mit nur 25 % der Radialkraft von federunterstützten RWDR an der Welle an. Dadurch können diese Dichtungen bei Umfangsgeschwindigkeiten bis 40 m/s oder Drücken bis 1,5 MPa eingesetzt werden [41]. Diese Dichtungen haben außerdem die gleichen Einbauräume wie RWDR nach DIN 3760/61 und können im Service-Bereich direkt nach dem Ausbau des verschlissenen Dichtrings ohne Beseitigung eventuell vorhandener Einlaufspuren montiert werden, weil ihre Dichtlippe versetzt zur Einlaufspur der Erstdichtung läuft. Die Welle muss folglich nicht repariert werden. Es ist keine Reparaturhülse erforderlich. Lediglich Verunreinigungen und scharfe Kanten sollten beseitigt werden. Auch hier gilt, dass mit dieser Bauform nicht die Dichtrobustheit von vollwertigen RWDR mit Spiralfederunterstützung erreicht werden kann.

Bild 6.40c zeigt eine RWDR-Hochdruckdichtung, wie sie beispielsweise in Hydraulikpumpen und -motoren eingesetzt wird. Sie zeichnet sich durch eine extrem kurze Dichtlippe und damit durch eine sehr kleine Wirkfläche aus [52]. Bei sehr geringen Umfangsgeschwindigkeiten und bei Schwenkbewegungen werden mit solchen Dichtungen Drücke bis 14 MPa abgedichtet. Kapitel 6.4.2.5 behandelt separat die Problemstellung des Abdichtens unter Druck stehender Medien.

Bild 6.40d zeigt einen Dichtring mit zwei spiegelsymmetrischen federangepressten Dichtlippen. Als Anwendungsgebiet nennt der Hersteller die Trennung zweier Medien und die Abdichtung bei Auftreten von flüssigem oder dickflüssigem Schmutzanfall von außen. Die maximale Umfangsgeschwindigkeit ist wesentlich geringer als bei Dichtringen mit einer Dichtlippe, da die thermische Belastung durch die beiden dicht nebeneinander liegenden Dichtlippen höher ist [17, 18]. Zum Trennen zweier Medien sollten jedoch – wenn der Bauraum das zulässt – zwei einzelne RWDR in Rücken-an-Rücken-Anordnung mit entlüftetem Zwischenraum vorgezogen werden. Gründe hierfür werden in den Kapiteln 6.2.4, 6.4.2.5 und 6.6.5.1 erläutert.

Bild 6.40e zeigt einen RWDR mit PTFE-Dichtlippe, dessen Blechmantel auf der Flüssigkeitsseite radial weit nach innen reicht. Dadurch werden die Toträume reduziert und eine bessere Reinigung gewährleistet [38]. Die hauptsächlichen Anwendungsgebiete sind die Lebensmittel- und Medizintechnik.

Bei dem in **Bild 6.40f** dargestellten RWDR ist die PTFE-Dichtlippe in ein Kunststoffgehäuse eingebettet. Diese Lösung ist insbesondere bei großen Stückzahlen wirtschaftlich und wird beispielsweise in Pumpen und Elektromotoren eingesetzt.

Bild 6.41 zeigt eine Sonderbauform für große Durchmesser bis 1800 mm und maximal 0,05 MPa Druck. Die maximal zulässige Gleitgeschwindigkeit wird mit 25 m/s angegeben. Das Haftteil am äußeren Durchmesser besteht aus Gummigewebe. Der RWDR wird an dieser Stelle axial verspannt und so gegen Verdrehen gesichert. Die radialen Nuten an der Bodenfläche (siehe Bild 6.2 der in der Mitte und rechts in Bild 6.41 dargestellten RWDR) dienen der Schmiermittelzufuhr bei Rücken-an-Rücken-Anordnung.

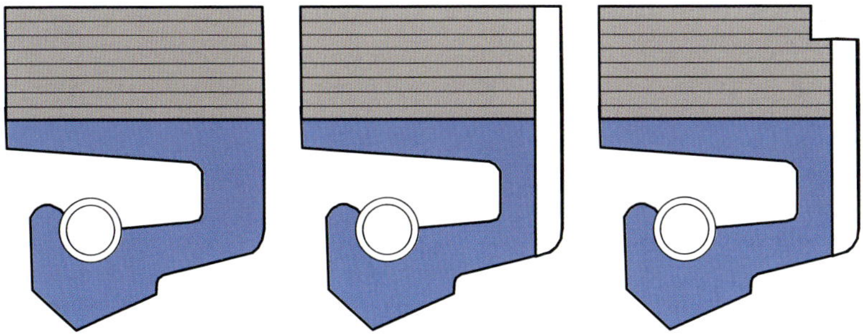

Bild 6.41: RWDR-Bauformen für große Durchmesser

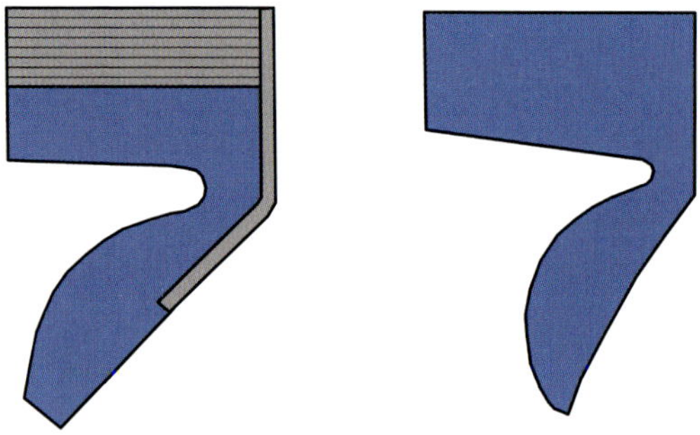

Bild 6.42: RWDR-Bauformen für große Durchmesser und höherem Druck

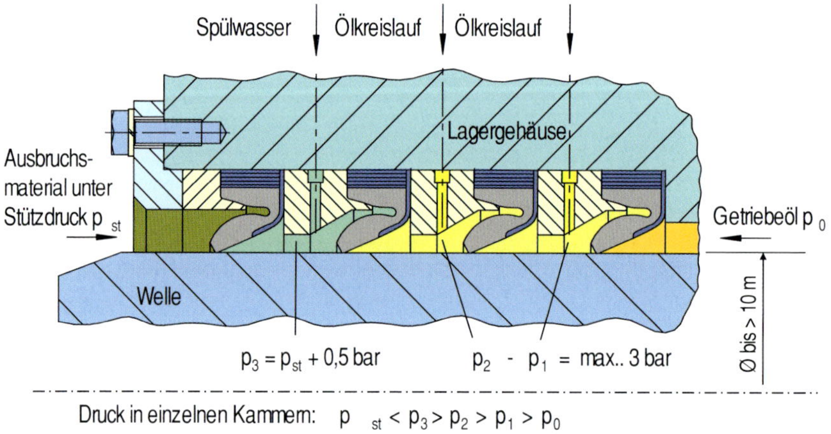

Bild 6.43: Einbaubeispiel von RWDR nach Bild 6.41 und Bild 6.42 in einer Tunnelbohrmaschine

Für höhere Druckbelastungen bis 0,5 MPa und Gleitgeschwindigkeiten bis 2 m/s werden RWDR entsprechend **Bild 6.42** vorgeschlagen. Sie wurden speziell für große Durchmesser bis mehrere Meter entwickelt und tolerieren großen radialen Versatz der Welle.

Um die bei höherem Druck auftretenden Reibmomente aufnehmen zu können, werden auch diese RWDR unter axialer Vorspannung eingebaut. **Bild 6.43** zeigt den Einsatz solcher Dichtungen im Dichtsystem einer Tunnelbohrmaschine. Die Kammern zwischen den Dichtungen werden mit Wasser bzw. Öl gespült, damit evtl. eintretender Schmutz nicht bis zum Lager vordringen kann. Das Druckgefälle von Kammer zu Kammer ist so abgestimmt, dass bei nachlassender Dichtfunktion potenziell auftretende Leckage nicht nach innen, sondern nach außen dringt.

6.4.2.5 Sonderbauformen zum Abdichten unter Druck stehender Medien

Steht die abzudichtende Flüssigkeit unter Überdruck, so wirkt dieser direkt auf die Dichtlippe und verstärkt die Radialkraft. Um die druckbelastete Fläche möglichst klein zu halten, wird bei druckbelastbaren RWDR die Dichtlippe unter Verzicht auf die volle Flexibilität verkürzt (vgl. Kapitel 6.4.2.4). Dadurch reduziert sich die druckwirksame Fläche und damit die überdruckbedingte Anpressung der Dichtlippe. Dennoch ist mit einer erhöhten Übertemperatur zu rechnen.

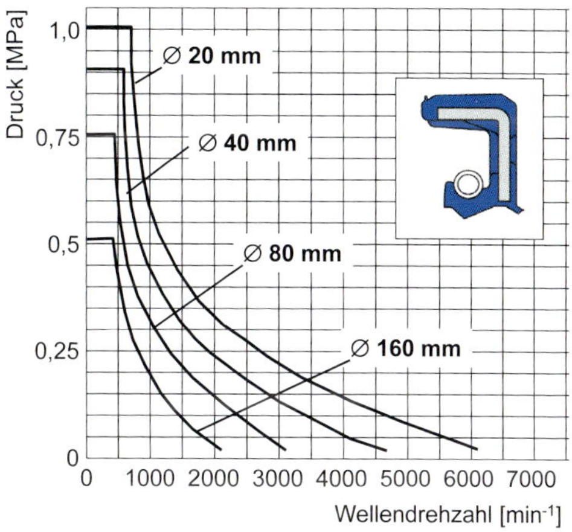

Bild 6.44: Zulässiger abdichtbarer Druck in Abhängigkeit von der Wellendrehzahl für versch. Wellendurchmesser am Bsp. eines druckbelastbaren RWDR

In **Bild 6.44** ist der zulässige abdichtbare Überdruck in Abhängigkeit von der Wellendrehzahl für verschiedene Wellendurchmesser beispielhaft für einen bestimmten druckbelastbaren RWDR dargestellt [17, 18]. Eine sichere bodenseitige axiale Fixierung des Dichtrings im Gehäuse ist erforderlich, damit der RWDR nicht aus dem Gehäuse gedrückt wird.

Aufgrund des natürlichen Dichtmechanismus (vgl. Kapitel 6.2.4) pumpt ein Radialwellendichtring Fluid (Flüssigkeit oder Gas) von der Boden- zur Stirnseite, wenn es auf der Bodenseite ansteht. Die Pumprate bei Gasförderung variiert je nach Dichtelementdesign und den eingestellten Betriebsbedingungen von wenigen ml/h bis hin zu l/h. Das bedeutet: wird ein Radialwellendichtring mit hoher Gaspumprate in Verbindung mit einem geschlossenen Gehäuse verwendet, kann sich schnell eine Druckdifferenz von mehreren 0,01 MPa einstellen. So kommt es schnell zur Überbelastung des Dichtsystems, was eine Schädigung des Dichtkontakts und den Funktionsverlust der Abdichtung zur Folge hat.

Gleiches gilt für die Verwendung von Radialwellendichtringen mit kontaktierender Schmutzschutzlippe oder zwei Radialwellendichtringen, die in Reihe geschaltet sind (Trennung von 2 Flüssigkeiten). Auch hier ist darauf zu achten, dass der Raum zwischen den Dichtlippen entlüftet ist, da sonst die Dichtlippen durch den zwischen ihnen entstehenden Unterdruck an die Welle angesaugt werden. Bei Schmutzschutzlippen reicht häufig eine Unterbrechung des umlaufenden Kontakts durch eine axiale Rille im Elastomer aus (vgl. Kapitel 6.4.2.4).

Das Abdichten definiert Druck beaufschlagter Medien ist schwierig, da mit steigendem Druck sowohl die mechanische als auch die thermische Beanspruchung der Dichtlippe des Radialwellendichtrings extrem ansteigt. Die Entwicklung von Radialwellendichtringen für Hydraulikpumpen und -motoren ist somit immer eine Gratwanderung zwischen Dichtheit und Lebensdauer [3; 23; 44; 49; 51, 69, 71]. Hinzu kommt, dass je nach Einsatz und Anwendung Laufzeiten von 5000 bis 10.000 Stunden – in Einzelfällen sogar noch wesentlich höhere – gefordert werden. Geringste Leckagen würden dem Radialwellendichtring wegen der besseren Schmierung zu einer höheren Lebensdauer verhelfen, sind jedoch meist nicht zulässig [8; 50].

Der Forderung nach Druckbeständigkeit kann durch eine möglichst kurze Dichtlippe entsprochen werden. **Bild 6.45** verdeutlicht das anhand zweier Radialwellendichtringe mit unterschiedlich

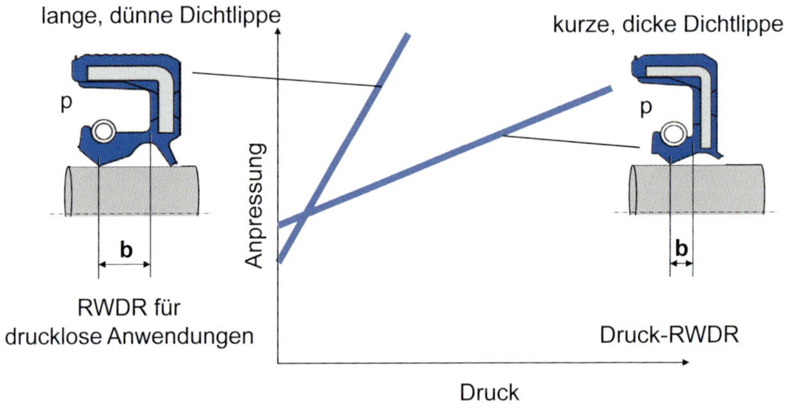

Bild 6.45: Anpressung der Dichtlippe und die Welle in Abhängigkeit vom Abzudichtenden Druck

langen Dichtlippen, in dem schematisch die Abhängigkeit der Anpressung der Dichtlippe an die Welle vom abzudichtenden Druck dargestellt ist. Je länger die Dichtlippe ist (Maß b in Bild 6.45), desto größer wird die druckwirksame Fläche A (Membranfläche, siehe Bild 6.2) und damit ihre Empfindlichkeit gegenüber der Druckbelastung.

Aus dieser oder ähnlichen Problemstellungen heraus sind in der Vergangenheit viele maßgeschneiderte Radialwellendichtringe entwickelt worden, die alle einen bestimmten Anwendungsbereich abdecken. Bild 6.46 zeigt eine Reihe unterschiedlicher Radialwellendichtringe, die zum Abdichten von druckbeaufschlagten Medien entwickelt wurden.

Der in **Bild 6.46a** dargestellte RWDR hat eine geringfügig verkürzte Dichtlippe. Er ist damit in der Lage bei guten Schmierungsbedingungen, bis zu einem Druck von maximal 1 MPa bei einer Gleitgeschwindigkeit von maximal 2 m/s abzudichten. Exzentrizität und Wellenschlag unter 0,1 mm sind unkritisch.

Bild 6.46b zeigt einen „gebauten" RWDR, mit der die Dichtlippenflexibilität eines Standard-RWDR erhalten wird und dennoch höhere Drücke bis ca. 1 MPa (bis 4 m/s Kontaktgeschwindigkeit) abgedichtet werden können. Dazu wird ein Standard-Radialwellendichtring in ein außen gummiertes Gehäuse eingepresst, das durch das axial abgewinkelte Blech die Stützfunktion für die Dichtlippe des Radialwellendichtrings übernimmt.

Mit der in **Bild 6.46c** gezeigten Lösung, deren kurze Dichtlippe mit einer PTFE-Auflage überzogen ist, werden ähnliche Leistungswerte erreicht, wobei die PTFE-Auflage für geringere Reibung und somit längere Lebensdauer sorgt.

Bei der in **Bild 6.46d** dargestellten kurzlippigen Lösung ist ein Elastomerteil über ein tiefgezogenes Blech gespritzt. Mit solchen einfach erscheinenden Lösungen können Drücke bis teilweise sogar größer 1 MPa bei hohen Umfangsgeschwindigkeiten bis 8 m/s abgedichtet werden. Da diese Art des Radialwellendichtrings keine Feder hat, wird die Radialkraft durch die Relaxation

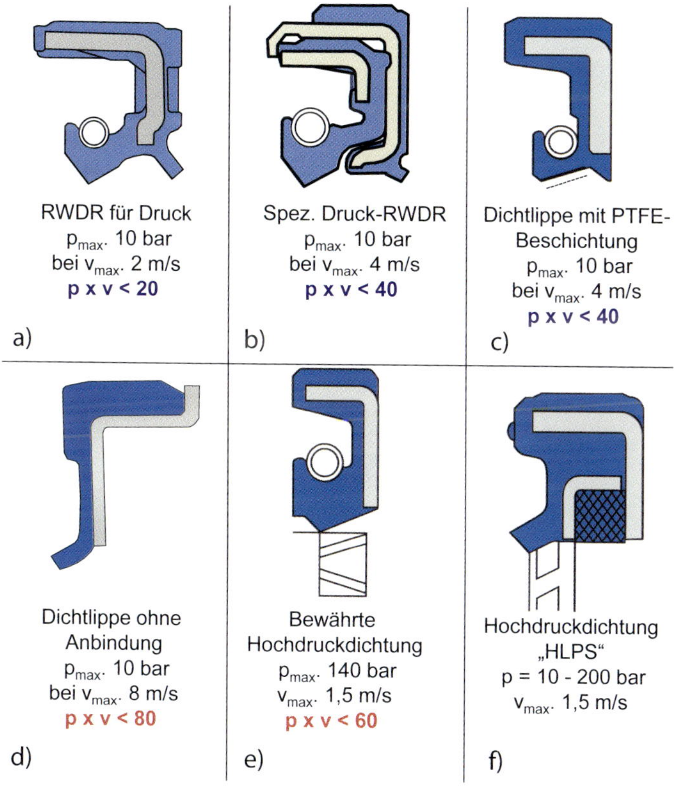

Bild 6.46: RWDR zum Abdichten von Druck beaufschlagten Medien

des Elastomers stärker beeinflusst als bei Lösungen mit Feder. Vorteil der Lösung ohne Feder ist, dass kleinere druckwirksame Flächen (s. Bild 6.45), realisiert werden können. Nachteilig ist, dass vor allem im drucklosen Zustand Leckage auftreten kann.

Der in **Bild 6.46e** dargestellte RWDR ähnelt dem in Bild 6.40c gezeigten Dichtring mit einer kurzen und steifen Lippe, ist jedoch für Drück bis 14 MPa einsetzbar. Auch der in Bild 6.46f dargestellte Radialwellendichtring wird vorzugsweise bei sehr hohen Drücken von bis zu 20 MPa und sehr kleinen Gleitgeschwindigkeiten von maximal 1,5 m/s eingesetzt.

Für alle Dichtungen gilt, dass die Extremwerte von Druck, Temperatur und Gleitgeschwindigkeit nicht gleichzeitig auftreten dürfen!

Entsprechend Bild 6.45 steigt mit zunehmendem Druck die Anpressung der Dichtlippe an die Welle und damit auch die Gefahr exzessiven Verschleißes. Nicht selten entsteht durch hohe Anpressung und Gleitgeschwindigkeit eine flächenbezogene Reibleistung von mehreren hundert Watt/cm^2 (vgl. Kapitel 6.3.1.1).

Grundvoraussetzung für geringen Verschleiß ist deshalb neben einer möglichst kleinen Anpressung der Dichtkante an die Welle eine ausreichende Wärmeabfuhr und eine gute Schmierung

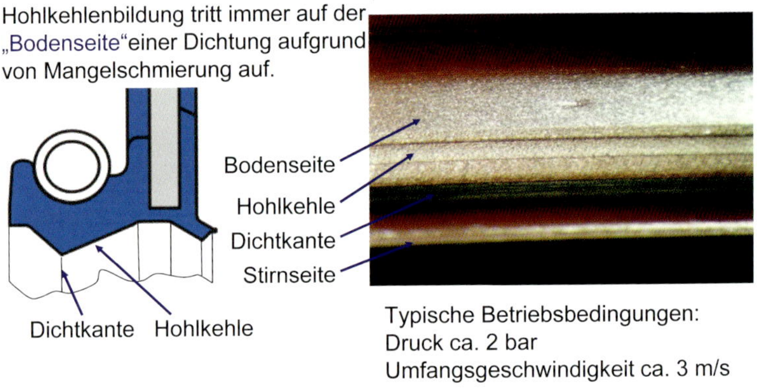

Bild 6.47: Lokal begrenzter Verschleiß (Hohlkehlbildung) als Folge von Mangelschmierung

im Dichtspalt. Ideal wäre ein permanenter Ölaustausch in der gesamten Kontaktzone und somit eine feuchte oder sogar nasse Bodenseite des Radialwellendichtrings, ohne dass das Öl abtropft. Hier besteht ein Zielkonflikt, da ein Radialwellendichtring in der Regel so ausgelegt wird, dass er möglichst auch bei den widrigsten Betriebsbedingungen noch dicht bleibt, also eine gewisse „Funktionsreserve“ hat.

Wird nun ein Druck-Radialwellendichtring so ausgelegt, dass seine integrierte „Rückförderpumpe“ (vgl. Kapitel 6.2.4) möglichst gut funktioniert – der ölseitige Kontaktflächenwinkel also deutlich größer ist als der luftseitige –, so kann das bedeuten, dass das Öl im Dichtspalt die Bodenseite gar nicht erreicht. Das hat zur Folge, dass die Schmierung der Dichtlippe von der Öl- zur Bodenseite hin abnimmt und der RWDR auf der Bodenseite trocken läuft. Erhöhter Verschleiß in diesem Bereich ist die Folge.

Bild 6.47 zeigt den Mangelschmierungsverschleiß an einem Beispiel. Der erhöhte, lokal begrenzte Verschleiß auf der Bodenseite der Kontaktzone führt zu einer „Hohlkehle“ und damit schließlich zum Ausfall des RWDR [51]. Würde man den in Bild 6.47 gezeigten Radialwellendichtring mit seiner Bodenseite nach innen – also falsch herum – einbauen, so würde das zwar zur Leckage, gleichzeitig aber auch zu einer ausgezeichneten Schmierung und stark reduziertem Verschleiß führen.

Für Druck-Radialwellendichtring lässt sich daraus ableiten, dass die Lebensdauer durch größere luftseitige Kontaktflächenwinkel und damit reduziertem Rückfördervermögen und verringerter „Funktionsreserve“ verlängert werden kann. Aus dieser Erkenntnis heraus wurde ein druckbelastbarer Radialwellendichtring entwickelt, der in einem neuartigen Dichtkantenprofil zwei entscheidende Lösungsansätze zum Reduzieren des Verschleißes und damit zum Erhöhen der Lebensdauer enthält [52] (**Bild 6.48**).

Um eine bessere Schmierung im Dichtspalt zu erreichen, wurde die Dichtkante so profiliert, dass im drucklosen Zustand bodenseitig ein größerer Kontaktflächenwinkel zur Welle entsteht als stirnseitig. Gleichzeitig wurde im Bereich des größten Verschleißes der Dichtkante des Vorgängers eine „künstliche Hohlkehle“ im Dichtkantenprofil abgebildet und somit die Gefahr von Verschleiß und schädlicher Verschleißpartikelbildung minimiert.

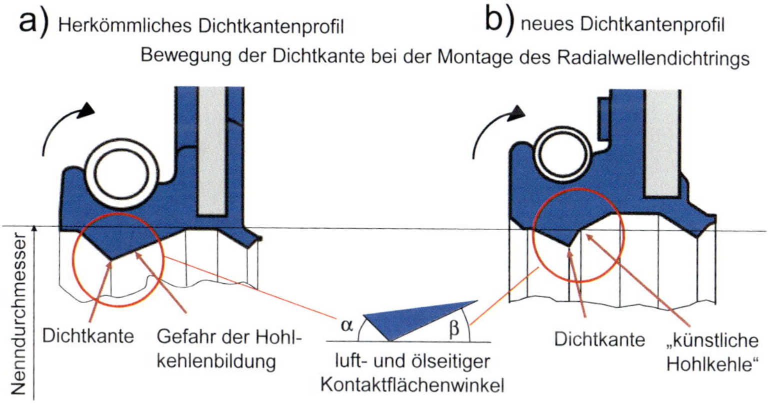

Bild 6.48: a) Herkömmliches und b) neues Dichtkantenprofil für Druckdichtungen

In Bild 48 ist das herkömmliche Dichtkantenprofil dem neuen gegenübergestellt. Die Darstellung zeigt beide Radialwellendichtringe im freien, also nicht montierten Zustand. Beim herkömmlichen Profil ist klar zu erkennen, dass der ölseitige Kontaktflächenwinkel deutlich größer ist als der luftseitige. Das neue Profil erweckt den Anschein, als sei der ölseitige Kontaktflächenwinkel wesentlich kleiner als der luftseitige. Durch die Montage auf die Welle dehnt sich die Dichtlippe auf und die Dichtkante dreht sich in dieser Darstellung gegen den Uhrzeigersinn. Dadurch wird das Verhältnis der Kontaktflächenwinkel beim alten Profil noch größer, beim neuen ist es ausgeglichen: die Kontaktflächenwinkel sind nahezu gleich groß.

Gemäß den Hypothesen zur Erklärung des natürlichen Dichtmechanismus (vgl. Kapitel 6.2.4) müsste beim neuen Radialwellendichtring immer Öl aus dem abzudichtenden Aggregat herausgefördert werden. Tatsächlich wird die Dichtlippe im Betrieb aber vom Druck im Aggregat zusätzlich an die Welle angepresst, was zu einer weiteren Drehung des Profils und damit zu einer Veränderung der Kontaktflächenwinkel führt. Zusammen mit der Lage der Feder zum Kontaktpunkt (hf-Maß, siehe Bild 6.34), bildet sich ein funktionierender Dichtkontakt aus.

Bild 6.49 zeigt die Ergebnisse einer FE-Simulation des optimierten Druck-RWDRs bei 0,3 MPa und bei 0,7 MPa Druckbelastung. Die beiden verformten Modelle lassen die Änderung der Kontaktflächenwinkel und der Kontaktbreite in Abhängigkeit vom Druck erkennen. Die Darstellung der Kontaktspannung über der Y-Koordinate, die der axialen Koordinate entspricht, zeigt die Anpressung der Dichtkante und der Schutzlippe an die Welle.

Bei 0,3 MPa ist die berechnete Pressungsverteilung der Dichtkante nahezu symmetrisch. Dies lässt auf gleiche Kontaktflächenwinkel α und β schließen. Bei 0,7 MPa ist der luftseitige Pressungsgradient bereits kleiner als der ölseitige, d. h. durch die druckbedingte Anpressung und Drehung der Dichtkante ist α bereits größer als β. Ab ca. 0,3 MPa Druckbelastung ist der Druck-RWDR gemäß den Hypothesen zum natürlichen Dichtmechanismus in der Lage, in den Dichtspalt eingedrungenes oder auf der Bodenseite angebotenes Öl in das Aggregat zu pumpen.

In der Praxis erreichen diese Radialwellendichtringe [53] mit dem „falschen" Dichtkantenprofil bei noch immer sehr guter Funktion eine mehrfach höhere Lebensdauer als Radialwellendichtringe mit herkömmlichem Dichtkantenprofil.

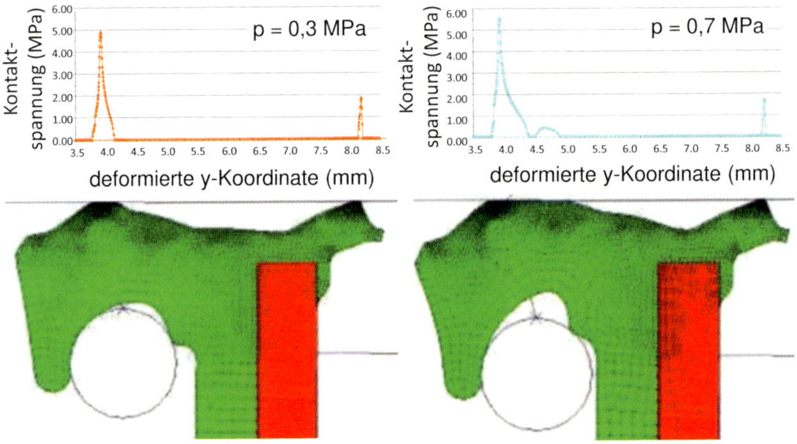

Bild 6.49: FE-Simulation eines Druck-Radialwellendichtrings mit angepasstem Dichtkantenprofil

6.4.2.6 Bauformen für Kraftfahrzeuge

Im Gegensatz zu vielen Dichtungsanwendungen in der Industrie liegt bei Kfz-Anwendungen in der Regel kein Betrieb mit stationärer Wellendrehzahl vor. Die Belastungen im Betrieb sind durch hohe und über den Jahreslauf stark wechselnde Temperaturen und hohe Drehzahlen im ganzen Antriebsstrang überdurchschnittlich hoch ($v_{Kontakt}$ bis 50 m/s).

Speziell im Verbrennungsmotor werden heute überwiegend hoch additivierte Synthetikmotorenöle mit geringer Viskosität (schlechte Elastomer-Öl-Kompatibilität bei sehr guter Spaltgängigkeit) verwendet, wodurch die Anforderungen an die Dichtungswerkstoffe extrem hoch liegen. Seit der Einführung von Biokraftstoffen ist zudem zu berücksichtigen, dass Motoröle in Verbrennungsmotoren stark versauern können, was bei der Elastomerauswahl für die zu verwendenden RWDR beachtet werden muss.

Weiter ist bei der Dichtringauslegung für Mobilanwendung zu beachten, dass sich sehr tiefe Minimal- und hohe Maximaltemperaturen im Dichtsystem einstellen können. Im Sommer treten bei hoher Belastung des Antriebs (Motor plus Getriebe), Ölsumpftemperaturen von bis zu 150 °C auf. Besonders kritisch sind Volllastfahrten ohne Fahrtwindkühlung, wie sie bei Nutzfahrzeugen häufig vorkommen.

Zur Winterzeit kann es vorkommen, dass ein komplett durchgekühltes Fahrzeug bei -30 °C gestartet wird. Das Elastomer ist unter den Glasübergangspunkt abgekühlt (s. Bild 6.16) und befindet sich in einem erstarrten Zustand. Vorteilhafterweise wechselt auch das Motoröl bei diesen tiefen Temperaturen in einen zähflüssigen Zustand, so dass vorerst keine Gefahr von Leckage besteht. Bereits in der Kaltstartphase eines Fahrzeuges wird das Dichtelement durch den Energieeintrag durch die Reibung im Dichtkontakt schnell erwärmt, so dass die Dichtfunktion wieder hergestellt ist. Problematisch wird das Abdichten bei solch tiefen Temperaturen bei Verwendung von sehr niederviskosen temperaturstabilen Schmierölen, die auch dann noch dünnflüssig sind. In diesem Fall sind sehr teure kälteverträgliche Elastomere gefordert, deren Glasübergangstemperatur deutlich unter -40 °C liegen.

Aufgrund dieses extremen Temperaturbereichs spezifizieren Automobilhersteller ihre Aggregate standardmäßig auf -40 °C bis + 150 °C (oft bis +170 °C), obwohl diese Temperaturen bei der überwiegenden Anzahl der Fahrzeuge niemals erreicht werden.

Kurbelwellendichtungen
Die Kurbelwelle eines Verbrennungsmotors wird aufgrund ihrer konstruktiven Gestaltung, des ungleichförmigen Antriebs und den daraus resultierenden Kräften zu starkem Schwingen angeregt [42]. Dadurch entstehen an den Enden radiale Taumelbewegungen, die durch die Kreiseleffekte des Schwungrads noch verstärkt werden. Die Dichtlippen der RWDR müssen flexibel genug sein, den Radialbewegungen der Welle zu folgen. Ein Rückförderdrall ist unumgänglich, um trotz dieser hohen dynamischen Exzentrizität die notwendige Dichtheit zu gewährleisten. Die in Kapitel 6.4.1.9 genannten Grenzen für die zulässigen Rundlaufabweichungen haben hier keine Gültigkeit, dennoch können Kurbelwellendichtungen diese hohe Dynamik wegen ihres Einfachdralls kompensieren. Unterschiede bestehen im Verhalten von geschmiedeten und gegossenen Kurbelwellen und außerdem von der Arbeitsweise des Motors (Zylinderanzahl und -anordnung, Hubraum, Ausgleichselemente, Gaswechselverfahren, Treibstofftyp, Zünddrücke usw.) her. Weiter ist zu beachten, dass sich im Bereich der Kurbelwellenabdichtung die Verschraubung der Schwungscheibe in der Kurbelwelle befindet, die auf der Gegenlauffläche eine polygone Abweichung zur idealen Zylinderform erzeugt.

Als Kurbelwellendichtring wurden bis Ende der 1980er Jahre ausschließlich RWDR aus Elastomer, hauptsächlich FKM und MVQ (vgl. Kapitel 6.4.2 und 6.4.5) eingesetzt (**Bild 6.50a**). Diese klassische Dichtung wurde zunächst bei hochbelasteten Nutzfahrzeugmotoren mit Abgasturboaufladung durch einen Dichtring mit ca. 0,8 mm starker PTFE-Manschette ersetzt [43]

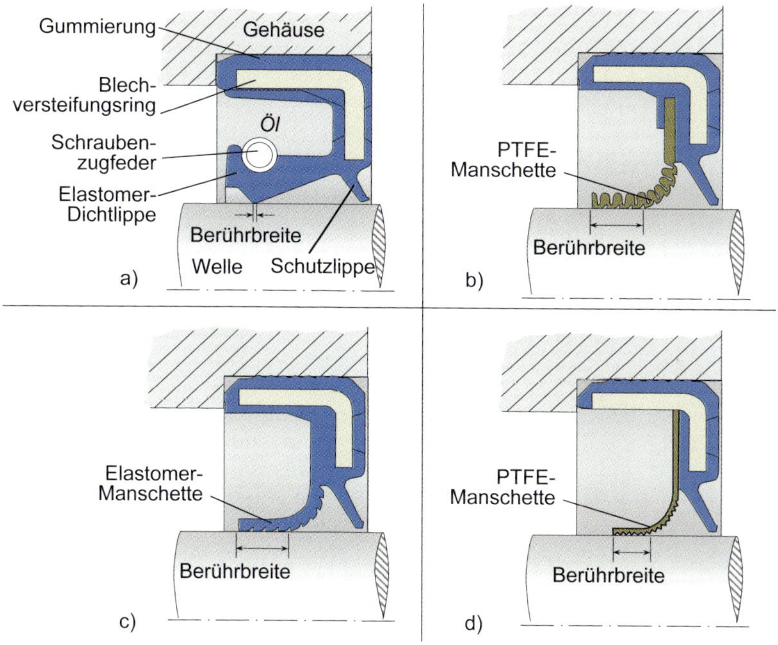

Bild 6.50: Bauformen von PTFE-RWDR mit Werkstoffkombination Elastomer-PTFE

(**Bild 6.50b**). Die Vorteile des PTFE können trotz fehlender Elastizität durch eine besondere konstruktive Gestaltung speziell für Kurbelwellendichtungen genutzt werden. Die PTFE-Manschette ist im sogenannten Raupenprofil ausgeführt, einem Profil, das auf der Wellenseite durch eine Spiralnut mit asymmetrischem Querschnitt und auf der der Welle abgewandten Seite durch eine deutlich tiefere, symmetrische Spiralnut gebildet wird. Durch das Aufziehen der Manschette auf die Welle werden die Spiralnuten zu Gewinden. Das der Welle abgewandte Gewinde reduziert die Steifigkeit der Manschette und damit die Radialkraft und verbessert die Folgefähigkeit der Lippe zur Welle. Das gegenüberliegende Gewinde kommt mit der Welle im Dichtbereich in Berührung und bildet so einen geschlossenen Gewindegang, der als Rückfördergewinde wirksam wird. Die Rückförderwirkung wird vorwiegend durch die Gängigkeit, die Größe und die Tiefe des Rückfördergewindes beeinflusst. Das Rückfördergewinde ist Voraussetzung für die Funktion des Dichtrings (vgl. Kapitel 6.2.3). Die Bewährung im Nutzfahrzeugdieselmotor führte zur Entwicklung verschiedenen Formen der Dichtlippe und einer Optimierung des Dralls und damit zu einem erfolgreichen Dichtungstyp.

Bild 6.51 zeigt einen robusten PTFE-RWDR (optimierte Ausführung) im geschnittenen Zustand. Auf der Bodenseite verhindert eine zusätzliche Scheibe aus Vlies, dass Schmutz und Staub in den Dichtspalt gelangen kann.

Insgesamt ergeben sich durch den Einsatz des PTFE-RWDR als Kurbelwellendichtung verschiedene Vorteile:

- hohe Beständigkeit gegen aggressive Bestandteile im Motorenöl auf Mineralöl-, Syntheseöl- und Bioölbasis
- hohe Beständigkeit gegen extreme Schmierstofftemperaturen
- insgesamt hohe Beständigkeit gegen thermische und chemische Belastungen
- hohe Pumprate ➔ hohe Dichtreserve.
- der Dichtring ist gut für Mangelschmierungsbetrieb geeignet (Anlaufphase des Motors)
- längere Laufzeiten werden ohne Verlust der Dichtfähigkeit erreicht
- die Wartungsintervalle der Motoren werden länger
- die Ablagerung von Alterungsprodukten aus dem Öl wird geringer
- ➔ insgesamt eignet sich die PTFE-Dichtung für härteste mechanische, thermische und chemische Belastung

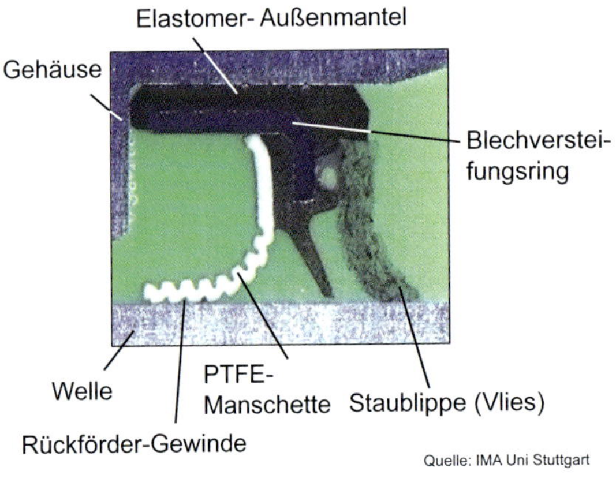

Bild 6.51: Schnitt eines optimierten PTFE-RWDR für Verbrennungsmotoren

Die Wartungsintervalle für Dieselmotoren für Lastkraftwagen im Fernverkehr betragen heute mehr als 100.000 km. Untersuchungen und Versuche zielen auf eine Verlängerung bis 1.000.000 km hin, wozu die PTFE-Dichtung in Verbindung mit einem entsprechenden Schmierstoff einen wesentlichen Beitrag leisten wird.

Neben der robusten PTFE-Lippendichtung ist heute eine Vielzahl anderer Dichtringtypen für die Abdichtung der KFZ-Kurbelwelle im Einsatz. Insbesondere die seit dem Jahr 2009 beschlossene „EU-Verordnung zur Verminderung der CO_2 – Emissionen von Personenkraftwagen" [57] hat einen erneuten Entwicklungsschub zur Reibungsreduzierung in kontaktierenden Dichtungssystemen im Verbrennungsmotor entfacht.

In einem weiteren Entwicklungsschritt wurde ein Elastomer-RWDR entwickelt, der anstelle der herkömmlichen Elastomer-Membrane mit Dichtkante und Feder über eine dem Design des PTFE-RWDR nachempfundene Elastomermanschette (federloser, reibungsoptimierter RWDR) mit Rückfördergewinde verfügt. Diese weist eine sehr geringe Radialkraft und sehr geringe Verlustleistung auf. Allerdings reagiert sie empfindlich auf sehr kleine Druckänderungen (**Bild 6.52**).

Ebenfalls zur Reduzierung des Reibleistungsverlusts wurde alternativ in den letzten Jahren die Stärke der Manschette der PTFE-RWDR immer weiter reduziert. Eine Energiesparvariante des PTFE-Dichtrings ist in Bild 6.50d dargestellt.

Bild 6.52 zeigt die Verlustmomente unterschiedlicher Kurbelwellenabdichtungen in einem Spinnennetzdiagramm gegenübergestellt. In dem Spinnennetzdiagramm sind jeweils die sich einstellenden Reibmomente in definierten Betriebspunkten bei unterschiedlichen Temperaturen und Druckdifferenzen (Stirnseite zu Bodenseite), wie sie im Verbrennungsmotor auftreten, eingetragen. Alle Messwerte wurden bei 6000 min^{-1} ermittelt. Die Darstellung mittels Spinnennetzdiagramm bietet den Vorteil, dass die Druck- und Temperaturabhängigkeit sehr schnell für mehrere Dichtungen gleichzeitig überblickt werden kann. So stellt sich eine robuste Dichtung als Kreis (entspricht geringen Änderungen der Reibwerte) und ein druck-/temperatursensiblerer Radialwellendichtring als mehrzackiger Stern dar. Je kleiner der Flächeninhalt, desto geringer ist die dissipierte Energie.

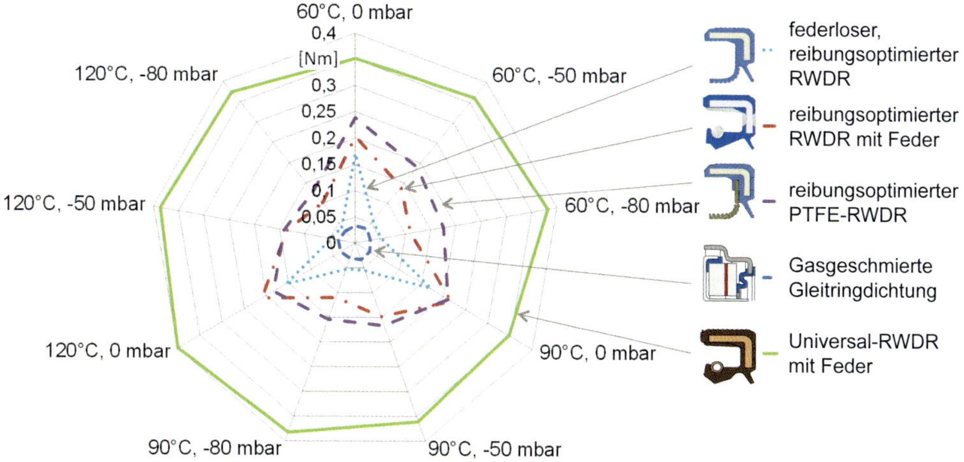

Bild 6.52: Vergleich Dichtsystemreibmomente unterschiedlicher Kurbelwellenabdichtungen bei 6000 min^{-1}

Im Ergebnis stellen sich für das jeweilige Dichtringdesign typische Reibmomentverläufe im Spinnendiagramm da (von außen nach innen) (s. Bild 6.52).

Der federgestützte Universaldichtring ist ein universell einsetzbarer Radialwellendichtring, der typischerweise als Katalogware zu beziehen ist. Er ist für einen möglichst breiten Anwendungsbereich konzipiert. Bei der Entwicklung der Universaldichtung lag der Fokus auf der Robustheit gegen Druck- und Temperaturänderung, Wellenschlag und Exzentrizität und nicht primär auf der Reduzierung der Verlustleistung [54].

Die Robustheit des Dichtelements ist in Bild 6.52 dadurch gekennzeichnet, dass sich ein nahezu kreisrunder Verlauf des Reibmoments über die verschiedenen Betriebspunkte ergibt. Die Reibmomente werden nur sehr gering durch die Veränderung von Temperatur und Druck beeinflusst.

Der reibungsoptimierte PTFE Radialwellendichtring (Bild 6.50d) und der reibungsoptimierte federgestützte Radialwellendichtring zeigen, obwohl sie sich im Design, Aufbau und der Art der Dichtkontaktgestaltung sehr stark unterscheiden, einen sehr ähnlichen Verlauf und auch ähnliche Absolutwerte im Reibmomentdiagramm. Beim reibungsoptimierten, federgestützten RWDR tritt die aus der federgestützten Universaldichtung bekannte Reibmomentverlauf wieder auf, nur jetzt auf einem deutlich geringerem Reibmomentniveau. Der PTFE und federgestützte RWDR benötigen bei gleicher Abmessung weniger als 50% der Energie der Universaldichtung.

Die federlose reibungsoptimierte Kurbelwellenabdichtung (vgl. auch Bild 6.50c) verhält sich bei den vorgegebenen Betriebspunkten vollkommen unterschiedlich zu den drei zuvor betrachteten robusten Abdichtungen. Sie besitzt eine sehr druckempfindliche Dichtlippe, die nur wenig Radialkraft im Kontakt zur Welle erzeugt, und reagiert sehr stark auf die eingestellten negativen Druckdifferenzen. In Bild 6.52 ist gut zu erkennen, dass die federlose reibungsoptimierte Elastomerdichtung bereits bei einer Druckdifferenz von über 0,008 MPa in Gefahr läuft, den permanenten Dichtkontakt nicht mehr aufrecht erhalten zu können, so dass es zu zeitweisen Abheben der Dichtlippe kommen kann. Der in Bild 52 ersichtliche sternförmige Reibmomentverlauf ist typisch für federlose reibungsoptimierte Elastomerdichtsysteme. Die federlose Kurbelwellenabdichtung ist speziell und sehr eng auf die Bedingungen im Verbrennungsmotor abgestimmt und funktioniert nur in dieser Umgebung optimal.

Neben den klassischen kontaktierenden Kurbelwellenabdichtungen wurde 2012 erstmals die Entwicklung einer gasgeschmierten Gleitringdichtung für die Kurbelwellenabdichtung vorgestellt. Bei diesem innovativen Dichtungstyp gleiten zwei axial zueinander angeordnete Ringe auf einem durch Förderstrukturen erzeugten Gasfilm nahezu reibungsfrei aufeinander. Das Dichtsystem ist so ausgelegt, dass sich Gleit- und Gegenring bei geringen Relativgeschwindigkeiten voneinander trennen, so dass kein Festkörperkontakt mehr besteht. Das Reibmoment, das in Bild 6.52 zu sehen ist, resultiert aus der Luftscherung und den Ventilationsverlusten zwischen den beiden relativ zueinander rotierenden Dichtsystemeinheiten.

Das Reibmoment im Vergleichsprüflauf zeigt, dass das Dichtsystem nur gering druckabhängig und temperaturunabhängig ist. Die drei Betriebspunkte gleichen Drucks erzeugen bei unterschiedlichen Temperaturen identische Reibmomente.

Dichtungen für Getriebe, Achsen und Radlager
Die Dichtungen für Schaltgetriebe unterliegen ähnlichen Belastungen wie Motordichtungen (hohe Temperatur, hohe Drehzahlen, hohe Dynamik, aggressives Schmiermittel). Fahrzeugge-

triebe werden zumeist mit Hochleistungs-ACM oder –FKM Werkstoffen abgedichtet. Analog zum Verbrennungsmotor werden RWDR mit Rückförderdrall eingesetzt. Schaltgetriebe werden üblicherweise mit drei bis fünf Radialwellendichtringen ausgestattet (1x Eingang, 1-3x Ausgang, 1x Schaltwelle). Der Kupplungsseitige Getriebeeingang muss gegen den Austritt von Getriebeöl und dem Eintritt von Schmutz wie Kupplungsabrieb gedichtet werden. Die Getriebeeingangswelle rotiert mit Motordrehzahl und ausschließlich in eine Drehrichtung, meist im Uhrzeigersinn.

Bei frontgetriebenen Fahrzeugen müssen weiterhin zwei Differentialausgänge (Aufnahme der Antriebswellen) aus dem Schaltgetriebe abgedichtet werden. Da eine Antriebswelle nach rechts und eine nach links zu den jeweiligen Radträgern verläuft, sind die Dichtelemente für unterschiedliche Drehrichtungen ausgelegt. D. h. die rechte Antriebswellendichtung muss mit einer Rückförderhilfe in Form eines Rechtsdralls, die linke mit einem Linksdrall ausgeführt werden. Da die Dichtsysteme nur für eine Drehrichtung ausgelegt sind, muss beim Verbau sichergestellt sein, dass die Dichtringe nicht vertauscht werden. Die Dichtelemente sind entsprechend durch Designelemente (z. B. gewellter Federhaltebund) gekennzeichnet oder unterscheiden sich im Außendurchmesser. Bei kurze Rückwärtsfahrten funktioniert die Abdichtung durch den natürlichen Dichtmechanismus. Am Austreten befindliches Getriebeöl wird bei der nächsten Vorwärtsfahrt umgehend wieder durch die Drallelemente in den Ölraum zurückgeleitet.

Neben den schnelldrehenden Wellen muss ein Getriebe noch an der Schaltwelle gegen Ölaustritt und Schmutzeintritt gedichtet werden. Die Schaltwellendichtung wird in der Regel mit einem einfach gestalteten Standard-RWDR ausgestattet. Sie erfährt nur eine geringe Dynamik und muss lediglich eine oszillierende Wellenbewegung mit geringem Drehwinkel, aber großer Exzentrizität abdichten.

Wird das KFZ mit einem Frontmotor-Heckantrieb ausgestattet, besitzt das Schaltgetriebe nur einen Getriebeausgang, an dem die Kardanwelle angeflanscht ist. Bei heckgetriebenen KFZ kommen zusätzlich zu den Schaltgetriebedichtstellen, drei Dichtungen für das hintere Verteilerdifferential hinzu (1x Eingang und 2x Ausgang). Fahrzeuge mit Allradantrieb werden mit fünf Dichtungen am Schaltgetriebe (1x Eingang, 2x Differentialausgang, 1x Kardanausgang, 1x Schaltwelle) und zusätzlichen drei RWDR am hinteren Verteilergetriebe ausgestattet.

Bei Automatikgetrieben und CVT (Continuously Variable Transmission) Getrieben kommt erschwerend hinzu, dass eine Medientrennung vorzusehen ist. Der Wandler ist mit ATF (Automatic Transmission Fluid) gefüllt und geschmiert, im anschließenden Getriebe wird konventionellen Getriebeöl verwendet. An den Trennstellen werden zwei RWDR (sog. Kombi-RWDR), gegebenenfalls aus zwei verschiedenen Werkstoffen, angeordnet. Die Dichtungen werden dann mit der Bodenseite aneinander gesetzt. Bei dieser Anordnung ist auf eine Entlüftung des Zwischenraums zu achten vgl. Kapitel 6.4.2.5). Vor allem beim CVT-Getriebe sind die Anforderungen extrem, da bei Wellendurchmessern von 50 bis 60 mm Drehzahlen bis 15000 min-1 erreicht werden.

An den Hinterachsgetrieben ist mit hoher Spritzwasser- und Schmutzbelastung zu rechnen, weshalb zum Beispiel am Differentialeingang und besonders bei Nutzfahrzeugen RWDR mit radialen und axialen Schutzlippen versehen sind. Bei kritischen Anwendungen, werden nicht kontaktierende Labyrinthdichtungen zum Schutz der Hauptdichtung, vorgeschaltet (vgl. Kapitel 8).

Als Radabdichtung bei Antriebsachsen findet die Kassettendichtung zunehmend Interesse, da durch die Integration der Gegenlauffläche ein einbaufertiges Element entsteht, das bei

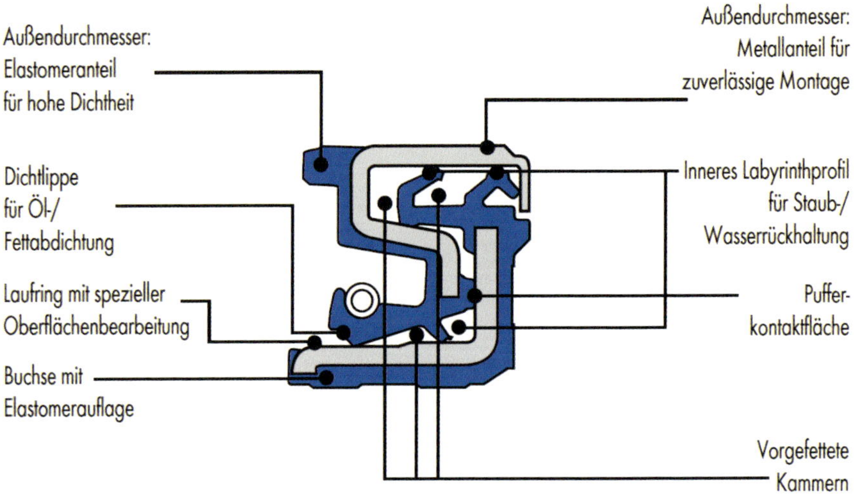

Bild 6.53: RWDR in Kassettenbauweise

Reparaturen leicht auswechselbar ist (**Bild 6.53**). Mögliche teure Nacharbeit aufgrund von Welleneinlauf am Achskörper entfällt bei Reparaturen. Bei dieser Dichtungsbauform, mit der vorwiegend ölgeschmierte Außenplanetengetriebe abgedichtet werden, hat der Laufring einen festen Sitz auf dem Achskörper, während die Dichtkonstruktion mit Hauptlippe und zusätzlichen Schutzlippen in die Radnabe eingepresst wird und mit dieser umläuft. Ein weiterer Vorteil dieser Bauform ist die raumsparende kompakte Bauart unter Verwendung einer Vielzahl von Dichtkontakten in einem Dichtsystem.

Da die Viskosität der abzudichtenden Medien durch zeitweilig hohe Betriebstemperatur niedrige Werte annehmen kann, ist eine Gummiummantelung des Haftteils notwendig um zuverlässig Ölleckage zu unterbinden. Bei allen Dichtungen ist höchste Qualität der Fertigung und des Werkstoffs Voraussetzung, da in allen Fällen ein Austausch einer Dichtung wegen einer Leckage mit unverhältnismäßig hohen Kosten verbunden ist.

6.4.3 Auslegung Haftteil

Das Haftteil hat neben der statischen Abdichtung in der Aufnahmebohrung die Aufgabe, eine ausreichende Fixierung, Zentrierung und Positionierung in der Bohrung zu gewährleisten. Außerdem muss der RWDR unter Großserienbedingungen einwandfrei zu montieren sein. Neben den Anforderungen an die aufnehmende Bohrung wird das Haftteil des RWDR mit geeigneten Montagefasen und einer Presssitzzugabe (+0,1 bis +0,5 mm) zum Nennaußendurchmesser ausgelegt. Für das Haftteil werden als Standard drei verschiedene Ausführungen angeboten (**Bilder 6.54a bis e**).

Die Bauform A mit Schutzlippe S, also AS entsprechend DIN 3760/61 nach Bild 6.54a bietet mit der Elastomerbeschichtung des Versteifungsblechs die besten Voraussetzungen für ein gutes statisches Abdichtverhalten auch bei niedrigviskosen Medien und geteilten Gehäusen. Zur Montageerleichterung, aber auch um Rückfedern oder Schrägstellen des RWDR zu vermeiden, brachten rillierte Ausführungen des Elastomermantels Verbesserungen (Bild 6.54b).

Bild 6.54: RWDR in verschiedenen Haftteilausführungen

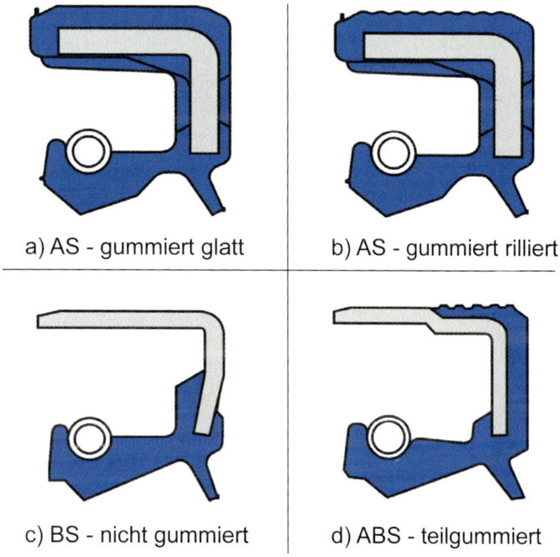

Die Bauarten B ohne Haftteilgummierung und C mit Stützkappe nach DIN 3761 bieten bei der Montage eine exakte Einbaulage und verfügen gegenüber der gummiummantelten Haftteilausführung über wesentlich höhere Festhaltekräfte in der Gehäusebohrung, sind jedoch gegenüber Toleranzen des Aufnahmedurchmessers empfindlicher. Diese Ausführungen werden für bessere statische Dichtheit teilweise auch mit einer Dichtlackbeschichtung auf dem Haftteil angeboten, werden aber generell nicht für den Einbau in geteilte Gehäuse empfohlen. Bild 6.54c zeigt Bauart B mit Schutzlippe S, also BS nach DIN 3761.

Ein Haftteil als Kombination von Elastomer- und Blechmantel vereinigt die Vorzüge der Bauformen A und B in einem Element: hohe Haltekraft und exakter Sitz bei 100 %iger Öl- und Gasdichtheit (Bild 6.54d). Durch Abstufung des Versteifungsblechs von einem Außendurchmesser mit einem bestimmten Presssitzmaß auf einen zweiten deutlich reduzierten Außendurchmesser, der eine Elastomerummantelung erhält, wird diese Variante möglich. Aufgrund der höheren Anforderungen hinsichtlich Werkzeugkomplexität und Einhaltung der Toleranzen ist diese Haftteilausführung in der Regel teurer, als eine AS- oder BS-Ausführung.

Für die Aufnahmebohrung im Gehäuse sollte nach DIN 3760 das ISO-Toleranzfeld H8 vorgesehen werden. Die Bohrung muss wie die Welle angefast werden und sollte geringfügig tiefer sein als die Breite des Dichtrings. Zu tiefe Bohrungen sind bei der Montage des Dichtrings hinderlich und können – besonders bei nicht gummierten Dichtringen – zu einer Beschädigung des Haftteils des RWDR führen. Die Anforderungen hinsichtlich der Koaxialität zur Welle wurden bereits in Kapitel 6.4.1.9 beziffert.

Ist das Gehäuse geteilt, so muss ein RWDR mit Elastomer-Außenmantel verwendet werden.

6.4.4 Gestaltung Gehäuse

Die Gehäuseaufnahme ist die direkte Schnittstelle des Dichtungssystems zum abzudichtenden Aggregat. Der Übergang vom Dichtungssystem zum Gehäuse wir in den meisten Fällen als statische Dichtung ausgeführt, die die beiden Aufgaben Abdichtung gegen Schmierstoffaustritt und Schmutzeintritt und die Zentrierung und axiale Positionierung des Dichtelements zur Gegenlauffläche. Damit haben die Qualität der Gehäusebohrung und insbesondere deren richtige Ausrichtung zur Welle einen wichtigen Einfluss auf die Funktion des Dichtsystems.

Fehler in der axialen Positionierung wirken sich direkt auf die Position der Dichtlippe auf der Welle und der Funktion von eventuellen axialen Schmutzlippen aus, die gegen Wellenschultern abdichten. Ist die Dichtlippe nicht exakt auf den für das Dichtsystem (Gegenlauffläche) vorgesehenen Bereich der Welle positioniert, kann die Funktion des dynamischen Dichtkontakts nicht garantiert werden.

Abweichungen in der Zentrierung der Gehäusebohrung zur Gegenlauffläche wirken sich auf die Ausprägung des Dichtkontakts zwischen Dichtelement und Welle aus. Bei kleinen Abweichungen stellt sich ein Wischkanteneffekt (vgl. Kapitel 6.2.4) ein, der sich häufig positiv auf die Dichtungsreibung, Kontaktflächenverschleiß und die Dichtfunktion auswirkt. Überschreitet die Abweichung die Grenze der zulässigen Koaxialität (vgl. Kapitel 6.4.1.9) kann es schnell zu einer Störung bis hin zum Versagen der dynamischen Dichtfunktion kommen.

Für die Gestaltung der Dichtringaufnahme im Gehäuse werden folgende Empfehlungen gemacht:

- Fester Werkstoff aus Stahl oder Aluminium mit ausreichender Wandstärke. Kunststoffe sind bei Begrenzung der maximalen Temperatur auch möglich. Bei der Verwendung von Aluminium und Kunststoffen ist darauf zu achten, dass bei Erreichen der Minimaltemperatur die Kontaktkräfte mit dem Dichtelement nicht zu groß werden (schrumpfendes Gehäuse). Gleichzeitig ist darauf zu achten, dass die Kontaktkraft bei Maximaltemperatur noch ausreicht um den RWDR im Gehäuse im Betrieb zu fixieren. Insbesondere bei druckbelasteten RWDR muss der Sitz des Dichtelements bei Maximaltemperatur überprüft werden. Ist ein großer Temperatureinsatzbereich zu erwarten, wird die Verwendung eines gummierten Haftsitzes empfohlen (s. Bild 6.54).
- Gute Oberflächenqualität mit $R_{max} < 16$ µm, $R_a < 3{,}2$ µm und $R_z < 16$ µm. Bei Verwendung eines gummierten RWDR-Haftsitzes können die Grenzen auf $R_{max} < 25$ µm, $R_a < 6{,}3$ µm und $R_z < 25$ µm erweitert werden.

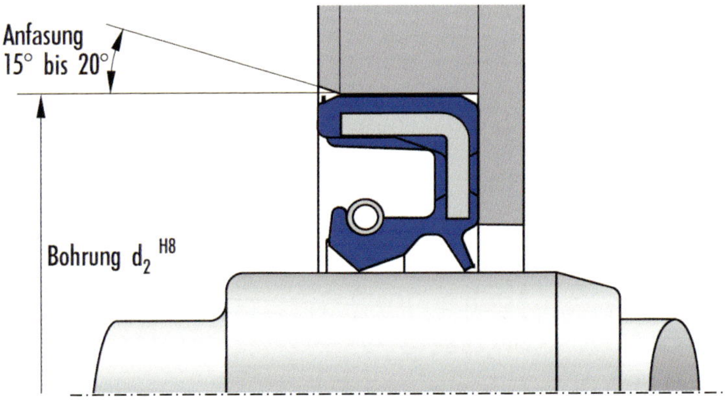

Bild 6.55: Empfohlene Gestaltung der Dichtelementaufnahme im Gehäuse [53]

- Montagefase mit einer Länge nach DIN3760 (ca. 1,5 mm) und einer Schräge von 15 bis 20° (**Bild 6.55**). Bei der Gestaltung der Montagefase ist darauf zu achten, dass die Übergänge in die Fase und zum eigentlichen Haftsitz absolut gratfrei ausgeführt werden. Bereits eine kleine Beschädigung der Kontaktflächen im Haftsitz (RWDR- und Gehäusefläche) durch einen nicht entgrateten Flächenübergang kann zu Leckage über die statische Dichtung führen.

6.4.5 Abzudichtende Medien

Die abzudichtenden Medien können fest, pastös, flüssig oder gasförmig sein. In erster Linie sind jedoch Schmierstoffe in Form von Schmierölen oder Schmierfetten abzudichten (**Tabelle 6.2**).

Mineralöle bilden heute noch den Hauptanteil an Schmierstoffen, werden aber aktuell von den immer beliebter werdenden Synthetikölen abgelöst. Beide stehen in einem breiten Viskositätsbereich zur Verfügung. Der Unterschied zwischen Synthetikölen und Mineralölen besteht in der molekularen Zusammensetzung. Synthetiköle enthalten nahezu gleichartige Kohlenwasserstoff-Molekülketten definierter Länge, die in Mineralöl nicht vorkommen. Daraus ergibt sich der Vorteil, dass Synthetiköle einen viel größeren Temperaturbereich mit wesentlich geringerer Viskositätsänderung mit geringerer Additivierung abdecken können. Dadurch ergeben sich ein größerer Anwendungsbereich und eine deutlich längere zulässige Gebrauchsdauer. Die vielfältigen Wechselwirkungen zwischen Schmierstoff und Dichtungswerkstoff sind ein wesentlicher Gesichtspunkt bei Neu- oder Weiterentwicklungen von Werkstoffen und werden permanent von den Dichtungs- und vor allem Ölherstellern geprüft.

Tabelle 6.2: Elastomerauswahl für RWDR hinsichtlich des abzudichtenden Mediums

Elastomer-typ	Einsatzort	abzudichtendes Medium	Einsatz-temperatur	Preis
NBR	Waschmaschinen, Antriebe, Getriebe, Hydraulik, Motordichtungen	Trockenlauf, Synthetiköl, Mineralöl, Motoröle, Getriebeöle, Fette, Wasser, Salzwasser	-40 bis +100 °C	gering
ACM	Vorwiegend Getriebeabdichtung, Ölpumpe	Synthetiköl, Mineralöle, Motoröl, Getriebeöle, Fette, Treibstoffe	-40 bis +170 °C	mittel
HNBR	Pumpen in Getrieben, Motor und Kühlkreislauf, Aktuatoren, Sensoren, Fahrwerk, Abgassystem	Trockenlauf, Mineralöl, Motoröle, Getriebeöle, Fette, Wasser, Kühlwasser, teilweise Synthetiköle, Abgase	-35 bis 150 °C	mittel
FKM	Ölpumpe, Sensor, Aktuator/Steller, Motordichtung, Hydraulik, Getriebe, Abgassystem (Kühlwasserpumpen)	alle Typen von Motor- und Getriebeöle, teilweise Kühlwasser, Säuren, Basen, Abgase	-35 bis +200 °C	hoch
PTFE	Treibstoffpumpe, E-Motor-Schnellläufer, Ölpumpe, Getriebepumpe, Hochdruckaggregate, Abgassystem, Klimaanlagen, Meist in Verbindung mit Elastomer	Trockenlauf, alle Typen von Ölen, Treibstoffe, Wasser, Säuren, Basen, Abgase	-80 bis +300 °C	hoch

Zur eindeutigen Charakterisierung dienen die Viskosität und das Viskositäts-Temperaturverhalten sowie die von der Society of Automotive Engineers (SAE) in den USA eingeführten SAE-Viskositätsklassen. Mit der DIN 51511 „SAE-Viskositätsklassen für Motoren-Schmieröle" liegt eine entsprechende Norm vor. Das System wird inzwischen auch für Getriebeöle angewandt. Gebräuchlich sind Mehrbereichsöle für den Motor, daneben gibt es noch Einbereichsöle. Die SAE-Klassen dienen ausschließlich der Viskositätseinstufung, lassen heute aber auch auf die Qualität zurückschließen. So kann ein Öl der Klasse SAE 0W-20 nur ein vollsynthetisches Motorenöl sein, da diese Viskositätsklasse mit einem herkömmlichen Mineralöl nicht mehr darstellbar ist (vgl. Kapitel 6.4.5.1).

In vielen Anwendungen besteht die Aufgabe des RWDR auch darin, von außen anfallenden Schmutz und Spritzwasser gegen das Eindringen in das Aggregat abzudichten. Beispiele hierfür sind Achsgetriebe und Radnaben von Nutzfahrzeugen (vgl. Kapitel 6.4.2.6).

6.4.5.1 Motorenöl

Motorenöle, die nach den Stufen der API-Klassifikation (American Petroleum Institute) TA (geringe Beanspruchung) bis TD (hohe Beanspruchung) klassifiziert sind, müssen den unterschiedlichsten Anforderungen und Spezifikationen gerecht werden. Die Verträglichkeit der marktgängigen Motorenöle mit den Dichtungswerkstoffen ist gegeben, da bei Neuentwicklungen eine gegenseitige Abstimmung zwischen Dichtungs- und Ölhersteller erfolgen muss. Die Dichtfunktion der RWDR ist damit gesichert. Motorenöle sind wegen des hohen Anforderungsprofils additiviert. Synthetische Öle bieten gegenüber Mineralölen ein besseres Viskositäts-Temperaturverhalten, weniger Verdampfungsverlust und günstigeres Kältefließverhalten. Wegen des über 100 °C hinausgehenden Temperaturniveaus im Motor sind FKM- oder PTFE-Werkstoffe für die Dichtungen notwendig.

Seit einiger Zeit stehen Motoröle der Viskositätsklasse 0W20 zur Verfügung, die auch bei tiefen Temperaturen unter -30°C noch ausreichend dünnflüssig sind, so dass sie leicht an die notwendigen Schmierstellen gelangen. Damit sind Dichtsysteme, deren Elastomer sich bei -30 °C dem Glasübergangspunkt nähern (vgl. Kapitel 6.3.1.1 und 6.4.2.6), nur noch bedingt und wenn mit einer sehr geringen Wellenexzentrizität (< 0,05 mm TIR: „total indicated runout") einsetzbar. Hohe Koaxialitätsabweichungen (vgl. Kapitel 6.4.1.9) der Welle können bei dünnflüssigen Ölen schnell zu Tieftemperaturleckage führen, die mit Aufwärmen des Dichtsystems wieder verschwindet.

6.4.5.2 Getriebeöl

Getriebeöle nach API-Klassifikation werden entsprechend der Anwendung und den Betriebsbedingungen in die Klassen GL1 (gute Bedingungen) bis GL6 (schlechte Bedingungen) eingeteilt. Infolge der ganz anderen Beanspruchungen hat Getriebeöl eine andere Zusammensetzung als Motorenöl und weist andere Schmiereigenschaften auf. Dadurch wird die an der Dichtstelle auftretende Übertemperatur beeinflusst, worauf im Kapitel 6.3.1.1 eingegangen wird. Auch zwischen den SAE-Klassen für Motoren- und Getriebeöle besteht kein Zusammenhang. Da in der Regel kein merkbarer Ölverlust eintritt, gibt es keine Ölstandsanzeige im Getriebe. In einigen Fällen ist eine Einmalbefüllung ohne Nachfüllmöglichkeit vorgesehen.

In der Anwendung kann das jedoch kritisch werden. Auch bei modernen Getrieben befindet sich noch Restschmutz aus der Herstellung (Gießprozess des Gehäuses) und Metallpartikel, insbesondere aus der Einlaufphase, im Schmieröl. Diese Partikel können jederzeit in den Dichtkontakt kommen und die Dichtfunktion stören. Zusätzlich unterliegen auch Getriebeöle einer Alterung, weshalb es sich auch bei Getrieben mit Lebensdauerfüllung empfiehlt, nach ca. 100.000 km oder 10 Jahren einen Ölwechsel (inkl. Filterwechsel) durchzuführen.

Unter den höherlegierten Ölen haben besonders die sogenannten Hypoidgetriebeöle einen Einfluss auf die Dichtung. Getriebe mit Spiral- oder Hypoidverzahnung und Kegelradgetriebe mit versetzten Achsen in Omnibussen müssen mit derartigen Ölen befüllt werden. Sie enthalten spezielle Zusätze als Phosphor-, Schwefel- und Chlorverbindungen, die bei höherer Temperatur mit der Metalloberfläche reagieren und eine Schutzschicht bilden. Werkstoffe auf NBR-Basis sind nicht beständig, weshalb Dichtungswerkstoffe auf Basis FKM eingesetzt werden müssen, allein schon wegen der allgemein über 100 °C hinausgehenden Schmiermitteltemperatur. Das Dichtverhalten kann durch Ablagerungen der Wirkstoffe aus Hypoidölen an der Dichtlippe und in der Kontaktzone zwischen Lippe und Welle gestört werden. Die Übertemperatur muss durch geeignete Dichtlippenkonstruktion und Optimierung des Dichtungswerkstoffes und des Umfeldes der Dichtung möglichst niedrig gehalten werden, um diese Ablagerungen zu vermeiden oder klein zu halten.

Aufgrund dieser hohen Anforderungen hinsichtlich thermischer und chemischer Beständigkeit werden im Einsatzbereich Getriebe vermehrt Elastomer-RWDR aus Amin-resistenten FKM-Rezepturen und PTFE-RWDR eingesetzt.

6.4.5.3 Schmierstoffe für den Tieftemperaturbereich

Mit sinkender Temperatur verlieren nicht nur die Elastomerwerkstoffe zunehmend ihre Elastizität (vgl. Kapitel 6.3.1.1) auch die Schmierstoffe werden dickflüssiger. Bei Abkühlung auf eine charakteristische Temperatur erreicht der Schmierstoff seinen Stockpunkt, lässt sich nicht mehr pumpen und erreicht die zu schmierenden Stellen nur noch bedingt.

Kritische Minustemperaturen werden vor allem in der Flugzeugtechnik erreicht. Hydrauliköle in Flugzeugen werden bis -70 °C belastet, weshalb unter anderem Phosphatester eingesetzt werden.

Typische Schäden am Elastomerdichtring bei Kälteanwendung sind Brüche, Abrisse der Dichtlippe, Elastomerausbrüche im Kontakt und erhöhter Verschleiß (vgl. Kapitel 6.4.2.6 und 6.5.1).

6.4.5.4 Biologisch abbaubare Schmierstoffe

Immer dann, wenn Getriebe-, Motor-, Hydrauliköle oder Treibstoffe auf Ölbasis in einer ökologisch gefährdeten Umgebung, wie z. B. im Meerwasser, in Flüssen, Süßwasserseen oder in der Landwirtschaft eingesetzt werden, werden heute biologisch abbaubare Öle gefordert. Im Falle einer Leckage oder eines auslaufenden Aggregates muss so nicht das komplette Erdreich zur chemischen Reinigung abgetragen werden, sondern die Öle bauen sich auf natürliche Weise ab.

Rapsöl-Methylester als Vollraffinat bildet zunehmend die Basis für sogenanntes Bio-Diesel als Kraftstoff. Als Schmierstoff und als Hydraulikflüssigkeit wird das gereinigte und additivierte Rapsöl selbst verwendet. Bemerkenswert ist neben der biologischen Abbaubarkeit von ca. 90 % in 21 Tagen die gute Schmiereigenschaft. Der Viskositäts-Temperaturverlauf ist flacher als bei Mineralöl. Das Mischen mit Mineralölen ist möglich.

Der Dichtungswerkstoff Elastomer muss den spezifischen Eigenschaften dieses additivierten Schmierstoffs angepasst sein. Die häufig in Axialkolbenmaschinen in Hydrauliksystemen verwendeten RWDR sollten in Kreisläufen mit biologisch abbaubaren Flüssigkeiten wie

HETG, HEES oder HEPG aus den in DIN 51524 angegebenen Werkstoffen gefertigt sein [25, 26, 27].

Auch bei den synthetischen Hochleistungs-Motorenölen stehen mittlerweile biologisch abbaubare Schmierstoffe zur Verfügung, die zu über 80% gemäß CEC L-33-A-93 abbaubar sind. Diese Öle sind oft deutlich schlechter mit den Standardelastomeren (NBR, ACM, HNBR) von konventionellen RWDR-Dichtelementen verträglich. In der Folge müssen höherwertige Fluor-Kautschuk-Monomere (FKM) eingesetzt werden. Bei kritischen Anwendungen, wie zum Beispiel der Abdichtung von Abgasrückführventilen (AGR), entstehen bei der Verwendung von Biokraftstoffen verstärkt säurehaltige Kondensate, die nur mit speziell abgestimmten FKM-Elastomeren (zumeist peroxidisch vernetzt) abgedichtet werden können.

Reicht die chemische Verträglichkeit von Elastomeren nicht mehr aus, kann auf PTFE Dichtelemente zurückgegriffen werden. Sie sind bei allen biologisch abbaubaren Schmierstoffen einsetzbar.

6.4.5.5 Schmierfett

Fette haben aufgrund ihrer Konsistenz nicht die Fähigkeit zur ausreichenden Wärmeabfuhr von der Laufstelle. Deshalb muss die für NBR zulässige Umfangsgeschwindigkeit um etwa ein Drittel reduziert oder FKM eingesetzt werden. Fette mit hoher Ölausscheidung eignen sich zur Schmierung der Dichtlippe besonders gut. Die unter der Bezeichnung Mehrzweckfette angebotenen Lithiumseifenfette auf Mineralölbasis werden durch ihr Korrosionsschutzvermögen, ihre Temperaturbeständigkeit (-30 bis max. +150 °C) und die verschleißmindernde Wirkung bevorzugt angewandt.

Für anspruchsvollere Dichtungsaufgaben mit hohen Temperaturen >120 °C werden bevorzugt synthetische Fette auf Esterölbasis eingesetzt (bis max. 200 °C). Bei Temperaturen >180 °C werden bereits seit den 60er Jahren Fette auf Basis perfluorierter Polyetheröle (PFPE) eingesetzt, die bis ca. 300 °C verwendbar sind (**Bild 6.56**).

Je nach Formulierung des Fetts liegen preislich mehrere Zehnerpotenzen zwischen den mineralischen und den hochleistungs-PFPE-Fetten.

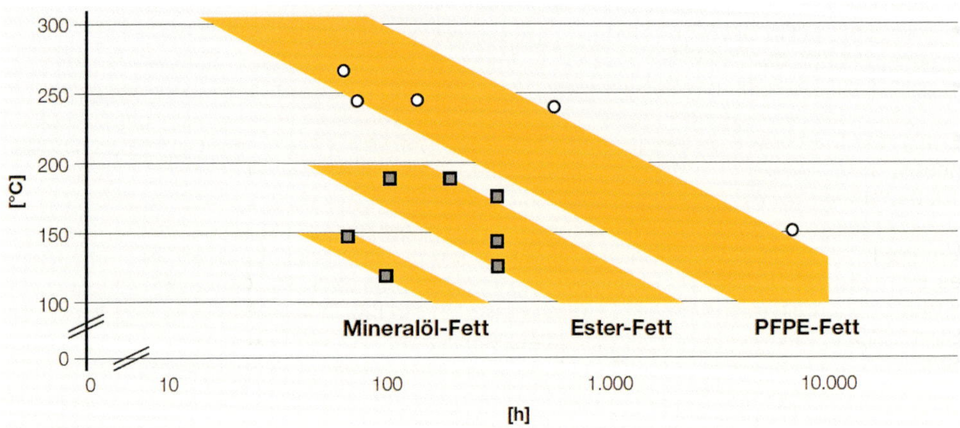

Bild 6.56: Vergleich der Einsatztemperaturen und -zeiten verschiedener Fetttypen [66]

6.5 Montage von Radialwellendichtringen [64]

Bei der Gehäuse- und der Wellengestaltung ist darauf zu achten, dass die Einführungsfasen (Winkel und Länge) den Vorgaben entsprechend absolut gratfrei ausgeführt werden müssen (vgl. Kap. 6.4.4).

6.5.1 Lagerung vor der Montage von RWDR

Die RWDR sollten bei folgenden Bedingungen gelagert werden:

- Temperaturen > –10 °C bis maximal 25 °C
- Luftfeuchtigkeit < 65 %
- kein direkter Lichteinfluss
- keine Sonnenbestrahlung
- adäquate Verpackung

Lagerräume dürfen keine Ozon erzeugenden Einrichtungen enthalten. Die Lagerzeit sollte bei RWDR aus NBR, ACM, HNBR 5 Jahre und bei RWDR aus FKM, VMQ 7 Jahre nicht überschreiten. Die Lagerzeit darf nach einer entsprechenden Überprüfung um maximal 3 Jahre bei den Erstgenannten und 5 Jahre bei den Zweitgenannten verlängert werden [Weitere Informationen siehe DIN 7716].

6.5.1.1 Hammermontage

Bei Hammermontage (häufig bei großen RWDR) ist mit einer Montageplatte zu arbeiten (**Bild 6.57**). Bei zu hoher punktförmiger Belastung während der Montage besteht die Gefahr, dass die Dichtung verbogen wird. Beim Einkleben der Dichtung in das Gehäuse darf der Klebstoff auf keinen Fall auf die Welle oder an die Dichtlippe gelangen.

6.5.2 Montagewerkzeuge

Die verwendeten Montagewerkzeuge müssen exakt auf den jeweiligen RWDR abgestimmt werden, da andernfalls die Gefahr besteht, dass dieser irreparabel beschädigt wird. Der RWDR sollte möglichst mit einer hydraulischen oder pneumatischen Einpressvorrichtung in das Gehäuse eingepresst werden. Dabei ist zu beachten, dass:

- es nicht zu einer Schrägstellung kommt (**Bild 6.58**)
- der RWDR nicht deformiert wird
- der RWDR nicht unzulässig weit zurückfedert
- der RWDR exakt in der Bohrung fixiert ist

Erfolgt die Montage mit einer pneumatischen oder hydraulischen Presse, sollten Montagegeschwindigkeiten von 100 bis 500 mm/min für RWDR mit einem gummierten Haftteil und 1000 mm/min für RWDR mit einem metallischen Haftteil nicht überschritten werden.

Um die Rückfederung und Schrägstellung von gummierten RWDR zu minimieren, empfiehlt es sich, die Dichtung nicht in einem Zug zu montieren, sondern diese ca. 1 mm vor der endgültigen Position vollständig für ca. 1 s zu entlasten und dann sanft zu positionieren. Bei Standardprodukten sollte eine Schiefstellung von 0,5° nicht überschritten werden. Die zulässige Schrägstellung im Gehäuse hängt vom Dichtungstyp und dem Wellendurchmesser ab

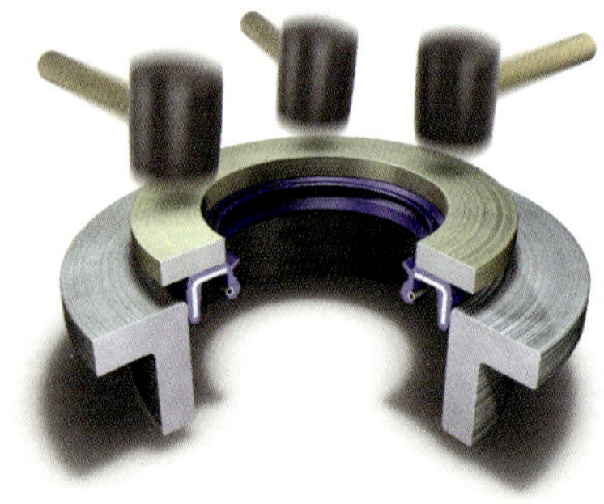

Bild 6.57: Hammermontage

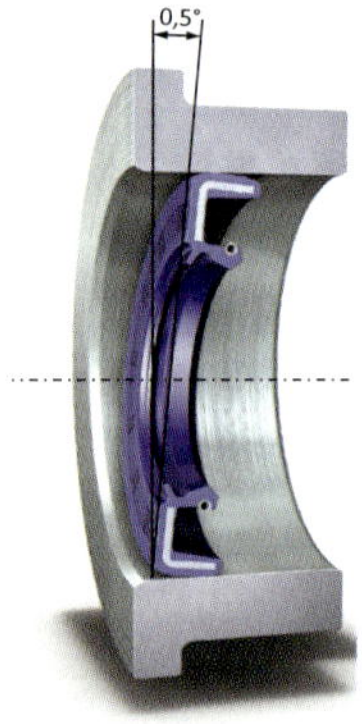

Bild 6.58: Schrägstellung RWDR

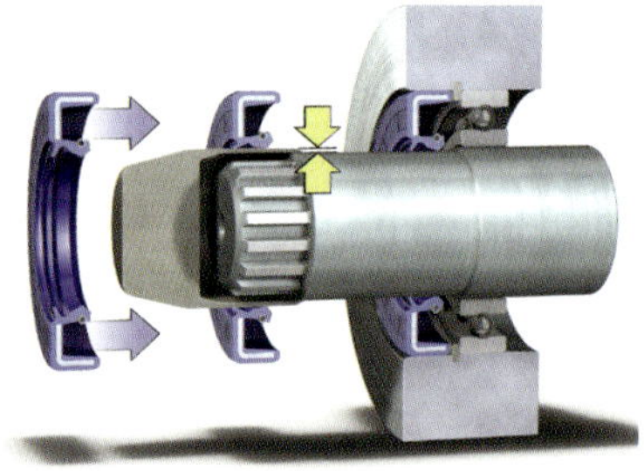

Bild 6.59: Montage über eine Welle mit Nut-Federverbindung (auch bei scharf kantigem Wellenabsatz)

Die Dichtlippe darf während der Montage nicht mit scharfkantigen Fasen, Kanten, Nuten o. Ä. der Welle in Kontakt kommen, da sonst Frühausfälle vorprogrammiert sind. Entsprechende Montagehülsen dürfen ebenfalls keine zu rauen Oberflächen oder Kratzer aufweisen (**Bild 6.59**)

Bei Montage eines Aggregats mit bereits in einem Gehäuseteil vormontiertem RWDR sollte ein Zentrierbolzen verwendet werden, um ein Verkanten und damit die Verletzung der Dichtlippe zu vermeiden (s. Bild 6.58).

Werden weitere Komponenten des Aggregats, z. B. Lager mit einer Presspassung und gleichem Nenndurchmesser, über die Lauffläche geschoben, ist, um eine Beschädigung zu vermeiden, der Durchmesser der Lauffläche um 0,10 mm für Wellendurchmesser bis 30 mm, 0,2 mm für Wellendurchmesser von > 30 mm bis 150 mm und 0,30 mm für Wellendurchmesser >150 mm zu verringern (s. Bild 6.59). Die Funktion des RWDRs wird durch diese Verringerung nicht beeinträchtigt.

Da Elastomere ein reversibles Verhalten haben, können die Dichtlippen übrigens problemlos während der kurzen Zeit der Montage überdehnt werden.

6.5.3 Austausch von RWDR

Folgende Hinweise sollten beachtet werden:

- Bei Reparaturen bzw. Überholung eines Aggregats müssen grundsätzlich neue RWDR eingebaut werden.
- Die Dichtlippe des neuen RWDRs darf nicht auf der alten Laufstelle zur Anlage kommen. Maßnahmen hierzu sind der Einbau von Distanzringen, der Austausch von Wellenbuchsen oder die Wahl einer anderen Einpresstiefe in die Bohrung.

6.5.4 Montage von RWDR-Kassettendichtungen

Kassettendichtungen (siehe auch: Bild 6.53) werden vor allem bei starkem äußeren Schmutzanfall eingesetzt. Die Montageprozedur ist wie folgt einzuhalten:

1. Kassette ins Gehäuse einpressen (wie bei einem normalen RWDR).

2. Laufring leicht mit Öl oder Fett, besser aber mit einem Alkohol-Wasser-Gemisch benetzen.

3. Welle (Durchmessertoleranz h8 oder kleiner) mit Rauheitswerten von R_{max} < 10 µm und R_a < 1,5 µm (gedrehte Oberfläche ist ausreichend) durch den Laufring der Kassette schieben.

6.5.5 Montagetipps

RWDR mit einem elastomeren Haftsitz (Bauform A bzw. AS – siehe Bild 6.54) müssen nicht zusätzlich in ein Gehäuse eingeklebt werden. Ist der Bohrungsdurchmesser jedoch zu groß, oder herrscht ein höherer Druck im Aggregat (> 0,05 MPa), kann der RWDR auch problemlos eingeklebt werden.

Schert während der Montage ein Teil des elastomeren Haft teils ab, sollte zuerst die Gehäusefase (Geometrie, Maße, Gratfreiheit) überprüft werden – das beschädigte Dichtelement darf nicht weiterverwendet werden.

Die Montagekraft kann durch Benetzen mit einem Schmierstoff, einem Wachs oder einem Wasser-Alkohol-Gemisch deutlich reduziert und damit das Abscheren verhindert werden. Das Wasser-Alkohol-Gemisch hat den Vorteil, dass die Dichtung nach Verdunsten des Alkohols sehr fest in der Bohrung sitzt. Reicht aus irgendeinem Grund die Haftkraft des RWDRs in der Bohrung nicht aus, empfiehlt es sich, in der Gehäusebohrung eine kleine umlaufende Nut anzubringen, in die sich der gummierte Außensitz des RWDR mechanisch verkrallen kann. Diese verhindert zuverlässig ein mögliches Rückfedern der Dichtung und kann die Auspresskraft um den Faktor 2 erhöhen.

Häufig „wandern" RWDR nach der Montage aus der Gehäusebohrung. Der Grund ist fast immer in der zu geringen Einpresstiefe des RWDRs in die Bohrung zu finden (vgl. Kapitel 6.4.4). Häufig befindet sich der zylindrische Bereich des Haftteils mit dem der Gehäusefase im Kontakt, was zusätzlich das „Rauswandern" aus der Gehäuseaufnahme begünstigt.

RWDR mit einem rein metallischen Haftteil sollten mit einem Kleber oder besser mit einer Dichtmasse in der Bohrung gegen axiale Bewegungen fixiert werden.

Verschmutzte Radialwellendichtringe sollten vor der Montage unbedingt mit einem feinen, fusselfreien Tuch leicht abgerieben oder mit einem Luftstrahl gereinigt werden. Bereits kleinste Schmutzpartikel wie Flusen oder Textilfasern können die Dichtkante so weit entlasten, dass Leckage bereits unmittelbar nach der Montage vorprogrammiert ist.

Die Fettfüllung zwischen Dicht- und Schmutzlippe sollte nicht mit einem Pinsel erfolgen. Am besten ist eine definierte Befettung vor Ort mittels eines auf das Produkt abgestimmten Fettdorns. Die Fettmenge sollte weniger als 40 % des Raumes zwischen Hauptlippe und Schutzlippe betragen (Ausnahme: druckbelastete RWDR und Dichtsysteme zur Abdichtung von Kühlwasserkreisläufen). Zu beachten ist, dass durch Fettaustritt häufig sogenannte Scheinleckagen beanstandet werden, da 1 g ausgewaschenes oder „ausgeblutetes" Fett bis zu 35 Öltropfen erzeugen kann [64].

6.6 Schadensfälle

Der RWDR verdient es, als hochwertiges Maschinenelement betrachtet zu werden. Gelegentliche Schadensfälle lassen sich auf unterschiedliche Ursachen zurückführen. Außerhalb möglicher Fertigungsfehler sind drei Gruppen von Schadensursachen bei grober Unterteilung feststellbar, [51]:

- Schäden durch Transport und Lagerhaltung
- Schäden durch Montagefehler
- im Betrieb aufgetretene Schäden.

Da das Schadensbild einer Dichtung auf die Ausfallursache schließen lässt, sollten beschädigte Dichtungen zur exakten Schadensanalyse bereitgehalten werden und in Absprache mit dem Dichtungshersteller durchgeführt werden. Auch eine Ölprobe und der Zustand der Welle im Dichtungsbereich bieten wichtige Aufschlüsse. In der DIN 3761 werden die nicht zulässigen Fertigungsfehler für Elastomer-RWDR ausführlich beschrieben. Für den Bereich der Standarddichtungen nach DIN 3760 sind die Angaben nur bedingt zutreffend. Im Schadensfall muss geprüft werden, ob eine statische Leckage am Haftsitz oder an der Dichtlippe oder eine nur an der Dichtlippe auftretende dynamische Leckage vorliegt. Die Oberfläche der Aufnahmebohrung oder der Welle kann ebenfalls Ursache eines Schadens sein.

Zunächst ist zu klären, wann ein RWDR als beschädigt gilt. In der Regel ist jede Art von Beschädigung am Nachlassen der Dichtfähigkeit, also am Auftreten von Leckage zu erkennen. In der DIN 3761 wird eine Leckagedefinition gegeben. Unterschieden wird zwischen dicht ohne erkennbare Feuchtigkeit, feucht, nass und messbarer Leckage. Eine anfänglich auftretende Feuchtigkeit ist funktionsbedingt und bleibt über die ganze Lebensdauer erhalten. Ein Reklamationsgrund ist nicht gegeben. Selbst wenn die Feuchtigkeit in Nässe in Form eines über die Bodenfläche hinausgehenden Films umschlägt, kann das eine vorübergehende Erscheinung sein, die einen Austausch der Dichtung nicht rechtfertigt. Erst eine messbare Leckage mit stärkerer Tropfenbildung oder einem erkennbaren Rinnsal ist eindeutig auf einen beschädigten Dichtkontakt rückführbar. In diesem Fall ist mit zunehmender Leckage bei weiterem Betrieb zu rechnen.

In der ISO 9164 sind mögliche Beschädigungen und Fertigungsfehler von PTFE-RWDR beschrieben.

6.6.1 Schäden durch Transport und Lagerhaltung

Durch falsche Lagerung, Verpackung oder Stapelung der Ringe können die Dichtungen deformiert an die Einbaustelle gelangen. Neben einer Deformierung des Gehäuses und der Dichtlippe kann auch die Deformierung der Schutzlippe zur Ausfallursache werden. Dichtungen mit filigranem Profil sind besonders schonend zu behandeln. Zahlreiche Stationen vom Versand über den Transport, den Wareneingang, Zwischenlagerungen und Montagevorbereitung führen bei unsachgemäßer Behandlung zu sofortigem oder frühem Dichtungsausfall oder zur Verkürzung der Lebensdauer. Grundsätzlich müssen Dichtungen aus gummielastischen Werkstoffen eingepackt, kühl und trocken gelagert werden.

6.6.2 Schäden durch Montagefehler

Obwohl alle Hersteller von RWDR auf die Notwendigkeit einer sorgfältigen Montage hinweisen, werden immer wieder Fehler gemacht, die zu Schäden führen und die Funktionssicherheit beeinträchtigen. Häufige Schäden werden durch eine Montage des RWDR über scharfe Kanten oder scharfkantige Gewinde verursacht. Auch eine zu raue Wellenoberfläche führt zu einer Beschädigung der Dichtlippe beim Überstreifen. Im Kapitel 6.5 werden Hinweise zur konstruktiven Gestaltung und der richtigen Montage gegeben.

PTFE-Dichtlippen sind gegenüber mechanischen Einflüssen bei der Montage empfindlicher als Elastomer-RWDR. Die mangelnde Elastizität des PTFE führt dazu, dass bereits unsanftes Anfassen der Manschette mit den Fingern oder das Überstreichen der Manschette mit einem Fingernagel oder einem Werkzeug zu bleibenden plastischen Verformungen und damit zum Ausfall der RWDR führt.

Vor allem von PTFE-RWDR sind Fälle bekannt, bei denen durch beschädigte Aufziehkonen in der Serienproduktion hohe Ausfallraten verursacht wurden.

Die Überdehnung der PTFE-Dichtlippe bei der Montage kann systembedingt zu einer Anfangsleckage führen. Die PTFE-Dichtlippe hat jedoch die Eigenschaft, sich bei Erwärmung an ihre ursprüngliche Form vor der Verformung zu „erinnern". Diese als Plastic-Memory-Effekt bezeichnete Eigenschaft bewirkt, dass sich die überdehnte Dichtlippe spätestens bei starker Erwärmung im Betrieb an die Welle anlegt [3, 13, 44 bis 46, 69, 71] und die Anfangsleckage abnimmt. Zu starke Überdehnung ist zu vermeiden.

6.6.3 Schäden im Betrieb

Hier können verschiedene Ursachen den Ausfall eines RWDR bewirken. Die Schäden lassen sich auf zu hohe mechanische, thermische oder chemische Belastung zurückführen [51]. Häufig entstehen Schäden durch eine Überlagerung dieser Einflüsse.

Die Auswirkungen des abzudichtenden Mediums auf den RWDR zeigen sich am Zustand der Dichtlippe, dem Laufbild und den Messdaten nach Versuch oder Betrieb in der Praxis.

Allgemein werden bei einer Beurteilung des Zustandes eines Dichtelements nach dem Versuch folgende Messgrößen mit dem Neuzustand verglichen:

- Laufspurbreit
- freier Dichtkantendurchmesser, daraus resultierend die Überdeckung
- Radialkraft
- Außendurchmesser
- verbleibende Fettmenge

Die Dichtkante des RWDR wird in der Regel nach dem Schulnotensystem (1 sehr gut oder kein Befund) bewertet nach:

- Ölkohlebildung und Kontaktverfärbung (**Bild 6.60d**)
- Rissbildung (**Bild 6.60e**)
- Blasenbildung (**Bild 6.60g**)
- umlaufende Riefenbildung (**Bild 6.60c**)
- chemische Unverträglichkeit (**Bild 6.60f**)
- zum Vergleich: unbeschädigte Dichtkante (**Bilder 6.60a und b**)

Ist eine der Auswertegrößen kritisch, d. h. 5 oder 6, gilt das Dichtelement als unverträglich mit den Betriebsspezifikationen. Gleiches gilt, wenn z. B. mehr als zwei Auswertgrößen höher als 3 liegen. Um eine Beurteilung der Dichtsystemverträglichkeit mit den geforderten Spezifikationen treffen zu könne, sollten die Ringe mindestens 240 h im Betrieb oder im Prüfstand verbaut sein.

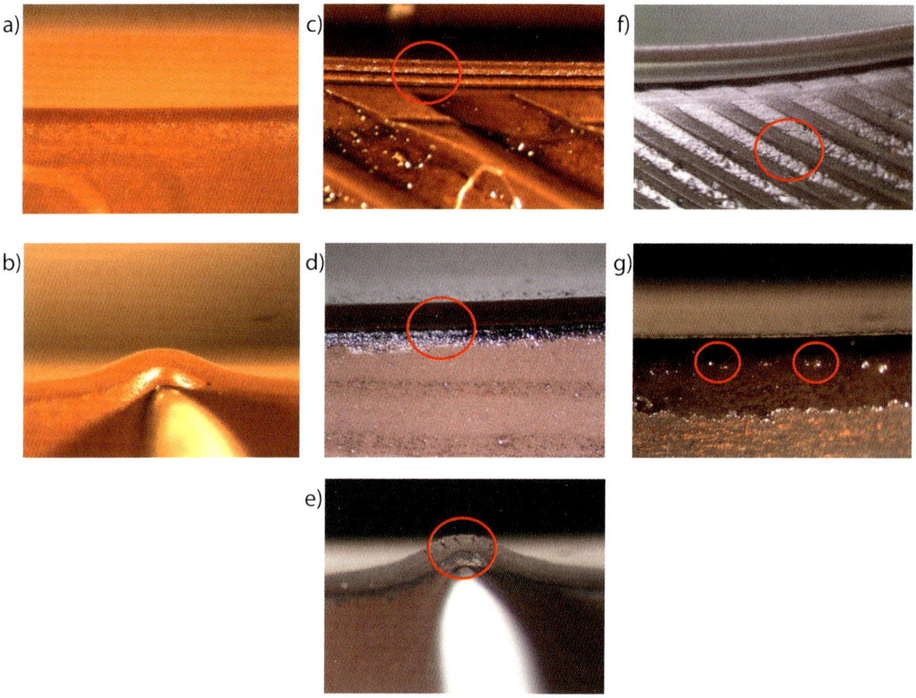

Bild 6.60: Beschädigungen an der RWDR-Dichtkante. Erläuterungen siehe Seite 449.

Zur Differenzierung, ob ein Schaden an der Dichtkante durch eine chemische oder physikalische Unverträglichkeit zustande gekommen ist, werden geometrieunabhängige Einlagerungsversuchen (168 h für Kurzzeitbeobachtungen und 1008 h für Langzeiteinlagerungen) mit Elastomerproben in heißem Öl durchgeführt. Die Prüftemperatur des Öls liegt je nach Formulierung zwischen 80 und 160°C.

Die Proben werden hinsichtlich der Messgrößen:

- Härte
- Modul bei 100% Dehnung
- Zugspannung
- Bruchspannung
- Gewicht
- Volumen

mit dem Neuzustand verglichen und je nach Veränderungen der Größen als tauglich gemäß der geforderten Spezifikation bewertet. Ein beliebtes Bewertungskriterium ist die Änderung der Bruchdehnung: Geht sie über einen definierten Grenzwert (Bsp. >60 %) gilt das Elastomer als chemisch unverträglich mit dem Schmiermittel.

Die Bewertung eines gelaufenen Dichtsystems ist nicht automatisierbar, d. h. es wird immer den Faktor Mensch geben, der eine gewisse Subjektivität in die Bewertung einfließen lässt. Daher ist es enorm wichtig, dass die Bewertung eines Dichtsystems durch eine Person durchgeführt wird, die viel Erfahrung mit der Analyse von Dichtsystemen hat. In der Regel kann das nur von Mitarbeitern großer Dichtungshersteller bewerkstelligt werden.

6.6.4 Schäden durch mechanische Einwirkung

Außer den durch fehlerhafte Montage hervorgerufenen Schäden kann ein gestörter Einlaufvorgang durch eine zu raue Oberfläche der Welle entstehen [51]. Ein zu hoher Anfangsverschleiß führt schneller zu einer Leckage, abgesehen davon, dass die Bildung eines tragfähigen Schmierfilms im Dichtspalt verhindert wird, was bei Elastomer-RWDR wiederum zu höheren Reibungsverlusten und damit auch zu einer thermischen Überlastung des Dichtkontakts führt. Schmutzpartikel und Metallabrieb im Ölkreislauf tragen ebenfalls zur Beschädigung der Dichtlippe bei. Schmutzpartikel können beim Nachfüllen von Öl eingebracht werden oder beispielsweise durch unsachgemäße Dampfstrahl- oder Hochdruckreinigung. Betten sich harte Schmutzpartikel (Sand, Staub, Metalle…) in das weiche Elastomer ein, wirkt die Elastomerlippe wie eine Schleifscheibe auf die Welle und arbeitet sich in Form einer umlaufenden Kontaktspur oft mehrere zehntel Millimeter in die Gegenlauffläche ein (**Bild 6.61**).

Bei Elastomer-RWDR verhindert eine zu glatte Wellenoberfläche (gebildet durch Polieren oder Verchromen ohne Aufrauen der Dichtstelle) die Bildung eines Schmierfilms und führt somit zu einem Dichtungsausfall durch Überhitzung. Bei einer Dichtung mit Rückförderdrall kann durch die starke Förderwirkung an der Dichtstelle eine Mischung aus Öl und Schmutz in Form einer Schmirgelpaste entstehen. Starker Abrieb in Verbindung mit einer ausgeprägten Laufspur führt dann schnell zu Leckage.

Auch das Überschreiten der maximal zulässigen Rundlaufabweichung der Welle führt zu einer mechanischen Überlastung der Dichtung (vgl. Kapitel 6.4.1.9).

Speziell Kegelrollenlager üben beim Lauf eine zeitweilig beträchtliche Förderwirkung des Schmierstoffes aus. Dadurch kann entweder ein Ölstrahl die Dichtlippe so treffen, dass eine Undichtigkeit ohne Beschädigung der Dichtlippe eintreten kann.

6.6.5 Schäden durch thermische Einwirkung

Thermische Schäden im Dichtsystem treten überwiegend direkt im Dichtkontakt auf. Aufgrund der Übertemperatur, die durch die zusätzliche Reibenergie im Dichtkontakt erzeugt wird, kommt es häufig zu einer Überbelastung des Elastomerwerkstoffs (vgl. Kapitel 6.6.3). Weiterhin kann thermische Überlastung eintreten, wenn die dynamische Dichtstelle ungenügend mit Schmierstoff versorgt wird. Das kann z. B auftreten, wenn das Öl durch einen Absatz oder eine Schleuderscheibe von der Welle abgeschleudert wird oder der Einbauraum des RWDR

Bild 6.61: Einlauf Gegenlauffläche durch Schmutzbeaufschlagung

z. B. durch Lager gegenüber dem Öl abgeschirmt ist. Auch ungeeignete Öle mit schlechten Benetzungseigenschaften können zu einer Überhitzung führen. Bei Verwendung von Getriebeöl, das für die Dichtung schlechtere Schmiereigenschaften aufweist als Motorenöl, tritt eine höhere Übertemperatur an der Dichtstelle auf, wodurch der Dichtungswerkstoff thermisch überfordert wird und verhärtet.

Es können aber auch thermische Überbelastungen an allen anderen Bereichen des Dichtsystems auftreten. Kritisch können hohe Temperaturen außerdem am Dichtlippenkörper und dem Haftsitz werden. Wird der Dichtlippenkörper zu lange Zeit mit kritisch hohen Temperaturen belastet, relaxiert das Elastomer sehr stark, verhärtet sich, und das Dichtelement übt nur noch sehr geringe Radialkraft auf die Welle aus. Damit ist eine weiterhin robuste dynamische Abdichtfunktion nicht mehr gewährleistet. Wird der Haftsitz längere Zeit mit hohen Temperaturen, die z. B. über das Gehäuse eingeleitet werden, beaufschlagt, kann es auch an der statischen Abdichtstelle zu deutlicher Relaxation und Verhärtung des Elastomers kommen, was in der Folge einen nicht definierten statischen Dichtkontakt erzeugt, der möglicherweise den Spezifikationen hinsichtlich Druckstabilität nicht mehr genügt. Neben der Relaxation kann es am Haftsitz auch zu sehr festsitzenden „Verbackungen" zwischen Elastomer und Gehäuse aufgrund von hohen Temperaturen kommen. Damit ist der eventuelle Austausch des Dichtelements ohne Schädigung der Oberflächen für die statische Dichtung nicht möglich.

6.6.5.1 Elastomer-RWDR

Erhöhte thermische Belastung kann auch bei RWDR mit berührender Schutzlippe auftreten, da an zwei dicht nebeneinander liegenden Stellen Wärme erzeugt wird. Die Schutzlippe ist oft nur fettgeschmiert und läuft nach längerer Betriebsdauer nur noch unter Mangelschmierung. In Verbindung mit einem Drall an der Hauptlippe kann durch die Rückförderwirkung Unterdruck zwischen der Haupt- und der Schutzlippe entstehen, was ebenfalls zu erhöhter Reibung und Temperatur führt. RWDR mit Rückförderdrall und berührenden Schutzlippen sollten deshalb nicht eingesetzt werden.

Elastomere sind schlechte Wärmeleiter. Deshalb wird der größte Teil der Wärme durch die Welle abgeleitet. Bei Hohlwellen und kleinen Wellendurchmessern < 20 mm oder bei einer aufgepressten Laufbüchse mit schlechtem Wärmeübergang zur Welle ist die Wärmeabfuhr beeinträchtigt, so dass bei extremen Betriebsbedingungen thermische Überlastung eintreten kann.

Bei Getrieben, die in normaler Umgebungstemperatur mit einer Betriebstemperatur von meist 50 bis 60 °C arbeiten, ist Vorsicht geboten, wenn diese in Heißräumen oder zum Antrieb von heißen Rührwerken mit senkrechter Welle dienen. Da das Wärmegefälle des Getriebes zur Umgebung vermindert oder aufgehoben wird, kann eine thermische Überlastung nicht nur der Dichtung, sondern auch des Schmierstoffs auftreten. Das ist schon bei der Konzepterstellung eines Antriebes zu berücksichtigen. Wenn in einem solchen oder ähnlichen Fall der Schmierstoff thermisch überlastet wird, tritt Ölkohlebildung im Dichtlippen- und Laufspurbereich ein. Ebenso führen angelagerte Additive aus dem Öl zu starkem Verschleiß. Die Dichtringe selbst bleiben in vielen Fällen unbeschädigt und werden lediglich durch die Verschmutzung undicht.

Schäden durch thermische Einwirkung führen durch Verhärtung (Anstieg des E-Moduls) und Rissbildung zum Dichtungsausfall. Die Verhärtung erfolgt durch Nachvernetzung des Elastomers im aufgedehnten, also verformten Zustand. Dadurch büßt der RWDR an Elastizität ein, so dass die leckagefrei ertragbare Exzentrizität geringer ist.

6.6.5.2 PTFE-RWDR

Da PTFE einer Temperatur von über 250 °C standhält, tritt eine Überhitzung der Manschette weit seltener auf als eine Überhitzung der Dichtkante bei Elastomer-RWDR. Treten im Dichtspalt hohe Temperaturen auf, so kann jedoch die abzudichtende Flüssigkeit geschädigt werden. Bei Öl bedeutet das Ölkohlebildung und die Ausfällung von Additiven. Es können sich Ablagerungen bilden, die die Rückförderelemente – soweit vorhanden – verstopfen und so zu Leckage führen.

Da der E-Modul von PTFE mit steigender Temperatur abnimmt und der Werkstoff weicher wird, besteht eher die Gefahr erhöhten Verschleißes.

6.6.6 Schäden durch chemischen Angriff

Beim PTFE-RWDR besteht für die Manschette keine Gefahr durch chemischen Angriff. Ist der RWDR außen gummiert, so ist nur hier auf Medienbeständigkeit zu achten (s. Bild 6.60). Bei Elastomer-RWDR führen ungeeignete Schmierstoffe oder falsche Wahl des Dichtungswerkstoffes in der Regel zu schnellem Ausfall der Dichtung [51]. Kapitel 2 gibt eine Hilfestellung für die Auswahl des geeigneten Dichtungswerkstoffes. Hochleistungsschmieröle mit starker Additivierung bewirken einen chemischen Angriff auf den Dichtungswerkstoff, ebenso wie chemisch aggressive Stoffe, die häufig auch eine schlechte Schmierwirkung aufweisen. Auch durch chemische Unverträglichkeit zweier Schmierstoffe, zum Beispiel synthetisches Öl an der Dichtlippe und mineralbasisches Fett zwischen Haupt- und Schutzlippe, kann das Elastomer angegriffen werden. Das Fett kann dem synthetischen Öl Additive entziehen, was zu einer Additivkonzentration im Fett führt und einen chemischen Angriff auf die Dichtlippe infolge fehlender Antioxidantien im Öl bewirkt.

Die Einwirkung aggressiver Medien auf den Dichtungswerkstoff kann zu der erwähnten Verhärtung führen oder zu einer Erweichung durch Abfall des E-Moduls. Ursache der Erweichung ist eine Quellung durch Aufnahme von Stoffen aus dem umgebenden Medium.

6.7 Ausblick

Das Maschinenelement Radialwellendichtring steht, wie in den vorhergehenden Kapiteln beschrieben, im Spannungsfeld des Systems Dichtung – Schmierstoff – Welle. Neben den spezifischen Bedingungen an der Einbaustelle steht auch das Aggregate-Knowhow bei der Entwicklung und bei dem Einsatz von RWDR zunehmend im Vordergrund.

Der Trend in der Technik geht – insbesondere vor dem Hintergrund der technologischen Entwicklung des Schrittmachers Automobilindustrie in folgende Richtungen:

- Kostenreduzierung für Dichtsysteme durch Reduzierung der Bauteilanzahl und Verwendung günstigerer Werkstoffe.
- kleinere Bauräume
- höhere Drehzahlen bei Reduzierung des Wellendurchmessers
- höher ertragbare Koaxialitätsabweichungen
- höhere ertragbare thermische Belastung
- Abdichten mit hohen pv-Werten (mittlere Drücke bei hohen Kontaktgeschwindigkeiten – 0,5 MPa bei bis zu 50 m/s)
- Wartungsfreiheit, längere Austauschintervalle der Schmierstoffe bzw. Lebensdauerbefüllung der Aggregate

- Erhöhung der Lebensdauer, robustes Design.

Aus diesem Umfeld leiten sich nach heutigem Stand folgende Entwicklungstendenzen ab:

- Ein noch höherer Modularisierungsgrad und eine vermehrte Funktionsintegration wird sich beim Maschinenelement RWDR abzeichnen. Das ist in den letzten Jahren an einer starken Zunahme bei der Anwendung von Kassettendichtungen zu erkennen. Im Bereich Deckel und Flansche geht der Trend zu Komplettflanschen, das heißt, es werden in den Flansch dynamische und statische Dichtungen integriert werden.
- Werkstoffe als einer der Haupterfolgsfaktoren für einen problemlosen Einsatz von Dichtungen werden hinsichtlich Temperatur und Medienbeständigkeit und Prozessfähigkeit verbessert werden müssen. Das erfolgt einerseits in Zusammenarbeit mit den Polymerherstellern: es werden verbesserte Polymerrohstoffe entwickelt werden. Andererseits investieren die Dichtungshersteller enorme Kapazitäten in die hausinterne Entwicklung der Compoundierung bestehender und neuer Werkstoffe.
- Hinsichtlich der Integration von Zusatzfunktionen werden neue kompakte Bauteile wie beispielsweise RWDR mit integrierter Drehzahlerfassung und Sensorik Eingang in die Aggregate finden.
- Eine weitere Kostenreduktion wird auch insbesondere dadurch zu erzielen sein, dass vereinfachte und robuste Verfahren zur Bearbeitung der Gegenlauffläche der Welle gefunden werden. Erste Aktivitäten laufen zurzeit in Forschungsvorhaben an Hochschulen und bei größeren Dichtungsherstellern.

Das nunmehr über 85 Jahre alte Maschinenelement Radialwellendichtung wird auch weiterhin Entwicklungspotential hinsichtlich verschiedener Bereiche und Anforderungen bieten.

Literaturverzeichnis

[1] DIN 3760: Radial-Wellendichtringe, Beuth Verlag, Berlin, 1996
[2] DIN 3761: Radialwellendichtringe für Kraftfahrzeuge, Beuth Verlag, Berlin, 1984
[3] Müller, H. K.: Abdichtung bewegter Maschinenteile. Medienverlag U. Müller, Waiblingen, 1990.
[4] Schmitt, W.: Kunststoffe und Elastomere in der Dichtungstechnik. Verlag Kohlhammer, Stuttgart, Berlin, Köln, Mainz, 1987
[5] Schmid, E.: Handbuch der Dichtungstechnik. expert-Verlag, Grafenau / Württ., 1981
[6] Trutnovsky; K.: Berührungsdichtungen an ruhenden und bewegten Maschinenteilen, 2. Auflage. Springer-Verlag, Berlin, 1975
[7] Brown, M Publishers. W.: Seals and Sealing Handbook, 4th Edition, Elsevier Science LTD, Oxford, 1995
[8] Horve, L. A.: Shaft seals for dynamic applications, Marcel Dekker, Inc., New York, 1996
[9] Ott, W.: Untersuchungen zum dynamischen Leckage- und Reibverhalten von Radial-Wellendichtringen. Dissertation, Institut für Maschinenelemente, Universität Stuttgart, 1983
[10] Kammüller, M.: Zur Abdichtwirkung von Radial-Wellendichtringen. Dissertation, Institut für Maschinenelemente, Universität Stuttgart, 1986
[11] Britz, S.: Ein Beitrag zur Erfassung der Funktionsprinzipien dynamischer Wellendichtungen unter besonderer Berücksichtigung des Radialwellendichtrings. Dissertation, Lehrstuhl für Maschinenelemente, Universität Kaiserslautern, 1988
[12] Jenisch, B.: Abdichten mit Radial-Wellendichtringen aus Elastomer und Polytetrafluorethylen. Dissertation, Institut für Maschinenelemente, Universität Stuttgart, 1991
[13] Wollesen, V.: Temperaturbestimmung in der Dichtzone von Radialwellendichtringen als Randbedingung für die Modellierung des Dichtvorganges. Dissertation, Konstruktionstechnik II Technische Universität Hamburg-Harburg, 1993

[14] Hoffmann, Ch.: Untersuchungen an PTFE-Wellendichtungen. Dissertation, Institut für Maschinenelemente, Universität Stuttgart, 1995.
[15] Oliveira, S.: Das nichtnewtonsche Verhalten von Fluiden bei hohen Schergefällen als Erklärung der Schmierungs- und Dichtvorgänge bei Radialwellendichtringen. Dissertation, Konstruktionstechnik II Technische Universität Hamburg-Harburg, 1995
[16] Bock, E.: Schwimmende Wellendichtringe. Dissertation, Institut für Maschinenelemente, Universität Stuttgart, 1995
[17] Simrit® Standardkatalog, 5. Auflage, , Druck-Nr. 419137 - 197 D
[18] SimCat® Der Katalog. CD-ROM- Katalog, Freudenberg Dichtungs- und Schwingungstechnik
[19] Fachschriften der Reihe „E“, Goetze AG, Burscheid, 1965–1981
[20] Müller, H.K.: Tribologische Dichtmechanismen bei Wellendichtungen. In: Tagungsband des Antriebstechnischen Kolloquiums 1995, RWTH Aachen. Wissenschaftsverlag Aachen, 1995
[21] Oliveira, S.; Wollesen, V.; Vötter, M.: Neue Erklärung des Fördermechanismus von Radialwellendichtringen. ATZ Automobiltechnische Zeitschrift 98 (1996) 5, S. 296–300
[22] Kammüller, M., Müller, H. K.: Physikalische Ursachen der Dichtwirkung von Radial-Wellendichtringen. ATZ Automobiltechnische Zeitschrift 88 1986.
[23] Bock, E.; Sckuhr, M. und Weiß, R.: Temperaturmessung und -berechnung im Dichtspalt von Radialwellendichtringen. Tagungsband zur 11. Internationalen Dichtungstagung, Dresden, 1999
[24] Bock, E. und Guth, W.: Temperaturabsenkung im Dichtspalt von Radialwellendichtringen. Dichtungstechnik 1 (1999), ISSN 1436-526 X, S. 29–36
[25] Kuschel, R.: Wechselwirkungen zwischen Elastomeren und Schmierstoffen,. Seminar 819 225016, Technische Akademie Wuppertal
[26] Peschk, G.: Wechselwirkung von elastomeren Dientypwerkstoffen mit konventionellen und biologisch abbaubaren Hydraulikflüssigkeiten und Schmierstoffen, Mineralöltechnik 12, 1993, Beratungsgesellschaft für Mineralöl-Anwendungstechnik, 22087 Hamburg
[27] VDMA Einheitsblätter: Biologisch schnell abbaubare Druckflüssigkeiten, VDMA 24568 und DIN 51524, Druckflüssigkeiten, Beuth Verlag Berlin
[28] Rau, N., Seibold, M.: Drallstrukturen geschliffener Dichtflächen beurteilen. Carl-Hanser-Verlag, München, Werkstatt und Betrieb 130 (1997),m Nr. 11, S. 1013–1016.
[29] Rau, N., Kruppke, V., Seibold, M.: Drallstrukturen an geschliffenen Dichtflächen und ihr Einfluss auf die Dichtfunktion. Tagungsbvand zur 11. Internationalen Dichtungstagung, Institut für Fluidtechnik, Technische Universität Dresden, Dresden 1999.
[30] Vogt, R. und H. Metzner: Bearbeitung von Wellenoberflächen für Radialwellendichtungen. Druckschrift der Freudenberg Dichtungs- und Schwingungstechnik, Weinheim, Nr. 30D050507/97
[31] Raab, H. und W. Haas: Tribologische Partner: Radialwellendichtring und Gegenlauffläche. In: antriebstechnik 38 (1999) Nr. 4, S. 133–135
[32] Putzier, U., Putzier, J., Thermische Spritzschichten als Konstruktionselement in Dichtungssystemen, VDI Bericht 1331, Düsseldorf, 1997
[33] Haas, W., Putzier, U., Haiser, H., Putzier, J., Wear Resistant Coatings for Radial Shaft Sealing Systems, Proceedings of the 15th International Spray Conference, Nizza, May 1998
[34] N.N., DIN EN 657, Thermisches Spritzen, Beuth-Verlag, Berlin, Juni 1994
[35] N.N., DIN EN 1274, Thermisches Spritzen – Pulver, Beuth-Verlag, Berlin, August 1996
[36] Haas, W., Haiser, H.: Keramik-Gegenlaufflächen in der Dichtungstechnik. Technische Akademie Esslingen, 2. Symposium Keramik, 24.–26. Juni 1996
[37] Haas, W., Haiser, H.: Verschleißschutz-Beschichtungen. In: Tagungsband des Antriebstechnischen Koloquiums, 27.–28. Mai 1997 RWTH Aachen, S. 313–322, Wissenschaftsverlag Aachen
[38] H. K. Müller, W. Haas, G. Wüstenhagen: Gegenlaufflächen für Radialdichtungen, Tribologie + Schmierungstechnik, 43. Jahrgang, 3/1996
[39] Baaser, H.; Heining, C..: Application of endochronic plasticity on simulation if technical rubber, in 11. Kautschuk Herbst Kolloquium, Hannover, 2014, DIK

[40] Netzker, C.; Dal, H. & Kaliske, M.: An endochronic plasticity formulation for filled rubber. 2010, International Journal of Solids and Structures 47(18-19), 2371–2379.

[41] Kreutzer, S.: Druckbelastbare Drehdurchführungen. Der Konstrukteur 1-2/96, S. 66–67

[42] Hoepke, E.: Motor und Kurbelwelle als Schwingungssystem und ihr Einfluss auf die Kurbelwellen-Dichtungen. MTZ, Motortechnische Zeitschrift 42 (1981) 7/8, S. 285–289

[43] Guth, W.: Eine leistungsfähige Alternative: Die Kurbelwellendichtung aus PTFE, System Partners 98, Friedrich Vieweg & Sohn Verlagsgesellschaft mgH, Wiesbaden, 1998

[44] Wüstenhagen, G.: Beitrag zur Optimierung des Entlasteten Wellendichtrings. Dissertation, Institut für Maschinenelemente, Universität Stuttgart, 1995

[45] Wüstenhagen, G.; Müller, H. K.: Plastic-Memory-Effekt contra Wärmedehnung bei Dichtungen. Antriebstechnik 32 (1993) Nr. 6 S. 61–63

[46] Elring Memory Manschetten. Firmenschrift der Firma Elring Kunststoff-Technik GmbH, Bietigheim-Bissingen 1991

[47] Buhl, S.: Oberflächentopographie; Ermittlung von Kennwerten zur Beurteilung der Topographie technischer Oberflächen insbesondere hinsichtlich deren Reibungs-, Verschleiß- und Dichtverhalten, Teil 2, Abschlussbericht des FVA-Forschungsvorhabens Nr. 343/II, Institut für Maschinenelemente, Universität Stuttgart, 2000

[48] Putzier, J.: Systemoptimierung von hochbelasteten Radial-Systemen, IV. Hamburger Dichtungstechnisches Kolloquium „Radialwellendichtringe“, TU Hamburg-Harburg, Mai 2002

[49] Haiser, B. H.: PTFE-Compounds im dynamischen Dichtkontakt bei Druckbelastbaren Radial-Wellendichtringen. Dissertation, Institut für Maschinenelemente, Universität Stuttgart, 2001

[50] Vogt, R.; Bock, E.: Wellenoberflächenstrukturen und deren Auswirkung auf das Dichtheits- und Verschleißverhalten von Radialwellendichtringen. VDI-Fachtagung „Zuverlässig Abdichten“, Baden-Baden 2000, VDI Berichte 1579, VDI Verlag GmbH, Düsseldorf 2000, ISBN 3-18-091579-X

[51] Ausfallursachen, Schadensbilder, Handling & Montage von RWDR, Firmenschrift der Firma Freudenberg, Nr. 30 D 120 3 06 01

[52] Vogt, R.; Bock, E.; Schreiner, P: Neue RWDR-Konzepte zum Abdichten unter Druck stehender Medien in Hydraulikpumpen und -motoren. Tagungsband zur 12. Internationalen Dichtungskolloquium, Stuttgart, 2002

[53] Freudenberg Simrit GmbH & Co. KG | RWDRs and Rotary Seals Catalog 2007

[54] Leichner, T., Bock, E.: „Grenzanwendungsanalyse von modernen Radialwellendichtsystemen im Verbrennungsmotor“, 17th International Sealing Conference, Stuttgart, 2012

[55] Leichner, T.: Prognose der Dichtlippenfolgefähigkeit von RWDR bei dynamisch verlagerter Welle. Dissertation,, Lehrstuhl für Maschinenelemente und Getriebetechnik, Technische Universität Kaiserslautern, Band 09/2012, ISBN 978-3-941438-91-0, Kaiserlautern, 2012. ISBN 978-3-941438-91-0

[56] Debler, Chr.: „Bestimmung der Vorhersage des Verschleißes für die Auslegung von Dichtungen., Dissertation, Institut für Maschinenelemente, Konstruktionstechnik und Tribologie, Leibnitz Universität Hannover, 2005

[57] „Die EU-Verordnung zur Verminderung der CO2 – Emissionen von Personenkraftwagen“

[58] Böckh, P. v.: „Wärmeübertragung – Grundlagen und Praxis“, 2. Auflage Springerverlag, Schweiz, 2006

[59] Bergmann W.: Werkstofftechnik, Teil 1: Grundlagen, München, 2. Aufl., 1989.

[60] Joswig D.: Untersuchungen zum Zerspanverhalten weicher Elastomerwerkstoffe. Dissertation, Technische Universität Hamburg-Harburg, 2005.

[61] Leichner, T., Sauer, B.: „Untersuchung des tribologischen Verhaltens an Radialwellendichtringen und nichtgehärteten Wellen unter dem Einfluss von Schmutzbeaufschlagung“, Zeitschrift „Tribologie & Schmierungstechnik“, 56. Jahrgang, Heft 01/2009, S. 5-10

[62] Buhl, S.: Wechselbeziehungen im Dichtsystem von Radial-Wellendichtring, Gegenlauffläche und Fluid. Dissertation, Institut für Maschinenelemente, Universität Stuttgart, 2006. ISBN 3 - 936100 – 18 – 7

[63] Schuler, P.: Einfluss von Grenzflächeneffekten auf den Dichtmechanismus der Radial-Wellendichtung., Dissertation, Institut für Maschinenelemente, Universität Stuttgart,, 2014, ISBN 978-3-936100-54-9

[64] Prem, E., Vogt, R.: „Der Simmerring - Zuverlässigkeit von Beginn an - Grundlagen zur Schadensprävention“, Freudenberg Simrit, Bosch Druck, 2006

[65] Ruhl, C.: Ein Beitrag zur Wirkungsweise von Radialwellendichtungen unter Berücksichtigung von rauheitsinduzierter Hydrodynamik und radialen Verlagerungen der Gegenlauffläche. Dissertation, Lehrstuhl für Maschinenelemente und

Getriebetechnik, Technische Universität Kaiserslautern, Fortschr.-Ber. VDI Reihe 1 Nr. 339. Düsseldorf: VDI Verlag 2001, ISBN 3-18-333901-3

[66] Klüber: „BARRIERTA® & Co. PFPE - Schmierstoffe für Extreme", Produktbroschüre, 2014.

[67] Baitinger, G.; Haas, W.: Drallmessung mittels Mikrostrukturanalyse, 16th International Sealing Conference, 2010, Institut für Maschinenelemente (IMA), Universität Stuttgart, Germany

[68] Leichner, T., Aurich, J. C.: "Investigation of the tribological behavior of radial shaft rings and soft turned shafts under the influence of abrasive particles", Production Engineering 2011

[69] Müller, H.K.; Nau, B. S.: Abdichtung bewegter Maschinenteile als Download unter http://www.fachwissen-dichtungstechnik.de

[70] Haas, W.: „Grundlehrgang Dichtungstechnik", Downloadversion, Institut für Maschinenelemente, Universität Stuttgart, 2014

[71] Müller, H.K.; Nau, B. S.: Fluid Sealing Technology, Principles and Applications, Marcel Dekker, Inc., New York, 1998, ISBN 0-8247-9969-0

[72] http://www.skf.com/de - Produktbeschreibung, 2017

[73] Frölich, D.: „Strategien und Modelle zur Simulation des Betriebsverhaltens von Radial-Wellendichtringen." Dissertation, TU Kaiserslautern, 2016

Für Radialwellendichtringe wichtige DIN-Normen:

DIN 3760 für Elastomer-RWDR	DIN/ISO 6194 für Elastomer-RWDR
DIN 3761 für Elastomer-RWDR	ISO 9164 für PTFE-RWDR

Elastomere:	
Einteilung:	DIN ISO 1629 DIN 7724
Prüfung:	DIN 53505 DIN 53507 DIN 53512 DIN 53516
Prüfung:	DIN 53517 DIN 53522 DIN 53545 DIN 53561
Chemische Verträglichkeit:	DIN 53476 DIN 53538 ISO 6072
Oberflächen:	DIN EN ISO 25178
Viskositätsklassen:	DIN 51511 (zurückgezogen)
Hydraulikflüssigkeiten	DIN 51524

7 Hydraulik- und Pneumatikdichtungen

7 Hydraulik- und Pneumatikdichtungen

Gonzalo Barillas

7.1 Einführung

Hydraulikdichtungen werden eingesetzt, um Medien in Maschinen oder Apparaten einzuschließen oder voneinander zu trennen. Durch diese Trennung kann die Energieübertragung erfolgen. Hydraulikaggregate sind sehr leistungsfähige Systeme, die enorme Kräfte entfalten können. In Hydraulikgeräten werden flüssige Medien, Mineralöle oder schwerentflammbare Flüssigkeiten bei Betriebsdrücken bis zu mehreren tausend bar eingesetzt. Auf der Saugseite von Pumpen kann auch Unterdruck herrschen.

In Pneumatikgeräten wird hauptsächlich ölfreie, trockene Druckluft eingesetzt, die Drücke liegen im Bereich bis10 bar, in Einzelfällen bis zu 40 bar. Die Dichtungen werden bei der Montage gefettet (Initialschmierung). Diese muss die ausreichende Schmierung der Dichtungen über die gesamte Lebensdauer der Aggregate sicherstellen. Da außer der Initialschmierung nur in Sonderfällen eine Nachbefettung erfolgt, bedeutet dieses eine hohe Anforderung an die Verschleißfestigkeit der Pneumatikdichtungen. Manche Wartungseinheiten in der Pneumatik haben Öler, die Öl in die Druckluft einleiten, um zusätzlich die Aggregate zu schmieren. Die Druckluft wird in herkömmlichen Anlagen entweder direkt oder durch Schalldämpfer an die Umgebung bzw. ins „Freie“ abgegeben. Neuere Systeme können diese energiereiche Druckluft zum Teil wieder in den Kreislauf einbringen (Energierückgewinnung).

Sind die abzudichtenden Dichtflächen in Ruhelage zueinander, spricht man von „Statischen Dichtungen“, bei einer Relativbewegung von „Dynamischen Dichtungen“. Bei den statisch eingesetzten Dichtungen ist die maximal zulässige Betriebstemperatur gleich der maximal zulässigen Temperatur des eingesetzten Dichtungsmaterials, bei dynamisch eingesetzten Dichtungen muss eine Übertemperatur durch Reibwärme mit einkalkuliert werden (s. a. Kapitel 3).

7.1.1 Dichtmechanismus

Um eine Dichtwirkung zu erzielen, muss die Oberfläche der Dichtung an die der Gegenflächen angepasst werden (**Bild 7.1**). Meist wird die erforderliche Anpassung durch ein Übermaß der Dichtung zum Einbauraum sichergestellt, so dass die Dichtung nach der Montage mit einer Überdeckung gegen die Kontaktflächen gepresst wird. Hieraus resultieren in der Kon-

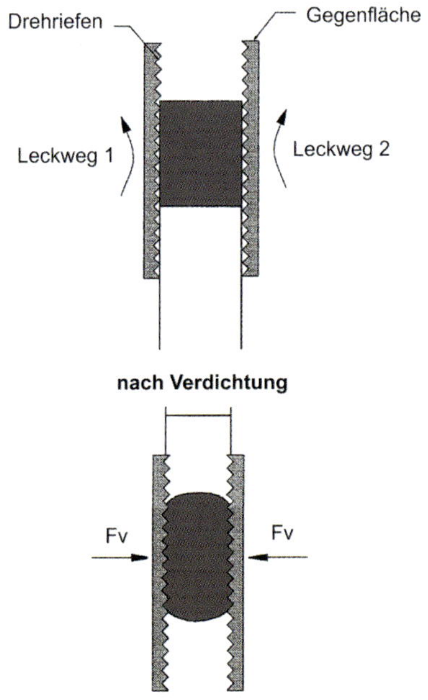

Bild 7.1: Anpassung der Dichtfläche

Bild 7.2: Einflüsse auf das Dichtsystem

taktzone Kontaktspannungen, die die Dichtwirkung im Wesentlichen bestimmen. Die Größe und Verteilungform der Kontaktspannungen ist abhängig vom Dichtungswerkstoff, der Geometrie der Dichtung, der Rauheit der Gegenflächen und von den Betriebsparametern (Druck, Temperatur, Belastungsfrequenz, Geschwindigkeit, Medieneinflüsse, Reibung, Verschleiß, usw.).

Für die Auswahl bzw. Auslegung einer Dichtung ist es deshalb von enormer Wichtigkeit alle Einflüsse auf das Dichtsystem zu kennen (**Bild 7.2**):

Die Leckage an Stangendichtungen bzw. Stangendichtsystemen ist die kritische Dichtstelle eines Zylinders. Sie kann Umweltschäden und Betriebsstörungen hervorrufen. Sowohl bei Stillstand des Aggregates (Zylinders) als auch bei den verschiedenen Betriebspunkte, Belastungszustände und Umgebungsbedingungen müssen die Dichtsysteme von Stangen zuverlässig dicht halten. Die Vielfalt an Einsatzbedingungen macht es erforderlich spezielle Lösungen zu entwickeln. Oft leiten äußere Einflüsse den Ausfall von Dichtungen ein (u. a. Stangenbeschädigungen, Temperatureinflüsse, chemische Änderung des Fluids).

Beim Beispiel der Stangendichtung betrachtet man Folgendes: Durch die Haftung des Fluids (Fett, Öl) an der Stange, wird dieses bei einer translatorische Bewegung der Stange in die Kontaktzone von Dichtung und Stange gefördert. Die Funktion der Dichtung besteht darin möglichst wenig vom Fluid aus dem Druckraum zu lassen und das Medium, welches aus dem Druckraum gelangen konnte, komplett in den Druckraum zurück zu fördern. Eine Dichtung, die den Schmierfilm komplett von der Stange abstreifen würde, würde keine hohe Lebensdauer haben: eine ausreichende Schmierung der Kontaktzonen ist erforderlich, damit eine lange Lebensdauer erreicht werden kann.

Die Dichtheit von translatorischen Dichtungen kann man am einfachsten betrachten, in dem man die Schmierfilmdicke auf einer Stange innerhalb eines Ausfahrhubes und Einfahrhubes erfasst:

$$Q = D \cdot \pi \cdot H \cdot (h_{aus} - h_{ein})$$

mit Q = Leckage,
D = Durchmesser der Stange bzw. Zylinderbohrung,
H = Hublänge
h_{aus} = Schmierfilmdicke beim ausfahrenden Hub und
h_{ein} = Schmierfilmdicke beim einfahrendem Hub

Da der Durchmesser und der Hub variabel sind, bleibt die Differenz der Schmierfilmhöhen $h_{aus} - h_{ein}$ die wesentliche Größe für die Auslegung von Dichtungen.

Reynold hat die Flüssigkeitsströmung für verschiedene Beispiele in kleinen Spalten (Dichtspalte) beschrieben. Mit der sogenannten inversen Reynoldsgleichung und den Annahmen, dass die Viskosität im Dichtspalt konstant bleibt, dass die Oberflächen von Dichtung und Stange ideal glatt sind und dass die Dichtung und die Stange keinen Kontakt haben (hydrodynamische Schmierung) lässt sich die Schmierfilmdicke wie folgt beschreiben:

$$h = \sqrt{\frac{2 \times \eta \times v}{9 \times \frac{dp}{dx} max}}$$

mit h = Schmierfilmdicke,
η = Viskosität des Fluids,
v = Geschwindigkeit der Stangenbewegung und
$\frac{dp}{dx} max$ = maximaler Pressungsgradient, d. h. die größte Steigung der Kontaktspannungsverteilung zwischen Dichtung und Gegenkörper.

Da es je nach Belastungszustand der Dichtung und Bewegungsrichtung der Bauteile zu einander sich unterschiedliche Geschwindigkeiten und Pressungsgradienten ergeben können, ist die Schmierfilmdicke beim Einfahren h_{ein} und beim Ausfahren h_{aus} unterschiedlich.

Die Größenordnung der Schmierfilmhöhe h bei Hydraulikanwendungen (Ölhydraulik) beträgt ca. 0,1 µm, die Größenordnung der Schmierfilmhöhe h bei Pneumatikanwendungen beträgt ca. 1 µm.

Die Dichtung wird also abhängig von ihrem Design und Belastungskollektiv das vorhandene Ölvolumen auf der Stange in den Zylinderraum oder aus dem Zylinderraum fördern. Man spricht in der Dichtungstechnik vom Fördermechanismus eines Dichtelements (**Bild 7.3**).

Sowohl Viskosität und Geschwindigkeit werden vom Einsatzfall bestimmt, es bedarf für die Konstruktion bzw. Auslegung der Dichtung sehr genaues Wissen um die Kontaktspannungsverteilung im Dichtbereich.

Betrachtet man die Funktion eines Abstreifers, dann ergeben sich an der Abstreiferlippe Anforderungen, die gegensätzlich sind. Zum einen muss ein Abstreifer die Verschmutzungspartikel vom Eindringen in dem Zylinder abhalten, also eine sehr gute Abstreifwirkung zeigen. Zum anderen muss sich der Schmierfilm, der während des Ausfahrens der Stange auf der Kolbenstange haften blieb, komplett in den Druckraum des Zylinders zurückfördern lassen.

Im Falle von Pneumatikdichtungen, die nur eine Initialschmierung bekommen, müssen diese so ausgelegt werden, dass einer möglichst hohen Schmierfilmdicke für die ganze Laufzeit der

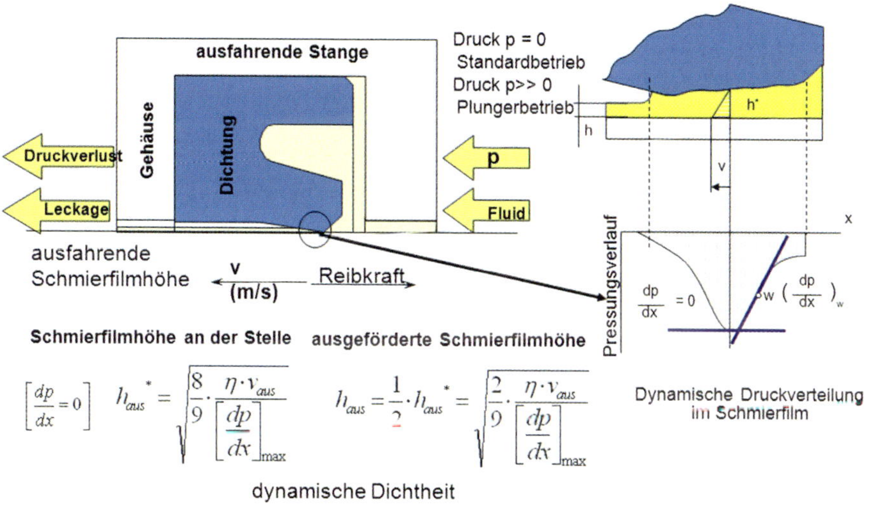

Bild 7.3: Fördermechanismus bei einer Stangendichtung

Dichtungen (also Richtungsunabhängig) erhalten bleibt. Im Gegensatz dazu müssen Hydraulikstangendichtungen so ausgelegt werden, dass sie beim Ausfahren der Stangen eine geringe Schmierfilmdicke zulassen, beim Einfahren der Stange eine hohe Schmierfilmdicke in den Druckraum zulassen. Die Eigenschaften von Fetten, die ein recht komplexes System darstellen können, sind von besonderer Bedeutung für die Reibung und Verschleiß von Pneumatikdichtungen.

Daher sind die Dichtungsgeometrien und -Werkstoffe von Hydraulikdichtungen und Pneumatikdichtungen unterschiedlich.

Die Messung der Kontaktspannungen ist nur mit einigen Einschränkungen und unter großem Aufwand möglich. Für deren Beschreibung hat sich die FEA (Finite Elemente Analyse) bewährt. Hier jedoch spielt neben der genauen Kenntnis des Werkstoffverhaltens die Auswahl der Elementengröße und -Dichte im Bereich der Kontaktübergänge eine entscheidende Rolle bei der Betrachtung der Pressungsgradienten. Mit diesen Informationen kann man für die kritischen Betriebsbedingungen das Förderverhalten einer Dichtung oder sogar eines Dichtsystems berechnen und durch die Auswahl von Geometrien und Werkstoffe der Dichtelemente optimieren.

7.1.2 Oberflächen

Die Oberflächen der Gleitpartner sind in Wirklichkeit nicht ideal glatt und haben einen hohen Einfluss auf die Funktion des Dichtsystems. Die Rauheiten und Werkstoffoberflächen wirken sich nicht nur topographisch aus, sondern energetisch auf die Wechselwirkung der Gleitpartner und der Schmierfilme

Fertigungsbedingt werden die Oberflächen als eine mit unterschiedlich ausgeprägten Tälern und Spitzen belegte „Landschaft" abgebildet. Die Täler bieten die Möglichkeit Schmierdepots zu bilden, sie bestimmen aber auch, ob ein Durchfluss von Medium – also Leckage – stattfinden kann. Die Tälerwerte einer Oberfläche werden durch die R_v (Tal = valley in Englisch) Werte beschrieben.

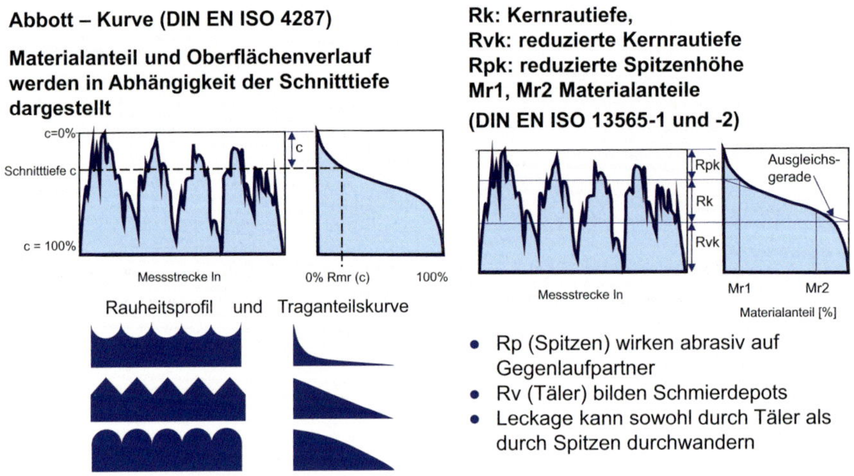

Bild 7.4: Beschreibung der Oberfläche mittels Abbott-Kurve

Die Spitzen kommen als erstes in Kontakt mit dem Gegenpartner. Sie bestimmen ebenfalls ob ein Durchfluss von Medium stattfinden kann und durch den Eingriff zum Gegenpartner auch Reibung und Verschleiß. Möchte man eine geringe Reibung, so soll die Summe der die Kontaktpunkte (reale Kontaktfläche) gering sein. Die Form und Verteilung der Spitzen wirkt sich auf den Verschleiß aus. Die Spitzenwerte einer Oberfläche werden durch die R_p (Spitze = peak in Englisch) beschrieben. Besonders bei höheren Drücken kann das Dichtungsmaterial in die Unebenheiten und Rauheiten des gleitenden Elements eindringen und durch die Relativbewegung der Bauteile verschleißen.

Die Oberflächenparameter R_a und R_{max} bzw. R_z allein sind nicht ausreichend, um bestimmungsgemäße Oberflächen zu beschreiben. Weitere Oberflächenparameter wie R_{pk}, R_{pkx} und R_{vk} und R_{vx} und eine Gesamtbetrachtung deren Verteilung in Form der Traganteile mittels Abbot-Firestone-Kurve sind erforderlich (**Bild 7.4**).

Für Hydraulikdichtungen haben sich zum heutigen Stand der Untersuchungen folgende Werte bewährt:

R_a: 0,05 bis 0,30 µm	R_{max}: 0,00 bis 2,50 µm
R_{pkx}: 0,00 bis 0,50 µm	R_{pk}: 0,00 bis 0,50 µm
R_{vk}: 0,20 bis 0,65 µm	R_{vkx}: 0,20 bis 2,00 µm
R_k: 0,25 bis 0,70 µm	

Für Pneumatikdichtungen haben sich zum heutigen Stand der Untersuchungen folgende Werte bewährt:

R_a: 0,2 bis 0,4 µm	R_{max}: 2,0 bis 4 µm
R_{pkx}: 0,0 bis 0,2 µm	R_{pk}: 0,0 bis 0,2 µm
R_{vk}: 0,2 bis 2 µm	R_{vkx}: 0,2 bis 2,0 µm
R_k: 0,25 bis 2 µm	

Der Traganteil bei einer Profiltiefe von 20 % von R_{max} muss im Bereich von 50 % bis 75 % liegen.

Oberflächenrauheiten werden auch als skalenbegrenzte Oberflächenwerte (S als Präfix, z. B. Spk) in der Norm DIN EN ISO 25178-2 angegeben. Die Verbreitung von Messmitteln, die solche Werte erfassen, ist nicht noch nicht stark verbreitet und diese Werte sind zum heutigen Stand in der Praxis nicht so geläufig. Sie werden in der Zukunft größere Beachtung finden, da die räumliche Beschreibung und Bestimmung von Oberflächen möglich wird.

Durch die Wechselwirkung der Oberflächenenergien der Gleitpartner können die Adhäsionskräfte und somit die Reibung erhöht werden. Ebenso kann die Bildung von einem hydrodynamischen Schmierfilm zwischen den Gleitpartner begünstigt oder verhindert werden, weshalb diese noch nicht ausreichend untersuchte Eigenschaft auch einen Einfluss auf die Dichtfunktion über die Lebensdauer hat.

7.1.3 Geschwindigkeitsabhängige Reibungszustände: Stribeck-Kurve

Die bewegten Maschinenelemente durchlaufen unterschiedliche Kontaktzustände in Abhängigkeit der relativen Bewegung zueinander. Diese Zustände bewirken unterschiedliche Reibungszustände und werden durch die Stribeck-Kurve gut beschrieben (**Bild 7.5**).

Findet keine Bewegung statt, so kommen die ruhenden Elemente an den Spitzen der Oberflächen zuerst in Kontakt. Die Summe dieser Kontaktpunkte kann sich mit der Zeit verändern. Sowohl die Fluide wie die elastomeren Werkstoffe der Dichtungen haben stark zeitabhängige Materialeigenschaften. Die weicheren und fließ- bzw. kriechfähigen Werkstoffe werden mit der Zeit der örtlichen Belastung nachgeben, wodurch die Kontaktflächen zunehmen werden. Die Folge davon ist eine höhere Reibung. Versucht man die Maschinenteile zueinander zu bewegen, ohne jedoch diese in Relativbewegung zu bringen, ist der Wiederstand zum Antrieb durch die sogenannte Haftschichtreibung verursacht, die im Wesentlichen durch Adhäsionsvorgänge und Verhakungen der Oberflächen erzeugt wird.

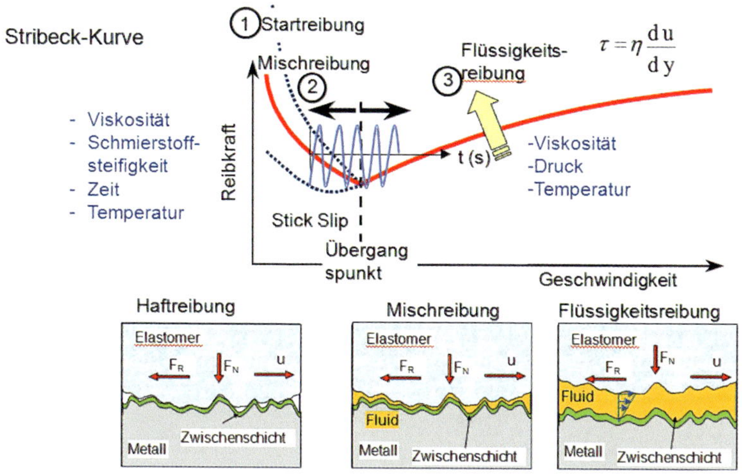

Bild 7.5: Kontaktzustände in Abhängigkeit der relativen Bewegung

Ist die Antriebsenergie groß genug, um die o. g. Wiederstände soweit zu überbrücken, dass eine Relativbewegung stattfindet, dann findet eine kontinuierliche Neuordnung der Kontaktbereiche statt: Bereiche, die kontakt haben, wechseln zu Bereichen ohne Kontakt bis sie wieder auf Wiederstände stoßen – man spricht von einem Mischreibungszustand. Dieses Verhalten wird stark von den Oberflächenrauheiten und den Materialeigenschaften (vor allem den Eigenschaften von Elastomeren, siehe Kapitel 2.1.4) der Gleitpartner beeinflusst. In diesem Belastungszustand kann es vorkommen, dass die Antriebsenergie nicht ausreichend hoch ist, um die Neuordnung der Kontaktbereiche zu überwinden. Die Bewegung stoppt, die Antriebsenergie muss wieder aufgebaut werden, bis eine Bewegung stattfindet. Dieses kontinuierliche Wechsel von Gleiten zu Haften nennt man Stick Slip, er wird von der Steifigkeit des Gesamtsystems wie von den Materialeigenschaften der Gleitpartner beeinflusst.

Eine geringe Systemsteifigkeit haben beispielsweise ein Zylinder oder eine Aggregatanordnung mit verhältnismäßig viel Fluid (langer Hub, lange und weiche Schläuche) und geringem Druck und ein Fluid, das hohe Kompressibilität zulässt (Druckluft oder Öl mit großem Anteil an gelöster Luft). Sollte so ein System Stick Slip zeigen, kann es wenig durch die Auswahl von Dichtelemente beseitigt werden, hier sind konstruktive Maßnahmen zur Erhöhung der Systemsteifigkeit erforderlich.

Bei höherer Antriebsenergie und Relativgeschwindigkeit überwiegen die hydrodynamischen Zustände in den Bereichen ohne Kontakt und es kommt zu einer vollständigen Trennung der Gleitpartner: Sie berühren sich nicht mehr und werden von einem Fluidfilm getragen – man spricht von einer Flüssigkeitsreibung. Der Wiederstand wird dann im Wesentlichen durch die Viskosität des Fluidfilms erzeugt.

7.2 Hydraulikdichtungen

7.2.1 Statische Dichtungen

Bei den statischen Abdichtungen nimmt der O-Ring eine hervorragende Stellung ein (siehe auch Kap. 3). Die universelle Einsetzbarkeit des O-Rings ergibt sich durch die heute mögliche hochpräzise Fertigung und die große Auswahl der zur Verfügung stehenden Elastomerwerkstoffe.

Der O-Ring kann gegen axiale, radiale und geneigte Kontaktflächen eingesetzt werden, sogar dem Schnurdurchmesser angepasste Kontaktflächen werden angewendet. Der O-Ring wird durch den Innendurchmesser d_1 und durch den Schnurdurchmesser d_2 hinreichend beschrieben. Durch die Deformation des Schnurdurchmessers d_2, in welcher Richtung auch immer, entsteht die erforderliche Überspannung an den Kontaktstellen des O-Rings im drucklosen Zustand. Unter Betriebsdruck bleibt eine Überspannung erhalten, die Kontaktlänge vergrößert sich in Richtung druckabgewandte Seite. Die zunächst ovalförmige Deformation des O-Ring-Querschnitts im drucklosen Zustand ändert sich auf der druckabgewandten Seite und nimmt zum Schluss die Form des Einbauraumes an. Der Wert der Überspannung wird durch die Größe der Deformation und durch die Auswahl des verwendeten Elastomerwerkstoffs beeinflusst (**Bild 7.6**).

Eine Berechnung der Kontaktspannungen, ihr Verlauf und die Deformation des Querschnitts des O-Rings im drucklosen Zustand sowie unter Betriebsdruck lässt sich am besten mittels

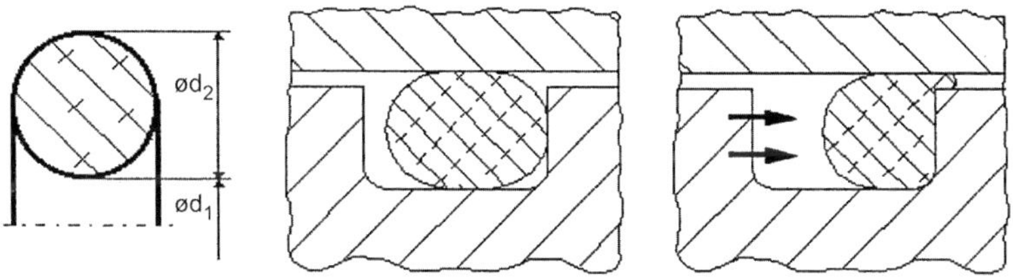

Bild 7.6: O-Ring: Deformation im Einbauraum und unter Druck

einer FEM-Analyse vornehmen. Dazu müssen neben den Abmessungen die genauen Werkstoffdaten des verwendeten Elastomers bekannt sein. Eine solche Berechnung sollte daher vom Dichtungshersteller durchgeführt und die Ergebnisse von diesem abgefordert werden. Diese Vorgehensweise wird aus Kostengründen wohl auf wenige Spezialfälle beschränkt bleiben.

Ohne jetzt das gesamte Gebiet der Gummitechnologie darzustellen, muss aber erwähnt werden, dass die bisher genannten Elastomerwerkstoffe genau genommen Mischungen von Elastomeren mit verstärkenden Füllstoffen sind. In diesen Elastomermischungen liegt ein erhebliches Entwicklungspotenzial der Dichtungshersteller, das deshalb einer besonderen Geheimhaltung unterliegen muss (siehe Kap. 2).

Um dem Konstrukteur bei der Auswahl des „richtigen" O-Rings zu helfen, sind von den Dichtungsherstellern umfangreiche Auswahlhilfen in den Katalogen erarbeitet worden, die zum Teil online erhältlich sind, so dass eine schnelle Auswahl und Dimensionierung sichergestellt ist. Für den Standardeinsatz werden Einbauräume empfohlen, die eine Deformation des Schnurdurchmessers d_2 von ca. 20 % ergeben. Das Einbauraumvolumen wird ca. 25 % größer als das O-Ring-Volumen ausgeführt, unabhängig von der gewählten sogenannten „Vorspannung" des Schnurdurchmessers d_2. Die Gründe dafür sind die im Verhältnis zu Metall-Werkstoffen sehr viel größere spezifische Wärmeausdehnung der Elastomerwerkstoffe, eine mögliche Quellung, die Toleranzen des O-Rings und des Einbauraumes.

Eine hohe Aufmerksamkeit ist den Spalten zu widmen, die sich durch die Toleranzen, Druckdehnungen oder Wärmedehnungen ergeben können. Siehe auch „Vergleich O-Ring/Rechteckring". Auf keinem Fall sollten die vom Dichtungshersteller empfohlenen maximalen Spaltweiten überschritten werden. Ist konstruktiv eine Verkleinerung der Spaltweiten nicht zu erreichen, können auf der druckabgewandten Seite Stützringe eingesetzt werden. Der Einbauraum muss dann um die Dicke der Stützringe verlängert werden.

Der O-Ring darf in gewissen Grenzen gedehnt oder gestaucht werden, um zum Beispiel die Montage zu erleichtern oder bei geringen Unterschieden des Innendurchmessers d_1 die Anzahl von Bauteilen zu senken. Für die Dehnung gilt 6 % · d1 als Grenzwert, für Stauchung gilt allgemein 2 % · d1 als Grenzwert. Bei großen Durchmessern von d_1 kann die Stauchung bei der Montage allerdings zu Schwierigkeiten führen, wenn der O-Ring wellenförmige Ausbuchtungen bildet. In diesem Falle muss der O-Ring kleiner gewählt werden.

Während der Montage können kurzfristig hohe Dehnungen erforderlich sein, diese sind vor allem bei kleineren Abmessungen besonders kritisch, da prozentual die Aufweitung bis auf 150 % betragen kann. Bei einer automatischen Montage muss die Aufdehnungsgeschwindigkeit berücksichtigt werden, hohe Dehnungsgeschwindigkeiten führen zur Verhärtung der Dichtungen, die dann Risse im Montagevorgang bekommen können.

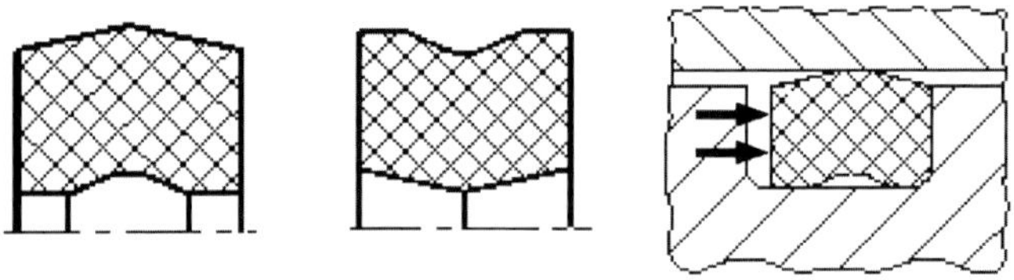

Bild 7.7: TPU-Profildichtung alternativ für O-Ring und Backring

Bei Dehnung bzw. Stauchung ist die Querschnittsänderung des O-Rings bei den Abmessungen des Einbauraums zu berücksichtigen. Bei großen O-Ringen kann es bei der Montage zum Verdrillen des Querschnitts in Umfangsrichtung kommen. Dieses Verdrillen erzeugt sehr große Scherspannungen, so dass es zum Bruch im Querschnitt des O-Rings kommen kann. Ein Verdrillen sollte unbedingt vermieden werden, meist reicht es aus, eine Bucht am montierten O-Ring über den gesamten Umfang durchzuziehen.

Um das mögliche Verdrillen des O-Rings auszuschließen, werden teilweise Dichtringe mit Rechteckprofil verwendet. Über die Vor- und Nachteile dieser Dichtungsform siehe auch „Vergleich O-Ring/Rechteckring". Mit Rücksicht auf die Montagekräfte wird die Querschnittsverformung meist auf 10 % · B beschränkt.

Bei der Abdichtung radial angeordneter Einbauräume muss man relativ große Spaltweiten überbrücken. Um für diese Einbaufälle die Vorteile des O-Rings, seine hervorragende Spaltüberbrückung, und des Rechteckrings, seine Verdrillsicherheit, zu kombinieren, hat man eine statische Dichtung mit den in **Bild 7.7** dargestellten Profilen für die Aufnahme in Außen- oder in Innennuten entwickelt. Diese Dichtringe können auch bei hohen Druckspitzen ohne zusätzliche Anordnung eines Backrings eingesetzt werden.

Das gleiche Ziel, das Verdrillen wie beim O-Ring zu vermeiden, wird mit Geometrien erreicht, die keinen kreisrunden Querschnitt und somit einen höheren Torsionswiederstand haben (**Bild 7.8**). Der X-Ring kann gut auf Verdrillen kontrolliert werden. Weitere Vorteile dieses Dichtringes gegenüber dem O-Ring sind nicht erkennbar. Die oft behauptete geringere Reibung ist mit dem O-Ring durch verringerte Vorspannung ebenfalls erreichbar, für statische Abdichtung aber nicht erforderlich.

Ventilblöcke werden aus Kostengründen vielfach nicht mehr in einem Stück hergestellt, sondern aus einzelnen Ventilelementen zusammengesetzt. Der Einbauraum wird durch einen Rezess in jeweils einem Teil und durch die Stirnfläche des anderen Teils gebildet. Der Innendurchmesser der Dichtung stellt den Strömungskanal dar und muss im eingebauten Zustand größer als der

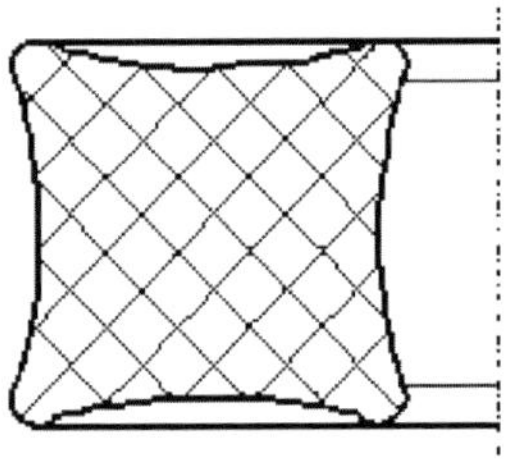

Bild 7.8: X-Ring

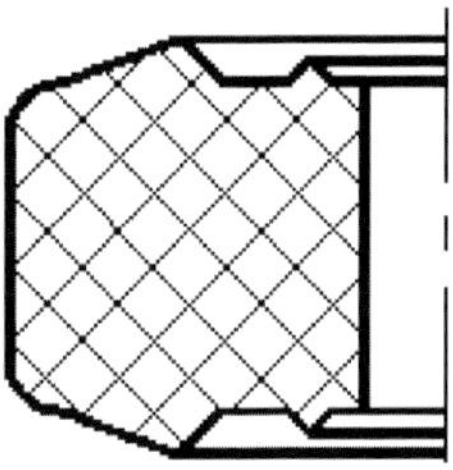

Bild 7.9: Profildichtung für Ventile und Flansche

Bohrungsdurchmesser sein. Bei einer Axialströmung des Mediums wird durch die Querschnittserweiterung im Dichtungsbereich ein Unterdruck erzeugt, der die Dichtung in den Strömungskanal ziehen will. Durch die Wahl eines Querschnittes mit hohem Trägheitsmoment und einem sehr steifen Elastomer wird das Hineinziehen verhindert (**Bild 7.9**).

7.2.2 Dynamische Dichtungen

7.2.2.1 Plunger- und Stangendichtungen

Die Plunger- und Stangendichtungen sind dynamisch beanspruchte Dichtungen. An die Dichtfunktion werden höchste Ansprüche gestellt, weil die Leckagen nach außen treten und damit gut sichtbar sind. Plunger- und Stangendichtungen von Differenzialzylinder unterscheiden sich im Wesentlichen in ihrem Einsatzgebiet.

Plungerdichtungen sind bei Pumpen einer nahezu sinusförmigen Geschwindigkeitsverteilung über dem Hub ausgesetzt. Plungerdichtungen für zum Beispiel Masthubzylinder von Gabelstaplern werden mit gleichmäßigen Geschwindigkeiten belastet, wobei die Ausfahrgeschwindigkeit sich stark von der Einfahrgeschwindigkeit unterscheiden kann. Der Druck an der Dichtung liegt während des Ausfahrens des Plungers an, bei eher drucklosem Einfahren des Plungers.

Stangendichtungen von Differenzialzylindern werden meist mit einer gleichförmigen Geschwindigkeit gefahren während des Hubes, wobei die ausfahrende und einfahrende Geschwindigkeit unterschiedlich sein kann. Der Druck an der Dichtung liegt meistens beim Einfahren der Stange an. Bei Zylinder mit einer durchgehenden Kolbenstange hängt die Druckbeaufschlagung der Dichtungen vom Betrieb des Zylinders ab.

Die Hubgeschwindigkeit hat neben der dynamischen Viskosität des Mediums und der Kontaktdruckverteilung einen großen Einfluss auf die Dicke des Schmierfilms, der unter der Dichtung hindurchgezogen wird. Den wichtigsten Einfluss auf die Schmierfilmdicke hat die Steilheit des Kontaktdruckanstiegs an der Einlaufkante der Dichtung (**Bild 7.10**).

Wird eine Stangendichtung bei ausfahrender Stange mit Druck belastet, so spricht man von einer stemmenden Belastung der Dichtung, bei einfahrender Stange unter Druck spricht man von einer ziehenden Belastung (**Bild 7.11**).

Die absolute Größe der maximal auftretenden Kontaktspannung beeinflusst die Schmierfilmdicke nicht, solange die Verformung der Dichtung durch den Druck den Kontaktspannungsverlauf nicht wesentlich verändert. Bei Drücken höher als ca. 100 bis 150 bar ist dieses der Fall: Die Dichtung wird so stark verformt, dass die gesamte Innenmantelfläche der Dichtung Kontakt zur Stange hat und je nach der Geometrie der Dichtung die Kontaktspannungsverteilung verändert wird. Der Konstrukteur der Dichtung ist bemüht, den Pressungsgradienten der Kontaktspannungen unter druck- und drucklosem Zustand derart zu gestalten,

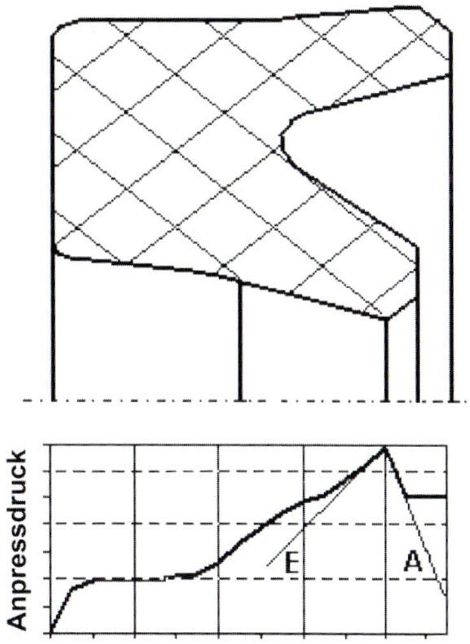

Kontaktdrucksteilheit:
E = Einfahrseite
A = Ausfahrseite

Bild 7.10: Pressungsverteilung unter einem Nutring

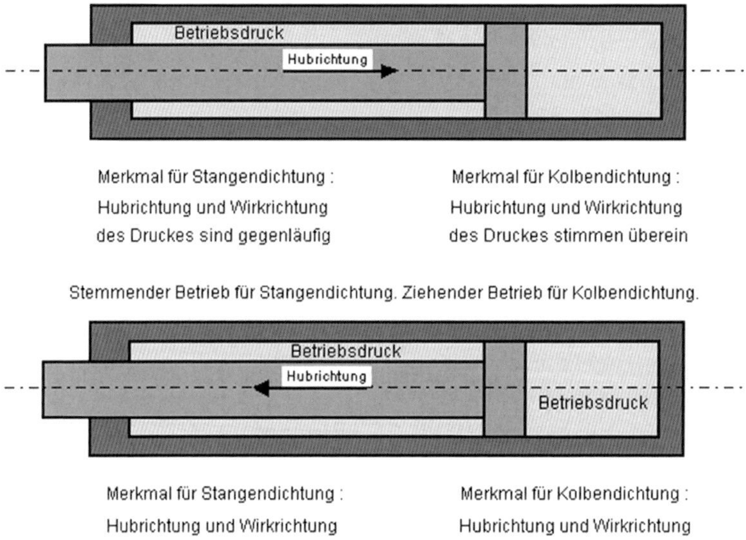

Bild 7.11: Merkmale für stemmenden und ziehenden Betrieb

dass die Schmierfilmdicke beim Ausfahren geringer als die beim Einfahren ist. Ein solches Verhältnis der Kontaktspannungsverteilung ist zwar erreichbar, aber die alternativen Filmdicken können in diesem Fall nur gleich dick sein, weil für das Einfahren nur die vorher herausgefahrene Filmdicke zur Verfügung steht. Das bedeutet für die „Schmierstelle" an der Dichtkante Unterversorgung mit Schmierstoff. Die Folge ist ein Anstieg des Mischreibungsanteils an der Gesamtreibung der Stangendichtung mit entsprechender Zunahme des Verschleißes an der Dichtkante.

Obwohl möglichst geringe Schmierfilmdicken „Nulleckage" oder relativ kleine Leckagen möglich erscheinen lassen, kommt der „Schmierung" der Dichtkante eine hohe Bedeutung zu, weil die Lebensdauer hiervon abhängt. Ideal wäre eine Stangendichtung, die beim Ausfahren und Einfahren die gleiche Filmdicke erzeugen würde, d. h. eine Filmdicke, die eine nahezu hydrodynamische Reibung ergibt und damit verschleißfrei laufen könnte. Wegen der möglichen unterschiedlichen Betriebsbedingungen beim Aus- und Einfahren der Stange ist dieser ideale Zustand leider nicht erreichbar. Um eine möglichst geringe Leckrate sicher zu stellen, geht der Konstrukteur der Dichtung von zwei Grenzfällen aus:

1. Ausfahren mit hoher Geschwindigkeit und drucklosem Zustand.
2. Einfahren mit geringer Geschwindigkeit unter Betriebsdruck

Diese Voraussetzung würde dazu führen, dass die Dichtung bei allen Betriebszuständen die „Nullleckage" erreicht, der Verschleiß der Dichtkante durch teilweise Unterversorgung wird dann hingenommen.

Der Verschleiß der Dichtkante verändert aber das Verhältnis der Kontaktdrucksteilheiten und damit die Ausbildung der Schmierfilmdicken. Die Dichtung verändert damit das Leckverhalten während ihrer Laufzeit. Der Zustand „Nullleckage" kann deshalb nicht über die ganze Laufzeit der Dichtung aufrechterhalten werden. Um den Betreiber von hydraulischen Geräten nicht zu

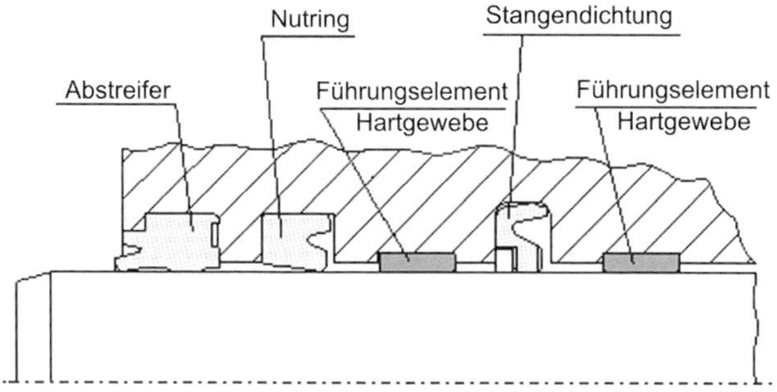

Bild 7.12: Dichtsystem für Stangenabdichtung

häufigem Dichtungswechsel infolge des Überschreitens der „Nulleckage" zu zwingen, werden Dichtsysteme mit mehreren, meist verschiedenartigen Dichtungen in Reihenschaltung angeordnet.

Bei den Dichtsystemen nimmt die erste dem Druck zugewandte Dichtung den vollen Betriebsdruck auf, während die folgenden Dichtungen mit wesentlich niedrigeren Drücken arbeiten und daher über eine sehr große Laufzeit betriebsfähig bleiben (**Bild 7.12**). Die der Primärdichtung folgende Dichtung lässt die von der Primärdichtung herrührende Filmdicke beim Ausfahren nicht vollständig hindurchtreten, beim Einfahren lässt die Sekundärdichtung ihren Ausfahrfilm passieren. Dadurch kommt es zunächst zur Ansammlung von Medium im Zwischenraum der beiden Dichtungen. In der Folge stellt sich ein Zwischendruck im Zwischenraum ein, der die Einfahrfilmdicke der Primärdichtung vergrößert bis Gleichgewicht von Aus- und Einfahrfilmdicke an der Primärdichtung erreicht ist. Die Ausfahrfilmdicke der Sekundärdichtung wird durch den kleinen Druckanstieg im Zwischenraum kaum verändert. Damit ist die Voraussetzung für „Nulleckage" des gesamten Systems gesichert.

Für besonders langlebige Abdichtungen verwendet man zusätzlich zu einer Sekundärdichtung eine weitere Dichtung, die meist in Form eines Doppelabstreifers ausgebildet ist. Die Funktionsweise dieser Dichtung in Bezug zur ersten Sekundärdichtung und zur Primärdichtung ist die gleiche wie bereits geschildert.

Plunger- und Stangendichtungen werden durch Abstreifer (**Bild 7.13**) vor eventuell eindringendem Schmutz geschützt. Der Abstreifer soll mit seiner Abstreiflippe Schmutzteile vom Eindringen in den Dichtraum hindern, er darf aber nicht den immer vorhandenen Restschmierfilm entfernen. Deshalb ist der Ausbildung der Abstreiferlippe eine hohe Bedeutung einzuräumen. Das heißt, dass die Kontaktdrucksteilheit beim Einfahrhub etwas geringer als beim Ausfahrhub gestaltet werden muss, sonst ist der Aufwand sogar einer Systemabdichtung vergeblich.

Neben der Leckage spielt die Lebensdauer von Dichtungen die wesentliche Rolle. Wir haben bereits beschrieben, dass dafür eine ausreichende Schmierung der Dichtelemente erforderlich ist. Ein weiterer Versagensmechanismus der Dichtungen ist die Spaltextrusion oder einfach: Extrusion. Hierunter versteht man den Effekt, der entsteht, wenn ein sehr hoher Druck den relativ weichen Dichtungswerkstoff

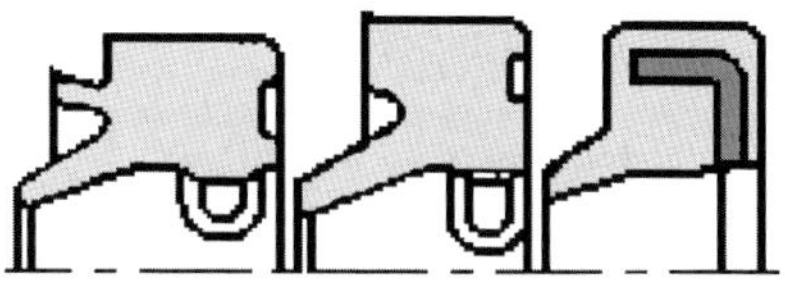

Bild 7.13: Bauformen Abstreifer

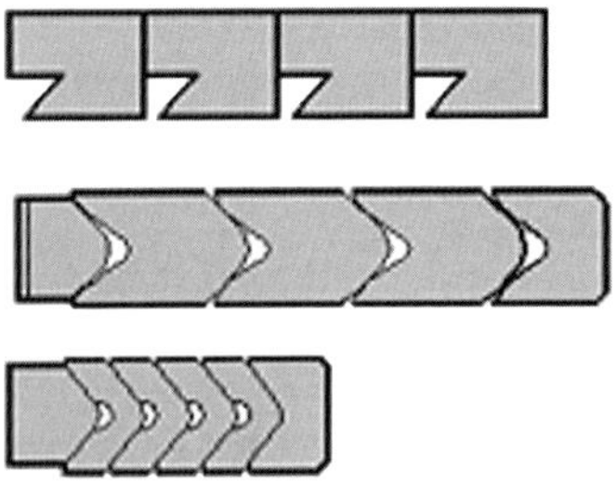

Bild 7.14: Stangendichtungen ältere Bauformen

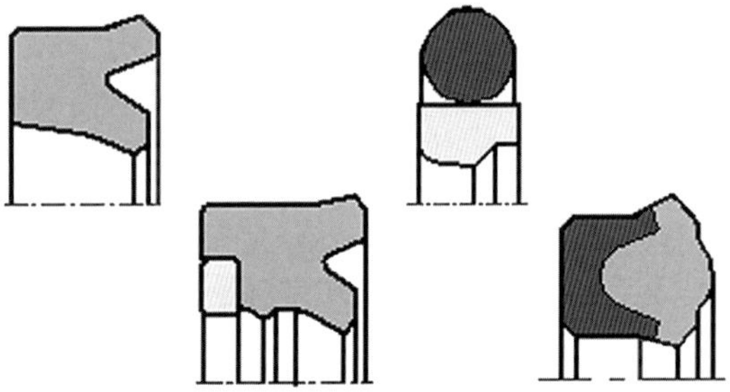

Bild 7.15: Stangendichtungen moderne Bauform

so weit verformt, dass dieser in den konstruktionsbedingten Spalt zwischen den bewegten und nicht bewegten Element hineingepresst wird. Wenn der Druck nachlässt, dann entspannt sich das Material des Dichtelements und versucht anhand dessen viskoelastischen Eigenschaften in die ursprüngliche Form zurück zu kommen. Je größer der Extrusionsspalt ist und je weicher der Dichtungswerkstoff ist, desto leichter lässt sich letzterer verformen. Bei zyklischer Belastung führt dieses zum Versagen der Dichtung durch hohe lokale Dehnungen und Spannungen (Verformungsenergie). Dichtungen unter stemmenden Belastung sind aufgrund der Reibungskraft des bewegten Bauteils stärker als ziehende Dichtungen belastet. der Konstruktion eines Zylinders muss dieser Extrusionsspalt so klein wie möglich ausgelegt werden. Dieser wird nicht nur von den radialen Maßen der Dichtungseinbauräume bestimmt, sondern von der Auswahl und Auslegung der Führungen des Zylinders (s. Abschnitt „7.2.3 Führungen").

Die Vielfalt der Dichtungen, die für die Abdichtung von Plungern und Stangen von den Dichtungsherstellern angeboten werden, wird den unerfahrenen Betrachter zunächst überraschen.

Eine gewisse historische Komponente spielt eine Rolle, da eine Reihe von Dichtungen schon vor Jahrzehnten konzipiert wurde und trotzdem noch heute im Einsatz ist, obwohl inzwischen modernere, preiswertere Dichtsysteme vorhanden sind. Aber für besonders langlebige, teure Hydraulikgeräte, zum Beispiel Großpressen, macht es keinen Sinn, das Dichtsystem zu wechseln, weil die moderneren Dichtsysteme in der Regel wesentlich besser bearbeitete Oberflächen und relativ kleine Spalte voraussetzen.

Zu den älteren Dichtsystemen zählen V-Ring Dichtungen, Dachmanschettendichtungen sowie Lippen-Ring-Dichtungen, die meist in Mehrfachanordnung eingesetzt werden (**Bild 7.14**).

Zu den moderneren Dichtsystemen gehören die als Einzeldichtung eingesetzten Nutringe, Kompakt-Dichtungen sowie spezielle Kompaktdichtungen mit einem Elastomerkörper und einem Gleitring, der meist aus PTFE-Compound besteht (**Bild 7.15**).

Nutring, Aufbau und Funktion
Der Nutring stellt eine hocheffektive Lösung zur Dichtung von Stangen dar und findet weite Verbreitung in unterschiedlichsten Anwendungen.

Der Nutring wird entweder als Einzeldichtung oder in Dichtsystemen als Sekundärdichtung eingesetzt. Die Konstruktion des Nutringprofils weist eine Reihe positiver Merkmale auf. Das

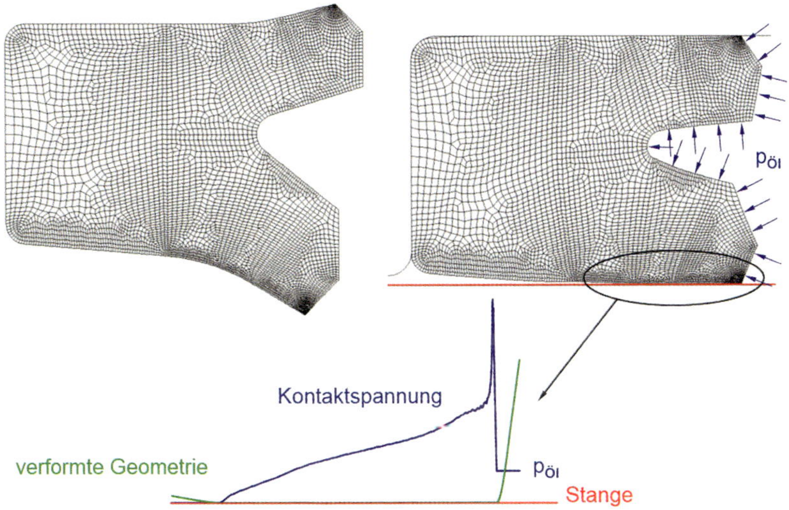

Bild 7.16: Verformung eines Nutringes in Abhängigkeit vom Druck und Kontaktspannungsverlauf

Übermaß des ungespannten Nutringprofils gegenüber dem Einbauraum kann sehr groß sein, so dass die gegenüber Metalltoleranzen größeren Gummitoleranzen leicht auszugleichen sind. Damit erreicht man eine relativ gute Gleichförmigkeit der Vorspannung des drucklos eingebauten Nutrings.

Das Nutringprofil kann als Grundkörper etwa mit Rechteckquerschnitt und Außen- bzw. Innenlippen beschrieben werden. Diese Lippen werden beim Einbau verformt, die Reaktionskräfte auf diese Verformung erzeugen zum Einbauraum Kontaktspannungen. Die Kontaktspannungen werden von der Verformung selbst aber auch vom Werkstoff des Nutrings bestimmt. Die für die Funktion wichtige Kontaktspannungsverteilung wird wiederum hauptsächlich von der Geometrie der Dichtkante bestimmt. Da beim Ausfahren der Stange eine geringe Schmierfilmhöhe gesucht wird, sind an der Dichtkante steile Winkel notwendig, diese erzeugen hohe Kontaktspannungsgradienten. Beim Einfahren der Stange werden hohe Schmierfilmhöhen benötigt, die von geringen Kontaktspannungsgradienten erzeugt werden. Bei Dichtungen, die hohen Drücken ausgesetzt sind, muss man berücksichtigen, dass durch den Druck die Geometrie so stark verformt wird, dass die komplette Innenmantelfläche der Dichtung an der Gleitfläche anliegt. Dadurch können die größten Kontaktspannungsgradienten nicht mehr im Bereich der Dichtkante anliegen sondern am Übergang der druckabgewandten Seite der Dichtung (**Bild 7.16**).

Um diesen Verformungseffekt zu verringern, werden die Nutringe im Bereich des Rückens mit Radien und Querschnittsverkleinerungen ausgelegt. Ein hoher Verformungswiederstand der Dichtung ist von großem Vorteil. Daher haben sich die recht steifen Polyurethan-Nutringe gegenüber weicheren Elastomer-Nutringe bei hohen Drücken bewährt.

Diese höhere Steifigkeit ist auch für die Extrusionsfestigkeit der Nutringe von Vorteil. Falls keine Polyurethane als Werkstoffe eingesetzt werden können, dann müssen die weicheren Elastomer-Nutringe gegebenenfalls mit Backringen oder zusätzlichen Versteifungen ausgelegt werden,

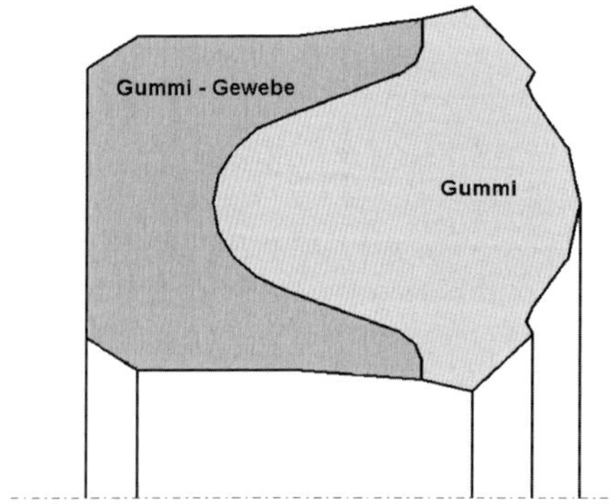

Bild 7.17: Schematischer Aufbau Kombi-Dichtung

Bild 7.18: Schematischer Aufbau Kompaktdichtung

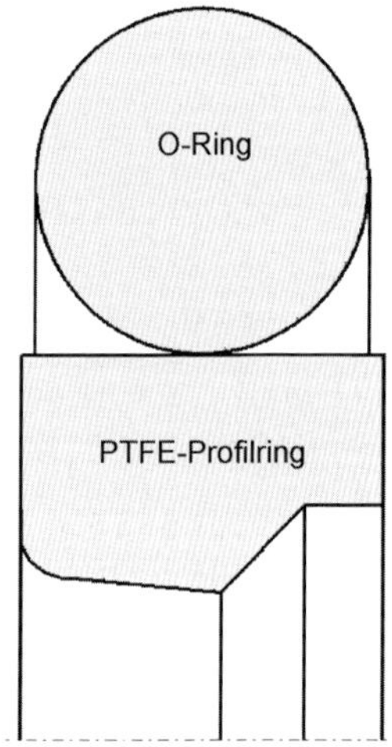

damit die Extrusionsfestigkeit erreicht wird. Solche Backringe sind aus technischen Thermoplaste wie POM oder PA, die eine gute Verschleißfestigkeit, Medienbeständigkeit, geringe Reibung, Flexibilität und Temperaturstabilität bis ca.120 °C haben. Die Backringe sind zur Erleichterung der Montage meistens in Umfangsrichtung offene Ringe. In besonderen Fällen wird diese Versteifung durch einen Elastomer-Gewebe-Verbund erreicht, der an die eigentliche Dichtung vulkanisiert wird (**Bild 7.17**).

Die Fasern des Gewebes zeigen eine geringe Dehnbarkeit im Vergleich zum reinen Elastomer, wodurch er wesentlich steifer wird. Solche Versteifungen sind relativ wenig verformbar und wirken sich daher hinderlich bei der Montage der Dichtungen in axial nicht geöffneten Einbauräumen.

Die Reibkraft, die ein Nutring erzeugt, ist stark Druck- und Geometrieabhängig. Es gibt Nutring Ausführungen mit Rillen an der Gleitmantelfläche der Dichtung, die das Ziel verfolgen, die Kontaktfläche der Dichtung gering zu halten. Diese Rillen sind bis Drücke von ca. 150 bis 200 bar wirksam, darüber hinaus treten bei den Nutringen herkömmliche Dichtungswerkstoffen so große Verformungen auf, dass diese Rillen ausgeformt werden und sich der Geometrie der Stange anpassen. Die Reibkraft oder die Verschiebekraft der Stange hängt von der Kontaktfläche ab, d.h. dass bei einem gleichen Stangendurchmesser Nutringe mit langen axialen Abmessungen höhere Reibkräfte erzeugen als kürzere Nutringe.

Hohe Reibkräfte bedeuten auch hohe Reibwärme und somit Abfall der Ölviskosität und folglich der Schmierfilmhöhe. Die höhere Temperatur und ungünstige tribologische Bedingungen bedeuten eine starke Belastung des Dichtungswerkstoffs mit Verschleiß als Folge.

Zu kurze Abmessungen der Dichtungen erzeugen bei Druckbelastung lokal hohe Dehnungen und Spannungen, was die Lebensdauer einschränkt.

Kompakt-Dichtungen, Aufbau und Funktion

Kompaktdichtungen sind Dichtungen, die im eingebauten Zustand anders als bei einem Nutring eine radiale Materialverpressung erfahren – wie bei einem O-Ring. In der Hydraulik kommen sowohl einteilige Kompaktdichtungen vor wie auch solche, die aus zwei oder mehreren Komponenten gebildet werden.

Bei einer einteiligen Kompaktdichtung wird durch das radiale Verpressen des Dichtungsquerschnitts eine sehr hohe Radialkraft erzeugt. Bei einem exzentrischen Versatz von Stange zu Gehäuse ergeben sich starke Kontaktspannungsunterschiede. Um größere Exzentrizitäten sicher abdichten zu können, müssen die Dichtungen ausreichend große radiale Abmessungen haben, um durch die Verformung des Anpresselements den Versatz der Stange zum Einbauraum zu überbrücken. Bei Anwendungen mit einem geringen radialen Einbauraummaß kann paradoxerweise der Fall auftreten, dass konstruktiv keine Lippengeometrie mit frei beweglichen Lippen möglich ist. Es entstehen dann halbkompakte oder kompakte Geometrien. Besonders kritisch sind zum Beispiel die Teleskopzylinder, die nicht nur einen geringen radialen Einbauraumvolumen benötigen, sondern durch den langen Hub auch große Auslenkungen (Versatz) erfahren können.

Bei den zwei oder mehrteiligen Dichtungen wird ein Teil aus einem eher harten und wenig elastisches Material (Gleitring oder Gleitelement) und das andere Teil mit einem weichen Material (Anpresselement) ausgelegt. Das Gleitelement ist meistens ein Thermoplast (PTFE Compound, UHMPE, u. a.), das durch die hohe Steifigkeit zu wenig Extrusionsbildung neigt und eine höhere Verschleißfestigkeit als Elastomere aufzeigt. Durch die höhere Steifigkeit und geringe Elastizität ist deren Montage mit Sonderwerkzeugen erforderlich. Die Auswahl des Werkstoffs des Gleitelements hängt von der Anwendung ab. Für die meisten Hydraulikanwendungen mit hartverchromten Kolbenstangen kommen PTFE-Bronze-Compounds in Frage. Bei Wasserhydraulik eignet sich besser ein Gleitelement aus UHMPE.

Je nach Medium und Stangenoberfläche werden auch PTFE-Glas-Compounds (bei Öl Wasseremulsionen HFA, HFC Flüssigkeiten) und PTFE-Kohle Compounds (als Gleitelement eingesetzt. Ein wesentlicher Vorteil von PTFE-Compounds ist deren hohe Medienbeständigkeit und Temperaturstabilität, so kann eine zweiteilige Kompaktdichtung durch die passende Auswahl von den Anpresselementen für tiefe oder für sehr hohe Temperaturen ausgelegt werden.

Das Anpresselement ist aus einem Elastomer, der zwischen dem Gleitelement und dem Gehäuse radial verpresst wird und somit die Dichtfunktion zwischen Gleitelement und Gehäuse übernimmt. Dieses Anpresselement ist oft ein O-Ring, kann aber auch ein rechteckiger Ring sein. Letzterer erzeugt durch den größeren Volumen bei der radialen Verpressung höhere Radialkräfte. Bei Anwendungen mit hohen Drücken werden die rechteckigen Anpresselemente bevorzugt, da die lokalen Dehnungen und Spannungen geringer ausfallen als bei einem O-Ring.

Kompakt-Dichtungen für die Abdichtung von Stangen sind Baugruppen, die aus einem Elastomerring und einem Gleitring bestehen (**Bild 7.18**). Die Aufgaben der Bauteile sind bei dieser Dichtungsform streng getrennt. Der Elastomerteil, meist als O-Ring ausgebildet, übernimmt die Aufgabe der dauerhaften Vorspannung der gesamten Dichtung und schließt nebenbei die Dichtstellen am Außendurchmesser und zwischen den Bauteilen selbst.

Der Gleitring dichtet mit seiner speziell ausgebildeten Dichtkante die Stange ab. Der für den Gleitring verwendete Werkstoff besteht meist aus einem PTFE-Compound, um eine Stick-Slip Erscheinung während des Betriebes auszuschließen. Die Verwendung von Gleitringen aus reinem PTFE-Material ist heute kaum noch anzutreffen. Der Grund liegt in den Materialeigenschaften des PTFE. Neben den als positiv zu wertenden Eigenschaften, geringer Reibwert, Stick-Slip freies Reibverhalten und hohe Temperaturbeständigkeit, stand das als negativ zu

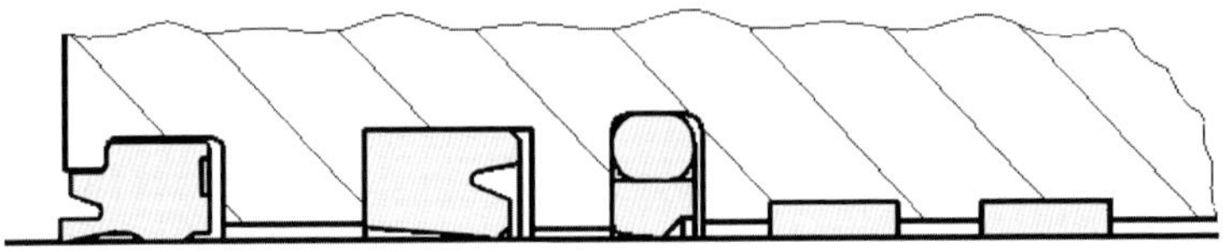

Bild 7.19: Schematischer Aufbau Kompakt-Dichtsystem

wertende „Kaltfließverhalten", das der Verwendung als Dichtung bisher im Wege stand. Der Materialforschung ist es gelungen, Füllmaterialien für PTFE-Compounds zu entwickeln, die die Standfestigkeit des Werkstoffs erheblich verbessert haben und sogar einen geringen Anteil an elastischem Verhalten erbringen, so dass die Gleitringe in eingestochene Nuten eingebaut werden können. Der in die Nut eingebaute Gleitring wird von der anschließend eingeschobenen Stange gedehnt und zugleich vom O-Ring am Außendurchmesser gestaucht.

Die Linienkraft an der Dichtschneide des Gleitrings besteht aus zwei Anteilen, einem ersten Anteil aus der Ringspannung des aufgeweiteten Gleitrings und einem zweiten Anteil aus der Verformungskraft am O-Ring. Wegen der Eigenschaft des PTFE-Compounds ist mit einer Relaxation des ersten Linienkraftanteils zu rechnen, so dass hauptsächlich der Anteil des O-Rings die Vorspannung aufrechterhält. Der Konstrukteur der Dichtung muss die Dichtkantengeometrie so festlegen, dass einerseits eine ausreichend hohe Vorspannung vorliegt und damit der Dichtvorgang eingeleitet wird, andererseits muss der Pressungsgradient an den entsprechenden Flanken sichergestellt sein. Die sich im Dichtkantenbereich einstellende Kontaktzone hat eine deutlich kürzere axiale Länge als bei reinem Elastomerwerkstoff. Durch die gegenüber Elastomerwerkstoffen wesentlich größere Steifigkeit ergibt sich eine angemessene Kontaktspannung, die ein teilweises „Eindringen" in die Oberflächengeometrie der Stange ermöglicht. Der Betrag dieser Eindrückbewegung ist kleiner als bei Dichtringen aus reinem Elastomer. Deshalb sollte man bei der Herstellung der Stangenoberfläche auf sehr gute Gleichförmigkeit achten. Man kennzeichnet diese Gleichförmigkeit durch den Traganteil der Oberfläche. In dieser Hinsicht sind Kompaktdichtungen mit Gleitring anspruchsvoll. Unter zunehmenden Betriebsdruck wird der O-Ring verformt und füllt allmählich den vorhandenen Freiraum zur druckabgewandten Seite hin aus. Das Profil des Gleitrings ist so ausgebildet, dass dem Verformungsdruck des O-Rings an der Gleitringseite ein Verdrehwiderstand entgegensteht. Der Gleitring wird also erst bei steigendem Betriebsdruck an die Stangenoberfläche gedrückt. Die Kontaktdruckkurve des Gleitrings unter Betriebsdruck zeigt deutlich den Spitzenwert im Schneidenbereich mit einer steil abfallenden Kurve auf der Druckseite und einer sanft abfallenden Kurve auf der druckabgewandten Seite.

Der Vergleich der beiden Kontaktspannungsverläufe zeigt, dass Kompaktdichtungen mit Gleitring ein ähnliches Dichtverhalten wie Dichtungen aus reinem Elastomer erbringen können. Die Reibkräfte der Kompaktdichtung sind durch die geringere Kontaktfläche geringer als bei Dichtungen aus Elastomer. Das Verschleißverhalten von Kompaktdichtungen mit Gleitring hängt sehr stark von der Werkstoffauswahl (Compound) und den Oberflächen ab. Die höhere Steifigkeit der Gleitringe führt dazu, dass nicht alle Täler der Oberflächen überbrückt werden können und man findet bei dieser Art von Dichtungen oft eine höhere Ölmenge, die auf der Stange beim Ausfahren herausgefördert werden kann. Eine ideale Abdichtung liegt aber vor, wenn die Kompaktdichtung in einem Dichtungssystem (**Bild 7.19**), als Primärdichtung eingesetzt wird, gefolgt von einer nahezu drucklos laufenden Nutringdichtung. Der größte Anteil an der Reibkraft wird an der Primärdichtung erzeugt, die Sekundärdichtung ergibt nur einen geringen Anteil, die Leerlaufreibung.

Zu den älteren Ausführungen von Stangendichtungen zählen die Dachmanschettendichtungen. Die gesamte Dichtung besteht an den Enden aus jeweils einem Stütz- oder Druckring. Die eigentlichen Dachmanschettenringe sind in unterschiedlicher Anzahl zwischen Druck- und Stützring angeordnet. Die Dachmanschettenringe werden sowohl als Gummi-Gewebeverbund als auch als reine Elastomerringe hergestellt.

Durch die Vielzahl der möglichen Anordnungen der Dachmanschettenringe kann auf die Anforderungen des Betriebes besonders gut eingegangen werden.

Die Leckagen sind relativ größer als bei einschneidigen Dichtelementen. Außerdem sind die Reibkräfte sehr hoch, eine Folge der großen Kontaktfläche. Dachmanschetten-Dichtsätze können wegen ihrer guten Überdeckung auch auf stärker beschädigten Stangenoberflächen eingesetzt werden.

7.2.2.2 Abstreifer

Abstreifer für Kolbenstangen haben die Hauptaufgabe, den am äußeren Stangenende auftretenden Schmutz am Eindringen in den Zylinder zu hindern (**Bild 7.20**). Daneben soll der aus den Dichtungen herrührende Schmierfilm auf gar keinen Fall außen abgestreift werden, da dadurch sofort eine Leckage angesammelt würde. Der ideale Abstreifer sollte den vorhandenen Schmierfilm der Dichtung beim Ausfahren der Stange möglichst abstreifen und als Meniskus sammeln. Beim Einfahren würde dann diese Überschussmenge wieder an die Kolbenstange abgegeben und über die Dichtung zurückgefördert. Der Gestaltung der Abstreiferlippe kommt insofern eine große Bedeutung zu.

Bei älteren Konstruktionen hat man die Abstreiflippe relativ spitz ausgeführt. Diese Form ergab nur eine relativ geringe Abstreifwirkung.

Es gibt zwei Typen von Einbauräumen (DIN ISO 6195): Die Einbauräume mit Rückhaltung des Abstreifers (Typ A, C, D), wofür die Abstreifer ohne zusätzliche Versteifungselemente in die Nut eingeschnappt werden und die Einbauräume ohne Rückhaltung (Typ B), bei dem der Abstreifer durch einen metallischen Versteifungsring in die axial offene Nut hineingedrückt werden (**Bild 7.21**)

Neben den Abstreifern mit einer Abstreiflippe gibt es solche, die eine zusätzliche, zum Druckraum zugewandte Dichtlippe haben, diese werden als Doppelabstreifer bezeichnet. Diese zusätzliche Dichtlippe dient dazu, den Schmierfilm abzustreifen, der beim Ausfahren der Stange durch die Dichtung herausgefördert wird, so dass er im Zylinderraum bleibt. Bei mehreren Hüben kann sich dadurch zwischen Dichtring und Abstreifring ein Druck aufbauen. Damit dieser Druck den Abstreifer nicht aus dem Einbauraum herausdrücken kann, sollten die Abstreifer

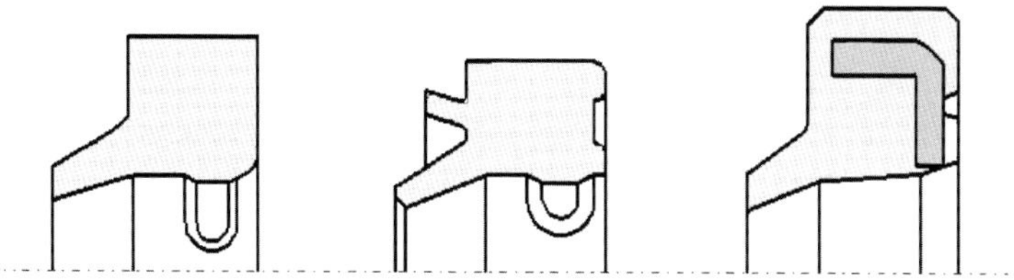

Bild 7.20: Abstreifer

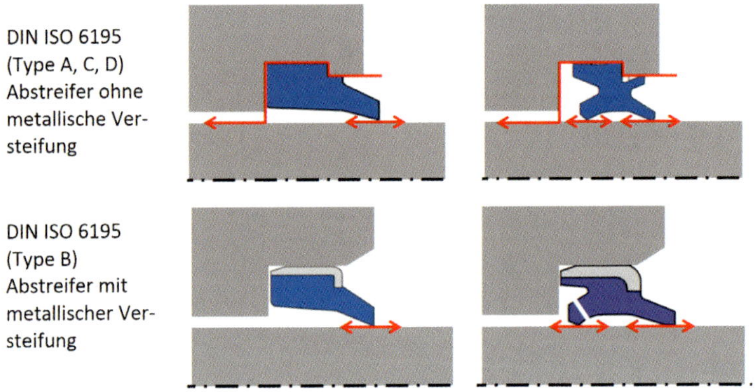

Bild 7.21: Zwei Typen von Einbauräumen (DIN ISO 6195)

Druckentlastungskanäle haben, die einen Überdruck abbauen lassen. Man findet dann einen größeren Ölkranz auf der Stange. Diese Kanäle können als Bohrungen durch die Dichtlippe oder als Rillen am Außendurchmesser des Abstreifers ausgeführt werden.

Die Schmutzpartikel können bei Abstreifern ohne metallischer Versteifung durch die Relativbewegung des Abstreifers zur Stange sowohl zwischen Stange und Abstreifer wie zwischen Abstreifer und Gehäuse in den Zylinderraum gelangen. Bei Abstreifern mit metallischer Versteifung kann die Kontamination des Zylinder Innenraums nur zwischen Abstreiflippe und Stange stattfinden.

Die geometrische Gestaltung einer Abstreiflippe muss widersprüchliche Anforderungen erfüllen: Einerseits muss sie beim Einfahren der Stange den Ölfilm auf der Stange zurück in dem Zylinder zurückfördern, anderseits sollen keine Schmutzpartikel in den Spalt zwischen Abstreiflippe und Stange hineingefördert werden. Idealerweise sollen auch beim Ausfahren der Stange bereits im Zylinderraum vorhandene Partikel herausgefördert werden. Darüber hinaus soll die Abstreiflippe alle radiale Stangenbewegungen so folgen können, dass keinen Sichelspalt entstehen kann.

Diese Aufgabe wird so gelöst, dass die Abstreiflippe eine recht hohe Radialkraft erzeugt und dabei dessen Abstreifkante ein Pressungsgradient aufweist, dass beim Einfahren der Stange der Ölschmierfilm auf der Stange in den Zylinderraum rückgefördert werden kann. Dieses Rückfördervermögen wird sowohl experimentell wie auch mittels der FEA ermittelt. Dabei spielen die Belastungsparameter des Zylinders, vor allem Geschwindigkeitsprofil, Druck und Temperatur eine Rolle. Die Größen- und Häufigkeitsverteilung der Schmutzpartikel haben einen gravierenden Einfluss auf die Kontamination des Zylinders. Kleinere Partikel können eher als größere durch die Abstreiflippe hineingezogen werden.

7.2.2.3 Dichtsysteme

Um die Zuverlässigkeit von Zylinderantrieben hinsichtlich Leckage zu erhöhen, werden am Zylinderdeckel mehrere Dichtungen hintereinander eingebaut, um den Druck und die Fördermenge von Öl (Leckageneigung) stufenweise abzubauen (**Bild 7.22**).

Dichtsysteme haben auf der Druck zugewandten Seite ein Dichtelement (Primärdichtung), dessen Hauptaufgabe darin besteht, Druckstöße und hohe Drücke abzufangen. Die häufigste

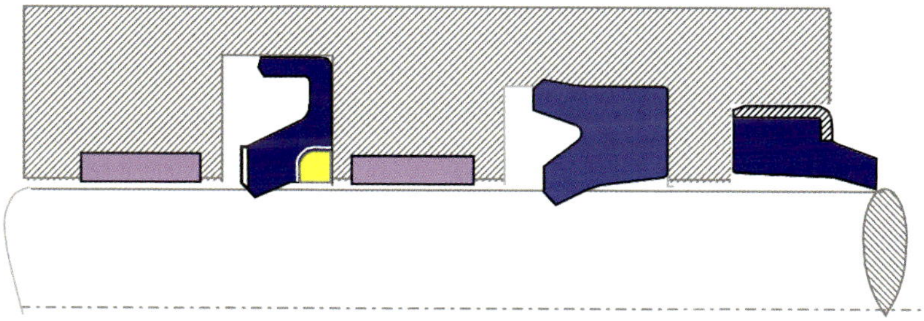

Bild 7.22: Dichtsystem mit Primärdichtung (Syprim, mit Backring), Sekundärdichtung (T20) und Abstreifer (AUASR)

Form von Primärdichtungen ist eine Nutringvariante mit einer relativ stark ausgeformten Dichtlippe und einem Backring, um die Extrusionsneigung zu minimieren. Die starke Dichtlippe muss aus einem verschleißfestem Werkstoff sein (TPU), um eine hohe Lebensdauer zu erreichen.

Um die Wärmeentwicklung aufgrund von Reibung gering zu halten, ist die axiale Länge der Primärdichtungen relativ kurz: eine geringe Kontaktfläche erzeugt geringe Reibung. Eine hohe Dichtheitsanforderung müssen die Primärdichtungen nicht erfüllen, da sie die Sekundärdichtung mit einer ausreichenden Menge an Öl zur Bildung eines Schmierfilms versorgen müssen. Der Rest des Nutringsprofils ist eher schmal gehalten. Sollte sich zwischen der Primärdichtung und der Sekundärdichtung so viel Öl sammeln, dass ein Druck aufgebaut wird, so muss dieser über die Primärdichtung in den Druckraum abgebaut werden. Die Primärdichtungen haben dafür Druckentlastungskanäle die entweder zwischen Dichtring und Backring oder zwischen Dichtring und Gehäuse bei Überdruck das Öl in den Druckraum fließen lassen.

Die Sekundärdichtung ist meistens als Nutring ausgeführt. Sie kann aber auch in Form einer zweiteiligen Kompaktdichtung (Gleitelement und Anpressring) ausgeführt sein. Dadurch, dass die Primärdichtung die Hauptbelastung übernimmt, wird die Sekundärdichtung nicht mit hohen Drücken belastet. Dies hat zur Folge, dass die Dichtung keine großen Verformungen erfährt und somit eine hohe Lebensdauer zeigt. Bei Ausfall der Primärdichtung muss die Funktion des Zylinders aufrecht bleiben, die Sekundärdichtung muss also in der Lage sein, die Belastungen einer Primärdichtung auszuhalten. Die Ölmenge, die durch die Primärdichtung nicht aufgefangen werden kann muss die Sekundärdichtung abdichten und zurückfördern. Die höhere Flexibilität der Dichtlippe eines Nutrings gegenüber dem Gleitelement einer Kompaktdichtung bietet bei hochdynamisch belasteten Zylindern eine höhere Zuverlässigkeit.

Neben den Führungselementen bietet der Abstreifer das letzte Glied eines Dichtsystems. Bei Dichtsystemen mit einer zweiteiligen Kompaktdichtung als Sekundärdichtung empfiehlt es sich einen doppelwirkenden Abstreifer einzusetzen, um Restleckagen im Zylinderraum zu halten. Durch das Dichtsystem wird ein Abstreifer mit Druckentlastung nicht unbedingt notwendig sein, er würde aber eine höhere Zuverlässigkeit des Dichtsystems bringen.

In **Bild 7.23** sind die meist angewendeten Dichtsysteme dargestellt. Die erste Variante zeigt ein Dichtsystem aus einer Primärdichtung mit Gleitring aus PTFE-Compound, um die Reibkraft

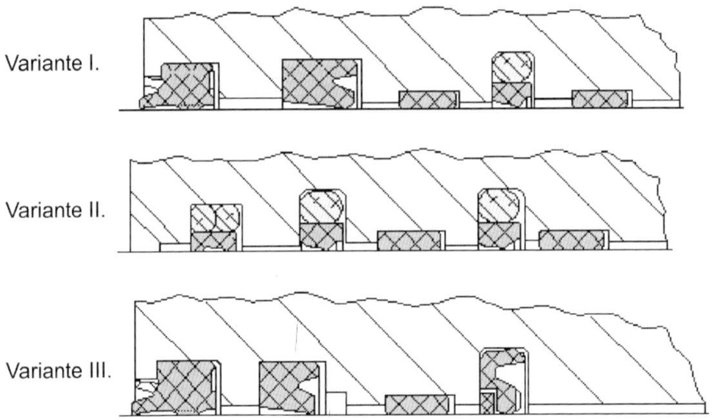

Bild 7.23: Optimierte Dichtsysteme

klein zu halten, und einer Sekundärdichtung in Form eines Polyurethannutrings, der besonders im Niederdruckbereich sehr kleine Ausfahrfilmdicken ergibt und beim Einfahren wieder passieren lässt. Den Abschluss bildet ein Einfachabstreifer.

Die zweite Variante zeigt ein Dichtsystem mit zwei hintereinander angeordneten Dichtungen mit Gleitring aus PTFE-Compound, um die Reibkraft zu minimieren, gefolgt von einem Doppelabstreifer.

Die dritte Variante zeigt ein Dichtsystem mit einer als Primärdichtung angeordneten Stangendichtung, welche mit Sicherheit einen Überdruck im Zwischenraum gegenüber dem Hauptraum ausschließt. Als Sekundärdichtung folgt ein Polyurethannutring und ein Abstreifer. Dieses Dichtsystem hat sich in der Praxis als besonders unempfindlich und langlebig herausgestellt.

Plunger- und Stangendichtungen werden durch Abstreifer vor eventuell eindringendem Schmutz geschützt. Der Abstreifer soll mit seiner Abstreiflippe Schmutzteile am Eindringen in den Dichtraum hindern, zugleich muss aber der immer vorhandene Restschmierfilm in beide Richtungen passieren können. Deshalb ist der Ausbildung der Abstreiferlippe eine hohe Priorität einzuräumen.

7.2.2.4 Kolbendichtungen

Kolbendichtungen werden in den meisten Fällen beidseitig mit Druck beaufschlagt. Im Allgemeinen wechselt der Druck die Seite je nach Bewegungsrichtung des Zylinders. Bei Hubzylindern mit aufliegender Last und in Stellzylindern werden die Kolbendichtungen mit unterschiedlichem Druck auf beiden Seiten gefahren. In Sonderfällen ist die Kolbendichtung nur einseitig beaufschlagt.

An das Dichtvermögen der Kolbendichtungen werden nicht so hohe Ansprüche wie bei den Stangendichtungen gestellt, aber es muss immerhin so gut sein, dass das Durchsacken eines unter Last stehenden Hydraulikzylinders mit Sicherheit vermieden wird.

Die Einbauräume für Kolbendichtungen sind in der DIN ISO 7425 Teil 1 beschrieben.

Bild 7.24: Kolbendichtung mit TPU Gleitelement und NBR Anpressring(links) und Kolbendichtung mit offenem PA Gleitelement mit Stufenschnitt und NBR Anpressring.

Kolbenabdichtungen für beidseitig beaufschlagte Kolben können als Einzeldichtung oder als einer mehrteiligen Kompaktdichtung mit einem Gleitring aus einem verschleiß- und extrusionsfestem Material, einen elastischen Anpresselement und ggf. mit Backringen an beiden Seiten des Gleitelementes ausgeführt werden. Für einseitig beaufschlagten Kolben werden sowohl die symmetrischen Dichtungen wie auch einseitig wirkende Dichtungen wie Nutringe oder Kompaktdichtungen mit asymmetrische Geometrie eingesetzt.

Bei der Auslegung von Kolbendichtungen muss man die Rohraufweitung berücksichtigen. Unter Druckbelastung werden Rohre gedehnt, wodurch sich ein größerer Extrusionsspalt bildet als im drucklosen Zustand. Zusammen mit der einseitigen Lage des Kolbens im Zylinderrohr durch die Auslenkung der Kolbenstange können im Vergleich zu einer Stangendichtung größere Spalte auftreten. Aus diesem Grund die die Werkstoffe der Gleitelemente von Kolbendichtungen aus relativ steifen Werkstoffen hergestellt (**Bild 7.24**): TPU mit Härten von ca. 60 Shore D für geschlossene Ringe oder sogar höher, wenn sie aus Thermoplasten (PTFE compounds, PA mit Glasfasern) sind. Wenn die Steifigkeit des Gleitelements groß ist, dann lassen sich die Gleitelemente nicht so weit dehnen, dass sie als geschlossene Ringe montierbar sind. Gleitelemente aus PA mit Glasfasern sind als offene Ringe mit einem Stufenschnitt ausgeführt. Dieser Stufenschnitt wird im eingebauten Zustand geschlossen und erfüllt die Dichtfunktion. Diese Gleitringe werden für Kolben mit sehr hohen Drücken (> 400 bar) eingesetzt.

Bei den Kompaktkolbendichtungen mit Anpressring und Gleitelement muss man letzteren so gestalten, dass das Medium in der Lage ist, den Anpressring mit Druck zu beaufschlagen. Wenn dieses nicht stattfindet, dann wirkt der Druck hauptsächlich auf der Außenmantelfläche des Gleitelements und diese resultierende Kraft drückt dann das Gleitelement in die Kolbennut und trennt ihn vom Zylinderrohr. Die Folge ist unkontrollierte Leckage und ein Abdrift des Kolbens. Dieses Verhalten nennt man Blow-By-Effekt.

Damit das Medium den Druck an das Anpresselement übertragen kann, muss das Gleitelement entweder Kanäle an den Stirnseiten haben oder aber eine trapezförmige Kontur haben, bei dem ein keilförmiger Spalt zwischen der Stirnwand der Dichtung und der Kolbennut entsteht.

Das Anpresselement ist aus einem verhältnismäßig weichen Elastomer mit einer Härte von ca. 80 Shore A ausgeführt. Für einfache Kolbendichtungen ohne große Belastungen können O-Ringe eingesetzt werden. Der O-Ring wird durch die Wechselbelastung des Kolbens unter Druck in der Nut verschoben und verformt. Bei größeren Belastungen kann der O-Ring in sich verdrillen

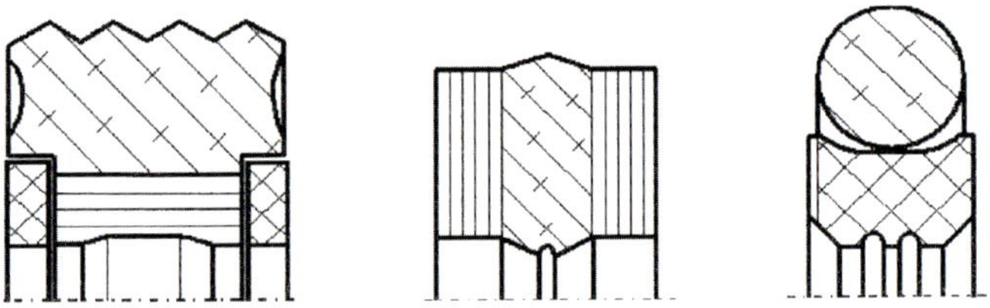

Bild 7.25: Dichtelemente für Schwenkbewegungen

und die Dichtfunktion kann stark verringert werden. Größere Drücke erzeugen beim O-Ring hohe lokale Dehnungen und Spannungen, wodurch sich die Lebensdauer im Vergleich zu einem rechteckigen Anpresselement verringern kann.

Einfachwirkende Kolbendichtungen sind entweder als Nutringe oder als asymmetrische Kompaktdichtungen ausgeführt. Die Nutringe haben in den meisten Fällen einen Back Ring, um den größeren Spalt, der sich bei der Rohraufweitung ergeben kann zu schließen und die Extrusion des Dichtringes zu vermeiden.

7.2.2.5 Rotationsdichtungen

Für Schwenkbewegungen und Betriebsdrücke bis 400 bar und bei Gleitgeschwindigkeiten bis 0,5 m/s sind Dichtringe nach **Bild 7.25** im Einsatz. Sie werden vorwiegend bei sehr geringen Umfangsgeschwindigkeiten eingesetzt, dadurch sind die Temperaturprobleme relativ unbedeutend.

Sollten die Betriebsbedingungen außerhalb der Grenzen der dargestellten Wellendichtringe liegen, ist der Einsatz einer Gleitringdichtung, siehe Kapitel 5, einer Stopfbuchsabdichtung, siehe Kapitel 4 oder eines Radialwellendichtringes gemäß Kapitel 6 zu prüfen.

7.2.3 Führungen

Führungen an Hydraulikgeräten, seien es Zylinder, Rotoren oder Plungerpumpen, sind eigentlich Lager, sie werden aber vom Konstrukteur häufig als gering belastet angesehen. Zu dieser Sicht wird man leicht verführt, wenn man zum Beispiel an einen beiderseits mit Kugelführungen gelenkig angeordneten Hydraulikzylinder denkt oder an einen Plunger, der auf der Kreuzkopfseite mittels Gleitschuh von Querkräften freigehalten wird. Wegen dieser Sicht werden Führungen vielfach nach Gefühl ausgelegt und selten nachgerechnet. Erst nach unerwarteten Schadensfällen wird eine Berechnung der Führungskräfte vorgenommen, häufig kommen dabei unerwartet große Werte heraus.

7.2.3.1 Funktionale Zusammenhänge zwischen Führung und Dichtung

Zueinander bewegte Bauteile müssen ein betriebsbestimmtes Mindestspiel aufweisen, um die Schmierung nicht zu behindern und um unterschiedliche Wärmeausdehnungen der Bauteile zu ermöglichen. Das betriebsbestimmte Größtspiel ergibt sich aus der zusätzlichen Dehnung der Bauteile unter Druck und der Verschleißgrenze der Bauteile. Dieses Größtspiel ist wichtig für die Berechnung der Führungskräfte und die Auslegung der Führungsteile. Die Führungskräfte erzeugen Reibwärme in den beteiligten Bauteilen, bei hoch beanspruchten Geräten müssen die entstehenden Temperaturen besonders berücksichtigt werden.

Die Führungselemente sollen Radialbewegungen von Stangen, Kolben, Plungern oder Rotorwellen möglichst klein halten und die Führungskräfte aufnehmen. Dabei werden die Führungselemente etwas zusammengedrückt und die Auslenkung von Stange, Welle oder Plunger vergrößert. Das Material der Führungselemente sollte eine hohe Steifigkeit aufweisen, es werden Werkstoffe mit E-Modulen von 500 bis 100.000 N/mm^2 verwendet.

Die Dichtung soll die Stange, Kolben, Plunger oder Welle mit möglichst geringer Reibkraft abdichten, zugleich sollen die Dichtungen Radialbewegungen der abgedichteten Teile zueinander zulassen, um das Größtspiel der Führung auszugleichen. Dichtungen werden aus weichelastischen Werkstoffen (Gummi) hergestellt mit einem E-Modul bzw. 100 %-Spannungswert von 5,0 bis 500 N/mm^2.

Ein Vergleich der Linienkräfte ergibt zum Beispiel für ein Führungsband mit 10 mm Breite eine zulässige Last von 250 N/mm. Die Linienkräfte für Dichtungen liegen bei Werte von 0,5 bis 5 N/mm. Die entsprechenden Steifigkeiten betragen beim Führungsband 35.000 N/mm^3, bei Dichtungen 0,5 bis 10 N/mm^3.

Diese unterschiedlichen Aufgaben und Materialien lassen erkennen, warum die Dichtungen nicht für Führungsaufgaben herangezogen werden können. Eine Ausnahme hierzu bilden Sonderdichtungselemente mit integriertem Führungsteil für Pneumatik- oder gering belastete Hydraulikzylinder. Streng betrachtet liegt aber auch in diesem Falle eine Trennung der Führungsfunktion von der des Dichtungsteils vor.

Hydraulikzylinder, Rotoren und Plunger sind in der Regel neben den Dichtungen mit einem oder mehreren Führungselementen ausgestattet. Diese zusätzlich angeordneten Führungselemente verlängern die Konstruktion von Kolben, Zylinderkopf oder Rotorwelle in erheblichem Ausmaß. Konstruktiv ist man bemüht, die Hydraulikgeräte möglichst kurz zu bauen, deshalb ist die Fragestellung nach der notwendigen Mindestlänge der Führungselemente für den Konstrukteur von großer Bedeutung.

Die Bauteile von dynamisch betriebenen Hydraulikzylindern weisen wegen der betriebstechnisch erforderlichen Spiele immer Winkelabweichungen zueinander auf. Dadurch ist stets mit erheblicher Kantenpressung an den Führungen sowie mit „Fressen" der bewegten Bauteile oder mit Kantenausbruch zu rechnen. Führungselemente werden deshalb häufig aus hochfesten Kunststoffen hergestellt. Die Verwendung von solchen Führungselementen verhindert „Fressen" sowie Kantenausbrüche und führt meist zur Verringerung der Reibung. Die Führungskräfte werden auf eine größere Kontaktfläche verteilt, zugleich werden die Führungselemente stärker als bei einer Metallausführung zusammengepresst. Diese zusätzliche radiale Verformung muss auch bei der Spaltüberbrückung der Dichtung berücksichtigt werden. Wegen der größeren Temperaturausdehnung der Kunststoffe ist bei unterschiedlichen Betriebszuständen ein zusätzliches Spiel zu berücksichtigen.

Zusammenfassend lässt sich feststellen, dass eine metallische Führung die kleinsten Winkelabweichungen zulässt, aber wegen der sehr hohen Kantenpressung leicht zum „Fressen" der bewegten Bauteile neigt. Dem gegenüber wird bei der Verwendung von hochfesten Kunststoffen als Führungselement das „Fressen" der Bauteile vermieden, etwas größere Führungsspiele müssen dafür aber in Kauf genommen werden. Trotz der zuletzt genannten negativen Folgen bei der Verwendung von hochfesten Kunststoffen für Führungselemente überwiegen jedoch die positiven Aspekte.

Für die Berechnung der Führungskräfte sind neben den bereits erwähnten Auslenkungen infolge der Führungsspiele weitere Auslenkungen durch einseitiges Eindrücken in das Führungselement und Auslenkung durch Biegung von Stange, Zylinder, Plunger oder Welle zu berücksichtigen. Die Führungskräfte werden außerdem durch Reibkräfte beeinflusst, die sich durch Winkeländerungen in den Aufhängungen der Hydraulikzylinder ergeben. Es muss auch eine eventuelle exzentrische Krafteinleitung, Vorkrümmung der Bauteile und bei liegender Anordnung des Hydraulikgerätes noch das Eigengewicht und die Füllung mit Medium beachtet werden.

Die Berechnung der Führungskräfte unter Berücksichtigung der bis hierher genannten Aspekte erfolgt mit Absicht ohne eine Einbeziehung von äußeren Kräften oder Momenten. Die hierbei ermittelten Führungskräfte ergeben häufig schon erstaunlich große Werte. Die getrennte Betrachtung sogenannter „innerer Führungskräfte“ macht methodisch Sinn, denn bei Vorliegen äußerer Kräfte oder Momente können die jeweils auftretenden Kraftanteile einfach addiert werden.

Bisher ist noch nicht die Bedeutung des Lagerabstands der Führungselemente zueinander erwähnt worden. Die naheliegende Annahme, dass die größten Führungskräfte beim kleinsten Abstand der Führungselemente entstehen, muss nicht richtig sein, weil die größten Auslenkungen durch die zusätzliche Durchbiegung von Stange, Zylinder usw. entstehen können. Es gibt keine sichere Voraussage, bei welcher Hubstellung die größten Führungskräfte auftreten. Der Anwender ist also genötigt, zum Beispiel Hydraulikzylinder oder Plungerpumpen über den gesamten Hubbereich zu betrachten.

7.2.3.2 Rotorführungen

Rotoren oder Drehdurchführungen werden in der Regel durch Wälzlagerung der Gehäuse und der Wellen geführt, um größere Führungskräfte von der Dichtstelle fern zu halten. Die Dichtungen sind dabei meistens im äußeren Gehäuse integriert. Vorherrschend ist die metallische Führung. Sollen Führungselemente aus hochfestem Kunststoff eingesetzt werden, ist eine Winkelbuchsenkonstruktion zu wählen. Die radial liegenden Schenkel können durch Stifte oder Schrauben zur Aufnahme der Reibmomente herangezogen werden. Eine Aufnahme der Reibmomente durch Presssitz der Kunststoffführungselemente scheidet wegen der zu geringen Haftmomente aus. Die radialen Führungskräfte werden durch die Reibmomente der Dichtungen und der Verformungskräfte an den Zuführungsorganen für die Medien bestimmt. Zusätzlich muss eine axial wirksame Führung angeordnet werden.

7.2.3.3 Zylinderführungen

Für die Berechnung der Führungen an Hydraulikzylindern muss die Gesamtanordnung des Gerätes bekannt sein, in dem der Zylinder arbeiten soll, um die von außen wirkenden Kräfte und Momente ermitteln zu können. Vielfach werden Hydraulikzylinder mit winkeleinstellbaren Aufhängungen an beiden Enden angeordnet, z. B. Lagerbock mit Bolzen oder kugelige Aufhängungen.

Der am universellsten einsetzbare Hydraulikzylinder ist an beiden Enden gelenkig ausgeführt. Alle Führungsverhältnisse ergeben sich aus den Abmaßen der vorhandenen Bauteile, die größten Führungskräfte entstehen bei liegender Anordnung. Unter dieser Voraussetzung kann die Dimensionierung der Führungen vorgenommen werden, ohne dass der spätere Einsatz des Hydraulikzylinders eine Anpassung derselben erfordert. Vielfach werden Hydraulikzylinder mit Flansch am Kopf oder Boden des Zylinders ausgeführt, um sie im Verwendungsfall mit dem Gerät verschrauben zu können. Bei kleineren Abmessungen der Hydraulikzylinder findet man auch Gewinde im Kopf- oder Bodenbereich, um den Zylinder mit dem Gerät zu verbinden. Eine weitere Ausführungsform von Hydraulikzylindern verwendet Traversen, damit der Zylinder seitwärts befestigt werden kann. Für diese Ausführungsformen ist gemeinsam, dass eine

Disparallelität von Zylinder- und Geräteachse sehr große zusätzliche Führungskräfte hervorrufen kann, auch wenn das Stangenende gelenkig und zusätzlich mit Gleitschuh ausgeführt wird. Eine besondere Aufmerksamkeit bei der Berechnung von Führungskräften am Hydraulikzylinder ist den „schlanken" Zylindern zu widmen, weil die Durchbiegung von Stange und Zylinder ein Versagen herbeiführen können, ohne dass die kritische Knicklast (nach Euler) für die Stange vorliegt.

7.2.3.4 Hydraulikzylinder mit beidseitig gelenkiger Aufhängung

Am liegenden Zylinder ist das Ausknicken der Konstruktion infolge der immer vorhandenen Spiele an der Stangen- bzw. der Kolbenführung am leichtesten zu erkennen, aber unabhängig von der Stellung der Zylinderachse nimmt der Zylinder auch in vertikaler Anordnung diese Ausknickstellung an, nur die Richtung quer zur Achse ist beliebig. **Bild 7.26** zeigt einen typischen Differentialzylinder mit beiderseits kugeliger Aufhängung. Die Spiele sind zur Verdeutlichung des Problems stark vergrößert, dadurch erscheint auch die Winkelstellung stark übertrieben. Real sind relative Führungsspiele „y" bis zu 10 ‰.

Im Schema in **Bild 7.27** ist der Zusammenhang der verschiedenen Einflüsse auf die Winkelstellung von Zylinder- zur Stangenachse dargestellt. Die Auslenkungsbeträge „Al" und „Ar" bestimmen den Drehpunkt „Mp" und die Gesamtauslenkung „Hm" des Zylinders, weitere Einzelheiten sind dem Schema zu entnehmen.

Die Stangenführung richtet sich nach der Zylinderachse, sie ist im Zylinderkopf eingebaut, dadurch entsteht der winklige Kontakt zur Stangenoberfläche. Umgekehrt richtet sich die Kolbenführung nach der Stangenachse, es entsteht auch hier ein winkliger Kontakt zur Zylinderfläche. In **Bild 7.28** sind die beiden Führungsbuchsen lagerichtig angeordnet, es ist der drucklose Zustand dargestellt, eine Eindrückung der Führungsbuchsen tritt noch nicht auf.

Die gesamte Auslenkung des Hydraulikzylinders wird durch eine Reihe von Faktoren beeinflusst:

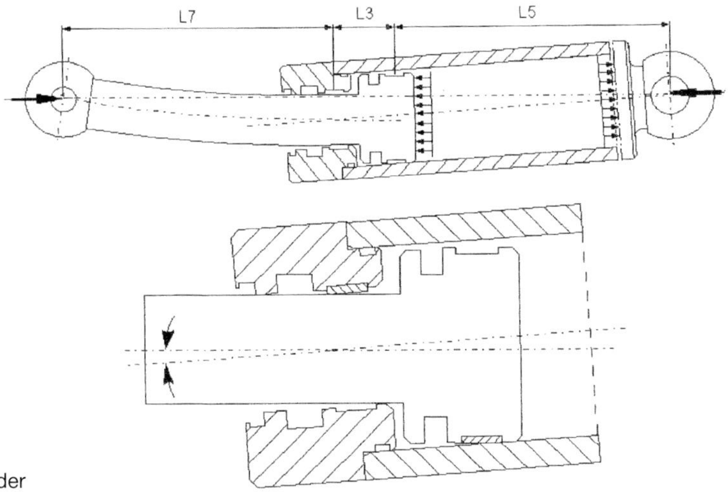

Bild 7.26: Auslenkungen an einem Hydraulikzylinder

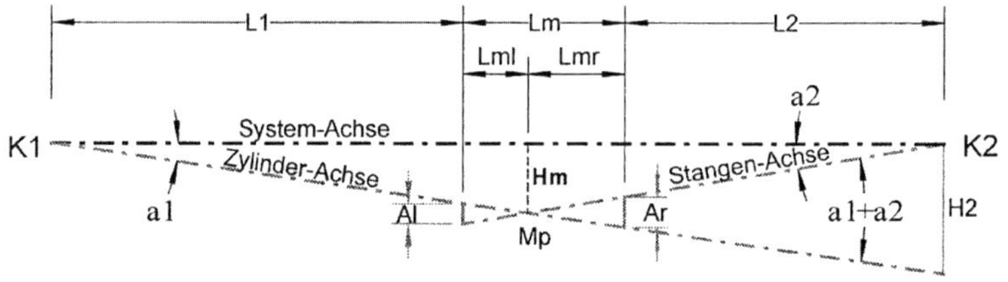

K1, K2 sind die Kraftangriffspunkte des Hydraulikzylinders
L1 ist der Abstand K1 - Führung am Kolben
L2 ist der Abstand Führung der Stange - K2
Lm ist der Abstand der beiden Führungen
Lml ist die linke Teillänge Lm (von Mp gesehen)
Lmr ist die rechte Teillänge von Lm
Al ist die Gesamtauslenkung Kolbenführung
Ar ist die Gesamtauslenkung Stangenführung
Hm ist die Auslenkung des Hydraulikzylinders

Lml = Lm*Al/(Al+Ar) Lmr = Lm*Ar/(Al+Ar)
H2 = Ar*(Lmr+L2)/Lmr Hm = H2*(L1+Lml)/(L1+Lm+L2)
a1 = atan(Hm/(L1+Lml)) a2 = atan(Hm/(Lmr+L2)) ag =a1+a2

Bild 7.27: Schema der Auslenkung am beidseitig gelenkig befestigten Hydraulikzylinder

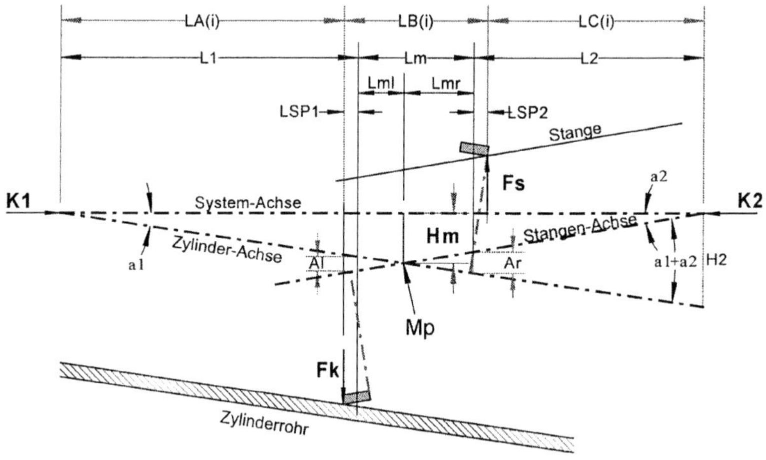

Bild 7.28: Schrägstellung der Führung zu Stange und Zylinderrohr (drucklos)

- An der Stange: Führungsspiel, Eindruck in die Führungsbuchse, Durchbiegungsanteil der Stange, Abrieb an der Stangenführung.
- Am Kolben: Führungsspiel, Eindruck in die Führungsbuchse, Durchbiegungsanteil des Zylinders, Dehnung des Zylinders, Abrieb an der Kolbenführung.

In **Bild 7.29** kann man die zunehmende Schrägstellung der Stange und des Zylinders durch die einzelnen Einflüsse beobachten. Die effektiv sich einstellenden Schrägstellungen der Führungen zu ihren Gegenflächen kann man dem **Bild 7.30** entnehmen, die Winkel ALE1 und ALE2 sind die wirksamen Kontaktwinkel, der Einfachheit wegen sind die Querschnitte radial an die Achsen verschoben.

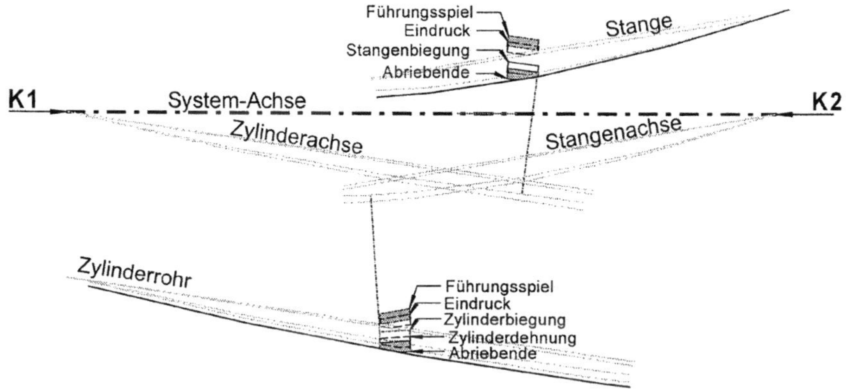

Bild 7.29: Zunehmende Schrägstellung unter verschiedenen Einflüssen

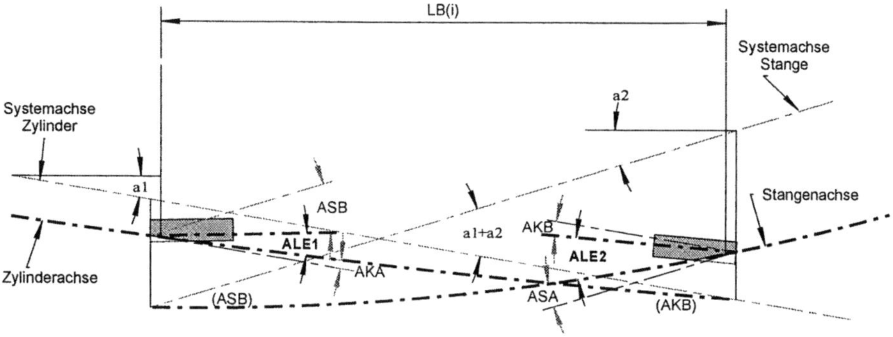

Bild 7.30: Schrägstellung der Führung zu Stange und Zylinderrohr unter Betriebsdruck

Die Durchbiegung des Zylinderrohrs wird durch das Moment der Führungskräfte hervorgerufen, bei liegendem Zylinder sind noch die Eigengewichtsanteile zu berücksichtigen. Die Rohrdehnung beeinflusst zusätzlich die Schrägstellung der Achsen.

Die Durchbiegung der Stange wird durch das Moment der Führungskräfte und durch die gleichzeitig wirkende Axialkraft des Zylinders zuzüglich Eigengewichtsanteil bei waagerechter Anordnung beeinflusst. In **Bild 7.31** sind die wichtigsten Einzelheiten dargestellt.

Diese wirksamen Kontaktwinkel werden zur Berechnung der Kontaktspannungen, der räumlichen Ausdehnung des Eindrucks und der Schwerpunktabstände LSP1 und LSP2 herangezogen. Der Eindruck einer Stange in die Führungsbuchse zeigt **Bild 7.32**, die ungleiche Spannungsverteilung in der Kontaktfläche ergibt sich aus der Schrägstellung und der Schmiegung der zum Führungsdurchmesser kleineren Stange. Die Breite des Eindrucks ist immer kleiner als der Führungsdurchmesser, die Länge des Eindrucks dagegen kann unterschiedlich ausfallen (**Bild 7.33**). Ein negativer Kontaktwinkel tritt relativ selten auf, jedoch können alle dargestellten Kontakte nacheinander an einer Kontaktfläche während des Durchlaufs eines Zylinders auftreten. Die durchschnittliche Kontaktspannung errechnet sich aus Führungskraft durch Länge

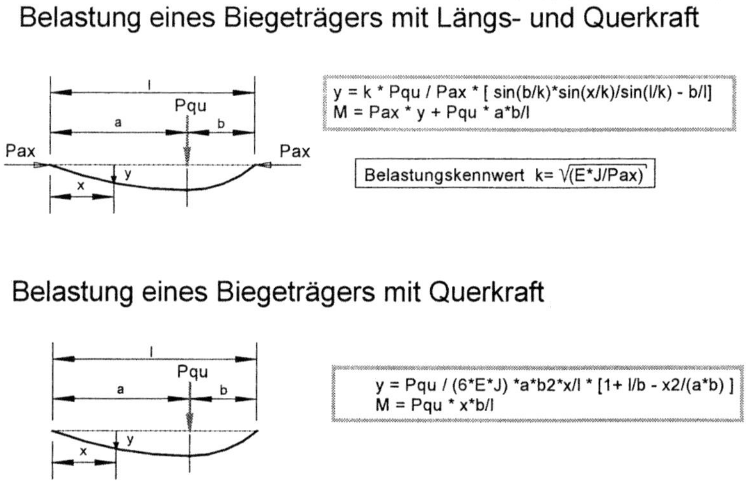

Bild 7.31: Durchbiegung von Stange und Zylinder

mal Durchmesser der Führungsbuchse, die maximale Spannung kann ein Mehrfaches betragen. Konstruktiv kann die Länge des Eindrucks durch die Banddicke der Führungsbuchse beeinflusst werden, je größer die Banddicke, je länger wird der Eindruck. Vorteilhaft für die Materialausnutzung ist ein Eindruck entsprechend der mittleren Darstellung in Bild 7.33, da das fehlende Ende der überragenden Kontaktfläche nur einen kleinen Anteil der Führungskraft tragen würde.

Den Materialeinfluss bei der Ausbildung der Kontaktflächen und den Unterschied der auftretenden Kontaktspannung bei Verwendung von Bronze im Vergleich zu einer Hgw-Führungsbuchse zeigen die **Bilder 7.34 und 7.35**. Die mehrfach größere Kontaktfläche der Hgw-Führungsbuchse führt zu einer relativ geringen maximalen Kontaktspannung. Die maximale Kontaktspannung tritt in beiden Beispielen an der äußeren Kante der Führungen auf. In **Bild 7.36** ist dargestellt, dass eine patentierte Führungsbuchse durch eine spezielle Profilgestaltung auch

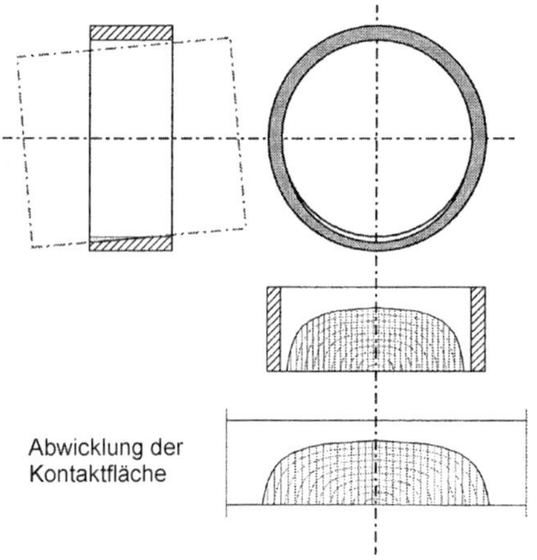

Bild 7.32: Eindruck der Stange in die Führungsbuchse

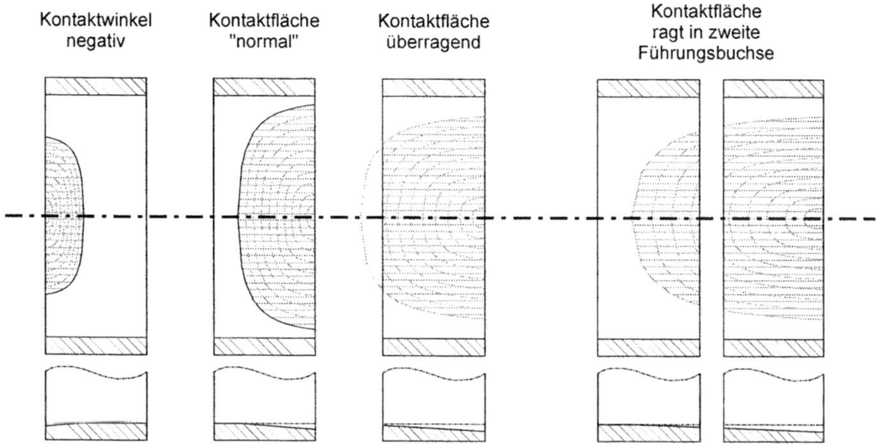

Bild 7.33: Verschiedene Kontaktformen

- Kleine Kontaktfläche im Endlagenbereich des Hubes
- Extrem hohe Spannungs - spitze im Kantenbereich
- Gefahr von Kantenbrüchen
- Führungslänge der Buchse kann nicht ausgenutzt werden.

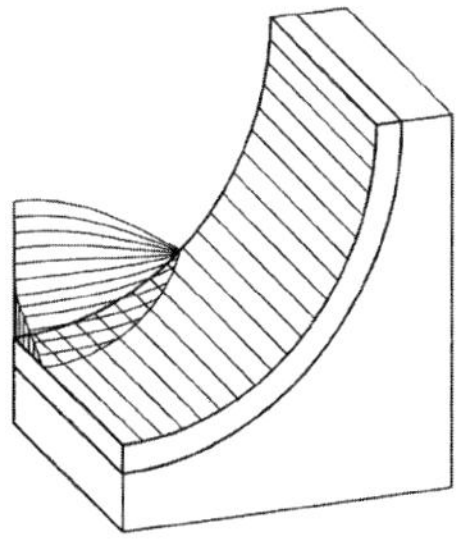

Bild 7.34: Kontaktspannung einer Bronze-Führungsbuchse

- Bei gleicher Belastung vergrößerte Kontakt - Fläche im Endlagenbereich des Hubes
- Reduzierte Spannungsspitze im Kantenbereich
- Führungslänge der Buchse kann besser ausgenutzt werden

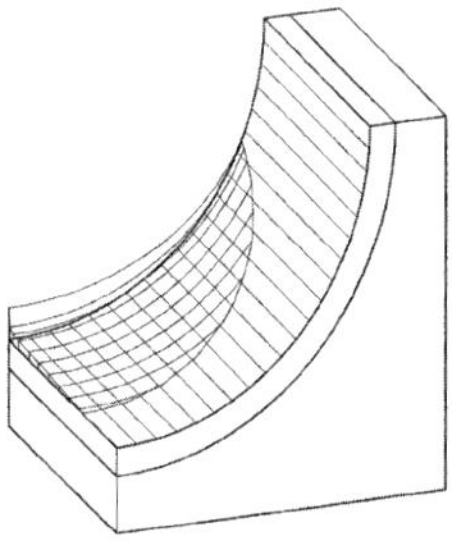

Bild 7.35: Kontaktspannung einer Hgw Führungsbuchse

- Kontaktfläche liegt in der Mitte der Buchse
- Keine Spannungs - spitze
- Keine Kantenbelastung
- Keine Kantenbrüche
- Optimale Ausnutzung der Führungsbuchse

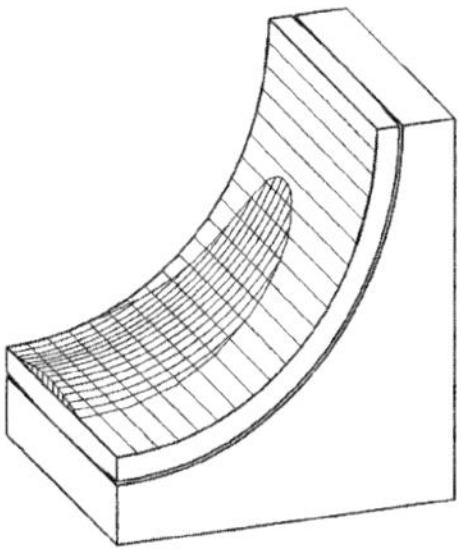

Bild 7.36: Kontaktspannung einer gewölbten Führungsbuchse

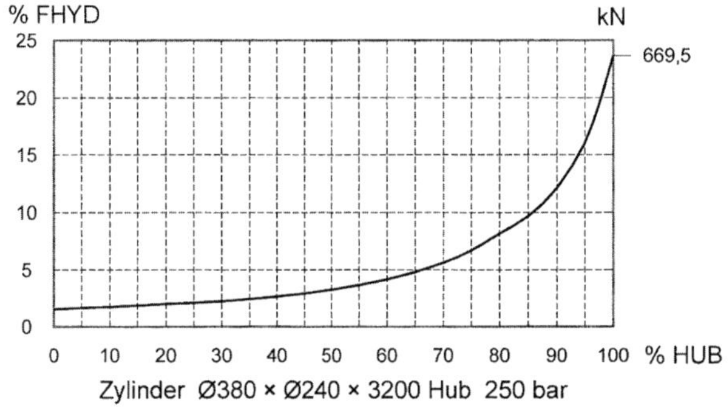

Bild 7.37: Verhältnis Führungkraft zu Hydraulikkraft

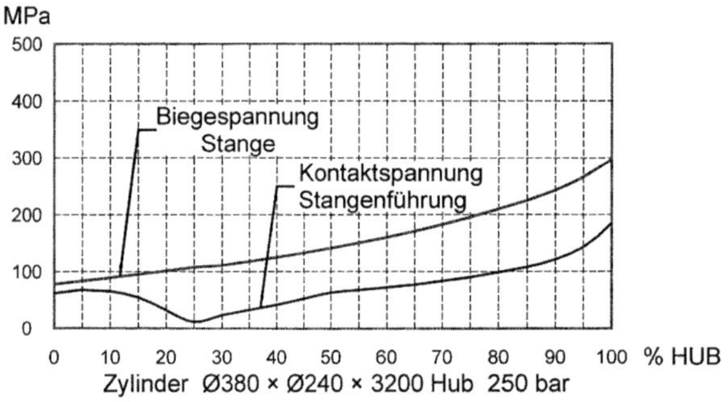

Bild 7.38: Spannungen an Stange und Führung

bei Winkelstellung der Kontaktpartner eine Kontaktdruckverteilung erzielt, deren Maximum im inneren Bereich des Profils auftritt. Dadurch kann die maximal zulässige Führungskraft im Vergleich zu herkömmlichen Rechteckprofilen deutlich gesteigert werden.

Dem Abrieb der Führungsbuchsen ist doppelt Rechnung zu tragen. Erstens wird die Schrägstellung der Achsen weiter vergrößert, zweitens nähern sich die Metallteile relativ zu einander. Es ist darauf zu achten, dass es nicht zur metallischen Berührung kommt, um ein „Fressen" auszuschließen.

Alle bisher genannten Größen sind abhängig von der jeweiligen Hubstellung des Zylinders. Eine sichere Voraussage für die Stellung mit der größten Führungskraft kann nicht gemacht werden. Das bedeutet eine Berechnung durch alle Hubstellungen.

Ein der Praxis entnommenes Beispiel eines Hydraulikzylinders soll mit den Ergebnissen vertraut machen, die bei der Berechnung der Führung auftreten.

In **Bild 7.37** ist die Führungskraft in den verschiedenen Hubstellungen dargestellt. Der absolute Wert mit rund 670 kN am Ende des Hubes wurde in der linken Skala in Vergleich zur konstanten Zylinderkraft FHYD gesetzt, die maximale Führungskraft erreicht immerhin ca. 23 % von FHYD. Entscheidend für den Wert der maximalen Führungskraft sind die Länge Lm, Mitte Stangenführung – Mitte Kolbenführung und die Auslenkung Hm in der vollausgefahrenen Endstellung.

Bild 7.39: Verschiedene Winkel am Hydraulikzylinder

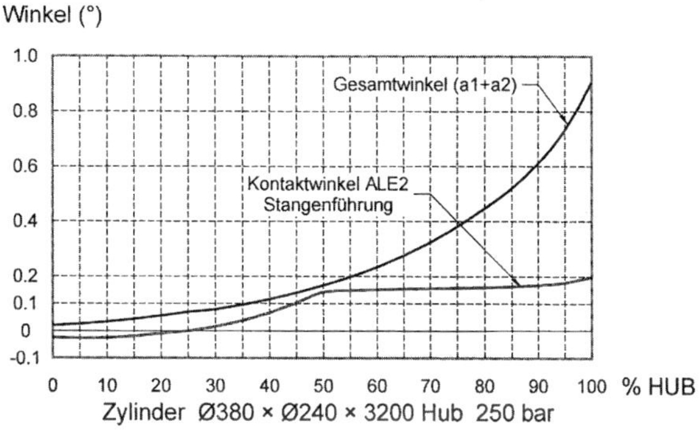

Bild 7.40: Durchbiegung der Stange und Zylinderauslenkung

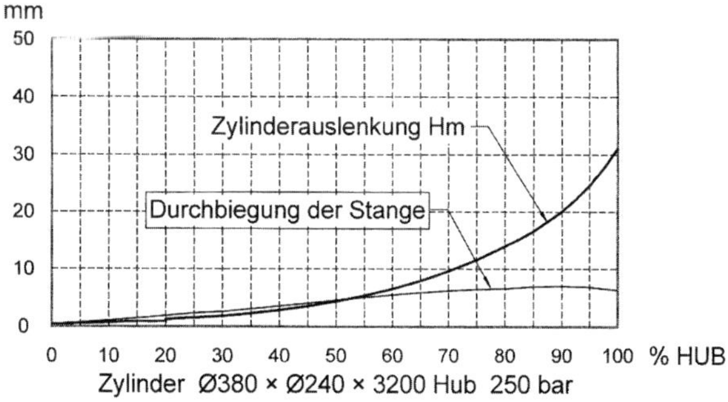

Bei kritischen Werten der Führungskraft kann der Konstrukteur durch Vergrößerung von Lm die Führungskraft verkleinern. Zusammenhänge siehe auch Bild 7.28.

Bild 7.38 zeigt die maximale Biegespannung an der Stange, diese Spannung ist mit der Streckgrenze des Stangenmaterials zu vergleichen, im Beispiel wurde 65 % der Streckfestigkeit erreicht. Die zweite Kurve des Bildes zeigt die maximale Kontaktspannung an der Stangenführung. Die Kurve zeigt als Grundtendenz steigende Werte entsprechend der Hubstellung, jedoch bei 10 bis 50 % des Hubes fallen die Werte bei 25 % auf ein Minimum. Der Grund für das nicht erwartete Ergebnis ist in der Winkelstellung Stangenführung zu Stange zu suchen. Für das verwendete Führungsmaterial gilt eine (durchschnittliche) Druckfestigkeit von 50 N/mm². Die maximale Kontaktspannung erreicht aber 185 N/mm², sie ist mit der maximalen Druckfestigkeit von 220 N/mm² für dieses Material zu vergleichen, die Führung ist also noch stabil.

Bild 7.39 zeigt den Gesamtwinkel (a1 + a2). Man sieht, dass der Winkel auch gegen Ende des Hubes relativ klein bleibt. Der Kontaktwinkel ALE2 an der Stangenführung wird dargestellt, da er zu Beginn des Hubes negative Werte hat, bei ca. 25 % Hub verläuft er durch den Nullpunkt. Damit ist auch das Minimum der Kontaktspannung aus Bild 7.38 erklärt.

In **Bild 7.40** ist die Durchbiegung der Stange dargestellt. Das Maximum der Durchbiegung wird bei ca. 90 % des Hubes erreicht. Die Zylinderauslenkung Hm erreicht am Ende des Hubes ihr

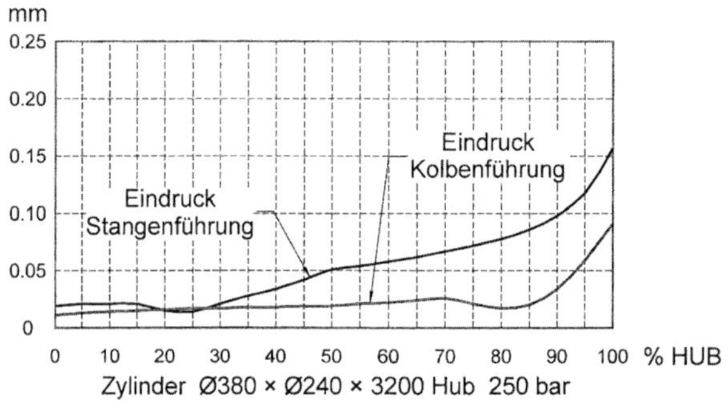

Bild 7.41: Eindruck in Kolben- und Stangenführung Führungkraft zu Hydraulikkraft

Maximum von ca. 31 mm. Fährt der Kolben mit seiner Anlage gegen die Gegenfläche im Zylinderkopf, kann es zum ruckartigen Ausrichten des Zylinders kommen (wenn Aufrichtmoment größer als FHYD · Hm).

Der maximale Eindruck in die Führungsbuchsen ist in **Bild 7.41** zu sehen. Die erheblich größere Eindrückung der Stangenführung resultiert aus der kleineren zur Verfügung stehenden Kontaktfläche. An sich ist eine relativ große Eindrückung nicht nachteilig, man muss aber den zusätzlichen Abriebbetrag berücksichtigen, damit es nicht zur metallischen Berührung kommt.

7.2.3.5 Hydraulikzylinder mit fest angebautem Zylinderteil

Für diese Zylinderanordnung ist es wichtig, dass die Achse der Hauptlast mit der Achse des Hydraulikzylinders deckungsgleich ist, wenn das Stangenende von außen geführt wird. Kleine Abweichungen im Größenbereich der Führungsspiele sind zulässig, sonst muss die Rahmenkonstruktion und ihre Verformung in die Berechnung einbezogen werden. An sich ist diese Forderung selbstverständlich, es hat sich aber häufig gezeigt, dass zum Beispiel eine exzentrisch aufgebrachte Last auf einem Pressentisch die Rahmenkonstruktion stark verformt und damit ein Biegemoment in die Stange eingeleitet hat. Meist wird dieses Moment als Reibmoment im Gelenk am Stangenkopf übertragen.

Ist keine äußere Führung vorhanden, wenn zum Beispiel die Last direkt an der Stange befestigt ist, treten bei jeder Abweichung von der Vertikalen Querkräfte am Hydraulikzylinder auf.

An Plungerpumpen entstehen wegen der sehr hohen Betriebsdrücke erhebliche Führungskräfte. Das **Bild 7.42** zeigt das Schema einer Plungerpumpe. Infolge des immer notwendigen Spiels

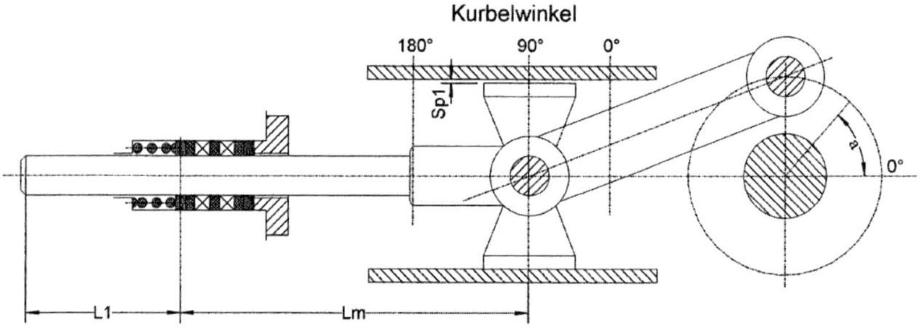

Bild 7.42: Schema einer Plungerpumpe

Bild 7.43: Kolben- und Führungskraft bei einer Plungerpumpe

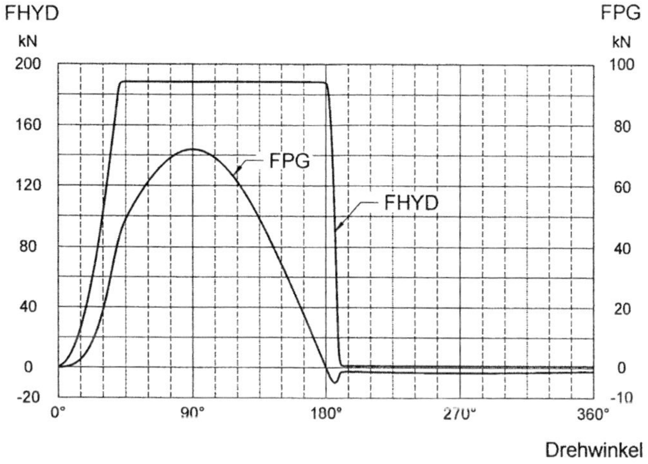

SP1 in der Kreuzkopfführung tritt zunächst eine geringe Schiefstellung des Plungers auf, welche durch Biegung und einseitigem Eindruck in die Plungerführung weiter vergrößert wird. Im oberen Totpunkt, 180° Kurbelwinkel, steht der Plunger noch unter vollem Betriebsdruck, der erst bei der fortgesetzten Bewegung abgebaut wird. Während dieser Phase nimmt die Führungskraft FPG des Kreuzkopfes negative Werte an, der Kreuzkopf wechselt die Anlageseite. Der Dichtsatz und die Plungerführung müssen dieser Bewegungsumkehr folgen können (**Bild 7.43**). Der Plunger ist ähnlich wie im Hydraulikzylinder durch die axial wirkende Hauptkraft FHYD und durch das Biegemoment der Führungskräfte FPG belastet.

7.2.3.6 Teleskopzylinder

Die Teleskopzylinder bieten die Möglichkeit, eingefahrene Zylinder sehr kurz zu gestalten. Geht man bei der Betrachtung vom einfachen Hydraulikzylinder mit dem Hub H aus, bietet der Teleskopzylinder angenähert einen Hub = n · H. Es werden in der Praxis zwei verschiedene Betriebsweisen für Teleskopzylinder angewendet:

1. Die Kolbenstangen fahren nacheinander aus, von außen beginnend, die innerste fährt zuletzt aus (**Bild 7.44**). Beim Wechsel von einer Kolbenstange auf die nächste erfolgt ein Druck-

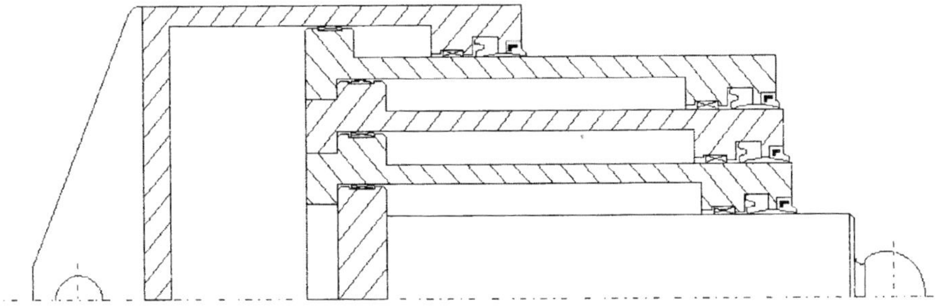

Bild 7.44: Teleskopzylinder – Kolbenstangen fahren nacheinander aus

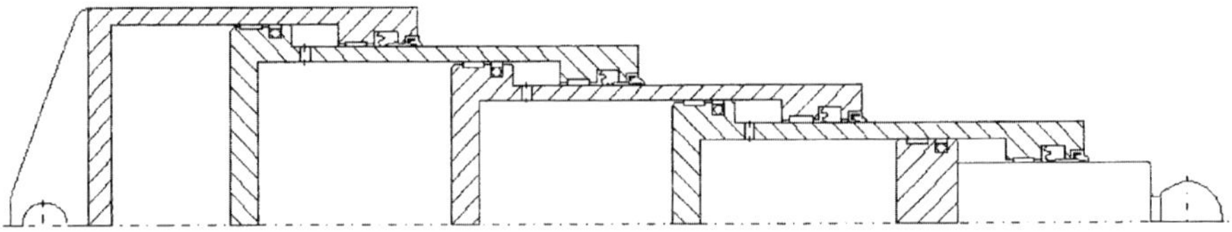

Bild 7.45: Teleskopzylinder – Kolbenstangen fahren gleichzeitig aus

sprung, der Höchstdruck wird durch die innerste Kolbenstange bestimmt. Nach jedem Ausfahren einer Stange bis zum Anschlag erfolgt ein Ausrichten des Zylinders. Diese Bauart führt zu ungleichmäßiger Geschwindigkeit, ergibt dafür die kleinsten Durchmesser.

2. Die Kolbenstangen fahren zugleich aus (**Bild 7.45**). Die Kolbenstangen wirken zugleich als Druckübersetzer. Die Drücke sind konstant. Der erforderliche Pumpendruck ist relativ klein. Diese Bauart führt zu gleichmäßiger Geschwindigkeit, ergibt aber die größten Durchmesser.

Zum Vergleich sollen die Daten für diese beiden Bauarten für zwei 4-fach-Teleskopzylinder gegenübergestellt werden.

p_{max} = 400 (bar)
s_{zul} = 520 (N/mm^2) zulässige Spannung in den Zylindern

Bauart 1
d1 = 115; d2 = 120; d3 = 130; d4 = 135; d5 = 145; d6 = 150; d7 = 165; d8 = 170; d9 = 185 (mm)
P1a = 176; P1b = 226; P1c = 280; P1d = 385 (bar)

Bauart 2
d1 = 115; d2 = 120; d3 = 130; d4 = 165; d5 = 180; d6 = 235; d7 = 250; d8 = 330; d9 = 340 (mm)
P1 = 385; P2 = 333; P3 = 230; P4 = 145 (bar)

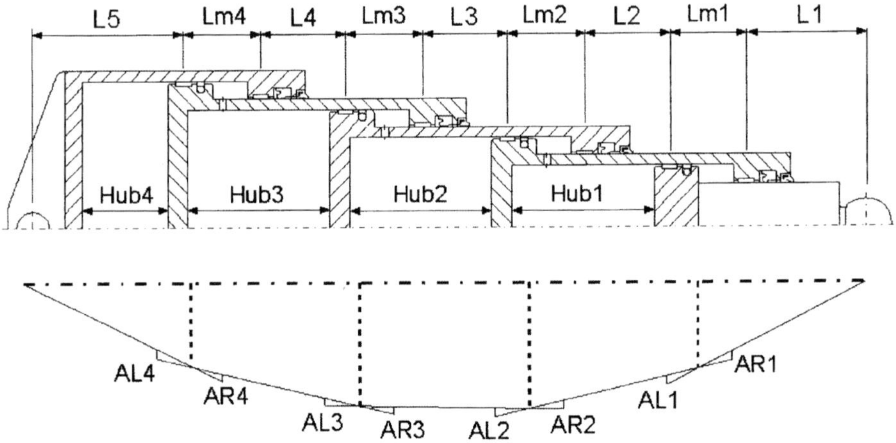

Bild 7.46: Teleskopzylinder – Auslenkungen bei beidseitig gelenkiger Lagerung

Der erforderliche Pumpendruck wechselt
bei Bauart 1 von 176 bis auf 385 bar,
bei Bauart 2 ist der Pumpendruck konstant 145 bar.

Der Teleskopzylinder sollte beidseitig gelenkig gelagert sein. Um eine Berechnung der Führungskräfte vornehmen zu können, sollten die Bezeichnungen der einzelnen Bauteile geklärt sein. Die innenliegende Stange wird von (n – 1) Zylindern umschlossen, die ausgefahren werden können. Diese Zylinder werden der Einfachheit wegen 2. Stange, 3. Stange, 4. Stange usw. bezeichnet.

Bild 7.46 zeigt das Schema für einen 4zügigen Teleskopzylinder im teilweise ausgefahrenen Zustand.

Der feststehende, außen liegende Zylinder trägt am rechten Ende die 4. Stangenführung, die 4. Stange trägt am linken Ende die 4. Kolbenführung, am rechten Ende die 3. Stangenführung usw. Die 1. Stange trägt am linken Ende die 1. Kolbenführung.

7.2.3.7 Hinweise zur Berechnung der Führungskräfte

Die Berechnung der Führungskräfte ist wegen der vielen Einzeleinflüsse enorm aufwendig, (s. Bild 7.29 und 7.30). Wollte man für alle dargestellten neun Einzeleinflüsse plus Temperatur je zwei Extremlagen und etwa zehn verschiedene Hubstellungen berücksichtigen, käme man auf etwa zehntausend Berechnungen der Führungskraft. Da schon die Berechnung einer einzigen sehr aufwendig ist, sollte man eine sinnvolle Beschränkung der zu berechnenden Führungskräfte einführen. Eine gewisse Unsicherheit in der Beurteilung, welche Bedingungen zum Beispiel zur größten Führungskraft oder zur größten Biegespannung der Stange führen, kann nicht bestritten werden. Deshalb wird man eine optimale Auswahl der zu berechnenden Führungskräfte erst nach einiger Rechenerfahrung festlegen können.

Das Berechnungsprogramm der Führungskräfte muss in der Lage sein, alle möglichen Variationen zu berücksichtigen. Durch Einführung von als „Schalter" wirkenden Zwischenabfragen kann die Berechnung interaktiv auf gesuchte Einzelfälle beschränkt werden. Selbstverständlich ermittelt man mit dem Programm zusätzlich viele wichtige Ergebnisse, die bei der Berechnung sowie benötigt werden (s. a. die Bilder 7.37 bis 7.41). So ergibt zum Beispiel die Biegespannung der Stange im Vergleich zu ihrer Streckspannung ein wichtiges Signal für die Stabilität eines Hydraulikzylinders. Ein solches Berechnungsprogramm bietet zudem die Möglichkeit, notwendige Änderungen an der Konstruktion sofort veranlassen zu können.

Da dem Konstrukteur eines komplexen Hydraulikgerätes nicht immer zuzumuten ist, für alle eingesetzten Bauteile ein entsprechendes zeitraubendes Rechenprogramm zu schreiben, sollte er sich an den Anbieter der Führungselemente wenden. Er kann erwarten, dass die Anbieter für seine Problemstellung entsprechende Berechnungsprogramme vorliegen haben.

7.3 Pneumatikdichtungen

7.3.1 Einleitung

Pneumatische Dichtelemente werden im Vergleich zu den Hydraulikkomponenten geringer und meistens wesentlich schneller belastet. Ihre Lebensdauererwartung ist um ein Vielfaches höher. Die Mindestanforderungen liegen bei 6.000 bis 10.000 km Laufleistung bzw. 10 Millionen Schaltspielen bei Kurzhubzylindern ohne Wartungsintervalle. Bei Ventilen werden je nach Typ 10 bis 50 Millionen Schaltspiele erwartet. Die Sitzventildichtungen bei den Vorsteuerventilen müssen mehrere Milliarden Schaltspiele erreichen. Die hohe Dynamik der Beaufschlagung bringt mit sich die Aufgabe nach dem Beschleunigen und dem Abbremsen eines Hubes. Die Beschleunigung wird durch eine geringe Reibleistung der Dichtungen erreicht, das Abbremsen durch eine im Zylinder eingebaute pneumatische Dämpfung oder durch eine mechanische Dämpfung. Letzteres wird oft durch eine in den Dichtelementen eingebaute Prallplatte erreicht.

Pneumatikdichtungen müssen gegen Druckluft abdichten und haben im Vergleich zu den Hydraulikdichtungen nur minimale Mengen an Schmierstoff zur Schmierung der Dichtung im Dichtspalt über die geforderte Lebensdauer. Daher müssen Pneumatikdichtungen so ausgelegt werden, dass sie die Schmierstoffmenge bei der Initialschmierung möglichst gleichmäßig auf der Gleitfläche verteilen und eine Schmierfilmdicke für die ganze Laufzeit der Dichtungen (also Richtungsunabhängig) erhalten (siehe Dichtmechanismus, 7.1.1). Neben dem Pressungsgradienten an der Dichtkante wird die Bildung und Erhaltung dieser Schmierfilmdicke über alle Betriebszustände stark von der Auswahl des Fettes beeinflusst. Neben der Steifigkeit (NLGI Klasse) und Grundölviskosität spielen Grundöl, Verseifung, Scherviskosität u. a. eine Rolle.

Ein geringer Pressungsgradient wird durch weiche Werkstoffe und große Radien (>0,3 mm) an den Dichtkanten erreicht.

Pneumatische Antriebe und Steuerelemente (Ventile) sind einen sehr hohen Preisdruck ausgesetzt wodurch andere Fertigungsverfahren, Werkstoffe und Fertigungstoleranzen eingesetzt werden.

Pneumatikzylinder gibt es in normierten Varianten. Die meisten Rohre sind aus Aluminiumlegierungen, die im Strangguss Verfahren ohne spanabhebende Bearbeitung der Funktionsflächen hergestellt werden (**Bilder 7.47 und 7.48**). Nur die Stirnseiten der Rohre werden mechanisch bearbeitet, um beliebige Zylinderrohrlängen herzustellen. Um eine ausreichende Lebensdauer der Aluminiumrohre zu erreichen, müssen die Gleitflächen durch ein Eloxalverfahren veredelt werden und eine ca. 10 µm bis 20 µm starke Schicht erhalten, die eine hohe Härte (ca. 300 bis

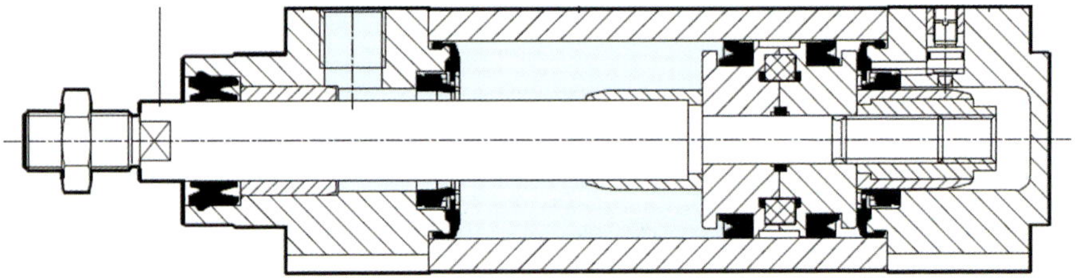

Bild 7.47: Beispiel eines Normzylinders nach ISO 15552 mit Aluminiumrohr (Quelle: Festo.com)

Bild 7.48: Typisches Pneumatikzylinder-Rohr aus stranggepresstem Aluminium

600 HV, je nach Verfahren) hat. Neben Aluminiumlegierungen kommen Edelstahlrohre in Standardvarianten vor. Diese werden dort eingesetzt, wenn die Umgebungsbedingungen den Einsatz von Aluminiumrohre nicht zulassen. Die Stangen sind entweder aus Edelstahl oder aus hartverchromtem Stahl. Sonderlösungen mit Rohren aus Kunststoff oder sogar ganze Zylinder aus Kunststoff sind auch möglich. Die Pneumatikventile werden in unterschiedlichster Art gebaut, von Sitzventilen über Membranventilen zu Schieberventilen. Jede Ventilart benötigt eigens ausgelegte Dichtungen.

Strangpressprofile bieten den Vorteil an, dass man sie im Inneren völlig anders als im Äußeren gestalten kann. Neben den klassischen kreisrunden Innenbohrungen können auch ovale und sogar in Längsrichtung offene Profile erzeugt werden, die eine erhöhten Funktionalität der Zylinder erlauben, so z. B. eine Sicherung gegen das Drehen des Kolbens um die Zylinderachse oder die Gestaltung von kolbenstangenlose Zylinder. Im Äußeren Bereich des Zylinders können Bohrungen bzw. Kanäle und Schlitze entlang der Zylinderachse geformt werden, die zur Luftführung, zur Befestigung von Verbindungselemente (Schrauben), zur Aufnahme von Positionserfassungselemente (Reed Schalter) und anderes verwendet werden. Herstellungsbedingt sind die Zylinder nicht ideal kreisrund, durch die unterschiedliche Materialanhäufung im Umfang des Profils entstehen während dem Abkühlprozess Spannungen im Material, die zu Formabweichungen führen. Rohre werden im Durchmessertoleranzbereich von H12 bis H13 hergestellt, wobei die lokale Unrundheit durch Materialschwindung bis 0,2 mm betragen kann.

Die Deckel der Pneumatikzylinder sind ebenfalls aus Aluminium oder Zink Druckguss. Im Deckel werden die Anschlussbohrungen für die Druckluft und einstellbare Drossel für die Abluftregelung eingebaut. Die Deckel werden auf dem Zylinderrohr verschraubt und deren Zentrierung zum Rohr wird durch die statische Dichtung (z. B. ein O-Ring) oder Dicht-Halte-Elemente erreicht.

All dieses muss bei der Auslegung von Dichtungen berücksichtigt werden.

7.3.2 Stangendichtungen

Die meisten Stangendichtungen in der Pneumatik sind als Kombielemente ausgeführt. Sie haben nicht nur eine Nutringkontur, die die Druckluft abdichtet, sondern bilden materialeinheitlich ebenfalls den Abstreifelement. Sie werden in einer Nut des Zylinderdeckels eingeschnappt (**Bild 7.49**).

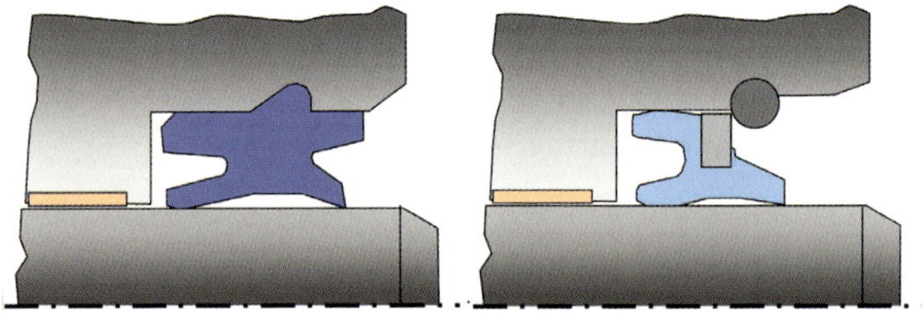

Bild 7.49: Kombidichtelemente (links TPU, rechts Elastomer mit Sprengring)

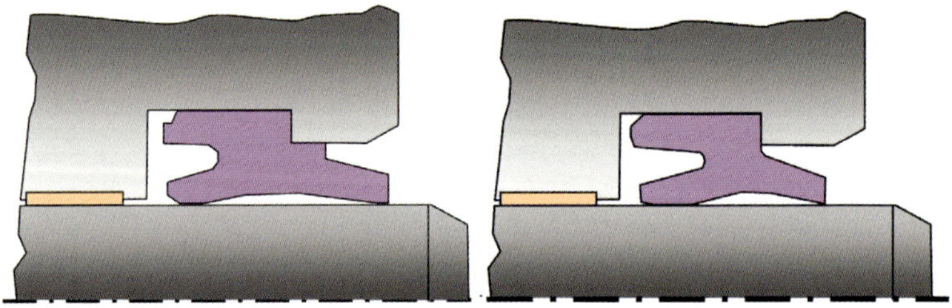

Bild 7.50: Weitere Varianten für Kombielemente

Für Standard-Zylinder nach VDMA 24532 oder ISO 6431 und ISO 15552 ist die Nut des Einbauraums offen, nur ein kleiner Einstich bietet die Aufnahme für einen Wulst des Kombielements. Damit die Betriebsdrücke und Endlagendämpfungsdrücke das Dicht-Abstreifelement nicht aus der Nut herausdrücken, müssen sie aus einem recht steifen Werkstoff ausgeführt sein. Die Ausführung der Nut im Bereich des Haltewulstes muss exakt nach den Angaben der Hersteller ausgeführt werden, damit die Dichtung zuverlässig gehalten werden kann. Die meisten Zylinder (ISO werden mit Kombielementen aus einem ca. 95 Sh A hartem TPU bestückt. Für Zylinder für höhere Temperaturen oder stark aggressive Medien werden hochtemperaturbeständige Elastomere (FKM, HNBR) eingesetzt. Da diese Werkstoffe nicht die Steifigkeit von TPU erreichen, haben sie eine einvulkanisierte metallische Scheibe, die die erforderliche Steifigkeit erzeugt. Diese Dichtungen benötigen einen Sprengring als Halteelement, dieser schnappt in die vorgesehene Nut und hält das Kombielement in den Einbauraum.

Im Gegensatz zu einer hohen Steifigkeit im Bereich des Haltewulstes müssen die Dichtlippen eine hohe Flexibilität haben, um die Stangenauslenkungen zu folgen und den Zylinder abzudichten. Dieses führt dazu, dass die Dichtlippen verhältnismäßig dünn ausgeführt werden. Die Abstreiflippe muss die Partikel, die auf der Stange durch den Schmierfilm anhaften abstreifen, ohne dass der Schmierfilm wesentlich verringert wird. Die Folge wäre Mangelschmierung und früher Verschleiß.

Für Kurzhubzylinder und für Rundzylinder und Minizylinder gibt es weitere Varianten der Kombielemente, die von der Auslegung her im Prinzip gleich bleiben. Die Geometrie des Einbauraums ist wesentlich kleiner im Querschnitt und der Haltewulst größer, die Dichtungen müssen nicht mehr eine hohe Steifigkeit haben und deren Werkstoffe in TPU haben geringere Härten (ca. 80 bis 85 Sh A). Die kleine Profilgeometrie dieser Einbaunuten und somit der Dichtungen schränkt die Auslenkbarkeit der Stange ein, die Führung der Stangen muss genauer ausgeführt werden (**Bild 7.50**).

Bei Zylindern, die keine Drehung der Kolbenstange erlauben, werden abgeflachte Stangen (oval, viereckig, usw.) eingesetzt. Die Dichtelemente müssen Dichtlippen und Abstreiflippenkonturen haben, die diesen speziellen Stangengeometrien folgen können. Aus Standardisierungsgründen sind die Deckel der Zylinder, die die Aufnahme der Dichtungen bilden, unverändert.

7.3.3 Kolbendichtungen

Pneumatikantriebe erlauben aufgrund der Kraftübertragung andere Kolbenkonstruktionen als die der Hydraulikantriebe. Die Kolben können schmaler ausgeführt werden, was durch die Materialeinsparung Kostenreduktion, Gewichtsersparnis und höhere Dynamik als Folge haben. Für die Lageerfassung des Kolbens wird ein in axialer Richtung magnetisierter Permanentmagnet im Kolben eingebaut. Die Normzylinder nach VDMA 24532 oder ISO 6431 und ISO 15552 werden mit Konstruktionen angeboten, die entweder durch zwei zu jeder Druckseite zugewandte Lippendichtungen oder durch eine beidseitig wirkende Kolbendichtung abgedichtet werden.

Die Kolbenkonstruktionen mit zwei Lippen können verschiedenartiger Form sein. Die meistverwendete ist die mit zwei Nutringen zwischen dem Permanentmagnet (**Bild 7.51**). Die Dichtungen werden in dafür vorgesehene Nuten eingeschnappt. Im Differenzialbetrieb eines Zylinders wird der Kolben von beiden Seiten gleichzeitig mit Druck belastet. Das kann über mehrere Hübe ohne eine Druckentlastung einer der beiden Kolbenseiten stattfinden. Durch die Hubbewegung des Kolbens kann sich ein Schleppdruck zwischen den Dichtungen aufbauen, der sich zwischen den Nutringen aufbaut und sogar höher als der Betriebsdruck sein kann. Wird der Druck dann plötzlich auf Atmosphärenniveau abgesenkt, können die Dichtungen verdrillen oder werden so verformt, dass sie die Dichtfunktion nicht mehr erfüllen können, der Kolben kann keine Kraft mehr übertragen und versagt.

Man muss also konstruktiv dafür sorgen, dass die Luft immer an den Dichtelementen so abfließen kann, dass keine funktionsstörenden Verformungen auftreten können.

Bei einer verdrillten Dichtung kommt der Rücken der Dichtung in Kontakt zum Rohr und sperrt den Durchfluss des Luftdruckes zwischen Dichtlippe und Zylinderrohr ab. Durch Kanäle oder Druckentlastungsnuten kann die Druckluft entweichen. Um das Verdrillen der Dichtungen zu verhindern, muss man Dichtungen mit einem großen Verdrillungswiderstand auslegen. Dieser hängt stark vom Flächenträgheitsmoment des Dichtungsquerschnitts ab.

Außerdem kann man die Momenteinleitung auch geometrisch entgegenwirken: So können stirnseitige Noppen, die im der Querschnittsmitte angeordnet sind, das Drehmoment auf die Dichtung stark reduzieren. Diese stirnseitigen Noppen, die in Umfangsrichtung unterbrochen sind, öffnen auch den Weg für die Druckluft, die sich am Innendurchmesser der Dichtung einfangen kann, so dass keine Druckluft zwischen den Dichtungen eingesperrt wird (**Bild 7.52**).

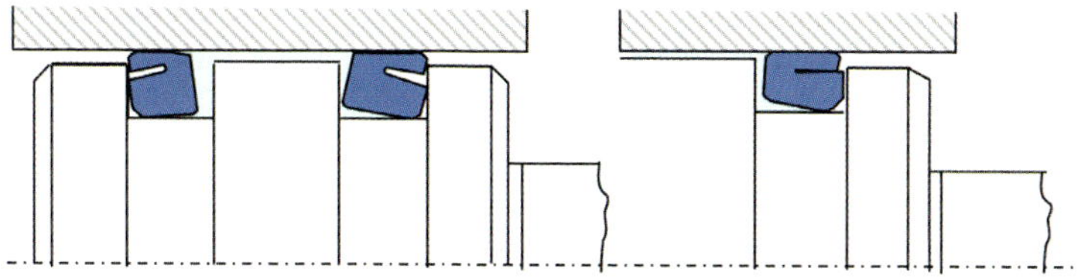

Bild 7.51: Druckaufbau zwischen Kolbendichtungen führt zum Ausfall der Dichtungen

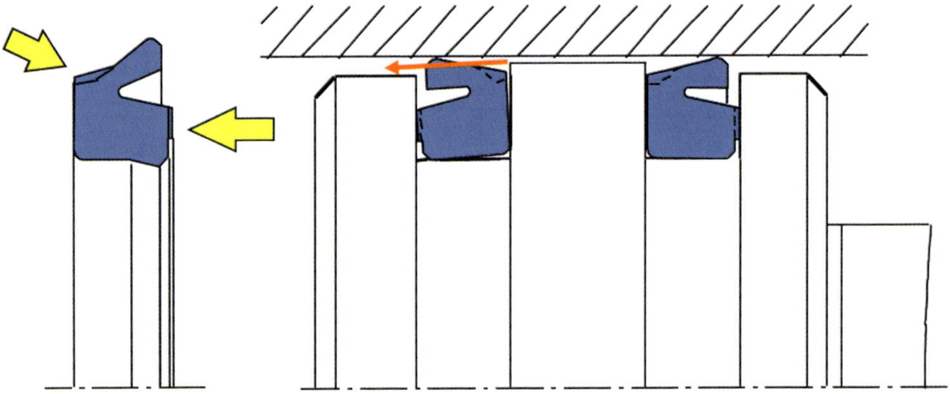

Bild 7.52: Dichtungen mit Druckentlastungsnuten zur Vermeidung von Zwischendruckaufbau

Es gibt auch vielfach eingesetzte Kolbendichtungen, die im Prinzip wie ein Nutring aufgebaut sind, aber eine Zusatzfunktion – die Endanschlagsdämpfung – haben. Um die kinetische Energie am Ende des Kolbenhubes zu dissipieren, werden Anschlagspuffer benötigt. Diese werden konstruktiv an den inneren Bereich der Dichtung angelegt. Bei Dichtungen aus steifen Werkstoffen (TPU) kann man schnappbare Lösungen wie auf den Kolben aufgespritzte Lösungen finden. Dichtungen aus Elastomer (NBR, FKM, HNBR) müssen auf den Kolbenträger vulkanisiert werden, da sie durch die geringe Steifigkeit beim Endanschlag so verformt werden können, dass sie aus dem Einbauraum springen und die großen Dehnungen zum Versagen des Materials führen (**Bild 7.53**).

Solche Lösungen können auch als Komplettkolben eingesetzt werden. Der Vorteil für den Anwender besteht in der einfachen Beschaffung und Montage. Die Magnete sind in passend zu den Reed-Schaltern auszulegen.

Für einfache Kolbenkonstruktionen ohne Magnet und mit eingeschränkter Führungsfunktion kann man die Dichtlippen und Dämpfungselemente direkt an eine Trägerscheibe vulkanisieren. Die statische Dichtung wird durch eine einseitig durchgehende Gummierung bis zum Innendurchmesser der Scheibe erreicht. Solche Komplettkolbenlösungen (z. B.: NADUOP) eignen

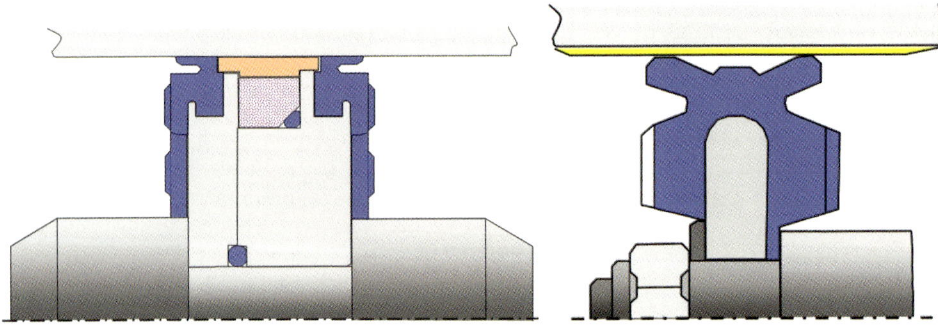

Bild 7.53: Komplettkolben mit Magnet und Führung/Komplettkolben vulkanisiert

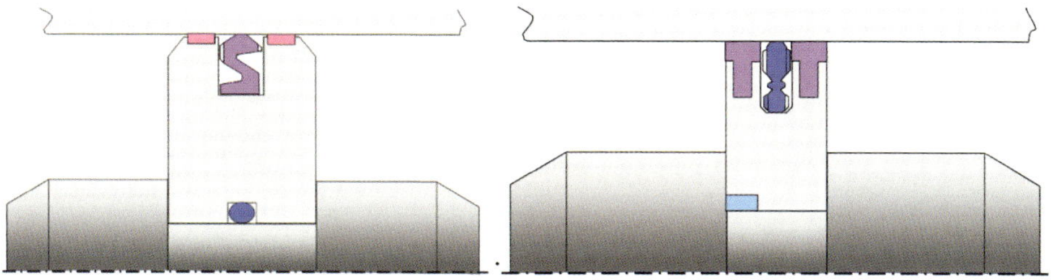

Bild 7.54: Kompaktkolbendichtungen asymmetrisch (AIRZET) und symmetrisch (KDN)

sich sehr gut für Kurzhubzylinder ohne Abfrage der Kolbenposition. Ältere Komplettkolbenlösungen sind auch ohne die Dämpfungsnoppen erhältlich (TDUOP). Sie werden in Zylinder ohne komplizierte Funktionen eingesetzt.

Kolbendichtungen mit einem einfachen Dichtelement, das doppelt wirkend in eine Nut eingebaut wird, sind vielseitig anzutreffen. Wie bereits oben dargestellt, müssen solche Kolbendichtungen Designdetails haben, die ein Überblasen oder Überströmen der Druckluft unterbinden: Nuten an beiden Stirnseiten der Dichtungen im äußeren Bereich sind unabdingbar, damit die Dichtung in der Kolbennut mit Druckluft aktiviert werden kann. Eine zu große Menge an Schmierstoff kann die Kolbennut mit Fett überfluten und die Druckentlastungsfunktion unterbinden. Und um große Rohrtoleranzen und Rohrrundheitsabweichungen abdecken zu können, müssen die Querschnitte der Dichtungen in radialer Richtung recht weich konstruiert sein. Das erreicht man am leichtesten, wenn die Dichtungen in radialer Richtung viel Raum haben. In axialer Richtung sind die Dichtungen eher kurz ausgelegt, um die Steifigkeit der Dichtung gering zu halten und somit deren Montage zu erleichtern und die Radialkraft zum Rohr (Reibung) gering zu halten.

Es gibt unter diesen Dichtungen die symmetrisch und die asymmetrisch geformten Profilquerschnitte (**Bild 7.54**). Die Einbauräume sind üblicherweise symmetrische Einstiche (Nut) im Kolben.

Die asymmetrischen Querschnitte haben eine Doppelscharnierfunktion im Z-förmig ausgeführten Querschnitt. Ein Übermaß des Dichtungsquerschnitts in radialer Richtung sorgt immer für ausreichende Überdeckung zwischen der Kolbennut und dem Zylinderrohr. Die Form und Lagetoleranzen werden durch die radiale Verformung des Z-Querschnitts überbrückt. Druck und die Reibkräfte verformen diese Dichtungen im Einbauraum zusätzlich. Die ideale Z-Geometrie wird belastungsabhängig stark verzerrt. Bei geringen Druckunterschieden zwischen den Kolbenkammern ist die Dichtungsverformung eher gering. Bei starken und plötzlichen Druckunterschiede sollten symmetrische Dichtungsquerschnitte vorgezogen werden.

Die symmetrischen Kolbendichtungen gibt es wiederum in zwei Ausführungsformen: Solche, die in radialer Richtung verpresst werden (Kompaktdichtungen), und solche, die sich in radialer Richtung frei in der Kolbennut bewegen können (schwimmende Dichtungen).

Die Kompaktdichtungen werden im Vergleich zu den asymmetrischen Dichtungen im Querschnitt verformt. Die Abhängigkeit der Radialkraft hängt stark von der radialen Verformung durch die Form- und Lagetoleranzen der Dichtung ab. Um diesen Effekt möglichst gering zu halten, wird der Querschnitt dieser Dichtungen etwa in deren Mitte axial verjüngt, die Werkstoffe der Dich-

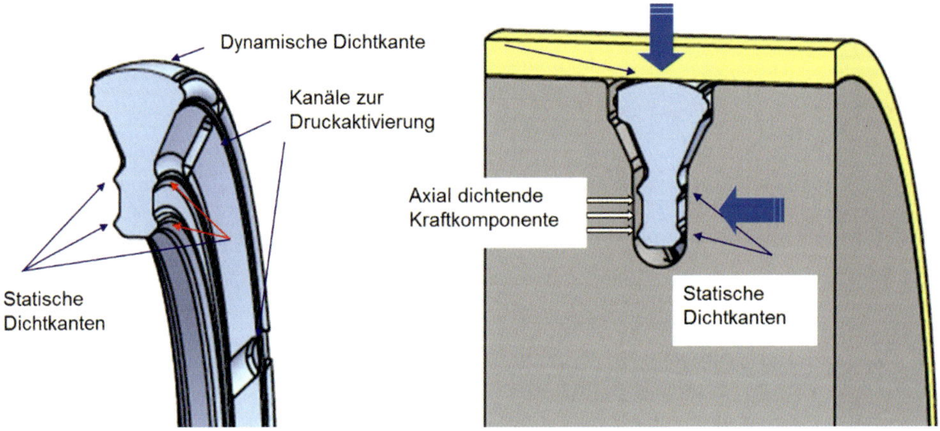

Bild 7.55: T-Ring

tungen werden so ausgewählt, dass sie trotz hoher Elastizität eine geringe Radialkraft erzeugen. Die geringen axialen Maße dieser Dichtungen bringen wesentliche Funktionsvorteile mit sich: die axialen Verformungen und somit die Werkstoffbeanspruchungen sind relativ gering, die Kontaktfläche zum Kolbenrohr und somit die Radialkraft ist gering. Bei großen Form- und Lagetoleranzen wirken sich diese negativ auf die radiale Verformung und Radialkraft aus.

Diesen Effekt kann man ausschließen, wenn die Dichtungen in radialer Richtung nicht verpresst werden, also schwimmend in die Kolbennut eingebaut werden. Die Druckluft wird zwischen Zylinderrohr und der Flanke anstatt am Nutgrund der Kolbennut abgedichtet. Die Dichtung kann sich somit in radialer Richtung ohne eine radiale Materialverformung in der Kolbennut bewegen und die Radialkräfte sind nicht mehr so stark von den Form- und Lagetoleranzen abhängig. Durch die fehlende radiale Verpressung der Dichtung sind die Kräfte zum Rohr nur von den tangentialen Ringspannungen der Dichtung abhängig und somit sehr gering. Dichtungen, die gleichzeitig beide Flanken der Kolbennut abdichten (z. B. der K-Ring), können einen Druckaufbau dadurch erzeugen, dass sich die Druckluft in der Kolbennut zwischen Dichtung und Kolben einsperrt und sogar aufbaut.

Der Effekt eines Druckaufbaus hat dieselbe Ursache wie oben beiden Nutringen beschrieben: Treten Kolbenbewegungen mit Druck von beiden Seiten des Kolbens, so kann sich bei einer schwimmenden Dichtung, die an beiden Flanken die Kolbennut abdichtet, ein Druck (Schleppdruck) aufbauen. Die Folge ist eine hohe Radialkraft der Dichtung zum Zylinderrohr, wodurch die Vorteile der schwimmenden Dichtung verloren gehen (hohe Radialkraft, Verschleiß,...). Die Lösung dieses Aufpumpens der Dichtung wird durch eine axiale Bohrung der Kolbennut gelöst. Die zusätzliche Bearbeitung des Kolbens erhöht dessen Herstellkosten. Ein Aufpumpen der Dichtung in der Kolbennut ist nur dann möglich, wenn die Dichtung gleichzeitig an beiden Kolbenflanken abdichtet.

Eine Dichtung, die nur an einer Kolbenflanke anliegt ist der T-Ring (**Bild 7.55**). Diese Dichtung ist am Innendurchmesser stark verjüngt und somit sehr flexibel. Leichte Druckunterschiede bewegen diese membranartige Dichtlippe zu der druckabgewandten Seite. Durch zwei konzentrische Dichtkanten wird eine in axialer Richtung wirkende Kraft erzeugt und die statische Dichtheit gewährleistet. Eine besondere Bearbeitung des Kolbens entfällt. Die geringen Kon-

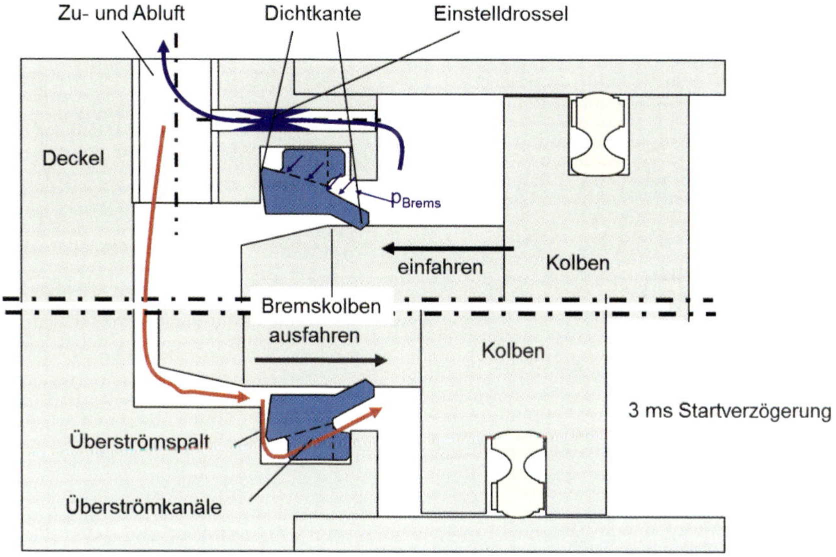

Bild 7.56: Funktionsweise von Endlagendämpfungsdichtungen.
Obere Hälfte: Bremsvorgang, untere Hälfte: Startvorgang

taktflächen an der dynamischen Dichtkante sorgen für geringste Reibung. Sie wird kaum durch die Form- und Lagetoleranzen beeinflusst, lediglich die Druckhöhe wirkt sich auf die Radialkraft aus.

7.3.4 Endlagendämpfungsdichtungen

Die Energie der Kolbenbewegung inklusive der Stangenmasse und Stangenlast eines Zylinders am Ende des Hubes wird durch Hilfe einer pneumatischen und/oder mechanischen Dämpfung abgebaut. Bei einer mechanischen Dämpfung werden entweder am Deckel oder am Kolben des Zylinders elastomere Bauteile vorgesehen, die die Schlagenergie dadurch abbauen, dass sie diese in Verformung und Wärme umwandeln (siehe oben Beispiel unter Kolbendichtungen den Komplettkolben NADUOP).

Große kinetische Energien werden pneumatisch gedämpft. Dafür werden in den Deckeln der Zylinder Dämpfungsdichtungen eingebaut, die mit einer Rückschlagfunktion arbeiten. Sie sind in der Regel radial und axial im der Einbaunut frei beweglich. Dämpfungszapfen am Kolben fahren am Hubende in die Innenbohrung der Dämpfungsdichtung ein, wodurch letztere axial in Bewegungsrichtung des Hubes dann gegen den Deckel abdichtet. Die Druckluft, die vorher frei durch die Innenbohrung der Dämpfungsdichtung frei durch den Zylinderdeckel entweichen konnte, wird somit eingesperrt. Sie kann nur durch eine zusätzliche kleine Bohrung im Deckel entweichen. In dieser Dämpfungsleitung kann man oft eine Drosselschraube finden, mit der man die Geschwindigkeit des Zylinders in der Endlagenphase einstellen kann. Die Druckluft wird nun gedrosselt abgeleitet und die Kolbenbewegung abgebremst. Bei diesem Dämpfungsvorgang können Druckspitzen entstehen, die das Vielfache des Betriebsdruckes betragen.

Bei Start der Bewegung in der umgekehrten Richtung muss die Druckluft von der Druckluftleitung durch den Deckel sehr schnell zum Kolben gelangen, um die Bewegung möglichst

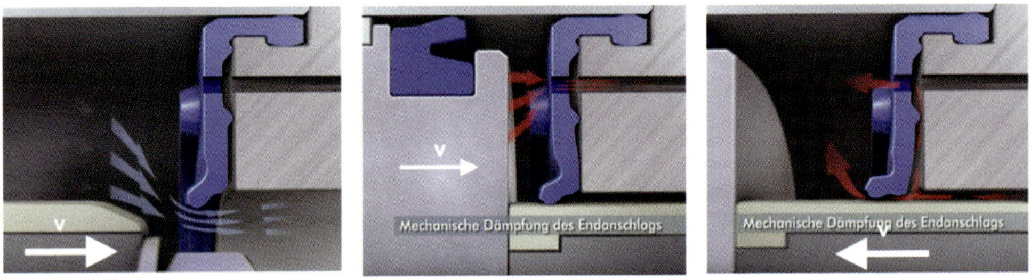

Bild 7.57: Funktionsweise von Damp & Seal

verzögerungsfrei zu starten. Die Druckluft muss also schnell an die Dämpfungsdichtung vorbei zum Kolben strömen können.

Dämpfungsdichtungen haben axial und radial im Einbauraum Spiel, so dass die Druckluft an der Dichtung strömen kann. Zusätzliche Aussparungen am Außendurchmesser und an der Stirnseite zum Kolben hin gerichtete geben größere Strömungsquerschnitte frei, damit die Druckluft rasch die Kraftübertragung zum Kolben erzeugen kann.

Neben diesen einzelnen Dämpfungsdichtungen gibt es Lösungen, in denen die Funktion von pneumatischer und mechanischer Dämpfung wie auch die statische Abdichtung vom Rohr zum Deckel integriert werden (Damp & Seal). Solche Elemente vereinfachen nicht nur erheblich die Kolbendeckelkonstruktion (Einstiche für die Endlagendämpfungsdichtungen entfallen), sie lassen sich wesentlich leichter und sicher montieren, wodurch sich die Herstellkosten der Zylinder signifikant senken lassen. Die Funktionsweise ist in **Bild 7.57** dargestellt.

7.3.5 Sonderzylinder

Zunehmend setzt man in der Automatisierungstechnik die platzsparenden kolbenstangenlosen Zylinder ein (**Bild 7.58**). Diese Zylinder haben keine Kolbenstange, die Kraftübertragung erfolgt meist direkt über eine Verbindung des Kolbens mit einem Schlitten außerhalb des Zylinders. Das Zylinderrohr muss dann längs des Hubes einen Schlitz haben, der abgedichtet werden muss. Dieses wird ähnlich wie ein Reißverschluss durch ein Band erzeugt, das im Bereich der

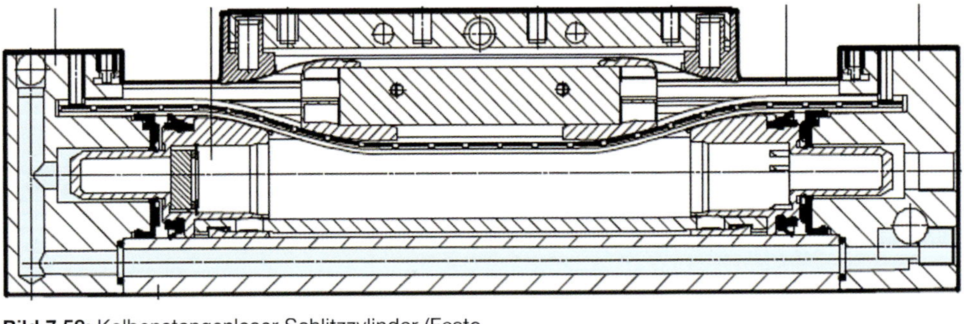

Bild 7.58: Kolbenstangenloser Schlitzzylinder (Festo

Kolbenverbindung zum Schlitten in den Kolben eintaucht. Der Kolben muss, um dieses Eintauchen des Dichtbandes und um die Verbindung zum Schlitten zu erzeugen, konstruktiv länger ausgeführt werden als Kolben von Stangenzylinder. Für die Kolbendichtungen ergibt sich die besondere Aufgabe, die umlaufend unstetigen Übergänge von Rohr zu Dichtband dauerhaft abzudichten. Auch die Dichtbänder müssen über alle Druckbereiche den Schlitz des Rohres abdichten können.

Die Dichtbänder gibt es sowohl aus Edelstahl wie aus Polyurethan. Letztere haben wesentlich höhere Elastizität und können auch größere Verformungen aufnehmen als die Edelstahlbänder. Die Designmerkmale der Dichtbänder sind die längs ausgeführten Dichtkanten am Ende von spitz zulaufende Dichtlippen und ein Haftelement, in dem sich Drahtlitze befinden, um an den Zylinderdeckeln das Band zu befestigen und die Wärmeausdehnung gering zu halten. Die Kolbendichtungen, die ebenso wie die Dichtbänder hauptsächlich aus Polyurethan sind und kundenspezifisch ausgelegt sind, haben im Vergleich zu Standarddichtungen einige Details, um die Zuverlässigkeit dauerhaft zu halten: Sie müssen im Bereich der Übergänge zum Dichtband konstruktive Versteifungen der Dichtlippen haben. Damit das Band auch ohne zusätzliche Reibung in den Kolben hineintauchen kann, ist der Dichtungsrücken freigestellt. Zusätzlich benötigen die Dichtungen eine Verdrehsicherung, damit deren Lage zum Band aufrechterhalten werden kann.

7.3.6 Ventildichtungen

Die Ventildichtungen (**Bild 7.59**) werden extreme Belastungen ausgesetzt. Dadurch, dass die Baugröße der Ventile immer kleiner wird, stehen geringe Flächen zur Verfügung, die mit Druck belastet werden. Daraus ergeben sich geringe Kräfte, um die Bauteile zu bewegen. Gleichzeitig wirken sich die Toleranzen besonders stark auf die Verpressung der Dichtungen aus.

Ähnlich groß wie die Vielfalt der Ventile und deren Bauformen ist, ist das Angebot an Ventildichtungen. Fast alle sind kundenspezifisch und je nach Anwendung sowohl im Werkstoff wie in der Geometrie besonders ausgelegt. Neben der statischen Abdichtung zu den Dichtungsplatten gibt es die dynamischen Dichtungen im Vorsteuerventil (Ventilanker) meistens als Sitzventil, dann die Dichtung für den Antriebskolben des Kolbenschiebers und die Kolbenschieberdichtungen.

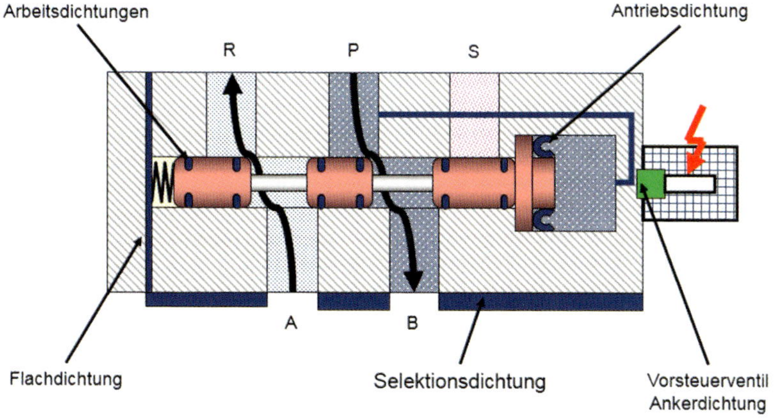

Bild 7.59: Schematische Darstellung eines pneumatischen 5/2-Wegeventils

Ein paar Grundsätze muss man bei der Auslegung beachten: Neben der Empfindlichkeit der Form- und Lagetoleranzen und die Quellung durch Fette und Öle auf die Radialkraft der Dichtungen, muss man wissen, dass die Strömungsgeschwindigkeiten in unmittelbarer Nähe der Dichtungen bei Schaltvorgänge mehrere Mach betragen kann. Dadurch entstehen lokal geringe Drücke und die Dichtungen können aus dem Einbauraum herausgezogen werden und beschädigt werden. Dieses muss man konstruktiv berücksichtigen und die Dichtungen entsprechend versteifen oder in deren radialen Bewegungsfreiheit einschränken. Neben den Sitzventildichtungen

7.4 Richtlinien für die Lagerung von Gummi

Als Faustregel gilt: „Bei Umgebungsbedingungen, bei denen sich der Mensch wohlfühlt, fühlt sich auch Gummi wohl." Diese Regel ist leicht zu merken und hilft dem Lager-Verantwortlichen, sich zu entscheiden, auch wenn er die entsprechende Lagervorschrift nicht zur Hand hat.

Sachgemäß gelagerte Gummierzeugnisse können viele Jahre ohne nennenswerte Veränderungen ihrer Eigenschaften überstehen. Auf der anderen Seite können ungesättigte Elastomere unter ungünstigen Lagerbedingungen durch sehr frühzeitige Alterung unbrauchbar werden. Grundsätzlich sollen Gummierzeugnisse nach Möglichkeit spannungsfrei (d. h. ohne Zug, Druck oder sonstige Verformungen) gelagert werden, oder zumindest soll man Verformungen auf ein Minimum reduzieren, da Spannungen, wie bereits erwähnt wurde, sowohl eine bleibende Verformung als auch eine Rissbildung begünstigen. Man darf beispielsweise Gummiartikel nicht über einen Nagel hängen oder eng zusammenfalten bzw. zusammenrollen, um Platz zu sparen.

Es ist ferner darauf zu achten, dass die Lagerfähigkeit von Gummi in erster Linie durch die Einwirkung von Wärme, Licht, Sauerstoff und Ozon beeinflusst wird. Daher soll die Lagertemperatur bei etwa 15 °C liegen und darf 25 °C nicht übersteigen. Die relative Feuchtigkeit soll unter 65 % liegen. Die Gummierzeugnisse sollen vor Licht geschützt werden, insbesondere vor direkter Sonnenbestrahlung und vor starkem künstlichem Licht mit einem hohen ultravioletten Anteil. Eine Raumbeleuchtung mit normalen Glühlampen ist vorzuziehen. Die Lagerräume dürfen keinerlei ozonerzeugende Einrichtung enthalten, wie z. B. Elektromotoren oder Hochspannungseinrichtungen. Die Gummierzeugnisse sollen durch geeignete Verpackung oder durch Lagerung in luftdichten Behältern vor Zugluft geschützt werden. Weichmacherhaltige Folien dürfen zur Verpackung nicht verwendet werden. Hierfür sind Polyethylenfolien geeignet. Das gegenseitige Berühren von Gummierzeugnissen verschiedener Zusammensetzung ist zu vermeiden. Ferner dürfen Gummierzeugnisse nicht in Berührung mit schädlichen Metallen wie Kupfer und Mangan gelagert werden. Weitere Einzelheiten über Lagerung, Reinigung und Wartung von Gummi findet man in DIN 7716 sowie ISO 2230.

In der DIN 9088 sind Richtlinien für die zulässigen Lagerzeiten von Erzeugnissen aus Elastomeren für die Luft- und Raumfahrt enthalten.

Falls die Reinigung von Gummierzeugnissen notwendig wird, ist darauf zu achten, dass das mit sauberem Lappen und handwarmen Wasser geschieht. Benzin, Benzol, Terpentin u. ä. dürfen nicht zum Reinigen verwendet werden. Auch verbietet sich die Benutzung scharfkantiger Gegenstände, wie Drahtbürsten, Schmirgelpapier usw. Das Trocknen gereinigter Gummiwaren in der Nähe von Heizkörpern ist schädlich.

Bei der Lagerung von Geräten mit eingebauten Dichtungen ist darauf zu achten, dass nur mit dem Gummi verträgliche Konservierungsmittel verwendet werden. Diese Mittel sollten keine Luftfeuchtigkeit aufnehmen, da sonst elektrolytische Korrosion entstehen kann (siehe auch Kap. 2).

7.5 Schäden an Dichtungen

Schäden an Dichtungen sind für den Betreiber einer Anlage in erster Linie deshalb unerwünscht, weil sie meistens Produktionsstillstand und Montagekosten bedeuten.

Wie aus dem vorstehenden Kapitel 7.3.4 zu entnehmen ist, haben Dichtungsausfälle die unterschiedlichsten Ursachen. Von der falschen Konstruktion angefangen, über falsch gewählte Dichtungsmaterialien, Abmessung oder Profile bis zur falschen Montage.

Grundsätzlich können zwei Arten von Schäden unterschieden werden:

- Schäden durch Verschleiß
- Schäden durch andere Ursachen

7.5.1 Schäden durch Verschleiß

Dichtungen sind von der Aufgabenstellung her Verschleißteile, d. h. durch die vorliegenden Betriebsbedingungen, wie Medium, Druck, Temperatur, Oberflächenbeschaffenheit, Reibung usw. wird eine Dichtung altern bzw. verschleißen.

Wenn dieser Verschleiß nach einer ausreichenden Standzeit der Dichtung auftritt und sich dann durch Leckage oder sonstige Funktionsstörung bemerkbar macht, muss die alte Dichtung durch eine neue Dichtung ersetzt werden. Mehr ist in diesem Falle aber auch nicht nötig.

Überspitzt gesagt, könnte an dieser Stelle bemerkt werden, dass ein großer Teil der gesamten Dichtungsindustrie nur dadurch existiert, dass sie für verschlissene Dichtungen Ersatz liefert.

7.5.2 Schäden durch andere Ursachen

Liegen andere Ursachen vor, so ist es mit dem einfachen Tausch – neue gegen alte Dichtung – nicht getan, denn die Ursache des Schadens ist dadurch nicht beseitigt worden, und die neue Dichtung wird sehr bald einen ähnlichen Schaden zeigen und ausfallen.

Die Schadensursache zu suchen, ist eine der schwersten Aufgabe in der gesamten Dichtungstechnik. Außerdem existiert oft nicht nur eine einzelne Ursache, sondern es überlagern sich zwei oder mehr Schadensursachen.

Schäden können z. B. auftreten durch:

- Luft im Öl
- Schleppdruck
- Diesel-Effekt
- Fremdkörper
- Explosive Dekompression

Tabelle 7.1: Praktische Ratschläge für die Schadensanalyse

1. Ausbauen der beschädigten Dichtung und genaue visuelle Prüfung dieser Dichtung.
2. Visuelle Prüfung der Umgebung der Dichtung. Sind in den Metalloberflächen Beschädigungen zu sehen, Einlaufriefen, scharfe Kanten, überdehnte oder verbogene Teile usw.?
3. Aktenkundiges Festhalten aller Betriebsbedingungen. Wie lange war die Dichtung eingebaut, wann und wie machte sich der Schaden bemerkbar? Wie sind die sonstigen Bedingungen wie z. B. Staub, Druckstöße, hohe oder tiefe Temperaturen usw.?
4. Kann eine klare Schadensanalyse nicht sofort erfolgen, sind ggf. verschiedene Dichtungsfachleute bzw. Dichtungs-Sachverständige unter Vorlage der ausgefallenen Dichtungen und ihren Betriebsbedingungen zu Rate zu ziehen.

- Auspressung in den Dichtspalt
- Überhitzung
- chemischer Angriff durch das Medium
- Reibung
- Konstruktionsfehler
- Montagefehler

Tabelle 1 zeigt einige praktische Ratschläge für die Schadensanalyse. Einige typische Schäden zeigen die Schadensbilder auf den folgenden Seiten.

Bild 7.60 zeigt einen extrudierten O-Ring. Bei Druckaufbau verhält sich der O-Ring wie eine inkompressible Flüssigkeit und erhöht proportional zum Druck seine Anpresskraft auf die Dichtflächen. Mit steigendem Druck wird ein immer größeres O-Ring-Volumen in die Dichtspalte gedrückt, schert ab oder wird durch das Atmen der Maschinenteile oder durch Druckstöße „angeknabbert". **Bild 7.61** zeigt einen solchen „angeknabberten" O-Ring.

Die Extrusion oder Spalteinwanderung tritt bei bewegten Anwendungen der Zylinder- und Stangendichtungen auf sowie bei statischen Anwendungen mit pulsierendem und hohem Druck, bei atmenden Maschinenteilen und an Dichtspalten, die konstruktiv oder fertigungstechnisch zu viel Spiel haben.

Die Ursachen sind dem Praktiker bekannt: Der Zwang zur wirtschaftlichen Bearbeitung hat häufig zu große Toleranzen und damit zu breite Dichtspalten zur Folge. In anderen Fällen bleibt unberücksichtigt, dass sich Deckel, Flansche oder Zylinderwände unter Druckbeaufschlagung elastisch aufweiten oder Verschraubungen dehnen.

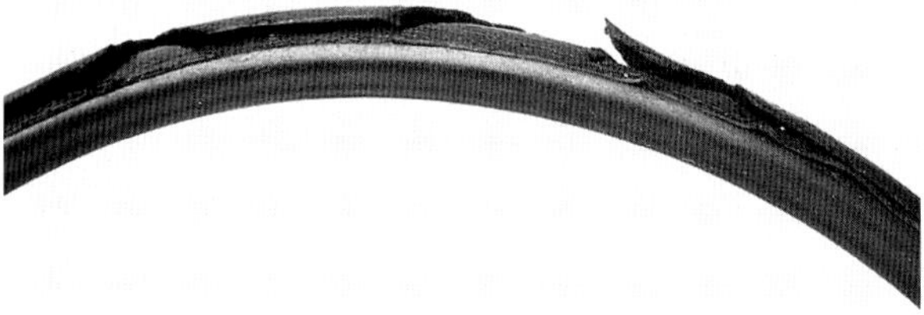

Bild 7.60: Extrudierter O-Ring

Bild 7.61: „Angeknabberter" O-Ring

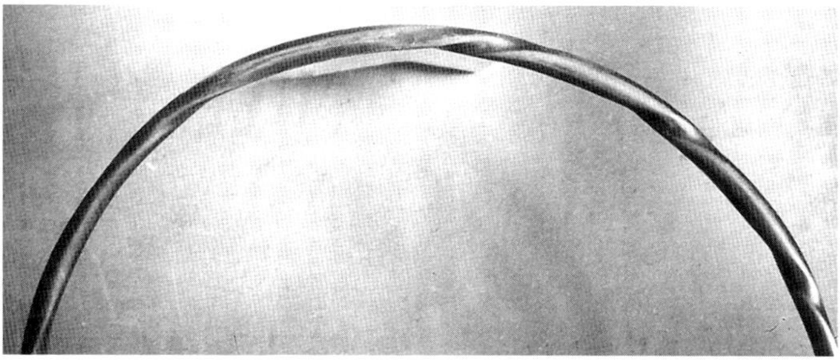

Bild 7.62: Verdrillter O-Ring

Dann reicht die innere Festigkeit des Elastomer-Werkstoffes nicht mehr aus, um sich schneller zurückzuziehen als das Maschinenteil, das den Spalt öffnet bzw. die Festigkeit des Elastomers wird überschritten. Teile des O-Ringes scheren ab und werden in den Spalt gedrückt.

Durch folgende Maßnahmen kann die Spalteinwanderung des O-Ringes verhindert werden:

- Verringerung des Spaltmaßes durch engere Toleranzen
- Einsetzen eines Stützringes
- Erhöhen der Härte des O-Ring-Werkstoffes
- Überprüfung der Medienbeständigkeit
- Einengung der Toleranzen, die zur Exzentrizität führen oder Änderung der Maschinenteile, die zum Atmen führen
- Brechen des Nutradius (mindestens 0,1 mm bis max. 0,4 mm)

Bild 7.62 zeigt Schäden an einem O-Ring durch eine Verdrehung bzw. einen Spiralfehler.

Bei bewegten Anwendungen kann der Fehler als Verdrehung infolge von unterschiedlich großen Verpressungen des O-Ring-Querschnittes durch Unrundheit oder Exzentrizität der abzudichtenden Teile eintreten. Dabei gleiten Teile des O-Ringes, während andere rollen. Das führt zu spiralförmigen Markierungen oder Einschnitten durch die Verdrehung des O-Ringes. Sie verlaufen häufig unter 45 Grad. Bei ruhenden Anwendungen ist der O-Ring meist bereits verdreht in die Nut eingelegt worden. Aufgrund eines ungünstigen Schnurdicken-/Innendurchmesser-Verhältnisses (Durchmesser groß und Schnurdicke klein) rollt er in der Montagefläche in die Nut.

Bild 7.63: In die Dichtung eingebetteter Metallspan

Ausfälle aufgrund dieser Fehler lassen sich durch folgende Änderungen verhindern:

- Verringerung der möglichen Unrundheit oder Exzentrizität der Bauteile
- Verringerung der diametralen Verformung des O-Ring-Querschnittes

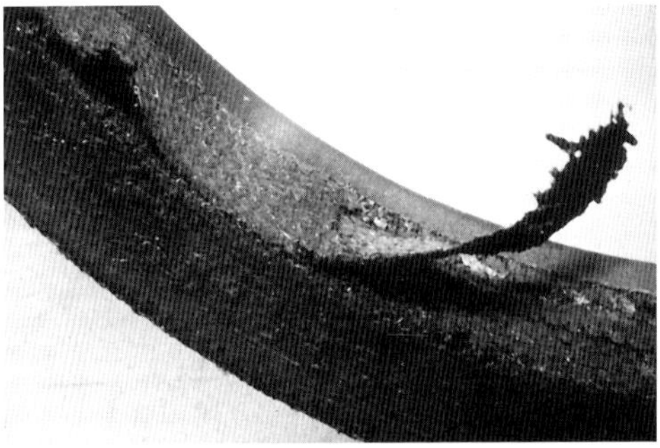

Bild 7.64: Gewebeablösung an der Manschette

Bild 7.65: Beschädigung durch Trockenlauf

Bild 7.66: ExtrudBeschädigung durch Schwingungskavitation

Bild 7.67: Beschädigung durch raue Oberfläche

- Sicherstellung der Schmierung
- Verbesserung der Oberflächengüte
- Wahl eines größeren Schnurdicke-/Innendurchmesser-Verhältnisses
- Sorgfältige Montage unter Verwendung eines geeigneten Schmiermittels.

Bild 7.63 zeigt einen Schaden, der dadurch aufgetreten ist, dass sich ein Metallspan in die Dichtung eingebettet hat und dadurch auf der Gegenfläche Riefen erzeugt hat. Abhilfe: Vor dem Zusammenbau der Anlage alle Teile sorgfältig reinigen bzw. die Anlage vor Gebrauch gut durchspülen.

Bild 7.64 zeigt die Folge von schlecht benetzenden Hydraulikölen. Bei derartigen Ölen sind Geräuschbildung, Stotterlauf und ausgefallene Dichtungen durch abgelöstes Gewebe, hervorgerufen durch Schwingungen, also von raschem Wechsel zwischen Andrücken und Abheben der Dichtung möglich.

Bild 7.65 zeigt, dass sich der Schmierfilm bei Dachmanschetten nur unter der ersten Manschette ausbildet, das heißt die nachfolgenden Manschetten laufen trocken und verschleißen früher als die erste Manschette, die durch das Hydrauliköl geschmiert wird.

Bild 7.68: Beschädigung durch Spaltextrusion

Bild 7.69: Konstruktionsfehler: Sicherungsstift

Bild 7.70: Schaden durch Schleppdruck

Bild 7.71: Schaden durch Schleppdruck

Bild 7.66 zeigt, dass auch Metallteile durch Schwingungskavitation beschädigt werden. Hier wurde bei Verwendung schlecht benetzender Öle ein Dachmanschettensatz regelrecht in die Büchse eingehämmert.

Bild 7.67 zeigt, dass auch ein gefüllter PTFE-Gleitring nicht verschleißfest gegen Rauigkeitsspitzen ist, er wird abgeraspelt bzw. mechanisch weggeschoben. Der O-Ring ist durch Spalt im Nutgrund infolge eines geteilten Kolbens beschädigt.

Bild 7.68 zeigt Schäden durch zu großen Spalt. Dieser Teil-Backring wurde bei 700 bar (im Bergbau) beschädigt. Kann der Spalt unter Druck nicht enger gehalten werden, muss der Spalt durch einen Backring abgedeckt werden, der dem Spalt bzw. Druck Rechnung trägt und möglichst über die gesamte Profilbreite reicht.

Bild 7.69 zeigt das Ergebnis eines Konstruktionsfehlers. Der Sicherungsstift für die Kolbensicherung war unter dem Führungsband angeordnet. Das Band wurde durch die Radialkraft in die Querbohrung gedrückt.

Bild 7.70 zeigt einen Schaden durch Schleppdruck. An Kolben mit langer Führung werden Dichtungen umgestülpt. Durch die Punktbewegung und den Schleppeffekt füllt sich der Zwischenraum zwischen den Dichtungen mit Druckflüssigkeit. Wird der Kolben unter raschem

Bild 7.72: Beschädigung durch Luft im System

Bild 7.73: Schäden an einem Gummi-Nutring durch Luft im System

Bild 7.74: Beschädigung durch Luft im System bei einem Gewebe-Nutring

Bild 7.75: Schäden an einem Polyurethan-Profil durch Luft im System

Lastwechsel-Einsatz gefahren, wirkt sich das Druckübersetzungsverhältnis von Kolbenfläche zur Dichtungs-Ringkolbenfläche ungünstig aus, so dass enorme Kräfte wirksam werden.

Bild 7.71 zeigt ein weiteres Beispiel für Schäden durch Schleppdruck. Durch den Schleppdruck wurden hier sogar Haltescheiben aus Stahl abgebogen. Luft im Hydrauliksystem und Druckstöße begünstigten diesen Abkipper.

Bild 7.72 zeigt Schäden durch Luft im System. Hier wurden durch die Luft im System Strahlschäden an den Dichtungen und dem Führungsring (Mitte) einer Kolbendichtung verursacht.

Bild 7.73 zeigt das typische Schadensbild an einem Gummi-Nutring, hervorgerufen durch Luft im System. Die Luftbläschen expandieren in der druckentlasteten Zone des Dichtungsspaltes und graben Kanäle in die Lauffläche. Da die Dichtung ständig angepresst wird, erfolgt eine permanente Materialabtragung. Nachfolgendes Öl, das im Spalt hoch beschleunigt wird, erzeugt im weiteren Verlauf Spülschäden.

Bild 7.74 zeigt, dass an der Lauffläche dieses Gewebe-Nutringes keine Beschädigungen zu erkennen sind. Zwischen den Hüben erfolgten längere Druckhaltepausen, so dass die Luft beim langen Stehen unter Druck in die Dichtung diffundierte und kurz nach Erreichen des Spaltes expandierte.

Bild 7.76: Schaden durch Luft am Außendurchmesser eines Kolbenrings

Bild 7.77: Schaden an einer hart verchromten Kolbenstange durch Luft im System

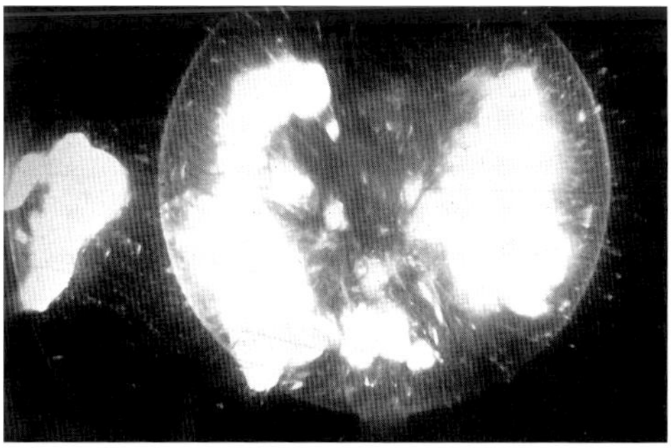

Bild 7.78: Diesel-Effekt in einer Hydraulikanlage

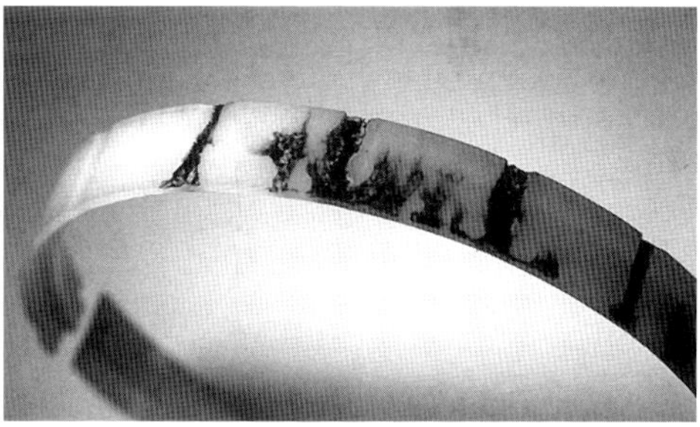

Bild 7.79: Beschädigung eines Führungsrings durch den Diesel-Effekt

Bild 7.75 zeigt die Luftzerstörung an einem Polyurethan-Profil. In Folge der höheren Festigkeit dieses Werkstoffes tritt diese Zerstörung jedoch in weit geringerem Maße auf als bei Gummi-Profilen.

Bild 7.76 zeigt ein weiteres Ergebnis eines Konstruktionsfehlers. Dieser Kolbenring zeigt am Innendurchmesser Extrusionsschäden, weil der zweiteilige Kolben axial nicht ausreichend gesichert war. Gleichzeitig ist am Außendurchmesser Zerstörung durch Luft eingetreten.

Bild 7.77 zeigt einen anderen Schaden durch Luft. Bei diesem Kolben aus einer Presswasserpumpe wurde beim Ansaugen Luft bzw. Dampf ausgelöst. Die auf 300 bar verdichteten Luftblasen haben mit dem Gleitfilm den Dichtspalt durchwandert und sind danach sehr rasch expandiert. Die entstehende Kavitationsblase stürzte danach zusammen, so dass sehr hoch beschleunigte Flüssigkeitsteilchen perlenkettenförmige Löcher, die zu Längsriefen wurden, in die hart verchromte Kolbenstange geschlagen haben. Abhilfe: Luft muss durch entsprechende Maßnahmen wieder gelöst werden, bevor sie zur Dichtung gelangt.

Bild 7.78 zeigt eine Aufnahme des Diesel-Effektes in einer Hydraulikanlage. Durch hohe Temperatur und Drücke kann es zu örtlichen Temperaturblitzen (Diesel-Effekt) im Öl kommen, wenn ein Luft-Öl-Gemisch rasch verdichtet wird.

Bild 7.79 zeigt einen Führungsring, der durch die hohen Temperaturen des Diesel-Effektes beschädigt wurde.

Am Schluss des Punktes „Schäden an Dichtungen“ muss nochmals der Hinweis wiederholt werden: Bei unklaren Dichtungsschäden ist es zweckmäßig, wenn sich der Anwender an einen oder mehrere Dichtungshersteller bzw. durch die Industrie- und Handelskammer öffentlich bestellte Dichtungs-Sachverständige wendet und sich beraten lässt. Dadurch können wertvolle Hinweise für die dauerhafte Beseitigung der Schadensursache, für eine Verbesserung der Anlage bzw. zu einer Verlängerung der Standzeit der Dichtung erhalten werden.

Dieser anwendungstechnische Beratungsdienst – den alle seriösen Dichtungshersteller kostenlos anbieten –, sollte in unklaren Schadensfällen unbedingt genutzt werden, denn nur bei einer eindeutigen Diagnose mit Erkennen der Ursache ist auch eine wirksame Abhilfe möglich.

Literaturverzeichnis

[1] Tietze, W.; Kahle, O; Schneider, E.; Werther, H.: Kap.7 „Hydraulik- und Pneumatikdichtungen“, Handbuch Dichtungspraxis, 3. Aufl., Vulkan-Verlag GmbH, 2003

Bildnachweis

Erich Schneider
Freudenberg Sealing Technologies GmbH
Parker Hannifin GmbH, O-Ring Division Pleidelsheim
Parker Hannifin GmbH, Packing Division Bietigheim-Bissingen

8 Berührungsfreie Dichtungen

8 Berührungsfreie Dichtungen

Werner Haas

8.1 Einführung

Wird die Fuge zwischen zwei abzudichtenden Teilen mit einem geeigneten Hilfsstoff gefüllt (**Bild 8.1**) und wird dieser Hilfsstoff so stark verpresst, dass sowohl seine internen „Poren“ als auch die Mikrospalte zwischen Hilfsstoff und abzudichtenden Teilen so klein werden, dass der zurückzuhaltende Stoff nicht mehr durchdringen kann, ist eine berührende Dichtung realisiert. Flachdichtungen für Flansche und Stopfbuchsen für Wellen und Stangen funktionieren nach diesem Prinzip (siehe Kap. 3 und 4).

Eine besondere Klasse von Dichtungen sind dagegen diejenigen Dichtsysteme, welche ohne mechanische Berührung der beiden Teile und ohne einen festen „Zwischenstoff“ auskommen. Sie werden „berührungsfreie Dichtungen“ genannt (**Bild 8.2**).

8.1.1 Zum Begriff „berührungsfreie Dichtung“

Um Missverständnisse auszuschließen, bedarf der Begriff „berührungsfrei“ bzw. „berührungsfreie Dichtung“, wie er in dieser Abhandlung benutzt wird, einer Erläuterung.

Definition: Eine Dichtung wird dann als „berührungsfreie Dichtung“ bezeichnet, wenn die beiden dichtspaltbildenden Teile mit und ohne Bewegung und ohne Hilfsenergie dauerhaft durch einen endlichen Spalt voneinander getrennt sind.

Diese Definition unterscheidet die „berührungsfreien Dichtungen“ von den Berührungsdichtungen, die entweder durch hydrodynamische Spaltbildung bei höherer Gleitgeschwindigkeit ebenfalls berührungsfrei laufen – zum Beispiel Gleitringdichtungen oder Radialwellendichtringe – oder durch aktive Druckeinspeisung zwischen die Gleitflächen hydrostatisch getrennt werden – zum Beispiel Stirnflächen-Drosselspaltdichtungen.

Es gibt auch Dichtelemente, bei denen durch Fliehkraftwirkung die Berührung der Gleitdichtflächen bei höherer Umfangsgeschwindigkeit aufgehoben wird. Ein markanter Vertreter dieser Gruppe ist der V-Ring (**Bild 8.3**) aus gummielastischem Material. Seine Dichtlippe hebt bei ca.

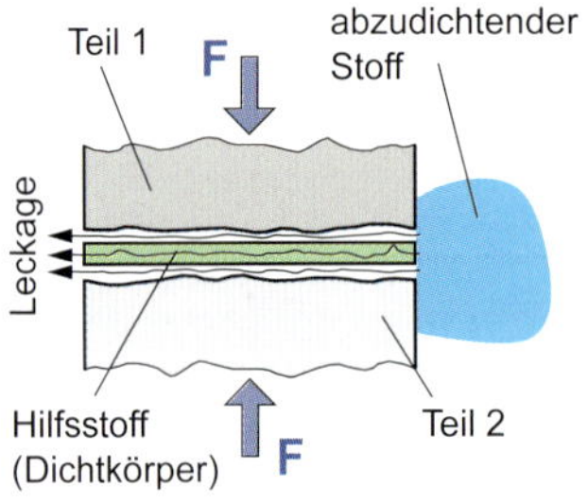

Bild 8.1: Realisierung einer berührenden Dichtung

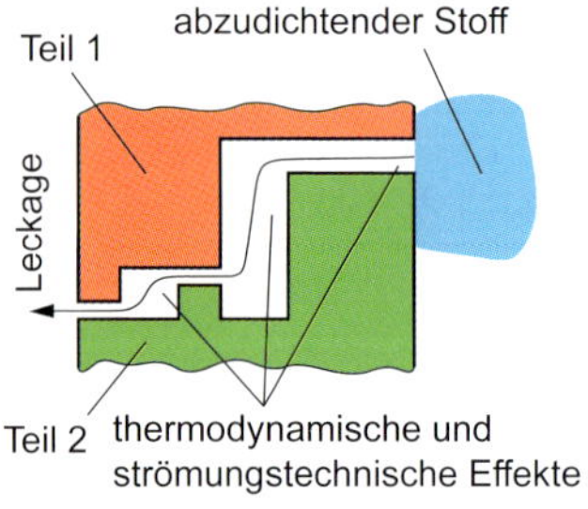

Bild 8.2: Prinzip einer berührungsfreien Dichtung

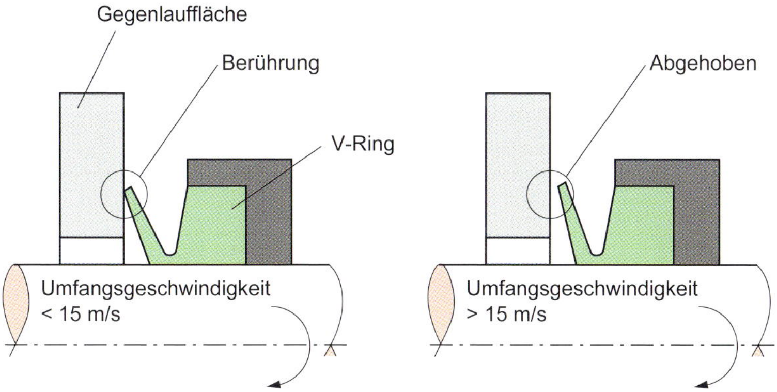

Bild 8.3: Die Dichtlippe eines V-Ringes hebt bei höherer Umfangsgeschwindigkeit von ihrer Gegenlauffläche ab

15 m/s Umfangsgeschwindigkeit von ihrer Gegenlauffläche ab. Gerade der V-Ring wird häufig als berührend dichtendes Zusatzelement in den berührungsfreien Dichtungen eingesetzt, die erst bei höherer Umfangsgeschwindigkeit leckagefrei abdichten können, zum Beispiel die Zentrifugal-Wellendichtung, oder der V-Ring verhindert in berührungsfreien Schutzdichtungen oder Fanglabyrinth-Dichtungen unerwünschten Luftdurchzug bei Wellenstillstand und bei kleiner Drehzahl.

8.1.2 Vor- und Nachteile berührungsfreier Dichtungen

Primärer Grund für die Anwendung berührungsfreier Dichtungen ist das Vermeiden der Berührung und der damit verbundenen Reibung zwischen festen Körpern. Daraus leiten sich fast alle Vorteile berührungsfreier Dichtungen ab:

- keine Reibung oder nur Flüssigkeitsreibung bei relativ großer Spalthöhe
- keine Schmierung notwendig, dadurch keine Einschränkung bezüglich Schmierstoff und zulässiger Schmierstofftemperatur, keine Schmierungskosten, keine Verunreinigung des Betriebsmittels und keine Wartung
- kein Heißlaufen
- kein Verschleiß
- keine Veränderung der Dichtwirkung
- kein Nachstellen notwendig
- keine Wärmeübertragung durch Wärmeleitung zwischen den Teilen
- keine Temperaturbeschränkung
- keine Beschränkung der Relativgeschwindigkeit
- kein Härten und Schleifen der Welle
- relativ grobe Bearbeitung (drehen) ausreichend.

Richtig ausgelegt (kein unerwünschtes Anstreifen) erfüllen berührungsfreie Dichtsysteme ihre Dichtfunktion langzeitzuverlässig.

Diesen bedeutenden Vorteilen stehen nur wenige Nachteile gegenüber. Dazu zählen zum einen die meist höheren Gestehungskosten und zum anderen die bei einigen Gruppen prinzipbedingte, nicht vollständige Dichtheit. Außerdem sind berührungsfreie Dichtungen nur in wenigen

Fällen als handelsübliche Konstruktionselemente von Spezialfirmen zu kaufen. Sie müssen vom Hersteller des „technischen Systems“, zum Beispiel einer Turbine, selbst gebaut und in das System integriert werden. Das kann aber auch schon wieder ein Vorteil sein, da so zum Beispiel Bauraum gespart werden kann.

Die höheren Gestehungskosten entstehen vielfach nicht durch die Dichtung selbst, sondern durch die zur Aufrechterhaltung der „kleinen“ Spalthöhen notwendigen sonstigen konstruktiven Maßnahmen. Bei Fanglabyrinth-Dichtungen ist statisch und dynamisch Flüssigkeitsdichtheit erreichbar. Gasdicht sind sie ohne zusätzliche Maßnahmen nicht. Sperrdichtungen können dynamisch dicht sein, statisch sind sie es nie. Drossel- und Drossellabyrinth-Dichtungen, die wie die Sperrdichtungen zu den berührungsfreien Dichtungen für Fluide unter Druck gehören, haben prinzipbedingt sowohl statisch als auch dynamisch Leckage.

8.1.3 Einteilung berührungsfreier Dichtungen

Berührungsfreie Dichtungen (**Bild 8.4**) werden in zwei große Gruppen eingeteilt. Die erste Gruppe umfasst solche, die ohne oder bei kleiner Druckdifferenz von einigen Pascal bis in Einzelfällen von maximal 0,1 MPa abdichten und nicht dauernd überflutet sind, sondern vom abzudichtenden Stoff nur bespritzt oder schwallartig überflutet werden.

Die Dichtungen der zweiten Gruppe dichten Fluide bei Überflutung und unter Druck ab. Diese Gruppe ist weiter zu unterteilen in passive Dichtungen, bei denen die Relativbewegung der Dichtflächen zueinander nichts oder nur wenig zur Dichtwirkung beiträgt und in aktive Dichtungen, bei denen die Relativbewegung der Dichtflächen zueinander ein maßgeblicher Faktor für die Dichtwirkung ist oder bei denen ein Sperrfluid von „außen“ zwischen die Dichtflächen gepresst wird. Diese Dichtungen mit aktivem Dichtmechanismus werden als „Dichtungen mit Flüssigkeitssperrung“ bezeichnet oder kurz „Sperrdichtungen“ genannt. Berührungsfreie Dichtungen ohne aktiven Dichtmechanismus werden als Drosseldichtungen bezeichnet. Bei ihnen tritt stets Leckage auf.

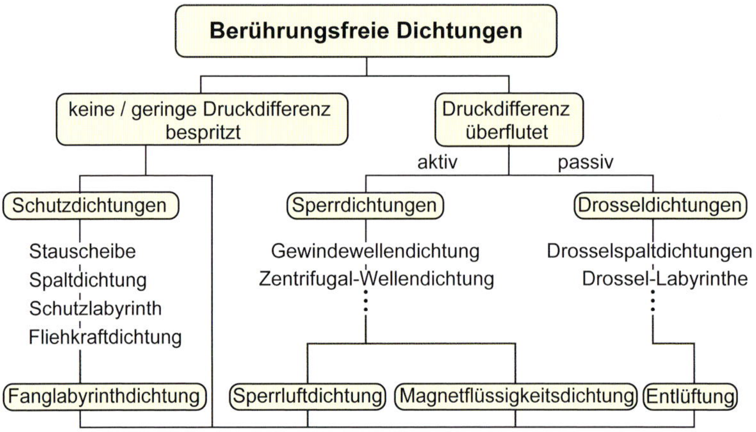

Bild 8.4: Differenzierung berührungsfreier Dichtungen

Zu den berührungsfreien Dichtungen für bespritzte Dichtstellen ohne nennenswerte Druckdifferenz zählen unter anderem die berührungsfreien Schutzdichtungen. Als Schutzdichtungen werden in der Literatur Wellendichtungen bezeichnet, die Lagerstellen einerseits vor Umwelteinflüssen schützen und andererseits den Austritt von Schmierstoff in die Umgebung verhindern. Berührungsfreie Schutzdichtungen sind im Gegensatz zu den Fanglabyrinth-Dichtungen nicht geeignet, stark flüssigkeitsbespritzte Wellendurchtrittsstellen abzudichten. Richtig gestaltete Fanglabyrinth-Dichtungen sind auch unter extremer Flüssigkeitsbespritzung statisch und dynamisch tropffrei dicht.

Sperrluft- und Magnetflüssigkeitsdichtungen sind Sperrdichtungen für geringen Differenzdruck. Sperrluftdichtungen verhindern das Vordringen von Flüssigkeiten, Gasen und auch großen Staubmengen. Magnetflüssigkeitsdichtungen verhindern das Vordringen von Gasen und einzelnen Staubpartikeln.

Berührungsfreie Entlüftungen sind inaktive, statische technische Systeme, die einen möglichst ungehinderten Gasaustausch, aber keinen Flüssigkeits- oder Staubdurchtritt, zum Beispiel an Getrieben, zulassen sollen.

8.2 Berührungsfreie Dichtungen für Fluide unter Druck

Fluide, also Flüssigkeiten und Gase, die die Dichtstelle überfluten und unter Überdruck stehen, können durch spezielle berührungsfreie Dichtungen, das sind Drossel- und Sperrdichtungen, abgedichtet werden. In [1] wird ein umfassender Überblick über den Stand der Technik auf diesem Gebiet gegeben. Die folgenden Ausführungen liefern einen Überblick.

8.2.1 Funktionsprinzip und physikalische Wirkungsweise

Die im abzudichtenden Fluid, das zum Beispiel infolge einer Druckdifferenz in die Dichtung eindringt, enthaltene Bewegungsenergie und bei kompressiblen Fluiden auch deren Druckenergie wird in der Dichtung größtenteils in Wärmeenergie umgewandelt und abgeführt. Das Ziel besteht darin, einen Strömungskanal so zu formen, dass bei gegebener Druckdifferenz des abzudichtenden Fluides der Fluidstrom (Leckstrom) möglichst gering wird. Das physikalische Prinzip, das dazu angewendet wird, lautet:

Die in Strömungsrichtung (Spaltlängsrichtung) vorhandene gerichtete kinetische Energie wird mittels viskoser Reibung und/oder Verwirbelung in Wärmeenergie umgewandelt.

Es werden die Wirkprinzipien „Drosseln“ und „Umlenken“ angewendet. In der Gruppe der Drosseldichtungen sind ausschließlich diese beiden Prinzipien wirksam. In der Gruppe der Sperrdichtungen hingegen wird die Dichtwirkung primär durch den Aufbau eines Gegendrucks zum Druck des abzudichtenden Fluides in der Dichtung erreicht. Dem System wird also Energie zugeführt. Das führt zu unerwünschter Erwärmung. Häufig macht man sich hier das Wirkprinzip „Fördern/Rückfördern“ zunutze.

8.2.2 Drosseldichtungen

In den Strömungs- oder Drosseldichtungen, den klassischen berührungsfreien Dichtungen, zu denen die Spalt-, Labyrinth- und Labyrinthspaltdichtungen zählen, wird der Leckstrom durch Drosseln gemindert. Diese Dichtungen weisen vergleichsweise große Leckströme auf. Das ist zum Beispiel bei industriellen Gas-, Dampf- oder Wasserkraftmaschinen unproblematisch, solange nicht der Wirkungsgrad erheblich beeinflusst wird. Darf kein Fluid in die Umgebung gelangen, muss die primäre Leckage durch ein zweites sekundäres Dichtsystem aufgefangen werden. **Bild 8.5** zeigt die wesentlichsten Ausführungsformen und deren vorzugsweise Eignung für bestimmte Einsatzparameter.

8.2.2.1 Spaltdichtungen

Spaltdichtungen sind berührungsfreie Dichtungen mit glattem Durchgangsspalt. Der Spalt kann achsparallel als Ringspalt nach Bild 8.5-1 oder senkrecht zur Achse als Stirnflächenspalt nach Bild 8.5-4 angeordnet sein. Selbstverständlich ist jede Zwischenlage möglich. Vorzugsweise

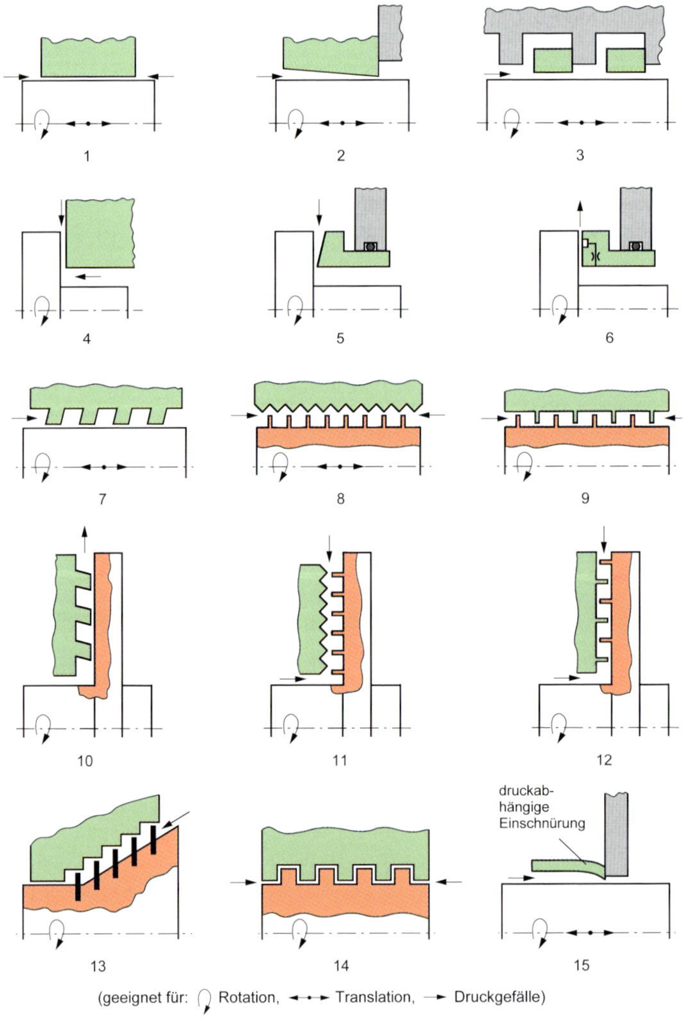

Bild 8.5: Schematische Darstellung berührungsfreier Drosseldichtungen

werden Spaltdichtungen zur Abdichtung inkompressibler Fluide, also von Flüssigkeiten, bei laminarer Spaltströmung verwendet.

Bei gegebener Länge des Strömungskanals (Spaltlänge) hat der enge, laminar durchströmte Spalt den größten Strömungswiderstand und damit bei gegebener Druckdifferenz den geringsten Leckstrom.

Flüssigkeiten strömen infolge ihrer wesentlich größeren Zähigkeit bei gleicher Spaltabmessung bis zu viel höherer Druckdifferenz laminar als das bei Gasen der Fall ist (siehe Bild 8.8 „Reynoldszahl Re"). Außerdem erhöht sich bei Gasen die Strömungsgeschwindigkeit infolge Expansion bei abnehmendem Druck.

Um trotz relativ großer betriebsbedingter Bewegung der spaltbegrenzenden Bauteile zueinander enge Spalte realisieren zu können, werden schwimmende Buchsen (Bild 8.5-2) angewendet, die häufig hydrodynamisch oder hydrostatisch selbstzentrierend sind. Ist Fluid bei großer Druckdifferenz abzudichten und mit großer Wellendurchbiegung zu rechnen, wird die notwendige breite Buchse in mehrere schmale aufgeteilt (Bild 8.5-3). Jede Buchse ist für sich radial beweglich und bewirkt einen Teil des Gesamtdruckabfalls.

Die wirkenden Kräfte zusammen mit der Beweglichkeit der schwimmenden Buchse können zu deren Schwingungen führen. Das muss durch mechanische Dämpfungsglieder wie Federn oder Reibungsdämpfer unterbunden werden. Eine solche Anordnung wird Schwimmring-Drosseldichtung genannt. Bei großer Druckdifferenz kann mittels einer dünnwandigen Buchse der Druck des abzudichtenden Fluides zur selbsttätigen Spaltweitenregelung und zur Erzeugung eines zentrierend wirkenden Keilspaltes insbesondere bei Axialbewegung genutzt werden (Bild 8.5-15). Auch beim Stirnflächenspalt kann durch konstruktive Maßnahmen eine hydrostatisch wirkende Spaltstabilisierung erreicht werden. Entweder wird ein flacher Keilspalt (Bild 8.5-5) realisiert oder in den Parallelspalt wird wie beim hydrostatisch stabilisierten Gleitlager über eine Drossel Fluid zugeführt (Bild 8.5-6).

8.2.2.2 Labyrinthdichtungen

Die Bilder 8.5-9 und 8.5-12 zeigen Labyrinthdichtungen in axialer bzw. radialer Anordnung. Sie sind dadurch gekennzeichnet, dass die beiden Spaltwände ineinander „verzahnt" sind. Dadurch werden abwechselnd kurze enge Ringspalte als Drosselstellen und weite Ringkammern als Wirbelkammern gebildet. In den Drosselstellen wird das Fluid beschleunigt. In der nachfolgenden Kammer wird dann die gerichtete Bewegungsenergie durch Verwirbelung größtenteils in Wärme umgewandelt. Die Leckage nimmt mit der Kammerzahl ab. Das ideale Labyrinth zeichnet sich dadurch aus, dass es keinem Stromfaden möglich ist, mit der im engsten Querschnitt erlangten oder mit verminderter Geschwindigkeit in die nächste Drosselstelle einzutreten.

Labyrinthdichtungen werden vorzugsweise angewendet, um Gasströme zu drosseln. Im idealen Labyrinth mit den Voraussetzungen

- keine Vorgeschwindigkeit an der Drosselstelle,
- vollständige Umwandlung der in der Drosselstelle erzeugten kinetischen Energie in thermische Energie,
- keine Energieverluste des Gasstroms durch Reibung und Stoß,
- keine Wärmezufuhr oder Wärmeabfuhr und
- größte Geschwindigkeit innerhalb der Drosselstelle

laufen nachfolgend beschriebene thermodynamische Vorgänge ab (**Bild 8. 6)**.

Beim Einströmen in den Drosselspalt mit der Spalthöhe h wird das Gas wie in einer Blende isentrop beschleunigt. Der engste Strömungsquerschnitt A liegt infolge der Strahleinschnürung kurz hinter dem Drosselspalt und ist kleiner als der geometrische Drosselquerschnitt

$$A_L = \pi \cdot D \cdot h \tag{1}$$

Das Flächenverhältnis

$$\alpha = \frac{A}{A_L} \tag{2}$$

wird als Durchflusszahl bezeichnet. In der anschließenden großräumigen Kammer expandiert der ringförmige Gasstrahl und löst sich in kleine, ungeordnete Wirbel auf. Im idealen Labyrinth erfolgt die Verwirbelung bei konstantem Druck so, dass die gesamte gerichtete Bewegungsenergie des eintretenden Gasstrahls in völlig ungerichtete Bewegung – also Wärme – umgewandelt wird. **Bild 8.6** zeigt im Enthalpie-Entropie-Diagramm den idealen und den realen Vorgang. Im realen Labyrinth ist die Beschleunigung polytrop, und in der Kammer steigt der Druck nach dem engsten Querschnitt durch Stoß wieder etwas an.

Die mittlere Strömungsgeschwindigkeit w in den engsten Strömungsquerschnitten jeder Drossel beträgt:

$$w = \frac{\dot{m}}{\rho \cdot A} \tag{3}$$

Dabei ist $\dot{m}$ der Massenstrom, A der engste Strömungsquerschnitt und ρ die Dichte des Gases. Da der Massenstrom konstant ist, nimmt die Geschwindigkeit stromabwärts bei sinkendem Druck und demgemäß abnehmender Dichte immer mehr zu. Am Austritt aus der letzten Drosselstelle kann maximal Schallgeschwindigkeit erreicht werden. Reicht die Drosselwirkung dafür

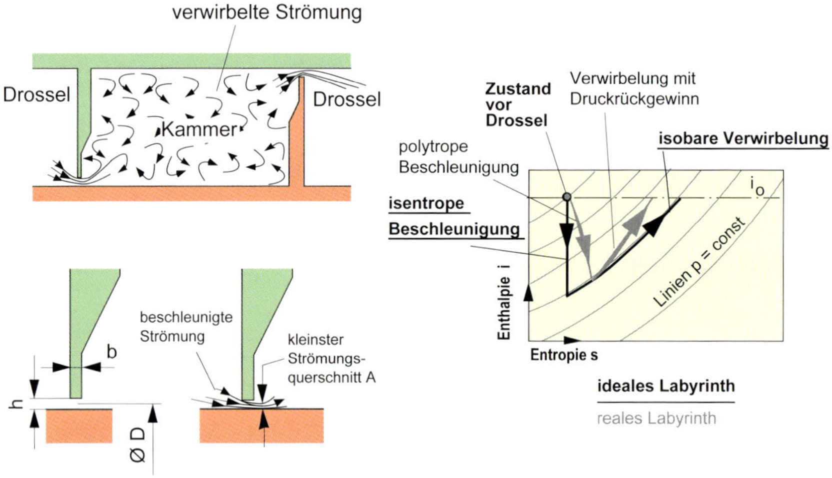

Bild 8.6: Thermodynamik des gasdurchströmten Drossellabyrinths nach [2]

nicht aus, steigt der Mündungsdruck, und der austretende Gasstrom entspannt sich nach dem Labyrinth in Stoßwellen.

Prinzipbedingt sind die Labyrinthdichtung sowohl bei axialer als auch bei radialer Anordnung wie auch die Stirnflächen-Spaltdichtung nur für drehende Bewegung geeignet. Mit den Labyrinthspaltdichtungen hingegen können auch linear bewegte Bauteile abgedichtet werden.

8.2.2.3 Labyrinthspaltdichtungen

Labyrinthspaltdichtungen (Bilder 8.5-7, 8, 10, 11) nehmen eine Zwischenstellung zwischen der Spaltdichtung und der Labyrinthdichtung ein. Sie werden auch offenes Labyrinth, Durchblicklabyrinth, Halblabyrinth oder unverzahntes Labyrinth genannt. Ihr Vorteil bei axialer Anordnung (Bild 8.5-7 und Bild 8.5-8) ist die axiale Beweglichkeit der spaltbildenden Wände zueinander. Demgemäß sind sie als Kolben- oder Stangendichtungen anwendbar.

Eine Sonderstellung nimmt das in Bild 8.5-13 dargestellte Stufenlabyrinth ein. Es ist axial montierbar, aber nur für drehende Bewegung geeignet. Seine Drosselwirkung ist geringer als die des Labyrinths, aber besser als die eines Labyrinthspalts.

Bild 8.5-14 stellt einen „verzahnten Spalt" dar. Häufig wird er auch als radiale Anordnung ähnlich der im Bild 8.5-12 gezeigten Labyrinthdichtung gestaltet. Über seine Eigenschaften ist wenig bekannt. Ist der Spalt gleichmäßig eng, die Druckdifferenz gering oder die Viskosität hoch – also die Spaltströmung laminar – so dürfte der „verzahnte Spalt" wie ein verlängerter glatter Spalt wirken. Wird die Strömung schneller und wechseln die Spalthöhen, so tritt wegen der Turbulenzentstehung der Labyrinth- bzw. Labyrinthspaltcharakter hervor.

8.2.2.4 Berechnung von Drosseldichtungen

Am meisten interessiert bei Drosseldichtungen der Leckagestrom. Der Leistungsverlust spielt eine untergeordnete Rolle. Es sei denn, er ist so groß, dass gekühlt werden muss. Die Druckdifferenz bestimmt bei identischer Geometrie hauptsächlich den Leckagestrom. Zuverlässigkeit und Lebensdauer stehen außer Frage, solange im Betrieb die Berührungsfreiheit gesichert ist.

Bei der Berechnung des Leckagestroms einer Drosseldichtung ist zwischen laminarer und turbulenter Strömung sowie zwischen kompressiblem und inkompressiblem Fluid zu unterscheiden. So vielfältig die Formen der Spalte, Labyrinthe, Labyrinthspalte und die Betriebsbedingungen sind, so vielfältig sind die Berechnungsgänge. Wie bei der Berechnung des Fluidstroms durch ein raues Rohr, sind auch bei der Drosseldichtung bei turbulenter Strömung Einflussfaktoren empirisch zu bestimmen. Prinzipiell kann der Massenstrom durch eine Drosseldichtung näherungsweise wie der Massenstrom durch eine Blende mit Vorgeschwindigkeit null bzw. wie der Ausfluss aus einem Behälter durch eine kleine Öffnung bestimmt werden [1, 3, 4, 5, 6].

Es werden folgende Berechnungsansätze verwendet:

für inkompressibles Fluid $$\dot{m} = \varepsilon \cdot A \cdot \sqrt{2 \cdot \Delta p \cdot \rho} \tag{4}$$

für kompressibles Fluid $$\dot{m} = \varepsilon \cdot A \cdot \sqrt{p_1 \cdot \rho_1} \tag{5}$$

Dabei ist (**Bild 8.7**) $\dot{m}$ der Durchfluss bzw. Massenstrom durch die Drosseldichtung, $\Delta p = p_1 - p_2$ die Druckdifferenz, ρ die Dichte der Flüssigkeit, p_1 der Absolutdruck und ρ_1 die Dichte des Gases

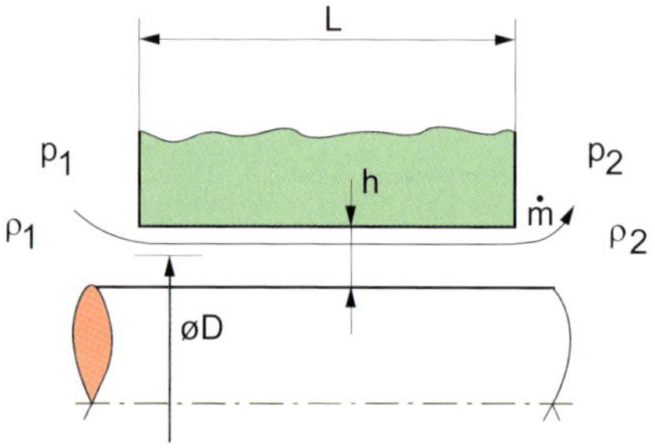

Bild 8.7: Bezeichnungen am Drosselspalt

im abzudichtenden Raum, p_2 der Absolutdruck nach der Drosseldichtung, A der freie Durchströmquerschnitt und ε die meist empirisch zu ermittelnde Labyrinthkennzahl. In der Labyrinthkennzahl, auch Ausflusskennzahl genannt, sind alle den Massenstrom beeinflussenden Größen zusammengefasst. Das sind zum Beispiel das Druckverhältnis p_1/p_2, die Rohrreibungszahl λ, die Spaltlänge L, die Spaltweite h, der Polytropen- oder Isentropenexponent κ, die Kammerzahl z, Formparameter bei der Labyrinth- und Labyrinthspaltdichtung, die Betriebsbewegungen (Rotation/Translation) und andere mehr. Für einfache Fälle lässt sich ε errechnen. Meist ist man jedoch auf empirisch gewonnene Werte angewiesen. Das Radiallabyrinth und der Einfluss der Bewegung auf den Durchfluss sind noch wenig erforscht. Auf genauere Berechnungsverfahren wird hier nicht eingegangen. Es sei auf die einschlägige Literatur, zum Beispiel [1, 7, 8, 4], verwiesen.

Die Berechnung des Durchflusses durch eine Drosseldichtung mit komplexer Gestaltung der Spalte ist mit einer großen Unsicherheit behaftet. Nachfolgend wird für den einfachsten Fall, glatter Drosselspalt bei inkompressiblem Fluid, gezeigt, wie weit der reale Leckagestrom von dem bei idealer Geometrie berechneten abweichen kann, allein auf Grund fertigungsbedingter und betrieblicher Einflüsse.

8.2.2.5 Einflüsse auf den Durchfluss beim Drosselspalt

Um den Flüssigkeitsdurchfluss durch Dichtspalte berechnen zu können, muss ein Zusammenhang zwischen der Flüssigkeitsbewegung, dem Verlauf des Flüssigkeitsdrucks und weiteren Eigenschaften der Flüssigkeit hergestellt werden. Dieser Zusammenhang wurde für laminare Strömung erstmals von Reynolds umfassend behandelt. Die Reynolds-Gleichungen ergeben sich, wenn die Wirkung des lokalen Druckgefälles und der Zähigkeitskräfte auf ein Flüssigkeitsteilchen in einer stationären Strömung betrachtet werden [2]. Außerdem ist die Kontinuitätsbedingung zu beachten. Trägheits- und Massenkräfte sowie thermodynamische Einflüsse werden vernachlässigt.

Aufgrund der von Reynolds aufgestellten Gleichung ergibt sich als Volumenstrom $\dot{V}_0$ einer inkompressiblen Flüssigkeit durch einen glatten, zentrischen, parallelen, ruhenden Ringspalt bei laminarer Strömung die in Bild 8.8-A dargestellte Beziehung (Gleichungen für den Massenstrom kompressibler, laminar strömender Fluide durch enge glatte Spalte sind in Kapitel 8.4.5 Bild 8.44 dargestellt). Bemerkenswert ist, dass alle Größen linear eingehen, bis auf die Spalthöhe h_0. Die Spalthöhe h_0 geht mit der dritten Potenz ein! Das bedeutet, dass eine Spalthöhenänderung von ca. 26 % den Durchfluss verdoppelt oder halbiert. Beträgt das Nennmaß des Spaltes $h_0 = 50$ µm, so verändert sich der Volumenstrom bei einer Toleranz von 13 µm um den Faktor 2. 13 µm Spalthöhentoleranz bedeuten für Welle und Bohrung eine Fertigungstoleranz von je 0,013 mm, was nicht ganz einfach einzuhalten ist.

In Reynolds Gleichungen (stationäre Strömung) sind der Druckabfall für die Ausbildung des Strömungsprofils (Stoßverlust) am Spalteingang und der Austrittsverlust am Spaltende nicht berücksichtigt. Das bleibt nur bei sehr engen Spalten ($h_0 \leq 0{,}05$ mm) ohne gravierenden Einfluss auf das Ergebnis. Weitere Einflüsse, die nicht immer vernachlässigt werden dürfen, werden in [1] beschrieben.

Den idealen Spalt gibt es in der Wirklichkeit nicht. Durch Toleranzen bei der Fertigung und durch betriebsbedingte Einflüsse muss mit erheblichen Abweichungen gerechnet werden. So vergrößert sich beim parallelachsigen, exzentrischen Ringspalt der Durchfluss auf maximal das 2,5-fache (Bild 8.8-C). Bei konischem Spalt (kleinste Spalthöhe h_0) vergrößert sich der Durchfluss ebenfalls erheblich (Bild 8.8-D) und bei schrägliegendem Kern (Bild 8.8-E) vermindert sich der Durchfluss, [9, 10, 11]. So kann allein infolge geometrischer Abweichung der tatsächliche Durchfluss zwischen 50 % und 500 % des nach Reynolds berechneten liegen. Die Spannbreite beträgt also eine Zehnerpotenz. Der Einfluss geometrischer Abweichungen wäre, sofern man sie kennen würde, rechnerisch gut erfassbar. Schwieriger wird es, wenn die Spaltwände sich zusätzlich relativ zueinander bewegen.

Bewegt sich eine Spaltwand in Spaltlängsrichtung (Bild 8.8-B), so muss der zusätzliche Schleppstrom zum Druckstrom $\dot{V}_0$ addiert werden. Rotiert die Welle (Bild 8.8-G), so hat das bei laminarer Strömung keinen Einfluss auf den Durchfluss $\dot{V}\omega_L = \dot{V}_0$ [1]. Durch die Drehbewegung werden jedoch Taylorwirbel induziert und Turbulenzen angefacht. Bei turbulenter Strömung hat die Drehbewegung nun aber einen erheblichen Einfluss auf den Durchfluss $\dot{V}_{\omega T} \leq \dot{V}_T$ (Bild 8.8-G).

Turbulente Strömung kann nach [2] im ungünstigsten Fall aber (sehr „rauer" Spalt) schon bei Re = 500 auftreten. Im günstigsten Fall (sehr glatter Spalt, keine Erschütterungen) auch erst bei Re = 4000. Ab einer bestimmten Reynoldszahl ist der Durchfluss $\dot{V}_T$ nach den Formeln für turbulente Strömung gerechnet stets kleiner als der unter Annahme laminarer Strömung errechnete Durchfluss $\dot{V}_0$ [4].

Variiert man im gezeigten Beispiel (**Tabelle 8.1** und **Bild 8.8**) die Druckdifferenz Δp so, dass die Reynoldszahl $Re_{laminar}$ von Re = 500 bis Re = 4000 reicht, so ist bei $Re \approx 1700$ der berechnete Durchfluss $\dot{V}_T \approx \dot{V}_0$. Bei kleinerer Reynoldszahl $Re < 1700$ wird $\dot{V}_T > \dot{V}_0$, bei $Re > 1700$ wird $\dot{V}_T < \dot{V}_0$. Üblicherweise wird bei $Re \leq 2000$ von laminarer Strömung und bei $Re > 2000$ von turbulenter Strömung ausgegangen. Die Abweichung des berechneten Durchflusses beträgt bei Re = 4000 immerhin ca. 30 %. Das heißt, wenn unter der Annahme turbulenter Strömung gerechnet wird, obwohl die Strömung noch laminar ist, ist der tatsächliche (ideale) Durchfluss um 30 % höher als der berechnete.

Prinzipiell gilt, dass turbulente Strömungen schwer zu erfassen und erzielte Rechenergebnisse unsicherer sind als bei laminarer Strömung. Die Berechnungsformeln sind bei turbulenter Strömung meist nicht mehr vollständig physikalisch begründet, sondern auf Grund von Versuchsergebnissen erstellt.

Zusammenfassend ist festzustellen, dass dem Praktiker zwar Berechnungsformeln für den Leckagestrom zur Verfügung stehen, jedoch die Bestimmung des wirklich zu erwartenden Wertes deshalb

Tabelle 8.1: Daten zum Beispiel in Bild 8.8

$D = 0{,}1$ m,	$\Delta p = 1$ MPa,	$h_0 = 10^{-4}$ m,	$\eta = 10^{-3}$ Pa-s
$L = 0{,}1$ m,	$u = 1$ m/s,	$\varepsilon = 1$,	$h_2 = h_0$, $h_1 = 2h_0$
$S = 0{,}5$,	$\rho = 10^3\ kg \cdot m^{-3}$,	$R = 0{,}6$,	$n = 800\ min^{-1}$

unsicher ist, weil in der Regel die in der Praxis tatsächlich auftretende Spaltform und andere wichtige Parameter nicht bekannt sind. Eine Vorausberechnung lässt deshalb nur eine Eingrenzung des zu erwartenden Leckagestromes zu. „Die Rechenergebnisse weichen meist spürbar von den gemessenen Werten ab.“ [1, 3, 9].

	Aufbau	Durchfluß	Vergleich	Beispiel
A	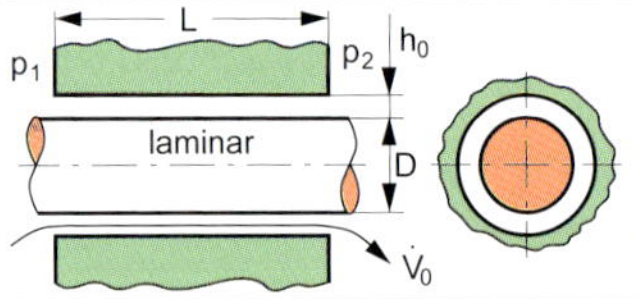	$\dot{V}_0 = \frac{\pi \cdot D \cdot \Delta p \cdot h_0^3}{12 \cdot \eta \cdot L}$ mit $p = p_1 - p_2$	$\dot{V}_0 = \dot{V}_0$	0,262 $\frac{l}{s}$
B	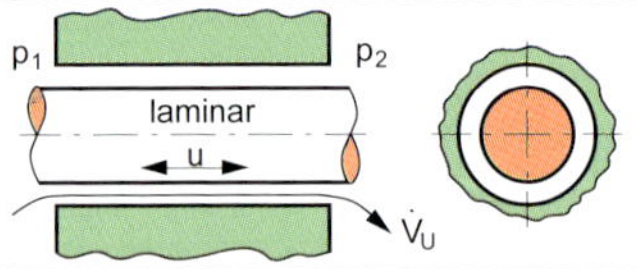	$\dot{V}_U = \pi \cdot D \left(\frac{\Delta p \cdot h_0^3}{12 \cdot \eta \cdot L} \pm \frac{u \cdot h_0}{2} \right)$	$\dot{V}_U > \dot{V}_0$ $\dot{V}_U < \dot{V}_0$	0,278 $\frac{l}{s}$ 0,246 $\frac{l}{s}$
C	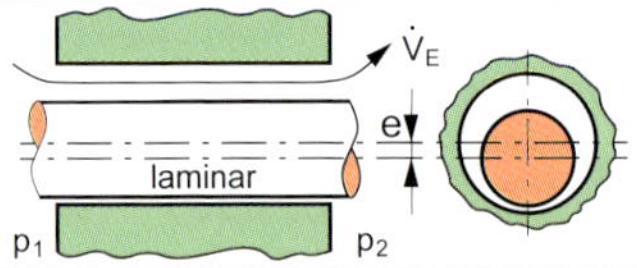	$\dot{V}_E = \frac{\pi \cdot D \cdot \Delta p \cdot h_0^3}{12 \cdot \eta \cdot L} (1 + 1{,}5 \cdot \varepsilon^2)$ mit $\varepsilon = \frac{e}{h_0}$	$\dot{V}_E \geq \dot{V}_0$ $\dot{V}_{E_{max}} = 2{,}5 \cdot \dot{V}_0$	0,655 $\frac{l}{s}$
D	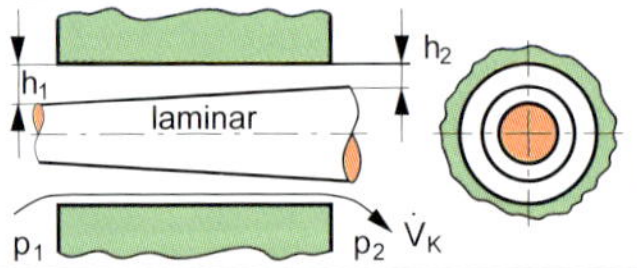	$\dot{V}_K = \frac{\pi \cdot D \cdot \Delta p \cdot h_2^3}{12 \cdot \eta \cdot L} \cdot \frac{2 \cdot \lambda^2}{\lambda + 1}$ mit $\lambda = \frac{h_1}{h_2}$	$\dot{V}_K > \dot{V}_0$ für $h_1 = 2 \cdot h_2$ $\dot{V}_{K_2} = 2{,}7 \cdot \dot{V}_0$	0,698 $\frac{l}{s}$
E	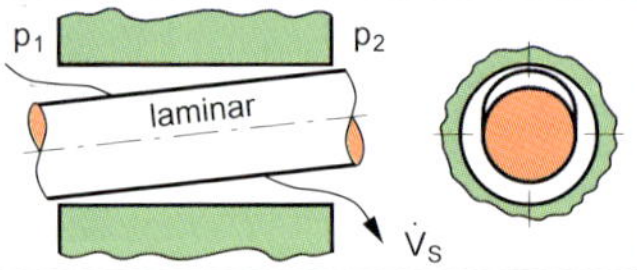	$\dot{V}_S = \frac{\pi \cdot D \cdot \Delta p \cdot h_0^3}{12 \cdot \eta \cdot L} \cdot S$ nur experimentell S = 0,6...0,4	$\dot{V}_S \approx 0{,}5 \cdot \dot{V}_0$	0,131 $\frac{l}{s}$
F	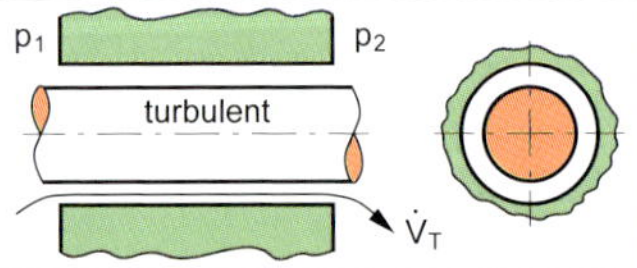	$\dot{V}_T = \pi \cdot D \cdot h_0 \sqrt{\frac{\Delta p \cdot h_0}{2 \cdot L \cdot \rho}} \cdot \left(3{,}45 \ldots \ldots + 5{,}52 \cdot \log\left(\frac{h_0}{2 \cdot \nu} \cdot \sqrt{\frac{\Delta p \cdot h_0}{2 \cdot L \cdot \rho}}\right)\right)$	(Δp variiert) $\dot{V}_T \approx \dot{V}_0$ bei $Re \approx 1700$	(Δp variiert) bei Re = 500 $\dot{V}_T \approx 1{,}64 \cdot \dot{V}_0$ bei Re = 4000 $\dot{V}_T \approx 0{,}7 \cdot \dot{V}_0$
G	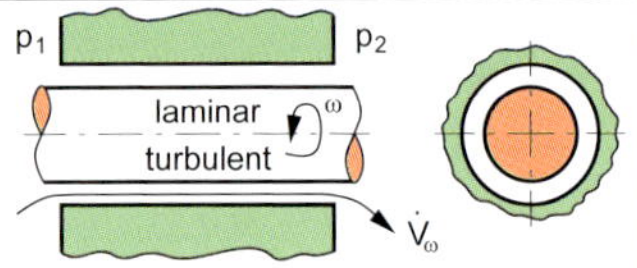	laminar: $\dot{V}_{\omega L} = \dot{V}_0$ turbulent: $\dot{V}_{\omega T} = \dot{V}_T \cdot R$ $R = 1 \ldots 0{,}2 = f\left(\frac{w}{v}\right)$	$\dot{V}_{\omega L} = \dot{V}_0$ $\dot{V}_{\omega L} < \dot{V}_T < \dot{V}_0$	$\dot{V}_{\omega T} \approx 0{,}6 \cdot \dot{V}_0$ $= 0{,}157 \frac{l}{s}$
Reynoldszahl Re	$Re = \frac{w \cdot 2 \cdot h \cdot \rho}{\eta}$	$Re_{laminar} = \frac{\Delta p \cdot h^3 \cdot \rho}{6 \cdot \eta^2 \cdot L}$	Re < 500 - 2000 2000 < Re < 4000 Re > 4000	laminar Übergangsbereich turbulent
Bezeichnungen:	η ... dynamische Viskosität ν ... kinematische Viskosität u ... axiale Geschwindigkeit	ω ... Winkelgeschwindigkeit der Welle w ... mittlere axiale Strömungsgeschwindigkeit v ... Umfangsgeschwindigkeit		ρ... Dichte

Bild 8.8: Durchfluss inkompressibler Fluide durch glatte Ringspalte nach [1, 2, 4, 9]

8.2.3 Sperrdichtungen

Charakteristisch für diese Gruppe (**Bild 8.9**) ist ein Sperrfluid. Das Sperrfluid kann das abzudichtende Fluid selbst oder ein Fremdfluid sein. Meist ist das Sperrfluid eine Flüssigkeit, seltener ein Gas. Während bei Drosseldichtungen durch Umwandeln der im abzudichtenden Fluid enthaltenen Energie und Abführen der gewandelten Energie aus dem Dichtsystem der Leckagestrom gemindert wird, wird bei Sperrdichtungen durch zusätzliches Zuführen von Energie in das Dichtsystem bzw. durch geschicktes Ausnutzen der in das Dichtsystem sowieso eingebrachten Energie Dichtheit erzielt. Entweder wird durch Aufbauen eines „Gegendruckes" zum Druck des abzudichtenden Fluides dieses am weiteren Vordringen im Dichtspalt gehindert, oder der „Leckstrom" wird noch im Dichtspalt durch einen im Dichtspalt erzeugten, entgegen gerichteten „Rückförderstrom" kompensiert. Da Sperrdichtungen in ihrem Auslegungsbereich meist vollkommen abdichten (abgesehen von Diffusionsverlusten), eignen sie sich besonders gut für den Einsatz in Maschinen, die mit giftigen Betriebsmitteln oder mit Vakuum arbeiten.

8.2.3.1 Flüssigkeitsgesperrte Drosseldichtungen

In flüssigkeitsgesperrten Drosseldichtungen (Bild 8.9-1 bis 3) wird die Sperrflüssigkeit aktiv von außen in den Dichtspalt gedrückt und verwehrt somit dem abzudichtenden Fluid den Durchtritt. Es gibt keine Leckage des abzudichtenden Fluides, solange $p_1 < p_0 > p_2$ ist (**Bild 8.10**-I). Das bedingt, dass Sperrflüssigkeit nach außen tritt – $\dot{V}_2$ – und auch in das abzudichtende Fluid – $\dot{V}_1$ – gelangt. Deshalb darf p_0 nur wenig größer als p_1 sein. Als Drosselstrecken dienen sowohl Spalte (Bild 8.9-1 und 2), als auch Labyrinthe oder Labyrinthspalte (Bild 8.9-3). Es gibt auch gasgesperrte Drosseldichtungen. Sie funktionieren genauso. Prinzipiell gehört die später ausführlich beschriebene Sperrluftdichtung auch zu den gasgesperrten Drosseldichtungen.

8.2.3.2 Zentrifugal-Wellendichtungen

Der Sperrdruck wird durch Fliehkraft in der Dichtung selbst erzeugt. Die Flüssigkeit wird durch Reibung von einer umlaufenden glatten Scheibe (Bild 8.9-4), einer umlaufenden Rinne (Bild 8.9-5), oder einer einseitig beschaufelten Scheibe (Bild 8.9-6) mitgenommen. Im rotierenden Flüssigkeitsring entsteht durch Fliehkraft eine Druckbarriere p_0 gegen den Druck des abzudichtenden Fluides p_1 (Bild 8.10-II). Auch hier gilt $p_1 < p_0 > p_2$. Die Sperrflüssigkeit kann das abzudichtende Fluid selbst sein (Bild 8.9-6 und 8.10-II). Zur Abdichtung von Gasen (Bild 8.9-4 und Bild 8.9-5) wird eine separate Sperrflüssigkeit eingefüllt. Je größer die Dichte ρ des Fluides, umso höher der abdichtbare Druck.

Bei kleiner Drehzahl und im Stillstand ist eine Zentrifugal-Wellendichtung nicht wirksam. Eventuell muss hierfür eine Hilfsdichtung, zum Beispiel ein V-Ring oder eine durch Fliehkraft öffnende Gleitring-Dichtung vorgesehen werden.

8.2.3.3 Gewindewellendichtungen

In der Gewindewellendichtung wird der Sperrdruck an der Dichtstelle durch den axialen Fördereffekt eines Gewindes erzeugt.

Rotiert eine glatte Welle in einer glatten, flüssigkeitsgefüllten Bohrung, so wird dadurch Flüssigkeit nur in Umfangsrichtung geschleppt, nicht aber axial transportiert. Befinden sich jedoch in der Bohrungswand vertiefte Kanäle (Nuten), deren Kanten schräg zur Umfangsrichtung verlaufen (Gewinderillen), so wird die Schleppströmung durch die Längskanten der Vertiefungen teilweise „umgelenkt". Dadurch wird in Längsrichtung der Kanäle Flüssigkeit transportiert. Durch diesen Effekt wird in der Gewindewellendichtung durch Rotation der Welle Flüssigkeit auch in axialer

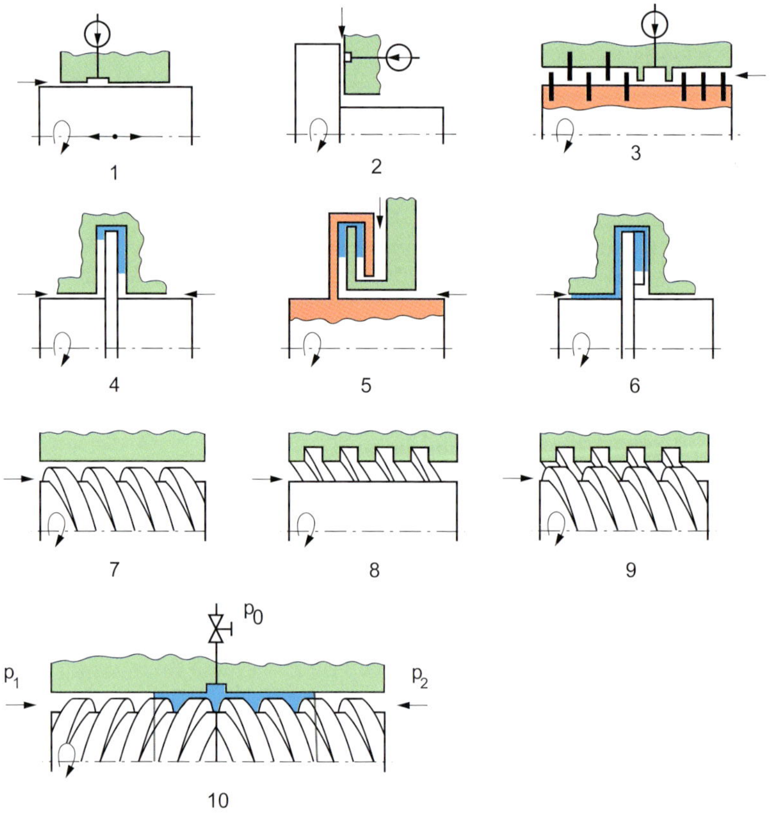

(geeignet für: Rotation, Translation, Druckgefälle)

Bild 8.9: Schematische Darstellung berührungsfreier Sperrdichtungen

Richtung gefördert, solange die geförderte Flüssigkeit abfließen kann. Fördert die Gewindewellendichtung gegen eine Barriere, zum Beispiel gegen ein unter Druck stehendes abzudichtendes Fluid, baut sich längs der Achse ein zur Barriere hin ansteigender Druck auf.

Das Gewinde kann sich auf der Welle oder im Gehäuse befinden. Auch eine beidseitige Anordnung gegenläufiger Gewinde ist möglich (Bild 8.9-7 bis 9). Eine solche Anordnung hat bei turbulenter Strömung eine bessere Dichtwirkung als ein einseitiges Gewinde. Die effektivste Gewindeform ist das Flachgewinde. Meist werden mehrgängige Gewinde angewendet, um bei kurzer Baulänge gute Dichtwirkung zu erzielen. Je zäher das abzudichtende Fluid, desto besser die Dichtwirkung. Die Flüssigkeit dringt so weit in das Gewinde vor, bis der Sperrdruck p_0 am Gewindebeginn dem abzudichtenden Druck p_1 entspricht (Bild 8.10-III).

Um Gase abzudichten, wird ein Doppelgewinde mit Sperrflüssigkeitsfüllung angewendet (Bild 8.9-10). Beide Gewinde versuchen, eine zähe Sperrflüssigkeit zur Mitte hin zu fördern. Dort baut sich der Sperrdruck p_0 auf. Steigt p_1 oder p_2, so wird der Sperrflüssigkeitsring aus seiner Mittellage verschoben. Auch hier gilt $p_1 < p_0 > p_2$.

Ohne Rotation gibt es keine Förderung. Die Gewindewellendichtung wirkt dann ähnlich wie eine Drosselspaltdichtung. Auch hier können berührende Elemente zur Abdichtung bei Wellenstillstand eingesetzt werden.

8.2.3.4 Berechnung von Sperrdichtungen

Bild 8.10 gibt einen groben Überblick über die Berechnung des Sperrmittelverluststroms $\dot V_0$, der maximal leckagefrei abdichtbaren Druckdifferenz Δp und der zu erwartenden Reibleistung P_R. Die Gleichungen enthalten nicht alle Einflussgrößen, sondern sind auf die für einen Überblick wesentlichen reduziert. Der Rest steckt in den Faktoren c_1 bis c_5, ausführlichere Berechnungsanleitungen in [1, 2].

I	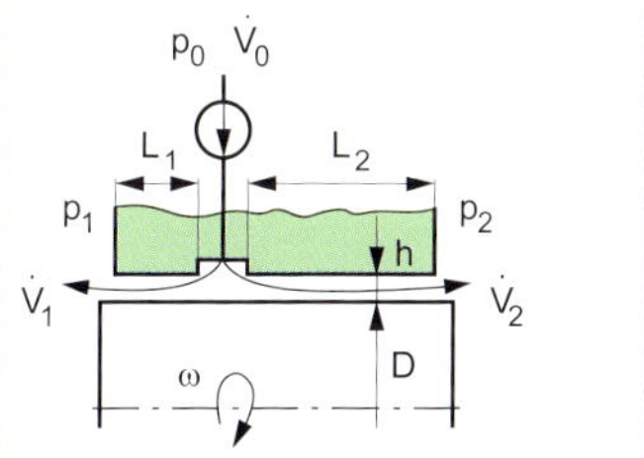	$\dot V_{1,2} = \frac{\pi \cdot D \cdot \Delta p_{1,2} \cdot h^3}{12 \cdot \eta \cdot L_{1,2}}$ $\dot V_0 = \dot V_1 + \dot V_2$	$P_S = \frac{\pi \cdot \eta \cdot \omega^2 \cdot D^3 \cdot L}{4 \cdot h}$ $P_P = \dot V_0 \cdot \Delta p$ $P_R = P_S + P_P$
II	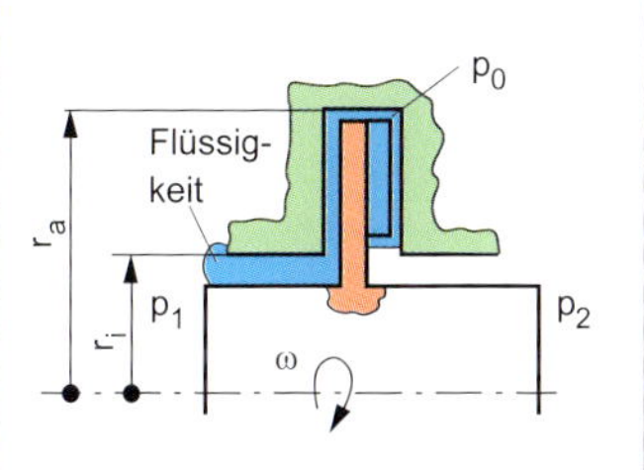	$\Delta p = \frac{\rho}{2} \cdot \omega^2 \cdot (c_3 \cdot r_a^2 - c_4 \cdot r_i^2)$	$P_R = c_5 \cdot \frac{\rho}{2} \cdot \omega^3 \cdot r_a^5$
III	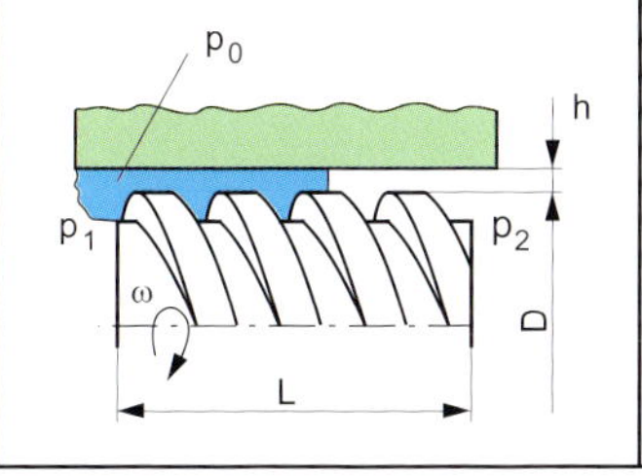	$\Delta p = c_1 \cdot \frac{\eta \cdot \omega \cdot L \cdot D}{4 \cdot h^2}$	$P_R \approx c_2 \cdot \frac{\pi \cdot \eta \cdot \omega^2 \cdot D^3 \cdot L}{h}$

Bezeichnungen:

$\dot V$ ... Volumenstrom	P ... Leistung	η ... dynamische Viskosität
p ... Druck	P_S ... Schleppleistung	ω ... Umfangsgeschw.
ρ ... Dichte	P_P ... Drosselleistung	c ... Faktor (siehe [31] und [38])
Δp ... Druckdifferenz	P_R ... Reibleistung	

Bild 8.10: Näherungsberechnungen von Sperrdichtungen bei laminarer Strömung. Ausführliche Anleitung in [1] und [2] (zusammengefasst), sowie detailliert in [12-14] für Zentrifugal-Wellendichtungen und [15-17] für Gewinde-Wellendichtungen

Der Sperrmittelverluststrom $\dot{V}_0$ bei der flüssigkeitsgesperrten Drosseldichtung ist analog zur normalen Drosseldichtung zu berechnen. Es sind zwei Volumenströme zu beachten, die addiert werden (Bild 8.10-I). Die Reibleistung setzt sich zusammen aus der Drosselleistung, die im Wesentlichen von der dritten Potenz der Spalthöhe h abhängt, und der Schleppleistung, die hauptsächlich von der dritten Potenz des Durchmessers D und der zweiten Potenz der Winkelgeschwindigkeit ω abhängt. Die Gleichung für die Schleppleistung ergibt sich, wenn man ausgehend vom Newtonschen Reibungsgesetz

$$\tau = \eta \cdot \frac{dv}{dh} \left(\tau = \eta \cdot \frac{v}{h}\right) \tag{6}$$

die Schleppleistung mit

$$P_S = \tau \cdot v \cdot A \tag{7}$$

ansetzt. Für geringe Verlustleistung sollten also Durchmesser und Winkelgeschwindigkeit möglichst gering sein. Eine optimale Spalthöhe kann errechnet werden [2].

Generell wird bei allen Sperrdichtungen der Leistungsverlust wesentlich geringer, wenn der Durchmesser geringer wird. Von besonderer Bedeutung ist das bei der Zentrifugal-Wellendichtung, wo der Radius r_a bei turbulenter Strömung mit der fünften Potenz eingeht. Das bedeutet bei großem Durchmesser einen hohen Reibungsverlust und große Wärmeentwicklung. Da die abdichtbare Druckdifferenz nur mit der zweiten Potenz des Scheibendurchmessers zunimmt, ist es zweckmäßig, für größere Druckdifferenz mehrere hintereinandergeschaltete Zentrifugal-Wellendichtungen mit kleinerem Durchmesser zu verwenden.

Die Beziehung für die abdichtbare Druckdifferenz bei Gewindewellendichtungen erhält man, wenn die Schlepp-Druckströme im Gang G und auf dem Damm D in Damm- bzw. Ganglängsrichtung und der Volumenstrom $\dot{V}$ quer dazu nach Beziehung B in Bild 8.8 berechnet, in Gewindeachsrichtung addiert und zu Null (kein Durchfluss) gesetzt werden

$$\dot{V}_G + \dot{V}_D + \dot{V}_V \cdot \cos^2 \alpha = 0 \tag{8}$$

Dabei ist α der Gewindesteigungswinkel. Die abdichtbare Druckdifferenz (Bild 8.10-III) ist in erster Linie von der Spalthöhe h abhängig, die in zweiter Potenz eingeht. Je kleiner h, umso größer Δp. Für günstig ausgeführte Gewindeparameter wird der Faktor $c_1 \approx 1$ und $c_2 \approx 0{,}17$, und die Reibleistung beträgt nur ca. 70 % der Schleppleistung in einem gleich dimensionierten glatten Spalt. Außerdem gibt es keine Drosselleistung, so dass die Minderung der Reibleistung bis zu 50 % betragen kann.

Die Beziehung für die abdichtbare Druckdifferenz (Bild 8.10-II) bei der Zentrifugal-Wellendichtung erhält man, indem die örtlichen Druck- und Fliehkräfte an einem in einem rotierenden Flüssigkeitsring mitrotierenden Fluidteilchen betrachtet werden. Die Faktoren c_3 und c_4 hängen von der Beschaufelung, den Spaltweiten und gewählten Sicherheitsfaktoren ab. Der Faktor c_5 bei der Zentrifugal-Wellendichtung ist eine Funktion der Reynoldszahl, der Beschaufelung, der Spaltweiten und des Verhältnisses r_a zu r_i.

Bei Drosseldichtungen wird ein Teil der aus der Reibleistung resultierenden Wärme durch die unvermeidbare Leckage abgeführt. Bei leckagefreien aktiven Dichtungen muss die Wärme ausschließlich durch Wärmeleitung und Konvektion abgeführt werden. Das führt zu großer Erwärmung und erfordert meist eine Zwangskühlung.

8.3 Fanglabyrinthe

Sind flüssigkeitsbespritzte Dichtstellen sowohl statisch als auch dynamisch bis zu höchster Umfangsgeschwindigkeit optimal berührungsfrei abzudichten, so sind im Wesentlichen acht Wirkprinzipien in das Dichtsystem zu integrieren.

8.3.1 Wirkprinzipien bei Fanglabyrinth-Dichtungen

Die Gesamtfunktion – berührungsfrei Abdichten – wird durch die Realisierung der physikalischen Wirkprinzipien (Grundfunktionen) – Abweisen, Abspritzen, Abschirmen, Umlenken, Drosseln, Rückfördern, Auffangen, Abführen – erfüllt.

Ein „technisches (Dicht)-System", das alle diese Wirkprinzipien enthält, wird Fanglabyrinth-Dichtung genannt (**Bild 8.11**). Eine problemgerecht gestaltete Fanglabyrinth-Dichtung ist bei allen Drehzahlen „technisch dicht", solange sie nicht andauernd überflutet wird. Technische Dichtheit bedeutet hier, dass am Ausgangsspalt der Dichtung keine Flüssigkeit abtropft oder gar ausströmt. Soll auch der Austritt von Flüssigkeitsdampf, Flüssigkeitsdunst und Flüssigkeitsnebel vermieden werden, so sind „Zusatzelemente" in die Fanglabyrinth-Dichtung zu integrieren. Wird zum Beispiel, um Fertigungsaufwand zu sparen, nur ein Teil der Wirkprinzipien in ein Dichtsystem integriert, so wird, wenn keine Zusatzelemente integriert sind, auf Dichtsicherheit verzichtet. Solche Dichtsysteme sind dann entweder nicht technisch dicht oder nur für weniger kritische Dichtbedingungen als starke Flüssigkeitsbespritzung geeignet. Sie werden

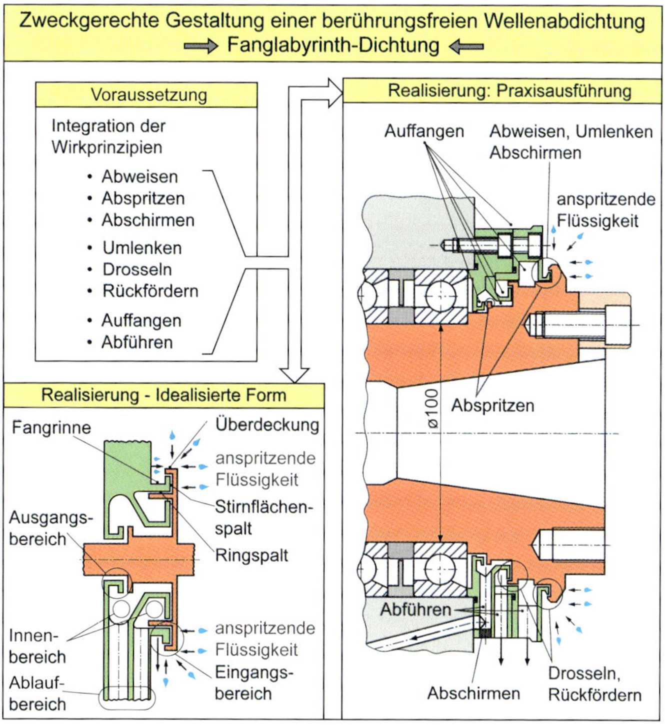

Bild 8.11:
Gestaltung einer Fanglabyrinth-Dichtung. Realisierung der Gesamtfunktion – anspritzende Flüssigkeit berührungsfrei abdichten – durch Integrieren von acht Wirkprinzipien

in der Literatur meist als „Berührungsfreie Schutzdichtungen" bezeichnet, sofern in der Regel weniger als fünf Wirkprinzipien integriert sind, siehe Kap. 8.3.6, [2] und [18].

Im Gegensatz zur herkömmlichen Darstellung in Bild 8.4 zeigt **Bild 8.12** eine systematische Darstellung der berührungsfreien Dichtungen für flüssigkeitsbespritzte Wellen-Dichtstellen, die ohne oder bei kleiner Druckdifferenz auf der Basis physikalischer Wirkprinzipien abdichten. Zentrales Element ist die Fanglabyrinth-Dichtung mit ihren acht Wirkprinzipien. Durch Weglassen von Wirkprinzipien und/oder Hinzufügen von Zusatzelementen – bis heute sind als berührungsfreie Zusatzelemente Sperrluft und Magnetflüssigkeit bekannt – gelangt man zu den anderen Dichtungen, siehe auch Kap. 10. Insbesondere durch den Einsatz von Sperrluft Kap. 8.4 kann auch gegen Staub günstig abgedichtet werden.

Die Aufgabe des Konstrukteurs ist es nun, die gegenstandslosen sprachlichen Begriffe der Wirkprinzipien wie „Abweisen" oder „Auffangen" – also die Anforderungen – für jeden Einzelfall in die Beschreibung herstellbarer, funktionsfähiger technischer Gebilde umzusetzen. In **Bild 8.13** ist das für den allgemeinen Fall geschehen. Hier wird gezeigt, mit welchen bewährten Funktionselementen die einzelnen Wirkprinzipien „gegenständlich" zu realisieren sind. Zusätzlich ist deren Funktion stichwortartig erläutert. So wird beispielsweise das Wirkprinzip „Rückfördern" am einfachsten und besten durch einen radial nach außen gerichteten Stirnspalt

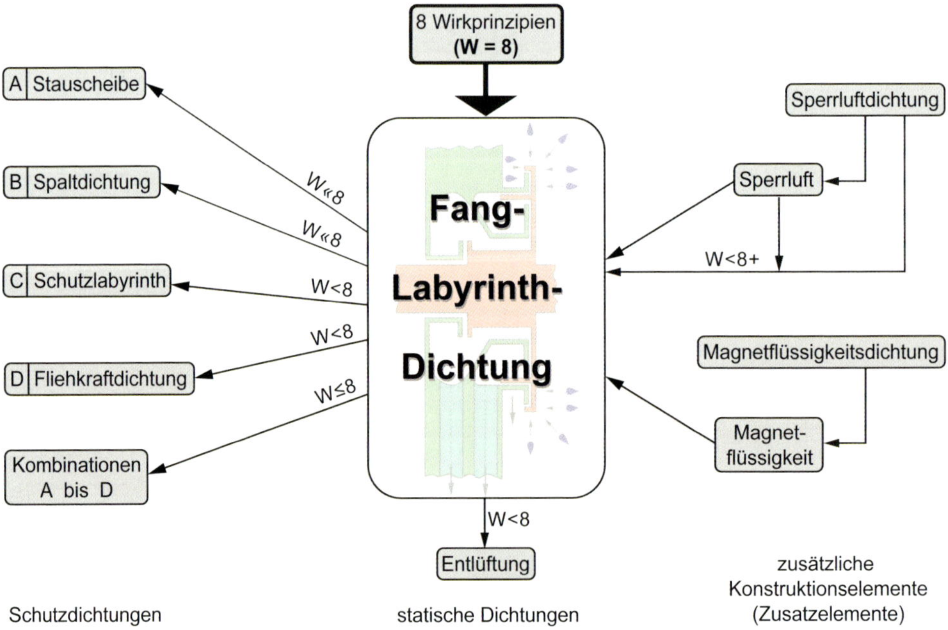

Bild 8.12: Die Fanglabyrinth-Dichtung, das zentrale Dichtsystem zur Abdichtung flüssigkeitsbespritzter Dichtstellen

Wirkprinzip	Funktionselement	Funktion
Abweisen	Fangrinne u. Spritzscheibe 	Direkte Spaltanspritzung verhindern. Flüssigkeitsstau am Spalteingang vermeiden. Strahlimpuls vom Spalteingang fernhalten.
Abspritzen	Spritzring A 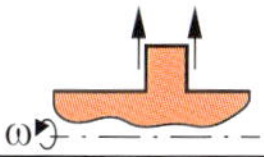 Dichtkammer B 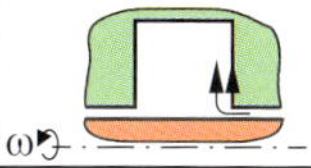	Auf die Welle gelangte Flüssigkeit abschleudern A bzw. abdrängen B.
Abschirmen	Spritzscheibe 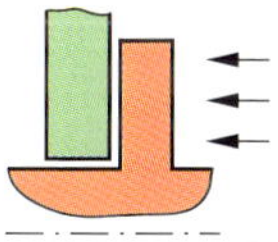 Abschirmung 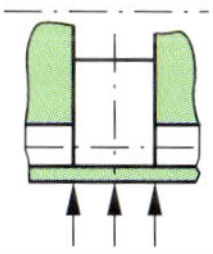	Direktes Anspritzen des Eingangsspaltes und Einspritzen in Ablaufkanäle verhindern.
Umlenken	Stauscheibe 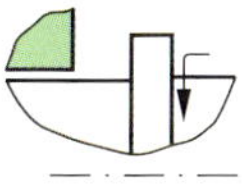 „Dach“ u. „Graben“ 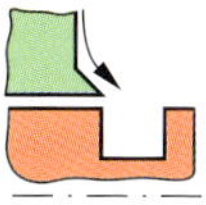	Flüssigkeit am Entlangströmen hindern und vom Ausgangsspalt fernhalten.
Drosseln	1. Ringspalt 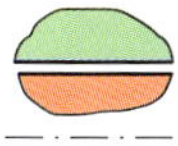 2. Stirnspalt 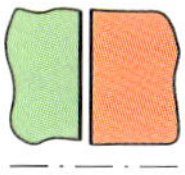 1. u. 2. 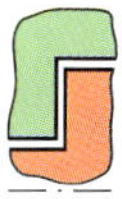	Vordringende Flüssigkeit durch enge Spalte am Weiterfließen behindern.
Rückfördern	Stirnspalt 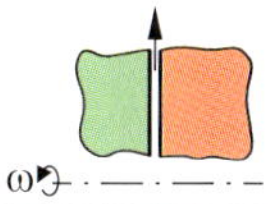 Schrägspalt 	Flüssigkeit im Dichtspalt bei rotierender Welle aktiv zurückfördern.
Auffangen	Dichtkammer 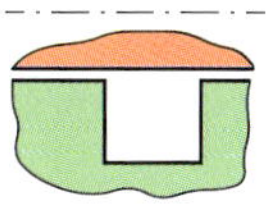 Fangrinne 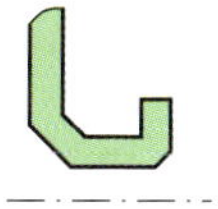	Abgespritzte und ablaufende Flüssigkeit auffangen.
Abführen	Rücklaufkanal 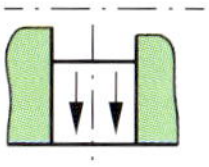 Saugpumpe 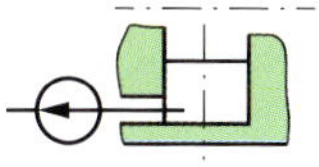	In Dichtkammern eingedrungene Flüssigkeit nach außen passiv ableiten, oder aktiv absaugen.

Bild 8.13: Die acht wesentlichen Grundprinzipien (Grundfunktionen) einer zweckgerecht gestalteten berührungsfreien Wellenabdichtung; konstruktive Verwirklichung, Funktionselement und Erläuterung der Funktion

– auch Stirnflächenspalt oder Radialspalt genannt – in der Dichtung verwirklicht. Rotiert eine Spaltwand, so wird die im Spalt befindliche Flüssigkeit tangential mitgeschleppt und durch Fliehkraft nach außen zum größerem Durchmesser hin gefördert. Ist die Anordnung so gewählt, dass die abzudichtende Flüssigkeit eigentlich von außen nach innen vordringen will, ist das Wirkprinzip „Rückfördern" erfüllt. Je nachdem, wie wirksam das Wirkprinzip im Verhältnis zur Beanspruchung umgesetzt wurde, wird die durch den Stirnspalt strömende Flüssigkeit (Leckage) reduziert oder der Flüssigkeitsdurchtritt ganz unterbunden und der Spalt zum Teil leergepumpt. Die Erfahrung lehrt, dass solche radial rückfördernde Stirnspalte dann am besten funktionieren, wenn die Spaltwände glatt ($R_a \leq 3{,}2$ µm) und eben sind. Gröbere „Pumpstrukturen" stören die Ausbildung eines laminar geschichteten Flüssigkeitsrings und beeinträchtigen die Dichtwirkung erheblich.

Bei der Gestaltung einer optimalen berührungsfreien Wellendichtung liegt es nun am Können des Konstrukteurs, möglichst viele Funktionselemente in möglichst optimaler Ausprägung und Anordnung in sein technisches System zu integrieren und dabei noch der übergeordneten Forderung – einmal vom Rotor abgeschleuderte Flüssigkeit darf nicht wieder auf ihn zurückgelangen – Genüge zu tun.

8.3.2 Gestaltung von Fanglabyrinth-Dichtungen

Fanglabyrinth-Dichtungen (s. Bild 8.11) bestehen aus einer Reihe von hintereinander angeordneten Dichtspalten, Stau-/Spritzscheiben, Dichtkammern, Fangrinnen und Ablaufkanälen als Funktionselemente.

Eine wesentliche Voraussetzung für die Gestaltung eines optimalen Fanglabyrinths besteht darin, dass der Konstrukteur genügend Bauraum für das Dichtsystem vorsieht. Bild 8.11 veranschaulicht unter anderem die Grundfunktionen einer Fanglabyrinth-Dichtung in idealisierter Form.

In einem Eingangsbereich muss die anspritzende Flüssigkeit so gut wie möglich abgeschirmt, passiv abgewiesen und aktiv abgeschleudert werden. Flüssigkeit, die direkt auf den Spalteingang trifft, gelangt zum Teil in den Innenbereich der Dichtung, der meist aus zwei Dichtkammern besteht. Die Spalte bremsen (drosseln) die eintretende Flüssigkeit mittels Wandreibung. In jeder Dichtkammer wird die Flüssigkeit auf dem Rotor umgelenkt oder vom Rotor abgeschleudert, im stationären Teil aufgefangen und über zweckgerecht gestaltete Kammerwände und Fangrinnen in Rücklaufkanäle im Ablaufbereich geleitet.

Im Ausgangsbereich ist darauf zu achten, dass sich infolge Adhäsion und Kohäsion keine den Spalt überspannenden Flüssigkeitsbrücken bilden können und dass dünne Flüssigkeitsschichten, die bei hoher Drehgeschwindigkeit wie Wassertropfen an der Windschutzscheibe eines Kraftfahrzeuges von der turbulenten Luftströmung an den Kammerwänden umhergetrieben werden, nicht in den Ausgangsspalt gelangen können.

Immer ist zu beachten, dass Flüssigkeit, die mit großer Geschwindigkeit direkt auf den Spalteingang spritzt, durch ihren Impuls (Staudruck) in die Fangkammer hineingepresst wird. Um diesen Fall weitestgehend zu vermeiden, ist bei der Konstruktion des Aggregats im Umfeld der Dichtung darauf zu achten, dass keine Flüssigkeitsstrahlen ungebremst auf den Spalteingang treffen können.

Die wesentlichen Funktionsbereiche einer Fanglabyrinth-Dichtung – Eingangs-, Innen-, Ausgangs- und Ablaufbereich sowie das Dichtungsumfeld – werden in den nächsten Kapiteln ausführlich besprochen.

8.3.2.1 Der Eingangsbereich

Dem Eingangsbereich ist größte Bedeutung beizumessen. Mit der Gestaltung des Eingangsbereiches legt der Konstrukteur den für das Dichtsystem benötigten Querschnitt (Baugröße) und den fertigungstechnischen Aufwand fest. Ziel aller konstruktiven Maßnahmen ist es,

- möglichst wenig Flüssigkeit mit
- möglichst geringer Geschwindigkeit in den
- Innenbereich der Dichtung eindringen zu lassen.

Soweit möglich, ist der Spalteingang gegen anspritzende Flüssigkeitsstrahlen abzuschirmen (**Bild 8.14**). In den Spalt darf ausschließlich die Flüssigkeit gelangen, die direkt auf den Spalteingang gerichtet ist. Die von einer rotierenden Spaltwand oder von der mitbewegten Luft geschleppte Flüssigkeit wird durch Fliehkraft nach außen gedrängt. Abgeschleuderte Flüssigkeit darf nicht an überstehenden Teilen reflektiert und zum Spalteingang hin umgelenkt werden. Flüssigkeit, die außerhalb des Spalts auf Dichtungs- oder Umbauteile prallt, muss abgewiesen werden. Auf den Spalt zuströmende Flüssigkeit ist über den Spalteingang hinwegzuführen. Damit außerhalb des Spalts auftreffende Flüssigkeit nicht in den Spalt gelenkt wird, müssen am Spalteingang beide Spaltwände auf dem gleichen Durchmesser mit einem Absatz enden.

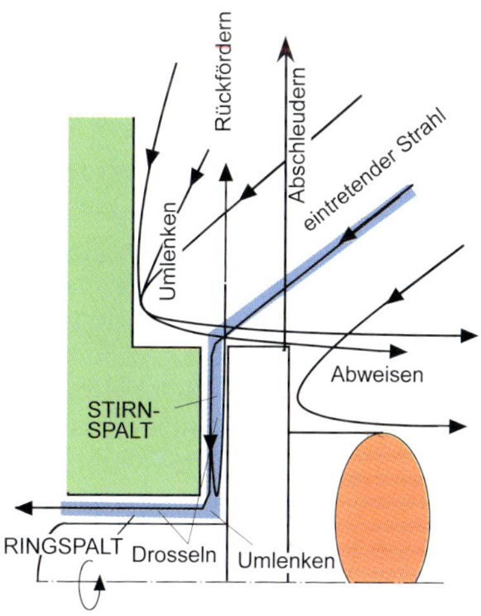

Bild 8.14: Eingangsbereich – grundsätzliche Funktion und Bezeichnungen

Die in den Spalt eintretende Flüssigkeit soll durch viskose Wandreibung möglichst stark abgebremst (gedrosselt) werden. Wird der Spalt von Stirnflächen gebildet, so entsteht außer der Drosselung bei rotierender Welle zugleich eine Rückförderwirkung. An den Stirnflächenspalt soll sich zur ersten Dichtkammer hin ein möglichst enger zylindrischer Ringspalt anschließen.

Je größer der Anteil des Spaltumfangs ist, der von Flüssigkeitsstrahlen getroffen wird, und je höher die Geschwindigkeit der Strahlen ist, desto enger sollte der Spalt sein. Bei der Festlegung der Spalthöhe sind außerdem die temperaturbedingte Axialverschiebung zwischen Rotor und Stator, die Laufgenauigkeit des Rotors und die zulässigen Fertigungskosten in Betracht zu ziehen. Bei starker Bespritzung mit wässrigen Flüssigkeiten sollte die Spalthöhe zwischen den Stirnflächen ungefähr 0,3 mm, die des Ringspalts 0,1 bis 0,2 mm betragen. Es funktioniert auch mit wesentlich weiteren Spalten, nur müssen die Bespritzungsbedingungen günstiger und/oder der Dichtungsbauraum größer sein.

Bild 8.15 veranschaulicht die gestalterischen Konsequenzen dieser Regeln. Auch bei bündigen Absätzen am Spalteingang sollte die Flüssigkeit (a) nicht unmittelbar in einen axial gerichteten Ringspalt eintreten können. Besser ist es, die Rückförderwirkung eines Stirnflächenspalts auszunutzen (b), (c). Besonders günstig ist zusätzlich eine den Spalteingang umgebende Fangrinne (c), eventuell sogar mit rotorseitiger Überdeckung (b) des Stirnspalts. Dabei darf die Überdeckung keinesfalls in die Fangrinne überstehen (siehe auch Bild 8.17-I und J). Die

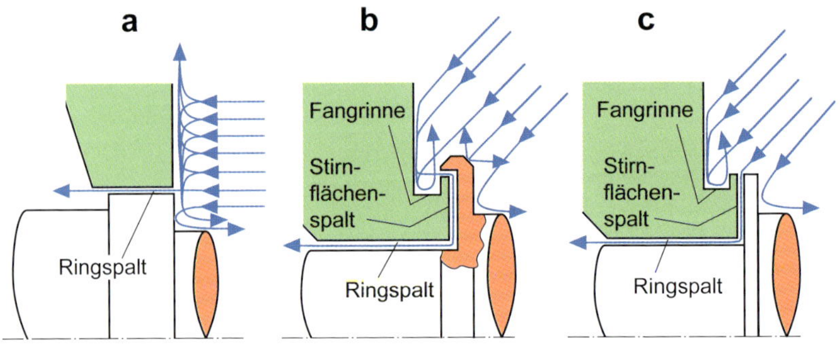

Bild 8.15: Gestaltung des Eingangsbereiches von Fanglabyrinth-Dichtungen

Fangrinne fängt die radial an der Gehäusestirnwand nach innen strömende Flüssigkeit auf und leitet sie um den Spalteingang herum. In Bild 8.15b kann kein schneller Flüssigkeitsstrahl mehr direkt, also ungebremst und unreflektiert in den Dichtspalt eindringen.

Um die Anforderungen weiter zu verdeutlichen, zeigt **Bild 8.16** ungünstige Anordnungen. Hier wird nochmals deutlich, weshalb die den Spalt bildenden Wände von Rotor und Stator am Spaltanfang abgesetzt sein müssen, der Spalteingang also freigestellt sein muss. Sobald sich eine der Spaltwände über den Spaltanfang hinaus in den „Anspritzraum" erstreckt, wird die schräg auf sie treffende Flüssigkeit direkt in den Spalt gelenkt. Prallt die vom Rotor abgeschleuderte Flüssigkeit auf vorstehende Wände oder andere Teile des Stators, so gelangt sie ebenfalls teilweise in den Spalt.

Bild 8.17 verdeutlicht anhand unterschiedlicher Eingangsbereiche, inwieweit sich eine zweckgerechte Gestaltung auf den in die Dichtung eindringenden Flüssigkeitsstrom auswirkt.

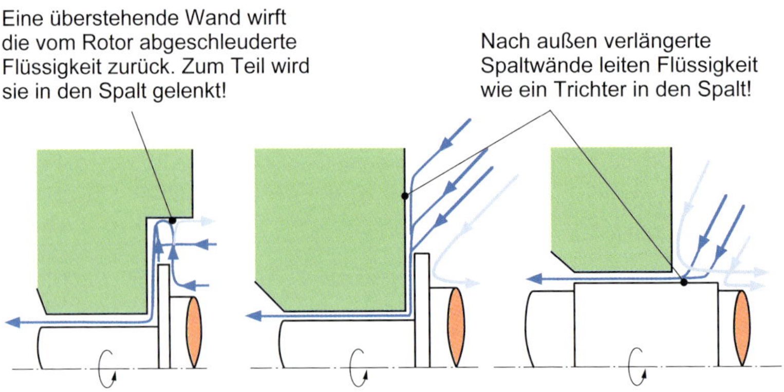

Bild 8.16: Ungünstig gestaltete Eingangsbereiche

Besonders auffällig ist, dass die Rotation der Welle beim Ringspalt A-D kaum einen Einfluss auf den Durchfluss hat. Beim Stirnspalt E-I ist dieser Einfluss dagegen gravierend. Der Durchfluss nimmt mit steigender Umfangsgeschwindigkeit schnell ab. Es schließt sich ein Bereich an, in dem kein Durchfluss auftritt. Ab einer bestimmten Umfangsgeschwindigkeit tritt wieder Durchfluss auf. Der Durchfluss ist nun verschäumt. Eine nähere Erläuterung dieses Verhaltens wird in Kapitel 8.3.5 gegeben.

Bei extremer Bespritzung dringt beim einfachen Ringspalt A bis zu 250-mal mehr Flüssigkeit ein als bei der besten Lösung I. Die Folgen für eine nachfolgende erste Dichtkammer sind:

- Ein unzweckmäßig gestalteter Eingangsbereich hat bei starker Bespritzung des Spalteingangs eine vollständig mit Flüssigkeit gefüllte erste Dichtkammer zur Folge.
- Ein zweckmäßig gestalteter Eingangsbereich lässt auch unter ungünstigen Bedingungen nur wenige Tropfen je Sekunde in die erste Dichtkammer eindringen.

Ein dichtungstechnisch optimal gestalteter Eingangsbereich ist in **Bild 8.18** nochmals zusammen mit seinen Funktionsmerkmalen dargestellt. Er gilt für jede Lage im Raum. Eingangsbereiche dieser Art erlauben aber leider nur geringe Axialverschiebungen der Welle oder des Gehäuses im Betrieb. Sind größere Verschiebungen zu erwarten, muss notgedrungen auf dichtungstechnisch ungünstigere Konstruktionen zurückgegriffen werden.

Der je nach Gestaltung des Eingangsbereiches mehr oder minder große durchgelassene Flüssigkeitsstrom muss nun im Innenbereich der Dichtung zurückgehalten werden.

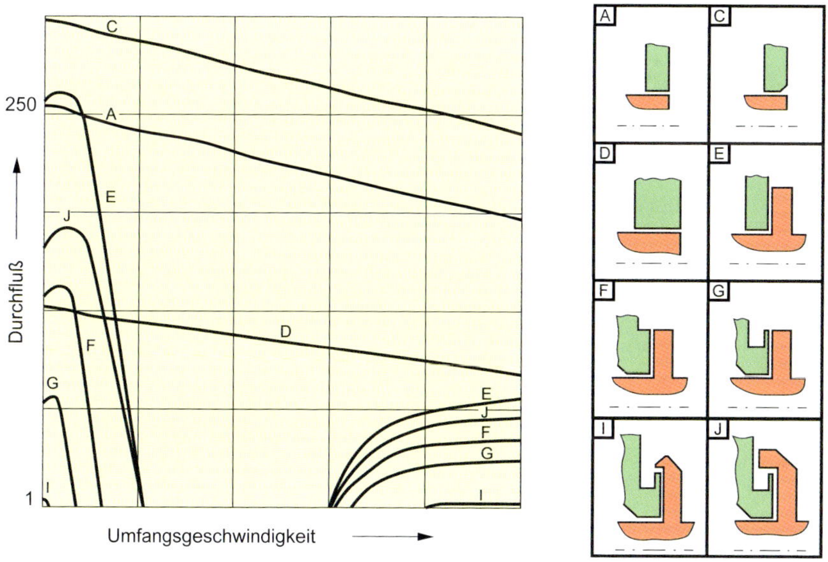

Bild 8.17: Qualitative Darstellung des Durchflusses durch bespritzte, engspaltige Eingangsbereiche unter praxisnahen Betriebsbedingungen bei Anspritzung aus beliebiger Richtung von rechts

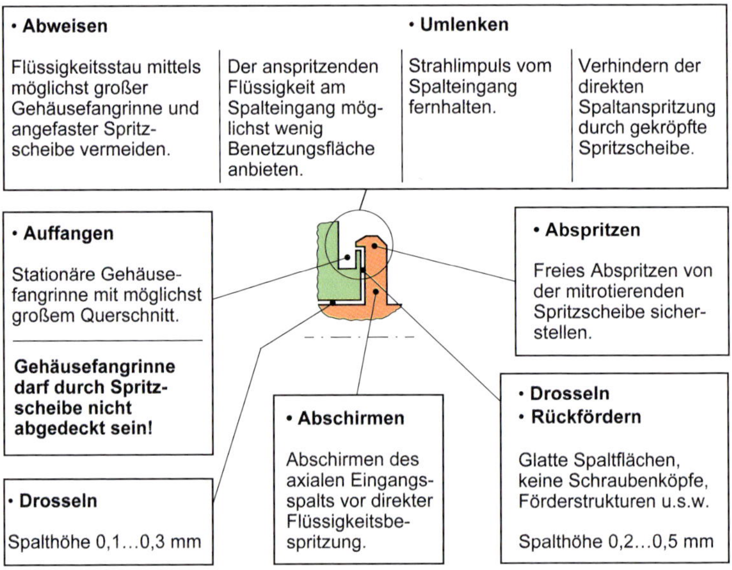

Bild 8.18: Gestaltungsrichtlinien für den Eingangsbereich einer berührungsfreien Wellenabdichtung bei beliebiger Wellenlage und beliebiger Anspritzrichtung

8.3.2.2 Der Innenbereich

In den Innenbereich der Dichtung eingedrungene Flüssigkeit wird durch ihren Impuls sowie durch Schwerkraft, Fliehkraft und Oberflächenkräfte weiter bewegt. Dichtkammern sammeln die eingedrungene Flüssigkeit und leiten sie Ablaufkanälen zu. Die Dichtkammern sind so zu gestalten, dass möglichst wenig Flüssigkeit zu deren Ausgangsspalt gelangt. Meist sind zwei, manchmal drei, selten mehr oder nur eine Dichtkammer notwendig.

Die Dichtkammern können axial und/oder radial zueinander versetzt sein. Generell soll der Querschnitt der Dichtkammern so groß wie möglich sein. Der notwendige Querschnitt der einzelnen Dichtkammern wird durch den eindringenden Flüssigkeitsstrom festgelegt und kann vom Eingang des Dichtsystems zu dessen Ausgang hin abnehmen. Um Dichtkammern sachgerecht gestalten zu können, muss eine Vorstellung über das Flüssigkeitsverhalten in der Dichtung vorhanden sein.

Flüssigkeitsverhalten im Innenbereich

Die Gestaltung der Dichtkammern muss das Flüssigkeitsverhalten in den Dichtkammern weitestgehend berücksichtigen. Dabei sind in axialer Richtung – tangentiale Strömungen werden an anderer Stelle betrachtet – insbesondere zwei Flüssigkeitsströme zu beachten (**Bild 8.19**):

- Bei Wellenstillstand und niedriger Umfangsgeschwindigkeit strömt die eindringende Flüssigkeit entlang der Welle dem Ausgang der Dichtkammer zu, A in Bild 8. 19.
- Ist die Umfangsgeschwindigkeit größer als etwa 5 m/s, so wird die mitrotierende Flüssigkeit unmittelbar nach dem Eindringen in die Dichtkammer von der Welle abgedrängt. Danach strömt die Flüssigkeit entlang der Kammerwände dem Ausgang der Dichtkammer zu, B in Bild 8. 19.

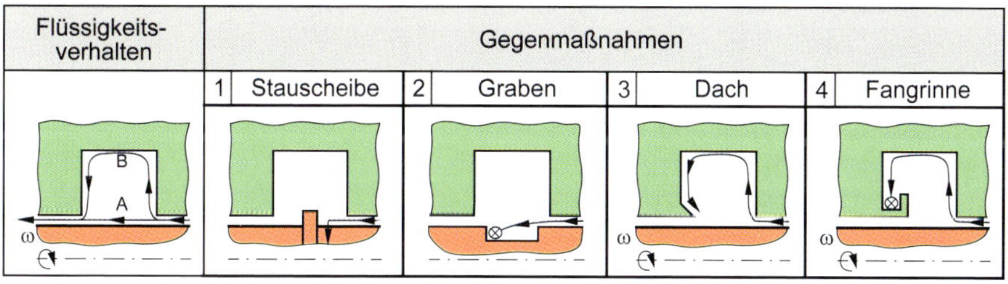

Bild 8.19: Vereinfacht dargestellte axiale Flüssigkeitsbewegung in einer Dichtkammer und zweckmäßige Maßnahmen, das Weiterströmen der Flüssigkeit zum Dichtkammerausgang zu unterbinden

Eine funktionsgerechte Gestaltung schreibt daher zwingend vor, dass die Funktionselemente Stauscheibe (1), Graben (2) sowie Dach (3) oder Fangrinne (4) in der Dichtkammer realisiert sind. Weiterhin muss die Gestaltung der einzelnen Dichtkammern abhängig vom eindringenden Flüssigkeitsstrom erfolgen. Es sind Dichtkammern zu unterscheiden, in die viel, wenig oder sehr wenig Flüssigkeit eindringt. Viel bedeutet mehr als 100 µl pro mm Umfang und Sekunde, wenig zwischen 100 µl und 1 µl pro mm Umfang und Sekunde und sehr wenig weniger als 1 µl pro mm Umfang und Sekunde. Folgende Grundprinzipien sind für jegliche Fangkammern empfehlenswert:

Grundprinzip der Dichtkammergestaltung
Bild 8.20 zeigt die wesentlichen Gestaltungsmerkmale und Funktionen einer Dichtkammer. Eine so gestaltete Dichtkammer beinhaltet die Wirkprinzipien Abspritzen, Umlenken, Auffangen und Abführen. Eine zentrale Forderung bei der Dichtkammergestaltung besteht darin, die Kammer weitestgehend mit stationären und so wenig wie möglich mit bewegten (rotierenden) Wänden zu begrenzen. Rotierende Teile – zum Beispiel Spritzscheiben – dürfen nur so weit wie unbedingt erforderlich in die Kammer radial hineinragen. Das gilt ganz besonders für hohe Umfangsgeschwindigkeiten (größer 20 m/s) und Dichtkammern nahe dem Ausgangsbereich des Dichtsystems.

Der Grund dafür ist, möglichst wenig Luftbewegung in diesen Dichtkammern anzufachen, um größere Druckunterschiede und Luftturbulenzen zu vermeiden, die Flüssigkeitströpfchen losreißen und unkontrollierbar umherwirbeln. Erfahrungsgemäß wirken Dichtkammern umso besser, je „ruhiger“ es in ihnen zugeht.

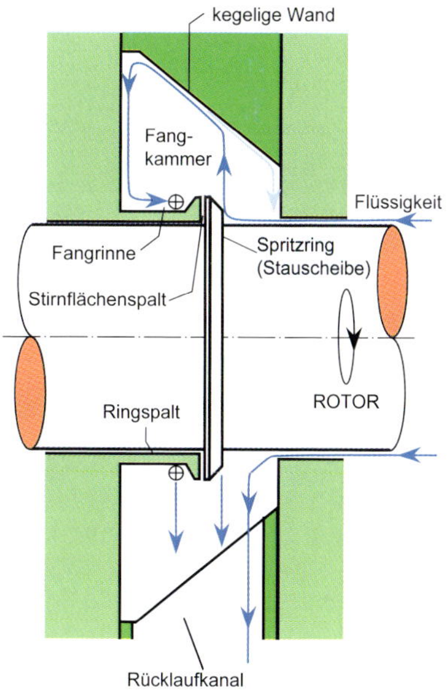

Bild 8.20: Dichtkammer – wesentliche Gestaltungsmerkmale, Elemente und Funktionen

Die aus dem Ringspalt in Bild 8.20 in eine Fangkammer einströmende Flüssigkeit muss am axialen Weiterfließen entlang der Oberfläche des Rotors gehindert werden. Dazu muss der Rotor einen radial etwa 2 mm überstehenden schmalen Ring aufweisen, der auch als Spritzring oder Stauscheibe bezeichnet wird. Dieser Ring muss von der eingangsseitigen Stirnwand der Kammer einen genügend großen Abstand (größer 2 mm) haben, um ein aktives Einsaugen von Flüssigkeit in die Dichtkammer zu vermeiden. Bei stillstehendem oder langsam drehendem Rotor dient dieser Ring als Barriere gegen axiales Durchströmen entlang des Rotors in Richtung Austrittsspalt der Fangkammer (Stauscheibe). Dies ist seine wichtigste Aufgabe. Bei zunehmender Drehzahl wird die Flüssigkeit dann nach außen an die Kammerwand geschleudert (Spritzring). Bei sehr hoher Drehzahl wird die mitrotierende Flüssigkeit jedoch größtenteils schon vor dem Spritzring am Rotor abgeschleudert bzw. abgedrängt und Rücklaufkanälen zugeführt.

Um zu vermeiden, dass die Flüssigkeit beim Aufprall an der Kammerwand stark zerspritzt und auf den Rotor zurückprallt, soll die auffangende Kammerwand zur Abspritzrichtung geneigt – also kegelig – sein. Über dem Rotor ist die Fangkammer begrenzt von einer zylindrischen Fangrinne, deren Rand zusammen mit der austrittsseitigen Stirnfläche des Spritzrings den Ausgangsstirnspalt der Kammer bildet. Erstreckt sich die kegelige Wand steil genug über den Ausgangsspalt hinweg, so tropft auch nach dem Stillsetzen der Welle nichts von oben in diesen Spalt. Ein kegeliger Rand des Spritzrings und der Fangrinne verhindern, dass anhaftende Flüssigkeit bei ruhender Welle in den Ausgangsspalt abläuft.

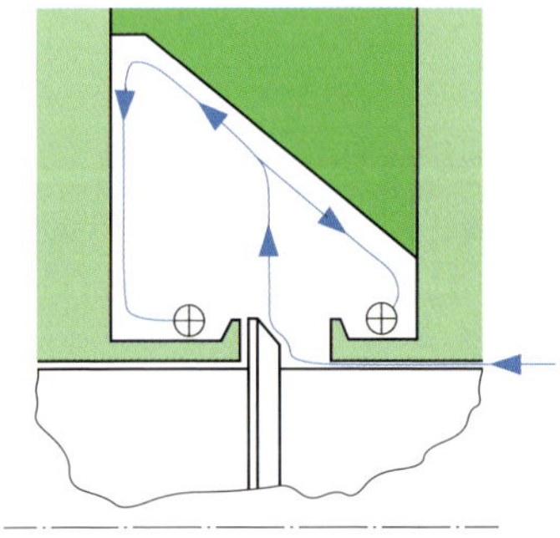

Bild 8.21: Dichtkammer – Optimierung durch eine zweite Fangrinne

Will man noch der übergeordneten Forderung genügen, dass keine einmal an ein stationäres Teil gelangte Flüssigkeit wieder auf den Rotor zurückgelangen darf, so muss die eingangsseitige Dichtkammerwand (**Bild 8.21**) ebenfalls eine Fangrinne erhalten. Die Erfahrung lehrt jedoch, dass diese zweite Fangrinne nur in seltenen Fällen notwendig ist. Für besondere Anforderungen – viel, wenig, sehr wenig Flüssigkeit dringt ein – kann die Gestalt der Dichtkammer speziell optimiert werden.

Dichtkammergestaltung bei großer Flüssigkeitsmenge
Nur bei ungünstig gestaltetem Eingangsbereich kann überhaupt viel Flüssigkeit in eine erste Dichtkammer gelangen. Es gilt dann als übergeordnete Forderung, die erste Dichtkammer so groß wie möglich – und zwar vorzugsweise radial tief – auszuführen. In diesem Fall kann die Umfangsfläche der Kammer anstatt kegelig auch zylindrisch ausgeführt und auf eine Fangrinne verzichtet werden (**Bild 8.22**, links). Der Spritzring darf sich wieder nicht zu nahe an der eingangsseitigen Wand befinden, sonst saugt er aktiv Flüssigkeit in die Kammer. Er sollte radial gerade so weit vorstehen, dass er seiner Funktion „Umlenken" gerecht werden kann. Ablaufkanal und Graben sind großzügig zu dimensionieren. Der rechte Bildteil zeigt bewertete Ausführungen nach [19].

Es ist ersichtlich, dass eine Kammer dichtungstechnisch dann günstig wirkt (Bild 8.22-W), wenn möglichst viele Funktionselemente – in diesem Fall Stauscheibe, tiefer Graben, Dach und rückfördernder Stirnspalt –, günstig in die Dichtkammer integriert sind.

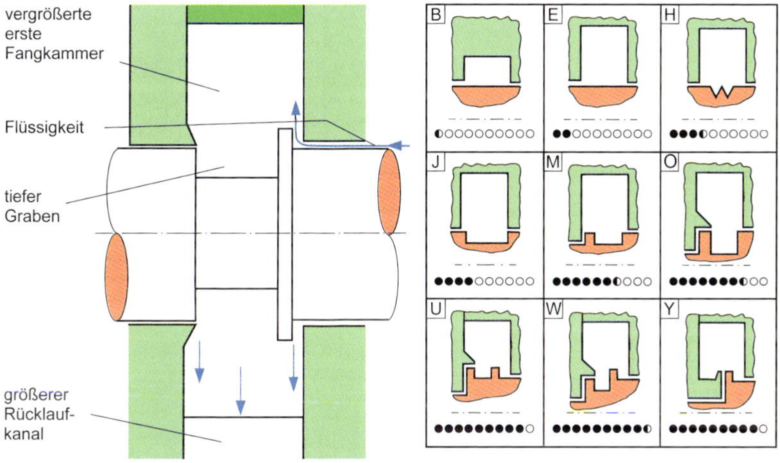

Bild 8.22: Besondere Gestaltungsmerkmale für eine erste Fangkammer, in die viel Flüssigkeit eindringt. Die Anzahl der dunklen Punkte gibt die dichtungstechnische Wirksamkeit an

Für die weiteren Dichtkammern – insbesondere für die letzte außenseitige Dichtkammer – gelten jedoch unbedingt die vorher beschriebenen und in Bild 8.20 dargestellten Gestaltungsrichtlinien.

Gestalten einer zweiten oder letzten Dichtkammer

In eine zweite oder letzte Dichtkammer darf nur noch zeitweise wenig Flüssigkeit gelangen. Für den Übergangsbereich von der ersten zur nächsten Fangkammer gelten dieselben Gestaltungsregeln wie für den Eingangsbereich. Wiederum ist möglichst ein Stirnflächenspalt vorzusehen, der bei drehender Welle Flüssigkeit in die erste Kammer zurückfördert. Falls noch Flüssigkeit in die zweite Fangkammer gelangt, muss sie dort endgültig abgespritzt und an der Wand aufgefangen werden. In der Regel bewegen sich an den Statorwänden der zweiten Fangkammer nur noch dünne Flüssigkeitsschichten, die bei hoher Drehgeschwindigkeit von der turbulenten Luftströmung umhergetrieben werden können, siehe auch Pkt. 8.3.2.

Eine Fangrinne über dem Ausgangsspalt der zweiten oder, falls noch weitere Kammern folgen, der letzten Fangkammer ist deshalb unbedingt erforderlich. Die Krempe dieser Fangrinne bildet eine wesentliche Austrittsbarriere für die ungerichtet strömenden Flüssigkeitsschichten (s. Bild 8.20).

In **Bild 23** sind einige bewertete Varianten zusammengestellt. Die aus vielen Versuchen gewonnene Bewertung der Variante I bestätigt obige Aussage.

8.3.2.3 Der Ausgangsbereich

Im Ausgangsbereich, das heißt am Ende einer Fanglabyrinth-Dichtung sind weite Spalte zu bevorzugen. Sie müssen so weit sein, dass sich durch Oberflächen- und Zähigkeitskräfte keine den Spalt überbrückenden, geschlossenen Flüssigkeitsringe bilden, die gegebenenfalls dann als Leckage ablaufen können. Der Ausgangsspalt aus der letzten Dichtkammer sollte nicht nur weit, sondern auch stets ein Stirnflächenspalt sein (s. Bild 8.23-E bis I). Dieser sorgt bei Rotation für einen geringen Luftdurchzug entgegen der Leckagerichtung und vermindert somit dort den Niederschlag von Flüssigkeitsdampf und -dunst. Beim Ausgangsstirnspalt mit Fangrinne an der ausgangsseitigen Kammerwand wäre prinzipiell, wie im Eingangsbereich empfohlen, eine

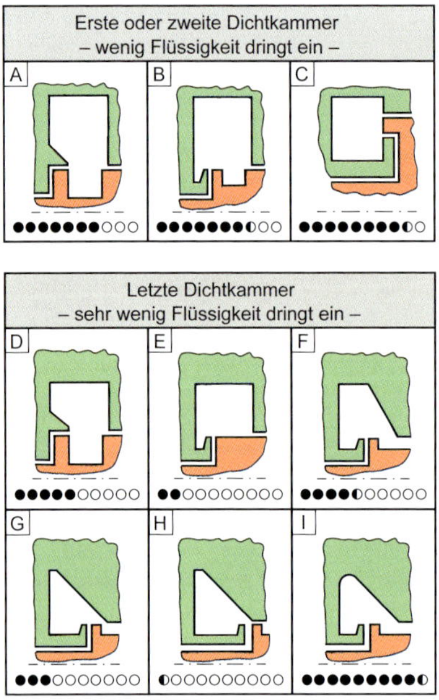

Bild 8.23: Dichtkammergestaltung. Die Anzahl der dunklen Punkte gibt die dichtungstechnische Wirksamkeit an

Überdeckung des Stirnspalts möglich. Das ist hier nur bedingt nützlich. Zum einen gibt es in der letzten Dichtkammer keine großen Flüssigkeitsströme oder Flüssigkeitsstrahlen mehr, die abgewiesen werden müssen. Und zum anderen würde der dann wesentlich weiter in die Kammer ragende rotierende Spritzring „dichtheitsschädliche Unruhe" in die letzte Dichtkammer bringen, insbesondere wenn diese niedrig sind.

8.3.2.4 Der Ablaufbereich

Im Ablaufbereich ist die in die Dichtkammern eingedrungene Flüssigkeit gezielt und wirkungsvoll abzuleiten. Meist wird sie in den Anspritzraum zurückgeführt. Um das zweckmäßig tun zu können, müssen die Flüssigkeitsströmungen in der Dichtkammer insbesondere in Umfangsrichtung bekannt sein.

Flüssigkeitsströmungen in Dichtkammern

In den Fangkammern fließt die aufgefangene Flüssigkeit infolge der Schwerkraft und der Luftströmung über die Ringflächen und die Stirnflächen des Stators. Sie muss möglichst schnell in den unteren Bereich der Kammer gelangen und dort aus der Kammer abgeleitet werden. Bei hoher Drehzahl kann die Wirkung der Luftströmung örtlich überwiegen, das heißt, die Flüssigkeit wird in einem Teil der Kammer nach oben getrieben und gelangt erst auf der anderen Seite nach unten. **Bild 8.24** zeigt die Verhältnisse für verschiedene Betriebsbedingungen.

Flüssigkeit dringt partiell oder am ganzen Umfang in die Dichtkammer ein und fließt der Schwerkraft folgend nach unten ab (Bild 8.24-A). Wenn sich die Welle mit ihrem Spritzring dreht, versetzt sie die in der Kammer befindliche Luft in Rotation. Das führt dazu, dass Flüssigkeit entgegen der Schwerkraft im einen Teil der Dichtkammer nach oben gefördert wird und sich im anderen Teil der Ablaufstrom und die Ablaufgeschwindigkeit vergrößern. Zusätzlich bildet sich am Rand des Ablaufkanals durch Luftstau ein Flüssigkeitsberg, der mit steigender Wellendrehzahl an der Kammerwand nach oben geschoben wird, dabei wächst, irgendwann instabil wird, zusammenbricht und sich wieder neu aufbaut. Oder, ganz schlimm, er wird vom Spritzring erfasst und zersprüht.

Hat der durch die Luft umgeförderte Flüssigkeitsstrom im Bereich des Ablaufs eine zu hohe Geschwindigkeit, so wird der Ablauf von einem Teil der Flüssigkeit überströmt (Bild 8.24-B). Strömt bei niedriger Umfangsgeschwindigkeit von beiden Seiten Flüssigkeit auf einen zu kleinen Ablauf zu (Bild 8.24-C), so staut sich dort die Flüssigkeit. Ist insbesondere bei geringer Umfangsgeschwindigkeit der Ablaufkanal zu klein, kann er durch eine Luftblase vollständig verschlossen werden, und in der Dichtkammer bildet sich ein unerwünschter leckagefördernder Flüssigkeitssumpf.

Will man alle diese Schwierigkeiten umgehen, so ist der Ablaufbereich entsprechend Bild 8.24-E zu gestalten. Durch trichterförmiges Anschrägen des genügend großen Ablaufkanals

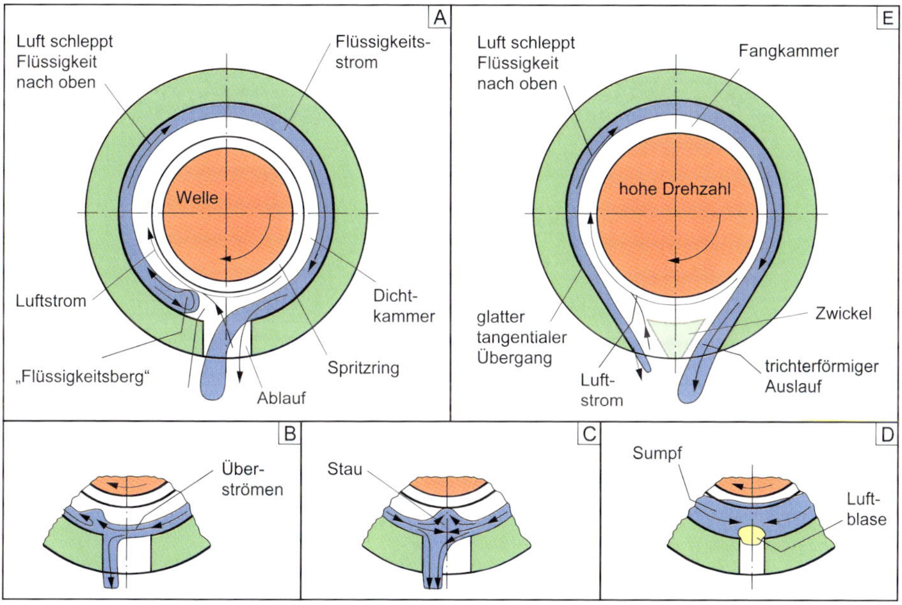

Bild 8.24: Flüssigkeitsströme und Ablaufgestaltung

wird eine optimale Kammerentleerung insbesondere für stark flüssigkeitsführende Kammern erreicht. Um einen Flüssigkeitsberg sicher zu vermeiden, sollte der Übergang in die radiale Kammerwand tangential und glatt sein.

Gestaltungsregeln für Ablaufkanäle

Auf Grund des erläuterten Flüssigkeitsverhaltens in Fangkammern gelten für die Ablaufkanäle einige wichtige Gestaltungsregeln. **Bild 8.25** zeigt bewertete Gestaltungsvarianten. Vom tiefsten Bereich jeder Fangkammer muss ein Ablaufkanal mit möglichst großem Querschnitt, also geringem Strömungswiderstand, ausgehen. Der Rücklaufkanal jeder Kammer soll, um Kurzschlüsse zu vermeiden, möglichst weit separat geführt werden. Der Ablaufkanal aus der letzten Dichtkammer sollte nicht im „Anspritzraum“ enden. In der Regel sind Bohrungen von der Größe der Kammerbreite zu klein.

Besser sind von der tiefsten Stelle der Fangkammer ausgehende, in Umfangsrichtung möglichst breite Auslaufschlitze (Langlöcher). Der Ablaufkanal soll die ganze Dichtkammerbreite ausnutzen. Der Ablaufquerschnitt einer zweiten oder dritten Dichtkammer kann kleiner sein als der der ersten. Der Übergang vom ringförmigen Teil der Dichtkammer zum Auslaufschlitz soll insbesondere für stark bespritzte erste Dichtkammern trichterförmig angeschrägt sein. Muss in der Schwerelinie dabei Material stehenbleiben (Bild 8.25-G), zum Beispiel um ein Lager anzudrücken, ist das unschädlich.

Abschirmung von Ablaufkanälen

Unter allen Umständen ist zu vermeiden, dass Dichtkammern – sozusagen rückwärts – durch die Ablaufkanäle geflutet werden. Enden Ablaufkanäle frei im Anspritzraum, wie in

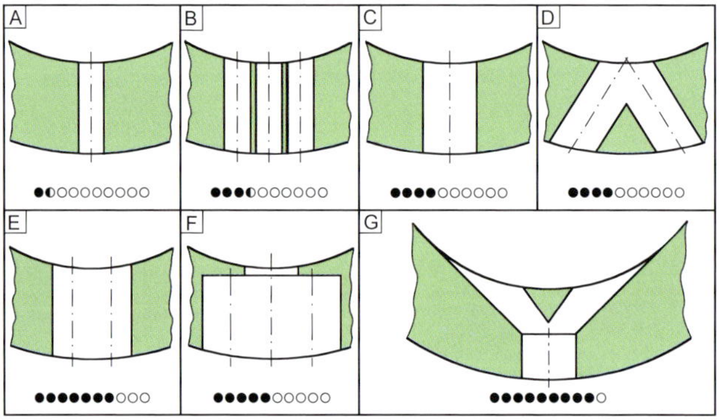

Bild 8.25: Bewertete Ablaufgestaltungen. Die Anzahl der dunklen Punkte gibt die dichtungstechnische Wirksamkeit an

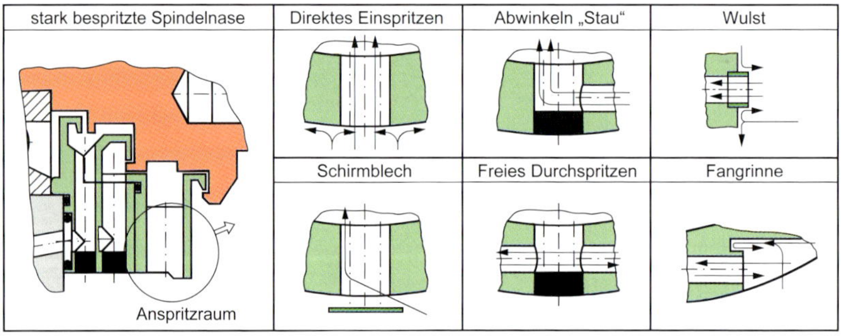

Bild 8.26: Ablaufkanäle abschirmen

Bild 8.26 der Ablaufkanal der ersten Kammer, kann das Anbringen eines „Spritzblechs“ eventuell schon einfache Abhilfe schaffen. Besser ist es, den Ablaufkanal ein- oder gar zweimal abgewinkelt zu führen. Dabei kann es jedoch noch zum „Stau“ an der Umlenkstelle kommen. Das wird vermieden, wenn freies Durchspritzen ermöglicht wird. Immer ist zu beachten, dass durch das Abwinkeln der Ablaufkanäle der normale Ablauf der Flüssigkeit aus den Dichtkammern behindert wird. Der Ablaufquerschnitt darf nach außen hin keinesfalls zu gering werden.

Der Ausgang des Ablaufkanals kann mittels Wulst oder Fangrinne so gestaltet werden, dass wirklich nur die Flüssigkeitsstrahlen, die den Kanalquerschnitt direkt treffen, in diesen eindringen können. Ist der Kanal nur gegen an der Wand ablaufende Flüssigkeit zu sichern, kann der untere Teil des Wulstes auch entfallen.

Enden die Ablaufkanäle im Ölraum eines Getriebes oder einer Wellenlagerung, gelten prinzipiell dieselben Regeln. Zusätzlich kann hier möglicherweise der Rücklaufkanal-Ausgang unter Ölniveau gelegt oder der Kanal bei genügender Höhe als Siphon ausgeführt werden. Das verhindert zusätzlich, dass es zu einem unerwünschten Luftdurchzug – führt zu Öldunstleckage – durch den Ablaufkanal kommt. Diese Maßnahme beherbergt aber das Risiko, dass schwappendes Öl die Flüssigkeitssäule im Ablaufkanal zu hoch drückt.

8.3.2.5 Ablaufkanäle bei nicht-horizontaler Wellenlage

Bei nicht horizontaler Lage, also schräger oder vertikaler Wellenlage, gelten alle bisher erläuterten Gestaltungsregeln weiter, es kommen nur einige lagespezifische Forderungen hinzu.

- Grundsätzlich müssen Ablaufkanäle nach unten weisen. Sie dürfen allenfalls waagerecht liegen.
- Ablaufkanäle müssen, um eine vollständige Dichtkammerentleerung zu ermöglichen, stets am jeweils tiefsten Punkt der Dichtkammer enden.

Diese Forderungen machen sofort klar, dass mit einem Ablaufkanal pro Dichtkammer nur ein Schwenkbereich von 180° um eine Schwenkachse rechtwinklig zur Wellenachse zu bewerkstelligen ist. Dieser Ablaufkanal muss mindestens die gesamte Breite der Dichtkammer überdecken. Alle weiteren Bewegungen erfordern zusätzliche Ablaufkanäle. Dabei wird dann die Gefahr groß, dass Flüssigkeit durch gerade nach oben oder in Anspritzrichtung weisende Ablaufkanäle in die Dichtkammern eindringt. Hier ist eine Domäne des später zu betrachtenden Zusatzelements „Sperrluft". Sperrluftunterstützte Dichtsysteme können ohne Rücklaufkanäle auskommen. Sie sind damit vollkommen Lageunabhängig!

Für vertikale Wellenlage und Bespritzung von unten gilt zusätzlich (**Bild 8.27**):

- Die obere Dichtkammerwand ist nach außen abfallend zu gestalten, um Kondensationstropfen vom Ausgangsspalt weg abgleiten zu lassen.
- Der Ausgangsstirnspalt ist ausnahmsweise eng auszuführen und möglichst hoch in der Kammer anzuordnen. Der folgende Ringspalt muss dann weit sein.

Für vertikale Wellenlage und Bespritzung von oben gilt zusätzlich (**Bild 8.28**):

- In einer ersten und gegebenenfalls zweiten Kammer ist der Ausgangs- bzw. Übergangsspalt zur nächsten Kammer möglichst hoch in der Kammer anzuordnen. Dadurch kann sich in der Kammer ein kleiner Flüssigkeitssumpf ausbilden, ohne gleich den Ausgangsspalt zu überfluten.

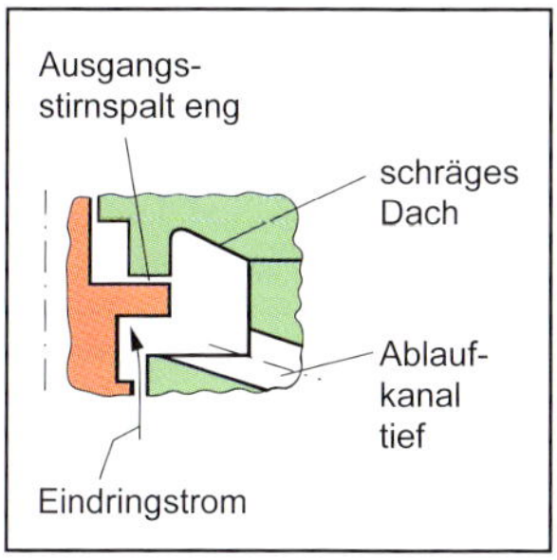

Bild 8.27: Besonderheiten einer Dichtkammer bei vertikaler Wellenlage und Bespritzung von unten

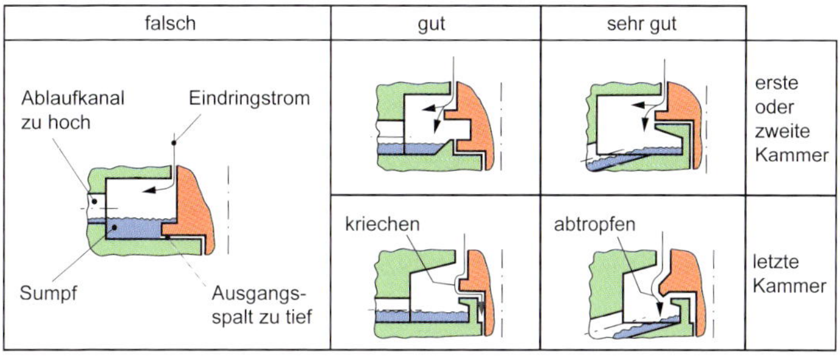

Bild 8.28: Spezielle Dichtkammergestaltung bei Wellenlage vertikal nach oben und Bespritzung von oben

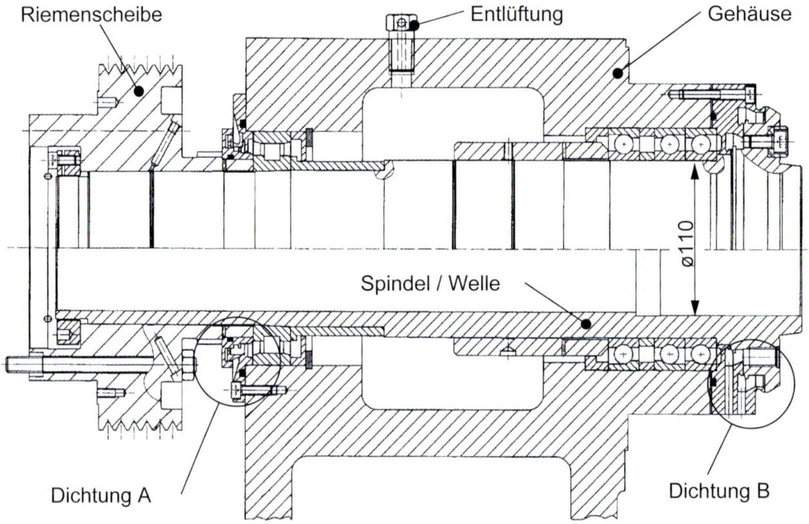

Bild 8.29: Erweiterte Originalzeichnung der Hauptspindel einer CNC-Drehmaschine

- In der letzten Kammer ist die Stau-/Spritzscheibe gekröpft auszuführen, um bei Wellenstillstand ein Weiterkriechen von Flüssigkeit entlang der Stauscheibe in den Ausgangsspalt zu unterbinden.

Für Wellenlagen von vertikal nach unten über horizontal bis vertikal nach oben und Bespritzung aus der jeweiligen Richtung ist auf jeden Fall den Forderungen für vertikal nach oben zu genügen. **Bild 8.29** vermittelt beispielhaft einen Gesamteindruck von der Hauptspindel einer modernen Werkzeugmaschine. **Bild 8.30** zeigt die berührungsfreie Abdichtung (Dichtung B in Bild 8.29) einer fettgeschmierten Werkzeugmaschinenhauptspindel, die für alle oben beschriebenen Betriebslagen geeignet ist.

8.3.3 Maßnahmen im Umfeld der Dichtung

Die Optimierung einer berührungsfreien Wellenabdichtung setzt voraus, dass neben einer zweckgerechten Gestaltung der Dichtung selbst und insbesondere ihres Eingangsbereichs auch das Dichtungsumfeld mit in die Überlegungen zur Dichtsystem-Gestaltung einbezogen wird. Zum Umfeld einer Dichtung wird alles das gezählt, was nicht im engen Sinne zur Dichtung selbst gehört, aber Auswirkungen auf sie hat. Im Umfeld einer berührungsfreien Wellendichtung ist generell dafür zu sorgen, dass nur ein minimaler Flüssigkeitsstrom bis zur Dichtung selbst vordringt. Es sind ein näheres, auch rein technisches Umfeld, das heißt die Einbauumgebung der Dichtung, und ein weiteres Umfeld zu unterscheiden, wo auch administrative bzw. organisatorische Maßnahmen hinzukommen können.

8.3.3.1 Die Einbauumgebung

Im näheren Umfeld sind zwei Flüssigkeitsströme besonders zu beachten. Diese sind (**Bild 8.31-A**):

- an der Gehäusewand in Richtung Spalteingang strömende Flüssigkeit (1)
- an der Welle in Richtung Spalteingang strömende Flüssigkeit (2)

Beide Ströme werden am Spalteingang aufgestaut und drängen in den Dichtspalt. Die Gestaltung hat so zu erfolgen, dass diese möglichst vollständig vom Spalteingang ferngehalten werden. Mit einem „Graben" in der Welle (Bild 8.31-B), lassen sich die Auswirkungen beider

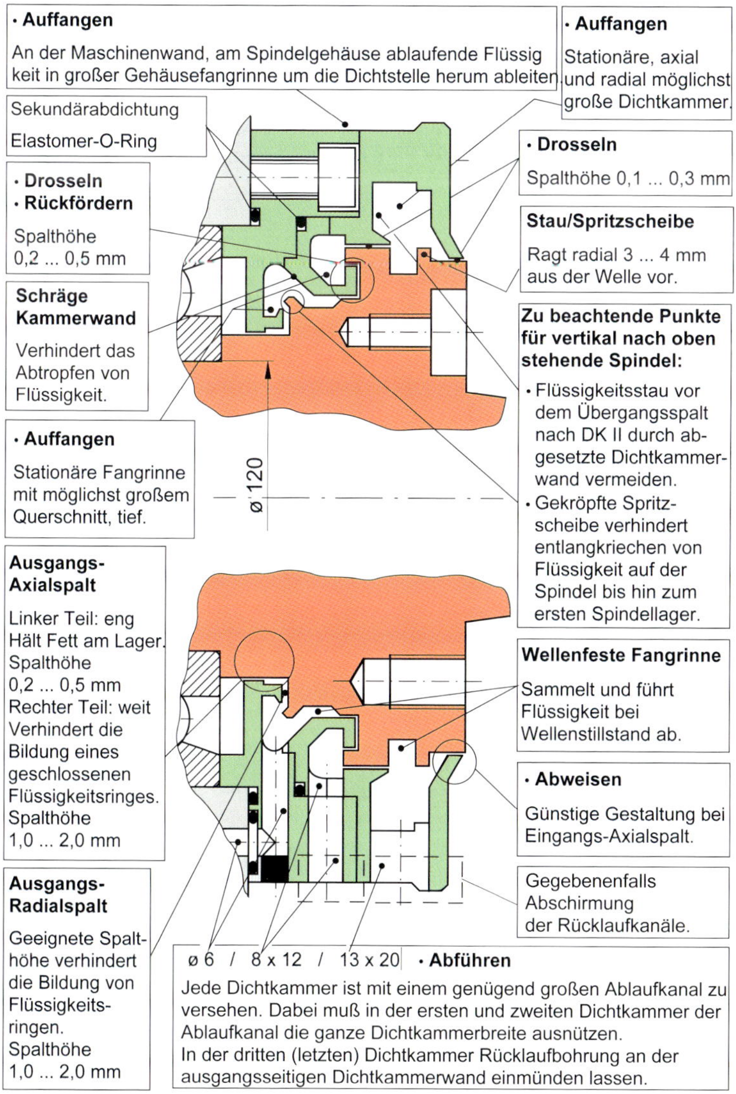

Bild 8.30: Berührungsfreie Abdichtung einer fettgeschmierten Arbeitsspindel. Geeignet für Spindellage vertikal nach unten über horizontal bis vertikal nach oben. Durch den ungünstig gestalteten Eingangsbereich sind drei Dichtkammern nötig. Abfuhr eingedrungener Flüssigkeit aus der letzten Dichtkammer durch das Spindelgehäuse. Maßstäbliche Darstellung

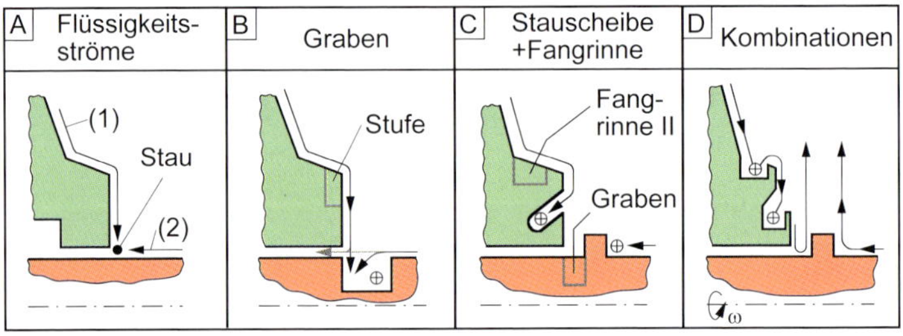

Bild 8.31: Verschiedene Maßnahmen im Einbauumfeld

Flüssigkeitsströme entschärfen. Besser ist es, große Flüssigkeitsströme gar nicht erst in die Nähe des Dichtspalts gelangen zu lassen, sondern, wie durch die Fangrinnen II angedeutet, an geeigneter Stelle, möglichst weit weg vom Dichtspalt, zumindest zu reduzieren.

Bild 8.31-D zeigt eine optimierte Kombination, die auch größeren Flüssigkeitsströmen widersteht. Dieses Bild deutet auch an, warum der Übergang zwischen nahem Einbauumfeld und Eingangsbereich fließend ist. Die Spritzscheibe dort kann, soweit ersichtlich, frei abspritzen, wie das auch in **Bild 8.32**-A für einen Eingangsbereich gezeigt wird. Dieser Eingangsbereich ist für vorzugsweise achsparallele Bespritzung gut geeignet. Wird im Einbauumfeld dieser Eingangsbereich durch ein Spritzblech oder durch eine überstehende Gehäusewand abgedeckt, wirkt sich das negativ aus. Die Flüssigkeit wird bei Rotation der Welle gegen einen Widerstand direkt vor den Eingangsspalt gedrückt. Es kommt unter „Staudruck" zur Überflutung der Dichtstelle. Aus einer bespritzten, scheinbar drucklosen Dichtstelle kann auf diese Weise eine zumindest partiell unter Druck überflutete Dichtstelle werden. Lässt sich ein überstehendes Gehäuse nicht vermeiden, so muss der Überstand radial möglichst weit außen liegen und zusätzlich strömungsgünstig gestaltet sein.

8.3.3.2 Das weitere Umfeld

Als weiteres Umfeld sind zum einen die konstruktive Gestaltung des ganzen Aggregats als auch die Auswahl des richtigen „Verfahrens" zu berücksichtigen. Zum anderen gehören hierzu auch steuerungstechnische und administrative bzw. organisatorische Maßnahmen. Das Ziel

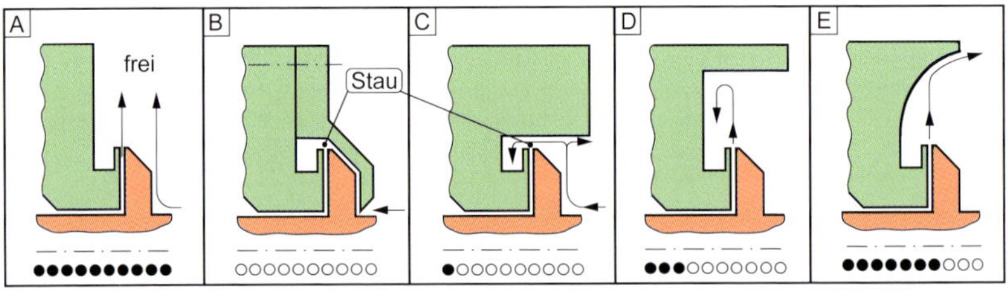

Bild 8.32: Gestaltungs- und Fehlermöglichkeiten im nahen Umfeld des Eingangsbereichs der Dichtung. Die Anzahl der dunklen Punkte gibt die dichtungstechnische Wirksamkeit an

aller Maßnahmen besteht darin, so wenig Flüssigkeit wie möglich mit so geringer Geschwindigkeit wie möglich an den Eingangsbereich der Dichtung gelangen zu lassen. Da die Vielfalt der Lösungen und konstruktiven Varianten hier nahezu unbegrenzt ist, können nur einige Denkanstöße als Beispiel gegeben werden.

Grundsätzlich gilt, dass bei der Entwicklung und Gesamtkonstruktion eines technischen Systems die dichtungstechnischen Belange von Anfang an mit zu berücksichtigen sind. Das wird häufig vernachlässigt und macht sich hinterher durch unnötige Dichtprobleme und Kosten bemerkbar. Einige einfache Beispiele:

Die Spindelkopfdichtung einer nach unten hängend eingebauten Arbeitsspindel eines Vertikalbearbeitungszentrums mit Kühlschmierstoffbespritzung von oben wird sicher weniger beansprucht als eine von unten nach oben in den Arbeitsraum ragende Innenschleifspindel, über die von oben 100 Liter Kühlschmierstoff pro Minute geschüttet werden.

Der Zahneingriff einer ölgeschmierten Zahnradpaarung darf nicht direkt vor dem Eingangsspalt der Dichtung liegen. Der Quetschölstrom, der mit hoher Energie seitlich aus der Verzahnung spritzt, beansprucht das Dichtsystem unnötig.

Frei spritzende oder fließende Flüssigkeitsströme sind im jeweiligen technischen System so zu leiten, dass sie nicht auf die Dichtstelle treffen. Dabei ist grundsätzlich immer zu überlegen, wie viel Flüssigkeit mit welcher Geschwindigkeit verfahrenstechnisch tatsächlich unbedingt notwendig ist.

Bei ölgeschmierten Wälzlagern kann durch geschickte Führung des Ölstroms, das heißt Ölstrom weg vom Dichtspalt, die Dichtheit verbessert werden. Das Eintauchen von Wälzkörpern schnelllaufender Lager in einen Flüssigkeitssumpf ist unbedingt zu vermeiden.

Steuerungstechnische Maßnahmen, die bestimmte Flüssigkeitsströme erst oder nur dann zulassen, wenn sich das „technische System“ in einem dichtungstechnisch unkritischen Zustand befindet, sind eine ausgezeichnete Möglichkeit, verfahrensuntypische „Spitzenbelastungen“ vom Dichtsystem fernzuhalten. Beispielsweise könnten in der NC-Steuerung einer modernen Werkzeugmaschine die Funktionen M08 – Kühlmittel EIN – oder zumindest M07 – Kühlmittel EIN Hochdruck – softwaremäßig erst dann freigegeben werden, wenn die Hauptspindel schon die Bearbeitungsdrehzahl erreicht hat und sich damit im dichtungstechnisch günstigen Betriebszustand befindet.

Verfahrensuntypische „Spitzenbelastungen“ sind häufig auch Reinigungsmaßnahmen mittels Hochdruckreiniger durch unqualifiziertes Personal. Dem „perfekten“ Reinigen eines Dichtsystems, indem mittels Hochdruckreiniger oder Druckluft durch jeden Ablaufkanal und durch den Eingangsbereich die Dichtkammern „durchgeblasen“ werden, ist auch die beste berührungsfreie Dichtung kaum gewachsen. Das Bedien-, Reinigungs- und besonders das Wartungspersonal sind hinsichtlich solcher dichtungstechnischer Belange zu sensibilisieren.

In Wartungs- und Instandhaltungspläne sind Dichtungen mit aufzunehmen. So sollte besonders die erste Dichtkammer einer stark mit schmutzhaltiger Flüssigkeit beaufschlagten berührungsfreien Dichtung so gestaltet sein, dass sie leicht zu öffnen und zu reinigen ist. Schmutz setzt sonst die Kammer und deren Ablaufkanal im Laufe der Zeit zu und macht sie unwirksam.

Tabelle 8.2: Wichtige Punkte zur Analyse von Dichtstellen.

1. Dichtungsbauraum
• gegebenen Bauraum an ungünstigster Stelle ermitteln • alle Möglichkeiten zur Bauraumvergrößerung ausloten → **Bauraum bringt Dichtsicherheit** ←
2. Dichtungsgeometrie
• minimale mögliche Spalthöhen ermitteln • mögliche Montagereihenfolgen untersuchen
3. Dichtungsbeaufschlagung
Klären – welches abzudichtende Medium · kommt wo · in welcher Art · in welcher Menge · mit welcher Geschwindigkeit – an die Dichtstelle.

8.3.4 Analyse der Abdichtbedingungen und der Funktion

Bei der Neu- oder Umkonstruktion einer Wellenabdichtung ist es von grundlegender Bedeutung, die Bedingungen an der Abdichtstelle genau und umfassend zu analysieren. Der Konstrukteur muss sich eine Vorstellung darüber verschaffen, wo, wie und warum welche Einflussgrößen auf die Dichtung einwirken und welche Randbedingungen zu beachten sind. **Tabelle 8.2** zeigt, dass sich die Analyse in die drei Teilbereiche Dichtungsbauraum, -geometrie und -beaufschlagung gliedert. Ein ausführlicher Fragenkatalog zur Dichtstellenanalyse ist in [20] zu finden.

Je ausführlicher die Analyse für alle möglichen Betriebsbedingungen durchgeführt wird, desto wirkungsvoller kann das Dichtungsumfeld, der Eingangsbereich der Dichtung und die Dichtung selbst hinsichtlich technischer Dichtheit, Bauraum und Fertigungsaufwand optimiert werden.

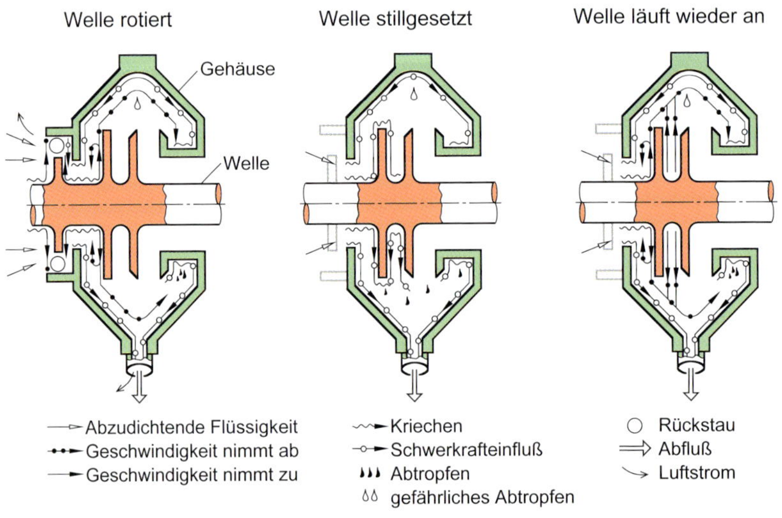

Bild 8.33: „Handwerkszeug" und Beispiel zur Funktionsüberprüfung

Die „Dichtheit“ von berührungsfreien Wellendichtungen ist wegen ihrer komplizierten Gestalt und der äußerst komplexen Strömungsvorgänge derzeit nicht berechenbar. **Bild 8.33** zeigt eine auf F. Wankel zurückgehende anschauliche Methode und deren Anwendung auf ein einfaches Beispiel, leckageerzeugende Schwachstellen auch ohne Experiment und ohne Rechnung systematisch aufzuspüren. Für die verschiedenen Bewegungsmöglichkeiten der Flüssigkeit in einer berührungsfreien Wellendichtung werden vier „Flüssigkeitspfeile“ und ein „Abtropfsymbol“ verwendet. Drei weitere Symbole kennzeichnen das „zu Leckage führende Abtropfen“, die „Rückstaugefahr“ und die „Abflussmöglichkeit“. Schließlich kann noch der zu vermutende „Hauptluftstrom“ eingezeichnet werden.

Die drei Zustände – rotierende Welle, stillgesetzte Welle, wiederanlaufende Welle – werden nacheinander betrachtet, indem das vorauszusehende Flüssigkeitsverhalten bei den einzelnen Betriebszuständen eingezeichnet wird. Werden dabei Schwachstellen erkennbar, so ist das Dichtsystem zu verwerfen, zum Beispiel ein handelsübliches Element nicht einzusetzen oder nach den Gestaltungsregeln in Kap. 8.3.2 und 8.3.3 so lange umzugestalten, bis voraussichtlich keine Flüssigkeit mehr zum Austritt gelangen kann.

Bei so komplexen Vorgängen, wie sie in berührungsfreien Dichtungen ablaufen, sollte stets experimentell die Richtigkeit der getroffenen Maßnahmen überprüft werden.

8.3.5 Exemplarisches Ergebnis experimenteller Untersuchungen

Untersucht man detailliert berührungsfreie Dichtsysteme, die auch Stirnflächenspalte beinhalten und nahe ihrer Dichtheitsgrenze oder schon im Leckagebereich [21, 22] betrieben werden, so ist das nachfolgend beschriebene und im **Bild 8.34** dargestellte generelle Verhalten festzustellen.

Leckage/Rückfluss: Der Rückfluss aus einer Dichtkammer bzw. die Leckage eines überforderten Dichtsystems verhalten sich prinzipiell gleich. Das muss auch so sein, denn der Rückfluss aus einer Dichtkammer entspricht der „Leckage“ des vor der Dichtkammer liegenden Teils des Dichtsystems. Die weitere Erläuterung erfolgt deshalb mit dem Begriff Leckage.

Bei nichtrotierender Welle tritt hohe Leckage auf, weil die Dichtung nur passiv drosselt und abführt, aber keine aktive Komponente enthält. Bei langsamer Drehung erhöht sich die Leckage noch, weil jetzt die Flüssigkeit einzeln auftreffender Strahlen gleichmäßiger am Umfang verteilt wird. Mit steigender Umfangsgeschwindigkeit nimmt dann die Leckage infolge Fliehkraftrückförderung rasch ab, Bereich I, und wird im Übergangsbereich II zu Null. Im Bereich III tritt keine Leckage auf. Die Leckage beginnt dann im Übergangsbereich IV plötzlich wieder und bleibt bei hoher Umfangsgeschwindigkeit im Bereich V relativ konstant auf niedrigem Niveau. Die Leckage in diesem Bereich ist luftdurchsetzt, also verschäumt.

Reibmoment: Das Reib- oder Verlustmoment wird durch die Zähigkeit der Flüssigkeit im Dichtspalt erzeugt. Es steigt im unteren Drehzahlbereich I kontinuierlich mit leicht degressiver Tendenz an. Im Übergangsbereich II kommt es zu einem charakteristischen kleinen Einbruch. Von da an ist der Verlauf der Reibmomentkurve unruhig mit einer im Mittel geringeren Steigung als im Bereich I. Bei Leckagewiederbeginn im Bereich IV kommt es zu einem abrupten Abfall des Reibmoments. Im Bereich V sind das Reibmoment sowie die Leckage relativ konstant.

Luftstrom: Der ohne Flüssigkeitsbespritzung durch die Dichtung geförderte Luftstrom steigt nahezu linear mit der Umfangsgeschwindigkeit an. Der globale Luftstrom geht vom kleineren zum größeren Durchmesser der Dichtung. Bei Flüssigkeitsbespritzung ist so lange kein

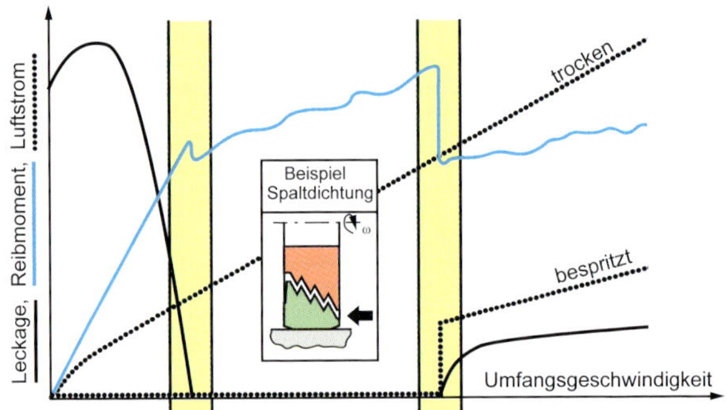

Bereich	I	II	III	IV	V
Dichtheit	undicht		dicht		undicht
Strömung	laminar		laminar		turbulent
Leckage	flüssig		keine		verschäumt

Bild 8.34: Generelles Verhalten berührungsfreier Wellendichtungen für flüssigkeitsbespritzte Dichtstellen

Luftdurchzug messbar, bis im Bereich IV die Leckage wieder beginnt. Dann tritt plötzlich ein Luftstrom auf, der sich im Bereich V langsamer erhöht als ohne Bespritzung.

Visuelle Beobachtung: Beobachtet man die Strömungsvorgänge in der Dichtung durch transparente Dichtungsteile hindurch, so sieht man, dass im Stillstand die Flüssigkeit an den Aufprallpunkten in die Dichtspalte eindringt und sich weiter im Inneren vereinigt. Bei langsamer Drehung der Welle geschieht das schon am Spalteingang. Daher rührt die Leckageerhöhung bei Schleichgeschwindigkeit.

Bei steigender Umfangsgeschwindigkeit im Bereich I wird die Flüssigkeit immer durchsichtiger. Die Flüssigkeit wird durch Lufteinlagerung „dünnflüssiger". Daraus resultieren der degressive Anstieg des Reibmoments und ein kleiner Teil der Leckageminderung. Der größte Teil der Leckageminderung ist auf die Rückförderung infolge Fliehkraft zurückzuführen. Im Bereich II wird die Fliehkraft so groß, dass der Ausgangsbereich und ein kleiner Teil des Dichtspalts flüssigkeitsfrei werden. Die Leckage hört auf und das Reibmoment sinkt etwas ab, da nun weniger Reibfläche vorhanden ist.

Im Bereich III zieht sich die Flüssigkeit immer weiter aus der Dichtung zurück, je nach Spaltgestaltung kontinuierlich oder in Sprüngen. Große Luftblasen bauen sich auf, werden mitgeschleppt und brechen wieder zusammen. Das führt zu dem unruhigen, nicht konstanten Reibmoment im Bereich III. In den Bereichen I bis III ist in den noch flüssigkeitsgefüllten Dichtspalten eine in Umfangsrichtung gerichtete Laminarströmung zu erkennen. Im Übergangsbereich IV schlägt die laminare Strömung plötzlich in turbulente Strömung um. Die Flüssigkeit in der Dichtung wird verspritzt und die Dichtspalte und -kammern füllen sich mit Flüssigkeitsschaum. Dieser Schaum hat durch die eingeschlossene Luft eine geringere wirksame Viskosität als die reine Flüssigkeit. Verschäumte Leckage tritt auf. Das Reibmoment sinkt infolge geringer effektiver Viskosität, und die Luft hat nun Platz, zwischen den spritzenden Flüssigkeitsteilchen durchzudringen. Es kommt zu einem Luftdurchzug durch die Dichtung. Dieser ist geringer als ohne

Bespritzung, da ein Teil des Strömungsquerschnitts durch Flüssigkeit versperrt ist. Im Bereich V ändert sich das beobachtbare Bild kaum mehr.

Durch experimentelle Untersuchungen wurde die Wirkungsweise berührungsfreier flüssigkeitsbespritzter Wellendichtungen geklärt. Alle bekannten Ausführungen verhalten sich generell, wie oben dargestellt. Die absoluten Werte und die Ausprägung einzelner Merkmale differieren jedoch weit zwischen den einzelnen Dichtungstypen und Gestaltungsvarianten und sind manchmal auch nur schwer zu erkennen. Gut ausgeprägt sind sie in der Regel bei einfachen Schutzdichtungen und handelsüblichen Elementen.

8.3.6 Von der Fanglabyrinth-Dichtung zur Schutzdichtung

Schutzdichtungen sind nach Definition in der Literatur Wellendichtungen und sollen Lagerstellen vor Umwelteinflüssen (Schmutz, Spritzwasser) schützen sowie den Schmierstoff (Fett, Öl) im Lager halten. Aus den Beschreibungen kann man ableiten, dass berührungsfreie Schutzdich-

Spaltdichtungen 1,2,3 Drosseln 2,3 Auffangen 3 Rückfördern	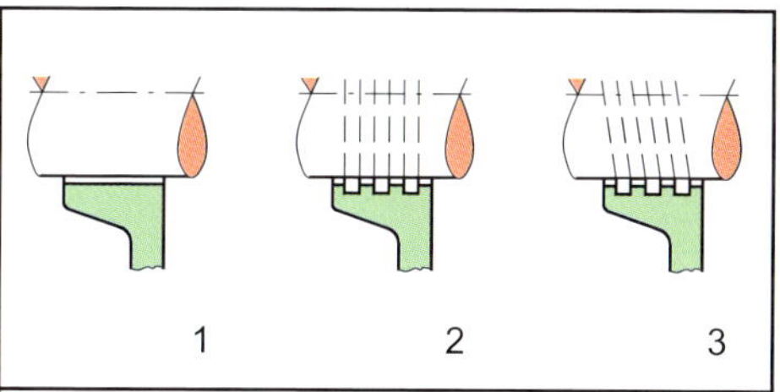
Schutzlabyrinthe 4,5,6 Drosseln, Umlenken, Abweisen 5,6 Auffangen 4 Rückfördern	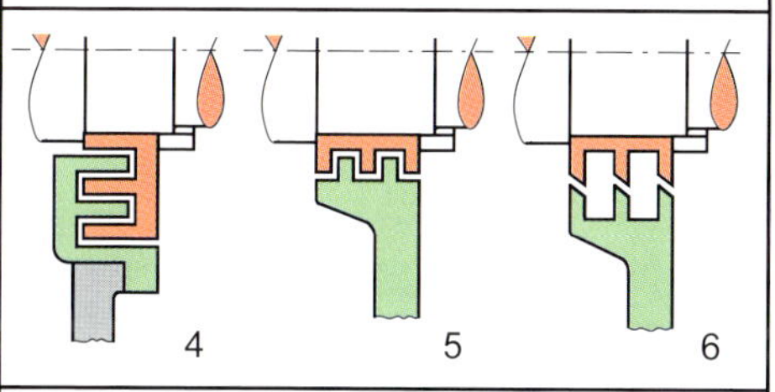
Fliehkraftdichtungen 7,8 Drosseln, Auffangen, Abführen 7,8,9 Abspritzen 7,9 Umlenken 9 Abschirmen	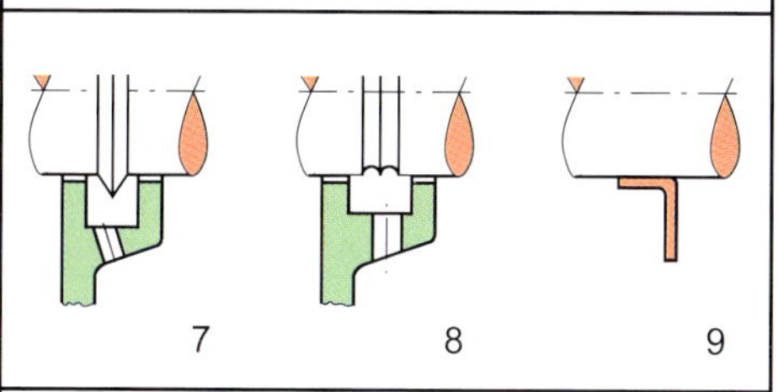
Stauscheibe 10,11,12 Drosseln 11 Umlenken 11 (Rückfördern)	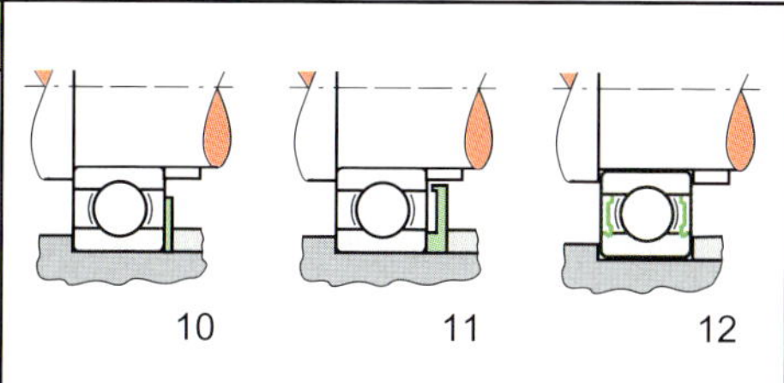

Bild 8.35: Prinzipielle Darstellung der Schutzdichtungen und deren implementierte Wirkprinzipien

tungen gegen anspritzende Flüssigkeit nicht dicht sind. Berührungsfreie Schutzdichtungen sind deshalb nicht flüssigkeitsdicht, weil wesentliche der acht Wirkprinzipien (s. Bild 8.13) nicht realisiert sind. Die vier klassischen Arten von Schutzdichtungen (s. **Bild 8.35**) beinhalten davon nur eine geringe Anzahl.

Spaltdichtungen (Bild 8.35-1 bis 3) arbeiten vorzugsweise nach dem Wirkprinzip Drosseln und sind damit für Flüssigkeitsbespritzung ungeeignet. Sie können nur für untergeordnete Zwecke, zur Fettrückhaltung und bei leichter Schmutzbeaufschlagung eingesetzt werden. Bei 2 und 3 wird aufgefangenes Fluid nicht abgeführt. Die Förderwirkung bei 3 ist gering, oder das Gewinde müsste ähnlich präzise wie bei den in Pkt. 8.2.3.3 beschriebenen Gewindewellen-Dichtungen ausgeführt werden.

Stauscheiben (Bild 8.35-10 bis 12) dienen ausschließlich zur Fettrückhaltung und zum Abhalten von grobem Schmutz. Die Ausführung 12 – ins Lager integriert – erspart dem Anwender viel Aufwand und ermöglicht betriebsfertig vorbereitete Wälzlager. Die Ausführung 11 beinhaltet bei richtiger Gestaltung bezüglich Fettrückhaltung immerhin schon drei Wirkprinzipien. Flüssigkeit und Schmutz von außen werden jedoch aktiv ins Lager gefördert.

Schutzlabyrinthe (Bild 8.35-4 bis 6) enthalten mindestens drei und bis zu fünf Wirkprinzipien, die aber teilweise nur schwach ausgeprägt sind. Die Rotation der Welle wird hier schon teilweise zur aktiven Dichtwirkung genutzt. Fett, Schmutz und Staub lassen sich damit gut abdichten. Gegen Flüssigkeiten sind Schutzlabyrinthe nicht dauerhaft beständig.

Fliehkraftdichtungen (Bild 8.35-7 und 8) sind von den Schutzdichtungen noch die geeignetsten, um Flüssigkeiten abzudichten. Das bewirken die integrierten Wirkprinzipien Abspritzen, Auffangen und Abführen. Richtig gestaltete und geschickt kombinierte Fliehkraftdichtungen ähneln Fanglabyrinth-Dichtungen.

Reduziert man bei Fanglabyrinth-Dichtungen die integrierten Wirkprinzipien, erhält man berührungsfreie Schutzdichtungen. Diese sind nur noch sehr beschränkt oder gar nicht mehr flüssigkeitsdicht. Dagegen eignen sie sich gut, Fett im Lager zu halten. Sind ihre Spalte ebenfalls fettgefüllt, so werden dort Staub und Schmutz gebunden und vom Lager ferngehalten (siehe auch Kapitel 8.6).

Fanglabyrinth-Dichtungen und auch Fliehkraftdichtungen können hingegen nur dann bestimmungsgemäß arbeiten, wenn zumindest deren Dichtkammern und Ablaufkanäle fett- und schmutzfrei sind. Bei fettgeschmierten Lagern, die gegen von außen anspritzende Flüssigkeit abzudichten sind, ist streng zwischen dem Dichtungsteil zu unterscheiden, der das Fett am Lager hält und dem, der die Flüssigkeit davon abhält, ins Lager zu gelangen. In den Beispielen Bild 8.11 und Bild 8.30 ist zwischen Lager und Fanglabyrinth-Dichtung jeweils eine stationäre Fettstauscheibe angeordnet. Bei solchen Kombinationen verbietet es sich, die Lager durch einfaches Nachpressen von Fett ins Lager nachzuschmieren. Es ist sicherzustellen, dass kein Fett in die Fanglabyrinth-Dichtung eindringt oder darin verbleibt.

8.3.7 Handelsübliche berührungsfreie Wellendichtelemente

Berührungsfreie Wellendichtungen werden meist vom Aggregatehersteller selbst direkt in die Umbauteile Welle und Gehäuse integriert. Entsprechend vielgestaltig sind die Ausführungsformen. Es gibt aber auch einbaufertige Dichtelemente zu kaufen. **Bild 36** zeigt einige am Markt erhältlichen Elemente. Konzeption, Größe und Dichtwirkung sind sehr unterschiedlich.

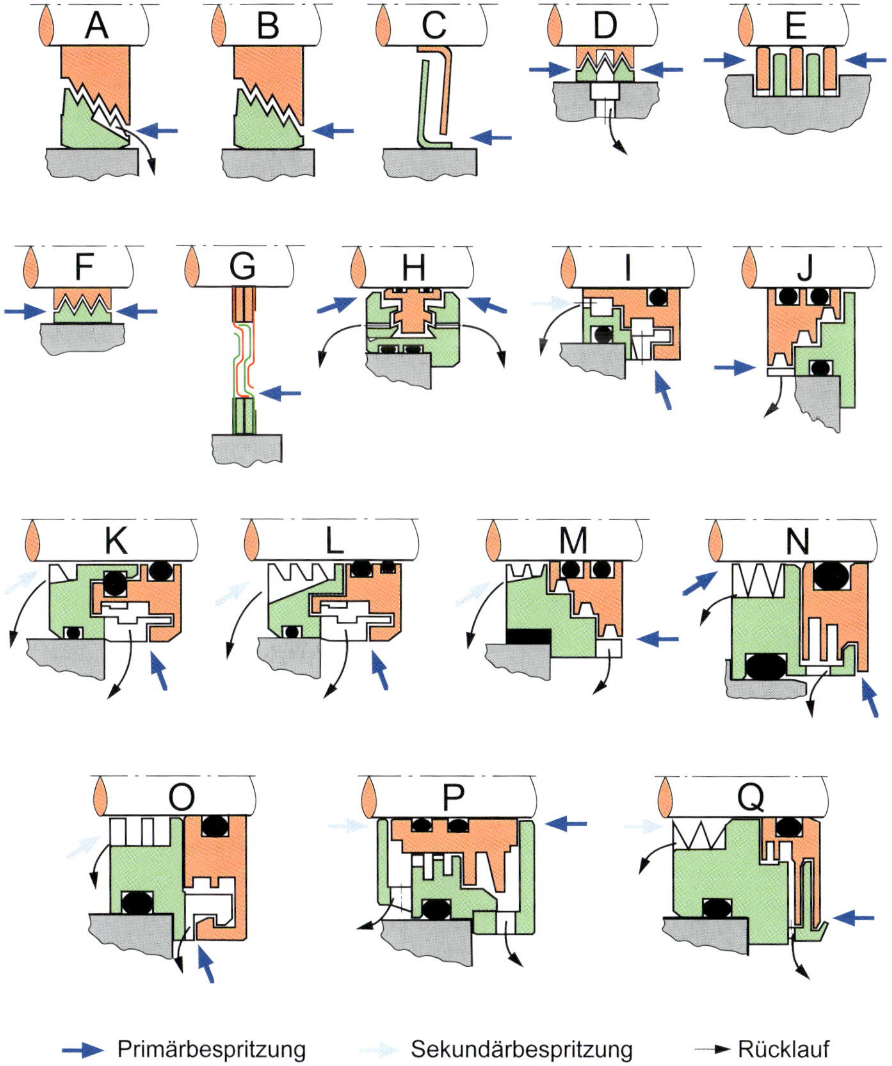

Bild 8.36: Einige handelsübliche berührungsfreie Wellendichtelemente

Die Elemente A und B [32] bestehen aus Polyamid. Die Elemente H [38], N [35], O [35], Q [39] und der Läufer von P [41] bestehen aus Polytetrafluorethylen. Alle anderen sind metallische Elemente aus Stahl oder Messing oder auch kombiniert. Die Elemente C [36] und F [34] sind von ihren Herstellern nur fettgefüllt zur Fettrückhaltung und zur Schmutzabdichtung gedacht, alle anderen zum Abdichten von Flüssigkeiten [33, 37, 42]. Einige Elemente sind für beidseitige Bespritzung vorgesehen (Sekundärbespritzung). Alle sind so gestaltet, dass die Primärseite die eindeutig bessere Dichtwirkung hat. Die Elemente

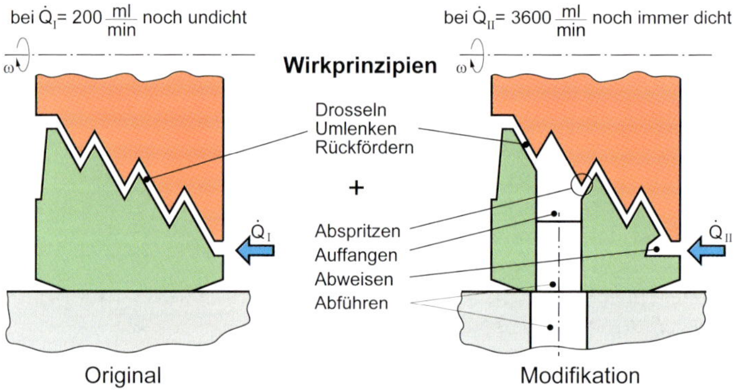

Bild 8.37: Modifikation einer handelsüblichen Dichtung zur Verbesserung ihrer Dichteigenschaften

K und L [40] waren im Versuch primärseitig am besten dicht. Die teilweise dünnwandigen PTFE-Elemente zeigten sich im Versuch als instabil. Es kam zum Anstreifen mit zum Teil erheblicher Bildung von PTFE-Staub.

Alle Kunststoffelemente sind nur in einem engen Temperaturbereich von ca. -30 bis +60 ... +100 °C einsetzbar. Beim Element C werden Mehrfachanordnungen empfohlen (bis zu drei); Axialbewegungen bis 2 mm sind möglich, alle anderen Elemente erlauben nur einige 10-tel mm oder weniger. Beim Lamellenring E ist eine Vielzahl von Anordnungsvarianten für unterschiedliche Bedürfnisse möglich [33]. Den LSTO-Ring G gibt es in Ausführungen, die bis 700 °C einsetzbar sein sollen. Die Labyrinthringe D und F eignen sich gegen anspritzende und aufgewirbelte Flüssigkeiten sowie gegen feste und körnige Verunreinigungen, Ring D mit internem Rücklauf bei stärkerer Flüssigkeitsbeaufschlagung. Bei den Spaltdichtungen A und B des gleichen Herstellers wird durch die konische Spaltausbildung die Fliehkraftwirkung gefördert. [33] bietet mittlerweile einbaufertige Elemente mit integrierter Sperrluftdichtung und optimalem Eingangsbereich an (s. Bild 8.18).

Analysiert man nach der in Pkt. 8.3.4 beschriebenen Methode diese Dichtungen oder prüft, welche Wirkprinzipien mit welcher Ausprägung jeweils realisiert sind, stellt man fest, dass alle dargestellten Dichtungen ein Verbesserungspotential enthalten. Außer bei dem Element D wird stets versucht, das Dichtelement so zu gestalten, dass es in eine einfache, glatte Gehäusebohrung ohne Fortführung von Rücklaufkanälen einbaubar ist. Lässt man beispielsweise beim Element B diese Forderung fallen (**Bild 8.37**), und versieht den stationären Außenring mit einer Fase im Eingangsbereich und einer kleinen, einfach gestalteten Dichtkammer mit einem radial nach unten gerichteten Ablaufkanal im Innenbereich, so verbessert sich die Dichtgüte um ein Vielfaches. Anstatt wie ursprünglich drei, sind nun sieben Wirkprinzipien integriert.

8.3.8 Die Entlüftung – ein Sonderfall

Entlüftungen (**Bild 8.38**), wie sie zum Beispiel an Getrieben eingesetzt werden, haben nach [23] folgende Aufgaben:

- Druckausgleich ermöglichen.
- Austritt von Öl, Ölschaum, Ölnebel und Öldampf verhindern.
- Eintritt von Wasser, Staub und Schmutz verhindern.

Betrachtet man nur die Aufgaben, bei möglichst niedriger Druckdifferenz Δp (Δp → 0) Druck ausgleichen und Öl- bzw. Wasserdurchtritt verhindern, so sind Entlüftungen nichts anderes als berührungsfreie Dichtungen für flüssigkeitsbespritzte statische Dichtstellen. Da keine Relativbewegung vorhanden ist, muss der Spalt gemäß Kap. 8.1.1 nicht durchgehend am Umfang, sondern nur in Teilabschnitten vorhanden sein. Von den acht Wirkprinzipien sind damit zwei, nämlich Abspritzen und Rückfördern, nicht realisierbar. Dafür ist es hier möglich, ein weiteres Wirkprinzip, das Wirkprinzip „Abscheiden", einzuführen.

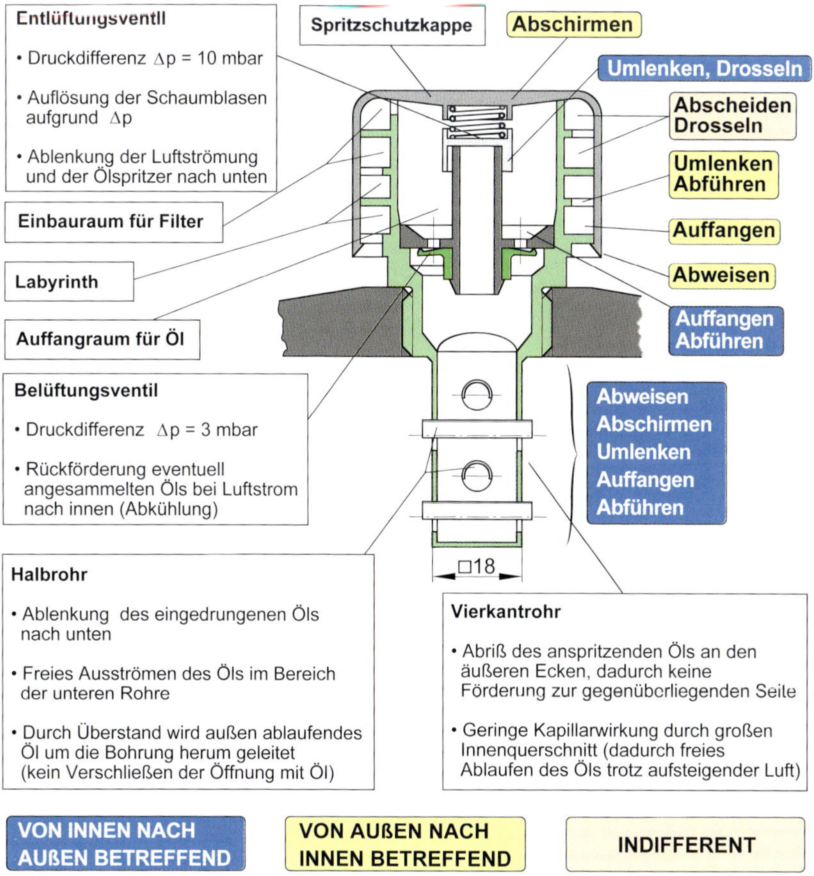

Bild 8.38: Entlüftungsvorschlag für unterschiedliche Beaufschlagungen nach Jäckle [24], erweitert durch die Darstellung der wichtigsten integrierten berührungsfrei realisierbaren physikalischen Wirkprinzipien

Die praktische Umsetzung erfolgt durch Filterelemente mit unterschiedlichem Aufbau. Damit ist es bei Entlüftungen möglich, den durchziehenden, mit Öl, Wasser und Schmutz beladenen Luftstrom physikalisch zu reinigen, wofür es bei berührungsfreien Wellendichtungen noch keine praxistauglichen Lösungen gibt. Wirksame Filter sind feinmaschig und neigen zum Verstopfen, wodurch sich ihr Strömungswiderstand erhöht. Werden solche Entlüftungen, oder gar Entlüftungen mit Ventilen, zum Beispiel zusammen mit Fanglabyrinth-Dichtungen im gleichen Aggregat eingesetzt, so erfolgt der Luftaustausch vollständig über das Fanglabyrinth, das nur einen äußerst geringen Strömungswiderstand aufweist. Die Entlüftung ist dann wirkungslos.

Bild 8.38 zeigt eine nach [24] für alle oben beschriebenen Aufgaben geeignete Entlüftung. Hinzugefügt wurde die Bezeichnung der wichtigsten integrierten Wirkprinzipien. Durch die für die Ölschaumauflösung notwendigen Ventile ist aber jeder Einsatz zusammen mit berührungsfreien Wellendichtungen ohne Zusatzelemente nicht zweckmäßig.

8.3.9 Zusatzelemente zu Fanglabyrinth-Dichtungen

Richtig gestaltete Fanglabyrinth-Dichtungen sind bei allen Betriebszuständen flüssigkeitsdicht. Sie erlauben jedoch infolge ihrer relativ großen Spaltweite einen erheblichen Luftdurchzug, selbst bei geringster Luftdruckdifferenz. Der Luftstrom kann bei Rotation von der Dichtung selbst induziert werden, oder er wird dem Dichtsystem von außen aufgeprägt. Mit dem Luftstrom werden auch alle in der Luft enthaltenen Schwebestoffe wie Dunst, Dampf, Nebel und Staub transportiert. Dieser Luftstrom kann mit dem Zusatzelement „Magnetflüssigkeits-Stufe“ völlig unterbunden werden. Über Magnetflüssigkeitsdichtungen wird an anderer Stelle in diesem Buch oder in [20] berichtet.

Eine zweite Möglichkeit ist, dem Fanglabyrinth aktiv saubere Luft (Gas) unter Druck – sogenannte Sperrluft – zuzuführen und damit den Gesamtluftstrom bewusst zu lenken. Mittels Sperrluft wird auch die Dichtsicherheit bezüglich Flüssigkeitsabdichtung verbessert bzw. kann das Fanglabyrinth-Dichtsystem erheblich reduziert werden.

8.4 Sperrluftdichtungen

Mittels „Sperrluft“ wird aktiv und unabhängig von der Bewegung ein Luftdurchzug erzwungen. Das ermöglicht in gewissen Grenzen den globalen, weniger den örtlichen Luftstrom so zu lenken, dass er zumindest dichtheitsunschädlich oder aber günstig für die Dichtwirkung ist. In [22] wird dieses Verfahren als „aktiv Belüften“ bezeichnet. Einem Fanglabyrinth-Dichtsystem beispielsweise wird an geeigneter Stelle gerade so viel saubere Luft mit einem Druck von allenfalls einigen Hektopascal zugeführt, dass die schmutz- und feuchtigkeitsbeladene „Labyrinth-Luft“ am Einströmen in Teilsysteme, wo sie unerwünscht ist, gehindert wird. Zu beachten ist hier, dass durch solche Maßnahmen in aller Regel der Gesamtluftstrom im und um das Dichtsystem, zum Beispiel durch das Lager, erhöht wird.

Es ist also sehr genau zu überlegen, welche zusätzlichen Folgen die ergriffenen Maßnahmen haben können. Grundsätzlich ist der Luftstrom so gering wie möglich zu halten.

Beim „aktiv Belüften“ sind meist keine besonderen Gestaltungsmaßnahmen zu ergreifen. Beim Einsatz von Luft als Hauptdichtmittel, bei sogenannten Sperrluftdichtungen, ist den Belangen des Dichtmittels Luft durch entsprechende Gestaltung maßgeblich Rechnung zu tragen [10, 11, 25, 26].

Bei Sperrluftdichtungen ist die Luft sozusagen das „Dichtelement“. Nur wenn Sperrluft anliegt wird die gewünschte Dichtwirkung erreicht. Dafür kommen günstig gestaltete Sperrluftdichtungen mit geringerem Bauraum als Fanglabyrinthe und ohne Rücklaufkanäle aus. Damit wird die Dichtung lageunabhängig; denn Rücklaufkanäle müssen ja stets nach unten weisen oder dürfen allenfalls waagrecht liegen.

8.4.1 Funktionsweise einer Sperrluftdichtung

Prinzipiell wird in einen engen Spalt Luft oder ein anderes Gas unter Druck eingeleitet (**Bild 8.39**). Die Luftzufuhr muss gleichmäßig am gesamten Umfang erfolgen, was üblicherweise durch eine ausreichend große Ringnut erreicht wird. Die Luft strömt durch den Spalt ab und der Druck sinkt auf den jeweiligen Umgebungsdruck. Wird nun das Spaltende mit Flüssigkeit beaufschlagt, und damit für die durchströmende Luft zumindest teilweise verschlossen, so dringt die Flüssigkeit so weit in den Spalt vor, bis der Flüssigkeitsdruck dem örtlichen Luftdruck im Spalt entspricht. Solange der maximale Luftdruck p_0 in der Sperrlufteinleitungsnut um einen Sicherheitsfaktor SD größer ist als der abzudichtende Flüssigkeitsdruck p_F, ist das System dicht. Wichtig ist, den tatsächlichen Luftdruck in der Sperrlufteinleitungsnut zu kennen, also am besten dort zu messen. Der Flüssigkeitsdruck ist entweder von der Überflutungshöhe h (statisch) und/oder von der Geschwindigkeit v auftreffender Flüssigkeitsstrahlen (dynamisch) abhängig. Insbesondere der dynamische Anteil lässt sich durch einen günstig gestalteten Eingangsbereich drastisch mindern. Es gelten die bei Fanglabyrinthen erläuterten Gestaltungsmerkmale.

Wird mit konstantem Luftdruck p_0 gearbeitet, so verändert sich durch die Flüssigkeitsbeaufschlagung nichts, was für die Dichtwirkung relevant ist. Wird hingegen mit konstantem Zuführluftstrom $\dot{V}_0$ gearbeitet, so erhöhen sich infolge der Abströmbehinderung des Luftstroms $\dot{V}_1$ durch die Flüssigkeit sowohl der Luftstrom $\dot{V}_2$, dessen Strömungsgeschwindigkeit als auch der örtliche Luftdruck p(x) im Spalt.

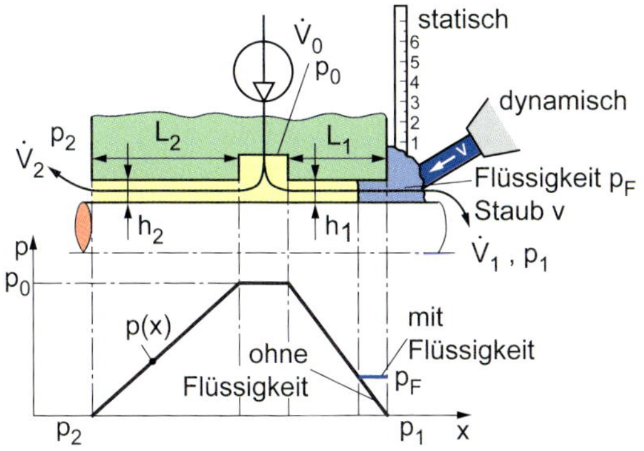

Bild 8.39: Funktion einer überfluteten Sperrluftdichtung. Die Einström- und Expansionsverluste sind, da gering, vernachlässigt

8.4.2 Abdichten von Stäuben

Stäube, bzw. einzelne Partikel oder Tröpfchen, können nur mittels Sperrluft-Dichtsystemen berührungsfrei sicher abgedichtet werden. Ohne Sperrluft dringen Staubpartikel in großer Zahl auch durch beliebig kompliziert gestaltetet Labyrinthe.

Der Gestaltung des Eingangsbereichs kommt auch hier größte Bedeutung zu. Entscheidend sind hier Spaltumlenkungen um möglichst 90°. Eine einzige Umlenkung kann ausreichend sein. Dadurch werden Staubpartikel auf Geschwindigkeit null in Spaltlängsrichtung abgebremst und durch rückfördernde Stirnspalte und die strömende Sperrluft wieder aus dem Spalt transportiert. Während bei Flüssigkeitsabdichtung der Luftdruck im Spalt die entscheidende Größe ist, ist dies bei der Staubabdichtung die Strömungsgeschwindigkeit der Luft. Mittels strömender Luft allein sind schnelle Partikel nicht abzubremsen. Der „Bremsweg“ wäre viel zu lang. Auch vor dem Spalt findet durch die ausströmende Luft bereits ein Abbremsen und Ablenken statt. Sperrluftdichtungen gegen Einzelpartikel arbeiten nach den Wirkprinzipien „Abweisen“, „Abbremsen“ („Umlenken“) und „Rückfördern“.

In **Bild 8.40** sind die wesentlichen Gestaltungsmerkmale einer berührungsfreien Staubabdichtung nach Orso [43] dargestellt. Die Gestaltungsmerkmale gelten genauso für flüssigkeitsabdichtende Sperrluftdichtungen. Staub- und flüssigkeitsabdichtende Sperrluftdichtungen sind gleich zu gestalten!

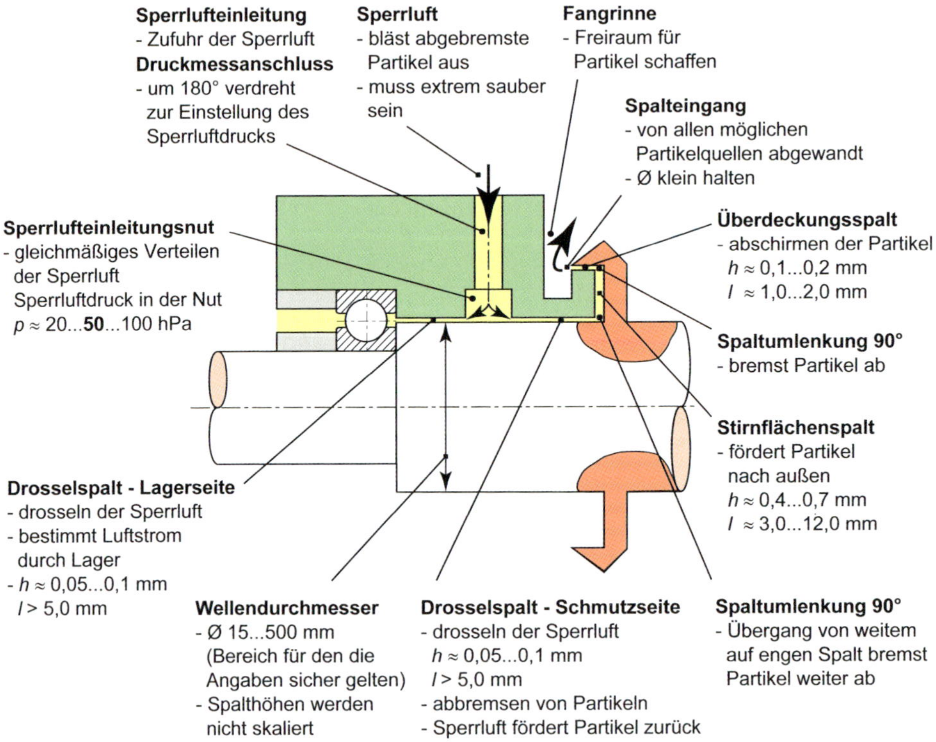

Bild 8.40: Schematische Darstellung der wesentlichen Gestaltungsmerkmale einer berührungsfreien Staubdichtung nach Orso [43]

8.4.2 Zusammenfassende Überlegungen

Diese Überlegungen machen unter Zuhilfenahme der Formeln (2), (3), (5) und (8) in Bild 8.44 (siehe weiter unten) klar, was eine dichtungstechnisch gut wirksame Sperrluftdichtung ausmacht. Unter Annahme laminarer Strömung bremsen hohe Dichte der Luft (oder eines anderen Sperrgases) und hohe Luftgeschwindigkeit sowie lange niedrige Spalte eindringende Teilchen gut ab. Gegen den statischen Druck einer eindringenden Flüssigkeit hilft nur ein höherer maximaler Sperrluftdruck. Ein geringer Sperrluftverbrauch wird vorzugsweise durch niedrige Spalte erzielt. Die geringe Dichte von Luft lässt erahnen, dass schwere schnelle Partikel nicht abgebremst werden können. Es ist also im Dichtungsumfeld dafür zu sorgen, dass schnelle Partikel gar nicht erst an und in den Spalt gelangen können.

Mit wenig Sperrluft bei dennoch guter Dichtheit und vertretbarem Fertigungsaufwand auszukommen, ist durch eine zweckmäßige Gestaltung des Eingangsbereichs erreichbar, siehe Kap. 8.3.2.1. Ein zweckmäßig gestalteter Eingangsbereich verhindert, dass schnelle Partikel in den Spalt eindringen, bzw. dass sich ein hoher Flüssigkeits-Staudruck am Spalteingang bilden kann.

8.4.4 Systematische Darstellung der Gestaltungsvarianten

Bild 8.41 zeigt prinzipielle Gestaltungsmöglichkeiten für Sperrluft-Dichtungen. Bei A ist ein Ringspalt, bei B ein Stirnspalt und bei C eine Kombination aus Stirn- und Ringspalt als Sperrluftspalt

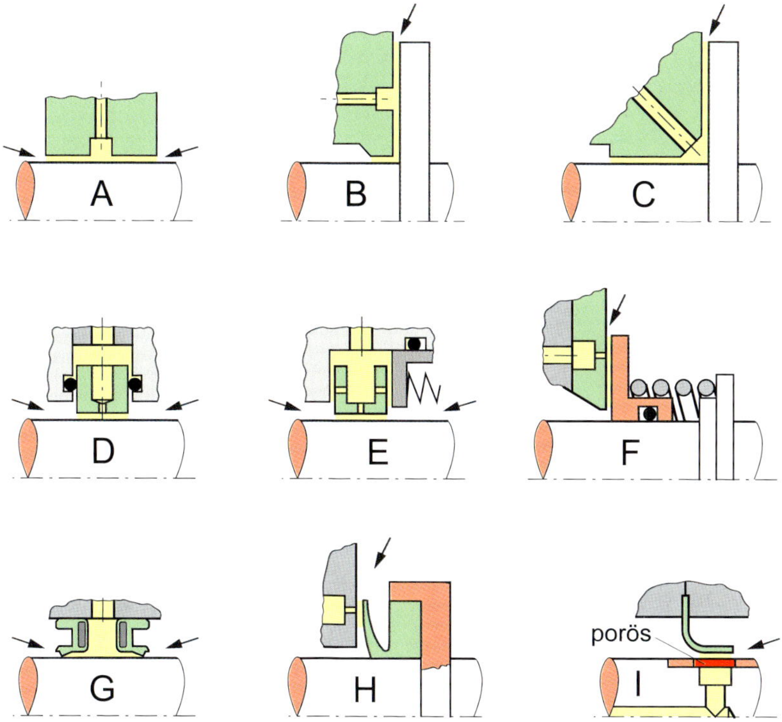

Bild 8.41: Prinzipielle Gestaltungsmöglichkeiten für Sperrluftdichtungen (→ Richtung der möglichen Beaufschlagung)

ausgebildet. Dichtungstechnisch günstiger sind bei Beaufschlagung von außen Stirnspalte, weil bei Drehung der Welle die Zentrifugalkraft die Dichtwirkung unterstützt.

Die Lufteinleitung in den Spalt erfolgt in der Regel über eine genügend große Ringnut, so dass die Sperrluft gleichmäßig am ganzen Spaltumfang ansteht. Die Spaltwände sind quer zur Spaltlängsrichtung starr angeordnet. Das bedeutet, dass Wellen- oder Gehäuseverlagerungen im Betrieb kleiner als die realen Spalthöhen sein müssen. Die reale Spalthöhe wird von Fertigungs- und Montagetoleranzen beeinflusst. Die dichtungstechnisch und bezüglich des Luftverbrauchs günstigen langen und engen Spalte lassen sich mittels starr zueinander angeordneter Spaltwände betriebssicher nur sehr schwer herstellen. Abhilfe schafft, wenn eine Spaltwand quer zur Spaltlängsrichtung beweglich ausgeführt wird. Sie kann dann den Verlagerungen der anderen Wand nachfolgen. Das ist berührungsfrei möglich, wenn der Luftlagereffekt [27-29] in die Sperrluftspalte implementiert wird. Die Bilder 8.41-D bis F zeigen Ausführungsvarianten.

In Bild 8.41-D ist der den Dichtspalt bildende Ring elastisch aufgehängt. Das Problem ist hier, dass die elastische Aufhängung mit steigendem Zuführluftdruck immer steifer wird. Die Luftzufuhr in den Ringspalt erfolgt nun nicht mehr über einen Ringkanal, sondern über Düsenbohrungen (Kapillardrosseln), um den Ring gleichzeitig aerostatisch auf der Welle zu lagern.

In Bild 8.41-E ist der Ring völlig schwimmend angeordnet, da auch die Seitenführungen als aerostatische Lager ausgeführt worden sind. Ein „Verlustluftstrom" entlang den Seitenführungen ist nun in Kauf zu nehmen. Durch die federnde Anpressung einer Spaltwand passt sich das System flexibel allen Betriebsbedingungen an. Über den Zuführluftdruck, Zahl und Größe der Düsenbohrungen, Federkraft und Ringspalthöhe lassen sich nun die Höhe der Seitenspalte, die Tragfähigkeit des aerostatischen Radiallagers, der Sperrluftdruck im Spalt, der Sperrluftstrom, der Verlustluftstrom sowie der Gesamtluftstrom bei gegebenen Spaltlängen variieren. Die genannten Größen sind nicht voneinander unabhängig, sondern komplex miteinander verknüpft. Die Auslegung eines solchen Systems ist aufwendig. Es erlaubt aber dauerhafte, engste Spalte selbst bei großen und schnellen Auslenkungen. In Bild 8.41-F ist noch eine sich aerostatisch selbst einstellende Stirnflächen-Sperrluftdichtung gezeigt.

Die Bilder 8.41-G bis I stellen Sperrluftdichtungen mit elastischen Dichtkörpern dar. Ohne Sperrluft dichten diese Elemente berührend ab, was insbesondere bei notwendiger Stillstandsdichtheit von Vorteil sein kann. In Bild 8.41-G wird die Sperrluft zwischen zwei Rücken an Rücken angeordneten Lippendichtungen eingeleitet. Die Dichtlippen werden dadurch entlastet und heben, allerdings nur teilweise, von der Welle ab. Es kann zu Schwingungen (Pfeifen) kommen. Die durchströmende Luft kühlt die Welle zusätzlich. Ungünstigerweise wird Verschleiß nicht ganz vermieden.

Anders sehen die Verhältnisse bei der in Bild 8.41-H dargestellten Anordnung aus. Die stirnflächig anliegende Lippe eines V-Rings gleitet über einen Kranz feiner Drosselbohrungen. Wird durch die Drosselbohrungen Luft gepresst, hebt die Lippe von ihrer Gegenlauffläche ab und schwimmt reibungs- und verschleißfrei auf einem dünnen Luftfilm.

Letztlich stellt Bild 8.41-I denselben Fall für eine Radialdichtung dar, zum Beispiel eine PTFE-Dichtmanschette. Die Luft wird bei dieser Darstellung durch die Welle zugeführt und anstatt durch Düsenbohrungen durch einen porösen Ring aus Sintermaterial in den Dichtspalt eingeleitet. Alle dargestellten Varianten mit Düsen und Luftlagereffekt können prinzipiell als Porösmaterial-Konstruktionen ausgeführt werden. Das begünstigt den Luftlagereffekt, vermindert aber die Dichtwirkung.

8.4.4 Wichtige Gestaltungshinweise

Obwohl Sperrluft-Dichtungen auf den ersten Blick recht einfach aufgebaut sind, sind doch bei deren Gestaltung einige wesentliche Punkte zu beachten:

- Sperrluft muss sauber und trocken sein. Eine spezielle Aufbereitung ist meist unerlässlich!
- Um eine am Umfang gleichmäßige Luftverteilung zu erhalten, ist der Zuführ-Ringkanal genügend groß (Querschnitt zwei- bis dreimal so groß wie der Spaltquerschnitt) auszuführen.
- Ist der Ringkanalquerschnitt zu klein oder der Umfang sehr groß, sind mehrere Luftzuführungen am Umfang in den Ringkanal vorzusehen.
- Der Querschnitt der Luftzuführung sollte so groß wie der Ringkanalquerschnitt sein, sonst sind ebenfalls mehrere Luftzuführungen anzubringen.
- Der Sperrluftspalt sollte möglichst eng sein. Bei präzise gelagerten steifen Spindeln haben sich Spalthöhen um 0,05 mm gut bewährt.
- Wird die Luft über Düsenbohrungen zugeführt, so sind diese genügend eng zu setzen, um einen am Umfang möglichst gleichmäßigen Druckaufbau zu erhalten. **Bild 8.42** zeigt die Verhältnisse unter Annahme idealisierter Bedingungen.

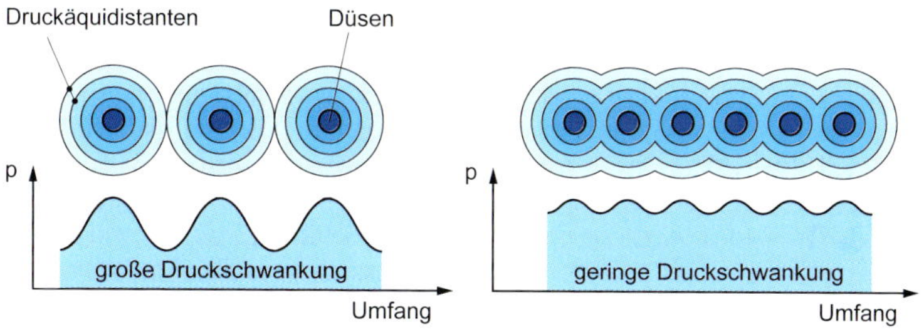

Bild 8.42: Auswirkung des Düsenabstands auf die Druckverteilung

- Zu kleine Düsenbohrungen und poröse Materialien verschmutzen leicht und „wachsen" zu. Dieser Schmutz kann sowohl aus dem abzudichtenden Fluid als auch aus der Sperrluft kommen. Die Sperrluft ist deshalb entsprechend aufzubereiten.
- Der Volumenstrom der Sperrluft kann in der Zuleitung gemessen werden. Wird der Druck gemessen, so erhält man aussagesichere Ergebnisse nur dann, wenn im Spalt bzw. im Zuführ-Ringkanal direkt gemessen wird.
- Schnelle Teilchen sind von der Sperrluft kaum abzubremsen. Deshalb ist durch Abschirmen des Sperrluftdichtungs-Eingangsspalts dafür zu sorgen, dass keine schnellen Teilchen und Flüssigkeitsstrahlen den Spalt direkt treffen. In Kap. 8.3.2.1 und in Bild 8.18 ist ausführlich dargestellt, wie das am günstigsten zu bewerkstelligen ist.
- Ist der Flüssigkeitsstau so groß, dass ein optimaler Eingangsbereich nicht ausreicht, so ist noch zusätzlich eine Dichtkammer vorzuschalten. In **Bild 8.43** sind die prinzipiellen Verhältnisse visualisiert. Für jeden Bereich gelten die im entsprechenden Kapitel aufgeführten Gestaltungsregeln.

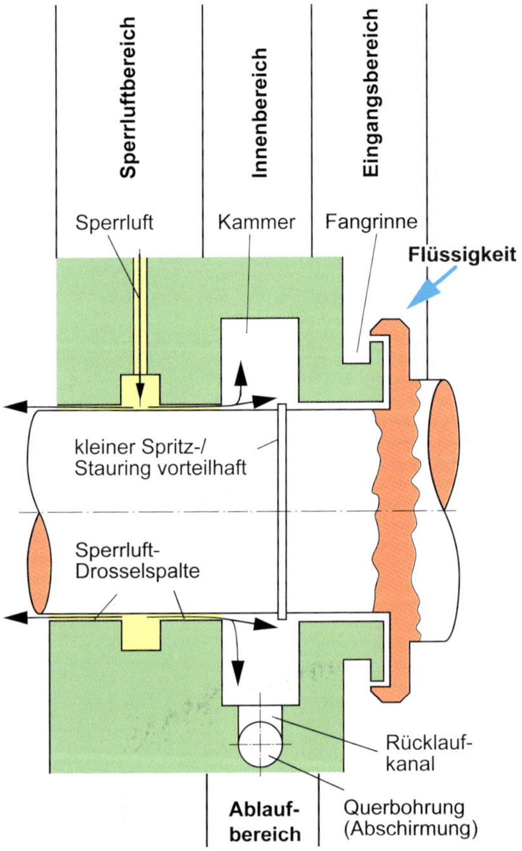

Bild 8.43: Prinzipielle Darstellung einer Sperrluft-Dichtung für sehr starke Flüssigkeitsbeaufschlagung

Bei der Auslegung und Anwendung von Sperrluftdichtungen ist es stets wichtig, sich Kenntnis über die ungefähr benötigte Sperrluftmenge pro Zeiteinheit zu verschaffen.

8.4.5 Berechnung von Sperrluft-Dichtungen

Sperrluft ist teuer und schädlich. Zum einen schädlich für fettgeschmierte Wälzlager und zum anderen schädlich für den Maschinenbediener durch die feine Zerstäubung der Flüssigkeit mit Aerosolbildung. Durch entsprechende geometrische Gestaltung und Anordnung der Sperrluft-Dichtung ist der Luftverbrauch minimierbar. Sperrluftverbrauch, maximaler Sperrluftdruck, Luftgeschwindigkeit usw. lassen sich mittels der bekannten Beziehungen für Gasströmungen in engen Spalten [1, 2, 4, 7, 8] rechnerisch relativ zuverlässig abschätzen. Zu den in Kap. 8.2.2.5 und Bild 8.8 gegebenen Beziehungen für inkompressibles Fluid und den dort gemachten Einschränkungen und Vernachlässigungen kommt ein Glied hinzu, das den Einfluss der Kompressibilität beinhaltet. Dazu dürfen nicht wie bei Reynolds nur

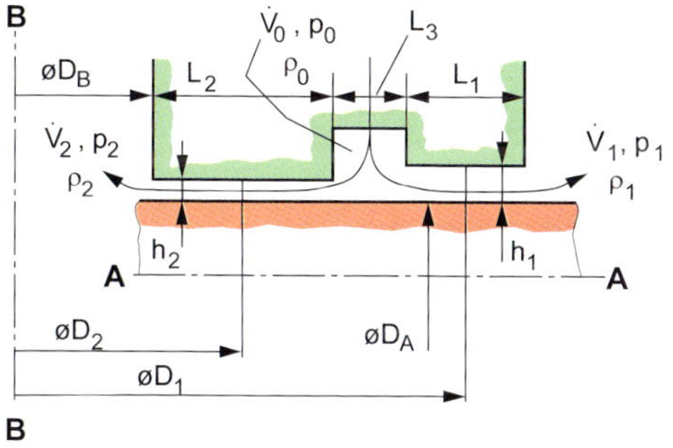

Gültig für: Re < 2300

$w < w_S$ und $(D_B + 2L_2) \cdot D_B^{-1} \leq 2$

1 Spaltwiderstand X_i

$$X_i = \frac{L}{\pi \cdot D \cdot h^3}$$

Reihensch. X_R	Parallelsch. X_P
$X_R = \sum X_i$	$X_P^{-1} = \sum X_i^{-1}$

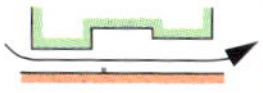

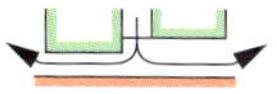

2 Massenstom $\dot{m}$

$$\dot{m} = \rho_0 \cdot \frac{\Delta p}{12 \cdot \eta} \cdot \frac{1}{X} \cdot \frac{1+\beta}{2 \cdot \beta}$$

3 Volumenstrom $\dot{V}$

$$\dot{V} = \frac{\Delta p}{12 \cdot \eta} \cdot \frac{1}{X} \cdot \frac{1+\beta}{2 \cdot \beta}$$

4 Gesamtstrom $\dot{m}_0$ oder $\dot{V}_0$

$$\dot{m}_0 = \dot{m}_1 + \dot{m}_2 \quad \text{oder} \quad \dot{V}_0 = \dot{V}_1 + \dot{V}_2$$

5 Sperrluftdruck p_0

$$p_0 = \sqrt{24 \cdot \dot{V} \cdot \eta \cdot p \cdot X + p^2}$$

6 Reynoldszahl Re

$$Re = \frac{2 \cdot w \cdot h}{\nu}$$

7 Schallgeschwindigkeit w_S

$$w_S = \sqrt{\kappa \cdot R_i \cdot T}$$

8 Dynamischer Druck p_d

$$p_d = 0{,}5 \cdot \rho \cdot w^2$$

Weitere Bezeichnungen

- A - Austrittsquerschnitt
- w_s - Strömungsgeschwindigkeit
- w_A - Ausströmgeschwindigkeit
- h - Spalthöhe
- ν - kinematische Viskosität
- η - dynamische Viskosität
- κ - Isentropenexponent
- ρ - spezifisches Gewicht
- T - absolute Temperatur
- t - Temperatur in °C
- D - Durchmesser
- Δp - Druckdifferenz
- L - Spaltlänge
- β - Druckverhältnis
- p - Druck (absolut)
- R_i - spezifische Gaskonstante
- X - Spaltwiderstand

Hilfsformeln

$$\rho = \frac{p}{R_i \cdot T} \qquad \nu = \frac{\eta}{\rho}$$

$$\beta = \frac{p_1}{p_0} \quad \text{oder} \quad \frac{p_2}{p_0}$$

$$\Delta p = p_0 - p_1 \quad \text{oder} \quad p_0 - p_2$$

$$D_2 = D_B + L_2$$

$$D_1 = D_B + 2L_2 + 2L_3 + L_1$$

$$\dot{V} = \frac{\dot{m}}{\rho} \qquad w_A \approx \frac{\dot{V}}{A}$$

$\eta(t,p)$ für $p \leq 2\,\text{MPa}$
und $0\,°C \leq t \leq 100\,°C$

$$\eta_t \approx 17{,}24 \cdot 10^{-6}\,\text{Pa}\cdot\text{s} \;\ldots\; \ldots \cdot \left(1 + 0{,}047 \frac{1}{°C} \cdot t\right)$$

Für Luft bei 20°C (T=293 K) und p=1013 hPa gilt:

$$\kappa = 1{,}4$$

$$\rho = 1{,}21 \; \frac{kg}{m^3}$$

$$R_i = 287 \; \frac{J}{kg \cdot K}$$

$$\eta = 18{,}3 \cdot 10^{-6} \; \text{Pa}\cdot\text{s}$$

$$\nu = 15{,}1 \cdot 10^{-6} \; \frac{m^2}{s}$$

Beispiel:
Für D_A = 100 mm,
$L_1 = L_2$ = 3 mm
und $p_1 = p_2$ = 0,1 MPa
gilt folgende Tabelle:

h_1=h_2	Δp	$\dot{V}$	w_A
mm	hPa	l/min	m/s
0,1	100	601	159
0,1	50	293	78
0,05	100	75	40
0,05	50	37	19

Bild 8.44: Berechnungsblatt für Sperrluftdichtungen mit Parallelspalten und Lufteinleitung über eine umlaufende Nut im praxisrelevanten Einsatzbereich. Die Verlustleistung kann mit den in Bild 8.10-I gegebenen Beziehungen abgeschätzt werden.

die Druck- und Zähigkeitskräfte auf ein Fluidteilchen betrachtet werden, sondern es sind, da auf Grund der Expansion die Teilchengeschwindigkeit im Spalt zunimmt, auch die Beschleunigungskräfte zu berücksichtigen. Eine detaillierte Ableitung der Beziehungen und Darstellung der Einschränkungen sind beispielsweise in [4, 7, 8] zu finden. In **Bild 8.44** ist ein Berechnungsblatt zusammengestellt, womit für die derzeit technisch vorzugsweise eingesetzten Dichtungsanordnungen nach Bild 8.41-A bis C starre Spalte mit Lufteinleitung über eine Ringnut berechnet werden können. Zu beachten ist:

- Die Formeln gelten für „leere" Spalte und laminare Strömung.
- Der Einfluss der Rotation ist vernachlässigt.
- Die Fehler infolge geometrischer Abweichungen bei Rotation um die Achse AA (Bild 8.8, kommen auch hier hinzu.
- Der Fehler durch Nichtberücksichtigung des Durchmesserunterschieds bei Rotation um die Achse BB ist für Durchmesserverhältnisse kleiner zwei vernachlässigbar (kleiner 4 %).

Das in Bild 8.44 unten angeführte Beispiel macht deutlich, dass selbst bei geringem Druck enorme Sperrluftmengen strömen. Zur überschläglichen Berechnung von Sperrluftdichtungen ähnlich Bild 8.41-D bis I kann auf die Luftlagerliteratur [27-29] zurückgegriffen werden.

8.4.6 Anwendung

Sperrluftdichtungen werden häufig eingesetzt, wenn bei hoher Umfangsgeschwindigkeit feiner Schmutz (Staub) abzuhalten ist. Das ist zum Beispiel bei der Trockenbearbeitung von Grauguss, Aluminium, Graphit, Holz, Glasfaserlaminaten usw. der Fall. Auch feinste Messingspäne schlüpfen ohne Gegenstrom in alle Spalte. Sperrluftdichtungen sind darüber hinaus geeignet, Flüssigkeiten und Flüssigkeitsdunst zurückzuhalten und benötigen quer zur Spaltlängsrichtung nur einen geringen Bauraum.

8.5 Anwendungs- und Praxisbeispiele für Fanglabyrinthe und Sperrluftdichtungen

Bild 8.45 zeigt maßstäblich mit allen relevanten Angaben einen Ausschnitt der Hauptspindelabdichtung eines Waagerecht-Bearbeitungszentrums. Durch fragmentelle Fanglabyrinth-Dichtungen wird das Schmieröl am Austritt aus der Spindel und der von außen anspritzende Kühlschmierstoff und Schmutz am Eintritt in die Lagerung und in den Ölkreislauf gehindert. Bei hoher Umfangsgeschwindigkeit käme es infolge Luftdurchzugs zur Vermischung beider Flüssigkeiten – insbesondere zum Austritt von Öl aus der Spindel. Um das sicher zu verhindern, ist zwischen den beiden Teil-Dicht-Systemen eine „Sperrluftstufe" installiert worden, die hier die Aufgabe des „aktiv Belüften" hat. Die Sperrluft ist dabei ein echtes Zusatzelement zu den Fanglabyrinth-Dichtungen.

Eine bedeutende Domäne der Sperrluft-Dichtung ist die lageunabhängige berührungsfreie Abdichtung (keine Ablaufbohrungen). Das schafft die Sperrluft-Dichtung bei stärkerer Flüssigkeits- und Schmutzbeaufschlagung nur zusammen mit einem optimal gestalteten Eingangsbereich. **Bild 8.46** zeigt einen Ausschnitt – vordere Lagerung mit Dichtung – einer Kurzspindel. Kurzspindeln werden dicht an dicht gepackt in großen Stückzahlen in den Transferstraßen der Automobilindustrie eingesetzt. **Bild 8.47** vermittelt einen Gesamteindruck über die Konstruktion und den Einbau der in DIN 69002 genormten Spindeln. Bei der in Bild 8.46 dargestellten Baugröße strömen bei einem maximalen Sperrluftdruck von p_0 = 50 hPa unter geometrisch idealen Bedingungen und bei leeren Spalten auf Grund der Spalthöhentoleranz rein rechnerisch

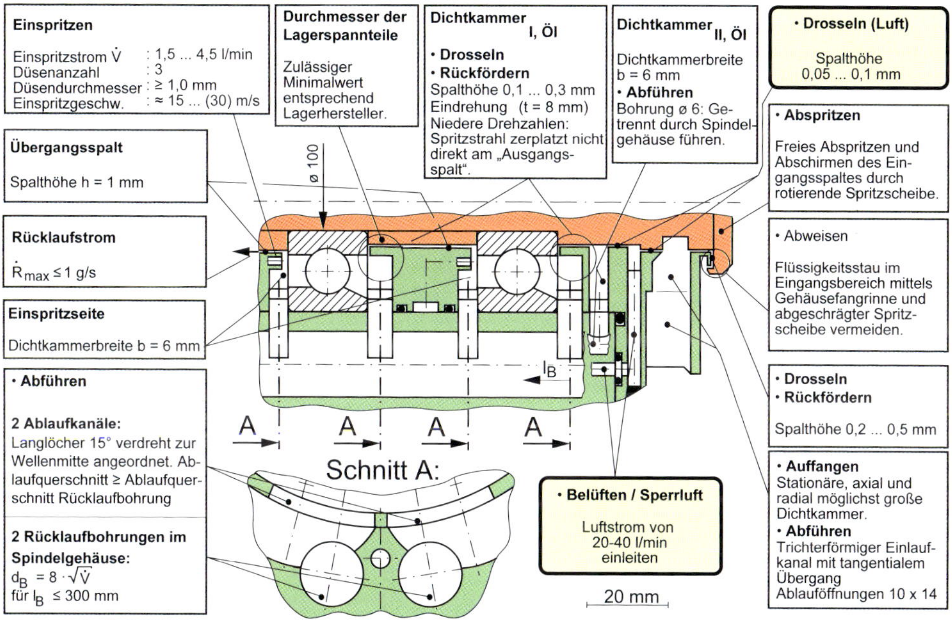

Bild 8.45: Hauptspindel eines Bearbeitungszentrums mit richtig gestalteter Abdichtung mittels Fanglabyrinthe bei öleinspritzgeschmierter Lagerung und Kühlschmierstoff von außen. Zur sicheren Trennung der beiden Flüssigkeiten ist als Zusatzelement eine Sperrluftdichtung integriert

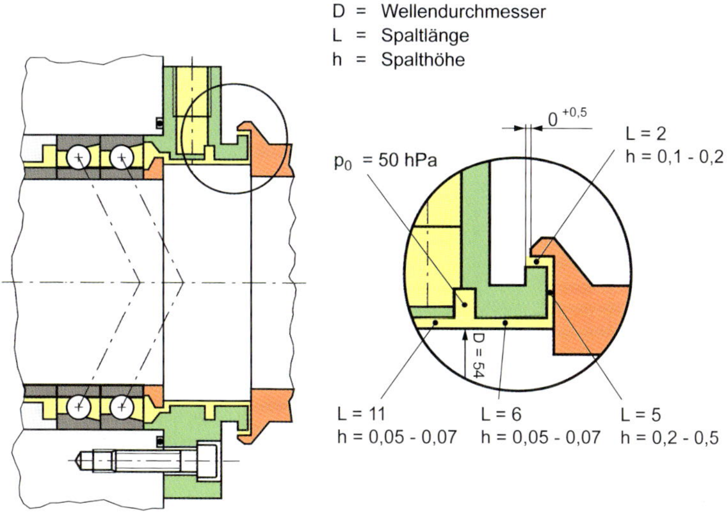

Bild 8.46: Für alle Raumlagen geeignetes berührungsfreies Dichtsystem mit Sperrluft Beispiel Kurzspindel

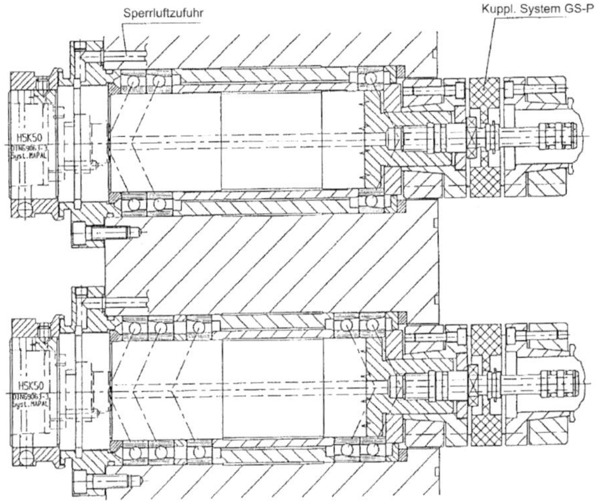

Bild 8.47: Kurzspindeln mit Antrieb nach DIN 69 002 (oben Form A 50 x 45 x 47, unten Form B 50 x 45 x 47)

zwischen 7,5 l/min und 20,8 l/min Luft durch das Dichtsystem, wovon 4,8 l/min bzw. 13,4 l/min zur Flüssigkeitsseite und 2,7 l/min bzw. 7,4 l/min dichtungsunwirksam und lagerschmierungsgefährdend zur Lagerseite hin abströmen. Solche Kurzspindeln sind in der Praxis nunmehr seit 25 Jahren ohne Dichtheitsprobleme im Einsatz.

Obwohl mittels günstig gestalteter Sperrluftdichtungen viel erreichbar ist, sollte nicht vergessen werden, dass die notwendigen engen Spalte nur mit einem sehr großen konstruktiven und fertigungstechnischen Aufwand in deren Umfeld realisierbar sind. Zudem sind solche Dichtsysteme sowohl dynamisch als auch insbesondere statisch nur dann dicht, wenn das Konstruktionselement „Sperrluft“ auch tatsächlich strömt. Man sollte also stets versuchen, mit den relativ weitspaltigen Fanglabyrinth-Dichtungen auszukommen und Sperrluft nur dann einzusetzen, wenn es technisch nicht mehr anders geht oder wenn es wirtschaftlich sinnvoll ist.

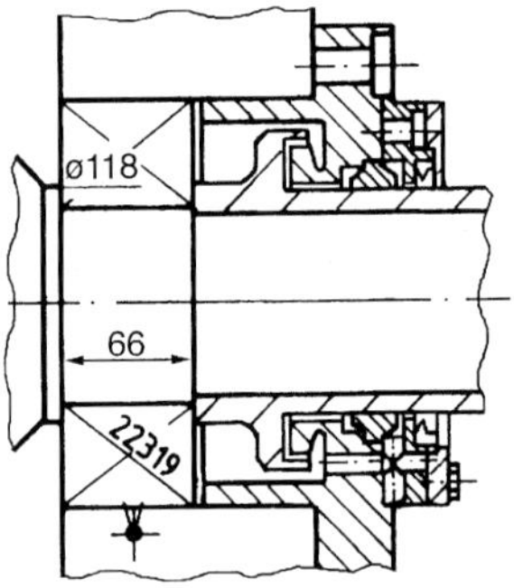

Bild 8.48: Ergänzte Originalzeichnung der Lagerdichtung an einem 1000-kW-Getriebe für Windkraftanlagen

Eine günstig gestaltete Fanglabyrinth-Dichtung ohne Sperrluftunterstützung für Werkzeugmaschinen-Spindeln bei fettgeschmierter Lagerung und damit nur einseitiger Flüssigkeitsbeaufschlagung zeigt Bild 8.11 am Beispiel einer Waagerechtfrässpindel. In Bild 8.29 ist die Spindel einer Universal-CNC-Drehmaschine mit ihrer Abdichtung dargestellt. Bild 8.30 zeigt eine Fanglabyrinth-Dichtung, die für verschiedene, im Betrieb beliebig wechselnde Lagen der Spindelachse im Raum geeignet ist.

Die Bilder 8.48, 8.49 und 8.50 beinhalten Ausschnitte aus Originalzeichnungen ausgeführter Aggregate. In **Bild 8.48** ist die Lagerabdichtung eines 1000-kW-Windkraftge-

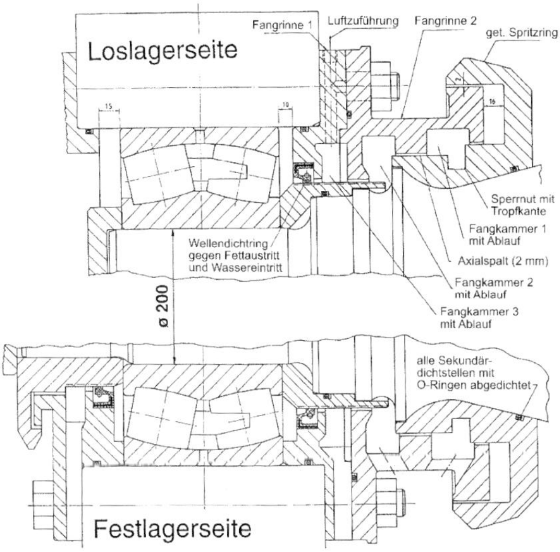

Bild 8.49: Abdichtung von Rollgangsrollen in Blechwalzstraßen der Hüttenindustrie

triebes dargestellt. Die Abdichtung gegen austretendes Lagerschmieröl ist berührungsfrei ausgeführt. Das Eindringen von Fremdstoffen von außen und Luftdurchzug wird durch einen V-Ring verhindert. Auch moderne Windkraftanlagen mit mehreren Megawatt Leistung und Rotorlager-Durchmesser von 3 m und mehr können berührungsfrei abgedichtet werden. Nachteil: relativ großvolumiges Dichtsystem. Großer Vorteil: „Unendliche" Lebensdauer – kein Dichtringwechsel auch nach 40 Jahren nicht!

Eine Abdichtung von Rollgangsrollen in Stahlwalzwerken ist in **Bild 8.49** dargestellt. Rollgangsrollen (ca. 3 m lang und 500 mm Durchmesser) transportieren die glühenden Stahlblöcke (Brammen ca. 40 t schwer) von Walzgerüst zu Walzgerüst. Eine Walzstraße beinhaltet 200 bis 300 solcher Rollen. Sie werden ständig von unten durch eine Wasserbespritzung gekühlt. Vor dem Eintritt in ein Walzgerüst werden die glühenden Brammen mit Hochdruckwasserstrahlen entzundert. Entsprechend unwirtlich sind die Abdichtbedingungen. Die Loslager müssen Axialbewegungen infolge thermischer Dehnung bis 25 mm aufnehmen können. Angepasst an Walzwerksbedingungen sind die Fanglabyrinthe „grobschlächtig" ausgeführt. Sie halten Schmutz und Wasser von den Wellendichtringen fern. Diese dichten gegen Feuchtigkeit ab und halten das Fett im Lager.

In **Bild 8.50** ist die Lagerung und Abdichtung des „Großrades" in einem Hochleistungsantrieb für schnellfahrende Lokomotiven dargestellt. Die Zahnräder sind öltauchgeschmiert, den Zylinderrollenlagern wird Schmieröl über Ölfangtaschen zugeführt. Abgedichtet sind die Getriebe an ihren dynamischen Dichtstellen mittels aufwendiger Fanglabyrinth-Dichtungen. Sie verhindern den Ölaustritt und das Eindringen von Wasser und Staub. Infolge der hohen Umfangsgeschwindigkeit und wegen langer Wartungsintervalle kommen hier nur berührungsfreie Dichtsysteme in Frage. In der gesamten Bahntechnik – Lokomotiven aller Art, Straßenbahnen, Stadt- und S-Bahnen – wird von berührenden auf berührungsfreie Dichtsysteme

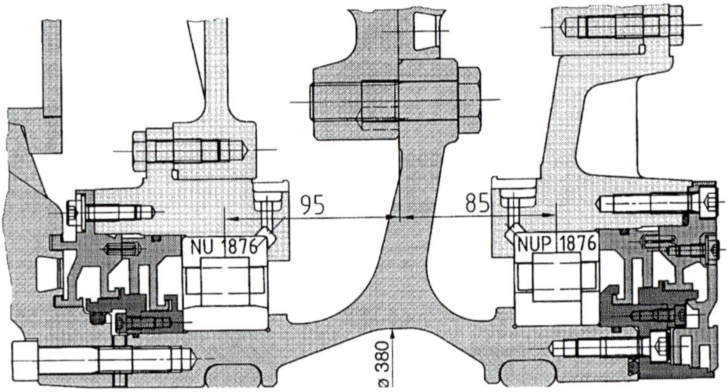

Bild 8.50: Lagerung und Abdichtung des „Großrades“ an einem Hochleistungsantrieb für schnellfahrende Lokomotiven

umgestellt. Die geforderten längeren Wartungsintervalle sind mit berührenden Dichtungen meist nicht mehr erreichbar.

Die wenigen angeführten Beispiele machen schon deutlich, dass es ein weites und weiter wachsendes Feld für berührungsfreie Dichtungen gibt. Derzeitige Anwendungsgebiete sind beispielsweise auch Druckmaschinen, Turbinen, Kompressoren, Schäl- und Verseilmaschinen, Turbogetriebe, Wandler, Pumpen, Lagerstühle, Exzenterpressen, Drahtzieheinrichtungen, große Turbolader zum Beispiel für Schiffsmotoren und eine Vielzahl weiterer technischer Systeme.

8.6 Abdichten mittels fettgefüllter Spalte

Berührungsfreie Dichtungen mit fettgefüllten Spalten kommen zum Einsatz, wenn z. B. abrasiv wirkende Stäube oder grober Schmutz bei relativ weiten Spalten abgedichtet werden müssen. Ihr Einsatz empfiehlt sich insbesondere dann, wenn angrenzende Maschinenelemente wie Lager oder Verzahnungen bereits fettgeschmiert sind oder wenn keine getrocknete und gereinigte Luft für ein Sperrluftdichtsystem zur Verfügung steht.

Durch die Schmierung mit Fett können einige Vorteile erlangt werden. Der konstruktive Aufwand im Umfeld der zu schmierenden Komponenten fällt geringer aus, der Schmierfilm besitzt eine höhere Tragfähigkeit und die Wartungsintervalle können im Vergleich zur Ölschmierung wesentlich verlängert werden. Aus diesem Grund sind beispielsweise ca. 90 % aller Wälzlager fettgeschmiert.

8.6.1 Zusammensetzung und Einteilung von Schmierfetten

Schmierfette besitzen im Vergleich zu Schmierölen grundsätzlich unterschiedliche Eigenschaften, die bei der Konstruktion der Dichtung berücksichtigt werden müssen. Aus diesem Grund wird der Aufbau der Schmierfette kurz erläutert.

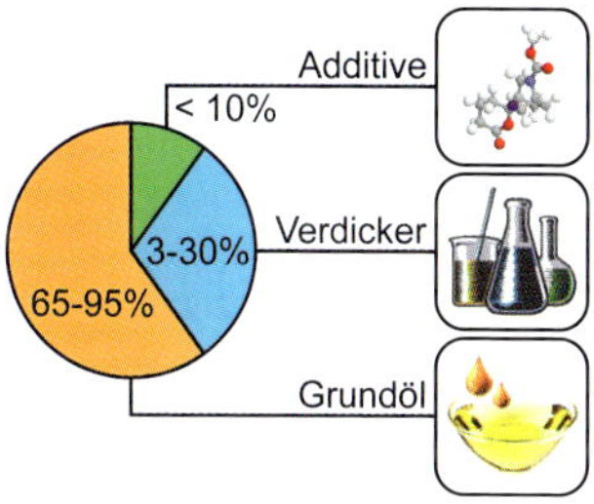

Bild 8.51: Aufbau von Schmierfetten

Schmierfette sind konsistente Schmierstoffe, die aus den drei Bestandteilen Grundöl, Verdicker und Additiven bestehen. Wie in **Bild 8.51** dargestellt ist, macht das Grundöl mit über 65 % den größten Teil aus. Durch die Reaktion einer Lauge (zum Beispiel Metallhydroxid) mit einer Fettsäure im Grundöl entsteht ein kristallines Fettsäuresalz, welches als Seife oder Verdicker bezeichnet wird. Der Verdicker ist für die Konsistenz des Schmierfetts verantwortlich. Durch die abschließende Zugabe von Additiven werden die Eigenschaften des Schmierfetts beeinflusst.

Schmierfette werden üblicherweise nach ihrer Konsistenz eingeteilt. Die Eindringtiefe eines genormten Prüfkörpers in eine definierte Fettmenge ermöglicht die Zuordnung des Schmierfetts in eine Konsistenzklasse – NLGI-Klasse – zwischen 000 (fließend) und 6 (hart). Schmierfette der NLGI-Klassen bis 0 werden als Fließfette und Schmierfette der NLGI-Klassen ab 5 als Blockfette bezeichnet. Wälzlager werden üblicherweise mit Schmierfetten der NLGI-Kassen 1 bis 3 geschmiert. Weitere, gebräuchliche Einteilungskriterien für Schmierfette sind die Art des Verdickers, des Grundöls oder das Anwendungsgebiet.

8.6.2 Eigenschaften von Schmierfetten

Aufgrund ihres Aufbaus weisen Schmierfette ein strukturviskoses Fließverhalten auf. Wie in **Bild 8.52** zu erkennen ist, sind bei Newtonschen Fluiden die Schubspannung und die Schergeschwindigkeit zueinander proportional – die Viskosität ist konstant. Bei strukturviskosen Fluiden ist die Viskosität zusätzlich von der Schergeschwindigkeit abhängig.

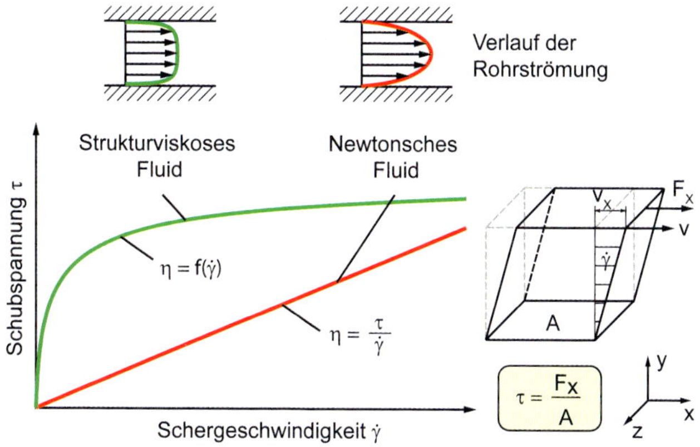

Bild 8.52: Strukturviskoses Fließverhalten von Schmierfetten

Des Weiteren besitzen Schmierfette eine Fließgrenze, ab der die Viskosität mit steigender Schergeschwindigkeit weiter abnimmt. Aus diesem Grund kann bei Schmierfetten nur eine lokale Viskosität bestimmt werden.

Schmierfette besitzen darüber hinaus im Vergleich zu Schmierölen ein wesentlich höheres Haftvermögen und sind nicht zur Ableitung von Wärme geeignet. An Maschinenelemente oder Gehäuseteile anhaftendes Schmierfett behindert ähnlich einer Isolationsschicht die Wärmeabfuhr. An Reibstellen, wie zum Beispiel an der Dichtkante bei der Abdichtung mit einem Radialwellendichtring (RWDR), können daher lokal sehr hohe Temperaturen entstehen, die zu einer Schädigung der Reibpartner oder des Schmierfetts führen. Zusätzlich kann es durch die Konsistenz und das Haftvermögen des Schmierfetts temporär zu Mangelschmierung kommen, da es an Wänden anhaftet und nicht mehr zur Schmierung zur Verfügung steht.

Bei der Abdichtung von Schmierfetten mit RWDR muss beachtet werden, dass das Schmierfett Schmutz mechanisch bindet und durch Walken bis in den Dichtkontakt transportieren kann. Das Schmierfett kann den Schmutz im Gegensatz zu Schmieröl nicht abscheiden. Dies führt zu erhöhtem Verschleiß und schließlich zum Ausfall der Dichtung.

Berührende Dichtelemente können daher nicht zur Abdichtung von abrasiv wirkendem Schmutz verwendet werden. Sie wären innerhalb kürzester Zeit zerstört. In diesen Fällen werden in der Praxis berührungsfreie Dichtsysteme wie Sperrluftdichtungen (ohne Schmierfett) oder fettgefüllte Labyrinthdichtungen eingesetzt.

8.6.3 Aufbau und Funktion berührungsfreier Dichtungen mit fettgefüllten Spalten

Unter fettgefüllten Labyrinthdichtungen sind Spaltdichtungen aller möglicher Geometrien zusammengefasst, die mit Fett gefüllt sind (**Bild 8.53**). Das Fett hat die Aufgabe, den eingedrungen Schmutz mechanisch zu binden und am weiteren vordringen zu hindern. Diese Dichtungen werden bereits seit langem zur Abdichtung bei starkem Schmutzanfall eingesetzt, jedoch gab es bis 2010 keine gesicherten Gestaltungsrichtlinien zur Konstruktion zuverlässiger berührungsfreier Dichtungen mit fettgefüllten Spalten. Vielmehr wurden diese Dichtungen nach dem Prinzip „Viel hilft viel." entwickelt und betrieben. Dadurch sind zum Teil sehr hohe Kosten für die Beschaffung und Entsorgung der Schmierfette sowie für die in Reibungswärme umgewandelte Energie entstanden.

Bild 8.53: Vielfalt fettgefüllter berührungsfreier Labyrinthdichtungen

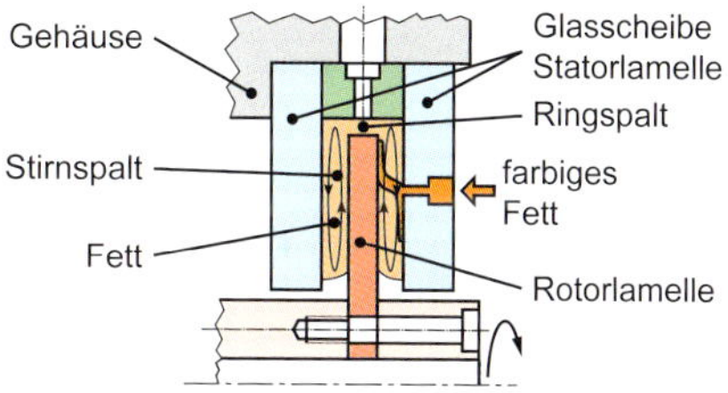

Bild 8.54: Rotationsströmung im Stirnspalt [44]

Die gängigen Dichtsysteme bestehen bis auf wenige Ausnahmen aus einer Kombination der beiden Spaltformen Stirnspalt und Ringspalt (s. Bild 8.53). Achsparallele Spalte werden als Ringspalte bezeichnet, orthogonal dazu verlaufende Spalte bezeichnet man als Stirnspalte.

In Abhängigkeit der Spaltform, des Fetts und der Betriebsbedingungen kann eine vollständige Füllung des Spalts mit Fett erreicht werden. Wird eine Grenzdrehzahl überschritten, öffnet sich der Spalt. Es bilden sich dann zwei Fettschichten, die jeweils am rotierenden oder stehenden Teil anhaften. Die beiden Fettschichten sind dann durch eine dünne Luftschicht voneinander getrennt.

In vollständig mit Fließfett gefüllten Stirnspalten stellt sich eine Ringströmung ein (**Bild 8.54**). Diese kann in Versuchen nachgewiesen werden, indem eingefärbtes Fett mit einer Spritze in einen Stirnspalt gespritzt wird. Dazu wird ein Versuchssystem verwendet, das aus zwei jeweils durchsichtigen Statorlamellen und einer Rotorlamelle aus Aluminium besteht. Die Lamellen bilden zwei lange Stirnspalte, die über einen kurzen Ringspalt verbunden sind. Durch die durchsichtigen Statorlamellen kann das gefärbte Schmierfett eingespritzt und die nachgezeichnete Strömung beobachtet werden. Das farbige Fett folgt der jeweils vorherrschenden Fettströmung. Bei hoher Einspritzgeschwindigkeit gelangt das gefärbte Fett bis zur Rotorlamelle und wird dann von der bereits existierenden Strömung mitgenommen. Diese zeigt aufgrund der Fliehkraft radial nach außen. Wird gefärbtes Fett mit geringer Geschwindigkeit in den Spalt gespritzt, wird es bereits direkt an der Statorlamelle durch die Strömung radial nach innen gefördert.

Aufgrund der Eigenschaft, dass das Fett den Schmutz mechanisch bindet, müssen solche Zirkulationsströmungen verhindert werden. Sie würden Schmutzpartikel schnell durch das gesamte Dichtsystem transportieren. Ringspalte, in denen sich diese Strömung nicht ausbildet, können das Vordringen des gebundenen Schmutzes nicht verhindern sondern lediglich hinauszögern. Dennoch muss auch dort ein geöffneter Spalt angestrebt werden, da sonst im Fett gebundene Schmutzpartikel aufgrund der ständigen Durchmischung des Fetts durch den Spalt transportiert werden.

Bei Fließfetten bleiben die Spalte aufgrund der Fliehkraft wesentlich länger geschlossen. Aus diesem Grund sind sie zur Abdichtung von Stäuben nicht geeignet. Werden Fette höherer Konsistenz verwendet, kann bei ausreichender Drehzahl eine Öffnung des Spalts erreicht werden.

Ein geöffneter Spalt hat zudem einen weiteren großen Vorteil. Solange die Spalte geschlossen sind, wird das Fett zwischen den stehenden und rotierenden Teilen des Dichtsystems geschert. Dabei entstehen aufgrund der hohen Viskosität des Fetts große Scherkräfte. Je nach verwendetem Fett und Betriebszustand können so hohe Verluste in Form von Wärme entstehen, so dass die Dichtstelle sehr heiß wird. Bei geöffneten Spalten werden die an stehenden und rotierenden Teilen anhaftenden Fettschichten durch eine Luftschicht getrennt. Dann erfolgt die Scherung ausschließlich in der Luftschicht, wodurch nahezu keine Verluste entstehen. Das Dichtsystem kühlt dann bis nahe der Umgebungstemperatur ab.

In **Bild 8.55** sind sechs gemessene Momentverläufe bei unterschiedlichen Drehzahlen dargestellt. Das verwendete Dichtsystem ist rechts oben im Bild dargestellt. Es zeichnet sich durch einen symmetrischen Aufbau aus und besitzt je Seite fünf Ringspalte. Das Dichtsystem ist bei

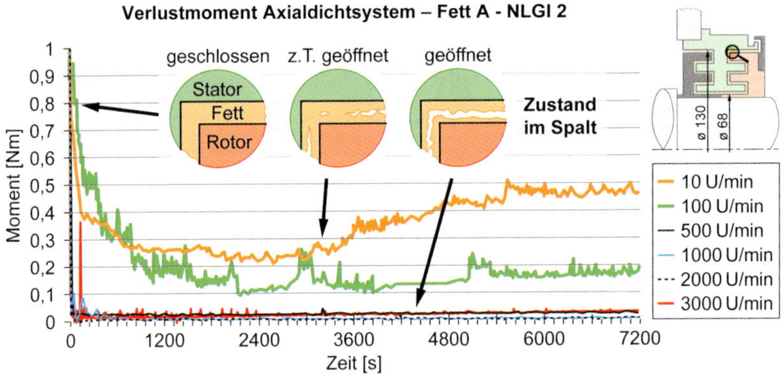

Bild 8.55: Verlustmoment am realen Dichtsystem und Spaltöffnung [44]

Beginn der Versuche jeweils komplett mit Fett gefüllt. In den dargestellten Versuchen wurde ein Schmierfett der NLGI-Klasse 2 verwendet. Es ist zu erkennen, dass bei geringen Drehzahlen (10 U/min und 100 U/min) vergleichsweise hohe Verluste messbar waren, wohingegen bei höheren Drehzahlen (500 U/min bis 3000 U/min) das Moment nahezu auf null gesunken ist. Dann sind die Spalte vollständig geöffnet. Der jeweils sehr unruhige Verlauf der gemessenen Verlustmomente ist auf die strukturviskose Fließeigenschaft und das chaotische Verhalten von Schmierfett zurückzuführen. Aus energetischer Betrachtung sind also geöffnete Spalte zwingend notwendig.

In **Bild 8.56** ist die Verschmutzung des Fetts im Spalt nach Ende des oben beschriebenen Versuchs dargestellt. Im Bild ist auf der x-Achse die Position aufgetragen, an der die Verschmutzung bewertet wurde. Zur Erläuterung sind die Positionen noch einmal am Schnittbild des Dichtsystems rechts oben abgebildet. Auf der z-Achse ist die bewertete Verschmutzung des Fetts in sechs Verschmutzungsgraden aufgetragen. In y-Richtung sind die Versuchsergebnisse für unterschiedliche Drehzahlen dargestellt. Es ist zu erkennen, dass der Schmutz bei gerin-

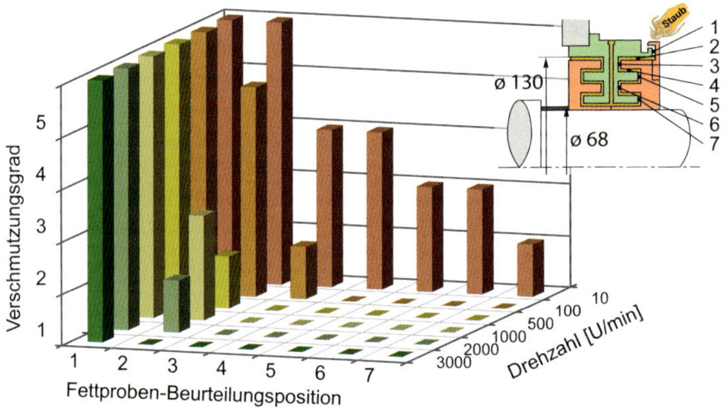

Bild 8.56: Fettverschmutzung im Dichtspalt – Axialdichtsystem Fett A – NLGI 2 [44]

gen Drehzahlen (10 U/min und 100 U/min) weiter in das Dichtsystem vordringen kann, als bei höheren Drehzahlen. Ab ca. 500 U/min kann der Schmutz nur noch bis in den ersten Ringspalt vordringen. Zusammen mit den Ergebnissen aus Bild 8.55 ergibt sich die Konsequenz, dass geschlossene Spalte für die Abdichtung von Schmutz nicht geeignet sind und hohe Verluste verursachen. Geöffnete Spalte hingegen eignen sich sehr gut zur Abdichtung von Schmutz und können zudem verlustarm betrieben werden. Es ergibt sich daraus die zwingende Forderung nach geöffneten Spalten.

8.6.4 Gestaltung berührungsfreier Dichtungen mit fettgefüllten Spalten

Die Gestaltung des Eingangsbereichs von berührungsfreien Dichtungen mit fettgefüllten Spalten sollte analog zum Eingangsbereich von Fanglabyrinth-Dichtungen (Kapitel 8.3.2.1) erfolgen. **Bild 8.57** gibt dazu einige Anhaltspunkte. Er muss verhindern, dass Schmutzpartikel unter hoher Geschwindigkeit direkt in den Spalt gelangen können. Dies ist besonders wichtig, da das an den Spaltwänden anhaftende Fett nur ein begrenztes Aufnahmevermögen für Schmutzpartikel hat. Ist das Fett einmal mit Schmutz gesättigt, können Schmutzpartikel nicht mehr gebunden werden und somit weiter in das Dichtsystem gelangen.

Das Labyrinth besteht aus einer Kombination von Stirn- und Ringspalte, wobei die Ringspalte ca. doppelt so lang auszuführen sind wie die Stirnspalte (s. Bild 8.57). Je nach Betriebsbedingungen, eingesetztem Fett und der zu erwartenden Verschmutzung sollten mindestens drei Ringspalte vorgesehen werden. Eine Hintereinanderschaltung von langen Stirnspalten, welche über kurze Ringspalte verbunden werden, hat sich als nicht zweckmäßig erwiesen. Dort sorgt die Fliehkraft dafür, dass die Spalte geschlossen bleiben. Es bildet sich dann die oben bereits erläuterte Ringströmung aus, die Schmutzpartikel weiter ins Dichtsystem befördert.

Im Gegensatz zu Fanglabyrinth-Dichtungen werden die Spalte bei fettgefüllten Labyrinthdichtungen mit einer Spalthöhe von 0,75 mm bis ca. 2 mm wesentlich größer ausgeführt (s. Bild 8.57). Dies ist notwendig, damit ausreichend Fett an den Spaltwänden anhaften kann. Größere Spalte wurden bislang nicht untersucht. Es ist jedoch davon auszugehen, dass sich die Fettschichten an den Spaltwänden entsprechend anpassen. Sie dürfen jedoch nicht so

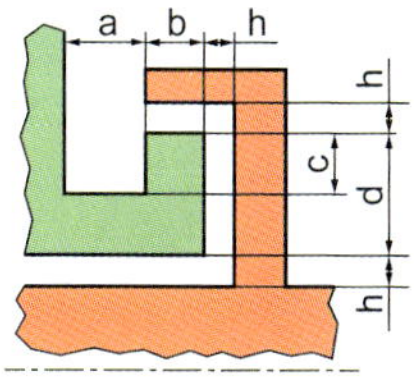

Größe	bei h min. 0,75 mm	bei h max. 2 mm
a	4	5
b	3	3
c	3	3
d	6	6

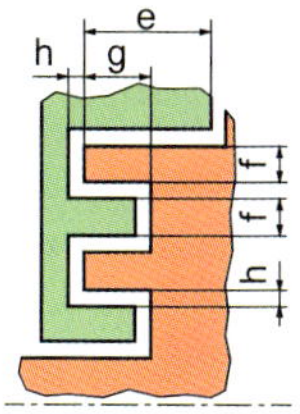

Größe	bei h min. 0,75 mm	bei h max. 2 mm
e	11	22
f	2	6
g	4,25	12

Bild 8.57: Konstruktionsrichtlinien für fettgefüllte Labyrinthdichtungen – Eingangsbereich (oben) und Labyrinth (unten) [44]

Tabelle 8.3: Notwendige Betriebsparameter für Spaltöffnung [44]

	bei h_{min} = 0,75 mm	bei h_{max} = 2 mm
Mindest-Gleitgeschwindigkeit	1,8 m/s	1,5 m/s
Mindest-Zentrifugalbeschleunigung	60 m/s^2	45 m/s^2

dick werden, dass sie sich durch Vibrationen oder das Eigengewicht von der Wand lösen, da dies zu lokal geschlossenen Spalten führen würde.

Um dauerhaft geöffnete Spalte zu erreichen, müssen Mindestbetriebsparameter eingehalten werden. Diese hängen stark vom eingesetzten Fett, der Temperatur, der Dichtsystemgeometrie und den geometrischen Toleranzen wie Rundlauf und Konzentrizität ab. Aufgrund dessen können allgemeine Grenzwerte nur sehr schwer angegeben werden. Bei zahlreichen Versuchen konnte jedoch oberhalb der in **Tabelle 8.3** dargestellten Betriebsparameter ein dauerhaft geöffneter Spalt gewährleistet werden. Diese sind insbesondere für Fette ab NLGI 0/00 gültig. Bei Fetten mit einer höheren Konsistenz sind bereits eine wesentlich geringere Gleitgeschwindigkeit und Zentrifugalbeschleunigung ausreichend, um eine Öffnung der Spalte zu erreichen. Wird die Drehzahl im Betrieb nach Öffnung der Spalte deutlich unter diese Grenzwerte gesenkt, schließen sich die Spalte partiell wieder. Es muss dann beachtet werden, dass eine Durchmischung des verschmutzten Fetts mit noch sauberem Fett erfolgt. Durch die Erhöhung der Drehzahl über die notwendige Öffnungsdrehzahl wird das erneute Öffnen der Spalte erreicht.

Im Betrieb der Dichtsysteme ist zu beachten, dass das Fett wie erläutert nur eine begrenzte Menge Schmutzpartikel binden kann. Um eine dauerhafte Funktion des Dichtsystems zu erreichen muss daher die Fettschicht an den Spaltwänden in regelmäßigen Abständen aufgefrischt werden. Dies kann erreicht werden, indem dem Dichtsystem auf der Innenseite frisches Fett angeboten wird, welches durch die im Betrieb wirkende Fliehkraft nach außen gefördert wird [46]. Da Fett kontinuierlich Öl abgibt, verändert sich dessen Konsistenz mit der Zeit. Es entsteht dann eine wesentlich festere Fettschicht direkt an den Spaltwänden, die nicht ersetzt werden kann. Frisches Fett kann also nur den obersten Film ersetzten bzw. sich als frischer Film auf das alte Fett ablagern. Dies ist besonders bei der Wahl der Nachschmierintervalle zu berücksichtigen.

8.7 Zusammenfassung

Druckabdichtende berührungsfreie Dichtungen haben als Drosseldichtung stets einen Durchfluss, wenn nicht ein interner Rückfördermechanismus wie bei der Sperrdichtung installiert ist. Der Durchfluss – die Leckage – von Drosseldichtungen ist rechnerisch abschätzbar, die Unsicherheit des Ergebnisses allerdings erheblich. Allein geometrische Abweichungen vom Idealzustand verändern beim glatten Spalt den Durchfluss um den Faktor zehn. Turbulente Strömung, gegliederte Spalte und rasche Bewegung von Welle oder Stange lassen rechnerische Abschätzungen fast zum Glücksspiel werden. Meist ist man auf experimentell ermittelte Werte angewiesen. Die Eigenschaften und Grenzen von Sperrdichtungen hingegen lassen sich, zumindest solange die Strömung laminar ist, rechnerisch mit einiger Sicherheit vorhersagen.

Drosseldichtungen funktionieren zum Teil nur nach dem Wirkprinzip „Drosseln“ – zum Beispiel glatter enger Spalt – häufig kommt noch das Wirkprinzip „Umlenken“ – zum Beispiel Labyrinthspalt – hinzu. Erst bei Integration des Wirkprinzips „Rückfördern" ist Durchfluss in begrenzten Betriebsbereichen vermeidbar, zum Beispiel bei Sperrdichtungen. Das ist dann allerdings meist mit einer erheblichen Erwärmung verbunden.

Fanglabyrinth-Dichtungen sind berührungsfreie Wellendichtungen für bespritzte oder schwallartig überflutete Wellendurchtrittsstellen bei geringem Differenzdruck. Diese erfüllen ihre Gesamtfunktion – berührungsfrei Abdichten – mittels der acht physikalischen Wirkprinzipien – Abweisen, Abspritzen, Abschirmen, Umlenken, Drosseln, Rückfördern, Auffangen und Abführen.

Fanglabyrinth-Dichtungen sind – sofern günstig gestaltet – tropffrei, das heißt technisch dicht. Sie erlauben jedoch und erzeugen bei Rotation auch selbst prinzipbedingt einen Luftdurchzug. Große technische Bedeutung haben sie als verlustleistungsarme Dichtung auch für große Flüssigkeitsströme bei hoher Relativgeschwindigkeit. **Bild 8.58** zeigt links ein Beispiel aus der Praxis, wie ein ölgeschmiertes Wälzlager nicht abzudichten ist und rechts in zwei Varianten (oben/unten), wie dieselbe Dichtstelle richtig gestaltet aussehen sollte.

Bei Fanglabyrinth-Dichtungen werden fünf wichtige Funktionsbereiche, nämlich Eingangsbereich, Innenbereich, Ablaufbereich, Ausgangsbereich und Dichtungsumfeld unterschieden. Für jeden dieser Funktionsbereiche gibt es spezielle Gestaltungsregeln, wie dort jeweils die physikalischen Wirkprinzipien für bestimmte Betriebszustände günstig zu integrieren sind. Der wichtigste Funktionsbereich ist der Eingangsbereich. Alles was nicht in den Innenbereich gelangt, muss dort auch nicht „entsorgt" werden! Sekundäre und tertiäre Maßnahmen im Dichtungsumfeld können die primäre Aufgabe – berührungsfrei tropffrei abdichten – wesentlich erleichtern oder gar erst ermöglichen.

Um die richtigen Maßnahmen im Dichtungsumfeld ergreifen und den Eingangsbereich und Ablaufbereich günstig gestalten zu können, sind die äußeren Bedingungen, unter welchen das Dichtsystem zu arbeiten hat, umfassend zu analysieren. Die Kenntnis der Strömungen im Innenbereich einer Fanglabyrinth-Dichtung erlaubt es, diesen problemgerecht zu gestalten.

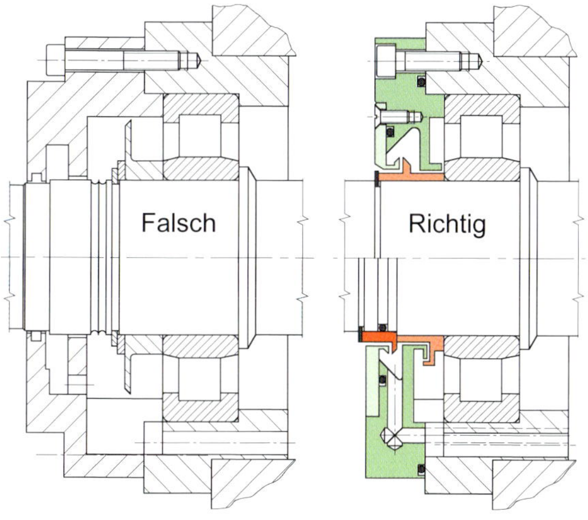

Bild 8.58: Beispiel – links ein berührungsfreies Dichtsystem aus der Praxis, das undicht war; rechts zwei Möglichkeiten, (oben-unten) es mittels eines Fanglabyrinths besser zu machen

Werden Fanglabyrinth-Dichtungen „reduziert“, indem man zwecks einfacherer Gestaltung wesentliche Wirkprinzipien nicht integriert, so werden aus Fanglabyrinth-Dichtungen die bekannten berührungsfreien Schutzdichtungen. Schutzdichtungen sind in aller Regel nicht flüssigkeitsdicht, weil eben wesentliche Wirkprinzipien fehlen.

Die meisten der handelsüblichen berührungsfreien Wellendichtelemente sind den Schutzdichtungen zuzurechnen und für starke Flüssigkeitsbespritzung nicht tauglich.

Mittels Zusatzelementen ist der Einsatzbereich von Fanglabyrinth-Dichtungen erweiterbar. Wird eine einfache Magnetflüssigkeits-Dichtung hinzugefügt, so unterbindet diese den meist unerwünschten Luftdurchzug vollständig, da der Dichtspalt durch den Magnetflüssigkeitsring quasi hermetisch verschlossen ist. Wird aktiv, das heißt bewusst mit Energie von außen, saubere Luft an geeigneter Stelle in eine Fanglabyrinth-Dichtung eingeleitet – sogenannte Sperrluft (aktiv belüften) – so kann der Luftdurchzug geleitet werden. Ist die Sperrluftführung günstig gestaltet, kann auf große Teile der sonst notwendigen Fanglabyrinth-Dichtung verzichtet werden.

Ein optimal gestalteter Eingangsbereich plus eine günstig ausgelegte Sperrluftdichtung ermöglichen berührungsfreies Abdichten von Flüssigkeit und Staub bei beliebiger auch im Betrieb wechselnder Lage der Welle im Raum. Sowohl zur Auslegung als auch zur Bestimmung der Dichteigenschaften gibt es erprobte Rechenverfahren.

Schmutz und Staub können auch mittels berührungsfreier Dichtsysteme mit fettgefüllten Spalten abgedichtet werden. Bei geöffneten Spalten sind sie zum einen sehr gut dicht und arbeiten zum anderen reibungs-, verschleiß- und verlustfrei. Für die Konstruktion und den Betrieb dieser Dichtsysteme müssen aufgrund der besonderen Eigenschaften der Schmierfette jedoch einige spezielle Regeln beachtet werden.

Bild 8.59 zeigt als Beispiel, wie durch geeignete Kombination verschiedener berührungsfreier Dichtungen und Zusatzelemente ein flüssigkeitsgefüllter Hochdruckraum berührungsfrei und quasi hermetisch abdichtbar ist.

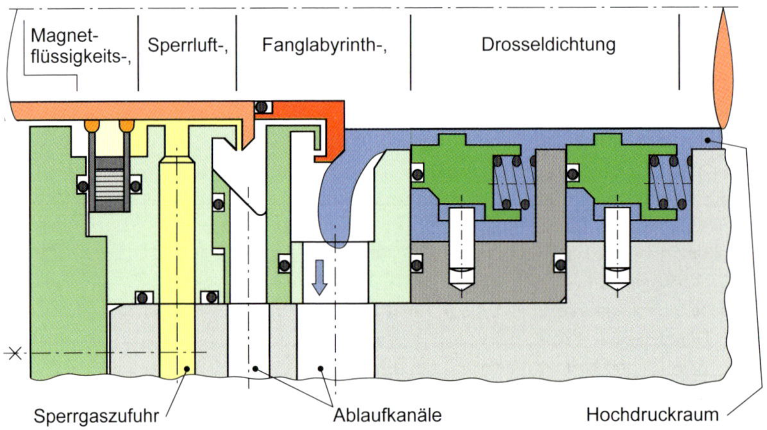

Bild 8.59: Kombination verschiedener berührungsfreier Dichtungen zur quasihermetischen Abdichtung eines Hochdruckraumes

8.8 Ausblick

Die Megatrends Energieeffizienz und Zuverlässigkeit sowie der Wunsch nach immer längerer Lebensdauer und nach Wartungsfreiheit bei steigender Gleitgeschwindigkeit und problematischeren Fluiden bescheren den berührungsfreien dynamischen Dichtungen eine glänzende Zukunft. Sie haben bei allen genannten Punkten die besten Eigenschaften!

Wie sie funktionieren und auf was es ankommt ist weitestgehend erforscht. Es gilt nun dieses erarbeitete Wissen in jedem Einzelfall konstruktiv geeignet umzusetzen. Leider ist das vorhandene Wissen in den Konstruktions- und Entwicklungsabteilungen nur sehr rudimentär bekannt. Oft fehlt es dort auch gleichzeitig an dem notwendigen Problembewusstsein.

Wesentliche offene Fragen gibt es noch bei der berührungsfreien Abdichtung von Fett und bei der Funktion und Gestaltung von fettgefüllten Spalten zur Schmutzabdichtung, obwohl diese schon seit Menschengedenken eingesetzt werden. Höhere Umfangsgeschwindigkeit und extreme Befindlichkeit bezüglich eines auch nur geringen Fettaustritts führen zu den noch unbeantworteten Fragen.

Inwieweit moderne Berechnungs-, Simulations- und Optimierungsverfahren zu wesentlich „besseren“ berührungsfreien Dichtungen führen können ist offen. Das Problem der nur völlig unzureichend bekannten Randbedingungen bleibt auch bei diesen wesentlich komplexeren Modellen leider voll erhalten.

Geeigneter gestaltete einbaufertige (handelsübliche) berührungsfreie Dichtsysteme sind wünschenswert und leicht möglich. Probleme bereitet hier, dass diese viel mehr als berührende Dichtungen auf den jeweiligen Einsatz- und Einbaufall angepasst werden müssen. Dies setzt ein gerüttelt Maß spezifischen Wissens voraus.

Der Trend wird (muss) deshalb zu hochspezialisierten Firmen bzw. Ingenieurbüros gehen, die zum einen angepasstes Engineering liefern und zum andern gegebenenfalls die Fertigung der einbaufertigen Systeme übernehmen. Dazu müssen sie aber rechtzeitig (von Anfang an) in die Entwicklung der Gesamtmaschine mit einbezogen werden.

Literaturverzeichnis

[1] Trutnovsky, K., Komotori, K.: Berührungsfreie Dichtungen. 4. Aufl.; Düsseldorf: VDI-Verlag, 1981.

[2] Müller, H. K.: Abdichtung bewegter Maschinenteile. Waiblingen: Medienverlag Ursula Müller, 1990. Ein äquivalentes Werk ist im Internet frei zugänglich unter: www.fachwissen-dichtungstechnik.de

[3] Schmid, E.: Handbuch der Dichtungstechnik. Grafenau/Württ.: Expert Verlag, 1981.

[4] Weissenberger, E.: Strömung durch Spaltdichtungen. Dissertation TH Karlsruhe, 1952.

[5] Bohl, W.: Technische Strömungslehre. 5. Aufl.; Vogel-Verlag: Würzburg 1982.

[6] Hering, E.: Physik für Ingenieure. 5. Aufl.; VDI-Verlag: Düsseldorf, 1995.

[7] Schüle, W.: Technische Thermodynamik. Berlin: Springer Verlag, 1923.

[8] Egli, A.: The leackage of gases through narrow channels. Trans. ASME 57(1935).

[9] Trutnovsky, K.: Berührungsfreie Dichtungen. 2. Aufl.; Düsseldorf: VDI-Verlag, 1964.

[10] Stanger, N., Haas, W., Müller, H. K.: Abdichten auf kleinem Bauraum. Konstruktion 46 (1994), H. 1, S. 2–8.

[11] Stanger, N., Haas, W., Müller, H. K.: Sealing liquid with air. 14th Int. Conf. on Fluid Sealing; Firenze, Italy: 6–8 April 1994.

[12] Ketola, H. N., McGrew, J. M.: Theory of the partially wetted disc. Third Int. Conf. on Fluid Sealing, B.H.R.A. 1967.

[13] Thew, M. T., Saunders, M. G.: The hydrodynamic disc seal. Third Int. Conf. on Fluid Sealing, B.H.R.A. 1967.

[14] Thew, M. T.: Further experiments on the hydrodynamic disc seal. Fourth Int. Conf. on Fluid Sealing, B.H.R.A. 1969, Paper H5.

[15] Boon, E. F., Tal, S. E.: Hydrodynamische Dichtungen für rotierende Wellen. Chem.-Ing.-Technik 31 (1959), Nr. 3.

[16] Heitel, K.: Berechnung und Konstruktion von Gewinde-Wellendichtungen im laminaren Bereich. Konstruktion 31 (1979), Nr. 12.

[17] Krautzig, J.: Auslegung konzentrischer Gewinde-Wellendichtungen bei laminarer Strömung und konstanter Viskosität. Verlag Institut für Grundlagen der Maschinenkonstruktion, ETH Zürich, 1985.

[18] Trutnovsky, K.: Schutzdichtungen. Düsseldorf: VDI-Verlag, 1977.

[19] Fritz, E., Haas, W., Müller, H. K.: Berührungsfreie Spindelabdichtung im Werkzeugmaschinenbau. Konstruktionskatalog, Institutsbericht Nr. 39 (1992).

[20] Haas, W.: Berührungsfreies Abdichten im Maschinenbau unter besonderer Berücksichtigung der Fanglabyrinthe. Habilitationsschrift 1998, Universität Stuttgart, Institutsbericht Nr. 74.

[21] Haas, W.: Berührungsfreie Wellendichtungen für flüssigkeitsbespritzte Dichtstellen. Diss. 1986, Universität Stuttgart, Institutsbericht Nr. 23.

[22] Fritz, E.: Abdichtung von Werkzeugmaschinenspindeln. Diss. 1991, Universität Stuttgart, Institutsbericht Nr. 38.

[23] Jäckle, M., Lechner, G.: Entlüftung von Getrieben. Forschungsvereinigung Antriebstechnik e.V.: Forschungsbericht, Heft 382, Frankfurt/M., 1993.

[24] Jäckle, M.: Entlüftung von Getrieben. Diss. 1994, Universität Stuttgart, Institutsbericht Nr. 51.

[25] Stanger, N., Haas, W., Müller, H. K.: Abdichtung kleiner Spindeln in Werkzeugmaschinen bei kleinem Dichtungsbauraum und extremen Betriebsbedingungen. AIF Nr. 8118: Forschungsbericht August 1994

[26] Stanger, N.: Berührungsfrei Abdichten bei kleinem Bauraum. Dissertation, Universität Stuttgart, 1995.

[27] Wiemer, A.: Luftlagerung VEB-Verlag: Berlin, 1969.

[28] Köhler, H.: Druckgespeiste Gaslager mit flächig verteilten Mikrodüsen. Diss. 1985, TU München.

[29] Barz, W.: Luftlagerungen, Grundlagen und Anwendungen. Expert Verlag 1982.

[30] Haas, W., Müller, H. K.: Design Directives for Liquid Spattered Labyrinth Seals. 11th Int. Conf. on Fluid Sealing (BHRA), Cannes 1987, Paper D1.

[31] Fritz, E., Haas, W., Müller, H. K.: Liquid Collecting Labyrinth Seals for Machine Tool Spindles. 13th Int. Conf. on Fluid Sealing; Brügge, Belgium: 7–9 April 1992; BHRA; S. 703–710.

[32] N.N.: Berührungslose Dichtungen, Produktkatalog GMN Paul Müller GmbH & Co.KG Unternehmensbeteiligungen, Nürnberg

[33] N.N.: Abdichtelemente-Lamellenringe, Druckschrift Fa. Fey, Königsbrunn

[34] N.N.: Nilos-Ringe LSTO, Druckschrift Fa. Ziller & Co., Düsseldorf

[35] N.N.: ProTech, Druckschrift JM Clipper Corporation, Flexibox GmbH, Frankfurt

[36] N.N.: Dichtungslamellen, WTM 15460 Reg. 4735 SKF-Kugellagerfabriken GmbH, Schweinfurt

[37] N.N.: Knossos Labyrinth Seal, Druckschrift Fa. Knossos, Karlstad, Schweden

[38] N.N.: Garlock Equalizer, Druckschrift Garlock GmbH, Neuss

[39] N.N.: ISO-GARD Lagerabdichtung, Druckschrift Garlock GmbH, Neuss

[40] N.N.: Inpro Lagerdichtungen, Druckschrift Inpro Companies Europe, Oud Gastel, Holland

[41] N.N.: Lifeshield, Druckschrift Fa. BW/IP International, Inc. Seal Division, Long Beach, CA USA

[42] N.N.: Bearing Guard Permanent Pump Bearing Protektor. Durametallic Corporation, Kalamazoo USA

[43] Orso, J.: Berührungsfreies Abdichten schnelllaufender Spindeln gegen feine Stäube. Diss. 2007, Universität Stuttgart, Institutsbericht Nr. 125.

[44] Kümmel, J.: Fettgefüllte Berührungsfreie Wellendichtungen. Abschlussbericht, FKM, Forschungsvorhaben Nr. 287, Heft 311, Frankfurt/Main, 2011.

[45] Bosch, F.; Kümmel, J.; Haas, W.: Fettgefüllte berührungsfreie Wellendichtungen zur Abdichtung von Schmutz und Flüssigkeiten. 17th ISC, Stuttgart, 13.-14. September 2012; Fluidtechnik. Ebelsbach: Leithner GmbH & Co. KG, 2012, S. 67 – 78, - ISBN 978-3-00-039198-9

[46] Bosch, F.; Haas, W.: Nachschmieren von fettgefüllten Labyrinthdichtungen. Konstruktion, Springer-VDI-Verlag, 68. Jahrgang Heft 11-12/2016; S. 78-82, ISSN 0720-5953

Stichwortverzeichnis

I

K

L

M

N

O

P

Inserentenverzeichnis